EINFÜHRUNG

Man kann es als Ausdruck eines ausgeprägten Selbstbewußtseins und Berufsstolzes werten, daß der Deutsche Holzarbeiter-Verband 1913 den in Berlin tätigen Historiker, Redakteur und Kunstschriftsteller Fritz Hellwag (1871-1950) damit beauftragte, eine Geschichte des deutschen Tischlerhandwerks zu schreiben, „die von wirtschaftsgeschichtlichen, technischen und kunsthistorischen Gesichtspunkten aus behandelt sein sollte". Heute würde und müßte wohl jeder Angesprochene eine solche Aufgabe angesichts des Umfangs ablehnen. Fritz Hellwag wagte dieses Unterfangen und schuf mit seinem Buch ein Standardwerk. Es ist eine grundlegende und bis heute umfangreichste Quellensammlung zum Thema, zugleich ein spannendes Lesebuch dieses vielseitigen Handwerks. Jetzt steht „der Hellwag" als Reprint wieder einem größeren Leserkreis zur Verfügung. Das zeugt von einem gestiegenen Interesse an Handwerksgeschichte und paßt zu einer Renaissance von Quellenschriften, was in Neuausgaben zum Ausdruck kommt. Mag es auch durch neuere Forschungen in manchem Detail veraltet erscheinen – Hellwags Buch stellt nach wie vor das Fundament zum Studium der Geschichte der deutschen Tischler dar.

Der 1893 als Zusammenschluß einer Vielzahl von Fachverbänden und Vorläuferorganisationen gegründete Deutsche Holzarbeiter-Verband (der Rechtsvorgänger der heutigen Gewerkschaft Holz und Kunststoff) sah die Geschichte der Handwerke und Zünfte als seine eigene an. Er vereinigte erstmalig Mitglieder aller holzverarbeitenden Gewerke wie Drechsler, Stellmacher, Bürstenmacher unter einem Dach. Dabei ist die Geschichte der Tischler gerade von einem ständigen Bemühen um Abgrenzung von den Tätigkeiten der Zimmerleute, Drechsler, Wagner, Bildhauer usw. gekennzeichnet. Dazu entwickelten sich differenzierte Arbeitsgebiete der Tischler. Sie verfügten über „eigenes" Werkzeug und wurden zu eigenständigen Berufszweigen wie Modell- und Bautischler, Stuhlmacher oder Treppenbauer.

Mit der Erwähnung eines „cistilare" in Zürich um 1200 ist erstmalig der Eigenname eines Kistlers belegt (Kistler, Kistner und Kistenmacher sind frühere Bezeichnungen für eine „Handwerkergruppe, die mit der zimmermannsmäßigen Herstellung von Betten, Truhen, fest eingebauten Schrankkästen und Bänken" beschäftigt war). 1244 gibt es einen ersten Hinweis auf eine Tischler-Bruderschaft in Regensburg. Hier beginnt die Geschichte eines eigenständigen Handwerks der Tischler und gleichzeitig die Trennung von den Zimmerleuten. Für die Drechsler ist bereits 1180 in Köln eine eigene Bruderschaft nachweisbar.

Die Vielfalt der Bezeichnungen für Tischler in den über 500 von Hellwag aufgeführten Quellen (Urkunden, Urteile, Ordnungen, Verordnungen) ist verwirrend. Dies ist jedoch auch auf regionale Gewohnheiten, einzelne Sprachräume und Schreibweisen sowie unterschiedliche Aufgabenschwerpunkte zurückzuführen. So finden sich Bezeichnungen wie Schnitker, Kunthormacher, Scrinarius, Galanterietischler, Faber lignarius, Capsarius, Cistifex, Paneelenmacher oder Ebenist, um nur einige zu nennen.

Gerade in der Vielzahl der berücksichtigten Quellen liegt der bis heute nicht in Frage gestellte wissenschaftliche Wert von Hellwags Handwerksgeschichte. Sie basiert nahezu ausschließlich auf dem überlieferten Schrifttum und dessen Analyse: Gerichtsakten über Streitigkeiten zwischen verschiedenen Zünften, Forderungen nach der Regelung und Anerkennung von längst praktizierten Gewohnheiten oder nach politischer Mitsprache. Hellwag konzentriert sich in der Auswahl seines Urkundenmaterials auf Produktionszentren und führt dieses in seinem Urkundenverzeichnis tabellarisch und zum Teil im Wortlaut auf! Seine Leistung, die elfjährige Quellenrecherche, erscheint um so erstaunlicher, wenn man die politische und wirtschaftliche Situation Deutschlands zwischen 1913 und 1924 bedenkt. 1924 erschienen neben Hellwags Buch auch das „Tischler-Lexikon" von Carl Wilkens (das ebenfalls als Reprint in der Edition »libri rari« vorliegt) und Otto von Falkes „Deutsche Möbel des Mittelalters und der Renaissance".

Nach den kürzeren Kapiteln über die „Vorgewerbliche Zeit", die „Bürgerliche Einordnung der Handwerker" und den „Aufbau des Tischlerhandwerks" kommt Fritz Hellwag zu einem Schwerpunktthema, der „Einrichtung der Zünfte". Verblüffend ist auch hier die Vielzahl der „zünftigen" Vorschriften und Regelungen, die von Zunftzeremonien wie Versammlung und Umzug bis zu Vorgaben für Meisterprobe und Meisterstück reichten. In Frankfurt verlangte man von einem angehenden Meister 1589 beispielsweise eine neue Kleidertruhe mit künstlicher Aufteilung, einen Fensterrahmen aus vier Teilen und ein Brettspiel.

Eine enge Verbindung gab es vielerorts zwischen Glasern und Schreinern, denn Glaserarbeiten wurden diesen häufig erlaubt. Wir kennen aber auch gemeinsame Zünfte von Schreinern und Ärzten (Mainz) oder Schlossern sowie Zusammenschlüsse vieler Gewerke zu einer Zunft. Besonders beeindruckend fielen die Zunftladen der Tischler aus (so etwa die in Nürnberg, Lübeck oder Königsberg), die voller Stolz zu Versammlungen getragen oder bei Umzügen mitgeführt wurden. Das Zunftwappen der Tischler zeigte immer Werkzeuge wie Hobel, Winkel, Spannsäge, Zirkel oder Klüpfel als Symbole.

Den wirtschafts- und sozialgeschichtlichen Aspekten der Tischlergeschichte widmet sich Hellwag im Kapitel „Die Arbeit und ihr Lohn". Dort erhalten wir – mit unseren heutigen Worten ausgedrückt – Hintergrundinformationen zu Mitarbeiterzahlen, Verträgen und Preisen, Wettbewerbs- und Absatzmöglichkeiten, zu Managementfragen sowie zur

Konkurrenz zwischen Stadt- und Dorftischlern und dem Status der Hof- und Klosterschreiner. Letztere genossen, losgelöst von den Zwängen einer Zunft, nicht nur den Schutz ihrer Arbeitgeber, sondern bekamen von diesen auch das Material gestellt. Ob dieses teure Hölzer aus den herrschaftlichen Forsten oder Handelswaren wie Beschläge und seltene Werkstoffe der Kunstschreinerei (Perlmutter, Schildpatt, exotische Holzarten usw.) waren, die Entwicklungsmöglichkeiten der Hof- und Klosterschreiner galten nur für eine Minderheit.

Seinem Anspruch, die Geschichte des Tischlerhandwerks auch aus technischen Gesichtspunkten zu schreiben, wird Hellwag besonders unter der Rubrik „Die Handwerkstechnik" gerecht, in der er die Tischlerwerkzeuge und deren Gebrauch schildert, und Arbeitsprozesse wie das Furnieren, Biegen oder Färben beschreibt. Auch hier wird die gewissenhafte Quellenrecherche deutlich; er belegt seine Beschreibungen und Darstellungen immer wieder mit entsprechendem Quellenmaterial, aus dem er seine Thesen ableitet. So nennt er beispielsweise unter der Rubrik „Schwinden des Holzes" Ordnungen wie die der Lübecker „Kunthor- und Panelenmaker" von 1474, die sogar einen „Hausbesuch beim Kunden" zur Begutachtung der Ergebnisse und deren Qualität durch die Schaumeister vorsah. Für Restauratoren sind besonders die aufgeführten historischen Rezepte von Interesse. Die zitierten Rezeptsammlungen „Die curieuse Kunst- und Werkschule", das „Natürliche Zauber-Buch" und „Der nützliche und curieuse Künstler" besitzen äußersten Seltenheitswert.

Hellwag endet mit einer Schlußbetrachtung zur Einführung der Gewerbefreiheit im 19. Jahrhundert. Ihr Zeitpunkt war freilich in den einzelnen Staaten zeitlich sehr unterschiedlich und bedeutete laut dem von ihm angeführten Bismarck-Zitat den Ruin des Handwerkers. Sicherlich waren die Handwerker, und mit ihnen ganz besonders die Tischler, darauf nicht vorbereitet und sahen sich in der Folge ohne den Schutz einer Selbstverwaltungsorganisation der fortschreitenden industriellen Konkurrenz ausgesetzt. Doch entwickelte sich auch eine an Potential zunehmende Handwerkerbewegung, was bereits 1868 zur Gründung des „Gewerkvereins Deutscher Holzarbeiter" als dem ersten organisierten Zusammenschluß führte. 1884 fand in Berlin der „1. Deutsche Tischlertag" statt. Er verabschiedete eine Satzung für den Bund Deutscher Tischler-Innungen, dem Vorläufer des heutigen Bundesverband des holz- und kunststoffverarbeitenden Handwerks, und richtete Versicherungskassen ein. Schon bald erschienen Zeitungen wie „Der Deutsche Tischlermeister" und die „Deutsche Tischler-Zeitung".

Im gleichen Maße, wie sich die Möbelkunstgeschichte vermehrt dem 19. Jahrhundert zuwendet, fehlt es an einer umfassenden Aufarbeitung der jüngeren Tischlergeschichte im Stile Hellwags, die dort ansetzt, wo dieser aufhört.

„Die Geschichte des deutschen Tischlerhandwerks" erfuhr nie eine zweite Auflage, was sicherlich auf die politischen Umstände der dreißiger und vierziger Jahre sowie ein Desinteresse an Handwerksgeschichte in den fünfziger bis siebziger Jahren zurückzuführen ist. Bei der hier vorliegenden Wiederauflage als Reprint verzichtete der Verlag auf den Anhang „Die stilistische Entwicklung der Möbelformen", der durch neuere Ergebnisse zur Möbelkunstgeschichte in vielen Punkten nicht mehr aktuell ist. Ein Teil der Abbildungen dieses Anhangs ist bei der jetzigen Bebilderung, deren Schwerpunkt auf der Handwerksgeschichte liegt, verwendet worden. Sie wurden ergänzt durch weitere historische Abbildungen aus der einschlägigen Literatur (siehe Bibliographie).

Für Tischler, Historiker, Kunsthistoriker, Restauratoren und historisch interessierte Praktiker enthält dieses Buch einen schier unerschöpflichen Fundus an wichtigen Informationen. Sie alle werden von dieser längst erwarteten Wiederauflage profitieren.

Ralf Buchholz
Fachhochschule Hildesheim/Holzminden
Studiengang Restaurierung

BIBLIOGRAPHIE

Die nachfolgende Zusammenstellung weiterführender Literatur zur Geschichte der Tischler in Deutschland kann nur eine Auswahl sein. Sie bietet dem interessierten Leser die Möglichkeit, sich über den neuesten Forschungsstand zu informieren oder mit Publikationen zu arbeiten, die Fritz Hellwag in seinem „Verzeichnis der aufgeführten Quellen" nicht nennt. Unberücksichtigt sind Zeitungs- und Zeitschriftenaufsätze. Fast jede dieser Publikationen enthält Literaturhinweise zur Thematik.

Abel, Wilhelm (Hrsg.): Handwerksgeschichte in neuer Sicht (Göttinger Beiträge zur Wirtschafts- und Sozialgeschichte, Bd. 1.), Göttingen 1978

Alfter, Dieter: Die Geschichte des Augsburger Kabinettschranks (Schwäbische Geschichtsquellen und Forschungen 15), Augsburg 1986

Arens, Fritz Viktor: Meisterrisse und Möbel der Mainzer Schreiner (Beiträge zur Geschichte der Stadt Mainz, Bd. 24), Mainz 1955

Blümer, Hans: Das Tischlerhandwerk in der Stadt Münster in Westfalen, Münster 1928

Böth, Gitta u. Beckmann, Uwe: Hobelknecht und Späne – Arbeitsplatz Schreinerei, Ausstellungskatalog Westfälisches Freilichtmuseum Hagen 1991

Christiani, Franz-Josef: Schreibmöbelentwürfe zu Meisterstücken Braunschweiger Tischler aus der 1. Hälfte des 19. Jahrhunderts (Braunschweiger Werkstücke Bd. 4), Braunschweig 1979

Decker, Karola: Bürger, Kurfürst und Regierung. Das Beispiel der Mainzer Schreinerzunft im 18. Jahrhundert (Beiträge zur Geschichte der Stadt Mainz Bd. 29), Mainz 1990

Dichmann, Leonhard: Die Möbelschreinerei im Vordertaunus, Jena 1927

Fabian, Dietrich: Roentgen-Möbel aus Neuwied, Bad Neustadt/Saale 1986

Fehring, Max: Das Amt der Tischler in Hamburg, Hamburg 1928

Fehring, Max: Sitte und Brauch der Tischler unter besonderer Berücksichtigung hamburgischer Quellen, Hamburg 1929

Forkel, Martina: Wohnen im „Stil" des Historismus, Cloppenburg 1990

Frisius, M. F.: Ceremoniell der Tischler, Leipzig 1705

Fuhse, F.: Vom Braunschweiger Tischlerhandwerk – Stobwasserarbeiten, Braunschweig 1925

Geerinckx, Remi: Tischlerhandwerk – Eine verkannte Kunst, Tielt (Belgien)/ Wiesbaden 1991

Greber, Josef Maria: Die alten Zunftladen des kunstreichen Handwerks der Schreiner, Zürich 1952

Greber, Josef Maria: Die Geschichte des Hobels, Zürich 1956, Reprint Hannover 1987

Grebing, Helga (Hrsg. u. a.): Das HolzArbeiterBuch – Die Geschichte der Holzarbeiter und ihrer Gewerkschaften, Köln 1993

Haase, Gisela: Dresdner Möbel des 18. Jahrhunderts, Leipzig 1983

Hasewinkel, Gaston Karl: Das Bayerische Möbelschreinergewerbe. Ein Beispiel zur Frage: Industrie und Handwerk, München 1928

Häussermann, Ulrich: Holz und bauende Hand – Die Geschichte des Schreinerhandwerks, Stuttgart 1962

Heine, Günther: Das Werkzeug des Schreiners und Drechslers, Hannover 1990

Huth, Hans: Abraham und David Roentgen und ihre Neuwieder Möbelwerkstatt, Berlin 1928/München 1974

Kilian, Ruth u. a.: Schreinerhandwerk in Franken. Studien zu Bamberg, Coburg und Kitzingen, (Veröffentlichungen zur Volkskunde und Kulturgeschichte, 31), Würzburg 1988

Kratz, Annette-Isabell: Altonaer Möbel des Rokoko und Klassizismus. Tischlerhandwerk und „Möbelfabrikation" im 18. und 19. Jahrhundert, Hamburg 1988

Kreisel, Heinrich u. Himmelheber, Georg: Die Kunst des deutschen Möbels, 3 Bde., 2./3. Aufl., München 1981/83

Lerner, Franz: Das Frankfurter Schreinerhandwerk im Wandel der Zeit, Frankfurt/M. 1987

Lerner, Franz: Zeugnisse des Frankfurter Schreinerhandwerks, 500 Jahre Zunftprivileg, Ausstellungskatalog Historisches Museum Frankfurt, Frankfurt/M. 1987

Maass, Ludolf: Der Einfluß der Maschine auf das Schreinergewerbe in Deutschland. Ein Beitrag zur Kenntnis des Kampfes der gewerblichen Betriebsformen (Münchener Volkswirtschaftliche Studien, 24. Stück), Stuttgart 1901

Mass, Heinrich: Der Niedergang des Bau- und Möbeltischlerhandwerks als Produktionsgewerbe, Halle/S. 1932

Möbel aus Franken. Oberflächen und Hintergründe. Ausstellungskatalog Bayerisches Nationalmuseum München und Germanisches Nationalmuseum Nürnberg, München 1991

Müller, L. J.: Geschichte des kunstreichen Handwerks der Tischler zu Hildesheim, Hildesheim 1936

Mummenhoff, Ernst: Der Handwerker in der deutschen Vergangenheit, Köln/Jena 1924

Ortloff, Johann Andreas: Kurze Beschreibung der Künste und Handwerke, 4.Aufl., Erlangen 1803

Patzig, Hans-Günther u. Sonntag, Gerhard: 100 Jahre Bundesinnungsverband der Tischler und Schreiner – 100 Jahre Deutsche Tischlertage. Eine Dokumentation, hrsg. vom Bundesverband HKH, Wiesbaden 1984

Pfeil, Christoph Graf von: Chorgestühle des 18. Jahrhunderts in Bamberg, Neustadt/Aisch 1992

Rehlen, C. G.: Geschichte der Handwerke und Künste, 2. Ausg., Leipzig 1856

Rust, Wilhelm: Das Tischlerhandwerk der Stadt Flensburg. Ein Gang durch vier Jahrhunderte bis zum Jahre 1866 (Schriften der Gesellschaft für Flensburger Stadtgeschichte, 5), Flensburg 1940

Sangl, Sigrid: Das Bamberger Hofschreinerhandwerk im 18. Jahrhundert, München 1990

Schwenke, Friedrich (Hrsg.): Gründerzeit. Möbel und Zimmereinrichtungen, Berlin 1881 (Reprint Hannover 1985)

Seidel, Joachim: Möbelherstellung und Möbelhandel 1850-1914 mit Ausblicken auf Unterfranken (Veröffentlichungen zur Volkskunst und Kulturgeschichte, 21), Würzburg 1986

Sinz, Herbert: Das Handwerk – Geschichte, Bedeutung und Zukunft, Düsseldorf/Wien 1977

Strathmann-Döhler, Rosemarie und Wiese, Wolfgang: Ein Jahrhundert – Möbel für den Fürstenhof, Karlsruhe, Mannheim, St. Petersburg 1750-1850, Ausstellungskatalog Badisches Landesmuseum Karlsruhe, Sigmaringen 1994

Stürmer, Michael (Hrsg.): Herbst des alten Handwerks – Zur Sozialgeschichte des 18. Jahrhundert, München 1979

Stürmer, Michael: Handwerk und höfische Kultur, Europäische Möbelkunst im 18. Jahrhundert, München 1982

Thurneyssen, Fritz: Das Münchener Schreinergewerbe – eine wirtschaftliche und soziale Studie, Stuttgart 1897

Vocke, Helmut (Hrsg.): Geschichte der Handwerksberufe, 2 Bde., Waldshut/Baden 1960

Wernet, K. F.: Handwerksgeschichte als Forschungsgegenstand, 2 Teile, Münster 1961

Wiese, Wolfgang: Johannes Klinckerfuß – Ein württembergischer Ebenist (1770-1831), Sigmaringen 1988

Wissel, Rudolf: Des alten Handwerks Recht und Gewohnheit, 2 Bde., Berlin 1985

Zinnkann, Heidrun: Mainzer Möbelschreiner der ersten Hälfte des 19. Jahrhunderts (Schriften des Historischen Museums Frankfurt), Frankfurt/M. 1985

Zinnkann, Heidrun: Meisterstücke – Mainzer Möbel des 18. Jahrhunderts, Ausstellungskatalog Museum für Kunsthandwerk, Frankfurt/M. 1988

FRITZ HELLWAG

—

DIE GESCHICHTE DES DEUTSCHEN TISCHLER-HANDWERKS

Hölzernes Aushängeschild der „Zimmer und Tischler Gesellen Herberge", Frankfurt, um 1830

FRITZ HELLWAG

DIE GESCHICHTE DES DEUTSCHEN TISCHLER-HANDWERKS

Vom 12. bis zum Beginn des
20. Jahrhunderts

1 9 2 4

EDITION
libri rari

VERLAG TH. SCHÄFER
HANNOVER

Reprint nach der Originalausgabe von 1924
Seinerzeit erschienen in der Verlagsanstalt des Deutschen Holzarbeiter-Verbandes
Aus dem Besitz von Prof. Hans Michaelsen, Berlin
Zusätzliche Abbildungen stammen aus historischen Werken

Begleittext von Ralf Buchholz, Hildesheim

ISBN 3-88746-333-1
Best.-Nr. 1241

Gesamtherstellung
Th. Schäfer Druckerei, Hannover

Inhaltsverzeichnis

Anhang

Vorwort

Vom Deutschen Holzarbeiter-Verband erhielt ich im Jahre 1913 den Auftrag, eine Geschichte des deutschen Tischlerhandwerks zu schreiben, die von wirtschaftsgeschichtlichen, technischen und kunsthistorischen Gesichtspunkten aus behandelt sein sollte. Mit einigen Worten möchte ich die Grundlagen meiner Arbeit, deren Fertigstellung sich länger als beabsichtigt verzögert hat, erläutern.

Historische Vorarbeiten, die speziell das Tischlerhandwerk betreffen, gibt es, von kunstwissenschaftlichen Werken abgesehen, nur sehr wenige; Paul Voigt hat in den Schriften des Vereins für Sozialpolitik das Tischlergewerbe in Berlin behandelt, Thurneyssen in einer wirtschaftsstatistischen Darstellung das Münchener Schreinergewerbe. Fast alle übrigen Herausgeber der von mir benutzten Zunftgeschichten und lokalen Quellenschriften, deren Verzeichnis ich im Anhang anschließe, haben wohl je einige der wichtigsten Zunftrollen auch der Tischler abgedruckt, im übrigen aber, ihrem Plan gemäß, das Tischlerhandwerk nur insofern herangezogen, als es im Rahmen ihrer allgemeinen Darstellung notwendig erschien. Der Einheitlichkeit mindestens des lokalen Zunftregimentes entsprechend, konnte den einzelnen Gewerben und Handwerken dort so vollkommen Genüge geschehen; bei einer speziellen Geschichte des deutschen Tischlerhandwerks aber mußte ich den Aufbau, soweit es irgend möglich war, auf eigenen Grundlagen und Nachrichten dieses Handwerks versuchen. Ich bin dabei so verfahren, daß ich immer wieder die Entwicklung des Tischlerhandwerks in den verschiedenen Städten miteinander verglich, wobei sich oft eine recht interessante Nuancierung ergab und überdies ganz von selbst die wichtigsten Städte in der Schilderung derjenigen Zeiten besonders hervortraten, in denen sie ihre höchste Blüte erlebt haben; allerdings war ich zuweilen auch von der äußerlichen Ergiebigkeit des Quellenmaterials abhängig. Im Querschnitt ist, wie ich hoffe, ein zutreffendes und anschauliches Bild der gesamtdeutschen Entwicklung des Tischlerhandwerks entstanden.

Der auf eine spezialisierte Berufstätigkeit gegründete Begriff: Tischler oder Schreiner hat sich erst gebildet, nachdem die Wagner und besonders die Drechsler schon lange Zeit neben den Zimmerleuten selbständig als Holzspezialisten gearbeitet hatten. Als Kistler, dieser Name taucht am frühesten auf, mag eine bestimmte Handwerkergruppe im engsten Verbande der Zimmerleute schon Generationen hindurch mit der zimmermannsmäßigen Herstellung von Betten, Truhen, fest eingebauten Schrankkästen und Bänken sich beschäftigt haben; das Hervorwachsen eines technisch verfeinerten selbständigen Tischlerhandwerks begann erst um das Jahr 1320, als die Brettersägemühle erfunden wurde. Da die Zimmerleute, die solcher Abspaltung anfänglich ohne materiellen Neid zugesehen hatten, später die feinere Arbeit auch für sich beanspruchten, so mußten die Tischler, Schreiner oder Kunthormacher jahrhundertelang gegen jene, aber auch gegen die Drechsler, Wagner und andere Holzarbeiter der Grenzgebiete einen zähen Kampf führen, dessen wechselvoller Verlauf aus den weit zurückreichenden Zunft- und Gerichtsakten erkennbar ist. Es war deshalb notwendig, diese Beziehungen zu den Grenzgebieten, die, nicht immer in freundschaftlichen Formen bis in das 19. Jahrhundert fortgesetzt wurden, entsprechend zu berücksichtigen. Die Darstellung des Tischlerhandwerks hat dabei nur gewonnen, weil diese Nahrungsstreitigkeiten meist mit traditionellen technischen Gepflogenheiten begründet wurden, und so, da oft andere Nachrichten fehlten, die Entwicklung des Handwerks gekennzeichnet werden konnte.

Ich habe die Archive folgender Städte durchforscht und konnte aus ihnen ein zum Teil recht reichhaltiges Urkundenmaterial zum erstenmal veröffentlichen oder verarbeiten: Cöln, Frankfurt a. M., Straßburg, Würzburg, Karlsruhe, Stuttgart, Ulm, Augsburg, München, Nürnberg, Basel und Zürich. Den Leitern dieser Archive bin ich für ihre freundliche Unterstützung und die Bereitwilligkeit, mit der sie mir zum Teil die Akten später nach Berlin gesandt haben, zu großem Dank verpflichtet. Im „Urkundenanhang“ habe ich die wichtigsten Akten, teilweise im Wortlaut, chronologisch und mit Standorten aufgeführt und hier auch die in anderen Büchern bereits gedruckten Dokumente mit eingeordnet.

Die Einteilung meiner Arbeit in folgende Hauptkapitel: 1. Die vorgewerbliche Zeit; 2. Die bürgerliche Einordnung der Handwerker; 3. Der Aufbau des Tischlerhandwerks als Gewerbe; 4. Die Einrichtung der Zünfte; 5. Die Arbeit und ihr Lohn; 6. Die Handwerkstechnik; 7. Die neue Zeit und der Übergang zur Gewerbefreiheit, machen wohl meine Absicht klar, soziale, wirtschaftliche und technische Tatsachen nach Möglichkeit zu gliedern. Diese Gesichtspunkte aber immer und gar gewaltsam auseinanderzuhalten, durfte nicht kategorisch erzwungen werden, sollte nicht die Klarlegung mancher reizvollen Beziehungen und inneren Bedingtheiten verhindert werden. Ich habe meine Darstellung von den ersten Anfängen im 12. Jahrhundert bis zur Mitte des 19. Jahrhunderts durchgeführt, glaubte aber, mit der Einführung der Gewerbefreiheit abschließen zu sollen, weil sich nur bis dahin die innere Einheitlichkeit wahren ließ und von nun an, das heißt nach der Umgestaltung in eine kapitalistische und industrielle Betriebsform, mehr der Statistiker als der Kulturschilderer das Wort hätte führen müssen. Im kunsthistorischen Anhang, dessen Hauptwert in den Abbildungen liegen soll, habe ich absichtlich die Hauptlinien nur soweit angedeutet, als es zur Anschaulichkeit der Bilder notwendig erschien; damit sollte ein Anreiz zur betrachtenden Mitarbeit gegeben werden.

Ich habe versucht, die wissenschaftliche Brauchbarkeit des Buches durch ein ausführliches Stichwortverzeichnis zu erhöhen, und habe Hinweise auch im Text möglichst oft wiederholt. Das Ortsverzeichnis, in dem die Standorte bedeutender Tischlerwerke auch nach Quellenschriften zusammengestellt sind, wird, wie das Namenverzeichnis, künftig noch sehr ergänzt werden müssen. Ebenso bin ich bei meinem Wunsch, zu beweisen, daß die genauen Maße der Meisterstücke eine teilweise Normierung der zeitlichen Produktion verursacht hätten, über eine Formulierung nicht hinausgekommen. (Vgl. S. 472 ff.). Hier und vielleicht noch an manchen anderen Stellen bedarf es noch sehr der Mitarbeit der Museumsleiter und Kunsthistoriker, um die ich im Interesse aller Freunde des Tischlerhandwerks hiermit bitte. Ich werde für jeglichen Hinweis dankbar sein.

Berlin-Zehlendorf, Mai 1924. Fritz Hellwag.
Potsdamer Straße 44.

Vorgewerbliche Zeit

Die Axt im Haus erspart den Zimmermann!" Mit diesem Satz kann man den Zustand des Tischlerberufes im frühen deutschen Mittelalter schildern, zur Zeit, da die Familien noch einsam im Wald oder Feld in Hütten hausten und das Familienhaupt mit seinem Weibe für alle eigenen Bedürfnisse selbst sorgen mußte. Spinnen, Bleichen, Nähen, Gerben, Backen, Zimmern und Schnitzen waren die allen geläufigen häuslichen Beschäftigungen, aus denen sich erst in späteren Jahrhunderten langsam besondere gewerbliche Berufe entwickelten. Kein Hausstand war hierin auf den andern angewiesen. Jeder mußte von allem etwas verstehen und wollte an keine fremde Hilfe denken, schon damit er in seiner Umfriedung für sich allein blieb. Nur das Waffenhandwerk führte die Männer außer dem Hause zusammen, auf daß der wehrhafte Schutz der Nachbarn den einzelnen vor gewalttätigem Schaden behütete.

Als aber die Überfälle von außen sich mehrten und die Sicherheit der sehr verstreut liegenden Anwesen immer schwerer zu gewährleisten war, da rückten die Familien näher zusammen; die Söhne bauten sich in der nächsten Nachbarschaft der Eltern an, und so entstanden allmählich Höfe und Dörfer. In solchen, mehr zusammenhängenden Siedlungen mag sich je nach Geschick und Neigung mit der Zeit eine gewisse Arbeitsteilung wie von selbst herausgebildet haben, indem der eine diese, der andere jene Beschäftigung am meisten pflegte und sie dann, von den übrigen um Rat angesprochen, bald auch im allgemeinen Interesse ausübte; wer seine Hilfe begehrte, entschädigte ihn mit Lebensmitteln, mit Arbeit oder mit anderen Dingen, die zu seiner Leibes Notdurft oder in seinem Hause nötig waren. So mag auch der im Hüttenbau Erfahrenste des Dorfes Zimmermann geworden sein, wie man sich auch daran gewöhnte, den einen den Schmied, den andern den Becken und den dritten den Gerber oder den Weber zu heißen.

Aber die Unsicherheit im Lande wuchs, und aus kleineren Grenzstreitigkeiten entwickelten sich größere Beutezüge unter Führung der Mächtigeren. Die Starken warfen sich zu Herren über die Schwächeren auf und rafften das umliegende Land, dessen Mittelpunkt ihr eigener Hof wurde, unter ihrer Herrschaft zusammen. Und aus solchen Herren wurden Grafen und Herzöge, die endlich damit begannen, das Zusammenleben der Untergebenen nach ihrem Willen zu ordnen und einzurichten. So handelten auch die Könige, die ausgedehnte Grundherrschaften besaßen. Ein jeglicher Mann bekam nun seinen Dienst im Gemeinwesen vom Machthaber zugewiesen; Anfänge wurden planmäßig fortgesetzt, dem Zimmermann und den andern Handwerkern wurde ihre früher freiwillig ausgeübte Tätigkeit nun zur Pflicht gemacht, die sie im Dienste des Herrn und im Interesse der Siedlungsgemeinschaft zu erledigen hatten. Aus dem gelegentlichen Handwerksdienst wurde ein Amt, das die Söhne des Trägers nach dessen Tode übernehmen mußten und in das sie gleichsam hineingeboren wurden. Daß solche Erblichkeit, die, um dem Amte einen dauernden Fortbestand im Interesse des Herrn und der Gemeinschaft zu sichern, zur Pflicht erhoben war, damit auch die Formen eines Rechtes erhielt, ist einleuchtend.

Das älteste Dokument einer solchen hofrechtlichen Aufteilung der handwerklichen Tätigkeit ist das sogenannte „Capitulare de Villis", ein Gesetz, das Kaiser Karl der Große für die Verwaltung der Königlichen Grundherrschaften erlassen hat. Wir können es ungefähr auf das Jahr 800 datieren. „Das Gesetz zählt die verschiedenen Gewerbe auf, die durch berufsmäßig geübte Handwerker besetzt sein sollen, und die folgenden Gebieten angehören: Bewaffnung, Jagd, Fischerei, Nahrung, Kleidung, Schmuck, Hausbau, darunter Schreiner, Drechsler und Zimmerleute, Bodenbewirtschaftung. Wesentlich für die Gewerbegeschichte ist hier die durchgeführte Einteilung und Abteilung der Handwerker nach Berufen, sowie ihre Einreihung in eine beamtenmäßig beaufsichtigte Wirtschaftsordnung"[1]). Die Holzarbeiter, die ja damals noch allein den hölzernen Hausbau — der Steinbau wurde erst im 14. Jahrhundert allgemeiner und war noch fast ganz unbekannt — auszuführen hatten, unterstanden dem Marschall, der in Gemeinschaft mit dem Kämmerer, dem Truchseß und dem Schenken die Hofverwaltung bildete. Diesen königlichen Hofbeamten war es zur Pflicht gemacht, dafür zu sorgen, daß in ihrem Amtssprengel tüchtige Handwerker aller Art wären, denen allerhand Vergünstigungen gewährt wurden und sich mit dem Amt auf die Nachkommen vererbten. Ebenso wie über die ererbte Berechtigung zur Ausübung des Amtes, wachten die Handwerker natürlich auch eifersüchtig über den Fortbestand solcher Vergünstigungen. Die Vererbung der Ämter hatte, da mancher Handwerker mehrere Söhne als Amtsbrüder heranziehen konnte, ein allmähliches Wachsen des Berufsstandes der Zahl nach zur Folge und machte die Anstellung neuer Handwerker von außen überflüssig, gegen die sich die erbberechtigten Inhaber wohl auch bald zu sträuben begonnen haben.

War ein handwerklicher Berufsstand zahlreich genug geworden, so wurde ihm ein besonderer Vorsteher (Magister) übergeordnet, der der Träger ihrer eigenen Gerichtsbarkeit wurde, während die Handwerkerschaft den Träger der gewerblichen Selbstverwaltung darstellte. Bis diese Art Selbstverwaltung sich herausbildete, verging gewiß eine recht lange Zeit, in der sich die beruflich zu einandergehörigen Handwerker allmählich auch innerlich und grundsätzlich so zusammen fanden, daß sie über das Wesen ihrer gemeinsamen Interessen sich klar wurden und diese in Form brachten. Einen eigentlichen Lohn zahlte der Grundherr den Handwerkern nicht, sondern gab ihnen nur Wohnung und Kost und wohl ein Stück Land zur Selbstbewirtschaftung; er lieferte auch das Material, Werkzeug usw. für ihre Arbeit, über die er frei und ganz nach seinem Bedarf

[1]) Rudolf Eberstadt, Der Ursprung des Zunftwesens. München 1915. S. 257.

verfügte. Als der Berufsstand der einzelnen Handwerke durch die vervielfältigende Vererbung endlich so zahlreich wurde, daß der Grundherr selbst nicht mehr genügende dauernde Beschäftigung für alle hatte, bildete sich der Zustand heraus, daß den Handwerkern, zunächst von Fall zu Fall, gestattet wurde, auch für fremde Rechnung zu arbeiten. Gab es hierbei Beanstandungen von seiten des gelegentlichen Arbeitgeber, so war nach dem Gesetz[1]) der Herr verpflichtet, für den Schaden aufzukommen, den er aber auch derart ablösen konnte, daß er dem Geschädigten den Knecht überließ.

Später entstanden die öffentlichen Märkte und boten Gelegenheit zum freien Verkauf der Erzeugnisse, wozu die Handwerker als Hörige oder im Herrendienste Stehende aber nicht berechtigt waren. Sie mußten die Erlaubnis hierzu, gewissermaßen den Verzicht auf ihre Dienste, die ohnehin mangels Bedarf vom Herrn nicht in vollem Maße ausgenutzt wurden, diesem mit dem Gelde, das zu jener Zeit allmählich allgemein eingeführt wurde und das sie sich mit Gelegenheitsarbeit verdienten, abkaufen. Man nannte dies den „Gewerbekauf". Außerdem hatten die Handwerker ihrem Herrn eine grundherrliche Abgabe, das sogenannte „Halbanum" zu entrichten. „Diese ursprünglich rein agrarische Abgabe wurde mit der Zeit rein gewerblich, und die ursprüngliche Belastung verwandelte sich in eine spätere Bevorzugung: die Handwerkschaften, die das Halbanum (Hauban) entrichteten, waren von den Umsatzabgaben für die Gegenstände ihres Gewerbebetriebes befreit"[2]).

Es ist kaum anzunehmen, daß zu jener Zeit die Holzarbeiter, ausgenommen vielleicht die Drechsler, die Mulden, Löffel und dergl. anfertigen konnten, schon viel für den öffentlichen Markt geschafft haben; destomehr mögen sie von der Erlaubnis, fremde direkte Aufträge zu erledigen, Gebrauch gemacht haben. Fast will es scheinen, als ob sie zuweilen eine Art Sonderstellung eingenommen hätten. Wie sie z. B. unter einem Magister, am französischen Königshof, wo sich das alte Amtsverhältnis noch lange erhalten hat, gestellt waren, berichtet Eberstadt nach dem „Livre de métiers" (einem im Jahre 1268 durch Etienne Boileau gesammelten Statutenbuch, das im Jahre 1837 durch Depping neu herausgegeben wurde): „Der Titel 57 des ersten Buches behandelt die Maurer, Gipser und Steinmetze; der Titel 58 die Zimmerleute und die ihnen angegliederten Handwerker, wie Schreiner, Bauschreiner, Wagner, Dacharbeiter und alle, die „den Balken bearbeiten" (qui euvrent du tranchant en merrien). Diese Handwerkschaften, insgesamt das Baugewerbe vertretend, stehen zur Zeit des Livre de métiers unter zwei Magistern: die Maurer und ihre Genossen unter Meister Guilleaume de Saint Patu; die Zimmerleute und die ihnen zugerechneten Handwerker unter Meister Fouques du Temple. Dieser Magister war ein vom König angestellter Beamter, dessen Gerichtsbarkeit die Handwerker unterstanden. Für die Baupolizei war er vom öffentlichen Gericht bestellt und bezog hierfür 18 Denare täglich und ein neues Amtskleid auf Allerheiligen.... Das Baugewerbe trägt keinerlei Leistung, die sich als Umwandlung einer ehemals persön-

[1]) Lex Burgundiorum XXI, § 2.
[2]) Eberstadt a. a. O., S. 224.

lichen Dienstpflicht oder als Fortbestand eines privatrechtlichen Verhältnisses darstellen könnte. Keine der uns bekannten magistralen Abgaben, wie Gewerbekauf, Halbanum, Kopfzins, Wachtzins, Amtsabgabe und dergl. kommt hier vor. Das Bauhandwerk ist durchaus frei."

In ähnlicher Form, wie die weltlichen Grundherrn, nur technisch und geschmacklich anspruchsvoller und dadurch fördernder, haben die Mönche in ihren Klöstern und Niederlassungen einen Handwerkerstamm sich herangezogen. Überließen es die weltlichen Herren, die selbst nur Sinn für Jagd und Krieg hatten, und denen die Anfertigung künstlicher Produkte zu gering war, ihren Handwerkern, „sich durch Fleiß und Nachdenken, durch Arbeit des Geistes und des Körpers auf eine höhere Stufe der Sittlichkeit zu stellen, als die war, die sie selbst einnahmen", und waren sie zufrieden, wenn man sie dafür mit Geld abfand, so wurden dagegen die Mönche die geistigen Führer ihrer Untergebenen, auf die sie durch gutes Beispiel und durch spornende Anforderungen zu wirken trachteten. Doch auch bei ihnen stellte sich nicht die Befähigung aber das Bewußtsein, zum Träger auch weltlicher Kultur berufen zu sein, erst allmählich ein. „Seit dem 6. Jahrhundert waren es besonders die Ordensbrüder von der Regel des hlg. Benedikt, die, getreu den Satzungen ihrer Statuten, überall, wo sie sich schwärmerisch und fromm niederließen, den Urwald ausrotteten und das urbar gemachte Land in Früchte tragende Acker- und Weinländereien verwandelten, und in der Einsamkeit der unentbehrlichsten Hilfsmittel beraubt, bei ihren Wohnungen Mühlen, Backöfen, Eisenschmieden und andere Werkstätten anlegten. Die Misanthropen (Menschenfeinde, Einsiedler) des Mittelalters wurden somit, ohne daß sie es wollten, die nützlichsten Mitglieder der Gesellschaft, besonders nachdem sich deren Grundeigentum immer weiter ausgebreitet hat"[1]).

Im Jahre 750 sorgte der Abt von Fulda, als er alle Klostergebäude von neuem aufführen ließ, dafür, daß die verschiedenen Handwerke und Berufe für die Wirtschaft der Abtei „innerhalb der baulichen Anlagen ausgeübt werden konnten, damit die Brüder keinen Anlaß hätten, die Beschaffung mangelnder Bedarfsgegenstände außerhalb des Abteibezirks zu suchen". Die Bedürfnisse waren hier schon weit mehr verfeinert, als auf den Herrenhöfen oder gar in Dörfern. Zum Beispiel war im Jahre 820 in dem Grundriß für den beabsichtigten Neubau des Klosters in Sankt Gallen auch eine Werkstatt für Drechsler und eine solche für Böttcher vorgesehen. Wenn es auch nicht berichtet wird, so darf man vielleicht doch annehmen, daß da auch ein Laienbruder als zimmernder Tischler sich betätigt und eine Werkstatt eingerichtet hat.

Man kann immerhin voraussetzen, daß auch auf den Herrenhöfen, gerade infolge der, freilich aus ganz andern, sozialen und egoistischen Gründen eingeführten Vererbung des einmal übertragenen Amtes eine gute handwerkliche Tradition erwachsen war, die kaum, sicherlich verhältnismäßig nicht so schnell entstanden wäre, wenn die Handwerke keine Berufe (Ämter) geworden, sondern, wie ehemals, Gegenstand der gelegentlichen „Beschäftigung" geblieben

[1]) Mascher, Das Gewerbewesen von der frühesten Zeit bis auf die Gegenwart. 1866. S. 31, 32.

wären. Der Vorteil einer Betriebsorganisation läßt sich also schon in der vorgewerblichen Zeit nachweisen.

Hauptsächlich ist die stille Vorbereitung neuer Produktionsformen bemerkenswert. Die Handwerker, deren Herr ihre Arbeitskraft nicht mehr voll ausnützen konnte, sondern sich das Recht zur teilweisen freien Verfügung hatte abkaufen lassen, hatten mehr und mehr eine anderweitige und bar bezahlte Verwendung ihrer Arbeitskraft gesucht und gefunden. Die meisten unter ihnen, wenige Kategorien ausgenommen, konnten freilich von dem stark und schnell emporblühenden Marktwesen insofern nicht den direkten Nutzen ziehen, daß sie auf den Märkten als Produzenten auftraten und ihre eigenen Produkte anboten, denn dazu besaßen sie nicht die genügenden Rohmaterialien oder nicht die Mittel, sie auf Spekulation zu erwerben. Jedenfalls war dies bei den Zimmerleuten und den übrigen Holzarbeitern der Fall, denen damals und lange Zeit nachher zu jedem Auftrag das nötige Holz und die Nägel usw. vom Auftragerteiler bei der Bestellung geliefert wurden. Aber indirekt brachte der auf den Märkten an Stelle des Tauschverkehrs nun eingeführte Geldverkehr diesen Handwerkern einen erheblichen Vorteil und eine Neuordnung ihrer sozialen Stellung: es ergab sich der Brauch, auch den Lohn nicht mehr in Naturalien zu zahlen, sondern in Geld auszudrücken und zu berechnen. Mag der Lohn anfänglich auch noch so gering gewesen sein, der Besitz von Geld setzte die Handwerker doch instand, mit diesem Verdienst nach ihrem Gutdünken zu wirtschaften, ihn zu sparen oder zur Anschaffung von Werkzeug zu verwenden. Damit war der Anfang für die Umgestaltung der Fronarbeit zur Lohnarbeit gemacht, und selbstverständlich war der Sinn der Handwerker nun zielbewußt darauf gerichtet, zur uneingeschränkt freien Verfügung über ihre eigene Arbeitskraft zu gelangen. Bedeutsame äußere Umstände trugen dazu bei, sie auf dem Wege zu diesem Ziel schneller vorwärts zu bringen, als ihr eigener Wille es vermocht hätte.

Diese äußeren Umstände waren in der Begründung und in dem schnellen Wachstum der Städte und festen Plätze gegeben. Der aufblühende Handel folgte den vorhandenen großen Verkehrsstraßen und wählte die Hauptknotenpunkte, die noch aus der Römerzeit oder später von den Königen befestigt waren, als Niederlassungen und Stapelplätze, so zum Beispiel Frankfurt, Nürnberg, Cöln, Aachen, Zürich, Braunschweig usw. Diese festen Plätze erhielten besondere Marktprivilegien. In sie flüchtete sich die Bevölkerung des flachen Landes, das durch unaufhörliche Kriege verwüstet und unsicher gemacht wurde. Nach kanonischem Recht sollten sich die Bischöfe „nur in einer verkehrsreichen Stadt niederlassen, aber nicht in Städten bescheidenen Umfangs, weil dies der Würde des Bistums Eintrag tun würde". Solche alten Bischofsstädte waren Hamburg, Bremen, Osnabrück, Hildesheim, Magdeburg und andere. Es wurden Kirchen gebaut, mit den regelmäßigen Märkten waren Messen und kirchliche Feste verbunden, ein reges öffentliches Leben entwickelte sich. Was lag näher, als daß auch die Handwerker danach strebten, in diesen verkehrsreichen städtischen Siedlungen wohnen zu dürfen, wo ihnen die ersehnte Gelegenheit gegeben war, sich durch die eigene Verwertung ihrer Arbeitskraft selbständig zu machen und an dem wirtschaftlichen und sozialen Fortschritt Anteil zu haben? So begann denn um die Mitte des zehnten Jahrhunderts ein großer Zuzug zu den Städten, wo tüchtige Leute mit offenen Armen aufgenommen wurden; war doch ein jeder notwendig, um die vielerlei Bedürfnisse, die sich in einer großen Menschenansammlung ergeben, durch seine Facharbeit befriedigen zu helfen. Freilich befanden sich in den Abteien der großen Bischofssitze schon zahlreiche eigene Handwerker. So zum Beispiel in Zürich. In Zürich wurden die neu Ankommenden mit den Hörigen zusammen angesiedelt und zunächst so gestellt wie diese. „Von altem her und durch die Erweiterung der Stadt Zürich sehr bedeutend verstärkt, befanden sich Hörige (servi) der beiden Stifte, ganz besonders der Abtei, in der Stadt. Sie bildeten, durch Zugezogene vermehrt, die Menge der Handwerker, die — einzelne von höherstehenden Gewerben vielleicht schon damals ausgenommen — noch keinen Teil an der vollen Rechtsgemeinschaft der Bürger hatten. Meist waren sie in den nun zu der Stadt gezogenen Vorstädten niedergelassen und besassen nicht freies Eigentum an Grund und Boden, sondern hatten Häuser der Herrschaft zu Erbleihe oder wohnten zur Miete. Auch für sie waren die Lasten der Hörigkeit aber sehr gemildert. Die Gotteshausleute waren überhaupt, selbst in den Höfen des Gotteshauses außerhalb der Stadt, von alters her günstiger gestellt als Hörige anderer Herren, und in der Stadt, wenn schon der Wohnsitz in derselben die Freiheit noch nicht verschaffte, war dies noch mehr der Fall."[1])

Man könnte denken, daß die sich den Städten zuwendenden Handwerker hier die äußerliche, persönliche Freiheit gesucht hätten, nachdem sie vordem sich in fast körperlicher Abhängigkeit, ja vielfach in wirklicher Hörigkeit befunden hatten. Wohl erlangten sie „durch Niederlegung einer Gabe an dem Altar der Kirche eine Art von Freilassung und brauchten, nun unter dem Patronat der Kirche stehend, nur einen geringen Zins an diese zu entrichten[2])", wohl war in dem der Stadt Aachen von Friedrich I. am 9. Januar 1166 erteilten Privileg ausgesprochen „Stadtrecht kennt keine Unfreiheit", was aber in Wirklichkeit die Handwerker in die Städte lockte, waren außer der Sicherheit vor Raub und Krieg die wirtschaftlichen Möglichkeiten, die sich ihnen dort boten. Später freilich noch mehr. Sie waren durch die über viele Generationen reichende Einordnung in das Gemeinwesen der Hofhaltungen und Klöster zu sehr geschult und darüber aufgeklärt, daß nur im Dienste der Allgemeinheit und im Zusammenhalt der einzelne Bedeutung, der Berufsstand ein Ansehen erlangen könne, als daß sie die Vorteile solcher Disziplin um eines ihnen kaum bekannten und nicht bedürftigen Begriffes der Freiheit hätten preisgeben wollen. Daß sich aus solcher Beschränkung später gemeinsame politische Rechte ergeben könnten, hat wohl keiner vorausgesehen und von vornherein beabsichtigt. Traugott Geering[3]) ist ähnlicher Ansicht. Er schreibt: „Überhaupt streben diese neuen Handwerke zunächst nicht etwa nach persönlicher Freiheit, sondern im Gegenteil, sie streben in das ‚Hofrecht' des Bischofs hinein, sie suchen die Leitung

[1]) Vögelin, Das alte Zürich. II. S. 162.
[2]) Vögelin a. a. O., II. S. 140.
[3]) Handel und Industrie der Stadt Basel. S. 18.

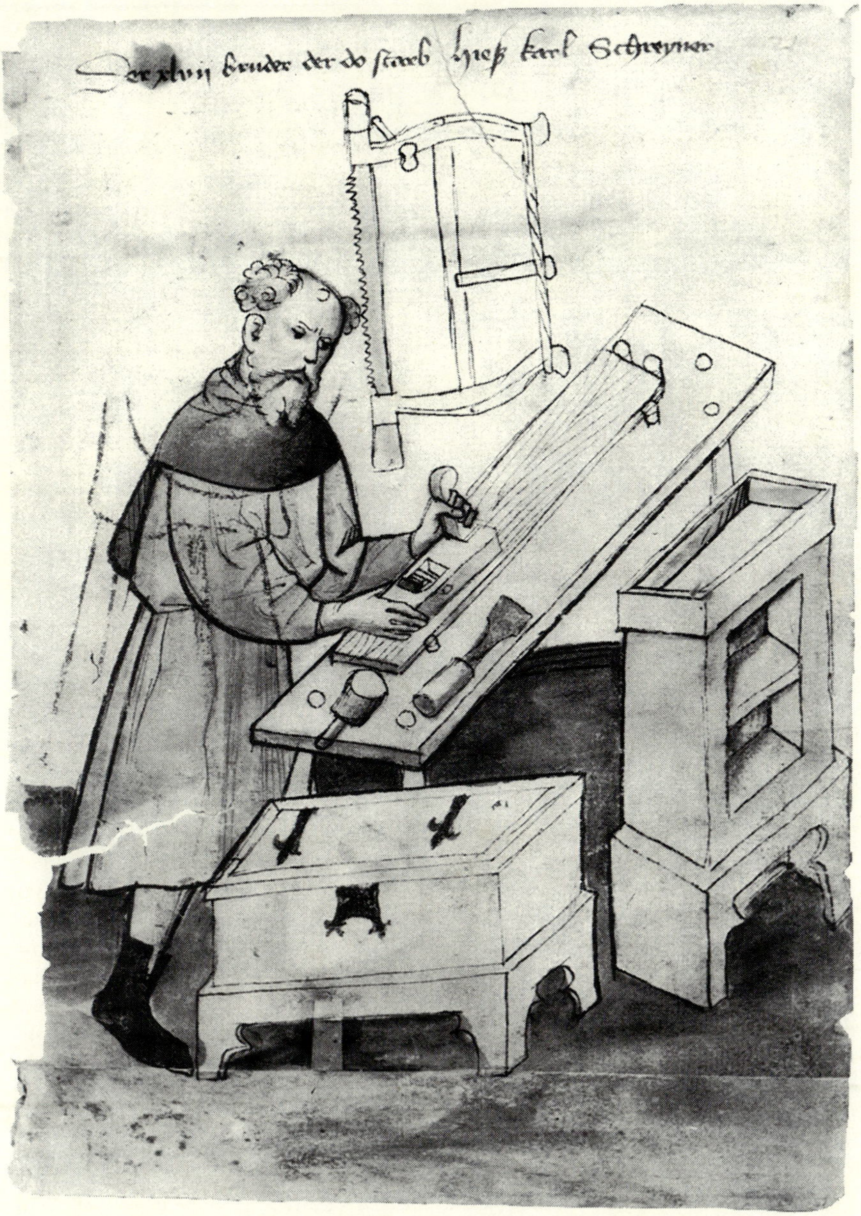

Im »Hausbuch der Mendelschen Zwölfbrüderstiftung zu Nürnberg« aus dem 15. und 16. Jahrhundert sind die Stiftsinsassen abgebildet. Auf diesem Bild, um 1425, sieht man den Schreiner Karl Schreyner bei der Arbeit, neben ihm seine Werkstücke. Dies ist die vermutlich älteste deutsche Darstellung einer Hobelbank.

Der Schreiner Peter Cremer verstarb 1444 im Mendelschen Stift zu Nürnberg, einer Stiftung des Patriziers Conrad Mendel für alte und kranke Handwerker. Im »Hausbuch« dieser Stiftung ist jeder der »Brüder« bei seiner früheren Tätigkeit dargestellt.

eines Offizialen nach. In der Organisation nach dem Muster der offizia (Ämter) überwiegen eben immer noch bei weitem die Vorteile. Nicht die persönliche Freiheit der alten fränkischen Zeit ist das Ziel, sondern die spezifisch städtische, sozial und politische Stellung des ganzen Standes, welche allein die Teilnahme am Regiment verleiht. Die Pole, die sich entgegenstehen, die Angeln, um welche sich die soziale Entwicklung bewegt, heißen nicht mehr persönliche Freiheit oder Hörigkeit, öffentliches Recht oder Hofrecht, sondern: Monarchie oder Demokratie, Herrschaft oder Rechtslosigkeit, Macht, eigener Gerichtsstand, Autonomie oder politische Untertänigkeit ganzer Klassen. Die Handwerke suchen eine Leitung nach dem Muster der alten hofrechtlichen offizia (Ämter) nach, weil sie dadurch fähiger werden zur Teilnahme am Regiment. Der Rat, nach dem sie streben, ist zunächst durchaus kein sozialfreiheitliches Institut, sondern ein ministerielles Institut. Und die Einfügung der Handwerke in das Hofrecht des Bischofs wird flankiert durch ihre Zulassung zum Burgrecht." Die politische Freiheit des Standes und die aus ihr folgende Teilnahme am Stadtregiment mag in jenem sich einordnenden Verhalten der Handwerke ihren Keim gehabt haben, erreicht wurde sie zumeist nach langen, oft sogar blutigen Kämpfen erst in späteren Jahrhunderten; aber die wirtschaftliche Freiheit der handwerklichen Berufe, erkauft durch die freiwillige Beibehaltung des ehemaligen hofrechtlichen Abhängigkeitsverhältnisses, braucht von uns nicht rückschauend rekonstruiert zu werden, sondern wir können urkundlich nachweisen, daß sie bald, nachdem sich die Handwerkerkategorien zahlreich genug in den Städten zusammengefunden hatten, bewußt erstrebt und auch erreicht worden ist. Wirtschaftliche Freiheit und eigene Gerichtsbarkeit wurde den Handwerkern bald gesetzlich garantiert. Die älteste derartige Rechtsurkunde, das Straßburger Stadtrecht, etwa aus dem Jahre 1129, zeigt uns schon die Zimmerleute nicht unter der direkten Gerichtsbarkeit des Burggrafen stehend, sondern als besonderes Amt mit eigener Gerichtsbarkeit. „Während alle Bürger der Stadt dem Bischof zu einer fünftägigen Arbeit wöchentlich zu des Bischofs Werk (in dominico opere) verpflichtet waren, blieben die Zimmerleute hiervon befreit. Sie waren nur gehalten, jeden Montag im Dienste des Bischofs gegen Vergütung der Beköstigung zu arbeiten (also ohne Lohn) und sich zu diesem Zweck vor dem Bischofsplatz einzufinden. Wurden sie bis zum Läuten der Frühmesse nicht zum Dienst des Bischofs genommen, so waren sie für diesen Tag frei. Zu dem Dienst eines andern als des Bischofs durften die Zimmerleute nicht gezwungen werden." (Art. 118.)[1]) In der übrigen Zeit durften sie ihrem eigenen freien Erwerb nachgehen, der aber reines Lohnwerk blieb, das heißt: Holz und anderes Material wurde ihnen vom Auftraggeber geliefert, wie zur Zeit der Hofwirtschaft. Im Jahre 1263 schloß der Bischof mit der Stadt Straßburg einen Vertrag ab, in dem gesagt war, daß die dem Burggrafen unterstellten Zimmerleute nicht mehr einen patrizischen, sondern einen Meister haben sollten, der das Handwerk übt; er sollte aber auch über nichts anderes richten, als was das Handwerk angeht.

[1]) Vgl. Eberstadt a. a. O., S. 177 bis 187.

„Der burcgrave sol ouch geben von ieclicheme antwerke, der er pfliget, einen meister (darunter war ein Zimmermann), der daz antwerk kan. Der ensol ouch nit anders rihten nuwen daz daz antwerk angat."[1]) Dieses Abkommen entwickelten die Handwerker allmählich insofern weiter, als sie überhaupt nicht mehr vom Burggrafen, sondern nur durch ihr eigenes Gericht abgeurteilt werden wollten. Um 1400 führte der Burggraf Beschwerde, daß sich verschiedene Handwerke nicht mehr an die „alte Ordnung" halten, ihm, dem Burggrafen nicht mehr, sondern nur noch vor Meister und Rat verantwortlich sein wollten. Wenn er sie vor die politischen Gerichte lade, so lüden sie ihn vor den Rath.[2]) Die Zimmerleute erscheinen also den anderen Handwerkern gegenüber recht bevorzugt, vielleicht weil man sie eben in den rasch sich bevölkernden Stadtwesen zum Hausbau dringend gebrauchte. Daneben gab es aber, wie wir später sehen werden, auch festangestellte städtische Zimmerleute, die ausschließlich für städtische Dienste beschäftigt wurden.

Wir dürfen es uns aber nicht so vorstellen, als ob diese geordneten Verhältnisse gleich eingerichtet worden wären und gewissermaßen die Vorbedingung für die Aufnahme in den Stadtfrieden gebildet hätten. Im Gegenteil mag lange Zeit ein ziemliches Durcheinander und ein böser, rechtsunsicherer Zustand zu ertragen gewesen sein. Zogen die Handwerker ja doch nicht als wohlgeordnete Ämter in corpore aus den Grundherrschaften in die Städte, sondern sie kamen einzeln, nach und nach, die einen mit Erlaubnis ihrer Herren, die sich selbst auch in der Stadt niederließen, die anderen fluchtartig und hart verfolgt. Die Ankommenden sahen sich in einen ganz neuartigen Zustand versetzt. Von einer Regelung des wirtschaftlichen Verkehrs der Stadt war kaum die Rede, und wahrscheinlich überstieg die Nachfrage das Angebot so erheblich, daß unreelle Handelsbräuche das rechtliche Empfinden gefährlich zu überwuchern begannen. Zwar griffen die Behörden kräftig ein. „Ueber den mit Münze und Zoll zusammenhängenden Markt (in Zürich), der ohne Zweifel damals unter der Leitung und Aufsicht von königlichen Beamten stand, gibt eine Urkunde Otto III. vom Jahre 999 beachtenswerten Aufschluß. Es wird dadurch der Stadt Villingen Marktrecht erteilt mit der Bestimmung, daß Störer des Marktfriedens Strafe treffen soll, wie in Zürich.... Der Markt in Zürich hatte also schon weitreichendes Ansehen, was auf bereits bestehende Gewerbstätigkeit in Stadt und Land schließen läßt."[3]) Aber der geschäftliche Verkehr ließ dennoch, auch von seiten der Handwerker ihren Bestellern gegenüber, so viel zu wünschen übrig, daß die Kirche es mit Hilfe ihres religiösen Einflusses unternahm, auf diese Zustände der gewerblichen Verhältnisse ethisch bessernd einzuwirken, und sie hatte damit endlich durchgreifenden Erfolg.

Die Kirche sammelte die einzelnen, die ohne inneren Halt und noch ohne Fühlung mit den Berufsgenossen im freien Erwerbsleben kämpfend für sich allein und gegen alle standen, in sogenannten „Bruderschaften", in denen neben geistlichen Übungen, oder besser gesagt: mit ihnen verquickt, auch die

---

[1]) Straßburg a. a. O., S. 369., I., S. 519.
[2]) Eheberger Urkundenbuch.
[3]) Vögelin a. a. O. II., S. 137.

gewerblichen Interessen des Berufes besprochen wurden. Der Hauptzweck dieser Bruderschaften war, mindestens anfänglich: die einzelnen aus der Verwilderung zu dem vorübergehend geschwächten sittlichen Bewußtsein, daß dem Berufsgenossen Achtung und gleiches Recht zuerkannt und daß auf ihn Rücksicht genommen werden müsse, zurückzuführen. Die ganz ungeregelte freie Konkurrenz, die ungewohnte freie Verfügung über sich selbst, der gefährliche Reiz des Gelderwerbes, all dies hatte krassem Egoismus den Zügel schießen und ihn Treu und Glauben, die früher alles gegolten hatten, vernichten lassen. Verträge und Absprachen wurden nicht eingehalten, Lieferungen nicht bezahlt. Man sah in dem Berufsgenossen nur den Konkurrenten, den es auszuschalten, in dem Besteller ein Opfer, das es auszubeuten galt. Die hier notwendigen neuen ethischen Grundlagen wurden also in den Zusammenkünften der geistlichen Bruderschaften geschaffen. In Basel hatten die Bruderschaften ihre Kulturstätte in der Kathedralkirche, woselbst es ihnen oblag, „den Marienaltar mit Kerzen zu versehen und an den Festtagen auszuschmücken. Diese bruderschaftlichen Vereine wurden Zünfte, die von ihnen hergerichtete Altarbezündung wird das lumen zunftae benannt.“[1]) Man faßte die Brüder also zuerst bei religiösen Pflichten; aber dadurch, daß hier mit wenigen Ausnahmen nur Angehörige ein und desselben Berufes zusammengeführt wurden, brachte man auch die Beratungen und Vereinbarungen über die gemeinsamen Berufsinteressen wieder in Fluß. Und etwas ganz Neues wurde in diesen, halb religiösen, halb wirtschaftlichen Zusammenkünften geboren: das war die Handwerkerehre! Die Geistlichen brachten die Handwerker dazu, sich, mangels bestehender Gesetze, durch freiwillige gegenseitige Verpflichtung eine eigene bruderschaftliche Gerichtsbarkeit zu schaffen, die erstens die Grundlagen des Berufes festlegte, indem sie durch Regelung der Lehrzeit gelernte Handwerke schuf und sie so über das Störertum hinaushob, zweitens aber die Überschreitungen der vereinbarten Regeln und des geschäftlichen Anstandes unter Strafe stellte, deren gemeinsame Vollstreckung sie sich gegenseitig garantierten. „Nicht erst die betrügliche Handlung, sondern schon die Nichteinhaltung des Versprechens ist unter Strafe gestellt. Der Handwerker soll nicht nur als ehrlich, sondern als ehrenhaft gelten. Das ist das neue Zunftrecht, das sich auf der Ehre der Arbeit aufbaut.“[2]) Eine der ältesten Urkunden solcher zünftlerischer Vereinbarungen, die wir überhaupt kennen, ist den Cölner Holzarbeitern, und zwar den Drechslern gewidmet. Sie stammt aus der Zeit um 1180 und regelt zuerst das Lehrwesen so, daß jeder neue Lehrling, den man allgemein „leirkint“ nennt[3]), bei seinem Eintritt vier Solidos bezahlen muß. (Ob mit dieser Forderung schon eine Beschränkung des Zulaufs oder nur eine Gewähr für die ernsten Absichten des Eintretenden und eine Entschädigung des Meisters gewünscht war, lassen wir dahingestellt.) Ferner: wenn ein Fremder oder Bürger einem Angehörigen der Bruderschaft Holz oder andere Ware verkauft hat, von ihm aber bis zum folgenden Tag nicht

[1]) Eberstadt a. a. O., S. 148.
[2]) Eberstadt a. a. O., S. 152.
[3]) Die Urkunde ist in lateinischer Sprache abgefaßt, und nur dies Wort ist in ihr, um Mißverständnisse auszuschließen, in deutscher Sprache enthalten.

bezahlt worden ist und sich darüber (bei der Bruderschaft) beschwert, und wenn der Bruder trotzdem nicht bezahlt, dann ist er den Genossen mit einer Buße von 10 Denarien verfallen. Wer von den Drechsler-Brüdern, die „dreislere“, auch dieses Wort ist in deutscher Sprache eingefügt, genannt werden, einem Fremden oder Bürger seine Werke oder seine Arbeit versprochen hat und ihn damit länger als zwei Wochen hinzieht, muß, wenn der Geschädigte (bei der Bruderschaft) Klage führt, den Genossen wiederum zehn Denarien zur Buße zahlen. Der Eintritt in die Bruderschaft ist freigestellt, für die Handwerksgenossen bestand kein Beitrittszwang, der ja auch nicht hätte erreicht werden können, weil diese Vereinbarungen noch keine gesetzliche Kraft, d. h. noch nicht die behördliche Genehmigung erhalten hatten, sondern nur auf dem freiwilligen Gelöbnis derjenigen Drechsler, die sich eben der Bruderschaft angeschlossen hatten, beruhte. Daß die Kirche, die den Genossen dauernd das Gewissen schärfte und dadurch den Zusammenhalt sicherte, sich einige Pflichten und kleine Opfer ausbedungen hatte, ist begreiflich und politisch richtig. (Die Cölner Drechsler-Bruderschaft war dem Evangelisten Johannes gewidmet.)

Dies waren die Wiederanfänge einer geregelten, aber nun nicht mehr, wie zur Zeit des Hoflebens, befohlenen, sondern freiwilligen Verfassung der Handwerke, die von allen Beteiligten höchst wohltuend empfunden wurden. Daß man mit allen Mitteln auch nach einer gesetzlichen Anerkennung dieser Verfassung und deren Ausdehnung auf alle Handwerksgenossen strebte, ist nur selbstverständlich. Damit der Berufsstand als solcher frei und anerkannt werde, war man bereit, einen behördlichen Aufseher, der die Durchführung der Bestimmungen zu überwachen hätte, anzunehmen, also sich dem alten Hofrecht wieder zu unterstellen; freilich ging dies nicht so glatt vonstatten, wie man in Anbetracht der guten Absichten denken sollte. „Kaiser Friedrich II. hatte schon 1232 im Interesse der fürstlichen Herren und der bürgerlichen Obrigkeiten der Städte die Errichtung solcher Zünfte durch ein Reichsgesetz verboten. Der Zürcherische Richtebrief folgte diesem Beispiel. Mit schwerer Buße, mit Verlust seines besten Hauses[1]), das niedergebrochen werden soll, wird bedroht, wer eine Zunft, Meisterschaft oder Gesellschaft aufrichten würde.“[2])

Die Anerkennung ließ aber doch nicht mehr lange auf sich warten. Die älteste, uns bekannte, Zunfturkunde unseres Gewerbes stammt aus dem Jahre 1248[3]). In Basel hatten die Maurer, Gipser, Zimmerleute, Faßbinder und Wagner gemeinsam um behördliche Anerkennung ihrer bis dahin freiwilligen Vereinbarungen bei Bischof Lutoldus von Basel nachgesucht. Sie wurde ihnen am 23. September 1248 gewährt. Die im Basler Staatsarchiv als Leihgabe der (nach einem am 3. März 1361 gemieteten Zunfthaus so genannten) „Spinnwetterzunft“ aufbewahrte Urkunde sagt darüber einleitend feierlich

---

[1]) Vögelin a. a. O. II., S. 257.

[2]) Es besaßen also schon manche Handwerker Häuser. Der Preis war, nach Vögelin, Bd. II, S. 399, 1278 durchschnittlich 34 Marken Silbers, das sind 2500 Frcs. heutiger Währung. In der ersten Hälfte des 14. Jahrhunderts 560 Frcs., in der zweiten Hälfte 450 Frcs. Im 15. Jahrhundert 245 Frcs., 1487 840 Frcs., dies für größere Häuser.

[3]) Basler Urkundenbuch. II., S. 142, in lateinischer Sprache.

folgendes: „Auf die Bitte der Maurer, Gipser, Zimmerleute, Faßbinder und Wagner erteilen wir zu Ehre und Nutzen unseres Staates der unter ihnen über ihre Handwerke neuerdings festgelegten Absprache unsere Genehmigung."

Wir werden diese und alle anderen im Lauf der Zeit erteilten Urkunden im einzelnen an anderer Stelle besprechen, wollen in diesem Zusammenhang aber schon hervorheben, daß den Baslern das Recht, ihre noch draußenstehenden Handwerksgenossen in ihre Zunft zu zwingen, gleich in sehr energischer Weise erteilt wurde: wer nicht beitreten wollte, wurde der Landesgrenzen verwiesen!

Die Einrichtung der Zunft scheint sich sehr bewährt zu haben, denn als der folgende Bischof (Henrich) im Jahre 1271 am 13. Dezember[1]) das Privileg erneuerte — es waren inzwischen noch die Wanner hinzugetreten — da hatte die Vereinbarung schon den Charakter eines Bündnisses auf Gegenseitigkeit erhalten! Nachdem zuerst gesagt worden war, daß der Bischof die von seinem Vorgänger gewährte Zunft „in Treuen" bestätige, heißt es dann weiter: „Und soll man das wissen, daß wir ihnen und sie uns und unserem Gotthaus geschworen haben, zu helfen zu unseren Nöten und wir ihnen zu ihren Nöten gegen jedermann." Und zum Schluß: „Wer immer diese guten Gesetze über die Zunft und die kirchlichen Abgaben („almusen") bricht oder stört, dem künden wir die Ungnade des allmächtigen Gottes, unserer heiligen Frau Maria und den Bann, kraft der Gewalt, die wir vom allmächtigen Gotte haben."

Von Basel, das, am Tor der großen Rheinstraße liegend, gewiß einen früh und stark entwickelten Handelsverkehr hatte, dessen Bischöfe scheinbar aufgeklärte Männer und vielleicht froh waren, der Reichsgewalt gegenüber an den Handwerken politisch eine Stütze zu haben, leuchtet der Beginn einer neuen, gewerblichen Zeit herüber. Doch auch an vielen anderen Orten regte sich der neue Geist fast gleichzeitig. Oft wurde er noch bekämpft und die Zunftbildung streng bestraft, aber aufhalten ließ seine Bahn sich nicht mehr. Die große, aus eigenem geborene sittliche Kraft der Handwerksehre begann auf alle gewerblichen und sogar auf die politischen Zustände um- und neugestaltend einzuwirken. Die Männer, denen es vergönnt war, allen Widerständen zum Trotz den Grundstein zu legen für die, der guten, treuen und ehrlichen Arbeit gewidmeten Einrichtungen, die durch Jahrhunderte das Zunftleben erwärmt haben und in ihrer letzten Wirkung dereinst Deutschland wieder groß und stark machen werden, durften von sich sagen: es ist eine Lust zu leben.

In jener Zeit hat auch unserem Gewerbe die Geburtsstunde geschlagen!

---

[1]) Basler Urkundenbuch. II., S. 43, in deutscher Sprache.

Bürgerliche Einordnung der Handwerker

Die Handwerkerverbände, die eine wirtschaftliche Selbständigkeit erstrebten, betrachteten die Dinge nur von ihrem Standpunkt aus und glaubten, wenn nur ihnen, und zwar jedem Handwerk für sich, die Zunftberechtigung erteilt sei, und wenn sich jeder nach Kräften bemühe, die den engen Kreis der zünftigen Rechte und Pflichten regelnden Vorschriften zu beobachten und ihre Einhaltung durch die Genossen zu kontrollieren, daß so die ganze mit der Städtebildung aufgerollte, soziale und wirtschaftliche Frage für sie gelöst sei. An solcher Auffassung trugen ihre Leiter, insbesondere die Bischöfe, gewissermaßen selbst die Schuld, weil sie ja — wie hätten sie anders ihr nächstes Ziel: die Annahme der sittlichen Grundregeln erreichen können? — die große Herde der eigenwilligen Individualisten nach ihrer beruflichen Zusammengehörigkeit in kleine Gruppen abgeteilt und sie aus dem Chaos sozusagen je für sich auf eine besondere Insel gerettet hatten. Damit hatten sie wohl erreicht, daß innerhalb solcher kleiner Gruppen der einzelne sich dem Willen der andern unterordnete und diese Unterordnung bald als eine gern geübte Pflicht ansah, weil jeder für sich dabei seinen Vorteil fand und von der Ehre des Berufsstandes seinen gleichbemessenen Teil erhielt. Aber gleichzeitig war eine im individualistischen Charakter der Deutschen liegende Geringschätzung der „nichtzugehörigen" Kreise und der übrigen Öffentlichkeit, also des Gemeinwesens, bestärkt und die diesem Fehler entgegenwirkende Erziehung verabsäumt worden; sie war schwer nachzuholen, und es ist auch meist dabei geblieben, daß das Zunftinteresse stets dem Allgemeininteresse vorangestellt wurde.

Die vom König zum Stadtregiment eingesetzten Bischöfe sahen sich also einer großen Anzahl von kleinen, in sich gefestigten Gruppen gegenüber, die so, wie sie zur selbstverantwortlichen Behandlung ihrer inneren Angelegenheiten angehalten worden waren, nun auch ihr äußeres Verhältnis zur Allgemeinheit nach ihrem zünftigen Gutdünken regeln bzw. auf das Stadtregiment einen entscheidenden Einfluß erlangen wollten. Und so eifersüchtig die Zünfte auch in wirtschaftlichen Dingen aufeinander waren und sich bekämpften, in diesem politischen Ziele fanden sie sich ohne Lehrmeister von selbst zusammen. So sahen sich die Bischöfe in der Ausübung der ihnen übertragenen politischen Gewalt durch diese Entwicklung ernstlich bedroht und brachten alle ihnen zu Gebote stehenden Mittel zur Anwendung, um die von ihnen selbst eingerichteten gewerblichen Gruppen politisch wieder in Einzelpersonen aufzulösen. Kluge Stadthäupter forderten die Annahme der politischen Pflichten schon bei der gewerblichen wirtschaftlichen Privilegierung der Zünfte; andere, weniger vorausschauende sahen sich später genötigt, die früher von ihnen selbst oder ihren Amtsvorgängern genehmigten Verbände gewaltsam wieder aufzulösen und erst dann wieder zu bestätigen, wenn die politischen Pflichten von jedem einzelnen, der einer Zunft angehören wollte, als bindend anerkannt worden waren. Die Zunftältesten wurden gesetzlich verpflichtet, auf die strengeste Erfüllung dieser Bedingung zu achten. Um diesem Verlangen den nötigen Nachdruck zu verleihen, war das auf Seite 20 bereits erwähnte Reichsgesetz vom Jahre 1232, das auf eine Beschwerde der Bischöfe beim Kaiser jede Zunftbildung ohne Genehmigung der Herren verbot, erlassen worden. Dasselbe Verbot erließ Bischof Albert 1211 in Riga[1]). Als ein Beispiel für den nachträglich auf die Zünfte ausgeübten Zwang kann vielleicht Würzburg gelten, wo der Bischof Berthold im Jahre 1279 die Zünfte auflöste, um sie im gleichen Jahre wieder einzusetzen.

Bevor wir uns mit der weiteren wirtschaftlichen Entwicklung der Handwerkerzünfte beschäftigen, wollen wir kurz einige jener politischen Verpflichtungen aufzählen, deren Übernahme von ihren Mitgliedern verlangt wurde.

Die Unterwerfung der Einzelpersonen unter ein öffentliches Recht[2]), unter Polizei- und Gerichtsbehörden war die erste und hauptsächlichste dieser Verpflichtungen. Sie wurde meist durch Ableistung des Bürgereides übernommen. Damit waren die Handwerksgenossen wie jeder andere Stadtbewohner an die Einhaltung der öffentlichen Ordnung gebunden, mußten Steuern entrichten und im Krieg mit der Waffe, im Frieden als Feuerwehrmänner dem König und der Stadt, das heißt der Allgemeinheit, Dienste leisten. Daneben war der einzelne durch das Zunftrecht zu Abgaben an diejenige Kirche, die jeweils das Patronat ausübte, verpflichtet.

In Riga[3]) besagt eine Urkunde aus dem Jahre 1227, daß alle Ankommenden, gleichviel, welchen Handwerks, die in der Stadt ihr Handwerk ausüben wollten, das Stadtrecht „genießen" müßten. Die Konsuln mußten darüber wachen, daß es geschah. Eine Erneuerung dieser Bestimmung von etwa 1300 lautet, ins Hochdeutsche übersetzt: „Alle Wandersburschen und andere Fremde, die in diese Stadt kommen, sollen im ersten Jahr unser Stadtrecht gebrauchen, wie unsere Bürger; wenn sie länger hier bleiben und Handel oder ein Handwerk, gleichviel welches betreiben wollen, so müssen sie erst die Bürgerschaft erwerben. Wer hiergegen handelt, muß der Stadt 1 Mark Silbers als Strafe zahlen." — In Cöln waren im 12. Jahrhundert alle Handwerker Bürger, später wurden hier die Zünfte selbst zu Verwaltungsorganen gestaltet, was wieder zur Voraussetzung hatte, daß man alle Handwerker zwangsweise in die „politische" Zünfte (in Cöln Gaffeln genannt, vergl. S. 32), einreihte, und dann auf die Erwerbung des Bürgerrechts weniger Wert legte. — In Preußen besaßen zur Ordenszeit

[1]) Stieda, Schragen der Gilde und Ämter der Stadt Riga bis 1621. 1866. S. 669.

[2]) Man muß dieses Wort nicht im heutigen subjektiven Sinne einer persönlichen, moralischen Berechtigung, sondern nur als objektive Verbindlichkeit des einzelnen (obligatio) gegen die Allgemeinheit deuten.

[3]) Stieda a. a. O., S. 669.

die Kistenmacher und Tischler (anscheinend getrennt) eine förmliche Zunftordnung, während die Zimmerleute ihr Gewerbe nur auf Grund des Bürgerrechts ausübten.[1]) „In dem alten Berliner Bürgerbuch, von dem bei Fidicin (Historisch-Diplomatische Beiträge zur Geschichte der Stadt Berlin, 1837, III.) leider nur wenige Auszüge publiziert sind, wird zum erstenmal 1455 ein Stuhlmacher erwähnt, Casper Polach, der die Gebühren für die Erteilung des Bürgerrechts nicht in barem Geld, sondern mit einem Sessel bezahlte. Der erste, als Tischler bezeichnete Meister, der uns hier begegnet, heißt Augustinus Schultz[2])." — Auf beiden Wegen wurde dasselbe erreicht, nämlich die Schaffung einheitlicher Kategorien, entweder von Bürgern oder von Handwerkern. So mag auch das den Basler Zimmerleuten bzw. ihrer Spinwetterzunft verliehene, auf Seite 120 erwähnte Zwangsrecht weniger aus wirtschaftlichen, sondern aus verwaltungstechnischen Gründen erteilt worden sein.

In Zürich wurde im Jahre 1336 zunächst der Zunftzwang eingeführt und erst im Jahre 1409 allen Zunftmitgliedern die Erwerbung des Bürgerrechtes zur Pflicht gemacht. Im Straßburger Bürgerrecht wurde zu Anfang des 15. Jahrhunderts[3]) bestimmt: „Es sollen alle Handwerker, die Zunftgenossen werden wollen, schwören, die städtischen Abgaben (alle Zölle und Ungelt) zu zahlen. Sie sollen niemand weder zu ihrem Handwerk noch zu ihrem Stubenrecht annehmen, der nicht vorher das Bürgerrecht gewonnen hat. Wer weniger als 10 lib Besitz hat, wird Schultheißbürger, die anderen Stadtbürger, aber alle sollen genommen werden." — In Lübeck mußte 1474 jeder Kunthor- und Panelenmaker, bevor ihm vom Rat das Handwerk verliehen wurde und er mit der Arbeit begann (er he buten gan schal, to arbeytende), das Bürgerrecht erwerben. — Der Hamburger Rat verlangte 1515, daß die Kisten- und Luchtenmaker, bevor sie auf eigene Hand arbeiteten, ihren Geburtsbrief vorweisen und in Gegenwart der Alterleute die Bürgerschaft annehmen sollten. — In Danzig erhielten die Kistenmacher seit 1357 das Bürgerrecht. — In München wurde 1427 die Kistler-Ordnung erneuert, die bestimmte, daß keiner in dieser Stadt als Meister das Handwerk ausüben soll, bevor er Bürger sei, eine eigene Wohnung habe und ein eheliches Weib besäße oder Witwer sei.

Der Hauptzweck der Einteilung in einheitliche Kategorien der Bürger oder Handwerksgenossen war, jeden Mann für die bürgerlichen Pflichten, insbesondere für die Zahlung von S t e u e r n erfassen zu können. — In Regensburg mußten 1244 die Schrienaer (Schreiner) jährlich dreimal ihre „Losunge" (lateinisch „steuras") abhalten und jedesmal 12 Denarien, also auf den Kopf jährlich 36 Denarien an den Burggrafen, in Basel 1248 jährlich viermal 2 Denarien, also jedermann zusammen 8 Denarien an die Kirche zahlen. usw. — In München war bis Mitte des 14. Jahrhunderts für die Aufnahme von Gewerbetreibenden nur notwendig, daß ein steuerbares Vermögen von mindestens 10 Pfund Pfennig nachgewiesen und eine Aufnahmegebühr von 1 Pfennig bezahlt wurde; ferner mußte der Aufzunehmende zwei Bürgen dafür stellen, daß er die Stadt vor fünf

---

1) Mascher a. a. O., S. 249.
2) Paul Voigt, Das Tischlergewerbe in Berlin, a. a. O., S. 326.
3) Eheberg, Verfassung, Verwaltung und Wirtschaftsgeschichte der Stadt Straßburg, S. 390.

Jahren nicht verlassen werde. Die Stadt wollte also eine gewisse Stetigkeit ihrer Steuereinnahmen gesichert haben, und so kontrollierte sie schon im Jahre 1370 in ihren Mauern 980 steuerbare Gewerbe, darunter Kistler, Wagner und Zimmerleute. Nach 1370 mußte der Besitz von 50 Pfund Pfennig Besitz nachgewiesen, das Bürgerrecht erworben und zu den gemeindlichen Lasten beigetragen werden.[1]) — In Nürnberg erteilte man im Jahre 1407 bei 200 Fl. Besitz das Bürgerrecht innerhalb der Stadtmauern, bei 100 Fl. Besitz in den Vorstädten. Hier gab es im Jahre 1363 50 Gewerbe, darunter Schreiner, Wagner, Zimmerleute[2]). Hier wurden auch schon seit 1302 „Bürgerbücher" geführt, in denen die Vermögen der einzelnen beigefügt waren. Leider aber sind erst seit 1545 auch die Berufe beigesetzt worden. Erstmals findet sich so 1581 ein Schreiner namens Georg Ern, der 10 Fl. „Stattwehrung" gegeben hat. Der 1617 eingetragene Schreiner Nicodemus Lang von Lietzheim besaß in Mobilien 400 Rthlr., in Immobilien 136 Rthlr., während es 1621 Adam Lochmüller von Heeßlach auf 900 Rthlr. in Mobilien und auf 200 Rthlr. in Immobilien gebracht hat[3]).

Daß das Bürgerrecht gegen bares Geld gekauft werden mußte, ist zum Beispiel in der Augsburger Ordnung der Kistler von 1519 ausdrücklich gesagt. — In Hamburg genügte diese Eintrittszahlung bei Übernahme der Bürgerschaft dem Rat nicht, sondern der junge Meister mußte sich auch verpflichten, binnen Jahresfrist zu heiraten und den Betrieb der eigenen Werkstatt zu beginnen („vuer und roke holden", Feuer und Rauch halten), damit die Stadt und die Gemeinde „nicht an Diensten, Pflichten, Wacht- und Pflastergeld verkürzt werden". — In Würzburg (1543) „sollen die Fremden gehen zu den Bürgermeistern und zu den in die Steuer, so darzu gesetzt sein, daß er allda Bürgerrecht thue, als wie ein anderer gethan". Auch wenn ein Meister von Würzburg wegzog und sich später wieder in der Stadt niederlassen wollte, so mußte er das Bürgerrecht (und die Meisterschaft) aufs neue kaufen, „es were dann, daß er es mit Freundschafft möge abtragen, gegen den, die es berührt", das heißt, daß man ihm die Zahlung auch erlassen konnte.

Wie sich diese direkten Steuern auf die Stadtgerechtsame beschränkten und hier von der Zusammenfassung eines größeren Gebiets, eines Landes oder gar des Reiches niemals die Rede ist, so besteuerte auch indirekt jede Gemeinde den Warenhandel und die eingeführten Rohstoffe und Arbeitsmaterialien für sich allein. Solche *indirekten Steuern* betrafen beim Holzgewerbe besonders das Holz und die Nägel, aber auch fertige Gegenstände, deren Einfuhr früher erlaubt gewesen zu sein scheint und durch die ortseingesessenen Handwerker erst dann verwehrt werden konnten, wenn sie sich auf eine verliehene, schützende Zunftordnung berufen konnten. Die Göttinger Zollrolle von 1410[4]) legte auf jeden in die Stadt gebrachten Tisch, gleichviel welcher Qualität, 1 Scherffzoll. Birnenholz, Rundholz, groß oder klein, Ruthen und Hopfenstangen blieben zollfrei, dagegen nahm die Stadt von Bauholz, das zugerichtet (geverd) war, für

[1]) v. Destouches, 50 Jahre Münchener Gewerbegeschichte, 1848 bis 1898, München 1898.
[2]) Chronik der Fränkischen Städte: Nürnberg II.
[3]) Kgl. Kreisarchiv zu Nürnberg, handschriftlich.
[4]) von der Ropp, Göttinger Statuten. 1907.

jedes Fuder 1 Scherff, ebensoviel von einer Lade. — Straßburg z. B.[1]) besteuerte nach der Zollordnung von 1450 bis 1477 Leim, und zwar den Vogelleim mit 1 Pfennig für den Eimer (Ome) „von jeder Hand", das heißt, der Zoll wurde, ebenso wie bei den Nägeln sowohl vom Verkäufer als auch vom Käufer erhoben, wobei der Käufer berechtigt war, sich den bezahlten Zoll vom Verkäufer wiedergeben zu lassen. Für eiserne Nägel, Syntellen (?) und für Eibenholz zahlte man Pfundzoll, für 100 Eibenholzbengel 4 Pfennig. An Zoll für Bauholz vereinnahmte Straßburg allein im Weihnachtsvierteljahr 1656 64 lib. 7 ß 2 Pf.

Fast ebenso wichtig, wie die Besteuerung der Einzelpersonen, war für die Herren der Städte die Heranziehung zur militärischen Hilfeleistung, deren sie bedurfte, um sich gegen feindliche Überfälle zu sichern und Kriege zu führen. Auf solche Hilfeleistung mag die Äußerung des Bischofs von Basel hindeuten, mit der er 1271 der Spinnwetterzunft (Zimmerleute usw.) ihre Ordnung verlieh, daß sie sich gegenseitig zu ihren Nöten helfen wollten „gegen jedermann". In späteren Zunftordnungen gehörte es meist zu den unerläßlichen Bedingungen, daß jeder Zunftgenosse einen Harnisch besäße oder die entsprechende Gebühr dafür bezahlte; dem Zunftvorsteher war die Aufsicht darüber übertragen, und zuweilen war jeder Zunft die Anzahl Männer genannt, die sie zur Verteidigung der Stadt zu stellen hatte. So mußten die 30 Holzarbeiter in Hamburg 1375 vier Schützen stellen. Der Cölner Amtsbrief der Kistenmacher von 1397 verordnete, daß jeder Meister und Amtsgenosse einen Vollharnisch haben müßte „nach seinem Vermögen"; so auch in Danzig, Riga, Münster usw.

In Cöln[2]) erließ der Rat im Jahre 1488 eine Verfügung über das städtische Kriegswesen. Die Zünfte hatten insgesamt 605 Mann zu stellen, davon die Gaffel der Steinmetzen, Zimmerleute usw. 30 Mann. — Der Rat von Frankfurt verlangte, daß „der Stadt zu Ehren" jeder seinen „zemelichen" Harnisch und Gewehre halten müsse, nämlich einen Panzer, Eisenhut oder Haube und ein Paar Wapenhandschuhe. Wer über 30 Gulden besaß, mußte einen vollständigen Harnisch haben. Die Meister mußten die Rüstungen nachsehen und jeden „ohne alle Gnade" mit 8 Heller in Buße nehmen, der sie nicht in Ordnung hatte. Spätere Frankfurter Verfügungen bestimmten: „wer schießen mag, kann eine lange Burschbuchse mit Schwamm und Feuerschloß sampt dazu gehöriger Pulvertasche und Kugel führen und sich an dem Preisschießen des Rats beteiligen"; sie handelten auch „von denen, so mit der Buchse vor der Bockenheimer Pfortten zu schießen verordnet werden". Um 1500 mußten die Zimmerleute vier, die Schreiner acht Wachmänner stellen. — In Lübeck sollten die Meister der Kistenmaker beim Ankauf des Harnisch jedesmal dabei sein, um für eine gute Beschaffenheit zu sorgen. Wenn ein Zunftgenosse starb, so erbte das Amt seinen Harnisch (so schall dat harnsch in dat ampt sterven). Besaß es so allmählich genügend Rüstungen, so mußten die Neueintretenden soviel Geld in ihre Kasse zahlen, wie die Anschaffung eines neuen Harnisch gekostet haben würde. — Wenn in Hamburg der Rat „der Stadt wegen" ein Aufgebot erließ, so mußten

[1]) Eheberg a. a. O., S. 272.

[2]) Stein, Akten zur Geschichte der Verfassung und Verwaltung der Stadt Cöln im 14./15. Jahrhundert. II., S. 633.

die Kisten- und Büchsenmacher die Rüstung für zwei Mann stellen und die Jüngsten des Amts sollten „gutwillig" beritten sein, durften aber für sich Stellvertreter schicken. — Die Städte begnügten sich aber sehr oft nicht damit, von den Zunftgenossen körperliche Kriegsdienste zu verlangen, sondern sie wälzten auch die Kosten unglücklich verlaufener Kriege und die ihnen auferlegte Kontributionen auf die Bürgerschaft ab. Als die Stadt Lüneburg bei Beginn des 30jährigen Krieges 100 000 Taler Schulden hatte, kaufte sie sich mit 75 000 Talern los und legte der Bürgerschaft für zwölf Jahre eine besondere Steuer auf. Die darauf entstandenen Streitigkeiten führten 1619 dazu, daß die Stadt endlich eine rechte Bürgerverfassung erhielt.[1] — In Cöln stritten sich im Jahre 1477 die Ämter der Zimmerleute und der Kistenmacher um einen Kistler Johan von Lüttich (Luytgin), weil jedes von ihm eine Kriegssteuer beitreiben wollte. (Vgl. S. 55.) Die Cölner Ämter und Gaffeln sollten nämlich die Kosten des Neußer Krieges mit insgesamt 28 631 Mark aufbringen. Das war gewiß keine Kleinigkeit, und da wurde zur Zahlung herangeholt, wer nur irgendwie zum Handwerk in Beziehung stand. In Straßburg mußten nach einer Verfügung vom 26. Januar 1389 die Kürschner, Weber und Kistner je 10 Mann beim ersten Ruf der Feuerglocke, mit der zur Besetzung der sieben Stadttore aufgefordert wurde, an den „Wiszenturn" entsenden.

Zu den städtischen Verpflichtungen, zu denen die Stadtverwaltung die Einzelpersönlichkeiten durch Vermittlung der Zünfte heranzog, gehörte der Feuerlöschdienst. Entweder mußte jeder Mann seinen eigenen Eimer besitzen, oder die Zunft war verpflichtet, bei Feuersgefahr eine gewisse Anzahl Eimer und Leitern zu stellen, z. B. in Frankfurt im Jahre 1487: „item sollen die Gesellen des schrynerhantwergs echt (8) eymere off irer stoben halten zum fuer." Es bestanden auch ausführliche Vorschriften über die Art des Antretens und Verhaltens zur Feuerlöscharbeit. In Münster mußte jeder Tischler einen Ledereimer besitzen „zur Zeit des Feuers, welches doch der Allmächtig gnädig abwenden muß". (Also wollte man sich auf diese Gnade des Allmächtigen allein scheinbar nicht verlassen.)

Die Räte verlangten aber auch sonst noch Dienste im Interesse der Allgemeinheit, so z. B. der Frankfurter Rat: „Wer zu des rats gescheffften und begerungen geordnet wird, der soll dazu gehorsam sin an inredde (ohne Einrede)." Man soll diesen Ratsdienst umgehen lassen. Wer sich aus Frankfurt drückt oder ungehorsam ist, zahlt 18 Heller Buße. Wenn der Hamburger Rat Schiffbauer gebrauchte, so mußten die Älterleute dieses Amts ihm welche aussuchen und hinschicken „sunder insegge edder wedderkurrend" (ohne Widerspruch oder Beschwerde).

Die Stadtrechte, in denen diese und vielerlei andere Bestimmungen enthalten sind, stammen meist aus dem 13. Jahrhundert, doch sind natürlich die Regeln im einzelnen viel älter, und ein „Stadtrecht" bedeutete in der Hauptsache nur eine Zusammenfassung der schon früher erlassenen Verfügungen. „Seit dem 11. Jahrhundert hatten die rheinischen Bischofssitze, sowie Regensburg, Augs-

[1] Bodemann, Lüneburgs Zunfturkunden. 1883. S. XXXVI.

burg, Bamberg, Goslar angefangen, sich zu wirklichen Städten zu erheben, im 12. Jahrhundert begann die planmäßige Städtegründung; im 13. Jahrhundert erreichten zahlreiche Städte schon eine Einwohnerzahl von mehreren Tausend Bewohnern."[1]) „Cöln hatte um 1200 schon 20000 bis 25000 Einwohner, d. i. soviel, wie Lübeck oder Straßburg im 15. Jahrhundert."[2]) Das älteste der überlieferten Stadtrechte ist das der Stadt Straßburg von etwa 1129, das 1217 revidiert wurde. Dann folgten, um einige zu nennen: Freiburg 1249, Speier 1298, Heilbronn 1281, Augsburg 1276, Rechtsbelehrung Berlins für Frankfurt a. O. 1253, Regensburg 1259, Soest 1260, Emmerich 1299, Rothenburg 1300, München 1290 bis 1300, Prag 1337, Ulm 1376 und Nürnberger Polizeiverordnungen im 13. und 14. Jahrhundert usw. Die Städte sorgten also für ihre eigenen Stadtordnungen, die ihnen freilich von Kaiser und Reich verliehen oder bestätigt werden mußten, und erst viel später, im Jahre 1448 finden wir eine allgemeine Reichs-Polizeiordnung.

Die Stadtrechte und die sich auf ihnen weiter aufbauenden Einzelverordnungen beschäftigen sich auch vielfach mit dem öffentlichen Verkehr und mit dem Bau und der Anlage der an der Straße liegenden Häuser und griffen tief in die Gewerbetätigkeit der Bauhandwerker, der Zimmerleute und auch der Schreiner ein. Daß in Paris 1268 ein Meister die Baupolizei auszuüben hatte und dafür besonders entlohnt wurde, haben wir in Kapitel 1 gesehen, und aus 1341 ist uns in Augsburg eine richtige „Bauordnung" erhalten: „Etlich articel aus der geschworn ordnung, worauf die von Kistler, Zimmerleuth und Maurer schweren (schwören) sollen." Der erste Artikel handelt „von gebew (Bau) der läden (Fenster), Tächlein, ausgeschossen Kirchin (Erker?) und andern Sach", und bestimmte vor allem, daß niemand ohne Erlaubnis bauen dürfte. Der zweite Artikel behandelte das Auswechseln der Trem (?) und das Maurerwerk. Im dritten Artikel wurde der Ausschuß (d. h. die Ausladung) der Kirchin (Erker?) „über Reichsstraß", also über die öffentliche Straße, bestimmt. Der vierte Artikel machte Vorschriften über die „Grundvest und Geschwellen", d. i. über den Unterbau der Häuser. Der fünfte Artikel: „Von Thüren gegen Reichsstraß" verbot, Haus- und Hoftüren gegen die Reichsstraße „aufzurichten" ohne besondere Erlaubnis. „Von der neuen erclerung der gebew" handelte der sechste und letzte Artikel und verbot, „Altana und Thürelin ob den Heusern" zumachen. Diese besonderen Vorschriften für das Maurerwerk beweisen uns, daß der Steinbau schon im Gebrauch war. In Zürich wurden schon 1277 neben hölzernen auch steinerne Gebäude am Neumarkt erbaut, doch waren hölzerne Gebäude wohl noch die Regel, und es gab auch solche, die transportabel waren, denn es war den Besitzern erlaubt, „sich sammt ihren Häusern anderswohin zu begeben". (Über den Preis der Häuser in Zürich vgl. S. 20, Anm.) Um 1500 war in Zürich die Mehrzahl der Häuser schon aus Stein erbaut[3]). In Frankfurt a. M. erneuerte der Rat 1519 eine alte Gesetzesvorschrift, daß: „kein lade (Fenster) uber funff firtel eyner eln (5/4 Elle) breit synn sol uf die gemein gassen gehn".

[1]) Schmoller, Die Straßburger Tucher- und Weberzunft. 1879. S. 362.
[2]) von Loesch a. a. O. I., S. 15.
[3]) Vögelin a. a. O. II., S. 365 u. 382.

Die aus früherer Zeit stammenden größeren Fenster ließ der Rat kleiner machen. Wer in Augsburg Meister werden wollte, mußte (1540) schwören „kein gepew gegen Reichsstraß“ zu errichten oder auszuführen, außer nach der genauen Vorschrift, die der Rat erlassen hatte. Die meiste Not und Sorge hatten die Stadträte, daß nicht die Erker zuweit hinausgebaut wurden und den oft ohnedies engen Straßen Licht und Luft wegnahmen, oder daß sie schlecht gedeckt wurden und durch abfallende Schindeln das Leben der Vorübergehenden gefährdeten. Für diese Erker, hier „Schöpff“ genannt, erließ Frankfurt 1547 besondere Vorschriften. Sowohl in der Alt- als in der Neustadt soll „kein Schöpff anderst, dann uff statmaß (Stadtmaß), das ist funff wergschuch und zween zoll von dem underſten bandt des hauses herauß zu geen, von newen gemacht werden“, und sie müssen mit „schiferstainen“ gedeckt, oder (in der Neustadt) „zum wenigsten mit zigeln behangt“ werden. Dies waren also die Vorschriften für die neuen Erker; was die alten betraf, so war es den Schreinern verboten, sie zu verbessern, wenn sie unvorschriftsmäßig waren. Fast alle „Polizei-Ordnungen“ enthielten, z. B. die von 1550 in Heilbronn, auch Bestimmungen für die Bauordnung. Es ist bekannt, daß der Holzbau der Häuser sehr die Brandgefahr erhöhte, und daß große Feuersbrünste im Mittelalter ganze Städte und Stadtteile eingeäschert haben. Man suchte sich durch Vorschriften soviel wie möglich dagegen zu schützen, und die genaue Festsetzung des Feierabends mag darin ihre Begründung finden, daß man das Arbeiten bei offenem Licht für zu gefährlich hielt und verhindern wollte. Aber auch schon beim Hausbau finden wir genaue Vorschriften gegen die Feuersgefahr. Die Augsburger Kistlerordnung von 1550 sagt darüber, daß die Zimmerleute und Maurer in und außerhalb der Stadt in keinem Haus mehr als zwei Gemächer, die täglich bewohnt und gebraucht wurden, mit Kaminen oder Öfen (fairstaten) oder Herden (räche) versehen, und daß von diesen nicht mehr als zwei in einem Kamin (kimich) ihren Abzug haben und soweit gebaut werden sollten, daß man sie „wol schließen und seibern köndte“.

„Der Zwang, daß jeder neu eintretende Bürger sofort einer Zunft oder Constofel beitrete, ging ursprünglich mehr vom verwaltungstechnischen Standpunkt der Steuer- und Militärpflicht aus, die politische Entwicklung wurde aber später natürlich auch für den gewerblichen Zunftzwang und die technische Abgrenzung der Gewerbe von steigender Bedeutung.“ „Die Constofel waren patrizische Innungen oder Teilgemeinden, die aus dem Bedürfnis der sozialen Gliederung des Adels und der städtischen Verwaltungsorganisation hervorgegangen, von den Patriziern geführt waren, aber die unteren Klassen ohne Zweifel nach örtlicher Abgrenzung mit umfaßten.“[1]) Es ist möglich, daß einzelne der gewerblichen Zünfte schon so entwickelt waren, daß sie in ihrer fertigen und eine genügende Zahl von Einzelpersonen umfassenden, beruflichen Organisation auch als politische Abteilung für sich allein dem Stadtkörper eingereiht wurden, doch war das jedenfalls nicht die Regel; vielmehr wurden die für sich nicht genügend zahlreichen Handwerke nach Stadtbezirken mit anderen Berufen, auch mit minderbemittelten Laien zusammen in einer Constofel

---

1) Schmoller a. a. O., S. 396.

Der Schreiner.

Ich bin ein Schreinr von Nürenberg/
Von Flader mach ich schön Teflwerck/
Verschrottn/vnd versetzt mit zier/
Leisten vnd Sims auff Welsch monier/
Thruhen/Schubladn/Gwandbehalter/
Tisch/Bettstat/Brettspiel Gießkalter/
Gefirneust/köstlich oder schlecht/
Eim jeden vmb sein pfenning recht.

Der

Der Schreiner. Holzschnitt aus Jost Ammans »Ständebuch« von 1568 mit Versen von Hans Sachs.

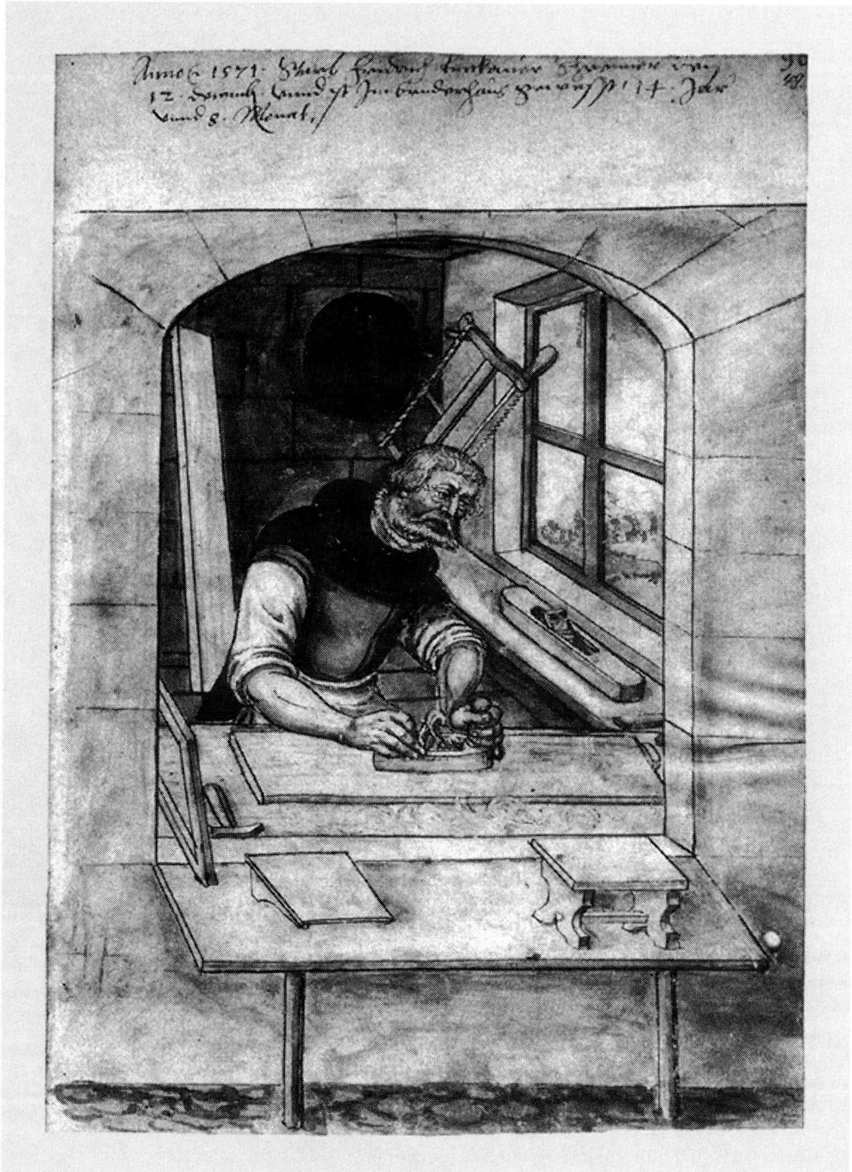

Der Schreiner Friedrich Finkauer lebte von 1556 bis 1571 im Landauerschen Handwerkerstift in Nürnberg. Auf dem Schautisch vor seiner Werkstatt stehen ein Schemel und ein Lesepult. Darstellung aus dem Landauer-Hausbuch 1571.

vereinigt, die also nur in politischer, nicht aber in handwerklicher Hinsicht als „Zunft“ anzusprechen waren. In Straßburg wurden aus diesen Constofeln allmählich die einzelnen Handwerke ausgeschieden und, je nach ihrer Größe allein oder mit anderen zusammen, in politischen „Zünften“ vereinigt. Jede dieser politischen Zünfte wählte einen Vertreter in den Rat. Im Jahre 1332 fand eine solche größere Ausscheidung aus den Constofeln statt: „Man macht ouch vil lutes zu nuwen antwerken, die vormals Kunstofeln worent[1])“. Zu diesen gehörten auch die Kistener, von 1363 an auch die Vesseler (Holzgefäßmacher). Zuerst waren 25, dann 28, im fünfzehnten Jahrhundert wieder nur 20 solcher politischer Zünfte durch je einen Ratsherrn im Rat vertreten, wo sie eine besondere „Sitzordnung“ hatten, auf die sie eifersüchtig wachten. Unter 20 Zünften kamen im Jahre 1470 die Wagner, Kistner und Trechsler in dieser Sitzordnung erst an der achtzehnten Stelle.[2]) Es finden sich in den „Straßburger Bürgerbüchern“ von 1401 bis 1789[3]) aufgeführt: Ab 1401 Wagneren, Kisteleren, Drechsleren und Zimberlut. Ferner: Schiffszimberlut, doch diese dann bald mit den Huszimberlut vereinigt. 1483 wird die Zahl der bürgerlichen Räte beschränkt. Die Zimberlut, die 1482 mit den Kistenern, Schreinern und anderen vereinigt worden waren, verschwinden, sind übrigens schon 1470 nicht in der Sitzordnung aufgeführt, obwohl sie noch im Rate waren. (In Straßburg wechselte von 1334 bis 1482 die Verfassung vierzehnmal!) 1507 verschwinden auch die Kistener und Drechsleren und es sind nur noch die Wagner aufgeführt. 1540 verschwinden auch die Wagner und es sind wieder allein die Zimberlut da. 1542 sind nur die Wagner aufgeführt. 1568/69 nur Zimmerleute, die von jetzt an mit den Wagnern abzuwechseln scheinen. 1574 usf. nur Wagner, 1578 nur Zimmerleute, 1579 usf. nur Wagner, 1708 bis 1789 nur Zimmerleute; 1790 finden wir sie als „Charpentiers“.

Eine ähnliche, der Straßburger Einrichtung nachgebildete Einteilung der Bürgerschaft wurde auch in Zürich, im Jahre 1336, vorgenommen.[4]) Es wurden zwei Haupteinteilungen gemacht: die Constafel und die Zünfte. Zu den 13 Constafeln gehörten die Ritter, Edelleute, Rentner, Kaufleute, Gewandschneider, Wechsler, Goldschmiede und Salzleute. (Hieraus ersieht man deutlich, daß die Einteilung nicht eine gewerbliche, sondern eine politische war, da einzelne der zahlreicheren und vornehmeren Handwerke nicht zu den „Zünften“, sondern zu den Constafeln gehörten.) In den 13 „Zünften“ befanden sich an elfter Stelle (!) die Zimmerleute, Maurer, Wagner, Drechsler, Holzhändler, Faßbinder und Rebleute.[5])

In Cöln waren im 14. Jahrhundert die Bürger als Einzelpersonen politisch in die städtische Organisation eingereiht. (Gewerblich waren die Handwerker in „Bruderschaften“ zusammengefaßt.) Nachdem die wohl in bezug auf die Stadtverwaltung noch unberechtigten Handwerker am 30. Juni 1396 das Rathaus gestürmt hatten, wurde am 14. September desselben Jahres der „Verbundbrief“

[1]) Chronik der Stadt Straßburg. I., S. 124, II., S. 958.
[2]) Eheberg a. a. O., S. 234.
[3]) Handschriftlich im Stadtarchiv zu Straßburg.
[4]) Helvet. Bibl. VI., S. 1 ff.
[5]) Fecht, Die Gewerbe der Stadt Zürich. 1909. S. 47

gemacht und die „Gaffeln“ eingerichtet. Diese Gaffeln sind in Cöln dasselbe, was in Straßburg und Zürich die „politischen Zünfte“ waren, nur mit dem Unterschied, daß, weil die Stadt demokratisch regiert wurde, neben ihnen keine „Constafeln“ oder andere genannte Vereinigungen der Vornehmen bestanden. Die Geschlechter mußten sich in die Gaffeln einreihen. Die Stadtherrschaft ging so vollständig an die 22 Gaffeln, in denen alljährlich der „Verbundbrief“ verlesen wurde, über. Sie wählten zusammen 36 Zunftherren in den Rat. Diese 36 Räte wählten die zwei Bürgermeister aus der ganzen Gemeinde und außerdem noch 13 Ratsherren (Gebrechtsherren). Alle Räte hatten eine einjährige Amtsdauer. Diese Verfassung blieb so bis zur französischen Revolution.[1]) Die zehnte der 22 Cölner Gaffeln bildeten als Hauptzunft bzw. Gaffelgesellschaft die Steinmetzen. In dieser Hauptzunft waren neben ihnen die Zimmerleute und die Bildhauer enthalten. (Die Zugehörigkeit der Bildhauer ist nicht durch den Verbundbrief aber sonst durch andere Quellen bezeugt.) Außerdem waren dieser Hauptzunft noch andere (wohl weniger bedeutende und zahlreiche) „beigeschworene“ Zünfte zugeteilt, die sich nicht von der Hauptzunft trennen durften, nämlich die Schreiner (Kistenmacher) und die Dachdecker (Leyendeker) und andere Berufsarten, die gewerblich wohl von der Hauptzunft abhängig waren, nämlich die Brettschneider (Holzschneider) und die Lehmstreicher (Sleverer). Aus dieser Gaffeleinteilung ersehen wir zweierlei, erstens, daß der Steinhausbau schon ziemlich allgemein war, weil die Steinmetzen an erster Stelle stehen, und zweitens, daß das Baugewerbe insgesamt noch nicht sehr bedeutend oder zahlreich war, im Vergleich zu den Wullenwebern, die vier Ratsherren stellten, während diese Gaffel nur insgesamt einen Ratsherrn zu wählen hatte. — Andere Holzberufe waren bei anderen Gaffeln bzw. Hauptzünften eingereiht, z. B. die Drechsler bei den Gürtlern, die Schiffbauer und die Bildschnitzer (letztere wohl als künstlerische Handwerker) bei den Malern.[2]) Die „Kistenmacheren“ erhielten am 14. April 1397 ihren ersten, eigenen Zunftbrief. Alle Einwohner Cölns, die zugezogenen binnen 14 Tagen, mußten (auch die Laien) eine Zunft wählen und dort ihren Eid leisten. Früher durfte niemand zum Bürger angenommen werden.

Wie schon erwähnt, war diese Cölner Neuordnung das Ergebnis eines richtigen Aufstandes, dem übrigens ein seit 1369 währender, zäher Kampf mit den Geschlechtern vorangegangen war. So hatten auch in Straßburg und Speier die Zunftkämpfe 150 Jahre lang gedauert. In Speier gab es 1304, 1327, 1349, in Mainz 1300, 1332, 1411, 1430 heftige Handwerkeraufstände, und zwar begann diese Bewegung in den Bischofsstädten und griff dann auf die Königsstädte über. (Letztere wurden dann unabhängige Reichsstädte.) Die Veranlassung war überall die Mißwirtschaft der Geistlichkeit und der Geschlechter. Die Patrizier hatten den Handwerkergruppen die „Muntmannschaft“, d. h. die sogenannte „freiwillige“ Vogtei aufgenötigt, die im Gegensatz zur früheren Vogtei, die das Handwerk wirklich gepflegt hatte, eine reine Last und Bedrückung darstellte. Die Handwerker mußten Ungelt (Steuern) zur Bestreitung

1) Mascher a. a. O., S. 218.
2 von Loesch a. a. O. I., S. 149.

der Kriegszüge, indirekte Abgaben und direkte Steuern, umgekehrte Progressivsteuern (die nach oben hin abnahmen!) bezahlen. Früher hatten die Handwerker die Steuern sogar allein aufbringen müssen, und diese Progressivsteuern sollten eine Art Erleichterung bedeuten und noch eingeführt werden, als die Handwerker das Heft schon in der Hand hatten. Die Geistlichkeit hielt sich selbst ganz steuerfrei[1])! Daß die Handwerker, die sich als sittlich-staatbildende Kräfte fühlten und ihres Wertes immer bewußter wurden, sich gegen diese Zustände empörten, konnte nicht ausbleiben. In Speier errangen sie schon 1349 das Zunftregiment. Nach Unterdrückung der „Hausgenossen" (wohl Brüderschaften) bildeten hier die Zimmerleute nur eine halbe Zunft (politisch), später wurden ihre Zunftmeister vom oligarchischen Rat ernannt[2]).

In Augsburg beteiligten sich am 13. Oktober 1368 die Zimmerleute an einer bewaffneten Zunftversammlung, in der u. a. die Schlüssel der Stadt (also das Regiment) verlangt wurden. 1502 wurde Marx Neumüller als Zunftmeister der Zimmerleute nicht bestätigt, weil er sich unter dem Anhang des Ulrich Schwarz[3]), der die Aufständischen geführt, befunden hatte[4]). 1548 wurde das Zunftregiment in Augsburg durch ein neues Patrizierregiment ersetzt, und von da an erst sind regelmäßig Zunftakten der Kistler (und der anderen Handwerker) geführt worden[5]). Vielleicht auch wurden die früheren Akten des Zunftregiments durch die wieder zur Macht gelangenden herrischen Patrizier vernichtet.

In Nürnberg standen die Handwerker im Jahre 1348 auf. „Mit der zunehmenden Kunstfertigkeit der einzelnen Gewerbe durch die gewinnvollere Verwertung ihrer Erzeugnisse, welche den größeren Luxus der „Herren" möglich gemacht hatte, mußte auch ihr Wohlstand steigen; ihre Arme waren bei Abwehr der Feinde so wertvoll wie die der vornehmsten Bürger, und war ihr Beitrag zu dem städtischen „Ungelt" etwa weniger wichtig als der der Kaufleute? Und war es bei so gestalteten Umständen nicht natürlich, daß die Handwerker nach größerer Geltung in der Gemeinde strebten und ihren Anteil am Stadtregiment beanspruchten[6])? Der Aufstand war zuerst geglückt, fiel aber bald darauf durch äußere Umstände in sich zusammen, und mit einem Erlaß Karl IV. wurden die Zünfte endgültig wieder aufgehoben und damit die Haupterrungenschaft der Bewegung für immer beseitigt[7]). Der Chronist Sigmundt Maisterlin beschrieb diesen Aufstand 1488, also fast anderthalb Jahrhunderte später, und der Stadtschreiber Joh. Müller berichtet in seinen „Annalen"[8]) im Jahre 1618, nach ihm, darüber, ebenso phantasievoll wie jener: „Maisterlin führt drei hellische Geister ein (in seine „Chronik"!) und bildet damit graphice die Gefahr und die Ungeschicklichkeit, in die die Stadt Nürnberg durch diesen Aufruhr geraten."

---

1) Arnold, Das Aufkommen des Handwerkerstandes im Mittelalter. Basel 1861.
2) Mascher a. a. O., S. 193.
3) Ulrich Schwarz, der Zimmermann, war von 1472 bis 1478 Bürgermeister.
4) Weiß, Das Handwerk der Goldschmiede in Augsburg bis 1681. S. 25.
5) Sie befinden sich, vorzüglich geordnet, im Stadtarchiv zu Augsburg.
6) Rösel, Alt-Nürnberg. 1895. S. 112.
7) Rösel a. a. O., S. 118/9.
8) S. 615 b bis c, im Kgl. Kreisarchiv zu Nürnberg, handschriftlich.

In Hamburg gab es 1375 20 Ämter, deren Gesetze (settinge oder rullen) damals im Auftrag des Rats in einem „Liber officiorum mechanicorum" zusammengestellt wurden. Darunter befanden sich nur die Dreher und Schachtschnider. Dies Verzeichnis scheint in einem, den Ämtern ungünstigen Sinne gemacht worden zu sein. Es kam zum Aufstand, der mit Hilfe der Kaufleute niedergehalten wurde. Im Jahre 1376 wurde ein Verzeichnis derjenigen aufgenommen, die sich zum Gehorsam gegen den Rat verpflichteten; darunter befanden sich 16 Dreher.

In Danzig erhoben sich 1411 mit anderen Klassen auch die Handwerker gegen die Ordensregierung. Sie siegten für ein Vierteljahr, mußten aber dann 24 000 Mark, nach jetzigem Geld etwa 200 000 Mark, Buße zahlen. Unter den Aufständischen hatten sich auch 20 Tischler und Hutmacher befunden.

In Lüneburg brachten die Prälaten (Sülzbegüterte) im Jahre 1454 die Zünfte in den Rat. Es bestanden 32 Zünfte, wovon 16 innungsmäßige Verfassung besaßen, darunter die Tischler.

In einer Ulmer Rangordnung der Zünfte für den „Schwörtag" stehen die Binder und Schreiner an 15., die Zimmerleute an 20. Stelle[1]).

In Frankfurt am Main werden die Zünfte zuerst 1284 urkundlich erwähnt und waren hier schon früh, und zwar ohne Kampf, im Rat. „Nach den Zunftordnungen von 1355 war damals die gewerbliche Seite des Zunftwesens den anderen Zwecken (politische, militärische, polizeiliche, kirchliche und gesellige) untergeordnet. Gewerbepolizei war bei allen Zünften, außer bei den Bäckern, Metzgern und Wollwebern unbekannt. Es sollte also das Betreiben eines Gewerbes nicht vom Zunftzwang abhängen, wohl aber sollte derjenige, welcher es betrieb, der Zunft gehorsam sein, d. h. dieselben politischen, militärischen, sozialen und gewerblichen Obliegenheiten übernehmen, zu welchen seine Gewerbsgenossen verpflichtet waren[2])." Im ersten Handwerksbuch vom Jahre 1355 — Niederschrift des Rats wohl nach dem Gedächtnis — finden sich unter den 14 Zünften auch die Zimmerleute, aber keine Schreiner. Im Jahre 1377 wurde den Handwerkern die Selbständigkeit genommen, und der Rat teilte sie im „zweiten Handwerksbuch" in große, mittlere und kleine Zünfte. Zu den kleinen gehörten die Schreiner und Wagner, dagegen fehlten wieder die Zimmerleute. Letztere hatten aber 1397 und etwa 1400 Brüderschaftsordnungen und traten 1424 wieder in die Reihe der Zünfte ein[3]). Im Jahre 1612 bis 1616 verursachten die Handwerker einen Aufstand unter der Führung des Lebküchlers Vincenz Fettmilch und des Schreiners Konrad Gerngroß. Die Folge davon war, daß der Kaiser Mathias, als Stadtherr, die Jahrhunderte alte, zünftige Gewerbeverfassung aufhob und darauf durch den Rat ein neues Gewerberecht gab. „Von da ab gab es in Frankfurt nur noch rein gewerbliche, vom Rat abhängige, obligatorische Handwerksvereinigungen ohne jede Autonomie und ohne obrigkeitliche Rechte, aber mit mannigfaltigen, aus dem früheren Zunftrecht und Zunftwesen beibehaltenen Einrichtungen und Gewohnheiten[4])."

---

1) Stadtarchiv Ulm. IX 1, 1 bis 3, B. VI, Allg. 5.
2) Elkan, Frankfurter Gewerberecht von 1617 bis 1631. 1890. S. 27.
3) Bücher u. Schmidt, Frankfurter Zunfturkunden bis 1612, I.
4) Elkan a. a. O., Vorwort.

In Basel war die Entwicklung unmerklich. Schon 1382 hatten ein Zunftratsherr und die Zunftmeister aller 15 Zünfte ihren Sitz im Rat, der dreimal erweitert wurde. Hier machten von vornherein die Handwerker und die Patrizier gemeinsame Sache gegen die Dienstmannen des Herzogs[1]).

„In den vierziger Jahren des 14. Jahrhunderts erhoben sich in Schwäbisch Hall, Winterthur, Konstanz, Ulm, Donauwörth, Kempten, Schaffhausen, Lindau, Biberach usw. die Handwerker gegen das ausschließliche Geschlechterregiment. Der Ausgang des Kampfes und die nachherige Gestaltung der Stadtverfassung war verschieden, je nach dem größeren oder geringeren Widerstand der Geschlechter und nach ihrer Haltung während und nach dem Kampf. In einigen Städten wurden die Geschlechter vollständig vertrieben, in einigen wanderten sie freiwillig aus, um teilweise wieder zurückzukehren; in wenigen Städten trat ein reines Zunftregiment an die Stelle des der Geschlechter, in den meisten Städten fand eine Teilung des Regiments zwischen Geschlechtern und Zünften statt, mit kleinerem oder größerem Anteil zugunsten der letzteren." . . . „Durch das Aufhören des Gegensatzes zwischen Beherrschern und Beherrschten, zwischen Geschlechtern und Zunftgenossen, durch das Zusammentreten der beiden Hauptgruppen zu einer einheitlichen Bürgerschaft, und durch das wetteifernde Zusammenwirken beider entwickelte sich jenes lebensvolle Spiel der Kräfte, welchem so viele herrliche Schöpfungen und Taten auf den verschiedensten Gebieten zu danken sind . . ." „Man darf aber den Besitz politischer Rechte bei der Betrachtung der Entwicklung der Gewerbe nicht überschätzen. Es hat große und sehr bedeutende Stätten der gewerblichen Entwicklung gegeben, in denen die Handwerker keine freiwilligen Organisationen und keine Selbstverwaltung besaßen und doch eine hohe handwerkliche Blüte erreichten. Ein Beispiel dafür ist Nürnberg, wo „durch alle Jahrhunderte, mit Ausnahme der durch den Handwerkeraufstand von 1348 herbeigeführten kurzen Zwischenregierung, von dem patrizischen Rat jede selbständige Regung der Handwerker mit eiserner Konsequenz niedergehalten wird, und von Zünften, d. h. von Handwerksgenossenschaften, welche ihre inneren Angelegenheiten selbständig ordnen, und welche in irgendeiner Form mehr oder weniger Anteil an dem Stadtregiment nehmen, ist keine Rede. Alles zünftige Wesen ist dem regierenden Rat ein Greuel, und was an anderen Orten die Zunftmeister, sind in Nürnberg die fünf Rugsherren (das Gericht der Sachen für Markt- und Straßenpolizei und für Gewerbestreitigkeiten), sagt Christof Scheurl. (Scheurl war Nürnbergs „Cicero", ein Rechtskonsulent, genannt der „geschichtliche Doktor", der zu Anfang des 16. Jahrhunderts in Nürnberg lebte[2]).

Wir sind am Ende der Schilderung der vorgewerblichen Zeit und der Entstehung der ersten Grundlagen für das gewerbliche Erblühen der Handwerke und unseres Handwerks. Die politischen Kämpfe um den Anteil am Stadtregiment weisen uns nicht in die Zukunft, sondern in die Vergangenheit; sie sind nicht der Anfang, sondern der Abschluß jener Periode, in der sich der Handwerkerstand aus der Hörigkeit gelöst, in den Städten eingelebt und nun

[1]) Arnold a. a. O.
[2]) Rösel a. a. O., S. 113 und 320

äußerlich als Machtfaktor zur Geltung gebracht hat. „Es ist nicht das Bewußtsein der Menschen, das ihr Sein, sondern umgekehrt ihr gesellschaftliches Sein, das ihr Bewußtsein bestimmt. Auf einer gewissen Stufe ihrer Entwicklung geraten die materiellen Produktionskräfte der Gesellschaft in Widerspruch mit den vorliegenden Produktionsverhältnissen" (gehobene Handfertigkeit im Dienste der Herren und der Kirche; Hörigkeit innerhalb der Naturalwirtschaft) „innerhalb deren sie sich bisher bewegt hatten. Aus Entwicklungsformen der Produktionskräfte schlagen diese Verhältnisse in Fesseln derselben um". (Erschwerte Verwertung der erworbenen Handfertigkeit im eigenen Interesse.) „Mit der Veränderung der ökonomischen Grundlage" (Naturalwirtschaft zur Geldwirtschaft, Fronarbeit zur Lohnarbeit) „wälzt sich der ganze ungeheure Überbau langsamer oder rascher um"[1]).

Wir werden wohl noch öfters den Blick zurückwenden in die Zeiten, in denen sich die ehemaligen Hörigen langsam in das städtische Erwerbsleben hineintasten mußten, können aber doch jetzt schon mit der Schilderung des ersten zunftmäßigen Aufbaues unsres Tischlerhandwerks beginnen.

[1]) Karl Marx.

C. Aufbau des Tischlerhandwerks als Gewerbe.

I. Berufliche Entwicklung und Organisation.

Die Kistler, Schreiner, Schnitzler, Kunthormacher, Tischler oder Tischmacher erscheinen in den Zunfturkunden etymologisch ziemlich spät, weil sie sich erst allmählich zum selbständigen Gewerbe entwickelten und lange Zeit nur gewissermaßen eine verfeinerte Abart des gröberen Zimmererhandwerks darstellten. Andere Holzarbeiterberufe, die sich auf eine technisch von der Axt-Zimmerei sehr deutlich unterschiedene Arbeitsweise aufbauten, also die Böttcher und Drechsler zum Beispiel, werden als Gewerbegruppen viel früher erwähnt. Die Kistler (so lautete in erster Zeit die Benennung der Tischler, die Art ihrer Arbeit treffend bezeichnend, fast allgemein) hoben sich anfänglich weniger durch eine besondere Arbeitsweise, sondern mehr durch die Verschiedenheit der Erzeugnisse von den Zimmerleuten ab; ihnen wurden die beweglichen Hausgeräte, oder besser gesagt, die späteren Zutaten zu den von den Zimmerleuten gefügten Häusern überlassen, also Türen, Fensterrahmen, Fensterläden, daneben Wandkisten und Zimmermöbel, wie Tische und Bänke, Betten und dergleichen, doch ging im allgemeinen das geringe Bedürfnis für Hausrat noch nicht nach technischer und noch weniger nach formaler Verfeinerung. Erst später wurden auch die von ihnen benutzten Handwerksgeräte, insbesondere der Hobel und die Anwendung des Leimes bestimmend für ihre äußere Abtrennung von den Zimmerleuten, mit denen sie aber in vielen Städten noch bis ins späte Mittelalter und länger, nicht nur als dem Baugewerbe zugehörig, sondern auch zünftig so eng verbunden blieben, daß sie oft in dem Titel der Zunft gar nicht besonders aufgeführt wurden.

Die Kistlerarbeit ist in den Städten aber gewiß nicht viel jünger als die Zimmermannsarbeit, besonders in solchen Orten, die infolge ihrer Lage schon frühzeitig zu hoher Bedeutung und zu großem Wachstum gelangt waren, wie Cöln, Basel, Regensburg, Zürich, Straßburg usw. In einer so bedeutenden Gemeinde wie Cöln, die schon um 1200 etwa 20 000 bis 25 000 Einwohner zählte, hat es ganz sicher auch Verständnis und Bedarf für Kistlerarbeit gegeben, die dem Gebrauchszweck besondere Formen erfand, das heißt: die Möbel aus dem Hausrat nicht nur rein zimmermannsmäßig, sondern schon kunstmäßig gestaltete, und dabei auch auf Verzierung und Ornament Wert legte. Den Beweis für solche Spezialisierung müssen wir freilich indirekt erbringen. Der lateinische Ausdruck „Carpentarii", den wir aus den alten Urkunden meist nur mit „Zimmerleute" übersetzen, bedeutete damals eine zusammenfassende[1]) Bezeich-

[1]) Vgl. Dr. Lange, Glossarium mediae et infimae latinitatis II, 1883, S. 182.

nung für „Holzarbeiter“, der oft die Erläuterung zugefügt wurde, welchem besonderen Zweig der Holzarbeit der Betreffende sich gewidmet habe; z. B. Carpentarii, d. h. „dreislere“ (Drechsler). Obwohl die Urkunden nicht erhalten sind, darf man schließen, daß, als im Jahre 1180 in Cöln die Drechsler ihre Bruderschaft erhielten, es auch Carpentarii-Kistler damals schon gegeben hat.

Als Name begegnet uns der Kistenmacher in Zürich schon 1200[1]) als „Cistilare“, und da man früher die Berufsbezeichnung als Personen-Namen anwandte, so ist sicher zu vermuten, daß dieser Mann ein berufsmäßiger Spezialist für Kistlerarbeit war. Ein Zimbermann (als Beruf) ist in derselben Quelle[2]) im Jahre 1201 erwähnt. Auf keinen Fall braucht man zu glauben, daß der Kistler- oder Schreinerberuf als Handwerk erst im 14. Jahrhundert entstanden sei, weil wir erst zu dieser Zeit die Kistler und Schreiner in Stadtbüchern und Urkunden als Berufe erwähnt finden; die Anfänge ihres Handwerks sind zweifellos schon im ersten Beginn des städtischen Lebens zu suchen.

Nach den noch vorhandenen älteren Urkunden, die wir nach dem Alphabet der Städte einmal durchgehen wollen, befanden sich die Holzarbeiter im späteren Mittelalter also schon auf einer gewissen Höhe ihrer Entwicklung.

In Aachen bestand 1386 als Hauptzunft des Baugewerbes die Zunft der Zimmerleute und ihre Satzung wurde 1436 verändert, ist aber verloren gegangen; die zweite Ordnung wurde 1656 beim Stadtbrand vernichtet, aber im gleichen Jahre neu aufgezeichnet. Die Schreiner werden 1428 zum erstenmal erwähnt. Am 29. Juni dieses Jahres vereinigten sich zehn Gewerbe zu Genossenschaften, darunter die „Zemerlude“ mit ihren „kleynen ambachten“ (kleinen Ämtern), nämlich den Steinmetzen, Schreinern und Leiendeckern (Dachdeckern). 1528 waren die „Schreinmacher“ im Besitz einer eigenen Ordnung, die 1656 verbrannte. Sie erhielten 1660 eine neue[3]).

Die auf Seite 29 erwähnte Augsburger Bauordnung aus dem Jahre 1341 richtet sich in erster Linie an die Kistler und dann erst an die Zimmerleute und Maurer, woraus hervorgeht, daß man ihnen schon eine höhere Bedeutung und Verantwortung zumaß. Sie verfertigten die Läden und Türen an den Häusern. Das Zunftbuch der Zimmerleute von 1431—1479 enthält auf Seite 2 die Eintragungen von 41 Kistlern, die in diesen 48 Jahren das Meisterrecht erwarben. Bei manchen ist zu den Vornamen die Berufsbezeichnung gewissermaßen als Familiennamen angeführt, wie Hans Kistler, Heinz Kistler usw.; bei anderen heißt es Ulrich von den „parfüßen“, von den „predigern“, was bedeuten soll, daß diese Kistler im Dienste besonderer Klöster, z. B. der Barfüßer angestellt waren und demnach schon als Spezialisten für feinere Arbeiten gewertet wurden. Von 1519 datiert der erste erhaltene eigene Zunftbrief der Kistler. Von 1368—1580 waren die Kistler in Augsburg mit den Zimmerleuten in einer Zunft vereinigt.

---

1) Züricher Urkundenbuch I, Nr. 358.
2) Nr. 401.
3) Hermandung a. a. O., S. 11, 16, 18.

Die erste Zunftordnung der „Spinnwetter“ in Basel von 1248 verzeichnet außer den Zimmerleuten von Holzarbeitern nur die Wagner und Faßbinder. Die Zimmerleute haben als bischöfliches Amt schon früher bestanden, das in einem, vermutlich zu Beginn des 13. Jahrhunderts geschriebenen alten Lehenbuch erwähnt wird[1]). In der zweiten Zunftordnung von 1271 sind die Wanner und Drechsler (trehsil) dazu getreten, aber von Schreinern ist noch keine Rede. 1361 werden als besondere Gruppen die Spinnwetter-Zunft freilich auch die Faßbinder, Wanner und Drechsler nicht mehr besonders aufgeführt, aber sie waren doch als besondere Berufsausübende bereits festgestellt. Im Handbuch V, Seite 47 der „Spinnwetter“ wird zum erstenmal im Jahre 1434 ein Schreiner, namens Heinrich Wenger, eingetragen, der die Zunft empfing. Nachdem im Jahre 1489 die Zimmerleute mit den Schreinern, die also jetzt schon für sich abgeteilt waren, wegen der Gesellen in Streit geraten waren, begegnet uns erst in den Ratsbüchern des Jahres 1526, aber im Rahmen der zusammenfassenden Spinnwetterzunft eine „Dischmacher“-Ordnung und 1545 eine besondere Ordnung für ihre Gesellen.

„In Berlin ist das Tischlerhandwerk als selbständiges Gewerbe jedenfalls erst im 15. Jahrhundert entstanden. In der wenig volkreichen, armen Spreestadt mußte es zuerst ein ganz bescheidenes Dasein führen. Die geringe Meisterzahl machte eine Zunftorganisation überflüssig. Später wirkte sicherlich der dauernde Aufenthalt des Hofes in Berlin auf unser Gewerbe günstig ein... Die günstige Entwicklung wurde vermutlich durch die prächtige Hofhaltung Joachims III. gesteigert, der auch 1553 den Berliner und Köllner Tischlern das Innungsprivileg verlieh, das aber leider nicht mehr erhalten ist. 1601 wurde ihnen, da sie sich von einander trennten und gesonderte Zünfte bildeten, unter ausdrücklicher Berufung auf das Privileg von 1553 ein neues verbessertes Privileg gegeben, das noch vorhanden ist.“[2])

Cöln war um 1200 schon eine sehr bedeutende Stadt und hatte eine verzweigte Gewerbetätigkeit. Aber die Kistler hatten es noch nicht zur Zünftigkeit gebracht, mögen aber, wie die Drechsler seit 1180, doch damals schon eine Bruderschaft gehabt haben, wenn das auch nicht urkundlich nachzuweisen ist. Sie waren jedenfalls schon 1335, wie später, der Zunft der Zimmerleute, Steinmetzen und Dachdecker als Nebenzunft angegliedert. 1397 erhalten die „Kistenmechere“ ihren ersten Amtsbrief.

Von den Danziger Kistenmachern (Cistifices) erhielten zwischen 1357 bis 1387 neun Meister das Bürgerrecht; sie hatten schon von 1357 für ihr Gewerbe zünftlerische Einrichtungen erlangt, die damals nicht einmal den Zimmerleuten und noch 1373 den Drehern nicht verliehen waren. Die Tischler (Mensatores) werden 1383 zuerst genannt und scheinen mit den Kistenmachern eine Zunft gebildet zu haben. Die älteste, vor 1454 abgefaßte Gewerksrolle nimmt aber nur auf die Tischler Rücksicht[3]).

In Dresden sind erst 1494 die Tischler und dann schon als zünftig erwähnt.

---

[1]) Eberstadt, Magisterium und Fraternitas, S. 124.
[2]) Paul Voigt, Das Tischlergewerbe in Berlin a. a. O., S. 326.
[3]) Hirsch a. a. O., S. 298, 317 und 327.

In Frankfurt am Main gab es schon im Jahre 1284 Zünfte, doch waren sicher keine Schreiner als selbständige Zunft dabei, weil sie auch 1355, wo schon den Zimmerleuten ihre Zunft wieder genommen und erneuert wurde, nicht genannt werden. 1377 wurde die Selbständigkeit aller Zünfte aufgehoben; die Zimmerleute verschwinden, aber die Schreiner erscheinen jetzt als sogenannte kleine Zunft. (Es gab große, mittlere und kleine Zünfte.) Im Jahre 1387 zählte das Holz und Horn verarbeitende Gewerbe 116 selbständige Angehörige, das sind 9,5 auf 100 Gewerbetreibende insgesamt, 143 an Kopfzahl. Darunter hatten eine eigene Zunft nur die Bender (Faßbinder) mit 59, von denen 3, und die Zimmerleute mit 39, von denen 1 zur „Gemeinde", also zu den Taglöhnern rechneten. Fremden Zünften waren angegliedert ein Kyper (Küfer) und zwei Waner (Wagner). Andere: 18 Wagner gehörten zur „Gemeinde", auch zehn Seger (Holzsäger), vier Stuler (Stuhlmacher), zwei Leistenmacher (Schnitzer?), zwei Dresseler (Drechsler) und sechs Kistener (Kistler). 53 Jahre später, 1440, zeigt sich uns ein anderes Bild. Es waren (die früheren Zahlen sind in Klammern beigesetzt): 46 (59) Bender, 1 (1) Küfer, 2 (10) Säger, 10 (20) Wagner, 1 (4) Stuler, 2 (2) Leistenmacher, 2 (2) Drechsler und 8 (6) Kistenmacher, 40 (39) Zimmerleute. Die Gesamtzahl der Angehörigen des Holz- und Horn-Gewerbes war von 118 Selbständigen (143 Kopfzahl) auf 86 (109 Kopfzahl) zurückgegangen, d. s. 8,7 Prozent (früher 9,5 Prozent) der Gewerbetreibenden. Bücher[1]) erklärt die verminderte Zahl der meisten dieser Gewerbe damit, daß es sich nur um „Handfertigkeiten" handelte, die entweder, wie die der Säger, im Taglohn oder im Nebengewerbe ausgeübt werden. Dagegen traten jetzt neu hinzu die Schiffmacher, Schnitzer, Paternostermacher und Gestellmacher (Asenmachere). Wesentlich zugenommen hatten nur die Kistener! Insgesamt gab es bei der Einwohnerzahl von 8—9000 in Frankfurt am Main 137 verschiedene Gewerbe, so daß die Spezialisierung des Holzgewerbes in 9, später in 13 Arten schon recht beträchtlich war, wenn man erwägt, daß Frankfurt im Mittelalter noch keine hervorragende Handels- und Gewerbestadt war. Die Kistener entwickelten sich schnell weiter; 23 Jahre später zählten sie schon 13 Meister. Diese taten sich zusammen und gaben, hinter dem Rücken des Rates, sich selbst eine Ordnung, die vom Rat, der zuerst erzürnt war, nach einem Verhör gleich (1473) bestätigt wurde. Waren 1440 die Zimmerleute noch fünfmal so zahlreich gewesen wie sie (40 zu 8), hundert Jahre später (1552) hatte sich das Blatt vollkommen zugunsten der Kistener gewendet, sie zählten jetzt 42 Meister, die Zimmerleute aber nur noch 25[2]). Das ist wohl so zu erklären, daß sehr viele Gegenstände, wie wir später sehen werden, nur noch von ihnen und nicht mehr von den Zimmerleuten angefertigt werden durften.

Hamburg zählte um 1375 etwa 114 Gewerbe, wovon 20 zünftig waren. Daß darunter weder die Zimmerleute noch die Kistenmacher oder Wagner aufgeführt wurden, erklärt sich, wie auf S. 34 bereits berichtet, daraus, daß die Liste nicht unparteiisch aufgestellt worden war, weswegen ein Aufruhr entstand. Nur die Drechsler hatten ihre Zunft, waren 16 Meister stark und schieden sich

[1]) A. a. O., S. 241.

[2]) Vgl. Bücher a. a. O., S. 763.

in Grobdreher (Groffdreyer oder Blockdreyer), Schatschnider[1]) und Spinnradmacher. Die Zimmerleute wurden als Amt erst 1582 anerkannt, waren aber schon 1376 irgendwie organisiert, weil sie, 30 Meister stark, 4 Schützen dem Rate stellen mußten. 1514 erhielten die Schiffbauer und erst 1515 die Kisten- und Luchtenmacher[2]) ihre Ordnung. In dieser Ordnung sind die „Cunthormaker" erwähnt, bei denen die Gesellen der Kistenmacher nicht arbeiten sollten. Die Cunthormaker sollten keine braun gebeizten Kisten, genagelte Schränke oder Laden machen und keine alten Kisten flicken. Sie erhielten 1540 ihre eigene Ordnung, die eine Beschreibung ihres Meisterstücks (vergl. S. 221) enthält, aus der hervorgeht, daß es eine erhöhte Kunstfertigkeit erforderte. Schon zu Ende desselben Jahrhunderts scheinen[3]) die Cunthormaker wegen Widersetzlichkeit aufgehoben zu sein. „In einem Verzeichnis der vor 1603 bestehenden und bis 1710 dazu gekommenen Ämter und Bruderschaften, das die Kaiserliche Kommission aufstellte, ist das Fehlen der Cunthormaker fast unerklärlich. Vielleicht aber höchst wahrscheinlich war dies Amt vor 1603 aufgelöst, d. h. freigegeben worden. Jedenfalls sind die Schnittker ihre wirklichen Nachfolger." Diese erhalten 1590—1611 eine Ordnung, in der hauptsächlich das Verhältnis zu ihren Gesellen behandelt wird.

In Lübeck führt das Kämmereiverzeichnis von 1259 die Drechsler in einer auffallend vorgeschrittenen Spezialisierung auf, nämlich neben dem Wort Drechsler noch die Ringdrechsler, Bolzendrechsler, Büchsendrechsler und Schachtschneider. (Vgl. die obige Fußnote.) In den Oberstadt-Büchern finden sich[4]) unter den Handwerkern auch manche Arbeiter, deren Geschäft an und für sich mehr Kunst als Handwerk war, schon im 13. und zu Anfang des 14. Jahrhunderts, z. B. die Bildschnitzer (Sculptores imaginum). Sie arbeiteten meist im Dienste der Kirche." Die Kistenmacher werden zuerst 1464 erwähnt, als Verfertiger von Schapps (Schränken) und Leimwerk, das aber auch die Zimmerleute machen dürfen, doch nur in den Häusern der Besteller und nicht in ihrer Werkstätte und nicht auf Vorrat zum Verkauf. Somit hatten die Kistenmacher schon ein bedeutendes Privileg den Zimmerleuten, ihren ehemaligen Stamm-

[1]) Rüdiger sagt: Die Hamburger Schat- oder Schachtschnider arbeiteten besonders geschnitzte Holzwaren, als Mulden, Schaufeln usw. Es sei nicht unwahrscheinlich, daß sie auch geschnitzte Bilder „Schottilienwerk" verfertigt hätten. In der Lübecker Dreyer- und Schatschnider-Ordnung von 1345 bis 1508 (vgl. Wehrmann a. a. O., S. 201 ff.) ist so unterschieden, daß die Dreher nur gedrehte Sachen, darunter aber auch gedrehte Hohlgefäße, die Schachtschnider dagegen nur aus der Hand geschnitzte Gegenstände, Schüsseln, Fässer, Eimer (Spame), Mulden, Tiegel-Pfannen (Schapen), Schaufeln (Schuffelen) machen sollen.

[2]) Rüdiger nennt die Hamburger Leuchtenmacher die Vorläufer der Klempner. In Lübeck gab es iserne und holten Luchtenmaker. Die Hamburger Leuchtenmacher mögen auch zuerst Holzarbeiter gewesen sein, da sie mit den Kistenmachern zusammen waren. Wehrmann berichtet (S. 160) von einem Vergleich der Apengeter (Rothgießer) mit den Luchtenmakern, 1483. Erstere machen missinges, isernes, koppernes und blinkene Handluchten, die Luchtenmaker Koeluchten (Kienleuchter?) und andere holten Luchten. — Außerdem sind Luchten nach Wehrmann die Öffnungen in der Mauer oder das Holzwerk in den Mauern, in das die Fensterrahmen eingesetzt wurden.

[3]) Rüdiger a. a. O. Glossar.

[4]) Wehrmann a. a. O., S. 9.

vätern, gegenüber erlangt. Neben ihnen bestehen aber schon, laut Zunftbrief von 1474, als gehobene Spezialität die Cunthor- und Panelenmaker. Diese waren 1470 von den Kistlern insofern durch Rechtsbeschluß geschieden worden, als sie die besseren, verzierten Schränke, jene aber nur die einfachen, braun gebeizten (rosserde) machen durften. Schon 1457 hatten sie sich gegen die Zimmerleute abgegrenzt. Das Wort Cunthor- und Panelenmaker ist (nach Rüdiger) gleichbedeutend mit Snyddeker, Schnittger, weil auch Schnitzwerk in Holz zu den Arbeiten ihres Amtes gehörte. Aus der von beiden Ämtern beantragten Vereinigung der Kistenmacher und der Schnittger entstand 1620 das Amt der Tischler.

In Lüneburg stammt die älteste Urkunde, eine Ordnung der Snitkeren, also der auf feinere Arbeit eingestellten Holzhandwerker aus dem Jahre 1498. Von 1497 bis 1524 waren die Glaser und Maler mit den Cunthormakern (gleichbedeutend mit Schnitkern) korporiert. Dann teilten sie ihr Inventar und trennten sich von diesen. Die Zunftordnung der Snitkeren und Kunthormaker von 1524 verzeichnet 20 Meister, denen das Recht bewilligt, bzw. bestätigt wurde; doch sollte künftig, nach Absterben der jetzt Lebenden, die Meisterzahl auf 14 beschränkt werden.

Die finanztüchtige Münchener Stadtverwaltung zog schon im Jahr 1370 nachweisbar 908 Gewerbe zur Besteuerung heran, darunter auch Zimmerleute, Wagner und Kistler. Letztere waren 12 Mann stark, die Wagner zählten 22, die Zimmerleute 37 Meister. Bis 1500 hat sich die Zahl der Tischler um einen Meister verringert, die Wagner sind, und dafür sind wohl ähnliche Gründe wie in Frankfurt am Main maßgebend, auf zehn zurückgegangen. Die Zahl der Zimmerleute bei der neuen Zählung steht nicht fest. Neu hinzugetreten waren jetzt sechs Dechsler und ein Sesselmacher. Eine eigene Zunftordnung besaßen die Kistler seit 1427. Von den Zimmerleuten ist keine ältere Zunftordnung als die von 1523 erhalten.

Die Chronik von Nürnberg verzeichnet 1363 unter 50 Gewerben mit 1217 Meistern 10 Schreiner, 20 Wagner und 16 Zimmerleute. (Die Drechsler werden erst von 1429 genannt.) Da Nürnberg um 1363 doch mindestens 10 000 Einwohner zählte, denn seine Einwohnerzahl betrug Mitte des 15. Jahrhunderts ja schon 20 000 — so ist die Zahl der Schreiner — einer auf 1000 Einwohner — relativ gering. Ihre älteste Zunftordnung datiert von 1538.

In Regensburg hatten die Schreiner (Schrienaer) schon 1244 eine Bruderschaft und wurden zur regelmäßigen Steuer herangezogen.

Das Schuldbuch der Jahre 1286—1352 von Riga verzeichnet als Beruf nur den Böttcher (Doleator) und den Zimmermann (Carpentarius), erst im Liber redituum (Verzeichnis der aufgenommenen Bürger) von 1349—1406 ist der Kystenmaker verzeichnet, im Erbebuch 1385—1483 der Snytker, Snytteker. — In Reval gab es im 13. und 14. Jahrhundert Kistenmaker. Diese holten sich im Jahre 1513 „mit großen Kosten" aus Lübeck „copierliche Schragen", d. h. das Muster einer Zunftordnung, und von diesen erbaten und erhielten dieses Muster die Rigaer durch ihren Meister Peter Rauen im Jahre 1535; sie hatten bis dahin, wie sie im Jahre 1729 durch ihren Ältermann Hans

Schnoor und die Beisitzer Conrad Köhne und Christoph Eger an den Rat berichteten, „ohne Regiment" gelebt, jeder hätte „nach seinem eigenen Gefallen" für sich gearbeitet, auch Gesellen und Jungen gehalten, „er möchte das Handwerk recht erlernt haben oder nicht." Aber nach sechs Jahren mußten die Rigaer beim Rat um die „Confirmation" (Bestätigung) dieser Schragen anhalten und erst 1541 nach großen Kosten und Geschenken (ein „Contoir") an den Rat hatten sie es mit den Ratsherren zustande gebracht. Die Namen der elf die Zunft begründenden Meister hießen: Tönnys Heynerstate, Merten Röm, Hans von Kannen, Peter Rauer („dieser hat die Schragen geholet"), Kersten Holste, Lucas Kremer, Merten Koet, Hans von Retzen, Kersten Donappel, Tomas Infilender und Tewes Walter[1]).

Schon 1280 findet sich im Stadtbuch zu Rostock[2]) ein Bernardus „Factor cistarum" (Kistenmacher) und ein Cerstianus (Christian) „cistifex" (Kistenmechere, Kistenmakere).

In Stettin erhielten die Tischler und Cunthormaker 1548 eine Ordnung, die beweist, daß ihre Arbeit schon auf einer hohen handwerklichen Stufe stand.

In Straßburg wurden 1332 die Kistener zu „nuwen antwerken" (zu neuen Handwerken) gemacht. Schon früher kamen als Namen vor: Kyster, Scrinarius. Beim Bau der Thomaskirche waren im 14. Jahrhundert beschäftigt „Wegneren, Kyster und Drechsleren" zusammen 13. Die Wagner hatten 1365 schon eine Ordnung und schlossen 1398 mit den Kistenern einen Vergleich betreffend die Abgrenzung ihrer Arbeitsgebiete, im 15. Jahrhundert ebenso die Zimmerleute mit den Kistenern. Ab 1401 saßen die Kisteleren schon im Rat. Bis 1427 wurden die Bildschnitzer den Kistenern zugerechnet, von da an den Malern. Eine Holzordnung empfingen die Kistener 1470, ab 1482 erscheinen die Schreiner[3]) in der Zimmerleutzunft mit den Wagnern, Hohldrehern, Sippmachern (Siebmacher) und den anderen Holzarbeitern: Kistner, Korb- und Bennmachern, Büchsenschiftern, Lautenmachern, Orgelbauern und übrigen Instrumentenmachern. Oft wiederholt werden ihre Arbeitsgebiete gegen die der Wagner, Zimmerleute und Drechsler behördlich abgegrenzt. Die erste Schreinerordnung stammt aus dem Jahre 1544.

In Zürich verzeichnet das Urkundenbuch schon 1200 und 1201 einen Cistilare (Kistenmacher) nur als Name, und einen Zimbermann oder Zimberwerchmeister als Beruf. Alle anderen Holzarbeiter erscheinen als Berufe erst Mitte des 14. Jahrhunderts, zwischen 1336—1348, nämlich die Binder, Vasbinder oder Kueffer (Böttcher), Wanner oder Wannemacher, Zeinemacher (Korbflechter), Siebmacher, Trachsel (Drechsler), Armbruster oder Bogener, Sagmüller und die Snetzer (Schnitzer); letztere als Name schon 1270! Die Tischmacher bilden einen selbständigen Berufszweig schon 1482 und besaßen ein eigenes Zunfthaus[4]). Eine frühere Zunftordnung der Tischmacher als die von 1563 ist uns nicht erhalten.

[1]) Stieda a. a. O., S. 644.
[2]) Koopmann a. a. O. II. 4, S. 99.
[3]) Heitz a. a. O., S. 72.
[4]) Fecht a. a. O., S. 5.

II. Die Abgrenzung des Tischlerhandwerks.

Allgemeine Gesichtspunkte.

Die im vorigen Kapitel gebrachte vorläufige Übersicht der überkommenen Urkunden gibt uns wohl ein Bild der verhältnismäßig recht durchgebildeten Spezialisierung und des Hochstandes der holzverarbeitenden Gewerbe im späteren Mittelalter, läßt uns aber noch keine Klarheit über die ersten Anfänge des Tischlergewerbes gewinnen. Hierüber bringen uns die handwerklichen Gepflogenheiten bessere Aufschlüsse.

Die Zimmerer arbeiteten ausschließlich auf dem Bau, in dessen nächster Nähe sie ihren Werkplatz errichteten. Hier, an Ort und Stelle, bearbeiteten sie das Balkenwerk und zimmerten das Hausgerüst bis auf den Dachstuhl fertig zusammen. Alle ihre Tätigkeit richtete sich auf das feste Gefüge des Gebäudes und alles, was sie schafften, hatte seinen im voraus bestimmten Platz und blieb, mit dem Ganzen mechanisch verbunden unverrückbar. Dieses Festverankern aller Teile war das wesentliche Merkmal der Zimmermannsarbeit. Das frühe Mittelalter kannte eine Beweglichkeit des Mobiliars kaum. Die Schränke waren in die Wände eingefügt; die Bänke umgaben an der Wand, gewissermaßen als deren Bestandteil, den ganzen Raum und bildeten zugleich die Deckelklappen für die unter ihnen befindlichen Truhen. Der Tisch, nicht eigentlich zum Zimmer gehörig, eine einfache über Böcke gelegte Platte, wurde nur zur Essenszeit aufgestellt[1]). So waren also auch die Möbel noch unbewegliche Bestandteile des Hausbaues und entstanden in und mit ihm. Es ist möglich und wahrscheinlich, daß in ihrer Herstellung eine Tradition sich herausbildete und von besonderen Arbeitskräften,

---

[1]) F. Luthmer gibt in seinem Buch „Deutsche Möbel“ auf S. 30 (nach Bodo Ebhardt „Deutsche Burgen“ S. 122) das uns erhaltene Inventar der Deutschordensburg Prozelten am Main, das im Jahre 1483 tauschweise an den Erzbischof von Mainz kam. Es sind darin aufgeführt außer zahlreichem Zinn- und anderem Geschirr „in den andern Chamern und sunst allenthalben: Item neun und zweintzig (29) bette, groß und klein, böß und gut, item ein und zweintzig (21) Pfulben (Kissen), groß und klein, item drey und drissig (33) deck (Decken), böß und gut usw., item vier (4) banckpfulben (Bankkissen), item zwey (2) banckstulach (transportable Sitzbänke), item ein (1) klein tischlein“ — kein sonstiges Möbelstück! —

Im Inventar des Schlosses Pocksberg fand sich im Wohnzimmer des Burgherrn folgender Inhalt: „Item im Thomae-von-Rosenberg-Gemach: In sein Stuben 1 tisch mit schubladen, darayn allerley brief. In sein kamer 1 spanbett, darayn 1 federbett, 1 bolster und 1 degk. In ein annder kamer 1 spannbett, 1 bolster, 1 Deckbett. Mer (ferner) 1 spanbett, 1 federbett, 1 deckbett, 1 spanbett, 1 federbett, 1 bolster, 1 kusse (Kissen), 2 große truhen, 3 kleine truchlen.“ (Ebenda, S. 29 nach A. Schultz, Deutsches Leben im 14. und 15. Jahrhundert, S. 12.) Also neben zahlreichen Liegestätten, neben denen noch die Sitzbänke an den Wänden vorhanden waren, nur ein (Schreib-)Tisch und zur Aufbewahrung der Kleidungsstücke usw. 2 große und 3 kleine Truhen, wahrlich kein üppiges „Mobiliar“ im Hause eines mächtigen Herrn! Wie einfach mag es da erst beim einfachen Bürgersmann ausgesehen haben? Oder darf man mit Recht annehmen, daß ein, wenn auch einfacher Bewohner der Städte schließlich, nach zwei- bis dreihundertjähriger Tätigkeit der Gewerbe in den Städten, doch etwas mehr und spezialisierte Bedürfnisse und Gewohnheiten erworben hatte, als ein auf seiner Burg hausender Rittersmann, dessen Haupttätigkeit im Kriegshandwerk und im — Pokulieren bestand?

den späteren Kistlern ausgeführt wurde, aber auf alle Fälle geschah sie zimmermannsmäßig; die anfänglich nur durch die Axt, von der ersten Hälfte des 14. Jahrhunderts an durch die Säge vorbereiteten Balkenbretter wurden stumpf aneinander genagelt. Verzierungen finden sich an diesen schweren und ganz massiven Möbeln nur sehr wenig und niemals in plastischer Durchbildung, sondern nur in grober Flachschnitzerei, die auch von den Zimmerleuten ausgeführt, also nicht etwa von anderen Handwerkern (Schnitzern) hinzugearbeitet wurden. Die sonst noch gebräuchlichen, zur Not vom Platze beweglichen Zimmermöbel, vor allem das Bett und das seltener vorkommende Lesepult, wurden nicht von den Zimmerleuten, sondern von den Drehern auf der Drehbank hergestellt und standen auf gedrehten Pfosten. Bei den Betten waren die vier oder mehr Eck- und Seitenpfosten durch Stangen verbunden, zwischen denen gespannte Riemen die Bettauflage trugen. Solche Lager wurden Spannbetten genannt und waren im romanischen Zeitalter, etwa ab 950, auch in Deutschland allgemein im Gebrauch. Wir finden sie aber noch in der Mitte des 16. Jahrhunderts in Cöln als zünftige Drechslerarbeit. (S. 67.)

Erst später, als sich mit dem wachsenden Wohlstand auch der Wunsch nach größerer Behaglichkeit unter den Bürgern der Städte geltend machte, hatte dieses Bedürfnis ein Veränderung des Mobiliars und seiner Herstellung zur Folge. Der Tisch wurde ein ständiger Bestandteil des Wohnraumes, und zu ihm gesellten sich auch vereinzelte freistehende Bänke und Schemel. Die Kleider-Sitztruhe erhielt ihren Platz am Fußende des Bettes, das nun von einem Himmel überdacht wird. Der Schrank löst sich aus der Wand und verlangt als körperhafter Gegenstand eine Durchbildung aller Seitenteile. Das Fenster ist nun nicht mehr nur ein Teil der Außenkonstruktion des Hauses; an die Lichtausschnitte der Mauer werden seitlich Holzteile eingelassen (Luchten), an denen die selbständig gearbeiteten Fensterrahmen befestigt werden, und so fort.

Die durch veränderte Lebensgewohnheiten bedingte Bewegbarkeit der Möbel beanspruchte sie weit mehr als früher, nun sie aus der Verankerung gelöst waren. Und so ergab sich, daß die Bretterteile auf Falz und Gehrung in die Möbelpfosten eingefügt wurden. Später ersann man die Rahmenkonstruktion mit Füllungen, sperrte größere Flächen ab, leimte und zinkte die anstoßenden Teile, kurz, man suchte die Möbel trotz größerer Leichtigkeit dauerhafter zu bauen. Und nun begann sich das Kistler- und Schreinerhandwerk deutlicher vom Handwerk der Zimmerer abzuheben.

Als Ursprung dieser Entwicklung muß nachdrücklich hervorgehoben werden, daß wichtiger als die sich später ergebene veränderte Arbeitsweise und entscheidender war: der Unterschied zwischen unbeweglich und beweglich[1]). Dieser Unterschied zwischen den Gegenständen der Zimmerer- und Kistlerarbeit hat sich noch durch viele Jahrhunderte klar erhalten und wurde immer aufs neue festgestellt, als die Zimmerleute schon längst auch Leimen

[1]) Die nachstehende Zusammenstellung der örtlichen, historischen Entwicklung der Scheidung der Kistler- und Zimmermannsarbeit enthält hierfür zahlreiche und vollgültige Beweise.

und Hobeln durften, was vordem ein streng behütetes Vorrecht der Kistler gewesen war. Und selbst da, wo die Zimmerleute gewisse bewegliche Kistlerarbeit ausführen durften, wurde stets betont, daß es nur in den Häusern der Besteller und nur für den bestimmten Bedarf, nicht aber auf Vorrat geschehen sollte. Damit wurde dieser Arbeit auch in erweitertem Sinne das Merkmal der beweglichen Ware verwehrt und die Zugehörigkeit zum Hausbau durch die bis in die neuere Zeit erhaltene Bestimmung zum Ausdruck gebracht, daß die Zimmerleute keine Werkstätten in ihren eigenen Wohnungen oder an dritten Orten, sondern ausschließlich nur auf den Bauplätzen haben und in logischer Folge auch nicht bei Licht arbeiten durften.

Die Absonderung der Kistler von den Zimmerleuten geschah nun wohl nicht gleich mit solcher Deutlichkeit, daß sie nur Möbel und nichts anderes gearbeitet und sich gleich auf die feinere Arbeit verlegt hätten. Ihr Bestreben war vielmehr, alles auszuführen, was nicht sozusagen mauer- und nagelfest war. Sie beanspruchten alle nicht mit der Axt oder auf der Drehbank auszuführende Holzarbeit für sich und verteidigten sie oft sogar gegen die „Eingriffe" der Zimmerleute so lange, bis ihnen von der übergeordneten Ratsbehörde begreiflich gemacht wurde, daß es sich eigentlich um Zimmermannsarbeit, das heißt um zunächst grob balkenmäßige Arbeit handele, die sie nur insofern für sich allein beanspruchen dürften, als sie ihr eine schreinermäßige Verfeinerung angedeihen ließen. So bildete sich der handwerksmäßige Unterschied erst allmählich heraus. Freilich taten einsichtige Behörden alles, was in ihren Kräften stand, um die Kistler, selbst über wichtige Brotrücksichten hinweg, auf diesem Weg vorwärts zu drängen, kam das doch nicht nur der inneren Erstarkung ihres Handwerks, sondern auch der Allgemeinheit zugute, die immer bessere und feinere Arbeiten verlangte. Je nach ihrer kulturellen Bedeutung und Berührung mit anderen Zentren und mit dem Auslande machten manche Städte diese Entwicklung viel schneller durch als abseits des Verkehrs liegende. Beispielsweise in den Hansestädten: Lübeck, Hamburg, Danzig, Münster und anderen, finden wir, daß die sich mehr in rein konstruktiver Arbeit betätigenden Kistler von einer neuen Holzarbeiterkategorie überflügelt wurden, die sich nur auf kunstreiche Arbeit verlegte und auch zünftig von jenen schied; es sind die Cunthor- und Paneelenmacher und Schnitzler. Ja, in Münster wagte es im Jahre 1596 der Rat sogar, alle nur konstruktive Arbeit als „frei" zu erklären und den Schutz auf die kunstreiche Arbeitsweisen zu beschränken. Und endlich in Augsburg, der Stadt, die lange Jahre immer an der Spitze marschierte und so recht eigentlich der Vorort aller guten Schreinerkunst war, haben die Kistler — sie behielten hier diesen Namen bei — mehr als einmal den unternehmermäßig übergreifenden Zimmerleuten rechtmäßig besessene Gebiete überlassen, nur um sie wieder für einige Zeit von solcher Arbeit abzuhalten, die vor kapitalischer Vergröberung bewahrt werden mußte. Der bis in die fernsten Ländern reichende gute Ruf ihrer Vaterstadt stand den meisten der braven Augsburger Kistler höher, als zeitliche Erwerbsmöglichkeiten .....

Die Grenzgebiete.

1. Das Grenzgebiet der Zimmerleute.

Mancherlei Ausschlüsse über die Entwicklung unseres Gewerbes erhalten wir, wenn wir überschauen, wie die Kistler sich in der Zeitfolge mit den verwandten Gewerben über die Arbeitsgebiete auseinandergesetzt haben. Zu beachten ist dabei aber, daß Streitigkeiten immer erst dann ausgetragen und durch einen Vergleich möglichst erledigt wurden, wenn die zu bessernden Zustände schon lange bestanden und für einen Teil, meist aber für beide Teile, unerträglich geworden waren. Es sind also Rückschlüsse auf die jeweils vorhergehenden Zeiten zulässig.

Die Abgrenzung der Gebiete geschah in den verschiedenen Städten zeitlich nicht gleichmäßig. An kleineren Orten haben sich die Kistler mit den Zimmerleuten noch um einfache, kunstlose Arbeiten aus Brotrücksichten oder aus zünftlerischem Eigensinn herumgestritten, als in größeren Städten, wo es ja für alle Teile mehr und lohnendere Arbeit gab und sich die Streitenden schneller miteinander einigen konnten, man möchte sagen: großzügiger, wenn es nicht eben doch auch hier oft recht — zünftig hergegangen wäre.

In Aachen, wo ja 1656 beim Brand des Rathauses die Kistlerakten mitverbrannten, ist uns keine ältere Nachricht als aus dem Jahre 1703 erhalten. Damals wurde aber auch in gründlichster Weise festgelegt, was die Kistler und Zimmerleute je allein und was sie beide arbeiten dürften.

Den Zimmerleuten allein wurde alle konstruktive Häuserarbeit vorbehalten, als Balken und Troßen zu legen, Dachwerker (Dachstühle), Windel- und Stechtreppen, Söller, Rahmenwerk und Gesimse unter Dächern, Riegelwerk (Grindelen), Stuben und Kammern zu bunnen (verkleiden) ohne Leim und Döp (Dübel), dann Sommerhäuser, Stakette, Gewölbe, Vordächer, Hühnerhäuser, Hühnersteigen, dann Ställe, Krippen, Galerien, Schlagbäume, Mühlen, Pressen usw., also grobes Balkenwerk aller Art. Dann noch Fenster und Türen mit zwei oder drei Riegeln, allerhand Pforten, aber ohne Paneelen- und Leistenwerk, Unterschläge ohne Paneelwerk und Tirm. So oder ähnlich wurden fast überall die reinen Zimmermannsarbeiten beschrieben und sie brauchen uns hier nicht weiter zu bekümmern, falls nicht erkennbar ist, daß direkte Verbote an Kistler ergangen sind, solche Arbeiten auch zu machen, was aber selten vorgekommen und notwendig geworden zu sein scheint, seltener jedenfalls, als daß die Zimmerleute versucht hätten, ins Gebiet der Kistler überzugreifen.

Weit wichtiger ist also für uns das Verzeichnis derjenigen Stücke, die als gröbstes Kistlerwerk auch den Zimmerleuten erlaubt war. Es enthält folgende Dinge:

Leinen- und Wollen-Webstühle (Gatzawen), belegte Türen und Fenster, Krämer-Gestelle, mit einer Leiste von rauhem Brett, an einer Seite angestochen, Stabelen, Tirken (Teeken, Ladentische), einfache Schüsselbretter mit nur einem Fach, einfache Kannenhölzer, Hackbretter, Särge (Totenkisten) „mit eisernen Nägeln platt und schlecht widereinander genagelt", ein glattes Seitenteil für eine Bettstatt in einem Unterschlag oder unter einer Treppe, Krauchenbänke (Hocker) mit vier „Stempelen“ [wohl einfache, eingesteckte Fußstöcke], „Kandelen“ [Kandelaber, Lichtträger] aus Brettern gemacht, Türrahmen [Duhrengespänner] zu bekleiden „mit einem ruckel (rauhen) Bred ein leistgen ahn einem Randt angestochen“, — diese Verkleidung an Türen, Fenstern und Türrahmen war die einzige, den Zimmerleuten erlaubte Art und Ausnahme —, Füße unter Wiegen „ohne stillen und richelen (Querschwellen)“, einfache Gitter um Keller und Treppen, Packkisten und Packbretter, Portale aus Brettern, einfache Tische und Bänke nur aus einem Stück mit vier Stützen (stempelen), Leisten oder Ring um den Feuerherd, allerhand „Kappen“ (?), „Schiff und Budden“ [ob damit Verkaufsbuden, oder ob die „Budden“ genannten Kajüten auf den größeren Kähnen gemeint waren, was in dieser Verbindung mit „Schiff“ denkbar wäre, ist nicht ersichtlich]. — Ganz ausdrücklich wird hervorgehoben, daß beide Teile sich an ihre besonderen Vorschriften halten müßten, wo sie diese Arbeiten ausführen dürften, das heißt in ihren Werkstätten oder auf den Bauplätzen, oder in den Wohnungen der Besteller.

Als feinere Arbeit war den Kistlern allein vorbehalten: Allerhand Tische und Bänke „deren Füße mit richelen (Querschwellen) vergadert sein“, Schemel (schabellen), Bänke und allerhand Stühle, „Aushangende Stuben“, „vergadert und mit Paneelwerk gemacht“, Haus- und Firmenschilder (aushangende Breder oder schildt), „Rewschilder“ (Reben-, d. h. Weinstubenschilder), „Tictac-Breder“ (Uhrgehäuse?), Altare, Kommunionbänke, allerhand Kirchenbänke, allerhand Reliquienkästen, Kanzeln (Predigstuhl) mit ihren Treppen, Leistenwerk und Zierrat an „Royal“-Treppen, die „im Verstech“ bekleidet werden, allerhand Eß- und Kleiderschränke („Schaffer“), allerhand Fenster, Gemälderahmen, Schirmrahmen (Ofenschirme), Mantelstöcke und Mantelhölzer (Verkleidungen), Handtuchläufer, Anrichten, Kisten und Kasten, Schlafbänke, allerhand Bettstellen, allerhand kleine Webstühle (webgatzawen) mit ihrem Zubehör, allerhand Paneelwerk und „gekiente“ Arbeit, Gebunner (Verkleidung), „so mit liem oder döp (Dübel) gemacht werden“, Unterschläge mit Leim oder Döp (Dübel), Fenster- und Türrahmen im „Verstech“ bekleidet, „Bull-Kisten“ (Boulle-Kommoden?) samt ihrem Zubehör, Mantelbretter mit Leisten bekleidet, Serviettenpressen, allerlei kleine Pressen, allerhand „Marcketrieft“- (Marketterie-) und eingelegte Arbeit, „Menagergrus (Menagère), Geredums (Zurüstung?), bessere Schüsselregale („Reckgens“) und -bretter, „so eine list (Leiste) mit pillargens (Pfeiler) anhaben“, allerhand Arbeit, „so mit Zincken ineinander gearbeidt wird“, Schößer (Vertäfelung) in die Kremersstabelen (Krämer-Regale) und anderswo.

In **Augsburg** sind die Akten des alten Zunftregiments aus unbekannten Gründen nicht erhalten; die Urkunden beginnen erst mit der Wiedereinsetzung des aristokratischen Regiments im Jahre 1548. Ganz zweifellos war gerade in Augsburg bei seiner fortgeschrittenen Lebenshaltung auch das Kistlerhandwerk schon vielseitig entwickelt und deshalb auch gegen die anderen Handwerke gut abgegrenzt, aber das ist leider nicht mit Urkunden zu belegen. Der neue Rat stellt 1550 zunächst nur fest, daß die Kistler mit den Zimmerleuten an einem Bau, und die Zimmerleute mit den Kistlern in den Häusern der „ehrbaren

Leute", d. h. der Bürger, unverhindert nebeneinander arbeiten sollten. 1567 richten die Kistler an den Rat „ainhellige erkantnus und begern", daß sich die Zimmerleute alles Furnierens und Einlegens, über das sie sich übrigens schon vor sechs Jahren beschwert hatten, enthalten müßten, weil es „für Kistlerwerckh erkannt" würde. Die Zimmerleute müßten auch davon abstehen, was ja in ihrer eigenen Ordnung unter § 40 untersagt sei, weder in, noch bei ihren Häusern Werkstätten zu halten. Außerdem machten sie Kistlerarbeit auf den Verkauf und gingen sogar soweit, ihre Gesellen als Meisterstück ein „Kelter-Thirgericht" (Türrahmen mit Kelt, d. h. Axt oder Beil bearbeitet) mit einer eingefaßten Tür machen zu lassen, was letzteres aber Kistlerwerk sei. Schon 1562 hatten sich die Kistler darüber beklagt, „es wolle überhand nehmen, daß die Zimmerleute offene Werkstatt haben wollten". 1568 lebte der Streit wegen des Furnierens wieder auf, und der Rat erkundigte sich in Ulm und Nürnberg, von wo die Antwort einlief, daß es dort den Zimmerleuten verboten wäre. In Augsburg dagegen, und das ist sehr bemerkenswert, war den Zimmerleuten das Furnieren „weiß auf weiß" gestattet, aber nur in den Häusern der Bürger und auf dem Bau, und nicht auf den Verkauf. Am 26. März 1569 war bestimmt worden, daß die Zimmerleute mit Eichen, aber mit keinem anderen Holz folgendes furnieren dürften: allein die Friese an Dillen (Flurböden, Decken), Brustaffern (Vertäfelung in Brusthöhe), Türen und Türgerichten, auch an „Kasten in die Wand", aber sonst an keiner anderen Arbeit, „wie die genannt werden möchte". Die Küchenkasten werden als Kistlerarbeit festgestellt. Diese Bestimmungen wurden nicht beachtet, denn noch im selben Jahr fanden die Bußmeister, daß die Zimmerleute nicht nur eine, sondern zwei und drei Hobelbänke hätten und darauf von hartem Holz furnierten: „Himmelbettstatten, verleistete Kinds-Pedtstatten, Bierfaßkästlin, Stuben-Pedtstattlin, mit zweyen Schubladen fünf grotze Trühlin." (Das alles wollte man auf das Land „verschenken", d. h. wohl: verschleudern oder verschicken.) Ferner: „Schlairkasten, Kuchenkasten mit Schubladen (Küchenkasten), Bungkelstuelin (Spinnräder?), die man nur nach dem Dutzet macht, Pechelpäncklin und viel angefangene Arbeit." Die Kistler fragten entrüstet: „Ist dann das nicht Kistlerarbeit oder heißt das Zimmerwerk?" Und in einer gleichzeitigen Eingabe hieß es: „Dieweil das Kistlerhandtwerckh mit ihrer Arbeit in dieser Statt ohne Ruhm zu melden, dermaßen für alle Statt, nit allein im heil. Reich, sondern auch bei nahen und fernen Nationen, in Ehren und Ansehen gehalten, daß ihnen die Gesellen von anderen Orten umb Erfahrung ihrer Kunst zuziehen — solle nun das Geschrey bei den Ausländischen aufkommen, daß ihnen die Zimmerleute mit ihrer groben Arbeit in ihren Handtwerckh eingreifen, und so große Freiheit haben, die sie doch nit erlernt . . .?" 1578 entstanden zwischen beiden Parteien Unklarheiten, wem die Pressen und Schraufen zuständen. 1593 behaupteten die Kistler, daß die Zimmerleute wieder viel Schreinerarbeit machten und in zwei Häusern Hobelbänke aufgerichtet hätten. Dazu äußerten sich die Verordneten, sie wollten den Zimmerleuten die Hobelbänke in ihren Häusern nicht verwehren, wenn ihnen nur das Kistlerwerk verboten würde. Diesem Gutachten entsprechend wurde vom Rat entschieden: „Auf dero von Kistlern und Zimmerleutten des

Furnierens und andershalben fürgefallenen Stritt, ist den Zimmerleutten vergundt und zugelassen worden, daß sie Hütten und Werkstätten bei ihren Häusern wohl halten, auch weiß auf weiß furnieren mögen, doch sollen sie kein Kistlerarbeit auf den Kauf, sondern den Bauherrn um das Taglohn und um ihren Pfennig oder um die Fürding allein nur in Gebäuden und sonsten nichtzit (nichts) machen. — Den Zimmerleutten ist auch zugegeben und erlaubt worden, die Friese allein an den Thillen, Brustäfer, Türen, Türgericht, auch Kästen in die Wänd, aber sonsten kein ander Arbeit, wie die genannt werden möchte, mit Aychen und sonst keinem anderen Holz zu furnieren; sonsten soll ihnen das Furnieren außer oberzelten (oben erwähnten) Stuck gäntzlich verbotten sein und dasselb allein den Kistlern zustehn. — Es sollen auch die Zimmerleut Kuchin Cästen (Küchenkästen), die man hin und wider tragen (!) kann und andere Kistlerarbeit zu machen gäntzlich messen (sich enthalten), auch sich gegen die Kistler in diesem und anderem, außer was ihnen sonderbar (besonders) erlaubt worden, unvergreiflich verhalten. Und da die Kistler einigen (einen) Zimmermann betreten würden, der sich einichen Kasten oder Schubladen zu machen unterstunde, den sollen sie darum zu straffen Macht haben."

Von den Zimmerleuten wurde nun aber vorstehende Erlaubnis so ausgenutzt, daß nicht nur die Meister, sondern auch die Gesellen Werkstätten und Hobelbänke hielten. Das wurde ihnen durch einen Senatsbeschluß am 27. November 1640, soweit es die Gesellen betraf, ganz verboten.

Im gleichen Jahr wurden die Meinungsverschiedenheiten, wem die Herstellung der „Schragen" (Verkaufshütten der Krämer usw.) erlaubt sein sollte, zum Austrag gebracht. Die Kistler sagten in ihrer Beschwerdeschrift, die Zimmerleute sollten nur einmal nach München, Ulm, Würzburg, Nürnberg, Straßburg, Frankfurt, oder nach Regensburg gehen und sehen, ob ihre Werkgenossen dort Schrägen machen dürften, oder gar nach Leipzig und Dresden, oder gar in die Seestädte Hamburg, Lübeck, Danzig und Königsberg, wo kein Zimmermann sich unterstehen dürfte, von Fensterrahmen, Fensterstöcken oder vom Furnieren etwas verstehen zu wollen. Zwischen dem Kistler- und Zimmermannshandwerk wäre überhaupt kein Vergleich („ganz kein comparation") zu machen, denn den Zimmerleuten gebührte, ihrer eigenen „Confession" nach, nur grobe Arbeit, wozu aber die Schrägen nicht gehörten. Von rechtswegen käme ihnen k e i n a n d e r e s W e r k z e u g zu, als: Axt, Beil (Beühel), Hammer, Richtschnur, und die Winkelhacke, aber weder Lang-, Schief-, Schlicht- noch Rothobel oder das Winkelmaß, „dessen sie sich doch ganz freventlich anmaßen und zu ihrem höchsten Unrecht noch recht haben wöllen". Es folgte dann die technische Beschreibung der Schragen. „Wenn ein Schragen recht gemacht und kein Simplerarbeit sein soll, muß forderst (vor allen Dingen) das Holz zu dem Corpus (Gestell) verleimt, sauber abgeschliffen und geschlichtet werden; im Eingang des Thürlins müssen sowohl die Seiten an zwei Stellen, wie auch das Thürlin selbst mit Hirnleisten angefaßt, fernero ein Schubladen hineingestoßen, der Sitz und Bank in den Schragen aufgeschlagen und mit Hirnleisten angefaßt werden." Die Zimmerleute aber wollten in ihrer Entgegnung die Schragen zu den festen Gebäuden und daher zu ihrem Arbeitsgebiet gerechnet wissen:

„Dazu ferner kombt, daß die Schrägen entweder zu [soll heißen: im Anbau, in Verbindung zu] den Läden, Werkstätten und Häusern oder doch sonsten gemacht werden, daß man instar tugury (wie in einer Hütte) darin sitzen und sich aufhalten kann, also für ein Gebäu wohl zu erkennen und zu achten sind.“ Das wollten die Kistler durchaus nicht anerkennen. „Noch viel ungereimter aber ist, daß die Gegener ihr in der ersten Schrift vorgebrachtes absurdum, daß nemlich ein Schragen ein tugurium (Hütte, Schopp) sei, noch zu behaupten vermeinen (wagen), und zwar, daß ein Schragen ein solches Gebäu sei, quod so cohaerere censeatur (das als festgefügt anzusehen sei), da man doch täglich die Schrägen von einem Ort zu dem anderen tragen, teils auch gegen der Nacht umkehren sieht. So wenig es nun möglich, sondern wider die Natur ist, quod res solo cohaerens, de loco ad locum moveri possit (daß das, was mit dem Boden fest verbunden ist, von Ort zu Ort getragen werden kann), ebensowenig ist ein Schragen ein Gebäu, oder eine den Zimmerleuten erlaubte Arbeit; und gleichwie die Gegner vorgeben, daß ein tugurium und ein Schragen allein usu (durch die Verwendungsart) differieren sollen, welches doch auch nicht absolute wahr ist; also sagen wir hingegen, aber mit besserem Fundament, daß unter angeregten beiden dieser Unterschied sei, daß ein tugurium zu machen den Zimmerleuten, einen Schragen aber zu machen den Kistlern gebühre.“ Die Zimmerleute behaupteten dagegen: „Ist auch gleich lächerlich zu hören, daß sie schreiben lassen mögen, die Schrägen seien unter dem Wort Kästen, die sich hin und wider tragen lassen, begriffen, da doch ipse ocularis aspectus (der Augenschein) den großen und merklichen Unterschied überflüssig bezeuget und man ja in einem solchen Kasten nicht sitzen kann, noch weniger die Kästen, als wie insgemein die Schrägen Dächer haben, oder auf die Reichsstraße gestellt werden, am allerwenigsten man zu dergleichen Kästen der geschworenen Werkleut [der Genehmigung der Baukommission] bedarf, wie zu den Schrägen, wenn man sie an einen Ort setzen oder richten will, welches ein genugsam Anzeig ist, daß die Schrägen für ein Gebäu, und zwar für ein solches Gebäu, quod so cohärere censetur [das mit dem Boden fest verbunden ist] zu erachten, consequenter einem tugurio, weilen man darinnen sitzet und darunder sich uffhält, gleich und beides aedificia (Gebäude) seien, ein tugurium zwar, quod rusticae custodiae inseruit (das sich den Gewohnheiten des Landes anpaßt), ein Schragen aber, welcher, darinnen zu sitzen und zu verkaufen, ad urbanum usum (zum städtischen Gebrauch) gemacht wird. „Die Zimmerleute nannten ferner fünf ihrer Meister mit Namen, die schon seit 1598 (also seit 42 Jahren) zahlreiche Schrägen gemacht hätten, meist für Becken, aber auch „Wurschtschräglin“, ferner den „Kuttelwäschern“ sechs Schrägen aneinander, die „uf dem Platz vor der Metzg herüber“ ständen. „Ja, wenn,“ so antworteten die Kistler, „wenn unsere Scripturen in der leidigen Brunst ob dem Metzgerhaus nicht wären in den Rauch aufgangen, so könnten wir noch den Tag, die Stunde, und die Summe weisen, wie hoch anno 1620 gedachter Zimmermann (wegen Anfertigung eines Schragens) abgestraft worden; bemelter Zimmermann hat geheißen Marx Weiß, unser Bußmeister Heinrich Weinmair, der hat den Marxen Weiß, mit samat seinem heimblich gemachten Schragen am oberen Hundtsgraben in den

Holzschnitt, Ende 16. Jahrhundert. Auf der rechten Bildhälfte sieht man Meister und Gesellen in der Werkstatt arbeiten, links die Frau des Meisters beim Möbelverkauf an wohlhabende Bürger.

verck der Tischer.

ge/ und des Sargs/ derer die Menschen beym Ein- und Ausgang nöthiget.

ist ein gedoppelt Haus/
ir alle wandern/
lenzu dem andern/
t wohl und ruhig aus.
ir zum Leben kommen/
as Leben hat benommen.

Der Tod führt endlich uns dem Sarg und Grabe zu;
Doch wenn wir Wieg' und Sarg/ wie billich/ wollen schätzen/
So ist diß letzte Haus dem ersten vorzusetzen:
Die Wiege bringet Noth/ der Sarg bringt lauter Ruh/
Die Wiege weiß uns nur in diese Welt zu leiten
Dort aber werden wir vom Sarg zum Himmel schreiten.

Loch geworfen, umb willen (weil) derselbe mit dem Schragen abwegs gangen und gedachten Bußmeister (hatte) fliehen wöllen; und war unseres Handwercks Vorgeher Hanns Schertlin bei dem Göppinger Thor, der Zimmerleuth Vorgeher aber, der verstorbene Ulrich Negele, welcher sich darwider das wenigiste nicht gesetzt", also nicht dagegen Einspruch erhoben hat. Der Streit ging aus, wie gewöhnlich: mit einem Nachgeben der Kistler; die Zimmerleute durften künftig Schrägen machen, aber nur ohne Leim und ohne „Geschloß", unverschließbar.

Das Anfertigen von Kirchenstühlen wurde den Zimmerleuten durch einen Senatsbeschluß vom 1. Juli 1651 verboten. Der Bürgermeister Otto Langinger selbst hatte 1649, als Kirchenpfleger, den Zimmerleuten Ulrich Negele und Matheus Gerstbach Kirchenstühle angedingt. Diese beiden Zimmerleute wurden einem Gutachten der Verordneten, die über die Ordnung der Kistler und Zimmerleute eingesetzt waren, gemäß durch Senatsbeschluß bestraft und die Kirchenstühle „wie bisher" für Kistlerarbeit erklärt. Darauf veranlaßte aber der Bürgermeister den Zimmermann Simprecht Haldenwanger, sich vom Gotteshaus zum heiligen Kreuz in Augsburg eine Bescheinigung geben zu lassen, daß sein Vater Ulrich Haldenwanger in genanntem Kloster die geschweiften Kirchenstühle angefertigt hätte. Die im Stadtarchiv noch vorhandenen Visierungen dieser Kirchenstühle mit samt der Bescheinigung reichte der Bürgermeister dem Amt ein, mit dem Bemerken, daß in den Ordnungen beider Handwerke nichts über Kirchenstühle enthalten wäre. Die Kistler sagten dagegen, es wäre freilich nicht alles spezifiziert, was Kistler- und was Zimmermannsarbeit sei, „darzu wol ein Ochsenhaut nit erkleckhen thet". Es wäre aber doch leicht auseinander zu kennen, da doch das Werkzeug den Unterschied angäbe; die Zimmerleute sollten sich doch mit der Axt und dem Breitbeil „ersettigen" (genügen) lassen, denn fremde Zimmerleute wüßten nicht, „und wann's ihnen das Leben gelten that", „ein Carniß oder Gesembs nach der Architektur zu kälen (kehlen)", was aber den hiesigen Zimmerleuten, außer „andero special vergunst", erlaubt wäre. Diesmal endigte der Streit mit einem generellen Verbot an die Zimmerleute, Kirchenstühle zu machen.

Es kam aber auch gelegentlich vor, daß die Zimmerleute den Spieß umdrehten und die Kistler verklagten. Im Jahre 1672 handelte es sich anscheinend um Wind- oder Wassermühlen. Die Zimmerleute schrieben nämlich: „obwohl und allewegen, denen von Zimmerleuthen alles, was Wasser und Lufft auf- und verhalten solle, proprie (vorbehalten) und sonst niemand zu machen zugestanden, noch gebühret und zusteht, auch von niemanden ein widriges gründlich kann bei- und fürgebracht werden". Die Kistler scheinen sich auf eine weitere Erörterung der Frage gar nicht eingelassen zu haben, weil die Sache klar genug gegen sie war.

Endlich im Jahre 1728 wurde durch den Senat eine große Liste derjenigen Arbeiten aufgestellt, die die Zimmerleute allein, die Kistler allein, und endlich beide gemeinsam machen dürften.

1. Für Zimmerleute allein: alle großen Pressen in Hallen und Gewölben, bei Tuchscherern, Papier- und Ölmühlen usw. — Gerüstschrägen ohne Leim, Hobel und Schloß. — Theater-, Fecht-, Bad- und Waschhäusern, die Logen, Sitze,

Stände, Bänke, die mit den in die Erde geschlagenen Pfählen oder sonst befestigt werden. — Das Balkenwerk oder die „Bruck“, auf dem das Theater steht, Hebe- und Zugmaschinen, Gebälk in den Oratorien und Emporkirchen und in die Mauer einzuhängen. — Theater und Stände für die „Ärzte, Marktschreier und Seiltänzer“ usw. Alles Gebälk in Fabrikbetrieben und an anderen Orten. Jegliche ungehobelte Arbeit. Alle Balkenarbeit in Häusern, Gärten, Kegelplätzen; Ställe, Brunnen, Brücken; Glockengestelle, Dachstühle, Stiegen Altane. Roste oder Brück für die Kirchenstühle, mit der Axt gemacht. Hütten und Kirchweihstände, Stiegen und Altane.

2. Für Zimmerleute und Kistler gemeinsam: Aus Brettern gemacht, Stiegen, Geländer, in Stuben und Läden diejenigen Einrüstungsgegenstände, die fest in die Mauer eingemacht sind („nagel- und bandfest“), und Schultafeln. Alle gehobelten, geleimten und ungeleimten, fichtenen oder eichenen, eingelegten, gefälzten oder ungefälzten Fuß- oder Stubenböden, Haustennen, Tillen, Decken, resp. Getäfer. Gemeine resp. aus Fichten oder Eichen gemachte und nur mit diesem Holz in Fries, aber nicht in die Füllungen furnierte, aufgesetzte Wände, Brustäfer (Vertäfelung bis zur Brusthöhe), Tillen, Türen, Türgerichte und Ladengerichte, mit ihrem Simbswerk; Blickel-, Zug- und Kelterläden, auch Kutschen-, Geschirr-Rahmen und andere dergl. große Rahmen. Festgemachte gehobelte Bänke in Stuben und Kammern. Mühl- und Beutelkästen; Särge. Kleine Stände zu Kirchweihen usw. Gehobelte einfache und mit Brettern gefütterte Haus-, Hof- und Gartentüren und Gatter mit ihren Verkleidungen und Verhöhungen; Türen- und Gattergerichte, eingefaßt und uneingefaßt, glatt oder gedoppelt, nur von Eichen oder Fichten, — was nicht etwa einem von beiden schon besonders reserviert. Gänge, Galerien, Portale in Höfen, Häusern und Gärten, die mit Säulen, Kolumnen, Postamenten und Kapitälen gemacht werden. Spaliers in Gärten; Lust- und Sommerhäuser ohne Balken, samt den Postamenten für Statuen; Grabdeckel. Badstuben, die in Häusern festgemacht werden; ausgehobelte kleine Rinnen von einem Brett; Latten oder Rehmling von 2 bis 3 Zoll Dicke; gehobelte Bänke „auf die Reichsstraße“. Kreuz- und Fensterstöcke, Fensterfutter, Fensterrahmen, Rahmen zu Glas- und Treibhäusern aus Eichen- und Fichtenholz; die Zimmerleute dürfen sie den Bauherrn aber nur im Taglohn machen. Strumpf- und Bortenwirker-, Flor- und Samtwirkerstühle, Gold- und Silberspinnerstühle, samt Zubehör. Szenen und „ausgeschnittene Auszierungen“ in Theatern. Haus-, Wäschemangen und Rollen. „Bruck“ oder Rost zu Kirchenstühlen oder Kirchenbänken, Gerüste zu heiligen Gräbern.

3. Für Kistler allein: Kirchenstühle und Bänke ohne Unterschied. Andere Kirchenarbeit, als: Altäre, Kanzeln, Predigtstühle, Beichtstühle, Gemälderahmen, Gefäße oder Einfassungen, Orgelkästen, Auszier- oder Ausstaffierung, Emporkirchen, Tafeln oder Bretterwerk von Säulen, gemalten Bildern, Wolken und anderen an den heiligen Gräbern neu zu machen und zu reparieren, auch selber auf- und abzutragen; mehr: furnierte Portale, Säulen, Kolonnen, Termes (?), ingleichen Kommunion-Altargitter, Epitaphia, Spalier- und Zierleisten, Spiegel-, Blind- und andere Rahmen. Alles solches Getäfel, Tillen,

Decken, Türen und Wände, die mit einem besseren (!) oder kostbareren Holz als Eichen oder Fichten, auch solche aus Eichen und Fichten, die nicht allein im Fries, sondern auch in den Füllungen furniert werden. Schreib-, Schenk-, Kunst- und andere Tische, Billardtische, Schubladen, Kugeltruhen und andere Truhen, Kästen, Stühle, Sessel, Bettstellen, Schreine von Totenbahren; in den Stuben, Küchen, Kammern, Kaufmanns- und anderen Läden: die Rahmen oder Gestell, Einrüstungen und Kästen mit Türen und Fenstern, auch geleimte und eingezäpfte Rückwände, die vorher ausgemacht und fertig in die Mauer eingeschoben werden, samt allem, was nicht (!) nagel- und bandfest angemacht wird. Kramer-, Becker-, Kräutler-, Obstner- und andere Läden und Schrägen, die geleimt, gehobelt resp. geschlossen und nicht an die Häuser, Mauern und in die Erde fest- und eingemacht werden. Bockelbäder oder Schweißbäder, die man tragen kann. Futteralmacherarbeit, als Silbertruhen, Servistruhen, Brettspiele. Alle kleinen Bilder-, Papier-, Briefpressen und kleine Pressen mit vielerlei Brettern, Saftpressen und Buchbinderpressen.

Bei allem war die Bedingung gestellt worden, daß die Obrigkeit ausnahmsweise kranken Zimmerleuten solche Kistlerarbeiten gestatten dürfen. Also war die Krankheit nicht ohne weiteres ein Berechtigungsgrund, sondern sie mußte bewiesen und dann die Erlaubnis für die Arbeit beantragt werden. Damit war dem Mißbrauch ein Riegel vorgeschoben.

In Basel pflegten die Zimmerleute und Kistler beiderseits Gesellen des anderen Handwerks bei sich arbeiten zu lassen und sich so gegenseitig zu beeinträchtigen; das wurde ihnen im Jahre 1489 durch eine Ratsverfügung verboten. — Im Jahre 1526 beschwerten sich die Zimmerleute über die Dischmacher, daß sie „Trüm (Fußböden?) gefeltzt, Dylen, Höltzenschnecken (Wendeltreppen) Roßstäl, Seüwställ“ machten; es wurde vom Rat eine Kommission, bestehend aus Ratsherren, Meistern und Sechs der Spinnwetterzunft, die entscheiden sollte, wem diese Arbeiten zugehörten, eingesetzt. — Ein neuer Vergleich der beiden Handwerke findet sich aus dem Jahre 1742. Nach ihm gehörten:

1. den Zimmerleuten allein: „Riegelwände von Holtz, Taglöcher (Fenster), Kaminschoos, Thürgestell, Französische Landeren, weniger die Lattlein daran schlagen; Gatteren, auch Garten-Lattenhäge; Scheunenthor und die Stallthüren; Himmel unter die Dächer; Kirchenarbeit (ungeleimte); Keller Gerüms.“

2. den Schreinern allein: „Eingefaßte Thüren mit Füllungen, Fensterrahmen, Stubenbühnen mit Füllungen und dito Wänd; eingelegte Stubenböden; Kastenkästerlein (Schränke in der Wand); Mehlkästen und Multen; zusammengeschlossene Küsten; gewölbte Todtenbäume; Fensterläden mit Hirnleisten; alle Gattung Tische und Banktröglein; alle geleimte Arbeit; alle Tische, wie die Rahmen haben; Kirchenarbeit (geleimte); Pfostengätter.“

3. Für beide Handwerke zusammen: „Stegen (Treppen) zu füttern; Wetterdächlein, Bänklein für die Häuser; Perspektiv- und Lusthäuslein in die Gerten; Kellerläden; glatte Stuben vertäfeln; an Thüren und Läden eine Leimfuge und eingeschobene Leiste machen.“ — Dieser Vergleich wurde erneuert in den Jahren 1810 und 1827; ergänzt im Jahre 1840 durch die Bestimmung, daß beide Handwerke glatte Türen und deren Verkleidungen anfertigen dürften, aber nur die

Schreiner die „gestemmten, sogenannten Türen mit Füllung samt dem dazu gehörigen Futter und Verkleidung". — Trotz der Bestätigung von 1810 machten, laut einer Beschwerde der Schreiner, die Zimmerleute weiter die ins Bauwesen schlagenden Arbeiten. Am 1. September 1810 beschloß der Rat, daß kein Zimmermeister einen Schreinergesellen halten und keine geleimten Fußböden anfertigen dürfte. Die Zimmerleute richteten sich aber nicht nach diesem Verbot; sie waren übrigens den Kistlern gegenüber sehr im Vorteil, denn erstens waren sie an Zahl viel geringer als jene und konnten sich leichter in die vorhandene Arbeit teilen, zweitens auch war ihnen in der Gesellenzahl keine Beschränkung auferlegt, und sie beschäftigten zuweilen 40 bis 50 Gesellen. Die Schreiner wurden nun angewiesen, nicht das ganze Handwerk, sondern einzelne Zimmerleute zu verklagen. Das taten sie, aber die Handwerks- und Gewerbekommission mußte am 14. Januar 1818 erst vom Rat dazu angehalten werden, die Schreiner überhaupt anzuhören, wahrscheinlich, weil in ihr ein Freund der Zimmerleute mächtig war. Im Jahre 1827 sollten die Zimmerleute, Stadtrat Geßler und Großrat Ecklin mit je 16 Francs für jeden Gegenstand bestraft werden, weil sie verbotene Schreinerarbeit angefertigt hatten. Die Schreiner klagten, die Zimmerleute übernähmen oft mit einem Maurer zusammen einen ganzen Bau; sie hätten deshalb beschlossen, ihnen von jetzt an überhaupt keine Arbeit mehr zu machen und sich an Bauten nur mit einem direkten Auftrag der Bauherren zu betätigen. Ein Zimmermeister Stehlin wurde im selben Jahre bei Schreinerarbeit erwischt und mit 16 Francs bestraft; im Wiederholungsfall sollte die Strafe verdoppelt und er beim dritten Male dem Rat angezeigt werden. Tatsächlich wurde Stehlin später wieder schwer bestraft. Der Streit mit den Zimmerleuten zog sich bis in das Jahr 1840 hin. Für den badischen Bezirk Lörrach wurde am 8. November 1827 eine gedruckte Arbeitsteilung zwischen Zimmerleuten und Schreinern aufgestellt und gedruckt.

In Cöln war[1]) „die Holzbekleidung der Stubenwände Zimmermannsarbeit! Als dann im 15. Jahrhundert aus dem alten Kistenmachergewerbe die Kunthorschnitzerei hervorgewachsen war, hatte dieses Gewerbe einen natürlichen Anspruch auf die Herstellung geschnitzter Stubenwände. Somit war der Konflikt gegeben, der zugunsten der Zimmerleute entschieden wurde". Als Beweis dafür führt von Loesch den von uns auf Seite 28 bereits geschilderten Streit der Zimmerleute mit den Kistenmachern an, den die beiden Ämter im Jahre 1489 um den Cölner Kistenmacher Johan Doer von Lüttich geführt haben, und vermutet, daß dieser Meister, nachdem er zwanzig Jahre dem Kistleramt angehört hatte, nur deshalb zu den Zimmerleuten hätte übergehen wollen, weil er gern geschnitzte Wandverkleidungen, Fensterrahmen, Treppengeländer oder dergleichen hätte machen wollen, was ihm nur bei den Zimmerleuten erlaubt gewesen wäre. Von Loesch sagt aber selbst in einer Anmerkung hierzu, daß diese seine Auffassung des Streitfalles allerdings nur auf einer Kombination der zum Teil etwas dunklen Quellen beruhe. Wir können uns

[1]) Nach von Loesch a. a. O. I., S. 120.

seiner Auffassung nicht anschließen, denn welchen Grund hätten die Zimmerleute gehabt, sich um diesen seit zwanzig Jahren bei der anderen Zunft arbeitenden Meister zu streiten, der ihnen angeblich nur ins Handwerk pfuschen wollte? Uns scheint eine andere Auslegung des Falles begründeter. (Vgl. Seite 28.) Daß die Zimmerleute Kistlerarbeit machten, geht freilich aus einem zu Anfang des 16. Jahrhunderts dem im Jahre 1450 festgesetzten Eid der städtischen Zimmerleute beigefügten Nachtrag hervor, der lautet: „ind binnen der uyren gheyn kluttery odir anders zo machen, dan unser heren werk“ (und binnen der festgesetzten Zeit keine kleine Tischlerarbeit oder anderes machen, was nicht zum städtischen Auftrag gehört), läßt aber nicht darauf schließen, daß die Zimmerleute auch bessere oder sogar die beste Kistlerarbeit, nämlich das Schnitzen, verrichteten. Daß es in Cöln jedenfalls mit der Wandbekleidung so gehalten wurde, wie an anderen größeren Orten, beweist uns ein zwischen den Schnitzelern (!) und den „Freunden vom Zimmeramt“ geschlossener Vergleich von 1535. Darin ist gesagt: „daß die vom Zimmeramt sollen bleiben (!) bei ihrem Bekleiden (mit) Eichen und Tannen, und jedes zu wirken, wie von alters her (!) jedelich (gebräuchlich), und die Schnitzler bei ihrem Eichen, Nußbäumen und Tannen zu schnitzeln, Eichen- und Nußbaum-Taffeln und Kisten zu machen, auch wie von altersher und nur gebräuchlich.“ Und 1694 wird als „Schreinerarbeit“ ausdrücklich bezeichnet: „schnitzeln“[1]).

In diesem Jahre 1694 wurden übrigens alle den Schreinern allein zustehenden Arbeiten in einem Verzeichnis zusammengestellt. Es enthält folgende Gegenstände: Tresoir, Tieek (Ladenteeke), abschorstende Taffeln (Tische mit hängenden Seitenteilen), so vordem ein Teil des Meisterstücks gewesen, Orgelwerk, Gestoels (Kirchenstühle und -bänke), Altare, Taffeln, abgeschlossene Köhger (?), Bekleidung von Portalen, geschnittene, ingelegt mit runden oder platten Pilaren (Pfeilern), Kandelaber mit Friesen oder Furnieren; Portzen (?), vergadert, verstochen, mit Paneelen geschnitten oder ausgefornierte Polere (?); Gaderen (Gitter), geschnitten, gekrätzt, eingelegt; Kappstuben, geschnitten verschieden, belegt, eingelegt; Bettstätt, Kutschen, Kisten, Kochbänk, aushangende Körb, Wiegen, Kleiderschaffer, allerlei Taffelen, ausreckende, aufschlagende, mit Flügelen, mit eingestochenen Leisten, oder einfach ausstreckende, und schlechte Schragen, Weinkisten, Anrichten, Handfässer, Handrollen, Taffelen, Donecker- (Tüncher-)Oprahmen (?), Sitze mit Lehnen, Stülpen (?), Spielbretter, Fensterrahmen, Schabestühl, werffende Stühl, Hackbretter, Totenladen, Winkele, Weinkele mit Schössern (Vertäfelung), Sternen, Moschele mit Steckwerk, ausgestochene Türen.

---

[1]) v. Loesch sagt übrigens selbst an anderer Stelle (Bd. II, S. 395): „Snitzler ist von vornherein mit Kistenmachern gleichbedeutend. Das Wort Snitzler ist das jüngere. Es begegnet zuerst 1492 und wird spätestens seit Mitte des 16. Jahrhunderts die ganz vorwiegend übliche Bezeichnung. Die Umbenennung dürfte den Fortschritten der Reliefschnitzerei an Möbeln entsprechen, über welche die Verordnung vom 8. Mai 1527 (Rmem. IV, ff., 185/6) berichtet. — Die Holzsnidere des Verbundsbriefes (des Jahres 1397) sind fern zu halten und scheinen den mehrfach in den Quellen erwähnten Sagensnideren, d. h. den Brettschneidern gleichzusetzen zu sein.“

1704 wird bestimmt, daß: „das Bekleidsel (die Verkleidung) in sich und absonderlich, weil ein Zierrath darauf gesetzt würde, für Schreinerarbeit gehalten werden müßte".

In Heilbronn wurde 1767 durch Vergleich festgelegt, daß rauhe Arbeit für die Zimmerleute, glatte und gehobelte aber für die Schreiner gehöre.

Lübeck war wie Augsburg eine große Handelsstadt und hatte die Kistlerei früh zur künstlerischen Blüte entwickelt. Der Bedarf darin war so groß, daß ein Teil der mittleren Arbeit an die Zimmerleute abgegeben werden konnte. Die Weddeheren (Zunftgerichtsherren) hatten „van der twisegen sake halben" (wegen ihrer Streitsache) die Zimmerleute und Kistenmacher, die allerdings erst 1508 ihre eigene Ordnung bekamen, vor den Rat gewiesen, der 1464 eine Aussprache zwischen ihnen herbeiführte, in der folgendes vereinbart wurde: Die Zimmerleute durften künftig den Bürgern Schappe (Schränke) und auch „Leimwerk" machen, aber nur, sofern sie das in der Bürger Häuser machen und dort zusammensetzen („to hope slan"); käme es aber vor, daß die Zimmerleute solche Arbeit in ihren eigenen Häusern oder an anderer Stelle ausführten, so wurde das unter Strafe gestellt („dat mach sonder broke nicht wesen").

Die Kunthormaker waren es, die durch ihr neuartiges Wirken diese Abgrenzung der Gebiete veranlaßt hatten. Die Zimmerleute erhoben 1457 Zank und Streit (schelynge vnde zake) gegen sie, weil sie ihr Amt „angetastet" hätten. Nun wurde den Kunthormachern zugesprochen, daß sie nachstehende Arbeit für sich allein beanspruchen durften: Paneele benedden (oben und unten?) mit Eichen und „vurem" Holz, dieses Paneelwerk sollte in Leim gestrichen sein; Docken (Geländerpfosten) und alles Leimwerk, „Masselrien (Schnitzwerk), Pfeiler mit Kapitälen und Fensterrahmen in neue „Luchten" (Fenstereinschnitte in die Mauer, mit Holzfutter ausgelegt). Und keineswegs durften die Kunthormacher „das Amt der Zimmerleute brauchen oder antasten, nur allein mit den vorgeschriebenen Arbeiten". Wenn sie diese Vorschrift nicht beachteten, so sollten sie für jedes unerlaubte Stück 3 Mark Silbers bezahlen.

Nun folgte auch noch die nachstehende Abgrenzung der Kistenmacher von den Kunthormachern (ihren kunstfertigeren Vettern) am 14. September 1470. „In Gottes Namen. Zu derselben Zeit da waren die frommen Leute, die man Kistenmacher nennt, auf der einen und die Kunthormacher auf der anderen Seiten in Streit wegen der ihnen zustehenden Arbeit. Der Rat, vor den sie gekommen waren, hat sie vor die Gerichtsherren gewiesen, und dort sind sie miteinander einig geworden, daß die Kunthormacher keine braungebeizten Kisten (roßerde kisten) machen sollten, weder auf den Verkauf noch in den Bürgerhäusern; auch sollten sie keine Schappe nach Kistenmacher Art verkaufen, sondern allein solche mit Gesimsleisten und eingefaßten Türen (also verfeinerte Ware); anderen Schapp, die sie für die Bürger (auf Bestellung) machten, „die mögen sie besprechen und machen, wie die Leute sie haben wollen". Dieser Vertrag bedeutete, daß die Kistenmacher die als übliche Ware geltenden Truhen und Schränke, deren Form und Maße ganz genau bestimmt waren, herstellen und verkaufen, die Kunthormacher dagegen kunstvoll und nach besonderer Bestellung arbeiten sollten.

Die Zimmerleute kümmerten sich anscheinend wenig um diese Bestimmungen, denn obwohl 1499 vom Rat noch einmal ausdrücklich festgestellt worden war, daß niemand in der Stadt, der nicht zum Amt der Kunthormacher gehörte, Kunthorwerk, Paneelwerk und Schnitzwerk machen dürfte, er wäre denn vom Rat damit belehnt worden, und daß die beiderseitigen Gesellen sich nicht auf den anderen Gebieten gebrauchen lassen sollten, hatte es doch schon 1503 wider „Schelunge und Twedracht" zwischen den Schniddekern oder Kunthormachern und den Zimmerleuten gegeben. Der darauf abgeschlossene Vergleich bestätigte den ersteren das Paneel-, Schnitz- und Kunthorwerk und dazu Säulen mit Füßen („poste mit basementen"), sie wären von Wagenschotte (Kernholz) oder anderem Holz und verbot den Zimmerleuten erneut solche Arbeit. Diesen blieben vorbehalten: die Säulen ohne Füße und ebenso alles Zimmerwerk, die Hängekammern, Treppen und alles, was zu ihrem Handwerk gehört; das sollten die Kunthormacher nicht machen, doch durften auch sie Treppen aus Wagenschotte (Kernholz) ausführen, wenn jemand die bei ihnen bestellen wollte. Die „stoffamen offte (oder) borstwehre van den hangelkameren" (die Brustwehren der Hängeböden) wurden beiden Teilen zugestanden, je nach dem Belieben desjenigen, der die Arbeit zu vergeben hatte; ebenso Säulen oder Pfeiler von Wagenschotte, aber ohne Fußteile, ferner Wagenschotte-Rahmen für Türen, Tore und Fenster, und zwar „van lymwerck". Aber wenn die Fenster und Türen in Paneelwerk gesetzt wurden, so war es Schnitzlerwerk; desgleichen die Schenkschiven (Büfetts). Die Wandschränke („so men plecht tho hebben in denn muhren") durften die Zimmerleute auch machen, aber nur in den Häusern der Besteller und nicht in ihren eigenen anfertigen.

Die Kistenmacher ihrerseits schlossen im Jahre 1505 mit den Kunthormachern oder Snyddekeren und den Zimmerleuten einen neuen Vertrag ab, nach dem auch ihnen erlaubt wurde, wie die Kunthormacher allerlei Kisten „uppet schoneste, so se konen" (so kunstvoll oder schön, wie es ihnen möglich war), zu machen, aber die einfachen und geraden Schappe und Kasten in den Wänden und anders, wie von altersher, blieben ihnen allein und wurden den Kunthormachern verboten. Die Fenster in den neuen Luchten (Fensterfutter in den Mauern) gehörten den Kunthormachern; aber was die Fenster in alten Luchten, also Ersatzarbeiten, betraf, so durften neben den Kunthormachern auch die Kistenmacher sie herstellen, „so vele dat de Snyddeker belanget", das heißt soweit das nicht etwa kunstvollere Arbeit war, und sie sich auch mit den Zimmerleuten darüber vergleichen konnten. Zur Kistenmacherarbeit rechneten ferner die Grabkreuze auf dem Kirchhof, allerlei einfache Tische, Eßtische und Stubentische. Die „overort" eingefaßten Tische gehörten wieder den Kunthormachern; aber Tische, die an den Enden mit einfachen Leisten gefaßt waren, durften die Kistenmacher wohl machen; im übrigen sollten sie sich der Kunthormacherarbeit enthalten und sollten mit diesem Vertrag „to gantzen Ende", also endgültig verglichen und vertragen sein.

Das Handwerk der Schnitzer und Kunthormacher in L ü n e b u r g wurde in der Rolle des Jahres 1524 gegen die Eingriffe der Zimmerleute durch besondere Bestimmungen geschützt: „So schollen ok de timmerlude wedder dut hantwerk

Der Schreiner. Kupferstich aus Christoph Weigel: Abbildung und Beschreibung der gemeinnützlichen Hauptstände, Kapitel »Derer von Holz arbeitenden Stände«, Regensburg 1698.

Deutsche Tischlerwerkstatt um 1780/90. Der Kupferstich von A. Gäbler nach einer Zeichnung von J. P. Voit zeigt unter anderem eine Frau an der Hobelbank.

nicht handeln mit orem arbeide." Es wurde den Zimmerleuten verboten: Paneele, geleimt oder ungeleimt, Fensterpfosten oder -stöcke und Fensterrahmen, einfach oder geschnitten, „utluchte utsetten" (neues Fensterfutter in die Mauerausschnitte einsetzen), mit dem Hobel arbeiten, ausgenommen Fußböden („bonen") und Balken, endlich Kisten oder Schappe. Würden sie bei der Anfertigung solcher Stücke betroffen, so sollte man es den Beisitzern des Schnitzeramtes anzeigen, die es an den Rat bringen würden, „ein geborlich insehent to donde", damit sie für ihre Übertretung bestraft würden.

In München befanden sich 1497 die Kistler und Zimmerleute schon seit langer Zeit im Streit, als der Rat folgende Regelung festsetzte: Kein Zimmermann, Meister oder Geselle, dürfte künftig Tische, Bettstellen, „fürpanck" (transportable Kamin-Bänke mit umklappbarer Lehne, beiderseitig benutzbar), verschließbare oder offene Truhen, Kasten oder was sonst noch zum Kistlerhandwerk gehört, machen. Aber es sollte dem Bauherrn freistehen, „Fensterwerk" im Taglohn und für Beköstigung in seinem Hause und von seinem eigenen Holz („zur sein selbs Zeug") bei Zimmerleuten zu bestellen, aber nur auf diese Art. — Kein Kistler dürfte machen: Türgerichte, Wände, Decken (Dülln), ausgenommen auf besonderen Wunsch des Bauherrn; aber durchaus keine Fußböden legen und „penck in die stubn", das waren die festen Bänke an den Wänden als Bestand der zimmermannsmäßigen Einrichtung.

Im Jahre 1532 wurde beiden Handwerkern gleichmäßig die Anfertigung von Türen und Türgerichten erlaubt, doch sollten beide verpflichtet sein, die Fenster mit dem Stadtzeichen stempeln („mit dem Munch underschiedlich bezaichnen") zu lassen durch die Schaumeister bei Strafe von 4 Pfennig von jedem Schilling.

Im gleichen Jahre wurden den Kistlern „alle Tafelwerckh" nicht allein auf Bestellung des Bauherrn, sondern auch in ihren Häusern erlaubt, aber die „ausgesetzte gefaltzt wendt, panckh und fußpeden" sollten nach dem alten Satz von 1497 den Zimmerleuten vorbehalten bleiben. — Der Übergang des Tafelwerks (Vertäfelung) an die Kistler geschah, wie in Cöln, sicher wegen der aufkommenden Mode des kunstvollen Schnitzens. — Doch auch die Zimmerleute durften weiterhin auf besonderen Auftrag Vertäfelungen machen sowie „Creutzfenster", doch letztere nur geschaut und gestempelt.

Im Jahre 1737 regelte der Rat die den Zimmerleuten erlaubte Kistlerarbeit wie folgt: „Und ob zwar dennen Zimmerleithen und andern, welche umb das Kistlerhandtwerch redlich nit gelehrnet haben, vermög der älteren Sätz und Ordtnungen ihr unfuegsamb machente Schreinerarbeith, in specie die Fensterstöckh, Rahmen, eingefaßt oder mit eingeschobenen Riglen verförttigte Thürn, item Cästen, Pöthstatt, und all ybrig genieth und gekhölte Arbeit durchgehents verbotten und abgeschafft waren, so will doch ein allhiesiges Handwerch der verburgerten Kistler dem Handtwerck der Zimmerleuthen, wie auch den hier wohnhafft und verheurathen Zimmergsöhlen und Burgern, neben ihrer vorhin passierlichen (außedem erlaubten) Zimmermannsarbeith, nachfolgende Stuckh hiermit verwilligen: als in specie die Thürn mit eingeschobenen Riglen sambt der Klaydung, und darauff gesetzt einfachen Gesümbs, wie es sich auf dergleichen schlechten (einfachen) Thürn reimbt, die Füß- und andere Pänckh; auch gemaine Pöden, Creutzstöckh mit eingeprennten Marckh; auch die Tüllen mit einfachen Leisten in ihren Häusern zu machen, jedoch dergestalten, daß sye, die Zimmermeister und Gesöhlen, blos Wünttterszeiten und wan man keine offentliche Gepäu in der Statt aufrichten khan, solche Arbeith verrichten, auch die Zimmermeister zu solchen Zeiten weder die allhiesig noch frembte Zimmergsöhlen fürdern, und also ein mehrers nit, als sye, Zimmermeister oder Gsöhlen mit eignen Handten machen kunden oder wollten, arbeiten solten. Wann aber die Zeit des Früehelings oder Sommers herbeykhommen und andere offentliche Arbeith in der Statt alhier zu fündten, solln sye Zimmermaister schuldig seyn, neben anderen frembten bedürfftigen (Zimmer-)Gesöhlen vor allen der allhiesigen Burger zugedenckhen und dieselben zur Arbeith anzustehlen, damit selbige Gsöhlen nit Ursach haben, sich auf ihre nur auf Wünterszeit, da man sonst kein Pauherrn überkhommen (finden) khan, restringierte (erlaubte) Hausarbeit zu verlassen. Gleichergestalten und soviel die vor diesem in Stritt gezogene Machung der Döckhen, Täfelwerckhs, geleimbter und eingefaßter Thürn, Creuzstökhen und anderes betrifft, so solle zwar ein Handtwerckh der Zimmerleith alhier, oder die demselben einverleibten Meister und Gsöhlen, befugt sein, die eingedingte Arbeith, jedoch allein bey Churfürstlichen Hofbedienten, nit aber von denen Verburgerten anzunemmen, und selbige hienach, doch nit in ihr der Zimmerleith aignen, sondern nur blos und alleinig in der Pauhern Wohnbehausung, worinnen der Pau zu verfertigen, ohne Ausnahme das Holz und Arbeith, taglohnweis zu machen; ihnen auch derentwillen einiger Eintrag und Hinterung nit erzaigt werden, sondern lediglich in des Pauherns (wann derselbe unter dem Hofgesündt gehörig) Willchur stehen solle, sich in seinem Haus oder wo er sonsten einen Pau aufrichten zu lassen vorhanbens, indifferenter (ohne Unterschied) der Kistler oder Zimmerleith zu bedienen; sollten aber wider Verhoffen die allhiesige Zimmermaister oder Gesöhlen yber diese ihnen beschechene Verwilligung einig präjudicierlich Geding, Beförderung der Gesöhlen oder Machung anderer, einem Handwerk der Küstler zueständtigem Handtwerchsarbeith den geringsten Exceß begehen, auf solchen Fahl solle ihnen die Arbeith und angedingter Lohn zu gebührenter Straf eingezochen, und halb der Obrigkeit, der andere halbe Thaill aber dem Handtwerch der Kistler eingehändtiget oder sonst nach Gestaltsambe des Fahls mit exemblarisch wohl empfindlicher Geltstraf angesehen und punktiert werden. Und dieses alles nach dem, einem allhiesigen Handtwerch der Kistler erthailt und under größeren Hofraths Sekrete verförttigten Receß von 20. April 1674." — Im Jahre 1824 hob das Landgericht in Tegernsee in Bayern eine gegenteilige Entscheidung des Gerichts in Erding auf und verfügte, daß die Zimmerleute befugt wären, mit den dazu nötigen Werkzeugen alle jene Arbeiten, als Türen, Fenster und Kreuzstöcke und Rahmen usw. zu fertigen, wozu man keinen Leim bedürfe und woran keine Verzierungen angebracht würden. — Den Zimmerleuten waren auch die Schießscheiben erlaubt.

In Münster beschwerten sich im Jahre 1596 acht Zimmerleute, daß ihnen die Kleinschnitzler (so wurden die Kunthormacher hier genannt) viel Hausgerät und Frauenkleider gepfändet hätten. Sie selbst glaubten auch zur Bruderschaft der Kleinschnitzler zu gehören, wenn sie einen Trecktisch als Meisterstück machen könnten. Die Kleinschnitzler erwiderten, sie dürften alles konfiszieren, was jemand „unseres arbeitz im kleinen werke mit subtiler, ihm nicht zugelassener reschup (Werkzeug)" gemacht hätte. Die Kläger seien ihre Gesellen und Diener gewesen. Hierauf erfolgte nachstehender Ratsbeschluß: „Wir ordnen und wollen, daß hinfüro in dieser Stat den Kleinschnitzern und ihrer Bruderschaft zu machen allein bleiben soll, alles Paneelwerk und was verstecken mit Nuten, Rosen oder Knospen und Listen belagt oder ufgelimet wirt. Zu dem alles Belt (Bild, Figur) und geschnitten Werk in Kronomenten (Paneelbekrönung) oder sönsten, wie es einen Namen haben möchte, wie gleichfalls eingelegt Werk". Nachdem so die wirklich kunstvolle Arbeit den Kleinschnitzlern vorbehalten worden war, entschloß sich der Rat weiter zu einer ganz radikalen Maßnahme, die das gute Handwerk über alles hinausheben sollte. Er verfügte nämlich: „Dies Nachfolgende soll jedermann zu machen frei bleiben: Häuser zu zimmern, darin Stuben, Kammern, Windeltreppen oder anders zu machen; item Dören, Falldören, Fenster mit Spangen zu benägeln und die Fögen mit Leim zusammen zu setzen, Beddsteden, Kisten, Spindeln, Richtebenke, Schreine, Sitzen, Benke, Schabellen (Schemel), Dische klein und groß, die Foegen gleichfalls mit Leim zusammen zu fügen, — jedoch diese Stücke alle ohne Paneelwerk, wie auch nichts darauf zu stechen, schneiden, Holz auf Holz zu leimen, oder sunsten zu machen, welches den Kleinschnitzlern allein furbehalten — jedoch ohne das, mit allerhand Schaven (Schabeisen, Hobel), wie sie gestalt mugen sein, zu bereiten und zu zieren, soll jedermenninglich frei sein." Damit war also das einfache Kistlerwerk freigegeben, sogar das Hobeln und das Leimen, wenn es in Fugen geschah und nicht Holz auf Holz geleimt wurde. Diese weitgehende Freigabe der eigentlichen Brotarbeit hätte, so sollte man denken, die übrigen Holzarbeiter zufriedenstellen müssen. Dem war aber nicht so, und zwar aus dem Grunde, weil, wie in einer Beschwerde der nicht in die Bruderschaft aufgenommenen Kleinschnitzler gegen vorstehende Verfügungen gesagt wurde, „keine Beddestede, Kiste, Spinde, Richtebank, Schabel, ja kein Schlüsselschap nunmehr in dieser Stat, geschweige bei keinem Bauer, ohne Panneelwerk zugerichtet oder gemacht werde". Es wurde deshalb gebeten, solche Arbeit wenigstens mit einfachem Paneel, wenn auch „ohne geschnitzte, ingelecht oder ufgelechte Arbeit" machen zu dürfen. Diese Bitte scheint nicht gewährt worden zu sein, denn mit einer Ratsverfügung von 1607 wurde die bessere Arbeit wieder den Kleinschnitzlermeistern der Bruderschaft vorbehalten, nämlich „Panelwerk zu machen, verstochene Spinnen und gefeilete eiserne zu gebrauchen, item Rauten, Rosen, Windeltreppen und Tische mit Leim zu machen, auch eingelegt Holz zu verzieren und Gebilder zu schneiden". In dem gleichen Jahr erhalten die „Kleinschnitzler oder Tischler" ein geschenktes Handwerk.

In der Schnitzer-Ordnung in Riga von 1541 war gesagt, daß die Zimmerleute „nene lymede fogen bruken", also die Fugen nicht mit Leim verbinden durften.

In Stettin wurde 1548 verfügt, daß niemand außer den Tischlern und Cunthormakern geleimte und gezinkte oder irgendwelche Arbeit ausführen dürfte, die dem Amte allein gebührte. „Die Tischler sollen berechtigt sein, ihrer eingelegten Arbeit, Schnitzens, Firnis und Leims zu gebrauchen.“ Nach Blümcke[1]) wird dort heute noch feine Tischlerarbeit, die nicht geleimt und genagelt, sondern durch Zinken ineinander gefügt ist, gezinkte Arbeit genannt.

In Straßburg sollten 1365, nach einem Vergleich vom 17. Januar dieses Jahres[2]) die Zimmerleute bei Eingriffen in das Kistlerhandwerk vor dem Zimmerleut-Amt zur Rechenschaft gezogen werden „uz genomen, obe su (sie) iemanne (jemandem) Kensterlin (Schränke) in muren (Mauern) oder under stegen (Treppen) mahent (machen), oder ein geseilten bang (gehobelte? Bank), das sol nut (nicht) schaden“.

Im 15. Jahrhundert schlossen die Kistler mit den Zimmerleuten einen ausführlichen Vergleich, der sich zum Teil auf den vorstehenden stützt und folgendermaßen lautet: „Die Zimberlute mögen machen Kensterlin (Schränke) in muren oder under stegen oder geseilte benk, so mögen die Kistler ouch benk machen.“ Nun folgen neue Bestimmungen: „Die Zimberlute mögent ouch machen sleht (einfache) disch uf bein oder dryspitzen, also daß dieselben dische nit gevalten sint und kein snytzelwerk haben; desglichen mögent die kistener ouch machen. — Die Zimberlute mögent ouch machen gestüle in kirchen; desglichen mögent die kistener ouch machen. — Die Zimberlute ouch machen gattern für keilre (Keller) oder an stege oder an thüren; desglich mögent die kistener ouch machen. — Die Zimberlute mögent ouch machen olestempfe (Ölpressen), Wurtzstempfe (Gewürzmühlen), bulverstempfe (Pulvermühlen); desglichen mögent die kistener ouch machen. — Die Zimberlute mögent ouch in hüsern oder stuben machen und snyden (schnitzen) von bencken, wenden und gehymeltz (Zimmerdecken), was sie konnent, das angenegelt wurt; und were es, das (daß) jemans an einen kistener begerte, im (ihm) etwas hübesches snytzelwerck zu machen für ein thor oder ein hübesch thür, mag derselb kistener ouch machen, und meinen (es behaupten) die wagener und kistener, das (daß) sie das billich (rechtmäßig) machen und in (ihnen) ouch billich gestattet werde, als man doch eim bildesnyder gestatten mus, bilde zu snyden, und eim moler gestatten mus, thor und thür zu molen.“ Aus diesem Vertrag geht hervor, daß Zimmerleute und Kistler unterschiedslos waren, sobald es sich nur um grobe Arbeit handelte, daß aber den Zimmerleuten jede Verzierung durch Schnitzwerk verboten war. Das Schneiden von Bänken, Wänden und Decken, das ihnen erlaubt war, wenn sie es konnten, durfte nur in den Häusern und Stuben ihres Baues (also nicht in ihren Werkstätten und für den freien Verkauf) geschehen, und nur dort, wo es sich um fest mit dem Bau durch Nagelung verbundene Dinge handelte, die also nicht vom Platz bewegt werden konnten; auch wird es sich nur um gewisse Flachschnitzerei gehandelt haben, im Gegensatz zu dem „hübeschen“ Schnitzelwerk, das den Kistlern und den Wagneren (von denen in Straßburg sehr viel die Rede ist und die viel Kistlerarbeiten machten [vgl. Seite 74]) vorbehalten war, während das rein figürliche Schnitzen, wie man aus der von den

[1]) A. a. O., S. 120.
[2]) Straßburger Urkundenbuch, Bd. V, 618.

Wagenern und Kistlern oben gegebenen Begründung annehmen darf, von den Bildschnitzern ausgeführt wurde.

Das Jahr 1519 brachte nun außer der handwerklichen auch noch die gewerbliche Scheidung der Zimmerleute und Kistler. Vom Rat wurden „Gemeine (gemeinsame) Artikel, die Zimmerlüth und Schryner betreffendt" aufgestellt, deren erster Artikel nach einer Einleitung so lautet: „Nemlich zu erstenn, daß die Zymmerluth, deß glichen die Schryner keynen an irem handwerk empfahen (zulassen) sollent, der ir handtwergk treyben wyll, er konne dan, daß ein meister konnen soll, und umb daß ein ydklicher (jeder Besteller, ist gemeint) an seinem werck mit den selben, den sy empfahen (also mit der Arbeit der in die Zunft Aufgenommenen), versorg sy." — Nun folgen die Übergangsbestimmungen für die bevorstehende Trennung: „Item daß hinfurter die Zymmerleuth, welche daß schriner handtwerck von seinem vatter ererbt oder nach der handt (später) erkaufft hatt, selbig daß (das) machen und arbeiten soll und mag sein leben lang, mytt seiner selbst handt (persönlich), was er des selben Schriner handtwercks arbeit kan, er soll aber kein schriner gesellen daruff furen noch haben; auch hinfüro keinem Zymereman daß Schriner handtwerck mer zu kauffen geben; deß glichen handtwerck der Schryner, welche daß Zymmerhandtwerck von seynem vatter ererbt oder daß kaufft hat, alles daß machen und arbeitten soll und mag sein leben lang mit syner selbs handt, waß er des selben handtwercks kann, aber keinen Zymmergesellen daruff füren noch halten und hinfüro keynem Schryner das zymer handtwerck mer zu kauffen geben werden." — Hier ist im Jahre 1524 nachträglich eine Bemerkung betreffend die Steuern der Handwerker eingefügt: „Des Fronfasten gelts halber, lot (läßt) man sy ebben (steuern), wie sy das bitzher geben haben, also sol das further (künftig) von allen theilen, Zymmerluten, Wagneren, Kistneren und Treßlern (Drechslern) ußgemacht und geben werdenn." Es hatte also, wie es scheint, Unklarheiten gegeben, wie das Frongeld, das die Handwerke wohl, je genossenschaftlich gesammelt, bezahlten, künftig unter ihnen umgelegt werden sollte, nachdem sie auch äußerlich getrennt erschienen. — Es folgen nun weiter die handwerklichen Bestimmungen von 1519 betreffend die Gebietstrennung im einzelnen, deren erster Teil, soweit er die Schränke in den Mauern, die Bänke und Tische betrifft, bis auf kleine Wortabweichungen mit dem Vertrag des 15. Jahrhunderts übereinstimmt. Dagegen fehlt die Erwähnung der Kirchenstühle, die früher auch den Zimmerleuten zugestanden waren, nun ganz; es findet sich aber als neu die Aufführung der Stühle: „Item die Zymmerlut mogen ouch machen slechte stul oder dryspitzen, desglichen mogen die Kistner ouch machen". Nicht wiederholt ist die alte Verfügung betreffend die beiden Handwerken freigegeben gewesenen Gitter an Kellern, Stegen und Türen; aber wörtlich wiederkehrt die gemeinsame Erlaubnis, Ölpressen usw. zu arbeiten. — Gundsätzlich wird nun festgestellt, daß der Haus- und Innenbau den Zimmerleuten gehören sollte: „Item alß den Zimmerleuthen zu gehortt, newe hüßer zu machen mitt under und ober werck und allen ingebaw." — Auf keinen Fall sollten die Bürger und Bauherrn durch etwaige Kompetenzstreitigkeiten der beiden Handwerke behindert werden: „Somytt denn die gemein burgerschafft auch gefurdertt (ordentlich bedient) und den selbigen zu irem gebew umb ir geltt und belonnig auch gewyllfartt und sy daran unverhindertt pleyben, ist gesetzt und verordnett." Und nun folgen Bestimmungen, die im einzelnen den Konsumenten ihre Sicherheit und Freiheit in der Wahl der Handwerker gewährleisten sollten: „So eyn burger, inwoner oder hyndersaß der Statt Straßburg in nüwen gebüwen (Gebäuden) oder sünsth in alten hüsern adir (oder) gebüwen etwas mit yr deffeltt (getäfelt) adir geschnitten werck oder sünsth, daß (das) do mit dem hobell und handt beyhell adir bort (Bart) gewerckt und gearbeit werden soll, — es syhen (es seien) stuben, badstuben, kammern, thüren, fenster, laden zu stüben adir cammern, deß glichin dye (die) scheid wend, so man nent geschoben wend, so nit mytt rigelen, da zwischen man pflecht zu müren (mauern), sondern mitt dielen und geschnittenen holzeren in einandir gefaltzt und in schwellen geschoben sint, — durch eym Schreyner zu machen begertt, daß do dem burger, inwoner und hindersaß der Statt Straßburg fürtthin zugelassen und gegundt soll sein, daß er ein Schryner myt synen knechten, die so meisterlons wert sint, wie vil (soviel wie) die burger, inwoner und hindersaß zu zeitten an solchenn niewen adir alten gebewe (der Gesellen) bedarff, beruffen und nemen mag, und nit verbunden sein, den Zimmerman darumb zu befragen und ersuchen. — Wann aber der burger, inwoner adir hindersaß solichs, wie obstatt (wie oben erwähnt), an ein zymmermann begert, im (ihm) zu arbeiten und zu machen, und den zymmermann zu solchem werk in alten adir newen gebewe lieber dan den Schreiner haben wollt, mag er in (ihn) nemmen und der zymmermann solichs machen und arbeiten". Es war eben schon gesagt, daß die Schreiner den Bürgern nur solche Gesellen zuführen sollten, die des Meisterlohns wirklich wert waren. Die nächsten Artikel beschäftigten sich nun noch ausführlich mit dem Verfahren, nach dem diese Leistungsfähigkeit abgeschätzt werden sollte; es ist in einem anderen Kapitel dieses Buches besprochen. Weiterhin sind dort die Strafbestimmungen, der Eid der Bußmeister, der Gerichtsstand und andere Bestimmungen aufgeführt, die hier (vgl. S. 351 ff.) nicht behandelt zu werden brauchen; wichtig ist aber die Hervorhebung, daß den Kistlern das Arbeiten mit Zapfen („Zapffenwerckh") verboten war, und daß die Zimmerleute keine Gegenstände schneiden (schnitzen) durften, die den Wagnern (!), Kistlern und Drehern (Treger) vorbehalten waren, wie das ja auch schon im Vertrag vom 15. Jahrhundert festgesetzt worden war. — Sehr interessant ist, daß den Zimmerleuten allein das „Zapfen" vorbehalten wurde.

Die in französischer Sprache abgefaßte, im Jahre 1703 wiederum bestätigte, Tischlerordnung des Jahres 1617 enthält auch einige Angaben über das Verhältnis der Schreiner zu den Zimmerleuten. 1. Die Zimmerleute dürfen machen kleine Schränke und Kästen in die Wände (petits armoires dans les murs) oder unter Treppen (escailliers) und gehobelte Bänke; solche Bänke dürfen auch die Kistler machen. (Der Wortlaut dieser Verordnung erinnert lebhaft an den ersten Vertrag des Jahres 1365). — 2. Die Zimmerleute dürfen Tische machen mit Füßen und Dreispitz (à trois angles), aber keine Klapptische (qui seplient) und keine solchen, die Schnitzerei oder Einlegearbeit (mignature) hatten. — 3. Beide durften einfache Stühle machen. — Die Artikel 4 und 5 sind Wiederholungen der alten Vorschriften, betreffend die Pressen und die Balkenarbeit. — Aber der nächste Artikel bringt Altes in neuer, der Zeit angepaßter Form. 6. Wenn ein Bürger oder Einwohner (manant) in einem alten oder neuen Bau feine Wandvertäfelung (boiser par manière de mignature) machen lassen wollte, oder anderes, was mit dem Handbeil (hachette), dem Hobel (rabot) oder dem Meißel (siseaut) gearbeitet wurde, für Bäder, Zimmer, Türen, Fenster, Laden, und für Scheidewände (paroirs séparants les appartements qu'on nomme ordinairement des paroirs), gehobelt oder einfach, auf denen man irgendwelche Einlegearbeit (massonerie en deux) machen konnte, die aber ganz aus Brettern oder Leisten (bois faconné) bestanden, dann durfte er, ohne den Zimmermann zu fragen, diese Arbeit einem Schreinermeister mit beliebig viel Gesellen übertragen; es stand ihm aber auch frei, die Arbeit durch einen Zimmermann ausführen zu lassen.

Ein Streit zwischen den Schreinern und Zimmerleuten wurde in Würzburg 1593, wie folgt geschlichtet. „Anno Domini 1593 Freytags den 14 Marty vor dem Ehrloblichen Obern Rath seind die Geschworenen Schreiner, mit Nahmen Hanß Hittner und Jacob Napoldt, auch Georg Beckh und Peter Wolff, alle Schreiner, mit einer Clagschrift erschienen, darinnen angezaigt, wie sich das Zimmerhandtwerckh allhie understehen wöll, nit allein hin und wieder Stuben zu täfflen, auch sonsten darneben allerley Schreinerarbeit machen wöllen, so das doch daß (obgleich doch) nur ihnen was von rauen Brettern ist, als Gibel zu beschlagen, Kornböden und sonsten garnichts Geschlossenes, Gelaimbtes und Gekeelts zu machen zugelassen würdt, derowegen umb Einsehens underthenig gebetten, daß Zimmerhandtwerkh, was Schreinerwerckh belangt und den Schreinern zugebührt, davon abstehen und müssig gehen sollen, und sie, die Schreiner, bei ihrem Satz und Ordnung gnädig zu handtfesten. Darauff haben die Geschworenen Zimmerleuth mit Nahmen Clemens Froberg, Jacob Wasermann und Jörg Neulbach ihren Gegenbericht gethan und zaigen nach der lengst an, daß an vielen Orten und Enden breuchlich, verhoffend auch hier gestattet werden solle, wann ein Herr einen Zimmermann einen Bau zu machen verdingt, auch in die Stuben Böden zu legen, Bänckh zu machen und die Stubenbalckhen oben aufzuziehen und anderes mehr, das gehöbelt sein muß, darein und damit verdingen thuet, solches alles unverhindert zugelassen, auch niemahlen als jezund gewehret worden. Haben auch demnach underthenig gebetten, sie bei deme, als in Stuben Böden zu legen, Bänckh, Thür und andere dergleichen mehr, so sie mit hobeln machen können, so ihnen vor langen Jahren hero ohn einige Einredt oder Verhinderung zugelassen worden, noch ferners zu machen gestatten, sie auch bei dem alten Herkommen gnädiglich zu schützen und zu handtfesten. Auff solches ihrer beederseits underthenig Fürbringen, Bitt und Beschwehrung haben wir die Sachen billich zu Gemüth geführt, auch beed Handtwerckhs Satz und Ordnung, darauff beede Handtwerckh gangen und sich beruffen, ersuchen und verlesen lassen. Und Zuvorkommung ferner Unordnung, auch kein Theyl sich über den andern weiters zu beschweren hab, so ordnen und setzen und wollen wir, die Herren des Oberen Raths, so viel erstlich die Zimmerleuth angeht, weilen sie vor alters her im Brauch gehabt, in den Bäuen, so sie annehmen zu machen, in die Stuben Böden gelegt, die Balckhen außgezogen, auch darneben schlechte Thür und Bänckh gemacht, Gibel verschlagen und was ihrem Handwerckh mehr anhengig ist, ohne meniglichs Eintrag gebaut und gemacht, so soll solche Arbeit ihnen auch fürterhin zu machen ungewehrt sein; aber was sonsten ander Schreinerarbeit belangt, fürnemblich Stuben zu täffeln, sollen sie zu machen nit Macht haben, bei ihrer alten Ordnung und Satz bleiben. Desgleichen so sollen die Schreiner ihrem Satz fleißig nachgehen, die Zimmerleuth in oberzelten zugelassenen Puncten nit betrangen. Da aber ein Zimmermann sich mehrer Arbeit, Stuben zu täffeln oder sonsten weiters einlassen wöllt, so sie von Alter nit hergebracht, solches bey dem Obern Rath anbringen hienach sie sich haben zu halten."

2. Das Grenzgebiet der Drechsler.

Die Drechsler sind als Handwerk zweifellos älter, vielleicht nicht als die Zimmerleute, wohl aber als die Kistler. Sie haben, da man noch keine Bretter sägen konnte und deshalb alle Möbel ganz massiv herstellen mußte, mindestens den beweglichen Hausrat zum Teil mit ihrer Kunst bestritten. Wohl hat man Bohlen, die mit der Axt behauen waren, anfänglich auch zur Herstellung von Möbeln verwendet, aber mehr zu den Kastenwänden, freilich auch zu den Verbindungspfosten; das ästhetische Empfinden sträubte sich aber doch dagegen, sie auch als Träger zu sehen. So waren also schon in frühen Zeiten, der romanischen Überlieferung entsprechend, wie sie durch die Kirche nach Deutschland gebracht worden war, die Beine der Stühle, Bänke und Betten, das heißt des beweglichen Hausrates gedreht; ja bei den Betten waren, wie aus der Abbildung im Anhang hervorgeht, die Seitenwände zuweilen ganz aus nebeneinander gereihten, gedrehten Säulchen gebildet. Als dann zu Anfang des 14. Jahrhunderts die Brettersägen in Gebrauch kamen und die Möbel nun auch schreinermäßig leichter und beweglicher gestaltet werden konnten, beanspruchten die Kistler, wie wir gesehen haben, von den Zimmerleuten die Herstellung der beweglichen Hausmöbel für sich. Sie entwickelten dieses Gewerbe neben den Zimmerleuten, gewissermaßen aus deren Arbeit heraus. Mit den Drechslern dagegen lag die Sache nicht so einfach, denn es handelte sich um eine ganz andersartige Herstellung der selben Gegenstände, die bis dahin zum Bereich der Drechsler gehört hatten, und die sich diese nicht nehmen lassen wollten. Es bildeten sich deshalb unklare Zustände heraus, die nicht allein mit der Werkzeugunterscheidung: „hier Hobel und hier Drehbank" zu schlichten waren, denn an ein und demselben Stück wurden beide Techniken zugleich angewendet, und es war kaum zu sagen, welche die vorherrschende war, zum Beispiel bei einfachen Stühlen und Tischen[1]). Endlich, zwei verwandte Handwerke an einem Stück arbeiten zu lassen, ging den damaligen Betriebsverhältnissen und dem Selbstgefühl der Handwerker noch

[1]) Die Dreher betrieben auch das Schnitzen gewerbsmäßig, wenn es auch meist nur ihrem Nebenzweig, den „Schachtschnidern" gestattet war, so in Lübeck 1345 bis 1508, wo diese Schüsseln, Eimer usw. „aus der Hand schnitzten und vielleicht sogar „Schottilienwark", d. i. Bildwerke, geschnitten haben. (S. 41.) — In Straßburg wurde den Zimmerleuten 1513 verboten, Gegenstände zu machen und zu schneiden, die den Drechslern zugehörten.

entgegen. Es blieb also nichts anderes übrig, als die Kistler und Drechsler auf gewissen Gebieten etwa gleichberechtigt nebeneinander bestehen zu lassen.

Der Cölner Rat versuchte 1535 eine Arbeitstrennung nicht nach dem Werkzeug, sondern nach dem Material festzulegen. In Cöln hatten die Drechsler den alten Brauch, mit Lärchenholz (Larchen) zu arbeiten und zu bekleiden. Das wollten ihnen die Zimmerleute nicht gestatten und holten, ohne vorherige Anzeige beim Rat oder Inanspruchnahme des „Gewaltrichters" die Drechsler auf frischer Tat aus den Bürgerhäusern, ein Verfahren, das keinem Amt, auch wenn das Recht klar auf seiner Seite stand, gestattet war. Selbstverständlich entstanden hieraus viel „Irrung und Sperenzen" und „Unrath und Ungemach". Der Rat ließ sich deshalb die Amtsbriefe der Zimmerleute, der Schnitzler und der Drechsler vorlegen und gab eine Neubildung der Grenzordnung zwischen den beiden erstgenannten Ämtern einerseits und den Drechslern anderseits heraus, auf die sich alle drei verpflichten mußten. Die Übertreter durften nicht von den Ämtern selbst, sondern nur nach Verfügung des Rates bestraft werden, und zwar wurde dieselbe Strafe angesetzt, „wie man die Freunde von Steinmetzer- und Zimmerämtern in ihren verpottenen Bowe (Bau) zu straffen plecht", nämlich „Thurngang (Gefängnis) und zehn Mark boissen". Die Regelung geschah, wie gesagt, nach dem Material. Die Zimmerleute sollten weiter Bekleiden mit Eichen und Tannen und „wirken, wie von alters her sedelich (gebräuchlich)". Die Schnitzler sollten „schnitzeln in Eichen, Nußbaum und Tannen, und aus Eichen und Nußbaum Tische (Taffeln) und Kisten (Truhen) machen", auch „wie von alters her und nur gebräuchlich". Die Drechsler sollten „bleiben bei ihrem Holl- und Schlechtdrehen", wie es ihnen ihr Amtsbrief erlaubt. Dazu wurden den Drehern hiermit neu erlaubt (das heißt, es wurde damit nur ein längst bestehender Zustand notgedrungen rechtskräftig gemacht), aber nur in ihren eigenen Häusern und nicht in fremden Häusern um Taglohn (demnach nur Ladenware auf Vorrat) folgende Stücke: „tannene Spannbetten (Bettladen ohne Himmel), tannene Kochbänke, aber mit eichenen Deckeln, tannene Sessel mit eichenen Beinen (Stöllen), tannene Hackbretter, Stulpen, Totenladen, Tische mit eichenen oder nußbaumen oder buchenen Deckeln (Platten) und Füßen." Wohlgemerkt: der Körper der Stücke, die den Drechslern erlaubt wurden, mußte immer aus billigem Tannenholz bestehen, und nur die für die gedrehten Teile (Deckel und Beine) durfte besseres (hartes) Holz genommen werden. Ausdrücklich wurde noch einmal bestimmt, daß also die Drechsler die ihnen erlaubten Stücke keinesfalls ganz aus Eichen, Nußbaum oder Buchen machen dürften, sondern nur in der erwähnten Zusammensetzung, bei Gefängnis und Geldstrafe. Dieser Entscheid scheint aber keine endgültige Klarheit geschaffen zu haben. Denn zwischen den Drechslern und den Schreinern oder Schnitzlern gingen die Streitigkeiten weiter und führten zu einem langwierigen Rechtsstreit, der etwa 1576 beim Kammergericht in Speier anhängig gemacht wurde und im Jahre 1620, also etwa 50 Jahre später, noch nicht entschieden war, — ein erschreckendes Beispiel für die Prozeßsucht der Zünfte in der Zeit ihres Niederganges. Wie es scheint, hatten die Drechsler 1572 und 1576 Beschlüsse erzielt, gegen die die Schreiner appellierten; auch 1580 waren die Drechsler in den Besitz eines für sie günstigen Dokumentes gelangt. Die Schreiner verfaßten eine Gegenschrift (vgl. Urkundenanhang) und ließen sie dem Bürgermeister überreichen, der sie „vorm Rathause und desselben Trappen zu Rath hinaufgehendt" in Empfang nahm und sie im Rat vorzulegen versprach. Es war darin gesagt, daß die Drechsler behauptet hätten, sie dürften nicht nur gemäß ihrem Amtsbrief „holl und schlecht drießelen" und die im „durchstochenen Transfixbrief" (Nachtrag dazu) aufgeführten Gegenstände, nämlich: „Spannbetten, Schirm mit Kisten (Sitztruhe mit Umbau), Sessel mit drei Bodeme" machen, sondern sie seien auch „von unerdenklichen Jahren im besitzlichen Brauch", Schnitzler-, Schreiner- oder Kistenmacherarbeit auszuführen, „simpliciter und ohne einigen Underscheidt": Tische, Bettstätten, Sessel, Trisor, Taffeln, Kisten, Schränke [Kleiderschaffen, Heuckenschaffen (?)], Weinkisten, Handfässer, Bänke, Kochbänke, Anrichten und dergleichen mehr. Außerdem machten die Drechsler noch, wie die Schreiner behaupteten widerrechtlich, Einlegearbeiten von verschiedenfarbigen Hölzern. Die Schreiner beriefen sich gegen solche Behauptungen der Drechsler auf den Vertrag von 1535 und baten den Rat, die Drechsler auf ihren Amtsbrief festzulegen.

Obwohl nun der Rat im Jahre 1618 den Vertrag von 1535 „cum causa cognitione" konfirmiert, d. h. erneuert und verschiedene Wege und Mittel zur Beilegung des Streites gesucht hatte, gelang es ihm nicht, Frieden zu stiften. Wohl wollten die Schreiner sich seiner Entscheidung unterwerfen, aber die Stuhldreher (so werden die Dreher jetzt genannt) „referierten" immer wieder auf den noch schwebenden „speierischen Prozeß". Der Rat machte nun 1620 kurzerhand von dem Recht, das er sich in allen „Amtsbriewen, recessen, ordnungen und registraturen" vorbehalten hatte, nämlich sie zu kürzen, zu verlängern oder zu ändern „wie solches der Stadt Notdurfft und gemein best zu Erhaltung guter Friedenseinigkeit und Verständnuß unter den Burgern jedesmahl erfordert" Gebrauch. Er verfügte also endgültig: die Schreiner dürften bei Strafe von 12 Goldgulden keine Drechslerbänke gebrauchen, und wer sie noch hätte, müßte sie sofort abschaffen. [Ob die Schreiner das Drehen nur als Gegenmaßregel gegen die Übergriffe der Dreher begonnen, oder ob auch sie sich schon längere Zeit selbst diese Übergriffe erlaubt hatten, ist nicht ersichtlich; jedenfalls wurde vorher nirgends erwähnt, daß sie Drehbänke gehabt hätten.] Den „jetzigen", d. h. zurzeit tätigen Stuhldrehermeistern sollte es unbenommen sein, den speierischen Prozeß „nach ihrem Gefallen zu continuieren", aber inzwischen sollte Ordnung geschaffen werden. Wer von den Drehern zu den Schreinern übergehen wollte, wie viele es gewünscht hatten, sollte es tun dürfen; auch war es solchen Übergängern gestattet, Zeit ihres Lebens „die Drechslerbank neben der Schreinerarbeit zu machen und zu gebrauchen", „sollen auch der Schreiner Privilegien und Gerechtigkeit fähig sein". Das Schreineramt mußte sie in allen Dingen als gleichberechtigt annehmen und behandeln. Die übrigen, die beim Drechsleramt bleiben wollten, mußten ihre Gesellen und Jungen beim Dreheramt einschreiben lassen und, wie sich selbst, auf den Vertrag von 1535 verpflichten. Wer von ihnen trotzdem verbotene Schreinerarbeit machte, dem wurde sie auf Antrag, selbst aus Bürgerhäusern weggenommen.

Würde aber künftig ein Meister Lehrjungen oder Gesellen anders, als unter diesen Bedingungen annehmen, der sollte mit 25 Goldgulden gestraft werden, und die so von ihm aufgenommenen Hilfskräfte, denen ihr Bürgerrecht, Amt und schon eingestandene Zeit genommen würde, für diesen Nachteil mit „Kost und Schaden" abfinden müssen. — Man sollte denken, daß nur wenige Drechslermeister unter den, im Vergleich zu bisher, erschwerenden Bedingungen bei ihrem Amt geblieben sind, statt zu den Schreinern überzugehen und dort Zeit ihres Lebens beide „Gerechtigkeiten" ausüben zu dürfen. Leider liegen aus diesen Jahren keine Nachrichten über die Anzahl der Zunftmitglieder des Schreineramts vor, aus denen man ein etwaiges, so veranlaßtes Anwachsen der Zunftstärke beweisen könnte. Jedenfalls wäre die radikale Friedensmaßregel des Magistrats wohl danach angetan gewesen, das Dreheramt zu sprengen.

In Augsburg waren es die Kistler, die durch Übergriffe in das Gebiet der Drechsler einen langen Streit hervorriefen. Im Jahre 1588 gab das Kistleramt in einer Eingabe dem Rat folgendes bekannt: Einer ihrer Mitgenossen, Bernhardt Siedler, sei durch die Dreher vor den Bürgermeister gefordert und beklagt worden, den Drechslern durch Drehen Eintrag getan zu haben, worauf der Bürgermeister ihn mit einer Strafe von einem Gulden, die er innerhalb von 14 Tagen bezahlen sollte, belegt habe. Siedler wäre aber der Meinung, keine Strafe verwirkt zu haben, da er seine Sachen, die zu einer ganz aus Ebenholz hergestellten Arbeit gehörten, „nit mit gewondtlichem Tree Zeug, sondern mit dem Hobel Eißen threen thuet"; er wäre auch erbötig, dies im Fall der Not zu beweisen und darzutun. Er und seine „Mitconsorten" der Kistler arbeiteten nur in Ebenholz und hätten die Arbeit „wie sichs jeder Zeit gebürt, recht ins Werckh versetzt", also gut und ordentlich vollendet; überdies seien sie zu solchem Vorgehen durch die Dreher selbst veranlaßt worden, denn, wenn sie jenen die gedrehten Teile an ihren Stücken übertrügen, so müßten sie immer 8 bis 14 Tage darauf warten, wodurch die Besteller „gehindert würden". Die Anzeige der Dreher wäre also „ein lauter Mißgunst". Übrigens habe ihr Zunftgenosse, der Kistler Jacob Schaur, solches Drehen mit Wissen der Drechsler zwanzig Jahre und länger unangefochten betrieben. Was sie von anderem Holz zu drehen hätten, wollten sie ja gern bei den Drechslern machen lassen, aber unter jenen wären „nit ihrer zwen, oder nur ainer, der solche Arbeit, doch nit mit Nutz, trehen kan". Deshalb nähmen sie solche Arbeit auch gar nicht gern an und es wäre ihnen selbst lieber, wenn kein Kistler damit zu ihnen käme. „Dieweilen dann, gnedig, günstig und gebiettent Herren, das Ebne Holtz (Ebenholz) an ihme (an sich) selbst teur und solche Arbeit nit für den gemeinen Mann, sondern durch Potentaten und Herren angefrimbt (bestellt) und verschickht wirt, zu dem auch die Arbeit mit dem Hobel und Threewerkh fleißig und zusammen treffen soll, welches aber, wie sie, die Meister, uns berichtet, ihnen oft und weit gefehlt, wöllen wir underthenig verhoffen, als es nit ainen allein, sondern ein gantz erb. Handtwerckh und unsere Nachkommen betrifft, es solle ihnen solch Threhen unverwöhrt sein; ja auch der Seydler der uferlegten Straff geibrigt." Sie wollten versprechen, nur in Ebenholz zu drehen, und wenn die Dreher einen von ihnen beim drehen in anderem Holz beträfen, so sollte ihnen dann „bevorstehen, die gebirende Straff aufzuerlegen". Das Handwerk der Drechsler antwortete darauf: „Und ist erstlich ihme, Seidler und anderen, ob er sich gleich der Beweißung anerpotten, unmöglich, mit dem Hobel einich Threewerckh zuwegen zu bringen, dan was werkhlicher Unterschidt zwischen dem Hobell und Three-Eißen, geben beederseits Arbaitten sichtbarlich zuerkhennen. Ist ein also ain anders umb das Kistler- und ain anders umb das Threewerckh." Entrüstet wandten sie sich gegen die Behauptung, daß unter ihnen nur einer oder zwei wären, die in Ebenholz drehen könnten; da müßten sie doch ganz schlechte Drechsler sein, „und also der Namen bey uns vergebenlich sein würde". Es träfe freilich zu, daß sich nicht ein jeder auf solches Drehen, daß eine subtile Arbeit wäre und einen besonderen Fleiß erforderte, verlegen könnte, und daß bisher drei von ihren Meistern solche Aufträge von den Kistlern nicht angenommen hätten. Es befände sich aber ein Meister (also doch nur einer!) unter ihnen, der erböte sich, den Kistlern, die das Ebenholz zu ihren Arbeiten gebrauchten, das benötigte Drehwerk so zu liefern, daß sie keine Ursache zur Klage hätten. Sie, die Drechsler, müßten aber erwähnen, daß die Kistler mit der Bezahlung solcher Aufträge sehr saumselig wären, und die Drechsler hätten oft Jahr und Tag auf den verdienten „Lidlohn" warten müssen; man wäre ihnen täglich nachgelaufen und hätte sein Geld schließlich nicht einmal bekommen können. Daher wäre es denn auch begreiflich, daß sie, wenn die Kistler zu ungelegener Zeit zu ihnen mit solchen Aufträgen kämen, ihre bestellte Arbeit nicht liegen ließen, um jene zu befriedigen. Auch brächten sie bisweilen „allerlay nassig Holtz" zur Bearbeitung. „Solle dan unser einer also gemüeth (gutmütig) und hernach erst viel Absprechens an seinem verdienten Lidlohn gewerttig, auch leystlich yber Jar und Tag mit dem Geltt aufgehalten sein, — ehe entschlecht [entschlägt] sich einer sollicher Khunden und nimbt das Gewisse an die Handt." Trotzdem sei keiner von den Kistlern abgewiesen oder ihnen die Arbeiten unvollendet zurückgegeben worden; aber sie hätten es selbst ihrer saumseligen Zahlung zuzuschreiben, wenn sie nicht ihre andere bestellte Arbeit gleich „hindan" gelegt und die Arbeit „in continenti" vollendet hätten usw. usw. Das sei aber noch lange kein Grund, daß die Kistler nun ihre Dreharbeiten selbst ausführen wollten. Es sei den Drechslern nicht bekannt, daß Jacob Schaur lange Jahre „in ebano" gedreht habe, und sie könnten diesen Präzedenzfall durchaus nicht als solchen gelten lassen, müßten vielmehr darauf bestehen, daß jetzt dem Seidler die Dreharbeit verboten und das dazu gehörige Werkzeug weggenommen würde. Darauf die Kistler: „Dann anfangs will uns gleichsam zum höchsten befrembden, daß sy sich so ustruckhenlichen vermainen (unterstehen) und widertreiben wollen, als khundte mit dem Hobeleyßen einig Threewerckh nit zuweg gebracht werden, da doch das Widerspil offentlich am Tag, ihnen aber, als die der Kunst erfahren und dafür angesehen werden wollen, gantz unmüglich ist; wie sie dann in sollichem ihrem Bericht mehrerentheils selbsten bekhennen, daß es bei ihnen mit sonderer Mühe und anwendendem großem Fleiß geschehen müsse, wir hergegen aber alles, so wir zu unserem Handtwerckhsnoturfft gebrauchen, ohne einige Verhinderung mit dem Hobeleyßen nach rechter und uns nützlicher Form trehen und zuwegen bringen khunden; aus wellichem leichtlich zu schließen, wie wol sie in

Trehung des ebnen Holtz fundiert und erfahren seyen." Was nun die Behauptung beträfe, daß sich einer von den Drechslern erböte, ihnen die Ebenholzarbeit ohne Klage auszuführen, so wollten sie ihm ihre Aufträge ja gern gönnen; aber sie glaubten, daß er sich eher davon drücken („mit gantzem Ernst und Gewalt eher darvon trachten") als die Arbeit übernehmen würde. Sie, die Kistler, brauchten täglich und stündlich kleine Teile und Zutaten zu ihrer Arbeit, die gedreht werden müßten, und da könnten sie nicht lange warten und sie entbehren. Diese Notwendigkeiten könnten sie nicht systematisch vorherbedenken, „so will uns auch nit jederzeit und bei jeder Arbeit, was wir zur selbigen bedürfen, so gar einfließen oder traumen, damit wirs bey guter Zeyt zuvor präparieren und den Drechslern Zeyt und Weil darzue lassen khunden, sondern eine jede Arbeit thuet täglich etwas darzue gehörigs ervurdern und begern, welliches dann alspaldt vor der Handt seyn oder die gantze Arbeit still liegen muß; sollten wir dann von eins jeden geringen Stüecklins wegen der Drechsler Gnad leben und auswarten müssen? Würde uns sonderlich beschwerlich und hoffentlich nit zu gedulden sein; und uns eben, wie bishero oftermals beschehen, sy auch solliches in ihrem Bericht selbsten schreiben, furterhin diese Andtwort gegeben werden, daß sy, uns von eines jeden solliches Dings gleich ufzuhupfen, nit gesinnet oder deretwegen da seyen; darneben ist uns unmöglich, viel weniger rathsam, daß wir allewegen ihnen das beste Holtz usuchen und ihnen einer yeden Arbeit darlegen sollen, dann (weil) wir auch, wie es die Notturfft ervordert, thun und die Gelegenheit darmit ersehen müssen". Was aber die Arbeit beträfe, die sie von den Drechslern hätten ausführen lassen, so sei sie nicht zu gebrauchen gewesen und hätte abgeändert werden müssen, und so seien Arbeit und Kosten verdoppelt worden, das Holz sei so verschwendet und die Zeit ihnen „vergebenlich uß den Henden gezogen" worden. Man könnte, falls, was sie nicht hofften, die Drechsler in diesem Streit Recht bekämen, ihnen nicht zumuten, daß sie noch weiterhin das Holz lieferten; die Drechsler müßten selbst schauen, woher sie gutes Holz zu diesen Bestellungen bekämen, und, verdürben sie die Arbeit, so müßten sie auch den Schaden selbst tragen. Die Kistler hätten durchaus nicht die Absicht, den Drechslern Eintrag zu tun und etwa solche Drechslerarbeit, wie sie jetzt, für sich selbst zu tun, begehrten, etwa für andere gegen Lohn auszuführen. Was den Jacob Schaur beträfe, so habe er es „nunmehr in die 20 Jahre wissentlich getrieben"; es sei ihm niemals verwehrt worden und im Gegenteil hätten ihm „die berüembtesten Drechsler" selbst Arbeiten zugewiesen, „so in seiner Kunstcammer nit gewesen". Drum sei es sehr merkwürdig, daß sich die Drechsler jetzt auf einmal um solche Arbeiten „so hoch reißen und ihre Kunst damit erweißen wöllen". Auf eine Erörterung wegen der langsamen Bezahlung lassen sich die Kistler gar nicht ein. „Was dann ihr unretliches Gesang der lang ufgehaltnen Bezalung halben anlangt, will uns hier innen nit anfechten; wirdt auch hoffentlich ihnen gar kheinen Fürschub geben, sondern obliegen, sich an gebürenden Orten dessen zu beschweren und ihres Aufwandts bezahlt zu machen." Sie bitten nun nochmals „underthenig hochfleißig", der Rat möchte ihrem wahrhaften und erweislichen Gegenbericht Glauben schenken und mit Gnaden bewilligen, daß alle Kistler, die in Ebenholz arbeiten, ihre dazu gehörigen Teile selbst mit dem Hobeleisen drehen dürften, um nicht in ihren Gesamtarbeiten aufgehalten zu sein. Den Drechslern nicht ins Handwerk zu pfuschen, seien sie „underthenigs pflichtschuldigs Fleiß zu erwidern willig". Darauf erstattete das Handwerk der Drechsler einen „grundtlichen Gögenbericht". Obwohl sie „Bewögnus und Ursach" genug hätten, auf das „vergebenlich lang Geschwatz und Gedicht" der Kistler zu antworten, so wollten sie doch diesen „Unverstandt" nicht auf sich laden, den Rat „mit einichem Schweif, wie sie, die Kistler, zu molestieren". Nach dieser Einleitung konnte der Rat gewiß sein, daß ihr „Gögenbericht" erst recht langschweifig werden würde, und so war es auch. Sie versprachen zwar noch einmal, „umb geliebter Khürtze willen" sich kurz fassen zu wollen, aber dann legten sie los. Sie erklärten es wiederholt für technisch unmöglich, die Dreharbeit mit dem Hobeleisen allein zu verrichten: „Ueber dieser abermallen, bestendigen Affirmation, daß ihnen, den Kistlern, mit dem Hobeleißen alles des seinem Form nach allein, unsers Werckhzeugs uneingemischt, in der Khröd geen und mit umlauffen solle, einzig und allein gantz unmöglich sein, einich Treewerckh zu verrichten." Aber sie gingen dem angebotenen Beweis doch aus dem Weg. „Nemmen derowegen (trotzdem) als ihr unglaubere Gestreuung, daß sie mit dem Hobeleyßen — da sie's in unseren Werckhzeug zum Pogen und Rümen oder in die Laden gericht — ihnen ein Form treen khönden, für bekhant an." Aber sie verlangten, daß die Kistler diese Arbeit selbst als „Drehen" bezeichnen und bei der „Etymologia und Signification" bleiben müßten, ohne eine neue Bezeichnung zu erdichten. Die Kistler, sagten sie, überführten sich mit eigenem Munde und könnten das Drehen nicht für Hobeln, und das Hobeln nicht für Drehen ausgeben, sondern müßten die „Abteilung des Namens und des Werkes", welche die Kistlerarbeit von dem Drehwerk trennt, bestehen lassen; damit wären sie aber des Übergriffes ins Gebiet der Dreher überwiesen, was nicht länger geduldet werden könnte, denn die Kistler würden den Drechslern auch keine Hobelarbeit zulassen. Nur die wenigsten (also doch einige?) der in Frage stehenden Zierarbeiten könnten die Kistler ohne Dreherwerkzeug und nur mit dem Hobeleisen zuwege bringen; der Vorwand, daß sie es nur für die eigene Arbeit und nicht für den Verkauf tun wollten, sei nicht stichhaltig, denn die so verzierten Stücke seien ja doch für den Verkauf bestimmt und auf Bestellung gearbeitet. Damit würden die Kistler ein doppeltes Handwerk ausüben und ihnen, den Drechslern, bliebe mit der Zeit gar nichts mehr übrig. Gegen den Vorwurf der Kistler, ihnen die bestellte Arbeit verdorben zu haben, müßten sie sich verwahren und verlangen, daß besondere Fälle angeführt würden. Es wäre ihnen nicht bekannt, ob der Jacob Schaur ein oder zwei Jahre gedreht und was für Werke er in seiner Kunstkammer hergestellt habe; ebensowenig wüßten sie von einer ihm dafür erteilten Erlaubnis. Weil er bei den Drechslern seit Jahren viele und teuere Arbeit bestellt hätte, wäre er nicht in Verdacht geraten; hätte er aber dennoch auch selbst gedreht, so wäre er ebenso strafbar, wie alle anderen. Wegen der rückständigen Zahlung wollten sie allerdings bei der Obrigkeit klagbar werden und hofften sehr, damit zu ihrem Geld zu kommen. Doch dessen ungeachtet würden sie weiter für die Kistler arbeiten und ihnen „alle Liebung und Fertigung" tun.

Aber, des Dreheisens könnten sie sich nicht begeben und nicht erlauben, daß andere viel oder wenig Dreharbeit verrichteten. Sie erwarteten zuversichtlich, gegen die Kistler und gegen die Zimmerleute, die ein ähnliches Ansinnen an sie gestellt hätten, geschützt und in ihren alten Rechten bestätigt zu werden. — Nachdem so beide Parteien sich durch Schrift und Gegenschrift genügend über den Streitfall geäußert hatten, gab der Rat die Akten an die Verordneten, die über die Einhaltung der Handwerksordnungen zu wachen hatten. Diese ließen beide Parteien vor sich kommen, um sie in mündlicher Gegenrede gütlich zu vereinigen, aber trotz der eindringlichen Vorstellung, daß es sich ja nur um das Ebenholz handele und daß sie materiell nicht geschädigt würden, waren die Drechsler nicht zum Nachgeben zu bewegen. Das Gutachten der Verordneten ging nun dahin, daß man dem Begehren der Kistler willfahren sollte, weil sie ja nur für sich allein, ohne Lohn und nur in Ebenholz drehen wollten, und in der Tat mit ihren Bestellungen bei den Drechslern keine guten Erfahrungen gemacht hätten. Was die Drechsler beträfe, so könnten sie sich dem Ebenholz „so wol nit anpassen" und es für ihre Arbeit gar nicht nutzbringend verwenden. Der Senat beschloß am 28. Januar 1589 diesem Rat der Verordneten gemäß, wobei aber nicht die Rede davon war, ob nun die Kistler die Dreharbeit nur mit dem Hobeleisen oder auch mit dem Dreheisen ausführen durften; letzteres ist bestimmt anzunehmen. Ob es den Kistlern mit dem angebotenen Beweis, daß sie die Drechslerarbeit mit dem Hobeleisen ausführen könnten, wirklich sehr ernst gewesen ist, mag bezweifelt werden; da der Senat auf die Probe gar nicht eingegangen ist, wird er dieser Behauptung wohl nicht viel Wert beigelegt haben.

In einem umgekehrten Fall gelang es allerdings erst 260 Jahre später den Drehern, mit einem anderen Werkzeug Schreinerarbeit machen zu dürfen. In Ulm beschwerten sich nämlich im Jahre 1848 die Schreiner, daß die Dreher Strohsessel anfertigten, was ihnen nicht erlaubt wäre. Die Dreher behaupteten dagegen, daß sie diese Strohsessel — mit dem Schmiedemesser, also mit einem Instrument, das die Schreiner gar nicht führten, herstellten. Darauf wurde wirklich die Beschwerde der Schreiner abgewiesen.

Von geringerer Bedeutung sind kleinere Streitfälle in Frankfurt a. M., wo 1622 die Dreher den Schreinern verbieten wollten, kleine Stühle zu machen, und wo sie 1722 über die Anfertigung von Blasrohrstöcken uneins waren.

3. Das Grenzgebiet der Wagner.

Die Wagnerei wurde nach Bücher[1]) in Frankfurt am Main nicht ausschließlich als volles Gewerbe, sondern als „Handfertigkeit" im Taglohn oder im Nebengewerbe betrieben; Bücher beweist diese Behauptung durch eine Statistik, nach der dort im Jahre 1387, im Vergleich zu anderen Gewerben, ungewöhnlich viel, nämlich 20 Wagner gezählt wurden, während diese Zahl im Jahre 1440 auf 10 gesunken war. (Vgl. S. 40.) Ähnlich gingen in München die Wagner von 22 auf 10 zurück in der Zeit von 1370 bis 1500. (Vgl. S. 42.) Man kann deshalb in der Tat vermuten, daß sie allgemein als Gelegenheitsarbeiter galten. Als Beleg mag auch folgende Stelle aus dem bereits bei der

[1]) A. a. O., S. 241.

Besprechung des Grenzgebietes der Zimmerleute (S. 62) erwähnten Vertrag der Wagnere, Kystener, Treyger und Huszimberleute in Straßburg vom 17. Januar 1365 gelten (die allerdings auch die Drechsler mit zu betreffen scheint)[1]. Nachdem gesagt war, daß die Übertreter (darunter auch die Kistler, die in das Gebiet der Drechsler und Wagner gepfuscht hatten), vor dem Wagner-Handwerk abgestraft werden sollten, heißt es da: „us genomen, ob ir einere (einer von ihnen) in sine huse oder vor sine huse eine melkiste mahte, die zwene man getragen mohtent, un su (sie) ime (d. i. dem Besteller) do heime in sine huse in einander sluge, und obe su eime ein halben tagewon (eine halbe Tagesarbeit) dedent, und nut me an geverde (aber durchaus nicht mehr), daz sol och nut schaden."

Mit den Wagnern haben die Kistler im Lauf der Zeit dann noch mancherlei Verträge abgeschlossen, und zwar am 27. September 1398[1]), im 15. Jahrhundert[2]), an welchem auch die Zimmerleute beteiligt waren, im Jahre 1472 auch mit den Zimmerleuten und Drechslern[3]), im Jahre 1491 auch mit den Zimmerleuten[4]) und im Jahre 1584 für Land- und Stadthandwerker zu Schlettstadt unter Rudolf II.[5]) Den Zimmerleuten verbot die Ordnung der Zimmerleute und Kistler von 1519 (vgl. S. 63 u. 106) das Schnitzen solcher Dinge, die den Kistlern oder den Wagnern und Drechslern zugehörten; also durften die Wagner und Drechsler diese selbst schnitzen.

Es erschien von Anfang an zweifelhaft, ob die Herstellung der etwa um das Jahr 1620 aufkommenden sogenannten „Fensterwägen" den Wagnern oder den Kistlern gehören sollte. Daß die Tragsänften den Kistlern gehörten, scheint niemals strittig gewesen zu sein. Aber nun war neben der eigentlichen Sitztruhe unbedingt Wagnerarbeit notwendig. Auf eine aus Regensburg eingelaufene Anfrage ließ der Rat von Augsburg 1645 beide Handwerke, die Wagner und die Kistler, sich dazu äußern. Die Wagner antworteten, daß die „Corpus" der Fensterwägen, „so die Kistler Kästen nennen", vor 25 Jahren zuerst in Wien von einem Wagnermeister erfunden worden seien. In Augsburg hätten solche Corpus niemals die Kistler gemacht, sondern wie in München die Wagner. Die Kistler dagegen behaupteten: „Es haben sich auch bis dato die Wagner nit allein die welschen Möbel oder Dockhen auf die Kutsch und Hobelwägen zu machen unterstanden, sondern auch sogar die Truhen auf die Kutschen." Sie verlangten eine Bestrafung der Wagner im ersten Fall von 30 Kreuzern für jeden Gulden; bei Wiederholung sollen die Stücke beschlagnahmt werden. Auch München richtete im selben Jahre 1645 eine Anfrage nach Augsburg betreffend die „Gläßernen Wägen". Um diese „Gläßernen Gutschen" stritten die Kistler mit den Wagnern noch 1669. Die Wagner erklärten, bei diesen Gutschen schon seit fünfzig Jahren den Hobel zu gebrauchen und an und in ihnen nicht allein die getäfelten Kästen, sondern auch die „ge-

[1]) Straßburger Urkundenbuch VI, Nr. 1426.
[2]) Stadtarchiv Straßburg G. U. P. 13. 14. B. 13 in Mappe 19.
[3]) Stadtarchiv Straßburg G. U. P. 13. 14. 1472.
[4]) Stadtarchiv Straßburg G. U. P. 13. 14. 1491.
[5]) Stadtarchiv Straßburg V 121, 1596—1627.

flanderten" („geflammten") Leisten zu machen. Sie beriefen sich auf eine in München gefallene Entscheidung, wo die Kistler schon 1645 mit solcher Beschwerde abgewiesen worden wären. Das erste Corpus oder Fensterwagen wäre in Wien von einem Wagner erfunden worden. Den Bestellern wäre es bisher schon beschwerlich, daß sie außer mit ihnen, den Wagnern, auch mit den Schmieden und Sattlern arbeiten müßten, und nun sollten auch noch die Kistler dazukommen. Es wäre gar nicht so einfach, einen guten, leichtgehenden Wagen zu machen. Sie hätten da einige Erfindungen gemacht, die sie aber nicht verraten würden.

Der Advokat der Wagner setzte hinzu: „Cum arcana sua manifestare nemo teneatur", auf Deutsch: „Niemand kann zur Preisgabe seiner Geheimnisse gezwungen werden."

Die Wagner brachten Beweismaterial aus anderen Städten bei; ein Wagnermeister aus Leipzig habe ihnen geschrieben, dort sowie in Dresden und in Prag dürften sie alle Kistlerarbeit an Kutschen machen, aber sonst keine. In Prag sei das nach einem vorangegangenen Streit amtlich festgelegt worden. Die Kistler dagegen brachten Beweisstücke, die alle durch eine Umfrage neuesten Datums zusammengetragen worden waren. In München wären die „geflammten Kehlstöß" Kistlerarbeit, in Wien die gleichen „Khöllstoß" ebenfalls. Desgleichen in Prag, nebst dem Schnitzwerk und allem, „was zu leimern". In Hamburg dürften die Wagner nur das Gestell zu dem Corpus der „Gutschen" und den Himmel, der mit Leder überzogen würde, machen; alles übrige: Schneiden, Füllung, Fensterrahmen und Türen, wäre dort Kistlersache. Ähnliche Antworten kamen aus Leipzig und Memmingen. In Regensburg wäre schon vor 20 Jahren dasselbe rechtlich festgelegt worden, da ja die Wagner keinen Leim und kein Winkelmaß gebrauchen dürften; sie müßten bei ihrem „Stangenholz" bleiben und dürften keine Bretter bearbeiten. (!) Aus Nürnberg, wo ja bekanntlich die Zünfte keine politischen Rechte hatten und vom Rat stark unter dem Daumen gehalten wurden, kam die typische Antwort: „Das Schreiner- oder Tischlerhandwerk darf ohne obrigkeitliche Erlaubnis keine Antwort geben." Es war leider nicht festzustellen, wie der Streit ausgegangen ist. In München vielleicht zugunsten der Wagner, denn dort wurde 1845 der Gewerbsbetrieb der Wagner[1]) umschrieben: Verfertigung ordinärer Fuhrwägen, Schiebkarren, Tragbahren, Sänften, Schlitten, Gestelle und Räder zu Chaisen und anderen Wägen. Die Arbeit der Wagner beschränkt sich indessen nur auf die Holzarbeit, (!) die Vollendung derselben gehört in den Arbeitskreis der Gewerbe der Hufschmiede, Sattler, Gürtler, Schwertfeger, Glaser, Bortenmacher, Maler und Lackierer. Die Schreiner sind dabei gar nicht aufgeführt. Ausdrücklich wird erwähnt, daß aber den Wagenfabriken die gänzliche Vollendung des Wagens usw. zustände.

4. Das Grenzgebiet der Bildschnitzer und Bildhauer.

Das Bildschnitzen, worunter nicht nur die Herstellung figürlicher, sondern auch ornamentaler Schnitzereien zu verstehen ist, kann in seinem Wesen sowohl zur Kunst wie auch zum Gewerbe gerechnet werden. Ebenso steht es mit den

[1]) Schlichthörle, II, S. 322.

Persönlichkeiten. Zum Beispiel Tilmann Riemenschneider hat nur Figürliches geschaffen, und man nimmt ihn nur als freien Künstler, während man Jörg Syrlin d. J. in Ulm, der aus dem Kistlerberuf hervorgegangen ist und in seinem Handwerk wie als Künstler zur hohen Meisterschaft gelangt ist, gut auch weiterhin zu den Kistlern rechnen darf. Was die Zimmerleute und Kistler bzw. Kunsttormacher und Tischler von Schnitzereien gebrauchten, war und blieb naturgemäß Beiwerk, wenn es zu Zeiten hoher Blüte auch formbildende Bedeutung erhielt; was die Künstler-Bildhauer schafften, kann man am besten davon scheiden, indem man ihrem Schaffen den Selbstzweck beilegt. Auch die Vertreter dieser Kunst mußten wie alle anderen zünftig organisiert sein.

In Straßburg zum Beispiel wollten 1427 die Wagner und Kistener sich gern die Bildschnitzer zurechnen, wobei man vielleicht an den Wunsch nach einem engeren Zusammenarbeiten denken darf; die Bildschnitzer aber strebten zu den Malern, wohl wegen deren mehr künstlerischen Betätigung, und sie wurden ihnen auch fortan zugezählt.

Als die Kistler allmählich, dem Geschmack der Zeit entsprechend, auch figürliche und rundplastische Schnitzereien zu machen begannen, entspannen sich Streitigkeiten zwischen den Bildhauern, die in Holz und Stein arbeiteten und den Kistlern, die alles Arbeiten in Holz, soweit es eine verfeinerte Art darstellte, für sich beanspruchen wollten. Bürgermeister und Rat aus Ravensburg fragten 1582 in Augsburg an, ob das Bildschneiden und -hauen in Holz „für ain frye Kunst gehalten, und derwegen ainem Jeden, er könd und trieb für ain Handtwerk, was er wolle, zu brauchen, oder ob es allein denen, so es erlernt, und den Schreinern neben und mit ihnen, dieweil es von Holtzwerk, zu machen vergunt und zugelassen werde“. Ein Steinmetz in Ravensburg, der aus Holz „Bilder, Cruzifix, Hirsch, Bech (Böcke) und Gempsen Köpflin“ schneide und einfasse, behaupte, das sei „einem jeden, der es könde, zugelassen“ und in allen Städten eine freie Kunst. Die Antwort der Augsburger ist leider nicht mehr vorhanden.

In Münster war das Bildschnitzen den Tischlern jedenfalls gestattet, denn die Ordnung von 1607 bestimmt ausdrücklich, daß den Meistern gestattet sei, über die übliche Gesellenzahl noch einen Gesellen zu beschäftigen, „so Biltwerk schneiden und andere Zierrath arbeiten“ konnte.

Der Rat von Ulm fragte 1686 bei dem Rat von Frankfurt a. M. an, ob dort die Schreiner Bildhauerarbeit machten. In Ulm dürften sie Engelsköpfe zur Auszierung ihrer eigenen Arbeit machen. Die Bildhauer verwehrten ihnen aber, außerdem ein Bildwerk zu machen, „es sei gleich hinderwarts flach und glatt oder gantz frei und rund“. Die Frankfurter antworteten, bei ihnen machten die Schreiner alles, und die Bildhauer hätten bisher noch keinen Einspruch dagegen erhoben. — In Württemberg war aber später (nach Weisser: „Recht der Handwerker“) den Schreinern und Steinmetzen usw. verboten, Grabsteine, Wappen, Gesichter, Hirschköpfe und andere Bildhauerarbeiten zu verfertigen oder Gesellen darauf zu halten; zu ihrer eigenen Arbeit, als Zutat, durften die Schreiner aber Bildwerk machen.

Vernünftig waren die Grenzlinien zwischen den Bildhauern in München 1839 geregelt. Hier waren[1] die Bildhauer nicht berechtigt, selbständige Kistlerarbeit zu fertigen; wohl wurde ihnen die Befugnis nicht abgesprochen, diejenigen Kistlerarbeiten vorzunehmen, die als notwendige Vorarbeiten zu den eigentlichen Kunstwerken erscheinen, nämlich: Statuen, Büsten, Reliefs mit passenden Sockeln, Einfassungen und Verzierungen zu versehen. Umgekehrt stand den Kistlern zu, bei ihrer Kistlerarbeit alle möglichen Verzierungen, welche sie selbst auszuführen imstande waren und die immer nur die Nebensache ihres Werkes bilden durften, anzubringen.

In Cöln durften, wie es scheint, die Bildhauer auch die Meisterschaft der Schreiner erwerben und umgekehrt. Solche Ausnahmen kamen wirklich vor, aber die Mitmeister der Schreinerzunft betrachteten den Neuling mit scheelen Augen. In einer Eingabe der Schreiner, deren Erfüllung aktenmäßig aber nicht zu erweisen war, verlangten die Schreiner, daß die Bildschneider, wenn sie nur diese Kunst ausüben wollten, ein Meisterstück ihnen vorlegen müßten. (Vgl. S. 218.) In dieser Eingabe zeigt sich der Wunsch, das Bildschnitzen zu einem Teil des Schreinerns zu machen, aber es sollte doch den Bildschnitzern gestattet werden, auch das Schreineramt zu gebrauchen. Er mußte dann die Stücke der Schreiner machen und sie mit Bildwerken verzieren. Dem Bildhauer van Helmont war 1718 „in Ansehung seiner Erfahrenheit" das Meisterrecht der Kistler verliehen worden; er hat es aber „nachderhandt würcklich acquirieret" und ist bei der Schreinerzunft ordnungsmäßig „ausgeschworen" worden. Er hat nun Lehrlinge und Gesellen ausgebildet, denen aber plötzlich im Jahre 1728, also nach zehn Jahren, einige Mitmeister die Zeit, die sie bei H. gearbeitet haben, nicht anrechnen wollten bei der Erlangung ihrer Meisterschaft.

In Basel beschwerten sich im 16. Jahrhundert die Bildhauer Martin Hoffman und Hans Dobel über das Verhalten der Tischmacher gegen sie. Bisher wäre das beiderseitige Verhältnis der Bildhauer und Tischmacher folgendes gewesen: Die Bildhauer hätten die Zunft der Tischmacher gekauft, ohne im Handwerk gedient zu haben; die Tischmacher dagegen hätten „bildt und taflen" gemacht und was sonst zum Bildhauerhandwerk gehörte; so hätten sie also gegenseitig ihr Handwerk „geübt und braucht", ohne sich darin zu stören. Da Hofman zurzeit mit der Bildhauerei nicht viel verdienen konnte, „so dan leider min handwerk gantz unbreuchig", so hätte er Tischmacherarbeit gemacht, um sich zu ernähren. Auf eine Beschwerde der Tischmacher hätten sich die Vorgeher für Hoffman entschieden; trotzdem aber würden ihm von den Tischmachern Schwierigkeiten gemacht. — Eine grundsätzliche Klärung führte die „Neuwe Reformation der Zunfft zun Spinwettern in Basel" vom 3. Januar 1526 herbei. Es heißt darin: „Zu wissen, das vor unss Rahtzherren, Meistern und gemeinen Sechsen erschienen sindt die Ersamen Meister Dischmacherhandtwerckhs, als Cleger eins, und der erbare Martin Lebzelter, der Bildtschneider anderstheils, und beclagten sich vor uns die Meister Dischmacherhandtwerckhs, wie Meister Martin inen in ir handtwerckh merklich griff und Taffeln und anderst, ir

[1] Schlichthörle, I, S. 681.

handtwerckh berürent, mechte, auch ir gesellen irs handtwerckhs hielte, das sich demnach er das handtwerckh nit gelernt, im nit gezimbte, der hoffnung, (daß) er sein handtwerckh treiben, so er gelernt, und sie ungeirrt lassen sollte, und satzten damit zu Recht. Dagegen Martin vermeinte, er were der clag, dieweil bildt und taffeln zusammen gehörent und ein handtierung sey, billich von jenen vertragen, dann es seigent (seien) auch etlich Dischmacher, die das Laubwerckh, Windberg (Ziergiebel) und gespreng in Daffeln und ander werckh zuschneiden, gebruchten, das auch seinem handtwerckh zustüende; darumb verhofft er, jene sollichs auch zuzulassen sein, satzte auch damit zurecht. Also nach clag, antwort, redt und widerredt haben unser Herren und meister gemeinlich erkhant, diewyl Bildthauwer und Dischmacher als vyl und für ein handtwerckh geachtet wird und sein soll, daß dan die Bildthauwer und Dischmacher, beide handtwerckh, alls das machen mögen, so jetweder theil zumachen und meniglich damit zu versorgen getruwt; wo aber einer dero nit möchti, daß menglich damit versorgt wurdt, daß dan sollich werckh von der Zunfft besichtiget und nach der Zunfftordnung darnach gehandelt werden sol, wie gewonheit und ihr alt herkommen ist."

5. Das Grenzgebiet der Stuhlmacher[1]), Sattler, Korbflechter und Tapezierer.

In Augsburg wurde 1554 gelegentlich einer Supplikation (Bittschrift) festgestellt, daß das Sesselmachen zum Kistlerhandwerk gehörte, wenn auch die Kistler den Sattlern Zargen und Gestelle lieferten, die diese dann mit Leder überzogen. Dies Verhältnis hat sich aber wohl nicht durchführen lassen, wie denn überhaupt bei den Behörden um diese Zeit das Bestreben sich geltend macht, die Gewerbe nicht wegen alter Überlieferung und aus reiner Buchstabenklauberei sinnlos zu scheiden und voneinander abhängig zu machen, wodurch auch wegen des schleppenden Ganges der gegenseitigen Bedienung niemand anders hätte leiden müssen als nur die Besteller der Waren selbst. Besonders lästig erschien das, wie wir gesehen haben, bei den Ebenholzkistlern, die gedrehte Teile verwenden mußten. So ging es ähnlich mit allen Waren, an denen zwei oder mehrere Handwerke arbeiten mußten.

Die Sattler und Kistler verglichen sich mit Genehmigung des Senats in Augsburg 1581, daß beiden erlaubt sein sollte, was ihnen für die Herstellung der Sessel notwendig war; also den Kistlern Sessel mit „Leder, Samat, Seiden, Tuech, Gefrentz und dergleichen zu beladen und zu überziehen", den Sattlern „die Sessel auch von Holzwerck mit aigner Handt" zu machen, doch durften sie keine Gesellen dafür beschäftigen. „Soviel dann (außerdem) die Reißbettstatten, Veldtisch und Truhen belangt, mögen die Kistler auch wol leiden, daß

[1]) Daß das Sesselmachen nach alter Tradition auch von den Drehern für sich beansprucht wurde, haben wir im vorletzten Kapitel gesehen. Es wurde aber auch oft im Nebenberuf oder als Gelegenheitsarbeit betrieben; z. B. zählte Bücher in Frankfurt a. M. im Jahre 1387 vier Stuler, dagegen im Jahre 1440 nur noch einen, obwohl sicher der Bedarf nicht abgenommen hat.

die Sattler dieselben überzogen aufsetzen (zum Verkauf stellen), doch dergestalt, daß sie solliche Reißbettstatten und Veldtisch bei ihnen, den Kistlern allhie und uit andstwa — gleichwohl die Truhen aber, wo sie wollen — machen lassen. Hingegen dann die Kistler den Sattlern solliche Arbeit umb einen ziemblichen Preis und leidentlich Gelt nach Gelegenheit der Ware und Holtz machen und sie befürdern (bedienen); auch durchaus under baiden Handtwerckern des Aufsetzens der Sessel, Reißbettstatten und Veldtisch ein Gleichhait gehalten werden soll. Nemblich und also, daß die Kistler erst angezogene (erwähnte) Stuck, sowol als die Sattler, außer den Jahrmerckten sonßten auch, da ein Tag allhie, oder frembds Herrschaften herkommen, jeder Gattung ein Stuck auszusetzen, befuegt sein, aber einen Sessel täglich als ein Muster für ihren Laden oder statt Macht haben mochten."

Mit den Korbflechtern oder Korbmachern kamen die Kistler nicht zu einer gleichen Vereinbarung, vielleicht, weil jene gar nicht so werkstattmäßig arbeiteten, daß sie die Gestelle hätten selbst anfertigen können; und, daß sie sie bei auswärtigen Kistlern bestellten, brauchten die ortsangesessenen Kistler nicht zu dulden, was ja auch dem Grundsatz der örtlichen Zünftigkeit nicht mehr entsprochen hätte. Aber das ist mehr eine Vermutung, zu der man gelangt, wenn man die ungleiche Behandlung der Sattler und der Korbmacher einander gegenüberstellt.

In München hatten sich 1790 die Korbmacher gegen die Kistler wegen Gewerbsbeeinträchtigung gewendet. Ein Senatsbeschluß entschied[1]): „Die Körbmacher dürfen geflochtene Sessel von Rohr und Weiden verfertigen und auf dem angewiesenen Platz zum Verkauf ausstellen, doch haben sie die Gestelle hierzu bei keinen anderen, als hiesigen bürgerlichen oder incorporierten Kistlern, bei Confiscationsstrafe, verfertigen zu lassen." 1795 erfolgte dann das Verbot an die Kistler, „keine Flechtarbeit von Rohr oder Weiden zu machen, auch keine solchen geflochtenen Sessel zu verkaufen, außer es würden sothane Flechtarbeit von den hiesigen bürgerlichen Korbmachern verfertigt seyn".

Was das Überziehen der Sessel und Möbel mit anderen Stoffen als Leder betraf, so war, bei der seit der vorerwähnten Augsburger Verfügung von 1581 eingetretenen sehr starken Erweiterung des Bedarfes, später aus dieser Beschäftigung ein ganz neuer Gewerbszweig entstanden, von dem der Magistrat von München 1842 schreibt, daß die Tapezierer förmlich konzessionierte Gewerbsmeister seien. Zur Haltung von Möbelmagazinen bedürften aber sowohl sie als die Schreinermeister einer besonderen Bewilligung, die aber nur das Recht gäbe, selbstverfertigte Möbel in den Magazinen feilzuhalten; auch werde sie nur widerruflich verliehen[2]). Von den Tapezierern pflegten Möbelmagazine in Verbindung mit Schreinern gehalten zu werden, daher in derlei gemeinschaftlichen Magazinen sowohl gepolsterte als auch ungepolsterte Möbel feilgeboten würden. (Vgl. S. 418.)

---

[1]) Schlichthörle I., S. 669.
[2]) Schlichthörle I., S. 682.

Tischlerwerkstatt des 18. Jahrhunderts, Kupferstich von Schuster nach einer Zeichnung von Chodowiecki, um 1774. Vorne werden Tischbeine in die Zarge geleimt, im Hintergrund wird ein gezinkter Schrankkorpus zusammengesetzt.

6. Das Grenzgebiet der Schmiede, Schlosser und Gießer.

In Frankfurt am Main waren um 1400[1]) die einzelnen Zweige des Metallgewerbes nicht durch scharfe Grenzen voneinander geschieden, ja solche Grenzen waren, nach Bücher, selbst zwischen ihnen und dem noch ganz in den ersten Stadien der Entwicklung befindlichen Holzgewerbe kaum vorhanden. Daß man aber hieraus schließen könnte, es wäre den Kistlern erlaubt gewesen, die Kastenmöbel mit den aus technischer Notwendigkeit vielverwendeten eisernen Bändern zu beschlagen, dafür ist ein Beleg nicht zu finden gewesen; eine spätere Bestimmung aus dem Jahre 1666 besagt, daß die Frankfurter Schreiner nicht mit Beschlägen handeln und nichts beschlagen durften, ausgenommen Packläden, runde Tische und schwarzgebeizte Arbeit, doch mußten die Beschläge bei den Schlossern des Ortes gekauft sein. Die Münchener Schreinermeister waren, nach Schlichthörle, zwar befugt, an Kästen, die sie zum Verkauf stellten und selbst angefertigt hatten, die Schlösser selbst anzuschlagen, gleichviel, ob sie sie von Münchener oder auswärtigen Schlossern oder gar von Fabriken gekauft hatten, weil das Anschlagen dieser Schlösser „zur Vollendung ihrer eigenen Arbeiten" gehörte, dagegen durften sie für eigene Arbeiten Schlosserarbeiten nicht mit in Akkord nehmen. Was aber zum Beispiel das Anschlagen von Schlössern an Toren betraf, so schloß sich der Münchener Magistrat einer interessanten Regierungsentscheidung an. Nach der „Fabrikskonzession" dürfe der Betreffende, ein Schreiner, wohl „die Thüren sammt Schlössern als fertiges Ganzes aus seiner Möbel- oder Baurequisitenfabrik liefern", aber die Zusammensetzung an den Gebäuden komme den Schlossern zu. (Vgl. S. 412.) Nach der Stuttgarter Bauordnung von 1655 durften die Schreiner keine Schlosserwaren aufkaufen oder bestellen, um sie wieder zu verkaufen oder anzuschlagen.

Später, als zur Zeit der Renaissance an Prachtmöbeln kunstvolle und für den besonderen Zweck einmalig gegossene Bronzeteile (im Gegensatz zu käuflicher Ware) verwendet wurden, erhoben die Rothschmiede dagegen Einspruch. Der bekannte Augsburger Kistler Lienhard Stromair fertigte 1556 diesen Einspruch energisch ab und hatte damit, schon in Anbetracht seiner künstlerischen Bedeutung, sicher Erfolg. Er schrieb an den Rat: „Desgleichen so geuß ich, Lienhard Stromair, auch nichts, das nit ins Handwerk gehört, allein das, so ich zum Schreibtischen geprauch, Kunig, Fürsten und Herren gehörig. Haben auch mein Voreltern sollich Gießen von 50 Jaren gepraucht, one jemands darum angefaßt zu werden."

7. Das Grenzgebiet der Glaser, Maler und Vergolder.

In keinem Zweig hatten die Kistler so sehr die Pfuscherei zu bekämpfen, wie in der Herstellung der Fensterrahmen. Zimmer- und Schreinergesellen, die das Meisterstück nicht machen konnten oder wollten, Meister auf dem Lande, kurz jeder, der nichts Rechtes und Eigenes leisten konnte, verlegte sich auf die Herstellung von Fensterrahmen. Da sie von solchen Pfuschern billiger kaufen konnten, verwendeten die Glaser deren Erzeugnisse, sofern sie nicht selbst sich

[1]) Bücher a. a. O., S. 621.

mit der Herstellung dieses vielgebrauchten Artikels befaßten. Dabei versuchten sie, für sich geltend zu machen, daß jeder Handwerker doch für seinen eigenen Gebrauch jedes andere Handwerk anwenden dürfte. Diese, im Interesse der Konsumenten teilweise eingeführte Übung ließ sich für den Fall der Glaser aber ganz gewiß nicht anwenden, denn sie betraf doch immer nur Ergänzungsarbeiten zum eigenen Werk; während es doch nicht zweifelhaft sein konnte, daß das Einsetzen des Glases in die oft sehr kunstvollen Rahmen nur eine Hilfstätigkeit und kein selbständiges „Werk" in schöpferischem Sinne, mindestens aber nicht das Hauptwerk in der Verbindung mit der Schreinerarbeit wäre. So haben die Behörden auch immer entschieden und die Übertreter bestraft, z. B. in Zürich 1794. In Frankfurt a. M. unterbreiteten die Schreiner ihre 1713 „Gravamina" (Beschwerden) einer „Kaiserlichen Subdelegations-Commission", wobei sie unter anderem beantragten, daß alle Fensterrahmen künftig auf ihre Tüchtigkeit besichtigt und dann mit dem Handwerkszeichen gestempelt werden sollten. Den Glasern müßte verboten werden, ungestempelte, also von Störern stammende Rahmen zu verglasen. Die Schreinerordnung von 1686 in Frankfurt hatte bestimmt, daß allein die Schreiner Fensterrahmen machen dürften und nicht die Glaser, denen aber die Schiebefenster freigegeben wurden. In Württemberg durften um 1780 die Schreiner nur eichene, die Glaser aber eichene und tannene Fensterrahmen fertigen.

Was zunächst die Holzarbeit der Maler betrifft, so wurde den Kistenmachern in Lübeck 1505 ausdrücklich befohlen, sich aller solcher Arbeit zu enthalten, die von den Malern „gewontlick tovormakende", also die die Maler nach der Überlieferung selbst ausführten, nämlich Altartafeln „unde alle dat yenne, dat yt maler ampt andrupt", worunter wohl hauptsächlich die Holztafeln, auf die die Maler ihre Gemälde malten, und die ganz besonders gut gegen Witterungseinflüsse abgesperrt und auch sonst vorbereitet sein mußten, zu verstehen sind. Übrigens wurden solche bemalte Tafeln sehr viel in den Deckeln der Truhen angebracht. — Anderseits war die Verwendung der Farben zum Anstrich der Möbel seitens der Schreiner nicht einheitlich geregelt. In Stettin wurde sie im Interesse der Maler 1619 verboten. In Frankfurt a. M., wo 1786 die Regierung zu Neuwied angefragt hatte, ob die Schreiner ihre selbstverfertigten Arbeiten mit Wasser- und Ölfarbe anstreichen dürften, lautete die Antwort: Nein, die Meßkisten ausgenommen. In München hatten allerhöchste Entschließungen der Königlichen Regierung 1802 und 1822 bestimmt, daß es den Kistlern auf keine Weise verwehrt sein sollte, ihre selbstverfertigten Kästen und Arbeiten zu malen und anzustreichen, wie sie wollten. Ein dortiger Magistratsbeschluß von 1841 bedeutete aber die Kistler, daß, nachdem nach der bisher bestandenen Observanz und den vorliegenden Verhandlungen ihnen nur die Befugnis zustände, ihre selbstverfertigten Stücke zu firnissen, zu polieren und zu lackieren, nicht aber sie anzustreichen, sie sich des Anstreichens ihrer Waren überhaupt und insbesondere der (Fenster-)Kreuze zu enthalten hätten, bei Vermeidung einer Strafe von 10 Gulden.

Die Vergolder werden nirgends besonders erwähnt, ausgenommen 1797 in Basel, wo sie dem Schreinerhandwerk Tribut zahlen mußten, wenn sie Schreinergesellen beschäftigen wollten.

8. Das Grenzgebiet der Weber.

In Ulm behaupteten die Weber, die Anfertigung der Wirkstühle wäre eine freie Kunst. Der Rat fragte 1656 darüber in Augsburg an und erhielt die Antwort, dort seien vor 40 Jahren mehr als 4000 Weber in der Stadt gewesen, aber nur wenig Kistler. Augsburg hatte 1615 insgesamt 122 Meister und 86 Gesellen, die die Wirkstühle machen konnten. Also waren diese von den Webern selbst hergestellt worden. Das Gutachten der Augsburger lautete also: Die Weber dürften ihre Stühle für den eigenen Gebrauch, aber nicht für den Verkauf selbst machen. Wenn sie dazu nicht imstande wären, so müßten sie bei den Kistlern bestellen.

9. Das Grenzgebiet der Bogner und Büchsenschäfter.

a) Die Bogner. Seit Erfindung des Büchsenschaftes um die Mitte des 15. Jahrhunderts war die Feuerwaffe wirksam geworden und von da an allgemein in Gebrauch gekommen, während bis dahin die mit dem Arm zu spannende Bolzenwaffe, die Armbrust, noch das Handverteidigungsmittel gewesen war. Wie die Bogner, die die Armbrüste verfertigten, zu den Kistlern standen, haben wir nicht aufgezeichnet gefunden. Jedenfalls hat ihr Handwerk nach Einführung der Feuerwaffen sehr abgenommen und war in Augsburg kein „geschenktes". Im Jahre 1647 war dort nur ein einziger Meister vorhanden, und der war, wie die Kistler schrieben, „nit bei seinem menschlichen Verstand".

b) Die Büchsenschäfter. Die Büchsenschäfter waren in Augsburg jedenfalls in enger Beziehung zu den Kistlern, denn wie aus einer Eingabe dieses Amtes von 1554 hervorgeht, mußten sie beim Handwerk der Kistler ihr Meisterstück machen. Mit den Büchsenmachern (d. h. Büchsenschmieden) wurde 1560 ein Vertrag abgeschlossen, daß sie keine Gesellen, weder Kistler, Bogner oder Büchsenmacher für das Büchsen*schiften* halten durften. „Nachdem sich zwischen den boeden erbern Hantwercken von Kistlern und Püchsenmachern Spön und Irrung Püchsenschiftens halber erhalten und zugetragen, derowegen sye für ain ersamen Rat clagsweis kommen, darauf hat wolernanter ain ersamer Rat die edlen, vösten, ersamen und weisen Herrn Hanns Vöhlin, Conraden Myr, Othen Lauginger, Matheus Raiser und Veit Vetter zu gutlicher Underhandlung und Hinlegung solchs Strits verordnet, welche die Thail nach Notturft gehört und nach vleißiger Underhandlung mit boeder Partheyen gutem Vorwissen und Bewilligen dahin verglichen, und also vertragen, daß die Püchsenmacher hinfüro ir kainer kainen Kistler, Bogner noch Püchsenmachergesellen Püchsenschiftens halben einstellen, darzu kain offnen Laden darauf halten und den Kistlern disfalls mit dem Schiften in ihrem Handwerk durch die Gesellen kainen Eintrag thon sollen noch wollen. Was aber ain Meister des Püchsenmacher Handwercks für Püchsen, so er oder seine Gesellen in seiner aigen Werckstat geschmidt, schiften will, das soll ain jeder Meister des Püchsenmachens guten Fug und Macht haben. Aber aller anderer, alter gekaufter oder ime zugestellter Ror und Schloß zu schiften müßig steen, bey Pön und Straf von jedem Übertretten besondern zwen Guldin zu entrichten. Dagegen sollen die Kistler keine alte noch neue Ror oder Schloß, — daß sie dieselben schiften, umb nochmals widerumb zu verkaufen —

aufkaufen, sondern sich dasselben gentzlich endhalten und des Hausierens, dem Frembden in die Herbergen nachzulaufen, müßig steen sollen, bey vorgemelter Straf von jedem Übertretten zween Guldin zu bezalen. Wann aber ein Schifter an seiner Arbeit und für seinen Lidlon (Lohn) von den Püchsenmachern Wahr (Ware) eintet (eintäte, kaufte) und anneme, solle ime, dieselb zu schiften und nachmals zu verkaufen, unabgestrickt sein." Das heißt, die Schifter durften sich von den Büchsenschmieden Büchsen kaufen, fertig schiften und dann wieder verkaufen. Im Jahre 1651, also nach Beendigung des 30jährigen Krieges, verlangten die Büchsenschifter in Augsburg, deren jetzt vier Meister am Orte waren, daß künftig ihren Gesellen die Meisterstücke von ihnen selbst und nicht mehr von den Kistlern gegeben und besichtigt werden sollten. Die über das Kistleramt gesetzten Verordneten sagten dazu, daß es hierdurch das Ansehen bekommen würde, als hätte man vor Jahren bei der Aufrichtung der Kistlerordnung nicht so viel „Verstandt und Wissenschaft" gehabt, ob ein Kistlermeister „durch seine erlernte Kunst und sein Handwerk" so viel zuwege bringen könnte, daß er einen Büchsenschaft verfertigen könnte, „da doch dieselben ehe und zuvor einige Schifter allhie aufgestanden, die Schafft nit allein gemacht sondern auch zu Meisterstückh vergeben" hätten. Übrigens wären früher 7, 8, sogar 10 Schifter in Augsburg gewesen, und dennoch hätte man es so gemacht, wie eben geschildert. Entgegen diesem Gutachten beschloß der Senat, daß künftig „zur Aufgebung und Geschauung der Meisterstuckh und dergleichen" ein Schiftermeister zugezogen werden sollte. Daß in der Tat das Büchsenschiften sehr kunstvoll betrieben wurde, geht aus der 1663 gegebenen neuen Meisterstückordnung hervor. Sie lautet: „Erstlich zwar sollen anstatt der Zihl- und Bürschtbixn fürohin zwey Bürschtbixn gemacht und auf das künstlichst, fleißigest und zierlichest von Pflaumenbaumen (nachgetragen: Eschin) Holtz verfertiget, auch so dieselben zum verbainen fertig, derselben Haubtvisierung im Beisein der geschworenen Meister von dem jungen Stückmeister mit eigener Hand auff das Papier gerissen und folgendts mit schönem weißem Hirschbein oder, so einer den Schafft mit Ebenholtz fornieren und mit Silber zieren wollte, auff das fleißigist verbainet und eingelegt werden. Es sollen aber die beeden Bürschschafft eine gewisse Maß und Länge haben, nemblich, daß eine von dem Rohr biß zum Anschlag soll lang sein 2 Schuech 6½ Zoll, der Anschlag 11¼ Zoll und also in allem 3 Schuech und 5¾ Zoll. Die andere soll lang sein am Rohr 2 Schuech 7 Zoll, der Anschlag 11 : 1½ viertel Zoll, also in allem vierthalb Schuech anderthalb viertel Zoll. (usw.) Ferner statt der Faustbixn 2 gleiche Pistolen." (usw.) — Den Kistlern war es zur Zeit des 30jährigen Krieges auch gestattet, das Büchsenschiften zu betreiben, was mit dem Westfälischen Frieden wieder abgestellt wurde. Nachdem aber 1675 in Augsburg wieder Winterquartiere bezogen worden waren, durften sie diese Handwerksübung aufs neue aufnehmen. 1679 wurde dagegen beschlossen, daß künftig nur noch solche Kistler, die das Meisterstück der Schifter, und solche Schifter, die das Meisterstück der Kistler gemacht hatten, das andere Handwerk mit ausüben dürften, doch nur „auf eigene Hand", d. h. ohne darauf Gesellen zu halten, die also nur im Hauptberuf des Meisters beschäftigt werden durften. Beide Handwerke blieben aber in einer Zunft zusammen.

In München mußten sich noch 1737 die Büchsenschifter zum Meisterstück bei den Kistlern melden. Es wurde auch mit ihrem Handwerk zünftig ernst genommen. Wer zum Meisterstück zugelassen werden wollte, mußte zwei Jahre bei einem „gelehrten" Meister gestanden haben, auch diejenigen, die eine Meisterstochter heirateten. Dagegen waren die Meistersöhne und diejenigen, die eine Meisterswitwe in den Kauf nahmen, von dieser Verpflichtung befreit. Das Meisterstück bestand in zwei Rissen „von einer teutschen Pixen", beide gleich, einer wurde in die Lade gelegt, und nach dem anderen mußte der Geselle arbeiten. Jeder Kandidat mußte „einer teutschen Pixen, ein Paar Pistollen, auch ein französischen Stuzen zuschiften". Ferner mußte „die Pixen mit Pain (Bein) eingelegt und hüpsch gestochen werden, ohne Hilfe; der französische Stuzen sauber geschnittene Arbeit". Ein Meisterssohn brauchte bloß die deutsche Büchse zu schiften, weiter nichts. Zur Anfertigung der drei Stücke wurde ein Vierteljahr „vergonnt".

In Dresden waren die Büchsenschifter mit den Kistlern 1573 vereinigt, und nur den Kistlern, oder wie sie hier genannt wurden, den Tischlern, die zu dieser Zeit schon Meister waren, sollte das Büchsenschiften ohne weitere Einschränkung gestattet sein, während die anderen es nur auf eigene Hand und ohne Gesellen betreiben durften.

Der „Camerer und Rathe der Stat Regenspurg" schrieb 1589 „an den Fürsichtigen Ersamen und weisen Burgermaister und Rathe der Stat Augspurg, unsere besonder lieben und gueten Fraindten. Fürsichtige, Ersame und Weise, E.-Pt. sind unser fraindtlich willig Dienst mit Fleiß zuvor. Besonder liebe und guete Fraindt." Nach dieser, dem Briefstil der Zeit entsprechenden Einleitung rückten sie dann mit ihrem Wunsch heraus. Nachdem sie zuerst einen anderen Fall geschildert hatten, fuhren sie fort: „Es begibt sich auch, das zwischen den Schreinern und Püchsenschifftern Strit und Irrung fürfallet, die Püchsenschiffter ir sonderbar (besondere) Ordnung und das Püchsenschifften allein wöllen haben, oder aber das die Schreiner auch ir Maisterstückh darauf machen und die drei Jar sonderlich darumb lehrnen, — die Schreiner aber dessen befreit sein wöllen. Biten also gleichesfals, wie es bei E.-Pt. zwischen beden Handtwerckhen dieses Puncts halben gehalten werden, unnß zuberichten." Die Antwort der Augsburger liegt nicht vor.

10. Das Grenzgebiet der Geigen-, Lauten- und Instrumentenmacher, Orgel- und Klavierbauer.

Um die Mitte des 16. Jahrhunderts mehren sich die Nachrichten über den Instrumenten- und Orgelbau, und der Hauptort scheint die damals unbestritten führende Kunststadt Augsburg gewesen zu sein.

a) Die Geigen- und Lautenmacher.

Die Kistler in Augsburg berichteten 1559, daß Laux Boß aus Schongau, ein Lautenmacher, neben Lauten und Geigen auch Kistlerarbeit mache und dafür sogar Gesellen halte. 1562 gingen sie gegen den Geigenmacher Joseph Faber vor und verlangten, er müßte, wie ein anderer Geigenmacher namens Gumpenberg, das Gestell seiner Instrumente von den Kistlern machen lassen. Der Senat erließ auch eine entsprechende Verfügung. Im Jahre 1577 beschwerten sich die

Instrumentenmacher Joseph Faber und Samuel Biederman über einen Kistlergesellen, der ihnen ins Handwerk, „in ihre freie Kunst“, pfusche. Das Handwerk der Kistler antwortete, es könnte nichts dagegen tun, denn das Instrumentenmachen wäre eben eine „freie“ Kunst; außerdem arbeite der Geselle in geistlichen Häusern, aber vielleicht werde man ihn außerhalb derselben fassen können. 1625 erklären die Kistler, wohl von den Instrumentenmachern beklagt, wiederholt, das Herstellen der „Lauten, Geigen, Ziter und Harpffen“ wäre eine „freie“ Kunst.

Der Rat von Augsburg veranstaltete nun eine Umfrage. Darauf antwortete Nürnberg, auch dort wäre es eine freie Kunst. Straßburg meldete, dort wären die Geigenmacher bei den Kistlern zünftig, hätten aber keine eigenen Artikel; doch ihres Wissens hätten sie in Füßen eine richtige Zunft. Die Frankfurter Kistler, die es nicht richtig gelernt hatten, durften keine Lauten, wohl aber Orgeln machen. Gesellen durften dort nicht darauf arbeiten (das heißt, wohl bei den Kistlern nicht). Das Lautenmachen wäre wohl eine freie Kunst, habe aber doch Lehrjahre. Der Rat von Augsburg entschied darauf, zurzeit wäre das Instrumentenmachen eine freie Kunst, es werde aber den Lautenmachern anheimgegeben, eine Ordnung zusammenzustellen und sie sich bestätigen zu lassen.

Der Schreiner Johann Diehl, ein berühmter Instrumentenmacher, mußte 1789 wegen der Revolution Paris verlassen und wollte sich in seiner Vaterstadt Frankfurt a. M. niederlassen. Die dortigen Kistler verlangen von ihm, obwohl er statt der notwendigen 3 sogar 21 Jahre gewandert und in Paris selbst Gesellen gehalten hatte, daß er noch in die Muthjahre für das Meisterstück einstehen oder sich mit mehreren hundert Talern loskaufen sollte. Diehl wandte sich gegen diesen Erpressungsversuch, und es entspann sich ein langer Prozeß, den er schließlich gewann.

b) Mechanische Instrumente.

Auch die mechanischen, selbstspielenden Instrumente wurden sehr beliebt. 1650 bestimmte der Rat in Augsburg, nach Auskunft von Wien, daß das „Wellenbestecken“ in selbstspielenden Instrumenten keine freie Kunst, sondern den Instrumentenmachern vorbehalten sein sollte. Christoph Weigel in Regensburg berichtet 1698 von den beiden Kistlern Eichler und Ellrich in Augsburg: „Ja, bemelte zwey Künstler haben auch in Form eines Trühleins herrliche Flötenwerk verfertiget, in welchen, wenn man das gantze Werck zusammengehen läßt, 24 Flöten auf einmal spielen, und die anmuthigsten Melodien überaus vernehmlich mit hellklingenden Drilletten und schönen Manieren, als von einem Menschen immer mag geleistet werden, aufmachen. Sie werden von einer Schrauben ohne End getrieben und spielen immerfort, solang man nur forne mit einem Schlüssel aufzieht; und dergleichen rahre Flöten, auch Uhrwerk, nicht weniger prächtige Schreib-Tisch etc. seyn hin und wider von großen Herrn bey beeden ehrengedachten und auch andern kunstreichen Meistern erkaufft worden und werden als sonderbahre Raritäten zu dero verdientem Ruhm aufgehoben und gewiesen. So werden auch Meister gefunden, welche künstliche Glockenspiele wissen zu verfertigen, wie denn in diesem 1797sten Jahr eins von

23 Glocken in Ungarn verschickt worden, und dergleichen auch noch größere von Zeiten zu Zeiten verfertiget werden."

c) Die Orgelmacher.

In einem Protest der Augsburger Orgelmacher Hans Bruer, Joseph Faber, Simon Becher und Samuel Biederman (Faber und Biederman sind uns eben schon als Lautenmacher begegnet) von 1577 gegen die Kistler heißt es: „Da sy doch die Kunst nicht gelernt und das Fundament derselbigen, dieweil sy keine Musici nicht sind, aus welchem denn der rechte Grundt aller Instrumenten herfleußt, nicht wissen noch kinden, denn wie ist es dergleichen Personen müglich, eyner Pfeiffen ir rechte Stimm zu geben und dieselbigen in eynem Werk, nach Außweisung der Scalen, sonderlich in den Semitoniis (Halbtönen) in ir Ordnung zu stellen, und hernachen solches Alles in Erwegung, daß der Register mehr sind, und also manches Werk etlich Hundert Pfeiffen hat, in aller seiner Symphonia zusammen zu stimmen, damit es seine ordenliche und gebürliche Consonanz haben möge, wenn sie nicht Musici sind und auff den Instrumenten nicht gelernt haben, sondern erst von anderen Handtwerken darzu kommen, und dergleichen wichtige Kunst allerdings unerfahren sich der unterfangen wöllen." Es war nicht festzustellen, ob die Orgelbauer mit dieser sehr einleuchtenden Begründung Erfolg gehabt haben oder nicht. Man darf aber annehmen, daß nicht viele Kistler sich um das Orgelbauen gekümmert haben, mindestens nicht um den inneren Aufbau; vielmehr werden sie, der technischen Schwierigkeiten halber, wohl lieber die Finger davon gelassen haben. So wollten im Jahre 1610 die Kistler dem Gesellen Jacob Düntzer 4 Jahre, die er bei Orgelmachern zugebracht hatte, beim Meisterstück nicht anrechnen, mit der Begründung, daß die Orgelmacher keine bestimmten Jahre zu erstehen, noch ein Meisterstück zu machen hätten, und das Orgelmachen überhaupt ein „vom Kistlerwerckh ganz abgesondertes Thun" wäre. Ein evangelischer Pfarrer zu den Barfüßern und andere Geistliche verwandten sich nun für Düntzer, und dieser selbst führte an, „daß das Kistlerwerckh und Arbeit, soviel es das Orgelmachen betrifft, mit großem Fleiß exerciert werden" müsse. — Der Kistler Philipp Mayr gab 1624 in einer Rechnung über einen von ihm auf Bestellung eines Uhrmachers angefertigten Orgelkasten aus schwarzem gebeizten Holz folgende Beschreibung seiner Arbeit: „Verzaichnus, was das Werckhlen in sich hellt und was für Register es bekommen solle: Ernstlich vornen beim Clavier ein guet Mößten Regal, ein Principal von Holtz, 2 Schuech, ein Gedeckhes von Holtz, 2 Schuech, ein Zinell von zinene Pfeiffen, ein zinß Vogelgesang, ein Crimlauten, ein Wind vindill; die Höch und Breit des obern und undern Corpus: der under Kasten hat 3 Schuech, die Weite hinden im underen Kasten 2 Schuech 4 Zöll, das ober Corpus sambt dem Auszug 3 Schuech hoch, weit 11 Schuech 3 Zoll, breit beym Clafier 2 Schuech 2 Zoll." — 1661 hatte sich in Augsburg der Kistlergeselle Christoph Löw bei den Kistlern als Orgelmacher eingekauft, und der Vorgeher hatte ihm darauf Gesellen zugeschickt, von denen er einen Kistler und einen Orgelmacher anstellte. Es war ihm aber auferlegt worden, durch Heirat das Bürgerrecht zu erwerben. Bevor er das aber ausführen konnte, ließen ihm die Orgelbauer Andreas Mennghofer, Dandel und Samuel Biederman durch

Senatsbeschluß schnell noch die Werkstatt schließen, weil grundsätzlich kein Unverheirateter ein Handwerk ausüben durfte.

Der Bürgermeister und Rat von Ulm fragte 1583 in Augsburg an, ob auch dort die Orgelmacher für ihre „freie Kunst" zwar keine Schreinergesellen, die ohne Meister waren, aber beliebig viel bei Schreinermeistern angestellte Gesellen beschäftigen dürften. — Daß auch Frankfurt a. M. 1635 das Orgelmachen für eine „freie Kunst" erklärte, wurde bereits erwähnt.

Was ein tüchtiger Orgelbauer alles können und wissen mußte, schilderte der Berliner Hallens[1]) im Jahre 1764. „In einem aufmerksamen Orgelbauer, welcher alle Theile seiner Arbeiten mit einer ausgebreiteten Gründlichkeit erkennen und anordnen will, muß sich ein Tonkünstler von Geschmacke, der mehr als ein musikalisches Gehör besitzt, ein Gießer, ein Tischler, ein Bildhauer, ein Baumeister, ein Geometer zur Abteilung der Mensuren und zur Verjüngung, Vergrößerung, Berechnung und Verwandlung der geometrischen Figuren, ein Zeichner und besonders der ehrliche Mann vereinigen." Er beschrieb dann die Werkzeuge, Vorrichtungen und Gegenstände, die zur Herstellung der hölzernen Teile an Orgeln notwendig waren, bzw. die aus Holz gemacht wurden: Die Gießkrücke, ein länglich viereckiger Kasten von Holz; Zinnhobel, hölzerne Pfeifen von Kienen, Ahorn, Tannen- oder Eichenholz; lange vierseitige Kasten zusammengeleimt. Dabei sei zu bemerken, daß Holz in Holz gesteckt, weniger schwände, aber zugleich quille, wenn beide hölzernen Körper von einerlei Holz und anfangs recht trocken wären. Endlich: Röhren oder Kanäle und Wind- und Spundladen aus Eichenholz. „Die Windladen müssen insonderheit von gutem, reinadrigem Holze, stark und genau gemacht, wohl gebohrt und rein gebrannt sein, wo der Pulpetendrath durch sie durchgeht, damit sich nicht der kleinste Wind neben ihm hindurchschleichen möge. Die Register lassen sich beim Regenwetter schwer ziehen, so daß sie gar in Gefahr stehen, sich von ihrem Bande loszureißen, welches besonders ein Fall ist, der sich oft bei den eichenen Registern und tannenen Dämmen ereignet, indem das weiche und lockere Tannenholz in feuchter Witterung mehr aufquillt und in Trockener Luft mehr schwindet, als das von Eichen." . . . „Windläden, Windkanäle und Bälge müssen inwendig durchgehends mit Leim an allen ihren Seiten ausgegossen werden." Dann beschrieb er die Wellenbretter, Wellenrahmen und Wellenzapfen und schloß seine Darstellung mit den Worten: „Die Orgelbauer sind u. a. Tischler von Profession und ihre ganze Werkstatt ist mit Hobeln, Meißeln, Leimzwingen, Leimkesseln, Brettern, Holz, Klob- und anderen Sägen usw. angefüllt, zudem Holzwerk der Bälge, Ventile, Windladen, Abstrakten, hölzernen Pfeifen und zu den Klavibus."

d) Die Klaviermacher.

Die Herstellung von Klavieren erforderte, wie der Orgelbau und vielleicht noch mehr als jener, eine sehr sorgfältige und feine Kistlerarbeit. Ob diese Arbeiten von Kistlern oder von besonders gelernten Klaviermachern ausgeführt wurden, steht nicht fest. Aber letzteres ist anzunehmen; wenigstens wurde 1839 einem Kistler in München die Anfertigung von Klavieren, als dem Gewerbe der Klaviermacher gehörig, verboten.

[1]) Hallens a. a. O., III. S. 313.

e) Die Flügelmacher.

Von der Arbeit eines Flügelmachers gab wieder Hallens in Berlin[1]) im Jahre 1764 eine anschauliche Beschreibung: „Man gibt gemeiniglich den einfachen Flügeln ein Länge von 8 Fuß und den großen eine von 16 Fuß. Beide bekommen zur Breite 3 Fuß 2 Zoll; doch bindet man sich an diese Maße niemals genau. Der Boden wird 1 Zoll stark gemacht. Dieser ist von Kienen- oder Tannenholz, je trockner, desto besser. Die Hinterwand wird ½ Zoll dick von Kienen gemacht, der Bogen hingegen von Ahorn, Rüstern oder Tannen. Die hiesigen Ahornbäume (der Verfasser besprach die Verhältnisse in Brandenburg), welche man hier zu Lande aufbringt, sind grobfaserig und bläulich, da doch die Farbe des Ahornholzes weiß und die Adern fein sein müssen. Tannenholz liefert Böhmen, die Oberlausitz und Schlesien; es muß trocken, fein von Adern und schön weiß sein. Die Rüstern haben ein sehr biegsames Holz, und daher macht man die Stege auf die Resonanzboden der Flügel gemeiniglich von Rüstern- oder Ahornholz, welches fast mit der Farbe des Nußbaumholzes übereinkommt, aber sich dadurch von ihm entfernt, daß das Nußbaumholz ohne Erweichung im Wasser unbiegsam bleibt. Man nimmt auch zu den Resonanzboden Tannenholz, und man leimt sie aus tannenen Brettern, die ⅛ Zoll dünn und oft dünner sind, zusammen, da sie dann schon in der Leimzwinge, wenn man mit einem Finger daran schlägt, einen dumpfigen Laut von sich geben. Man macht also die Körper des Flügels gemeiniglich aus Ahorn- und den Resonanzboden aus Tannenholz, doch mit dem Unterschied, daß die Mittagsseite einer Tanne, weil ihre Fasern von der Sonne steifer gebrannt sind, der Mitternachtsseite, welche den Klang der Saiten am besten unterhält und deren Fasern am leichtesten zu erschüttern sind, den Vorzug läßt. Man gibt dem Resonanzboden, welcher in den Flügeln, wie in allen Saiteninstrumenten den Klang unterhalten und verstärken muß, einen schmalen Bogen zum Ausschnitt, welcher sich rechtwinklig zu einer geraden Linie für den Diskant herabneigt. Dieser Bogen wird etwa 6 Fuß lang, ⅛ Zoll dick und mit der Zarge 10 Zoll hoch gemacht und hierauf gebogen, nachdem man sein Holz 24 Stunden lang in Wasser erweicht und zwischen der Form, d. i. auf einem hölzernen Modellbogen, der so breit ist als der Bogen werden soll, zwischen eisernen Klammern und Zapfen einspannt und ihn also nach dessen Krümmung biegt und trocken werden läßt, bis er nach Verlangen krumm bleibt. Wenn dies soweit gebracht ist, wird die Zarge, d. i. der ganze Rahmen, mit dreieckigen Zapfen zusammen gezinkt, in den Boden eingelassen (usw.)"

1) Hallens, III., S. 358.

III. Alphabetisches Verzeichnis der von Kistlern, Schreinern, Kunthormachern und Tischlern gefertigten Gegenstände.

Die Augsburger Kistler hatten ganz recht, als sie im Jahre 1649 sagten, daß für eine Aufzeichnung aller Gegenstände, die von den Kistlern — darunter wurden in Augsburg auch die an anderen Orten Schnitzer, Kunthormacher und Tischler genannten verfeinerten Handwerksgenossen begriffen — ausgeführt wurden, „wol eine Ochsenhaut nit erkleckhen thet". Eine andere, wenn auch weniger drastische Umschreibung für die Vielseitigkeit der Kistlerarbeiten wurde gegeben, als die Schreinergesellen in Nürnberg 1833 einen großen Umzug veranstalteten; sie hatten dafür diesen Vers gedichtet und ihrem Zuge vorangetragen:

„Den Schreibtisch wie den Schrank, den Tisch, den Stuhl, das Bette,
Das Sopha, den Commod, die pracht'ge Toilette,
Die Wiege und den Sarg, den Anfang und das Ende
Vom ganzen Meublement erschaffen unsre Hände."

Wenn wir nun nachstehend trotz dieser Unübersehbarkeit eine Zusammenstellung der von Kistlern gefertigten Gegenstände versuchen, so geschieht es nicht, um eine nicht erreichbare Vollständigkeit anzustreben, sondern nur, um wenigstens die vorhandenen Quellen geordnet zusammenzufassen.

* * *

Altare. Den Zimmerleuten verboten in Cöln 1694, Aachen 1703, Augsburg 1728 und München 1796.

Altargitter. Ebenso in Augsburg 1728.

Anrichten (Richtebänke). In Cöln 1694 nur Kistlerarbeit. Den Zimmerleuten in Aachen 1703 ganz verboten, in München 1796 nur ohne Schiebladen und Kasten erlaubt. In Münster 1596 ganz freigegeben.

Bäder. In Augsburg 1728 tragbare Bockel- und Schweißbäder den Zimmerleuten verboten, aber solche, die in Bürgerhäusern festgemacht werden („Badstuben"), erlaubt[1]).

Baluster. (Siehe Docken.)

Bänke, verschiedenartige („auf der Reichsstraß, in Stuben und Kammern, geseilte, d. s.: gehobelte Bänke, Krauchenbänkel, Pechelbänke"). — Vergl. auch: Kirchenbänke, Kirchengestühl, Chorgestühl, Kommunionsbänke, Schlafbänke, Siedel. — 1365 in Straßburg „geseilte", gehobelte Bänke für beide Handwerke, ebenso im 15. Jahrhundert und 1519 und 1717. — 1497 in München den Zimmerleuten „fürpenck", d. s. bewegliche Bänke, den Kistlern Bänke (feste) in den Stuben verboten, ebenso 1532. — 1596 in Münster ganz frei.

Beichtstühle den Zimmerleuten verboten in Augsburg 1728 und in München 1796.

---

[1]) Hier ist also die Scheidung der Erzeugnisse der beiden Handwerke in bewegliche und unbewegliche besonders deutlich.

Betten jeder Art, bis auf Alkovenbetten mit nur einem Seitenteil, die den Zimmerleuten in Aachen 1703 und bis auf Spannbetten (Bettladen ohne Himmel), die den Drechslern in Cöln 1535 erlaubt waren, reine Kistlerarbeit. In Cöln 1579 Meisterstück (der Kistler oder der Drechsler? Vgl. S. 219) — in Münster 1596 freigegeben.

Bierfaßkästen.

Bildschnitzen und Bildhauerwerk. 1526 in Basel mit der Schreinerkunst für ein gemeinsames Handwerk erklärt und die Ausübung gegenseitig gestattet. — An anderen Orten (siehe S. 75) zweifelhaft. — In München 1839 beiderseits als Nebenbeiwerk gestattet.

Blasrohrstab. 1782 in Frankfurt a. Main strittig zwischen Schreinern und Drehern.

Bretter (Packbretter). Den Zimmerleuten erlaubt.

Brustäffer. (Siehe Vertäfelung.)

Büchsenschiften. 1554 Augsburg Nebenzweig der Kistlerei.

Budden (Buden oder Kajüten?). In Aachen 1703 den Zimmerleuten erlaubt.

Büfett (Schenkeschyve). In Lüneburg 1498 und 1524 und in Hamburg 1540 Meisterstück.

Bungkelstuelin (Spinnräder?), „so man nach dem Dutzend macht", Augsburg 1569.

Candelaber. (Siehe Kandelaber.)

Chorgestühl. (Siehe Kirchengestühl.)

Colonnen (Säulenreihen) in Kirchen. In Augsburg 1728 den Zimmerleuten verboten.

Commoden. In Ulm 1834 mit Schreibeinrichtung Meisterstück. — In München 1796 den Zimmerleuten verboten. (Siehe auch bei Kisten unter Bullkisten.)

Communiongitter und -bänke. In Aachen 1703 und Augsburg 1728 den Zimmerleuten verboten.

Contoir oder Kunthor (Schreib-, Zahltisch). In Riga 1541 Meisterstück.

Credenz. (Siehe Dressoir.)

Crucifixbilder (sog. Schweizer Ware). Einfuhr 1682 in Cöln verboten.

Decken in Zimmern und Sälen, Zimmerdecken: „Gehymeltz". Von Zimmerleuten angenagelte erlaubt. (Straßburg 15. Jahrhundert.) Desgl. 1728 in Augsburg aus Fichten oder Eichen, geleimt, ungeleimt, eingelegt, gefälzt, ungefälzt, aber solche von besserem Holz und auch in der Füllung furnierte verboten. — Den Kistlern („dülln") in München 1497 verboten.

Deffer. (Siehe Vertäfelung.)

Dillen. (Siehe Decken und Fußboden.)

Docken (Baluster, Geländersäulen). Die Kunthormacher in Lübeck 1457 rechneten sie zu ihrem Arbeitsgebiet.

Dreharbeit aus Ebenholz. In Augsburg 1588 den Kistlern erlaubt.

Dressoir (trisoer, tresor, trisor, Kredenz). Meisterstück in Cöln 1492, 1527, 1697 und in Münster 1564 und 1607.

Einblankung „der in Gärten sich ergebenden Plätze". Den Zimmerleuten erlaubt Augsburg 1796.

Einfassungen in Kirchen und von Bildern. In Augsburg 1728 den Zimmerleuten verboten.

Einlegearbeiten. Durften nicht gemalt und angestrichen werden, Augsburg 1568 und 1592. Den Zimmerleuten in Augsburg 1560, Münster 1596, Aachen 1703 verboten, in Straßburg 1617 auf besonderes Verlangen der Besteller erlaubt. (Siehe auch Marquetterie.)

Einrüstungen mit Türen und Fenstern. Den Zimmerleuten verboten, aber solche, die fest in die Mauer eingemacht wurden („nagel- und bandfest") erlaubt. Augsburg 1728.

Emporkirchen. Das Gebälk dazu gehörte allein den Zimmerleuten; das übrige war ihnen verboten. Augsburg 1728.

Epitaphia (Grabdeckel). Den Zimmerleuten in Kirchen verboten, aber sonst erlaubt. Augsburg 1728.

Erker (aushangende Stuben). Die innere Ausstattung „vergadert und mit Paneelwerk gemacht", den Zimmerleuten verboten. Aachen 1703.

Fässer (Handfässer). Cöln 1694.

Fensterfutter (Luchte, utluchte, der Holzteil in der Mauer, der die Fensterrahmen aufnahm). Den Zimmerleuten in Lüneburg 1524 verboten, in Augsburg 1728 nur im Taglohn erlaubt.

Fensterrahmen. Meisterstück in Frankfurt 1589 und 1804, in Heidelberg 1598 und in Nürnberg 1548. — Den Zimmerleuten in Lübeck in neuen Luchten (siehe Fensterfutter) 1457 verboten, aber 1503 geleimt erlaubt, ebendort die neuen den Kunthormachern vorbehalten, 1505 die alten auch den Kistlern erlaubt. — In Lüneburg 1524 den Zimmerleuten, schlicht oder geschnitten, verboten, desgleichen in Cöln 1694, München 1532 und in Augsburg 1728, aus Eichen- und Fichtenholz, im Taglohn erlaubt. — In Aachen 1703 die einfachen „so mit zwei oder drei richelen gemacht werden", den Zimmerleuten vorbehalten; die übrigen, insbesondere „gespanner, so im verstech bekleidet werden", ihnen verboten. — In Münster 1596 die mit Spangen benagelten und in Fugen geleimten freigegeben. — Die Schiebefenster in Frankfurt 1686 den Glasern vorbehalten. Die Glaser durften in Frankfurt 1713 keine ungestempelten Fensterrahmen verglasen.

Fensterstöcke. In Lüneburg 1524 („finsterposten") schlicht oder geschnitten 1524 den Zimmerleuten verboten, in Augsburg 1728 aus Eichen und Fichten nur im Taglohn erlaubt, in München 1737 ebenfalls, wenn durch Schaumeister besichtigt und gestempelt, ferner unter einem gewissen Maß und in Dachstühlen deutscher, französischer oder welscher Art. München 1796.

Fensterläden. In Aachen 1703 belegte, und in München 1796 einfach eingefaßte und verschalte ohne Verzierungen und Füllung auch den Zimmerleuten erlaubt.

Furnieren jeder Art. — Nur „weiß auf weiß" und mit Eiche an Dillen, Brustaffer (Vertäfelung), Türen und Wandkasten auch den Zimmerleuten 1568 in Augsburg erlaubt.

Fußbänke. In München 1737 auch den Zimmerleuten erlaubt.

Fußböden (Dillen, Tillen, Tüllen). In München 1497 und Stuttgart 1595 Kistlern verboten, in Basel 1526 strittig, in Augsburg 1728 die mit besserem Holz auch in den Füllungen furnierten den Zimmerleuten verboten, aber erlaubt in Eiche oder Fichten geleimt, ungeleimt, eingelegt, gefälzt, ungefälzt, auch mit Eichen- und Fichtenholz im Fries, aber nicht in den Füllungen furniert, was ihnen schon 1568 in Augsburg gestattet worden war. In München 1737 den Zimmerleuten erlaubt, mit einfachen Leisten. — Siehe auch Tennen.

Fußbretter in Küchen. In München 1796 den Zimmerleuten erlaubt.

Futteralmacherarbeit (Silber- und Servistruhen). In Augsburg 1728 den Zimmerleuten verboten.

Galerien. In Aachen 1703 („allerhandt gallereyen") im allgemeinen nur Zimmermannsarbeit. In Augsburg 1728 mit Säulen, Kolumnen, Postamenten und Kapitälen beiden Handwerken zustehend.

Gänge. In Augsburg 1728 desgleichen beiden Handwerken erlaubt.

Garten- und Sommerhäuser. In Aachen 1703 nur für Zimmerleute. 1796 in München („und was hierzu nötig ist") beiden erlaubt, aber „wo die höhere Architektur angebracht wird", nur Kistlerarbeit.

Geigengestelle. In Augsburg 1562. (Siehe S. 84.)

Gekiente Arbeit. 1703 den Zimmerleuten verboten.

Geländer. In Augsburg 1728 Geländer in Stuben und Läden den Zimmerleuten ohne Einschränkung erlaubt; in München 1796 nur, wenn nicht überstochen und auf Laubwerk oder Schlingart ausgeschweift.

Geredums (Gerüst, Zurüstung?). In Aachen 1903 den Zimmerleuten verboten.

Geremser. (Siehe Gitter.)

Gerüste zu heiligen Gräbern. In Augsburg 1728 beiden Handwerken erlaubt.

Gestelle. In Aachen 1703 und Augsburg 1728. 1. Nur für Zimmerleute: Gestelle für Glocken, für Wein und Bier; allerhand Unterschläge „ohne Paneelen oder Tirm" (?). — 2. Nur für Kistler: Allerhand Unterschläge mit Leim oder Döp (Dübel), Gestelle in Stuben, Küchen, Kammern, Kaufmanns- und anderen Läden.

Gitter (Gatter, Gaderen, Geremser). In Cöln 1694 geschnitten, gekrätzt, eingelegt Kappstuben (Dachstuben), geschnitten, verschnitten, belegt, eingelegt, nur für Kistler. — Den Zimmerleuten erlaubt: 15. Jahrhundert Straßburg Gatteren für „keilre" (Keller) oder an Stegen oder an Türen, 1728 in Augsburg mit Verkleidung oder Verhöhung, in Aachen 1703 „schlechte Geremser umb Kelleren und Trappen".

Gitter-, Gatter-Gerichte (Rahmen der Gitter). Eingefaßt, uneingefaßt, glatt oder gedoppelt, Eichen und Fichten, in Augsburg 1728 den Zimmerleuten erlaubt.

Grabdeckel. (Siehe Epitaphia.)

Grabkreuze. In Augsburg 1728 in Kirchen Zimmerleuten nicht, aber sonst erlaubt. In Lübeck 1505 nur für Kistler, aber nicht für Kunthormacher.

Hackbretter. In Cöln 1535 aus Tannen den Drechslern erlaubt, die übrigen den Kistlern reserviert. In München 1796 und Aachen 1703 alle auch den Zimmerleuten erlaubt.

Handtuchläufer. In Aachen 1703 den Zimmerleuten verboten.

Hängeboden (Hangelkammer). In Lübeck 1503 nur für Zimmerleute, aber die „Stoffamen oder Vorstwehre", also die Brüstungen oder Geländer daran, für beide Handwerke.

Herdbretter. In München 1796 für beide Handwerke.

Hühnersteigen. In München 1796 nur den Kistlern, aber die Hühnerhäuser nur den Zimmerleuten.

Kandelaber (Kandelen). In Cöln 1694 mit Friesen und Furnieren nur den Kistlern, in Aachen 1703, aus vier Brettern gemacht, auch den Zimmerleuten.

Kannenhölzer, einfache. In Aachen 1703 auch für Zimmerleute.

Kanzeln. In Augsburg 1728 den Zimmerleuten verboten. — Siehe auch Predigstühle.

Kasten.

1. Schrank in der Wand. Den Zimmerleuten erlaubt: 1365 und 1617 in Straßburg („in den muren oder under stegen oder geseilte"); 1503 in Lübeck („so man plecht tho hebbenn in denn muhren"), nur in den Häusern der Besteller; in Augsburg 1568, wenn aus Fichte mit Eichen furniert. 1503 in Lübeck den Kunthormachern verboten, aber den Kistenmachern erlaubt. Den Zimmerleuten verboten in München 1497.
2. Gewandkasten. Meisterstück 1519, 1550 und 1575 in Augsburg, 1589 in Basel, 1768 in Cöln, 1589 und 1685 in Frankfurt am Main, 1737 in München, 1698 in Regensburg und 1543 und 1614 in Würzburg.
3. Behälter anderer Art mit Türen und Fenstern, Commod-, Schreib- und andere. — Mühl- (Müll-?) und Beutelkästen auch den Zimmerleuten in Augsburg erlaubt und 1365 in Straßburg den Wagnern.

Kirchenarbeit, allerlei eingefaßte. In München 1796 den Zimmerleuten verboten.

Kirchenbänke. (Siehe Kirchengestühl.) Den Zimmerleuten erlaubt nur der Rost oder die Bruck dazu. Augsburg 1728.

Kirchengefäße. In Augsburg 1728 den Zimmerleuten verboten.

Kirchengestühle. In Straßburg im 15. Jahrhundert auch den Zimmerleuten erlaubt, in Augsburg 1728 nur der Rost oder Bruck dazu, und diese, wenn mit der Axt gemacht[1]), ihnen allein. — In Augsburg 1651, Cöln 1694, München 1796 das Gestühl selbst nur für Kistler.

Kisten (vgl. Truhen). Meisterstück: in Lüneburg 1498 und 1524 „stappede", d. h. mit Füßen; in Hamburg 1515; in Heidelberg 1598.

Melkisten (Mehl- oder Müllkästen) in Straßburg 1365 den Wagnern (!) erlaubt.

Fußkisten (Kisten mit Füßen), Knechtekisten, Weinkisten, Meßkisten, Tabakskisten usw.

Braungestrichene in Lübeck 1470 nur für Kistenmacher, aber nicht für Kunthormacher.

Packkisten den Zimmerleuten erlaubt in Aachen 1703.

Bullkisten (?) samt ihrem Zubehör den Zimmerleuten verboten in Aachen 1703. (Vielleicht Kommoden in der Art von Ch. A. Boulle in Paris, 1642—1732, oder Pultkisten?)

Kochbänke. Den Drechslern in Cöln 1535 erlaubt, wenn aus Tannen.

Kommoden. (Siehe Commoden und Kisten.)

[1]) Bemerkenswert die Unterscheidung nach Werkzeug.

Kopfferen (?). In Cöln 1648 den Drechslern erlaubt.
Körbe, aushangende. Cöln 1694.
Kredenz. (Siehe Dressoir.)
Kreuzstöcke. (Siehe Fensterstöcke.)
Küchengerätschaften. In München 1796 auch den Zimmerleuten erlaubt.
Küchenkasten, mit Schubladen, „die man hin und wieder tragen kann“[1]), den Zimmerleuten in Augsburg 1597 verboten.
Kunthorwerk. In Lübeck 1499 den Zimmerleuten verboten.
Kuppen (Kappen). Dachkammern? In Aachen 1703 beiden Handwerken erlaubt.
Lade. Meisterstück 1454 in Danzig, 1542 in Riga und 1579 in Cöln.
Läden. 1341 Augsburger Bauordnung. 1666 Frankfurt, Packläden dürfen beschlagen werden. 1728 in Augsburg den Zimmerleuten erlaubt: Blickel-, Zug- und Kellerläden aus Eichen und Fichten und so funiert, aber ohne Füllung.
Ladengerichte. Den Zimmerleuten erlaubt in Augsburg 1728, wenn in Eichen und Fichten und so furniert und mit Gesims, aber ohne Füllung.
Lamperie, Lambris. (Siehe Verkleidung.)
Latten in Gärten. Den Zimmerleuten erlaubt: in Augsburg 1728, wenn 2 bis 3 Zoll dick; in München 1796 geschweift oder glatt.
Laubsägearbeit in Gold, Silber, Elfenbein, Schildkrot usw. Augsburg 1613 und 1617.
Leisten. 1. Um Feuerherde. Den Zimmerleuten in Aachen 1703 erlaubt.
2. An Spaliers usw. Den Zimmerleuten in Augsburg 1728 verboten.
Luchte. (Siehe Fensterfutter.)
Mangen für Haus und Wäsche. Für beide Handwerke in Augsburg 1728.
Mantelbreder, -Hölzer, -Stöck. (Siehe Vertäfelung und Verkleidung.)
Marguetterie. (Marcketriest-Arbeit.) In Aachen 1703 den Zimmerleuten verboten. (Siehe auch Einlegearbeiten.)
Masselrien-Werk. (Geometrisches Schnitzwerk. Maßwerk.) In Lübeck 1457 den Zimmerleuten verboten.
Maßwerk. (Siehe Masselrien-Werk.)
Menagergus, Gewürzbehälter. Aachen 1703, den Zimmerleuten verboten.
Mühlen. Kleine für Tabak usw. Den Kistlern, größere in Augsburg 1672 und 1728 und in Aachen 1703 nur für Zimmerleute.
Muscheln (Moscheln) mit Steckwerk. 1694 Cöln, nur für Kistler.
Musikinstrumente aller Art frei in Augsburg usw. 1577 und 1627; von Orgeln, Flügeln usw. die Gestelle für Kistler; Wellenbestecke in Augsburg 1650 den Kistlern verboten, ebenso Klaviere in München 1839.
Nudelbretter. In München 1796 für beide Handwerke.
Orgeln. 1577 und 1583 in Augsburg und Ulm fraglich. — Orgelkästen in Augsburg 1624 und Cöln 1694 für Kistler, in München 1737 auch für Orgelbauer, aber mit Schnitzwerk nur für Kistler.
Paneelwerk aller Art. (Paneel ist die vierkantige Leiste. Siehe Vertäfelung.)
Plocken (nach Wrede: Klöppel). 1643 Cöln. Wurden auch aus Brabant eingeführt.

[1]) Bemerkenswert die Unterscheidung nach Beweglichkeit.

Miniaturmodell einer Tischlerwerkstatt. Historisches Museum Frankfurt.

Aushängeschild der Schweriner Tischlerherberge, Mitte 18. Jahrhundert. In der Herberge, meist einem Gasthaus, erhielten wandernde Handwerker auf Kosten des ortsansässigen Handwerks Nachtlager und Verpflegung.

Geschnitztes Schild der Tischler. 1554 wurde es zusammen mit einer Kirchenempore angefertigt und 1678 bei Renovierungsarbeiten mit Knorpelwerk versehen.

Portale.

1. In Kirchen. Furniert, bekleidet, geschnitten, eingelegt, mit runden und glatten Pilaren (Pfeilern); aus Brettern. 1624 in Cöln und 1728 in Augsburg den Zimmerleuten verboten.

2. In Höfen, Häusern, Gärten, die mit Säulen, Kolumnen, Postamenten und Kapitälen gemacht werden, in Augsburg 1728 auch den Zimmerleuten erlaubt.

Portzen (siehe auch Türen), vergadert, verstochen mit Paneelen, geschnitten oder ausgefornierten Poleren, in Cöln 1694 nur für Kistler.

Postamente für Statuen usw. In Augsburg 1728 für beide Handwerke. — Siehe auch Sockeln.

Predigtstühle. „Mit ihren Trappen" in Aachen 1703 und in Augsburg 1728 nicht für Zimmerleute. (Siehe Kanzeln.)

Pressen, kleine, für Öl, Pulver, Gewürz, Saft, Bücher, Papier, Briefe, mit vielen Brettern, für Servietten usw., in Straßburg im 15. Jahrhundert, in Augsburg 1578, 1728 und Aachen 1703 auch bzw. nur für Kistler; größere in Aachen 1703 und Augsburg 1728 nur für Zimmerleute.

Rahmen.

1. In Stuben, Küchen, Kammern. Nur für Kistler: Gespanner für Fenster und Türen, „so im verstech bekleidet werden", zu bekleiden, in Aachen 1703. Kaufmannsläden usw. Den Zimmerleuten erlaubt: in Lübeck 1903, wenn von „Wagenschote".

2. Zu Kutschen und Geschirr und zu Glas- und Gewächshäusern, auch große, in Augsburg 1728 den Zimmerleuten erlaubt.

3. für Bilder (Schildereyrahmen) Zierrahmen, Blendrahmen, Schirmrahmen (?), Zierrahmen. „Doneker oprahmen" (Färberrahmen) nur für Kistler. — Den Zimmerleuten erlaubt: Schlüsselrahmen. München 1796. Den Kistlern verboten (Aachen 1703) „Schörersrahmen" (Tuchrahmen zum Scheren).

Rehmling. Auch für Zimmerleute, wenn 2 bis 3 Zoll dick.

Reliquienkästen. In Aachen 1703 den Zimmerleuten verboten.

Richtebank. Siehe Anrichte oder Dressoir.

Riemen. Danzig 1474.

Ringe um Feuerheerde. In Aachen 1703 für beide Handwerke; größere, z. B. um Farb- und Braukessel nur für Zimmerleute.

Rinnen, kleine, ausgehobelte von einem Brett, in Augsburg 1728 auch für Kistler.

Rollen für Haus und Wäsche. Handrollen. In Cöln 1694 nur für Kistler, in Augsburg 1728 auch den Zimmerleuten erlaubt.

Rückwände, geleimte und eingezäpfte, die vorher ausgemacht und fertig in die Mauer geschoben werden, in Augsburg 1728 nur für Kistler. — Siehe auch Wände.

Rüstungen „für Helleparten und Büchsenschützen". Augsburg 1605.

Särge. (Totenladen, Totentruhen usw.) In Cöln 1535 aus Tannenholz auch den Drechslern, in Augsburg 1728 und in München 1796 auch den Zimmerleuten erlaubt, wenn ohne Gewölbung oder mit eisernen Nägeln „platt oder schlecht wider einander geschlagen". — Siehe auch Schreine 2.

Säulen („Corintherey, Poste mit captelen, Posten mit basementen" usw.) In Lübeck 1503 auch den Zimmerleuten erlaubt, nur wenn eckig ohne Basementen, oder aus Wagenschote.

Schaffer, Schapp. (Siehe Schränke.)

Schemel (Schabellen). In Münster 1596 frei; in Aachen 1703 den Zimmerleuten verboten.

Schenkeschyve. (Siehe Büfett.)

Scheuer. Cöln 1728.

Schießscheiben. 1824 in Tegernsee auch für Zimmerleute.

Schiff („Allerhand Schiff und Buden") in Aachen 1703 auch den Zimmerleuten erlaubt, wohl gleichbedeutend mit den süddeutschen „Schragen" (siehe unten), wobei „Schiff" vielleicht (?) die an Gebäude angelehnten, also nur aus drei Wänden bestehenden, „Buden" dagegen die vierwändigen, freistehenden Verkaufsstände waren.

Schilder für Kaufleute und Handwerker an ihren Verkaufsständen, „aushangende Breder, Schildt, auch Newschilder" (Weinschilder). Den Zimmerleuten verboten in Aachen 1703.

Schirm mit Kiste. Cöln 1581. Umbauter Wandsitz. — Siehe auch: Siedel.

Schlafbänke. (Als Vorläufer der Chaiselongue anzusehen.) In Aachen 1703 den Zimmerleuten verboten.

Schlairkästen. (Truhen, in denen Frauengewänder und Schleier aufbewahrt wurden?) 1569 Augsburg.

Schlitten. 1663 bringt der Kistler Baumgartner einem Besteller drei Schlitten in Rechnung, die wohl mit einiger Kunstfertigkeit hergestellt waren. — In Aachen 1703 waren „Schleiden, umb bier und andere sachen zu fahren", den Zimmerleuten allein zugeteilt.

Schösser. (Siehe Vertäfelung.)

Schnitzwerk aller Art. An Wänden, Fensterrahmen, Treppengeländern 1489 in Cöln angeblich den Zimmerleuten allein erlaubt, aber sonst Kistlerarbeit und den Zimmerleuten verboten, zum Beispiel schon in Straßburg im 15. Jahrhundert, in Lübeck 1499, in Cöln 1535. Die Kistler verfertigten auch rundplastische figürliche Schnitzereien, soweit sie zu ihren Werken als Bestandteile gehörten, in Frankfurt 1686, von den Bildschnitzern ganz unbehindert.

Schragen und Läden. Verkaufsstände für Krämer, Becker, Höker und alle Art von Händlern. Wenn ohne Leim und Schloß, in Augsburg 1640 und, wenn an die Häuser, Mauern und in die Erde festgemacht, in Augsburg 1728 auch den Zimmerleuten erlaubt; wenn aber reine Gerüstschragen, in Augsburg 1728 ihnen ganz vorbehalten.

Schränke aller Art. (Siehe auch Kasten und Spind.) Mit vier Türen Meisterstück der Kunthormacher in Lüneburg 1498 und 1524, ebenso ein Stollenschrank mit drei Schiebladen in Cöln 1579, ferner in Berlin 1794. In manchen Gegenden Schapp oder Schaffer genannt. Für Leinen, Kleider, Eßwaren usw. Auch hängend, „hangend Kleiderschaff" Cöln 1717. Meisterstück in Berlin 1764 ein Schrank. — In Aachen 1703 den Zimmerleuten verboten.

Schraufen (Pressen). 1578 in Augsburg zwischen Kistlern und Zimmerleuten strittig.

Schreine.

1. Schrankkästen. In Münster 1596 frei.

2. Schreine von Totenbahren. In Augsburg 1728 den Zimmerleuten verboten.

Schubladen. Den Zimmerleuten bei sonst erlaubten Möbeln in Augsburg 1728 verboten.

Schultafeln. In Augsburg 1728 auch den Zimmerleuten erlaubt.

Schüsselbretter. (Schusselen-Reckgens und breder.") Bessere, „so eine Liste (Leiste) mit Pillargaes (Pfeiler) anhaben", in Aachen 1703 nur für Kistler, aber „schlechte, einfachige" auch den Zimmerleuten erlaubt.

Sessel und Sitze. Zum Teil den Drehern und Sattlern erlaubt. (Vgl. S. 67 u. 78.) Grobe Sitze, die mit den in die Erde geschlagenen Pfählen befestigt sind, in Augsburg 1728 nur für Zimmerleute.

Siedell (Lehnbank). In Cöln 1579 Meisterstück der Kistler (?) oder der Dreher (?). (Seite 217.) „Schirm oder Siedell mit einer Kisten oder Schirme."

Silberarbeit, gesägte. Besonders in Augsburg ausgebildet.

Sockeln für Statuen; desgleichen Einfassungen und Verzierungen sowie für Reliefs. Den Bildhauern in München 1840 auch erlaubt. — Siehe auch Postamente.

Sofas. Zuerst in Frankfurt a. M. 1801 erwähnt.

Spaliers in Gärten, Lust- und Sommerhäusern. Ohne Balken in Augsburg 1728 auch für Kistler, und „Spaleten, simpel eingefaßt und verschalt ohne Verzierungen und Füllungen", in München 1796 auch den Zimmerleuten erlaubt. — Spalier-Leisten in Augsburg 1728 nur für Kistler.

Spiegel. 1728 in Augsburg und 1796 in München den Zimmerleuten verboten.

Spiele. Brettspiele. Meisterstück der Kistler: in Danzig 1454 („englische"), 1541 in Riga und 1589 in Frankfurt a. M. — Tischspiele um 1550 in Augsburg Kistlerarbeit. — Brettspiele in Augsburg 1728 den Zimmerleuten verboten.

Spind (Schrank). 1607 in Münster Kistlerarbeit.

Spindeln. In Münster 1596 frei.

Ställe. In Basel 1526 strittig, in Aachen 1703 und Augsburg 1728 den Kistlern verboten.

Stände. Kleine für Verkäufer, für beide Handwerke in Augsburg 1728, aber große, die mit den in die Erde geschlagenen Pfählen befestigt sind, ferner solche für Theater und Kirchweih, Ärzte, Marktschreier und Seiltänzer, also grobe Gerüste nur für Zimmerleute.

Sterne mit Steckwerk. Cöln 1694.

Stiegen. (Siehe Treppen.)

Stühle (auch „Schabelstühl oder werffende Stühle"). Einfache Stühle 1617 in Straßburg auch den Zimmerleuten erlaubt. Nur für Kistler 1648, 1694 und 1788 in Cöln, 1703 in Aachen und 1728 in Augsburg.

Stülpen (Deckel?). In Cöln 1535 auch für Dreher.

Tennen, Haus-. Fichten und eichen, gehobelt, ungehobelt, eingelegt, gefälzt und ungefälzt, in Augsburg 1728 auch den Zimmerleuten erlaubt.

Termes (?) in Kirchen. 1728 in Augsburg den Zimmerleuten verboten.

Theater-Szenen und „ausgeschnittenen Zierungen“, also Kulissen: In Augsburg 1728 auch für Kistler, aber Theater-Logen und -Sitze und solche in Fechtsälen, wenn sie mit in die Erde geschlagenen Pfählen oder sonstwie festgemacht sind, nur für Zimmerleute.

Tillen, Tüllen. (Siehe Fußböden.)

Tirken (?). 1703 in Aachen auch für Zimmerleute. (Wahrscheinlich Teecke oder Tiecke, d. h. Tischplatte.)

Tische. Zusammengelegte, hangende, abschlagende. Meisterstücke der Kistler: In Augsburg 1519 und 1535, in Danzig 1454, in Cöln 1492, 1527, 1697 und 1787, in Basel 1676, in Münster 1564 und 1607 und in Würzburg 1543 und 1614.

Schreibtische. Meisterstücke der Kistler: in Augsburg 1575 und Regensburg 1698.

„Allerlei Taffeln, austreckende, aufschlagende, mit Flügeln, mit eingestochenen Leisten oder schlecht austreckende und schlechte Schragen.“ Ferner „kreutzschlagende Tisch mit einem Blatt oder ohne oder mit Leisten und Nageln“. Cöln 1694. — In München 1497 den Zimmerleuten verboten, in Straßburg 1617 zum Teil erlaubt.

Billard-, Schenk-, Veldtische, Tische mit Instrumenten darin (Augsburg 1566), in Holz eingefaßte Leyentische (Cöln 1721) usw.

Die Dreher durften in Cöln 1620 „Taffeln machen mit eichen, nußbaum und buchen Deckeln“, aber keine „austreckenden“ Tische, die Sattler in Augsburg 1581 „Veldtische“. In Münster waren 1596 große und kleine, auch mit Leim gefugte Tische frei.

Treppen. Aus Wagenschote in Lübeck 1503, aus Brettern in Augsburg 1728 den Kistlern erlaubt. Windel- und Stecktreppen in Basel 1526 strittig, in Aachen 1703 den Kistlern verboten. In München 1796 mit den Zimmerleuten gemeinsam erlaubt: gesprengte Hauptschnecken und glatte Stiegen mit ihren Pallustraden und Geländern; aber den Zimmerleuten verboten: „die Ballustraden und Geländer, die überstochen und auf Laubwerk oder Schlingart ausgeschweift sind; ebenso in Aachen 1703 das Leistenwerk und der Zierrat an „Royaltreppen“, die im Verstech verkleidet werden. In Münster 1596 waren einfache Wendeltreppen frei.

Tresor. (Vgl. Dressoir.)

Truhen. (Siehe auch Kisten.) Meisterstück der Kistler in Frankfurt 1589 war eine Kleidertruhe. — Truhen mit zwei großen Schubladen (1569 Augsburg). Kugeltruhen u. a. (1728 Augsburg). Fichtene Truhen dürfen nicht gegilbt werden (1568 Augsburg). Den Zimmerleuten 1497, geschlossen und ungeschlossen, verboten. — Den Sattlern das Überziehen erlaubt (1581 Augsburg). — Siehe auch: Futteralmacher-Arbeiten und Schlairkästen.

Trumeaux. 1796 in München den Zimmerleuten verboten.

Türen. (Siehe auch Portzen.)

1503 in Lübeck „Dohrsen und dhoren geleimt“ auch für Zimmerleute.

1567 in Augsburg eingefaßte nur für Kistler.

1568 in Augsburg mit Friesen in Eichen furniert auch für Zimmerleute.

1569 und 1694 in Münster frei, auch Falltüren.

1694 in Cöln ausgestochene nur für Kistler. Ebenso „mit particulier listen Verkröpfung“ und „in die Vierkant eingezapft, unten mit einem Paneel, oben mit einem Glaß durch und durch“.

1703 in Aachen belegte Türen auch für Zimmerleute.

1703 in Cöln verkröpfte nur für Kistler.

1728 in Augsburg Haus- und Hoftüren, gehobelt und mit Brettern gefüttert, aus fichten und eichen Holz, auch im Fries furniert, auch für Zimmerleute; aber aus besserem Holz, und wenn mit furnierten und nicht furnierten Füllungen, nur für Kistler.

1742 in Basel glatte, auch verkleidete, auch für Zimmerleute; aber gestemmte, mit Füllung, Futter und Verkleidung, nur für Kistler.

1765 in Cöln Türen „sambt chambrang“, nur für Kistler.

1796 in München „Simpel eingefaßt und verschalt, ohne Verzierung und Füllung, ferner gewöhnliche aus Fichten und verleimte mit eingeschobenen Rigeln und glatter, simpler Verkleidung, wie es sich auf dergleichen Türen reimt“, auch für Zimmerleute.

Türgerichte.

1567 in Augsburg Meisterstück der Zimmerleute; in München 1497 den Kistlern verboten.

1703 in Aachen „Gespanner, so im Verstech bekleidet werden, nur für Kistler, „Duhrengespänner zu bleiden mit ein ruckel Bred, ein leistgen ahn ein kandt angestochen, und das allein im Verstech, wie die belegten thuren und fensteren“, auch für Zimmerleute.

1728 in Augsburg „Eingefaßte und uneingefaßte, glatt oder gedoppelte aus Eichen oder Fichten; ferner aus Eichen und Fichten mit Gesims, und aus diesem Holz furniert, aber nur im Fries und nicht im Getäfel“, auch für Zimmerleute.

Uhr-Bretter. „Tictac-Breder.“ Aachen 1703.

Vertäfelung. (Schösser, Brustaffer, Deffer und Verkleidung. Siehe auch Mantelbretter, Paneel, Lamperie usw.)

1532 in München den Zimmerleuten erlaubt auf Baustellen.

1535 in Cöln in Eichen und Tannen auch für Zimmerleute.

1568 in Augsburg Friese mit Eiche furniert, auch für Zimmerleute.

1593 in Würzburg die Vertäfelung von Stuben, nur für Kistler.

1703 in Aachen platte Mantelbretter, mit einer Leiste am gleichen Holz angestochen, nur für Zimmerleute. Bekleidung im Verstech, nur für Kistler. Verkleidung in „Kremersstabelen“ (Kramläden) nur für Kistler.

1728 in Augsburg Fußböden „sambt Lamperie“ nur für Kistler. Zimmerleute dürfen mit Eichen und Fichten furnieren und verkleiden, aber nicht die Füllungen.

1796 in München verleimtes Tafelwerk auch für Zimmerleute, ebenso „Lampriden, simpel eingefaßt und verschalt, ohne Verzierung und Füllung“.

Vollendungsarbeiten durch Arbeiten aus anderen Gebieten waren zünftig verboten. Den Kistlern in Augsburg 1588 das Drehen in Ebenholz erlaubt; seit 1860 in Frankfurt das Halten von Tapeziergehilfen gestattet.

Wagen. Glaskutschen. Deren Kästen und Rahmen. (Siehe S. 73.)

Wände. (Siehe auch Rückwände.) In München 1497 den Kistlern verboten, ebenso 1532 „ausgesetzte, gefalzte"; in Straßburg 1617 solche mit Einlegarbeit erlaubt.

Weber-, Wirkstühle. Den Webern in Augsburg 1656, doch nicht für den Verkauf, erlaubt. Den Zimmerleuten 1703 in Aachen und 1728 in München gestattet.

Werküssen. (?) Wurden 1643 nach Cöln aus Brabant importiert.

Wiegen. Deren Füße, aber „ohne stillen und richten", in Aachen 1703 auch für Zimmerleute.

Winckele (Weinkele). (Westfälisch: Kram-, Kaufladen.) 1696 in Cöln mit Schössern (Vertäfelung) nur für Kistler. 1724 mit verkröpften Leisten in Cöln ebenso; aber wenn „ohne Gruben, mit untergelegten Leisten, worauf die den Winkel abscheybenden Bretter-Röste", auch für Zimmerleute.

Wyntberch, Winberg (Ziergiebel). Meisterstück der Schnittker in Lüneburg 1498 und 1524.

Wolken an den Heiligen Gräbern in Kirchen. 1728 in Augsburg nur für Kistler.

Zierarbeiten in Kirchen. 1728 in Augsburg nur für Kistler.

Zinken. „Allerhandt arbeit, so mit Zinken ineinander gearbeidt wirdt", nur für Kistler. Aachen 1703.

IV. Art und Kennzeichen der Kistlerarbeit.

1. Allgemeines.

Daß es ursprünglich nur Zimmerleute und noch keine Kistler gegeben hat, wissen wir; ferner, daß die Kistlerarbeit aus der Zimmermannsarbeit entstanden ist und sich von ihr fortentwickelt hat. Man könnte also annehmen, daß sie zuerst als sogenannte Bautischlerei in die Erscheinung getreten sei. Aber alle aus der Kunst- und Kulturgeschichte überlieferten Merkmale sprechen dagegen. Solange die Lebensansprüche der Städter noch auf einer niedrigen Stufe standen, fühlte niemand die Notwendigkeit, eine Verfeinerung der primitiven Balkenarbeit nach der schmückenden Seite hin zu erstreben, höchstens, daß man sie mit plumpen Schnitzereien verzierte; man begnügte sich und war vollauf damit beschäftigt, die sachliche Konstruktion des Hausbaues zu verbessern. Als sich dann allmählich die Gepflogenheiten des täglichen Lebens veränderten und das häusliche Leben eine geregelte Form gewann, waren es zuerst die wenigen Gerätschaften des steten Gebrauches, die man seinen Gewohnheiten anzupassen suchte. Das Bett, der Tisch und der Stuhl bzw. die als Sitzbank verwendete Kastentruhe wurde zu beweglichen Stücken (lateinisch heißt beweglich: m o b i l e, worauf das Wort „Moebel" zurückzuführen ist), also zum Mobiliar umgestaltet. Zunächst übernahm man dafür das anspruchslose Bohlengefüge der Zimmerleute, aber bald, seit der ersten Hälfte des 14. Jahrhunderts, ermöglichte die Erfindung der Brettersäge die Konstruktion leichterer und gefälliger gestalteter Hausgeräte. Die Erzeugung dieses beweglichen Mobiliars wurde sehr schnell zum selbständigen Handwerkszweig, dessen sich die nach der anfänglichen Kastenform so genannten Kistler annahmen. Wir haben schon (vgl. u. a. S. 44) nachdrücklich betont, daß die Beweglichkeit der Gegenstände des Hausrates im Gegensatz zur Unbeweglichkeit und zur Verbindung mit Festem, meist mit der Erde oder mit der Mauer des Hauses, das Hauptunterscheidungsmerkmal zwischen Tischler- und Zimmermannsarbeit gewesen und durch Jahrhunderte geblieben ist. Wir haben dafür schon einige Verfügungen aus den Akten angeführt und wollen die Tatsache durch eine kurze Aufzählung der von beiden Handwerken durch die Jahrhunderte, von Anfang an bis in die Neuzeit, je für sich beanspruchten Techniken und Werkzeuge ergänzen.

Die Zimmerleute übernahmen (unter den auf S. 47ff. angeführten Beschränkungen) alle Arbeiten in Holz, die direkt den Hausbau betrafen, also:

Alle reine Balkenarbeit der Wände, die groben Decken und Böden, die Dachstühle, Glockenstühle, Altane, Söller, Vordächer, Wimpeln auf Schornsteinen, Hängeböden, Kornböden usw.;

ferner: Gewölbe, das Gebälk der Emporkirchen, Röste für das Kirchengestühl, soweit es mit der Axt behauen wurde, Brücken, Ställe, Krippen, Latterbäume, Schlagbäume, Kegelbahnen, Brunnen, große Leitern, Stakete, Hühnerhäuser, Bänke in Waschhäusern, die fest mit der Wand verbunden waren, Wein- und Biergestelle, große Stände auf Jahrmärkten, Gerüstschrägen, d. h. Verkaufsbuden, die nur drei Vorderseiten hatten und schräg an die Wand eines Gebäudes oder meist einer Kirche dauernd angelehnt und fest in die Erde gerammt waren;

ferner: alles, was mit Nägeln zusammengeschlagen wurde;

ferner: von beweglichen oder mit Bewegung verbundenen Dingen die Pflugbäume (Grindele, Grendel oder Grengel), Hebemaschinen, Zugmaschinen, Kornwinden, große Mühlen oder Pressen und alles, „was Luft und Wasser auf und verhalten soll";

ferner: von der inneren Einrichtung des Hauses — wir kommen jetzt zu den Arbeiten, aus denen sich später die sogenannte Bautischlerei entwickelte — Türen, Fenster, Fensterläden, Fußböden, Portale, Galerien, Geländer und Gitter und die Gerichte dazu, Gänge, Säulen, Gartenhäuser, Decken und Fußböden, Garteneinfassungen, Treppen, Stiegen usw.

Als nun die Möbeltischlerei weiter fortgeschritten war und die wachsenden kulturellen Bedürfnisse auf immer neue Art befriedigt wurden, so daß ein bald unübersehbares Arbeitsgebiet den ehemals aus der einfachen Zimmerei hervorgegangenen Kistlern entstand, wollten die Zimmerleute daran ihren Teil haben, wogegen die Kistler sich gewehrt haben, solange es ging. Sie gaben ihr Gebiet nur Schritt für Schritt preis und erst nach vielen gegen die Zimmerleute wegen Pfuscherei erhobenen Beschwerden. Die Behörden sahen aber wohl ein, daß viele dieser Arbeiten wegen ihrer einfachen Konstruktion sehr wohl von Zimmerleuten ausgeführt werden konnten, gaben allmählich nach und nach an größeren und kleineren Orten und in manchen Gegenden verschieden, mancherlei Gegenstände an die Zimmerleute zur Mitarbeit, nicht etwa zur alleinigen Ausführung frei. Wir erwähnten schon, daß damit zuweilen die Absicht verbunden war, die Kistler von der groben Arbeit ab- und der feineren

Arbeit mehr zuzuwenden, was im Interesse des Handwerks selbst, vor allem aber auch im Interesse des Publikums lag.

Es wurden also aus dem Gebiet der Möbeltischlerei den Zimmerleuten freigegeben: Bettverschläge, soweit sie aus einem Seitenteil und unter Treppen oder so angebracht wurden. Wiegen mit einfachem Fußgebälk, Fußbänke und einfache Sitzbänke auf der Straßenseite des Hauses. Besonders Gegenstände, die in der Küche gebraucht wurden, als Anrichten ohne Schubladen und Kasten, Hackbretter, Nudelbretter, Herdbretter, Herdleisten, Kasten in den Wänden, Müll- und Beutelkasten. Ferner Packbretter, Packkisten, einfache Ladentische, Mangeln und Rollen, Latten und Rehmlinge in Gärten, 2 bis 3 Zoll dick, Spaliere, Postamente für Statuen, Särge, Grabdeckel; endlich Schießscheiben, Theaterkulissen, Schultafeln, Schlitten usw.

Umgekehrt beanspruchten die Kistler mehr und mehr die feste innere Stubeneinrichtung für sich und entwickelten daraus die feinere Bautischlerei. Je mehr die Herstellung der Zimmermöbel technisch vervollkommnet und in der Form künstlerisch durchgebildet wurden, ergab sich die Notwendigkeit, die Wände, Böden und Decken, die Türen, Fenster, Läden und Treppen damit in Einklang zu bringen. Und so wirkten die Technik und die Formkunst, von Kistlern bei der Möbelarbeit erfunden und erworben, nun auf die eigentlich den Zimmerleuten gehörigen Arbeitsgebiete zurück, um sie zu verfeinern. Die Kistler dachten aber gar nicht daran, den Zimmerleuten die Nutznießung ihrer mühsam erwobenen Erfahrungen zu gestatten, sondern sie wollten sie eben bei dieser „Zimmersarbeit" selbst anwenden und diese damit zur feineren Bautischlerei erheben. Die Behörden unterstützten sie dabei und ließen den Zimmerleuten nur in sehr beschränktem Maße ihre früheren Arbeitsgebiete. Die Zimmerleute haben auch weiterhin Türen, Fenster, Läden, Wände gemacht, aber nur in einfachster Ausführung. Soweit ihnen solche Arbeiten, als zum übernommenen Hausbau gehörig und dort an Ort und Stelle auszuführen, nicht vorenthalten werden konnten, mußten ihnen im Interesse der Besteller allerdings auch einige technische Zugeständnisse gemacht werden, die sich auf die Rahmenkonstruktion, auf Fälzen, Hobeln, Leimen usw. bezogen. Wir werden darüber im nächsten Kapitel ausführlicher berichten. Nicht nur die Rücksicht auf die Besteller und auf den allgemeinen Ruf des heimischen Holzgewerbes, sondern auch die Notwendigkeit, mit solcher Zimmermannsarbeit noch Kistlerarbeit technisch zu verbinden, wie z. B. bei Türgerichten, veranlaßten z. B. im stolzen Augsburg die Behörden, im Einverständnis mit den Kistlern, jene Zugeständnisse manchmal recht weit wirken zu lassen; wir haben dabei vor allem an das den Zimmerleuten in Augsburg bewilligte Furnieren „weiß auf weiß" zu denken.

Was die Gegenstände ihrer Arbeit betraf, so arbeiteten die Zimmerleute und Kistler also in der Bautischlerei nebeneinander. Eine bleibende Ausnahme bildete nur, aber auch nicht in allen Städten, die Arbeit in der Kirche, wo die Zimmerleute eigentlich nur das Gebälk der Emporen, die Roste für das Gestühl und etwa die Gerüste zu den Heiligen Gräbern und dergleichen grobe Arbeit machen durften. Alles übrige blieb den Kistlern, und zwar wohl auf besonderen Wunsch der Kirchenherren, die nur gute Arbeit haben wollten, und darin wie in allen anderen Dingen die Pfleger und Hüter des Qualitätshandwerks blieben. Die Kistler allein bauten, obwohl das eigentlich zum Teil sogar Balkenarbeit war, die Kanzeln mit ihren Treppen, die Predigstühle, die Altäre, die Kolonnen, ferner das Chorgestühl, die Bänke, Kommuniongitter, die Altäre mit dazu gehörigen Gittern, alle Einfassungen, Grabdeckel und Orgelkästen sowie die besseren Grabkreuze auf den Friedhöfen. Von profaner Balkenarbeit behielten sie sich besonders vor: die im 18. Jahrhundert so beliebten Garten- und Sommerhäuser, soweit „die höhere Architektur dabei angebracht" werden sollte.

2. Die Scheidung nach den Werkzeugen.

a) Der Hobel.

Man glaubt vielfach, die Kistler wären von den Zimmerleuten in ihrer Arbeit ein für allemal dadurch geschieden worden, daß nur sie sich des Hobels bedienen durften. Das trifft nur bis in die letzte Periode der Gotik, also bis etwa zur Mitte des 16. Jahrhunderts, zu. Bis dahin wurde der Hobel nur an den Möbeln, die den Kistlern allein gehörten, angewendet, und die Zimmerleute entbehrten ihn noch nicht. Dann aber kam das Furnieren in die Mode. Die Möbel wurden mit Furnieren verschönt, so daß bald die rauhen Wände und Wandgeräte daneben gar sehr abstachen. So wurde in den Zimmerleuten der Wunsch erweckt, auch ihre Arbeit in derselben Weise zu verschönen, mindestens aber mit dem Hobel zu glätten. Wieweit ihnen das Furnieren gestattet wurde, werden wir später sehen. Da aber inzwischen sich Kistler eines großen Teils des Innenbaus bemächtigt hatten, um ihn als Bautischlerei zu verfeinern, so wollten sie ihr Hauptmittel dazu, eben den Hobel, nicht grundsätzlich aus der Hand lassen, sondern sich seiner zu diesem Zweck selbst bedienen. — In Straßburg durften die Zimmerleute aber schon 1365 „geseilte" (d. i. gehobelte?) Bänke machen.

Da war es denn sehr überflüssig, daß der Augsburger Rat bei einer vertraglichen Gebietsabgrenzung zwischen den Zimmerleuten und Kistlern es noch 1728 für notwendig hielt, den letzteren jegliche ungehobelte Arbeit zu verbieten. Wenn das Verbot nicht den Zweck hatte, indirekt das grundsätzliche Vorrecht der Kistler, zu hobeln, besonders zu betonen, dann war es, wie gesagt, sehr überflüssig, denn die Kistler, mindestens die Augsburger, dachten wohl nicht daran, in schlichter, ungehobelter Arbeit mit den Zimmerleuten zu konkurrieren, sondern sie wollten diese vielmehr gerade durch bevorrechtete, feinere Ausführung übertreffen. An kleineren Orten, wie zum Beispiel in Heilbronn, war es anderseits noch möglich, selbst noch im Jahre 1767 kategorisch zu verfügen, daß „alle gehobelte, glatte Arbeit" den Kistlern gehörte, und die Zimmerleute sich allein auf die rauhe, ungehobelte Arbeit zu beschränken hätten, an größeren Orten mit höheren Ansprüchen dagegen waren die Zimmerleute schon 200 Jahre früher nicht länger von der ersten Stufe zur Verfeinerung ihrer Arbeit zurückzuhalten, und so ließen sich denn die Augsburger Kistler bereits im Jahre 1593, nachdem übrigens dort die Zimmerleute schon längere Zeit vorher heimlich gehobelt hatten, herbei, ihnen den Hobel offiziell zuzugestehen, aber noch 1640 grollten sie innerlich darüber, und weil die Zimmerleute sich auch anderer Übergriffe schuldig machten, erinnerten sie jene, daß ihnen von Rechts wegen weder der Lang- oder Schiefhobel, noch der Schlicht- oder Not(Nut-)hobel zuständе.

Lüneburg war mit dem Zugeständnis an die Zimmerleute, daß sie Fußboden („Bonen") und Balken, sonst aber nichts, hobeln dürften, im Jahre 1524 vorangegangen. In Münster aber wollte man das Vorrecht der Kleinschnitzler „mit allerhand schaven, wie gestalt mugen sein, zu bereiten und zu zieren" 1596 unter keinen Umständen preisgeben, soweit man hier den Zimmerleuten auch in anderer Hinsicht entgegenkam.

In Augsburg hobelten, wie oben erwähnt, die Zimmerleute seit 1594 offiziell, und 1669 wurde festgestellt, daß auch die Wagner die Kutschen hobelten. 1728 wurde noch einmal festgelegt, daß die Zimmerleute Fuß- oder Stubenböden, Haustennen, Tillen, Wandbretter und Decken hobeln dürften.

b) Das Winkelmaß.

Das Winkelmaß ist, wie es scheint, immer ein besonderes Werkzeug der Kistler geblieben. Die Augsburger Kistler behaupteten 1640, daß die Zimmerleute sich des Winkelmaßes „ganz freventlich anmaßen und zu ihrem höchsten Unrecht noch recht haben wöllen". (Die Kistler pflegten aber den Zimmerleuten dieses Werkzeug auf dem Bau zu leihen und dafür Gebühren zu fordern.) Bei dieser Gelegenheit wird das den Zimmerleuten von Rechts wegen nur zustehende Werkzeug aufgeführt, nämlich Axt, Beil, Hammer, Richtschnur und Winkelhacke.

In Regensburg wurde etwa 1649 rechtlich festgestellt, daß auch die Wagner sich des Winkelmaßes (für die Anfertigung von Kutschen) nicht bedienen dürften.

Nach einer gerichtlichen Entscheidung von 1824 in Tegernsee durften die Zimmerleute Türen, Fensterstöcke und Rahmen usw. machen und sich dabei der dazu notwendigen Werkzeuge bedienen (mit Ausnahme des Leims).

c) Der Leim (und Firnis).

Der Gebrauch des Leims ist, ebenso wie der des Hobels, wohl als ursprüngliches Vorrecht der Kistler angesehen worden, aber es wurden dabei für Zimmerleute allmählich die gleichen Ausnahmen gemacht, und zwar waren dafür dieselben Gründe maßgebend. Die Zimmerleute übernahmen ganze Bauaufträge, und konnte man es ihnen nicht verwehren, auch die zum Innenbau gehörenden Türen, Fenster und Fußböden selbst auszuführen. Im Interesse der Bauherrn, das heißt der solideren Arbeit, wurde ihnen dafür die Benutzung des Leims gestattet, aber unter der ausdrücklichen Bedingung, daß sie diese Arbeiten nur in den Baustellen selbst und nicht etwa in Werkstätten ausführten. Damit sollte verhindert werden, daß die Zimmerleute auf den Verkauf arbeiteten, und zugleich sollte eine gewisse Kontrolle über ihre Arbeit, vielleicht auch in technischer Hinsicht, gewährleistet werden.

Es ist aber zu betonen, daß derartige Ausnahmen den Zimmerleuten nur an solchen Orten zugestanden wurden, an denen die Holzarbeit auf bedeutender Höhe stand und der größere allgemeine Bedarf den Kistlern die Gewährung dieser Freiheiten erlaubte. Solche Orte waren Augsburg und München, Lübeck und Münster, und zwar gingen die letztgenannten beiden Städte, ihrer wirtschaftlichen Gesamtentwicklung entsprechend, nämlich schon zur Zeit der Späthansa, den anderen hierin voran.

In kleineren Städten konnten die Kistler, ohne sich selbst zu schädigen, solche Konzessionen nicht machen und mußten die bessere Arbeit sich selbst vorbehalten. In besonderer Zwangslage waren Städte, wie z. B. Riga, die vom Wege ablagen und Rücksichten auf die Gesellen nehmen mußten, die ohnedies nicht in großer Zahl aus dem Reich kamen und ganz weggeblieben wären, wenn die Kistlerarbeit nicht ganz zünftig rein erhalten worden wäre. (Vergleiche unter „Gesellenwesen" S. 166.)

Wir lassen nun die einzelnen Bestimmungen betreffend die Verwendung von Leim und Firnis folgen:

1457 und 1499 Lübeck. Paneelwerk in Leim gestrichen, nur für Kunthormaker.

1464 und 1503 Lübeck. Die Zimmerleute dürfen Leimwerk und Schappe und aus Wagenschotte Rahmen für Türen, Fenster mit Leimwerk machen, aber nur an Ort und Stelle des Baues.

1524 Lüneburg. Pannelwerk geleimt und ungeleimt den Zimmerleuten verboten.

1526 Basel. An Türen und Läden eine Leimfuge und eingeschobene Leiste zu machen, den Zimmerleuten erlaubt. — Geleimte Kirchenarbeit den Kistlern allein vorbehalten.

1541 Riga. Die Zimmerleute dürfen keine Fugen leimen.

1548 Stettin. Ebenso, und keinen Firnis gebrauchen.

1596 Münster. Den Zimmerleuten verboten: alles geleimte Paneelwerk und Holz auf Holz zu leimen.

Den Zimmerleuten erlaubt: bei Türen, Fenstern und Tischen die Fugen mit Leim zu streichen.

1640 Augsburg. Die Zimmerleute dürfen keine Schragen mit Leim machen.

1728 Augsburg. Die Zimmerleute dürfen Fuß- und Stubenböden, Haustennen, Tillen (Wandbretter), Decken und Getäfel leimen, aber nur aus Fichten- und Eichenholz.

1669 Prag. Alles, was zu „leimern", ist Kistlerwerk.

1669 Regensburg. Die Wagner dürfen keinen Leim gebrauchen.

1703 Aachen. Verkleidung mit Leim oder Döp (Dübel) „vergadert" ist Kistlerwerk.

1737 München. Zimmerleute dürfen geleimte, eingefaßte Türen machen, aber nur für Hofbedienstete und auf deren Bau.

1824 Tegernsee. Den Zimmerleuten ist jegliche Anwendung von Leim verboten.

d) Die Nägel.

In Straßburg durften im 15. Jahrhundert die Zimmerleute Bänke, Wände, Zimmerdecken (gehymeltz) machen, „das angenegelt wurt".

Selbstverständlich konnten auch die Kistler die Nägel nicht entbehren, aber dennoch bildete das grobe Nageln ein Charakteristikum der Zimmermannsarbeit. In Aachen war 1703 den Zimmerleuten von der Kistlerarbeit dasjenige mit zugestanden, was „mit eisernen Nägeln platt und schlecht (einfach) widereinander genagelt" wurde. Und in Augsburg wurde entgegengesetzt den Kistlern alles vorbehalten, was „nicht nagel- und bandfest angemacht" wird.

e) Axt, Beil, Hammer, Richtschnur und Winkelhacke.

Diese Werkzeuge werden 1649 von den Augsburger Kistlern als die den Zimmerleuten eigentümlichen Geräte bezeichnet.

3. Die Scheidung nach Arbeitsweise und Technik.

Bei der Scheidung durch die Technik wurde ähnlich so verfahren, wie bei der Scheidung nach Gegenständen der Arbeit und nach Werkzeug, nämlich in kleineren Orten wurde alle feinere Technik den Kistlern kategorisch vorbehalten, während an größeren, belebteren Orten die Innenausstattung zwischen Zimmerleuten und Kistlern derart geteilt war, daß ersteren, im Interesse der Bauherrn, die Anwendung einer etwas solideren Herstellungsweise, durch die die Haltbarkeit gesichert werden sollte, erlaubt wurde, während die feinere Technik nur von Kistlern gebraucht werden durfte.

a) Das Schnitzen.

Das Schnitzen kam in allen Entwicklungsreihen stets auf der ersten Stufe und war besonders im Mittelalter, schon bevor die Anfänge der Möbeltischlerei begannen, im Gebrauch, und wurde weiterhin zum hauptsächlichsten künstlerischen Ausdrucksmittel der Gotik, besonders in der ornamentalen Belebung der Fläche, dann aber auch als körperhafter Zierrat.

In Straßburg durften im 15. Jahrhundert die Zimmerleute, aber nur auf den Bauten, das Werk ihrer Hände, also Wände, Decken und Bänke, schnitzen, „was sie konnent". Dieser Nachsatz mag beweisen, daß es sich bei den Zimmerleuten nur um eine ganz anspruchslose Schnitzerei gehandelt hat; zum Beispiel war ihnen die Verzierung von Tischen verboten. Wenn nämlich eine bessere Arbeit in Frage kam („were es, daß jemans an einen kistener begerte, ihm etwas hübesches snytzelwerk zu machen für ein thor oder ein hübesch thür"), so wurde sie nach der Entscheidung des Bestellers meist vom Kistler ausgeführt. Der Rat entschied, daß damit den Zimmerleuten kein Abbruch geschähe, denn man müßte doch auch einem Bildschnitzer, also dem kunstvolleren Arbeiter, gestatten, Bildwerke zu schneiden, und einem Maler, Tor und Tür zu malen.

In Lübeck wurde alles Schnitzwerk im Jahre 1457 und 1499 ganz ausdrücklich den Kunthormachern zugesprochen und erklärt, daß damit das Handwerk der Zimmerleute nicht „angetastet" würde.

In Lüneburg durften die Zimmerleute 1524 nicht einmal einfache Fensterstöcke, also noch viel weniger geschnitzte machen.

In Cöln war 1535 den Kistlern (Schnitzlern) das Holz vorgeschrieben, in dem sie schnitzen durften, nämlich in Eiche, Nußbaum und Tannen.

In Stettin war es 1548 nur den Kistlern erlaubt, zu schnitzen.

In Würzburg durften die Zimmerleute 1593, wie bisher, Balken ausziehen.

In Münster gehörte 1596 nicht nur das „geschnitten Werk" in „Kronomenten" (Paneelbekrönung) „oder sönsten, wie es einen Namen haben möchte", zum Kistlerwerk, sondern, jedenfalls seit 1607, auch das figürliche Bildschnitzen.

In Prag wurde 1669 das Schnitzen als Kistlerwerk bezeichnet.

(Weitere Angaben über das Schnitzen, insbesondere das Bildschnitzen, finden sich im Kapitel „Grenzgebiet der Bildschnitzer und Bildhauer", S. 75.)

b) Das Furnieren.

Das Furnieren kam aus Italien nach Deutschland und wurde meist in Süddeutschland geübt. Im Norden wurden mehr harte Hölzer für den „Corpus“, das heißt für das Gestell der Möbel, verwendet als im Süden, wo man also schon wegen der Haltbarkeit die Furniere gut gebrauchen konnte. Hier achteten die Kistler streng darauf, daß ihnen allein das Recht, zu furnieren, gewahrt blieb. Da haben denn, besonders im kunstreichen Augsburg, die Kistler vielleicht aus der Not eine Tugend gemacht und das Furnieren zum wahren Luxus entwickelt, indem sie dafür die schönsten und kostbarsten ausländischen Hölzer verwendeten, insbesondere das Ebenholz. Diese Kunst wollten sie sich nicht durch die grobe Arbeit der Zimmerleute verderben lassen, um, wie sie mehrfach betonten, den guten Ruf ihrer Stadt nicht schädigen zu lassen. (Vgl. S. 49.)

In Augsburg war bis 1567 den Zimmerleuten das Furnieren überhaupt verboten, ebenso in Ulm und Nürnberg, wo es auch dabei geblieben zu sein scheint, wenigstens liegen keine anderen Nachrichten vor. Von da an wurde den Augsburger Zimmerleuten aber das Furnieren „weiß auf weiß“, das heißt nur ohne auf irgendwelche farbige Wirkung abzuzielen, gestattet, ausdrücklich aber nur in den Bauten selbst und nicht auf den Verkauf. 1569 wurde genauer bestimmt, daß als Furnierholz von den Zimmerleuten einzig und allein die Eiche genommen werden dürfte, und es wurden auch die Gegenstände aufgezählt, die überhaupt von ihnen furniert werden durften, nämlich: nur die Friese an Fußböden, Decken, an den niederen Wandbekleidungen (Brustaffer), Türen und Türgerichten und an Kasten, die sich in der Mauer befanden und von denen außer den Türen nur die vorderen Rahmen zu sehen waren. Es ist augenscheinlich, daß diese Ausnahmen nur im Interesse des Handwerks, aus reinen Haltbarkeitsgründen, bewilligt wurden, denn an allen anderen Teilen, so weit sie überhaupt von den Zimmerleuten gefertigt werden durften, war ihnen das Furnieren sehr streng verboten, so an Füllungen, Säulen, Portalen usw.; ein bezügliches Verbot wurde noch 1728 erlassen.

Im Süden war den Zimmerleuten das Furnieren überhaupt verboten in Ulm, München, Nürnberg, Würzburg, Straßburg, Frankfurt und Regensburg; im Norden in Dresden, Leipzig, Hamburg, Lübeck, Danzig und Königsberg; das heißt überall, — nur nicht in Augsburg, wo sie es überhaupt besser hatten, als irgendwo.

c) Das Einlegen.

Das Einlegen ist den Zimmerleuten fast ganz verboten gewesen. Besondere Verordnungen darüber finden sich in Stettin 1548, Münster 1596, Augsburg 1561 bis 1567 und Aachen 1703, doch ist es nicht immer ganz klar, ob sie sich nicht auf das gröbere Furnieren bezogen. Das Legen von Parkettfußböden gehört auch hierher und war den Zimmerleuten in Basel 1526 verboten, in Augsburg seit 1728 urkundlich erlaubt; man nannte diese Böden „eingelegte“. Sie durften aber von Zimmerleuten nur aus Fichten- und Eichenholz gemacht werden.

d) Zinken und Dübeln.

Das Zinken und Dübeln war nur bei feinerer Tischlerarbeit, bei dem, was die Ordnung der Kleinschnitzler in Münster 1596 „im kleinen Werk" nannte, gebräuchlich und deshalb meist nur Kistlerarbeit. Wir finden es noch zweimal, nämlich in Stettin 1548 und in Aachen 1703, ausdrücklich bestätigt. — Im Gegensatz hierzu sei hervorgehoben, daß in Straßburg 1519 den Kistlern (!) alles „Zapfenwerk" verboten war.

e) Kienen.

Das Kienen wurde 1703 in Aachen als Kistlertechnik bezeichnet.

f) Fälzen.

Das Fälzen mußte auch bei der gröberen Innenausstattung gebraucht werden und war für Böden, Decken, niedriger Wandverkleidung in Eichen- und Fichtenholz den Zimmerleuten meist freigegeben.

g) Nuten.

Das Nuten gehörte sehr lange Zeit den Kistlern allein. In Münster war das in der Ordnung von 1596 festgelegt („was verstecken mit Nuten"), und noch 1737 erwähnte der Rat von München, daß den Zimmerleuten ihre „unfuegsamb machente Kistlerarbeit" nämlich u. a. „genieth" Arbeit verboten wäre, aber nunmehr Türen mit eingeschobenen „Riglen", also mit Nut und Feder, samt Kleidung, erlaubt würden.

h) Einfassen.

Das Einfassen von Tischen und Türen, Fenstern usw. mit einfacher Hirnleiste ohne Federzapfen wurde zunächst nur von den Kistlern geübt. 1505 Lübeck „overort eingefaßte Tische" nur für Kunthormacher erlaubt, 1567 Augsburg eingefaßte Türen den Zimmerleuten verboten. Dann durften die Zimmerleute Türen „mit einer Leist von rauhem Brett an einer Seite angestochen" und Türrahmen („Duhrengespänner") „mit ein ruckel Brett ein Leistgen an einem Randt angestochen" machen in Aachen 1703, ferner Tüllen mit einfachen Leisten und eingefaßte Türen in München 1737.

i) Verkleiden.

Das Verkleiden haben in Cöln schon vor 1535 die Zimmerleute mit Eichen- und Tannenholz, die Dreher mit Lärchenholz ausgeführt („sollen bleiben bei ihrem Bekleiden" usw.). In Basel 1526 durften die Zimmerleute „glatte Stuben" vertäfeln. — In München war den Kistlern (!) erst seit 1532 erlaubt „alles Tafelwerckh", nicht nur auf Bestellung, sondern auch in ihren Häusern. — In Straßburg war 1519 beiden Handwerken das Täfeln erlaubt. In Würzburg 1593 war das „Stuben täffeln", in Augsburg 1669 das Vertäfeln, sowie 1669 in Hamburg das Vertäfeln und die ganze Rahmenarbeit an Kutschen, in Aachen 1703 die „aushangende Stuben, vergadert und mit Paneelwerk gemacht", ferner die „Mantelbretter mit Leisten bekleidet", die Bretter „so eine List mit pillargens anhaben" und endlich die Vertäfelung in Kaufmannsläden ausschließlich Kistlerarbeit. Ab 1728 dürfen die Zimmerleute in Augsburg mit Brettern füttern, aber nicht die Füllungen furnieren. Das feine Paneelwerk war 1457 in Lübeck selbstverständlich den Kunthormachern reserviert („Paneelen boven, d. h. oben und unden benedden, mit ecken d. h. eichen und vurem (?) holte in lym gestrecken").

k) Das Kehlen.

Kehlprofile, von den Füllrahmen übergreifende oder mit Falz an sie angeleimte, stark profilierte Leisten kamen mit der Spätrenaissance und besonders von Holland, als die sogenannten „geflanderten“ (später irrtümlich als „geflammte“ bezeichnet) Kehlstöße in Mode. Sie waren in Münster 1596 („mit Rosen oder Knospen belagt und ufgelimt“), 1669 in Wien und bis 1737 in München und in Cöln 1704 („Bekleidsel, absonderlich weil ein Zierrath darauf gesetzt“) allein Kistlerarbeit. Nur in Augsburg durften 1652 die Zimmerleute nicht nur einfache gekehlte Arbeit machen, sondern sogar ein „Carniß oder Gsembs“ „nach der Architektur“ kehlen, waren also nicht nur an Freiheiten, sondern sicher auch an tatsächlichen Kenntnissen ihren Berufsgenossen an anderen Orten weit voraus. (Vgl. S. 52.) In München 1737 durften sie auch einfache Gesimse setzen.

l) Die „einfache“ Technik.

Mit der Beschränkung in der Anwendung der feineren Technik ging es Hand in Hand, daß die Zimmerleute keine Schubladen machen durften, z. B. in Augsburg 1569 und 1593; ferner, daß sie keine mit Schlössern verschließbare Gegenstände anfertigen durften, z. B. in Augsburg 1640.

Zuweilen wurde diese Abgrenzung der Zimmermannsarbeit aber nicht nur in der Ausschließung von der feineren Technik, sondern geradezu positiv in der Festlegung auf die primitivste Konstruktionsweise ausgedrückt. So in Aachen 1703: nur einzelne glatte Seitenteile für Bettverschläge, Krauchenbänke mit vier Stempelen (einfachste Füße), einfache Tische und Bänke nur aus einem Stück mit Stempelen, Kandelaber aus Brettern, Wiegen mit Füßen ohne Querschwellen („richelen“), Tische und Bänke, deren Füße „nicht mit richelen vergadert sein“.

V. Die Einrichtung der Zünfte

1. Die Verleihung der Zunftordnungen.

Nach Form und Begründung der erhaltenen Zunftordnnngen, deren Zahl recht groß ist und deren Datum bis in die Mitte des 13. Jahrhunderts zurückreicht[1]), ist die handwerkliche Zunftbildung stets auf eigenen Wunsch der Handwerker erfolgt, wenn auch, wie bereits im ersten Kapitel ausgeführt wurde, auch die Behörde, als die Vertreterin des Gemeinwesens, und die Kirche ein eigenes Interesse an dem einheitlichen Zusammenschluß der Handwerker hatten und bezeigten. Mit ganz geringen Ausnahmen legten also die Handwerker besonderen Wert darauf, daß ihren in den geistlichen Bruderschaften[2]) beschlossenen gewerblichen und sozialen Abmachungen, durch eine behördliche Verleihung und Bestätigung die gültige, bindende Rechtskraft verliehen wurde. Nur in Frankfurt am Main ist es aus Gründen, die sich jetzt wohl nicht mehr erklären lassen, wiederholt zu zünftigen Zusammenschlüssen gekommen, für die eine behördliche Genehmigung vorher nicht nachgesucht worden war. Auf der dortigen Schreinerordnung von 1473 ist vermerkt: „Nota, als die kistener dis buch hinder und one erleubunge myner herren gemacht han und der rat daz zu horen gefordert hait, han sie daz uff dinstag nach Kathedra Petri in den rat geliebert; also, nach verhorunge hait der rat befolhen, soliches zu behalden." Aber der so wohlwollende Rat hielt es doch für angebracht, weiteren Selbstherrlichkeiten der Schreiner einen Riegel vorzuschieben, indem er die Anhängung eines letzten Paragraphen verlangte, in dem gesagt wurde: „Wir, die vorgenannten meister des schrynerhandtwergs zu Franckfurt etc., umb guter Dinge willen und ym besten hann wir under uns eynmudiglich, doch uff unser herren des rats wolgefallen (!) gesatzt, geordnet und gemacht, als vorgeschrieben stet"; weiter: das es im Belieben des Rates stehen solle, hinzuzufügen, zu streichen, oder das Ganze aufzuheben, und daß man sich diesen Anordnungen „underteniglich gehorsamlich" unterwerfen werde. Als die selbstgegebene Satzung 14 Jahre später neu in Form gebracht und bestätigt wurde, da hieß es wieder, daß jeder Schreiner der Ordnung und allem, was vom Rate zugesetzt und erklärt werde, unbedingt nachzukommen habe und daß sie keine „Gebote, Verbote, Gesetze oder Verbuntnisse oder Artikel" hinter dem Rücken und ohne Erlaubnis des Rates machen oder eingehen dürften, bei hoher

---

[1]) Ein Verzeichnis der Zunftordnungen, die uns bekannt geworden sind, befindet sich am Ende dieses Buches.

[2]) Über „Bruderschaften" vgl. S. 18.

Strafe. Übrigens konnten die Schreiner noch von Glück sagen, daß sie so glimpflich davonkamen. Die Frankfurter Zimmerleute hatten sich 1355 zu einer Zunft zusammengetan, um auswärtige Handwerksgenossen von der Arbeit in Frankfurt auszuschließen. Der Rat kam dahinter, hob sofort ihre Zunft ganz auf und drohte jedem, der noch an den geheimen Abmachungen festhielte, ein Vierteljahr Stadtverweis oder eine Strafe von 10 Pfund an. Außerdem wurden den Zimmerleuten Lohnbetrügereien und Arbeitsverweigerungen, die scheinbar vorgekommen waren, unmöglich gemacht, und sie erhielten nun ganz strenge Satzungen vom Rat zudiktiert. (Vgl. S. 353.)

Das Recht der Behörde, die verliehene Ordung zu kürzen, zu ergänzen oder ganz aufzuheben, findet sich fast in allen alten Kistlerordnungen. Außer diesem Vorbehalt wurde aber meist noch eine ausführlichere Begründung gegeben, wie überhaupt die Urkunde in äußerer und innerer Form einen möglichst feierlichen Charakter erhielt. Ein gutes Beispiel ist der Amtsbrief der Kistenmechren in Cöln vom Jahre 1397. Die Verleihungsformel lautet in hochdeutscher Übersetzung: „Wir, Bürgermeister und Rat der Stadt Cöln, tun kund allen Leuten, die diesen Brief lesen oder hören lesen, daß unsere lieben getreuen Freunde (in Cöln war eben nach einer Revolution das Zunftregiment eingeführt worden) und Mitbürger, die Meister und Brüder des Amtes der Kistenmacher einige Punkte und Artikel bei uns beantragten und freundlich erbaten, die sie in guter Gewohnheit und Herkommen und von alters gehabt (!) und gehalten haben, um Verderblichkeit in ihrem Amte allezeit zu verhüten und es in Ehren, Stetigkeit und Ertrag, wie es immer gewesen war, zu bewahren, damit man darin nicht betrogen werde. Wir, Bürgermeister und Rat, haben zur Ehre, Stetigkeit, zu gemeinem Nutzen und Ehrbarkeit unserer Stadt Cöln und nach fleißigem Bedenken und Prüfen und angesichts des Begehrens und Bittens der Meister und Brüder des Amtes beschlossen, wie in diesem Briefe geschrieben steht, ihnen alle und jegliche Punkte und Artikel zu verleihen und zu vergönnen, so daß sie für ewige Zeiten Macht haben und ausüben sollen, das Amt nach und in allen Punkten dieses Briefes zu regieren und zu Nutzen und Ehren des gemeinen Mannes, sowohl der Einheimischen als auch der Ausländischen, und daß sie die Ordnung nach guter alter Gewohnheit und Herkommen fortan halten sollen. Vorbehaltlich doch für uns Bürgermeister und Rat, falls es sich als für das Gemeinwohl notwendig herausstellt, sie je nach Bedarf zu ergänzen oder zu kürzen. Welche Punkte wir Bürgermeister und Rat gemeinsam mit den Ratsfreunden und Brüdern des Amtes klar und treulich zum allgemeinen Besten gelesen, verbessert und überprüft haben, wie nachstehend geschrieben steht." (Es folgt nun der Wortlaut der einzelnen Paragraphen. Den Originaltext vgl. im Urkundenanhang.)

Die Festlegung dieser Berechtigung, zu kürzen usw., ist, wie schon gesagt, in den meisten Ordnungen einleitend oder am Schluß aufgenommen. So behielt sich der Lübecker Rat 1474 und 1508 vor, Bestimmungen, die ihm später etwa nicht mehr „behagten", zu streichen oder zu ersetzen; ebenso der Rat in Lüneburg 1498, der in Würzburg 1543 usw. Der Hamburger Rat verlieh die Ordnung so lange, „bis er anders beraten werde". Immer wurde das „gemein best", das Gemeinwohl, für die Verleihung und für den Vorbehalt der Änderung als Veranlassung ausdrücklich angegeben, ja, das Recht wurde den Zünften nur in der Voraussicht erteilt, daß sie es anwendeten, damit, wie es in der Cölner Urkunde hieß, „darin nicht betrogen werde", das heißt, daß die Vorsteher bei der Vertretung der Behörde ihren Genossen gegenüber auch die Interessen der Konsumenten wahrten.

Die Formel, daß die Meister um die Verleihung der Ordnung „inständig" oder „untertänigst" gebeten hätten, wiederholt sich immer wieder. Interessant ist die Begründung, die in Riga 1541 und in Münster 1607 von den Meistern ihrem Ansuchen gegeben wurde: sie erklärten, es sei ihnen schwer, Gesellen in die Stadt zu bekommen oder sie zu halten, weil sie keine Ordnung oder Schragen hätten. Der Rat von Münster bewilligte die Ordnung dann geradezu unter dieser Begründung, indem er sagte: „Als Wir, Bürgermeister und Rat der Stadt Münster in Westfalen, von den Verwesern des Kleinschnitzler- oder Tischlerhandwerks oft und vielmals angelangt (gebeten) worden sind, ihnen ein geschenkt Handwerk zu verleihen, damit sie mit ihren benachbarten Meistern und Gesellen, sowohl ost- als westwärts und allen umliegenden Orten, wo ihre Meister und Gesellen Wandlung und Hantierung brauchen, Korrespondenz, Friede und Einigkeit haben, auch fromme, ehrliche Gesellen und Jungen in Zucht halten und deren Lehrjahre mit denen der benachbarten übereinstimmen können, und sonst auch aller Mißverstand unter ihnen zum Nutzen und gemeinen Besten und derer, die das Handwerk nötig haben, verhütet werden möge, — mit der Angabe, daß diese Einrichtung in den meisten Orten in Deutschland, wo das Kleinschnitzlerhandwerk in Ehren gehalten werde, bestände, und sie es deshalb auch hier gern sähen, daß dies geschenkte Handwerk ihnen, ihren Gesellen und ausgelernten Jungen verliehen werde, besonders, damit es ihnen wie den Nachbarn gelingen möge, gute, tüchtige Gesellen, die sie bisher mangels eines geschenkten Handwerks nicht bekommen konnten, zu erhalten, — darum .... (es folgen nun die Artikel der Ordnung)." Auf das hier geschilderte Verhalten der Gesellen werden wir in dem Abschnitt über das Gesellenwesen zurückkommen; hier ist es uns wichtig, festzustellen, daß die Verleihung nicht immer einfach ein Akt der freien Willkür und Gnade war, wie manche der Verleihungsfloskeln glauben lassen könnten, sondern daß diejenigen Stadtverwaltungen klug gehandelt haben, die ihren Handwerkern recht frühe diese Vorrechte gönnten, damit das heimische Gewerbe nach außen das nötige Ansehen gewönne und die wandernden Söhne der Stadt nicht außerhalb der Bannmeile mißachtet würden, vor allem aber, damit die heimischen Konsumenten nicht mangels guter Arbeitskräfte Schaden erlitten. Der Rat von Münster zum Beispiel kam mit dieser zur Wirkung nach außerhalb so laut betonten Maßregel bereits zu spät und war schon vorher (im Jahre 1596) genötigt gewesen, zugunsten eines aus dem Kreise der übrigen Genossen hervorgehobenen kleinen Teils der besten Meister die feinsten und schwierigsten Arbeiten als schutzberechtigt und privilegiert zu bezeichnen, damit wenigstens diese als Qualität geachtet würden. Freilich schuf er sich so den Streit in der eigenen Stadt, weil die dadurch wirtschaftlich benachteiligten und aus diesem Kreise willkürlich ausgeschlossenen, minderbegabten Meister mit Recht heftig protestierten, denn die ihnen verbleibenden Arbeiten waren nun ganz der freien Konkurrenz für jedermann, insbesondere für die Zimmerleute, freigegeben worden; man kann mit Recht vermuten, daß dem Rat keine Wahl geblieben war, wenn er in letzter Stunde das Ansehen des heimischen Tischleramtes nachdrücklich wieder herstellen und seine Produktion durch den Zuzug guter Arbeitskräfte wieder heben wollte. Immerhin dauerte es noch zehn Jahre, bis er sich entschloß, das Kleinschnitzlerhandwerk als solches zünftig zu erklären, statt nur einzelne Gegenstände der Produktion qualitativ zu schützen. Vergessen darf man allerdings nicht, daß der Niedergang des Hansabundes der Stadt Münster großen Schaden zugefügt und auch dadurch das Interesse der wandernden Gesellen von ihr zu reicheren Orten abgelenkt worden war.

Die Initiative zur Verleihung der Ordnungen ist, wie bereits betont, wohl in den allermeisten Fällen von den Tischlern selbst ausgegangen, die ihr Handwerk tüchtig und angesehen erhalten wollten. Wurde ihre Bitte nicht gewährt, so gingen sie auf eigene Faust vor, wie wir das schon in Frankfurt am Main gesehen haben, oder sie mußten eben warten, bis die Behörden ein Einsehen bekamen, wie zum Beispiel die Rigaer Tischler, die sieben Jahre (S. 42) immer wieder um eine Ordnung einkamen und zusehen mußten, wie sich die auswärtige Gesellenschaft von ihrer ohnehin sehr abgelegenen Stadt abwandten. In denjenigen Städten, in denen die Zünfte auch das politische Regiment in Händen hatten, sind die Ordnungen selbstverständlich bestimmt unter Mitarbeit der Handwerke zusammengestellt worden, wofür die schon zitierte Cölner Kistenmacherordnung von 1397 einen Beweis bietet. In Augsburg, wo seit 1368 eine Zunftherrschaft bestanden hatte, ist nach deren im Jahre 1548 erfolgten Aufhebung auf Befehl des erzürnten Kaisers Karl V. der größte Teil der Zunftakten vernichtet worden. Wir besitzen aber ein „Zunftbüchlein" der Kistler aus dem Jahre 1519, das sich merkwürdigerweise erhalten hat, und in das die Zunft ihre Ordnung eingetragen hatte. Daneben besteht noch ein „Amtzedel" der Kistler aus demselben Jahre, der auf Pergament eine in sechs Paragraphen geteilte Verfügung über das Meisterstück enthält, die sich in erweiterter Form auch in dem Zunftbüchlein wiederfindet. Während nun der Amtzettel einleitend sagt, daß die Ordnung vom „fürsichtigen, ersamen, weisen Bürgermeister zugelassen" worden sei und auf diesen auch im Schlußsatz mit folgenden Worten Bezug nimmt: „Doch in allem und jedem der obgenannten unsern Herren Burgermaister und Rate Ir (ihr) Oberchait unnd Freihait hierinn bedingt unnd vorbehalten in allweg", enthält dagegen das Zunftbüchlein nachstehende Überschrift: „Ain Erber (ehrbar) Handtwerk der Kistler allhie zu Augsburg, haben mit ainhelligem merern, die nachvolgenden Satzungen, Punkten unnd Articul inn ain richtige Ordnung zuverfassen erkanndt unnd angesehen, wie hernach begriffen ist." Nach diesem Wortlaut könnte man annehmen, daß die Kistler ganz aus sich heraus und selbständig diese Zusammenstellung hätten vornehmen dürfen, wenn nicht die Worte „mit ainhelligem merern" bewiesen, daß sie mindestens einen obrigkeitlichen Rat annehmen mußten. „Mehrer" hießen nämlich nach Dirr[1]) Mitglieder der patrizischen Herrenstuben, denen in zunehmendem Maße einflußreiche Zunftämter und Ratsämter übertragen

[1]) Dirr, Studien zur Geschichte der Augsburger Zunftverfassung. 1913.

wurden, und die mit den Patriziern zusammen schon die Reaktion vorbereiteten. Die erwähnte Stelle läßt also wohl darauf schließen, daß die Kistler von einem solchen „Mehrer" beraten oder patronisiert wurden, der „einhellig", das heißt einverstanden war. Nichts läßt aber darauf schließen, daß die Kistler in Augsburg in Dingen, die eine Hebung des Handwerks betrafen, mit den Behörden damals irgendwelche Schwierigkeiten gehabt hätten. Das war auch keineswegs der Fall, als nun 1548 die Patrizier wieder allein die Herrschaft übernahmen und neue Zunftordnungen erteilten. Im Gegenteil gingen auch sie in diesen Dingen klugerweise nur Hand in Hand mit den Kistlern selbst vor. Der neue Rat unterbreitete einen Entwurf: „Volgt hernach, wie wir, derz. eines ehrb. Raths Vordersten zomeinen, was für ein Kistler-Ordnung gegeben möge werden." Zu diesem Vorschlag haben die besten damaligen Augsburger Kistlermeister ihre Anmerkungen gemacht und sind mit ihren Gegenvorschlägen auch oft durchgedrungen, wie die im Jahre 1550, also erst nach reiflicher Überlegung herausgegebene, endgültige Ordnung beweist. Sie war so gut gearbeitet, daß sie sehr lange in Kraft bleiben konnte und nur durch zeitgemäße Nachträge ergänzt zu werden brauchte. Diese Stetigkeit ist auch ein Lob für die Überlegtheit der Augsburger Handwerkspolitik, während im Gegensatz dazu in vielen anderen Städten immer wieder ganz neue Ordnungen gegeben wurden.

2. Die Einsetzung des Zunftvorstandes.

Die in zahlreiche Zünfte zerlegte Bürgerschaft von einem einzigen Zentrum allein politisch zu regieren, wäre sehr schwer gewesen, wie schon im zweiten Kapitel dieses Buches ausführlich geschildert worden ist. Wohl waren die Gruppen der Handwerker durch das öffentliche Recht politisch wieder in Einzelpersonen aufgelöst, aber damit ist auch der Verwaltungsapparat gewaltig vergrößert worden; seine Handhabung wäre ohne einen umfangreichen Organismus, der damals aber noch nicht vorhanden war, nicht möglich geworden, zumal hier das starkentwickelte und durch ein Aufblühen der Städte sehr genährte Persönlichkeitsgefühl der deutschen Bürger entgegenstand. Mit klugem Weitblick hatte deshalb die Kirche die materiellen Interessen des einzelnen mit seinem politischen und sittlichen Wohlverhalten eng verknüpft und in den von ihr begründeten Bruderschaften, aus denen später die Zünfte sich entwickelten, erzieherisch beide gleichzeitig gefördert. Die politische Behörde, die freilich an vielen Orten mit der kirchlichen gleichbedeutend war, knüpfte hier an und erkannte, daß es besser wäre, anstatt mit noch unzureichenden Zwangsmitteln die bürgerliche Gesellschaft aufzubauen, das Verantwortlichkeitsgefühl, für das der deutsche Charakter sich auch viel zugänglicher zeigte, zu pflegen und aus ihm die Mittel des Regierens zu gewinnen. Wo wäre auch besserer Boden für eine stolze Selbstverantwortung zu finden gewesen als bei dem Handwerker, der sich von unten herauf, oft sogar aus der Leibeigenschaft, emporarbeitete, und der bald lernte, zu beurteilen, was seine Kraft der Allgemeinheit bedeutete, und verstand, daß er die Früchte seiner Arbeit nur dann in Ruhe und gesichertem Frieden verzehren könnte, wenn er ein berechtigtes aber auch verpflichtetes Mitglied der Gesellschaft geworden war und blieb.

In dieser Erwägung bewilligten die Stadtverwaltungen den Zünften die Selbstverwaltung, indem sie als Zunftvorsteher Fachgenossen aus ihrer eigenen Mitte einsetzten, an die sich die Zunftgenossen in allen Handwerksangelegenheiten zu wenden hatten und denen sie zu unbedingtem Gehorsam verpflichtet waren. Auf diese Weise war den Handwerkern eine Möglichkeit gegeben, ihre eigenen Angelegenheiten unter sich zu beraten und mit ihren Wünschen jederzeit direkt an den Rat zu gelangen. Die Zunftvorsteher waren ihrerseits dem Rat für alle Vorgänge in ihrer Zunft verantwortlich und wurden, um ihre Autorität in polizeilicher und erzieherischer Hinsicht genügend geltend machen zu können, vom Rat weitgehend unterstützt, aber auch kontrolliert, zum Teil auch durch Abordnung besonderer Ratsvertreter, die meist Juristen waren.

Die Einsetzung der Zunftvorsteher geschah durch den Rat, der entweder von sich aus einen der Meister für dieses Amt bestimmte oder, wenn er der Zunft die Wahl oder Präsentation erlaubte, sich die Bestätigung der Gewählten vorbehielt. Dies Vertrauensverhältnis hat sich erst allmählich entwickelt. Anfänglich war der Vorsteher nicht immer, wie der ehemalige „Magister" der vorgewerblichen Periode, ein Sachverständiger des Handwerks (vgl. S. 17), sondern ein Angestellter der Behörde. Als z. B. der Bischof Lütold von Basel 1248 den Zimmerleuten eine Zunft verlieh, fügte er der Urkunde einen Paragraphen an, in dem gesagt war, daß er zur Einhaltung der Ordnung und der darin aufgeführten Verpflichtungen einen Beamten der Kirche (Ministerialen) jährlich abordnen werde, der bevollmächtigt wäre, die Vorschriften, wenn nötig, zu verbessern. Das war also noch die rein behördliche Form. Aber schon sein Nachfolger Heinrich faßte 1271 den Paragraphen anders und sich der Selbstverwaltung nähernd, indem er bestimmte, daß er der Zunft einen Zunftmeister einsetzen werde, dem sie aus ihrer Mitte sechs Meister beiordnen sollten; dieser gemeinsame Vorstand solle „ihre Zunft verrichten". Der Rat von Lüneburg behielt sich, als er den Snitkern 1498 eine Zunftordnung gab, nur vor, beim ersten Male aus ihrer Mitte einen Meister als „Olderman" zu wählen; in der Folge sollten sie diese Wahl jährlich mit Erlaubnis des Rates selbst vornehmen. Der Rat von Münster verfügte 1607, daß den Kleinschnitzlern jährlich zwei Verweser aus dem Handwerk und zwei Ratsherren vorgesetzt würden „als Häupteren".

In Cöln wählten die Kistenmacher seit Einsetzung der Zunftherrschaft, also seit 1397, ihre Zunftmeister selbst: „Vort or solen dese meistere ind broidere dis vurs. Ampts in broiderschaf under sich alle jaire zween meistere kiesen, dit ampt zo regieren, as sich des noit geburt." Die Frankfurter Schreiner kamen 1473, und zwar hinter dem Rücken des Rates überein, „alljährlich zur Zeit der alten Herbstmesse zwei Vorsteher (regeremeister) zu machen". Die Herren im Oberen Rat zu Würzburg wurden 1543 einig und beschlossen, „damit nun hinfüro ihr handtwerckh der Schreiner hie zue Würzburg auffgerecht und erbarlich gehalten werde und uff ein bestendlich wesen kommen möge, auch der Gemein mann (also der Konsument) versorgt, so soll dasselbig handtwerckh under ihme (unter sich) jährlich zween meister wehlen" usw. Ferner wurde hier, wie auch an anderen Orten, vorgesehen, daß jedes Jahr einer von diesen beiden Meistern, der amtsälteste, durch Neuwahl ersetzt werde. Wie es in

Zunftlade der Lübecker Tischler von Tönnies Evers dem Jüngeren, 1600,
St. Annen-Museum, Lübeck.

Detail von der Vorderseite mit Werkstattdarstellung. Neben der Hobelbank und Werkzeugen ist auch ein Bierkrug und der »Werkstatthund« zu sehen.

Zunftlade der Hildesheimer Schreiner, datiert 1633, Roemer-Museum, Hildesheim.

Rückseite der Berliner Stuhlbauer-Zunftlade von 1745. Sie zeigt als Motiv der Marketerie ein Sofa. Das ist selten; als Zunftsymbole wurden in der Regel Handwerkzeuge und nie Materialien oder Erzeugnisse wie Holz oder Möbel dargestellt. Märkisches Museum, Berlin.

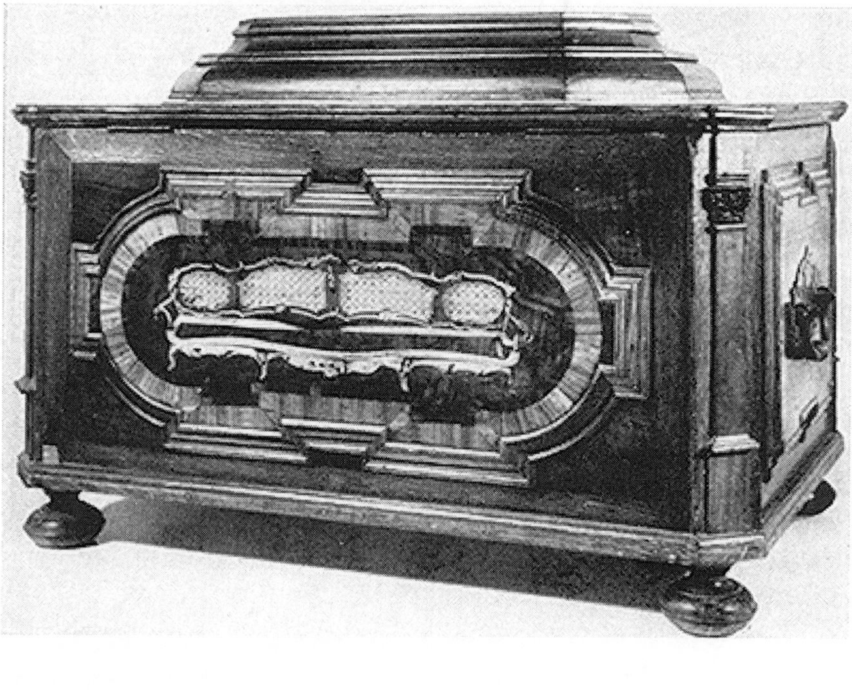

Augsburg vor dem Sturz des Zunftregiments gehandhabt wurde, ist nicht bekannt; nach 1548 geschah es so, daß die Meister dem Rat mehrere Kandidaten schriftlich nannten, aus denen er nach eingezogener Erkundigung einen auswählte, der ihm paßte. Oder der abtretende Meister schlug selbst seinen Nachfolger vor, wie es der Meister Max Heckel mit nachstehendem Schreiben tat: „1588 hab Ich marx Heckel, Cystler in meinem vorgeher ampt 4 jar versehen und verricht got lob gesagt, weyter schreib ich auf an mein stat zum vorgeher Hans Schenauer (Schönauer), mer (ferner) Ulrich Kraus, Jeremias Sturm. Meine Herren mögen jetzt einen nemen, der Im gefelt und ainem gantzen handtwerk nützlich und tauglich ist, haben wyr meinen Herren darumb zu dancken. Marx, Heckel, Kistler, undertheniger mitburger und gewesner vorgeher zu Augspurg."

Es sei als Kuriosum erwähnt, daß die Spinnwetterzunft in Basel noch 1846 durch ihren Botenmeister Unterschriften gegen den Zivilpräsidenten sammeln ließ, weil er sich selbst nach seinem Gutdünken zwei Meister als Vorsteher ausgewählt und damit den § 6 der Zunftordnung verletzt hätte. Das politische Selbstbestimmungsrecht der Meister kam hier nicht in Frage, weil die politische Zunft und das Handwerk zwei Jahre vorher streng geschieden worden waren; es kann sich also nur um die verletzte Freiheit in handwerklichen, zünftigen Dingen gehandelt haben. Man sieht also, daß das Handwerk durch alle Jahrhunderte hindurch eifersüchtig darauf gewacht hat, der Behörde gegenüber seinen eigenen Wünschen entsprechend vertreten zu sein. — Im übrigen brauchen wir hier auf die Einrichtung des Zunftkörpers nicht weiter einzugehen, da ja keine Zunftgeschichte, sondern eine Gewerbegeschichte gegeben werden soll. Werfen wir nur noch einen Blick auf die Verpflichtungen und Aufgaben der Zunftmeister.

Selbstverständlich nahm der Rat den Zunftmeistern bei Antritt ihres Amtes einen feierlichen Eid ab. Die beiden Meister mußten in Cöln 1397 in guten Treuen geloben und auf den Verbundbrief schwören, für die Einhaltung der Ordnung zu sorgen. Auch die vom Rat für besondere Zwecke eingesetzten Beamten mußten sich eidlich auf ihr Amt verpflichten. In Augsburg war nach der allgemeinen europäischen Kreditkrisis von 1557 im Jahre 1562 die große Teurung besonders empfindlich fühlbar geworden. Deshalb setzte der Rat sogenannte Kornpröpste ein, die Getreide unter den Angehörigen des Handwerks zu verteilen und das Zunftvermögen zu verwalten hatten. Der Eid dieser Kornpröpste in Augsburg lautete: „Deß Ehrwölten und geordneten Kohrnprobstes von einem ehrs. Rath verordneten Handtwerckhsherrn allhie erthailter Aydt. Ihr werdet schwehren einen gelehrten Aydt zu Gott dem allmächtigen mit aufgehobenen Fingern, daß ihr disem Kohrnprobstamt, darzue ihr jetzt ordenlicher weiß durch ein ehrbar Hanndtwerckh erwölt worden seyd, wöllet nach bestem und immer möglichsten Weiß vorstehen, dasselbig, wie sich gebührt, in aller Achtsambkheit verwalten, und eines allgemeinen gantzen Hanndtwerckhsvermögen einnemmen und außgeben neben dem Vorgeher jederzeith getreulich pflegen, dessen nutz soviel an Euch befürdern, seinen schaden und nachtheil abwenden und darüber gute Rechnung thun wöllet; alles getreulich sonnder gefährde."

Fast jede Ordnung enthielt schwere Strafbestimmungen für ungehorsames und freches Benehmen den Vorgehern gegenüber, wenn sie in Ausübung ihres Amtes begriffen waren, ein Zeichen dafür, daß sie es doch nicht so leicht hatten, im Namen des Amtes und des Rates zu strafen und Steuern und Bußen einzutreiben. Eine Ausnahme finden wir in Augsburg, wo der Vorgeher Wendel Dietrich seine Amtskollegen veranlassen wollte, mit ihm beim Rat zu beantragen, daß, wie es auch bei den Hafnern üblich wäre, derjenige bestraft werden sollte, „der seinen Vorgehern schmählich zuredet“. Dieser Antrag wurde nicht bewilligt, denn es war wohl auch dem Rat nicht unbekannt, daß Dietrich, der sich wohl ganz als Künstler fühlte, der er war, ein recht hochfahrendes Regiment führte.

Die Aufgaben der Zunftmeister waren vielartig. Sie überwachten und führten das Finanzwesen, waren Aufseher und Wortführer, Richter und oft auch Vollstrecker in einer Person. Sie hatten gleichzeitig die Interessen ihrer Genossen und die der Besteller und Käufer zu vertreten, aber gerade aus dieser scheinbaren Gegensätzlichkeit und Zwiespältigkeit ergab sich die prächtige Blüte des Handwerks, weil es die gute Arbeit, ihre Würde und ihr Wert war, auf deren Pflege es allen Beteiligten ankam. Das Wohl des Staates wuchs mit dem Wohlstand der Erzeuger und Abnehmer; selbst aus den Schädlingen, den Pfuschern und Ungehorsamen zog der Rat seinen Vorteil, indem er sich an vielen Strafen, die von den Zunftmeistern verhängt, eingezogen und abgerechnet werden mußten, zur Hälfte oder mit einem namhaften Betrag beteiligte. Ferner bedang er sich einen nicht geringen Anteil an den Eintritts- und anderen Zunftkosten aus; vor allen Dingen aber mußten ihm die Zunftmeister für die Beitreibung der regelmäßigen allgemeinen Steuern und besonderen Umlagen sorgen, wie sie außerdem da, wo das Regiment in den Händen der Kirche lag, die Einhaltung der religiösen und finanziellen Verpflichtungen gegen diese zu überwachen hatten.

Die Vorsteher führten die Lehrlinge, die ankommenden Gesellen und die neuen Meister dem Rate zur Anmeldung und zur Ableistung des Eides zu und waren so auch politische Beamte des Personalwesens. Als solche sorgten sie für die Einhaltung der militärischen Pflichten, für den Feuerwehrdienst und für die Abordnung junger Meister zu besonderen Ratsdiensten. Sie beriefen die gemeinsamen Sitzungen, sorgten für angemessenes Benehmen dabei, für die Einzahlung der Gebühren und der von ihnen verhängten Bußen, sie gingen regelmäßig in den Werkstätten umher, beschauten die Werke, von denen sie die guten stempelten, die schlechten dagegen konfiszierten; endlich mußten sie regelmäßig vor dem Rat erscheinen und berichten über das, was in der Zunft vorging, die Gelder abrechnen und Weisungen entgegennehmen. An vielen Orten besorgten sie auch noch den gemeinsamen Holzeinkauf und manches andere. Man kann sich denken, daß eine solche vielseitige Tätigkeit die Zeit sehr in Anspruch nahm und den eigentlichen Erwerb stark beeinträchtigte. Eine summarische Entschädigung fand selten statt; nur das Beschauen der Waren und Meisterstücke, für das aber auch oft besondere Kräfte angestellt waren, wurde im Anteil an den Strafsummen oder in Gebühren der Kandidaten bezahlt. So ist es klar, daß zu solchem Ehrenamt nur wohlhabende oder mindestens in ihrem Beruf wirtschaftlich fortgeschrittene Meister geeignet waren, die selbstverständlich auch sonst in ihrem Kreis angesehen sein mußten. Wer zum erstenmal zum „Olderman" gewählt wurde, mußte in Lübeck eine „Kost" geben, die mit drei Mark bewertet war; wurde er aber bei seinem Abgang wiedergewählt, so mußte er die anderen Oldermänner zu einer „Collatie", das heißt zu einem Trunk einladen, für den er eine Mark aufzuwenden hatte, wie ja in jenen Zeiten bei jeder Gelegenheit der Wein (oder in Norddeutschland das Bier) zur Feierlichkeit aller Handlungen als notwendig gehalten wurde.

3. Zunftzwang und Zunftberechtigung.

Die erste und wichtigste Frage war natürlich bei der Verleihung der Zunftordnungen, wer auf die Einhaltung der Regeln verpflichtet werden solle und könne und wer an den Vorteilen des Zusammenschlusses teilhaben dürfe.

Man muß sich erinnern, daß die Zünfte aus den alten Brüderschaften hervorgegangen sind, und daß diesen durchaus der Stempel eines freiwilligen Entschlusses der besseren Elemente, Ordnung zu schaffen, Gesittung und geschäftlichen Anstand zu pflegen, anhaftete, und daß sie, obwohl von der Kirche gefördert, dennoch keinerlei rechtlich zwingende Befugnisse hatten. Von den mit der Zunftverleihung verbundenen politischen Pflichten und Rechten, mit denen zunächst nur die Interessen der Behörden befriedigt wurden, abgesehen, brachte die Zunft dem inneren Leben des Handwerks eigentlich nur das als neues, daß die früheren Selbstverpflichtungen nun den Charakter des Gesetzes erhielten, und daß die schon früher für Übertretungen angedrohten, aber mit den Mitteln des öffentlichen Rechtes nicht vollstreckbar gewesenen Strafen nun durch das von der Obrigkeit eingesetzte und gedeckte Zunftgericht verhängt und erfolgreich beigetrieben werden konnten und mußten.

Daß durch die Zunfteinsetzung oder besser durch die behördliche Anerkennung der schon lange vorher bestehenden Genossenschaften gleich ein allgemeiner Zunftzwang eingeführt worden sei, derart, daß er für jeden Handwerksgenossen gültig gewesen wäre, ist nicht erweisbar. Vielmehr bedeutete der Zunftzwang in den ersten Anfängen der Entwicklung der Zunft zur Behörde nicht mehr, als daß nur diejenigen, die schon bei der Gründung und später der Zunft freiwillig beigetreten waren oder beitreten wollten, von da an allerdings dem Zwang dieses Zunftrechtes unterworfen waren. Der weitere Ausbau des Zunftzwanges, das heißt seine Ausdehnung auf die noch draußen stehenden Handwerker derart, daß sie entweder beitreten oder gar die Stadt verlassen mußten, ist sehr verschieden je nach den örtlichen Verhältnissen.

Im allgemeinen kann man sagen, daß man anfänglich bei den Zunfteinsetzungen weniger an einen Zwang als an ein Vorrecht gedacht hat! Die besseren Elemente hatten sich ja schon bei der Gründung zusammengefunden oder strebten in die Zunft hinein, um durch deren sittliches Ansehen Halt und Vorteil für sich zu gewinnen. Die Schlechteren und Schwächeren wollte man gar nicht gern mit drin haben. Wenn man sie trotzdem aufnahm, so geschah es nur, weil man ihre schädliche Konkurrenz ausschalten, das heißt besser unter die Kontrolle der Zunft nehmen wollte; niemals aber bewilligte man den Pfuschern die gleichen Rechte, sondern behandelte sie stets als Handwerker zweiter Klasse.

Es läßt sich feststellen, daß diejenigen Städte, die frühzeitig das Zunftrecht verliehen haben, ihrem Handwerk eine große Wohltat erwiesen. Erstens bekam dieses infolge der dadurch gewährleisteten stetigen Entwicklung die besseren Hilfskräfte (Gesellen), zweitens aber hatte es wohl kaum so sehr unter dem Pfuscherwesen zu leiden wie in den Städten, in denen es unzünftig blieb und sich das Gute mit zweifelhaftem Erfolg seine Geltung erst mühsam erkämpfen mußte.

Die Freiwilligkeit der Mitgliedschaft der ersten Zünfte ist bei vielen Verleihungen ausdrücklich erklärt worden. In der ältesten Urkunde von 1248, der Ordnung der Basler Bauzunft (sogenannten „Spinnwetterzunft") lauten die entsprechenden Sätze: „Wer von ihrem Handwerk der Bruderschaft angehören will", und ferner entgegengesetzt: „Wer, wie oben gesagt, dieser Gesellschaft nicht angehören will, ist auf Wunsch von der Opferpflicht (für die Kirche) in der Bürgerschaft ganz befreit." Schon 23 Jahre später, also im Jahre 1271, haben sich hier die Ansichten über den Zunftzwang aber völlig in das Gegenteil geändert. Als der neue Bischof die Ordnung seines Vorgängers bestätigte, sagte er mit aller Deutlichkeit: „Wir erlauben ihnen auch, daß sie den, der ihrem Handwerk beitritt, mit ihrem Handwerk in ihre Zunft zwingen mögen." Das heißt, daß alle, die in Basel das Kistlerhandwerk ausüben wollten, zum Beitritt in die Zunft gezwungen werden konnten. Die Zunft wird sicher von diesem Recht Gebrauch gemacht haben, denn sonst hätte sie es sich nicht übertragen lassen, was dem Wortlaut nach auf ihren eigenen Wunsch geschehen ist. In Zürich mußte seit 1336, wo das Handwerk Anteil am Stadtregiment bekam, jeder, der einen Beruf ausüben wollte, Zunftmitglied werden[1]). Freilich nahm der Rat hiervon die von auswärts nach Zürich gekommenen Handwerker des Rathausbaues aus, solange der Bau währte; wollten sie später sich in der Stadt niederlassen, so mußten sie aber die Zunft annehmen.

Ein zweites Beispiel der anfänglichen Freiwilligkeit und des späteren Zwanges haben wir in den Frankfurter Schreiner-Ordnungen von 1473 und 1487. Die erstere Ordnung hatten sich die Schreiner selbst gegeben, worauf sie dann vom Rat bestätigt wurde. Die Meister waren „gemeiniglich" übereingekommen, daß derjenige, der ihre Gesellschaft haben wollte, einen Beitrag zahlen müßte. In der zweiten Ordnung aber war der erste Paragraph so formuliert: „Alle diejenigen, die hier in Frankfurt das Schreinerhandwerk ausüben wollen, sollen, bevor und ehe sie dazu gelassen werden, Bürger sein und außerdem den Meistern das Handwerk geloben, dies Buch und was ihnen zu jeder Zeit vom Rat erlaubt, bestimmt, zu oder abgesetzt wird, zu halten und dem nachzukommen ohne Ausnahme, und den Bürgereid zu leisten und dem Rat gehorsam zu sein, wann und so oft der Rat es von ihnen verlangen wird." Hier scheint die Ursache der Verfügung hauptsächlich in dem Wunsch des Rates, gehorsame Bürger zu haben, gelegen, und die Einordnung in die Zunft nur das Mittel dazu gewesen zu sein. Da aber die Zunftordnung, deren Recht sich der neue Handwerksgenosse unterwerfen mußte, noch zahlreiche, nur handwerkliche Dinge betreffende Bestimmungen enthielt, so war damit doch die Einheitlichkeit des gesamten Handwerkes der Stadt erzwungen worden.

[1]) Fecht a. a. O., S. 36 u. 45.

Im übrigen ist bei den meisten Zunftordnungen — die von der Behörde wohl als „neu" verliehen wurden, inhaltlich aber eine Zusammenfassung längst bestehender Gebräuche darstellten —, der Grundsatz der Freiwilligkeit beibehalten worden. Viele andere Ordnungen haben sich darüber gar nicht ausgesprochen. Später, wenn die Verhältnisse durch Zusammenwirken der guten Elemente sich gefestigt hatten, wurde die Geltung des Zunftrechtes auf alle Ausübenden desselben Handwerks, mit oder oft auch ohne persönliche Zugehörigkeit zur Zunftgemeinschaft ausgedehnt, meist ohne besondere Erklärung.

Über den Wirkungsbereich der Zunft sagt schon die Basler Ordnung von 1248, daß er noch 3 Meilen, Bannmeilen, außerhalb der Stadt umfaßte. Hier betraf diese Geltung noch kirchliche Dinge, nämlich die Verpflichtung der Zunftbrüder, ihre verstorbenen Genossen zu Grabe zu geleiten; später war das Bannmeilensystem hauptsächlich dazu bestimmt, die Dorfmeister und die Stümper, die draußen meist „auf eigene Hand" arbeiteten, unter Zunftrecht zu halten. Zuweilen erstreckte sich die Macht einer Zunft auch noch viel weiter. Zum Beispiel mußten sich die Schreiner in Winterthur den Züricher Meistern unterordnen und waren in den Dingen ihrer eigenen Zunft, so in Lehrlingseinschreibungen, von jenen abhängig. In Cöln betrug der Machtbereich der Stadtzunft der Kistenmacher im Jahre 1596 sogar 10 Meilen, in Lübeck 1603 8 Meilen. (Vgl. auch S. 140 und 425.)

Der Zunftzwang war auch auf die Gesellen ausgedehnt. In Zürich durften die Gesellen 1425 nur acht Tage „werken", mußten aber dann „die Zunft annehmen", also sich dem Zunftrecht unterwerfen.

4. Die Aufnahme in die Zunft.

Mit der einfachen Erklärung, der Zunft beitreten zu wollen, war es nicht getan. Es mußte ein zuweilen ziemlich hohes Eintrittsgeld gezahlt werden. Daraus kann man sehen, daß der Eintritt in die Zunft weniger als Pflicht, sondern mehr als zu erkaufendes Recht angesehen wurde. Einen Teil dieses Geldes beanspruchte die Kirche oder Behörde, der andere verblieb der Zunft. In Basel mußten 1248 die Neueintretenden 3 Solidos für das Licht in der Kirche, zwei Solidos an die Brüderschaft zum Vertrinken geben. Denselben Betrag (in Schillingen) zahlten die Maurer und Zimmerleute noch 1271, während die in derselben Zunft der „Spinwetter" befindlichen Wagner, Drechsler usw. mit 15 Schillingen belegt wurden. Die Cölner waren 1397 zur Zahlung von 2 Rheinischen Gulden verpflichtet („di broiderschaf damit zo besseren"). Auch die Gesellen mußten hier, bevor man ihnen Arbeit gab, eine Gebühr erlegen, nämlich diejenigen, die in Cöln gelernt hatten ein, die fremden zwei Pfund Wachs. In Frankfurt am Main kostete der Eintritt mancherlei: erst einen Gulden in die Büchse, dann ein Pfund Wachs für Kerzen, ferner ein Kalb im Werte eines halben Guldens, und endlich mußte der neue Genosse alle Meister in das Bad führen, nämlich in die beim Bad befindliche Kneipe. In Augsburg waren die Kosten 1519 folgendermaßen festgesetzt: „Welcher nunhinfuro die Zunfft der Kistler zekauffen begert, der soll zwaintzig (20) guldin Reinisch in mintz (Münze) darumb erlegen, und verner nach altem gebrauch zu empfahung der Zunfft dabey auch bezalen, nemlich, so er hie gelernet hat, sechtzig pfening, zway pfund wax oder sechzehen Creutzer dafür, und dem Zunftknecht acht pfening; hat er aber hie nit gelernet, so ist er aufzelegen schuldig fünffzehen Behmisch, zway Pfund wax oder darfur sechtzehen Creutzer als obsteet (wie vorher gesagt) und dem Zunfftknecht sechtzehen Pfening.“ Anfang des 15. Jahrhunderts kostete der Eintritt in die Zunft in Straßburg fünf Schilling Straßburger Pfennige.

Der zum Beispiel in München im 14. Jahrhundert verlangte Nachweis eines gewissen und nicht unerheblichen Vermögens hatte weniger für die Zunft als für die politische Behörde, und zwar aus steuertechnischen Rücksichten Interesse. (Vgl. S. 25.)

Man wollte aber von dem Fremden, der sich in der Stadt als Meister niederzulassen beabsichtigte, nicht nur Geld, sondern auch den Nachweis seiner Unbescholtenheit und der früheren Arbeit. „Und ist er ein ‚uswendich‘ Mann, so soll er einen Brief bringen, wo er gearbeitet hat, daß er ein ‚unbesprochen man‘ sei.“ (Cöln 1397.) Wie die Zunftgründer ihren Eid auf die Ordnung abgelegt hatten, so mußten auch alle später Eintretenden „mit upgereckden vingeren liffligen zen heiligen sweren“, mit erhobenen Fingern einen leiblichen Eid schwören.

An manchen Orten, zum Beispiel in Riga und Stettin, waren Mitte des sechzehnten Jahrhunderts solche Fremde, die früher schon einmal Haus und Hof oder „Rauch und Schmauch“ gehabt, also selbständig gewesen waren, nicht berechtigt, sich in der Stadt niederzulassen, ausgenommen „kunstreiche Meister“ oder solche Gesellen, die das Bildschnitzen verstanden, an denen scheinbar Mangel war. In München mußten die jungen Meister Haus und Weib haben; hier wurde 1427 und schon früher verlangt, daß jeder, der als Meister im Handwerk arbeiten wollte, einen „Rauch“ und ein eheliches Weib haben müßte oder Witwer sei, ferner mußte er, falls er ein Fremder war, einen Brief von der Stadt, dem Markt oder Dorf, woher er stammt, vorweisen, daß er „ein frommer, wolgesinnter Mann“ sei, seine Steuern richtig gezahlt (der Stadt genug getan) habe. In Würzburg war die Wiederaufnahme ehemaliger Selbständiger unter gewissen Bedingungen möglich. In Cöln verfügte 1731 der Rat, in Ratifikation eines Reichsgutachtens, daß, wenn ein Geselle seine Arbeit unterbräche und „zu dieser oder jener Herrschaft fürnehmen oder geringen Standes in Dienste sich begit“, ihm dies bei einem späteren Rücktritt nicht hinderlich werden dürfe, wenn er richtig gelernt, das Meisterstück gemacht und in jener Zeit nicht unqualifizierte Arbeit verrichtet habe.

Die eheliche Geburt spielte im Mittelalter bekanntlich eine große Rolle, und sowohl Lehrlinge und Gesellen, wie auch die Meister mußten sich vor ihrer Aufnahme darüber ausweisen. Reichsverfügungen, sogenannte Reichstagsabschiede, wurden gegen diesen Gebrauch, meist mit zweifelhaftem Erfolg, erlassen. Auch der Frankfurter Rat verfügte 1609, „daß den Handwerkern und Zünfften über Kundtschaft eelicher Geburt Zeugen abzuhören, hinfurters verpotten sein soll.“ Die sehr geschäftstüchtige württembergische Landesherrschaft ließ sich nach einer „Taxordnung“ vom Jahre 1808 die „Legitimation ehelicher Geburt“ mit 6 Gulden bezahlen.

Schon sehr bald wurde aber auch der Nachweis der wirklichen handwerklichen Befähigung verlangt, und zwar verließ man sich dabei nicht auf fremdes Zeugnis, sondern forderte die Anfertigung von Meisterstücken an Ort und Stelle. Darüber wird auf den Seiten 171 ff. und 215 ff. Näheres berichtet.

5. Die Vererbung des Zunftrechtes.

Zu den Zeiten des Hofrechtes wuchsen die Kinder pflichtgemäß in das „Amt", das heißt in das dem Vater übertragene Handwerk hinein; aber sie mußten es nicht nur fortführen, sondern sie machten sich hieraus, wie auf S. 12 beschrieben wurde, allmählich ein Recht, das in die Freiheit wies. Den Grundsatz der Übertragung übernahmen die zum Städter gewordenen Handwerker in ihre Zunft, und zwar galt er ihnen als so selbstverständlich, daß er in die Ordnungen selten in besonderer Formulierung eingesetzt wurde. Die 1427 erneuerte Kistlerordnung von München sagt aber ausdrücklich: „Es soll auch eines yedlichen Maisters sun oder tochter alle die recht haben, die ir vater und muter gehabt haben." Der Grundsatz kommt aber auch noch in der vielfältigen Bevorzugung der Meistersöhne, über die wir auf S. 171 ff. berichten, zum Ausdruck. Die Cölner Urkunde von 1397 spricht sich darüber so aus: „Ferner sollen die Meisterskinder, die an diesem Amte geborene Bürger sind, die Bruderschaft frei haben (d. h. kein Eintrittsgeld zahlen müssen), sofern sie Meister des Amtes werden und es ausüben wollen." Hier ist also von „Meisterskindern" die Rede. Später scheint in Cöln eine Eintragung der vor der Zeit des Eintritts in die Zunft geborenen Kinder vorgeschrieben gewesen zu sein. Bezeichnend für die Buchstabenklauberei in der Zeit des Niederganges der Zünfte war der Fall, daß ein Geselle, der 17 Jahre bei seinem Vater in Cöln gearbeitet hatte, nicht zum Meister gesprochen werden sollte, weil er drei Wochen bevor der Vater das Meisterrecht erworben hatte, geboren worden und nicht nachträglich eingetragen worden war. Es bedurfte des Einschreitens der Obrigkeit. Bekanntlich haben schon seit dem frühen Mittelalter auch die Witwen und Töchter ein Zunftrecht besessen, worüber im Kapitel „Frauen und Töchter" Ausführlicheres zu finden ist. (S. 256.) Bei den Meistersöhnen war ein Entschluß, dasselbe Handwerk zu wählen, das der Vater ausgeübt hatte, notwendig, um der Vorrechte teilhaftig zu werden; bei den Witwen und Töchtern ging die Übertragung ganz mechanisch vor sich und hatte deutlich den Charakter der sozialen Fürsorge.

Mit der vermögensrechtlichen Erbschaft hatte die Übertragung des Zunftrechtes an sich noch nichts zu tun, wenn beide auch oft gleichzeitig nebeneinander wirksam wurden. Die Gerechtsame war rein ideell. Starb ein Meister ohne Tochter oder Sohn, die indirekt oder direkt die Werkstatt hätte fortführen können, zu hinterlassen, so erlosch ohne weiteres sein Amt. Die Witwe konnte, wozu aber auch oft ein Gnadenerlaß notwendig war, die Werkstatt mit Gesellen noch eine bestimmte Zeit fortführen. Heiratete sie aber in dieser Frist nicht wieder, so daß keine gelernte Kraft die Führung des Amtes übernehmen konnte, dann war ihr Recht beendet. Bei der Tochter haftete das Recht an ihrer Person, und ihr künftiger Mann genoß die Vorzüge dieses Rechtes auch dann noch, wenn der Schwiegervater bereits gestorben und dessen Werkstatt eingegangen war. Oft mag dieses Zunftrecht im zweiten Glied die einzige Mitgift einer hinterlassenen Tochter gewesen sein.

Die käufliche Übertragung des Zunftrechts war lange Zeit undenkbar. War das Recht doch eben der Ausfluß einer persönlichen Handfertigkeit, die auch nicht käuflich übertragen werden konnte und einen materiellen Ertrag nur dann abwarf, wenn die Handfertigkeit von dem Inhaber des Rechts selbst, oder unter seiner Leitung von seinen Hilfskräften ausgeübt wurde. Die Vorstellung, daß man eine Werkstatt kaufen und gar ohne eigene handwerkliche Vorkenntnisse nur durch Hilfskräfte betreiben lassen könnte, war dem Mittelalter und auch der neueren Zeit fremd. Eine Ausnahme bildeten die „Gerechtigkeiten" der Sägemühlen usw., die am Hause hafteten. Noch 1722 lehnte man für das Handwerk eine solche Auffassung als unzünftig ab. Ein Hackenschmid z. B. kaufte in Zürich von einem Tischmacher ein Haus und gedachte darin dessen Handwerk weiter zu führen. Wohl wurde ihm der Kauf des Hauses amtlich bestätigt, das Handwerk aber verboten.

Eine Änderung in dieser grundsätzlichen Auffassung bereitete sich erst im 18. Jahrhundert vor, als der Niedergang des Zunftwesens nicht mehr aufzuhalten war und die kapitalistische Weltanschauung die Köpfe erfüllte. Dazu hatten die Zünfte ihr Teil selbst beigetragen, indem sie das ihnen zustehende Vorrecht in ungebührlicher Weise dazu benutzten, um die Gesellen, die nicht leibliche oder angeheiratete Nachkommen der Meisterschaft waren, von der Selbständigkeit auszuschließen. Ganz wurde ihnen dies von der Behörde freilich nicht gestattet, die für den Zuzug zum Handwerk sorgen wollte und wenigstens eine teilweise Zulassung der fremden Gesellen durchsetzte. Aber die Not der vielen, vielen Gesellen, die wegen der Beschränkung der Meisterzahl nicht zum Meisterrecht gelangen konnten, mußte sich irgendwie einen Ausweg suchen, und ihr kam das von der gesamten Zeitentwicklung begünstigte materielle Interesse der Meister entgegen. Nicht nur, daß die Zünfte bei der Verleihung des Meisterrechts weniger auf die handwerkliche Befähigung der Kandidaten als auf ihre Zahlungsfähigkeit sahen[1]), sondern die Meister suchten Wege, um das ihnen persönlich zustehende Ausübungsrecht in ein unpersönliches umzuwandeln und gegen bar zu verkaufen. Pribram[2]) schreibt über die „Realisierung" der Gewerbebefugnisse: „Die Fixierung der Meisterzahl hatte regelmäßig auch die Erscheinung zur Folge, daß den einzelnen Gewerbebefugnissen, je nach Maß ihres Ertrages, ein bestimmter Wert beigemessen wurde. Ganz begreiflicherweise: denn der abtretende alte Meister, der seinen Gewerbebetrieb aufgab und ihn nicht einfach auf den Sohn, Schwiegersohn oder einen anderen Verwandten übertrug, verstand sich regelmäßig nur gegen Zahlung einer bestimmten Ablösungssumme zu einer solchen Erklärung, durch welche er einem Gesellen die Möglichkeit bot, zum Meisterrecht zu gelangen. Der Einfluß des abtretenden Meisters bei Besetzung der durch seinen Verzicht erledigten Stelle war ausreichend, um dieselbe dem Käufer der Befugnis zuzuwenden. Die genugsam bekannten, auf dem weitestgehenden Einverständnis der Zunftmitglieder beruhenden Einrichtungen der Handwerkskorporationen machten dann diesen

1) Vgl. S. 191.
2) Pribram, Geschichte der österreichischen Gewerbepolitik.

Brauch zu einer ständigen Institution und damit zur wirtschaftlichen Basis der ganzen Zunftverfassung. Diese Realisierung der Gewerbebefugnisse hatte dann zur weiteren Folge, daß dieselbe seitens der Jurisprudenz als Vermögensobjekte aufgefaßt wurden, mithin als geeignete Träger aller jener Rechtsgeschäfte, deren Sachen im Rechtssinne überhaupt fähig waren (Kauf, Tausch, Schenkung, kurz entgeltliche und unentgeltliche Übertragung jeder Art, Belastung und Verpfändung). Auch an einer Anerkennung der mit den Gewerbebefugnissen vorgenommenen Rechtsgeschäfte seitens der lokalen Obrigkeiten fehlte es nicht; denn sie bildeten einen willkommenen Anlaß zur Einholung von Taxen, und dieser Umstand trug nicht wenig dazu bei, daß Magistrate und Dominien die Begründung von Realgewerben vielfach begünstigten." Ähnlich wie in Österreich lagen die Verhältnisse in Deutschland und sie wurden fast ebenso von allen Seiten, von den besitzenden Meistern, von den rechtlosen Gesellen und von der steuerlüsternen Behörde ausgebeutet. In München[1]) nannte man das Verfahren den „Bürgervergleich", und sogar Witwen und Kinder durften, falls sie selbst nicht handwerkstüchtig waren, ihre ererbte „Gerechtigkeit" gegen bares Geld übertragen; sie waren damit allerdings an einen gewissen Termin gebunden, konnten also nicht in solcher Ruhe, wie die abgehenden Meister selbst, auf den fettesten Käufer warten. Nach einer von v. Destouches gegebenen Statistik wurde in München im Jahre 1825 mit der Aufstellung solcher Gewerbebefugnisse begonnen. Man nannte sie hier „bürgerliche Gerechtigkeiten" und teilte sie ein: 1. in persönliche (die nicht verkauft werden durften), 2. in reale (die frei verkäuflich waren) und 3. in radizierte (die am Gebäude hafteten). Im Jahre 1845 wurde ein Durchschnittsverkaufspreis für die realen Gerechtigkeiten festgelegt. Er betrug bei den Drechslern 2500 Gulden, bei den Kistlern, Wagnern und Zimmerleuten je 2000 Gulden und den Geigen- und Lautenmachern und Musikinstrumentenmachern je 1000 Gulden, endlich bei den Büchsenschäftern 500 Gulden. Zu den radizierten, also am Gebäude haftenden Gewerben, gehörten die Furniermüller und Sägmüller, für die kein Durchschnittsverkaufspreis angesetzt wurde. Ein Durchschnittspreis fehlt auch für die realen Gerechtigkeiten der Galanteriekistler, Holzmesser, Holzuhrenmacher und -händler, Möbelfabrikanten und Sesselmacher. — Als persönliche (also unverkäufliche) Gerechtigkeiten sind die gesetzlich meist nur auf die eigene Person des Inhabers beschränkten Betriebe der „Meister auf eigene Hand", das heißt solcher Meister, die gar kein oder nur ein kleines Meisterstück gemacht hatten, anzusehen. Diese persönlichen Gerechtigkeiten überwogen die realen bei allen holzverarbeitenden Handwerken, zum Teil sogar bedeutend. Ein Vergleich der persönlichen und realen Gerechtigkeiten aus den Jahren 1825 und 1843 (letztere Zahlen sind in Klammern beigefügt) mag das beweisen. Büchsenschäfter 2 : 1 (2 : 1), Furniermüller 1 : 0 (0 : 0), Geigen- und Lautenmacher 2 : 1 (1 : 2), Kistler 29 : 23 (76 : 28), Holzuhrenmacher 1 : 0 (1 : 0), Musikinstrumentenmacher 2 : 1 (8 : 1), Möbelfabrikanten 1 : 0 (2 : 0), Wagner 6 : 3 (4 : 7), Wagenfabrikanten 2 : 1, (1 : 2), Drechsler 11 : 4 (15 : 6), Zimmerleute 3 : 3 (4 : 4). Eine Verbesserung der Verhältnisse, d. h. eine relative Abnahme der persönlichen und eine Zunahme der

[1]) Vgl. v. Destouches a. a. O., S. 5.

realen Gerechtigkeiten, aus der man nicht nur auf eine materielle, sondern, weil die Erfüllung der Meisterprobe zu Grunde lag, doch wohl auch auf eine technische Verbesserung schließen darf, findet sich nur bei den Wagnern und Wagenfabrikanten; eine Verschlechterung besonders bei den Musikinstrumentenmachern und in erschreckender Weise bei den Kistlern, bei denen in 18 Jahren die Zahl der realen, also auf ordentlichem Wege nach Ablegung eines Meisterstückes erworbenen Gerechtigkeiten nur von 23 auf 28, die der persönlichen, also minderen und unveräußerlichen Gerechtigkeiten von 29 auf 76 gestiegen ist. Hier liegt ein untrüglicher Beweis vor, daß die übergroße Zahl der nach Selbständigkeit drängenden Gesellen eben einfach nicht anders einzudämmen war, als indem man ihnen das kleine Meisterecht verlieh und sie „auf eigene Hand" arbeiten ließ, sicher nicht zum Vorteil des Handwerks in qualitativer Hinsicht; diese Gesellen begnügten sich lieber mit einer bescheidenen, wenn auch nur auf die eigenen Hände gestellten Existenz, als daß sie noch länger die Landstraßen bevölkerten.

Eine Ausnahme in der Vererbung des Meisterrechts sei noch erwähnt wegen ihrer seltsamen Begründung. In Basel wurde 1836 dem Sohn eines französischen Meisters das Meisterrecht verweigert, weil „bei Fremden die Rechte sich nicht vererben". Diese geringschätzige Beurteilung der „Fremden" bedeutete die Rache dafür, daß die Franzosen sich geweigert hatten, ein Meisterstück zu machen, und daß infolgedessen bei ihnen das Meisterrecht leichter zu erlangen war, was den Deutschen eine schädliche Konkurrenz bereitete.

6. Entziehung und Aufhebung des Zunftrechts.

Die Zunft behielt sich vor, wie sie ihr Zunftrecht „verlieh", es auch wieder zu nehmen oder zeitweise zu entziehen. Während eine dauernde Entziehung wohl nur sehr selten vorgekommen ist, machte die Zunft von der zeitweiligen Aufhebung oder Kürzung des Rechts um so öfter Gebrauch; letztere bestand meist in dem Verbot, Gesellen und Lehrlinge zu beschäftigen, oder in der Aufforderung an die Gesellen und Lehrlinge, ihren Meister zu verlassen. Eine solche Maßregel war zwar in keiner „Ordnung" festgelegt, doch hatte man ja eigenes Zunftgericht, und die Behörde pflegte selten von selbst, sondern erst auf Beschwerde des Betroffenen einzuschreiten. Tat sie es, dann machte man Einwendungen, und wenn dann endlich das Verbot des Gesellenhaltens wieder aufgehoben werden mußte, war der Zweck, nämlich die materielle Bestrafung, genügend erreicht. Zuweilen blieb aber die Zunft trotz obrigkeitlichen Befehls bei ihrer Verfügung. Der Cölner Meister Sebastian Schmitz zum Beispiel arbeitete 1765 mit unqualifizierten Leuten und hatte u. a. die Anfertigung eines Hochaltars mit einem fremden Bildhauer akkordiert, der die Arbeit in seiner Werkstatt ausführte. Die Zunft hob wegen dieser unerlaubten Handlung sein Meisterrecht auf, aber der Rat verlangte von ihr, sie sollte die Aufhebung rückgängig machen. Die Zunft folgte dieser Anordnung nicht, weil der bestrafte Meister sich ihrem Willen nicht unterwarf. Der älteste „Kammerherr" kam der Zunft zu Hilfe. Er bezeichnete den Schmitz als händelsüchtig, der eigentlich zeitlebens suspendiert zu werden verdiente. — Die dauernde Entziehung des Meisterrechts erfolgte im allgemeinen nur dann, wenn ein Meister die Stadt über einen gewissen Termin hinaus verließ. Der Meister Esias Gruber aus St. Gallen z. B. hatte in Augsburg 1554 das Meisterrecht erworben, aber nicht bezahlt und war dann fortgezogen. Da er über einen vom Rat mehrfach verlängerten Termin ausblieb, wurde ihm das Augsburger Meisterrecht dauernd wieder entzogen.

7. Der Geltungsbereich des Zunftrechts.

Der eben geschilderte Fall legt die Frage nahe, wie weit geographisch denn das Zunftrecht und damit das verliehene Meisterrecht Geltung gehabt haben. Die Antwort kann nicht anders lauten als: das Zunftrecht kann nicht weiter im Umkreis Geltung gehabt haben, als die Zunftmacht reichte, also nicht über die, je nachdem die politischen Möglichkeiten dies zuließen, mehr oder weniger weit gezogenen Grenzen der Bannmeile. Das konnte auch gar nicht anders sein, denn nicht weit davon lag ja schon wieder eine andere Stadt, die ihre eigene Bannmeile gezogen hatte. Die berufliche Qualifikation eines Fremden würde man wahrscheinlich nicht angezweifelt haben, wenn der betreffende Meister aus einer Stadt kam, wo man eine ordnungsmäßige Meisterprüfung vorzunehmen pflegte. Aber darauf kam es ja gar nicht an, und selbst ein berühmter Augsburger Meister würde auch in einer unbedeutenderen Stadt keine Arbeitserlaubnis erhalten haben; erst recht nicht, denn die Abgrenzung war ja geschehen, um die in der Heimat zu vergebenden Arbeiten lediglich für die eingesessenen Meister zu reservieren, und da konnte man eine so bedeutende Konkurrenz schon gar nicht gebrauchen. Ausnahmen kamen vor, aber sie waren gewiß selten. Zum Beispiel im Jahre 1587 baute der berühmte Tischler Tönnis Evers in Lübeck die Kanzel der Marienkirche in Wismar. (Vgl. S. 347.)

Die kurfürstliche Regierung in Bonn verfügte 1728, daß künftig kein Meister aus Cöln mehr dort arbeiten durfte. Als Meister Simon Riegel in Cöln von einem Schlosser Beckmann nach Bonn gerufen wurde, um dort für ihn eine Scheuer zu errichten, versuchte er, das Gebot zu übertreten und die Arbeit auszuführen. Er wurde aber abgefaßt, erhielt acht Tage Arrest, und außerdem wurde ihm sein Werkzeug weggenommen. Aber im Jahre 1764 kam der Tag der Rache. Die Cölner Zunft zeigte ihrem Rat an, daß ein geschenkter, also ein zünftiger Meister aus Bonn im Begriff sei, mit vier Gesellen im Hause des Grafen Anton von Hohenzollern einen eingelegten Fußboden samt Lamperie „anzulegen und im completen Standt zu stellen". Die vier Zunftmeister beriefen sich in ihrer Anzeige darauf, daß bei ähnlichen Vorkommnissen die Zunft in ihrem Schutzverlangen stets befriedigt worden wäre, so zum Beispiel gegen den Marschall von Metternich 1644, den Prälaten von Siegburg 1670, die würdigen Meister des Klosters im Piltzengraben 1695, „es seyen Geist oder weltliche Personen, Manns- oder Frauencloster gewesen, in specie wider die Abtey zu Groß St. Martin, wider die Patres Dominicanos et Societatis Jesu, wie auch wider die Alexianer und Marthschwestern". Man sieht, es waren immer die hohen Herren, die sich um Zunftrechte nicht bekümmern wollten; sie hatten dabei nicht immer die Entschuldigung für sich, daß es ihnen nur auf die Qualität angekommen wäre. (Näheres über solche oder diese Prozesse siehe S. 426 ff.)

Fast gleichzeitig, also sicher nach vorhergehender Vereinbarung, ordneten gegen die Mitte des 14. Jahrhunderts (genau: 1335, 1336, 1355) die Stadtverwaltungen in Cöln, Zürich und Frankfurt am Main eine Art von „Recht auf Arbeit“ für auswärtige Meister des Bauhandwerks an. Welches der Grund dafür war, kann nicht mit Sicherheit festgestellt werden, doch kann man mit Wahrscheinlichkeit vermuten, daß die eingesessenen Bauleute wegen des starken Anwachsens der Städte, die ihre Arbeit sehr gesucht und wertvoll gemacht hatte, sich auf das hohe Pferd gesetzt und allerhand Forderungen und Übergriffe sich erlaubt hatten, denen die Stadtverwaltungen mit der auswärtigen Konkurrenz begegnen wollten. In Cöln hielten[1]) Rat und Richerzelle an dem Standpunkt fest[2]), daß alle Werkleute, sowohl die zünftigen, das heißt die Zimmerleute, Steinmetzen und Dachdecker, als auch die unzünftigen die Arbeit fremder Bauhandwerker dulden müßten. Erst der Zunftbrief der Steinmetzen und Zimmerleute von 1397 entzog den Fremden grundsätzlich das Recht auf Arbeit. Aber er enthielt noch eine Einschränkung. (Die betreffende Stelle lautet: Ausgenommen jedoch, wenn irgendein Mann in Cöln eine Arbeit machen ließe oder zu verdingen hätte, die das Amt angeht, die mag der Meister, der sie in Cöln unternommen oder begonnen hat, ausführen oder vollenden, ohne daß darüber ein Streit oder eine Einrede des Amtes geschehen dürfte.) Diese Einschränkung erregte den Zorn der Handwerker. Der Zunftbrief wurde 1402 durch einen neuen ersetzt, der unter anderem die bisherige Einschränkung fortließ, aber doch die neue Bestimmung enthielt, daß jeder auswärtige Fachgenosse *einen* Bau in Cöln fertigstellen dürfte, ohne der Zunft beizutreten. Dabei blieb es weiterhin; in der Praxis überschritten die fremden Meister sogar diese Arbeitsbefugnis. In Zürich bewilligte der Rat den auswärtigen Bauhandwerkern, die zum Bau des Rathauses nach Zürich gekommen waren, die Befreiung von irgendwelchen Verpflichtungen gegen die örtliche Zunft. Den Frankfurter Bauleuten wurde auferlegt, daß sie jeden arbeiten lassen müßten, er sei Bürger oder Fremder. Später wurde die Freiheit der Fremden hier auf einen Monat eingeschränkt; auch sollten sie keinen Neubau übernehmen dürfen. Doch schon 1496 durften sie wieder einen „nuwen kelter“ ausführen.

Im Jahre 1720 bat in Frankfurt am Main der Schreinermeister Carl Matern des Teutschordens um Anerkennung seiner Meisterschaft. Ob sie ihm gewährt worden ist, erscheint zweifelhaft, da der berühmte Instrumentenmacher Johann Diehl, der 1789 vor der französischen Revolution aus Paris geflohen war und sich in seiner Vaterstadt Frankfurt niederlassen wollte, sich die Anerkennung erst auf dem Wege eines langen Rechtsstreits erkämpfen mußte. Schon damals war die Wohltat zur Plage geworden, weil ein berühmter Meister ausgesperrt und damit die Konsumenten von seinen Werken ferngehalten werden sollten.

Die Unhaltbarkeit der im Mittelalter der heimischen Handwerksblüte sehr förderlich gewesenen Einrichtung der Zunftbeschränkung wurde immer deutlicher, je einheitlicher die sonstige Verwaltung des Landes sich herausbildete. Der Magistrat von Ulm entschied daher 1829, daß ein einmal erteiltes Meisterrecht in sämtlichen Zunftbezirken des Landes anerkannt werden müsse. Noch viel

[1]) von Loesch a. a. O., I., S. 120.

[2]) Die Verfügung ist abgedruckt bei Stein, Verfassung von Cöln II., S. 6 u. 7.

weiter ging der Rat in Basel, der 1849 erklärte, daß derjenige, der schon irgendwo Meister gewesen wäre, das Meisterstück nicht noch einmal zu machen und die Gebühren nicht zu zahlen brauchte. Damit war ein dicker Zopf abgeschnitten.

8. Verbot der Doppelzünftigkeit.

Da das ganze Zunftwesen hauptsächlich eine Ordnung des Erwerbslebens bedeutete, derart, daß nach erfolgter Einordnung und Beschränkung (in der Zahl der erlaubten Gesellen usw.) des einzelnen innerhalb des Gesamtorganismus, jeder sein Brot finden sollte und konnte, so war es nur folgerichtig, daß niemand zwei Handwerke gleichzeitig ausüben durfte. Damit würde er einmal die Brüder des anderen Handwerks in ihrem Erwerb beeinträchtigt haben, zum andern wachten die Zunftgenossen des eigenen Handwerks mit demokratischer Eifersucht darüber, daß keiner erheblich mehr verdiente als der andere. Wie konnte er auch? War ihm doch die Zahl der Arbeitskräfte, die Arbeitsstunden, der Lohn und manches andere genau und bei hoher Strafe vorgeschrieben. Ein Unterschied konnte sich nur dadurch herausbilden, daß der eine seine Zeit besser auszunützen verstand, eine größere Handfertigkeit besaß als der andere, und deshalb die schöneren und lohnenderen Arbeiten erhielt.

Unter solchen Umständen lag die Gefahr nahe, daß man in ein anderes Handwerk zu pfuschen versuchte. Tatsächlich ist das zuerst heimlich und später ganz offen betrieben worden und nahm endlich so überhand, daß Kaiser Sigismund (1411—1437) von Reichs wegen dagegen einschritt, indem er befahl, „daß keiner ein anders oder mehrers Gewerb und Handwerk treiben soll, als ihme gebühret, auch keines dem andern in seiner Handthierung und Nahrung Eintrag thun soll, damit jedermann vor sich und die Seinigen die Nothdurfft erwerben und sich ehrlich ernähren möge“. Auf die Überschreitung dieses Verbotes wurde gesetzt: 40 Mark Gold und „in eines Römischen Königs Kammer gehen“, das heißt: Gefängnis.

Auch der Rat von Zürich verbot 1430 ausdrücklich die Doppelzünftigkeit. In Frankfurt am Main scheint vor dem Erlaß des Reichsverbots die Doppelzünftigkeit von der Obrigkeit mindestens nicht verboten, vielleicht sogar erlaubt gewesen zu sein, weil mancher Handwerker in den Bürgerbüchern der Stadt an zwei Stellen, d. h. bei zwei Berufen eingetragen worden ist. Bücher[1]) findet in seiner Berufsstatistik, daß im Jahre 1440 im Vergleich zum Jahre 1387 die meisten der Holz und Horn verarbeitenden Gewerbe erheblich verminderte Zahlen aufweisen und einzelne damals vertreten gewesene Spezialitäten jetzt fehlten. Er spricht die Vermutung aus, daß die Wiederaufführung deshalb nicht mehr stattgefunden habe, weil es sich meist um Handfertigkeiten handelte, die entweder, wie diejenige der Säger, im Taglohn oder, wie diejenige der Korbmacher, Flechter und Besenbinder, vielfach im Nebengewerbe ausgeübt wurden. Liegt aber nicht die Wahrscheinlichkeit nahe, daß die Eintragung deshalb nicht mehr erfolgte, weil inzwischen das erwähnte Reichsverbot erlassen worden war? Allerdings ist die Doppelzünftigkeit in Frankfurt auch weiterhin noch vorgekommen, denn Bücher fand, daß im Jahre 1430 ein Kistner gleichzeitig

[1]) Bücher, Die Bevölkerung Frankfurts, I., S. 138.

Schifferknecht und Fischer, ein anderer 1479 gleichzeitig Krämer war; ein Snitzer war 1446 nebenher Arbeiter, und ein Bildschnitzer übte 1488 auch das Handwerk eines Schreiners aus.

Um das Reichsverbot scheint man sich an manchen Orten nicht viel gekümmert zu haben, ein Schicksal übrigens, das dieses Verbot mit so manchen anderen handwerklichen Landesedikten teilte, denn es wurde immer wieder darauf hingewiesen. In der den Tischlern in Stettin 1548 erteilten Rolle finden wir die Bestimmung, daß die Kistler sich „jeder anderen Hantierung, als Kaufmannschaft, Bierbrauens (!) u. a." gänzlich enthalten sollten.

Ein beliebter Ausweg war es, zu einem anderen Handwerk überzutreten, dieses dann durch Gesellen betreiben zu lassen, selbst aber heimlich das frühere Handwerk weiter auszuüben. Hier schob der Rat von Cöln 1489 einen Riegel vor, indem er verbot, daß jemand zu einem anderen Handwerk übergehen dürfte, wenn er dieses nicht persönlich ausübte, das heißt ausüben könnte, und auch dann durfte er Gesellen nur für die Arbeiten seines Hauptberufs beschäftigen.[1])

Im Kapitel „Grenzgebiete" sind zahlreiche Fälle aufgeführt, in denen Zimmerleuten und anderen Handwerkern die Ausführung gewisser Kistlerarbeiten gestattet war. Aber es handelte sich hier, wohlgemerkt, immer nur um gewisse Stücke, die nicht die feinere Technik verlangten, und es wurde, damit nicht etwa ein Handwerk daraus würde, meist eine besondere. Bestimmung dazu erlassen über den Ort und die Zeit, wo solche Arbeiten ausgeführt werden durften; auch sollten keine Gesellen des Kistlerhandwerks dafür angestellt, sondern die Ausführung nur von den Meistern selbst übernommen werden.

Ausnahmen von der Regel des Verbots der Doppelzünftigkeit mußten besonders beantragt und genehmigt werden. Der Kistler Hanns Prestlin in Augsburg hatte 1587 eine Sägemühle „vor dem undern Neuen, ganz am Sparrenbächlin" von einem halben Jahr zum andern und zwar „von den Wolgeordneten dieser Statt Bauherren", also von der Behörde selbst gepachtet. Sowohl die Kistler als auch die Sägemüller wollten ihm die gleichzeitige Ausübung beider Handwerke gestatten, doch verlangten die Sägemüller, daß er „ihre Gerechtigkeit erkaufe". — Ein ähnlicher Fall mit einer Sägemühle ereignete sich in Augsburg im Jahre 1650. „Hanns Dürsch, Burger und derzeit Huckher (Höker, Kleinkaufmann) allhier", hatte von Hainrich Mayer eine kleine Fourniermühle „von halb zu halben Jahren abbestanden", also gemietet und darauf geschnitten: „Aichen- und Bürenpäumen und Eschen furnier, auch Gesimbsholtz, Glaßgehängel und feuchten (fichten) ladenbrettlin". Die Sägemüller wollten ihm das nicht erlauben, weil niemand zwei Handwerke gleichzeitig ausüben dürfte. Die Kistler, Scheffler und Schäfter, die augenscheinlich seine Kunden waren, machten wiederholt Eingaben für ihn. Er und sein Bruder hätten ganz besondere Geschicklichkeit und Fleiß im Schneiden von kleinen, zu den Furnieren gehörigen und nötigen Stücken, „dergleichen an nahend und weitgelegenen orthen nit baldt wirdt gefunden werden". Von Ulm und München her bedienten die Kistler sich dieser Mühle; die Münchener ließen sogar ihr „Birenbäumenholtz" dahin senden und auch „Ebenholtz und Helffen-

[1]) Vergleiche den den Drechslern in Cöln 1620 gestatteten Übertritt zum Kistlerhandwerk und die gleichzeitige Ausübung beider Handwerke auf Lebenszeit. (S. 68.)

»Zierlicher und schöner Auffzug welcher von den Schreiner Gesellen zu Franckfurt am Mayn von den 14. bis 17. Febr. Anno 1659 öffentlich geschehen und gehalten worden.« Kupferstich.

Wahre Abbildung

Des schönen Umzugs,

So in des Heil. Röm. Reichs freyen Stadt Nürnberg

Mit Oberherrlicher Erlaubnuß

Von dem Löblichen

Schreiner-Handwerck/

So wohl von der Meisterschafft, als denen Gesellen,

Bey Verwechslung ihrer Herberg zwey Tage nacheinander, nemlich den 22. und 23. Januarii Anno 1731. solenniter gehalten worden.

Erklärung der Ziffern.

1. Ein Rug-Amts Bedienter.
2. Erste Bande der Musicanten mit Hautboisten und Waldhörnern.
3. Zwey Knaben, tragen das Portrait eines verstorbenen Schreiner-Meisters, Johann Brutschers / so ein Nahmhafftes denen Schreinern gestifftet.
4. Zwey Leib-Schützen.
5. Der Hauptmann, mit einem Richtscheid, auf welchem ein Adler.
6. Ein Knab, so des Hauptmanns Stock trägt.
7. Der Fähndrich, mit einen von Hobel-Spähnen geflochtenen Fahnen.
8. Drey Knaben, jeder einen guldenen Becher tragend.
9. Die vier geschwohrne Meister, mit Federn auf den Hüten.
10. Die Meister Laden, wird von vier Meistern getragen.
11. Diese Laden wird von vier Meistern mit künstlich-gemachten Partisanen von Holtz gemacht, beschützet.
12. Diesen folget die gantze löbliche Meisterschafft in schwartzer erbarer Kleidung, mit Mänteln, ohne Federn auf den Hüten.
13. Zwey Sergeanten, so den Zug der Meisterschafft beschliessen/ mit schönen Partisanen.

Hierauf folget die gantze Gesellschafft des Löblichen Schreiner Handwercks.

14. Der Platz-Major oder Führer.
15. Zweyte Bande Hautboisten und Waldhornisten.
16. Zwey Leibschützen, so grosse Schnitzer tragen.
17. Ein Hauptmann mit einen Richtscheid, darauf ein Adler stehet, mit einen Circkel in Schnabel.
18. Ein Knab, so des Hauptmanns Stock trägt.
19. Zwey Fähndriche so den Fahnen schwingen.
20. Ein Führer so den Fahnen trägt.
21. Ein grosser Circkel wird von zweyen Gesellen getragen.
22. Zwey Gesellen deren einer ein Säulen-Buch trägt, als den Anfang zur Architectur, und der andere ein Reiß-Brett mit einem schön gezeigneten Portal.
23. Nun folgt die Ordnung der fünff Säulen, als erstlich Toscana, oder Rustica, wurde von einem Bauern getragen.
24. Die 2te Dorica von einem geharnischten Mann.
25. Die 3te Jonica, trug eine schön verkleidete Weibs-Persohn mit aufgesetzten Haaren.
26. Die 4te Corinthia von einer züchtigen Jungfrau getragen.
27. Die 5te Composita wurde von einem Römer in antiquer Kleidung getragen.

Diese fünff Personen waren verkleidete Gesellen des Handwercks.

28. Der Stuckmeister, mit einem Maßstab.
29. Wurde das schöne, und mit Fleiß verfertigte Portal von acht Persohnen getragen.
30. Vier Gesellen mit blossen Degen beschützen dasselbe.
31. Der Gesellen Schreiber.
32. Die 3. Laden-Gesellen in Mänteln und Federn auf den Hüten.
33. Dann wurde die Gesellen-Lade von 4. Gesellen auf denen Schultern getragen.
34. Und von 4. Gesellen mit entblößten Degen beschützet.
35. Ein Gesell in Mantel, trägt einen groß vergulden Willkomm-Becher.
36. Zwey Gesellen gleichfalls in Mänteln, jeder eine grosse Zinnerne Schenck-Kanne tragend.
37. Zwey Gesellen tragen die Krach-Steine zu den Schenck-Kannen.
38. Die 4. Jahrs-Zeiten, so abermahl verkleidete Gesellen gewesen, als erstlich der Frühling, als ein schönes Frauen-Zimmer mit Haaren und Blumen aufgeputzt, so ein Cornu Copiae mit Blumen gefüllt, in den Händen hat.
2) Der Sommer, gleichfalls in Frauenzimmers-Tracht vorgestellt, ein Bündgen ungedroschen Getraid und eine Sichel tragend.
3) Der Herbst, als eine corpolende Manns-Person, mit grünen Laub behangen, so eine Schaalen mit Früchten, und einen Becher mit Wein trug.
4) Der Winter als ein alter Mann in Beltz verhüllt, mit einer Kohl-Pfanne.
39. Cupido mit Pfeil und Bogen.
40. Schäffer und Schäfferin.
41. Die 3te Bande Musicanten.
42. Ein Hauptmann mit einen Richtscheid, mit einem Löwen-Kopf gezeichnet.

Denne folgete die übrige Gesellschafft mit den Degen an der Seiten, und von Hobel-Spähnen artlich gemachten Feder-Büschen auf den Hüten, davon ein jeder ein Stuck ihres Werckzeugs trug; aus welchen man trincken kunte.

43. Als die zwey ersten trugen Beil und Segen.
Das 2te Paar, Scharff-Hobel und Schlicht-Hobel.
Das 3te Paar, lange Hobel, als Stein- und Füg-Banck.
Das 4te Paar, Winckel-Hacken und Streich-Model.
Das 5te Paar, Winckel-Maaß und Geh-Maaß.
Das 6te Paar Hammer und Trag-Bohrer.
Das 7te Paar, Knüpffel und Ball-Eisen.
Das 8te Paar, trug Leim-Pfanne und Schraub-Zwingen.
Das 9te Paar, Simms-Hobel und Stech-Beidel.
Das 10te Paar, eiserne Hobel und Laub-Segen.
44. Ein Lieutenant beschloß den Zug, führete ein Richtscheid mit einen Dolphins Haupt gezieret.
45. Ein lustiger Bauer mit seinen Grätgen, der Bauer mit dem Drüschel, und die Bäurin mit einen Rächen.

(o)

Nürnberg,
Gedruckt und zu finden bey Johann Daniel Endter.
MDCCXXXI.

Umzug der Nürnberger Schreinermeister und -gesellen in eine neue Herberge im Jahr 1731. Die Reihenfolge eines solchen Zuges war festgelegt. Hier sind die Figuren numeriert und einzelne Personen oder Gruppen erläutert. Radierung und Kupferstich, Germanisches Nationalmuseum, Nürnberg.

bain" dort schneiden. „Andere, so sich dises Furnirschneidens berühmen, konnen solches beeden gebrüdern nit nach, vil weniger bevor thuen". Dürsch schneide, wie sie angaben, sein Holz nur einen halben Zoll dick. Der Senat erließ auf diese Petitionen folgendes Dekretum: „Auf der Verordneten über der Kistler, Sägemüller und Floßleuth Ordnung, auch (auf) deren von Kistlern, Schefflern und Schifftern sonderbahren (besonderen) Bericht, ist Hanssen Dürschen, Huckheren bewilligt, ob der von Heinrich Mayr, Seegmüllern, bestandenen kleinen Furniermühl, sein Furnierschneiden neben Verkauffung deß klein geschnittenen Furnierzeugs, — biß die von Seegmüllern mit dergleichen taugenlichen Furnierschneiden zur genugsamen Ferttigung berürter Handtwerckh versehen sein[1]), — neben seiner Huekhersgerechtigkeit ferners zu treiben, doch daß er seinen geschnittenen Zeug nit bey der Huekh sondern bey der Mühl verkauffen soll". Die Kistler hatten übrigens noch geschrieben, sie zweifelten nicht, daß der Rat selbst geneigt sein werde, „daß die Küstler (wohl Künstler) und fleißigen Arbeiter eines besonderen Außbundes (von besonderer Befähigung) in die Stadt uffgenommen und darbey erhalten werden, welches gemeiner Statt zue Lob, ruhm und aufnahm geraicht". — Jahre vorher hätte übrigens schon ein anderer Kistler, namens Prestlig (gemeint ist der vorher erwähnte Prestlin), eine Furniermühle in Augsburg betrieben und sei ganz unbehelligt geblieben.

Noch ein anderer Fall von Doppelzünftigkeit ist aus Augsburg zu erwähnen, der zugleich von einer besonderen Milde gegen eine Meisterswitwe zeugt. Susanne Herbin, des Kistlers Herben (Herb) Witwe bittet, ihrem neuen Bräutigam, der unehelich (auch noch diese Erschwerung!) geboren sei, das Bürgerrecht zu gewähren. Dem Bräutigam wurde erlaubt, sein „Porttenwürckher-(Bortenwirker-)Handwerk", aber nur mit je einem Gesellen und Lehrling, weiterzuführen; daneben durften beide zusammen das Kistlerhandwerk, das die Witwe Herbin erblich besaß, betreiben.

Die Obrigkeit behielt sich grundsätzlich das Recht vor, gegebenenfalls die Doppelzünftigkeit zu erlauben. So schrieb 1784 die Hofkanzlei in Wien an die Regierung, es unterläge keinem Anstande, einem Individuum nach Maßgabe der Umstände auch mehrere Gewerbe zu verleihen[2]). Und das sogar zu einer Zeit, in der alle Zünfte über eine große Übersetzung, das heißt Überfüllung ihrer Handwerke klagten. Die vollkommene Aufhebung der Zünftigkeit stand eben schon vor der Türe und wurde von der Regierung ernstlich erwogen.

Die „Ordnung und Reformacion guter Policey in den fünf Niederösterreichischen Landen von 1552 verbot zwar das Vereinigen mehrerer Handwerke in einer Hand, was den Großbetrieb fördern müßte, erlaubte es aber ausdrücklich für solche Gewerbe, „die einander eenlich sind"; so sollte „ain Zimmermannn ain Tischler sein" dürfen[3]).

Nach einer „Taxordnung" vom Jahre 1808 hatte die Landesherrschaft in Württemberg feste Preise für allerhand Dispensationen von den Zunftregeln fest-

---

[1]) Also waren die Berufs-Sägemüller damals noch gar nicht auf solche feine Arbeit, wie Furnierschneiden, eingerichtet.

[2]) Pribram a. a. O., S. 417.

[3]) Festschrift und Urkundenbuch zum 300jährigen Gedenkfest der Zimmerinnung zu Breslau, Breslau 1864.

gesetzt, so auch für die Ausübung eines zweiten Handwerks, die 8 Fl. kostete. Nach einer Verfügung des Jahres 1824 wurde diese Erlaubnis erteilt „zur Unterstützung des höheren Kunstfleißes, der, um den Fabrikaten die letzte Ausrüstung zu geben, ein ähnliches Handwerk, in welchem er nachgewiesenermaßen die erforderlichen Kenntnisse besitzt, mit seinem bisherigen zu verbinden wünscht". Den Bildschnitzern in Cöln war um 1700 die gleichzeitige Ausübung des Schreinerhandwerks unter gewissen Bedingungen gestattet und vordem diesen beiden Handwerken gegenseitig in Basel seit dem Jahre 1526.

9. Die Korporation der Zünfte.

Oft sind mehrere Zünfte miteinander vereinigt gewesen. Die Gründe hierfür waren sehr verschiedener Art und teils in wirklichen inneren Zusammenhängen, teils nur in bureaukratischen Maßnahmen begründet. Die Regel aber war, daß man die zum Bauhandwerk gehörigen Zünfte auch äußerlich zusammenfaßte. Eine davon galt als die Hauptzunft, gewöhnlich war es die der Zimmerleute oder Steinmetzen. Es kamen aber auch ganz seltsame und willkürliche Vereinigungen vor. Nur in wenigen Fällen ist die äußere Zusammenfassung und Trennung der Zünfte von Bedeutung für die Entwicklung der in ihnen betriebenen Gewerbe gewesen. Wir können uns deshalb mit einer kurzen Übersicht begnügen.

In A a c h e n war schon 1386 die Hauptzunft die der Zimmerleute[1]). „Bis zum Jahre 1428 hatten sich in Aachen zehn Gewerbe zu Genossenschaften vereinigt, darunter die Zemerlude mit eren kleynen zobehoren ambachten (mit ihren kleinen zugehörigen Ämtern). Es liegt die Wahrscheinlichkeit vor, daß die in der Folge bekannten angegliederten Zünfte, nämlich die Steinmetzen, Schreiner und Leiendecker ebenfalls, wenigstens zum Teil, um diese Zeit bestanden."

In A u g s b u r g waren seit 1341 die Zimmerleute, Kistler und Maurer in einer Zunft vereinigt. Damit ist natürlich nicht gesagt, daß nun auch ihre Ordnungen und inneren Einrichtungen über einen Leisten geschlagen gewesen wären. Das war durchaus nicht der Fall, denn ihre handwerklichen Angelegenheiten wurden mit möglichster Spezialisierung getrennt behandelt und oft gegeneinander abgewogen. Also seit jener Zunftrevolution des Jahres 1341 sind die Zimmerleute und Kistler in einer Zunft zusammengewesen, und sie sind zusammengeblieben bis zum Jahre 1715, also fast 400 Jahre; erst dann wurden die Kistler auf ihren Wunsch von den Zimmerleuten, Maurern und Hafnern getrennt. Durch diese lange Zusammengehörigkeit ist die Gemeinsamkeit der Interessen gefördert worden, und es konnten die Grenzstreitigkeiten leicht erledigt werden. Allerdings hatten schon 1580 die Zimmerleute eine Trennung von den Kistlern beantragt und sich dabei als die ältere Zunft bezeichnet. Die Gründe für dieses Begehren waren aber mehr vermögensrechtlicher Natur, und da die Kistler die Trennung ablehnten, wurde sie nicht vollzogen. Daß die Maurer mit in der äußerlichen Gemeinschaft waren und im Jahre 1557 aus irgendwelchen Gründen die Hafner dazu traten, hat natürlich das Handwerk der Kistler in keiner Weise berührt. Die kleineren Gewerbe, wie Büchsenschäfter, Sesselmacher usw., waren

---

1 Vgl. Hermandung a. a. O., S. 11.

zünftig von den Kistlern abhängig. In Augsburg hat nicht, wie an anderen Orten, wie zum Beispiel in Lübeck, eine Trennung innerhalb des Tischlerhandwerks stattgefunden, derart, daß getrennte Ordnungen erteilt werden mußten für Spezialitäten der Kistenmacher, Kunthormacher usw.; es wurde die Einheitlichkeit gewahrt und die Qualitätsunterschiede wurden nicht durch eine sichtbar getrennte handwerkliche Abgrenzung, sondern durch die größere oder geringere persönliche Befähigung bewirkt. — Im Jahre 1571 findet sich zum erstenmal in einer gemeinsam mit den Zimmerleuten unterschriebenen Eingabe die Bezeichnung „Schreiner" angewendet, doch wurde sonst und später immer der traditionelle Name „Kistler" beibehalten.

In Basel waren und blieben seit 1248 bzw. seit 1271 in der Spinwetterzunft (nach ihrem Hause so genannt) die Maurer, Gipser, Zimmerleute, Faßbinder und Wagner, dann die Wanner und Drechsler, später auch die Schreiner vereinigt.

In Cöln war seit 1397 die Hauptzunft die der Steinmetzen und Zimmerleute; ihnen gehörten als beigeschworene Zünfte, die sich nicht von ihr trennen durften, an: die Kistenmacher und Dachdecker, ferner die Brettschneider (Holzsäger) und Lehmstreicher. 1670 finden wir im „Dreyen-Amt" die Glasmacher, Schnitzler und Schmiede vereinigt, vorher im Jahre 1648 die Drechsler mit den Kistenmachern verschmolzen. 1672 unterstanden die Schnitzler noch der Gerichtsbarkeit der Gaffel der Zimmerleute, woraus sich langjährige Streitigkeiten entwickelten.

In Essen gehörten zu dem Schreineramt, das unterschiedslos auch Schreinwerkeramt, Lademacheramt, Schäfteramt, Schnitzleramt genannt wird, alle diejenigen, die Gegenstände aus Holz verfertigten, also Bau- und Möbelschreiner, Drechsler, Schnitzler und besonders die Lademacher und Schäfter[1]).

In Danzig scheinen 1383 die Tischler mit den Kistenmachern eine Zunft gebildet zu haben.

In Hamburg war eine eingehende Trennung durchgeführt; es hatten zu Anfang des 16. Jahrhunderts die Kisten- und Luchtenmacher und die Kunthormacher getrennte Ordnungen, und es ist nichts überliefert, daß sie miteinander oder mit den Zimmerleuten eine gemeinsame Zunft gebildet hätten.

Auch in Lübeck bestanden neben den Kistenmachern die Kunthor- und Panelenmaker oder Schnitzer um 1470, und zwar in eigener Zunft. Erst 1640 wurden sie zu einer Zunft vereinigt und jetzt Tischler genannt.

Die Lüneburger Kuntormaker waren 1498 mit den Malern (melre) und Glasern (glasewerter) zusammen; einer Nachricht aus dem Jahre 1524 zufolge teilten sie damals ihr Inventar und wurden voneinander getrennt.

Seltsam ist in Nürnberg 1703 die Vereinigung der Büttner, Bierbrauer und Schreiner in einer Zunft. (Zu den Bierbrauern scheint es die Schreiner hingezogen zu haben; wie vorher erwähnt, wurde ihnen in Stettin 1548 verboten, das Bierbrauen im Nebenamt zu betreiben.)

Zur Straßburger Zunft der Zimmerleute gehörten seit 1482 die Wagner, Schreiner, Hohldreher, Sippmacher und andere Holzarbeiter, als Kistler, Korb- und Bennmacher, Büchsenschäfter, Lautenmacher, Orgelbauer und die übrigen Instrumentenmacher[2]).

[1]) Beiträge zur Gesch. d. St. u. Stift Essen. Heft 8, S. 72.

[2]) Heitz a. a. O., S. 72.

Der Erzbischof von Trier verlieh 1725 den Schlossern, Schreinern, Messer- und Nagelschmieden gemeinsam eine Zunft.

An kleinen Orten und in Dörfern um Würzburg wie auch in anderen Gegenden waren mit den Schreinern, örtlich verschieden, die Maurer, Glaser, Ziegler, Schlosser, Büchsenmacher, Büttner, Drechsler, sogar die Weber vereinigt.

10. Zunftstärke und regulierte Meisterzahl.

In Augsburg erfahren wir zum erstenmal über die Stärke der dortigen Kistlerzunft und deren versuchte Beschränkung, als von außen, nicht von innen heraus, sehr erhebliche wirtschaftliche Schwierigkeiten sich ergaben. Die durch die vielen Kriege Karls V. erwachsene Schuldenlast hatte den sogenannten „Spanischen Bankrott" zur Folge, und eine schwere Finanzkrisis brach 1557 bis 1562 über Deutschland herein. Schwer hat Augsburg darunter gelitten, besonders schwer, weil sich die Stadt einige Jahre vorher in die verunglückte Unternehmung des Schmalkaldischen Krieges eingelassen hatte und 1546 mit einer Strafe von 150 000 Dukaten belegt worden war; außerdem hatte der Kaiser im folgenden Jahre (1547), als er selbst nach Augsburg kam, die seit 1368 bestandene zünftlerisch-demokratische Verfassung aufgehoben und die Patrizier wieder in das Regiment eingesetzt. Da läßt es sich denken, daß die Steuerlast nicht zum kleinsten Teil auf die Handwerker abgeladen wurde! Solche verschiedenen gleichzeitigen Erschwerungen ihrer Existenz hatten die Kistler genötigt, 1558 um eine Sperrung ihres Handwerks auf zwei Jahre zu bitten. Sie zählten damals 137 Meister in ihrer Zunft. Die Maßregel hat nicht viel geholfen, denn nach Ablauf der zwei Jahre war die Zahl auf 138 gestiegen, was sich dadurch erklärt, daß die Gesellen, die schon ihr Meisterstück begonnen hatten, noch aufgenommen werden mußten. Die Zunft beantragte deshalb eine Verlängerung der Sperre um weitere zwei Jahre, die ihr mit folgendem Dekret bewilligt wurde: „Auf der erbern von Kistlern underthenig supplicieren und begern bewilligt, und laßt ain ersamer Rat auf desselben wolgefallen, widerrufen und versuchen zu, daß ihr handtwerck zwey jar lang beschlossen und gespert sein und kainem der Kistler gerechtigkeit, innerhalb bemelter zwey jar heut dato anzurechnen, zu kaufen geben. Auch kainer auf berürtem handtwerck zugelassen werden soll, er habe dann die hantwercks gerechtigkeit von seinen Eltern ererbt oder dieselb mit ainer witib oder meisters tochter erheirat und darzu auch, wie von alter her gebreuchig gewesen (onangesehen des sechsten im Monat Augusto bestetigten articels[1]) fünf gantze jar nach außgang seiner lern jar auf dem Kistler handtwerck in diser Statt oder anderstwa gesellenweis gearbeitet und die meisterstuck wie sich gebürt gemacht." Der Zudrang zum Handwerk blieb trotz der Sperre sehr groß; die Gesellen hatten bei ihrer monatlichen Umfrage oft 160 Mann abzufertigen. Im Jahre 1564 war die Lage des Handwerks immer noch sehr schlimm, denn sie schrieben in einer Eingabe „biß Gott der jetzigen leuff halben ain besserung schickt". Die Zeiten sahen aber so drohend aus, daß 1565 die Vorsteher der Zunft auf gemeinsame Kosten Korn aufkauften, um für die Tage der Not gerüstet zu sein. Das Korn wäre jetzt, sagten sie, Gott lob, in

[1]) Welcher Artikel damit gemeint ist, war nicht festzustellen.

„ziemlichem Kauf“, d. h. noch zu angemessenem Preis zu kaufen. Im vorigen Jahr hätten sie bis 70 Gulden unter ihre Armen ausgeteilt. Der Handwerksmeister und -genossen seien viele, die Arbeit aber wenig, und es herrsche große Armut und Mangel. 1571 mußten die Meister schon wieder eine bewegliche Klage an den Rat richten. Sie schrieben: „Edell, Vest, fürsichtig und Weyse Herren Stattpfleger, Burgermaister und ain erbarer Rath diser löblichen Reichsstatt Augsburg, Gebietende und günstig Herren, In was merklichen Abfall unsere Hantwerker und Narung der Schreiner und Zimmerleuth nun ettlich Jar her leider kommen und gerathen, dessen wissen sich nit allein etwa V. und Hr. zweifels one stattlichen sondern sonst meniglich in jeglicher erfarung mittleidenlichen zu erinnern, der augenschein gibt es auch mer dann genugsam zuerkennen, daß wir, die von Kistlern, an den gewonlichen Jarmerkhten, wie hart wir uns darauff verkösten (verlegen), die arbaitt bey weittem nicht mher wie vor ettlichen verschienen Jaren hintzubringen und zuverschleißen wissen, und wann gleich das vorsteendt gluckh zu sollichen Zeitten unserm ainen ainen kauff one alle gefahr beschertt oder zuschickht, so ist doch offenlich am tag, daß wir die arbaitt (wa wir anderst unsere weiber und unertzogene Kinderlen allein nit der bloßen narung underhalten und mit ehren hinbringen wöllen), mehner (billiger) dann wir sie selbst verfertigt und zugericht, hintzugeben getrungen werden und also umb einer spott verkauffen muessen, daraus leider bißhero soviel ervolgt, daß uns beiderseitz bei den segmullern und anderer enden in sollichen merklichen schuldenlast eingeschlagen, der uns bey gegenwärtigen schweren theuerungen nit allein zuebetzalen unmöglich, sondern noch dartzu, da wir anderst an unsern weib und kindern nicht erbermlichen hunger und kummer sehen wöllen, aus trungner nott mit großem hertzenlaidt gar von weib und kindern zu etzlichen verursacht werden; zu dem ist Notorium, inmaßen es auch die teglich Experientz (Erfahrung) zuerkennen gibt, demnach der mehrerer thaill unserer handtwerkher ain lange zeitt her truekhen auch bey herter, saurer und strenger arbaitt, alles dasjenig, was ire vil von iren ölteren her ererbt und in ander weg bekommen, auch bey wolfailen jaren erarbaitt, darob eingebueßt“ usw. usw. Sie baten schließlich um „ain gemeine außthailung“, wohl von Geld und Korn, unter die Handwerker. Die Zahl der Meister war 1568 infolge der Sperre auf 130 gesunken. 1580 wird gebeten, weil die Preise täglich steigen, das gemeinsam gekaufte Korn zu verteilen. In diesen Zeiten denkt jeder nur an sich, und so wollten die Zimmerleute, da die Kistler aus der gemeinsamen Kasse 1000 Gulden erhalten hätten, die noch übrigen Gelder teilen und sich von jenen, mit denen sie 212 Jahre, also seit 1368, in einer Zunft vereinigt waren, trennen. Die Kistler gingen aber nicht darauf ein. — 1585 war das Handwerk schon wieder überfüllt, und es standen 13 Gesellen gleichzeitig im Meisterstück. Dabei bestand die Not weiter. 1590 bat das Handwerk wieder „zu ainer ergetzlichheit aine hilff auszuthaillen, in mehrerem Bedenkhen, daß der armen mayster und wittfrauen, hie und außerhalb, so der handtwerckhs gerechtigkeit fehig, bei 200 Personen sind, auch mit vielen cleinen und unerzogenen Khindern beladen, und kaum derselben der mehrertail das liebe Brott zu gewynnen und ire Khinder zuernähren haben“. Ein Senatsbeschluß gewährte diese Bitte unter der Bedingung, daß das Geld,

Die Zunftlade der Kasseler Schreiner von 1604 weist wie die meisten Laden zwei Schlösser auf. Landesmuseum Kassel.

Die Gesellenlade der Nürnberger Schreiner von 1595, signiert HWB (Hans Wilhelm Beheim) ist die wohl aufwendigste und schönste ihrer Art. Neben zahlreichen Holzarten finden sich Einlagen in Alabaster, Perlmutter und Zinn sowie geschliffene Buntglassteine. Germanisches Nationalmuseum, Nürnberg.

Flugblatt anläßlich des Umzuges der Schreinerhandwerker in Nürnberg am 2.11.1846. Bei den Umzügen wurden neben Handwerkzeugen, Meisterrissen, Säulen oder fertigen Arbeiten auch die Laden mitgeführt. In der Vergrößerung ist die Gesellenlade zu sehen.

das von dem Kapital genommen werden mußte, später von den Zinsen wieder aufgefüllt würde. Zu aller Not brach auch noch eine Seuche aus, und die Käufer vermieden es, in die Häuser der Kistler zu gehen; diesen wurde daher 1592 ein ausnahmsweiser achttägiger Verkauf in der „Schrandt“, das war die öffentliche Verkaufshalle, erlaubt.

Einige jüngere Meister versuchten, die Ursachen der Überfüllung des Handwerks, der sie alle Not zuschrieben, zu ergründen und zugleich einige Verbesserungen zu suchen, und stellten 1593 folgende 13 Forderungen auf:

1. Es sollen jährlich nicht mehr als drei, und zwar ein Bürgerskind und zwei
schaft zugelassen werden.
2. Es sollen jährlich nicht mehr als drei, und zwar ein Bürgerskind und zwei fremde Gesellen, zum Meisterstück eingeschrieben werden, ausgenommen die Meisterssöhne und diejenigen Gesellen, die mit Witwen eine Gerechtigkeit erheiraten.
3. Die fremden Gesellen müssen drei Jahre vorher bei einem bis zwei hiesigen Meistern gearbeitet haben.
4. Sie müssen (!) „sich zu allhierigen Meistersdöchtern verheuraten“.
5. Das alte und neue Meisterstück soll von den Vorgehern abwechselnd vorgeschrieben werden, ohne freie Wahl der Gesellen; es ist in einem Jahre zu vollenden.
6. Es soll kein fremder Geselle allhie eingelassen werden, „er habe dan das Handwerckh in ainer namhaften Statt oder ort, da es die Stuckh hat (wo Meisterproben verlangt würden), erlernet“. Er muß, einschließlich der unter 3. aufgeführten drei Jahre, im ganzen 10 Jahre, beim Handwerk gearbeitet haben und eine Meisterstochter heiraten. (Die Wiederholung der letzteren Vorschrift beweist, welchen großen Wert man aúf sie legte.) „Wellicher sich aber mit einer des handtwerckhsfächeren Wittfrauen verehelichen wurde, der solle mit keiner Zeit verlegt, sondern demselben frey und unverwört sein, neben den Meister Söhnen umb die stuckh zusteen.“ (Die Tendenz dieser Heiratsbestimmung ist dieselbe: keine neuen Gerechtigkeiten entstehen zu lassen.)
7. Es soll besser und ganz nach der Reihe umgeschickt werden. Wer dreimal umgeschickt wurde, muß aus der Stadt und soll nicht mehr befördert werden.
8. Es soll wieder besser gestraft werden, und man soll die Straffitzung nicht in Privathäusern, sondern im Rathaus abhalten. Die Zimmerleute machen unverwehrt viel Schreinerarbeit und haben sogar in zwei Häusern Hobel aufgestellt.
9. Die „Thorwartten“ sollen keine fremde Kistlerarbeit, außer an den drei „gefreiten“ Jahrmärkten, hereinlassen.
10. „Uf den gewonlichen Jarmärkten in der Schrandt soll kein Kistler dem andern einen Abkheuffer abspannen oder denselben mit Anbietung der oder jener Arbeit, die er noch zue Hauß habe, zue sich züehen, sondern einen jeden unangesprochen Keuffer lassen wolle, waß und wo es im gelieben würdet.“
11. Das Verkaufen des gefärbten Holzes nach außerhalb aufs Land oder in der Stadt an Nichtzünftige ist zwar ohnedies, nach der Ordnung, verboten,

soll aber jetzt zum erstenmal mit vier Reichstalern, zum zweitenmal mit dem Doppelten und zum drittenmal mit dem „Eyßen" bestraft werden.

12. Die Totengräber machen „grobtruchen" (einfache Särge) und erhalten doppelte Preise dafür. Das soll abgeschafft werden.

13. Die Bußmeister sollen besser „uf die verprecher" Achtung geben.

Zur Beratung über diese Punkte wurde einige Monate später „ein gantz Handtwerckh", d. h. eine volle Mitgliederversammlung, gehalten. Die Vorgeher berichteten darüber: „Sindt also dern, so zue den Supplikanten steen, an der Zal 19 und alle Jungen Meister, so den Underschidt selbsten nit erkhennen, sondern allein reden, wie sy von andern angewiesen werden. Under denselben haben auch mehrers nit, als Conradt Holgin, Steffan Gebel, Philipp Northaimer und Jonas Weschbach das alte, und die andern alle das neue Meisterstuckh gemacht. Für das Abwechseln des Stucks sind drei Meister, für eine unbestimmte Frist (der Ausführung) vier Meister. Den von den Vorgehern vorgeschlagenen Bestimmungen aber schließen sich an 80 Meister." Die Mehrzahl, obwohl mit vielen Kindern beladen, will versuchen, die schlechten Zeiten zu überdauern, ohne gleich die Ordnung zu ändern. Von den 14 Neuerern hätten 8 nur wenig Kinder, 4 gar keine.

Die Verordneten, also die höhere Instanz, machte folgende Vermittlungsvorschläge:

ad 1. Oft müßten Meisterssöhne schon frühe das väterliche Geschäft übernehmen, das sonst ruiniert würde. (Damit soll also die Ausnahme, daß die Meisterssöhne früher als mit 24 Jahren Meister werden konnten, möglich bleiben.)

Die Überfüllung des Handwerks käme daher, daß jeder einen Lehrjung, gleichviel, ob aus der Stadt oder von auswärts, halten wolle. „In irer schwechesten Jugent an, da sy erst bei 12 bis 13 Jaren ires Alters und zum Handtwerckh im wenigsten teugentlich sein, ja wie man sagen möchte, mit Mühe uf der Hobelbanckh stehen khunden, die müssen sich alsdann von 5 in 6 oder mehr Jar versprechen und ersteen also offt die mehrer Zeit (von den insgesamt erforderten 10 Jahren) in den Lehrjaren; nach Außgang derselben, weil sy, die Frembde und Wanderschafft zuversuchen, sich wegen irer Jugent und das sy gleichsam in so langen Jaren mehrers nit als das Einlegen erlernet, scheuen, warten sy der Zeit noch vollendt ab, und wann sy alsdann alhie nit einkhommen khunden, setzen sy sich in die umb diese Statt liegenden Dörfer und behelfen sich zue des gemaines allhierigen Handtwerckhs Schaden, wie sy mögen. Es darf auch khein Maister in einem angenommenen Bau mit einem sollichen schwachen Jungen einem Bauherrn frölich an die Arbeit geen oder einen Lohn für ine begern. Dann da man vor 40 oder 50 Jaren selden einen Lehrjung under 20 Jahren alt bey dem Handtwercke gefunden, wöllen jetzt schier alle, wann sy ein sollich Alter erraicht, gelerte kunstreiche Gesellen, ja halbe Maister sein, durch welliches alles gemeines Handtwerckhs guter Name in ain Nachteil gebracht, daselbig in viel weeg innen und ußer der Statt übersetzt werden: und die Bauarbeit von den Kistlern an die Zimmerleut, die sich dergleichen jungen

Leuth maßen[1]), gelangen thuet. Zu dem werden hierdurch die alten Gesellen, so etwas versuecht und gelernet haben, vertrieben und dagegen junge, unverstendige Leuth, die weder der Bau oder anderer Arbeit vorzusteen wissen, eingelassen und befurdert, und khan inen mit kheinem Glimpfen abgeschlagen werden, weil sy die gesetzte Jar erstanden und das Maisterstückh gemacht haben." Es müßte also, sagten die Verordneten, in die Artikel eine Bestimmung kommen, daß ein gewisses Alter für die Lehrlinge bestimmt würde, oder „da ir (von ihnen, d. h. den Meistern) einer einen so jungen Buben, der noch zum hoblen zueschwach, auf 5 oder 6 Jar annemen wollte", daß dann aber demselben „nur die drei letzten Jar in die Zeit der 8 Jar[2]) zu ersteen gerechnet" werden möchte.

ad 5. Das alte Meisterstück sei „in ein solich abnemen und unwerdt khommen", daß man es kaum für 10 statt 50 Gulden, die es gekostet hätte, verkaufen könnte. Die Meister könnten ihren Kindern meistens nicht mehr als das Geld für das Meisterstück geben „als Heuratguet", „aber auf disen weeg ist der Oeltern treues dargeben und saurer schweiß den Kindern nit zuenutzen". Leider wollten die jungen Meister heutzutage bei dem neuen Meisterstück „einer über dem andern bei der Arbeit sein; wenden lange Zeit und großen uncosten bei den Stückhen an, da doch dieselben nit umb dergleichen Costlichkeit, sondern allein umb des Fleißes und verstandts (also des technischen Könnens) willen ufgericht". So koste nun auch das neue Stück auch 50 Gulden, könne aber nur mit 20 bis 30 Gulden verkauft werden. Damit würden die Käufer verdorben! „Es wirdt auch damit die ander Kistlerarbeit verschlagen, und will die Burgerschaft, die one das (ohnedies) lieber wolfayl als theuer kaufft, umb ein ander arbeit nit mehrers geben, weilen sy ein Maisterstuckh in einem sollichen gelt bekhommen khan." Man müßte also, so beantragten die Vorgeher, für die Verfertigung des Meisterstücks eine Frist von ¾ Jahren („ußer verhinderung Gottes gewalts") ansetzen und für jede Woche, um die sich die Arbeit verzögere, je einen Gulden Strafe in die Ratsbüchse verlangen.

ad 6. Man sollte doch den Gesellen das hier von den jungen Meistern Geforderte nicht auferlegen. Es könnte einer in einem kleinen Städtlein mehr gelernt haben, als die vorher geschilderten Augsburger Lehrlinge in 5 bis 6 Jahren. Überhaupt wünschten die antragstellenden jungen Meister das nur deshalb, damit sie es bequemer hätten, d. h. die fremden Gesellen um so leichter von der Meisterschaft zurückweisen könnten.

ad 7. Solche Versuche wären schon oft gemacht worden, taugten aber nicht, denn „es wandert ein ehrlicher Gesell diser weitberüemten Statt zue Lieb uf 50, 60 und mehr meil wegs hierher, hat ime (denn er hat sich) etliche Maister, so ime zuvor bekhandt oder von andern namhafft gemacht worden, ufgezaichnet. Wann ime nun uf der Herberg alle Maister, so Gsellen begern, fürgelassen werden, mag er darunder arbeiten, welcher ime gefelt." (Man will also für die Gesellen die frei Meisterwahl beibehalten.) „Sollte und müeßte aber ein Gesell, inmaßen man's begert, dem ersten Maister, der im Zettel stünde, zuearbeiten schuldig sein, so wurde nit allein inen der weeg hierher zuekhommen verwert,

[1]) D. h.: Die so jungen Leute nicht beschäftigen.
[2]) Die Eingabe der jungen Meister verlangte insgesamt 10 Jahre.

sondern sy auch wieder auß der Statt getrieben werden, da doch wol (obwohl andere) Maister vorhanden, die Gesellen bedurfftig und inen bey denselben zuearbeiten nit zuwider geweßen were; und ist hierinnen der Maister wie auch der arbeit halben ein großer underschidt, also daß oft ein Gesell nit für den Maister, noch der Maister und sein arbeit nit für den Gesellen, und (sie) würden, wann sy schon zusammen khemen, wenig Tag beyeinander verbleiben, zuedem sich ettliche Maister befinden, welche Sommerszeiten Gesellen befurdern, am Winter aber lauffen lassen, welches dann bei denselben ein abscheuen gegen den Maister bringt." Die Gesellen sollten, wie bisher, erst dann aus der Stadt müssen, wenn sie viermal umgeschickt wurden, also nicht schon nach dem dritten Umschicken.

ad 8. „Die Hobelbenckh in iren Heußern" wollten die Verordneten den Zimmerleuten nicht verwehren, aber es sollte ihnen darauf streng das Kistlerwerk verboten werden.

ad 9. Nicht nur der Thorwärtl, sondern jeder Meister müßte Macht haben, solche fremde Arbeit, sie wäre bestellt oder nicht, aufzuhalten.

ad 10. Mit diesem Punkt sind die Verordneten einverstanden, doch müßte auf die Übertretung eine Strafe von einem halben Gulden gesetzt werden.

ad 11. Die Verordneten sind gegen das Verbot des Verkaufs von gefärbtem Holz, weil viele in diesen schlechten Zeiten ihre Nahrung davon hätten. Das gefärbte Holz werde von Fürsten und Herren begehrt und aus Augsburg oft 20, 30, ja 40 Meilen weit geführt. Wenn man den Verkauf verböte, würde er von Unbefugten (Schiebern) bald dem Handwerk entzogen werden.

ad 12. Mit dem Verbot der Sargarbeit für die Totengräber waren die Verordneten sehr einverstanden.

ad 13. Die Bußmeister hätten von über 130 Meistern nur 18 in ihren Arbeitsstellen besucht. Man müßte für die Schau künftig ein bis zwei Personen fest anstellen und ihnen 12 Gulden als festes Gehalt geben, als ihren Anteil von der bußfälligen Arbeit aber nicht mehr als den „vierten Pfennig", also 25 Prozent

Hierauf erwiderten die jungen Meister, und zwar gingen sie nur noch einmal auf den ihnen wichtigsten Punkt ein:

ad 5. „Wann man aber auf den sonderlichen Vleiß, welichen das alte Maysterstuckh in ain und andern erfordert, sehen will, wirdet man nicht wol Ursach haben, soliches aufzuheben." (Damit soll gesagt sein, daß das alte Meisterstück eben n u r Fleiß erfordere.) „Und ist uns sonsten gleichwol Laid genug, daß die Kistler Arbait so gar nichtzit mehr gelten und geachtet werden will, darneben aber ist unseres erachtens der jenig nit zutadeln, der für einen andern (vor den andern) ein Z i e r oder K u n st darinnen zuesuchen, und es also zumachen weiß, daß es ein rechtes außbindiges Maysterstuckh seie und darfür erkhent werden möge, sintemahlen ein sollichs dem Hanndtwerckh nur zu desto mehreren Lob dienet, und weith kumblich ist (weiter bringt), kunstliche als unerfahrene Mayster zu haben; im Fall man aber uf einen bestimbten, gewisen Preiß, darauf die Stuckh solten kunftig verfertiget werden, geen wolte, mießte die Arbait und der werth darnach gerichtet und in denselben beide ein solliche gleichait gemacht werden, daß die qualitas quantitatem (die Güte, die Menge) und also eins das ander nit übertreffe, oder das gewertet dem werth, und hingögen der werth dem gewerteten kheinsweegs fürzuhe, sondern miteinand gleich stimbten und ain Correspondenz hetten." Diese Forderung der Jungen, daß zwischen äußerem Aufwand und innerer Qualität der Meisterstücke keine Kluft bestehen dürfte, ist sehr zu loben.

Nun kamen noch einmal die Zunftmeister (Vorgeher) zu Worte:

ad 11. „Dieweilen aber wir das Holtz bei Friedberg und denen nahegelegnen Orten auch kauffen und haben müßten, so würde (aus dem Verbot der Ausfuhr des gefärbten Holzes) erstlich volgen, wie uns dan allberait von etlichen under Augen gewehrt worden, daß uns gleichergestalt von denen kein Holtz passiert und gelassen, und sich auch andre, so unsres Handtwerckhs nit sein, inner und ußer der Statt understeen wurden, allerlay Holtz zuebaißen (zu beizen) und meniglich zueverkauffen, dardurch stuenden wir uns selbsten vor dem liecht, entzögen uns unsere nahrung und khundschafft und geben es den andern mutwillig in die hende hinein. Ja es möchten sich auch etliche, so weitter als 6 meyl entsessen[1]), das holtz hauffenweiß von uns zuekauffen und es alsdann den andern, nit one sondere staigerng mitzutheilen, darmit wurden wir aber, wie oben gemelt, an dem gegenkauff des Holtz in schaden gefürt, daß wir's entweder theurer khauffen muesten oder gar nit überkhommen khundten und also in mehr weeg an unserer wolfart verhindert (sein würden)."

Nun gaben die über das Handwerk gesetzten Deputierten (Verordneten) das nachstehende entscheidende Gutachten[2]):

ad 1, 2 und 4 genehmigt, wie von den jungen Meistern beantragt. (Daß sich die Gesellen, die in Augsburg Meister werden wollten, nur mit Meistertöchtern von Augsburg verheiraten müßten, wurde in der Meisterversammlung mit Zweidrittelmajorität, 68 gegen 32 Stimmen, tatsächlich beschlossen.)

ad 5. Die angehenden Meister durften künftig frei wählen, ob sie das alte oder das neue Stück machen wollten, aber sie müßten es in ¾ Jahren vollenden.

ad 6. Es sollte mit den auswärtigen Gesellen bei dem alten Herkommen bleiben und sie nicht beschwert werden.

ad 7. Nach Antrag genehmigt.

ad 8 und 9. Nach Antrag genehmigt, doch sollten die Kistler, wie bisher, das, was auf den Jahrmärkten an Fensterrahmen übrigblieb, aufkaufen und ohne Schau an Bauten anbringen dürfen, wenn der Bauherr einverstanden war. (Die Zimmerleute taten es so, und die Kistler mußten, um konkurrenzfähig zu bleiben, ihnen darin nachfolgen. Sie erboten sich aber, auf Wunsch des Bauherrn die „Gschau" nachträglich vorzunehmen.)

ad 10 und 12. Laut Antrag genehmigt.

ad 11. Kein Kistler darf innerhalb 6 Meilen Wegs irgendwelches (einicherlei) Holz den Fremden verkaufen, bei Strafe von 2 Gulden zum ersten-, 4 zum zweiten- und 8 Gulden zum drittenmal.

ad 13. Die Bußmeister sollen jährlich 6 Gulden festes Gehalt haben.

[1]) Über den Umkreis der 6 Meilen sollte der Verkauf des gefärbten Holzes erlaubt sein.

[2]) Dieser Entscheid ist auch in den verschiedenen einschlägigen Kapiteln dieses Buches besprochen. Vgl Lehrlingswesen, Gesellenwesen, Holzhandel, Meisterstück usw.

Endlich ad 14 (neu): Es darf kein Lehrling unter 16 bis 17 Jahren angenommen werden.

Die vorstehenden Eingaben der Augsburger Kistler beabsichtigten also die zeitweise Sperrung ihres Handwerks, das seine Angehörigen in den harten Zeiten nicht mehr ernähren konnte. Die Meisterzahl betrug 1558: 137, 1560: 138, 1568: 130. Im Jahre 1590 waren es schon wieder ca. 200 handwerksfähige Personen, Meister und Witfrauen „hie und außerhalb". (Wieweit hier die Grenze „außerhalb" gezogen war, ist nicht festzustellen.) Im Jahre 1598 ist sogar von 240 Angehörigen des Handwerks, darunter 210 Meistern, die Rede, doch sind hier, weil es sich um eine soziale Angelegenheit, um eine Austeilung von Korn handelte, wohl wieder die Meister „außerhalb" mit einiger eindringlicher Übertreibung mitgezählt. Die Zahl ist einer Eingabe wegen der wieder aufgetretenen Teurung entnommen. Es heißt da, daß für die 240 Angehörigen (210 Meister) der Kistlerzunft nur noch 378 Schaff Roggen da seien, doch solle an jeden Meister ein Schaff „umb ain zimblich gelt" oder an Witfrauen etwas bares Geld verteilt werden. Die Deputierten begutachteten diese Bitte zustimmend, „weil eben under disem Handtwerckh ir zimblich vil zuefinden, denen die narung gar hart ligt". Die Bitte wurde schon sechs Wochen später wiederholt, und wieder 14 Tage später verteilten die Meister die letzten 26 Schaff Roggen unter sich! Im Jahre 1615 wurde die Zahl der Meister mit 122 und die der Gesellen mit 86 angegeben.

Nun kam der Dreißigjährige Krieg, unter dem Augsburg sehr gelitten hat. Aus dem Jahre 1622 ist uns wieder eine Nachricht über eine Kornverteilung erhalten. Dabei bekamen die unverheirateten Meister, auf Befehl des Einnehmeramtes und der Handwerksherren, gar nichts, diejenigen Witwen, die ihre Werkstatt mit ihren Söhnen und Gesellen führten, ein ganzes, die anderen Witwen aber nur ein halbes Schaff. Wie groß mag die Not gewesen sein! Im Jahre 1632 zog Gustav Adolf in die Stadt ein. Sie hatte damals noch 45 000 Einwohner, die in drei Jahren auf 16 422 sanken; 17 756 davon waren elend gestorben. Hunger, Schweden und die Pest hatten schrecklich gehaust. Im Jahre 1646 wurde die Stadt wieder von den Schweden, freilich erfolglos, belagert und beschossen. Die Kistlerzunft war auf 40 (!) Meister zusammengeschmolzen, obwohl die Einwohnerzahl wieder auf 21 000 gestiegen war. Aus einem Bericht der Verordneten über eine Beeinträchtigung des Handwerks wurde gesagt, daß das Handwerk „ohne das bey so vielen (!) Meistern, deren über vierzig sich befinden, dermahlen so schlecht ist, daß mancher härtigklich das liebe brodt gewinnen khan". Im nächsten Jahre waren 56 Meister im Amt, doch waren jetzt zweifellos die Büchsenschifter, deren Geschäft ja wohl geblüht haben mag, mitgezählt, denn 1661 war die Zahl der Kistlermeister erst wieder auf über 50 angelangt. Die Lage des Handwerks muß aber immer noch sehr schlecht gewesen sein, denn obwohl oft täglich 5 bis 6 Gesellen nach Augsburg kamen, ließ sich kein Meister „in die Bitt", das heißt auf den Gesellen-Verlangzettel einschreiben; sie hatten also kaum für sich allein zu tun. 1662 wird das Amt als sehr, 1665 als stark übersetzt bezeichnet, und 1666 heißt es, „die von Kistler in zimblicher Anzahl und 70 Meistern".

Von Basel sind Zahlen erst aus dem 19. Jahrhundert vorhanden. Die Tischler gaben 1822 an, das Handwerk bestehe zurzeit aus 34 Meistern und sei stark übersetzt. Bald würden die jungen Meisterssöhne von der Wanderschaft heimkehren, so daß die Meisterschaft in einigen Jahren auf 52 anwachsen würde. Diese so bestimmt gemachte Angabe hat sich wohl nicht als zutreffend erwiesen, denn 13 Jahre später ist die Zahl noch auf dem gleichen Stand. Im Jahre 1835 wurde nämlich die Zunft vorstellig wegen der „Zimmerleute und Architekten". 7 Zimmerleute mit 300 bis 400 Gesellen ständen 34 Schreinern mit 80 bis 90 Gesellen gegenüber. (Der kleine Rat stellte diese Bittschrift übrigens den Petenten zurück mit dem Bedeuten, daß sie ihr Ansuchen anständiger abzufassen hätten. Von einem sachlichen Eingehen auf die berechtigte Beschwerde war keine Rede.)

Berlin hatte 1801 172122 Einwohner, einschließlich der Garnison. Darunter befanden sich 474 Tischlermeister, 438 Gesellen und 249 Lehrlinge. Dazu kamen noch von „englischen Stuhlmachern" 58 Meister, 36 Gesellen und 34 Lehrlinge. — Die Städte in der Kurmark zählten zusammen 334921 Einwohner und 1150 Tischlermeister, 813 Gesellen und 427 Lehrlinge.

In Cöln wurde 1418 zwecks einer Stadtanleihe eine nach Gaffeln gegliederte Liste der vermögenden Bürger und Eingesessenen aufgestellt. (Die ganze Stadt war politisch nach Gaffeln eingeteilt, der jeder Bürger, gleichviel, ob er ein Gewerbe ausübte oder nicht, beitreten mußte.) Diese Zählung ergab für alle 22 Gaffeln zusammen 1325 Personen, also durchschnittlich für jede Gaffel 60 Personen. Die Gaffel der Steinmetzen und Zimmerleute kam in der Liste erst an der 20. Stelle, wobei zweifelhaft ist, ob dies einen Rückschluß auf die Zahlungsfähigkeit zuläßt; sie enthielt 64 Männer und eine Frau, ist also etwas über den Durchschnitt der Gesamtzahl besetzt; nur die Besetzung mit Frauen ist geringer als der Durchschnitt. (Es waren im ganzen für 22 Gaffeln 46 Frauen.) Welchen Anteil die Schreiner hierbei hatten, ist nicht festzustellen; es findet sich in der Liste nur zweimal eine bezügliche Berufsbezeichnung: Gerart, Kistenmecher, und Lenzijs, Kistenmecher[1]). In den folgenden Jahrhunderten fehlen alle Angaben über die Stärke der Schreinerzunft; erst 1722 ist gesagt, daß sie „in die 50 Personen" betrug, womit nur die Meister gemeint waren, denn es heißt gleichzeitig, daß sie mit vielen Weibern und Kindern 90 gewesen seien. Im Jahre 1797 sollten angeblich 90 offenstehende Werkstätten vorhanden und schon mehr als 50 Gesellen zur Meisterschaft eingeschrieben sein.

Aus Danzig fehlen alle genauen Angaben. Wir wissen nur, daß in der Zeit zwischen 1357 bis 1387 9 Meister das Bürgerrecht gewannen, was wohl gleichzeitig mit der Erwerbung des Meisterrechtes geschehen ist. An dem Aufstand gegen die Ordensregierung haben sich, wie Hirsch[2]) berichtet, im Jahre 1411 auch 20 Tischler und Hutmacher beteiligt.

In Dorpat wurde das Tischleramt, nachdem es durch Kriegsjahre und Gefangenschaft der Einwohner gänzlich zerfallen war, von 4 Meistern wieder-

[1]) v. Loesch a. a. O., I., S. 206.
[2]) Hirsch a. a. O., S. 47.

eröffnet, von denen aber der eine in St. Petersburg wohnte und nur den Ehren-Altermann spielte[1]).

In Dresden gab es 1578/79 36 Tischler und 38 Zimmerleute. Die Zahl der Zimmerleute nahm in dem folgenden Jahrhundert ganz ungewöhnlich ab, selbst wenn man die Einwirkung des Dreißigjährigen Krieges in Betracht zieht. Sie fiel von 1579: 38, 1599: 17, 1611: 13, 1699: 15. Flemming[2]) erklärt diesen Rückgang nach der den tatsächlichen Verhältnissen vollständig entsprechenden Angabe der Meister, daß die Gesellen nicht mehr Meister wurden, sondern kleine Arbeiten selbständig ausführten. — Bei den Tischlern sind die Stärkeverhältnisse in der gleichen Zeit folgende: 1578: 36, 1626: mindestens 42, 1631: 36, 1634: 23, 1664: 24, 1688: 18, 1693: 26, 1699: 34. In diesen Zahlen sind ganz wenig Büchsenschäfter enthalten. „Nach dem im Jahre 1568 angelegten Meisterbuch, das sich im Besitz der Dresdener Tischlerinnung befindet, sind 1523 bis 1550: 11, 1550 bis 1569: 17 Tischler Meister geworden, 1570: 3. (In diesem Jahre erfolgte die Vereinigung mit den 4 Büchsenschäftern.) 1571 bis 1600: 31 Tischler und 6 Büchsenschäfter, 1600 bis 1679: 81 Tischler und 15 Büchsenschäfter. Durchschnittlich waren es in jedem Jahrzehnt 10 bis 12 Tischler. Die Wirkung des Dreißigjährigen Krieges zeigen die zwei Jahrzehnte 1631 bis 1650: im ersten Jahrzehnt erwarben noch 9, im zweiten nur noch 5 das Meisterrecht. Die Wirkung dieses Krieges scheint sich aber recht eigentlich erst in den auf den Friedensschluß folgenden Jahrzehnten geltend gemacht zu haben, da ja die Zahl der Meister von 1664 bis 1686 weiter sank, und zwar von 24 auf 18, um sich erst dann wieder zu erholen. — Flemming gibt zum Vergleich noch die Zahlen der Drechslermeister: 1578: 6, 1631: 8, 1634: 4 (also Abnahme auf die Hälfte!), 1678: 10 (darunter 4 „ausländische", d. h. nicht in Dresden geborene), 1699: 9.

In Frankfurt a. M. stellten nach Bücher[3]) die Kistler 1439 8 Eimer für die Feuerwehr und um 1500 8 Wachmänner für die Stadtwehr. Am Schluß des 14. Jahrhunderts gab es 6 selbständige Kistler, doch bezeichnet Bücher diese Zahl als unsicher. Bei der freiwilligen Zunftgründung des Jahres 1473 taten sich 13 Schreinermeister zusammen. 1552 war die Zunft auf die stattliche Zahl von 42 Meistern angewachsen. In die Gesellenbruderschaft wurden von 1402 3 Schreinergesellen aufgenommen, von 1418 bis 1471: 17, von 1472 bis 1481 keiner, von 1482 bis 1496: 4. Die ersten beiden Zahlen bedeuteten je 2,2 Prozent, die letzte Zahl 0,7 Prozent der gesamten Bruderschaft. Im Jahre 1801 umfaßte das Handwerk laut gedruckter Liste 124 Meister und 19 Witwen, also zusammen 143 zunftberechtigte Schreiner.

Als den Lüneburger Snitkeren oder Kunthormachern 1524 eine Rolle verliehen wurde, hieß es, daß alle diejenigen, die zurzeit das Handwerk brauchten und damit umgingen, ohne Ausnahme darin bleiben und als rechte Meister des Handwerks gehalten werden sollten. Sie werden am Schluß der Rolle namentlich aufgeführt, ihre Zahl betrug damals genau 20. Es wurde gleichzeitig eine

[1]) Stieda a. a. O., S. 207.
[2]) Flemming a. a. O., S. 283.
[3]) Bücher a. a. O., S. 82/83.

Einschränkung der Meisterzahl beschlossen. Anno Domini 1524, am Donnerstag, dem 24. Februar, sind auf dem Rathaus zu Lüneburg vor einem ehrsamen Rat erschienen und die gemeinen Werkbrüder der Schnitker und Kunthormaker und beklagten sich, sie seien fast zu zahlreich im Amte, nämlich 20 Personen, die mit Erlaubnis des Rates das Handwerk ausübten, aber nur mit genauer Not ihre Nahrung dabei fänden; dazu drängten sich ohne Erlaubnis eines ehrbaren Rates ettliche zu ihnen und unterständen sich, das Handwerk auszuüben. Sie baten den ehrsamen Rat, jenen das Handwerk zu verbieten und eine geringere Meisterzahl, wenn sie mit der Zeit in Gott sterben würden, festzusetzen. Nach dieser Aussprache hat der ehrsame Rat verkünden lassen, daß man denjenigen, die ohne Erlaubnis des Rates arbeiteten, das Handwerk ernstlich verbieten lassen werde. Weiterhin ist beschlossen worden, wenn mit Abgang durch den Tod die derzeitige Zahl der Meister auf 14 gekommen wäre, es unter Vorbehalt vorläufig bei dieser Zahl zu lassen.

München hatte 1370: 12, 1500: 11, 1618: 41, 1649 (nach dem Dreißigjährigen Krieg): 21, 1787: 32 und 3 Orgelmacher, 1803: 29, 1825: 52, 1843: 104, 1846: 105, 1861: 133 und 3 Fabriken, 1867: 262 und 3 Fabriken, 1875: 494, 1882: 606, 1895: 921[1]). (Weitere Statistik S. 42.)

Auffällig gering ist 1363 in Nürnberg die Zahl der Schreiner, nämlich 10, im Vergleich zu der Bedeutung und Einwohnerzahl, die man wohl mit etwa 15 000 annehmen darf. 1823/24 zählte die Stadt 76 Meister, darunter 7 Witwen, mit zusammen 775 Gesellen. (Vgl. auch S. 42 u. 289.)

Die Zahl der Tischlermeister in Prag, die 1792 mit 140 angegeben wird, wurde in jenem Jahr auf die Hälfte, d. h. also auf 70, heruntergesetzt, damit ihr Verdienst sich nicht in zu viel kleine, für den Unterhalt eines Gewerbsmannes nicht hinreichende Portionen verteilen[2]).

In Riga waren 1700 16 Tischler im Amt. Die Zahl der Drechsler betrug 7[3]).

Für Stettin führt Blümcke[4]) für das Jahr 1548 10 Tischlermeister auf.

Kurz vor der großen französischen Revolution wurden in Frankreich alle Zünfte aufgenommen und politisch organisiert; sie wurde zu Sitzungen einberufen, in denen sie zu ihrer künftigen Vertretung Abgeordnete wählen sollten. Das betreffende vorgedruckte Sitzungsprotokoll der Zunft der Zimmerleute in Straßburg vom 18. März 1789 wird im Städtischen Archiv aufbewahrt. Es enthält als Anlage ein handschriftliches Verzeichnis aller Zunftmitglieder und gibt deren Zahl mit 305 an. Die Zunft wurde gebildet aus: 15 Schöffen (unter denen ein Schreiner namens Käshammer festzustellen ist); 1 Zunftschreiber, 1 Büttel (der Schreiner Franz Anton Schweighäuser jun.); 10 Gerichtsmänner (nämlich 1 Sergent retiré, 3 Schreiner, 2 Zimmerleute, 1 Wagner, 2 Dreher und 1 Sippmacher); 26 Herren Zudiener (nämlich 4 Geistliche, 1 Dr. med. und Professor, 5 Berufslose, 1 Notar, 1 Schaffner, 2 Orgelmacher, 1 Lautenmacher, 3 Instrumentenmacher, 5 Holzhändler, 1 Tabakbüchsenmacher, 1 Souffleur, 1 Kaufmann);

1) Vgl. von Destouches a. a. O.
2) Pribram a. a. O.
3) Stieda a. a. O., S. 201.
4) Blümcke a. a. O., S. 38.

252 übrige Zünftige (nämlich 133 Schreinermeister und 2 Gesellen, 48 Zimmermeister und 4 Gesellen, 34 Dreher, 19 Wagner, 5 Sesselmacher, 4 Sippmacher, 2 Wannenmacher, 1 Instrumentenmacher, 1 Bruckmeister und 1 Berufloser). Die Gesamtzahl ergibt 305. Es wurden in jener Sitzung, die unter dem Vorsitz des hochverordneten Oberherrn der Zunft der Zimmerleute, Anton Augustinius Engelmann, stattfand, 6 Abgeordnete gewählt, nämlich Franz von Paul Joseph Käshammer, Schreiner, Jacob Paul Arnold, Zimmermann, Franz Anton Lacombe, Notar, Daniel Friedrich Weber, Zimmermann, Antonius Hetzel, Mechanikus und Johann Heinrich Silbermann, Instrumentenmacher. Auffällig ist, daß die Schreiner, die doch fast dreimal so stark waren, nur einen, die Zimmerleute dagegen zwei Abgeordnete stellten.

Die Verpflichtung und Vollmacht dieser sechs Abgeordneten hat folgenden Wortlaut: „Diesen Herren wird hiermit Vollmacht erteilt, nicht nur nach ihrem besten Wissen und Gewissen die allgemeinen und besonderen Beschwerden und Wünsche dieser Zunft zu entwerfen, zu dem Ende auch alle und jede Bemerkungen, welche ihnen von den einzelnen Mitgliedern dieser Zunft mögen behändiget werden, bestmöglich und nach den Umständen zu benutzen, sondern auch bey der auf das Rathauß berufenen Versammlung des Tiers Etat[1]) die sich also bevollmächtigende Zunft in gehöriger Form vorzustellen und zu vertreten, allda mit denen übrigen Abgeordneten zu gedachter Versammlung die sich ergebenden Beschwerden und Vorstellungen entweder selbst niederzuschreiben, oder aber die, durch die besonders dazu einzusetzenden Commissarien entworfenen, zu genehmigen, sofort gemeinschaftlich zu der Wahl der dem hiesigen Tiers Etat vergönnten zwei Deputierten bei der allgemeinen Reichsversammlung in der Form des in dem Artikel 47 des den 27. Januar erlassenen Königlichen Reglement vorgeschriebenen Scrutinum zu schreiten und denenselben fernerhin aufzutragen, vermög der ihnen zu ertheilenden Generalvollmacht bey der Reichsversammlung die vor dem Ausschuß des hiessigen Tiers Etat verfaßten und genehmigten Vorstellungen, Wünsche und verhoffte Erleichterungen vorzulegen und so viel thunlich und möglich geltend zu machen, auch jederzeit ihre Meinung über sonstige Vorträge unbefangen zu eröffnen und zur Beförderung des Allerhöchsten wohlwollenden Absicht in alles dasjenige einzuwilligen, was die Bedürfnisse des Staates, die Abstellung der Mißbräuche, die Einführung einer bestimmten und dauerhaften Ordnung in allen Theilen der Staatsverwaltung überhaupt, des Aufkommen die Erhaltung und Wohlfahrt des Königreichs und das beste aller und jedes einzelnen Unterthanen des Königs bewirken mag. Wobey denen also ernannten Abgeordneten Representanten dieser Zunft versprochen und zugesaget wird, alles dasjenige genehm zu halten und zu bewilligen, was sie in Kraft dieses Auftrages vornehmen, beratschlagen und unterschreiben werden, gleich als wenn es von denen Herren Comparenten in Person wäre vorgenommen, berathschlaget und unterschrieben worden.“

Eine Zusammenstellung derjenigen, die der Zunft der Zimmerleute dienten,

[1]) Tiers Etat (der dritte Stand) hieß im öffentlichen Recht des Feudalzeitalters in Frankreich, wie überall, die ganze große Masse des bürgerlichen Volks oder des Mittelstandes gegenüber den beiden privilegierten Ständen, dem Adel und der Geistlichkeit.

gibt aus demselben Jahre 1789 Heitz[1]) und kommt zu einer Gesamtzahl von 376. Unsere Quelle ist aber zweifellos richtig, weil in dem vorgenannten Protokoll gesagt ist, daß von 305 Zunftangehörigen 232 anwesend waren, und weil das erwähnte handschriftliche Mitgliederverzeichnis auch genau die Zahl 305 ergibt. Die Liste von Heitz ist aber aus zwei Gründen interessant genug, um nachstehend auch noch wiedergegeben zu werden; erstens weil sie eine Trennung in Stadt- und Landmeister enthält und „leibdienstliche Schreiner- und Zimmergesellen" aufführt, das heißt solche, die verheiratet waren und auf eigene Hand arbeiteten, zweitens, weil eine Trennung in protestantische und katholische Personen durchgeführt ist. In den Schreinerakten findet sich nämlich eine königliche Order schon aus dem Jahre 1687, die eine Gleichstellung der Katholiken mit den Protestanten verlangte. Sie lautet: „Extract Schreibens von Ihro Königlicher Majestät auß Frankreich (!) 15. 4. 1687 Versaille: Die Anzahl der catholischen Bürger in der Stadt sei bereits ziemlich stark, es sei billig, daß deshalb in allen Aemtern catholische mit Lutheranern abwechseln." Dieses Schreiben fiel in die Zeit der heftigsten Verfolgung der Protestanten. Später, zur Zeit unserer Liste, also 1789, wurden durch ein neues Edikt den Protestanten in Frankreich mehr Freiheiten gewährt. Die Scheidung nach der Religion hat also einen hochpolitischen Hintergrund; man kann auch statt katholisch französisch und statt protestantisch deutsch setzen. Wir geben nun die Heitzsche Liste und fügen nach der Gesamtzahl zuerst die Zahl der Evangelischen und dann die der Katholiken bei: 15 H. H. Schöffen (6, 9), 28 Gelehrte und leibzünftige Diener (17, 11), 22 Wagnermeister (22, 0), 115 Schreinermeister, wovon man die ersten 16 die „Sechszehner" nannte (74, 41), 3 Landschreinermeister in der Rupprechtsau rechts (2, 1), 9 Schreinermeister, die kein Meisterstück gemacht hatten und die „Vierundzwanziger" (vgl. S. 148) hießen (7, 2), 19 verheiratete und leibdienstliche Schreinergesellen (13, 6), 24 Zimmermeister (16, 8), 6 Land-Zimmermeister in der Rupprechtsau (5, 1), 21 verheiratete leibdienstliche Zimmergesellen (11, 10), 44 Hohldrehermeister (41, 3), 6 Sippmacher (4, 2), 10 verschiedene Holzgewerbe-Meister, die man „kleine Handwerker" nannte (6, 4), 54 Witfrauen (41, 13). Zusammen 265 Evangelische und 111 Katholische, zusammen also 376 „der Zunft Dienende" im ganzen. Auffällig ist, daß unter den 22 Wagnermeistern sich kein katholischer und unter den 44 Hohldrehermeistern nur 3 befunden haben, daß aber die Mehrzahl der Schöffen immer noch, dem alten Erlaß von 1687 gemäß, Katholiken waren.

In Ulm gab es im ersten Drittel des 15. Jahrhunderts, nach dem Verzeichnis der Zunftbücher, 24 Schreinermeister, eine sehr stattliche Zahl! — 1806 finden wir 26 „Schreiner-Gerechtigkeiten", das heißt selbständige Schreinermeister. 1856 waren es 46 und zwei neue, also 48; dazu im benachbarten Langenau 16.

Von Wien aus wurde 1786[2]) den Länderstellen bedeutet: „Obschon es übrigens noch itzt nicht an der Zeit ist, die Zünftigkeit ganz aufzuheben, so ist sich doch, da ohnehin die Bevölkerung fast überall namhaft zunimmt, an die bisher bestandene und hie und da ausdrücklich bestimmte Zahl der Meister nicht zu

[1]) Heitz a. a. O., S. 72.
[2]) Pribram a. a. O., S. 437.

binden, sondern geschickten und fleißigen Arbeitern das Meisterwerden zu erleichtern, und dadurch der Verbreitung der Industrien Vorschub zu geben." Den Tischlern, die 1791 über eine Übersetzung ihres Handwerks klagten, wurde gleichwohl zugesichert, „daß ohne dringende Notwendigkeit oder ganz besondere Bewegursachen die Zahl der Meister nicht vermehrt werden sollte".

In Würzburg wurde 1736 verfügt, daß das Schreinerhandwerk nur eine gewisse Zahl Meister haben sollte, und daß zur Ergänzung stets die Tüchtigsten genommen werden müßten. Zurzeit waren es 19 Meister und 1 Witib. Die Verfügung ist wohl nicht recht beachtet oder durch irgendeine Ursache aufgehoben worden, denn 1749 bittet die Zunft um „Wiedereinführung" einer gewissen, also nicht überschreitbaren Meisterzahl.

In Zürich bestand 1710 das Tischmacherhandwerk aus 46 Meistern, die in ihrer Haushaltung 300 Personen hatten. Nach einem Zunftmitgliederverzeichnis aus dem Jahre 1605, 105 Jahre vorher, hatte die Zahl der Meister 36 betragen, war also nicht erheblich gewachsen.

11. Das Lehrlingswesen.

„Es ist kein Meister so gut, er ist vorher Lehrbube."

Selbstverständlich waren die Meister der Zunft sehr darauf bedacht, sich einen guten Nachwuchs heranzuziehen, der brauchbare Hilfskräfte abgäbe und die Zunftehre pflegte und blank erhielt. So geeignete Lehrlinge auszubilden, trauten die Meister ohne weiteres sich selbst zu und nahmen das Recht für sich selbst in Anspruch. Die größte Sorgfalt wandten sie naturgemäß ihren eigenen Söhnen zu, haben sich aber gewiß auch den Bürgerkindern der Stadt, die ihnen anvertraut wurden, mit Fleiß und Überlegung gewidmet, waren sie doch in erster Linie auch darauf bedacht, sich selbst, beziehungsweise ihrer Stadt und Zunft gute Hilfskräfte in diesen heranwachsenden Lehrlingen heranzubilden. Zweifellos waren diejenigen, die sich um des Handwerks willen vorbildlich zu einer Zunft zusammengetan hatten, wirklich befähigt und berufen, sowohl in technischer als auch in sittlicher Hinsicht die Erziehung der jungen Leute zu übernehmen. Aber, wie es so geht, was man sich selbst zugetraut hat, das traut man anderen nicht ohne weiteres zu. So war es auch hier. Die zünftige Meisterschaft verlangte von denjenigen, die sich bei ihnen als gleichberechtigte Genossen selbständig machen und Lehrlinge ausbilden wollten, anfänglich freilich nur den Nachweis, daß sie gewandert und als Geselle eine bestimmte Anzahl von Jahren gearbeitet hatten; später genügte ihnen das aber nicht mehr, und sie wollten selbst eine Probe des technischen Könnens sehen, während für die sittliche Eignung die überbrachte „Kundschaft" vorläufig genügte. So kam es zur Einführung des Zwanges, ein Meisterstück abzulegen, und zwar hat dieser Zwang an größeren Orten schon vor 1400 bestanden.

Daß solche örtlichen Zünfte, die ohne die Probe des Meisterstücks durchzukommen glaubten, sehr bald minderwertig wurden und also die Einführung des Meisterstückzwanges eine sehr notwendige und heilsame Maßregel gewesen ist, dafür bietet, nach ihrem eigenen Bekenntnis, die Schreinerzunft in Straßburg ein gutes Beispiel. Dort hatte man bis 1544 jene Probe nicht verlangt. Wie es dafür aber in der Zunft aussah, darüber gibt die neue Ordnung desselben Jahres Auskunft. Es heißt darin, die Lehrjungen ständen bei den einen lang, bei den anderen kurz in der Lehre, „dadurch dan vil ungeschickter und unerfahrener Gesellen und Meister gemacht und gemainem Schreiner Handtwerk großer Unrath, Spott und Verachtung erwachsen und durch Fremde zugelegt worden“. Nun wurde die feste Lehrzeit von vier Jahren eingeführt und von den Meistern, die Lehrlinge annehmen wollten, künftig ein Meisterstück verlangt. Beschämend sind die hierauf bezüglichen Übergangsbestimmungen für die damaligen Meister gewesen, denn es wurde für notwendig gehalten, in der Ordnung folgendes auszusprechen: „damit nicht die neuen Meister ‚die alten verwissen‘ (schelten), sich selbst besser schätzten“ usw., so sollten die derzeitigen Meister, die nicht vier Jahre gelernt und kein Meisterstück gemacht haben, „es auch nicht machen khonnen“, künftig keine Lehrlinge mehr halten dürfen, bis sie selbst das Meisterstück nachträglich gemacht hätten, wozu sie, wie gesagt, gar nicht imstande waren. Die zur Zeit dieser Verfügung bei ihnen stehenden Lehrlinge durften die alten, degradierten Meister aber noch zu Ende lehren. Man hatte in Straßburg bisher weniger darauf gesehen, daß diese armen Opfer etwas lernten, als billige Arbeitskräfte zu haben, und hatte eine richtige Lehrlingszüchterei betrieben. Künftig durften selbst die qualifizierten Meister nur je einen Lehrling zurzeit ausbilden. Die Ordnung der französischen Tischler in Straßburg vom Jahre 1617 (bestätigt und erneuert 1703) beruft sich darauf, daß „bisher“ diejenigen Meister, die das Meisterstück nicht gemacht hatten, 20 Jahre lang (!) keine Gesellen und keine Lehrlinge halten durften; auf Verlangen der „16 Meister der Meisterschaft der Straßburger Tischler“[1]) wurde diese Frist auf 24 Jahre[2]) ausgedehnt. Selbst nach dieser Frist durften die Meister zweiten Ranges wohl einen einzigen Gesellen halten, aber immer noch keinen Lehrling ausbilden. Die in der Zwischenzeit eingetretenen Meister hatten noch Anspruch auf die alte Form. Ein derartiger und sehr berechtigter Ausschluß der „Meister auf eigene Hand“, oder der „Vierundzwanziger“, wie man sie in Straßburg nannte, von dem Recht, Lehrlinge auszubilden, findet sich auch an anderen Orten und zu anderen Zeiten. — In Straßburg wurde nach der Übung des 18. Jahrhunderts auch den jungen Meistern, die das Meisterstück nicht vollkommen genügend vollbracht hatten, für einige Jahre noch das Recht, Lehrlinge auszubilden, verweigert.

Manchmal wurde auch die Lehrlingsausbildung an kleineren Orten von der größeren Stadt aus kontrolliert. Die Landmeister in Winterthur mußten ihre Lehrlinge in Zürich auf- und abdingen. Als sie 1698 den Zürichern die erfolgte Ledigsprechung eines Lehrknaben „anzeigten“, erfolgte darauf eine heftige Beschwerde, weil die Verpflichtung nicht erfüllt und Zürich in seinem Recht beeinträchtigt worden war. Dieses Recht wurde aber nur im Interesse der Qualität ausgeübt und beansprucht.

---

1) Dieser Ausschuß bestand noch 1789 in Straßburg.

2) Hiernach hießen die Meister, die kein Meisterstück gemacht hatten, die „Vierundzwanziger“. Im Jahre 1789 wurden neun solcher Meister aufgeführt.

Bevor ein Lehrling angenommen wurde, mußte er verschiedene Formalitäten erledigen. Zuerst sollte er seine deutsche Abkunft beweisen. Die Lübecker Meister wurden durch die Ordnung von 1474 verpflichtet, diesen Ausweis zu verlangen: „Item welk mester de enen lereknecht annemen wil, de schal darby hebben twe van sinen amptbrodern, de dar to gesat zint, unde desulve knecht schal hebben twe vrome lude, de dat tugen (bezeugen), dat he echt und recht geborn zy van dutscher tungen (in der Ordnung von 1508 wurde gesagt, dudesch und nicht wendisch), edder (sonst) men schal ene nicht annemen in dat amt." Der Lehrling mußte also zwei fromme Bürgen dafür stellen, nicht nur, daß er „deutscher Junge", sondern auch „echt und recht" geboren sei. Die eheliche Geburt mußte auch in Frankfurt 1527 bewiesen werden: „und zuvor kuntschafft bringen, daß er ehelich und von frommen eltern geporen sei". Auch in dem Zunftbüchlein der Augsburger Kistler von 1519 heißt es: „unnd dabey genugsam brief unnd Sigil, oder aber mit erbern leuten stadtliche zeugknus seines eelichen gepurt furbringen". Endlich durfte der Lehrling nicht leibeigen sein (Lübeck 1508 und Augsburg 1550). Auch durfte der Vater keinen „unehrlichen" Beruf ausüben. Der Stadtscharfrichter in Cöln z. B. wollte 1789 seinen Sohn Tischler werden lassen, doch wurde ihm von der Zunft die Einschreibung des Lehrlings verweigert. Er machte nun eine Eingabe an den Rat, in der er sich auf das Reichsgutachten von 1731 berief, das die Einschränkung ausdrücklich aufgehoben hätte, für den Fall, daß der Sohn diese „verwerfliche Arbeit" noch nicht selbst betrieben hätte, und das träfe hier zu. An dieser Stelle sei erwähnt, daß die Polizeiordnung des Kurfürsten von Brandenburg von 1688 befahl, daß auch Bauernkinder als Lehrlinge angenommen werden mußten, während sie gleichzeitig verbot, daß weder in den Vorstädten noch in den Dörfern sich Schreiner niederließen; „ein jeder, der Handwerksgewohnheit halten will, soll sich in einer Stadt häußlich niederlassen" usw.

Daß eine besondere **allgemeine** Vorbildung vom Lehrling verlangt wurde, haben wir nur in der Berliner Tischlerordnung von 1734 gefunden, wo kein Lehrling angenommen werden durfte, der nicht „wenigstens die 5 Haupt-Stücke aus dem Catechismo" konnte.

Ein bestimmtes Alter war in der Regel nicht vorgeschrieben. Nur in Augsburg, wo die Vorgeher den Mißstand aufgedeckt hatten (vgl. S. 141), daß schwächliche Kinder, die sich kaum an der Hobelbank halten konnten, eingestellt wurden, wurde 1593 das Eintrittsalter auf das 16. bis 17. Lebensalter festgesetzt. Die Nürnberger Landschreinermeister durften 1752 ihre eigenen Söhne schon mit 15 Jahren und mußten sie spätestens mit 18 Jahren schon zu Gesellen (!) machen; diese Kinder kamen also schon mit 12 oder 13 Jahren in die Lehre.

Das Einschreiben der Lehrlinge geschah vor den Vorgehern, in Straßburg seit 1544 auf der Zimmerleutstuben, damit sie durch die Feierlichkeit der Handlung „desto gflyßner und furchtsamer" würden. Zuweilen ergaben sich, hervorgerufen durch ein Verschulden ihres Lehrmeisters, Schwierigkeiten bei der Einschreibung. In Cöln war 1727 der Meister Schmedding der Zunft für irgend etwas Geld schuldig, und die Zunftmeister hatten, ohne Ansagung eines Gebotes, „propriae autoritate" (aus eigener Machtvollkommenheit) seinen

Namen „auf das sogenannte Ungehorsamen-Brett“ geschrieben und ihm die Aufhängung seines eigenen Schildes verboten; auch verweigerten sie die Einschreibung des von ihm angenommenen Lehrlings. Der Rat entschied, daß die Meister den Lehrling „ohnauffhaltig“ einschreiben sollten, womit zugleich entschieden war, daß diejenigen, die dem Meister die Geldstrafe auferlegt hatten, sie selbst aus ihrem eigenen Beutel zahlen sollten. Die Meister wagten es übrigens, dieses Dekret nicht anzunehmen und auf der Zahlung des ihnen schuldigen Geldes zu bestehen.

Fast ohne Ausnahme mußte der Lehrling eine Aufnahmegebühr und ein festes Lehrgeld zahlen. In Cöln 1179: 4 Solidos, 1397 einen „swairen“ vollwertigen Gulden; in Danzig 1454: ½ Mark an das Gewerk; in Frankfurt wurde 1473 der Junge nicht eher aufgenommen, bis er dem Meister für eine zweijährige Ausbildung 6 Gulden und dem Handwerk 1 Gulden und 1 Pfund Wachs zahlte; 1487 ist vom Lehrgeld nicht mehr die Rede, dagegen das Einschreibegeld auf 6 Schilling und 1 Pfund Wachs festgesetzt; 1527 ebenso das Eintrittsgeld auf 10 Schilling; in Lübeck 1474 8 Lübecker Schilling und 1 Pfund Wachs „in de bussen“, in die Büchse der Zunft; 1508 war dort die Lehre für drei Jahre frei, der Junge mußte sich aber verpflichten, nach der Lehrzeit das vierte Jahr seinem Lehrmeister um Geld zu dienen und außerdem dem Handwerk zu zahlen: 8 Schilling, 1 Pfund Wachs und endlich eine Tonne Bier, die im Hause seines Lehrmeisters getrunken werden sollte; in Augsburg 1519: dem Handwerk 60 Pfennig und dem Zunftknecht 8 Pfennig auflegen; 1647 mußte dort der Lehrling, wenn er kein Lehrgeld zahlen wollte, ein viertes Jahr lernen; das Einschreibgeld, das aber anscheinend der Meister zahlen mußte, betrug in Augsburg in allen Fällen 20 Pfennig und 6 Pfennig für den Handwerksdiener; in Hamburg mußten 1540 der Meister und der Junge, jeder für sich, in Gegenwart der Alterleute und Werkmeister 1 Schilling, und der Junge außerdem 20 Schilling in die Handwerkslade legen, von denen letzteres Geld als Harnischgeld verwendet werden sollte, und endlich sollte der Meister, der unangemeldet einen Lehrling eingestellt hatte, 20 Schilling „verboeret“ (verschuldet) haben; in München mußte der Lehrling, wenn er dem Meister nicht 1 Pfund Pfennig als Lehrgeld geben wollte, ein viertes Jahr dienen; in Riga 1541 zahlte der Lehrling 1 Mark für das Amt; die Lehrlinge der Landzunft in Nürnberg mußten 1752 beim Aufdingen 20 Kreuzer, beim Abgang dieselbe Summe und 1 Gulden in die Lade zahlen; in Preußen hatte die Polizeiordnung des Kurfürsten von Brandenburg jede Zehrung beim Auf- und Abdingen verboten und verfügt, daß die Höhe des Lehrgeldes von der jeweiligen Obrigkeit festgesetzt werden sollte, nachdem noch 1601 die Berliner Tischlerlehrjungen außer 5 Talern Lehrgeld und 8 Groschen in die Lade auch eine halbe Tonne Bier an das Handwerk hatten zahlen müssen; das Privileg der Berliner Tischler von 1734 bestimmte über die Höhe des Lehrgeldes nichts, war aber dagegen „eifrig bemüht, auch den Armen das ehrsame Tischlerhandwerk zugänglich zu machen“[1]. „Kann ein Lehrknabe das Geld füglich nicht gleich aufbringen, soll er vor den Magistrat gebracht und von demselben, daß der Meister wegen des Lehrgeldes

[1]) Voigt a. a. O., S. 332.

entweder leidliche Termine setze, oder die Lehrjahre weiter extendiere, veranstaltet werden.“ Außerdem „soll jeder Meister der Reihe nach schuldig seyn“, einem Knaben aus einem Waisenhause oder dem Sohne eines verarmten oder verstorbenen Mitmeisters das Handwerk umsonst zu lehren; in Essen mußte vor 1660 der Lehrling dem Amt „ein Zech Bier“, aber nicht über zwei schlechte Taler zahlen; in Frankfurt kostete 1822 das Einschreiben der Lehrlinge 25 Kreuzer, und zwar 5 Kreuzer „ad aerarium“ und 20 Kreuzer „zu den Accidenzien“, das Ausschreiben 20 Kreuzer, und, war der Lehrling ein Fremder, so mußte er noch 10 Kreuzer „für das Durchlesen des Taufscheins“ entrichten; in Ulm verlangte man für das Einschreiben 1830: 1 Gulden, 1843: 3 Gulden und 1830 für das Ausschreiben mit oder ohne Prüfung 1 oder 2 Gulden; endlich für die Aufnahme des Befähigungsnachweises 6 Gulden. Das Lehrgeld betrug 50 bis 70 Gulden mit Kost, Wohnung und Bett; für die übrigen Befugnisse sorgten die Eltern.

Über das gegenseitige Gelöbnis des Lehrherrn und des Lehrlings gibt das Augsburger Zunftbüchlein der Kistler von 1519 folgende Formel: „Derselb Maister soll auch dem Zunfftmaister angloben, bey fürstellung des Leernknechts, denselben trewlich zelernen, desgleichen der Leernknecht dem Maister trewlich zearbaiten, sein Nutz und fromben zefurdern, und schaden zewennden, auch angloben soll.“ Daß der Lehrling in allen Dingen gehorsam sein mußte, ist selbstverständlich. Doch berührt es eigen, wenn in der Schnitzerordnung von Riga 1541 gesagt wird, daß er „auch der frauwen“ (also der Meisterin) zu Willen sein mußte, wie dem Meister selbst, und zwar durfte er das Haus des Meisters nicht verlassen am Werktag wie am Sonntag; das bedeutete, daß er auch die Stelle einer Dienstmagd der Meisterin zu versehen hatte. Viel haben die Lehrlinge auf solche Weise gewiß nicht gelernt, wenn man sich auch vielleicht davor scheuen muß, trotz der auf S. 137, 147 u. 172 wiedergegebenen Bekenntnisse der Augsburger und Straßburger Meister, dieses Urteil zu verallgemeinern. Auch dann, wenn bei einem Meister die beste Absicht vorhanden war, sein Amt als Erzieher verantwortungsvoll zu verwalten, so kam es immer noch sehr darauf an, was er selbst zu geben hatte und zu geben verstand, und dann, welche Fähigkeit und welchen Willen der Junge für seinen Beruf mitbrachte. Schließlich wird, wie bei jeder Lehre, die Befähigung des Lernenden die Hauptsache gewesen sein und sein Wille, sein Trieb, den Gesellen und dem Meister abzugucken, wie sie es machten, immer vorausgesetzt, daß man ihn nicht die ganzen Jahre mit untergeordneten Arbeiten auszunutzen suchte. Hinter der Bedingung, daß die Lehrlinge bei ihrem Lehrherrn nach ausgestandener Lehrzeit noch weiterarbeiten sollten, wie sie von den Lübecker Kistenmachern 1508 gestellt wurde, und der wir in jener Zeit mehrfach begegnen, kann man verschiedenerlei Absichten vermuten. War es der Wunsch, einen guten Gesellen, den man herangezogen hatte, nun auch als solchen für sich selbst zuerst zu beschäftigen, so kann man, wenn man will, darin eine Bestätigung erblicken, daß der Junge etwas „Brauchbares“ gelernt hatte, selbst wenn, wie es die Hamburger Kistenmacherordnung von 1515 vorschrieb, dieses Weiterarbeiten als Geselle zum Mindestlohn geschehen mußte. Bedenklicher wird man schon, wenn man in jener Schnitzerordnung von Riga 1541, — nachdem im vorigen Paragraphen die erwähnte

Bestimmung, daß der Lehrling am Wochentag und Sonntag der Frau Meisterin zu Diensten sein müßte, angeführt war — liest, die Jungen müßten nach der Lehrzeit noch ein Jahr bei dem Meister (diesmal scheinbar wirklich bei dem Meister und nicht bei der Meisterin) gegen vereinbarten Lohn weiterarbeiten, denn in diesem Jahr würden sie mehr lernen, was sie vorher nicht gewußt hätten, und das sei besser für den Knecht als für den Meister. (Für den Meister wohl, weil er sich schämen mußte, so ungelernte Gesellen von sich zu lassen.) Dies in der Zeit der höchsten Blüte des Handwerks!

Gegen solche „Gesellen" begann man sich energisch zu wehren. So stellten die Frankfurter Schreiner 1565 den Grundsatz auf, daß fremde Gesellen, die nichts konnten, entweder sich verpflichten mußten, bei einem Frankfurter Meister ein ganzes Jahr nachzulernen, oder sie mußten aus der Stadt hinaus und daheim ihre Lehrzeit vollenden. Auf deutsch: Laßt euch euer Lehrgeld wiedergeben, denn die Zeit und Mühe war vergebens. Solchen Gesellen blieb nichts anderes übrig, als sich als Tagelöhner zu verdingen, wie es Gesellen in Cöln mehrfach tun mußten. Wer in Münster seine dreijährige Lehrzeit nicht ausstand, mußte seinem Meister einen guten Gesellen für die Zeit halten und entlohnen.

Auf alle Fälle war es gut, daß, wie in Riga 1541, vier Wochen, in Augsburg 1550 zwei Wochen, eine Probezeit für Lehrlinge angesetzt wurde, bevor man sie beim Rat einschreiben ließ. Es konnte sich nicht nur die mangelnde geistige Eignung, sondern auch ein körperlicher Fehler herausstellen, den man bemerken konnte, bevor das Lehrgeld gezahlt und angenommen war. Ein Cölner Meister z. B. „bemerkte" einen Augenfehler bei seinem Lehrling, freilich erst, nachdem er das Lehrgeld sicher in der Tasche zu haben glaubte, und dann entließ er ihn wohlgemut; er hatte sich aber getäuscht, denn die Gaffelherren verurteilten ihn zur Zurückzahlung des Geldes, das eine Wohltäterin dem Jungen geschenkt hatte.

Die Dauer der Lehrzeit war recht verschieden. Die ältesten Urkunden in Basel und Cöln bestimmten darüber noch nichts; in Cöln wurde 1397 festgesetzt, daß die Lehrzeit, wenn der Lehrling noch unter 14 Jahren war, 6 Jahre, wenn er aber über 14 Jahre war, nur 4 Jahre dauern sollte. In Zürich ist über die Lehrzeit der Tischler nichts bekannt, aber die Zimmerleute durften die Lehrlinge 1421 auf „nicht weniger als ein Jahr" dingen. In Danzig war 1454 die Lehrzeit auf 4 Jahre festgesetzt; in Frankfurt 1473 auf nur 2 Jahre, doch wurden daraus schon 1527 drei Jahre. In Lübeck verlangte man 1508, wie in Hamburg 1515, 3 Jahre, mit der bekannten Bedingung, daß der Lehrling nachher noch ein viertes Jahr beim Meister bleiben müßte. In Augsburg sollte 1519 der Lehrling drei ganze Jahre und nicht darunter, „aber mer wol nach seinem Gefallen", 1647 mit Lehrgeld 3, ohne Lehrgeld 4 Jahre lernen. Bei den Kunthormachern in Hamburg durfte 1540 kein Meister einen Lehrling unter einer Zeitdauer von 4 Jahren annehmen; in Würzburg 1543 nicht unter 2 Jahren. Eine dreijährige Lehrzeit wurde verlangt in München 1427 und in Münster 1564 und 1607, ferner in Nürnberg 1752 und 1800. In Straßburg 1617 machte man bei den französischen Schreinern, je nach dem, was sie erstrebten, einen Unterschied in der Zeitdauer. 2 Jahre sollte lernen, wer nur die einfache Kistenmacherarbeit lernen wollte (le commun travail de faiseurs de coffres pour en faire profession); wollte der Junge sich aber für die gehobene Tischlerarbeit ausbilden (choses plus relevées pur la Menuserie ordinaire), so sollte er dafür mindestens 4 Jahre ansetzen und ein seinem Alter angemessenes Lehrgeld zahlen. Daneben gab es aber auch noch die Söhne von reichen Leuten, die aus Liebhaberei etwas in der Tischlerei unterrichtet werden wollten, „mais si quelques fils de riches Bourgeois voulaient par Curiosité apprendre la Menuserie, soit commune ou subtile, ils seront tenus d'y demeurer le terme, d'ont on conviendra, sans estre engagés"; solche Liebhaberlehrlinge, die nur aus Neugier ein bißchen lernen wollten, sollten eine Zeit vereinbaren, ohne an ihre Einhaltung gebunden zu sein.

Schon sehr früh scheint die Unsitte eingerissen zu sein, dem Lehrling die Lehrzeit abzukürzen gegen Zahlung einer bestimmten Summe, wobei außerdem das bereits vorausgezahlte Lehrgeld in den Händen des Meisters verblieb. Die Ausrede, der Lehrling wäre schon soweit vorgeschritten, daß man ihn hätte zum Gesellen sprechen können, wird erst richtig beleuchtet, wenn man sich erinnert, daß arme Lehrjungen, die das Geld nicht zahlen konnten, ein Jahr länger lernen mußten, wobei ihnen ironisch gesagt wurde, daß sie nun erst anfangen würden, zu lernen. So mußte der Münchener Kistlerordnung von 1427 im Jahre 1471 ein Nachtrag gegeben werden, der diese unsauberen Verhältnisse regeln sollte. „Ain rat hat geornt und gesatzt, welher lerenknecht seiner lernjar abkaufet und dieselben unvollständig auslernet, das man denselben hye ze munchn auf dem handwerck der kistler nicht mer furdern sol." Diese Maßregel richtete sich, wie die obenbeschriebene Bestimmung der Frankfurter wohl gegen die auswärtigen Gesellen, die zum Teil nicht einmal eine zweijährige Lehrzeit ordnungsmäßig bestanden hatten. Solche „Gesellen" hatten meistens nicht nur Geld, sondern auch noch irgendwelche Protektion hinter sich, und mit Hilfe von Schiebungen wurden sie, wie wir später sehen werden, obwohl ihre Unfähigkeit offen zu Tage lag, ebenso schnell, wenn nicht schneller als die tüchtigen Kameraden, Meister. Man hatte Not, sich solcher Schieber zu erwehren. Die Danziger Tischlermeister erklärten 1466 einen Meister aus Thorn, der sich in Danzig niederlassen wollte, als des Handwerks unwürdig, weil sie in Erfahrung gebracht hatten, daß er sich früher ein halbes Jahr von seiner Lehrzeit durch Zahlung von 6 Mark abgekauft habe; mochte er diesen Fehler durch späteren Fleiß wieder ausgeglichen haben, es sollte ein Exempel statuiert werden, dessen Kunde durch die vielen wandernden Gesellen sich schnell weit verbreitete und wohl für das Ansehen des Danziger Handwerks wirken sollte.

Die Literatur über verkehrte und schlechte Behandlung von Lehrlingen ist nicht klein und stammt zumeist aus dem 18. Jahrhundert, wo sich die Zunftverhältnisse schon ihrer Auflösung näherten. Aber auch schon früher sind viele Klagen laut geworden. Man kann nicht immer etwas darauf geben. In Augsburg war ein Junge seiner Kistlerlehre entlaufen. Sein Vater, ein Barbier, und also mit Schwatzhaftigkeit begnadet, lief in der Stadt herum und erzählte, sein Kind wäre in der Lehre nicht christlich, sondern „türkisch" behandelt worden; der Lehrmeister habe es ermordet und verscharrt. Schließlich fand man den Jungen wohlbehalten; er konnte nichts Schlechtes über seinen Lehrherrn aussagen und war nur fortgelaufen, weil er lieber Kaufmann werden wollte. Aber sicher hat es auch ernste Fälle von Mißhandlung gegeben. In früherer Zeit nahm man dergleichen nicht sehr ernst. Nach der Lübecker Ordnung der Kunthormacher von 1474 mußte ein entlaufener Lehrling aufs neue alle Gebühren zahlen; gelang es ihm aber, zu beweisen, daß die Schuld beim Meister lag, so mußte ihn dieser ohne neue Zahlung wieder annehmen. Zurück zum Meister mußte er aber auf alle Fälle, und von einer Bestrafung des Meisters war keine Rede. Eine „kleine Correction" nannte ein Cölner Meister die Maulschelle, die er seinem Lehrling, weil er den Tisch nicht hatte decken wollen, gegeben hatte. Da sich diese kleinen Korrektionen aber zu häufig wiederholten, so wurde der Lehrling einem anderen Meister übergeben, ein Mittel, das in Cöln meist angewendet wurde. Ob der Lehrling in solchen Fällen sein Lehrgeld zurückbekam, ist nicht klar, aber wahrscheinlich. Einmal klagte ein umgeschulter Lehrling auf Rückgabe seiner Flinte und Uhr, die er an den Sohn (!) des früheren Meisters an Stelle des vierteljährlichen Lehrgeldes gegeben hätte. Die allgemeine Zuchtlosigkeit des 18. Jahrhunderts hatte sich auch auf die Lehrlinge übertragen. Gleichfalls in Cöln wurde ein Lehrling von seinem Meister entlassen, weil er dessen Tochter geschwängert hatte und, nach Aussage des Pfarrers von St. Severin, mit ihr „gantz unerlaubt" lange Zeit und „gleichsam als Eheleut" gelebt, wonach das Mädchen entbunden worden wäre. (Es kann sich hier aber, wie wir zur Ehre der Cölner Lehrlinge annehmen wollen, auch um einen Meisterknecht, die man dort auch Lehrknechte nannte, gehandelt haben.) Wenn ein Lehrherr gestorben war, so beanspruchten die Cölner Meister das Recht, dem Jungen eine andere Lehrstelle zu suchen.

Wenn in Frankfurt ein Meister seinen Lehrling schlecht hielt, so daß dieser ihm entlief, dann mußte er dem Lehrling, der sich eine andere Stelle suchen durfte, den entsprechenden Rest des Lehrgeldes zurückgeben und durfte selbst während dieser Zeit keinen anderen Lehrling einstellen. Die Augsburger Kistlerordnung von 1550 bestimmte: „Item, wo hinfüro einem Kistler ain Lernjunge uß mutwillen unverursacht hinweck lieff oder sich uß der statt schliege, in was dergleichen wege sich solchs zutriege, also das sich erfünde, das die Schuld sein des Jungen und nit des maisters were, so soll derselb maister macht haben, an desselben lernjungen stat, unangesehen ob seine lernjar noch nit oder ain thail daran verschienen, ainen andern lernjungen an und uffzunemmen". In Straßburg mußten 1544 bei einem Streit zwischen Meister und Lehrling die drei Beschauer einschreiten. Hatte der Meister schuld, so durfte der Junge bei einem anderen auslernen, er selbst aber für diese Zeit keinen neuen Lehrjungen einstellen. Beim Tode eines Lehrherrn mußten in Hamburg die Amtmeisters sich des Jungen annehmen, in Lübeck durfte dieser unter ihrer besonderen Aufsicht bei der Witwe weiterlernen.

Scharfe Bestimmungen wurden in Münster 1607 gegen Lehrlinge, die ihre dreijährige Lehrzeit nicht ausständen, erlassen; sie waren schuldig, ihrem Meister für die restliche Zeit einen Meister zu halten und zu entlohnen. Aber echt preußisch ging der Kurfürst von Brandenburg 1690 gegen Lehrlinge vor. Sein Edikt lautete: „Wegen des Entwichens der Lehrjungens bei denen Manufakturen[1]), daß selbige ehe und bevor ihre Lehrjahre gäntzlich verflossen, sonder (ohne) erhaltenen schriftlichen Abschied nicht aus die Lehre treten, widrigen falls aber, daß zur Straffe solchen Verbrechens vors Erste mahl sie die Lehrjahre von neuen wieder anfangen, würden aber einige zum andern mahl desertieren, solche ein Jahr lang in den Karren geschlossen und zum Vestungsbau oder anderer Arbeit gebraucht werden, nach Verlauf aber solcher Zeit bey ihrem Meister wieder in die Lehre zu treten gehalten sein, auch die Manufacturiers keine Lehrjungen, Meister, Gesellen und Ouvriers ohne Vorzeigung eines schriftlichen Abschiedes nicht aufnehmen und dieselbigen, damit sie zum desertieren nicht bewogen werden mögen, wohl, ehrlich und dem Versprechen nach, und wie es gebräuchlich, zu halten."

Nach ausgestandener Lehrzeit wurde der Lehrling ausgeschrieben, das heißt, er wurde im Lehrlingsbuch vermerkt als angehender Geselle, bekam wohl auch eine Bescheinigung in die Hand, die er bei Antritt seiner ersten Gesellenstelle vorzeigen konnte. Immer scheint das nicht der Fall gewesen zu sein, wie aus den Unannehmlichkeiten hervorgeht, die einem Cölner Lehrling 1579 gleich auf seiner ersten Wanderschaft in Mainz begegnet sind. Die Cölner Dreherzunft berichtet darüber: „Jacob von Cöln hat sein Handtwerk allhier, unserer ambts gerechtigkeit nach, bei amptsmeistern ehrlich und freuntlich gelehrnt." Er begab sich dann nach Mentz (Mainz) und bekam auch dort bei dem Meister Joergen van Palim Arbeit. Dort bereitete ihm aber ein Mitgeselle durch üble Nachrede Schwierigkeiten: „Sey daselbst erschienen einer, so sich unsers Handtwercks holldreyer berumpt (berühmt), nemblich Gillis von Lonenich und habe ihmen, Jacoben, daselbst mit unerfindlichen Dingen, wie er (Jacob) uns (den Cölner Meistern nach Haus) angegeben, gescholden und einen brief daselbst vorbracht, so die holldreyer diß ampt ihme nit geben sollten haben." Jacob bat nun das Cölner Amt um eine Abschrift seines Lehrbriefes, den er vielleicht mitbekommen und verloren hatte, „umb sich dessen (gegen diese Anschuldigung) der gebeur (gebührlich) zu verteidigen". Die Amtsmeister befürworteten beim Rat die Ausstellung des Duplikates. Was jener Mitgeselle Gillis wegen eines Briefes der Holldreyer sage, sei ihnen ganz unbekannt. Es gebühre auch niemandem, außer dem dienstlichen Gesinde (!), ohne Wissen und Willen des Amtes „hinderlistige" Briefe zu schreiben. Sie verlangten die Herausgabe dieses Briefes oder einer beglaubigten Kopie. Dem Jacob wurde dann seine Lehrzeit so bestätigt: „Daß gemelter Jacob allhie, wie amptsbrüchlich (wie amtsbekannt), sein ampts vier Jahre bei unserem Ampts Meister treulich, ehrlich und woll außgedient und gebreuchlicher Amptsgerechtigkeit allhie erworben, daß er bei menniglich —, da er anders (vorausgesetzt, daß er), wie bißhero beschehen, sich freundtlich halten würdt —, vor ein (als ein) erber Gesell unsres Handtwercks zu erhalten, sein Handtwerck negst anderen Gesellen gebrauchen möge." — Das mehrfach erwähnte Reichsgutachten von 1731 befahl grundsätzlich die Ausstellung richtiger

[1]) Dies waren allerdings die staatlichen Werkstätten.

Lehrbriefe, doch dauerte es lange, bis sich der Befehl durchsetzte; in Ebern bei Würzburg z. B. verweigerte das Amt rundweg die Ausstellung eines solchen Briefes, und auch die Cölner Amtsmeister mußten einmal dazu mit Verhängung und Androhung harter Geldstrafen gezwungen werden.

Nicht alle Ordnungen enthalten Angaben darüber, wieviel Lehrlinge ein Meister zu gleicher Zeit haben und in welchem Tempo er sie einstellen durfte. Aber es liegen doch von etwa 1400 an solche Angaben, durch alle Jahrhunderte hindurch und aus allen Gegenden Deutschlands, vor, und sie lauten fast alle gleichlautend: zurzeit nur einen, und den nächsten erst dann, wenn der erste ausgelernt hat oder sich im letzten Jahre seiner Lehrzeit befindet. Zunächst wollen wir die vorhandenen Vorschriften aufzählen. Cöln 1397: nicht mehr als einen, Lehrzeit 4 bzw. 6 Jahre, den nächsten, wenn der erste im letzten Jahre steht; Cöln 1736: einen zurzeit, Lehrzeit 4 Jahre, den nächsten, wenn der vorige zwei Jahre gelernt hat. (Hier ist zu bemerken, daß inzwischen das Reichsgutachten von 1731 im § 13 jede Beschränkung der Zahl der Lehrlinge und Gesellen im Interesse des Publikums aufgehoben hatte.) — Zürich 1421 und 1425: bei den Zimmerleuten (von denen zu jener Zeit die Tischmacher noch nicht getrennt gewesen sind, wobei aber immer noch fraglich bleibt, ob die Bestimmung auch für sie gegolten hat) 2 zurzeit, Lehrzeit 1 Jahr. — München 1427: 1 zurzeit, 4 Jahre Lehrzeit, mit Nachsatz von 1470: den nächsten erst nach zweijähriger Pause einstellen. — Lübeck 1474: 1 zurzeit, Lehrzeit unbestimmt, aber wahrscheinlich drei Jahre, Folge unbestimmt; mit Nachtrag 1499: aus besonderer Ursache („vth sunderger orsake") 2 zurzeit. (Diese Maßregel ist auffällig, denn schon 1474 hatte es geheißen, wenn der Meister keinen Lehrling bekommen könnte, dann dürfe er an dessen Stelle noch einen Gesellen mehr einstellen. Es scheint also in jener Zeit in Lübeck bei den Kunthormachern ein schwacher Andrang zum Handwerk gewesen zu sein.) — Frankfurt a. M. 1473, 1487 und 1557: 1 zurzeit, Lehrzeit 2 Jahre, Folge unbestimmt; seit 1527: Lehrzeit auf 3 Jahre verlängert. — Lüneburg 1524: 1 zurzeit, Lehrzeit unbestimmt, den nächsten ein halbes Jahr vor Ablauf. — Würzburg 1543: 1 zurzeit, Lehrzeit 2 Jahre, den nächsten, wenn Lehrzeit halb abgelaufen. — Münster 1564: 1 zurzeit, Lehrzeit 3 Jahre, Folge unbestimmt. — Berlin 1601: Zahl unbestimmt, Lehrzeit 3 Jahre, Folge unbestimmt; 1734: ebenso. — Augsburg 1593: Zahl unbestimmt, Lehrzeit 5 bis 6 Jahre, Folge unbestimmt; 1647: 1 zurzeit, Lehrzeit 3 bis 4 Jahre, nächster nach Ablauf der Lehrzeit. — Straßburg 1544: 1 zurzeit, Lehrzeit 4 Jahre; Folge unbestimmt; 1617: Lehrzeit 2 bzw. 4 Jahre. — Nürnberg-Land 1752: Zahl unbestimmt, Lehrzeit 3 Jahre, Folge unbestimmt; Nürnberg-Stadt 1800 (erneuerte Bestimmung aus dem Jahre 1577): 1 zurzeit, Lehrzeit 3 Jahre, nächster nach Ablauf der Lehrzeit. — In Basel wurde jede Beschränkung in der Zahl der Lehrlinge im Jahre 1830 aufgehoben.

Nach diesen Zahlen kann man von einer übertriebenen Lehrlingszüchterei nicht sprechen. Freilich wird jeder Meister bestrebt gewesen sein, zu allen Zeiten einen Lehrling in seiner Werkstatt zu haben, aber ob er ihn auch bekommen hat, erscheint nach dem angeführten Beispiel von Lübeck nicht so ganz gewiß.

Schon im späteren Mittelalter brachten die Lehrlinge ihrem Meister Lohn ein[1]). Die älteste Nachricht bezieht sich auf Zimmerlehrlinge: in Göppingen erhielt 1425 der Lehrling des Sommers soviel Lohn, wie der Geselle des Winters verdiente. In Tübingen bekam 1550 der Zimmerlehrling im ersten Jahr zwei Drittel und im zweiten (und letzten) Jahr den vollen Gesellenlohn, ebenso die Schreinerlehrlinge; die Schreinerlehrlinge sollten in Frankfurt a. M. auch Lohn erhalten, denn die Ordnung von 1527 bestimmte, „und wan der meister denselben lerejungen zu arbaiten furen will, soll er im ersten jar nit mehe, dan ain schilling zu taglone nemen, im andern jar zween schilling und im dritten jar drei schilling". Die Würzburger Schreinerordnung von 1543 setzte fest: „Und soll demselbigen Lehriungen ein tag ein halb taglohn gegeben werden; wo er aber so gar iung, nach gelegenheit der Persohnen". In Lübeck war es 1508 verboten, den Schreinerlehrlingen „mehr als den üblichen Lohn" zu geben.

Wieviel von den ausgebildeten Lehrlingen mögen wohl später zur Meisterschaft gelangt sein? Es ist schwer, darüber eine einigermaßen zuverlässige Vermutung anzustellen, und deshalb kann auch der nachstehenden Schätzung nicht der Wert einer brauchbaren Statistik beigemessen werden. In Frankfurt am Main gab es 1473: 13, 1552: schon 42 Meister, durchschnittlich also für diese Periode von 79 Jahren: 27 Meister in jedem Jahr. Diese 27 Meister durften jeder alle zwei Jahre einen Lehrling ausbilden, was für die ganze Zeit eine Gesamtzahl von 1066 Lehrlingen ergibt. Von dieser Zahl mag, da die Periode von 79 Jahren drei Lebensalter umfaßt, im Jahre 1552 noch 355 (der dritte Teil) gelebt haben. Da es in diesem Jahr in Frankfurt aber nur 42 Meisterstellen gab, so wäre noch nicht einmal jeder neunte Lehrling Meister geworden. Besonderen Wert darf man, wie gesagt, dieser Schätzung nicht beimessen, da wir ja nicht wissen können, ob jeder Meister in jedem zweiten Jahr einen Lehrling bekommen konnte oder haben wollte.

12. Die Gesellenjahre.

„Was ich nicht habe erlernt, das hab' ich erwandert."

In sehr zartem Alter wurden die ausgelernten Lehrlinge vor die Notwendigkeit gestellt, sich nun als Gesellen ihr Brot selbst zu verdienen. Sie waren oft noch so jung und von dem Bewußtsein, wenig gelernt zu haben und einem Meister wenig nützen zu können, so erfüllt, daß sie, wie die Augsburger Meister 1593 berichteten, zu Hause hocken blieben oder sich auf die Dörfer setzten, um dort ihre Zeit zur Einschreibung für die Meisterschaft abzuwarten, nachdem sie sich in Augsburg selbst vergeblich zur Arbeit angeboten hatten. (Vgl. S. 137.) Meisterssöhne durften in Nürnberg-Land 1752 schon mit fünfzehn Jahren zu Gesellen gemacht werden und mußten es mit 18 Jahren spätestens geworden sein. In Karlsruhe wurde 1786 verboten, Meisterssöhne gar zu jung zu Gesellen zu machen. Immerhin hatten diese Meisterssöhne doch eine andere

[1]) Bei diesen Lohnlisten, von denen wir an anderer Stelle ausführlicher sprechen (S. 360), ist festzuhalten, daß sie die Sätze enthielten, die der Bauherr bzw. Besteller dem Meister zu vergüten hatte für die Gesellen und Lehrlinge, die jener ihnen zur Arbeit ins Haus führte. Wieviel davon der Meister den Gesellen und Lehrlingen auszahlte, unterlag besonderen Abmachungen.

Schulung durchgemacht und bessere Kenntnisse erworben als die Söhne von anderen Bürgersleuten und gar der Fremden, an deren Ausbildung der Meister, wie es ja menschlich erklärlich, wenn auch nicht entschuldbar war, nicht das Interesse genommen hatte wie bei seinen eigenen Kindern.

Sehr wahrscheinlich wurde die Wanderschaft gleich nach vollendeter Lehrzeit angetreten, wenn auch besondere Bestimmungen darüber nicht vorliegen. Ja, an manchen Orten scheint überhaupt keine Verpflichtung bestanden zu haben, zu wandern, wie augenscheinlich in Augsburg, denn sonst wäre es doch nicht möglich gewesen, daß die mutlosen jungen Gesellen einfach zu Hause hocken blieben. Oder wollen sie das Auf-die-Dörfer-Hinausziehen als „Wandern" angesehen wissen? Fast möchte man das vermuten, wenn man liest, daß schon 1487 in Frankfurt gegen solches scheinbares Wandern eingeschritten wurde; die Gesellen dürften nicht „zu eyner porten uß und zur andern innen geen", denn das müßte als ein Betrug angesehen werden, „das wole eyn betroge gescheen mage". Wohl um solche hilflosen Zustände zu vermeiden, war die Übung der Seestädte Hamburg, Lübeck und Riga eingeführt, die Lehrlinge nach bestandener Lehrzeit noch ein Jahr in der Werkstatt des Meisters festzuhalten, zwangsweise eingeführt worden. Ohne Zwang wurde das den Jungen auch in Augsburg anheimgegeben und freigestellt, aber es werden, eben ohne Zwang, in diesem unreifen Alter nicht viele von der Wohltat Gebrauch gemacht haben, freilich kamen sie so aus dem „Regen in die Traufe".

Zwangsbestimmungen zum Wandern, meist mit vorgeschriebener Dauer, finden wir in folgenden Städten: In Frankfurt war noch 1487 die Zeit von nur einem Vierteljahr, mindestens acht Wochen vorgeschrieben; erst nach Ablauf dieser Frist durften die Gesellen wieder in die Stadt kommen und sich Arbeit suchen. Später ist die Zeit auf drei Jahre ausgedehnt worden, aber wann dies geschehen ist, war nicht festzustellen. Auch in Lübeck war es 1508 ausdrücklich verboten, vor Ablauf der Frist, nämlich eines halben Jahres, wiederzukommen. Eine dreijährige Wanderschaft war auch für die Meistersöhne vorgeschrieben in Münster 1607, in Frankfurt 1775, in Karlsruhe 1783 (Meistersöhne sollen nicht zu Hause geduldet werden, Gesellen dürfen erst nach der Wanderschaft, Ungewanderte überhaupt nicht heiraten), während in Nürnberg-Land für die Meistersöhne 1752 diese Frist auf zwei Jahre ermäßigt war. Auch in Frankfurt a. M. versuchten die Meister 1775, die Zeit für ihre Söhne auf zwei Jahre herunterzudrücken, mit der Begründung, daß sie ihre Arbeiten „mit den fremden Gesellen Verdrießlichkeiten halber" nicht fertigstellen könnten; sie wurden aber abschlägig beschieden. In Basel konnte noch 1784 kein Tischlergeselle Meister werden, der sich nicht über eine dreijährige Wanderschaft auszuweisen vermochte. In Würzburg stellten 1741 die Meistersöhne den Antrag, ihnen gegen Zahlung die Wanderjahre zu erlassen. Hoffentlich hatten sie mit dieser unsozialen Forderung keinen Erfolg. Anders ist wohl das Gesuch eines Stuttgarter Gesellen, ihm wegen Armut die Wanderschaft zu erlassen, zu beurteilen, denn vielleicht hatte er seine Eltern zu unterstützen. Eine einjährige Wanderschaft befahl 1688 der Kurfürst von Brandenburg, während sich ein Edikt des Kurfürsten von Sachsen 1661 auf die allgemeine Feststellung der

Vorderseite der Truhe der Bozener Tischlerzunft. Marketeriebild mit Werkzeugdarstellungen von Anton Kipferle, Bozen um 1560, Städtisches Museum Bozen.

Ahornfurnierte Tischplatte mit eingelegten Werkzeugabbildungen des Hans Kipferle aus Säckingen, Bozen 1561, Städtisches Museum Bozen.

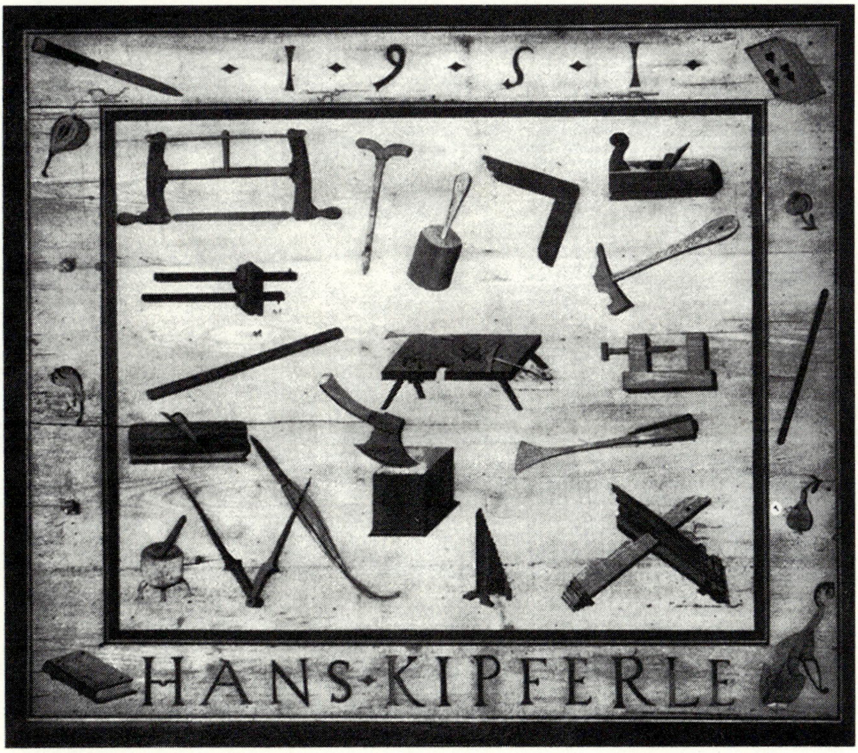

Marketeriebild von einem Augsburger Kabinettschrank von 1625. Diese Werkstattszene zeigt neben vielen Werkzeugen zwei Schreiner bei der Arbeit: Der eine schneidet Furnier, der andere richtet mit der Rauhbank ab. Vorn begutachten und vermessen Meister und Kunde einen für Augsburger Herkunft typischen Kabinettschrank. Uppsala Universitets Konstsamling.

Wanderpflicht beschränkte und dabei wohl nur die Handwerke in den großen Städten im Auge hatte, denn es wurde beigefügt: „Jedoch daß solches in kleinen Städten und Flecken so gar genau nicht gesuchet, sondern vornehmlich dahin gesehen werde, ob er sein Handwerck ehrlich gelernet und vor einen Meister bestehen könne." In Augsburg beschloß der Senat 1663, daß die für die Meisterschaft eingeschriebenen Kistlergesellen nach sechsjähriger Arbeit am Ort noch zwei Jahre wandern müßten. Die Maßregel bezweckte hauptsächlich, den Zutritt zur Meisterschaft zu erschweren und durch diese Maßregel eine Überfüllung zu verzögern. Mit Recht wandte ein Geselle dagegen ein, daß sich diese Verordnung doch nur auf solche Bürgerskinder und Fremde beziehen könnte, die hier gelernt hätten, also noch nicht draußen gewesen seien. (Um der Schwierigkeit zu entgehen, erließ der Rat ihm diese Wanderpflicht zur Hälfte, aber ein Jahr mußte er wandern und die schriftliche Bestätigung mitbringen.) Grundsätzlich wurden von dieser Verpflichtung nur ausgenommen diejenigen Gesellen, die zur Zeit der Verfügung schon zum Meisterstück eingeschrieben waren, ferner die Meisterssöhne und solche Fremde oder Hiesige, die Witwen des Handwerks heirateten.

Diese Bevorzugung solcher Gesellen, die Witwen heirateten, erscheint hier besonders verwerflich, denn man nahm hier Meister ins Handwerk, die sich die Kenntnisse, die doch andere augenscheinlich nur auf der Wanderschaft holen konnten, nicht erworben hatten. Auch in Münster bestand 1697 die gleiche Einrichtung. Fragt man nach dem Zweck der Wanderschaft überhaupt, so kann doch die Antwort nur lauten: die Jungen sollten sich in der Welt umsehen, über den Kirchturm ihrer Heimatstadt hinweggucken, sich durch Vergleiche ihre Kenntnisse erweitern, neue Techniken lernen und letzten Endes nach ihrer Rückkehr das heimatliche Handwerk bereichern und beleben. Die Ordnung der Hamburger Kunthormaker von 1540 nannte das „sich in anderen landen und steten versoeken". Deshalb wurde in Augsburg 1681 auch verlangt, daß der Geselle solche Städte berührte, die „vor eine Wanderschaft passieren khennen". In Baden war 1783 vorgeschrieben, daß die Wanderschaft den Gesellen an „entlegene Orte" führen müßte. Strebsame Gesellen kamen denn auch weit in der Welt herum und lernten etwas Tüchtiges. Der Chronist Weigel[1]) berichtet 1698, daß die Schreinergesellen zu seiner Zeit mit Vorliebe von Regensburg aus „ins Römische Reich", also nach Italien und in die Seestädte gewandert seien. Er nennt das ihre „Meister-Wanderschaft". Deutsche Gesellen wanderten aber auch in alle anderen Länder und suchten sich diejenigen als Reiseziel, deren Kunst gerade den europäischen oder den deutschen Geschmack beeinflußten.

Das Wandern der Gesellen beeinträchtigte in Kriegszeiten zuweilen die militärisch-nationalen Absichten der heimatlichen Regierung in empfindlicher Weise. Die nachstehenden Nachrichten über das Wandern der Gesellen im „erweiterten" Königreich Bayern aus den Jahren 1791 bis 1808 zeigen das, beweisen aber zugleich, wie man den Zweck des Wanderns den besonderen Wünschen entsprechend umzudeuten verstand. Während noch am 17. August

[1]) Weigel a. a. O.

1791 in München verfügt wurde, daß jeder Handwerker, „wenn er anderst schon sein 17 Jahr erreicht hat, innerhalb eines Jahres nach Vollendung seiner Lehrzeit, ohne Ausnahme, seine Wanderjahre entweder in dem Auslande oder in einer der inländischen Hauptstädte antreten“ müßte, richtete schon am 11. Mai 1792 der „Hofkriegsrath“ (!) in München folgendes Schreiben an den Kurfürsten: „Alles, was die in die Fremde wandernden Handwerkspurschen bey ihrer Zurückkunft mit sich bringen, besteht oft nur in einer neuen Mode, nicht jedesmal aber in einer wesentlichen und dem Lande nutzbaren Veredelung, Verarbeitung oder Erfindung . . . Ehemals war Deutschland noch nicht so kultiviert wie heut zu Tage, die Fabriken und Manufakturen waren noch nicht in so großen und zahlreichen Mengen vorhanden, die Landesindustrie war noch nicht in allen Staaten so blühend, kurz Deutschland war weder an Industrie, Arbeit und Verfeinerung, dann Veredelung seiner Produkte, noch am Geschmack das, was es heut zu Tage ist, wurde später in der Mode erst die Nachäfferei Frankreichs und also war dazumahl die Wanderung der Handwerkspurschen nicht nur allein gut, sondern auch selbst notwendig. Im achtzehnten, verfeinernden Jahrhundert aber hebt sich die Notwendigkeit der Wanderschaft im allgemeinen von selbst, sie kann mit Grunde und mit Vortheil, ohne der Handelsindustrie zu schaden, auf einzelne Individuen und gewisse, bestimmte Lande beschränkt werden.“ Im Jahre 1804 kam der Befehl, daß alle Gesellen, die ins Ausland wollten, „um dort ein Handwerk zu erlernen“, angehalten werden sollten, obwohl man die Einrichtung des Wanderns „als eine zur Ausbildung des Kunstgeschmacks abzielende“ erhalten wissen wollte. Aber man wünschte die jungen Menschen nicht der „Willkür und Habsucht“ der Menschen preiszugeben, die sie an Werber verhandelte. Im Jahre 1806 wurde das Wandern als Bedingung zur Meisterschaft ganz aufgehoben. Die betreffende Verfügung vom 25. Februar lautet: „Da die Verordnungen, welche das Wandern der Handwerksgesellen vorschreiben, den anfänglichen Zweck nicht mehr erfüllen, und der Bayerische Staat genug Ausdehnung hat, um das Wandern ins Ausland entbehrlich zu machen, so wollen wir die bisher hierüber bestandenen Verordnungen dahin mildern, daß das Wandern zwar keinem Handwerksgesellen verbothen, aber künftig auch als kein nothwendiges Bedingnuß zur Meisterschaft angesehen werden solle, wenn der angehende Meister sich nur übrigens durch seine Arbeiten und durch die Zeugnisse der Meister, bei welchen er gearbeitet hat, wegen hinlänglich erworbener Handwerkskenntnisse gehörig ausweisen kann.“

In Württemberg konnte man, wie so vieles andere, der Landesherrschaft im Jahre 1808 auch die Wanderjahre abkaufen; sie kosteten, wenn sie ganz „übersprungen“ werden sollten, 12 Fl., zu zwei Drittel 8 Fl. und zu einem Drittel 4 Fl. — Die Qualität der Gesellen war der hochwürdigen Landesherrschaft Nebensache, wenn sie nur ihren Ablaß bekam.

In Deutschland wie im Ausland mußten sich die Gesellen beim Rat anmelden, bevor sie dauernd Arbeit bekamen. „Gesellen und lerjungen, die nicht bürger sind, in den negsten 14 Tagen fur die burgermeistere brengen, das er den knecht eydige als andere Dienstknecht, der globe und swere und sich inschrieben lasse“. Auch diejenigen Gesellen, die von der Wanderschaft zurück oder wiederholt nach Frankfurt kamen, mußten (1487) stets aufs neue schwören und sich einschreiben lassen. Meister, die es versäumten, ihre Gesellen dazu anzuhalten, wurden für jeden Tag mit einem „Tornose“ (Geldstück) bestraft. In Straßburg mußten 1763 alle auf der Zimmerleutzunft dienenden Meister, also Zimmerleute, Schreiner, Wagner und Dreher, die neuaufgenommenen Gesellen am nächsten Sonntag vor dem Bettag um 12¾ Uhr auf die Zunftordnung vereidigen lassen, widrigenfalls die Meister mit 5 Schilling für jeden Tag der Übertretung, die Gesellen aber mit Stadtverweis bestraft wurden. In Paris war auch eine Anmeldung notwendig, wofür dem Gesellen eine schriftliche Ausfertigung als Ausweis übergeben wurde, die er später, wenn er die Stadt verließ, wieder zurückgeben mußte. Sie lautete so: „Communauté des Maistres menusiers-Ebénistes, Tourneurs (Dreher), Layetiers (wörtlich: Packer, wohl Kistenmacher) de la Ville Fauxbourgs et Baulieue de Paris. Certificat de Bureau. L'an mil sept cent soixante-dix-sept, le neuvième jour de mars, le nommé Jacob Bierman dit natif de Collogne en lorraine paroisse Colomba demeurant rue traversierre chez Mr. Courtour. Mr. de Bierre (!) est venu au bureau etc. se faire inscrire en qualité de Compagnon menusiers à Paris, suivant l'Article XV de l'Edict d'Aout 1776 l'Arret du Conseil Lettres Patentes de 2 Janvier 1749 et le Arrets intervenus les 25 Mars 1755 et 4/8 1756. (Unterschrift:) Borel, Lenoble. — Le Compagnon partant pour la Compagne remettra son Billet au Bureau.“ In Cöln mußte 1397 der ankommende Geselle eine Gebühr entrichten, und zwar, wenn er in Cöln gelernt hatte, ein Pfund Wachs für die Bruderschaft, war er aber ein Fremder („ein uswendich man“), so mußte er zwei Pfund Wachs geben, und früher durfte ihn kein Meister bei sich arbeiten lassen. Ähnliche Formalitäten werden überall üblich gewesen sein. Erwähnenswert ist noch die Bestimmung in Würzburg 1543, daß sich die Gesellen eidlich verpflichten mußten, etwaige Streitigkeiten vor den Gerichten der Stadt auszutragen und nicht „anderswo hinzuziehen“.

Ein Geselle, der Arbeit suchte, durfte sich nicht selbst in den Werkstätten anbieten, sondern mußte in der Herberge auf die Umschick-Meister und -Gesellen warten und sich von ihnen „umschicken“ lassen (Frankfurt a. M. 1565). Nach derselben Ordnung durften bei Strafe die Meister, die Gesellen brauchten, nicht selbst auf die „Herberig“ gehen, die Gesellen ansprechen und „verfuren“. In Augsburg beschwerten sich 1555 die Gesellen, daß der Vorgeher Schönauer von ihnen verlangt hätte, sie müßten bei dem ersten Meister, der sie anspräche, arbeiten oder die Stadt sofort wieder verlassen; auf diese Weise, so behaupteten auch die Umschickmeister Conrad Mayr und Marx Stenglin, seien fünf Gesellen, die von Straßburg angekommen waren, gleich nach Nürnberg weitergewandert. Die Folge dieser Maßregel wäre ein großer Gesellenmangel, da sich so etwas gleich unter den wandernden Gesellen herumspräche. Die Umschickmeister verlangten vom Rat, daß jeder Meister, der ohne ihre Mitwirkung einen Gesellen einstellte, um einen Gulden gestraft werden sollte. Ferner wünschten sie, daß die beiden für zwei Monate angestellten Umschickmeister sich nicht mehr abzuwechseln, sondern ihr Amt stets gleichzeitig versehen, das heißt immer zusammengehen sollten. Alle Meister, die einen Gesellen wünschten, müßten sich bei den Umschickmeistern in eine Liste eintragen lassen, die dem ankommenden Gesellen vorgelesen wurde, und aus der er sich einen Meister auswählen konnte. Diese Bestimmungen wurden der Ordnung einverleibt. Meistern, ob reich oder arm, die nicht in der Liste standen, durfte kein Geselle zugeführt werden. In Straßburg besorgten 1555 das Umschicken ein Meister und ein Geselle gemeinsam. In Lübeck mußte 1474 der ankommende Geselle für den ersten Meister, der ihn ansprach, arbeiten; ausgenommen, wenn er von einem Meister verschrieben worden war, was gestattet wurde. Damit nun aber nicht Meister und Gesellen miteinander Schiebungen machten und behaupteten, sich bestellt zu haben, wenn es nicht der Wahrheit entsprach, so wurde auf diesen Betrug die hohe Strafe von 3 Mark Silber und 2 Pfund Wachs gesetzt. Das vorherige Bestellen der Gesellen war auch in Würzburg erlaubt, und die Gesellen mußten den Meistern zugeführt werden. In Riga war es 1575 Bedingung, daß solche Abmachung schriftlich vorlag, in Lübeck wurde dieses Verfahren 1508 wieder verboten bei 3 Mark Silber und einer Tonne Bier. In Lüneburg waren 1607 derartige Abmachungen überhaupt nicht gültig, und der Geselle durfte nur, wenn er sonst keine Arbeit gefunden hatte, zu einem bestimmten Meister gehen. Der Geselle, der einer Werkstatt zugeschickt worden war, in der es ihm nicht gefiel, durfte in Lübeck 1508 sie erst dann verlassen und sich an die ihm zugewiesene Stelle gehen, wenn er dem ersten Meister drei Stücke vollendet hatte. Hier war es dem Gesellen streng verboten, sich zwei Meistern gleichzeitig zu vermieten; tat er dies dennoch, so wurde ihm für ein ganzes Jahr lang jegliche Arbeit verboten. Vorherige Abmachungen wurden in Augsburg für Meister und Gesellen mit je zwei Gulden Strafe bedroht.

Die Unsitte, sich die Gesellen gegenseitig abspenstig zu machen, war so alt wie das Gewerbe selbst. Schon die Basler Ordnung von 1248 verbot es, dem anderen den Gesellen vor Ablauf seiner Frist zu entführen; wer trotz gegenteiliger Aufforderung einen so gemieteten Gesellen bei sich behielt, mußte dem Bischof und der Zunft je drei Solodos und den Brüdern außerdem noch einmal drei zum Vertrinken zahlen. Dieses Verbot des Unterdingens des Gesellen, bevor dessen „zil und gedinge uz kumet", wurde 1271 in Basel wiederholt, und die gleiche Strafe auch darauf gesetzt, wenn einer dem anderen sein Haus verleidete oder hinter seinem Rücken abmietete. Dies „untmeden edder untspannen" (Abmieten oder Ausspannen) der Gesellen wurde auch in Hamburg 1375 unter Strafe gestellt; desgleichen in Lübeck 1474, wo derjenige, der solches „vermiddelst gyften ofte gaben und argelist" (mit Bestechung und Hinterlist) vollbrachte, 3 Mark Silber büßen mußte. So gehen die Drohungen durch alle Jahrhunderte, ein Zeichen, daß diesem Übel auf keine Weise, selbst nicht mit den höchsten Strafen, zu steuern war.

Läßt dieses Jagen nach Arbeitskräften auch vermuten, daß die Gesellen nur selten — es wird sich immer nur um die besten Kräfte gehandelt haben — Mangel an Arbeit gehabt hätten, so steht dem doch eine andere Erfahrung gegenüber, die ein über ganz Deutschland ausgebautes System der Unterstützung derjenigen Gesellen betraf, die keine Arbeit fanden und weiter wandern mußten.

Diese Unterstützung nannte man die „Schenk“, und diejenigen Handwerke, die solche Unterstützung verteilten, nannte man „geschenkte“; der Ausdruck wurde allgemein und sogar amtlich gebraucht, und später waren, im erweiterten Sinne, geschenkte Handwerke solche, die eine richtige Ordnung hatten, und deren Meister ein Meisterstück richtig abgelegt hatten. Die Gesellen hatten, wenn sie geschenkte Handwerke besuchten, die Gewißheit, zu Meistern zu kommen, die ihr Gewerbe selbst von Grund auf verstanden und von denen man noch lernen konnte; ferner, daß sie ihr Erspartes bei einer etwa vergeblichen Wanderschaft nicht unnütz aufzehren mußten. Weigel[1]) sagt darüber (er spricht vom Drechslerhandwerk): „Ich will von allem mehrere Bericht verstatten, wenn ich nun zuvor angeführt habe, daß dieses löbliche Handwerk auch mit einem Geschenk versehen, krafft dessen die Gesellschaften (so hießen die Gesellen), sowohl auf dem Lande als in Städten, vo sie keine Arbeit finden, ausgeschencket werden und fast ganz Teutschland ohne großes und bey andern offt notwendig erfordertes Zehrgeld, woher sie auch solches immer nehmen mögen, fast umsonst durchwandern können.“ Daneben gab es noch gesperrte und freie Handwerke. Der Unterschied wird[2]) folgendermaßen definiert: „1. Ein gesperrtes Handwerk das jenig, welches etwan nur in einer Stadt allein bekannt ist und dessen Gesellen, damit sie ihr Handwerks-Vortheil und Kunstgriffe nicht divulgieren, darum nicht aus der Stadt reisen dörffen. 2. Ein freyes Handwerk wird genennet, welches nicht zünfftig ist oder unter gewisse Amtsreguln verbunden, sondern wegen Seltenheit der Meister von jedem, der die Kunst oder Handwerk verstehet, ungehindert kann getrieben werden. 3. Die ungesperrte und geschenkte Handwerke werden genennet, diejenigen, welche an vielen Orten eingeführet und im Schwange gehen, die gemeiniglich unter gewissen Zünfften bestehen, und davon die Gesellen heute in dieser, morgen in einer anderen Stadt arbeiten können, auch notwendig nach vollbrachten Lehrjahren ihre Wanderschaft, um sich anderswo zu versuchen, antreten müssen, in das aber, wo sie hinkommen, gleich Arbeit, oder auch gewisse freye Zehrung und Geschenke bekommen. — Freye Handwerke wollen sein die Bogner, welche kupferne, stählerne oder höltzerne Bogen machen, dergleichen Meister in Nürnberg zu finden sind, die Orgel- und Musikalische Instrumenten-Macher, die Uhrmacher. Künstler nennt man Bildhauer usw. Die Tischler, Schnittger oder Schreiner haben zwar kein geschenktes Handwerk (der Verfasser will wohl nur von seinem Wohnort, nämlich Hamburg, sprechen); es können aber doch ihre Gesellen vermöge ihrer Artikuln und Ordnungen, deren sie von Alters her gar viel und mancherley haben, gar wohl fort kommen, in gleichen auch die Zimmerleut, welche insonderheit ihre Handwerksgebräuche, wie auch die Wagner, fleißig zu handhaben pflegen.“

Dieser Gebrauch des „Schenkens“ war für die Gesellen geradezu eine Lebensfrage. Man verlangte von ihnen, daß sie wandern sollten, und sie mußten aufs Geratewohl durch die Lande ziehen, denn irgendwelche Möglichkeit, bekannt zu machen, wo Arbeit wäre, gab es nicht, und die Meister entschlossen sich meist von einem Tage zum andern, einen Gesellen bei sich einzustellen, je nach dem sie selbst

[1]) Weigel a. a. O.

[2]) Im „Geöffneten Ritterplatz, Hamburg 1707“.

einen Auftrag von einem Kunden bekamen. Die Gesellen erfuhren ihr Schicksal also erst dann, wenn sie an Ort und Stelle angekommen und „umgeschickt" worden waren. Bekamen sie keine Arbeit, so mußten sie weiter wandern und aus ihrer eigenen Tasche zehren, bis ihnen das Glück holder war. Nebenbei bemerkt, war also das Verbot, wie es an manchen Orten erlassen worden war, sich Gesellen schriftlich kommen zu lassen, eine törichte und gegen die Interessen der Gesellen gerichtete Einrichtung und nur mit der Eifersucht der Meister aufeinander und mit der Angst, beim Verteilen der Arbeitskräfte zu kurz zu kommen, zu erklären.

Die Gesellen machten bald aus dieser wirtschaftlichen eine Standesfrage, und wer auf sich hielt, ging an keinen Ort mehr, wo er nicht sein Zehrgeld erhielt, falls keine Arbeit zu haben war. Die Kenntnis solcher Orte verbreitete sich natürlich sehr schnell unter den wandernden Gesellen, die später dazu übergingen, einen allgemeinen Zwang, die Städte mit ungeschenkten Handwerken, wie man sie im Gegensatz zu den geschenkten nannte, zu meiden, unter sich zu vereinbaren. Wie die Meister sich zu Zünften zusammengeschlossen hatten, um die Ehre, Güte und gerechte Bezahlung ihrer Arbeit zu wahren, so fiel auch bei den Gesellen die Selbsthilfe im Schutz ihrer materiellen Interessen bald mit der Förderung und dem Vorteil der guten Arbeit zusammen. Denn in denjenigen Städten, in denen man eine anspruchsvolle Kundschaft zu befriedigen hatte, mußte man unbedingt auf den dauernden Zuzug guter Arbeitskräfte halten und ging deshalb auf die im eigenen Interesse liegenden Wünsche der Gesellen ein, indem man das Schenken zu einer zünftigen Einrichtung erhob.

Es lag auf der Hand, daß diejenigen Zünfte, die allein oder mit ihren Stadtverwaltungen eine über das übliche Maß hinaus kurzsichtige Politik trieben, dabei ins Hintertreffen gerieten. Kleine Orte wurden von den Gesellen ja auf dem Durchzug ohnedies besucht und bekamen oft auch gute Gesellen, wenn es denen am Orte gefiel oder sie nicht mehr wandern mochten; aber sie waren schlimm dran, wenn hinter ihnen große Städte lagen, die vom Schenken nichts wissen wollten. Die Folge war natürlich, daß zahllose Beschwerden erhoben und endlich grundsätzlich auf den Reichstagen geltend gemacht wurden. Der Reichstag, der im Jahre 1530 in Augsburg abgehalten wurde und eine „Reformatio guter Polizey" beschloß, beschäftigte sich auch mit den „geschenkten Handwerken". Er befahl, „daß das sämmtliche Schenken und Zehren zum An- und Abzug oder in anderer Weise keineswegs hinfüro gestattet werde". Spätere Reichstage, wie die in Augsburg 1548, 1559 und 1566, in Speyer 1570, in Regensburg 1594, behandelten diese Frage stets ausführlich, drohten Gefängnis, Leibesstrafen, Staupen schlagen usw. an. Es half aber gar nichts, und die Macht der Gesellen blieb siegreich. Es soll nicht verschwiegen werden, daß mit dem Schenken, aus dem sich ein umfangreicher Kodex von Gebräuchen entwickelte, auch viele Mißbräuche entstanden, gegen die man mit mehr oder weniger Erfolg, aber mit gutem Recht ankämpfte; aber der Grundgedanke war gut und notwendig und unterwarf sich deshalb auch die widerstrebenden Orte und Zünfte. In Straßburg war das Schenken „niedergelegt" worden. Aus diesem Grunde, aber auch weil das dortige Schreinerhandwerk qualitativ nichts mehr auf sich gehalten hatte, kamen keine „rechten“ Gesellen mehr in die Stadt. Die Ordnung, die 1544 aufgerichtet wurde, erkannte die eigene Schuld ausdrücklich an und gestand, daß bei ihnen wegen des Mangels eines Meisterstück-Zwanges durch kenntnislose Meister viel ungeschickte und unerfahrene Gesellen in die Welt geschickt worden wären. Daß die Gesellenschaft auch gegen diesen Unfug, der das Proletariat vermehrte und ihren Stand herabdrückte, mit Front machten, indem sie Straßburg so lange mieden, bis es sich zur Einführung einer rechten Handwerksordnung und damit zum Wiedereinführen des Schenkens und zur Neueinführung des Meisterstücks entschloß, lag nur im Interesse der Stadt und durchaus des ganzen Handwerks und der guten Arbeit. Dasselbe Eingeständnis liest man in der Rolle der Kleinschnitzler in Münster 1607, wo ausdrücklich gesagt wurde, daß die Kleinschnitzler „aus Mangel des geschenkten Handwerks“ keine „guten, tüglichen“ Gesellen hätten bekommen können, obwohl hier ein Meisterstück-Zwang bestand. Der gleiche Gesellenmangel wurde 1575 in Riga, das ebenso wie Münster aus dem Wege lag, hervorgehoben, und in beiden Städten mußte man, nachdem man vorher viel versäumt hatte, jetzt so weit gehen, den Gesellen, die keine Arbeit finden konnten, entweder, wie in Münster, für diese Dauer eine Beschäftigung einfach schaffen, „damit sie ohne Arbeit von hinnen nicht scheiden mögen“, oder, in Riga, ihnen den vollen Lohn für zwei Wochen auszahlen, und zwar machten die Meister dieses Angebot, das schriftlich festgelegt wurde, freiwillig von sich aus, nur um wieder gute Arbeitskräfte zu sich zu ziehen. An die Reichstagsbeschlüsse konnte sich niemand kehren und kehrte sich niemand; im Gegenteil wurde die Einrichtung des Schenkens stets von neuem in den Ordnungen bestätigt. Die Hamburger Ordnung der Kunthormaker von 1540 sagt, daß es nicht aufgehoben noch verboten sein sollte, wenn die Gesellen die Ankommenden oder Abziehenden schenkten, sie empfingen oder ihnen Leid sagten und mit ihnen tranken, wenn es nur „tuchtig und fromlich“ dabei zuging; allerdings wurde hier wie anderwärts verlangt, daß das Schenken nur an Sonn- und Feiertagen oder nach Feierabend geschähe, anderenfalls sich die Gesellen die am Werktag versäumte Zeit vom Lohne abziehen lassen, und daß die Versammlungen den Vorstehern vorher angezeigt werden müßten.

Das Schenken erforderte selbstverständlich viel Geld, das Meister und Gesellen gemeinsam aufbrachten. In München lautete die Bestimmung, 1427, der neue Geselle müßte bei Eintritt in seine neue Arbeitsstelle eine Anzahl Pfennig „für alle dingk in der Kistler puchsn“ und ferner das „Quatembergeld“ zahlen. So war es hier und an anderen Orten in der Hauptsache gleich, und das Geld wurde meist von Meistern und Gesellen, die je einen Schlüssel zu der „Lade“ in Händen hatten, gemeinsam verwaltet. Die Gesellen erhoben unter sich Gebühren und haten das Recht, einander zu strafen: „bescheidentlich“ zu „züchtigen“, für Unfug, „der von Wines Gewalt geschieht“, oder wenn z. B. ein Geselle dem Herbergswirt das Bett verunreinigte, oder ohne zu zahlen aus der Stadt ging. (Straßburg 1398.) Bei der regelmäßigen „U m f r a g e“ mußten die Gesellen, die sich etwas hatten zuschulden kommen lassen, angezeigt werden und wurden gestraft. Selbstverständlich geschah dieses Strafen nicht um seiner selbst willen oder nur, um Geld für das Schenken und andere Zwecke zusammenzubringen, sondern in erster Linie, um eine gute Zucht zu halten, auf die von den Gesellen fast mehr geachtet wurde als von den Meistern, deren Sittenkodex an sich doch schon streng genug war. Mit der Zeit artete dies Zuchthalten in Übertreibungen aller Art und in Moralschnüffelei aus; man wollte z. B. einen Meister nicht mehr als Autorität anerkennen und verweigerte ihm die Arbeit, wenn es sich herausstellte, daß seine Frau nach der Hochzeit zu früh niedergekommen war, — und aus hundert solchen Gründen, die hier nicht berührt zu werden brauchen.

Die Gesellen mußten an derjenigen Arbeitsstelle, an die sie sich verdingt hatten oder an die sie „umgeschickt" worden waren, eine gewisse Zeit, meist 8 bis 14 Tage, arbeiten, also eine Art Probezeit ablegen, in der man beiderseits sich überlegen konnte, ob man zueinander paßte. Nach dieser „redlich" ausgehaltenen Zeit konnte der Geselle sich wieder umschicken lassen, oder wie man es nannte „umbsteen"; zuweilen durfte er sich dann erst, nachdem der demokratischen Regel Genüge geschehen war, bei demjenigen Meister Arbeit suchen, zu dem er ursprünglich gewollt hatte. In Frankfurt a. M. bestand 1473 die Bestimmung, daß sich der Geselle hiernach nur noch einmal umschicken lassen dürfte; hielt er es aber auch dann nicht aus, so mußte er für ein Vierteljahr oder mindestens für acht Wochen aus der Stadt. Das Umschicken mußte meistens am Tage des Ausstandes, das heißt am Sonntag, geschehen; Gesellen, die das nicht wollten, mußten 14 Tage ohne Arbeit bleiben. Der Meister war in Cöln 1740 nicht verpflichtet, vor Ablauf dieser vierzehntägigen Probezeit den „Lohn, Speisung und Schlaf nach Amtsgebrauch" zu schaffen, aber dann mußte, falls man zusammenbleiben wollte, hier wie überall, ein Vertrag: „Verdingung und Winckauff" gemacht werden. In Würzburg war 1543 der Meister den Gesellen, die ohne „guet redtliche Ursach" die 14tägige Probezeit nicht einhielten, keinen Lohn schuldig.

Der Vertrag mit den Gesellen mußte dann oft auf eine bestimmte Dauer abgeschlossen werden, z. B. in Frankfurt 1487 auf ein halbes oder ein ganzes Jahr. Den gleichen Brauch finden wir schon 1375 in Hamburg bei den Drehern, denen bei Strafe verboten war, einen Gesellen auf eine kürzere Zeit als ein halbes Jahr zu dingen. Bei den Schreinern hatte die lange Vertragsdauer, abgesehen von der dem Werkstattbetriebe an sich sehr wohltätigen Beständigkeit, noch einen anderen Grund; es hatte sich nämlich, anscheinend besonders in den Seestädten, bei den Gesellen die üble Gepflogenheit herausgebildet, sich den Winter über vom Meister durchhalten zu lassen, aber, wenn der Sommer kam, sich auf dem Lande, bei Junkern auf den Schlössern oder sonst bei Privaten zu vermieten. Ein hierauf bezüglicher Absatz der Hamburger Kunthormaker-Ordnung von 1540 lautet folgendermaßen: Weil in den jetzigen Tagen die junge Welt sehr wild, unbedächtig und ruhelos ist und es sich alle Jahre zuträgt, daß die Gesellen ihre Meister verlassen und sich hin und wieder den Sommer über von Herren und Junkern gebrauchen lassen, gegen Winter sich wieder zu den Sädten ziehen, wodurch die Meister vielen Kunden (framen lueden) nicht dienen und ihnen die begonnene Arbeit nicht vollenden können, den Kunden zum großen Verdruß, den Meister aber zum großen Schaden und Verderben, deshalb soll von jetzt an kein Meister einen Gesellen, der so hin und wieder auf seine eigene Hand gearbeitet hat, einstellen und ihm Arbeit geben, damit man die Gesellen sowohl des Sommers wie des Winters in der Stadt haben und halten und den Bürgern an und bei ihren Arbeiten bestens dienen und nützen möge; die hiergegen handelnden Meister werden streng bestraft, wenn sie nicht nachweisen können, daß sie von der Handlungsweise des Gesellen nichts gewußt haben; aber dennoch müssen sie den Gesellen dann sofort entlassen." So wurde es in Hamburg 1590 auch mit solchen Gesellen gehalten, die sich auf Schiffen verdingten; mit ihnen durften weder Meister noch Gesellen irgendwelche „Conversation oder Gemeinschaft" haben. 1614 wurde wiederholt, daß den Gesellen, die sich „verdriesten" würden, auf Schiffen zu arbeiten oder gar mitzusegeln (wozu die Versuchung gewiß sehr groß war), keine Arbeit mehr gegeben werden durfte; doch öffnete man den Sündern die Hintertüre: es wäre denn, daß der Geselle sich mit dem Amte „vertrüge". Auch in Danzig mußte sich 1454 ein Geselle, den der Meister den Winter über durchgehalten hatte, verpflichten, auch den ganzen Sommer hindurch bei ihm zu bleiben.

Eine ähnliche Klage, wie die Hamburger, hatten auch die Lübecker Snyddeker und Kunthormaker 1486 vor ihrem Rate zu führen. Sie sagten: Die Arbeiten, die sie den Bürgern der Stadt verdingt hätten und gern nach bestem Können ausführen möchten, könnten sie nicht vollenden, denn die Gesellen suchten sich Arbeit außerhalb der Stadt, ließen ihre Meister mit den unausgeführten Bestellungen zurück, wodurch die Bürger auf sie, die Meister, sehr unwillig gemacht würden. Sie wären deshalb übereingekommen, solchen Gesellen, die außerhalb arbeiteten und dem Amte damit schadeten, so viele es auch sein möchten, keine Arbeit mehr zu geben; mit Erlaubnis des Rates wollten sie solche Mitmeister, die dennoch den Gesellen wieder Arbeit bei sich gäben, mit 3 Mark Silbers strafen. So versuchte man auch hier die Gesellen zu zwingen, sich auf eine längere Zeitdauer zu vermieten.

In München scheint es vor 1427 üblich gewesen zu sein, Gesellen für ein Vierteljahr (zu dreytzehen wochn) einzustellen, um „hauffenwerk" zu machen, also für Massenware in Akkord; das sollte künftig nur noch wochenweise geschehen dürfen; doch ist die Bestimmung unklar. (Über Akkordarbeit siehe S. 354.)

An manchen Orten durften Gesellen nicht zu jeder Zeit gemietet werden. In Straßburg sollte 1398 die Anstellung, selbst wenn sie im Laufe des Jahres geschah, nur von Weihnachten an gerechnet werden; in Hamburg wurden 1515 die Mietetermine auf 14 Tage vor Ostern oder Michaelis festgelegt. Beides läßt auf die Bemessung der Vertragsdauer auf ein ganzes bzw. ein halbes Jahr schließen.

Wie es in den ersten Jahrhunderten der Gewerbezeit mit der Kündigung der Gesellen gehalten wurde, ist aus den Urkunden nicht ersichtlich. Im 15. und 16. Jahrhundert ist oft eine Kündigungsfrist von sechs Wochen vorgesehen, und zwar in Lüneburg 1498 ganz allgemein, in Lübeck 1508 und Riga 1541 für solche Gesellen, die sich für ein ganzes oder für ein halbes Jahr verdingt hatten; selbstverständlich galt dann die Kündigung nur auf den Ablauf der

Vertragsdauer. Von etwa 1600 an wird stets eine Kündigungsfrist von nur 14 Tagen angegeben; die Herabsetzung mag von der Gesellenschaft, der der Eintritt in die Meisterschaft immer mehr erschwert und hinausgeschoben wurde, und die deshalb in der erzwungenen verlängerten Gesellenzeit das Leben genießen und recht viel von der Welt sehen wollte, verlangt worden sein. In Straßburg wollten 1685 die Gesellen auch von einer 14tägigen Kündigungsfrist nichts wissen; sie traten geschlossen aus und wollten die Stadt verlassen, worauf der Rat darauf verzichtete, an dieser Frist festzuhalten. Ähnlich verlief der Versuch des Rates von Basel, der 1724 eine 14tägige Kündigungsfrist einführen wollte, nachdem 180 Jahre lang, also etwa seit Mitte des 16. Jahrhunderts, überhaupt keine Kündigungsfrist bestanden hatte. Die Gesellen verweigerten die Herausgabe ihres Artikelbuches, in das die Bestimmung eingetragen werden sollte. Der Rat beharrte bei seinem Willen, stellte aber allen Gesellen, die jetzt sofort gehen wollten, einen kündigungslosen Austritt frei.

Hierher gehört auch das in manchen Ordnungen zum Ausdruck gebrachte Verlangen der Meister, daß der Geselle zum Umstehen, zum Austritt, eine „redliche" Ursache haben müßte; das steht schon in der Frankfurter Ordnung von 1487 und kehrt noch 1800 in Nürnberg wieder. In Frankfurt durfte den Gesellen, die so ausstanden, von keinem Meister mehr Arbeit gegeben werden, falls sie sich nicht vorher mit dem ersten Meister „vertrugen". Die Nürnberger verwiesen solche Gesellen für ein Jahr aus der Stadt und verlangten, daß diejenigen, die „redliche" Ursachen zu haben glaubten, diese vor Gericht anmelden und dann dessen Bescheid abwarten müßten. Aus der Form dieser Bestimmungen kann man entnehmen, daß sie auf unruhige Elemente abzielten, die ihre „Ursachen" zum „Auftreiben" der Meister benutzen wollten.

Die Meisterschaft mußte sich sehr sorgfältig vor solcher üblen Nachrede hüten, denn es konnte für sie sehr schlimme Folgen haben. Die Hamburger Kistenmacherordnung von 1515 enthält folgende Warnung: „Wenn ein Mann oder eine Frau unseres Amtes mit Sachen beschuldigt würde, die man nicht zu gedulden pflegt, so müssen sie sich des Gerüchtes gründlich entledigen, oder sie würden unseres Amtes nicht würdig sein." —

Ebenso war es gefährlich und überall ausdrücklich verboten, einen Gesellen zu halten, dem etwas nachgesagt wurde. Einerseits, damit die Gesellen nicht auftreiben möchten, dann aber auch, damit ein Geselle seinen Meister nicht einfach mit einer Schuld oder einer anderen unerfüllten Forderung sitzen lassen, anderswo in Arbeit treten und den unzuverlässigen Wandel fortsetzen könnte zum Schaden des ganzen Handwerks. In frühesten Zeiten versuchte man es noch, mit einfachen Verpflichtungen durchzukommen, wie zum Beispiel in Straßburg, wo die Lohnknechte und Lernknechte, „die zu iren tagen kommen sind" (das heißt ausgelernt hatten), 1398 schwören mußten, keinem Meister in Straßburg seine Gesellen zu verbieten noch sich untereinander zu verabreden, bei ihm nicht zu arbeiten; ferner sich nicht darum zu kümmern, wenn von außerhalb nach Straßburg Meister oder Gesellen verboten würden. Damit war aber nichts zu erreichen, zumal nicht, wenn die Meister es sich vorbehielten, ihrerseits Gesellen, die ihrem Arbeitgeber „Geld oder Dienst“ entführt hätten, bei Meistern und Gesellen der Stadt, in die er sich gewandt hatte oder in Straßburg selbst anzuzeigen, zu boykottieren.

Es blieb den Zünften nichts anderes übrig, als sich dieser einmal eingeführten Art der rechtlichen Selbsthilfe, wie sie mit dem Nachsenden der Schimpfbriefe geübt wurde, zu unterwerfen und entsprechende Maßnahmen zu treffen. Diese Maßnahmen bestanden darin, daß den Zunftmitgliedern eben streng verboten wurde, einen irgendwie bescholtenen Gesellen bei sich zu beschäftigen. Uns interessiert hier nur die wirtschaftliche Seite des Problems, und sie war bedeutend genug. Nur um zu beweisen, daß der Zwang von der Gesellenschaft ausging, sei hier eingeschaltet, daß zum Beispiel in Danzig 1454 ein Geselle, der in Unfrieden von seinem Meister geschieden war, nicht eher Arbeit bekommen durfte, als bis er sich mit ihm ausgesöhnt und — dem Meister eine Tonne Bier gegeben hatte. Neben dem Gesellen, der entlassen werden mußte, hatte auch der Meister, der eine tüchtige Kraft eingestellt zu haben glaubte, den Schaden zu tragen, und er konnte niemals wissen, ob nicht auch hinter dem nächsten Gesellen, den er nun annahm, schon wieder ein Brief herreiste. So war das ganze System der Hilfskräfte auf einen unsicheren Boden geschoben worden. Diesem Nachteil stand aber auch der Vorteil gegenüber, daß der Meister sich vor Schädigung durch den Gesellen, besonders vor wirtschaftlicher Schädigung schützen konnte. Kam nun also so ein Brief, der nachteilige Mitteilungen über den Gesellen enthielt, so mußte dieser entlassen und ihm die Arbeit solange verweigert werden, bis er sich der Sache entledigt hatte. Zu diesem Zweck mußte der Geselle meist an den Ort, aus dem der Brief gekommen war, zurückreisen, um sich dem Ankläger gegenüberzustellen und dort mit Hilfe des Zunftgerichtes, wenn das nötig wurde, nachzuweisen, daß er dem früheren Meister nicht mehr verpflichtet war, oder aber ihm genüge zu tun. Übrigens machten die Gesellen mit den Meistern gemeinsame Sache gegen wirklich Schuldige und Durchbrenner und sorgten damit selbst für ein Reinhalten ihres Standes. In Riga war 1541 ein Meister, der trotz des Verbotes einen beschuldigten Gesellen beschäftigte, verpflichtet, dem Handwerk Ersatz zu leisten für den so angerichteten Schaden, der darin bestand, daß nicht nur er selbst, sondern mit ihm und durch ihn das ganze Handwerk der Stadt in Verruf geriet. Andere Stadträte verpflichteten die Kistler ihres Stadtwesens, sich bei dem vorigen Arbeitgeber zu erkundigen, ob dieser den Gesellen, den er in seine Werkstatt nehmen wollte, noch „zu sprechen hätte“. Wenn ums Jahr 1617 ein Straßburger Meister der französischen Schreiner von seinem Gesellen in seiner Ehre beleidigt worden war, und dieser sich nicht dem Gericht unterwerfen wollte, so mußte er ihn unbedingt entlassen, „damit gute und ehrenwerte Gesellen um so lieber nach Straßburg kommen, weil man dort auf gute Ordnung hält“. Der betreffende Meister und das ganze Handwerk, wenn es nicht gemaßregelt hätte, würde in den Augen aller Gesellen sonst „unehrlich“ geworden sein, und alle hätten die Milde des einen indirekt schwer büßen müssen.

Aus ähnlichen Beweggründen war schon 1398 in Straßburg das Verfahren wegen Lohnstreitigkeiten grundsätzlich sehr zugunsten der Gesellen geregelt worden. Die Meister sollten ihre Gesellen, wenn ihr Ziel kam, „dugentliche“ bezahlen „mit pfenningen und nit mit pfanden“ (mit barem Geld und nicht mit Versprechungen), wozu sie einander vertraglich verpflichtet waren. Wenn der Meister an dem vereinbarten Tage nicht zahlte, so durfte der Geselle zu einem Wirt gehen und dort „bescheidenliche zeren alle die wile“ (auf Kosten des Meisters leben), bis dieser ihm die Lohnschuld beglich. Hatten sie aber um die Höhe der Schuld einen Streit und focht der Meister die Forderung des Gesellen an, so durfte der Geselle den Meister vor das Zunftgericht der Wagner, Kistner und Drechsler gebieten. Dort durfte die Angelegenheit nicht verschleppt, sondern mußte sofort verhandelt werden. Zitierte aber umgekehrt der Meister den Gesellen vor dieses Gericht, so mochte der Geselle frei entscheiden, ob er diesem Verlangen folgen wollte oder nicht. War dann dem Gesellen das Gericht des Rates oder ein geistliches Gericht lieber, so mußte der Meister ihm dorthin folgen; dem Spruch dieses Gerichtes mußten sich beide unterwerfen. Wurde aber hier der Streitfall an das Zunftgericht der Wagner, Kistner und Drechsler zurückverwiesen, so war dessen Entscheidung eine endgültige. — Was die aus den wandernden Gesellen nachgeschickten Beschwerden sich ergebenden Schwierigkeiten betraf, so befahl der bereits mehrfach erwähnte Erlaß des Kurfürsten von Brandenburg von 1690, daß in den Landen dieses Fürsten künftig kein Geselle mehr eingestellt werden dürfte, der nicht eine ausreichende und schriftliche „Kundschaft“ nachweisen konnte, deren Vorzeigung zu verlangen der Meister verpflichtet war. Dieser Gebrauch wurde bald zur allgemeinen Regel; wer sie übertrat, hatte die Folgen selbst zu tragen. Ein Geselle in Würzburg zum Beispiel wurde 1746, weil er von dort ohne Kundschaft abgereist war, „mit dem schwarzen Brett bedroht“, und ein Cölner Meister, der „so eigensinnige als junge“ Meister Gierschen, hatte zwar 1790 von einem Gesellen die Kundschaft verlangt und daraus ersehen, daß er mit seinem vorigen Arbeitgeber in einem Prozeß lag; als er ihn aber trotzdem anstellte, wurden ihm Gesellen und Jungen „verboten“, das heißt, diese durften, wollten sie nicht auch „unehrlich“ werden und sich empfindliche Geldstrafen zuziehen, nicht mehr bei ihm weiterarbeiten und mußten so lange auf seine Kosten feiern, bis der Bann von ihm genommen war. Dieses „Handwerk-Legen“ war die empfindlichste Zunftstrafe der Spätzeit.

13. Vom Gesellen zum Meister.

Die Anforderungen, die in der ersten gewerblichen Zeit an das Können und an die Erfahrung solcher Gesellen, die Meister werden wollten, gestellt wurden, können nicht groß gewesen sein; wir erfahren darüber erst später etwas, als man anfing, Gesetze zu machen, die den herausgebildeten Übelständen begegnen sollten. Der Bedarf der sich schnell vergrößernden Städte war anfänglich noch so im Wachsen begriffen, daß jeder Meister genug mit sich selbst zu tun hatte, um die Arbeit zu leisten, die von ihm verlangt wurde. Lehrlinge meldeten sich auch wohl genügend, und man war in deren Zahl noch nicht beschränkt; an ausgebildeten Hilfskräften entstand also kein Mangel. Die neuen

Gesellen hatten schon mit 17 oder 18 Jahren ausgelernt und standen, da sie in diesem Alter noch nicht an das Heiraten dachten und sich auch eine Selbständigkeit noch nicht zutrauen konnten und mochten, mindestens noch mehrere Jahre mietweise zur Verfügung. Es wurde nicht sehr beachtet, wenn dann der eine oder der andere Geselle in der Stadt selbst oder in den umliegenden Dörfern sich auf die eigenen Füße stellte, denn Arbeit war, wie gesagt, weil die Bedürfnisse der Einwohner und diese selbst sich rasch vermehrten, ebenso reichlich vorhanden wie Arbeitskräfte. Man war deshalb schon zufrieden, wenn der junge Meister die Zunft annahm und damit im übrigen die begründete wirtschaftliche Ordnung anerkannte; zwingen konnte man ihn dazu auch nur an den wenigen Orten, in denen der Zunft schon ein Zwangsrecht über alle Handwerksgenossen des Ortes zuerkannt war; meist aber beschränkte sich die Gewalt der Zunft nur auf den Kreis der freiwillig Beigetretenen, und man mußte schon froh sein, wenn der neue Meister sich freiwillig einordnete.

So geschah denn das Meisterwerden ganz ohne Formalitäten und war ganz allein von der eigenen Entschließung des Gesellen abhängig. Anders wurde es, als die Arbeit anfing, knapper zu werden, weil das Wachsen der Städte und der Bedürfnisse naturgemäß in ein langsameres Tempo verfallen mußte und außerdem immer mehr Hände und Köpfe sich anboten, die Beschäftigung und Nahrung finden wollten. Da merkte man erst, wohin die Entwicklung sich bewegte und welche wirtschaftliche Schwierigkeiten entstehen konnten, wenn nicht die Erwerbung der Meisterschaft geregelt und bestimmte Anforderungen, die nicht allzu leicht zu erfüllen waren, gestellt wurden. Man sah die Gefahr voraus, daß bald nicht mehr genügend Arbeit für so viele Selbständige vorhanden sein würde, und es entsprach durchaus dem Geist der Zeit, daß man Maßnahmen überlegte, durch die man das Angebot im Gleichgewicht zur Nachfrage halten konnte, — möglichst aber noch etwas darunter.

Daneben gab es aber noch andere Bedenken. Die jungen Gesellen, die sich in so jungen Jahren selbständig gemacht hatten, besaßen noch nicht die nötige persönliche und wirtschaftliche Reife und vor allem nicht die berufliche Erfahrung und Kenntnis, die zum Handwerk notwendig waren, und die sie sich in den Lehr- und kurzen Gesellenjahren auch unmöglich schon angeeignet haben konnten; diese unreifen Meister waren entweder nicht imstande, den Bestellern eine gute und sachgemäße Arbeit zu liefern, oder versuchten, die Sache leicht zu nehmen und durch unsolide vorgetäuschte Leistungen schnell ihr Geld zu machen. In jedem Falle war eine solche Konkurrenz den soliden Meistern bald sachlich und persönlich gefährlich geworden und mußte zwangsläufig eine Minderung des Vertrauens zum ganzen Handwerk zur Folge haben und zu dessen nachhaltiger wirtschaftlicher Schädigung führen. Die dagegen ergriffenen Maßnahmen bestanden zunächst in der Einführung des Zwanges, ein M e i s t e r s t ü c k zu machen. Und zwar wurde dieser Zwang, mit wenigen Ausnahmen, auf alle neuen Meisterkandidaten des ganzen Handwerks ausgedehnt; man kann, wenn es auch nicht immer besonders ausgesprochen wurde, als sicher annehmen, daß damit in den allermeisten Fällen auch ein Zwang zur Annahme der Zunft verbunden gewesen ist.

Begründet wurde diese Maßnahme einmal mit dem drohenden Niedergang des Handwerks und zum andern mit der Schädigung des Publikums. Man darf deshalb glauben, daß es in der Hauptsache wirklich auf eine Wahrung der handwerklichen Tüchtigkeit und des Vertrauens angekommen ist; haben wir doch sogar bei der Einführung der allgemeinen Gewerbefreiheit, das heißt in der Zeit der absoluten Rücksichtslosigkeit gegenüber persönlicher wirtschaftlicher Schädigung, das Gesellenstück und den Befähigungsnachweis beibehalten, um die Qualität nicht ganz und gar verkommen zu lassen.

Bei Bekanntgabe des künftigen Meisterstückzwanges für die Schnitzler in Cöln wurde 1492 gesagt, daß „ettliche dat snitzleramt understaent, zo winnen ind gesinnet, meistere des ampts zo werden, die doch ampts nit wert en sijnt, dadurch ire ampt veracht, verwust ind verderflich werde, in die gemein burgere ouch niet verwart en sijnt“; also: das Amt werde durch die unwerten Mitmeister verächtlich gemacht, verwüstet und verdorben, und die Bürger seien nicht geschützt, gegen schlechte Arbeit nämlich.

Die Straßburger Schreiner erklärten, wie schon an anderer Stelle erwähnt, bei Einführung des Meisterstücks im Jahre 1544, daß die Einführung allein nichts nützen, „nichts fruchtbarliches pringen“ werde, „man hab dann ettliche, die sich darüber versten und die jungen Meister drüber vleißig verheren“, prüfen könnten; sie gaben also zu, daß die Kunstfertigkeit derart ins Arge geraten wäre, daß man den wenigsten unter ihnen selbst die Fähigkeit, diese Meisterstücke auszuführen, und die Aufsicht über ihre sachgemäße Ausführung zutrauen dürfte.

Ganz schlimm stand es auch in Frankfurt am Main, wo man von den ausgelernten Lehrlingen für ihre freie Ausbildung nur eine Wanderzeit von 8 bis 13 Wochen verlangt hatte; die Zunft begründete hier im Jahre 1589 das Verlangen nach einem Meisterstück wie folgt: „Nachdem sich ein zeit hero in dem Schreinerhandtwerck mancherley unrichtigkeiten zugetragen von wegen, daß sovil junger handtwercksgesellen, beide frembden und heymischen, welche eins theils, sopalt sie auß den lherjaren kommen, bey andern meistern nit gearbeitet, auch nirgendt hingewandert noch ettwas weiter auff dem handtwerck erfharen oder gelernet haben, eins theils auch irer ungeschicklichkeit halben anderstwo ohne ainige prob oder meisterstück nit underkommen mügen, wie dann sonstens mherertheils bey andern furnemen frey- und reichsstatten in prauch ist, gantz liederlich zu meistern gemacht und zu mitzunftigen aufgenommen werden, — dahero erfolget, das nit allein den alten erfharnen meistern ir handtbrodt und verdienst entzogen, sondern auch gemeine burgerschafft in iren taglichen gebewen (Bauten) ubel versehen und inen viel arbeit verderpt werden“, so sollte künftig keiner, fremder oder heimischer, „hab auch das handtwerck gelernt, bei wem er wölle“, zum Meister aufgenommen werden, wenn er nicht vorher die drei Meisterstücke gemacht hätte. Hier ist nun allerdings auch von der materiellen Schädigung der alten Meister die Rede, aber das Geständnis der technischen Unzulänglichkeit und Gefahr ist zu eindringlich, um nicht echt zu sein. Also gleich nach der Lehrzeit, ohne gewandert zu haben, konnten die jungen Leute — man kann nicht einmal sagen Gesellen — sich in Frankfurt als „Meister“ niederlassen, und man wußte das im ganzen Reich; wer nirgends Aussicht hatte, etwas zu werden, der konnte in Frankfurt gleich etwas „sein". Man darf aber diese Stadt allein nicht schelten, weil zufällig von ihr sich eine solche Schilderung urkundlich erhalten hat, denn die Zustände mögen an vielen, an den meisten anderen Orten nicht besser gewesen sein. Wir haben das Beispiel von Straßburg, wo man auch bis zur Mitte des 16. Jahrhunderts die Prüfung durch ein Meisterstück nicht kannte und sich durch eine gewissenlose Lehrlingswirtschaft „Spott und Verachtung" zugezogen hatte.

Und handelte man denn in Augsburg, der berühmten Tischlerstadt, trotzdem man bei sich zu Hause große Anforderungen stellte, gewissenhafter? Wir haben auf Seite 137 ff. einen Bericht der vorgesetzten Behörde der Augsburger Kistler von 1593 abgedruckt, in dem ausführlich geschildert wird, mit was für neugebackenen Gesellen Augsburg die Welt versorgte, ja, daß die meisten dieser armen Jungen wegen ihrer selbstgefühlten Mängel sich nicht einmal vor die Stadt zu wandern getraut haben. Auch hier scheint, trotz dieses schonungslosen Berichts und des auf das 16. und 17. Lebensjahr hinausgeschobenen Beginns der Lehrzeit, nichts gebessert worden zu sein, denn genau 50 Jahre später, im Jahre 1647, berichtete wieder die aufsichtführende Behörde, daß von 40 in Augsburg ausgebildeten Lehrlingen dort kaum einer das Meisterstück machte; also nur 2½ Prozent der in Augsburg ausgebildeten Lehrlinge brachten es fertig oder durften es wagen, in ihrer Vaterstadt, wo man von einem Meister sehr viel verlangte, sich niederzulassen! Wenn Augsburg trotzdem sich auf seiner ruhmreichen Höhe gehalten hat — wir werden freilich auch noch von Klagen über sein erschüttertes Ansehen zu berichten haben —, so konnte es nur geschehen, indem es mit seinen viel fordernden Aufträgen der Fürsten und Könige aus ganz Deutschland die besten Gesellen an sich zog und endlich, an Stelle der eigenen, schlecht ausgebildeten Söhne, als Meister bei sich festhielt. Tatsächlich hat es in Augsburg, trotz der eben geschilderten Zustände, fast immer genug gute Gesellen und oft zu viel Anwärter zur Meisterschaft gegeben. Mit den übrigen 97½ Prozent der in Augsburg ausgebildeten und hier zur Meisterschaft unfähigen Gesellen mochte sich das übrige Deutschland abfinden; sie gingen in die Dörfer oder in solche Städte, wo sie sich noch ohne irgendwelche Prüfung ihrer Fähigkeiten selbständig machen konnten.

Wollte man also das Unkraut, das man freilich selbst gesät hatte, nicht auch bei sich daheim aufschießen und übermächtig werden lassen, dann mußte man von jedem neuen Meister den Beweis seiner Befähigung verlangen. Die Zeit solcher Einsicht ist sehr verschieden, in München zum Beispiel wurde schon Mitte des 14. Jahrhunderts[1]) die Meisterstückprüfung verlangt, und die dortige Schnitzlerordnung von 1427 erweist, daß zu dieser Zeit der Zwang bereits ein allgemeiner war. Daß in Cöln, wo schon 1397 eine Zunft errichtet worden war, erst 95 Jahre später, mit Schilderung des eingetretenen Schadens, die Prüfung eingeführt wurde, haben wir eben schon erzählt. In Lüneburg bestand seit 1498 bei den Schnitzlern, in Lübeck 1508 bei den Kistenmachern, in Hamburg 1515 bei den Kisten- und Luchtenmachern, 1540 bei den Kunthormachern, in Riga 1541

[1]) von Destouches a. a. O.

bei den Schnitzern, in Würzburg 1543 bei den Schreinern, in Nürnberg 1548 bei den Schreinern, in Münster 1564 bei den Tischlern, in Dresden 1551 bei den Tischlern, in Heidelberg 1598 bei den Schreinern, in Berlin 1601 bei den Tischlern der Zwang, ein oder mehrere Meisterstücke abzulegen. Doch ist nicht bei allen angeführten Daten ersichtlich, daß es sich um die Neueinführung gehandelt hat; wir haben eben keine älteren Ordnungen, und es ist mehr als wahrscheinlich und zuweilen aus dem Wortlaut zu schließen, daß es sich nur um eine Wiedereinführung einer älteren Einrichtung gehandelt hat. Beweisen läßt sich das zum Beispiel bei Nürnberg 1548, wo die Schreiner um eine „pesserung" ihres Meisterstücks baten und in Augsburg durch ihren Rat anfragen ließen, welche „ganz künstlich Meisterstück" dort zurzeit gemacht würden. Die Augsburger selbst erklärten aber schon 30 Jahre vorher, nämlich 1519, in ihrer selbstaufgerichteten Ordnung, daß sie ihr Meisterstück „gescherpfft und gebossert" hätten, damit „dardurch gut Maister in iren arbaiten erkannt, gespirt unnd gezogen mögen werden". Hieraus ist zu entnehmen, daß in Augsburg schon längst Meisterstücke gemacht werden mußten; es wäre ja auch merkwürdig, wenn es anders gewesen wäre, da doch in München die Gepflogenheit schon seit 150 Jahren bestand.

Sehen wir nun erst einmal die äußerlichen Formalitäten, die der Geselle vor seiner Zulassung zum Meisterstück erfüllen mußte. Ein bestimmtes Alter setzte die Ordnung in Augsburg 1519 für die Meisterssöhne fest, nämlich 18 Jahre, natürlich als Mindestgrenze. 1593 beantragten dort einige Meister, die Grenze nicht nur für die übrigen Gesellen, sondern auch für die Meisterssöhne auf 25 Jahre hinaufzusetzen; die Vorgeher widersprachen, weil oft die jungen Meisterssöhne die Werkstatt ihrer Väter schon früher übernehmen müßten, doch beschloß schließlich der Senat dem Antrag gemäß die Festlegung der Altersgrenze auf 25 Jahre für Meisterssöhne und andere Gesellen. Die nicht aus einem Augsburger Meisterhause stammenden Gesellen gelangten aber in der Tat, wie wir später aus Beispielen sehen werden, oft erst im Alter zwischen 30 und 40 Jahren zur Meisterschaft. Die Schreinerordnung auf dem Lande in Nürnberg setzte 1752 die Grenze ebenfalls auf 25 Jahre fest. Weitere Angaben über das für das Meisterwerden verlangte Alter sind nicht bekannt, doch ergab sich eine allmähliche Hinaufschiebung durch die bald eingeführten Meisterknechts- oder sogenannten „Muth"-Jahre, auf die wir späterhin zurückkommen werden.

Der junge Meister und seine Frau durften nicht „leibeigen" sein. Sie mußten in Augsburg 1550 „mit lebendiger zeugknus oder brieflicher urkundt darthon, das weder sie noch ir eewürtin leibeigen seien". Ebenso war die eheliche Geburt eine allgemein gestellte Voraussetzung, worüber „brieflich oder lebendtig urkundt und kuntschaften fürzubringen" waren, ebenso dafür, daß der Betreffende bei seinem Lehrmeister „redlich und frumbelich" ausgelernt habe. Waren diese Nachweise nicht zur Hand oder fehlte es an der gleichen Anzahl von Lehrjahren, wie sie eben an dem Orte der beabsichtigten Niederlassung gebräuchlich waren, dann wurde die Zulassung glatt verweigert. So ging es zum Beispiel einem Gesellen in Cöln, der in der kleinen westfälischen

Stadt Attendohr seine Lehrzeit ordnungsmäßig bestanden hatte; er sollte in Cöln eine neue Lehrzeit beginnen, weil man hier vier Jahre zu lernen pflegte. Dazu konnte er sich nicht entschließen und arbeitete, da ihn kein Meister einschreiben lassen wollte, fünf Jahre bei einem Schreiner im Taglohn, bis es ihm endlich gelang, angenommen zu werden. Die französischen Schreiner in Straßburg verlangten 1617, daß der Meisterprüfling am Orte selbst gelernt hätte und später, 1740, sogar, daß er die Lehrzeit bei einem Straßburger französischen Meister bestanden hätte, ja sie wollten überhaupt nur noch Franzosen als Gesellen und Meister annehmen. Von dem Nachweis der geordneten Lehrzeit waren auch die auswärtigen Meisterssöhne nicht entbunden. Der Sohn eines Landmeisters zum Beispiel wurde in Augsburg 1613 zurückgewiesen, obwohl er schon ordnungsmäßig einige Jahre gesellenweise in der Stadt selbst gearbeitet hatte. Die Meister sagten: Es wäre weder Herkommen noch gebräuchig, einen Gesellen, der in einem Dorf oder Flecken, „da man Handtwerckhsgewohnheit nit hat, noch Meisterstuckh zu machen in Schwung", gelernt hatte, einzuschreiben; bei den beiden Meistern in Augsburg, auf die sich der junge Meisterssohn berief, weil sie auch auf dem Dorfe gelernt hätten, wäre es ganz anders; diese stammten freilich auch aus einem kleinen württembergischen Dorf, aber in Württemberg werde eben auf dem Dorf und in Flecken durchaus Handwerksgewohnheit gehalten, das Meisterstück abgelegt und ein rechter Lehrbrief erteilt. Der junge Mann hatte aber gute Verbindungen, denn auf seinem letzten Bittschreiben waren Empfehlungen allein von drei Fuggers, dem Weihbischof und vielen Geistlichen enthalten, und so wurde er dennoch zugelassen.

Einem Gesellen, der aus irgendeinem Grunde „unehrlich" wurde, war es fast unmöglich, zur Meisterschaft zu gelangen; wenigstens mußte er sich vorher von dem an ihm haftenden Makel vollkommen gereinigt haben, nicht nur vor dem Gericht, sondern auch in den Augen der Meister und seiner Mitgesellen; letzteres war ganz besonders schwer. Der Sohn des Stadtkistlers von Augsburg hatte 1615 gestohlen und in Schwäbisch-Gmünd eine, später aber anderweitig wieder verheiratete Witwe unter falschem Eheversprechen betrogen. Er wurde der Stadt Augsburg verwiesen und bestraft, wurde aber wieder zugelassen und arbeitete, weil er sonst nirgends unterkommen konnte, bei seinem Vater. Da standen aber seines Vaters Gesellen aus, und das Amt gab ihnen in ihrer Weigerung, nicht neben dem „unehrlichen" Sohn des Meisters arbeiten zu wollen, recht. Vergeblich versuchte der unglückliche Vater, mit Hilfe des Rats seinen Sohn bei den Gesellen wieder ehrlich zu machen; vielleicht hätten die Meister den Wunsch ihres beamteten Kollegen, seinen Sohn zur Meisterschaft zuzulassen, damit er später die väterliche Werkstatt übernehmen könnte, gern erfüllt, aber sie durften es der Gesellen wegen nicht wagen. Noch drei Jahre später erklärten die Augsburger Gesellen einen Mitgesellen für unehrlich, weil er neben jenem unehrlichen Meisterssohn bei dessen Vater gearbeitet hatte, obwohl die Werkstatt boykottiert war. Endlich, 1618, erfolgte ein Senatsbeschluß, nach dem der Meisterssohn zum Meisterstück zugelassen war, doch sollte er nach dessen Vollendung und nach der Hochzeit vier Jahre lang ohne Gesellen und Lehrlinge arbeiten. Den Augsburger Gesellen aber wurde nach dieser Ehrlichmachung bedeutet: „Beneben inen sambt und sonders, sich deßhalb alles Uffstandts und Meutterey zu enthalten, bey dem Eysen und anderen ernstlichen Straffen"[1]).

Daß ein Meister stets zugleich **Bürger** sein mußte, ist schon auf S. 24 ff. berichtet.

Mit diesen Nachweisen waren die Formalitäten, auf deren Einhaltung peinlich geachtet wurde, keineswegs erschöpft. Der zur Meisterschaft strebende Geselle mußte, bevor er überhaupt zur Prüfung seiner technischen Fähigkeiten kam, zuerst gewissermaßen seine Persönlichkeit zur Wahl stellen. Er mußte in der allgemeinen Zunftversammlung, der sogenannten „Morgensprache", öffentlich um die Zulassung zur Prüfung bitten: die Meisterschaft „**eschen**", wobei ihm schon einige Geldopfer auferlegt wurden, die in einer Bewirtung der Meister bestand. Das „**Eschen**" mußte mehrfach wiederholt werden und durfte nur an bestimmten Terminen erfolgen; die Meister sahen sich den Kandidaten genau an, ob er ihnen „zusagte" und hatten das Recht, ihn abzulehnen, wenn dies nicht der Fall war. Bei den Kisten- und Luchtenmachern in Hamburg 1515 lautete die Forderung so: „Und desulffte knecht schall den olderluden thoseggen, so wen he up dat ampt denen will. Deit he dat nicht, so schallme ehn nicht vorsteden, to eschen. Dusse sulve knecht schall den eschen tho dren sunte, Johannes tho lichte, und tho dren tyden geven tho isliken tydt deme ampte 3 S." (Und derselbe Knecht soll den Alterleuten gefallen, wenn er auf dem Amt dienen will. Gefällt er ihnen nicht, so soll man ihm nicht erlauben, zu eschen. Derselbe Knecht soll dann an drei Sonntagen eschen, vom Johannestag bis Lichtmeß, und soll an diesen drei Terminen dem Amt je 3 S. zahlen.) Bei den Hamburger Kunthormachern war 1540 vorgeschrieben, daß die Gesellen an zwei Morgensprachen eschen und dann jedesmal einen Schilling erlegen müßten. Dann durften sie das Meisterstück beginnen. Nur diejenigen, die eine Meisterswitwe heiraten wollten, wurden schon in der ersten Morgensprache angenommen, „darmit de wedewe desto ehr und bether gefordert werden moge" (damit die Witwe desto schneller und besser versorgt werden möge). Bei den Kunthormachern in Lübeck waren 1508 die Bestimmungen fast dem Wortlaut nach dieselben wie bei den Hamburger Kistenmachern, nur mußte hier der Geselle 6 Schilling auf einmal zahlen; ein Termin für das Eschen nach dem Kalender war in Lübeck nicht vorgeschrieben. Frauen, Witwen, Meisterssöhne und -töchter brauchten nur einmal zu eschen. In Riga mußte 1541 das Eschen auch dreimal wiederholt werden, und zwar „zu den drei rechten Zeiten auf St. Lucassteven".

Die Kosten, die dem angehenden Meister schon beim Eschen auferlegt wurden, waren ja erst ein kleiner Vorgeschmack von dem, was noch später kam, aber bereits hier arteten die an sie gestellten Ansprüche oft übermäßig aus, so daß die **Kosten für die Bewirtung** amtlich festgelegt werden mußten; ob die amtliche Einschränkung aber auch eingehalten wurde, ist freilich eine andere Frage. In Lübeck wurde 1508 festgesetzt, daß die „Kost" bei den Morgenansprachen je 3 Mark und dann die „Meisterkost", womit aber noch

[1]) Bei den betreffenden Akten K. A. IV 59 des Augsburger Stadtarchivs liegt ein Auszug aus einer sonst nicht mehr erhaltenen und augenscheinlich in diesem Prozeß angezogenen Gesellenordnung v. 15. März 1567, betr. „unehrliche" Gesellen.

nicht die Bewirtung nach Vollendung des Meisterstückes gemeint war, 4 Mark betragen dürfte; also im ganzen waren für diese Einleitung schon 13 Mark zu zahlen. Da demnach das Meisterwerden im ganzen sehr ins Geld ging, ließ man sich in Augsburg 1519 von den fremden Gesellen gleich bei der Anmeldung zum Meisterstück geloben, daß sie bereit und imstande wären, später das Geld für den Eintritt in die Zunft zu zahlen; man befürchtete vielleicht, daß sie ihre Ersparnisse schon vorher mit solchen Gastereien ganz verausgaben möchten.

Mit allen diesen Nachweisungen und Erschwerungen war aber noch lange nicht genug getan; man verlangte, wenn nicht gleich bei der Einführung des Meisterzwanges, doch sobald man merkte, daß trotz dieses Zwanges der Andrang zur Selbständigkeit im Handwerk nicht ab-, sondern in starkem Maße zunahm, sehr bald noch eine örtliche Probezeit, die bei einem oder bei mehreren Meistern des Ortes abgelegt werden mußte und sich von einem Jahr allmählich bis zu sechs Jahren ausdehnte! Damit nicht genug! An manchen Orten, z. B. in Augsburg, verlangte man noch den Nachweis, daß der Geselle insgesamt eine gewisse Gesamtzeit beim Handwerk war, bis zu zehn Jahren.

Das Verlangen einer örtlichen Probezeit erscheint an sich sachlich nicht ganz unbegründet, wenn man bedenkt, daß das Gelingen des Meisterstückes, selbst wenn es in der vorgeschriebenen Zeit vollendet wurde, noch keine unbedingte Gewähr dafür bot, wie der Mann arbeitete, wie er mit dem ihm vom Besteller anvertrauten Material umging, und wie er die verschiedenartigen Wünsche der Kundschaft zu erfüllen wußte usw. Man versteht es, wenn die Ordnung in Riga 1541 (wo man eine einjährige Probezeit am Ort verlangte) darüber sagte, man wollte erkennen „syn arbeidt und wat mannes he sye“, und findet es wohl berechtigt, daß in dieser Zeit der „grob jaren“, wie man die Probezeit in Cöln deswegen nannte, der Geselle recht scharf angefaßt und zu ernster Arbeitsweise erzogen wurde, galt es doch seinem eigenen Wohl, dem Ansehen des ganzen Berufes und der Zufriedenheit des Publikums. In Lübeck und Hamburg sagte man, der Geselle müsse dem Meister in dieser Zeit eine solche Arbeit leisten, „dat he eme danckt“, und in Lüneburg verlangte man, der Geselle müßte dem Meister so dienen, daß dieser „nergent warumme weet, to beschuldigende“ (ihm nichts nachsagen könnte); kurz, der Geselle sollte sich solche Mühe geben, daß er nicht nur seinen Lohn, sondern sogar den Dank seines Meisters verdiente, und daß an seiner Arbeit selbst die schärfste Kritik des Meisters nichts auszusetzen fände. Und schließlich mag man auch noch als berechtigt zugeben, daß diese örtliche Probe, um ein wirklich gutes und dauerhaftes Ergebnis zu erzielen, von einem auf mehrere Jahre verlängert wurde, wenn auch eine Ausdehnung auf volle sechs Jahre schon als sehr übertrieben erscheint. Aber ganz und gar nicht mehr mit der Sorge um die Qualität zu rechtfertigen ist es, wenn — über diese lange örtliche Probezeit hinaus noch der Nachweis einer nur beim Handwerk „zugebrachten“ Gesamtdienstzeit verlangt wurde, wie es in Augsburg geschah, denn die örtliche Probezeit wurde ja gerade deshalb eingerichtet, daß man sich nicht auf fremdes Urteil verlassen müßte; was konnte es dem Gesellen genützt haben, wenn er seine Zeit bei irgendeinem schlechten Meister abgesessen hatte, der ihn auch vielleicht nur deshalb nicht fortschickte, weil er keinen besseren bekommen konnte und verdiente? Somit war in solchem Verlangen keine Logik und es nur zu erklären, wenn man annimmt, daß die Meister damit den Andrang zu ihrem eigenen Brotkorb zurückdämmen und möglichst auf andere Städte ablenken wollten, wo die Bedingungen leichtere waren. Daß dies in der Tat der wahre Grund war, wurde nach und nach und mit wachsender Ehrlichkeit und Unverfrorenheit zugestanden. Übrigens konnten sich nicht alle Städte derartige Erschwerungen leisten. In Riga war 1541 eine örtliche Probezeit verlangt und im Laufe der Zeit von einem auf drei Jahre verlängert worden, wobei von einer Gesamtdienstzeit noch gar keine Rede war; trotzdem mußte man sich 1668 entschließen, die Probezeit auf 1½ Jahre wieder zu ermäßigen, weil durch die lange Zeit viele „von der Gewinnung eines Amtes und folgends der Bürgerschaft allhie abgeschreckt" worden waren. Es ist aber auch möglich, daß diese Verordnung, die übrigens für alle Handwerke des Ortes erlassen wurde, auch teilweise darin ihren Grund hatte, daß der Stadt Riga der Zuwachs an Steuerzahlern nicht genügte, wenigstens läßt der Hinweis auf die seltener erworbene Bürgerschaft darauf schließen. Andere Orte wieder bekamen wegen ihrer zu günstigen Bedingungen einen zu großen Zulauf. Frankfurt am Main zum Beispiel, das 1589 mit der auf S. 172 abgedruckten Erklärung einen so energischen Anlauf genommen hatte, um sein Tischlerhandwerk zunftfähig zu machen, glaubte doch, mit einer zweijährigen Probezeit der jungen Meister auskommen zu können. Erst nachdem man sah, daß der Stadt immer noch solche Gesellen zuliefen, die anderswo nicht zur Meisterschaft gelangen konnten, da richtete das dortige Tischlerhandwerk an den Rat das Ersuchen, „zu determinieren, wie lange ein fremder Geselle eingeschrieben sein soll, wenn er Meister will werden", also wünschten sie eine Verlängerung der Probezeit. Was die Frankfurter Meisterssöhne betraf, so war 1615 einfach gesagt worden, daß sie nach 1½ Jahren Meister werden „sollten", und 1710 wurde für sie bestimmt, daß diejenigen von ihnen, die in die Fremde ziehen „wollten", ohne Bevorzugung und der Reihe nach eingeschrieben werden müßten, aber bis ¼ Jahr vor dem „Meisterwerden" in der Fremde bleiben dürften. Also galt für sie die Bestimmung der Probezeit nicht. Andere Bürgerssöhne mußten von jetzt an drei Jahre, fremde Gesellen sechs Jahre warten, und die beiden Kategorien sollten jährlich bei der Zulassung zum Meisterstück miteinander abwechseln.

Über die Dauer der Probezeit der Meistergesellen, auch „Muth"- oder „Sitzjahre" genannt — letzteres nicht immer in dem Sinne, als ob die Berechtigung ersessen worden wäre, sondern weil in dieser Periode der Geselle, möglichst nur bei einem Meister seßhaft sein mußte, obwohl allerdings zuweilen auch von den „Ersitz-Jahren" die Rede ist —, geben uns die Urkunden und Akten die folgenden Aufschlüsse. Lediglich eine örtliche Probezeit verlangten: Lübeck 1508 3 Jahre, Hamburg 1515 3 Jahre, Lüneburg 1524 2 Jahre, Riga, wo die Zeit, mit dem ersten Eischungstag beginnend, gerechnet wurde, 1541 1 Jahr, dann 3 Jahre und 1668 wieder 1½ Jahre, Würzburg 1593 1 Jahr, Frankfurt wurde oben schon behandelt, Basel 1589 3 Jahre für einheimische und fremde Gesellen, Münster 1607 1 Jahr, Straßburg 1617 2 Jahre oder Nachweis, daß der Betreffende am Ort gelernt hatte, Cöln verlängerte die Zeit 1736 von 4 auf 6 Jahre; eine einfache Zahl von Jahren, die überhaupt beim Handwerk zugebracht sein mußten, wurden gefordert: in Essen um 1660 2 Jahre, Nürnberg-Stadt 1800 6 Jahre; eine aus beiden Formen zusammengesetzte Zeit, das heißt eine Gesamtzeit, von der die letzten Jahre am Orte zugebracht sein mußten, waren vorgeschrieben: in Danzig 1454 4 Jahre Gesamtzeit, wovon 1 Jahr lokal, Nürnberg-Land 1752 6 bzw. 3 Jahre, für Meistersöhne nur 1 Jahr, und in Augsburg, doch wollen wir die betreffenden Zustände in dieser Stadt besonders betrachten.

In Augsburg fing man 1519 mit der allgemeinen Maßregel betreffend die fremden Gesellen an, daß sie bei der Zulassung zum Meisterstück eine Gesamtarbeitszeit von 5 Jahren nachweisen mußten, wobei die dreijährige Lehrzeit inbegriffen war. Schon 1550 wurde die Gesamtzeit auf 6 Jahre erhöht, wovon die letzten 3 Jahre in Augsburg selbst zugebracht sein mußten, 1564 auf 8 Jahre, wovon die letzten 3 Jahre in Augsburg; und zwar sollte sich die Gesamtdienstpflicht von 8 Jahren auch auf die Meistersöhne und solche Gesellen beziehen, die Meisterswitwen und -töchter heirateten, nur waren sie von der Verpflichtung, die letzten 3 Jahre in Augsburg zu arbeiten, nach Belieben befreit. 1593 verlangten einige junge Meister, daß von den fremden Gesellen eine Gesamtzeit von 10 Jahren und der Nachweis, daß sie in einer „namhaften" Stadt oder Ort, wo ein Meisterstück im Gebrauch wäre, gelernt hätten, gefordert werden sollte, und außerdem wollten sie nur solche Gesellen zulassen, die sich verpflichteten, eine Meisterstochter zu heiraten. Mit der Fristverlängerung drangen sie aber noch nicht durch, und es wurde ihnen von oben geantwortet, daß man die auswärtigen Gesellen nicht gar zu sehr beschweren wollte, außerdem konnte man in einem „kleinen Stättlein" mehr gelernt haben als die Augsburger Lehrlinge in 5 bis 6 Jahren. (Vgl. S. 137.) Der Zwang, eine Meisterstochter zu heiraten, wurde aber eingeführt, und 1601 wurde einem Gesellen, der zwar eine andere Augsburger Bürgerstochter, aber nicht „zum Handwerk" geheiratet hatte, die Zulassung verweigert; man hat sie ihm dann nachträglich doch bewilligt mit der Begründung, daß solche verheirateten Gesellen sich sonst auf den Dörfern niederließen und das Amt noch mehr schädigten. Dabei wurde bemerkt, es sollte diese ausnahmsweise gewährte Vergünstigung „zu kainem eingang gedeutet", das heißt kein Präzedenzfall daraus gemacht werden. Der Senat beschloß aber doch, von jetzt an auch solche Gesellen wieder zuzulassen, die außerhalb des Handwerks geheiratet hatten, aber zurzeit immer nur einen; 1604 wurde dieses Entgegenkommen schon wieder verschärft durch die Bestimmung, daß solche Gesellen nicht, wie bisher, nur 3 Jahre, sondern doppelt so lange am Orte bei einem oder zwei Meistern zur Probe gearbeitet haben müßten. Da hierbei aber die Gesamtzeit nicht verlängert wurde, kann man die Maßnahme nur so deuten, daß die Meister, wenn sie schon ihre Töchter und Witwen nicht bei ihnen anbringen konnten, diese Gesellen, die sich doch in ihrer Muthzeit ganz besonders anstrengen mußten, dafür möglichst lange ausnutzen wollten. Der Rat seinerseits ließ sich von solchen

Gesellen für sein Entgegenkommen in der Wahl der Ehehälfte mit 20 Gulden zahlen. Von 1663 an wurde die sechsjährige Probezeit am Orte auch auf die in Augsburg geborenen Gesellen ausgedehnt, und außerdem mußten sowohl sie wie die fremden, von jetzt an — eine ganz neue Maßregel — nach dieser langen Probezeit noch eine zweijährige Wanderschaft antreten. Vielleicht wurde diese Maßregel nur deshalb ergriffen, um die Zeit noch mehr zu verlängern, denn das Handwerk war zurzeit sehr übersetzt; es ist aber auch möglich, daß die in den 6 Jahren technisch gründlich gedrillten und aufnahmefähig gemachten Gesellen nun aus der Fremde noch möglichst viel neue Anregungen hereinbringen sollten. Die erstere Deutung wird wohl die richtigere sein, denn gleichzeitig wurde den Meistersöhnen und denjenigen einheimischen und fremden Gesellen, die eine Witwe des Handwerks heiraten wollten, eine solche Wanderzeit erlassen. Weiterhin wurde 1665 die örtliche Probezeit wieder von 6 auf 2 Jahre ermäßigt und von einer Wanderzeit nach den Muthjahren nicht mehr geredet; aber nach wie vor verlangte man eine zehnjährige Gesamtdienstzeit beim Handwerk.

Selbstverständlich verfolgten auch die Reichs- und Landesbehörden aufmerksam die von den Zünften mit Hilfe der Stadtverwaltungen ergriffenen Maßregeln zur Einschränkung des Zuwachses der selbständigen Gewerbehaltungen mit aufmerksamen Augen, hatten sie doch ein Interesse daran, daß ein durch das ganze Volk gehender Zug der Einheitlichkeit gewahrt oder erreicht werde; sie verhehlten sich nicht, daß durch die Monopolstellung einzelner Städte, durch ihre Einrichtung der „Schenk“ und ihre hohen technischen Anforderungen die guten Gesellen von ihnen allein angezogen, die schlechteren aber zu den kleineren Orten abgestoßen und so die hier ansässigen Konsumenten in ihrem Bedarf beeinträchtigt werden könnten. Der Reichsabschied in Regensburg 1594 wandte sich besonders dagegen, daß sich nun, auch infolge des Meisterstückzwanges, Handwerker erster und zweiter Klasse gegenüberstehen und die letzteren ihr Ansehen oder Brot verlieren sollten. Um einen gewissen Ausgleich oder Übergang wenigstens zu ermöglichen und grundsätzlich den angemaßten Vorrechten entgegenzutreten, bestimmte der § 124, alle Bedenken zusammenfassend: „Wie denn auch fürkommen, daß sonderlich in ettlichen Staaten die Handwerksmeister neue Innungen machen und darein setzen, daß sonderlich in ettlichen Städten ein Lehrjung drei oder vier Jahre lernen soll, und unterstehen sich hiernach, die Altmeister in anderen Städten, welche viel Jahr zuvor, deme damals geübten Handwerksbrauch nach, redlich ausgelernt, ihr Meisterrecht gewonnen und das Handwerk ohne jemandes Einred lange Zeit geruhlich getrieben haben, zu tadeln, und die Gesellen, so bey denselbigen voraufgerichteten neuen Innungen redlich ausgelernt haben oder sonst den alten Meistern arbeiten, zu schelten, aufzutreiben und zu nötigen, entweder anderwerts zu lernen oder sich von denen neuen Innungsmeistern ihres Gefallens, auch ohngeacht, was hierinnen die Obrigkeiten zur Billigkeit verschafft und angeordnet haben, straffen zu lassen und dergleichen mehr.“

Solche Gegensätze entstanden nun aber nicht allein zwischen den verschiedenen Städten und zwischen Stadt und Land, sondern sogar innerhalb der einzelnen Gemeinden. Als Straßburg 1544 das Meisterstück für die Tischler einführte, wurde denjenigen Meistern, die diese Probe nicht abgelegt hatten, das Lehrlingshalten auf 20 Jahre und länger verboten. Da trotzdem der Zwang zur Prüfung nicht grundsätzlich und streng durchgeführt wurde und immer noch viele ohne das Meisterstück zum Meister gemacht wurden, so kam es 1601 zu der drakonischen Bestimmung — ungeachtet des oben erwähnten Reichsabschiedes —, daß solche Meister, die das Stück nicht gemacht hätten und noch nicht 20 Jahre Meister wären, nicht mehr als Meister angesehen werden sollten und ihre Rechte solange nicht mehr ausüben dürften, bis sie die Probe nachträglich abgelegt hätten. — Ein Kurfürstlich Sächsisches Edikt vom Jahre 1661 respektierte, da ja doch nichts gegen sie zu machen war, die örtlichen Bestimmungen, deren Einhaltung es sogar befahl, plädierte aber zugleich für mildere Auffassung und Behandlung wenigstens in kleinen Städten und Flecken, wo es doch wirklich weniger auf eine gewisse Anzahl von Jahren und erfüllten Gebräuchen als vielmehr ganz allein auf das ausreichende Können anzukommen brauchte. — Der Kurfürst von Brandenburg aber war 1688 der Meinung, daß es genügen müßte, wenn ein Handwerker nach einjähriger Wanderschaft noch ein halbes Jahr bei einem oder mehreren Meistern des Ortes, an dem er sich niederlassen wollte, gearbeitet hätte; wer aber eine Witwe oder Meisterstochter heiratete, dem schenkte nach des Kurfürsten Glauben der liebe Gott mit dem Weib auch den Verstand, so daß er nicht einmal mehr diese halbjährige Probezeit nötig hatte, um ein vollkommener Meister zu sein. — Wiederum der Reichstag war es, der 1731 das zünftige Verlangen, daß derjenige, „der nicht mehrere Jahre am Ort wohnte und die Bruderschaft nicht 3 bis 5 Jahre besucht hätte", nicht Meister werden dürfte, ganz einfach und kategorisch als „Mißbrauch" bezeichnete. Vielen Dank erwarb er sich damit aber nicht, denn zum Beispiel die Würzburger Schreiner beschwerten sich 1734, daß „nach Abschaffung der Muth- und Sitzjahre so viele fremde und unbekannte (!) Leute Mitmeister würden". — Die Kaiserliche Hofkanzlei in Wien kommentierte in einer Mitteilung an die Regierung 1784 jene Verfügung des Reichstages folgendermaßen: „Bei der Verleihung des Meisterrechtes sei nur auf die Fähigkeit der Bewerber zu sehen; es verstehe sich aber von selbst, daß nicht jeder Geselle, der erst freigesprochen worden, sogleich zum Meister anzunehmen sei, weil ansonsten kein Meister die zu seinem Gewerbsbetrieb nöthigen Gesellen überkommen würde."[1])

Auf die volle Einhaltung der Muthjahre wurde streng geachtet, dafür sorgten schon die übrigen Anwärter. Zum Beispiel erhielt 1566 ein Geselle in Augsburg nicht die Genehmigung der erbetenen Zulassung, die mit einer zwölfjährigen Berufstätigkeit begründet wurde, weil an den eigentlichen Muthjahren noch neun Monate fehlten. Auch den Schwiegersöhnen gegenüber verhielt man sich ablehnend; ein Geselle in Frankfurt wurde 1780 vom Rat nur unter der Bedingung vor der Zeit zugelassen, daß zu seinen Gunsten sein Schwiegervater auf die Fortführung seiner eigenen Werkstatt verzichtete, und er selbst dem Handwerk als Abfindung für das noch fehlende Jahr eine Summe von 25 Reichstalern zahlte. Trotzdem ließen sich die Meister erst vom Rat

[1]) Pribram a. a. O., S. 417.

zwingen, diese Abmachung zu erfüllen. Einem Augsburger Gesellen, dem 1615 von den vorgeschriebenen sechs Jahren noch volle vier Jahre fehlten, gelang es nur mit Schiebung und Hilfe hoher geistlicher Würdenträger und zweier Fugger, früher zugelassen zu werden; er hatte nämlich die Tochter eines Mößners der Barfüßer geheiratet, was ihn seinen Fürsprechern natürlich auch als Handkistler besonders empfahl! In der Ratsentscheidung hieß es: Er wird für seine Person, das heißt als Meister auf eigene Hand und gegen volle Gebühren zugelassen in der Hoffnung, „er werde dem Handwerk nicht beschwerlich fallen", weil er „auch des Instrumentenmachens experimentiert und Erfahrnis hat". Wenn dagegen ein Geselle trotz wirklicher Erfahrung, die er sich im Ausland — nach den vorliegenden Gesuchen war es meistens Frankreich — gesammelt hatte, ohne persönliche Empfehlung auftrat, so konnte er meist vergebens um eine Vergünstigung einkommen. Erfreulicherweise wird aber auch von Ausnahmen berichtet. Der Geselle Hans Bötter in Augsburg wurde 1613 zugelassen, obwohl er mehr als zwei Meister während der Muthzeit gehabt, doch „der Ordnung anderwegs ein so stettes benügen gethan", daß er nämlich statt sechs sogar neun Jahre gesellenweise gearbeitet hatte. Der Kistlergeselle Johannes Brechenmacher, aus Augsburg stammend, hat gleich nach der Lehrzeit sechs Jahre gewandert in der Schweiz, Straßburg, Mainz, Frankfurt, Hamburg, Holstein, Lübeck, Danzig, Stettin und Stralsund. Nach seiner Vaterstadt zurückgekehrt, bewarb er sich 1698 um die Zulassung zur Meisterschaft. Das Urteil der Verordneten lautete, er mache eine „vor anderen (d. h. besonders) schöne, künstliche Arbeit, eingelegtes Blummwerk, so allhier noch nicht viel gesehen und gemacht worden". Auch der Markgraf von Baden sowie ein Generalleutnant mit seiner Frau baten, den Brechenmacher doch außer der Reihe zuzulassen, damit sie ihn beschäftigen dürften; die Bitte hatte Erfolg, und er wurde „extra ordinem" zur Meisterschaft zugelassen. — In Berlin mußten nach Regierungsbefehl im 18. Jahrhundert die französischen Flüchtlinge ganz ohne Meisterstück oder -prüfung in die Zünfte aufgenommen werden.

Die Einschreibung in die Muthjahre oder der Vertrag, den ein Geselle mit seinem Meister vor dem Zunftamt abschloß, hatte folgenden oder ähnlichen Wortlaut: „Cöln, Anno 1736, 26. 12. hat der Meister X seinen Lehrknecht einschreiben lassen, sein Name ist Y, soll stehen 4 Jahre stäth und fest, sich halten, wie es einem Lehrknecht gebühret; und seine Zeit geht an und aus, wie oben gemeldet, weil Magistrat uns dazu gehalten hat auff Straff, dem zu gehorsam, ohne praejudiz des Amtsgebrauchs für künftige Fälle."

In den meisten Städten war es Brauch, daß der Meistergeselle bei dem einmal gewählten Meister die ganzen Muthjahre über aushalten mußte; nur an wenigen Orten war eine Mehrzahl von Meisterstellen erlaubt, wovon weiter unten die Rede sein wird. Ein Wechsel der Stelle war nach der Regel nur vorgesehen für den Fall, daß der Meister starb; dann durfte der Geselle sich einen neuen Meister in der Stadt wählen, bei dem er die Jahre ausdienen wollte. (Lübeck 1508 und Hamburg 1515.) In Cöln beanspruchten die Zunftmeister für sich das Recht, den Gesellen an einer anderen Stelle unterzubringen. In Fällen von Krankheit oder beim wirtschaftlichen Ruin des Meisters war der

Wechsel schon nicht mehr so einfach. In Cöln geriet das Amt 1739 aus irgendwelchen Ursachen mit einem Meister in einen Prozeß und wollte nach dem berüchtigten Rezept des einseitigen „Gesellenverbietens“ einem bei diesem Meister in der Muthzeit stehenden Gesellen die bereits ausgestandenen Jahre nicht anrechnen; es mußte vom Rat erst hierzu gezwungen werden. Ein anderer Geselle hatte sich in Cöln 1756 bei einem Meister für vier Muthjahre gegen Lohn und völlige Kost verdungen, als dieser nach zwei Jahren „mit einem der gantzen Nachbarschafft bekannten accident an Haltz und Gesicht überfallen, wofür ein jeder Mensch Eckel und Abschau getragen und dato noch haben muß“. Der Geselle wollte bei diesem Meister nicht mehr essen und klagte überdies, daß er seinen Lohn nicht bekommen könnte. Die Amtsmeister entschieden, daß er sich künftig selbst beköstigen, vom Meister „nur das Gemüse“ nehmen und 10 Stüber täglich erhalten sollte. Der Meister erfüllte aber diese Zusage nicht, so daß bald eine Schuld von 50 Talern angelaufen war. Die Bitte des Gesellen, sich zu einem anderen Meister überschreiben lassen zu dürfen, wurde ihm nicht erfüllt, doch erlaubt, sich auf seines Meisters Namen selbst Arbeit zu suchen. Er führte das, wie er selbst den Amtsmeistern berichtete, „mit Ruhm“ aus, und der Meister zog das Geld dafür ein, blieb aber dem Gesellen immer noch 24 Taler schuldig, die er in monatlichen Raten abzuzahlen versprach, wozu er aber, als ganz verschuldet, gar nicht in der Lage war. Der Geselle bot dem Meister vergeblich an, ihm das Geld zu schenken, wenn der ihm dafür die restlichen neun Monate der Muthzeit erlassen wollte; schließlich wandte er sich mit dieser Bitte an den Rat, mit welchem Erfolg, ist nicht bekannt. Wie hier die Schuld sichtbar beim Meister lag, so gab es natürlich auch Gesellen, die es nirgends aushalten konnten. So hatte sich ein anderer Geselle um dieselbe Zeit für 76 Reichstaler bei einem Meister in die Lehre, das heißt in die Muthzeit, gegeben. Bald erzählte der Vater des Gesellen im Wirtshaus herum, daß sein Sohn nicht genug zu essen bekäme. Der Meister erfuhr das, lief nach Haus und warf den Gesellen hinaus. Er wurde dafür bestraft und dem Gesellen wurde erlaubt, sich für das letzte Jahr einen neuen Meister zu suchen. Bei diesem zog er sich angeblich eine Verletzung zu und klagte auf die Kurkosten; als er dann für die letzten Wochen einen dritten Meister erhielt, geriet er auch mit diesem bald in Streit, weil ihm angeblich der Lohn nicht gezahlt und nicht erlaubt wurde, eine angefangene Akkordarbeit zu vollenden.

Zu den Städten, in denen die Muthzeit bei mehreren Meistern zugebracht werden durfte, gehörte 1543 Würzburg; es waren dort ein bis zwei Meister während der einjährigen Probezeit erlaubt. In Augsburg scheint die Zahl der Meister für die Muthgesellen anfänglich überhaupt nicht beschränkt gewesen zu sein, ein Entgegenkommen, das von den Gesellen aber in übertriebener Weise ausgenutzt wurde. Deshalb beschränkte man die Zahl der Meister 1575 auf drei; „wann dann also einer nur khrum angesehen würdet“, suchte er sich gleich einen anderen Meister, hieß es in der Begründung dieser Maßregel, manche hätten es in den drei Jahren auf 12 bis 15 Meister gebracht. 1609 durften es in Augsburg auf sechs Jahre gar nur zwei Meister sein, und 1663 in derselben Zeit ein bis zwei Meister.

Ob auch eine Meisterin Muthgesellen bei sich einschreiben lassen durfte, ist nicht ganz klar. In Cöln wählte sich 1742 ein Geselle eine Witwe als Muthmeisterin. Als sie erklärte, keine Arbeit für ihn zu haben, versprach er, welche zu schaffen. Er tat es auch und arbeitete mit zwei Gesellen an einem Kirchenstuhl, der aber viel zu kostbar ausfiel, so daß die Meisterin den Schaden tragen sollte, worüber sie in Streit gerieten. Auf das Drängen des Gesellen schloß dann die Witwe mit ihm einen Vertrag ab, nach dem er künftig auf ihren Namen Gesellen halten und ihr für jeden täglich 3 Stüber abgeben sollte. Dazu kam es aber nicht, denn den Gewinn steckte der Meistergeselle in seine eigene Tasche, während die Meisterin stets den Schaden tragen und ihn schließlich wegen 65 Reichstaler Schulden bei der Zunft verklagen mußte. Vielleicht wegen dieses Vorkommnisses entschlossen sich die Vorgeher, den Frauen, die ihre Autorität sichtbar nicht zu wahren verstanden, das Halten von Muthgesellen nicht mehr zu erlauben, freilich ohne vom Rat zu dieser Verfügung autorisiert worden zu sein. Als nun 1789 ein Geselle sich dennoch mit Erlaubnis des Meisters, bei dem er zuerst eingeschrieben war, bei einer Meisterin verdingte, strichen ihn die Vorgeher von der Kandidatenliste und wollten ihn nach Ablauf seiner vier Jahre nicht ins Stück lassen, obwohl es ihnen vom Rat befohlen wurde. Sie gingen mit diesem Prozeß sogar bis zum Reichsgericht, dessen Entscheidung nicht bekannt ist.

Eine Unterbrechung der Muthzeit war grundsätzlich nicht gestattet, wurde aber bei entsprechender Begründung dennoch zuweilen genehmigt. Unklar ist die Begründung, die ein Geselle 1591 in Augsburg gab, er sei „in wichtigen Geschäften" auswärts gewesen; doch kam er damit durch. Ein anderer Geselle, der schon 5½ Jahre seiner Muthzeit überstanden hatte, bat 1619, ihm die Unterbrechung zu erlauben, weil „sich ihm jetzo solliche occasion offeriert, daß er mit gar geringen Unkosten und gleichsamb gratis in das Welschlanndt (Italien) kommen khonndte, allda ein mehrers zu erlernen und zu erfharen". Da er nachher wiederkommen und eine Bürgerstochter heiraten sollte, wurde es ihm erlaubt. Ein Cölner Geselle bat 1775, ihm die mit 16 Jahren erworbene Vormerkung für die Muthjahre und für die Bürgerschaft zu erhalten, wenn er jetzt „um dem gemeinen Weesen in der Folge nützlicher zu sein", sich für vier Jahre in fremde Länder begäbe. Auch er erhielt die Erlaubnis, die wohl nicht leicht verweigert wurde, da ja doch gewissermaßen wieder eine neue Konkurrenz auf einige Zeit hinausgeschoben wurde, und, wer konnte es wissen, der Betreffende überhaupt nicht wieder in die Stadt zurückkehrte.

Anderseits machten ja auch die Zünfte mit Bewilligung der Obrigkeit von dem Recht Gebrauch, die Muthzeit nicht des einzelnen, sondern der Gesamtheit zu unterbrechen, nämlich ihr Handwerk wegen Überfüllung örtlich zu sperren. In Cöln begannen die Schreiner im Jahre 1720 mit solchen Maßregeln, um den Broterwerb sich und ihren Söhnen allein zu erhalten. Sie baten den Rat, bei Strafe von 25 Goldgulden für zwölf Jahre die Einschreibung von fremden Gesellen zur Meisterschaft zu verbieten, da ihr Handwerk sehr überfüllt sei. Der Rat genehmigte diese Sperrung und gab den Beschwerden der Gesellen, von denen einer schrieb, ein solches Monopol sei doch nicht angängig und könnte unter Umständen gerade die besten Kräfte ausschließen, kein Gehör. Nach Ablauf dieser Frist baten die Meister um eine Verlängerung der Sperre um weitere zwölf Jahre, die ihnen aber nur für vier Jahre gewährt wurde, wobei sich der Rat vorbehielt, nach Gelegenheit auch anders entscheiden zu können. Als die vier Jahre vorüber waren, meldeten sich mehrere Gesellen, und der Rat befahl, „auswärtige gelehrte“ zu den „Knechtsjahren“ einzuschreiben „um die Eidgelöbnis“. Die Zunft versicherte, daß es ihr mit nichten darum zu tun wäre, „große Künstler, so wegen ihrer vortrefflichen Arbeit billig angenommen werden sollten“, auszuschließen und machten sich erbötig, „wenn ein oder anderer auswendig Gelernter sich hervortun sollte, wogegen kein Meister von unserem Schreineramt auf und in Vergleich kommen könnte, demselben zur Gewinnung der Zeit die Einschreibung alsbald umsonst zu gestatten“. Also ein Geselle, der noch die vierjährige Hauptlehrzeit vor sich hatte, mußte dennoch in seiner Leistung schon alle Meister übertreffen, sonst sollte er nicht zugelassen werden. Auch jetzt wollte sich die Zunft nicht grundsätzlich weigern, Gesellen einzuschreiben, bat aber, außer der bisher üblichen vierjährigen Muthzeit noch eine zweijährige Lohnarbeit bei einem beliebigen Meister zu verfügen; wenn es den auswärtigen Gesellen so leicht gemacht würde, dann wolle niemand mehr in Cöln seine richtige Muthzeit machen, sondern ginge aufs Land, lernte dann dort die Schabe zu handhaben und käme in die Stadt zurück, um Geld zu verdienen. Nach langen Schwierigkeiten schrieb sie dann glücklich einen Gesellen ein. Den Schaden aber hatte sie selbst, denn 1748 klagten die Meister über großen Mangel an auswärtigen Gesellen; sie behaupteten, da sie ja immer die Schuld außer sich selbst suchten, die Gesellen würden am Stadttor von den Offizieren gefragt, ob sie Kriegsdienste nehmen wollten, und würden nicht hereingelassen, wenn sie diese Aufforderung verneinten. Trotzdem verfügte der Rat auf Ansuchen der Meister 1749 auf sechs Jahre und 1755 wieder auf sechs Jahre, daß keine fremden Gesellen zugelassen werden dürfen, es sei denn — (diese Bemerkung ist unklar, da ja die Gesellen doch sich zur vierjährigen Muthzeit melden wollten) — „daß sie die Jungenjahre noch einmal auf sich nehmen und für solche in allem gehalten werden wollten“. Die Festlegung der sechsjährigen Sperre und sechsjährigen Dauer der Muthzeit, das heißt: der vier Muthjahre und zwei Jahre Lohnarbeit, wie oben verlangt, wurde 1764 noch einmal wiederholt. So ging es fort, nur mit der Verschärfung, daß die letzten zwei Jahre der sechsjährigen Muthzeit auswärts zugebracht werden mußten; denn so begründeten die Meister dies Verlangen: die jungen Meister täten später „anderst nichts, als Eingriffe in die Kundschaft thuen, solche abwendig machen und mit sich schleppen“. Die Meistergesellen sollten also vor ihrer Niederlassung noch zwei Jahre aus der Stadt, um die Fühlung mit der Kundschaft zu verlieren und selbst dieser, falls sie gute Arbeiter waren, aus dem Gedächtnis kommen. Ein anderes Mal wurde diese Maßregel weniger brutal mit öffentlichen Interessen begründet, „als ohnehin dem publico an wohlausgebildeten, tüchtigen Arbeitern vieles gelegen“. Es ist ja auch nicht ausgeschlossen, daß viele Gesellen sich so auswärts den letzten Schliff geholt haben.

Nach elfjähriger Pause wollten die Meister die Sperre wieder auf zwölf Jahre einführen. Ein 36jähriger Geselle, der schon neun Jahre am Ort gearbeitet hatte, wandte mit Erfolg ein, daß diese Bestimmung doch nicht rückwärts wirken dürfte, wodurch auch er betroffen würde, weil er schon seit einigen Jahren eingeschrieben war. Die Meister lamentierten zwar, die Zahl der Meister würde schließlich so groß, daß „keiner oder doch fast die mehrsten ein Stück Brod zu verdienen nicht mehr mächtig wären". Da aber der Geselle von seinem Meister das Zeugnis beibrachte, er habe sich so honett betragen, sein Handwerk so fleißig und gut gelernt, daß er das Meisterstück zu verfertigen jederzeit in der Lage wäre, mußten sie ihren Widerstand aufgeben und ihn zulassen. Daß auch die Kistler in Augsburg ihr Handwerk zeitweise, nämlich von 1558 bis 1560 und von 1560 bis 1562, gesperrt haben, wurde schon in anderem Zusammenhang (S. 134 ff.) erwähnt. Später wurde hier eine andere Methode geübt, um den Andrang zur Meisterschaft abzudämmen: man setzte von Zeit zu Zeit eine bestimmte Zahl von Gesellen fest, die jährlich zur Muthzeit eingeschrieben werden durfte, wobei die Schwiegersöhne stark bevorzugt wurden. Der Schaden fiel denjenigen fremden Gesellen zu, die keine Gelegenheit fanden, eine Meisterstochter oder Witwe zu heiraten oder sich nicht dazu entschließen konnten, ohne Wahl ins aufgerichtete Joch zu kriechen.

Es war sogar 1593 in Augsburg mit großer Majorität grundsätzlich beschlossen worden, daß, wer Meister werden wollte, eine M e i s t e r s t o c h t e r h e i r a t e n mußte, und daß jährlich außer den Meistersöhnen nicht mehr als drei Gesellen, und zwar ein Bürgerskind und zwei Fremde zum Meisterstück zugelassen werden sollten. Da nicht jedes Jahr zwei heiratsfähige Meisterstöchter vorhanden waren, bedeutete diese Bestimmung in der Tat einen Ausschluß der Fremden, die nun auf verschiedene Weise versuchten, den Ring zu durchbrechen. 1601 wurde ein Geselle, der sich nicht „ins Handwerk" verheiratet hatte, zurückgewiesen, aber schließlich mit der Begründung dennoch zugelassen, daß die Gefahr, er werde von einem Dorfe aus die Zunft schädigen, größer wäre, als wenn durch seine Aufnahme die Zunft überfüllt würde. Man sah auch bald ein, daß der Zwang, Meisterstöchter zu heiraten, so nicht durchzuführen war, und so sollte denn jährlich einer, der außerhalb des Handwerks heiratete, eingeschrieben werden. Daneben gab man aber auf der einen Seite Erleichterungen, auf der anderen Erschwerungen. Wer eine Witwe übernahm, sollte schon während der Arbeit am Meisterstück für eigene Rechnung Gesellen halten dürfen; wer das nicht tat und auch keine Meisterstochter fand, mußte künftig eine verlängerte Muthzeit von sechs Jahren durchmachen und außerdem an den Rat 20 Gulden zahlen. Auch das Glaubensbekenntnis spielte hier hinein. Ein Geselle, der in München beim Herzog Wilhelm zum katholischen Glauben übergetreten war, arbeitete fünf Jahre muthweise in Augsburg und heiratete, da er keine katholische Meisterstochter fand, ein evangelisches Mädchen, das nicht zum Handwerk gehörte. Schließlich wurde er auf Fürsprache des Herzogs dennoch zugelassen, durfte aber drei Jahre lang kein Gesinde halten. Ein anderer Geselle hatte drei Jahre bei Hans Schertlen dem Jüngeren und dann ein Jahr bei Philipp Nothaimer, der „mit Weib und Khünd durch die Infection von dieser Welt abgefordert", und endlich bei Lorenz Bayer gearbeitet und eine Witwe außerhalb des Handwerks geheiratet. Trotzdem und obwohl noch dreiviertel Jahre an seiner Zeit fehlten, wurde er zugelassen, vielleicht weil er so gute Meister gehabt hatte. Der Heiratszwang ließ sich auf die Dauer nicht durchführen; vielleicht haben auch die Meisterstöchter selbst gegen solche Beschränkung ihrer freien Wahl Einspruch erhoben. 1575 wurde verfügt: „Und soll den Bürgerssöhnen (also nur diesen) bevorsteen (freistehen), sich in oder außerhalb des Handtwerckhs ires Gefallens nach zu verheuratten und weder Wittib noch Maisters-Döchtern zu nemen verstrickht sein." Das Malheur mit den Witwen blieb also den Fremden vorbehalten. 1747 wurde ein alter Paragraph, der bestimmt hatte, daß außer den Meisterssöhnen jährlich drei Gesellen, zwei Kistler und ein Schifter, und unter ihnen ein Bürgerssohn und zwei Fremde, zugelassen werden sollten, so abgeändert, daß künftig außer den Meisterssöhnen jährlich nur zwei, ein Hiesiger und ein Fremder, aufgenommen werden durften; war kein Bürgerssohn da, so durfte dennoch die Zahl der Fremden nicht erhöht werden. 1663 war die Zahl, außer den Meisterssöhnen und Einheiratern, auf nur einen beschränkt, und zwar mußten Bürgerssöhne und Fremde um diese eine Stelle losen. Die Söhne der Schiftermeister sollten aber von jetzt an den Söhnen der Kistlermeister gleichgestellt, das heißt ohne diese Beschränkung, wie sie sich meldeten, zugelassen werden, denn ihr Handwerk war in der langen Kriegszeit mehr zu Ehren gekommen und selbständiger geworden.

In Frankfurt am Main sollten 1710 die Bürgerssöhne, die nicht Meisterssöhne waren, mit den Fremden für die seit 1664 festgesetzten zwei Stellen alljährlich in der Zulassung abwechseln, und 1729 wurde die Zahl der neuen Meister auf die Höchstzahl von drei jährlich erhöht, ohne diejenigen, die Meisterswitwen heirateten; aber es sollten auch jährlich nicht mehr wie zwei Witwen geheiratet werden, denn sonst hätte sich bald eine Hausse in Meisterswitwen entwickelt. In Nürnberg erneuerte man 1800 eine alte Bestimmung aus den Jahren 1615 und 1624, nach der in vier Jahren nur zwei neue Meisterstellen entstehen durften. Alle zwei Jahre sollte ein Fremder oder ein Bürgerssohn, die keine Meisterstöchter heirateten, drankommen; in den folgenden zwei Jahren aber ein Geselle, der eine Meisterstochter heimführte. Da die Meisterssöhne und diejenigen, die eine Witwe ehelichten, keine Vermehrung der Meisterstellen verursachten, so blieben sie, wie „von altersher", an keine Zeit gebunden, wurden nach zwei- bis dreijähriger Wanderzeit sofort eingeschrieben und hatten auch ein Meisterstück weniger als die anderen zu machen. Und so war es in den meisten Städten Brauch: wer nicht durch die Geburt begünstigt war oder es verstand, mit seiner Person Glück zu machen, der mußte sich entweder auf Umwegen und mit Empfehlungen in die Meisterschaft schleichen, oder er blieb dauernd im Gesellenstand.

Trotz aller gegenteiligen Versicherungen der Zünfte sind sicher viele begabte Gesellen zum Schaden des ganzen Standes und des Publikums davon abgehalten worden, sich selbständig zu machen und Eigenes zu leisten, obwohl sie befähigter waren und es eher verdient hätten als viele schieberhaft veranlagte Opportunisten, die sich mit Meisterswitwen, die viel älter waren als sie, sozusagen prostituierten. Wir wollen hier beiläufig nur eins von den vielen Beispielen anführen, wozu dieses zwangsweise und streberhafte Witwenheiraten oft geführt hat. In den Akten des Münchner Kreisarchivs befindet sich das Gesuch eines gründlich hereingefallenen Gesellen an die Regierung, ihm zur Wiederaufrichtung seiner Existenz ein Darlehen zu bewilligen. Der augenscheinlich in seinem Handwerk und organisatorisch recht befähigte Mann schrieb im Jahre 1851: „Die Quelle meines getrübten Familien- und Gewerbestandes ist folgende, woraus sich zugleich der Grund heben läßt. Nach dem Tode des Schreinermeisters Theodor A., dahier, welcher fünf unversorgte Kinder hinterließ, trat ich bei dessen Witwe Franziska in der Sendlinger Landstraße als Geschäftsführer ein und wirkte als solcher während drei Jahren mit so gutem Erfolg, daß das Anwesen um 1800 Gulden Werth verbessert wurde und ich an den Passiven 400 Gulden abbezahlte. Ja, bei meinem Eintritt als Geschäftsführer der A.schen Werkstätte traf ich nicht einmal einen Holzvorrath und den unentbehrlichsten Werkzeug an; auch war damals nur ein Geselle beschäftigt, während ich alsbald beeifert war, den nötigen Holzvorrat und Werkzeug beizuschaffen und sogleich darauf sechs bis acht Gesellen beschäftigen konnte; gewiß ein deutlicher Beweis meiner umsichtsvollen Geschäftsleitung und Sparsamkeit. Am 12. Mai 1848 ehelichte ich die Witwe Franziska A. Ihre in der Folge geführte Vertraulichkeit mit einigen ihrer Gesellen und ihr Umgang mit denselben führte nur zu bald zu ehelichen Zwistigkeiten, und nach kaum einem Jahre wurden wir auf zwei Jahre von Tisch und Bett von der geistlichen Behörde getrennt, und ich verbunden, ihr eine monatliche Alimentation von 5 Gulden zu reichen. Als schlichter Bürger und Gewerbsmann konnte ich mich der hartnäckigsten und böswilligsten Verfolgungen meines treulosen Weibes gegenüber im Wege des Prozesses nicht genugsam schützen, um dem Ruin völlig zu entgehen usw."

Um den gegen Protektionslose offenkundig geübten Ungerechtigkeiten wenigstens einigermaßen vorzubeugen, behielt sich der Kurfürst von Brandenburg in seiner mehrfach erwähnten Polizeiordnung von 1688 vor, in geeigneten Fällen, die zur Kenntnis seiner Behörden gelangten, würdigen Gesellen von sich aus das Meisterrecht zu verleihen, sie zu sogenannten „Freimeistern" zu machen, die in allen Dingen den übrigen Meistern gleichgehalten werden sollten. Andere Behörden folgten ihm auf diesem Wege. In Cöln wurden 1742 dem Meister Mathias Maubach auf Veranlassung des Rates die Muthjahre erlassen und ihm erlaubt, mit drei Gesellen zu arbeiten. Die um ihre Brotkorb-Interessen besorgte Zunft protestierte heftig dagegen, weil diejenigen, die mit großen Kosten die Meisterschaft sich erworben hätten, kaum genügend Arbeit fänden. Ein anderer Fall ereignete sich 1797 ebenfalls in Cöln, und das bezügliche Dokument ist erhalten. Es lautet: „Octode, den 8. Vendemaire, 6ten Jahres, Donnerstag, den 19. Oktober 1797. Auf die von Michael Fuhrmann ohnlängst übergebene Vorstellung und darauff heute vom löbl. Syndicat erstatteten und verlesenen Bericht wird der besagte Fuhrmann, jedoch mit Vorbehalt seiner Fähigkeit und abzuführenden Zunftgebührnisse

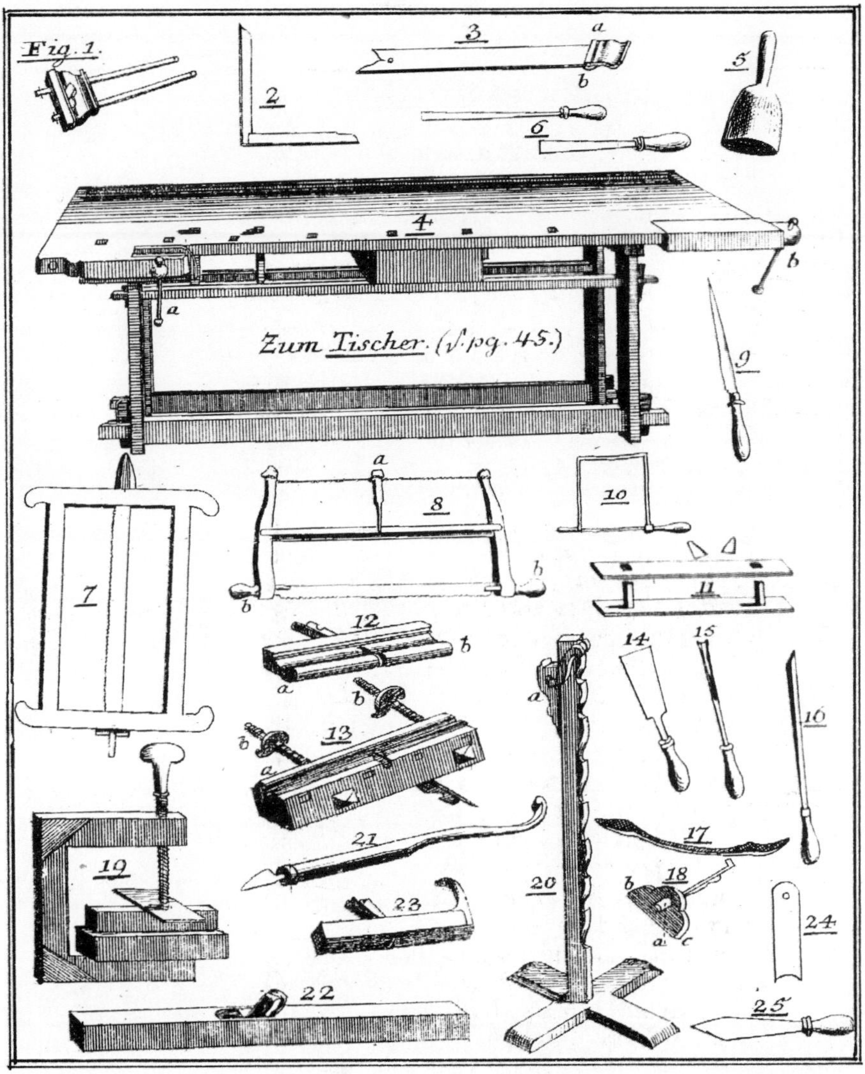

Kupferstich mit Werkzeugdarstellungen aus Johann Samuel Halle: Werkstätte der heutigen Künste oder die neue Kunsthistorie, 6 Bände, Brandenburg und Leipzig 1764.

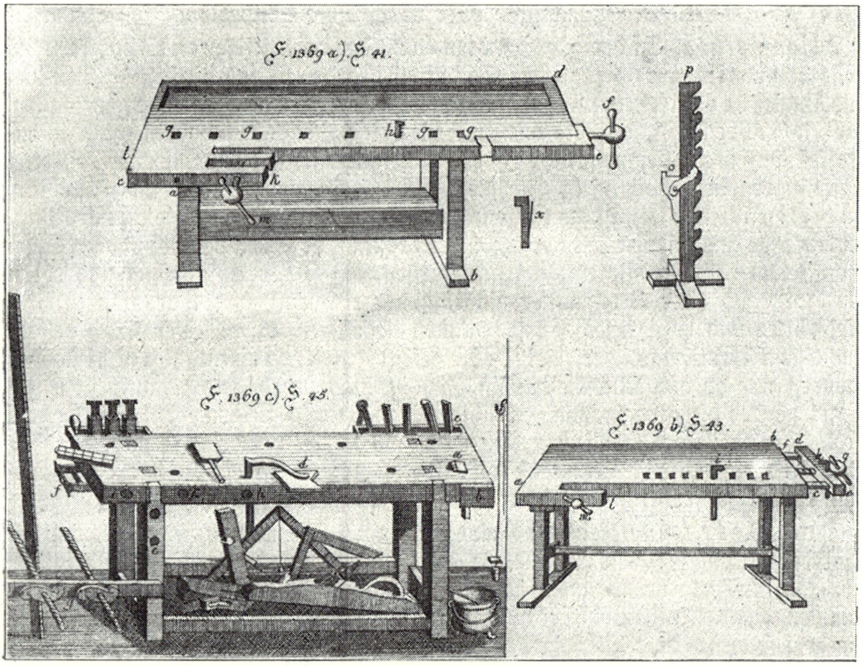

Hobelbank- und Werkzeugdarstellungen der Tischler aus Johann Georg Krünitz: Oekonomisch-Technologische Encyklopädie, Berlin 1774 – 1858, Band 24, um 1781.

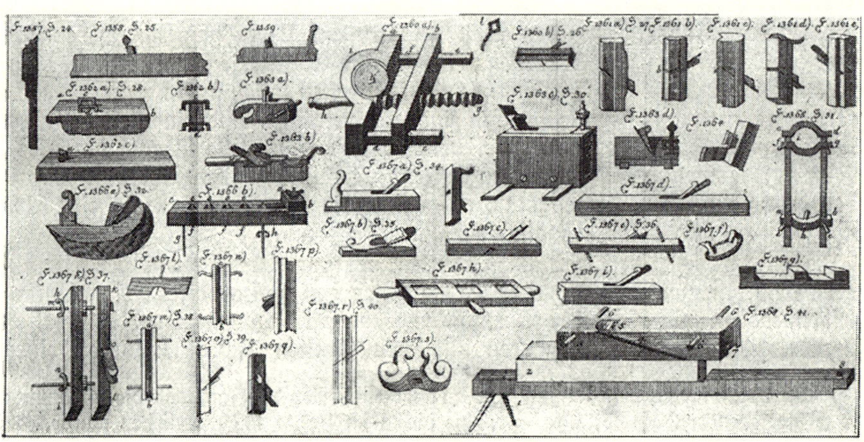

hiermit aus obrigkeitlicher Gewalt alls ein begünstigter oder sonst sogenannter Gnadenmeister ernannt.“ Fuhrmann hatte sich nicht zu den Muthjahren einschreiben lassen und war auch noch nicht lange genug Geselle; er scheint aber sehr begabt gewesen zu sein und rühmte sich dessen. Die Zunft fühlte sich durch seine Ernennung „auf das schändlichste beleidigt“, arbeitete wütend gegen ihn und beschlagnahmte sein Werkzeug, ohne aber endlich beim Rat Erfolg zu haben. Ein Meister, der scheinbar ebenfalls sehr begabte Jos. Steffen, dem wir an anderer Stelle (S. 203) wieder begegnen werden, wurde auf die qualitative Anerkennung Fuhrmanns eifersüchtig und schrieb an den Rat, er wollte diesen Freimeister zum öffentlichen Wettbewerb herausfordern. Bekanntlich sei „die Zeichenkunst die Seele des Schreinergewerbes“, und so sollte Fuhrmann einen beliebigen Riß machen, dem er, Steffen, einen besseren gegenüberstellen werde. „Wettstreite dieser Art werden in Republiken (Cöln gehörte derzeit zu Frankreich) immer geduldet und sogar befördert, sie vermehren den Gemeingeist und die Nachahmung, bringen den strittigen Gegenstand zu größerer Vollkommenheit, sind folglich für das gemeine Weesen von den vortheilhaftesten Folgen.“ Leider ging der Rat auf diesen Vorschlag nicht ein, vielleicht wollte er sein eigenes Urteil über Fuhrmanns Qualitäten grundsätzlich nicht in Frage stellen lassen.

Ähnlich ist die Verleihung des Meisterrechts für besondere Spezialitäten und Kunstzweige, zu deren Ausübung die Schreiner im allgemeinen gar nicht kommen konnten, zu beurteilen. In Augsburg hatte der Sohn eines Kistlers, der Geselle Johann Schifelin, nur das „zierlich Durchbrechen von Goldt, Sylber und Helffenbain“ gelernt und konnte natürlich, trotz seiner besonderen Kunstfertigkeit, das allgemein übliche Meisterstück, dessen Ausführung die Zunft 1617 von ihm verlangte, nicht machen. Darauf beschloß der Senat: „Hannß Schifelin soll nach gelegenheit der Sachen, das Gold, Silber und Helffenbain, mit dem laubseeglein zue schneiden, dergestallt zuegelassen werden, das er solches allain, ohne gesellen und lehrjung mit seiner eigenen Hand, ohne offenen laden, verrichten, Niemanden dasselbe lehren, das auch allain, und kaine in das Kistlerhandtwerckh gehörige Arbeit machen soll.“ Damit war ein Präzedenzfall geschaffen, und zwei Jahre später mußte einem anderen Meisterssohn, Thobias Hegelin, eine ähnliche Erlaubnis erteilt werden. Der Geselle Elias Seitz brachte 1642 eine dringende Empfehlung des angesehenen Kistlers Ulrich Baumgartner, seines ehemaligen Lehrherrn, bei und durfte, weil er körperlich gebrechlich war, ohne Meisterstück die „kleine, weiße Kistlerarbeit, neben dem Stechen in Elfenbein und Ebenholz“, ausüben, doch nur für seine Person; verboten war ihm „die schwarze Kistlerarbeit“, die an das Meisterstück gebunden bleiben sollte. In Frankfurt am Main wollte 1787 ein Geselle, ohne das Meisterstück gemacht zu haben, sich als Meister niederlassen und versprechen, sich auf Stühle, Armsessel, Sofas, Kanapees, Bergeren, „deren Art der Arbeit einerlei sei“, zu beschränken; er behauptete, die Schreinermeister hätten gar nicht die hierfür notwendigen Modelle und müßten gegebenenfalls solche Sachen auswärts bestellen, und die Bildhauer (!) hätten im ganzen Jahr nicht ein Dutzend Stühle zu stechen. Er hoffe, seinen Verdienst zu haben, besonders in neuerer Zeit,

„weil so vieles auf meublement bezügliches, sogar aus Modejournalen entlehnt und verwendet werde.“ Damit wollte er wohl sagen, daß ihm Vorlagen und Anregungen genug zu Gebote stehen würden; übrigens wäre kürzlich einem anderen Meister auf eigene Hand eine solche Lizenz für Klaviere verliehen worden. Sein Gesuch wurde zweimal abgelehnt.

Die Preußenkönige sorgten immer zuerst für ihre Soldaten. Im 18. Jahrhundert durften Soldaten, „so in würcklichen Diensten stehen, und das Tischlerhandwerck gelernet, aber keine eigenen Häuser haben, und die Innung nicht gewonnen“, nur als Gesellen bei den Meistern arbeiten; dagegen war es „denen abgedanckten, blessierten und invaliden Soldaten“ nach dem Kriege gestattet, sich als Meister auf eigene Hand ohne Gesellen und Lehrlinge „ehrlich zu ernähren“, auch wenn sie nicht zur Innung gehörten. Selbstverständlich war da auch von Muthjahren und Meisterstück nicht mehr die Rede[1]).

Während die Cölner Meister, wie wir vorher gesehen haben, eifersüchtig das Aufkommen eines geschickten Gnadenmeisters bekämpften, erlaubten sie, daß Gesellen schon nach einem Jahre Witwen heirateten und, wie die Söhne der verdienten Meister, nur das kleine Meisterstück machten.

Aus persönlichen oder wirtschaftlichen Gründen wurden an vielen Orten auch solche Gesellen zur Meisterschaft auf eigene Hand zugelassen, die eine derartige Bevorzugung nicht ihrer Kunstfertigkeit verdankten. In Riga mußten 1541 solche Meister, die nicht „genochafftig“ waren, d. h. nicht das konnten, für das sie sich ausgaben, ferner „unbesittlick“ (besitzlos?) und ohne „echte“ Frauen waren, sich einen Meister wählen, der sie „verbiddet“ (vertrat) und im Interesse der Besteller ihre Arbeit prüfte, „dat synen kopmanne voll und genoch geschehe nach der vereinbarung“; ohne ihrer Aufsichtsmeister Hilfe und Erlaubnis durften diese Meister zweiten Grades keine Lehrlinge und Gesellen halten. Auch in Hamburg kannte man diese Meister auf eigene Hand, und sie waren auch hier sehr schlecht angesehen. Nach der Schnitker-Ordnung von 1590 durften die rechten Meister und Gesellen mit solchen „ingebedenen Böhnhasen“, denen erlaubt worden war, auf ihre eigene Hand zu arbeiten, keinerlei „Conversation“ oder Gemeinschaft pflegen. In Heidelberg machte man 1765 den Unterschied zwischen „gestückten“ und „ungestückten“, in Cöln zwischen „verdienten“ und „unverdienten“ Meistern. In Frankfurt am Main wurde den Gesellen 1761 ausdrücklich erklärt, daß die Erlangung des Bürgerrechts noch keineswegs das Recht, auf eigene Hand arbeiten zu dürfen, in sich schließe, hierfür vielmehr die Erlangung des Meisterrechts die Vorbedingung bleiben müsse. In Würzburg protestierte 1748 die Zunft dagegen, daß ein „Mühlarzt“ — so wurden die im Lande umherziehenden Zimmerleute, die Mühlen bauten, genannt — das Meisterrecht ihres Handwerks beanspruchte, natürlich ohne die Prüfung ablegen zu wollen. Der Rat in Basel verfügte 1804, daß solchen mit Bürgerrecht versehenen Personen, die für eigene Rechnung ein Handwerk betrieben, nach vier Wochen alles (wohl unberechtigt angenommene) Gesinde niedergelegt werden sollte.

[1]) Voigt a. a. O., S. 333.

Leider kam es oft vor, daß die Zünfte die Not der Gesellen, die nicht zum Meisterrecht gelangen konnten, weil man die Zulassung so sehr beschränkt hatte, sich auch noch materiell zunutze machten. Die Frankfurter Schreinerzunft z. B. befand sich, wie oft (vgl. S. 255), so auch im Jahre 1781 in großen Schulden. Ein reicher Geselle bot ihr 300 Gulden, wenn sie ihm ohne Meisterprüfung das Meisterrecht verliehe; sie schämte sich nicht, dies unwürdige Anerbieten anzunehmen, wobei sie bemerkte „citra consequentiam" (Nachahmung ausgeschlossen). Noch viel schamloser ging man in Cöln zu Werke. Dort war fast das ganze 18. Jahrhundert hindurch das Handwerk „gesperrt" (vgl. S. 184), weil man wegen Überfüllung und Arbeitsmangel keine neuen Meisterstellen schaffen wollte. Unter diesem Vorgeben beutete man die nach Selbständigkeit verlangenden Gesellen in gründlichster Weise aus, indem man ihnen gegen hohe Gebühren das Meisterrecht ohne Muthjahre und Meisterstück verkaufte, und in solchen Fällen fragte man dann nicht mehr nach der Überfüllung des Handwerks, wenn das Geld nur in der Lade oder gar in der Tasche der Vorgeher klang. Im Jahre 1743 scheint, wenn nicht etwa frühere Akten verlorengegangen sind, der Unfug begonnen zu haben. Da bot ein Geselle dem Amt eine Abfindungssumme von 130 Reichstalern, aber es war ihnen „zu wenig". 1747 sollte ein Geselle das Meisterstück, einen Schrank, machen; da er aber bisher ausschließlich Deckel von Chaisen und Wagen gearbeitet hatte, war ihm das nicht möglich. Er durfte sich deshalb mit 140 Reichstalern loskaufen, und der Rat bestätigte offiziell diesen Kuhhandel. Der Satz von 140 Reichstalern scheint von da an der Mindestsatz zu sein, für den man aber nicht etwa nur die kleine „unverdiente", sondern die volle, rechte „verdiente" Meisterschaft, mit der Berechtigung, Gesellen und Lehrlinge zu halten, haben konnte. Das geht aus folgendem Gesuch hervor. Ein Geselle hatte 1754 nicht das Geld zur „ganzen" Meisterschaft und bot deshalb zunächst 40 Reichstaler bar für die „halbe" Meisterschaft, das heißt für die Berechtigung, für sich allein zu arbeiten; er wollte dann jährlich 10 Reichstaler abtragen, bis die „ganze" Meisterschaft bezahlt wäre. Je nach der Persönlichkeit der Meister, die das Vorgeheramt innehatten, kam auch hin und wieder eine ehrliche Periode dazwischen, wie etwa von 1760 bis 1764. Solche ehrlichen Vorgeher verdarben aber damit den Nachfolgern, die die früheren Preise nicht mehr erzielen konnten, das „Geschäft". Die Zunft klagte 1764, daß zu vielen Stümpern ohne das Stück die Meisterschaft bewilligt werde und noch dazu für ein Stück Geld: „weit unter die allergeringste Summ!". Die Genehmigung wurde von jetzt an für solche Meisterrechte scheinbar immer vom Rat erteilt, aber das Geld fiel der Zunft anheim. Sie beschwerte sich 1765, daß in kurzer Zeit wieder drei Gesellen zu Meistern gemacht worden wären ohne Prüfung; sie könnte solche Meister aber nicht für 105 Reichstaler annehmen, man müßte 160 bis 170 Reichstaler verlangen, „damit die Gesellen abgeschreckt würden". Im Jahre 1766 konnte man nämlich auch solche gutzahlenden Meister nicht mehr unterbringen, weil das Amt gar zu sehr überfüllt war. Ein Geselle beschwerte sich 1768, daß das Meisterstück in einem altmodischen Schrank bestände, an dem man drei Monate arbeiten müßte mit einem Kostenaufwand von 50 bis 60 Reichstalern, wofür man aber beim Verkauf nur 20 Reichstaler wiederbekäme; die „Befreiung“ vom Meisterstück würde auch immer teurer, denn anfänglich hätte sie nur 60 bis 90 Reichstaler, dann 100 bis 120 Reichstaler gekostet, und jetzt verlange man gar 160 Reichstaler dafür. Als sich die Zunft mit einigen Gesellen wegen der Gebühren herumstritt, setzte der Rat den Kaufpreis auf 70 Reichstaler fest, denn die verlangte Summe von 138 Reichstalern sei „exorbitant“. Übrigens waren gerade die ohne Meisterstück angenommenen Meister später die schlimmsten in solchen Geldforderungen. Auf die Beschwerde eines Teils der Meister wurde 1774 die Verleihung des Rechts gegen Bezahlung überhaupt verboten. Die Zunft berichtete dem Rat, daß die zuletzt aufgenommenen Meister alle das Meisterstück gemacht hätten und bat (es waren nämlich wieder einmal rechtschaffene Leute im Vorstand), es auch künftig so zu lassen, damit das Publikum wieder Vertrauen gewönne. Aber schon vier Jahre später, nach Ablauf der Amtsperiode dieser Vorgeher, waren alle guten Vorsätze wieder in den Wind geschlagen, denn ein Geselle wurde sogar, ohne von sich aus einen Antrag gestellt zu haben, von den Meistern gefragt, „auf was Art er Meister werden wolle“. Er gab natürlich Geld, wurde aber von den Gaffelherren dafür dem Rat angezeigt. Der bessere Teil der Meisterschaft beschwerte sich, daß man einen Gesellen, dessen Meisterstück man hatte verwerfen müssen, trotzdem gegen Bezahlung von 13 Goldgulden zum Meister gemacht hätte; ferner hätten die Vorgeher, trotz des ergangenen Verbots, in sieben Monaten schon wieder drei Gesellen für Geld zu Meistern gemacht. Die Amtsmeister rechtfertigten sich mit der Behauptung, dem letzten dieser Gesellen sei von ihrem vorgesetzten Gaffelherrn selbst geraten worden, ihnen 100 Reichstaler anzubieten. Der Rat zog nun aber ernste Seiten auf, indem er die Zunft zur Rückgabe dieses Geldes zwang, und die Werkstatt des zuletzt gemachten Meisters schloß. Wie es scheint, fälschten nun die Vorgeher diese Rückgabequittung und schoben die ihnen persönlich auferlegten hohen Strafen auf das Amt ab, — kurz, es war und blieb eine Jammerwirtschaft. Der Gaffelherr, der die Schreinerzunft beaufsichtigte, schrieb noch 1783 offiziell, das Amt ließe sich die Befreiung vom Meisterstück „tüchtig bezahlen“, es nähme dafür bis zu 185 Reichstaler, während ein Geselle bei der wirklichen Anfertigung des Meisterstücks im Verhältnis nur 75 bis 80 Reichstaler Unkosten hätte.

Die württembergische Landesherrschaft machte auch hierbei ihr Geschäft. Nach einer „Taxordnung“ des Jahres zahlte ein Geselle, der sein Meisterstück nicht machen konnte oder wollte, 12 Fl. und wurde für weitere 12 statt 4 fl. zur Ausübung seines Handwerks zugelassen.

Aber kehren wir von den Ausnahmen zurück zur Regel, zu den Gesellen, die auf ordentliche und ehrliche Weise ihr Meisterstück zu machen gesonnen waren. Sie hatten ihre Muthjahre am Orte richtig überstanden und waren an der Reihe, zum Meisterstück zugelassen zu werden. Nun hatten sie noch die letzten Formalitäten zu erfüllen. Die Augsburger Ordnung von 1550 sagt darüber im Artikel 18: „Item welcher die meisterstuck machen will, der soll sich anfengklich bey eines ersamen rats darzu verordneten meistern anzeigen und sie ersuchen, imi zuvergunnen, die meisterstuck machen zu lassen, welche ime aldann die stuck, wie sie oben vergriffen sein, anzaigen und fürhalten sollen." Die dazu verordneten Meister waren nach einer früheren Angabe die vier Schaumeister.

Nach der Übergabe der Maße usw. für das Stück war die zweite Sorge die Bestimmung des Ortes, an dem der Geselle es anzufertigen hatte, wobei die Möglichkeit der leichten und sicheren Kontrolle entscheidend war. In München war 1477 die Wahl freigelassen, ob der Geselle die Werkstatt eines der vier Schaumeister („Vierrat") oder die eines guten Freundes, „den er im hantwerch gehaben mag", sich aussuchen wollte. Sonst war meistens, z. B. in Lüneburg und Hamburg, die Werkstatt des Ältermannes dafür vorgesehen oder eine andere wurde angewiesen und mußte „in eines Unparteiischen Haus" sich befinden. Den Meisterssöhnen und Schwiegersöhnen war es in Augsburg und Straßburg gestattet, das Meisterstück bei Eltern, Schwiegereltern oder beim Schwager zu machen. Ob aber hier die fremde Hilfe so unbedingt ausgeschlossen war, mag dahingestellt bleiben.

Der Geselle mußte sein Werk gewissermaßen in Klausur anfertigen. In Würzburg wurde auf besonderen Antrag der Geschworenen 1595 der Ordnung ein Zusatz angefügt, nach dem es allen Meistern, ausgenommen den Schaumeistern, während der ganzen Zeit der Anfertigung des Stückes verboten war, die Werkstatt des Kandidaten überhaupt zu betreten. Es scheint da also oft vorgekommen zu sein, daß irgendein befreundeter Meister dem Gesellen gelegentlich eines solchen Besuches einen Rat erteilte, der die Selbständigkeit der Arbeit in Frage stellte. Demgemäß durften auch die Stückmeister während dieser Zeit sich nicht gegenseitig in der Werkstatt besuchen, damit sie nicht etwas abgucken oder vielleicht sich gegenseitig irgendwie übertrumpfen konnten. Die Ordnung von 1564 in Münster verlangte, daß das Meisterstück gemacht werde, „oen jenige hinderlistige oder bedrögliche todaet oder beholp"; also kam es auch vor, daß durch eine Zutat oder eine Materialfälschung ein Fehler verdeckt und das Auge des Prüfenden damit getäuscht werden sollte. Um jede Möglichkeit der Täuschung auszuschließen, verlangte die Ordnung von 1800 in Nürnberg, die meist eine Sammlung alter Bestimmungen darstellt, daß der Prüfling vor den Augen der Geschworenen das Holz zu seiner Arbeit zuschnitt, „damit aller Argwohn verhütet werde". Damit war aber die fremde Mithilfe keineswegs ausgeschlossen, wie aus einer Frankfurter Bestimmung von 1589 hervorgeht, denn gerade bei den späteren Zutaten, „es sey gleich viel oder wenig zyrath", konnte die fremde Hand am wenigsten entdeckt werden. Als sich in Augsburg im Jahre 1602 ein Geselle eingestandermaßen beim Meisterstück hatte helfen lassen, aber, wie er behauptete, „nur beim Leimen", da wurde ihm das Halten von Gesellen für Tischlerarbeit auf zwei Jahre bei jedesmaliger Strafe von 4 Gulden verboten; aber die Entscheidung erfolgte eigentlich nicht nach Zunftrecht, denn bei dieser Gelegenheit stellte sich heraus, daß die Ordnung für solche Fälle gar keine Strafbestimmungen enthielt. Das war eigentlich ein gutes Zeichen dafür, daß in Augsburg wenig Übertretungen vorkamen; vielleicht wurden sie auch nur deshalb weniger entdeckt, weil ja die Gesellen die Freiheit hatten, sich ihren „Beiständer aus der Meisterschaft", das heißt denjenigen Meister, bei dem sie das Stück ausführen wollten, selbst zu wählen. Als die

Zunftsitten allmählich verwilderten, mag es den Behörden wohl klargeworden sein, daß diese Freiheit sich nicht aufrechterhalten ließ; sie wurde 1694 „aus vorgekommenen Ursachen“ aufgehoben, und es wurde den Gesellen der „Beiständer“ aus den zehn ältesten Zunftmeistern bestimmt. Jede Hilfe wurde nun sehr streng verboten, auch der Besuch von Meistern und Gesellen in der Werkstatt der Stückmeister, bei Strafe von 1,30 Fl. für die Meister und 1 Fl. für die Gesellen und die Stückmeister selbst. Man war aber dennoch mehr oder weniger auf Treu und Glauben angewiesen, und in Straßburg 1544 und Nürnberg-Land 1752 ließ man die angehenden Meister einen leiblichen Eid schwören, daß sie das Stück ganz allein verfertigt hätten. Geriet ein Geselle in Verdacht, so mußte er sich nach dem Brandenburger Edikt von 1723 vor dem Magistrat „eydlich purgieren“. Betrügereien kamen aber dennoch vor. Sehr häßliche Begleitumstände deckte im Jahre 1698 ein Prozeß in Frankfurt am Main auf. Dort hatte sich ein Geselle von einem Meister beim Stück helfen lassen, der dafür, unter ständiger Bedrohung mit einer Anzeige, jahrelange kostenlose Arbeitsleistungen von ihm erpreßte. Als schließlich der junge Meister sich nicht mehr zu helfen wußte und die Arbeit verweigerte, zeigte der Ältere ihn tatsächlich an. Der junge Meister wurde bestraft, war aber nun doch seinen Ausbeuter losgeworden.

Bevor man den Stückmeister seine Arbeit im Material beginnen ließ, verlangte man in Augsburg von 1575 an eine zeichnerische Probe, von deren Ausfall es abhing, ob man ihn zur weiteren Prüfung zuließ oder nicht. Er mußte also bei den Geschworenen „ainen Kasten, auß rechter Khunst und Artt, wie er willens ist, denselben zu machen, auffreyßen, damit man sehen mege, ob er solcher arbaitt khinde vorsteen oder nit. Er soll auch, solcher Visierung gemäß, den grundt darzue gleichfalls aufreyßen. Würdt er alßdann durch die geschwornen maister erfunden, daß er solches werckh verstendig, so soll ime solches zumachen zugelassen werden“. 1669 wurde, wegen mangelhafter Schau der Stücke durch die Schaumeister, in Augsburg folgende Bestimmung gegeben: Es mußte ein Maßstab aus Holz oder Rissen, nach dem der Stückmeister arbeiten sollte und kontrolliert werden konnte, gemacht werden, den Vorgehern, die von nun mit den Schaumeistern prüfen mußten, in den Händen gelassen werden. Wer die Risse so schlecht machte, daß „darin garkhein Verstandt zu verspühren“, wurde für ¼ Jahr zurückgestellt. Auch in Frankfurt am Main beschloß man 1589 die Einführung einer ähnlichen Methode. Dem Prüfling wurde das Maß auf der Zunftstube mitgeteilt, und er mußte dann „das Maß und Theilung auf sein reißbredt auftragen oder reißen“. Bei dieser Art des Entwurfs mußte er nun bei der Ausführung bleiben. Wenn aber ein Geselle „nit gnugsam mit dem aufreißen dartun“ konnte, so wurde er ein Vierteljahr zurückgestellt. Der Prüfling wurde mit dem Maß durchaus überrascht, und man ging mit der Vorsicht gar so weit, keinem neuen Bewerber das Maß mitzuteilen, solange ein anderer noch an dem Stück arbeitete.

Da während der Zeit der Herstellung des Meisterstücks der Geselle meist ganz auf seine eigenen Kosten leben mußte und erst nach dessen Vollendung mit seiner Braut die Ehe schließen durfte, so lag es in seinem eigenen Interesse, schnell damit fertig zu werden, abgesehen davon, daß ihm solche Handfertigkeit Ansehen bei seinen Genossen einbrachte. Aber gerade die materielle Seite wurde oft auch ein Hindernis für die schnelle Herstellung, denn nicht jeder Geselle hatte so viel Geld, um sich die ganze Zeit über Wasser zu halten, hatten doch die vorher erlegten Gebühren und die Anschaffung des Materials schon ein großes Loch in seinen Geldbeutel gerissen, und außerdem durfte man sich doch auch später bei der Bewirtung der Meister nicht lumpen lassen. So nahmen viele Gesellen währenddessen noch fremde Arbeit an, was in Frankfurt 1589 ausdrücklich verboten wurde; dagegen war es den überall bevorzugten Verlobten der Meisterswitwen, zum Beispiel in Augsburg 1601, erlaubt, in dieser Zeit sogar Gesellen zu halten, — eine harte, wirtschaftliche Ungerechtigkeit. Aber auch durch Unfähigkeit und Bummelei wurde das Meisterstück oft verschleppt, und deshalb setzten manche Ordnungen ganz bestimmte Zeiten für die Herstellung fest. In Würzburg war im Nachtrag zur Ordnung von 1543 30 Jahre später „aus angezeigten Ursachen" die Zeit für die Herstellung der zwei Meisterstücke, eines Schreibtisches und einer Truhe, auf ein Jahr bemessen; für jede Woche der verspäteten Vollendung mußte der Prüfling dem Rat und dem Handwerk je einen halben Gulden zahlen, und außerdem durften ihm keine Gesellen zugewiesen werden. In Staßfurt wurde ein Schreiner 1680 so mit 10 Gulden bestraft, wobei außerdem sein Meisterstück noch als mangehaft bezeichnet worden war. Die Frankfurter bemaßen 1589 die Frist auf 16 Wochen für einen schönen Gewandkasten oder auf ein Vierteljahr für drei leichte Meisterstücke: Kleidertruhe, Fensterrahmen und Brettspiel zusammen; 1788 war nur allgemein von einer Frist von 16 bis 20 Wochen, aber auch von einer Geldstrafe die Rede. In Augsburg 1593 bewilligte man drei Vierteljahre, verlangte aber für jede Woche der Überschreitung 1 Gulden in die Ratsbüchse. Ausnahmen waren vorgesehen in Augsburg: „ußer verhinderung Gottes gewalts", und in Würzburg: „Leibs schwacheit". In Zürich hatte 1787 ein Geselle über zwei Jahre an dem Stück gearbeitet und beschwerte sich auch noch, als er dafür bestraft werden sollte; es scheinen Milderungsgründe vorgelegen zu haben, denn die Strafe wurde auf die Hälfte ermäßigt. Auffällig kurz war die Frist für die Nürnberger Landmeister 1752 bemessen. Sie hatten einen Fensterrahmen und einen Ausziehtisch zu machen „binnen vier Wochen". Es ist anzunehmen, daß dies eher der Termin war, innerhalb dessen sich der zugelassene Geselle zum Beginnen des Stücks bereitmachen mußte, denn die Stadtmeister hatten um 1800 für zwei Stücke, nämlich für einen Fensterrahmen und einen Kasten, sechs Monate, für das dritte Stück, einem Brettspiel, sogar sieben Monate Zeit.

Wer die Probe nicht bestand, mußte sie nach einer angemessenen Frist wiederholen. „We overst sodane dree stucke werkes nicht konde unstraflich maken, de scal dusses hantwerkes geweygert bliven, to Lunborch synes suves to werdende, so lange he dat unstraflich kan maken." (Lüneburg 1498 und 1524.) Eine Bestimmung, wann die Wiederholung stattzufinden hatte, war hier nicht gegeben, sie fehlte auch in Lübeck 1508 und in Hamburg 1515, wonach es also den Alterleuten anheimgestellt war, wann sie den Gesellen wieder zulassen wollten. Die Münchener ließen seit 1477 den nicht genügenden

Gesellen noch ein Jahr „lernen“, und dann mußte er dasjenige der drei Stücke wiederholen, mit dem er „fällig“ geworden war. Auch in Riga und Essen stellte man sie ein ganzes Jahr zurück, während man in Straßburg 1617, wo man wenigstens auf dem Papier, um nach außen Vertrauen zu gewinnen, sehr streng sich zu gebärden liebte, verschärfte Bestimmungen für den ersten, zweiten und dritten Durchfall, und zwar auf ein, zwei und drei bis fünf Jahre festsetzte — ein schlimmes Zeichen dafür, wie man dort seine Lehrlinge und Gesellen auszubilden pflegte, oder welches Gesellenmaterial sich dort zur Prüfung zu stellen wagte. Übrigens war es in Frankfurt am Main, wie wir schon mehrfach gesehen haben, mit dem Handwerk auch nicht besser bestellt, denn hier scheint ebenfalls eine dreimalige Wiederholung nicht zu den Seltenheiten gehört zu haben; bei Einführung des Meisterstückes hatte man nur eine einmalige Zurückstellung von einem Vierteljahr vorgesehen, aber schon 1629 finden wir eine zweite Wiederholungsfrist von einem haben Jahr und eine dritte von einem ganzen Jahr.

Die P r ü f u n g d e r M e i s t e r s t ü c k e wurde mit einer gewissen Feierlichkeit vorgenommen. In Augsburg 1519 mußte der Geselle die vier Geschaumeister „uff ain stund“ bitten, sein Werk „unverhindert zu geschawen“; war von diesen einer verhindert, so durfte er sich mit Zustimmung des Zunftmeisters bei dem Akt vertreten lassen. Wenn die vier Geschaumeister nun zusammengekommen waren, so erhielten sie zunächst jeder einen halben Gulden für ihre Mühe, um dann die Prüfung zu beginnen: „treulich on geverde“, wozu sie durch einen vor den Zunftmeistern und dem ganzen Handwerk abgelegten Eid verpflichtet waren. Diese ganz besonders eindringliche Erinnerung an ihre moralische Verpflichtung läßt den Verdacht aufkommen, als ob nicht immer alles ganz ordentlich zugegangen wäre, und die Meister sich etwa durch besondere Spenden hätten beeinflussen lassen. 1669 wurde sogar vom Senat verfügt, daß künftig die Vorgeher immer mit den vier Schaumeistern, die ihres Amtes nicht zuverlässig gewaltet hatten, gehen müßten. Mit dem Meisterkandidaten mußte über sein Stück stets ein Protokoll aufgenommen und das Resultat in ein Buch eingetragen werden. Die brauchbaren Stücke sollten vorn mit dem Wort „guett“ gestempelt werden, und die Schaumeister sollten sehr streng vorgehen und sich bei den Vorgehern stets Rat einholen, damit dem ohnedies sehr übersetzten Handwerk keine ungeschickten Meister zugeführt würden. Die bisher üblichen drei Mahlzeiten der Schaumeister bei der Meisterschau wurden abgeschafft, und sie bekamen von nun an für ihre Mühewaltung jeder bei jeder Schau 45 Kreuzer. — Die Hamburger Schaumeister hatten 1515 darauf zu sehen, daß die Stücke „Koopmannswahre“ wäre, womit wohl gesagt werden sollte, daß die Arbeiten nicht nur äußere Merkmale der Kunstfertigkeit tragen, sondern auch einen wirklichen Nutzwert haben müßten, denn der junge Meister sollte ja doch künftig nicht für sich, sondern für den öffentlichen Bedarf arbeiten können. Die Gesellen suchten sich während ihrer Arbeit oft schon einen Käufer für das noch im Entstehen begriffene Werk, durften es ihm aber nicht ausfolgen oder mußten es zurücknehmen und außerdem dem Rat und den Amtsmeistern eine Strafe zahlen, wenn es von den letzteren bei der Besichtigung nicht „aufrechtlich" (gut), vielmehr mit „Orten" (Fehlern) behaftet befunden worden war. — So war es in der Cölner Ordnung von 1527 vorgesehen. In einer Korrespondenz beriefen sich die Cölner Meister 1579 auf das ihnen zustehende Recht, „das Meisterstück zu verlangen, dermaßen zu machen, daß es ein bestendigh, auffrichtigh und tuchentsam Werk sey, darüber die Amtsmeister acht Mann, nachdem sie daselbst woll examinieret, auseinander gethan und binnen und baußen besichtigt, bei ihren Eiden alsdann darüber erkennen und ertheilen daselbst wie oblaut von auffrichtigh Werk". — Als man sich in Straßburg 1544 endlich zur Einführung eines Meisterstückes entschloß, um das Handwerk wieder etwas zu Ehren zu bringen, da schrieb man in die Ordnung: „Dweil dann obgemeltte Meisterstück nichts fruchtbarlichs pringen mogen, man hab dann ettliche, die sich deren versteen und die jungen Meister vleißig verheren, verordnet"; also sollten künftig drei Schaumeister erwählt werden, die einen leiblichen Eid schwören mußten und nicht mehr Gebühren als jeder einen Batzen nehmen durften. Ob unter dem „vleißig verheren" (verhören) schon eine Art von mündlicher Prüfung, wie sie in späteren Jahrhunderten eingeführt wurde, verstanden werden darf, erscheint zweifelhaft, weil keine Parallelstelle zu finden war. Auch das uns erhaltene „Meisterstück-Protokoll E. E. Handwercks frantzösischer Schreinere, Straßburg 1729 bis 1780" enthält nichts darüber.

Dies Protokollbuch enthält aber sonst allerhand Interessantes. Bevor wir seinen Inhalt besprechen, wollen wir kurz auf die Entstehungsgeschichte dieses Handwerks der französischen Schreiner in Straßburg eingehen. Polaczek[1]) berichtet, daß sehr bald nach dem Übergang Straßburgs an Frankreich, also in den achtziger Jahren des 17. Jahrhunderts, sehr zahlreiche französische Schreiner in die Stadt gekommen und hauptsächlich bei der Neugestaltung des Chores im Münster beschäftigt worden wären, wozu die katholische Geistlichkeit die in der Hauptzahl der evangelischen Religion angehörenden deutschen Meister nicht hatte verwenden wollen. Diese französischen Meister weigerten sich grundsätzlich, ein Meisterstück zu machen, und meistens wurde ihnen tatsächlich das Meisterrecht und die Berechtigung, Gesellen zu halten, auch ohne die zünftige Prüfung gewährt; freilich wurden sie von den erzürnten deutschen Meistern nicht in die Zunft aufgenommen, in deren Akten immer häufiger von den französischen Pfuschern geredet wurde. „Im Jahre 1698 wird einmal die grundsätzliche Entscheidung getroffen, daß diejenigen, die wirklich Schreiner sind, auch dazu anzuhalten seien, daß sie das Meisterstück machen; daß man aber den Pfuschern das Handwerkszeug wegnehmen solle. Da bringen eines Tages vier französische Schreiner eine Bittschrift ein: Sie hätten sich resolviert (entschlossen), das Meisterstück zu machen. Weilen sie aber besorgt, wann sie das Meisterstück nach französischer Manier, wie es in allen Städten des Königreichs Frankreich gebräuchlich, zu machen, man sie zur Anfertigung eines andern nach teutscher Gewohnheit anhalten würde, welches nicht allein eine doppelte

---

[1]) E. Polaczek, Das Handwerk der französischen Schreiner der Stadt Straßburg, Elsässische Monatsschrift für Geschichte und Volkskunde, I. Jahrgang, Heft 6.

Arbeit, sondern ihren Ruin herbeiführen würde, so böten sie an, statt dessen an einem schönen Altar zur Ehre Gottes in einer Kirche, welche man ihnen nennen wird, auf ihre Kosten und ein jeder von ihnen absonderlich, das ihm daran zu machen vorgeschriebene Stück zu verfertigen und beschauen zu lassen. — Die Meisterschaft sträubt sich. Der Syndikus, als Vertreter der Staatsgewalt, tritt jedoch für die Franzosen ein: Es sei auf Seiten der hiesigen Meister nichts als Opiniatrität, um die Franzosen aus der Stadt zu treiben. — Nach einigem Hin und Her wird unter dem Druck der hohen Obrigkeit beschlossen, den Franzosen die Anfertigung des angebotenen Altars als Meisterstück zu gestatten. Dieser Beschluß wird Ende 1698 gefaßt, aber 1699 vergeht, 1700 vergeht, der Altar, der für das Münster bestimmt worden ist, ist immer noch nicht fertig, trotz Mahnungen und Drohungen, in die auch von den Deputierten des hohen Chores des Münsters eingestimmt wird. Endlich, im April 1701, sind die Franzosen so weit, ihr Meisterstück zur Schau zu präsentieren und um Aufnahme in das Korps zu bitten. Nun aber sagt die alte Meisterschaft ein deutliches Nein: „Wir können das nicht, weil auf diesen Fall, wenn wir jemanden aufnehmen, der nicht das Meisterstück nach Vorschrift gemacht hat, unsere Kinder und Gesind im Reich nicht würden passiert, und weil keine Gesellen von draußen zu uns kommen würden. Und außerdem: zwei von acht Franzosen hätten gar nichts am Altar gearbeitet; andere hätten wieder durch Dritte ihren Anteil an der Arbeit verrichten lassen. Nur drei hätten wirklich ihre Arbeit getan. Darum sei es besser, wenn die Franzosen außerhalb der alten Meisterschaft blieben und eine besondere Confrérie, eine eigene Maitrisie gründeten."

Am 3. September 1703 wurde denn auch eine französische Übersetzung der alten deutschen Straßburger Schreinerordnung vom 7. November 1617 den Franzosen verliehen „à observer pour le Corps des Menusiers de Strasbourg". Aber, wie Polaczek berichtet, „die hohen Herren von der Verwaltung, der Prätor, der Intendant, der Marechal du Bourg kümmern sich freilich nicht allzusehr um sie, sondern protegieren nach ihrem Belieben die Unzünftigen. Es ist possierlich, zu verfolgen, wie ein nichtzünftiger Schreiner, Jean Gautier, der für die vornehmen Herren arbeitet, die (französischen) Zunftmeister an der Nase herumführt, von Monat zu Monat sein Meisterstück zu liefern verspricht, und es doch nicht liefert; und trotzdem getraut sich die französische Meisterschaft nicht, über Drohungen hinaus mit ernsthaften Strafen gegen ihn vorzugehen."

Sehen wir uns nun das Meisterstücksprotokollbuch der französischen Schreiner, das übrigens stets in deutscher Sprache geführt wurde (!), näher an. Die erste Eintragung 1729 betrifft einen französischen Gesellen, dem der Rat als Probearbeit eine „Berlin" (den Kasten einer Kutsche) aufgegeben hatte. Die Meister sagten, sie könnten das vorliegende Werk nur „vor eine ordinary Berlin" nehmen. Die Maße seien nicht eingehalten, die Türen nicht „just"; wenn gewöhnliche Maße gegeben worden wären, hätten sie noch manches zu tadeln. Über die Würdigkeit dieses Kandidaten sprachen sie sich gar nicht aus. Nach fünf Jahren wurde das nächste Stück, das Werk eines Deutschen geprüft, ein halber Kasten aus eichen Holz, das als ohne Tadel und Fehler befunden wurde, weswegen auch der Geselle „vor einem vollkommenen Meister auf und angenommen werden soll". Die dritte Prüfung fand 1738 statt und betraf wieder einen Deutschen. An seiner Arbeit waren sechs Ausstellungen zu machen: „1. Ist der Kasten umb ½ Zoll nicht tief genug; 2. ist die Ruckwand bucklecht; 3. sind die Fries an der vorderen Beylaster schmähler als die hintern; 4. ist das Fuesgesims umb 2 Zoll zu stark; 5. die Blatt vom Capitell ist zu schmahl und die Capitell sind zu weit ausgeladen; 6. die obern Fries seind umb zwo Linien zu viel ausgeladen." Trotz dieser Fehler seiner Arbeit wurde auch dieser Geselle „vor einen vollkommenen Meister geachtet". (Diese Formel wiederholte sich meist bei der Aufnahme.) 1739 wurden zwei Gesellen, wieder zwei deutsche, zu Meistern gemacht und ihre Arbeiten milde kritisiert; bei der einen hieß es: „die Rundungen an denen Thüren seindt zu eng", bei der anderen: „die Rückwand ist etwas schepp". Auch 1740 waren es zwei Deutsche, die aufgenommen wurden. Dem ersten wurde die Würde mit nur ganz geringen Ausstellungen verliehen, dem zweiten aber ging es nicht so gut, denn an seiner Arbeit wurden nicht weniger als 14 Fehler entdeckt und mit harten Worten angekreidet: „an der Schublad ist das vordere Stück zu schwach und unfleißig zusammengemacht" oder „das Stäbel an den Köhlstößen auf den Seithen ist ungleich und unfleißig zusammengemacht" und „die Rückwand ist nur gezwircht". Das Endergebnis war folgendes: „Erkandt, er soll die erste drey Jahr nur mit zween Gesellen arbeithen; anbey, weilen er die Meisterrisse verderbt, soll er einen andern machen, oder 3 Gulden dafür zahlen." — In diesem Jahre wurde auf Bitten der Meister den Schaumeistern befohlen, bei der Prüfung strenger als bisher zu verfahren, und vielleicht ist die vorstehende Prüfung schon nach dem neuen Maßstab ausgefallen. Die den Anforderungen nicht genügenden Gesellen wurden nun ein oder mehrere Jahre zurückgestellt, und das bisher „gar gelind und leichte Meisterstück" erschwert. Ferner mußten die Gesellen, denen seither keine Gebühren abgenommen worden waren, jetzt 16 Livres in die Lade zahlen, und statt einer zweijährigen Muthzeit jetzt eine vierjährige nachweisen[1]). Da in die Zunft der französischen Meister, augenscheinlich vom französischen Stil angezogen, bisher fast nur Deutsche eingetreten waren („unter den 47 Gesellen, über deren Meisterstück berichtet wird, sind im ganzen nur 10 mit französisch klingenden Namen, und darunter sogar nur ein frisch aus Frankreich zugewanderter"), so durften die Franzosen ihrem eigenen Wunsch gemäß von 1739 an nur noch solche Gesellen und Stückmeister annehmen, die Franzosen waren oder bei solchen gelernt hatten; der Tonfall muß auf das Wort „oder" gelegt werden, denn die Namen blieben nach wie vor fast ausschließlich deutsch. Das ist auffällig, und die deutsche Meisterschaft bezeichnete es mit Recht als unlogisch, daß die meist nicht einmal aus dem Elsaß, sondern aus dem Deutschen Reich stammenden deutschen Gesellen später sich selbst als französische Meister bezeichneten. Polaczek wirft die Frage auf, ob der Zulauf zur französischen Meisterschaft, unter der das deutsche Handwerk schwer zu leiden hatte, darauf zurückzuführen sei, daß es meist katholische Gesellen waren, die zu den katholischen (französischen) Meistern wollten, während unter den 60 deutschen Meistern

---

[1]) Polaczek a. a. O., S. 325.

nur fünf dem katholischen, die übrigen aber alle dem evangelischen Bekenntnis angehörten; er neigt aber, und sicher mit Recht, scheinbar mehr der Auffassung zu, daß diese Erscheinung eher dadurch zu erklären sei, daß die ansässigen deutschen Meister bis weit ins 18. Jahrhundert an der ihnen überlieferten deutschen Renaissance mit barocker Nuancierung festhielten, während die „Franzosen" den geänderten Geschmack der Zeit (Louis XIV. oder Régence) vertraten. Die angehenden Meister wollten eben das können und arbeiten, was die wachsende Mehrzahl der Käufer verlangte, und tatsächlich hat einmal ein Kandidat, den die Deutschen für sich reklamieren wollten, geantwortet, er verstehe die deutsche Arbeit nicht, sondern nur die französische, das heißt, er wollte nur die französische Arbeit verstehen, obwohl er in Coblenz gelernt hatte. Einmal wollten die französischen Meister einen aus Danzig stammenden Gesellen gar nicht haben, denn sie zogen nur solche Gesellen zu sich, die schon bei französischen Meistern, also in dem neuen Stil, gearbeitet hatten. Der Danziger mußte sich die Aufnahme erst erzwingen, indem er „ihnen auf den Kopf zusagte, sie seien, mit Ausnahme von dreien, auch geborene Deutsche und hätten nur deutsche Gesellen". Er war ein Katholik und setzte es durch, daß eine von ihm in der Laurentius-Kapelle verfertigte Arbeit als Meisterprobe geprüft wurde. Die Prüfung fiel sehr zu seinen Ungunsten aus. Das Protokoll besagt darüber: „Die Pfeiler unter der Cantzel ist die Füllung daran zwey Zoll außm Müttel und seyndt die Frieß von fünf Stücken zusammen geleimt; infolglich muß der Pfeiler völlig verändert werden und die Frieß mit 22 Stücken zu leimen, der Pfeiler soll ganz rund auslaufen; die gantze Arbeit ist von ästigem Holtz." Der Geselle solle die Arbeit nach Verbesserung der im ganzen elf Fehler nach zwei Monaten wieder besichtigen lassen, dürfte aber „ex gratia" schon während dieser Zeit einen Gesellen beschäftigen, damit er „binnen einer solchen Zeit nicht an seiner Nahrung gehemmet werde". Hieraus, wie schon aus der Zulassung eines ganz aus der Ordnung liegenden Stückes als Meisterprobe kann man schließen, daß dieser Geselle einflußreiche Fürsprecher hatte. Er vertraut offensichtlich sehr auf sie, denn er gab sich nicht die Mühe, an dem Pfeiler viel zu ändern, der denn auch bei der zweiten Besichtigung als „sehr schlecht gemacht" befunden wurde. Trotzdem wurde er aufgenommen, allerdings mit der Einschränkung, daß er im ersten Jahre nur zwei Gesellen, aber keinen Jungen halten dürfte; doch auch diese Einschränkung wurde „ex gratia" teilweise wieder aufgehoben, denn er durfte auch schon im ersten Jahr drei Gesellen halten. — Mit viel mehr Freude wurde ein anderer Geselle namens Kocke aufgenommen. Im Protokollbuch findet sich über ihn nachstehender Eintrag: „Zufolg eines gnädigen Herrn der Fünfzehen in Sachen Bernhard Kocke, des ledigen Schreinergesellens von Großedern im Paterborner Bistumb gebürtig, den 19. January 1741 ergangenen Bescheidts, daß ihme nicht allein die sonst gewohnliche Muth-Jahr geschencket, sondern daß ihme auch einige stuck von Ebenisten-Arbeith, so in Ihro hochfürstlich Eminenz Cardinalen von Rohan, Bischoffen von Straßburg alldasigem Pallast loco des Meisterstücks passieren und also alß ein Meister (jedoch ohne präjudiz) auff- und angenommen werden solle, haben wir, Philipp Schreiner, Wolfgang Genich und Nicolaus Schmidt, alle drei Schaumeister eines ehrsamen Handtwercks der französischen Schreinere, mit Zuziehung von Johann Jacob Orlingers Notary und Zunftschreibers, bei einer ehrsamen Zunfft der Zimmerleuthe (zu denen die Schreiner gehörten) auf heut zu endtstehendes datum auf geziemendes Ansuchen sein Bernhardt Kocke in hochgedachten Pallast verfüegt, da er dann auf unser Erscheinen uns nachfolgende drey stuck Ebenisten Arbeith von seiner eygenen Hand verfertigt, vorgewiesen, als: die Bibliothek, in Specie aber die darinn befindliche Bücher Kästen, welche von Indianischem Holtz verfertigt, welche arbeith wir ohne Tadel befunden und wohl mehr als vor ein Meisterstuck zu nemmen, wie wir dann ihne hiermit nochmahlen vor einen rechtschaffenen vollkommenen Meister auf undt annehmen, und seye er dergestalten dem protocollo zu inserieren." Kocke hatte „von Hochfürstlichen Eminenz dem Cardinal Rohan die hohe gnad erlanget, an einen Ebenisten von Paris rekommandiert zu werden, bei welchem er in dessen Kunst sich also perfectioniert, daß er nunmehr über drei jahr im allhiesigen bischöflichen Schloß die schönste Arbeit in der Qualität als Ebenist verfertigt habe". Er war den französischen Meistern „in allerkräftigsten terminis" empfohlen worden, so daß sie kaum eine andere Entscheidung hätten treffen können aus Rücksicht auf den hohen Gönner des Kandidaten; aber sie fanden die Arbeit augenscheinlich wirklich als vorzüglich, da sie sie als „höher als ein Meisterstück" bewerteten. Einem französischen Gesellen namens Charette, der sich gleichzeitig der Prüfung unterwarf, ging es weniger gut, und an seiner Arbeit wurden viele Fehler entdeckt und so beschrieben: „Ist der Kasten gegen dem Meß umb eine lienie zu tieff, auf einem Eck auf der Gallaun (?) um eine schwache Linie zu nieder, die vorderen Frieß umb die Chambranc seindt umb zwo linien schmähler an einem orth alß am andern. Die Chambranc umb die Thüren seindt umb zwo linien ungleich. Die Frieß unter dem Carnieß ist umb eine starke linie zu hoch; an dem einen vorderen beylaster ist Spindholz, die archetra auf der rechten seithe ist umb ¼ Zoll niedriger alß die andere. Das Horn auf der Capitell Blatt ist auf einer seithe umb ¼ Zoll weiter ausgeladen alß auf dem andern." Der Geselle durfte nach diesem Resultat im ersten Jahr nur mit zwei Gesellen arbeiten. Ähnlich schlecht, im Vergleich zu dem vorgenannten Kocke, bestand Laurent Locherie, „der französische Meister", der sein „ihme von gnädigen Herrn den Fünfzehen aufgegebens Meisterstück" schauen ließ, „jedoch in conformität solchen Bescheidts, daß er keine andere Arbeith als Kutschenarbeith machen solle". Er stellte also eine „Berlin à deux fonds" zur Schau, an der die Meister die „Brancard" um ½ Zoll zu schmal und außerdem sechs grobe Mängel finden, „andere viele kleine Fehler zu geschweigen". Er durfte drei Jahre lang nur zwei Gesellen halten. Nun kamen wieder zwei Deutsche, an deren Stücken 11 und 17 Fehler angekreidet wurden; der erstere wurde trotzdem gleich als vollkommener Meister angenommen, der zweite mußte sich zwei Jahre mit nur zwei Gesellen und ohne Lehrjungen behelfen. — Für die Meisterprüfung wurde 1743 die neue Vorschrift gegeben, daß künftig das Meisterstück „nach dem kleinen Riß und nach Art und Weis, wie es bei den Teutschen auch gemacht wird" anzufertigen sei. Gleich der erste Prüfling, ein Deutscher, lieferte eine sehr schlechte Arbeit nach dieser Methode. „Er hat den Kasten beschlagen (vernagelt statt geleimt?) zur Schau gebracht, so wider Ordnung, so daß mann in Besichtigung desselben nicht ferner nach Ordnung procedieren konnte; und nachdem mann den Stückmeister umb die vorderen Riß gefragt, gab er zur Antwort: sie waren verschlagen; übrigens ist der große Riß so sehr verschmiert und verdorben, daß mann fast nichts mehr darauf erkennen kann.“ Trotzdem faßten die Schaumeister folgenden Beschluß: „Erkand, es sei der Stuckmeister in Ansehung einer gewissen recommendation, seiner Fehler ohngeachtet (!) vor einen vollkommenen Meister anzunehmen.“ Was mag das für eine „gewisse“ Empfehlung gewesen sein, wenn der Geselle trotz einer so ungemein schlechten Arbeit gleich zum „vollkommenen“ Meister gemacht wurde, sogar ohne die sonst bei schlecht bestandener Prüfung übliche personelle Beschränkung seines anfänglichen Betriebes! Sehr schwach war auch die zwei Jahre später vorgelegte Arbeit eines in Straßburg geborenen Gesellen mit französischem Namen. Er hatte „in der Kehrung und an der inwendigen Seite des Kastens Stücke eingeflickt“ und seine Arbeit wurde als „unfleißig“ bezeichnet, ja er hatte die Böden an den Schubladen mit hölzernen Nägeln angenagelt. Ihm wurde für die ersten zwei Jahre nur ein Geselle bewilligt. Der nächste deutsche Prüfling, wieder ein Straßburger Kind, wurde trotz 11 Anständen „dieser Fehler ohngeachtet wegen angewandten großen Fleißes“ zum vollkommenen Meister gesprochen. In diesem Stile geht es fort. Ein Franzose machte sein Stück, einen halben Kasten — der von jetzt an üblich wurde —, „das Hauptmaß belangend und die Glieder betreffend“ sehr schlecht und wurde nur aus Rücksicht auf Frau und Kinder und seine alte Mutter zwar zum Meister gemacht, sollte aber zwei Jahre lang nur einen Gesellen haben, „ohne daß er sich eines Soldaten oder verheirateten Gesellen dabey bedienen könnte“. (Man scheint also den so gestraften Stückmeistern auf den Schlich gekommen zu sein, daß sie ihre Arbeit außer der Werkstatt von Pfuschern machen ließen.) Ein Deutscher lieferte ein mit 11 Fehlern behaftetes Stück, so daß es nicht angenommen werden konnte. „Allein weil derselb ein Meisterkind, wie auch wegen anderer considerationen“, sprach man ihn dennoch zum Meister und erlaubte ihm im ersten Jahr einen, im zweiten Jahr zwei Gesellen; dann sollte er ein vollkommener Meister werden, aber doch noch weitere zwei Jahre keine Lehrjungen ausbilden dürfen. Viel Staat war mit solchen Meistern gewiß nicht zu machen. Der nächste hatte zwar sauber und fleißig, doch zu lange Zeit an seinem Stück gearbeitet, brauchte aber „aus besonderer Gnade“ als Strafe nur 6 Pfund Pfennig in die Meisterkasse zu zahlen. Wieder ein anderer wurde trotz großer Fehler an seinem Stück Meister, damit die Meisterstochter, mit der er versprochen war, unter die Haube käme. Im Jahre 1771 war wieder von einem würdigen Stückmeister zu berichten. Franz von Paul Joseph Käßhammer, wahrscheinlich der Sohn des 1739 zum Meister gesprochenen Schreiners gleichen Namens, hatte die Erlaubnis erhalten, als Meisterstück seine aus Birkbaumholz gefertigte, mit vielen Zierrathen versehene Meisterlade vorlegen zu dürfen. „Hierbey haben die Schaumeister erlaubt und zugegeben, daß er sein Stück kleiner als die Riß verfertigen dürfe.“ Infolgedessen konnten die Schaumeister nach dem Riß nicht nachmessen. (!) „Welche Ausmessung, wann sie wirklich geschehen könnte, dannoch überflüssig wäre, angesehen solches Stück, in Anbetracht des sich daran zeigenden Fleißes und Geschicklichkeit, nicht nur als Meisterstück, sondern vielmehr als ein künstliches Stück anzusehen sey." (Abbildung im Anhang.) Derselbe Käßhammer begegnet uns 1789 als Schöffe der Zimmerleutezunft, in der seit 1781 die französischen und deutschen Schreiner wieder vereinigt waren. Diese Meisterlade, die der Meisterschaft zum Geschenk gemacht wurde von dem jungen Gesellen, enthält eine entsprechende Inschrift und ist im Straßburger Kunstgewerbemuseum aufbewahrt.

Wir haben bei diesem Protokollbuch der Straßburger französischen Schreiner länger verweilt, weil uns eine andere ähnliche Quelle nicht bekanntgeworden ist und es sich in der Tat auch zu einer grundsätzlichen Betrachtung eignete. An sich wären die äußeren Umstände wohl geeignet gewesen, ein gutes Ergebnis zu fördern, denn die Prüfenden waren meist junge Meister, die selbst erst vor kurzem die Prüfung bestanden hatten, und denen nun das Amt der Schaumeister übertragen wurde; sie gingen gewiß mit einer Freude und Frische an ihr Amt heran und würden für Gesellen, die das gerade in jener Zeit und auf dem jungfräulichen Boden Straßburgs starke Drängen nach den neuen Stilformen in ihren Werken verwirklichen wollten, wohlwollende Beurteiler gewesen sein. Dazu war in Straßburg den Stückmeistern — im Gegensatz zu anderen, akademisch sich verhaltenden Städten — die Möglichkeit gegeben, sich im Meisterstück frei und persönlich auszusprechen; das ging aus einer von den Franzosen aus der deutschen Zunftordnung des Jahres 1617 übernommenen Bestimmung hervor, die besagte, daß es nicht nur jedem Prüfling erlaubt sein sollte, in seiner Werkstatt oder zu Hause ein Meisterstück nicht nur gleich auf den Verkauf zu machen, sondern auch auf eigene Kosten Variationen des traditionellen Meisterstücks hinsichtlich der Maße vorzunehmen, ja ein solcher Wechsel in den Maßen war sogar als erwünscht bezeichnet, wenn nur der junge Prüfling sich an die Stilform hielt. Außerdem war der Rat so entgegenkommend, daß er auf Wunsch besondere Aufgaben bewilligte und auch ganz andere und für bestimmte Zwecke auf Bestellung schon ausgeführte Arbeiten als Meisterstücke gelten ließ. Wenn dennoch das Ergebnis kein gutes war, und die meisten Kandidaten nur mit Ach und Krach oder gar nur aus Gnaden und mit unsachlicher Protektion durch die Prüfung kamen, so muß hier eine besondere Ursache vorgelegen haben, die vielleicht in der technischen Schwierigkeit der neuen Stilformen des französischen Barocks und Rokokos gefunden werden kann; die jungen deutschen Gesellen, die sich dem französischen Geschmack hingeben wollten, konnten ihn weder im Deutschen Reich noch auch in Straßburg, wo er noch keine Tradition hatte, gründlich erlernen. Das Wollen allein reichte für die Tat nicht aus.

In jener Zeit ging man, wahrscheinlich wegen der hohen Kosten, die das Meisterstück den Gesellen verursachte, an manchen Orten dazu über, anstatt der Ausführung im Material nur noch die Vorlegung von Rissen zu verlangen. Einen derartigen Antrag stellten im Jahre 1728 die Meister in Basel, die sich mit „accuraten Zeichnungen und Rissen" künftig begnügen wollten. Im schwungvollen Pathos der Revolutionszeit begründete eine ähnliche Forderung der Cölner Meister Jos. Steffen im Jahre 1797. Seine Eingabe ist in vielfacher Hinsicht interessant; sie lautet:

„Bürger, Präsident und Räthe! Sie haben durch Errichtung einer öffentlichen Lesebibliotheke einen unzweideutigen Beweis Ihres Bürgersinnes und Ihrer aufgeklärten Denkungsart an den Tag gelegt; die gelehrten und Staatsbeamten werden darin genugsame Nahrung für ihren Beruf finden — die Kaufmannschaft hat ebenfalls durch Eure Bemühungen einen Ausschuß erhalten und sieht nun ihrem höheren Flore entgegen —, nur die Handwerke und Manufakturen sind vergessen geblieben, liegen noch in tiefem Schlummer und harren vergeblich einer besseren Wiedergeburth.

„Bürger! Verbesserung des Manufakturweesens und der Handwerksmisbräuche erfordert Eure ganze Aufmerksamkeit, es ist der edelste und nützlichste Teil aller bürgerlichen Gewerbe. „Legt auf eine Waagschale, sagt Diderot, alle wirklichen Vorteile der sublimesten Wissenschaften und beliebtesten Künste, und ihr werdet finden, daß alles dieses in keinem Gleichgewicht stehe mit dem, was uns die Gewerbe gewähren, ihr werdet finden, daß man jene Menschen, die uns überreden wollen, wir seien glücklich, mehr geschätzt als jene, die wirklich für unser Glück arbeiteten! Seltsam, wir wollen, daß man sich glücklich beschäftige, und vernachlässigen die nützlichsten Menschen. Jeder Anfang muß mit der Unterstützung der mechanischen Künste und den niedrigen Klassen gemacht werden. Lernet die Erde bauen, die Felle bereiten, Leinen herrichten usw., und ihr werdet in kurzem reiche Familien entstehen sehen, deren Kinder, der Beschäftigung ihrer Eltern überdrüssig, sich mit Denken, Silbenmessen und der Natur nachzuspähen, beschäftigen werden, und Poeten, Philosophen, Redner, Statistiker und Mahler werden von selbst herfürgehen.“ (Rainald, histoire philos. et poetique des établissements et de commerce des Européens dans les deux Indes. Com. II, pag. 284.)

„Ich glaube also, daß einige Erinnerungen und Vorschläge, die man unaufgefordert von warmer Vaterlandsliebe zur Erleichterung derjenigen, die sich mit der Verbesserung der Handwerke beschäftigen wollen, hier vorgelegt, nicht am Unrechte sein werden. Ich schränke mich indessen nur auf die Misbräuche ein, die bei dem Gewerbe eintreffen, dem ich mich gewidmet.

„Unter dem Schwarm von Misbräuchen, die das hiesige Zunftwesen verunstalten, ist die Verfertigung des Meisterstücks eins der größten und in seinen Verbindungen und Folgen gewiß das schädlichste. — Die vielen Kosten, die dadurch verursacht werden, die Länge der Zeit, die teils bei der Verfertigung vorgeschrieben, teils durch die Größe des Werks selbst notwendig verstreichen muß, machen es manchem geschickten Arbeiter unmöglich, hier seine Werkstatt aufzuschlagen. Eine notwendige Folge davon ist, daß mehrere Männer, die hier im Fache des Manufakturweesens vielleicht Epoche gemacht haben würden, sich wegbegeben und die benachbarten Gegenden durch ihren Gewerbsfleiß bereichern.

„Das aufallendste Beispiel, wie zeitverderblich, kostspielig und zwecklos ein solches Meisterstück sein könne, hat man unstreitig bei dem Schreineramte. Der junge Meister, der es zu verfertigen unternimmt, ist ruiniert, ehe er zum Verdienste gelangt, wenn er nicht hinlängliches Vermögen besitzt; denn benebst, daß er zwölf Wochen unausgesetzt im Hause des Amtsmeisters an einem solchen

Meisterstück arbeitet und diese Zeit über auf seine Kosten leben muß, erlegt er auch noch 70 Reichsthaler und Traktementen für die Verdientenkammer, und sonstiger Geldprellereien ist kein Ende.

„Und wie zwecklos ist nicht diese Einrichtung! Notwendig muß man doch dabei die Absicht haben, zu verhindern, daß keine Stümper das Meisterrecht erhalten, und die Stadt nicht mit faulen, unwissenden Arbeitern überschwemmt werde; jeder sollte daher angehalten sein, vorhin Proben seiner Fähigkeit abzulegen. Wird dieser Zweck verfehlt und kann er auf eine bequämere Art erreicht werden, so ist es Zeit, andere Einrichtungen zu treffen, und nichts zum Gesätze zu stempeln, was das gerade Gegenteil von dem herbürbringet, was man eigentlich bewirken wollte; und daß es eine bequämere Art gäbe, werde ich unten beweisen, und sollte es eine Beleidigung sein, wenn man behauptet, daß die bestandene Einrichtung den Dummen und Ungeschickten alle Wege offen läßt, wenn er nur Geld hat und traktieren kann, trotz seiner Ungeschicklichkeit das Meisterrecht zu kaufen, und die ganze Last auf den Armen zu schieben.

„Weg also mit dieser tollen Einrichtung! Der unglückliche Anfänger hat lange genug unter ihrem Drucke geschmachtet, lange genug ist der Schweiß des Armen von den Hartherzigen in der Verdienten-Kammer verpraßt worden! Ihre Abstellung ist Handhabung der öffentlichen Gerechtigkeit, die der Magistrat seinen gedrückten Mitbürgern schuldig ist. — Doch, wie wird dann verhindert werden, daß die Stadt nicht mit ungeschickten Arbeitern überfüllet wird? Wenn man Abstellung der Mißbräuche fordert, so begehrt man keine Auflösung der Ordnung; nur zweckmäßigere, weniger drückende Einrichtung ist der Gegenstand dieser Forderung; jeder soll und muß seine Fähigkeiten der öffentlichen Prüfung streng unterwerfen, allein er muß nicht durch diese Prüfungen außer stand gesetzet werden.

„Man erlaube nun folgenden Vorschlag, der für das Steinmetzen-, Zimmer- und Schreiner-Amt gemeinnützig ist:

„Zeichnung ist das vornehmste Stück dieser Gewerbe; man lasse also denjenigen, der sich den Meisterprüfungen zu unterwerfen begehrt, vor einem Ausschuß von zween Werkverständigen und den Amtsmeistern verschiedene zweckmäßige Abrisse über alle Gegenstände ihrer Kunst verfertigen und untersuche aus diesen: ob der Geprüfte die zureichenden Fähigkeiten besitze. Höchstens in zween Tagen müßten diese Prüfungen geendigt sein und die Mitglieder des Ausschusses 12 Reichsthaler für ihre Bemühung erhalten, welche der Geprüfte in jedem Falle zu zahlen hätte; würde er für fähig befunden, so wäre er ohne weitere Umstände und Traktemente, die überhaupt verboten werden, Meister und hätte alle Rechte derselben.

„Um weiter den jungen Leuten, die sich in der Zeichenkunst dahier zu üben gedächten, die benötigte Anweisung darin zu erteilen, müßte ein geschickter Mann angestellt werden, der verbunden und angewiesen wäre, alle Sonntag zwei bis drei Stunden darin allen Gesellen und Lehrlingen dieser Professionen öffentlichen, unentgeldlichen Unterricht zu erteilen. Und sollte es nicht billig sein, daß der zeitliche Umlauf (? vielleicht sind das die herumgehenden angestellten Schaumeister) diese Arbeit übernehmen müßte; er steht ohnedem im städtischen Gehalte, weiß sein Gewisses, was er von jedem Bau, Gesteiger (Gerüste) aufschlagen, Fensterbrechen hat, ohne daß er dafür etwas thue. Er könnte also diese Beschäftigung am leichtesten übernehmen. Bei dieser Einrichtung wäre der Anfänger unbedrückt und der Stadt würde es nie an geschickten Meistern fehlen, alle Prellereien würden verhindert und jeder gezwungen, sich durch Übungen in seinem Gewerbe zu vervollkommnen.

„Ihnen, Bürger, war das glückliche Los aufbehalten, durch diese Abschaffung und die bessere Einrichtung der Zunftgebräuche das goldene Zeitalter der Künste und Gewerbe in unserer Vaterstadt herbeizuführen. Unsere Kinder werden das Ansehen ihrer Verwaltung segnen und von diesem Zeitpunkt wird man anfangen, den besseren Flor, den feineren Geschmack in diesen Gewerben zu berechnen.

Gruß und Achtung! Der Bürger Jos. Steffen, Schreinermeister."

Diese Eingabe wurde an das Komitee der Zünfte und Handwerker zur Untersuchung und Berichterstattung verwiesen. „Übrigens wird den Bestrebungen des Bürgers Steffen für das allgemeine Wohl hiermit belobet", so lautete die Entschließung des Magistrats, nachdem das Schriftstück zweimal an verschiedenen Tagen verlesen worden war.

Eine mündliche Prüfung fanden wir erst wieder in Ulm 1856 erwähnt, und zwar sind hier im Meisterbuch folgende Fragen aufgezeichnet, die man an den Gesellen zu richten pflegte: „Wieviel Bretter braucht man zu einem zweitürigen Kleiderkasten? Wie hoch ist ein Commod, breit, tief? Wie breit eine einfache Bettlade? Wie hoch ein Stuhl? Ein Tisch?" Im Jahre 1859 sind noch folgende Fragen nachgetragen: „Welche Sorte ist unter dem Tannenholz die beste für Fußböden, und welche Seite wird nach oben genommen? Wie lang und breit fertigt man eine einschläfrige Bettlade und wieviel Holz braucht man?"

Daß sich durch eine abweisende Entscheidung der Prüfenden mancher Geselle beschwert fühlte, ist, besonders in der zweiten Hälfte der Zunftzeit, in der die reinen Grundsätze sich immer mehr trübten und die Meister ungern ihre „Nahrung" mit den Neueintretenden teilten, begreiflich, und oft genug mag eine ungerechte Entscheidung mit untergelaufen sein. In Nürnberg wurde um 1800 deshalb den Gesellen das Recht eingeräumt, gegen das Urteil der Prüfungskommission zu appellieren. Wer glaubte „aus Neid verworfen" worden zu sein, durfte sich an das Rugamt wenden, das dann die Stücke von den, vor den jetzigen im Amt gewesenen Geschworenen noch einmal prüfen ließ. Stellte sich dabei heraus, daß die Beschwerde des Gesellen begründet war, so wurden die Meister bestraft; anderenfalls blieb es dabei, daß der Geselle ein Vierteljahr zu warten hatte, bis er die Prüfung wiederholen durfte.

Eine solche Verurteilung des Gesellen zur Wiederholung des Meisterstückes bedeutete für den Gesellen einen harten Schlag, denn die für den eigenen Unterhalt, die Prüfung und das Material aufgewendeten Kosten waren vollkommen verloren, weil das verpfuschte Stück wohl nur in seltenen Fällen verkauft werden durfte; der gleiche Aufwand mußte noch einmal bestritten werden. Die Kosten waren im Laufe der Zeit so sehr erhöht worden, daß der

Meister Steffen in der vorstehenden Eingabe mit vollem Recht davon sprechen konnte, ein Geselle, der ohne ein Vermögen hinter sich zu haben, das Meisterstück machen wolle, wäre ruiniert, noch bevor er seine Arbeit begann. Unter solchen Umständen war an eine Wiederholung überhaupt nicht zu denken, wobei man sagen mag, daß es für das Handwerk um solche Gesellen, die ihre Prüfung nicht gleich zum erstenmal bestehen konnten, nicht allzu schade war, wenn sie nicht zur Selbständigkeit gelangten. Daneben waren aber Unzählige zu lebenslänglicher Gesellenschaft verurteilt, einfach, weil sie die Kosten auch nicht für die einmalige Prüfung aufbringen konnten. Unter ihnen sind sicher manche Begabungen nicht zur vollen Entfaltung gelangt, wirklich zum Schaden der Allgemeinheit. Schuld an diesen Verhältnissen trugen Meister und Gesellen gemeinsam. Die Meister, indem sie eigensüchtig und kleinlich durch allerhand Nebenkosten beim Eschen, bei der Besichtigung, nach bestandener Prüfung und für den Eintritt in die Zunft sich die künftige Teilung ihrer „Nahrung" teuer bezahlen ließen; die Gesellen, indem sie, jeder einen persönlichen Vorteil für sich erhoffend, diese indirekten Meistertrinkgelder heimlich und öffentlich wahrscheinlich selbst in die Höhe getrieben haben, vor allem aber dadurch, daß sie in an sich ja verzeihlichem künstlerischen Ehrgeiz auf ihre Meisterstücke mehr Fleiß, Zeit und Material verwandten, als sich jemals beim Verkauf wieder bezahlt machen konnte. Alle offiziellen Maßnahmen, die die Kosten der Gastereien und die für die Anfertigung des Stückes bewilligte Zeit usw. einschränken sollten, haben nicht den beabsichtigten Erfolg gehabt; den Schaden hatten die Gesellen, indirekt aber das Handwerk zu tragen. Sehen wir, wie sich diese ungesunden Verhältnisse allmählich entwickelt haben.

In den ersten Zeiten der handwerklichen Entwicklung, als sich allmählich die Notwendigkeit herausstellte, im Interesse der Allgemeinheit nur noch solche Gesellen zur Meisterschaft zuzulassen, die wirklich tüchtig waren und ihre Arbeit verstanden, da ging man ehrlich von dem Bestreben aus, dem Anwärter, von dem man die Ablegung der Prüfung verlangen wollte, die äußeren Umstände dieser Prüfung nach Möglichkeit zu erleichtern, mindestens aber eine ungerechte Erschwerung auszuschließen. Ein im Jahre 1477 zur Ordnung der Münchener Kistler von 1427 gegebener Nachtrag spricht das mit aller Deutlichkeit aus; es heißt da im Artikel 25: „Es sol auch dieselben stuck machen nach der Vierrat (Rat der vier Schaumeister) Rat auß seinem Zeug, ob er denselbn gehaben mag; mecht er aber den Zeug nicht gehaben, so sol ime ain hantwerch den zeug darzu leichn (leihen) und sol ine des nicht verzeichen, und sol alsdann von denselben stucken, die er also gemacht hat, oder aber mit gelt, nach der Vierrat und des Hantwerchs Rate denselben zeug bezalen." Es wurde also demjenigen Gesellen, der das Geld zur Anschaffung des Holzes nicht besaß oder sich dieses aus anderen Gründen mangels geeigneter Beziehungen oder so nicht beschaffen konnte, das Holz geliehen; der Wert des geliehenen Holzes, nach Mitschätzung der beeidigten Schaumeister, konnte dem Handwerk in barem Geld zurückvergütet werden. Wenn der junge Meister das bare Geld aber nicht auftreiben konnte, so durfte er seine Schuld „von denselben stucken" in der Weise abtragen, daß er dem Handwerk sein Meisterstück an Stelle der Bezahlung als Eigentum überließ. Ob er aus dem späteren Erlös einen etwaigen Überschuß ausgezahlt erhielt und damit auch die während der Anfertigung des Stückes für seinen persönlichen Unterhalt aufgewendeten Kosten wieder hereinbekam, ist nicht ersichtlich, aber wahrscheinlich; auf jeden Fall konnte er seine junge Meisterschaft ohne drückende Schulden für die Probe, die man ja von ihm verlangt hatte, beginnen. Da diese alte Münchener Ordnung von irgendwelchen Bewirtungen nichts erwähnt, so kannte man entweder den späteren Gebrauch damals noch nicht, oder er war noch nicht zum Mißbrauch, dem man mit Bestimmungen hätte entgegentreten müssen, ausgeartet; wollte der junge Meister seinen Ehrentag feiern und dazu seine neuen Genossen einladen, so war das ohne jede Nötigung in sein Belieben gestellt, vorgeschrieben aber war nichts dergleichen.

Noch gesellenfreundlicher war die Cölner Kistenmacher-Ordnung von 1527. Sie wollte den unbemittelten Gesellen aller materiellen Sorgen bei der Meisterprobe entheben, indem sie die Amtsmeister anwies, ihm nicht nur das Holz zu liefern, sondern auch noch drei Gulden als Lohn oder als Entschädigung für seine persönlichen Aufwendungen während dieser verdienstlosen Zeit zu zahlen; ja, sogar der Kurs dieses Geldes war vorgeschrieben, nämlich vier Mark für den Gulden; dies, weil die Geldverhältnisse recht unsichere waren und die Meister den Gulden leicht hätten schlechter berechnen können. Dafür gingen die beiden Stücke, die der Geselle anzufertigen hatte, in den Besitz der Meister über, sie durften sie „an sich nemmen" und damit tun, „was inen geliebt". Natürlich werden sie in den meisten Fällen versucht haben, die Stücke wieder zu Geld zu machen, und sie bekamen wohl auch reichlichen Ersatz für das verauslagte Geld. Den bemittelten Gesellen wurde es aber auch freigestellt, wenn sie wollten, das Holz für ihre Arbeit sich selbst zu kaufen und dann die fertigen Stücke für sich zu behalten. Sie mußten dann aber den Amtsmeistern drei Gulden zahlen, wonach sich wohl der Mindestverdienst bemessen läßt, den diese bei dem Verkauf gehabt haben würden. Wenn der Geselle seine Stücke dann selbst an einen Privatmann weiterverkaufte, so mußte er der „Hofsteuerverschreibung" einen „angemessenen Zins" davon abgeben. Auf jeden Fall wurde mit solchem Verfahren niemand beschwert und der Zweck, den Begabten den Aufstieg zur Selbständigkeit zu ermöglichen, ohne daß sie von vornherein in Schulden gerieten, wurde voll erreicht.

Ähnlich so wurde es in Hamburg 1540 bei den Kunthormakern gehandhabt. Die Amtsmeister oder diejenigen Meister, in deren Haus der Geselle sein Stück anfertigte, mußten ihm, wenn er den „Verlacht" nicht hatte, das heißt, wenn er die Auslagen nicht bestreiten, das Stück nicht „up sine bekostinge vulmaken konde", das Material („dat holth effte warckstucke") geben und ihm denselben Lohn vorstrecken, den sie ihm gezahlt haben würden, wenn es eine Arbeit für ihre Rechnung gewesen wäre. Damit gingen die Stücke aber in den Besitz der betreffenden Meister über, die es verkaufen durften, um das „uthgedane gelth unnd vorlechte dagelikes belonunge wedder soekenn unnd entfangenn", das vorgeschossene Geld und den gezahlten Lohn wieder hereinbekommen zu können. Daneben durften andere Gesellen, die das nötige Geld besaßen, sich das Holz selbst kaufen, und das Stück auf ihre eigene „bekostunge" machen und es nach geschehener Begutachtung, ohne dem Meister etwas abgeben zu müssen, auf eigene Rechnung verkaufen, ihre „gewinst und furdeel (Vorteil) darahn soeken". Hiernach ist anzunehmen, daß die Meisterstücke zu solchen Preisen verkauft werden konnten, die dem Verkäufer, mag es nun der Meister oder der Geselle gewesen sein, nicht nur die baren Auslagen, sondern sogar noch einen entsprechenden Überschuß einbrachte, und der Geselle keine unbezahlbare Liebhaberarbeit, sondern eine reelle „Koopmannsware" geliefert hatte. Die Kosten für das verbrauchte Material und für die aufgewandte Zeit waren also, wie es bei dem ersten Werk eines jungen Meisters, der sich nun selbst ernähren sollte, auch unbedingt sein mußte, kaufmännisch richtig kalkuliert. Diese Feststellung ist, so Selbstverständliches sie auch zu betreffen scheint, wichtig, weil in späteren Zeiten, wie wir gleich sehen werden, die Stücke in ihrer Herstellung den erzielbaren Verkaufswert stets bedeutend, ja oft um ein Vielfaches übertrafen, also eine unwirtschaftliche Spielerei darstellten.

Während in der vorerwähnten Cölner Ordnung von einer Bewirtung der Meister nicht die Rede war, sollten die Hamburger Stückmeister 1540 den Alterleuten, den vier Schaumeistern und den zwei Schaffern der Gesellenschaft ein „kost dhon", zum wenigsten diesen; also war es freigestellt, die Einladung auch auf andere Meister und frühere Mitgesellen auszudehnen, doch hieß es gleich dabei, daß die Kost „themelik unnd drechlik", geziemend und erträglich für den Gastgeber sein müßte, „up dath eth sodanen jungen meister nicht tho lestlich falle, ok dat sich den andere meistere, de sulichent vorhenn gedaenn, nicht to beswerende hebben", — damit es den jungen Meister nicht bedrücke, und die vordem zum Meister Gemachten durch solches Gelage nicht in den Schatten gestellt würden und sich darüber beschweren möchten. Ob diese bescheidenen Sitten immer so geübt wurden, steht ja nicht fest; erfreulich ist doch jedenfalls, daß sie angestrebt wurden.

Auch in Augsburg kam man den unbemittelten Gesellen gern entgegen. Noch im Jahre 1569 kaufte das Amt von einem Kistler, der über Vorrat verfügte, für 4½ Gulden Eschenholz, damit ein armer Meisterssohn sein Stück machen konnte. Wie es diesmal mit der Verrechnung gehalten werden sollte, läßt sich aus den Akten nicht erkennen. Es ist aber kaum anzunehmen, daß die Vorgeher oder der betreffende Meister, in dessen Werkstatt der junge Meisterssohn sein Stück machte, in der gleichen Weise, wie es in Hamburg und Cöln üblich war, auch das Risiko des Verkaufs mit übernahmen; sie wären dabei nicht auf ihre Kosten gekommen, denn auf Wunsch des ganzen Handwerks wurde nämlich sechs Jahre später ein neues Meisterstück eingeführt, weil das bisher übliche „ain gar altt werckh" und „in jetziger Zeytt gar unbrauchsam" war und ungeachtet der großen Kosten, die ohne Anrechnung der aufgewandten Zeit auf 40 bis 50 Reichsthalern angegeben wurden, nur mit 9 bis 10 Reichsthalern (!) wieder verkauft werden konnte. Durch solche unwirtschaftlichen Meisterstücke gerieten, wie das Handwerk in seiner Begründung sagte, die jungen Stückmeister gleich anfänglich in Armut und mußten „sich in Schulden einstecken". Damit sich aber kein Geselle über die neuen Stücke beschweren konnte, wahrscheinlich unter dem Vorgeben, er habe diese neue Art noch nicht gelernt, so sollte es jedem frei zur Wahl stehen, ob er die neuen oder die alten

Stücke machen wollte. Den Verkauf seines Stückes hatte der Geselle selbst zu besorgen und mußte auch während dessen Anfertigung auf seine eigenen Kosten leben, brauchte aber keine Gelage zu bezahlen.

Die alten Lüneburger Ordnungen der Schnitzer von 1498 und 1524 verlangten vom Stuckmeister, daß er das Stück von seinem eigenen Holz und „uppe sine egen kost", also bei eigener Beköstigung ausführen sollte, aber dafür war auch hier von Nebenkosten in Gestalt einer Bewirtung der Meister oder einer Entschädigung für die Prüfer nicht die Rede.

Dieselbe Übung finden wir 1543 in Würzburg. Hier war es vorgekommen, daß die Gesellen ihr Meisterstück aus nicht gut abgelagertem Holz, das sie vielleicht billiger hatten erstehen können, verfertigten, natürlich zu ihrem eigenen Schaden; deshalb baten die Meister, und ihre Bitte wurde „uff angezaigten Ursachen" gewährt, daß sich die Stückmeister mit „guetem, dürrem, tugentlich" Holz versehen und es vor der Verarbeitung durch die Geschworenen Meister besichtigen lassen müßten.

In Münster war 1607 das bisher gebräuchliche Meisterstück als „viel zu beschwerlich und kostbar" befunden worden, „dadurch dan viel vom Amt abgetreten". Also, viele Gesellen hatten das Stück der Kostspieligkeit wegen nicht auf sich nehmen können und waren, das ist zwischen den Zeilen zu lesen, auf die Dörfer gegangen, um Pfuscher zu werden.

Einen Fingerzeig, woher die Kostspieligkeit der Meisterstücke kam, gibt uns die große Generaldebatte über Mißstände im Handwerk, die im Jahre 1593 in Augsburg von den Kistlern geführt wurde, und über die wir schon ausführlich berichtet haben (S. 136). In ihr verlangten die noch nicht lange Meister gewordenen jungen Kistler, daß das vor 20 Jahren erst eingeführte neue Meisterstück mit dem noch vorher im Gebrauch gewesenen abwechseln müsse. Das Handwerk hatte diesen Wechsel damals, bei der Einführung des Stückes, selbst vorgesehen, wollte aber die freie Wahl den Gesellen überlassen, weil eben das alte Stück nicht mehr zum Herstellungspreis verkäuflich war und niemand gezwungen werden sollte, zu seinem eigenen Schaden zu arbeiten. Und nun verlangten gerade die jungen Meister, von denen man hätte annehmen dürfen, sie würden sich für den neuen Stil, dem das neue Meisterstück mehr angepaßt worden war, begeistern, daß das ganz alte Stück in zwangsweisem Wechsel mit dem neuen vorgeschrieben werden müsse. Was also konnte die 19 Bittsteller, von denen 15 das neue und nur 4 das alte Meisterstück gemacht hatten, veranlassen, sich für dieses zu begeistern, da sie doch wissen mußten, wie unwirtschaftlich es war? Entweder waren sie, nach den Erfahrungen, die sie als Meister mit ihren Gesellen gemacht hatten, der Meinung, daß das neue Meisterstück keinen genügenden Beweis des Könnens darstellte, oder sie hatten sich zu Sprechern der Gesellen gemacht, denen die Meisterprobe noch bevorstand, und die aus einem besonderen Grunde das alte Stück wünschten. Aus der Entgegnung der alten Meister geht hervor, daß sie das Meisterstück vor 20 Jahren nur aus wirtschaftlichen Gründen geändert, das heißt, sowohl den Bedürfnissen der Käufer mehr angepaßt als auch verbilligt hatten, weil es eben nur für den fünften Teil der Materialkosten (!) wieder verkauft werden konnte und ihre Kinder also mit einer Schuldenlast von 40 Gulden und mehr ihre Meisterschaft beginnen mußten; hierfür, sagten jetzt die Alten, hätten die jungen Meister wenig Verständnis, weil sie zum Teil kinderlos, zum Teil nur mit wenig Kindern gesegnet wären[1]). Leider aber hätte diese Maßregel nichts genützt, denn die jungen Stückmeister wetteiferten derart darin, auch das neue Meisterstück prunkvoll und kostbar zu gestalten, daß auch dieses nur für 25 bis 30 statt für 50 Gulden wieder verkauft werden könnte. Die Käufer nähmen es zwar gern, sie würden aber durch diesen Ankauf unter Herstellungskosten für die regulären Preise der anderen Kistlerwaren gründlich verdorben. Nun bekannten die jungen Bittsteller offen, daß sie im Auftrag der kommenden Meisterschaft, deren Ansichten sie selbst noch nahe standen, sprächen, sie proklamierten nun geradezu das Recht der Stückmeister, das Meisterstück so kunstreich und kostbar zu machen, daß es als „recht und außbindig" erkannt werden könne, was ihnen bei dem alten Meisterstück möglicher erschien, — ohne Rücksicht auf die wirtschaftliche Seite[2]). Der Gedanke der jungen Gesellen, die sich dabei auf die Ehre und das Ansehen des Handwerks beriefen, war ja an sich sehr lobenswert, wenn auch ihre guten Absichten bei der Ausführung nicht selten als Überladung in die Erscheinung getreten sein mögen; aber ohne Zweifel haben sie es mit ihrem Vorgehen vielen, vielleicht auch manchen reichbegabten Mitgesellen einfach unmöglich gemacht, zur Meisterschaft zu gelangen, weil jene die Orgien des Ehrgeizes aus materiellen Gründen nicht mitmachen konnten. Für diesmal blieb es freilich bei der freien Auswahl des alten oder des neuen Meisterstücks durch die Kandidaten, und der zwangsweise Wechsel wurde abgelehnt. Aber gebessert wurde dadurch nichts, weil der grundsätzliche Wille der Gesellen entgegenstand, im Gegenteil, die Verhältnisse verschlimmerten sich. Etwa 50 Jahre weiter, und die Kosten des Meisterstückes waren auf 100 Reichstaler gestiegen, wie die Kistler selbst in einer Eingabe, vielleicht doch etwas übertrieben, anführten, weil es sich um eine Streitsache gegen die Zimmerleute handelte. Dazu mußten von den Kandidaten noch 20 Gulden „in die Bix" als Eintrittsgeld gezahlt werden.

Feststeht also, daß die Schuld für die Verteurung der Meisterprobe, soweit sie diese selbst und nicht die Nebenkosten betraf, der Gesellenschaft selbst zur Last zu legen ist; ebenso, daß die Meisterschaft, teils im allgemeinen Interesse, teils aus egoistischen Gründen, nämlich ihrer eigenen Söhne wegen, diesem sich endlich zum reinen Kuhhandel um die Meisterschaft (vgl. S. 191) entwickelnden Mißwesen entgegengearbeitet hat.

Die Kurfürsten von Brandenburg versuchten, natürlich vergeblich, dem Übelstand durch gesetzliche Verordnungen beizukommen. Die Polizeiordnung von 1688 wollte ein „nutzbares" Meisterstück vorgeschrieben wissen, das „füglich gegen gerechten Werth verkauffet werden" konnte. Das Edikt von 1723 erklärte: „Wegen der Meister-Stücke, daß die bei denen Handwercken bißhero üblich gewesenen kostbahren Meister-Stücke, weil es damit zum Ruin des neuangehenden Meisters gereichtet, abgeschaffet und dagegen solche Meister-

[1]) Man muß sich erinnern, daß in Augsburg schon lange Zeit ein Notstand herrschte, der einer Hungersnot gleichkam. (Vgl. S. 134 ff.)

[2]) Der Wortlaut dieser interessanten Diskussion ist auf Seite 136 ff. nachzulesen.

stücke verfertigt werden, so Kauffmanns-Guth seyn, und wozu sich Abnehmer finden; jedoch (damit sollte dem Umschlagen in das Gegenteil vorgebeugt werden) selbige dergestalt gemacht werden, daß man daraus urtheilen könne, ob der Verfertiger das Meister-Recht zu erhalten tüchtig sey." Es folgt dann noch eine scharfe Bestimmung gegen die Schmauserei beim Meistermachen.

In Cöln sollten, wie aus einer Erklärung des Zunftamtes vom Jahre 1764 hervorgeht, die Gesellen die Meister werden wollten, 36 Reichstaler an die Zunftkasse zahlen, eine Summe, die fortwährend noch hinaufgetrieben wurde; außerdem mußten die Gesellen (die alte, auf S. 207 geschilderte Fürsorge der Meisterschaft wurde längst nicht mehr geübt) die Kosten der Herstellung allein tragen und für ihren Unterhalt selbst sorgen, ebenso dafür, wie sie das fertige Stück nachher zu Geld machten. Das Stück bestand, nach einer gleichzeitigen Beschwerde eines Gesellen, aus einem altmodischen Schrank, an dem man drei Monate arbeiten mußte, und der 50 bis 60 Reichstaler Auslagen erforderte, aber beim Verkauf nur 20 Reichstaler wieder einbrachte. Der Senat verlangte nun auf Antrag der Zunft-Gaffelherren mehrfach die Einführung eines neuen verkäuflicheren Meisterstückes; da die Zunft keine Miene machte, dies Verlangen zu erfüllen, wurde es in bestimmtester Form und mit Stellung einer Frist von sechs Wochen wiederholt. Wie die Zunft es verstanden hat, die Sache dennoch weiter zu verschleppen, ließ sich nicht nachweisen; jedenfalls sah sich der Senat, wiederum auf Antrag der Gaffelherren, genötigt, später ein neues Meisterstück zwangsweise einzuführen. (Vgl. S. 219.)

Wie in Riga die Meister gezwungen werden mußten, im Interesse der Gesellen ein anderes Meisterstück einzuführen, berichtet Stieda[1]): Über die Art, wie das Tischleramt diejenigen, die Meister werden wollten, „gar sehr beschwerte", führte der Oberamtsherr Diederich Schoef selbst im Rate Klage und setzte es angesichts einer am 25. Juni 1775 stattgehabten Feuersbrunst, welche die Stadt arg verwüstet hatte, so daß zur Wiederaufbauung mehr Tischler erforderlich waren, durch, daß die Gewinnung des Meisterrechts erleichtert wurde. Indes beherzigte das Amt die ihm zu Teil gewordene Weisung, ein Meisterstück von der Beschaffenheit zu fordern, „das leicht einen Käufer fände und nach seinem wahren Werthe bezahlet werde", so wenig, daß der Rat im Dezember des genannten Jahres noch einmal einzuschreiten und die übertriebenen Forderungen der Handwerker auf ein zulässiges Maß zurückzuführen sich veranlaßt sah. Eigensinnig, wie die Tischler waren, beruhigten sie sich bei dieser zweckmäßigen Regelung nicht, sondern wandten sich beschwerdeführend an den Generalgouverneur, von dem sie freilich nichts als eine die Entscheidung des Dorpater Rates bestätigende Resolution erzielten. Es fragt sich nur, ob nicht die „eigensinnigen" Rigaer Meister, ähnlich wie die Augsburger, unter einem Druck der Gesellenschaft, die den ohnedies niemals zahlreichen Zuzug nach Riga leicht ganz hätten unterbinden können, gestanden haben.

In Ulm endlich bestand 1840 eine Bestimmung, nach der der Stückmeister den Materialaufwand der Prüfung selbst zu tragen hatte. Die Kosten seines

[1]) Stieda a. a. O.

Lebensunterhalts während der Prüfungszeit werden nicht erwähnt, fielen aber sicher auch ihm zur Last. Für das Meisterrecht sollten den Gesellen nicht mehr als 17 Gulden abgefordert werden.

Einiges wäre noch über die Nebenkosten, die den Prüflingen außerdem noch entstanden, zu sagen. Das Eintrittsgeld und die Gebühren für die Prüfung sind schon mehrfach erwähnt worden, doch sind noch einige Ergänzungen nachzutragen, insbesondere aber die oft sehr drückenden, weil „moralischen", Verpflichtungen für die Gastereien nicht zu übergehen.

In Danzig erhielten 1454 die Schaumeister für die Beaufsichtigung des Prüflings von diesem 1 Vierdung, und nach bestandener Prüfung waren an das Handwerk 2 Mark, der Kapelle aber 3 Pfund Wachs zu geben. Außerdem mußte der junge Meister ein Vermögen von 10 Mark und den Besitz eines Harnisches nachweisen, was gewiß vielen sehr schwer geworden ist. — In Lübeck mußte der Geselle 1508 wohl ein Gewisses zum Besten geben, aber nicht alles Geld sollte vertrunken werden; jeder zweite Stückmeister mußte so viel Geld, wie dem Vorgänger die Bewirtung der Meister gekostet hatte, in die Büchse legen, „deme Ersamen Rade unde deme ampte tor Stadt besten". In bar bekamen die Älterleute jeder 2 Schillinge und der jüngste Meister 1 Schilling „to fruntliker dechtnisse". Bei Aufnahme in die Meisterschaft, bei Erlangung des Bürgerrechts und bei Nachweis der Geburt erhielten die Älterleute je eine „collatien", eine Bewirtung im Werte von 1 Mark. — In Hamburg 1515 waren die Auslagen für die „Meisterkost", die dem Amte gegeben werden mußte, auf 4 Mark bemessen und durften diesen Betrag bei Strafe nach dem Ermessen des Rates nicht überschreiten. Dieselbe Fürsorge wurde 1540 noch näher begründet. (Vgl. S. 209.) — In Cöln lag 1589 folgende Bestimmung vor: „Wenn dieses alles geschehen, solle der junge Meister sich kurtz danach qualificieren und den Bürgeraydt in der Verdientenkammer vor dem Herrn Bannerherrn und Ambtsmeistern ablegen und sein Schildt durch den Gaffeldiener an die Taffel stellen lassen, wovor dem Bannerherren gebührt ein Dahler Species und der Gaffeldiener haben soll vor dem Aydt abzulesen und einzuschreiben 12 albus undt vors Schildt aufzuhencken 8 Pet." An dem Gelage, das der junge Meister zu veranstalten hatte, durften, eine solche Bestimmung war in Cöln notwendig geworden, die Frauen der Meister nicht teilnehmen. Sie wurden aber schadlos gehalten, denn der Stückmeister mußte ihnen 1717 Wein ins Haus schicken. Einem Meister, der den Rest seiner Gebühren nicht zahlen konnte, wurde 1763 die Arbeit verboten. — Wegen der „aufgehenden Kosten" bestimmte der Rat, daß der Geselle bei der Besichtigung der Stücke die Schaumeister mit ¼ Wein traktieren, nach der Vollendung des Stücks das übliche Meisteressen halten, aber im übrigen von allen Kosten befreit sein sollte. Die Meisterssöhne zahlen 20 Reichstaler, diejenigen, die die Witwe eines verdienten Meisters heiraten, ebensoviel, diejenigen, die die Witwe eines unverdienten Meisters heiraten, 30 Reichstaler. Die Meisterssöhne brauchen nur ein Stück zu machen. Alle die letztgenannten Gesellen brauchten kein Meisteressen zu geben und waren durch ihre Zahlung von allen weiteren Kosten, „wie die Nahmen haben mogten", befreit. — In Frankfurt mußte 1589 der angehende Meister, wenn er sich die Maße für sein Stück holte, den acht Schaumeistern und zwei Zunftmeistern acht Maß Wein und für zwei Schillinge Brot geben; damit hatten diese ihre Bewirtung weg, auch für den Fall, daß der Prüfling nicht bestand. War er dann mit dem Aufreißen fertig, so mußte er einen Gulden, wahrscheinlich an jeden der vielköpfigen Kommission, zahlen. — In Münster zahlten 1607 Einheimische für die Aufnahme 7 Reichstaler; die Fremden mußten aber dazu noch eine Tonne „koits Bier" ausgeben. — In Essen kostete 1660 die Aufnahme 4 schlechte Taler in bar. — In Riga mußte 1541 die „amptköste" aus Bier, Schinken, Mettwürsten, Brot, Kraut usw. bestehen. — In der Enquete für den „Reichsabschied"[1]), für das Reichsgutachten vom 3. März 1672, das leider wenig Beachtung fand, dem aber in Preußen mehrere Edikte folgten, wurden auch die Tischler befragt; hauptsächlich wegen der Höhe der Eintrittsgelder für die jungen Meister, die bei den Tischlern von 9 auf 56 Reichstaler (bei den Böttchern gar von 8 auf 81 Reichstaler) gestiegen waren. Und zwar mußten gezahlt werden: 1. Bei der ersten Eschung 2 Reichstaler. 2. Bei der Aufweisung des Meisterstücks eine Art Entschädigung an den Altermann 15 Reichstaler. 3. Buße für Unvollkommenheit des Meisterstücks (die anscheinend auf alle Fälle angenommen wurde) 7 Reichstaler. 4. und 5. Mahlzeiten, Einkaufsgelder 30 Reichstaler. 6. Kirchenordnungsgelder 0 Reichstaler. 7. Meßgelder 2 Reichstaler. Zusammen 56 Reichstaler. Vorher schon war in einer Ratsordnung für die Tischler, Dryer, Zimmerleut folgende Gebührenordnung festgesetzt worden: 1. Vor alle Eischunge, eins vor alles, 1 Reichsthaler. 2. Vor die Amptskosten 4 Reichsthaler. 3. Kirchenordnung 2 Reichsthaler. 4. Zu Borathskorn in ihren Kasten zu legen 7 Reichsthaler. 5. Der Stadt vor Gerechtigkeit 7 Reichsthaler. Thut in alles 21 Reichsthaler. Man hat sich nach dieser Vorschrift wohl kaum, mindestens nicht lange, gerichtet, denn schon 1661 beschwerten sich die Tischler (wohl die angehenden Meister) über die hohen Kosten, die sie wie folgt angaben: 1. Die Eschung 2 Reichsthaler. 2. Maßgelder 2 Reichsthaler. 3. Würde der jüngste Meister von den Eltisten 3 Mahl ersucht (besucht), wan er daß Meisterstück machet, jedes Mahl uf 5 Reichsthaler. 4. Drey Mahlzeiten, jeder uf 10 Reichsthaler, 30 Reichsthaler. 5. Die Straffen 7 Reichsthaler. Zusammen 56 Reichsthaler. Diese Aufstellung stimmt ungefähr mit der zuerst erwähnten, im Jahre 1672 für das Reichsgutachten abgegebenen überein. Sie zeigt, wie fast unerschwinglich die Erlangung der Meisterschaft geworden war. — In Basel durfte 1728 bei „Visitation" des Meisterstückes die „Buße" dafür nicht höher als auf 6 Gulden „getrieben" werden. — In Berlin[2]) wurden 1734 Schikanen bei der Prüfung des Meisterstücks ausdrücklich verboten und die Vorrechte der Meisterssöhne usw. aufgehoben. Die gesamten Gebühren beliefen sich auf 10 Reichstaler, „über diese aber nichts mehr, es sey unter was Vorwand es wolle". Diese Gebühren kamen etwa einem vierwöchentlichen Lohn gleich, waren also nur ein Fünftel der Gebühren von 1601. Damals mußte zunächst der Geselle das Material für die drei Meisterstücke kaufen. Sechzehn Wochen waren für ihre Anfertigung bestimmt, und in dieser Zeit

---

1) Stieda a. a. O., S. 175, 678 u. 684.
2) Voigt a. a. O., S. 331.

mußte der Geselle sich selbst unterhalten. Endlich mußte der neue Meister entweder sämtlichen Zunftgenossen ein äußerst kostspieliges Festessen (Diner zu 4, Souper zu 3 Gängen, 4 Tonnen Bier, ein Stübchen Wein usw.) geben oder 18 Taler in die Lade entrichten. Die auch hier privilegierten Meisterssöhne usw. brauchten nur 9 Taler zu zahlen. Aus der Taxordnung ersieht man, daß der wöchentliche Unterhalt eines Gesellen mit 12 Silbergroschen berechnet wurde. Daneben wurde noch eine bare Entschädigung von weiteren 12 Silbergroschen an den Meister entrichtet, der davon natürlich nur einen Teil an den Gesellen abgab, vermutlich 8 bis 10 Silbergroschen als wöchentlichen Geldlohn. Die Gesamtkosten des Meisterstücks dürften mit 30 Talern nicht zu hoch geschätzt sein und würden demnach das ganze zweijährige Geldeinkommen eines Gesellen repräsentieren. Voigt knüpft hieran die Bemerkung, hinter die man doch wohl ein Fragezeichen setzen darf, daß, da sich die Tischlergesellen nicht aus den ganz armen Schichten der Gesellschaft rekrutierten, diese recht beträchtlichen Kosten für die meisten von ihnen ein unüberwindliches Hindernis nicht hätten darstellen können. Man muß dieser optimistischen Meinung gegenüber auf die überall erschreckend wachsende Zahl der sogenannten „Pfuscher" hinweisen, die keineswegs alle Nichtskönner, sondern zum beträchtlichen Teil solche Gesellen waren, die das Meisterstück nicht erschwingen konnten, aber doch auf eine gewisse Art zur Selbständigkeit gelangen wollten und nun, außerhalb der Zunftgesetze stehend, sich ihre eigene Arbeit suchten. — Wenn in Nürnberg-Land 1752 ein Geselle zum Meister gesprochen wurde, so mußte er 5 Gulden in die Lade legen und vorher für das Schauen seines Stückes jedem Geschworenen 3 Gulden geben; da weitere Verpflichtungen nicht vorhanden waren, so kam er hier noch ziemlich glimpflich davon.

14. Die Meisterprobe.[1]

Das „Meisterstück" bedeutet die geringste Forderung, die das Handwerk an das Können seiner Mitglieder stellte. Diese Forderung wurde verändert, erhöht, vermindert und ist damit ein guter Maßstab für den Stand des Gewerbes zu den verschiedenen Zeiten seiner Entwicklung. Man ging fast stets von den technischen Fertigkeiten aus, die ein selbständiger Meister besitzen mußte, um die Kundschaft so befriedigen zu können, wie sie es verlangen durfte. Daraus erklärt es sich, daß man oft über die Gebühr lange an einem einmal vereinbarten Meisterstück festhielt, ohne Rücksicht auf dessen veraltete Stilform. Erst, wenn sich aus der unzeitgemäßen Gestalt die Unverkäuflichkeit der Stücke ergab und die Gesellen materiell geschädigt erschienen, wenn sie den alten Stiefel weiter bauen mußten, entschloß man sich zu einer formalen Änderung. Oft mußten die Gesellen, die mit ihrer Zeit gehen wollten, eine neue Wahl erzwingen. Zuweilen waren aber gerade sie es, wie das Augsburger Beispiel (S. 136 ff.) beweist, die lieber das alte Stück weitermachen wollten, weil sie glaubten, an dessen Überladenheit mit aufgepfropften Stilmerkmalen ihre Kunstfertigkeit besser beweisen zu können. Im allgemeinen mag es den Gesellen,

---

1) Betr. die stilgeschichtliche Beschreibung der Stücke. Vgl. auch den Bilderanhang.

nachdem sie auf der Wanderschaft und am Orte in den Werkstätten fortgeschrittener Meister praktisch dasjenige gearbeitet hatten, was eben der Zeit und dem allgemeinen Stilgefühl entsprochen hatte, wunderbar genug vorgekommen sein, nun „theoretisch“ als Meisterstück ein Werk ausführen zu müssen, das ganz veraltete Formen zeigte. Handwerklich mag ihnen das, abgesehen von der durch die Unverkäuflichkeit bedingten materiellen Einbuße, nicht viel geschadet haben, weil die Technik dieser Stücke schon eine durchgebildete Tradition besaß, an der sich immerhin etwas beweisen ließ; wie man ja in allen Examen mit mancherlei grundsätzlichen Dingen geplagt wird, die man in dieser reinen Form im praktischen Leben niemals wieder gebraucht, obgleich doch die grundsätzliche Kenntnis ihrer inneren Struktur in Fleisch und Blut übergegangen sein muß.

Zuweilen kann man sich aber des Verdachts nicht erwehren, daß die älteren Meister an den im allgemeinen schon veraltenden Stilformen festhielten, um bewußt die lokale Entwicklung zurückzudämmen. Möglich war die Durchführung einer solchen Maßregel schon. Man braucht nur an die strenge örtliche Abgeschlossenheit der Städte in allen gewerblichen Dingen zu denken. Die Zünfte hatten es vollkommen in der Hand, was sie an neuem Geist herein- (und heraus)lassen wollten und was nicht. Sie verboten das Hereinbringen der fremden Waren den Händlern, ja sogar lange Zeit auch dem Publikum, das auswärts etwas auf Reisen gekauft hatte. War zufällig die Stellung des Einkäufers eine so hohe, daß sie ihm seine Ware nicht schon gleich am Tore konfiszieren konnten, so strengten sie einen Prozeß gegen ihn an; und endlich, wenn auch das nicht mehr half, erboten sie sich, die eingeführten fremden Waren in gleicher Form und zu gleichen Preisen auch selbst herzustellen, anzufertigen. Aber, auf die Probe gestellt, versagten sie oft kläglich, weil ihnen die Erfahrung und auch die Liebe zur Sache fehlte. (Vgl. S. 395.) Dagegen hat man sich in jenen Städten, die auf ihre führende Stellung in handwerklichen Dingen stolz waren, bemüht, das Meisterstück auch stilistisch mit den neuesten Forderungen in Einklang zu bringen; doch war auch hier das Tempo manchmal schleppend. Man muß deshalb die gewerbliche und die kunstgewerbliche Entwicklung, wenn man so sagen darf, recht vorsichtig gegeneinander abwägen.

Die vorhandenen Quellen über das Meisterstück beginnen nicht an allen Orten mit der Einführung dieser Probe überhaupt; sie weisen vielmehr oft in eine frühere Zeit, in der sie schon im Gebrauch war, aber nicht mehr belegt werden kann, und oft finden sich in der späteren Zeit unausfüllbare Lücken, oder die Nachrichten versiegen vollständig. Um ein annähernd zuverlässiges Bild zu gewinnen, müssen zuerst der Reihe nach die örtlichen Berichte gegeben werden; deren Zusammenfassen und Einschalten wird dann erst eine Übersicht auch nach der kunsthistorischen Seite (im Bilderanhang) ermöglichen. Leider fehlen für manche in der Geschichte des Tischlergewerbes sehr wichtigen Orte alle Angaben über die Art der dort gebräuchlichen Meisterstücke. Zum Beispiel gibt die sonst so ausführliche Lübecker Ordnung von 1508, obwohl sie eingehende Vorschriften für die Stückmeister enthält, keine Anhaltspunkte darüber; sie spricht nur von der Dreizahl der zu fertigenden Stücke. Da sonst zwischen Lübeck und Hamburg in bezug auf die für Kistenmacher zu erlassenden Vorschriften ziemlich enge Vereinbarungen vorhanden gewesen zu sein scheinen, so kann man vermuten, daß in Lübeck um diese Zeit dieselben Meisterstücke verlangt wurden wie die in Hamburg 1515 gebräuchlichen und nachstehend beschriebenen.

Zunächst folgt also die rein historische Zusammenstellung der vorhandenen örtlichen Quellen — und zwar in der Reihenfolge, wie die ältesten Nachrichten jeweils beginnen.

München. In München war schon 1370[1]) bei den Tischlern, die zwölf Mann stark waren, ein Meisterstück eingeführt. Welcher Art dieses Stück war, ist uns nicht überliefert. Erst die Kistlerordnung von 1427 gibt uns darüber Aufschluß. Nach ihr waren es schon vier Stücke, die verlangt wurden und beweisen sollten, daß der junge Meister „recht und redlichn arbaitn" könne. Die Vierzahl der Stücke ist verhältnismäßig außerordentlich groß und läßt auf einen hohen Stand der Münchener Gewerbetätigkeit schließen. Es waren folgende Stücke: 1. Ein gevierter Tisch. 2. Ein Gemstew Scheibn. (Wahrscheinlich ist damit ein Fensterrahmen gemeint.) 3. Ein Gewanntkastel. 4. Ein Truhen mit Laedlein, d. h. Schubladen. — Im Jahre 1477 wurde der „gescheibte" Tisch durch ein „guten" Schreibtisch ersetzt. — Die Zahl der Meisterstücke beschränkte der Rat im Jahre 1508 auf zwei, stellte aber dafür kompliziertere Forderungen technischer und kunstgewerblicher Art. Künftig bestand die Meisterprobe aus einer Gewandtruhe, furniert mit geschnittenem Untergestell und in einem vierfüßigen Tisch mit eingefaßter Platte und geschnittener Zarge. Die Form hatte noch reinen gotischen Charakter. — Später war nur noch ein Meisterstück zu machen. Es war ein viertüriger Gewandkasten mit Mittelgurt in Renaissanceart aufgegeben worden; wann, ist nicht festzustellen. Dieser Gewandkasten wurde 1737 durch ein „junges" Meisterstück, einen „absonderlichen" Kasten mit zwei Türen im Barockstil, abgelöst. Der alte Kasten mußte aber noch „in Riß gebracht" werden, wovon nur die Meisterssöhne und diejenigen, die eine Meisterstochter oder eine „Maisters hinderlassene Wittib" heirateten, befreit waren. Man hielt es also für richtig, daß der Anfänger den vorhergehenden Stil noch theoretisch (zeichnerisch) beherrschte, was ihm wohl sicher nützlich gewesen ist.

Danzig. Das in Danzig vor 1454 übliche dreifache Meisterstück bestand aus einem Ausschiebetisch mit Röhren, einer Lade und einem englischen Spielbrett (einem Exportartikel der Ostseehäfen).

Cöln. In Cöln wurde im Jahre 1492 die Bedingung des Meisterstückes eingeführt. Man verlangte die Ausführung eines Klapptisches (hangende taifel) und einer „vierkanthaftigen" Anrichte (tritzoir) mit Gesims. Dieselben Stücke waren noch 1527 in Gebrauch, nur mußte die vierkantige Anrichte künftig sechskantig sein. Alles mit Schnitzereien in gotischem Stil. — Auch die Meisterstücke, die im Jahre 1579 erwähnt und beschrieben werden, haben ausgeprägt denselben Stilcharakter. Nur sind es jetzt folgende Stücke: 1. eine Bettstatt mit Dach oder eine Sitzbank mit Schirm (Siedel); 2. ein Stollenschrank mit drei Böden. Man darf aber stark bezweifeln, ob diese Stücke den Kistlern gehörten, und kann mit großer Wahrscheinlichkeit annehmen, daß

[1]) von Destouches a. a. O.

sie den Drehern[1]) vorgeschrieben waren, denen nämlich gerade diese Gegenstände erlaubt waren. In dieser Vermutung bestärkt eine Urkunde von 1697, die als die Meisterstücke der Kistler wieder den Tresor und den Tisch mit hangender Tafel „wie von alters her" erwähnt. Hier haben wir den Fall, daß dieselben Meisterstücke, die 1492 vorgeschrieben und 1527 nur unwesentlich abgeändert, noch 200 Jahre später in Gebrauch waren und von den jungen Meistern verlangt wurden. Eine grundsätzliche Änderung der Stilauffassung der Cölner Meisterschaft scheint sich tatsächlich, nach einer Eingabe der Meisterschaft an den Rat vom Jahre 1696, erst um diese Zeit vorzubereiten. Man suchte jetzt, dem Zeitempfinden und dem örtlichen Einwirken der Geistlichkeit entsprechend, aber widerstrebend, den Anschluß an die Formen des Barocks, doch mehr äußerlich. Soweit es das Meisterstück betraf, ist diese Behauptung sicher zu rechtfertigen, denn daß die Meisterstücke in der ganzen Zeit der 200 Jahre ihre konstruktive Grundform nicht verändert haben, geht schon aus ihrer Bezeichnung hervor: „hangende taifel", „hangende taffell", „abschaubende tiecke"; ferner ist 1696 nicht etwa eine neue Beschreibung gegeben worden, sondern es heißt, es seien die Meisterstücke „wie von alters her". Nun aber suchte man sich, in der eben erwähnten Eingabe von 1696, mit der Konkurrenz der Bildschnitzer, die schon den plastischen Barockstil pflegten, abzufinden; zunächst rein wirtschaftlich, denn man schreibt: „Allhier befindet sich ein ehrbares Ampt wegen letztangenommener zwei Bildhauer oder Bildschneider höchlich beschwert, verhoffend solches in Gnaden attentiert zu werden". Man will das Bildschneiden zünftig dem Schreineramt unterordnen und verlangt, daß die Bildschnitzer, auch wenn sie nur ihr eigenes Handwerk und nicht dabei die Tischlerei ausüben wollen, vor den Schreinern ihr Meisterstück machen sollen. Es wurde ihnen vorgeschrieben „ein Bild von mindestens fünf Fuß aus gutem Holz und eines Corridors Capital, wie von alters gebräuchlich". Die Stücke sollen durch die vereinbarten Meister besichtigt und dann in den Besitz des Amtes übergehen. Wenn dann der Bildschnitzer 24 Reichstaler gezahlt und das übliche Essen gegeben hatte, durfte er sein selbständiges Handwerk beginnen. Wollten aber die Bildschnitzer daneben auch Schreiner sein, so sollten sie auch noch die Meisterstücke der Schreiner machen und „mit Bildwerk verzieren". Das klingt sehr verständnislos für die künstlerischen Absichten der Bildschnitzer, die diese verfolgten, denn sicher wollten sie die Berechtigung zum Tischlern nur deshalb erwerben, um aus beiden Künsten ein organisches Ganzes, ein zeitgemäßes Neues zu schaffen. Und nun gab man ihnen die Stücke einer formal veralteten Konstruktion und verlangte von ihnen, sie sollten sie rein äußerlich „mit Bildwerk verzieren"! Die Schreiner konnten aber mit ihrer rückständigen Gesinnung doch nicht verhindern, daß von jener Seite aus wirkliche Künstler, wie zum Beispiel der ausgezeichnete Helmont[2]),

[1]) Das betreffende Schriftstück liegt im Historischen Archiv in Köln allerdings unter Kistlerakten 116, betrifft im übrigen aber den Streit eines „Holldreyers". Vgl. S. 155.

[2]) Dem Helmont werden der große aus dem Makkabäerkloster stammende Altar in St. Andreas, der Hochaltar in St. Columba, die Kanzel in St. Johann Baptist und andere Werke in Cöln zugeschrieben. (Berühmte Kunststätten, Bd. 38, Cöln, von Edmund Renard, S. 185.)

in ihre Reihen traten. Dieser Helmont wurde dafür aber von der eifersüchtigen Meisterschaft nach Kräften schikaniert, und man weigerte sich, die Gesellen und Lehrlinge, die er ausgebildet hatte, zur Meisterprobe zuzulassen. Überhaupt wollte man keine selbständigen Meister der Bildschnitzerei, sondern abhängige Gesellen, deren Können man für sich ausbeuten und in den beliebten Grenzen halten konnte; aus diesem Grunde versuchte man Gesellen nach Cöln zu ziehen, „die des Schreinerwerks, Bildschneidens und Einlegens wolerfahren waren und solche Kunst anderstwo gelernt hatten“. Auch das Einlegen kam erst allmählich auf. Wer diese aus Süddeutschland kommende Spezialität und das Bildschneiden lernen wollte, hatte die doppelte Gebühr zu zahlen als ein einfacher Schreiner, der nur mit der „Schabe“ arbeiten wollte. — Unter der Einwirkung dieser Strömungen entschloß sich die Meisterschaft endlich, nach Anweisung von oben, zur Änderung des Meisterstückes, indem man einen großen Kleiderschrank dafür wählte. Die Zeit der Einführung dieses Stückes ist nicht genau zu bestimmen, auch ist die Form nicht bekannt. Ganze Arbeit scheint aber nicht geleistet worden zu sein, denn die Gaffelherren drängten fortgesetzt darauf, dieses „vor langen Jahren“ eingeführte Stück abzuändern und „in einem zur jetzigen Zeit nützlichen, jedoch die Handwerkskunst enthaltenden Abriß“ dem Senat vorzulegen, aber ohne Erfolg („gantz ohne daß ermeltes Glied — also die Schreinerzunft — sich hierzu angeschicket hat“). Endlich wird es dem Senat zu dumm, und er verlangt die Erfüllung im Jahre 1768 innerhalb von sechs Wochen. Die Notwendigkeit dieser Abänderung wurde so begründet: „Ebensolches Stück ist bey jetzigen Zeiten nicht nur verwürfflig und unverkäufflig, weil dermahlen newe modische kunstreiche Arbeit in Aufnahme ist, sondern auch denen jungen Meistern fast verderblig, zumahlen schwehre Außlagen annebst der geraumen Zeit von drey bis vier Monath zur Verfertigung dessen erfordert wird.“ — Es wurde dann an Stelle jenes Kleiderschranks ein „Cabinet“ (ein Sekretär) als Meisterstück eingeführt, der in den Formen des Rokokos gehalten gewesen zu sein scheint. Es gingen 25 Jahre ins Land, aber die Meister dachten wieder nicht an eine zeitgemäße Fortbildung dieses neuen Stückes, obwohl der Stil jetzt besonders rasch wechselte. Doch die Gaffelherrn waren darauf bedacht, die Cölner Schreinerei nicht gar zu sehr hinterdrein hinken zu lassen; da sie mit den Meistern selbst nicht zurechtkamen, richteten sie 1793 ein Gutachten direkt an den Senat, in dem sie ausführten, das Meisterstück (das Cabinet) sei in seiner derzeitigen Form unverkäuflich; wenn daher „anstatt des an obgenanntem in Augenschein genohmenen Cabinet zu sehr gedrängtem Schränckgen, woneben eine Ausschweifung angebracht ist, die Pilaster gerade von oben auf das vorstehende Commode mit derselben Architekturzeichnung herabliefe, und gedachte Commode anstatt mit zwei Schubladen mit drei flachen versehen würde, dann glauben Referentes, daß besagtes Stück mehr Ansehen und bequeme Seiten haben würde, und nicht so einem Altar gleichen, als das obgedachte in Augenschein genohmene“. Die Meister, vom Senat zur Gegenäußerung aufgefordert, zeigten sich sehr abgeneigt, auf die Vorschläge der Gaffelherren einzugehen. Sie erkannten wohl an, daß die drei flachen Schubladen eine Verbesserung bedeuten würden, wollten aber statt der Pilaster die bisherige Ausschweifung beibehalten. Gegen ihren Willen wurde aber noch im selben Jahre (1793) die von den Gaffelherren befürwortete neue Form des Meisterstückes im Auftrag des Senats eingeführt. Kurz darauf entschloß sich dann der Meister Jos. Steffen zu der auf S. 204 abgedruckten Eingabe, in der er die völlige Abschaffung eines auszuführenden Meisterstückes und dafür die Einführung einer Zeichenprobe verlangte.

Lüneburg. Die Meisterprobe wurde in Lüneburg gleichzeitig mit der Begründung der Zunft im Jahre 1498 eingeführt. Es wurden drei Stücke in ausgesprochen gotischem Charakter verlangt, nämlich 1. ein Schrank mit Büfett („schap mit schenkeschyve"), 2. ein durchstochener Giebel (wyntberch"), wie er aus der Architektur übernommen, über Altären oder an den Stuhllehnen großer Sessel gebraucht zu werden pflegte, 3. eine Truhe mit Füßen („stappede kyste"). — Die im Jahre 1524 verliehene neue Ordnung der „Snitkere und kunthormaker" behielt dieselben Stücke bei und gab die bezüglichen Vorschriften mit genau den gleichen Wörtern.

Hamburg. In Hamburg machten die „Kisten- und Luchtenmacher" und die „Kunthormacher", entsprechend ihren getrennten Arbeitsgebieten, verschiedene Meisterstücke, aber bei beiden wurde in gleicher Weise auf die genaueste handwerkliche Ausführung der größte Wert gelegt. Die Kisten- und Luchtenmacher mußten seit 1515 zwei Kisten und ein Schapp machen. Die Kisten waren aufrechtstehende, kastenartige Truhenschränke von 1⅔ bis 2 Meter Höhe; das Schapp war ein Schrank mit Abteilungen. Alle drei hatten ganz schlichte kantige Formen; die Seiten mußten gut aneinandergefügt sein. — Die Kunthormacher fühlten sich als Kunsttischler und wollten keinen mehr zum Meister annehmen, der nicht auch im Schnitzen die größte Fertigkeit besaß. Dagegen schritt aber der Rat im Jahre 1540 ein. Er wollte in erster Linie das technische Können bewiesen sehen. Das Meisterstück sollte ein schlichtes Büfett (Schenckschyve) sein und ohne jede „kruse" Arbeit, das heißt ohne Schnitzwerk, aber es mußte mit Hobel und Meißel so zusammengebracht und verbunden sein, wie es sich gehörte und vor den berechtigten Forderungen bestehen könnte. Niemand sollte sagen und einwenden dürfen, daß man ihn, weil er die jetzige neue Art von allerlei krauser Arbeit und Schnitzwerk nicht verstände, von dem Handwerk abhalten wollte. Der Rat hatte vielmehr eine gewisse Besorgnis, daß diese ornamentalen Zutaten die tischlermäßige Güte beeinflussen möchten. „Wolde aver eyner sin meyster- effte (oder) warckstucke mith zerlichem unnd kunstigemm arbeyde herutersttrykkenn (herausstreichen) unnd darmith sine hannth und kunst ahn den dagh gheven unnd sehenn laten, dath sall ehme frug stan, idoch und also, dat dat hovethstucke (die Hobelarbeit), also dath tosamendebringent unnd vorgaderent mith dem hovell unnd betele (und das Zusammenbringen und Verbinden mit dem Hobel und Beißel) haben unnd under sullichem behendenn krusen arbeyde unnd snythwarcke nicht vordunckert werde (auf und unter solcher leichter, krauser Arbeit und Schnitzwerk nicht versteckt werde), sundern dath dat vorgaderent und tohopebringent dat vornemste arbeit des meisters- und warckstuckes synn schole" (sondern daß das Zusammenbringen und Verbinden die vornehmste Arbeit sei).

Augsburg. Wenn in München schon um 1370 ein Meisterstück verlangt wurde, so kann man mit Sicherheit annehmen, daß auch in Augsburg die

Meisterprobe schon frühzeitig eingeführt worden war, denn diese Stadt war der anderen in ihrer Entwicklung stets gleich geblieben, wenn nicht gar vorausgeeilt. Die älteste Beschreibung der Augsburger Meisterstücke stammt aber erst aus dem Jahre 1519; doch weist sie in die Vergangenheit, denn es heißt, daß nunmehr wesentliche Veränderungen vorgenommen und die Meisterstücke „gescherpfft und gebossert" würden. Berthold Riehl[1]) berichtet, daß der Architekt der Kirche St. Ulrich trotz des allgemeinen noch gotischen Charakters seines Werkes „mit etwas tollem Suchen nach neuem" versucht hätte, sich mit den neuen Problemen der Zeit, wie sie aus Italien herüberdrangen, also mit der Renaissance, auseinanderzusetzen; bei dem darauf entstandenen, in den Jahren 1490 bis 1505 errichteten Bau der Pfarrkirche St. Georg hätte sich nach diesem Versuch dann aber eine starke Ernüchterung gezeigt, obwohl die Gotik sich in Augsburg schon innerlich ausgelebt hatte. Wenn hiernach sogar die Architekten ruhig an der Gotik festhielten, wenigstens vorläufig, bis sie sich in die neue Theorie besser eingearbeitet hätten, — kann man es da den Kistlern, denen die neue Art innerlich wesensfremd war und ihre handwerkliche Tradition ernstlich bedrohte, verdenken, daß sie dasselbe taten? Sie überließen das stilistische Vorangehen den Architekten, deren Führung sie sich, da hier mehr wissenschaftliche als handwerkliche Probleme für sie zu bewältigen waren, in den folgenden Jahrzehnten überhaupt anvertrauen mußten[2]). Später, als sie

[1]) B. Riehl, Augsburg, Berühmte Kunststätten, 22, S. 60.

[2]) Ein Beispiel der umgekehrten Einwirkung der Möbelkunst auf die Architektur führt Artur Weese an: („München", in der Sammlung „Berühmte Kunststätten", S. 76.) Da dies Beispiel einen berühmten Augsburger Kistlermeister betrifft, so sei es hier zitiert. Weese spricht von dem Bau der Kirche St. Michael in München und von deren äußerer Fassade, die ihm im Gegensatz zu dem Kircheninneren nicht vollkommen erscheine, und begründet das so: „Die Front hat durch ihre Größenverhältnisse und die hochaufragende Giebelgruppe im Straßenbilde eine imposante Wirkung. Sie ist das allbeherrschende Hauptmotiv. Aber sie entstammt einem Kopfe, der keine korrekte Schulung genossen zu haben scheint. Verstöße gegen die Elementargesetze der Komposition befremden. Der schlimmste ist der, daß die Pilaster in den oberen Geschossen nicht ihre Fortsetzung und Ergänzung durch die übrigen Glieder der Ordnung finden. Der große Zug, der in der Behandlung des Erdgeschosses mit den prächtigen Portalen, der alles übertrumpfenden Nischengruppe und dem Pilastersystem einsetzt, erlahmt schon im zweiten Geschoß. Namentlich die kleinen Nischen mit den schwer erkennbaren Größen in Denkmalspose sind ein kleinliches Motiv, das dann im dritten Stock vollkommen versagt." Nach weiteren Ausstellungen nennt Weese die Disposition „vlämisch-augsburgisch" und fragt, ob es wohl anzunehmen wäre, daß der leitende Architekt Sustris sie „visiert" hätte, woran man ja eigentlich nicht zweifeln dürfe. Dann fährt er fort: „Nun haben aber die Rechnungen und Zahlungsvermerke unter den bestbezahlten Meistern schon lange Wendel Dittrich (von 1587 bis 1597 als „Hofbaumeister" in München) verraten. Weil er außerdem in diesen Urkunden immer wiederkehrt, und weil der Herzog ihn aus Augsburg verschreibt und verordnet, sich für Ihro Fürstliche Gnaden Baumeister gebrauchen zu lassen, ist er bisher als der erste Architekt angesehen worden. Es wird für ihn Fuhrlohn gezahlt, als er gen Augsburg geführt wurde; ferner Zehrung während seines Aufenthaltes in München, Botenlohn, „etlich Abriß von Wendel herzutragen", schließlich wird er mit 300 Gulden als Baumeister angestellt. Man hat sich sichtlich um ihn bemüht. Was hat er aber geleistet? Er war kein Architekt, sondern Kunstschreiner. Meistenteils lieferte er geschnittene Arbeiten für König Philipp II., für Max Fugger und Kaiser Rudolf II. Sein Geschäft ging gut, und es scheint, daß ihm das Liebeswerben der Münchener gar nicht recht war. Er mußte die Werkstätte seinem Sohn übergeben, während er selbst bei Hofe war. Daß er indessen

die Theorie der „Säulenordnung“ usw. in sich aufgenommen, aber oft nur sehr unzulänglich geistig verdaut hatten, begannen sie, jene zu übertrumpfen und wahre Orgien in der „Architektura“ zu feiern, um schließlich die neue Art mit einer meist rein äußerlichen Anwendung zu Tode zu hetzen. Vorläufig also behielten die 1519 angeordneten Meisterstücke ihren gotischen Ausdruck bei. Sie bestanden aus einem Gewandkasten mit Fuß und Zinnen durchsichtiger Schnitzarbeit und einem zusammengelegten, mit Linde furnierten Tisch, doch mußte die Verzierung zum Teil auch schon aus schwarzen und weißen eingelegten Stäben — einem späteren Renaissancemotiv der Schreinerkunst — bestehen.

Dieselben Meisterstücke wurden 1550 vom neuen Rat bestätigt und erhielten sich bis 1575; dann ersetzte man sie als veraltet und unverwendbar („ain altt werckh, in jetziger Zeytt gar unbrauchsam“) durch neue, stellte aber den Gesellen frei, nach Neigung die alten Stücke sich zu wählen. Schon daraus, daß hier eine grundsätzliche Scheidung gemacht wurde, kann man annehmen, daß auch ein Stilwechsel sich vollzogen hatte, obwohl eine im einzelnen genaue Beschreibung der neuen Stücke nicht vorliegt. Aber auch die wenigen Angaben deuten auf den veränderten Zweck hin. Die Kistler hatten sich fleißig in die theoretischen Vorschriften der italienischen Renaissance eingearbeitet und verlangten „eine rechte Austeilung“, gaben aber dennoch dabei dem Gewandkasten bei den Abmessungen einen Spielraum von einigen Zoll. War vorher eine durchsichtige Schnitzerei vorgeschrieben gewesen, wozu auch das Gestell, dem süddeutschen Gebrauch gemäß, aus weichem Holz gebaut sein mußte, so sollte jetzt der ganze Kasten „auswendig vom Hobel gemacht“ werden, und zwar ganz von hartem Holz, Eichen, Ahorn, Birnbaum, Nußbaum oder Esche. Aus solchem Holz sollten dann auch die nicht mehr vertieft geschnitzte, sondern nach Renaissanceart erhaben plastische Verzierung gestaltet, oder in die Flächen die sehr beliebten Einlegornamente genauer und dauerhafter eingelassen werden. Welche Weise nun auch der Geselle wählte, die glatte Hobelarbeit, das Schnitzen oder das Einlegen, sie mußte „ain's Handwerckhgeschau gemäß“, das heißt technisch einwandfrei und mit voller Beherrschung der neuen Mittel gemacht werden. Dieselben Vorschriften wiederholen sich bei dem an die Stelle des zusammengelegten Tisches getretenen Schreibtisch, der mit hartem Holz furniert werden mußte. Er sollte die genauen Maße, wie sie jetzt mehr wie je mathematisch errechnet wurden, zeigen. „Will er (der Geselle), so mag er noch drei Zoll darzue nemmen (für die Breite), und die höchin, wie es sich der Außthaillung nach begeben württ.“ Wie sehr man auf die architektonische Einteilung Wert legte, geht auch daraus hervor, daß der Prüfling, bevor er zur Ausführung

St. Michael nicht als Ganzes entworfen hat, darüber ist sich auch Gmelin klar, der sehr vorsichtig und gerecht geurteilt hat. Was hat er überhaupt für die Kirche getan? Ist es sehr ketzerisch, wenn ich bekenne, daß mich die Fassade, wenn man sie als bloße Konstruktion in einer Photographie oder Zeichnung studiert, oft an die Kunstschränke gemahnt hat, die die Renaissancemeister so geschickt gemacht haben? Ich dachte an diese Schreinerfassaden mit ihren Ordnungen, Säulen, Pilastern und Figurennischen. Die gesprengten Giebel über den Portalen, die Voluten, Pyramiden und vor allem die breiten, starken Simse zwischen den Stockwerken stammen auch aus diesem Schatz von Dekorationsmitteln.“ Weese wirft dann die Frage auf, ob nicht dieser Augsburger Einfluß dem Architekten Sustris das Konzept verrückt habe.

zugelassen wurde, das erste Meisterstück, den Gewandkasten „auß rechter Khunst und Artt“ aufreißen und dazu „dieser Visierung gemäß“ den Grundriß zeichnen mußte. Ein Vorteil ergab sich aus dem neuen Verfahren: die Gesellen mußten es nicht nur verstehen, sich aus einer ihnen übergebenen Zeichnung zu entnehmen, sondern von nun an auch lernen, die Zeichenkunst selbst zu üben. — Für die nun folgenden Zeiten fehlen leider die Beschreibungen der Meisterstücke. Wir wissen nur, daß es bei dem Kasten und dem Schreibtisch geblieben ist. Erst aus dem Jahre 1727 liegt wieder ein Ratsbeschluß betreffend die Meisterstücke vor. Wer eine Meisterswitwe heiratete, sollte einen zweitürigen Kasten „auf neue Manier“ (wahrscheinlich Barock) nur aufreißen, aber die (dazu gehörigen?) Säulen und Kolonnen und einen Schreibtisch „nach Riß und Visierung“ ausführen. Daß die Säulen und Kolonnen erst zu reißen und dann auszuführen waren, beweist, welche Wichtigkeit man darauf legte, daß ein angehender Meister diese in der Barockzeit so viel verwendeten Architekturglieder richtig einteilen und darstellen konnte. Die Meisterssöhne und die Schwiegersöhne von Kistlermeistern konnten den Schreibtisch fortlassen, sie mußten aber den neuen zweitürigen Kasten samt Säulen und Kolonnen nicht nur entwerfen, sondern ganz ausführen. Den übrigen Bürgersöhnen oder fremden Gesellen war aufgegeben, sowohl den zweitürigen Kasten mit Säulen oder Kolonnen und den Schreibtisch („nach Riß und Visierung“) zu entwerfen und auszuführen; ihnen aber war noch gestattet, auf Wunsch den bisher üblichen, also in der Zwischenzeit eingeführt gewesenen viertürigen Kasten zu entwerfen und auszuführen. Wir erfahren somit, daß vorher ein viertüriger Schrank das Meisterstück gewesen war; solche Schränke waren für die spätere Renaissancezeit typisch, bilden also das Bindeglied zwischen den Stücken von 1575 und dem jetzt eingeführten, womit die Kette der Entwicklung wieder geschlossen wäre. (Vgl. auch S. 136 ff.)

Riga. In der Handelsstadt Riga arbeiteten die Kistler für den Bedarf der Kaufleute und auch für den Export. Dementsprechend war 1541 ein „witt kunthor“, d. h. ein Schreibtisch aus weißem Holz, und ein Spielbrett vorgeschrieben, dazu noch eine Lade (Truhe). Die Brettspiele wurden wohl ebenso wie von Danzig auch von Riga aus nach England ausgeführt. Daß Arbeiten aus weißem Holz verlangt wurden, läßt darauf schließen, daß es glatte Hobelarbeit sein sollte, an der man die tischlermäßige Handfertigkeit erkennen wollte.

Würzburg. Der Schreiner-Satz von 1543 in Würzburg gibt als Meisterstücke nur an, daß sie ein Schreibtisch und eine Truhe sein sollten, und fügt nur hinzu: „ein Jedes nach seiner außtheylung und aller Gerechtigkeit“, demnach hatten sie den mathematisch berechneten Aufbau, wie ihn die Renaissance eben verlangte. Die Ordnung von 1614 gibt uns noch weniger Aufschluß über die äußere Form der jetzt üblichen Stücke; sie erläßt nur den Meisterssöhnen und denjenigen Gesellen, die Witwen und Töchter von Meistern heirateten, den Schreibtisch und verlangt nur die Ausführung eines „Kastens“. Aber „ein frommer Außlendischer“ mußte beide Stücke, den Kasten und den Schreibtisch, zu machen „verobligiertet und verbunden“ werden. Im Jahre 1724 erfolgte eine Abänderung der Stücke gemeinsam für alle städtischen Handwerker, indem man sie „auff die jezige Zeit dergestalten eingerichtet“ haben wollte, „daß die jungen Meistere selbige an den Mann bringen können“ usw.; 1737 ersuchte der „Zierratenschreiner" Hundt, zwei „Trimaux" und einen Tisch, die er „unter der Hand" hätte, als Meisterstück gelten zu lassen. Derartigen Gesuchen begegnet man um diese Zeit auch in manchen Städten; zuweilen machten die Zünfte Schwierigkeiten, zuweilen unterstützte erfolgreich irgendeine Fürstlichkeit den Antrag, denn meist strebte auf solche Art ein Begabter, der seine eigenen Wege ging, nach Anerkennung, oder ein ärmerer Geselle wollte sich Geld und Zeit der regelmäßigen Meisterprobe ersparen. Die im Jahre 1850 bestehenden Vorschriften stellten gleiche Anforderungen für Stadt und Land.

Straßburg. In Straßburg wurde erst 1544 die Meisterprobe als neu eingeführt und in Dreiteilung sorgfältig eingerichtet. Das erste Stück bestand in einem Fensterrahmen mit sechs „Lichten", die so genau gearbeitet werden mußten, daß man sie beliebig gegeneinander austauschen konnte. Als zweites Stück wurde eine Trittleiter („ein trep mit ein abgehegten Fuß") bestimmt, die „an allen ortten, zuhaupten und an Seiten mit 6 Zinken geschlossen" und so fest sein sollte, daß man „ob der trep" (sauber verschlossen) „unvertegt" (unverzagt) „on alle Lysten" stehen konnte. In der Anwendung der Verzierung wurde es dem Gesellen freigestellt, ob er „solche weg uff teutsch oder welsch art mit laub, columnen oder maßwerk uff ein grundt schneiden" wollte. Man befand sich ja in der Übergangszeit von der Gotik zur Renaissance. Das dritte Stück war ein zusammengelegter Tisch aus hartem Holz mit zwei Platten, die so gemacht wurden, daß sie, wenn die Flügel offen standen, „gantz und gar dem winkemeß mit allen ußtheillungen gemeß und gleich zu sagen" waren; der Tisch sollte auch eine Schublade erhalten und mit „ein Brem" (wohl mit einer Leiste) eingefaßt werden. — Größere Freiheiten in der Wahl der Maße wurde den Gesellen 1617 gewährt. Sie durften ein Maß nach ihrem Belieben wählen in Höhe und Breite, groß oder klein, doch sollten ihre Arbeiten „entsprechende und gleiche Form wie die alten beschriebenen Meisterstücke haben". Es kann sich natürlich nur um die Gesamtform, um den allgemeinen Eindruck noch gehandelt haben, denn eine so weitgehende Veränderung der Grundmaße mußte auch eine Veränderung der äußeren Form zur Folge haben. Was die Schreiner, auf deren eigenen Antrag diese Bestimmung erlassen wurde, damit bezweckt haben, ist nicht ganz klar. Wahrscheinlich sollten die Gesellen damit beweisen, daß sie auch bei veränderten Maßen die „Austeilung", d. h. die von der Renaissance vorgeschriebenen architektonischen Verhältnisse berechnen konnten, und gleichzeitig sollte einer mehr barocken Kunstauffassung Spielraum geschaffen werden. Da auch die französischen Schreiner, die moderner als die deutschen gesinnt waren, diese Bestimmung in ihre am 3. September 1703 bestätigte Ordnung aufnahmen, kann man diese Absicht als sicher voraussetzen, zumal bei den französischen Schreinern auch sonst größere Freiheit nicht nur in der Wahl der Maße, sondern auch der Gegenstände beliebt war. (Vgl. ihre Meisterstückprotokolle auf S. 197 Polaczek[1]) berichtet: „Wenn in den Akten zuweilen die Rede ist vom französischen gout und von der teutschen Manier als von zwei Gegensätzen, so ist dies so zu verstehen: Die deutschen Schreiner arbeiteten

[1]) Polaczek a. a. O., S. 329.

bis weit ins 18. Jahrhundert hinein ihre überlieferte deutsche Renaissance fort, mit barocker Nuancierung, während die Pariser Ebenisten — die übrigens zu erheblichem Teil Deutsche oder Niederländer waren — den geänderten Geschmack des 18. Jahrhunderts vertreten, nämlich das, was wir Louis XIV. oder Régence usw. nennen. Noch im Jahre 1714 setzten die deutschen Schreiner in einer zur Beseitigung von Unklarheiten erlassenen neuen Vorschrift als Meisterstück den typischen deutschen Renaissanceschrank mit gedrehten Säulen fest. Dieser Konservatismus bestand aber in bezug auf das Meisterstück keineswegs, wie Polaczek meint, nur bei den Deutschen, sondern ganz genau so bei den französischen Schreinern. Das beweist eben ihr Protokollbuch. Es war den Franzosen ein halber Kasten (Schrank) vorgeschrieben, und aus den Kritiken ist zu entnehmen, daß er genau dieselben „typischen" Renaissanceformen „mit barocker Nuancierung" besaß wie der deutsche, denn noch Mitte des 18. Jahrhunderts ist da von „Beylastern" (Pilastern) von „Archetra" (Architrav), von Capitellen usw. die Rede. Ja mehr noch: den Franzosen wurde 1742 befohlen, ihr Meisterstück nach dem kleinen Riß zu machen, „auf Art und Weis, wie es bei den Teutschen auch gemacht wird"! Man darf aber Polaczek wohl zustimmen, wenn er weiter sagt: „Nun, man mag im Punkte des Meisterstückes konservativer gewesen sein als in der auf Bestellung verfertigten Arbeit, und gewiß hat nach und nach eine Annäherung zwischen den Arbeitsgewohnheiten der beiden Meisterschaften stattgefunden, so daß sie um 1750 beide im französischen Geschmack, in guten Louis XV.-Formen zu arbeiten verstanden." Der gewaltsame Versuch, auch die sich zur modernen Kunstauffassung bekennenden Franzosen zum veralteten Meisterstück zurückzuzwingen oder an ihm festzuhalten, mag dank der Polizei der Zünfte, vielleicht und wahrscheinlich Erfolg gehabt haben; die Gesellen mußten sich eben fügen und in Gottes Namen ihre Zeit und ihr Geld ebenso wie die Deutschen an eine unnütze Sache verschwenden; aber aufhalten ließ sich die Entwicklung dadurch nicht, und die jungen Meister haben sicher vom ersten Tag ihrer Freiheit an so gearbeitet, wie es ihnen ihr Gefühl und das Verlangen des Publikums vorschrieben. Wissen kann man es freilich nicht, ob nicht doch ein erheblicher Teil des Publikums, im Protest gegen die „welsche" Art, erst recht an den Renaissanceformen ihrer Wohnmöbel festgehalten hat. . . .

Nürnberg. Das krasseste Beispiel konservativen Festhaltens am „hergebrachten" Meisterstück auch dann, als nicht nur der Stil sich vollkommen gewandelt hatte, sondern die Probe auch der zweifellos erreichten Kunstfertigkeit gegenüber geradezu lächerlich erschien, liefern die Nürnberger Schreiner. Man könnte denken, Nürnberg sei eine abgelegene Provinzstadt gewesen, ohne jede eigene künstlerische Tradition, wenn man folgendes Schreiben liest, das der Rat von Nürnberg noch im Jahre 1548 an den Rat in Augsburg richtete. Die Nürnberger hatten wohl allmählich bemerkt und unangenehm empfunden, daß die Gesellen an ihrer Stadt vorbeizogen oder sich in ihr nur kurz aufhielten, um nach Augsburg zu wandern, wo es etwas zu lernen und mit Berufsfreude zu schaffen gab. Sie sind dann darauf gekommen, daß die Gesellenschaft selbst das Meisterstück als Maßstab nahm für den Hoch- oder Tiefstand des örtlichen Handwerks. Sie schrieben also nach

In der König[...]

Weitberühmten Kauff-

Wir zu Ende unterschriebene Ober Mei[...]

Entbieten allen und Jeden, was Würden, Ehren oder Stan[...]
Willige Dienste, und fügen hiermit zu wißen, Daß der uns be[...]
durch seine Eltern bittendlich ersuchen laßen, weil Ihme von [...]
Gutten Kundschafft, und Zeugniß von nöthen seyn wolle, Ihme daße[...]
Wahrheit zum besten fürzutragen, und aufzuweisen, welch[...]
können. Bekennen derowegen hiermit und in Krafft dies[...]
hier, das Tischler Handwerck zu lernen, angefangen, den 18.
[illegible] Zeit, wie es in unseren Innungen gebräuchlich, recht ehrlich un[...]
zuständig gegen seinen Lehrmeister, desgleichen auch i[...]
verhalten hat, also daß wir es seine Gelegenheit wäre gestatte[...]
wo nach Gottes Willen nieder zu laßen, und diß sein Han[...]
anzusehen, ihm diesen glaubhafften, wahren Schein
Ist dannach unser aller alß des gantzen Handwer[...]
Johannes [illegible], und seines Ehrlichen gelehrnten Han[...]
ihme auch auff begehren gutwillig in Ihre Zunfft, Gülden
befördern, Solches in dergleichen hinwiederum zu verdie[...]
beglaubigung, haben wir diesen Lehrbrief eigenhän[...]
hängen laßen. Dargegeben ist zu Leipzig, nach [...]
des Ein tausend Siebenhundert und Vierzehenden [...]

[illegible] Hennig [illegible] Ober Meister
[illegible] Kuchen Ober Meister
George Weiße Ober Meister,

Churfürstl. Sächssl. Handels-Stadt Leipzig;

Beysitzer, eines Erbaren Tischler und Büchsenschifter Handwercks.

mit diesen offenen Brieff ersuchet, und angelanget worden, unsere ingebühr gantz
Handwercks, der Ehrsahme Gesell, Johannes Mieseler, von Windemar gebürtig,
lichen Handwercks, so er althier von seinen Lehrmeister Georg Niclas Michel, gelernet
n zu ertheilen, damit er solches zu seinen vorhaben, wo er Ihm von nöthen, der
aren weil er der Billichkeit gemäss keines wegs abschlagen, oder versagen
s gedachter Johannes Mieler, bey unsern Mitmeister, George Niclas Michel all
1705. und seine Lehr Jahre geendet, den 10. Januarij, Anno 1710. auch die gantze
standen, sich auch in solcher seiner Lehrzeit, wie einem frommen Lehr Jungen
llen stande, gegen dem gantzen Handwercke, aller gebühr nach, wohl und ehrlich
bleiben, wie ihme gerne wißen und leiden mögen, weil er sich aber anders
tlich zu treiben bedacht, so haben wir auf sein fleißiges Bitten und
uß seiner Lehr Jahre mit zutheilen, nicht abschlagen können.
möglichen Dienst und freundliches Bitten, sie wollen ob gedachten
nser wahrhafften Kundschafft und vorbitte geniessen und finden laßen,
gen auff und annehmen, und allen beförderlichen Willen erzeigen und
Wir uns jederzeit angelegen seyn laßen. Zu Uhrkundt und mehrerer
eben, und Unseren gewöhnlichen Handwercks Insiegel wohlwißend an
s einigen Erlösers und Seligmachers Geburth, den 24. November

Lehrbrief des Johannes Mieseler, ausgestellt vom Tischler- und Büchsenschifter-Handwerk zu Leipzig 1714.

Augsburg und baten um Auskunft, „welche ganz künstliche Meisterstück" man dort anfertige; bei ihnen in Nürnberg seien die Schreiner „um pesserung" ihres Meisterstückes eingekommen, das seither nur in einem „ganz einfachen Fensterrahmen mit 6 liecht oder thürlein" bestand. Mit einer solchen einzigen, einfachen Probe, der höchstens eine bescheidene technische Beweiskraft innewohnte, begnügte sich also bis dahin die Stadt Albrecht Dürers, die damals schon seit mehr als zwanzig Jahren einen Peter Flötner beherbergte, von dessen Hand die schönsten Möbelentwürfe kamen! Mindestens wäre es nicht notwendig gewesen, sich vor den Augsburgern ein solches Armutszeugnis auszustellen. Wie mögen die Augsburger Meister triumphiert haben, als dieses Schreiben bei ihnen einlief! Ob nun die Meisterprobe geändert wurde, und worin sie künftig bestanden hat, läßt sich aus den Akten nicht erkennen. Aber der Fensterrahmen hat sich auch neben etwa eingeführten neuen Proben als Meisterstück erhalten und war noch 1752 auf dem Lande und 1800 in der Stadt Nürnberg in Gebrauch. Stilistisch hielt ja das Augsburger Meisterstück um jene Zeit (1548), als die Nürnberger Anfrage einlief, noch ganz am gotischen Charakter fest (vgl. S. 225), stellte aber sehr viel bedeutendere Anforderungen an das technische Können der Prüflinge wie der einfache Nürnberger Fensterrahmen. Die nächste Nürnberger Quelle stammt erst aus dem Jahre 1800, doch scheint uns hier eine falsche Datierung vorzuliegen. Es werden zwei Ordnungen der Stadtmeister aufbewahrt, deren eine nachträglich mit „circa 1800" bezeichnet ist, während man die andere auf 1800 „oder später" ansetzt. Die zweite Ordnung gibt ein neues Meisterstück und verweist dabei auf das in der ersten beschriebene (jedoch fast gleich datierte) Stück als auf das „alte". Aber auch dieses wird (in der ersten Ordnung) als ein „neues" bezeichnet, und man erwähnt, ohne besondere Beschreibung, ein vorhergehendes. Die Verwirrung ist wohl folgendermaßen zu erklären: Die erste, mit „circa 1800" datierte Ordnung ist in wichtigen Teilen eine Zusammenstellung alter und neuerer Bestimmungen, die nach den beigefügten Jahreszahlen aus dem 16., 17. und 18. Jahrhundert stammen. Da sie über die Zulassung der Gesellen zum Meisterstück Vorschriften mit dem Datum 1615 und 1624 enthält, so kann man annehmen, daß die gleich darauf folgenden Angaben über die Stücke selbst auch in dieselbe Zeit gehören. Sie geben die Beschreibung eines Behälters oder Kastens, also eines Schrankes, dessen architektonische Teile alle Merkmale der Renaissance, „wie es die Corinthische Columna erfordert", aufweisen. (Ein solches Stück um das Jahr 1800 als neu einzuführen, wäre selbst in Nürnberg ein Unding gewesen.) Es wird aber den Gesellen freigestellt, an Stelle dieses neuen Renaissanceschrankes „das alte, ehemals gewönlich gewesene Stück" zu verfertigen. Hiernach ist doch wohl als wahrscheinlich anzunehmen, daß die Nürnberger infolge ihrer Anfrage in Augsburg den Augsburger gotischen Schrank bei sich eingeführt hatten, und daß es dieser ist, der circa 1624 — wenn diese Datierung richtig ist — als das „alte" Stück bezeichnet wurde. Auf den Renaissanceschrank verweist nun wieder deutlich, als auf das „vorige" Meisterstück, die „1800 oder später" datierte zweite Ordnung. Man möchte sie eher früher als 1800, jedenfalls aber nicht später ansetzen, denn der Schrank erhält nun die Stilmerkmale des Barocks, deren Neueinführung schon gegen 1800 als reichlich rückständig, aber bei dem konservativen Charakter der Tischlerzünfte im allgemeinen[1]) und der Nürnberger im besonderen immerhin noch begreiflich erscheinen würde, denn sie fällt ja schon in das Ende der Louis XVI.-Zeit. Dieser Behälter und der traditionelle Fensterrahmen mußten von Meisterssöhnen und Einheiratern gemacht werden; die übrigen hatten außerdem noch ein Brettspiel anzufertigen, wofür sie einen Monat länger Frist erhielten. — In Nürnberg-Land bestanden die Meisterstücke 1752 aus einem Auszugtisch und dem Fensterrahmen; beides mußten die nichtbevorrechtigten Gesellen ausführen, während die Meisterssöhne den Tisch nur in der Zeichnung aufzureißen brauchten.

Dresden. In Dresden mußten 1551 die Tischler auf Befehl des Kurfürsten ein „Schlosbette" eines jungen Gesellen als unzünftiges Meisterstück besichtigen. Jedenfalls kamen ihnen solche Sonderwünsche sehr unbequem, und sie beschlossen, als man zwei Jahre später wieder in dieser Weise an sie herantrat, eine Abweisung. Es bedurfte erst des Eingreifens des Rats, der den Meistern bewies, daß das vorgelegte Stück ja doch viel kunstreicher sei wie das ihrige; darauf nahmen sie es an. Im Jahre 1684 verfügte der Fürst Johann Georg III. die Änderung der Meisterprobe, die bisher aus einem Tisch und einem Kasten bestanden hatte. Sie wurde jetzt als „an sich selbst ziemlich kostbar und mühsam" und unbrauchbar und unverkäuflich bezeichnet. Von nun an sollte den Meisterkandidaten freistehen, diese alten Stücke weiter zu machen, oder aber „einen, von denen (Meistern) durch etzliche ihres Mittels (durch einige aus ihrer Mitte) neulich in vier Abrisse gebrachte Geräthe- und Kleider-Schräncken".

Münster. Die Meisterstücke der Tischler in Münster bildeten 1564 erstens ein Auszugtisch (trecktafel) und ferner ein Tresor (trisoer), also eine Art stehender Anrichte, vierkantig und mit einem „aeverhemelte", d. h. einem Überdach; und „wol geschneden, als dat hier gebrucklich ist". 1607 war der Auszugtisch noch beibehalten, dagegen die Form des Tresors als „viel zu beschwerlich und kostbar" abgeändert worden; nach der Beschreibung war es jetzt ein stollenartiger Schrank mit Fassadenarchitektur.

Frankfurt am Main. In Frankfurt am Main wurde 1589 mit folgender Bestimmung die Meisterprüfung neu eingeführt: „Und seindt dieses die prob und Maisterstückh: Erstlich soll ein jeder schreinergesell, welcher begert, maister und zunfftig zu werden, von newem zurichten und machen ein newe

[1]) Ein Gegenbeispiel erwähnt Robert Schmidt in seinem Buch „Möbel" (Band 8 der Bibliothek für Kunst- und Antiquitätensammler, Berlin 1913) nach den Meisterzeichnungen des Bremer Tischleramtes. „Ein Entwurf von 1793 z. B. zeigt da noch die reine Barockkonstruktion des zweitürigen Schrankes: die Türflügel mit verkröpfter Füllung und geschweifter Oberkante, an den Seiten übereck gestellte Pilaster und als oberer Abschluß ein kräftig geschwungener, gebrochener Giebel. Kämen nicht als Mittelstück des Aufsatzes eine Vase mit hängenden Girlanden und an den steilen Füßen Kannelierungen mit Lorbeerfestons hinzu, so würde man den Schrank sicher für 70 bis 80 Jahre älter halten. Allerdings scheint gerade Bremens Tischlerkunst außerordentlich konservativ gewesen zu sein." Robert Schmidt erwähnt dann weiter die Zeichnungen des Mainzer Tischleramtes, die sich als sehr viel fortschrittlicher erwiesen und unter denen von zirka 1780 an „einige neue, aus dem deutschen Rokokoschreibschrank abgeleitete Schrankbildungen auftreten, die im spärlichen Aufbau und in der spärlichen antikisierenden Dekoration sich bereits als echte Kinder des Zopfstiles zeigen."

Kleydertruhe nach kunstlicher außtheilung und art deß handtwercks; zum andern soll er gleicher gestalt zurichten und machen ain Fensterramen mit vier theilen oder fenstern; zum dritten und letzten soll er auch nach kunst und breuchlicher art deß hanntwercks machen ein bredtspiel. — Welcher aber lust hette, für die drei obengenante proben und maisterstuck einen gewandtkasten mit vier thüren nach künstlicher außtheilung und art deß hanntwercks zu machen, dem soll es bevor- und freystehen und der dreyen obbenannten proben zu machen befreyet sein, jedoch ein jeder solches maisterstuckh innerhalb sechtzehn wochen zu verferttigen schuldig sein." Da über die Form und Ausstattung der Stücke keine näheren Angaben gemacht werden, kann nur die Vermutung ausgesprochen werden, daß sie, weil vorher noch keine Meisterproben bestanden haben, dem Zeitgeschmack entsprechend gewählt worden sind. Ob dieser Geschmack sich schon der Renaissance angepaßt hat, ist schwer zu sagen; mindestens läßt die besondere Betonung der „Austeilung" und die Einrichtung des Kleiderschranks mit vier Türen darauf schließen, daß man sich ihm genähert hatte. Eine Änderung trat erst 100 Jahre später ein, und zwar unter klarer Hervorhebung von Renaissancemotiven. — Der Meisterschaft scheint, vielleicht aus ähnlichen Gründen wie in Augsburg (vgl. S. 136 ff.), die freie Wahl zwischen der Truhe und dem Gewandkasten störend gewesen zu sein, denn sie baten 1624, die „Election zu cassieren". Der Rat ging aber darauf nicht ein, sondern bestätigte die 1589 erlassenen Bestimmungen „wie von alters her". Erst 1685 trat, wie schon erwähnt, eine Änderung ein; neben dem Fensterrahmen — das Brettspiel war also fortgefallen — konnte ein „künstlicher Kleiderschrank, auf denen Ecken mit Freysäulen versehen" gemacht werden, und die Meisterssöhne und Einheirater konnten einen Kleiderschrank „mit drey Säulen oder Columnen gefertigt" wählen. Die Ausdrucksweise beweist, daß die Freisäulen über Eck gestanden haben, und man also in der Art des Barockstils arbeiten sollte. Wieder etwa 100 Jahre später, 1788, erfahren wir aus einer Eingabe der Meisterschaft, daß ihr das im Gebrauch befindliche Meisterstück zu reich war und sie ein leichter verkäufliches, „doch künstliches" Stück an dessen Stelle zu setzen wünschte; welcher Art das Stück war, dessen Abschaffung sie beantragte, und ob es noch dasselbe war, das im Jahre 1685 verliehen wurde, ist nicht zu erfahren. Jedenfalls reichten sie jetzt zwei neue Risse ein (Abb. im Anhang), die auch genehmigt wurden. Daneben mußte aber immer noch der uralte Fensterrahmen als Probe gemacht werden — obwohl sich die Bauweise längst verändert hatte. Dagegen empörten sich endlich im Jahre 1804 die Meister selbst. Sie verlangten, „daß hinfüro ein Stückmeister keine andere als solche Fensterrahmen verfertige, welche auf Anweisung der Geschworenen und Genehmigung der Deputation zu irgend einen Hauszimmer benützt werden können". Die bisher als Meisterstück gefertigten Fensterrahmen hätten als unverwendbar einfach „zerschmissen" werden müssen! — Die Schreinergesellen Johan Val. Raab und Pether Friedrich Ditmar, beide Meisterssöhne, baten im Jahre 1806, an Stelle der üblichen Schreibkabinette andere, mehr moderne Meisterstücke verfertigen zu dürfen, wofür sie eigene Zeichnungen vorlegten. (Abb. im Anhang.) Der Rat genehmigte ihr Gesuch, das ihm so gut gefiel, daß er den sehr vernünftigen, aber die ganze Zunfttradition über den Haufen werfenden Beschluß faßte, allen künftigen Bewerbern das Vorlegen eigener Zeichnungen und Entwürfe zu ihren Meisterstücken grundsätzlich vorzuschreiben. Damit war endlich der Bann gebrochen und der Spuk des Fensterrahmens beseitigt.

Basel. In Basel baten die Schreiner 1589 um die Einführung eines Meisterstücks und machten, dazu aufgefordert, folgende Vorschläge: Es soll gemacht werden: „ein gewant Kasten (Kleiderschrank) in seiner rechten Proportion und abtheilung, wie solches die Architectur und Art der fünf Seulen bescheidentlich außweisen thut; wann dann derselbig in seiner noch rechten fürgebung in seiner Theilung gemachet, soll es einem Jeden freygestellt seyn, solches wohl mit köstlicher Arbeit zu zieren, je nach eines jeden Gefallen und Vermögen." — Außer der Vorschrift machte im Jahre 1676 der Tischmacher Christian Frisch als sein Meisterstück einen sehr reich eingelegten Ausziehtisch (im historischen Museum), der bei der Aufnahme des jungen Meisters ins Basler Bürgerrecht dem Rat geschenkt wurde. — Im Jahre 1728 entschloß sich die Meisterschaft zur Bitte an den Rat, er möge gestatten, daß künftig keine körperhafte Ausführung der Meisterstücke mehr, sondern nur noch „accurate Zeichnungen und Riße" gemacht würden; sie beabsichtigten damit, den jungen Meistern Zeit und Geld zu sparen.

Regensburg. Die Meisterstücke der Schreiner in Regensburg beschreibt Christoff Weigel in seinem im Jahre 1698 erschienenen Buch „Abbildung der gemein-nützlichen Hauptstände usw.". Sie war im Renaissancestil entworfen. Das erste, ein Gewandkasten, sollte, „nach zierlichster Architektur ausgetheilet, mit 18 Säulen (!) oder mit Bildern, nachdem es sich einer auf das netteste zu machen getrauet" ausgestattet sein; beim zweiten Stück aber, einem Schreibtisch, feiert der Architektenstolz der damaligen Schreinermeister erst seinen rechten Triumph: es sollte alles „nach Proportion, Winckel-Maaß, Circel und Quadranten" entworfen sein. — Etwas spät, im Jahre 1763, ist es den Meistern zum Bewußtsein gekommen, daß es doch wohl nicht mehr ganz zeitgemäß war, nach der Fassaden-Renaissance zu arbeiten; sie erkundigten sich also in Frankfurt am Main nach den dortigen Gebräuchen. Sie kamen damit freilich aus dem Regen in die Traufe, denn dort war man auch noch rückständig, wenn man auch nicht mehr nach der Renaissance schaffte, sondern den Gewandkasten im Barockgeschmack mit über Eck gestellten Säulen durchgebildet hatte. Ob die Regensburger jenes Stück übernommen haben, ist nicht bekannt.

Heidelberg. In Heidelberg sollte 1598 bei den Schreinern keiner als Meister angenommen werden, „er habe denn das Meisterstück gemacht, nemlich: ein Küst, item ein Fensterrahm". Nach den angegebenen Maßen handelte es sich bei dieser Kiste um eine Truhe, die ganz einfache Form hatte, denn es ist von keinerlei Ausstattung die Rede. Man verlangte also in Heidelberg nicht den Nachweis der Kunstfertigkeit, was gerade hier Wunder nimmt, da um jene Zeit sich ein kunstsinniger Fürst dazu anschickte, dem weitberühmten Schloß den Friedrichsbau anzufügen; das Handwerk verlangte nicht mehr als durchschnittliche technische Erfahrung, und nicht einmal die genannten Meisterstücke waren eine Bedingung für die Aufnahme, sondern es genügte, wenn einer „2 gantzer Jahr an einem Stück allhier gearbeitet" hatte.

Berlin. Ob das Innungsprivileg von 1553 der Berliner und Köllner Tischler, das nicht mehr erhalten ist, über das Meisterstück eine Bestimmung getroffen hatte, läßt sich nicht sagen; aber nach dem, unter Berufung auf jenes alte, im Jahre 1601 verliehene, „verbesserte Privileg" wurden drei Meisterstücke verlangt, „alß nemlichen einen schreiben Tisch, geforniert Bredtspiel vnndt ein fenster rahmen mit sechs glittern, dieselbigen nach aller theilunge vnd maß gemacht". — Im Jahre 1731 wurde in dem schon mehrfach erwähnten Reichsgutachten die einheitliche Regelung der Zunftbestimmung angestrebt; demzufolge kassierte Friedrich Wilhelm die bestehende Ordnung der Tischler und gab ihnen 1734 ein „General-Privilegium und Gülde-Brief des Tischler-Gewercks in der Chur- und Marck Brandenburg, insonderheit des Tischler-Gewercks in Berlin", nach dem in Berlin künftig nur ein einziges Meisterstück gemacht zu werden brauchte, und zwar standen drei Stücke zur Wahl: „ein fourniertes Spind, ein fourniertes Bret-Spiel und ein Fenster-Rahm mit vier Lichter". Außerdem sollen künftig keine Zeichnungen mehr gemacht werden. Paul Voigt[1]) glaubt aus dem Fortfall der Zeichnungen auf eine „Verringerung der individuellen Vielseitigkeit und Geschicklichkeit" gegen 1601 schließen zu müssen, und führt sie auf die beginnende Teilung des Handwerks in Bau- und Möbeltischlerei zurück. Vielleicht ist die Beschränkung aber auch nur auf den Wunsch der Behörde zurückzuführen, die das Meisterwerden auch in bezug auf die Stücke erleichtern wollte, wie sie den Zünften ja auch durch Abkürzung oder Aufhebung der Wartezeit und andere Maßnahmen entgegentrat. Wir haben ja auch schon gesehen, daß den angehenden Meistern durch die vielerlei Meisterstücke ungebührliche Kosten und Zeitverluste entstanden, die sie mit Schulden behaftet in die Meisterschaft eintreten ließen. In gewissem Sinne muß man aber Voigt recht geben, denn der Fortfall der Zeichnungen hätte eine Beeinträchtigung der Kunstfertigkeit zur Folge haben müssen. Daß sie nicht eingetreten ist, erkennt Voigt selbst an, denn er schreibt später[2]): „Anderseits kann es aber nicht verkannt werden, daß das Tischlergewerbe in Berlin im 18. Jahrhundert sich in aufsteigender Linie bewegte . . . Dieser steigende Luxus mußte natürlich auf die Berliner Tischlerei im höchsten Grade günstig einwirken." In der Tat haben auch die Beschränkungen, die im Jahre 1734 verfügt wurden, nicht lange bestanden, wenn sie in der Praxis überhaupt beachtet worden sind. Denn schon 1764 berichtet Hallens[3]) wieder von zwei Stücken, die gemacht werden müßten. Er ist ein sehr sorgfältiger Chronist, man kann sich auf ihn schon verlassen; außerdem ist nicht anzunehmen, daß diese Stücke ganz neu eingeführt worden waren, wenigstens schreibt er nichts davon. Nach Hallens besteht nun das Doppel-Meisterstück aus einem „zierlichen Schranke", von dem er eine Beschreibung der Maße gibt (vgl. Kapitel Warenvorschriften) und aus einem Brettspiel, die „dem neuen Meister zur Probe seiner Erfahrung aufgegeben werden". „Im Römischen Reiche", so berichtet Hallens weiter, „besteht das Meisterstück aus einem ausziehenden Tisch von zweien übereinander liegenden Tafeln, um den

[1]) Paul Voigt a. a. O., S. 331.

[2]) Ebenda, S. 334.

[3]) J. H. Hallens, Werkstätte der heutigen Künste oder die neue Kunsthistorie. Band III, S. 45 ff.

Tisch allezeit verlängern zu können". Auch Zeichnungen müssen, wie früher, gemacht werden. „Die architektonischen Risse, wonach die Tischler arbeiten, sind der Grundriß, der Durchschnitt (Profil), und die körperliche Vorstellung. Ein Gesimse wird erst auf Papier und dem Reißbrett mittels des Anschlaglineals, des verjüngten Maßstabes, der Zirkel und Tusche gezeichnet, und von diesem ein jeder Gitter nach den Regeln der Architektur und nach dem Holzstocke auf dem Holze abgestochen und mit seinem gehörigen Gliederhobel bestoßen, insofern es die Maße vorschreiben."

Ulm. In Ulm wurde 1834 als Meisterstück vorgeschrieben „ein fournierter Commod mit vier Schubladen, die obere davon mit einer Schreibeinrichtung".

15. Die soziale Stellung des Meisters.

Es ist in der Einleitung (S. 18) schon ausführlicher geschildert worden, wie in den ersten Zeiten der städtischen Entwicklung die Geistlichkeit möglichst alle Handwerker ihrer Seelsorgebezirke je nach Berufszusammengehörigkeit zu Bruderschaften zusammenfaßte, um ihnen mit und in diesen Gemeinschaften ein soziales und sittliches Verhalten auch in gewerblichen Dingen einzuprägen, und wie dann die weltlichen Gewalten diese Einrichtung nach anfänglichem Mißtrauen anerkannten und mit besonderen Machtvollkommenheiten ausstatteten. Beide, sowohl die Kirche wie die Behörden forderten dafür gewisse Gegenleistungen; sie bestanden in strengster Erfüllung kirchlicher Pflichten und in persönlicher Einordnung in die bürgerliche Gesellschaft, die sich in jener Zeit neu zu bilden begann.

Die Kirche hat bei diesem Aufbau der bürgerlichen Gesellschaft unschätzbare Dienste geleistet. Abgesehen davon, daß in den alten Römerstädten oder wo sie sonst ihren Sitz aufschlugen, die Bischöfe auch die weltliche Gewalt mit der kirchlichen in ihrer Hand vereinigten und so eine sehr bedeutende Macht auch in kulturellen Dingen ausüben konnten, hat die Kirche ihr Ziel, die Zivilisation (Verbürgerlichung) der in die Städte strömenden Handwerker nicht mit Zwangsmaßregeln allein, sondern sogar in der Hauptsache mit geistigen Mitteln erreicht. Hier lagen die Wurzeln der Kräfte, die sich durch die Jahrhunderte in den Zünften so wirkungsvoll erhalten haben. An sich war die Stimmung des deutschen Volkes im Mittelalter den religiösen Dingen ohnedies sehr geneigt, und so wurde es den Geistlichen nicht allzu schwer, in Zusammenkünften mit den Handwerkern — Bruderschaften — religiöse und berufliche Vorstellungen miteinander zu verbinden und auf dieser Grundlage allgemeiner Sittlichkeit eine Lebensauffassung aufzubauen, die aus einer christlich verstandenen anständigen Gesinnung dem Nächsten gegenüber nun die Berufsehre und das Standesbewußtsein entwickelte. Das Entscheidende war hierbei, daß es in die eigenen Hände der „Brüder" gelegt wurde, den neugeschaffenen Sittencodex zu handhaben und sich in dessen Einhaltung gegenseitig zu überwachen; nur fast unmerklich behielt die Geistlichkeit dennoch die geistige Führung der Bruderschaften sich selbst vor, wurde es doch den Mitgliedern z. B. zur Pflicht gemacht, sich für die Bestrebungen ihrer Gesellschaft einen besonderen Schutzheiligen zu erwählen, womit sie einer besonderen Kirche korporativ angegliedert wurden und unter deren ständige Aufsicht kamen. So gehörten die Zimmerleute in Zürich, denen damals noch die Tischler zugeteilt waren, Ende des 14. Jahrhunderts zur Propstei; sie mußten ihr zwei Prozessionskerzen unterhalten und bei kirchlichen Handlungen durch Mitglieder der Bruderschaft tragen lassen. In Danzig verrichteten die Bruderschaften der Tischler und der Kistenmacher ihre kirchlichen Pflichten um 1454 in St. Catherinen bzw. in der St. Johanniskirche. Die Lübecker Ordnung der Kistenmacher von 1508 verpflichtete einige Zunftmitglieder, als „bome schaffers“ dafür zu sorgen, daß stets Kerzen von der Stärke eines Pfundes Wachs sich auf den zwei Tragstöcken (bome) befänden; dafür bekamen sie vom Amt zwei Schillinge Lohn, wurden aber mit einem Pfund Wachs bestraft, wenn sie ihre Pflicht nicht erfüllten. Sehr ausführlich sind die kirchlichen Pflichten der Schreinermeister in den Würzburger Ordnungen von 1543 und 1614 behandelt (vgl. Urkundenanhang), und der Entwurf einer Cölner Amtsordnung von 1696 sieht für solche Meister, die sich bei der Prozession verspäten, eine Geldstrafe vor usw.

Der Zusammenhalt und die gegenseitige brüderliche Achtung sollte sich auch über den Tod hinaus bewähren. Den Verlust eines Genossen durch den Tod sollten alle persönlich empfinden und dies dadurch zum Ausdruck bringen, daß sie dem Verstorbenen gemeinsam die letzte Ehre erwiesen. Schon die Basler Ordnung von 1248 verlangte das von den Zunftgenossen der Stadt; ja sie ging noch darüber hinaus und machte ihnen zur Ehrenpflicht, innerhalb von drei Meilen keinen in Armut verstorbenen Genossen dem Armenbegräbnis anheimfallen zu lassen, vielmehr ihn standesgemäß einzuholen, zu beerdigen und für ihn drei Messen lesen zu lassen. Jeder Genosse, der das versäumte und sich nicht am Begräbnis beteiligte, wurde mit einem halben Pfund Wachs bestraft. Der Bischof bestätigte im Jahre 1271 diese Vorschrift und ermahnte die Brüder, solche armen Genossen „ehrbar zu bestatten mit Opfer, Licht und anderen ehrenden Gebräuchen“. Man setzte voraus, daß diejenigen Brüder, die in Zunftsitzungen regelmäßig ihren Platz nebeneinander hatten, sich auch menschlich am nächsten kämen; deshalb war es in Zürich zu Ende des 14. Jahrhunderts die Regel, daß, wenn ein Bruder starb, die vier, die ihm am nächsten gesessen hatten, ihn zu Grabe trugen. Ähnlich mußten in Hamburg im Jahre 1540 die vier jüngsten Meister die Leiche tragen, aber so ganz gern und in brüderlicher Liebe scheinen sie es nicht getan zu haben, weil ihnen eine Strafe von 12 Schillingen angedroht wurde. In Cöln wollten 1696 die Schreiner urkundlich festgelegt sehen, daß wohl alle Meister bei Strafe von einem Pfund Wachs zum Begräbnis erscheinen müßten, daß aber die Ausübung der bei der Grabtragung vorgeschriebenen Gebräuche nur den Vorstehern (Amtsmeistern) und den „verdienten“ Meistern, d. h. solchen, die das Meisterstück richtig gemacht hatten, vorbehalten bleiben, die „unverdienten“ Meister aber bei der ganz ungewöhnlich hohen Strafe von 25 Goldgulden von diesen Zeremonien ausgeschlossen sein sollten[1]). Da

[1]) In Cöln waren nämlich so unverhältnismäßig viel Gesellen zur Meisterschaft auf eigene Hand, also ohne Meisterstück zugelassen worden, daß der Öffentlichkeit wenigstens bei diesen feierlichen Auftritten gezeigt werden sollte, wer denn eigentlich den Namen eines Meisters wirklich verdiente und wer „unverdient“ war.

der Entwurf zur Ordnung der Schreiner von 1696, in dem obige Vorschrift enthalten ist, vom Rat nicht angenommen, also nicht zum Gesetz erhoben worden ist, und ähnliche Bestimmungen auch in späteren Ordungen sich nicht wiederholten, so ist anzunehmen, daß die Kirche es für unpassend gehalten hat, gerade bei Trauerfeiern das (sonst ja auch nicht so strenge geübte) Standesbewußtsein zur Geltung zu bringen, da ja vor dem Tode alle gleich sein sollten. In Hamburg mußten auch die Meisterfrauen, falls sie zur Stelle und nicht durch Krankheit verhindert waren, an den Meisterbegräbnissen teilnehmen. Daß sie selbst mit gleichen Ehren begraben wurden, ist nicht besonders erwähnt aber als sicher anzunehmen, da sie doch vollberechtigte Zunftmitglieder waren. Bei Beerdigungen von Meisterskindern mußte aus jedem Hause entweder der Mann oder die Frau, aber bestimmt eins von ihnen nachfolgen. Später mußten die Angehörigen der Zunft für Beerdigungen gewisse Gebühren entrichten. In Nürnberg betrugen diese Gebühren im Jahre 1797 5 Gulden 30 Kreuzer, wovon die Träger 3 Gulden erhalten sollten, aber meistens dies Geld den Hinterbliebenen zurückerstatteten.

Die Gesellen sorgten materiell durch ihre eigenen Kassen für das Begräbnis ihrer Kameraden und geleiteten sie sicher auch zu Grabe; aber daß die Meister in Gesamtheit oder in Abordnungen an der Feier hätten teilnehmen müssen, findet sich nirgends verzeichnet. Soweit scheint auch die Sorge der leitenden Kirche nicht gegangen zu sein und ihr genügte es, die Meister unter sich selbst in Zucht und Sitte zu erhalten, es ihnen überlassend, in gleicher Weise auf die ihnen unterstellten Gesellen einzuwirken. Die Begräbnisunterstützung scheint bei den Gesellen nicht allgemein üblich gewesen zu sein. Als im Jahre 1622 ein aus Straßburg stammender Geselle in Leipzig starb, hatte die Spitalverwaltung Schwierigkeiten, die 60 Gulden betragenden Kosten „von seinen hinterlassenen Erben und lieben Verwandten gebührlich wieder zu fordern und einzubringen". Überhaupt brachten die Gesellen nicht so viel Pietät auf, wie die freilich unter Zwang stehenden Meister, und sie mengten oft unpassende Motive bei. Als zum Beispiel in Stuttgart 1754 ein Geselle in Schwermut durch Selbstmord geendet hatte, da folgten ihm seine Kameraden nicht nur nicht zum Grabe, sondern sie trieben seinem Meister auf, weil er dadurch, daß er dem Verstorbenen die letzte Ehre erwiesen, sich „unehrlich" gemacht habe. Dagegen schritt nun doch die Zunft ein, und auf ihre Veranlassung wurden die Namen der Anstifter weit umher, bis nach Basel, gemeldet, um die Anstifter durch Arbeitsverweigerung bestrafen zu lassen[1]).

Aus solcher geistlichen Anleitung hat sich bei den Zunftmitgliedern so viel soziales Empfinden entwickelt, daß sie, und zwar nun aus sich selbst heraus, auch die Armenunterstützung regelten; vor allem trafen die Hansestädte

[1]) Als Kuriosum sei hier erwähnt, daß die Tischler nach der Stuttgarter Schreinerordnung von 1595 und 1658 verpflichtet waren, bei allen Beerdigungen, zu denen sie die Särge geliefert hatten, eine Art „Totenschau" zu halten; sie sollten den Toten im Sarg „unter der Rippe und auf dem Bauch noch einmal betasten, ob an demselben keine Wärme mehr zu verspüren sei". Es war ihnen überdies, aus welchem Grunde wird nicht gesagt, bei Strafe von 3 Fl. und 13 Kreuzern verboten, Sträuße und Kränze in den Sarg mitzugeben.

Hamburg und Lübeck bezügliche Maßnahmen. Die Lübecker Ordnung von 1508 bestimmte, daß verarmte Meister oder Witwen, die sich an das Amt wendeten, wöchentlich zwei Schillinge aus der Zunftkasse erhalten sollten. Die Hamburger nahmen 1540 als Armensteuer von jedem Meister regelmäßig vierteljährlich einen Schilling Lübecker Währung, damit Meister, die wirtschaftlich zu kämpfen hatten, in Not gerieten oder „mit Alter beladen", nichts mehr verdienen konnten, aus dieser Sammlung unterhalten werden konnten. Wer sich weigerte, die Steuer zu zahlen, wurde mit der zehnfachen Summe in Strafe genommen. Eine ähnliche Unterstützungskasse wurde auch für die Gesellen eingerichtet, mußte aber von den Gesellen selbst unterhalten werden. Jeder Geselle, der vorher noch nicht in Hamburg gearbeitet hatte, sollte nach den ersten 14 Tagen vier Schillinge Lübecker Währung in die Kasse zahlen oder mußte sie sich durch seinen Meister vom Lohne abziehen lassen.

Der Nürnberger Bürger Konrad Mendel[1]) stiftete im Jahre 1380 ein Asyl für alte, jedoch noch gesunde Arbeiter. Die Stiftung ist insofern eigenartig, weil sie sich ganz dem Einfluß der Geistlichkeit entzog. Die in die Stiftung aufgenommenen „Brüder" mußten Nürnberger Bürger sein. Die Insassen des Bruderhauses hatten sich, so gut es ging, mit ihrem alten Handwerk zu beschäftigen; von der Stiftung erhielten sie Wohnung, Beköstigung und Zuschüsse zur Kleidung und zum Taschengeld. Die Brüderschaft bestritt ihre Ausgaben aus den Einkünften großer Liegenschaften, die der Stifter und seine Familie ihr zugesichert hatten. Jedem Mitglied der Bruderschaft widmete man in einem Buche, das noch auf der Stadtbibliothek in Nürnberg (sig.: Amb. 217, 2) erhalten ist, eine Seite, auf der sein Bild mit kurzer Lebensbeschreibung verzeichnet wurde. Die ersten vier Seiten, mit den Daten über die ersten vier Brüder, fehlen leider. Der fünfte Bruder, der in die Stiftung aufgenommen wurde, war ein Sägemeister. „Der erste Band enthält auf 167 Blatt an 300 Brüder aus der Zeit von 1380 bis 1549 abgebildet. Der zweite Band, enthaltend die Brüder von 1549 bis 1791, ist zwar in einem Register der Akten Nürnberger Wohltätigkeitsstiftungen nachweisbar, jedoch schon vor 1845 verschollen. Er ist vielleicht mit anderen Akten nach England verkauft worden und taucht dort hoffentlich einmal wieder auf. Der dritte Band umfaßt 14 Blatt aus der Zeit von 1792 bis 1799, außerdem das Bild einer Frau, die aufgenommen worden war (Stadtbibl. Nürnberg, Amb. 318). Von 1380 bis 1797 waren 799 Brüder in der Stiftung." (Feldhaus.) Im Bilderanhang bilden wir einige der Mendelschen „Brüder" ab.

„Der Nürnberger Bürger Matthäus Landauer (gest. 7. Januar 1515) hatte im Jahre 1510 ein zweites „Brüder"-Haus nach dem Vorbild des Mendelschen gestiftet. Auch in dieser Stiftung wurden, wie Feldhaus berichtet, stets zwölf alte Handwerker beherbergt und verpflegt. Die Porträts der Leute sind in den beiden Landauerschen Ehrenbüchern (Stadtbibl. Nürnberg, Amb. 279, 2) künstlerisch ausgeführt, doch hat die Treue der technischen Einzelheiten darunter gelitten. Die Darstellungen reichen im ersten Band von 1511 bis 1708 (176 Blatt

[1]) Feldhaus a. a. O., S. 702.

mit 276 Bruderporträts, dem Porträt von Landauer, den Porträts von sieben Pflegern und acht Wappenmalereien). Im zweiten Band findet man die Zeit von 1708 bis 1806 (120 Brüder, 12 Pfleger und 24 Wappen; 127 Blatt sind leer). Die Stiftung bestritt ihre Ausgaben aus Kapitalien, die der Stifter hinter- hinterlassen hatte[1])."

Weit schwieriger als bei den kirchlichen Handlungen, wo sie unter direkter Aufsicht der Geistlichkeit standen, mag es gewesen sein, die Zunftbrüder an ein gesittetes Benehmen auch außerhalb der Kirche, bei ihren regelmäßigen Sitzungen und Zusammenkünften, anzuhalten. Hier fiel naturgemäß die direkte Aufsicht der Geistlichkeit fort, und sie wurde von den Amtsmeistern oder Vorgehern selbst ausgeübt, die, wenn auch mit oft ziemlich weitgehender rechtlicher Gewalt ausgestattet, doch gewiß nicht selten ihren schweren Stand gehabt haben mögen, die nötige Ordnung einzuführen und aufrechtzuerhalten.

Die Sitzungen fanden schon frühzeitig in eigenen Zunfthäusern statt. Die Zunft der Maurer, Gipser, Zimmerleute (Kistenmacher), Hafner und Wagner zu Basel mietete am 3. März 1361 das „Spichwarter-Hus" in Erbrecht. Nach diesem Hause wurde die Zunft künftig die „Spichwarter-Zunft" genannt, was sich dann später in „Spinnwetter-Zunft" umbildete. Wahrscheinlich eine Bestätigung dieses Mietvertrages soll es bedeuten, wenn am 4. Juni 1369 berichtet wird, das Kloster Klingenthal habe der Zunft dieses Haus „gegen Zins geliehen". In Zürich hatten schon früher, nämlich seit 1336, die Binder mit den Zimmerleuten und Maurern das Haus „zum rothen Adler", der als Zunftwappen galt. Nachdem sich die Tischmacher von den Zimmerleuten abgezweigt hatten, erhielten sie laut Gültbrief von 1482[2]) das „Haus zum Roßberg", das Vögelin[3]) näher beschreibt. Der jetzt an der Stelle dieses Hauses stehende steinerne Neubau, bezeichnet mit der Jahreszahl 1708, wiederholt das alte gotische Fensterhaus in Stein. Im Gitterwerk der Haustüre befindet sich das Zunftwappen des roten Adlers. — Seltsam ist es, daß die so angesehene Kistlerzunft Augsburgs kein eigenes Haus besaß. Bis 1564 wurden ihre Sitzungen immer in der Wohnung des ältesten Vorgehers abgehalten. Wegen der in diesen Jahren in Augsburg herrschenden großen Not hatten sich aber die Vorsteher in ihren Wohnungen sehr einschränken müssen, so daß sie nun die große Meisterzahl nicht mehr bei sich beherbergen konnten, und so schrieben sie an den Rat: „Weil aber jetzt sorgliche leuff (schlimme Zeiten) vorhanden und dann wir klain gemacht und stuben haben, will uns sonderlich der jetzt schwebenden leuff halb, und das es auch gegen den Winter geet, beschwerlich sein, usw."; sie baten, die Sitzungen ihres Vorgeheramts im Beckenhaus abhalten zu dürfen, „biß Gott der jetzigen leuff halben ain besserung schickt". Aus einer Eingabe des Jahres 1584 geht dann hervor, daß die Zunft für ihre Strafsitzungen jeweils ein Zimmer im Rathaus benutzen durfte. Dagegen hatte sie für alle anderen Beratungen geschweige für gesellige Zusammenkünfte keinen Ort. Sie will deshalb bei dem „wirdt und gastgeb Wolff Clement ain stuben umb gebürenden Zinß" mieten.

1) Vgl. M. Vogt, Geschichte des Landauer Zwölfbrüderhauses, Nürnberg 1900.
2) Urkundensammlung der Antiqu. Gesellschaft in Zürich, Nr. 457.
3) Vögelin a. a. O., I., S. 211.

Um diese Zeit war Wendel Dietrich Vorgeher der Kistler. Das Gesuch wurde bewilligt bis auf Widerruf und unter der Bedingung, daß sie „ohn der Oberkait Bewilligen under dem handwerckh kain Zusammenkunft halten“. Zwischen 1620 und 1640 hat die Kistlerzunft einen empfindlichen Brandschaden erlitten; sie schreibt am 25. November 1640: „Ja, wann unser scripturen inn der laidigen brunst ob dem Metzgerhaus nicht weren inn den rauch aufgangen.“ Ob sie damals im Metzgerhaus selbst ihre Stube gehabt hat, wird nicht gesagt; vielleicht lag die Gastwirtschaft des Wolff Clement in nächster Nähe. — Das Gaffelhaus der Cölner Schreiner war 1627 „hinder St. Mergen“ gelegen. — In Straßburg befand sich bis 1666 die Zunftstube der Zimmerleutzunft, zu der die Schreiner gehörten, in der ehemaligen Pimpernantgasse, der nachherigen Zimmerleutgasse, von wo sie dann in die Blauwolkengasse 18 verlegt wurde[1]). Den Frankfurter Schreinern wurde es 1487 erlaubt, sich eine „Stubengesellschaft“ einzurichten. Die gleichzeitige Ordnung sagt darüber: „Item hat der rat den meistern des schrijnerhandwergs gegont, eyn stobengesellschaft zu halten, off das (damit) so der rat mit ine zu reden habe oder sie eyn herrengebot ließen machen oder obe sie bij eynander von des rats geschefft wegen sin sollten, daz man sie zu finden wisse, und sal eyn iglicher meister zu Franckfort die stoben gesellschaft mit zu halten verbonden sin; er sal aber orten (dort) zu drincken ungebonden bliben.“ Ob sie jene „Stube“ schon damals gleich gekauft oder erst gemietet hatten, ist nicht klar; jedenfalls hatten sie aber 1557 „ain aigen zunfftstuben mit schweren costen an sich erkaufft“ und durften deshalb von jedem, der bei ihnen zünftig werden wollte, 10 Gulden erheben, von Einheiratenden aber nur die Hälfte. Das Geld konnte in Raten eingezahlt werden, reichte aber nicht für die Bedürfnisse, denn 1589 wurde die Steuer auf 12 Gulden und 8 Schillinge bzw. für Einheiratende auf die Hälfte dieser Summe erhöht. Es ist zu vermuten, daß die immerhin recht erheblichen Gesamtsummen zur Abzahlung der ersten festgebauten Einrichtung gedient haben, denn in bezug auf das bewegliche Inventar hat man sich keinen großen Luxus gestattet. Auf der inneren Seite des hinteren Umschlagblattes der Ordnung von 1473 steht das Verzeichnis des damaligen Hausrates der Schreinerzunft aufgeführt. Es enthält folgende Gegenstände: 1 blechen flesch (Flasche) von 7 Maßen, 1 von drien maßen, 1 maßkan (Maßkanne), 6 firtmaßkannen, 2 langbroitducher (wohl Tischtücher), 1 broitduch uber eyn gefierten disch, 4 kirtzen, 1 swartz lichduch, 1 clein broitduchelgen. Für dieses Inventar waren die Geschworenen der Zunft verantwortlich; gegen die Geschworenen des Jahres 1714 wurde ein Prozeß geführt, weil „Leichengewänder“ bei einer Inventur fehlten. — Wenn sich ehedem vereinigt gewesene Arbeitskategorien voneinander trennten, dann teilten sie ihren Zunftbesitz unter einander, so im Jahre 1424 die Glaser und Maler einerseits und die Kunthormaker in Lüneburg anderseits, die nach 27jähriger Gemeinschaft auseinandergingen. — Eine Stubenordnung ist auch in Stuttgart aus dem Jahre 1500 erhalten.

Die **Pünktlichkeit** bei angesagten Sitzungen wollte den Genossen gar nicht recht eingehen, das beweisen uns die immer wiederholten Strafbestimmungen dagegen. In München hatte man so etwas wie ein „Akademisches

[1]) Heitz a. a. O., S. 72.

Viertel" eingeführt. Im Nachtrag zur Ordnung von 1427 heißt es, wer nicht käme, bis man ein Kerzlein von der Sorte, von der es zwei für einen Heller gebe, verbrenne, der müsse dem Handwerk in seine Büchse einen halben Vierdung Wachs legen, es sei denn, daß er dringende Arbeit gehabt oder bei der Ansage nicht zu Hause gewesen wäre. Die Lübecker mußten bei schwerer Strafe Punkt 12 Uhr auf dem Rathaus erscheinen, wenn eine Sitzung angesagt war. Wer in Augsburg ohne Entschuldigung zu spät erschien, wurde mit einem Gulden bestraft usw. — Waren dann alle erschienen, so mußten sie sich in bestimmter Reihenfolge setzen, die Jahresmeister voran und die anderen so nebeneinander, wie sie zeitlich Meister geworden waren. Das war in Frankfurt 1487 „um Friedens willen geordnet". Dann „schmiß" der Vorsitzende mit dem Deckel auf die Kanne und gebot Schweigen. Ungehorsame wurden sofort energisch bestraft. Mit was für „ungehobelten" Angewohnheiten und Unarten die Vorsitzenden zu kämpfen und welche Art von persönlicher Erziehungsarbeit die Zunft zu leisten hatte, erfahren wir aus einigen Ordnungen auf das genaueste. Die Ordnungen in Frankfurt am Main von 1473 und 1487 sind in dieser Hinsicht besonders ergiebig, wobei sehr in Betracht zu ziehen ist, daß die erstere ohne Wissen des Rates, aber vielleicht unter Mithilfe der Geistlichen entstanden ist, also den eigenen Willen der Genossen nach einem geordneten gesellschaftlichen Verkehr bekundet. Die Offenheit und die derbe Sprache dieser Verordnungen ist ganz mittelalterlich, aber es mußte wohl jedes Ding so bei seinem Namen genannt werden, daß es auch der Roheste verstand. Wenn einer den anderen während der Sitzung schlug — die Gesellen besonders in Bayern mußten stets vorher ihre Waffen und Messer ablegen —, der zahlte zuerst einmal ohne Gnade zwei Viertel Wein; die Strafe des Rates folgte dann später. Jeder sollte züchtig reden mit dem Mund, mit Werken und Gebärden, niemand Lügen strafen, übel behandeln, keine „verkorn" Worte oder „Unhubschheit" vorbringen. Alles das kostete — zwei Viertel Wein, die wohl gleich an Ort und Stelle vertrunken wurden. Solche „verkorne" Worte waren zum Beispiel, wenn jemand fluchte (unzemelichen eydt swure) oder die Mutter des anderen „gefryen" hieß. Nicht selten kam es vor, daß einer die Zeche nicht zahlte, obendrein den Zunftdiener mißhandelte oder das Inventar beschädigte und gar mitschleppte. Die „Rechenmeister" sollten jeden Abend mit Geld oder Pfand bezahlt werden, es sei denn, daß sie selbst mit der Kreditierung einverstanden waren. In Lübeck wurde mit drei Mark Silber bestraft, wer nach Schluß der Sitzung — früher durfte man sie nicht verlassen — schimpfend oder mit ungezogenem Benehmen seinem Unmut Luft machend, fortging. Bei der gemeinsamen Morgensprache der Meister und Gesellen in Würzburg sollte von der Strafe für schlechtes Benehmen, die jeweils auf 15 Pfennig festgelegt war, ein Drittel in die Gesellenbüchse (Kranken- und Begräbniskasse) gelegt werden, „auf daß das Übel desto mehr gestraft werde". In Cöln mußte man sich sogar der schimpfenden Zunftfrauen, die beim „gewöhnlichen Umgang" die Amtsmeister mit spitzen Worten beleidigten, durch besondere Strafbestimmungen erwehren.

Daß das Trinken, die alte deutsche Unsitte, auch im Zunftleben eine nicht geringe Rolle spielte, ist selbstverständlich und geht schon daraus hervor, daß ein großer Teil der Strafen tatsächlich mit Alkohol bezahlt werden mußte. Wir haben eben schon einige solche Strafen von Vierteln Weins erwähnt; so strafte man in den Hanse- und Seestädten mit Vorliebe um eine Tonne Bier. Berichtet wurde auch schon über die vielerlei Gelage, die sich an das Meisterwerden knüpften. Verschiedene gedruckte Verordnungen beweisen uns, daß überall auch die Stadtverwaltungen gegen die Trinksitten anzukämpfen bemüht waren, gewiß mit geringem Erfolg. Im trinkfrohen Cöln wurde nicht die geringste Amtshandlung mehr vorgenommen, ohne daß tüchtig dabei gezecht wurde, nota bene selbstverständlich aus der Zunftkasse, die denn auch an chronischem Defizit krankte. (Vergleiche S. 250.) Zu Martini bekamen die Meister von Amts wegen ihren Martinswein. Im Jahre 1699 versuchte man noch einmal, einzuschreiten und verfügte, daß nur bei „Conventionen und Gaffelkosten", also bei offiziellen Gelegenheiten, Wein verzapft werden sollte. In den Gaffel- und Zunfthäusern durften keine „Gelacher" mehr geduldet und über die erlaubte Gaffelportion auch für eigenes Geld kein Wein mehr gegeben werden, denn es gab im Rausch oft böse Schlägereien. Fremde und Weiber durften zu den Versammlungen nicht mehr mitgebracht werden. Die Paragraphen nahmen sich auf Papier gedruckt sehr schön aus, sind aber gewiß oft zur Wand gedreht worden, wenn die Stimmung gemütlich wurde, denn in diesem Punkt waren die Deutschen von jeher unverbesserlich.

In diesen eben geschilderten Dingen, die zumeist Zucht und Ordnung bei den Sitzungen und auf der Zunftstube überhaupt betrafen, hatten die Zunftmeister ziemlich weitgehende Befugnisse, weil es sich um schnelle Entscheidungen handelte, die ja für innere Angelegenheiten notwendig waren und die weltliche Behörde in ihren Rechten kaum beeinträchtigen konnten. Weit wichtiger waren Rechtsprechung und Strafvollzug in gewerblichen Dingen auch für den Rat der Stadt. Wenn er den Zünften an manchen Orten auch recht weitgehende Vollmachten in bezug auf die Rechtsprechung erteilte, ja sie sogar die von ihnen verhängten Strafen selbst vollziehen ließ, so wachte er doch mit Eifersucht und oft mit harter Strenge darüber, daß er als die höhere Instanz angesehen wurde. In einigen Orten hielt der Rat der Stadt die Zünfte von Anfang an so streng, daß von einem Zunftgericht eigentlich gar nicht die Rede sein konnte. Da sich also gemeinsame Richtlinien, die auf Vereinbarungen der verschiedenen Städte unter sich hindeuten könnten, nicht feststellen lassen, so seien die örtlichen Verhältnisse in der alphabetischen Reihenfolge der Städte wiedergegeben, soweit sie sich mit Nachrichten aus unserem Gewerbe belegen lassen. Schließlich entsteht dann doch ein allgemeines Bild über das Rechtsleben der Zünfte, mit dem wir uns genügen lassen können, da es ja nicht in der Absicht dieser Arbeit liegt, eine Zunftgeschichte zu geben. Soweit gewerberechtliche Funktionen, wie zum Beispiel bei der Schau der Arbeiten und bei anderen Dingen in Frage kommen, wird in anderen Kapiteln näher darauf eingegangen werden.

Augsburg. Für den Bereich ihrer eigenen Angelegenheiten standen nach Dirr[1]) den Zünften weitgehende Selbstverwaltungsrechte, bis zu einem gewissen

[1]) P. Dirr, Studien zur Geschichte der Augsburger Zunftverfassung, Zeitschrift des historischen Vereins für Schwaben usw., S. 186.

Grade auch eine Art Gesetzgebungsrecht zu. „Viele Erlasse und Satzungen der Zünfte in einzelnen Punkten stellen sich als Erweiterungen oder Auslegungen der vom Rat genehmigten Zunft- und Handwerksordnungen dar. In strittigen Fällen pflegte der Rat Ordnung zu schaffen. . . . Die jurisdiktionellen Befugnisse der Zünfte erstreckten sich zunächst auf kleinere Strittigkeiten der Zunftgenossen unter sich. Auf diesem Gebiet amtierten die Zunftmeister und Zwölfer als Schiedsrichter. . . . Die Strafgewalt der Zunftgerichte kam zunächst für Verstöße gegen die Zunft- und Handwerksordnungen, dann für Ungehorsam und Ungebührlichkeiten im allgemeinen in Betracht." Diese allgemeinen Bemerkungen Dirrs beziehen sich auf die Zeit zwischen 1368 und 1548, wo das Stadtregiment in den Händen der Zünfte selbst lag. Aus dieser Zeit haben wir keine besonderen Hinweise auf die Rechtsverhältnisse in der Kistlerzunft. Nachdem im Jahre 1548 das Zunftregiment durch ein Patriziierregiment ersetzt wurde, scheint es mit der Selbständigkeit der Zünfte in bezug auf rechtliche Entscheidungen vorbei gewesen zu sein, wenigstens liefern die Kistlerakten keinen Anhalt, daß ihre freie Stellung weiter bestanden habe. Die neue Ordnung der Kistler von 1550 spricht immer nur von den „von einem ehrbaren Rat hierzu verordneten Strafherren", die zum Beispiel darüber zu wachen hatten, daß die Arbeit auf den Bauten rechtzeitig begonnen wurde und übertretende Meister und Gesellen strafen mußten. Die vier Geschaumeister hatten die Befugnisse, schlechte Stücke zu beschlagnahmen, aber von einer zünftigen Rechtsprechung ist niemals die Rede, vielmehr wird stets die Entscheidung des Rates angerufen, der meist beide Parteien zu wiederholter Darstellung der Sachlage aufforderte und dann, gestützt auf ein ebenfalls schriftlich abgegebenes Schlußgutachten seiner Funktionäre (der „Verordneten über der von Kistler Ornnung") im Senat seine Entscheidung traf. Im Jahre 1593 stellten einige junge Meister den Antrag, die „Thorwartten", also Angestellte der Stadt und nicht der Zunft, sollten die Einfuhr fremder Kistlerarbeit verhindern. Die alten Meister wollten das Recht dieser Konfiskation, auch von bestellter Arbeit, allen Meistern der Zunft übertragen wissen; aber der Rat ging darauf nicht ein, sondern beauftragte nur die Torwächter dem Antrag entsprechend. — Daß kriminelle Vergehen nur vor ordentlichen Gerichten verhandelt werden konnten, ist ja selbstverständlich; erwähnt sei aber ein Fall, in dem sich das Amt der Kistler geschlossen zu einer Aussage dem Rat anbot. Der Kistler Sebald Seyfried war 1556 erschlagen worden, und zwei Mitmeister gerieten in Verdacht der Täterschaft. Da bat das Amt um ihre Freilassung, „weil wir sie ufrecht, redlich, fridlich und fruntlich erkhenndt haben".

Cöln. Der Rat behielt sich die Entscheidung in Streitigkeiten zwischen Amtsmeister und Amtsbrüder ausdrücklich selbst vor. In einer Entscheidung vom 24. Oktober 1466[1]) verbot er seinen Gerichten, solche Klagen selbst anzunehmen. Wenn die Klagemeister, die versuchen mußten, zu versöhnen, keinen Ausgleich erzielen konnten, so mußten sie die Sache vor den Rat bringen. Im Jahre 1489 beantragten die Kistenmechere, ihrem Amtsbrief von 1397 einige die Rechtsprechung betreffenden Punkte als Transfix anzufügen. Der

[1]) Stein a. a. O., I., S. 407.

Rat lehnte diesen Antrag ab, erließ aber doch am 4. Februar desselben Jahres[1]) eine Verordnung, die in hochdeutscher Übersetzung folgendermaßen lautet: So haben doch unsere Herren vom Rat demselben Amte zu Ehren, Nutzen und Wohlfahrt, auch um dasselbe Amt in Festigkeit und Zwang zu erhalten, demselben Amt bewilligt und erlaubt, daß, wenn einer ihres Amtes, es sei ein Meister oder Knecht, sich gegen das Amt oder gegen des Amtes Brief oder Gerechtigkeit mit Frevel verginge und sich gegen die Meister ungehorsam zeigte und verhielte, die Meister ihn nach Inhalt ihres Briefes strafen dürften; das sollen die Meister desselben Amtes den vier Meistern der Steinmetzen- und Zimmerleuten-Gaffel anzeigen, welche alsdann gemeinsam mit den derzeitigen Amtsmeistern des Kistenmecheramtes solchen Ungehorsamen verurteilen und strafen werden nach dem Wortlaut des Amtsbriefes der Kistenmechere. Und wenn sich der Ungehorsame mit Gewalt widersetzte, dann sollen die Meister gemeinsam diese Sache vor unsere Herren vom Rat bringen, damit solcher Ungehorsamer nach Gelegenheit gestraft werde, doch alles ohne Schaden der Steinmetzer- und Zimmerludeamtes." Die Kistenmacher gehörten als Nebenzunft der Gaffel der Steinmetzen und Zimmerleute an und durften also mit diesen gemeinsam, aber nur so, in erster Instanz gewissermaßen, richten und strafen. Der Schlußsatz sollte ihr eigenmächtiges Vorgehen verhindern. In dieser Abhängigkeit blieben die Kistenmacher und so waren es später auch die Schnitzler. Noch im Jahre 1672 entspann sich ein langer Streit zwischen den zwei Ämtern, weil ein Schnitzler in der Gaffel der Zimmerleute bestraft worden war. — „Das Handwerk legen", eine Redensart, die wir noch heute gebrauchen, war früher eine viel geübte Strafmaßregel gegen ungehorsame Meister, mehr aber wohl gegen Pfuscher, die gar keine Berechtigung zum Handwerk besaßen. In Cöln verlangten die Amtsmeister in einer von Constant Traukott unterschriebenen Eingabe des Jahres 1696 vom Rat folgende Befugnisse für sich: „Wenn einige Meister dem Amtsmeister in Amtsachen keinen gebührlichen Gehorsam erzeigen wollen, auch diejenigen, so vermög vorgeschriebener Punkt bußfällig Werth (zu Geldstrafen) verurteilt wurden, und dieselben zu erlegen verweigern und verschieben würden, dieselben sollen alsdann die Amtsmeister die Macht haben, ihre Knecht und Jung zu verbieten, wie vor undenklich Jahren bis anhero bräuchlich gewesen (!?), bis sie sich gehorsamlich einstellen und die verwirkte Buß entricht; wer aber dagegen (trotzdem) Knecht und Jung gebraucht, soll solche abstellen und sich derer so lang enthalten, bis er die verwirkte Buße und darüber von jedem Knecht und Jung, als lang sie nach angedachtem Verbot ungehorsamlich gearbeitet, von jedem Tag ein rader Mark (eine rote Mark) würklich erlegt haben, damit also die Freunde in gebührlicher Zucht und Gehorsamb gehalten und E. Ehrb. Rat ihre Gebühr von der Buße (ein Teil davon fiel nämlich dem Rat zu) getreulich eingebracht werden möge". Es ist kein Beleg dafür vorhanden, daß die Amtsmeister ein solches Recht früher und bisher gehabt hätten; solche Behauptungen wurden von Zunftmeistern oft böswillig oder fahrlässig aufgestellt, und hier läßt die Fassung darauf schließen, daß dem Rat ein solches Recht unterschoben werden sollte. Die später erteilten

[1]) v. Loesch a. a. O., II., S. 399.

Ordnungen sagen nichts darüber, daß den Amtsmeistern die hier gewünschte Berechtigung des „Handwerklegens“ wirklich offiziell erteilt worden wäre. Es ist zwar öfters versucht worden, diese Maßregel auszuführen, doch ist der Rat stets grundsätzlich zugunsten der Betroffenen eingeschritten und hat verlangt, daß ihm allein die Entscheidung überlassen blieb. Dabei ist es zuweilen zu schweren Rechtsstreitigkeiten zwischen dem Rat und dem Amt der Zunft gekommen[1]). Dagegen haben die Zunftmeister ein gewisses Recht, Pfuscher- und unberechtigt eingeführte Ware zu beschlagnahmen, besessen; sie durften sich dabei des behördlichen Gerichtsvollziehers bedienen, waren aber scheinbar doch gehalten, die Erlaubnis für jeden einzelnen Fall vom Rat einzuholen, der sich auch vorbehielt, selbst die Strafen zu verhängen. Die Ordnung von 1527 sagt darüber, daß die Amtsmeister bei ihrem Rundgang schlechte Waren sogar im Hause des Käufers beschlagnahmen durften, dagegen sollten sie nach dem späteren Entscheid von 1535 nicht berechtigt sein, Übertretungen der Drechsler und Zimmerleute „mit eigener Tat“ zu strafen. Auf die Bestimmungen von 1527 beriefen sich aber die Amtsmeister noch im Jahre 1595, als sie bei einem Pfuscher, der sein Meisterstück nicht in Cöln gemacht hatte, Tische und Bettstellen vorfanden, und diesen Tatbestand vor dem Rat durch Zeugen erhärten ließen. Dem Rat war die Fassung der alten Bestimmung in Anbetracht der neuen Verhältnisse wohl nicht mehr klar genug, denn er nahm jetzt Veranlassung, im nächsten Jahre eine ausführliche Verfügung über die gegen Pfuscher zu ergreifenden Maßregeln zu bewilligen. Danach sollten die Amtsmeister des Brodwiegers (Gewerberichters) oder des Gewaltrichters Diener auf solche unberechtigt ausgestellte Ware aufmerksam machen, der sie gleich am folgenden Tag beschlagnahmen und in die Ratskanzlei bringen mußte, wo sie so lange in Gewahrsam blieben, bis die Gebühren gezahlt waren. Wenn die Amtsmeister unberechtigt eingeführte Waren am Stadttore, wo sie sich oft lange auf die Lauer legten, erwischten, so mußte der Torschreiber auf ihren Wunsch die Konfiskation vornehmen. Trafen sie die Waren aber schon innerhalb der Stadt auf den Straßen an und konnten in der Eile den Gerichtsdiener nicht erwischen, so durften sie sie selbst, doch „mit Bescheidenheit“, anhalten, waren aber verpflichtet, sie „strack“ in die Ratskanzlei zu bringen. Heimlich in der Stadt arbeitende Pfuscher durften die Amtsmeister von sich aus mit festgesetzter Strafe belegen und nach einer bestimmten Frist von dem Gerichtsdiener pfänden lassen; dagegen wurde nun ausdrücklich, also entgegen der alten Verordnung von 1527, bestimmt, daß sie Pfuscherarbeit nicht mehr aus den Häusern der Bürger fortnehmen dürften; sie sollten vielmehr durch den Gerichtsdiener bei den Besitzern dieser Waren die Lohnzahlung an den Pfuscher sistieren lassen und dann auf diesen Lohn oder auf sonstiges Besitztum des Pfuschers „vor des Herrn Bürgermeisters Gericht ordentlich prozessieren“. Als der Kurfürstlich Cölnische Marschall von Metternich einen auswärts gemachten Altar nach Cöln einbringen und im Jahre 1644 aufstellen ließ, da verfügte der Rat, daß „ohne

[1]) Vergleiche den auf Seite 434 geschilderten Prozeß der Jahre 1765/67, durch dessen Entscheidung das Reichsgericht wohl in der Sache selbst, die zur Exekution geführt hatte, dem Rat recht gab, aber es umging, die Berechtigung der Exekution selbst zu entscheiden.

praejudiz und consequenz“ für diesmal eine Ausnahme gemacht werden sollte, weil es ein Fall wäre, „Gott dem Herrn zu Ehren und wohlermelten Marschalk zu Gefallen“! Im übrigen wird das Amt „in seinen Rechten manuteniert“. Weniger gut als diesem in Cöln einflußreichen Mann erging es 1670 dem Prälaten zu Siegberg. Der Rat bestimmte „extraordinarie“, daß dem „Dreyeamt“ (Glaßmacher, Schnitzler und Schmitt) gestattet sein sollte, die von jenem nach Cöln gebrachten, auswärts hergestellten oder in Cölner Privathäusern durch fremde und unqualifizierte Gesellen angefertigten Waren wegzuholen, und die Pfuscher, die solche Arbeiten gemacht hatten, zu verhaften und so lange festhalten zu lassen, bis sie die Strafen gezahlt und dem Amt den Schaden („Eindracht“) ersetzt hätten. Bei dem Schreiner Alsstorf wurden mit Erlaubnis des Rates 1671 und 1680 Pfuscherwaren beschlagnahmt. Dieser rückfällige Sünder wurde, als er später zum Amtsmeister gewählt worden war, einer der „gerechtesten“. Im Jahre 1688 drang er mit anderen Meistern in ein Privathaus ein, um dort einen Gesellen zu suchen, der dem Hausherrn einen Kleiderschrank heimlich angefertigt hatte. Die Meister benahmen sich dabei sehr ungebührlich, schlugen alles kurz und klein und warfen auf die schwangere Hausfrau eine Tür, so daß sie einen Abortus bekam. Als der Bürgermeister wegen der Exzesse schleunigst die Fortsetzung der Exekution, die demnach doch grundsätzlich erlaubt gewesen sein muß, verbieten ließ, wurden von den tollen Meistern noch Schmähungen ausgestoßen, und sie mußten mit Geldstrafen geahndet werden. Man sieht also, daß es mit der eigenen Justiz der Zunftmeister so seine Bewandtnis hatte. Im Jahre 1775 hatte ein Meister ein „Spieldischgen“ auf Bestellung angefertigt, was verboten war. Der Amtsmeister konfiszierte es auf der Straße, als es abgeliefert werden sollte, und jener Meister sollte nun vom Amt gestraft werden. Da mischte sich der Bannerherr, ein über die Zunft gesetzter Vertreter des Rates, in die Sache und erließ bei sich zu Hause die Verfügung, den Tisch sofort zurückzubringen und dann erst die Sache ordnungsmäßig auszutragen. Das Amt beschwerte sich beim Rat, der Bannerherr habe kein Recht, über die Gebrechen zwischen den Amtsbrüdern die mindeste Gerichtsbarkeit auszuüben und erst recht nicht in seinem Hause rechtliche Verfügungen zu treffen. Die Gerichtsbarkeit stehe allein den Amtsmeistern zu bzw. der Verdientschaft, d. h. der Gemeinschaft der Meister, die das Meisterstück gemacht hatten. Dafür läge ein Ratsbeschluß vom 17. Juni 1598 vor. Die Einmischung des Bannerherrn war den Meistern besonders unangenehm, denn seit dem 18. Januar 1710 mußten sie, wenn sie Versammlungen abhalten wollten, dem Bannerherrn vorher anzeigen, was beraten werden sollte und seine Genehmigung einholen. Überhaupt lagen sie mit den Behörden fortwährend in Konflikt. So beschwerten sie sich 1755, daß ihr Amt mit der „Welt-Pollicey in keinem recht bestehen könne“. Sie begründen das so: „Durch Hergabe eines Briefgen eines regierenden Bürgermeisters will man unsere alle Amtsgerechtigkeiten und Keyserliche Privilegia, zugleich so vielle erhaltene Registraturen zunichte machen, welches doch zum höchsten Ruin, Verderben und Untergang deß gantzen Amts gereichen werde, quod tamen Dii et Jura vetant (was doch die Götter und Gesetze verbieten), indeme doch diese Kayserliche Republik mehrentheils in den 22 Zünften bestehen thut und also mit den obenbenennten Zunften undt Bürgerschaft also fest verbunden, daß auch jedes Ambt seine Rathsverwandten (Vertreter im Rat) herstelle und schicke in den Rath, umb aller ihrer Ambtgerechtigkeiten und Jurisdiktion zu observieren und zu manutenieren." Elf Jahre darauf entspann sich der eben erwähnte große Streit zwischen Amt und Rat. (S. 434.)

Frankfurt am Main. Hier wurde die Zunft der Schreiner, was ihre eigenen Angelegenheiten in politischem Sinne betraf, sehr kurz gehalten. Anderen Zünften der Stadt ging es übrigens nicht besser. Das Jahr 1500 brachte folgenden Erlaß: „Der rade thut allen Gesellschaften und Zunfften zu wissen, daß sie keynen versiegelten oder verslossen brieff, der an sie inne der gemeyne geschrieben wirdt, offenen, sondern die also verßloßen eynem burgermeistere uberantwurten sollen, bescheit zu warten by deß rats straiff." Ebenso mußten Briefe zurückgeschickt werden, die vom Absender ohne obrigkeitliches Wissen ausgefertigt waren. Vielleicht war das die Folge davon, daß die Schreiner sich 1473 hinter dem Rücken des Rates selbst eine Ordnung gegeben hatten. Diese Ordnung wurde ihnen allerdings im Jahre 1489 hauptinhaltlich bestätigt, aber doch mit der Bestimmung eingeleitet, daß sie künftig ohne Wissen und Erlaubnis des Rates keine Gebote, Verbote, Gesetze, Verbündnisse oder irgendwelche Artikel aufstellen oder erlassen sollten. Ihre Amtsmeister waren nicht mehr als die Vollstrecker der Zunftordnung; sie hatten übrigens nicht einmal in jener selbstverfaßten Ordnung von 1473 mehr beansprucht, als in den Sitzungen gute Zucht und Ordnung zu halten, im übrigen aber die Bußen einzufordern und darüber abzurechnen und endlich die Zunftmitglieder bei gutem Willen zu erhalten, daß sie bereit wären für die Dienste und Geschäfte des Rates, so oft dieser es verlangen würde. — Lohnstreitigkeiten mit Gesellen wurden von der gesamten Meisterschaft gemeinsam entschieden. Erst 1565 wurde eine auch an anderen Orten übliche Gerichtsbarkeit über die Gesellenstreitigkeiten eingerichtet, um die Schimpfbriefe und Auftreibereien im Keime zu ersticken. Alle vier Wochen wurden zwei Ortengesellen gewählt, die in Gegenwart von zwei Meistern in der Gesellenherberge eine Umfrage, die sogenannte „Morgensprache" abhalten, wobei jeder Geselle, der etwas Unrechtes vom anderen wußte, dies vorbringen sollte. Meister und Gesellen entschieden dann gemeinsam; gegen ihr Urteil war die Berufung an die gesamte Meisterschaft oder an den Rat gestattet.

Hamburg. Es war den Kisten- und Luchtenmachern 1515 verboten, Streitigkeiten zu „reppen"[1]). Die Strafen waren eingeteilt in Rats- und in Zunftstrafen. Das ist so zu verstehen, daß für jedes Vergehen gegen die Paragraphen der Ordnung eine bestimmte Strafe festgesetzt war, die dem Amte verfiel, neben denen aber der Rat sich vorbehielt, nach seiner „Willköre", nach der Schwere des Falles eine Zusatzstrafe auszusprechen, die an ihn selbst zu entrichten war. Die Älterleute hatten den Verurteilten die Strafe anzukündigen. Wer sie nicht ohne Widerrede hinnahm, hatte wieder eine Doppelstrafe im eben angedeuteten Sinne verwirkt. Bei Vergehen in den Sitzungen konnten die Älterleute die Strafen nach eigenem Gutdünken bemessen und

[1]) D. h. selbst auszutragen.

aussprechen. Die Älterleute der Kunthormaker waren 1540 berechtigt, Meister, die sich etwas hatten zuschulden kommen lassen, vor sich zu laden und, wenn sie nicht kamen, mit zehn Schillingen zu bestrafen; als Entschuldigung galt nur, wenn sie „ahne sunderlich beswеer unnd verlettunge framer luede arbeyth" nicht hatten kommen können. Aus einer Nachtragsbestimmung des Jahres 1549 geht hervor, daß zur Schlichtung von Streitigkeiten zwei Richteherren aus dem Amt eingesetzt waren; möglicherweise waren dies die Älterleute selbst. Sie waren aber so sehr beschäftigt, daß sie nicht auch noch die Morgensprache versehen konnten, und deshalb wurden nun aus dem Amt zwei besondere Morgensprachenherren eingesetzt. Diese hatten auch das Schuldwesen zu richten. Wenn ein Amtsbruder Schulden halber bei ihnen verklagt worden war, so verpflichteten sie ihn auf einen bestimmten Zahlungstermin. Hielt er diesen nicht ein, so mußte er dem Amt 10 Schillinge, im Rückfall 20 Schillinge zahlen. Bei der dritten Mahnung war eine Summe von 3 Pfund verfallen, und beim vierten Termin verlor der Schuldner seine Handwerksgerechtigkeit. Es ist nicht gesagt, ob es sich hier um Schulden an das Amt, an Mitmeister oder an Leute außerhalb des Amtes handelte. Bei den Schnitkern war der Morgenspracheherr ein Lizentiat und Ratmann. In dessen Gegenwart wurde 1611 bestimmt, daß sich jeder bei Strafe der Schmähungen gegen die Älterleute und Werkmeister zu enthalten hätte. Zum Recht der Zunft gehörte die Jagd auf Bönhasen (Pfuscher). Sie vereinbarten 1614, daß immer 30 Meister zugleich auf diese Jagd gehen sollten. Wenn neue Meister der Zunft zugewählt waren, so konnten die älteren abdanken, mußten aber für diese Entbindung von der „Jagd-Verpflichtung" jeder dem Amte 3 Pfund und 8 Schillinge zahlen.

Lübeck. Die Amtsmeister der Kunthor- und Panelenmaker waren 1477 verpflichtet, zu versuchen, zwischen streitenden Meistern einen Vergleich herzustellen. Gelang es ihnen nicht, so war es den Parteien vorbehalten, ihre Sache vor die „Weddeherren", die Strafrichter, die der Rat für die Zunft eingesetzt hatte, zu bringen, aber auf keinen Fall durfte einer dem anderen den Frohnen senden. Wer das tat, wurde bestraft und mußte die Gerichtskosten und die Gebühren für den Frohnen selbst zahlen. Im übrigen wurden den Lübecker Kistenmachern dieselben Verordnungen gegeben wie ihren Hamburger Berufsgenossen. Augenscheinlich waren da zwischen den beiden Städten Vereinbarungen getroffen worden, bzw. hat Hamburg diese Bestimmungen, und zwar fast wörtlich, von Lübeck übernommen.

München. Den Meistern der Kistler wurde schon 1427 das Recht verliehen, unberechtigte oder schlechte Arbeit zu beschlagnahmen, aber sie mußten die Stücke vor den Rat oder den Bürgermeister bringen, denen es vorbehalten blieb, über die Übertreter die entsprechenden Strafen zu verhängen. 1488 wurde den Schaumeistern ein Verzeichnis der jeweils zu verlangenden Strafen, das leider nicht mehr erhalten ist, übergeben und sie angewiesen, diese Bußen gleich selbst auszusprechen und einzunehmen; es wurde ihnen besonders eingeschärft, keinen Erlaß der Strafen zu bewilligen, und die Schau bei Arm und Reich in gleicher Weise vorzunehmen.

Münster. Laut „Rolle" (Zunftordnung) der Kleinschnitzler von 1607 waren die Meister mit ihren Streitigkeiten in Amtssachen der Gerichtsbarkeit der ihnen verordneten Deputierten des Rats unterstellt. Von hier aus konnten sie dann noch an den gesamten Rat appellieren. Da die Kleinschnitzler erst in diesem Jahre ein „geschenktes“ Handwerk bekamen, so ist mit Sicherheit anzunehmen, daß sie auch vorher keine eigene Gerichtsbarkeit besessen haben.

Nürnberg. Hier wurden alle Gewerbestreitigkeiten ausschließlich vom „Rugsamt“ gerichtet, das auch die gesamte Aufsicht über das Gewerbewesen führte. „Ohne Genehmigung des Rats[1]) darf keine Zusammenkunft zu gemeinsamer Besprechung gewerblicher Angelegenheiten stattfinden und dann nur in Anwesenheit des Pfänders oder Rugsschreibers. Selbst die Korrespondenz der Handwerke geht durch die Hand des Rats[2]); uneröffnet werden demselben die von auswärts kommenden, für die Nürnberger Handwerke bestimmten Briefe übergeben, und als richtiger Vormund korrespondiert der Rat selbst nicht selten mit den auswärtigen Handwerken. Dabei wird den Nürnberger Handwerkern bei jeder Gelegenheit eingeschärft, sich eines zünftischen Wesens, eines zünftischen Fürnehmens zu enthalten.“ Rösel schließt hieran noch die folgenden Bemerkungen: „So unwürdig nun auch diese scharfe Bevormundung der Handwerke durch den Rat im ganzen erscheinen muß, so hatte sie doch in mancher Hinsicht eine wohltätige Wirkung. Alle die Hunderte von Capalien, welche aus den fortwährenden Grenzstreitigkeiten zwischen den einzelnen Gewerben entstanden, wurden von dem Rugsamt und dem Rat, wenigstens solange von einer Blütezeit der Gewerbe gesprochen werden kann, in der Regel im Sinne der gewerblichen Freiheit entschieden. Die beiden Behörden nahmen eben einen höheren objektiven Standpunkt ein als die untereinander hadernden Handwerke und konnten deshalb mit größerer Unparteilichkeit walten.“ So mußten z. B. die Nürnberger Schreiner im Jahre 1669 den Augsburger Kistlern, die um eine Auskunft wegen Handwerksgebräuchen angefragt hatten, antworten, daß sie ohne obrigkeitliche Erlaubnis diese Auskunft nicht geben dürften. Und noch 1800 wurde den Schreinern eine Mahnung aus dem Jahre 1713 wieder ins Gedächtnis gerufen, daß sie ohne Vorwissen des Rugsamtes ihr Siegel nicht gebrauchen dürften.

Riga. Wenn ein Schnitzer mit einem Bürger, für den er gearbeitet hatte, über diese Arbeit in Streit geriet, so sollten nach der Ordnung von 1541 zwei Meister des Amts, es ist nicht gesagt, daß es die Zunftmeister sein mußten, den Streit schlichten. Die Zunft hatte das Recht, den Störern ihr Handwerkszeug und ihre Arbeit wegzunehmen, sie selbst, auch in Bürgerhäusern oder an anderen Orten, zu verhaften; sie mußten sie dann zur Aburteilung persönlich vor den Vogt führen. Die Zünfte führten oft kostspielige Prozesse. Das wurde ihnen am 24. August 1668 durch eine Ratsordnung[3]) verboten. „So sollen auch keine weitleuffigen formale Prozesse in den Ambtern zur Verspillerung dero Mitteln ins künftig weiter zugelassen, sondern dieselbe in dero Zwisten, gleich in Wett- und Kaufmanssachen summarie gehöret und gerichtet werden.“

Straßburg. Hier liegen die ältesten Nachrichten aus unserem Gewerbe vor. Der Bischof von Straßburg schloß mit der Stadt am 21. April 1263 einen

[1]) Ludwig Rösel a. a. O., S. 320.
[2]) Wie in Frankfurt am Main.
[3]) Stieda a. a. O., S. 684.

Vertrag ab, nach dem der Burggraf jedem Handwerk, darunter auch den Zimmerleuten, einen Meister überordnete, der dem Handwerk entnommen war und in allen Handwerkssachen, aber nur in diesen, Recht sprechen sollte[1]). Über die Vorschriften aus dem Jahre 1398, die den gerichtlichen Austrag von Lohnstreitigkeiten zwischen Meistern und Gesellen betrafen[2]), haben wir bereits an anderer Stelle (S. 169) berichtet. Im Jahre 1365 am 17. Januar wurden die Grenzstreitigkeiten zwischen den Wagnern, Kistnern und Drehern so geregelt, daß im Handwerk der Wagner über alle drei Kategorien Recht gesprochen werden sollte. („So mugent su in ze rede stoßen vor der wagner antwerg.") Wer die Übertretung leugnete, mußte mit zwei oder drei Zeugen überführt werden und konnte erst dann bestraft werden[3]). Um 1400 wurde eine Änderung im Verfahren gegen die Pfuscher beschlossen[4]). Bisher war es Herkommen, daß die Handwerker alle Arbeiten, die nicht von Zünftigen angefertigt worden waren, unter Hilfe des Burggrafenknechtes beschlagnahmten und damit verfuhren („und dunt dormitte"), wie es das Buch des Burggrafen auswies („als es min Buch wiset"), das heißt, der Burggraf war es, der die Strafen verhängte und darüber Buch führte. Von jetzt an aber mußte das Gut zurückgegeben und der ordnungsmäßige Klageweg beschritten werden. Als später die Schreiner innerhalb des Zimmerleut-Amtes eine eigene Zunft bildeten, unterstanden sie dennoch weiter dem gemeinsamen Zunftgericht, gegen das sie im Jahre 1613 Klage führten. Den Zunftrichtern wurden[5]) betreffend ihre Obliegenheiten während der Messe im Jahre 1636 neue Anweisungen gegeben.

Würzburg. Nach der Ordnung von 1543 sollten die geschworenen Meister versuchen, die Streitigkeiten, ob unter Meistern oder unter Gesellen, durch Vergleich zu schließen. Gelang es ihnen nicht, so mußten sie die Sachen vor den Oberen Rat bringen, „auff daß dieselbige desto eher zur Richtigung kommen". Wenn Zunftmitglieder miteinander in Wortstreit gerieten, so durften die geschworenen Meister sie mit zwei Pfund Geld bestrafen. Dies Geld wurde zwischen der Obrigkeit und den geschworenen Meistern geteilt. Außerdem mußte die Sache noch gerichtlich ausgetragen werden, vor dem Oberen Rat oder „an den Enden, do sich es gebürth".

So war für die Aufrechterhaltung der „Ordnung", wie sie in den schriftlichen Dokumenten der Zünfte in Paragraphen gegliedert worden, überall gesorgt. Es erscheint uns jedoch nicht als unwesentlich, ob die Aufsicht in den Händen der Zunftmeister selbst lag oder aber ganz ohne ihre Mitwirkung und von Juristen allein ausgeübt wurde, was Rösel (siehe oben bei „Nürnberg") als einen Vorteil erklärte. War doch der ganze zünftlerische Zusammenschluß von Anfang an so gedacht, daß sich gleichzeitig mit dem Erstarken des Gewerbes ein natürliches, nicht ein erzwungenes Rechtsempfinden entwickeln sollte, das seine Wurzeln wohl auch im allgemeinen Bürgerbewußtsein hatte, aber vor allem aus

---

[1]) Straßburger Urkundenbuch I., S. 519.
[2]) Straßburger Urkundenbuch VI., Nr. 1426.
[3]) Straßburger Urkundenbuch V., Nr. 618.
[4]) Eheberg a. a. O., S. 365.
[5]) Eheberg a. a. O., S. 364.

der eigenen Kraft und der besonderen Berufsarbeit seine Nahrung zog. Auf diesen Grundsatz ist es auch zurückzuführen, daß, besonders in den ersten Jahrhunderten des gewerblichen Lebens, ein ehrenhaftes und sittliches Verhalten eigentlich nur bei den Zünften zu finden war, ja direkt in Gegensatz gestellt wurde und werden durfte zu der egoistischen und gewalttätigen Rechtsauffassung der anderen Stände, in erster Linie der adeligen und politischen. Wohl ist es richtig, daß die Zünfte der Aufgabe der Selbstverwaltung sich auf die Dauer nicht gewachsen gezeigt, und demokratische Eigenbrödelei und kleinlicher Eigennutz schließlich zu einer Überspannung des Grundsatzes und zur vollkommenen Verwahrlosung, wie zum Beispiel in Cöln, geführt haben. Aber damit ist nicht widerlegt, daß der Grundgedanke ein richtiger und vor allem ein außerordentlich erzieherischer gewesen ist. Später freilich glaubte jeder Zunftmeister, daß er mit Ablegung der Meisterprobe eine Art Nahrungsversicherung abgeschlossen hätte, und die Zunft und der Staat verpflichtet wären, ihn darin zu schützen, fast ohne Rücksicht darauf, ob er in seinem Beruf etwas Tüchtiges leistete oder nicht. Diese Auffassung haben sich nicht selten auch die Behörden zu eigen gemacht, indem sie glaubten, ein Gewerbe dadurch lebensfähig erhalten zu können, daß sie ihm erlaubten, sich gegen den Zuzug frischer Kräfte durch Absperrung zu schützen, nur damit die zufällig gerade im Besitz der Zunftrechte befindlichen Meister „in ihrer Nahrung“ gesichert blieben. Es ist richtig, daß auch im Anfang der Zunftbildung selbstverständlich Erwerbsrücksichten mit beteiligt waren, aber der erste Grundsatz, mit dem überhaupt, unterstützt durch die Religion, ein sittliches Motiv in die Gewerbeübung eingeführt wurde, hieß: Güte der Arbeit, und damit: gute Bedienung des Bestellers! Diesen Grundsatz aufrechtzuerhalten und ihm Geltung zu verschaffen, darauf ging das zünftlerische Rechtsempfinden aus. Man kann die ersten Zunftzeilen gut das „Zeitalter der Konsumenten“ nennen, — im Vergleich zu den nachfolgenden Jahrhunderten, wo der Produzent an Stelle seiner Arbeit sich selbst in den Mittelpunkt des gewerblichen Lebens zu stellen trachtete!

Als erst einmal der dem Zunftwesen zugrunde liegende Gedanke so in sein Gegenteil verkehrt worden war, was freilich nicht plötzlich, sondern allmählich geschehen ist, da war es mit der Blüte des Handwerks, mit seiner Sachlichkeit und Ehrlichkeit vorbei. An dieser Wandlung zum Schlechteren waren nun nicht allein der Egoismus und die Bequemlichkeit der Handwerker allein schuld; der Niedergang ist vielmehr eine Folge der allgemeinen kapitalistischen Entwicklung gewesen. Vielfach waren die Bemühungen, die Zustände von oben her durch Verordnungen und moralische Einwirkungen zu heilen, ein vergebliches Bemühen, da doch der Schaden von innen, von unter her um sich fraß. Zahlreich waren die Umfragen und Besserungsvorschläge, die sich bezeichnenderweise immer gegen die Gebräuche oder vielmehr gegen die symptomatischen Mißbräuche richteten, ohne daß man lange, lange Zeit den Mut gefunden hätte, dem krankenden Gewächs durch herzhaftes Ausgraben und Umpflanzen neue Erde und Wurzelkraft zu verschaffen. Wir wollen aus der bezüglichen großen Literatur nur ein Büchlein herausgreifen, das sich mit der Besserung der handwerklichen Zustände befaßt und die populäre Propaganda eines sogenannten „Reichsabschiedes“, also einer für das ganze Reich erlassenen Verordnung darstellt. Es ist im gleichen Jahre des „Reichsabschiedes von 1732“ erschienen, und sein Titel lautet: „Der curiose und lustige Kunst- ünd Handwerks-Notarius“. Aus dem Titel geht hervor, daß der Versuch gemacht werden sollte, nicht nur eine nüchterne Aufzählung von Verordnungen zu geben, sondern die Darstellung durch eine Einstreuung von Sprüchen, Reden und Anekdoten zu beleben, im zünftlerischen Leben und Treiben Fuß fassen, und die moralische Belehrung unvermerkt auszustreuen. Uns interessiert hier nur die Auffassung der rechtlichen Grundlagen, wie sie als notwendig und förderlich geschildert werden. Auf Seite 14 werden einige Punkte als „löblich“ hervorgehoben, und wir erkennen aus dieser Zusammenstellung, wie man sich noch zu jener Zeit, natürlich vergeblich, bemühte, aus Altem und Neuem eine Brücke zu bauen, ohne auch nur ein einziges Mal zu bedenken, daß der schwere Wagen der kapitalistischen Entwicklung darüber fahren und sie zertrümmern werde; man sah den Wagen wohl kommen und versuchte, ihn durch Bremsen und falsche Weichenstellung aufzuhalten. Mit Vollmachten für dieses ohnmächtige Beginnen ausgerüstet, sollten die Zunftmeister das Recht ihrer Zünfte verwalten. Der Inhalt der „löblichen“ Punkte ist folgender:

Zuerst wird als „zunftmäßig“ bezeichnet, daß 1. der Ausübende seine Profession verstehe, 2. ehrlich und ehelich geboren sei, 3. keine Schandtat und kein Laster begangen, 4. einen guten Namen habe, 5. keinen ungebührlichen Handel (das ging gegen die kapitalistische Entwicklung!) oder unrichtig Werk treibe, 6. nicht berüchtigt noch infam, 7. kein verdammter Ketzer sei, 8. sich verbindlich erkläre, „mit denen Zunfft-Genossen, nach Ausweisung der von der Obrigkeit gegebenen oder ratificierten Zunfft-Articul, gemeinsachlich und in so weit williglich zu heben und zu legen (d. h. Steuern und Abgaben zu zahlen), als es ehrlich und billig, auch der Kunst oder des Handwercks gute Gewohnheit und Förderung ist“, 9. daß er „zur Erweisung seiner Gelehrsamkeit und Erfahrenheit in seiner Profession ein gewisses Meisterstück fertige und sich damit zu einem Meister legitimiere“. Dann folgt als zweiter Hauptpunkt die Behandlung der als wahre Landplage durch die Jahrhunderte gehenden und schier unausrottbaren persönlichen Verfehmung, mit der sich die Gesellenschaft, in einer grauenhaft karrikierten Überspannung der ehemaligen sittlichen Grundsätze der Bruderschaften, eine soziale Waffe gegen die Meisterschaft geschmiedet hatte. Meister und Gesellen, die gescholten „oder durch üble Aufführung für sich selbst untüchtig werden“, „von denen Zunfft-Rechten und Beneficien so lange suspendieren“, bis sie sich von den Beschuldigungen gereinigt haben. Umgekehrt der Ausschluß der Gesellen, „die nicht gut thun“. Es folgt die Forderung des Zunftzwanges, „welcher sein Fundamennt in Kayser Sigsmundi Reformation L. 2. C. 5.[1]) und zwar in der in jure naturae gegründeten Passage hat: daß keiner ein anderes oder mehrers Gewerbe und Handwerck treiben soll (wieder gegen das Unternehmertum gerichtet!) als ihm gebührt, auch keiner dem andern in seiner Handthierung und Nahrung Eintrag thun soll, damit jedermann vor sich und die Seinigen die Nothdurfft erwerben und sich ehrlich ernähren möge“. Der

[1]) Aus der ersten Hälfte des 15. Jahrhunderts stammend.

Zweitüriger Schrank aus Eiche mit geschnitzter Fassade, Niedersachsen um 1400, Kestner-Museum Hannover. In den Vierpässen der Türfelder sind Wappen dargestellt, es finden sich Reste alter Bemalung.

Gotische Lehnbank mit Faltwerkfüllungen und reichem Maßwerk.

Zeitentwicklung sollen die Zünfte sich entgegenstemmen, ja gar „diejenigen, neuerfundenen Machinen und Instrumenten, welche ihrer Profession einen merklichen Nachteil drohen oder einführen, in Anstand und gerichtliches Verboth bringen". Schließlich werden noch die Handhabung der Kassenverhältnisse (Lade), die Verpflichtung zur Steuerzahlung (Leggeld), die Maßnahmen gegen das Auftreiben erörtert, und endlich „gute Lehren (d. h. formalistischer Ballast, der hauptsächlich in „Sprüchen" bestand) beim Ledigsprechen und beim Meisterstück" aufgezeichnet. Für die Kenntnis der Aufgaben der Zunftmeister als Richter und Hüter der Zunftrechte ist diese Zusammenstellung nicht unwichtig. Sie zeigt in gequälter und müder Linie, daß die Aufgaben wohl annähernd dieselben geblieben sind, daß aber die Frische des guten Willens einem Zwang gewichen ist, und daß die Zünfte, statt im freien Auftrieb, sich durchaus in der Verteidigungsstellung befinden. Vom guten Werk ist weit weniger als von den persönlichen Verhältnissen der Erzeuger die Rede, — vom Recht des Käufers überhaupt nicht mehr!

Wenn die Rechtsprechung in den Zünften nur zum Teil, und je nach der politischen Einrichtung der betreffenden Stadtverwaltungen verschieden, von den Zunftmeistern selbständig ausgeübt wurde, so lag dagegen die Verwaltung der Zunftgelder ganz in ihren Händen. Sie hatten alljährlich den versammelten Genossen über Einnahmen und Ausgaben und, je nachdem, von Zeit zu Zeit dem Rat der Stadt über dessen Anteil an den eingezogenen Bußen abzurechnen. Die Daten wurden schriftlich aufgezeichnet und meist besondere Bücher geführt. So sind uns in Augsburg Rechnungsbücher aus den Jahren 1496 bis 1548 erhalten. Die Frankfurter Ordnung von 1487 sagt: „Auch sollen die alten meister zu ußgang irs jars den nuwen meistern bynnen der nesten 14 tagen von irer inname und ußgabe rechenunge tun." Der Rat war hier sehr darauf bedacht, daß ihm seine anteiligen Einnahmen nicht entgingen. Er verlangte 1541 von den Amtsmeistern, daß sie die Bußen, sie mochten eingegangen sein oder nicht, in die Jahresrechnung einstellten und ging dann selbst gegen die säumigen Zahler mit Pfändung vor. Wie in allen Dingen, so übte der Frankfurter Rat auch in den Geldangelegenheiten, die eigentlich nur die Zunft allein betrafen, eine scharfe Kontrolle aus. Er bestimmte 1566, daß die Geldabrechnung der abgehenden Zunftmeister in Gegenwart der Personen, „die auß iren handtwerck im rath sitzen oder inen von rats wegen zugeordnet sind", geschehen mußte. Aber nicht nur die Abrechnung wollte er überwacht haben, sondern er machte auch die wichtigeren Ausgaben im Laufe des Rechnungsjahres von seiner Genehmigung abhängig; „auch one sie nichts mercklichs, das gemeiner stat ungelegen sein möchte, fürnemen noch handlen", bei Strafe von 10 Gulden. — Aus Straßburg sind zwei Abrechnungen der französischen Schreinerzunft erhalten. Die erste stammt aus dem Rechnungsjahr 1746/47 und wurde von dem Vorgeher Johannes Käshammer erstattet. In diesem Jahr war ein Prozeß mit der deutschen Schreinerzunft geführt worden (wahrscheinlich um die Zugehörigkeit eines deutschen Meistergesellen. Vgl. S. 200), der über 8 Pfund, das waren mehr als ein Drittel der Gesamteinnahmen, verschlungen hatte. Man wollte von den deutschen Schreinern nichts wissen, nahm sie sich aber dennoch in Zunftangelegenheiten zum Vorbild, denn es findet sich da ein Posten von 2 Pfund 11 Schilling „vor die Meister Articul (der Deutschen) in das französische zu versetzen". Das zweite Drittel der Einnahmen wurde im betreffenden Rechnungsjahr verausgabt für „Unkosten, die ein Meister in Ansehung (bei Anfertigung) des Risses zu dem neuen Meisterstück (d. h. des Risses, der künftig als Muster bei den Prüfungen dienen sollte) und wegen einem Gesellen gehabt hat". Trotzdem vom Vorjahr ein Minus von über 8 Pfund geblieben war, wurde doch so schlecht gewirtschaftet, daß die Gesamteinnahme von 22 Pfund 2 Schilling 3 Pfennig um mehr als das Doppelte von den Ausgaben, die 48 Pfund 17 Schilling und 2 Pfennig betrug, übertroffen wurde. Unter den Einnahmen befinden sich 2 Pfund 10 Schilling Strafgelder, wovon die Hälfte an den Pfennigturm, also an die Stadt abgeführt werden mußte. Die zweite Abrechnung datiert von 1788/89 und betrifft die ganze Zunft der Zimmerleute; sie wurde vom Vorgeher Daniel Friedrich geleistet. Vom Einschreiben der Lehrlinge, das 10 Schilling kostete, waren 8 Pfund geflossen; einem hatte man die Gebühr erlassen. Das Ausschreiben der Lehrlinge wurde ebenso besteuert und brachte 3 Pfund 10 Schilling, wobei drei umsonst ledig gesprochen worden waren. Von den Meistern, die „zum ersten Mal ein ehrsames Gericht besessen", hatte man 14 Pfund, von den „Neuzünftigen" (Gebühr 3 Pfund, für Söhne 1 Pfund 10 Schilling) 34 Pfund 10 Schilling eingenommen. Unter den Ausgaben sind verzeichnet: Jahresbesoldung des Zunftbüttels 27 Schilling Gehalt und für Holz und Wellen 36 Schilling; Jahresgeld des Notarius 11 Pfund und 13 Schilling. Ferner als unverhältnismäßig hohen Posten 65 Pfund und 16 Schilling für ein Silbergeschenk, einen Leuchter für den Oberherrn. Um jene Zeit waren die deutschen und französischen Schreiner wieder in einer Zunft vereinigt und beide gehörten zur Zunft der Zimmerleute. Was die Veranlassung gegeben hat, dem „Oberherrn" ein so kostbares Geschenk zu überreichen, ist nicht gesagt.

In Cöln waren die Mitglieder der Schreinerzunft mit der Geldgebahrung der Vorgeher nicht zufrieden, und es gab oft Streit und Meinungsverschiedenheit wegen der Ausgaben und der Art der Abrechnung. - Die schon mehrfach erwähnte Eingabe einiger Meister wegen einer neuen Ordnung, datiert aus dem Jahre 1698, wollte auch in diesem Punkt Klarheit schaffen und vor allem erreichen, daß die Amtsmeister der versammelten Meisterschaft Rede und Antwort stehen müßten, daß aber dann mit dem Beschluß der Meisterschaft etwaige Beschwerden endgültig erledigt sein sollten und zu weiterem Gerede keinen Anlaß mehr geben dürften. Die beantragten Bestimmungen lauteten: „Auch sollen die Amtsmeister alle und jedes Jahr auf Decollationis Joannis und Blasy von allen eingenommenen Sachen und Bößen (Strafen) — welche mehrentheils nach gestalt der Übertretung auf Geld sollen angeschlagen werden — im Beysein dero verdienter und unverdienter Meister richtige Rechnung und Reliqua bei Eidsschlicht leisten und liefern, von welcher Buße ein Theil einem ehrbaren Rat, der andere den löbl. Amtsmeistern vor ihre Mühe und Versäumnis und der dritte einem ehrbaren Amt zugeeignet und appliciert werden soll. Wenn dann ein verdienter oder unverdienter Meister gegen die Rechnung und andere Punkte ein Bedenken oder Einrede hat, derselbige soll solches nicht sitzend tun, sondern aufstehn und vor der Bank, männiglich und ohne einige Ungestümmigkeit sein Bedenken vortragen, darüber der Meister Bericht hören an und dero Gesellschaft resolutio gewärtig sein; und was durch selbige ausgesprochen, damit sich begnügen lassen und keinerlei Weise dem Amt, es sei in oder außerhalb des Gaffelhauses etwas nachreden, alles bei Strafe von 6 Goldgulden, so der Übertreter, welcher hiergegen thun würde, unnachläßlicht erlegen und bezahlen soll." Der Antrag wurde vom Rat nicht angenommen, und auch die in den folgenden Jahren 1697 und 1700 verliehenen Ordnungen begründen das beantragte parlamentarische Beschwerderecht gegen die Zunftabrechnung nicht. Es wurde nur allgemein verordnet, daß bei wichtigen Vorträgen der Amtsmeister niemand schreien und hineinreden, sondern seine Meinung „fein still und ohne einige Ungestumme" abgeben dürfe, — wenn man gefragt wurde, was also im Belieben der Meister stand! Dann wurde gesagt: „Die jährliche Amtsrechnung soll des Morgens gewöhnlicher Maßen (!) übersehen, abgeleget und quittiert werden." Von Öffentlichkeit ist also keine Rede; es wurde fortgewurstelt, nur wurden nun die Trinkgelage abgeschafft.

In Cöln scheinen die Zustände dann endlich im Jahre 1739 in der Kassenführung derart schlimm geworden zu sein, daß die Behörde beschloß, dagegen von sich aus einzuschreiten. Ohne vorherige Ankündigung wurde plötzlich das Schild des Kassenmeisters Hexel (jeder Meister hatte im Zunfthaus ein Schild mit seinem Namen hängen) „auf das ungehorsame Brett verhangen" und damit war Hexel vom Amt suspendiert. Ohne ihn hinzuzuziehen, wurde die Gaffelrechnung „über vor- und nachverwendete Kosten an Hand genommen", wobei denn „ein großer Exceß sich finden thäte". Nun wurde dem Turmmeister v. Hilgers und dem Memorialmeister Dr. Beckers besondere Vollmacht erteilt, sich „sothane Ambtsrechnung" ad examinandum vorlegen zu lassen, und sie wurden verpflichtet, dem Senat über den Befund Bericht zu erstatten. Sie zitierten zunächst den derzeitigen Amtsmeister N. Wunsch als „letztgewesenen Computant". Wunsch erklärte, keine Kopie der im Zunfthaus deponierten Rechnung zu besitzen; er wolle aber versuchen, diese seinen Zunftgenossen abzufordern. Damit hatte er kein Glück, denn die Zunftmeister verweigerten die Herausgabe als nicht gebräuchlich. Der Magistrat erklärte diese Weigerung als „mißfällig" und „widersinnig" und lud nun die Amtsmeister und Zunftvorsteher ein, sich bei Strafe von 5 Goldgulden für jeden auf dem Rathaus einzufinden; wenn sie nicht kämen, so würden sie sich des Verdachtes der unrichtigen Verwendung der Amtsgelder schuldig machen. Die Amtsmeister bequemten sich nun zwar aufs Rathaus, behaupteten aber, es wäre nicht üblich, die Rechnungen aus dem Zunfthaus zu nehmen; wenn die Kommission sie einsehen wollte, müßte sie schon dorthin kommen. Erst nach wiederholter Vermahnung präsentierten sie die verlangte Rechnung, die in einem halben Jahr, von Februar bis Ende August, Ausgabeposten von 610 Goldgulden, 12 Albus und 8 Heller aufweist. Dieser hohe Betrag ist fast ganz für Zechen und Advokatenkosten draufgegangen, wofür keinerlei Belege vorhanden waren. Die Einnahmen bleiben um zwei Drittel hinter den Ausgaben zurück und betragen nur 195 Goldgulden und 8 Albus. Angeblich hatte die Zunft 324 Goldgulden 16 Albus leihweise aufgenommen. Die Kommission wurde beauftragt, zu überlegen, wie die Ausgaben mit den Einnahmen in Einklang gehalten werden könnten und wie ihnen künftig Maß und Ziel zu setzen wäre.

Ergötzlich ist es, die einzelnen Posten der Rechnung durchzusehen. Die Zunft führte einen Prozeß gegen den Meister Dierichs und die Witib Costenholz, weil sie zuviel Bänke in Betrieb hielten. Für Advokatenkosten waren schon 34 Reichstaler 6 Albus und 4 Heller gezahlt worden, aber Meister Dierichs hielt nach wie vor sieben Bänke in seiner Werkstatt. Er und seine Schwiegermutter Costenholz richteten, um die Sache zu verschleppen, eine Bittschrift an den Magistrat, und der Prozeß nahm seinen Fortgang. Nun waren natürlich mancherlei Gänge zu erledigen, und dabei wurden die Meister durstig und die Advokaten happig. — Die Meister Hexel und Dierichs wurden zitiert. Die Zunft sollte die Ratifikation ihrer Ordnung vorlegen und brauchte einen ganzen Tag, um mit den Advokaten, die dafür 4 Reichstaler und 216 Albus berechneten, die Schriftstücke zu durchstöbern. Dabei gingen nicht weniger als 16 Reichstaler 19 Albus und 4 Heller für Wein drauf! — Überhaupt mußte jede Gelegenheit und die kleinste Arbeit mit Wein begossen werden, zum Beispiel die Schlüsselübergabe usw. Einmal hatte sich der Meister Bock „in Reden verfahren" und wurde gefragt, ob er bei seinen Worten bleiben wollte. Er zahlte aber lieber etwas in die Armenbüchse und — die Meister verzehrten auf Zunftkosten 2 Reichstaler und 16 Albus. Dieselben Zehrungskosten entstanden, als man beim Meister Lützenkirchen nach Strafbarem visitierte und nichts fand. Die Hälfte mehr aber, als man beim Orgelmacher König nachsah, ob er nicht etwa einen Schreinergesellen beschäftigte. Mehr als das Doppelte, um zwei Tage auf ein Schiff aufzupassen, das fremde Schreinerarbeit nach Cöln bringen sollte. Der Meister Worms mußte 2 Reichstaler und 16 Albus verzehren, als er die Jesuiten fragte, ob sie fremde Gesellen hielten, und als man sich noch einmal nach dem Holzschiff umsah, da waren etwa 4 Reichstaler flöten gegangen. Auf solche Weise rannen noch mehrere hundert Gulden durch die Gurgeln oder in die Beutel der Advokaten. Auch die Kirche wußte bei solcher Wirtschaft ihre Rechnung zu finden. Mehrere namhafte Beträge sind gezahlt worden für „das Rochusbild abzusetzen, umbzutragen" oder: dem Pater Prediger ein Stückgeld (wofür?), ferner Jahrgeld für die Minderbrüder der Franziskaner usw. Der einzige normale Posten lautete: für den Gaffeldiener Kippels an Haus- und Jahrgeld 12 Reichstaler. Der schließlich aufgenommene Besitzstand der Zunft ergab an außenstehenden Forderungen 380 Reichstaler und für Inventar 527 Reichstaler, insgesamt 907 Reichstaler.

Die Finanzen blieben nach wie vor schlechte und unsicher. Im Jahre 1746 beschwerte sich das Schreineramt, daß der Gaffelmeister nicht, wie er doch nach einer Verfügung vom 27. Oktober 1704 verpflichtet wäre, die Hälfte der vereinnahmten Strafgelder an das Amt abgeliefert, sondern angeblich an die Armen ausgeteilt hätte. Im Jahre 1774 mußte die Zunft wieder 400 Reichstaler auf ihr Gaffelhaus „Zum roten Schild" aufnehmen. Zwei Jahre später klagten einige Gemeine Meister beim Senat, es würde vom Amt mit Geldern „nachteilig gewirtschaftet", und es möchten doch die unnötigen „Gastereien" abgeschafft werden: „zur Abtötung“ der Zunftschulden; sie wünschten, daß zur besseren Haushaltung aus den Gemeinen Meistern zwei Beisitzer abgeordnet würden, und behaupteten, der Mitmeister Joan Jacob Diederichs stifte alle Unruhen und Prozesse. Dieser beeilte sich, seine Mitmeister: Joan Peter Appell, Jacobus Euskirchen, Paulus Hahn und 26 unverdiente Meister zu einer Gegenschrift zu veranlassen, in der gesagt wurde, die Klageschrift wäre „mit scheußlichster Verleumdung und mit scheußlichsten Unwahrheiten angefüllet“, die Rechnungen wären von den Gaffelkommissaren Wecus und Schnikel geprüft und unterzeichnet und von ihnen der ganzen Schreinergemeinde vorgelesen worden. Herr Ratsverwalter Meyer hätte dann die Versammlung mehrfach befragt, „ob und welche Rechnungen sie ferner noch wollten untersucht haben“, worauf kein einziger ein Wort geredet hätte. Was die Gastereien beträfe, so hätte kürzlich der J. Th. Tubing die Meisterschaft erhalten und dafür die üblichen 12 Reichstaler an Gebühren gezahlt. Da hätten denn gerade die Gemeinen Meister unaufhörlich darauf gedrungen, das Geld solle verzehret werden, obwohl das Amt dabei noch hätte etwelche 30 Reichstaler beischießen „müssen“ (!), während die Gemeinen Meister ihre eigenen Einnahmen nie dafür herausrücken wollten. Der Bürgermeister möge beurteilen, ob man diese Meister als „beursachte Kläger“ oder aber als „unbefugte, unruhige Amtsrebellen“ betrachten sollte. Die zwei Beisitzer wären den Gemeinen Meistern längst bewilligt worden; das wäre bereits „stadt- und zunftkündig“. Als dann später die Amtsmeister nach Ablauf ihrer Amtsperiode abtraten und ihnen, nämlich dem Meister Euskirchen und Konsorten, von ihren Amtsnachfolgern ein Prozeß wegen Überschreitung der Gesellenzahl angehängt wurde, da kehrten sie den Spieß um und behaupteten, diese Klage wäre ohne Bewilligung der Zunft geschehen; vielmehr hätte das ehrbare Amt beschlossen, die Sache gegen sie niederzuschlagen. Gleichwohl habe man die Klage an den Kaiserlichen Reichshofrat in Wien weitergegeben; die Kosten hierfür müßten demnach die Urheber des Prozesses selbst aus ihrem eigenen Beutel bestreiten. Keinesfalls dürfte, wie dem äußerlichen Vernehmen nach aus dem ehrbaren Schreineramt etwelche Meister gesinnet wären, der Zunft ein namhaftes Kapital „ausgesprochen“ werden, d. h. verlorengehen. — Als im Jahre 1772 das Amt vom Rat ein Vorgehen gegen die Pfuscher verlangt hatte und dem nicht gleich Folge gegeben wurde, drohte es mit Einlegung der Revision. Darauf antwortete der Rat, die Amtsmeister dürften für die Einbringung derartiger Bittschriften von ihren Genossen „keine Kösten auftreiben“; sie hätten sich aber für jede Eingabe 20 Albus zahlen lassen und ließen es überdies an der „Ehrfurcht“ gegen den Rat fehlen. Die Amtsmeister protestierten gegen diese Vorwürfe, die nicht wahr wären, und die sie „hertzinnerlich“ betrübten; ihre Rechnung stünde den Gaffelkommissaren jederzeit zur Einsicht bereit.

Auch die ehemals so straffe Disziplin der Zunftversammlungen kam in Cöln immer mehr ins Wanken. Am 31. Juli 1779 sollte die Wahl eines Hausmeisters stattfinden. Nach altem Gebrauch sollten der Alt-Amtsmeister Claudi und der Jung-Amtsmeister Kemmerling je einen Kandidaten auf das Brett (leyen) setzen, und das taten sie. Der Amtsbeisitzer Nikolaus Breuer gab aber seine Stimme einem dritten Meister und verlangte, daß dessen Name auch auf das Wahlbrett geschrieben werde. Als das geschehen war, wurden von allen Seiten neue Namen gerufen, sogar der Name eines Meisters, der sein Amt erst drei Tage inne hatte. Ein allgemeines Hallo entstand, und die Wahl konnte nicht stattfinden. Breuer, der so die Versammlung gesprengt hatte, wurde mit 4 Goldgulden bestraft. Er verteidigte sein Verhalten mit einer Wahlbestimmung vom Jahre 1714 (15. Juni) und lehnte die Strafe ab, weil nach dem Reichsabschied von 1731 ausdrücklich bestimmt sei, daß eine Zunft ihre Genossen überhaupt nicht härter als mit 2 Gulden rheinisch bestrafen dürfte. Der Beisitzer Heidgen, der eine Bemerkung darüber gemacht hatte, daß die Meister, die von den eingehenden Meistergeldern nach § 7 der Amtsordnungen von 1621 und 1700 nur 8 bzw. 12 Reichstaler unter sich verteilen dürften, aber die inzwischen auf 20 bis 30 Reichstaler angewachsenen Gebühren in ihre Tasche fließen ließen, wurde unter großer Entrüstung der Amtsmeister zu einer Strafe von 25 Goldgulden verurteilt, und zwar nach einer über 200 Jahre alten Bestimmung vom Oktober 1563. Die Strafe wurde nachher auf 5 Goldgulden ermäßigt.

Im Jahre 1793 hatte es in Cöln Einquartierung kaiserlicher Soldaten gegeben, und die Zunftmitglieder gerieten sich über die Verteilung der Kostgelder so in die Haare, daß die Zunftabrechnung nicht zum Abschluß gebracht werden konnte. Die Amtsmeister wehrten sich gegen den Vorwurf, der trotz der derzeitigen Teurung gegen sie gerichtet worden wäre, sie hätten „die Soldatenkost zu hoch getrieben“ und „es habe die hochlöbliche Rentkammer ein Mehreres empfangen, als denen Zünften wäre abgegeben worden“, und sie baten „demütig“, die Herren Gaffelkommissare zu entsenden, um diese Streitsache zu untersuchen. — Die bestehenden Kontrollbestimmungen gegen die Zunft wurden nun immer schärfer zur Anwendung gebracht. Als im Jahre 1798 die Amtsmeister den Magistrat baten, die Einladung, das „allgemeine Gebott“, zur gesetzlichen halbjährlichen Abrechnung vor der ganzen Gemeinde erlassen zu dürfen, wurde ihnen bedeutet, daß diese Versammlung unter dem Vorsitz des Bannerherrn stattfinden müßte. — Im selben Jahre noch konnte irgendeine, vielleicht kriegerische Kontribution von der Zunft nicht eingetrieben werden, und der „Bürgercommissaire“ Rudeler erließ einen Arrest auf das Haus der Schreiner. Hierauf erklärten die Amtsmeister durch ihren Notar Bebber, das Haus sei ein vermietbares Privathaus und ihnen vor undenklichen Zeiten von einem Schreinermeister vermacht worden. Das beruhte auf Wahrheit, denn kurz vorher hatten sie mitgeteilt, die im Zunfthause wohnenden Leute hätten ihren Mietkontrakt gekündigt, und sie waren zusammengekommen, um zu hören, ob ein Meister „sich darzu (d. h. als Mieter) qualificiere“. Durch Kriegslasten wäre ihr Besitz so in Schulden geraten, daß, abgesehen von der früher aufgenommenen Hypothek von 400 Reichstalern, die mit 16 Reichstalern (4 Prozent) verzinst würde, jeder der 80 Meister 24 Reichstaler hätte einzahlen müssen, so daß die Gesamtlast, die auf dem Hause ruhte, 2332 Reichstaler betrage. Das Inventar habe einen Wert von 41 Reichstalern und 30 Albus. (Noch im Jahre 1739 hatte der Wert laut behördlicher Aufnahme 527 Reichstaler betragen, und dieser Verlust ist nur durch schlechte Wirtschaft zu erklären.)

Ihr eigentliches Zunfthaus sei das der Hauptzunft (Steinmetzen, Zimmerleute, Leyendecker und der sonstigen Gemeinde), allwo jene mit ihnen zusammenkommen und erscheinen müßten, und wo sie ihren Eid ablegten und ihr Hausgeld zahlen müßten.

Es ist nicht zu leugnen, daß die ehemals so streng gehandhabte und geführte Zunftwirtschaft in Cöln an Völlerei, Eigennutz und kleinlicher Streitsucht zugrunde ging. An anderen Orten war es nicht viel anders, weil eben der innere sittliche Zwang, der früher die Meister zueinander geführt und eng zusammengekettet hatte, längst durch die äußeren wirtschaftlichen Umstände gelockert, ja fast unmöglich geworden war. Die auf patriarchalisches Ansehen und persönliche Würde der Vorsteher berechneten Statuten wurden von den jetzigen Trägern des Amtes mißachtet oder in rein egoistischer Weise benutzt und gedeutet; und da boten sie freilich so viele Möglichkeiten, durch die Maschen zu schlüpfen, daß die Behörden schon mit starker Hand energisch zufassen mußten, wenn sie den Gewissenlosen erfolgreich wehren wollten.

In Frankfurt am Main hatte der Rat im Jahre 1789 eine Verfügung erlassen, betreffend die bessere Verwaltung der Einnahmen und Ausgaben der „Künstler, Gesellschaften und Handwerker", insbesondere wegen der Prozeßsucht der Handwerksvorsteher und Geschworenen, die übrigens ein allgemeines Übel der damaligen Zeit darstellt. Auf Grund dieser Verordnung forderte der Rat im Jahre 1795 das Schreinerhandwerk auf, den Deputierten ihre Abrechnung vorzulegen. Das Handwerk, das sich hier selbst als „Innung" bezeichnete, wehrte sich, aber vergeblich, gegen diesen behördlichen Eingriff. Die Einnahmen des Frankfurter Schreineramtes waren schon im Jahre 1655 nach eigenem Antrag dahin geregelt worden, daß von jedem Meister vierteljährlich 2 Albus als Zunftsteuer erhoben wurden. Solche Ansätze zu einer geordneten Wirtschaft scheinen aber, wie die eben geschilderten Folgeereignisse beweisen, nicht viel genützt, mindestens nicht vorgehalten zu haben.

Ein anderer, nicht weniger bedenklicher Gebrauch hatte sich beim Kistleramt in Augsburg herausgebildet. Die Vorgeher verliehen das Geld des Amtes, obwohl ihnen das im Jahre 1610 ausdrücklich verboten worden oder nur unter ganz besonderen Sicherheiten erlaubt war, entweder unter sich Meistern oder gar an Fremde. So hatten sie z. B. dem Herbergsvater ihrer Herberge „ob dem Schmidthaus" 100 Gulden geliehen; dieser Herbergsvater Daniel Weiß ging mit Schulden durch und starb in der Fremde. Die Sache kam heraus, als die Vorgeher und Kornpröpste eine Summe in gleicher Höhe den Einnehmern nicht zahlen konnten. Wahrscheinlich um einer persönlichen Haftbarkeit zu entgehen, machten die Vorgeher allerhand Gründe geltend, unter anderen, daß einer von ihnen zehn Kinder zu ernähren hätte. Sie baten, daß die Schuld vom Vermögen des Handwerks abgeschrieben werden dürfte. Der Rat gestattete ihnen die persönliche Abtragung der Summe innerhalb von vier Jahren, ohne Zinsen zu berechnen. Ein andermal hatte das Augsburger Kistleramt dem Kistler Jacob Dietrich, Bürger in München, aber früher in Augsburg wohnhaft, 120 Gulden mit 12 Gulden (10 Prozent) Interessen, auf ein Haus in Augsburg geliehen. Das Haus mußte 1639 versteigert werden, und die Hypothek des Kistleramtes fiel durch. Dietrich bot nun an, das Geld auf ein anderes Haus in München, für das er vom Käufer noch 400 Gulden zu bekommen hätte, aber ohne Zinsen eintragen zu lassen. Der Rat der Stadt München wollte nämlich nicht gestatten, daß dem Dietrich, der von ihm wohl wegen seiner Tüchtigkeit besonders geschätzt wurde, ein solches Kapital bei „Lebzeiten seiner" gekündigt würde; ferner machte der Rat für ihn geltend, man könnte von Jüngeren bei diesen schlechten Zeiten (des 30jährigen Krieges) keine Zinsen erhalten, Dietrich aber sei alt und kinderlos. Das Kistleramt in Augsburg sah sich auch genötigt, bei ihrem Stadtrat um die Genehmigung zu diesem Abkommen zu ersuchen. Schlimmer sah eine andere Geldverleihung aus, wenn sie auch aus sozialen Rücksichten geschehen war. Im Jahre 1614 war das Haus des Kistlers Christoph Werle in Augsburg abgebrannt, und dieser hatte beim Handwerk ein Darlehen von 750 Gulden aufgenommen. Es gelang ihm nicht, seine Schuld abzutragen, aber er zahlte im Laufe der Jahre 1200 Gulden Zinsen! Endlich, nach 41 Jahren, bat er um Nachsicht, mußte aber weiter 4 Prozent Zinsen zahlen; das Kapital blieb aber augenscheinlich der Zunft verloren.

16. Die Stellung der Frauen in Zunft und Handwerk.

Ein urkundlicher Hinweis, daß Frauen im Tischlerhandwerk selbsttätig mit Hand angelegt hätten, war nur einmal zu finden. Und zwar wurde in der Danziger Gewerksrolle der Tischler von 1554[1]) verordnet, daß Frauen zur Arbeit nicht hinzugezogen werden dürften, außer beim Färben und Firnissen und bei der Anwendung der Säge, also nur bei Hilfs- oder sogenannten Tagelöhnerdiensten. Daß Frauen selbständig das Tischlergewerbe ausgeübt hätten, ist wohl niemals vorgekommen, dagegen erscheinen sie schon früh als Inhaber der Zunftberechtigung bzw. eines Gewerbebetriebes, aber immer nur in direkter Beziehung zum Mann, als Witwe oder Tochter und künftige Gattin des Schwiegersohnes.

Die Basler Zunftordnung von 1271 sagt im Artikel 9: „Der Zunft gehören die Frauen wie ihre Männer an, und zwar zu Lebzeiten ihrer Männer und nach deren Tode als Witwen." Sie durften also die Werkstatt, solange wie sie wollten und konnten, für ihre eigene Rechnung fortführen. Das war als soziale Maßnahme sehr schön gedacht und in der ersten Zeit des Gewerbes wohl auch ohne viel Störung durchzuführen, da das Handwerk noch nicht überfüllt war und wie zwischen Meister und Gesellen, so auch zwischen der Meisterin und jenen eine Art von patriarchalischem Verhältnis bestand, kurz: die Gesellen noch nicht „schwierig" geworden waren. Das änderte sich, als die Meister anfingen, im Einverständnis mit den Behörden, die Zahl der örtlichen im Handwerk insgesamt gleichzeitig zu betreibenden Werkstätten entweder durch Anhäufung von erschwerenden Bedingungen (Muthzeit und dergleichen) oder ganz offenkundig durch eine Festlegung dieser Zahl zu beschränken suchten, und infolgedessen die Gesellen in jeder solchen Witwe, die das Gewerbe ihres Mannes für sich weiter betrieb, ein unliebsames Hindernis in der Erlangung der eigenen

[1]) Hirsch a. a. O., S. 327/28.

Selbständigkeit erblickten. Da ergab sich allmählich die Beschränkung der Witwenrechte auf eine bestimmte Zeit oder die Verpflichtung, wieder zu heiraten, und zwar einen der Meisterschaftskandidaten. Da sind denn auf solcher Nützlichkeitsgrundlage recht merkwürdige Ehen entstanden, und wer nicht ein ganz kalter Streber war, dem mag es schwer genug geworden sein, das berühmte „eine Auge" zuzudrücken, wenn er mit der „Auserwählten" vor den Altar trat. Die Zunft meinte es gut mit solchen unter erschwerenden Umständen gebackenen Ehekandidaten und klebte ein großes Pflaster auf ihren Schmerz, indem sie ihnen beim Eintritt in die Meisterschaft mancherlei Erleichterung gewährte; sie zahlten weniger Eintrittsgelder, ihre Muthzeit wurde abgekürzt, sie brauchten nicht so lange Zeit zu wandern und an manchen Orten nur leichtere Prüfungen abzulegen, gewiß nicht zum Vorteil der allgemeinen Handwerkstüchtigkeit und der sich auf diese verlassenden Käufer.

In Lübeck erlaubte man 1508 den hinterbliebenen Witwen, wenn sie alt und krank, also nicht mehr heiratsfähig waren, für den Rest ihres Lebens sich auf eigene Rechnung mit einem Gesellen weiter durchzuhelfen. Junge und gesunde Witwen, es gab ja zum Heile der Gesellen auch solche, mußten sich innerhalb von zwei Jahren mit einem Meisterschaftsanwärter wieder verheiraten; hatten sie in dieser immerhin liberal bemessenen Frist keinen Passenden gefunden, so erlosch die auf sie vererbte Gewerbeberechtigung, und die Werkstatt des verstorbenen Mannes mußte endgültig geschlossen werden. Hatte die hinterbliebene Witwe aber einen Sohn, so durfte sie mit ihm als Gesellen die Werkstatt solange für ihre eigene Rechnung weiterführen, bis der Sohn die Selbständigkeit erreicht hatte, wofür ihm als Meisterssohn noch mehr Erleichterungen gewährt wurden als einem Einheiratenden Stand zur Zeit des Todes eines Meisters gerade ein Lehrling in Arbeit, so durfte er, wenn er etwas vom Handwerk verstand, in dieser Stelle seine Zeit vollenden, doch unter ständiger Beaufsichtigung der Alterleute. In Lübeck mußten übrigens Frauen, Witwen und Töchter verstorbener Meister für sich das Amt „eschen", was wohl so viel bedeutete als eine Eintragung für den späteren Fall ihrer Selbständigkeit. Sie kamen aber mit einmaligem statt sonst dreimaligem Eschen und Bewirten der Zunftmitglieder davon.

Auch in Cöln war, wie wir weiter unten sehen werden, eine solche Anmeldung schon zu Lebzeiten der Männer und Väter notwendig. Bei den Kistenmachern und Luchtenmachern in Hamburg war 1515 das Recht der Witwen, ob jung oder alt, auf ein Jahr beschränkt, und wenn eine Witwe sich außerhalb des Handwerks wieder verheiratete, so hatte ihr persönliches Recht nur noch Gültigkeit bis zum „upschlachte", dem Verlobungsschmaus. Um die Härte dieser Bestimmungen etwas zu mildern, wurden die Witwen in das Armenrecht der Zunft mit eingeschlossen und konnten im Fall der Bedürftigkeit aus der Zunftkasse 2 Schilling wöchentlich beziehen. Die Ordnung der Kunthormaker in Hamburg von 1540 bemaß ebenso die Frist der Weiterführung der Werkstatt durch die Witwe auf ein Jahr oder bis zur eintretenden Selbständigkeit des Sohnes, doch machte sie vorsichtig die Bedingung, daß dieser ein ehelicher Nachkomme des Verstorbenen „van synem lyve getelet" sei. Diese Mütter, die als Vormünder ihres verwaisten Sohnes den Betrieb aufrechterhalten wollten, mußten von den anderen Meistern mit gefördert werden. Wer die meiste Arbeit für die Bürger unter den Händen hatte, war verpflichtet, wenn er von der Witwe durch Vermittlung der Alterleute darum angegangen wurde, ihr die christliche Liebe zu beweisen und sie mit einem oder mehr Gesellen zu versorgen, damit sie die Werkstatt sich und ihren Kindern zu Ehren und zum Besten offenhalten und ihr tägliches Brot und ihre Notdurft gewinnen konnte. Die Meister, die sich dessen weigerten, wurden mit 20 Schilling bestraft, und dieselbe Strafe traf die Alterleute selbst, wenn sie sich der Interessen der Witwen nicht energisch genug annahmen. Kam es aber vor, daß die Gesellen ohne „billiche und erheveliche" Ursachen nicht für die Witwen arbeiten wollten und sie nahrungslos sitzen ließen, so durfte ihnen kein Meister der Zunft mehr Arbeit geben; im Übertretungsfalle verfielen beide, Meister und Gesellen, einer Strafe von 20 Schillingen. Mit dieser Art von *Zuweisung von Gesellen* an die Werkstätten der Witwen wurde oft Unfug getrieben, indem manche Meister diese Gelegenheit benutzten, um mehr als erlaubt Gesellen zu beschäftigen, die dann in den Werkstätten der Witwen, nur scheinbar für jene, in Wirklichkeit aber für ihre Meister arbeiteten. So gab z. B. der Kistler Thomas Heyß in Augsburg 1560 einer Frau, deren Mann fortgegangen war, und einer Witwe von seiner Arbeit ab, wofür die Frauen je zwei Gesellen einstellten. Die Arbeit akkordierte er aber nicht mit den Frauen, sondern gab ihnen nur für jeden Gesellen 46 Kreuzer wöchentlich. Das Amt glaubte seiner vorgeschützten Barmherzigkeit nicht und bezeichnete die Gesellen mit Recht als die seinigen. Die Strafe belief sich auf 28 Gulden. Rosina Agay, „weiland Niclausen Daibens Kistlers Selig nachgelassene Witib", stellte 1582 ganz offen den Antrag, sie wolle ihre zwei Gesellen einem sehr beschäftigten Meister leihen. Es wurde ihr abgeschlagen, weil das Recht, Gesellen zu verleihen, nur den Meistern zustände.

In Cöln mußten laut Verfügungen von 1682 und 1687 die Meister, die ihren Frauen die Werkstatt vererben wollten, sie noch bei Lebzeiten ins „Süsterbuch" (Schwesternbuch) eintragen lassen und jährlich 6 Albus und 8 Heller für sie zahlen. Um 1732 war es Gebrauch, daß die Meister 4, die Witwen aber nur 3 „Werkbänk" halten durften. (Vgl. S. 286.) 1742 wurde einer Witwe das Recht, die Werkstatt mit Gesellen fortzuführen, verweigert, weil sie nicht rechtzeitig als Schwester eingetragen worden wäre, während sie behauptete, doch regelmäßig gezahlt zu haben. Ähnliche Klagen wiederholten sich, was bei der derzeitigen Zunftwirtschaft in Cöln nicht weiter auffällt. Ein für die bureaukratische Verbohrtheit geradezu typischer Fall ereignete sich 1765 auch in Cöln. Da war der Schreiner Henricus Schmidding seit 38 Jahren Meister. Und weil er fühlte, daß es nun ans Sterben ging, wollte er seine Frau noch durch Zahlung der jetzt üblichen Gebühr von ½ Reichstaler als „Schwester" eintragen lassen. Die Zunft verweigerte ihrem alten Mitglied dies Recht, weil er (vor 38 Jahren!) bei seiner Meisterwerdung — nicht allen Wein bezahlt habe, auf den die durstigen Kehlen seiner Kameraden Anspruch zu haben geglaubt hatten! Die Frau geriet dann in Armut, aber später wurde es dem Sohne aus der ersten Ehe des Vaters erlaubt, für sie als Geselle die Werkstatt weiterzuführen.

War die Fürsorge für die hinterlassenen Witwen einem sozialen Gedanken entsprungen, so war die seit etwa 1400 vollzogene Konstruktion, das Recht des Vaters außer auf die Söhne auch auf die Töchter, aber nur in solchen Fällen, wo neben den Töchtern keine Söhne vorhanden waren, zu übertragen, auf eine „Realität", nämlich den vorhandenen Gewerbebetrieb gegründet[1]). Wenn aber Söhne als ausübende Handwerker die Werkstatt des Vaters übernahmen, worin bestand dann das „Erbrecht" der Töchter, wenn nicht in einem willkürlichen Vorrecht der nun allmählich entstehenden Handwerker-Kasten oder, besser gesagt, Handwerker-Dynastien? Eine zu Anfang des 15. Jahrhunderts in Straßburg erlassene Verfügung über die Aufnahmen von „Zunft- und Stubengenossen" besagte im § 4: Das Recht, das der Vater gehabt hat, vererbt sich auf Söhne und Töchter, auf letztere, wenn sie Handwerksgenossen heiraten. Dieses Recht blieb an den Töchtern haften, solange sie heirateten, wofür ihnen keine Frist gesetzt war. Damit dieses Recht nicht ungenützt blieb und die Töchter auch wirklich versorgt würden, so gingen die Augsburger Meister, immer mit Genehmigung der Behörden, einen Schritt weiter, indem sie im Jahre 1593 (vgl. S. 179) bestimmten, daß die Gesellen anders nicht, als wenn sie die Töchter heirateten, Meister werden könnten, obwohl an diesen Töchtern, solange ihr Vater lebte, noch gar kein Erbrecht haftete und vielleicht, weil Brüder vorhanden waren, praktisch gar nicht in Kraft treten konnte. So konnten die Väter-Meister beruhigt leben und sterben, denn für ihre Hinterbliebenen war in jeder Weise gesorgt. Weshalb aber ließ sich die Behörde auf solche Konstruktionen ein, ja weshalb begünstigte sie sie? Weil so die Handwerker sorglos in den Tag hinein schaffen, sich nur um das tägliche Brot zu bekümmern brauchten und vor allem — das war die geheime Furcht der Behörden — nicht auf den Gedanken verfielen, bare Besitztümer aufzuhäufen und mit deren Hilfe etwa zur kapitalistischen Produktionsweise überzugehen.

Den Gesellen, die Meistertöchter heirateten, wurden dieselben Vergünstigungen, wenn nicht noch mehrere, bewilligt wie den künftigen Ehemännern der Witwen. Zum Beispiel wurde ihre Mutzeit ganz erheblich abgekürzt. Aber damit waren sie oft noch nicht einmal zufrieden, und es erschien ihnen überhaupt das mehrjährige Warten auf die Braut, besonders wenn sie ohnedies nicht mehr die Jüngste war, unbequem. Da wurde denn, besonders wenn etwa der Vater die Zustimmung verweigerte, oft das unschöne Mittel angewendet, die Braut oder sonst die Witwe des Verstorbenen in andere Umstände zu versetzen, damit sich die Meisterschaftformalitäten im Zwange des Geschehenen schneller abwickeln sollten. Manchmal glückte es, manchmal aber auch nicht, und dann war beiden das Leben fast verpfuscht. Der Geselle Gall Moßbruggner in Augsburg z. B. richtete 1651 folgende klägliche Eingabe an den Rat: „Nachdeme Gott der Allmächtige meine, Gall Moßbruggners, menschlich Blödikheit und Schwachheit so weith sinckhen und offenbahr werden lassen, daß mit weyland Maister Simon Bohms Kistler seel. nachgelassener Wittib, da bey deroselben mich in der Arbeith alß ein Gsell aufgehalten, ein

[1]) Diese Realität auch als ein sogar noch bei Lebzeiten des Besitzers verkäufliches Gut anzusehen, kam erst etwa 350 Jahre später in Gebrauch. Vgl. S. 124.

noch uneheliches Kind, so nunmehr zehn Wochen alt ist, erzeuget usw." Die beiden hatten die ihnen vom Geheimen Zucht- und Strafgericht auferlegte Geldstrafe bereits erlegt und baten nun um das Meisterrecht. Die Meister dagegen beriefen sich auf einen Ratsbeschluß des Jahres 1640, „daß jeder Gesell die gebührendten Maisterstuckh in dem Ledigenstandt auffnemmen und verfertigen soll". Das Gesuch wurde nicht genehmigt, und der Geselle mußte wieder zur Stadt hinausziehen, wie vor ihm so mancher andere. Im Gegensatz zu dieser Strenge fand der Geselle David Groß in Augsburg eine unverdiente Milde. Es wurde ihm 1660 die Heirat mit der Meisterswitwe Maria Wolff, mit der er ein uneheliches Kind erzeugt hatte, gestattet, und er sollte in der Reihe der vorliegenden Anmeldungen das Meisterstück machen, ja sogar bis dahin das Handwerk schon mit einem Gesellen betreiben dürfen. Aber selbst damit war er nicht einverstanden und wollte ganz außer der Reihe bevorzugt werden. Das war aber den Vorgehern denn doch zuviel; sie schrieben, er hätte die Gnade mit Händen und Füßen von sich gestoßen und wollte lieber „in gottlosem Schandleben als ehrlich mit dieser vorhin schon auch unter den Soldaten und Reuttern lang genug umbgfahrenen, darmit der Kistlersgerechtigkeit sich ganz verwürkten Maria Wolff zubringen und noch mehr Kinder außer der Ehe erzeugen". In Würzburg beschwerten sich die Meister 1739, daß auf Befehl des Oberen Rats ein Geselle, der sich in dieser Weise mit einer Meisterswitwe eingelassen und sie dann geheiratet hätte, nur das „kleine Meisterstück" zu machen brauchte. wie die Meisterssöhne. Ein Geselle in Frankfurt am Main wartete 1779 schon vier Jahre auf die Zulassung zur Meisterschaft, sollte aber jetzt, nach Aussage der Zunftmeister, wegen Überfüllung des Handwerks noch weitere 7 bis 8 Jahre warten. Das war hart, da er mit einer Meisterstochter versprochen war, die nach zwölf Jahren wirklich verblüht sein würde. Da schlug er den geschilderten Weg ein und bat dann, ihm so lange, bis er zum Meisterstück käme, die Arbeit auf eigene Hand zu erlauben, wie das auch zwei Meistern der Stadt in ähnlichen Verhältnissen gestattet worden wäre. Die Bitte wurde ihm abgeschlagen.

Meist war es, des gefürchteten Auftreibens der Gesellen wegen, der Ruin für einen Meister, wenn er eine Frau von nicht einwandfreier Abkunft ehelichte. Die Hamburger Ordnung von 1540 warnte ausdrücklich davor. Die dortigen Kunthormaker, wenn sie sich als Witwer wieder verheirateten und dann etwa eine Bescholtene oder mit unehelichen Kindern gesegnete Frau nahmen, wurden damit des Handwerks unwürdig, mochten sie es auch jahrelang in Ehren ausgeübt haben. Ein Kleinschnitzler-Meister in Münster heiratete 1593 eine uneheliche Tochter, und man sperrte ihm das Handwerk. Auf Beschluß des Rates wurde es ihm ausnahmsweise wieder eröffnet, aber mit der Bedingung, daß er die Frau niemals zu den Zusammenkünften der Zunft mitbringen dürfte. In Augsburg und Frankfurt wurde es 1719 bzw. 1789 hochbetagten Witwen, wenn sie selbst auf den eigenen Betrieb verzichteten, erlaubt, das ihnen zustehende Meisterrecht auf ihre Tochtermänner zu übertragen, doch mußten diese die Verpflichtung übernehmen, lebenslänglich die Schwiegermutter zu erhalten, und durften eine gewisse Zeit keine Lehrlinge ausbilden, bis sie ihre eigene Befähigung erwiesen hätten.

E. Die Arbeit und ihr Lohn.

1. Die Arbeitszeit.

„Also auch die Tischler und Zimmerleute, die Tag und Nacht arbeiten und schnitzen Bildwerk, und Fleiß haben, mancherlei Arbeit zu machen, die müssen denken, daß es recht werde, und frühe und spat daran seyn, daß sie es vollenden."
Das Buch Jesus Sirach (Ecclesiasticus) Kap. 38, Vers 28.
Ungefähr 200 vor Christi Geburt.

Die erste uns überlieferte Bemessung der Arbeitszeit ist eine negative; sie ist also nicht auf eine Ausnützung der Arbeitskraft gerichtet, sondern will im Gegenteil das Zuvielarbeiten verhindern!

Die Cölner Zünfte hatten sich des Stadtregiments im Jahre 1396 bemächtigt und gaben sich gemeinsam mit der von ihnen eingesetzten Stadtverwaltung ihre Ordnungen; darin begründeten sie nicht nur das Gesetz der Freiheit, sondern auch das der Gleichheit, das heißt, sie legten es gleich in ihren Bestimmungen fest, daß keiner dem anderen durch Fleiß und Bestrebsamkeit vorbeikommen und seine Werkstatt etwa zu einem kapitalistischen Unternehmen erweitern könnte. In diesem Geiste formulierten z. B. die „Kistenmechere" den Artikel 7 ihrer Ordnung so: „Künftig (also war die Entwicklung schon in dieser Richtung gegangen und sollte nun abgeschnitten werden) soll kein Mann dieses Amtes des abends länger arbeiten als bis 8 Uhr und des morgens nicht früher beginnen als um 4 Uhr." Die Strafe wurde auf eine Mark für jede Überschreitung festgesetzt. Diese Maßregel läßt auf eine scharfe Konkurrenz unter den Cölner Kistenmecheren schließen, und man darf wohl annehmen, daß die freigestellte Zeit in den meisten Fällen voll ausgenutzt worden ist. Die Gesellen hatten demnach eine 16stündige Arbeitszeit auszuhalten.

Wenn es erlaubt ist, die Zimmerhof-Ordnung in Straßburg (vgl. S. 264), die aus etwa derselben Zeit stammt, heranzuziehen, so gingen für Mahlzeiten insgesamt zwei Stunden ab, so daß eine reine Arbeitsleistung von 14 Stunden verblieb.

Selbst, wenn man die Augsburger Verhältnisse aus einer späteren Zeit (vgl. S. 262) heranzieht und die dort üblichen Pausen von drei Stunden annimmt, so ist die reine Arbeitszeit von 13 Stunden immer noch sehr respektabel, denn man muß dabei nicht vergessen, daß nicht etwa ein Stundenlohn, der einen Ausgleich hätte schaffen können, gezahlt wurde, sondern meist ein Wochen- oder Tagelohn.

Der Münchner Kistler-Ordung wurde 1488 ein Artikel eingefügt, der sich mit der Arbeitszeit befaßt, aber nur insofern, als er deren Schluß festsetzt. Es wird gesagt, daß die Meister „kainen feyerabennt, dann zu gewonlicher Zeit geben sullen". Der Sinn dieses Satzes ist nachträglich nicht mit Sicherheit zu erklären; entweder sollten die Interessen der Bauherren geschützt und ein zu früher Schluß der Arbeit verhindert werden, oder man wollte eine Ausbeutung der Gesellen durch zu langes Hinausschieben des Feierabends und zugleich einen zu großen Verdienst einzelner Meister verhindern. Letztere Annahme trifft wohl das Richtige, weil kurz vorher von dem künftigen Verbot der Akkordarbeit die Rede war. (Vgl. S. 354 und im Urkundenanhang, Jahr 1427.)

In Lübeck wurde 1508 die Arbeitszeit der Kistenmacher für Sommer und Winter festgesetzt von morgens 4 Uhr bis abends 7 Uhr, aber mit dem Bemerken, daß nicht früher begonnen und nicht später aufgehört werden dürfte. Innerhalb dieser Fristen blieb, da es sich ja um eigene Werkstattarbeit und nicht um Bauarbeit im Interesse eines Dritten handelte, die Ansetzung der Arbeitszeiten den einzelnen Meistern überlassen, doch wird schon jeder, wenn er nur genug Arbeit hatte, die Zeit voll ausgenutzt haben, um nicht wirtschaftlich hinter den anderen zurückzubleiben und die Gesellenkraft bis aufs äußerste auszunutzen. Wer aber länger arbeiten ließ, mußte dem Rat 11 Schilling und den Alterleuten 6 Pfennig zahlen. Der Schluß der Arbeit wurde besonders scharf kontrolliert; und kam es vor, daß ein Meister irgendein Stück noch nach Feierabend verkaufte (das war also erlaubt), und der Käufer wollte es gern noch beschlagen haben, dann mußte der Meister sich hierfür eine besondere Erlaubnis von den Alterleuten erbitten. An den Vorabenden von Feiertagen („des hilgen avendes") durfte im Winter nur bis 3 Uhr, im Sommer nur bis 5 Uhr gearbeitet werden.

Bei den Kisten- und Luchtenmakern in Hamburg finden wir 1515 keine besondere Festsetzung der Arbeitszeit; nur der Feierabend (des hilligen fieravends) ist für Winter und Sommer gleich um 6 Uhr.

In Riga mußten die Gesellen der Schnitzer 1541 von 5 Uhr morgens bis 6 Uhr abends arbeiten; dann aber durften keine neuen Stücke mehr gemacht werden, aber „was alte Arbeit, daran sie (die Gesellen) ein drinckgeldt verdienen mochten, soll ihnen mit der Meister Wissen und Willen gegonnt sein".

Die lange Dauer der Arbeitszeit hat sich die Jahrhunderte hindurch fast gleichmäßig erhalten. Noch 1832 begannen die Tischlergesellen in Ulm morgeus um 5 Uhr und durften erst abends um 7 Uhr aufhören, standen also mit Abrechnung von 2 Stunden für die Eßpausen 12 Stunden an der Hobelbank.

Am ausführlichsten beschäftigte sich die Augsburger Kistler-Ordnung von 1550 mit der Regelung der Arbeitszeit; damals waren eben die Patrizier wieder zur Herrschaft gelangt und bemüht, besonders die Interessen der Bürger als Bauherren zu wahren. Demgemäß wurde zuerst die Arbeitszeit auf den Bauten behandelt. An den Sommer-Werktagen — sie wurden gerechnet von Sankt Peters Stuhlfeier bis Sankt Gallentag — sollten alle, Meister, Gesellen, Söhne und Lehrknechte, um 5 Uhr schon an der Arbeit sein. Von 7 bis 8 Uhr war Pause, um die Suppe, von 11 bis 12 Uhr, um das Mittagbrot, von 3 bis 4 Uhr, um das Abendbrot (in Süddeutschland noch jetzt Vesper genannt) zu verzehren.

Erst um 7 Uhr abends gab es Feierabend. Im Sommer wurde der „große Taglohn" gezahlt, und deshalb sollte die Arbeitskraft tüchtig ausgenutzt werden. In den Übergangszeiten, die schon in die Zeit des großen Lohnes fielen, war es morgens manchmal noch zu dunkel, und die Dämmerung trat früher als 7 Uhr ein; dann sollte eben nach möglichster Ausnützung des Tageslichts gearbeitet werden. Am Samstag hörte man auch um 7 Uhr auf, arbeitete aber an Vorabenden vor Feiertagen noch eine Stunde länger. „Welche aber solchem nit nachkommen, sondern gevarlicher weis zu spath kommen oder an den gebotnen feyrtag abenden, wie gemelt, ain stund nit lenger arbeiten würden, die mögen erstlich durch den Pauherrn und seinen meister deshalb ernstlich angeredt und inen das füran mueßig zusteen undersagt werden. Wo sie aber darüber (weiter) gevarlicher weis zu lang ußbleiben oder zu fru von den arbeiten geen würden, solle dem oder denselben durch den Pauherrn an seinem habenden taglon ein kreutzer abgebrochen werden. Wo aber solches bey inen nit verfenglich, sondern sie sich über solchs (immer noch) hierinen so gevarlich und ungehorsam erzaigen und eins erbarn rats hierzu verordnete Strafherrn solchs in einig weg gewar würden, sollen alsdann der oder die durch dieselben ernstlich gestraft und hierinen weder meister, gesellen noch anderer verschont werden." Also waren auch die Meister genau wie die Gesellen zur Einhaltung der Arbeitszeit verpflichtet und darin vom Bauherrn, seinem Bauführer oder Architekten und in letzter Instanz von den Strafherren des Rates kontrolliert. In den Wintertagen begann die Arbeit „alsbaldt es tag ist". Die Pause für die Morgensuppe fiel dann aus, und man hörte auf, wenn Ave Maria geläutet wurde. Also, arbeitete man nach Abzug der 3 Stunden für Pausen auf den Bauten 11 Stunden lang, so verlängerte sich die Zeit für die Werkstattarbeit im Winter und Sommer noch um 2 Stunden, also auf 13 Stunden, sie dauerte von 4 Uhr morgens bis abends 8 Uhr.

Die Zimmerleute in Stuttgart arbeiteten 1579 im Sommer von 4 bis 7 Uhr, im Winter von Taganbruch bis Nachtanbruch; wer eine Stunde, außer der Essenszeit, versäumte, mußte sich ein Viertel des Tagelohns abziehen lassen.

An Sonn- und Feiertagen wurde nicht gearbeitet. Freilich finden wir das niemals erwähnt, doch war es nach den Gebräuchen der früheren Zeit selbstverständlich. Eine Ausnahme verzeichnet die Ordnung der Schreiner in Essen von 1660. Hier sollte die Sonntagsarbeit mit besonderer Erlaubnis gestattet sein, aber nur außer der Stadt.

Das Arbeiten bei Licht verbot sich auf den Bauten durch die Verhältnisse von selbst. In Danzig war es den Meistern und Gesellen der Tischler um 1454 grundsätzlich verboten, wahrscheinlich aus Gründen der Feuergefährlichkeit, vielleicht aber bezog es sich nur auf die Bauarbeit. Daß man in den Werkstätten, wo man auch des Winters um 4 Uhr begann und erst um 5 Uhr aufhörte, nicht ohne Licht auskommen konnte, ist ja selbstverständlich. In Ulm beschloß die Schreinerzunft, daß die Gesellen nicht nur bis Fastnacht, sondern bis Josephtag, also bis 19. März bei Licht arbeiten mußten.

Die Gesellen durften in der festgesetzten Arbeitszeit natürlich nur für die Meister arbeiten. Das bestimmte die Schnitzer-Ordnung in Riga 1541 grundsätzlich. Man wußte, daß die Gesellen des abends heimlich noch für sich arbeiteten und drückte darüber ein Auge zu, doch wachte man scharf, daß dafür nicht das Holz der Meister verwendet wurde. Später war, wie wir schon gesehen haben, das Arbeiten der Gesellen für eigene Rechnung, aber nur Flickarbeit, nach Feierabend in Riga ausdrücklich erlaubt. In Hamburg verbot die Ordung der Schnitzer 1590, daß die Gesellen auf den Bauten nach Feierabend für sich arbeiteten, doch durften sie es dann zu Hause in der Werkstatt des Meisters tun, aber nicht länger als bis 9 Uhr; auch durfte es keine neue Arbeit sein, und der dafür mit dem Auftraggeber vereinbarte Lohn durfte einen halben Gulden nicht übersteigen. Auch des Sonntags konnten die Gesellen für sich arbeiten, aber nicht vor 3 Uhr nachmittags, bei Strafe eines ganzen Wochenlohnes. An anderer Stelle (vgl. S. 59) wurde bereits erwähnt, daß in München 1556 den Zimmergesellen erlaubt war, in ihren eigenen Wohnungen Zimmermannsarbeit zu verrichten, zu Zeiten, in denen ihre Meister nicht genügend Arbeit für sie hatten. In Cöln war zu Anfang des 16. Jahrhunderts den Gesellen „Klutterye", d. h. Flickarbeit, auf eigene Rechnung während der Arbeitszeit verboten, sonst also erlaubt.

2. Die Arbeitsaufsicht.

Wir haben eben schon berichtet, wie scharf in Augsburg darauf geachtet wurde, daß neben den Gesellen und dem übrigen Arbeiterpersonal auch die Meister auf den Baustellen erschienen und tüchtig mitarbeiteten. Diese Maßregeln wurden im Interesse der Konsumenten getroffen und sollten ihnen nicht nur einen schnellen Fortgang der Arbeit, sondern auch deren Güte gewährleisten; denn wo der Meister mitarbeitet, kann man sicherer sein, daß keine Pfuscherei vorkommt. Die Augsburger Kistler-Ordnung von 1550 sagte: „Die maister sollen auch für sich selbs und bey den ihren darob und daran seyn, damit ainem jeden pauherrn, oder die so bauen und arbeiten lassen, nach irem anzaigen, fürhalten und bevelchen ordenlich, vleißig und treulich gearbait werde." Sie sollen in jeder Hinsicht den Vorteil der Bauherren wahrnehmen, damit der Lohn „treulich verdient" werde; dazu gehörte auch, daß keiner von den Arbeitern Material, altes oder neues, kleines oder großes Holz, des abends wegtrug und dergleichen.

Wenn schon der Rat so sehr für seine Bürger, die sich der Handwerker bedienen wollten, sorgte, so ist es selbstverständlich, daß er im gleichen Fall erst recht auf seinen eigenen Vorteil bedacht war. Aus Straßburg sind uns zwei solche Ordnungen für städtische Handwerker aus dem Anfang des 15. Jahrhunderts erhalten, die von den Aufsicht führenden Werkmeistern beschworen werden mußten: „Der stette zimberman", er hieß Walther Dummeler, mußte mit seinen zwei Zimmerleuten und Gesellen, die als „werglüte" namentlich aufgeführt werden, alle Morgen zur rechten Zeit, nach der ersten Messe, auf dem Zimmerhof an der Arbeit sein. Für die Frühstückspause war ihnen eine halbe Stunde, für die Hauptmahlzeit („den rehten inbeßen") eine ganze und für die Vesper eine halbe Stunde bewilligt. Zwischen 6 und 7 Uhr wurde Feierabend gemacht; wer länger arbeitete, tat es freiwillig. (Also im Dienste des Rates war das erlaubt.) Dummeler mußte auf das Handwerkszeug und auf das Holz („es seien dischlachen, hantquelen usw.") aufpassen, daß nichts fortkam. Die Zimmerleute und Gesellen mußten ihm Gehorsam schwören. Er durfte nur zwei Lohnknechte halten, an deren Stelle er auch seine eigenen Söhne beschäftigen konnte. In seinem Eid mußte er sich verpflichten, mit niemandem wegen des Holzes „eine Gemeinschaft" zu haben, von dem Holzabfall nur die Späne für sich zu nehmen, den übrigen aber für Rechnung des Rates zu verkaufen und endlich vor niemandem weder Trinkgeld zu fordern noch anzunehmen. Wenn er zu einem Bau oder zu einer „teilunge", das heißt zu dem Entwurf eines Hauses berufen wurde, so mußte er sich vom Rat die Erlaubnis erbitten, und ohne Urlaub durfte er nur an Sonn- und Feiertagen solchen Rufen Folge leisten. Er durfte weder Holz annehmen, noch welches verkaufen, und Werkzeug nur in Ausnahmefällen und dann nur gegen ein höherwertiges Pfand verleihen[1]).

Auf der Rheinbrücke, wo wohl die Flöße ankamen und ausgeladen wurden, führte Guntram, „zymbermeister an der Rynbrucken", die Aufsicht. Er mußte auch an Sonn- und Feiertagen, Tag und Nacht „ußen by der brucken gesessen sin" in voller Bewaffnung („und seinen harnesch by yme haben"). Seine Untergebenen, ein Zimmermann und drei Brückenknechte, die wieder mit Namen genannt werden, mußten ähnliche Eide schwören wie er selbst. Auch ein Koch war ihnen beigegeben.

Mit Ludek, dem Zimmermann, wurde in Göttingen 1424 ein Vertrag abgeschlossen, nach dem er als „des rades unde stad werkman" angestellt wurde und neben der städtischen Arbeit verpflichtet wurde, die Nägel und das Holz, altes oder neues, gut zusammenzuhalten und Abfälle von Brettern, die noch zu Bauzwecken benutzt werden konnten, weder für sich beiseite zu schaffen, als Brennholz spalten zu lassen oder gar an Dritte zu verkaufen, wenn er auch darum gebeten würde. — Die Cölner städtischen Zimmerleute mußten um 1450 schwören, fleißig bei ihrem Werk zu sein und die Gesellen zu überwachen, damit sie zur rechten Zeit ihre Arbeit begannen und beendeten und treulich schafften, wie sich das gehörte. Später, zu Anfang des 16. Jahrhunderts, war hier noch die Bestimmung eingefügt, die Meister sollten darauf achten, daß die Gesellen während den Arbeitsstunden keine Flickarbeit („klutterye") für eigene Rechnung machten, sondern nur „unser heren werck". Im Jahre 1489 wurde den städtischen Zimmerleuten in Cöln eingeschärft, daß sie kein „steide borde, buwhoultz noch ander houltz" abgeben oder ausleihen dürften.

3. Die Arbeitsstelle.

In den ersten städtischen Anfängen der Handwerker wohnten die Handwerker in den Häusern, die meistens von der Geistlichkeit zur Verfügung gestellt wurden, *zur Miete*. Der Ordnung der Zimmerleute-Zunft in Basel von 1271 zufolge scheint es oft vorgekommen zu sein, daß der eine Meister dem anderen sein Haus zu verleiden oder ihn daraus durch irgendwelche Machenschaften — der Bischof von Basel erwähnt besonders das *gegenseitige Ausmieten* — zu

[1]) Vgl. Eheberg a. a. O., S. 41, 397, 397 u. 411.

verdrängen suchte. Darauf wurde dieselbe Strafe gesetzt wie auf das Abmieten der Gesellen vor ordnungsmäßigem Ablauf ihres Vertrages, nämlich 9 Schilling, die zu gleichen Teilen dem Bischof, der Zunft und der Patronatskirche der Zimmerleute anheimfielen. Also bezeigte der Bischof ein Interesse daran, daß die Handwerker seßhaft blieben und ihre Werkstatt möglichst an derselben Stelle, wo sie von den Konsumenten leicht gefunden werden konnten, offen hielten. So kam es wohl, daß in vielen alten Städten manche Straßen nach bestimmten Handwerkerkategorien genannt wurden, weil eben hier die meisten Ausübenden desselben Handwerks beieinander angesiedelt waren. Spätere Benennungen, wie zum Beispiel der Straßburger Zimmerleutgasse (vgl. S. 235), scheinen auf die in den Straßen befindlichen Zunfthäuser zurückzuführen zu sein.

Im Gegensatz zu den Zimmerleuten hatten die Kistler und Schreiner, oder wie sie sonst benannt wurden, ihre Werkstätten in demselben Hause, in dem sie wohnten. Das lag in der Eigenart ihrer Arbeit begründet. Die Zimmerleute arbeiteten auf dem Bauplatz selbst, und wenn sie ein Balkenwerk zusammengenagelt hatten, so wurde es auch gleich an Ort und Stelle angebracht; die Schreiner dagegen machten das feinere, bewegliche und selbständige Kleinwerk, das in den verschiedenen Stufen seiner Entwicklung, z. B. in der Leimzwinge, anders und länger behandelt werden mußte, was sogar für die Wandverkleidungen meistens zutraf; infolgedessen hatten die Schreiner ihre Werkstatt in oder bei ihrem Hause, von wo sie das fertige Werk in den Bau trugen. Dieser Unterschied in der Arbeitsweise wurde zum äußeren Unterscheidungsmerkmal der beiden Handwerke gemacht, und so waren an manchen Orten den Zimmerleuten die Werkstätten überhaupt, den Schreinern aber das Schaffen auf den Bauten selbst verboten; das ging so weit, daß die Schreiner die ihnen erlaubte Bauarbeit, wie Türgerüste, nicht auf dem Bau selbst zusammenschlagen durften, sondern das schwere Stück in ganz fertigem Zustand von ihrer Wohnung herschleppen mußten. (Vgl. auch S. 407.) In Lübeck durften die Kunthor- und Panelenmaker 1474 „nicht mehr als eine Werkstätte außerhalb seines Hauses haben". Das erlaubt vielleicht, zu vermuten, daß er außerdem in seinem Hause eine Werkstätte hatte und daß es sich hier also um einen zweiten, erlaubten Arbeitsort handelte, der sich, wenn das überhaupt zutrifft, wohl meistens auf einem Bau befunden haben wird. Auf jeden Fall deutet die Beschränkung auf eine bzw. zwei Werkstätten darauf hin, daß keiner von den Genossen zu einem Großbetrieb gelangen sollte. Den Lübecker Kistenmachern, die ja der Art ihrer Arbeit nach nichts auf einem Bau zu tun hatten und deshalb die Notwendigkeit der zweiten Werkstätte nicht beweisen konnten, war 1508 ausdrücklich nur eine Werkstätte (und nur eine Verkaufsstelle) erlaubt. Mit denselben Worten erging 1515 die gleiche Vorschrift an die Kisten- und Luchtenmacher in Hamburg. In dieser einen Werkstätte durften aber die Kistenmacher in Lübeck und in Hamburg selbst alles arbeiten, was sie gelernt hatten, nur war es ihnen nicht erlaubt, auf diejenige Arbeit, die eigentlich nicht zu ihrem Handwerk gehörte — ausdrücklich nicht auf Kunthormacherarbeit — Gesellen halten. Die Augsburger Kistler (hier bekanntlich ein Sammelname auch für Schreiner und Tischler) ließen sich 1572 einen Artikel in ihre Ordnung einfügen, nach dem sie berechtigt sein sollten, mit beiden Gesellen, einem Lehrknecht und einem Sohne, in den Häusern der Bauherren zu arbeiten; grundsätzlich war ihnen das schon 1550 erlaubt worden, doch scheinen hier die Zimmerleute gegen die Zahl der auf dem Bau beschäftigten Hilfskräfte Einspruch erhoben zu haben. Die Kistler in Augsburg durften aber auf nicht mehr als zwei Bauten gleichzeitig arbeiten, und damit war, die häusliche Werkstatt eingerechnet, theoretisch die Zahl ihrer Arbeitsstätten auf drei beschränkt. Im Jahre 1575 erzielten hier auch die Zimmerleute vom Rat die Erlaubnis, bei ihren Häusern Werkstätten zu halten.

4. Die erlaubte Gesellenzahl.

Da die ältesten Zunfturkunden keinerlei Bemerkungen über die erlaubte Zahl der Gesellen, die ein Meister in seiner Werkstatt oder auf dem Bau beschäftigen durfte, so möchte man annehmen, daß in dieser Hinsicht sich eben keine Mißstände ergeben hätten, die in den Ordnungen abzustellen gewesen wären. Eine solche Annahme wäre aber irrig, denn tatsächlich scheint damals ein Arbeitermangel bestanden zu haben, und die in der Zunft vereinigten Meister würden gewiß gern sich gegenseitig in der Zahl der Hilfskräfte beschränkt haben, damit jeder zu seinem Rechte gekommen wäre, wenn die Möglichkeit bestanden hätte, zu dieser Beschränkung auch die unzünftigen Meister zu zwingen. Da dies aber noch nicht erreicht werden konnte, so war es ein beliebtes Mittel geworden, sich die Gesellen durch Versprechungen aus der Werkstatt zu locken. Hiergegen wurden schon in der frühesten Zeit des gewerblichen Lebens und später fortgesetzt Bestimmungen erlassen, die also auf einen dauernden Arbeitermangel schließen lassen.

Bevor nicht das Schreinerhandwerk sich durch seine besondere Eigenart aus dem Zimmermannshandwerk herausgehoben hatte, dachten auch die städtischen Behörden nicht daran, den tüchtigen oder betriebsamen Meistern hier in der Zahl der von ihnen zu beschäftigenden Personen Beschränkungen aufzuerlegen, waren sie doch bei dem schnellen Wachstum der Städte im Gegenteil selbst sehr interessiert daran, daß die Zimmerleute eine produktive Leistungsfähigkeit entwickelten. So ebnete zum Beispiel der Rat von Zürich dem Unternehmertum der Zimmerleute in dieser Hinsicht geradezu den Weg. Er bestimmte 1421, daß sie und die Maurer beliebig viel Knechte halten dürften, falls diese nur ihr Handwerk verstünden; im Jahre 1425 wiederholte er diese Erlaubnis, doch machte er gleichzeitig Bedingungen dazu, die der späteren Verwilderung und Verschlechterung der Gesellenschaft vorbeugen sollten: die Lehrlinge mußten ein ganzes Jahr ausgebildet werden, und niemand durfte mehr als zwei zurzeit einstellen. Im Jahre 1495 endlich wandte er sich sogar direkt gegen versuchte zünftlerische Einschränkungen, indem er verfügte, daß jeder Zimmermann in und außer der Stadt soviel zünftige oder nichtzünftige Gesellen einstellen durfte, wie er nötig hatte.

Daß es den Zünften der Kistler oder Schreiner schwerfiel, selbst da, wo die Zünfte gut organisiert waren und sogar das Stadtregiment in Händen hatten, einer solchen wilden Konkurrenz der Zimmerleute gegenüber in ihrem eigenen, sonst allmählich immer besser gegen jene abgegrenzten Handwerk Ordnung zu schaffen, ist einleuchtend. (Über die Konkurrenz der Zimmerleute in dieser Hinsicht vergleiche auch S. 47 ff.) So findet sich auch in der ersten Kistenmacherordnung der von den Handwerkern beherrschten Stadt Cöln aus dem Jahre 1397 noch keine bindende Bestimmung über die erlaubte Gesellenzahl. Der § 4: „Vort so en sal gein meister me dan einen meisterknecht halden des jairs", bezieht sich nicht auf das Gesellenhalten überhaupt, sondern auf die Einstellung eines Meisterrechtskandidaten, von denen jeder jährlich nur einen beschäftigen durfte, damit die Zahl der selbständigen Zunftmitglieder nicht zu schnell wüchse.

Dagegen ist die dem Straßburger Stadtzimmermann im Jahre 1405 auferlegte und schon auf Seite 265 erwähnte Beschränkung auf zwei Gesellen einschließlich seiner Söhne sicher im Interesse des zünftigen Handwerks getroffen worden, vielleicht aber auch, um diesem städtischen Beamten den privaten Erwerb und damit die Ablenkung von seinen Berufspflichten unmöglich zu machen.

Die älteste zünftlerische Verordnung enthält aber die Ordnung der Münchner Kistler von 1427. Aus ihr geht hervor, daß hier die Einschränkung auf einen Gesellen nicht deshalb getroffen wurde, um den einzelnen Meister in seinem Betrieb zu beschränken, sondern damit zunächst erst einmal alle Meister in diesem Umfang mit einer Hilfskraft in Form von Zuweisung durch den Zunftmeister in gerechter Weise versehen werden sollten. Diese Zahl von einem Gesellen für jeden Meister entsprach also wohl erfahrungsgemäß dem durchschnittlichen Gesellenangebot; kamen aber mehr Gesellen in die Stadt, und war schon jeder Meister mit einer Hilfskraft versehen, so durften diejenigen Meister, die viel Arbeit unter den Händen hatten, beliebig mehr einstellen. Hier findet sich in der Urkunde eine Nachschrift aus dem Jahre 1487: „Der Satz ist abgetan." Die Verhältnisse hatten sich nämlich zugunsten des Münchner Kistlerhandwerks gebessert, denn, wahrscheinlich wegen des regen öffentlichen Lebens — es war die Zeit, in der die große Frauenkirche gebaut wurde — und wegen der guten Handwerksordnung, die klare Verhältnisse schaffte, wanderten die Kistlergesellen gern nach München. So gab es ein größeres Angebot, und 1477 konnte der Ordnung ein Artikel eingefügt werden, demzufolge jeder Meister zunächst nicht mehr als zwei Gesellen haben sollte, also die doppelte Zahl wie früher; blieben dann noch Gesellen ohne Arbeit übrig, so konnten sie ohne besondere Beschränkung eingestellt werden.

In Frankfurt am Main setzten 1473 die sich freiwillig zusammenschließenden Schreiner selbst die Zahl der Gesellen auf zwei fest; Ausnahmen wurden gar nicht vorgesehen, und jeder Übertreter dieses demokratischen Grundsatzes der unabänderlichen Gleichheit sollte für jede Woche, in der er einen Gesellen über die Zahl heimlich beschäftigt hatte, einen Gulden Strafe zahlen, womit wohl sein unberechtigter Mehrverdienst wieder aufgehoben war. Diese Abmachung der Meister wurde vom Rat im Jahre 1487 grundsätzlich bestätigt, und dasselbe wiederholte sich im Jahre 1556, doch wurde jetzt, im Interesse der Konsumenten, eine Ausnahme zugelassen. Die betreffende Verfügung lautet so: „Damit die burger mit iren fürgenommenen pewen (Gebäuden) desto baß gefurdert werden mögen, (wird erlaubt:) daß ain jeder maister viell oder wenig knecht oder gesellen uber die lerejungen, die inen von alter zugelassen, in die arbeit furen oder gebrauchen mag, als ime zu verrichtung ains oder mehr angedingten oder angenomenen paws gut und not dunckt; doch der alten ordnung, daß sy die hiesigen burger des handtwercks darneben auch, wie es geordent ist, prauchen und furdern sollen." Es ist aus diesem Satz zweierlei zu bemerken: Erstens, daß es sich hier, wie weiter unten bei Augsburg, bei dieser Ausnahmeerlaubnis nicht um Werkstattarbeit, sondern um Bauarbeit, bei der die Schreiner mit den Zimmerleuten gleichen Schritt halten mußten, handelte, und daß die Schreiner nicht, wie an anderen Orten, zum Beispiel in Augsburg, in der Zahl der Bauten, die sie gleichzeitig zu übernehmen berechtigt waren, beschränkt wurden, — alles im Interesse der Konsumenten.

Den Lübecker Kunthor- und Panelenmakern waren 1474 zwei Gesellen und ein Lehrling erlaubt, doch durften die Meister, falls sie keinen Lehrling bekommen konnten, statt dessen einen dritten Gesellen einstellen; aber mehr als selbstviert durfte bei Strafe von drei Mark Silbers nicht gearbeitet werden. Die Lübecker Kistenmacher durften 1508 sogar nur selbstdritt in der Werkstatt stehen, bei Strafe von drei Mark Silbers und einer Tonne Bier für das Amt. Hier scheint aber der Lehrling, falls ein solcher vorhanden war, nicht mitgerechnet zu sein, denn in einem späteren Artikel derselben Ordnung wird gesagt, daß junge Meister nach erlangter Selbständigkeit ein Jahr lang nur mit einem Gesellen arbeiten durften. Also war die Regel, daß zwei Gesellen gehalten werden durften.

Um 1548 durften die Kistlermeister in Nürnberg vier, die Augsburger dagegen nur zwei Gesellen halten, weshalb sich die Gesellenschaft, soweit sie nicht etwa der in Augsburg heimischen höheren Kunstfertigkeit nachging, lieber gleich nach Nürnberg wandte. Trotzdem behielt die Augsburger Ordnung von 1550 die Zahl von zwei Gesellen und einem Lehrling bei; ja, im Gegensatz zu Frankfurt, wurde für die Bauarbeit grundsätzlich nicht nur keine Erhöhung der Gesellenzahl erlaubt, sondern der Meister durfte auf den Bau sogar nur einen der beiden Gesellen und einen Lehrling (und seinen Sohn, der anscheinend besonders gerechnet wurde) mitnehmen, während er den zweiten Gesellen gleichzeitig in der Werkstatt beschäftigte. Die Zahl von zwei Gesellen wurde in Augsburg grundsätzlich beibehalten, wenn auch, wie wir später sehen werden, vielerlei interessante Ausnahmen bewilligt wurden; erst aus einer Eingabe des Jahres 1599 geht hervor, daß jetzt drei Gesellen üblich waren. Auf die Überschreitung der erlaubten Zahl waren hohe Strafen gesetzt: für jede Woche einen Gulden oder ein ganzjähriges Verbot, überhaupt Gesellen zu haben; auch die Gesellen wurden für diese Übertretung ihrer Meister mitbestraft. Kamen neue Gesellen nach Augsburg, so mußten sie zuerst demjenigen Meister umgeschickt werden, „so zum lengsten im Täfelin und ohne Gesind gewesen". Das läßt darauf schließen, daß die Beschränkung in der Zahl aus Rücksicht auf das geringe Angebot geschah.

Eine verschiedene Behandlung ward in Hamburg 1515 bzw. 1540 den Kistenmachern und den Kunthormachern zuteil. Erstere durften „nicht hoger sunder sulffdrudde", also nur zu dritt arbeiten, die Kunthormacher aber zu fünft und außerdem war diesen noch freigestellt, nach Bedarf über diese Zahl einen „Snyder“, einen Schnitzer, zu beschäftigen. Die Kistenmacher konnten eben in ihrer bedeutend einfacheren Arbeitsmethode mit weniger Hilfskräften so viel zuwege bringen, wie sie zu ihrer „Nahrung“ gebrauchten.

Ähnlich wie in Hamburg waren auch in Münster 1564 die Kunthormacher, hier „Kleinschnitzler“ geheißen, bevorzugt; jeder Meister durfte zwei Knechte, einen Lehrling und außerdem einen Schnitzer in der Werkstätte haben, dazu noch seine Kinder, die ihm also nicht als Gesellen in die erlaubte Zahl eingerechnet wurden; demnach war einem mit mehreren Söhnen beschenkten Meister eher die Möglichkeit gegeben, wirtschaftlich voranzukommen als einem kinderlosen.

Die Ordnung der Schreiner in Würzburg von 1543 erlaubte den Meistern zwei Gesellen und einen Lehrknaben, „doch“, so fährt sie fort, „wo einem Meister ein große Arbeit fürfiel, alß von unßern Gnädigen Herrn von Würzburg etc., seiner Fürstl. Gnaden Räthen, den vier Stiefftern, oder sonsten, alßdan mag ein Meister wohl noch einen Gesellen zue obgenandten zweyen Gesellen, mit Wissen eines Obern Rathß annehmen und halten, damit solche Arbeit gefürdert werde“; aber auf eigene Faust dürfte das Handwerk in dieser Hinsicht keine Neuerung einführen.

Was taten nun die Meister, die eilige Mehrarbeit hatten und entweder nach ihren bestehenden Ordnungen keine Gesellen über die Zahl halten durften oder wegen mangelnden Angebots keine bekommen konnten? Von ihrer Arbeit den anderen Meistern abzugeben, dazu konnten sie sich begreiflicherweise nicht entschließen, überdies war es ihnen in manchen Städten im Interesse der Konsumenten direkt verboten. (Vgl. S. 329.) So bildete sich die Gewohnheit heraus, sich die Gesellen gegenseitig auszuleihen. An sich wäre gegen diesen Ausgleich der Kräfte nichts einzuwenden gewesen, wenn er nicht bald zu unreellen Schiebungen benutzt oder mißbraucht worden wäre. Statt den Witwen, wie es an manchen Orten sogar gesetzlich vorgeschrieben war[1]), eigene Arbeit für ihre Werkstätten zu verschaffen, suchte man deren Gesellen für sich selbst auszunützen. Auch verliehen Meister Gesellen, die gar nicht richtig bei ihnen in Lohn standen, sondern arbeitslose Pfuscher waren. Vor allem wurde es einigen unzünftig denkenden Meistern so auf indirektem Wege ermöglicht, beständig über das Durchschnittsmaß zu arbeiten und alle Aufträge an sich zu reißen. Die weniger beschäftigten Meister verlangten deshalb, daß nicht die Gesellen ausgeliehen, sondern sie selbst als Mitarbeiter von den vielbeschäftigten Mitmeistern herangezogen würden. Darauf werden wir weiter unten ausführlicher zurückkommen.

Zunächst sei über die von den sich beeinträchtigt fühlenden reelleren Meistern verursachten Verbote des Gesellen-Verleihens berichtet. In Würzburg sagt die Ordnung von 1543 darüber folgendes: „So ist auch verpotten, daß kein Maister, noch Wittfrau, so das Handtwerckh treibt, einem andern Meister einen Gesellen leihen oder durch sondere Practic Arbeit geben, dan dar durch große Unordnung volgt, auch dem Satz und Ordnung zue wider ist, alles bey ernstlicher

[1]) Vgl. S. 258.

Straff usw." Die Augsburger Ordnung von 1550 nahm direkt auf die Schiebungen mit den Gesellen der Witwen Bezug: „Desgleichen ir kainer, noch auch die witfrauen, kain gelt nemmen und dem andern gesellen, weder haimblichen noch offentlich, in sein oder aines frembden haus halten, alles bei Straf der zweyer guldin Rheinisch." Die Strafe wird im nächsten Paragraphen auch für ein fortgesetztes Übertreten des Verbots festgelegt, und zwar mit einem Gulden für jede Woche oder mit gänzlichem Gesellenverbot für ein ganzes Jahr. Sieben Jahre später wurde das Verbot besonders für Bauten wiederholt, doch scheint man schon damals oder bald darauf das Verleihen von Gesellen für die Werkstattarbeit zugelassen zu haben, denn eine bereits erwähnte Auskunft an eine Witwe, die ihre Gesellen für solche Zwecke verleihen wollte, lautete im Jahre 1582, daß das wohl den Meistern, nicht aber den Witfrauen erlaubt wäre. Die Frankfurter Schreiner durften 1589 wohl Gesellen verleihen, doch sollten es nur solche sein, die bei ihnen im festen Wochenlohn standen und in ihrem Hause aßen und schliefen, mit anderen Worten, es wurde ihnen untersagt, sich von unzünftigen Gesellen bestechen zu lassen, die auf ihren, der Meister, Namen Arbeit finden wollten. Wie aus dem weiter unten geschilderten Streit des Meisters C. Evers in Lübeck hervorgeht, war dort um das Jahr 1594 das Verleihen von Gesellen gestattet. In Basel war es noch nach dem Jahre 1816 verboten, in Cöln dagegen erklärte der Rat im Jahre 1731, „daß in Notfällen, wo ein Meister mit vieler und die geschwinde erheischiger Arbeit überhäufet, zwarn einen oder nach Erheisch mehrere Knecht von einem anderen Mitmeister zu entlehnen berechtigt, jedennoch aber schuldig und gehalten seyn solle, ein solches dabevor einem ehrbaren Amt, nemblich wieviel Knecht und von wem er solchen oder solche erhalten, auch wobey er sothane Arbeit zu verrichten habe, anzubringen, bei nicht mehr wehrender Not aber solche Knecht in dem Gebrauch und der Arbeit zu erlassen."

Meistens werden die Gesellen nichts dagegen gehabt haben, sich verleihen zu lassen, doch steht durchaus nicht fest, ob sie dazu rechtlich verpflichtet waren. In Zürich verweigerte es der Geselle Jakob Stäber aus Schwäbisch-Gmünd im Jahre 1787, und die Streitsache kam vor den Handwerkspfleger, der zugeben mußte, daß in den erst vor einigen Monaten aufgestellten Bestimmungen betreffend das Zuschicken der Gesellen darüber nichts enthalten wäre. Auf seinen Vorschlag beschlossen daher der Rat, der Zunftmeister und „die XII"[1]), die Auslegung der Bestimmungen der höheren Behörde, die diese Bestimmungen aufgestellt hatte, nämlich den Herren XXIV Zunftmeistern zuzuschieben. Wie diese nun endgültig entschieden haben, ist nicht bekannt; jedenfalls haben sie eine gesetzliche Bindung der Gesellen, sich verleihen zu lassen, erst für die Zukunft aussprechen können.

Das *Verleihen der Meister selbst*, oder besser gesagt, ihr Heranziehen als Mitarbeiter war eine in Augsburg herausgebildete, aber eigentlich beiden Teilen nicht zur Befriedigung ausgeübte Spezialität[2]). Sie war hier

---

1) Eine besonders geschaffene Zunftbehörde.

2) Auch in Frankfurt am Main wollte man 1487 einen solchen Versuch machen. Die Schreinerordnung bestimmt: „Were es aber sache, daß eyn meister mit arbeit überladen

eine direkte Folge der (auf Seite 134ff.) näher beschriebenen Notjahre, die über die Stadt hereingebrochen waren und einen Teil der Meisterschaft fast an den Bettelstab gebracht haben. Es ist sehr merkwürdig, daß in denselben Zeiten das Augsburger Kistlerhandwerk in die Periode seiner höchsten Berühmtheit eintrat und von Fürsten aus vielen europäischen Ländern beschäftigt wurde; ja, manche Meister waren, besonders auch in Bauarbeit, damals derart mit Aufträgen überhäuft, daß sie kaum fertigzuwerden wußten. Daneben bestand geradezu ein Proletariat von Kistlermeistern, die mit der einfachsten Arbeit ihr Leben fristen und sogar zu den Methoden der mit ihnen auf den Jahrmärkten konkurrierenden Pfuscher vom Lande herabsteigen mußten[1]). Dennoch hatten auch sie einst durch die Meisterprobe, die keinem erlassen wurde, einen Beweis ihres Könnens geliefert. Aber auf dieses erlernbare Können kam es immer weniger an, denn in Augsburg hieß es bei den Kistlern zu Ende des 16. Jahrhunderts tatsächlich: entweder Künstler oder Handlanger; für die bequeme Mittelmäßigkeit war kein Platz mehr. — Besonders auf Bauten wollten die unbeschäftigten Augsburger Meister mit verwendet werden, und sie erwirkten im Jahre 1557 eine Verfügung, daß man sich dort ihrer bedienen müßte und keine Gesellen zur Aushilfe leihen dürfte. Daß dieser Gebrauch aber schon vorher bestand, zeigt die Ordnung von 1550, die gleich die Lohnfrage regelte; diese mithelfenden Meister waren im Lohn dem Meister, der sie beschäftigte und den Bau übernommen hatte, völlig gleichgestellt, sie erhielten nämlich im Tagelohn im Sommer 12, im Winter 10 Kreuzer. Daß mit diesen Hilfskräften nicht viel anzufangen war, geht aus einer der Ordnung beigefügten Bestimmung des Jahres 1549 hervor[2]). Diese doch nur aus sozialen Rücksichten mitbeschäftigten Meister legten oft unversehens die Arbeit nieder oder benahmen sich so, daß sie entlassen werden mußten. Deshalb war der Rat gezwungen, diese Leute, die ihre Mithilfe, zu der sie sich, trotz ihres Neides auf ihre glücklicheren Brotherren aus der Kollegenschaft aus Not bequemen mußten, geradezu als eine reine Gnade ansahen, dazu zu verpflichten, bis zur Beendigung der Arbeit auszuharren oder mindestens die Zeit, für die sie sich versprochen hatten. Auf ein früheres Niederlegen der Arbeit bzw. auf ein schlechtes Arbeiten oder ungebührliches Benehmen setzte der Rat zum erstenmal einen, zum zweitenmal zwei Gulden, beim drittenmal aber eine „ernstliche" Strafe fest. Diese Ermahnungen und Strafandrohungen scheinen sehr wenig genützt zu haben, und es zeigte sich, wie wir weiter unten sehen werden, im Laufe der folgenden Jahre immer deutlicher, daß ein Zwang, arbeitslose Mitmeister zu beschäftigen, einfach nicht durchführbar war, so gern man den Notleidenden auch geholfen haben würde. (Nachstehende Sätze bringen u. a. noch einige

---

wurde und mit siner arbeit off eyn zijt (einen Termin vereinbart hatte), die er mit den zweyn Knechten und dem Knaben nit erlangen mochte, ylen (eilen) mußte, alsdan mochte derselbe meister eynen andern meister zu ime nemen, 8 oder 14 Tage ungeverlich (ungestraft)." Bewährt scheint sich dies System auch hier nicht zu haben, denn 1556, als wieder von solchen eiligen Aufträgen gehandelt wird, werden wohl Gesellen über die Zahl erlaubt, aber von Meistern zur Aushilfe ist nicht mehr die Rede.

[1]) Vgl. S. 391.

[2]) Vgl. Urkundenanhang, Jahr 1550, § 28.

Schilderungen von den Erfahrungen, die mit ausgeliehenen Meistern gemacht worden sind.)

Die Gesuche, Gesellen über die Zahl beschäftigen zu dürfen, mehrten sich in Augsburg um die Mitte des 16. Jahrhunderts, wurden aber meist abschlägig beschieden. Wenn aber eins so gut begründet war wie das des kunstreichen Meisters Lienhart Stromair, der für die „Römisch kaiserl. Majestät" Arbeiten auszuführen hatte, dann wurde wohl eine Ausnahme gemacht. Dem Stromair wurde 1548 erlaubt, so viel Gesellen einzustellen und sie so lange zu beschäftigen, wie er sie zur Ausführung des kaiserlichen Auftrages nötig hätte. Die Erlaubnis hatte er nun wohl, aber noch keine Gesellen, da ihm von den neidischen Umschickmeistern keine gesandt wurden. Als er dann kurzer Hand sich selbst welche heranholte und einstellte, wurde er vom Kistleramt wegen dieses doch provozierten Verstoßes gegen die Zunftordnung verklagt. In seiner Entgegnungsschrift schrieb er selbstbewußt: „Inn Ansehung, daß ander von Kistlern diese Arbait nit machen kunden (!) und Ich von Billichait wegen meine Kunst, die mir Got mitgethailt, genießen mug", möchte man ihm die Gesellen für diese und andere fürstliche Arbeiten lassen. Als er mit einem ähnlichen Gesuch 1551 abschlägig beschieden wurde, wandte er sich direkt an den Kaiser und bat, für den Fall, daß ihm seine Gesellen fortlaufen, oder er keine seiner Arbeit kundige (!) Augsburger Meister zur Mithilfe finden könnte, um das Privileg, soviel Gesellen anzunehmen, wie er brauchte, und ferner um die Erlaubnis, solche Arbeit, die nicht hier am Ort verkauft werden sollte, auch außer Landes anfertigen und herbringen lassen zu dürfen. (Er hatte zurzeit Aufträge aus Frankreich, Italien, aus den Niederlanden usw.) Das war die Antwort auf den Protest des Amtes, das schon vorher eine von 40 Meistern unterzeichnete Erklärung beigebracht hatte, in der die Verallgemeinerung der von Stromair erbetenen Erlaubnis — für alle erbeten wurde! Das erbetene kaiserliche generelle Privileg scheint aber auch Stromair nicht erhalten zu haben, denn schon 1554 sehen wir ihn wieder um Gesellen für kunstreiche Arbeiten für Fürsten petitionieren, wobei er besonders betonte, daß er die Augsburger Meister nicht verwenden könnte.

In ähnlicher Weise mußte sich später der vielbeschäftigte, angesehene Meister Wendel Dietrich bemühen, um seine Arbeiten vollenden zu können. Von ihm liegen mehrere Anträge vor. Er schreibt 1582: „Edel, Wolgeboren, Vest, Fürsichtig, Ersam und Weyß Herren, Stattpfleger, Burgermaister und ain Er. Rath diser löblichen Statt, Gebiettendt, gnedig und gunstig Herren, Es hatt der Röm. Kais. Majestät, unseres allergnädigsten Herren, Kammercourier bey mir angelangt (angefragt) unnd an mich begert, Ir Majestät mit Kistler- oder Schreinerarbeit an dero Hof disen angehenden Reichstag zu versehen, dessen ich mich unndertheniglichen meinem höchsten Fleyß nachzutonn erbotten; dieweilen aber bey unserem Handtwerckh sonsten gebreuchig, das Ainer nit mehr weder zween Gesellen halten solle, mit wellichen mir nit möglich, angerechte Arbaitt zu verrichten und derselben vorzusteen, so gelangt an E. (usw.) mein underthenig Bitten, die wöllen mir, damit höchstgedachte Kaiserliche Majestät befürdert werde, mehr Gesellen, sovile Ich jederzeit zu solcher Arbaitt bedürfftig (doch ungeschwecht der Handtwerckhordnung, sondern allein auß Vergunst) gnedig und günstiglich erlauben und zu lassen; das Beger umb E. (usw.) undertheniglichen zu verdienen, E. H. (usw.) undertheniger, gehorsamer Burger Wenndel Dietrich, Kistler."

Der Senat bewilligte ihm die Gesellen, doch „allein für die Kaiserliche Majestät".

Schon im selben Jahr ist Wendel Dietrich mit einem neuen Gesuch da. Es lautet: „Es hat mir der Wolgeboren Herr Herr Hanns Fugger, Herr Zu Kirchberg unnd Weyßenhorn p., ain Bauarbait zu Kirchn ain angedingt, welche mir mit dem Gesindt, so Ich vermüg unserer Handtwerckhsordnung haltten solle, zu machen und zu verrichten nit müglichen; dieweylen dann ain solliches ain Arbait uff das Landt gehörig unnd maisttthails geschnitten Arbait, also daß es gemainem Handtwerckh nicht nachthaillig, sonndern vilmehr befürderlich unnd löblich, der gleichen wol ermeltes Herren Fuggers Begeren, die Arbait mit meinem Gsindt zu verrichten. So gelangt an E. (usw.) mein underthenig Bitten, die wöllen mir gnädig unnd günstiglichen vergonnen, das Ich zu angeregter Arbait soviel ich Gsindts bedürfftig (doch der Handtwercksordnung unvorgriffentlich) halten dörffe, wie dann hiervor anndere auch zue dergleichen Arbait vergonnt und zugelassen worden; dergegen erbeutt Ich mich, im Fahl mir neben solicher Arbait andere mehr wie allberait im Werckh zuekommen sollte, dieselbige meinen Mithandtwerckhsgenossen, da sie mir anderst solliche fruchtbarlich verrichten wöllen (!), gern mitzuthaillen unnd zukhommen zu lassen usw."

Trotzdem auch dieses Gesuch vom Senat dem Wendel Dietrich bewilligt wurde, machte ihm, dem derzeitigen Vorgeher, das Amt Schwierigkeiten.

Der nun entstandene Schriftwechsel ist grundsätzlich so interessant, daß wir ihn hier abdrucken.

Dietrich berichtete über die ihm gemachten Schwierigkeiten: „So understeen sich aber die etzigen neuen Zuschickmeister, mit Namen Jacob Mockh der Jung und Ulrich Stenglin, Mich der obvermelten Arbeit zu verhindern unnd wollen mir, über und wider E. (usw.) hiervor ergangen Decret, khainen Gesellen mehr zuschickhen."

Die Zuschickmeister versteiften sich auf den Wortlaut ihrer Zunftordnung: „Waß unser Vorgeher Wendel Dietterich, der Kistler, bey E. (usw.) supplicando für und angebracht, ist unß, den verordneten Zuschickmeistern per decretum fürgehalten worden, khünden (können) hierauf denselben inn undertheniger Gehorsam nit verhaltten, daß wir für unsere Personen, weilen es ein gantz Handwerckh in gemain antrifft, auch den von ainem Ersamen Rath gegebnen Articlen und unserm uffgetragnen Ampt strackh entgegen und zuwider, nit Antwort geben khünden, sollen noch mögen; wir gedenckhen auch kheins wegs (außer eines E. Rths Befelch) den fürgeschriebnen, gegebenen, wohlfundierten Articlen und was uns anbefohlen, nit zu weichen, damitten aber dieses unrechtmeßige Begern, wider die gegebnen Articel abgelegt, und wir unserer Aydtspflicht nachfolgen, wir auch gegen ein E. Handtwerck von Kistlern nit vernachtheilt werden, so bitten wir, die Zuschickmeister, ganz underthenig, die wöllen unß genedig bewilligen, daß ein gantz Handtwerckh zusammen gefordert und daß Wendel Dietterich, des Vorgehers, Begeren fürgehalten werde; Was alsdann ein E. Handtwerckh von Kistleren beanttwortet, und E. (usw.), welichen wir dis Orts und anderer Sachen halber nit fürgreiffen, Maß und Ordnung geben thuen, befelchen werden, demselben erkhennen wir uns als die gering fügen zugeleben und nachzukhommen, hineben uns inn Underthenigkheit befelchent E. (usw.) underthenige, gehorsame Jacob Mockh, Ulrich Stenglin, Zuschickmeistere eines E. Handtwerckhs von Kistleren."

Wendel Dietrich antwortete darauf: „Gib darauf E. (usw.) underthenig zu vernemmen, daß ich ihnen kheines unrechtmäßigen Begerens mit nichten gestendig, das sich auch mit Wahrheit nicht erfinden würdet, dann was ich an jetzo, wider ihr unbillich Verwaigern, begere, nicht zu neues, sondern hievor und von anderen mehr doch nur zu der Bauarbeit uff das Landt und der Handtwerckhsordnung unvergriffenlich begert und durch E. (usw.) ordenliche Obrigkheit (wie auch zu dieser Arbeit) vergunnt worden; darzu ist wissentlich, als vor disem der Wolgeboren Herr Herr Marx Fugger, Herr zu Kirchberg und Weyßenhorn, mir Arbeit allhie angedingt, welche ich mit zweyen Gesellen nit verrichten khünden, das auf Ihrer E. Anhaltten, ungeacht ein Handtwerckh darwider gewesen, mehrer Gesellen mir durch Weylandt Herren Burgermeister Wolfgang Baler seeligen passieren zu lassen, ihnen mit Ernst verschafft worden, daß aber eben diese jetzigen zwen Zuschickmeister so ein engges Gewissen bekhommen, irer Aydtspflichten nachzusagen, müsse folgen, andere Zuschickmeister vor ihnen und der eine Ulrich Stenglin selbsten (hiervor E. [usw.] Vergunstigung) mir uff mein Begeren Gesellen zugeschickt, ihrer Aydtspflicht nicht bedacht, sondern darwider gehandlet haben; allein weyllen er, Stenglin an jetzo den unübigen Mockhen zu sich bekommen (welcher vermeint, sampt seinem Anhang, wann schon E. [usw.] Obrigkheit in dero macht und Willkhur steet, ain Ordnung zu mindern, zu mehren oder gar abzuthun) was vergonnen, er demselben zu parieren nit schuldig, sondern stracks dem zuwider bei der Ordnung zu bleyben, und würdet er, Stenglin, durch ihn auch abgewiesen; was dann ihr Begeren belangt, dises Orts (in dieser Sache) ein gantz Handtwerckh zu halten, verhoffe ich, ihnen ein solches nicht nit gestattet werde, in Ansehung, daß mein Begeren nicht neu sondern durch E. (usw.) mir schon allberait gnädig und gunstig vergunnt und zugelassen worden, darwider allein er, Mockh, sich und sein Anhang zu setzen nndersteen wollen, so ist bisher nicht Herkommen, von eines unübigen Manns wegen, dardurch er vermaint, E. (usw.) derart zuwiderthreyben und Unruhe under einem Handtwerckh anzurichten, ain gantzes Handtwerckh zu bemühen, Sonndern da es die Notturfft erfordert, meine zugewölte und geschworene Meister sich der Gebür nach wol würden zu verhalten wissen dann sonsten stettigs auff der unübigen Khöpff müsse ain Handtwerckh gehalten, das aber außer großen wichtigen Ursachen nit gestattet würdet. Wann dann disem und wie hiervor durch mich fürgebracht, im Grundt also, das mir dises mein Begeren hiervor allberait gestattet worden, unndt allain sich die jetzigen Zuschickmeister, sonnderlichen aber Jacob Mockh und sein Anhang demselben zuwidersetzen und E. (usw.) Maß und Ordnung zu geben sich understeen wöllen; wie er, Mockh, sich berümbt, habe er vor disem zween Vorgeher gefelt (gefällt), müsse es ihm dises Orts auch nit felen (fehlen), daß ihme aber ob Gott will, gegen mir nit gelingen würdet, dann E. (usw.), als ob sie unrechte und von Obrigkheit nit befuegte Vergunstigung getan, selbsten antasten müsse, das ihme schwerlich fallen würdet; So gelangt demnach an dieselben nochmalen mein underthenig Bitten" usw. usw.

Die beiden Zuschickmeister nennen in ihrer Erwiderung das Gesuch des Wendel Dietrich eine „hochschädlich gesuchte Neuerung" und den Vorgeher selbst „unübig"; sie könnten es gar wohl verstehen, daß Dietrich „unter einem verdöckten Schein, wie sein und seiner abergleubischen Art und Gebrauch ist, herfürkhompt" und behauptet, die Arbeit gehe ja auf das Land, so daß die Ordnung nicht gestört werde. Man wisse gar wohl, daß er die Gesellen nicht allein zur fremden, sondern auch zur Stadtarbeit gebrauche. Nun seien aber zurzeit über 30 Meister eingeschrieben, die keine Jungen und Gesellen finden könnten; freilich werde Dietrich seinen unchristlichen Fleiß nicht sparen, dem Handwerk die Nahrung zu entziehen und abzuspannen. Die früher erteilte Erlaubnis habe er unter dem Schein der Wahrheit „uff ein ungleich Angeben außgebracht"; wenn er sie aber an ihr Gewissen, das er eng nenne, an ihre Eidespflicht erinnere, so könnten sie darauf nur sagen, daß sie die Artikel bisher („wie auch Obgottwill inkhunfftig beschehen soll") besser als er gehalten hätten, er möge sein Glauben taufen oder nennen, wie er wolle. „Daß aber ich, Ulrich Stenglin, ihm Gesellen zugeschickht, standt ich nit in abred, hab solliches anderst nit, als ob es sein müsse, verstanden; würdet verhoffendlichen mir kheinen Schaden oder Ungnad nit geberen." Das ganze Handwerk, ja die 70- bis 80jährigen Meister müßten bezeugen, daß bei ihrem Gedenken niemals ein Vorgeher eine solche Unruhe und hoch schädliche Neuerungen gesucht habe, wie er, der sich ein Jus und Gerechtigkeit erzwingen wolle. Wohl habe der letzte Reichstag für manche Handwerke die Gesellenzahl erhöht, aber dann für alle Meister gleichmäßig.

Nunmehr verwies der Senat den Schriftwechsel zur Begutachtung an die „Verordneten über der Kistler Ordnung". Diese gutachteten folgendermaßen: „Durch was angezogne Ursachen Wendel Dieterich, Kistler, sich gegen und wider die zween Zuschickmeister, so ihme die Gesellen uff die durch Herrn Hanß Fugger usw. vor lengst ihm angedingte Pauarbeit ytzt ein Zeithero zuzeschicken verwideret und nicht zuvolgen lassen wollen, höchlich beschwert, und was dagegen die Zuschickmeister zu ihrer Verantwortung fürgebracht, haben wir uß den zwischen beiden Teilen jungst einkommen Schrift, die durch E. (usw.) uns mit Befelch, zwischen ihnen im Beisein des Handtwerckhs zu handeln, zugestellt worden, notturfftich vernommen, und wollen hierauf in kein Zweifel stellen, E. (usw.) werden noch gunsticlich ingedenck sein, wellichermaßen sie ihme, Dieterich, uff sein pittlich Ansuchen, zu obbemelter Pauarbeit, so viel er Gesellen bedörfftig, vor der Zeit, welliches uff 27. Septembris anno 82 beschehen, zuhalten gnädiglich bewilligt haben, derowegen er sich dann dessen inkrafftshabend Erlauptnuß bishero gehalten, und daß ihme durch angeregte Zuschickmeister getanen unfreundlichen Weigernuß, damit die Arbeit nit gar erniederliege, bei E. (usw.) zu beklagen keins wegs umbgehen könnden. Und ob wol wir auch in Erwegung diser ihme in particulari, und der Ordnung unabbrüchig, durch E. (usw.) getanen Bewilligung bei einem Handtwerckh von Kistlern, das wir verschieden Täg für uns erfordert, auch beschehens freundliches Zusprechs in der Guetti irz zuerhalten vermaint; hat doch solliches bei ihnen nicht verfachen oder stattfinden wöllen; Also wir verursacht worden, einen nach dem anderen, bis in 94 gewesen, deshalben zu verhören und einer jeden Meinung darüber (weil sie also durcheinander geschrieen) schriftlich verzeichnen zu lassen; befinden der Meister, so ihme Dieterich zuwider, in allem 53, und also 6 über den haben Teil; dero gleichwohl, teils Jung und was hierunder des Handtwerckhs Befürderung und Rhum nicht am besten berichtet sein mögen, teils aber sich etwo die Affection übergehenlassen. Obwohl es von ihnen sementlich ohne Zweifel zum besten gemeint, so hielten wir doch dessen unangesehen, darfüro, — weil wir gehört, E. (usw.) oftgedachtem Wendel Dieterich albereit vergunnt zu diesem Paue die Anzahl der Gesellen, so ihm vonnöten sein wirdet, zuhalten, und dann auch in Ansehung, daß andern vor diesem gleiche Bewilligung getan und nicht mitten in der Arbeit wiederumb aufgehebt worden — es sei erzeltem Wendel die zuvor geschehen Vergünstigung billich zu bestetten, und sich die Meister, die ihme solliche zuzelassen, unzeitig Bedencks tragen, darumben nicht zu kehren. Weil unsers geringen Verstands alle ihre Einred so erhöblich nit, daß sie mit gutem Grund nicht zu widerlegen (darmit E. [usw.] aufzuhalten wir untunlich achten); darneben gleichwohl sehen es für ein Notturfft an, ihme Meister Wendel in Gelübd zu nehmen, mit diesen, extra ordinarii zu dem Pau erlaubten Gesellen, (sintemalen der Meister bis in 81 auch dieser Meinung gewesen) sonsten aller anderen Stettarbeit, die er mit den für sich selbsten vermög der Ordnung zweien Gesellen zur Erhaltung seiner allhierigen Kundsleut fertigen mag: gantz und gar mießig zu stehn, bei der gewohnlichen Straff in der Kistler Ordnung begriffen."

Dieses Gutachten wurde vom Senat am 22. September 1583 bestätigt und dem Wendel Dietrich die Gesellen unter Beeidigung, sie nicht anderweitig zu verwenden, für den Bau auf zwei Jahre bewilligt.

Nach zwei Jahren war Dietrich mit dieser Arbeit, die „ohne Rhuem zuemelden, etwas kunstlich“, noch nicht fertig und bat um Verlängerung, die ihm auf Antrag der „über der Erbarn von Kistlern ordnung Verordneten“ auch bewilligt wurde, mit der ehrenvollen Begründung: „weil die Arbayt außer der Statt, darzue ein Bauarbeit, und ein sollich brüembt kunstlich Werckh, das, wo es von frembden Herrschaften besichtiget würdt, dem hiesigen gantzen Kistlerhandtwerck zue Ruem gedeyen mag“.

Nachdem ein so angesehener Meister und dazu langjähriger Vorgeher der Zunft wie Wendel Dietrich erfolgreich die Zunftordnung, soweit sie die Vorschriften für die erlaubte Gesellenzahl betraf, durchbrochen hatte, meldeten sich in Augsburg selbstverständlich bald auch andere Meister, die eine ähnliche Vergünstigung auch für sich beanspruchten und meist ihr Gesuch auch mit fürstlichen Aufträgen, deren Fertigstellung drängte, begründen konnten. Zuerst kam 1583 Caspar Rappenhauser, der für die Jesuiten, die auch besondere Respektpersonen für das Handwerk waren, einen Bau übernommen hatte und für diese Zeit zwei Gesellen über die Zahl bewilligt erhielt. Im selben Jahre sollte Hanns Schertlin in bestimmter Zeit einen Bau für Philipp Eduard Fugger ausführen und beanspruchte dafür zwei Gesellen mehr.

Die Zunft richtete sich bei ihrer Stellungnahme zu solchen Gesuchen, deren endgültige Entscheidung allerdings beim Rat lag, augenscheinlich nach der Person des Auftraggebers, denn als Jacob Schaur 1585 zwei Gesellen über die Zahl haben wollte, um ein „großes, künstliches Uhrgeheuß“, aber nur für den Bürger Georg Roller, auszuführen, da machte sie schon mehr Schwierigkeit und verwies auf die Überfüllung des Handwerks, das heißt, sie verlangte die Beschäftigung von Mitmeistern. Wenn die Bauarbeiten außer der Stadt auszuführen waren und deshalb schwerlich einem anderen Augsburger Meister übertragen worden wären, so war die Genehmigung leichter zu erlangen, damit nur kein Auswärtiger den Auftrag erhielt, oder gar die bösen Zimmerleute, mit denen der beauftragte Kistler fast immer mit Erfolg zu schrecken wußte. Jacob Dietterich (Dietrich), dem Sohn von Wendel Dietrich, wurden deshalb für einen Bau in Inningen zwei Gesellen glatt bewilligt, aber „nur bis Lichtmeß 1588“. Wiederum Hanns Schertlin hatte 1588 für einen Fugger, diesmal für Anthony, eine Arbeit zu verrichten, die er mit zwei Gesellen unmöglich bewältigen konnte. Es wurden ihm deshalb für eine bestimmte Zeit insgesamt sechs Gesellen erlaubt. Als er dann später von Fugger neue Arbeit bekam, beantragte er, mit vier Gesellen weiterarbeiten zu dürfen. Der derzeitige Vorgeher, wieder Wendel Dietterich (Dietrich), forderte nun zunächst die unbeschäftigten Mitmeister auf, dem Schertlin zu helfen, doch erhielt er überall eine abschlägige Antwort. Nachdem Dietrich so seine Pflicht als Vorgeher erfüllt und dabei festgestellt hatte, daß keiner von den Mitmeistern, da sie doch die Mitarbeit abgelehnt hatten, sich materiell geschädigt fühlen würde oder durfte, da entschloß er sich, dem Schertlin die besonders beanspruchten zwei Gesellen zu bewilligen. Dafür wurde nun aber er selbst von den Meistern sehr heftig angefeindet; sie sagten, er bräche die Articuli als Vorgeher, weil er selbst mit mehr Gesellen für den „Wolgeborenen Herren Marxen Fugger, Herren zu

Kirchberg und Weyßenhorn, Stattpfleger“ gearbeitet hätte. Dietrich wollte nun, des kleinlichen Streites müde, sich an die Ordnung halten und das Gesuch Schertlin ablehnen. In einem Brief an den Rat kritisierte aber Schertlin das Verhalten der Meisterschaft so: „Der Rat habe ihm „in erwegung, damit dieser Statt und ainem Handtwerckh die Arbeit nit endtgang, mehr gesellen, wie vorgehörtt“ bewilligt. „Soliches habe ich zuvor wol gewüßt, und noch (nämlich:), daß dero meister wil (Wille ist), ob sy schon nit mit Arbeit beladen, aus gefaßtem neid und mißgunst mir und auch keinem andern umb guette Belohnung im fhal (Fall) der noth keinen kundtherren befurdern helffen, und da schon ein guette Arbait dem Handtwerckh endtzogen und inn frembde Hand gebracht wurde, daß in (ihnen) wenig daran gelegen wer (wäre), also (solche) eigensynnige und friedhesige (unfriedliche) Köpf thuett man ain guette Anzal finden.“ Der Rat mußte wohl diese Charakteristik der lieben Mitmeister für richtig befunden haben, denn er bewilligte dem Schertlin die vier Gesellen, obwohl jetzt der Vorgeher Dietrich pflichtgemäß dagegen gesprochen hatte.

Ein ganz Schlauer war der Meister Hans Krieger, denn er ließ, um allen Widerwärtigkeiten zu entgehen, seinen Auftraggeber direkt an den Rat schreiben und Gesellen für sich anfordern, ein Mittel, das in der Folge viel nachgeahmt und fast stets mit schnellem Erfolg angewandt wurde. Der Pfalzgraf Wilhelm schrieb also: „Von Gottes genaden Wilhelm, Pfaltzgrave bey Rhein, Hertzog in Obern und Niedern Bayern usw. Unnsern grues zuvor, Besonnder Lieben, Wir haben Hannsen Krieger, Kistlern in Augspurg, ettliche sachen für unß zumachen und dieselben sovil müglich eheist zufürdern, anbevolhen. Wann er aber solche Arbait, in bedenckhung er zu wenig geselln unnd uber die angesetzte Zall damit nit schreiten darf, auf die Zeit wir's gern gemacht sehen, nit fertig machen khan, so begern wir hiemit genedigelich an euch, Ir wollet ime Krieger zu solcher von unns angefrimbter (bestellter) Arbait, sovil er geselln darzu bedörfftig sein wirdet, auf dißmal unnd bis solche Arbait gar vollendet, zuelassen und gestatten, derhalben auch bey seinen Hanndwerchsgenossen solche fürsehung thun, daß ime derhalben ainiche widerwertickhait begegne. Das raicht unns zu angenemem gefallen. Unnd wir sind euch daneben mit gnaden gewogen. Datum unnser Statt Munchen den 18 Aprilis anno 1589. Wilhelm m. p. Unnsern besonnderlieben Anthoni Christophen Rellinger und Hannsen Welser, beeden Stattpflegeren der Statt Augspurg.“ Der Fürst wußte, daß er seine Bitte in solchem anmaßenden Ton aussprechen durfte, ohne ihre Gewährung damit zu gefährden. Tatsächlich erhielt er bald darauf nachstehenden Brief der Stadtpfleger: „Durchlauchtiger, Hochgeborner Fürst, usw., seien unser undertheniger willige Dienst zuvoran gnediger Herr, usw., gnediges Schreiben den 18 April jüngsthin an unns außgang, darinnen Sie gnediglich begern, Hannßen Kriegern, Kistlern und Burgern allhie, zu fürderlicher außmachung von Ew. usw. angedingten und anbefolhenen sachen und arbait, sovil er geseln darzu bedürfftig sein wirdet, zuzelassen und zu gestatten, haben wir mit gebürender Reverentz in underthenigkeit empfangen und denen von Kistlern allhie fürhalten lassen, welche dann nit weniger als wir selbsten Ew. usw. zu undertheniger ehrn angezogenem Ew. usw. genedigen begern stazuthun in underthenigkeit gern bewilligt, und

Doppelgeschossiger Schrank, Oberösterreich um 1450, Bayerisches Nationalmuseum München. Solche Schränke wurden meist in Sakristeien aufgestellt. Die Maßwerkrosetten sind blau unterlegt, auf der Flachschnitzerei finden sich Reste alter Bemalung.

Doppelgeschossiger Schrank mit vorgestellten Säulen, Nürnberg um 1540, Germanisches Nationalmuseum, Nürnberg. Ungarisches Eschenmaserfurnier, Türfüllungen und Kranz sind aus Eiche geschnitzt.

gemelten Krieger die anzal der geseln, sovil er derselben zu außmachung Ew. usw. ime angefrembten Arbait bedörffen würdet, mit guetem willen zugelassen haben. Wolten Ew. usw. wir in undertheniger antwort nit verhalten und thuen daneben Ew. usw. unns underthenigs fleis befelhen. Datum Augspurg 2 May Ao. 89. Ew. usw. underthenige bede Stattpfleger daselbst." Auf dem Konzept zu diesem Brief findet sich am Rande folgende Bemerkung: „Notta ad 2 majo hab Ich meister Hanßen Kriegern in gelüptt genomen, mit der zugelassenen gesellen khain ander arbaith zumachen, alswas ime Hertzog Wilhelm in Bayerland ime schreiben angedingt worden."

Dieser Pfalzgraf Wilhelm war ein eifriger Förderer des Kunstgewerbes[1]) und schon wenige Wochen nach diesem Briefwechsel traf wieder ein ähnliches Schreiben von ihm in Augsburg ein: „Von Gottes genaden Wilhelm Pfaltzgrave bey Rhein, Hertzog in Obern und Nidern Bayern usw. Unserm gunstlichen grues zuvor, Fürsichtige, Ersame, Weise, Besonders Liebel Nachdem Jacob Dietrich, Kistler, Eur Mitburger, gar nötige arbaith von unns hat, die wir gern bald, sovil es immer muglich were, verfertigt sehen wollten, und damit er umb sowil mer gefürdert, so ist hie mit unser gnedig gesinnen und begern an Euch, Ir wellet ime von unnsert wegen, allein so lange, bis er mit berürter unnser arbaith fertig mechte werden, vier seines Handtwerchs gesellen, über die zal, als sonnsten gebreuchig, zuehalten vergunnen, unnd solches bei einem Hanndtwerch verfüegen, damit ime dishalber nit eingriff oder sonsten in anderweg Hinderung beschehe. Daran erzaigt Ir unns ain sonnder angenems guets gefallen, welches wir gegen Euch in anderweg nachbarlich zuerkhennen wol genaigt sein. Datum in unnser Stat Munchen den 26 May anno 1589. Wilhelm m. p. Den fürsichtigen Eersamen, weisen unnsern besonder lieben Burgermaister und Rhate der Statt Augspurg." Es ist seltsam, wie sehr der Ton dieses Briefes von dem vorigen absticht; es sind vielleicht politische Gründe maßgebend. Noch auffälliger ist es, daß man in Augsburg, dessen Stattpfleger vordem so fast kriecherisch geantwortet hatten, diesmal offen dem pfalzgräflichen Ansinnen zu widerstehen wagte. Das Handwerk der Kistler erwiderte nämlich dem Rat, als der ihm das Schreiben des Pfalzgrafen vorhielt, daß Jacob Dietrich, der sich nun hinter den Fürsten steckte, vordem schon von ihm, dem Handwerk, abschlägig beschieden worden wäre und sich verpflichtet hätte, an Stelle der Mehrzahl von Gesellen Augsburger Meister mit zu beschäftigen. Nun hätte ihn aber wahrscheinlich sein Vater, Wendel Dietterich (Dietrich), zu diesem Vorgehen angestiftet; diese Art von Gesuchen nähme aber überhand und dabei litten sie, die Meister, Not und hätten keine Arbeit; jene wenigen, vielbeschäftigten Meister zögen die besten Gesellen zu sich, indem sie sie „mit Lohn dermaßen übersetzten", also so gut

[1]) Er ließ zu jener Zeit, fast ganz aus seiner eignen Tasche, die Michaelskirche in München erbauen, für welche er vielleicht die Arbeiten, von denen hier die Rede ist, bestimmt hatte. Arthur Weese (Berühmte Kunststätten, München, S. 79) erzählt, der Herzog habe, als ihm das Geld für den Bau der Kirche auszugehen drohte, einen Appell an die Städte gerichtet, und Augsburg habe darauf 100 000 Bausteine gestiftet; er wollte sich dann auch an seine Münchner wenden, hatte aber selbst nicht viel Hoffnung auf Erfolg, denn er kannte sie von dieser Seite schon: „Ist aber wenig Hoffnung; die von Augsburg haben zu ihrem Geld eine Kammer, die von München aber eine Buchse; seien blutwenig."

bezahlten, daß ein anderer Meister „neben inen gar nit fortkommen“ könnte. Dem Rat der Stadt Augsburg war diese Widersetzlichkeit gegen einen Wunsch des hohen Herrn sichtlich unangenehm, und er beauftragte am 10. Juni die „Herrn Burgermaister“, zwischen den Kistlern und Jacob Dietrich „güetlich zu handeln“. Über den Ausgang des Streites ist nichts bekannt, doch kann man wohl annehmen, daß er zugunsten des Dietrich verlaufen ist.

Im Jahre 1590 kam Georg Laßmann, der einen Gesellen mehr anstellen möchte, um für die Fugger eine Arbeit zu vollenden. Er behauptete mit „genugsamer Anzaig“, also beweislich, daß er sich der „armen Meister“ wie ihm von den Vorgehern vorgeschlagen worden war, „fruchtbarlich nit“ bedienen konnte, und „da (daß wenn) er diserorths solte gehindert werden, die arbait, so er under hander, gleichwol (zwar) ime entgeen, aber doch dem Handtwerckh der Kistler nit, sonndern den Zimmerleuten zuegueten khommen würde.“ So wurde also sein Wunsch erfüllt.

Auf Empfehlung der Deputierten des Handwerks wurden 1598 dem Kistler Heinrich Reichart zwei Gesellen über die Zahl, für „des genedigen Herrn Herrn Albrecht Fuggers vorhabende Ingebey (Einbau)“, bewilligt. Fuggers Hausmeister, der seinen Herrn in diesen Bauangelegenheiten vertrat, hatte sich geweigert, andere Meister zur Hilfe heranzuziehen, was ihm zugemutet worden war, mit der Begründung, daß ja doch keiner dem anderen „cedieren“ (nachgeben) würde; er hatte also schon seine Erfahrung mit solchen Hilfsmeistern gemacht und verlangte jetzt statt ihrer Gesellen, deren Anstellungsverhältnis von vornherein so klar war, daß man wußte, sie würden sich dem beauftragten Meister auch wirklich unterordnen müssen.

In diesem Jahre wurde übrigens in Augsburg von den Deputierten den Bittstellern um eine größere Gesellenzahl eine Bedingung auferlegt, der man besondere Bedeutung beimessen muß. Sie sollten sich, „wie andere Maister, so an gebewen (Gebäuden) seindt, aller andern arbait uff den Kauff zuemachen, gentzlich messen“. Daß die mehr bewilligten Gesellen nur für diejenige Arbeit, für die sie gefordert worden waren, beschäftigt werden durften, ist nur natürlich und auch stets ausbedungen worden; und man kann es auch wohl verstehen, daß die so bevorrechteten Meister in dieser Zeit überhaupt keine Arbeit für den Verkauf, also keine Werkstattware, machen durften, denn so wurde jede Versuchung, die Gesellen dennoch heimlich dafür zu beschäftigen, ausgeschlossen. Hiermit decken sich übrigens Bestimmungen, die 1577 und 1592 in Nürnberg im Gebrauch waren und in der Schreinerordnung von 1800 dort wieder aufgefrischt wurden: wer statt zwei Gesellen deren drei bewilligt erhielt, um eine eilige Arbeit zu vollenden, dem war in dieser Zeit jeglicher Verkauf in und außer des Creutzganges, der Marktstelle der Schreiner, verboten. Die eben erwähnte Augsburger Verordnung ging aber noch viel weiter, denn das Verbot, Werkstattarbeit für den Verkauf zu machen, erstreckte sich über diejenigen Meister, die mit besonderer Erlaubnis mehr Gesellen als sonst beschäftigten, hinaus auch auf alle Meister, „die an Gebäuden arbeiteten“. Wie soll man diesen Satz deuten? Sollte versucht werden, eine grundsätzliche Scheidung zwischen Bau- und Verkaufstischlerei zu schaffen, indem man sagte: wer Bautischlerei ausführt, darf überhaupt, auch mit der üblichen Gesellenzahl, für die Zeit ihrer Ausführung keine Verkaufstischlerei übernehmen und betätigen? Da sich eine solche Bestimmung nicht wiederholt, also eine Bestätigung dieser Auffassung sich nicht beibringen läßt, so muß die interessante Frage offen bleiben.

Im Jahre 1600 schrieb die Erzherzogin Maria zu Österreich in ihrem und ihrer Tochter, der „Khünigin in Hispanien", Namen an den Stadtpfleger Octavianus Fugger, um ein Gesuch des Kistlers Jeronymus Flaischer, der für diese „fürstliche" Arbeit mehr Gesellen brauchte, zu unterstützen, was den gewünschten Erfolg brachte. Gleichzeitig wurden auch Jacob Dietrich (in der Orthographie immer Dietterich bezeichnet), um für den Freiherrn Christoph Fugger eine Saaldecke zu vollenden, von zwei verlangten Gesellen nur einer bewilligt. Wolf Ulrich Nuschler durfte ohne Schwierigkeiten überstehen zu müssen, zwei Gesellen mehr nehmen, um „Philipp Zeller seine Schreibstuben" fertigzustellen. Früher waren ihm schon einmal statt drei (war das also jetzt die Regel?) sechs Gesellen bewilligt worden. Ebenfalls im Jahre 1600 hatte Matheus Bender Arbeit in einem bürgerlichen Hause zu vollenden, für die er eine Hilfskraft brauchte. Da es sich nicht um einen hervorragenden und einflußreichen Bauherrn handelte, so wurde ohne weiteres von diesem Meister verlangt, er müßte einen unbeschäftigten Meister zu Hilfe nehmen; er antwortete, das hätte er schon getan, aber dieser Meister, dem er in der ersten Woche, wie vereinbart, 25 Batzen Lohn zahlte, hätte in der zweiten Woche 2 Gulden und dann gar 3 Gulden verlangt, so daß er selbst ohne jeden Verdienst (!) arbeiten müßte. Der Kistler David Schnickler hatte 1602 für Herrn von Krapolis „etliche Taflen mit biblischen Historien einzulegen" und durfte zwei Gesellen mehr einstellen. Auch Philipp Northammer (Northaimer) des Jüngeren Bitte wurde 1603 genehmigt, und er erhielt für seine ihm von einem Bayerischen Kammerherrn in München übertragene Arbeit einen Gesellen mehr, doch wurde er im gleichen Jahre noch, als er für einen bayrischen fürstlichen Hofmeister mit vier Gesellen arbeiten wollte, abschlägig beschieden mit der Begründung, es sei keine Bauarbeit[1]).

Wir setzen die Berichte über diese Gesuche um Hilfskräfte fort, weil sie uns für den geschäftlichen Verkehr und die Bedeutung der Augsburger Schreinerkunst wichtig erscheinen.

Im Jahre 1605 erteilte der Erzbischof zu Salzburg durch die Vermittlung der Firma Daniell Stenglin & Gebrüder dem Meister Marx Hiller den Auftrag, eine Bettstatt und zwei Truhen zu machen, und obwohl es sich um Werkstattarbeit handelte, wurde dem Hiller die Mehreinstellung von Gesellen erlaubt, weil eben der Besteller ein sehr hochmögender Herr war. Ebenfalls im Jahre 1605 hatten Hans Schertlin für den Prälaten von St. Ulrich und für Marx Fugger, Hieronimus Erb für das Böhmische Regiment des Kaisers

---

[1]) Demnach galten diese Bewilligungen grundsätzlich nicht für Werkstattarbeit, die dem Beauftragten ja nicht mehr genommen werden konnte und deshalb ruhig etwas länger dauern konnte, sondern nur für Arbeiten auf dem Bau, wo es galt, der Konkurrenz der Zimmerleute wirksam zu begegnen, und wo die andern Handwerker behindert wurden, wenn die Tischlerarbeit im Rückstand blieb.

„allerhand Kriegsrüstungen von Helleparten und Büxenschäfften“ und für den Erzherzog Maximilian zu Österreich „auch dergleichen nöthige Arbeiten in der Hungarischen Kriegs-Expedition wider den Erbfeind den Türckhen zu gebrauchen“, in Auftrag; für solche dringliche Lieferungen konnten die Gesellen selbstverständlich nicht verweigert werden. 1606 durfte Philipp Northaimer statt der für einen Bau in Nürnberg erbetenen fünf doch wenigstens vier Gesellen beschäftigen, und die gleiche Zahl wurde dem Jacob Dietrich 1610 erlaubt, „für der Ehrwürdigen Herren Parfüßer Münich (Mönche) vorhabenden Neuen Bau“ in Augsburg[1]). Dem Hans Schertlin d. J. bestellte der Prälat in Zwiefalten 1613 einen „Altar von Ebnem und Nußbaumin Holtze“, wofür der Meister drei Gesellen mehr erbat. Wolfgang Ebner hatte 1622 Arbeiten für das Rathaus, die Jesuiten in Dillingen und für den Abt zu St. Ulrich und wollte statt zwei nun fünf Gesellen beschäftigen, das heißt, er hatte, um nicht lange auf die Entscheidung warten zu müssen, die Gesellen bereits eingestellt. Die Kistler machten nun aber einen „großen Mangel an Gesind“ geltend, da die Gesellen sich allerorten „auf das Kriegswesen legten“, doch erhielt Ebner wenigstens zwei Gesellen über die Zahl, also insgesamt vier, jedoch die Mehrzahl nur für drei Monate. Bauarbeit für den Präpositus Joannes vom Heiligen Kreuz und für Marquard Fugger, Freiherrn von Kirchberg und Weißenhorn und nach Marckh Biberach hatte wieder Hanns Schertlin auszuführen und wünschte statt zwei nun fünf Gesellen zu beschäftigen. Er erhielt aber für zwei Monate vier Gesellen wegen „starckhem Abgang und Mangel an Gesind, wie es nit zu bekhommen und manche Maister schier ohn sein müssen“. Der begonnene Dreißigjährige Krieg begann also schon auf die Gewerbe einzuwirken. Noch lange nach Friedensschluß machte sich ein Arbeitsmangel dringend geltend, weshalb der Senat im Jahre 1663 folgenden Beschluß faßte: Jeder Meister dürfte bei Strafe den dritten Gesellen nicht länger als 14 Tage beschäftigen. Hatte einer sehr dringende Arbeit, z. B. für Kirchen und Geistliche, „so mag derselbige Meister einen anderen Meister, welcher keine sonderliche Arbeit hat, zu sich ziehen, jedoch den Bauherrn das Taglohn nur für einen Gesellen (!) verrechnen“. Demnach saßen die unbeschäftigten Meister nicht mehr wie früher auf dem hohen Roß und stellten übertriebene Forderungen, die jedem verleiden mußten, sie zur Mitarbeit heranzuziehen, sondern sie mußten sich jetzt bescheiden mit einem Gesellenlohn begnügen. Es ist doch auf keinen Fall anzunehmen, daß der Rat mit dieser Bestimmung den mit dringender Arbeit beauftragten Meistern zumuten wollte, die Mitmeister trotzdem als Meister zu entlohnen und die Differenz als Verlust selbst draufzuzahlen; vielmehr sollte die Maßregel darauf hinwirken, daß sich die Mitmeister mit dem Gesellenlohn begnügen und froh sein sollten, überhaupt Arbeit zu bekommen.

In Lübeck war es in den Jahren 1594 bis 99 der berühmte Meister Tönnies Evers der Jüngere, der für seine großen Aufträge vieler Gesellen bedurfte

[1]) Es sei hier noch einmal eingeschaltet, daß den Meistern stets das Gelöbnis abgenommen wurde, die über die Zahl bewilligten Gesellen nur für die betreffende Arbeit, ferner nicht über die bestimmte Zeit zu beschäftigen und sie unter keinen Umständen für die laufende Kundenarbeit zu verwenden.

und sich mit dem Handwerk herumschlagen mußte, um sie bewilligt zu bekommen[1]). Von seiner Hand stammt das „Neue Gemach“, jetzt „Kriegsstube“ genannt, im Rathaus zu Lübeck[2]). Im Staatsarchiv befindet sich ein Lehrlingsverzeichnis, in dem 1589 zum erstenmal erwähnt ist, daß Meister Tönnies Evers (der Jüngere) einen Lehrling aufgenommen hatte. Im folgenden Jahre war er wortführender Ältermann des Amtes und legte als solcher Rechnung ab. 1612 ist das letztemal erwähnt, daß ein Lehrling bei ihm eintritt. Er ist ein Sohn des Tönnies Evers, der von 1556 bis 1580 dem Lübecker Tischleramt als Meister angehörte und gleichfalls die Stelle eines Ältermanns bekleidete. Das ist in einer Eingabe des Tischleramtes an den Rat ausdrücklich bezeugt[3]). Im Wetteprotokoll, einer Art Gewerberegister, ist am 10. Juli 1594 eingetragen: „M. (Meister) Tonnieß, de snyddeker, hefft angelavet (hat versprochen), dat portaell tho dem nyen gemaka (Kriegsstube) stracks vorthoneemen (zu beginnen) und ferdich tho maken, ken ander arbeit darvor thonhemen, ehr dat geferdigt ist, und solches mit hantastinge (Handschlag) sick versproken; by straffe des weddes (Gerichts).“ Da der Meister das von ihm gegebene Versprechen nicht erfüllte, so wurde am 7. August das folgende Protokoll aufgenommen: „M. Tonnieß Everß, de snyddeker, nhademe (nachdem) he (er) vormals up erforderung der buwherrn vor dem wedde angelavett, dat nie (neue) portaell erster gelegenheit, wo den 10. Juli gescheen, tho vorferdigen und kein ander arbeitt vorthonhemen, ehr datselbige vorferdigt ist, als ist mermals ernstlich ehme angesecht (ihm gedroht worden), gehorsamlich den thosagen nhatolewen (den Zusagen nachzuleben); by ernstlicher straffe des weddes und nedderleging (Niederlegung) sines amptes.“ Diese Drohung, ihm das Handwerk zu legen, scheint Erfolg gehabt zu haben, denn von weiteren Maßnahmen ist nichts bekannt. Evers setzte sich aber überhaupt gern über Verträge und bestehende Bestimmungen hinweg. So wurde von ihm behauptet, er kaufe alte Häuser an und baue sie zum Wiederverkauf um. Er erhielt die meisten städtischen Aufträge und beschäftigte dafür zeitweise zwölf Gesellen und drei Lehrlinge. Er scheint die Gesellen, die er bei dringenden Arbeiten über die nach der Regel erlaubte Zahl 3 halten durfte, von anderen Meistern entliehen zu haben, blieb ihnen

[1]) Vgl. „Mitteilungen des Vereins für Lübeckische Geschichte und Altertumskunde“, 1887, Heft 2, die für das Folgende als Quelle benutzt wurden.

[2]) Es sollte beim Umbau 1816, gleich dem kurz vorher entfernten Schnitzwerk im ehemaligen Bischofshof, als Brennholz (!) verbrannt werden, und nur ein Zufall hat es verhindert. Das Eingangsportal zum Rathaussaal ist in neuerer Zeit durch den Lübecker Tischlermeister Hans Friedr. Schumacher renoviert worden.

[3]) Beide Tönnies Evers führten als Hausmarke zwei gekreuzte Degen, durch deren Kreuzungs- und Endpunkte je ein horizontaler Querstrich gezogen ist. — Von Tönnies Evers (d. J.) stammen außerdem noch folgende Werke: 1587 der große Sängerchor in der Ägidienkirche zu Lübeck, der erhalten ist und an dessen Südseite sein Name und seine Marke verzeichnet stehen. 1588—92 in der Petrikirche zu Lübeck die Fassade der Orgel („eins der schönsten Werke deutscher Tischlerei“). Sie enthält eine Inschrift: „Antonius Evers gemaket dise structur“ und oberhalb einen geschnitzten, bärtigen Kopf, wohl die Büste des Meisters. Ebenso stammt von ihm eine unter der Orgel aufgestellte Wandvertäfelung. 1587 für die Marienkirche in Wismar eine Kanzel, die im Jahre 1749 von dort der Stadt Neustadt in Mecklenburg überwiesen wurde und dort noch erhalten ist. (Vgl. hierüber auch die bezügliche Rechnung auf S. 347.)

aber das Meistergeld dafür schuldig. Das Tischleramt beschwerte sich deshalb 1599 beim Rat und hob dabei hervor: Meister Evers sei zur „Abvisierung" der ihm auf dem Rathause übertragenen Arbeiten nicht befähigt und daher an die Ratschläge seiner Gesellen gewiesen; von diesen habe aber der eine oftmals dasjenige verworfen und zerstört, was ein anderer vor ihm gemacht hatte; auch habe er höchstens zwei bis drei Gesellen dauernd bei jener Arbeit beschäftigt, so daß deren Herstellung dem Rat größere Kosten verursache, als wenn er sie aufs künstlichste in Augsburg oder Nürnberg habe anfertigen und von dort auf der Schulter hierher habe schaffen lassen. (!) Ferner wurde ihm der Vorwurf gemacht, daß er seine Arbeiten nicht, wie seine Mitmeister, in allen ihren Teilen aus gutem Holz verfertigte, sondern „von Pap und Cleisterwerk baket und mit Gold, Silber und anderen Farben überschmieret und der Sauw, wie man zu sagen pflege, eine verguldete Nase ansetzet, wie solches in Kirchen und Gotteshäusern zu sehen", daher wäre es auch nicht zu verwundern, daß er reich und „überbrüstig" (übermütig) geworden sei[1]). Der Rat nahm hierauf Veranlassung, dem Meister Evers zu verbieten, in Zukunft mehr Gesellen als die anderen Meister zu beschäftigen. Später entsetzte er ihn sogar seiner Stellung als Ältermann und bedrohte ihn, wenn er weiter jener Verordnung zuwiderhandle, mit der Ausstoßung aus dem Amt. Beendet wurde der Streit endlich durch nachfolgenden Eintrag in das Wettebuch: „Irrunge is entstanden twischen dem ampte der snyddeker ahn eynem, und dem mester Tonies Everß ahm andern dele, wegen des dem mester Tonnis ein tittlank (eine Zeitlang), dewile he eins erbaren rades arbeitt under handen gehatt, sines gefallens gesellen und jungen, dem ampte und der rullen thowedder, thogesettet. Derwegen uth bevell (auf Befehl) eins erbaren rades, up supplicierent (auf Bitten) des gantzen amptes dem Tonnies Everß datt ampt gelecht und he de oldermannschop entsettet worden, doch siner ehren unschettlich[2]), und wen hernegest (wenn später) olderlude vam erbaren rade wedderumb sollen losgebeden und gekoren werden, datt alsdann mester Tonnis wedder upgesettet und dem erbaren rade avergeven werden soll. Und is verner de twistige sake ahn (an) de erbaren vorordneten hern des weddes tho vorgliken (zur Herbeiführung eines Vergleiches) vorwisett und volgender gestaldt bygelecht worden, datt mester Tonnis Everß henforder keine gesellen und jungen mher, alse de anderen amtbroder hebben und holden soll. Dewile averst (weil aber) itziger titt 4 jungen in der lhere hefft, sintt ehme deselbigen uth gunsten uththoleren nhagegeven worden, und verner vorafschedet (beschlossen): dewile mester Tonniß Everß eines erbaren rades arbeit ahngenhomen, sall he darby blyven, dattselbige mit flite vortsetten und vorferdigen, dartho he twe van sinen gesellen und twe van sinen jungen gebruken soll, wen averst de erbaren buwheren mher gesellen by eines erbaren rades arbeitt begerende sin und gebruken willen[3]), hefft datt amptt der snyddeker

[1]) Es scheint sich hier um Stuckarbeiten gehandelt zu haben, die den andern Lübecker Meistern noch nicht bekannt oder geläufig waren.

[2]) Das heißt, daß ihm die Amtsrechte nicht entzogen worden waren, insbesondere nicht das Recht der Wiederwählbarkeit.

[3]) Was natürlich geschah, so daß de facto alles beim alten blieb.

angelavett und sick vorsproken, ehre gesellen, de dartho denstlich sin werden, folgen tho laten und tho vorschaffen, ok einem meister uth ehrem amte und middel (Mitte) ahnordenen, de nevenst (neben) mester Tonnies upsicht hebben soll, datt eines erbaren rades arbeitt mitt flite vorgesettet werden moge. Deß soll de twistige sake hirmitt upgehaven, vorglikett und vordragen sin und blyven. Actum den 27. Aprill 1599." Diese Nebenaufsicht eines anderen Meisters wird dem Meister Evers sicher nicht angenehm gewesen sein; aber er erreichte doch, daß er auf erzwungenen Vorschlag des Amtes im Jahre 1601 durch den Rat wieder zum Ältermann ernannt und damit in seine früheren Ehren wieder eingesetzt wurde. Nebenher ging seltsamerweise noch ein anderer Streit, der hierbei nicht erwähnt wurde und den Meister Evers mit den Gesellen führte. Im Jahre 1600 hatte er nämlich vergessen, auf dem Markt einem Bauern beim Kauf einen Taler herauszugeben. Die ohnedies gegen ihn erhitzte Stimmung machte sich dies kleine Vorkommnis sofort zunutze, das Amt erklärte ihn für „unehrlich" und befahl (!) den Gesellen, ihn in Verruf zu tun[1]). Evers sah sich genötigt, das Amt zu verklagen. Der Streit wurde erst 1603 durch Vermittlung auswärtiger (!) Meister mit einem Vergleich beendet, dem sich auch die Gesellen unterwerfen mußten. Es war Evers auch vorgeworfen worden, er hätte von dem Holz, das dem Rat gehörte, für sich verbraucht und die vom Rat bezahlten Gesellen für sich arbeiten lassen, besonders bei der Herstellung eines Aufganges und einer Tür zur Kanzel der Ägidienkirche in Lübeck, wofür er 85 Pfund vereinnahmt hätte. Später scheint Evers sich an die vorgeschriebene Zahl der Gesellen gehalten zu haben. Im Jahre 1608 erhielt er wieder größere Arbeiten am Rathaus übertragen und durfte dafür sieben Gesellen beschäftigen.

Im Laufe der Zeit bildete sich neben anderen alten zünftlerischen Regeln besonders die Beschränkung in der Zahl der Hilfskräfte zu einer wahren Kalamität heraus, und nicht nur die Meister, die etwas konnten, waren durch den künstlichen, weil erzwungenen Gesellenmangel in ihrem Streben behindert und durften sich nicht über den Durchschnitt erheben, auch das Publikum war in seinem freien Entschluß bevormundet und mußte seine Bestellungen, da die guten Meister bald mit Aufträgen, die sie in absehbarer Zeit gar nicht ausführen konnten, überhäuft waren, anderen und nicht gleichwertigen Handwerkern übergeben. Da war es wirklich notwendig geworden, daß diese Verhältnisse im Geist des Fortschrittes neu geregelt wurden. Von Reichs wegen wurden bei allen Handwerken Umfragen veranstaltet nach allgemeinen und besonderen Mißständen, deren Beseitigung wünschenswert erschien. Schließlich entstand aus dieser Sammlung von Beschwerden ein zusammenfassender „Reichsbeschluß" des Jahres 1731, dessen Artikel 13 so lautete: „Dann scheinet es für das gemeine Beste nicht zuträglich zu sein, daß, wie es zeithero üblich gewesen, einem jeden Handwerksmeister nicht mehr als einen Lehrbuben zu gleicher Zeit zu haben, auch nur eine eingeschränkte Zahl von Gesellen zu halten, erlaubt sein solle, wodurch dann ein geschickter Meister oft mehrere Arbeit wegweisen,

[1]) In der Gaststube des Amtshauses wurde ein Kreis mit Kreide auf den Fußboden gemacht, und jeder, der ihn durchschritt, sprach hierdurch den Verruf aus.

und der, so die Arbeit fertigen lassen will, solche einem weniger geschickten und schlechteren Arbeiter überlassen muß." Damit sollte der Zunft-„Bann" gebrochen sein, und von den Behörden jeder Stadt wurde verlangt, diese Bestimmung in die örtlichen Zunftordungen einzufügen.

Die Stadtverwaltung in Cöln nahm denn auch den ersten Streitfall zur Gelegenheit, am 12. Mai 1732 den Gaffelherren folgendes zur Erwägung anheimzugeben: „Auf das in Sachen der Ambtsmeister eines ehrbaren Schreinerambts gegen die Mitmeisterswittib Lübing eingelangte und verlesene, unterthänige Memorial und Bitt wird den Gaffelherrn committiert, umb mit den Herrn Syndicis zu überlegen, ob das Gebott, wie ein Schreinermeister 4 Werkbänk und eine Wittib nur 3 deren halten möge, in Fällen auch vernünftig zu verstehen seye, wo ein Bauherr in seinem jetzt- oder künftigen Wohnplatz mehr Meister und Knecht erfordert, und mit so weniger Bänk und Knecht Anzahl es alzu langsamb hergehet, und darüber gutachtlich zu referieren." Am 21. Mai 1731 war in Cöln, wie auf Seite 271 berichtet, schon beschlossen worden, daß ein Meister in dringenden Fällen Gesellen nach vorheriger Anzeige beim Amt von seinen Mitmeistern entlehnen konnte, aber nun wurde allmählich nicht nur eine Ausnahmeerlaubnis, sondern eine grundsätzliche Aufhebung der Beschränkung vorbereitet. Die Bestimmung, daß bei Strafe von 12 Goldgulden kein Meister mehr als vier Bänke „zum schneiden, einlegen und schaben" in seiner Werkstatt haben durfte, stammt noch aus dem Jahre 1623 und paßte nicht mehr zu den veränderten gewerblichen Verhältnissen. Schwierigkeiten hatten sich auch schon aus der Frage ergeben, ob es statthaft wäre, daß zwei Verwandte, wenn sie zusammenzögen, in der gemeinsamen Werkstatt die jedem für sich zustehende Anzahl von Bänken aufstellten. Das tat zum Beispiel im Jahre 1739 der Meister Christian Evertz mit seinem Schwiegervater Nicolaus Hexel, indem sie sich zusammen acht Hobelbänke einrichteten. Das Amt machte dagegen Einwendungen, die bis 1731 und nach den auch dann für Cöln noch nicht unzweideutig aufgehobenen Gebräuchen sicher formell berechtigt waren; wenn der Schwiegersohn mit der üblichen Bevorzugung in das Handwerk aufgenommen worden war, dann konnte er mit der Meisterstochter in einem besonderen Hausstand eine neue Werkstatt mit vier Bänken einrichten, und niemand würde es ihm verwehrt haben; wollte er aber in die Werkstatt seines Schwiegervaters, die einen Teil von dessen „Amtsgerechtigkeit" bildete, einziehen, so mußte jener sie ihm direkt übertragen, also auf die eigenen Rechte endgültig verzichten. Im selben Jahr ereignete sich ein ähnlicher Fall mit der Meisterswitwe, die ihren Schwiegersohn Derichs (Diederichs) zu sich nehmen und ihre drei mit seinen vier Bänken zu der Gesamtzahl von sieben Bänken vereinigen wollte. Wiederum protestierte das Amt hiergegen; doch der Rat entschied für die Witwe, schaffte damit also ein Novum, augenscheinlich in der bewußten Absicht, die „Handwerksgewohnheiten" zu durchbrechen. Das Amt legte hiergegen Berufung ein und verbot dem Meister Derichs die Jungen und Gesellen und entfernte sein im Zunfthause bei allen anderen aufgehängtes Schild. Diese Maßregel mußte nach einigen Monaten wieder aufgehoben werden, und die Witwe erhielt endgültig das Recht, sich mit ihrem Schwiegersohn zusammenzutun mit Beibehaltung der jedem für sich zustehenden Gesellenzahl. Tatsächlich scheint in den nächsten Jahrzehnten jegliche Beschränkung in der Gesellenzahl aufgehoben gewesen zu sein, wenn auch wohl kein bindender Ratsbeschluß, der den Reichsbeschluß von 1731 ratifiziert hätte, gefaßt wurde. Da plötzlich, im Jahre 1777, wollte die Zunft die früheren Beschränkungen wieder einführen, doch weigerte sich einer von den vier Amtsmeistern, Jacob Euskirchen, sich an dem Plan zu beteiligen. Dafür wurde er von den anderen drei seiner Amtsfunktionen und Rechte enthoben und mußte beim Rat gegen sie klagbar werden. Der Rat befahl, bei Strafe von 10 Goldgulden für jeden, die Wiedereinsetzung des so willkürlich Ausgestoßenen. Die drei Amtsmeister machten, auf die Ursache des Streites zurückgehend, folgendes geltend: Ein Reichsbeschluß schaffte noch keine allgemein gültigen Gesetze, sondern es bliebe den Ortsbehörden vorbehalten, wie sie ihn einführen wollten. Die Cölner Behörde habe aber noch im darauffolgenden Jahre 1732 der Witwe Lübing verboten, mehr als drei, ihrem Sohn als Mitmeister mehr als vier Bänke zur Arbeit zu halten. Und laut vorhergehender Registratur vom 21. Mai 1732 müßten, falls ein Bauherr mehr Knechte verlange, diese von anderen Meistern geborgt werden. Da es aber vorkommen könnte, daß manche Meister ihre Gesellen nicht zur Aushilfe hergeben wollten, oder daß vielleicht ein Meister allein nicht soviele Gesellen beaufsichtigen könnte, so wollten sie, die Amtsmeister, hierzu beantragen, daß künftig statt der Gesellen die unbeschäftigten Meister selbst zur Mitarbeit herangezogen werden müßten, damit sie alle einen Verdienst hätten. Kürzlich hätten sich in solcher Weise sieben Meister in einen Bau geteilt. Daß die Bauherren wegen der eben vorgeschlagenen Änderung sich mehr wie bisher mit ihren Aufträgen an auswärtige Meister wendeten, sei gewiß nicht wahr; die Neigung, es zu tun, wäre ohnedies vorhanden. Der Rat verwies dem entgegen wieder auf den Reichsabschied von 1731 und auf eine Kaiserliche Verordnung vom 4. August 1764. Gerade den Mißbrauch, daß man einem „vorzüglich fleißigen und geschickten" Meister (später ist dann von „Künstleren und Meistern" die Rede) verbieten wollte, durch Annahme von mehr Gesellen mehr Arbeit anzunehmen, hätte abgeschafft werden sollen; die Zahl der Gesellen sollte also für den einzelnen Meister unbeschränkt bleiben, und der Amtsmeister Euskirchen müßte unverzüglich wiedereingesetzt werden. Das Amt folgte dieser Weisung keineswegs, sondern machte einige Tage später eine von vielen Meistern unterzeichnete Eingabe, in der behauptet wurde, daß die Freiheit der Gesellenzahl in Cöln niemals offiziell eingeführt worden wäre; übrigens hätte man es hier nicht mit „Künstlern" zu tun, sondern nur mit einfachen Meistern; wenn die Kaiserliche Verordnung so, wie es der Rat wollte, ausgelegt würde, dann würden künftig nur zwei bis drei Untertanen zu leben haben, die anderen aber „ins Verderb" gestürzt werden. Dagegen erwähnte nun Meister Euskirchen mit seinem Anhang, daß die Aufhebung der Beschränkung der Gesellenzahl sich keinesfalls nur auf „Freimeister"[1]) bezogen hätte; die Zunftmeister hätten ja selbst ohne Widerspruch elf Gesellen gehalten. Nun ging das Amt seinerseits vor, indem es den bei Euskirchen und Genossen

[1]) Auf Befehl des Rates zu Meistern gemachte, oft hervorragend Begabte.

arbeitenden Gesellen die Arbeit verbot und befahl, innerhalb 14 Tagen auszutreten. Aber die Gesellen wandten sich gegen dieses Unehrlichsprechen ihrer Meister, auch sie beriefen sich auf den vom Rat angezogenen Reichsbeschluß von 1731, der doch bestimmt hätte, daß solche Streitigkeiten nicht durch Zunftverordnungen erledigt werden könnten, sondern vor der Obrigkeit ausgetragen werden müßten; überdies sollte jeder, der dem anderen in der Arbeit hinderlich fiele, selbst für „unehrlich" gehalten werden. Dem Amt fiel es gar nicht ein, nachzugeben; im Gegenteil hing es nun den Schild des Meisters Euskirchen gar auf die „ungehorsame Tafel", entzog ihm und anderen ihre Amtsgefälle und verbot den Gesellen nochmals, bei ihnen zu arbeiten. Jeder Meister, der diese Gesellen künftig bei sich einstellte, sollte mit 12 Goldgulden bestraft werden. Der Streit dauerte nun bereits neun Monate, und der Rat erinnerte nochmals an seine damals gegebenen Befehle. Das Amt antwortete aber, es müsse unbedingt an seinem Recht festhalten, denn es kämen nur sehr wenig Gesellen nach Cöln, und die würden „auf besondere Art weggeschnappt"; deshalb könnten die übrigen Meister niemals die ihnen zukommende Zahl von vier Gesellen erhalten, obwohl sie zu den gemeinsamen Lasten ebenso beitrügen wie andere. Das Amt erklärte nun, an das Reichsgericht appellieren zu wollen; bis zur Entscheidung wollte es den Meister Euskirchen wieder in seine Rechte einsetzen, behielte sich aber feierlich seine spätere Bestrafung vor. Nun war die Angelegenheit erst richtig verschleppt, und eine Entscheidung des Reichsgerichts scheint überhaupt nicht erfolgt zu sein, vielleicht weil man ja die rechtliche Auswirkung des Reichsbeschlusses allein den Ortsbehörden vorbehalten wollte. Noch nach 15 Jahren stritten sich Rat und Amt um die gleiche Sache herum, jedes hartnäckig auf seinem Standpunkt beharrend. Im Jahre 1793 beschwerten sich die Amtsmeister wieder über die Annahme von mehr als vier Gesellen; die Meister, die mehr beschäftigten, hätten über ihre Gesellen gar keine Übersicht mehr und könnten nicht sagen, ob jene Schreiner- oder Zimmermannsarbeit ausführten; sie verteuerten das Holz und zwängen die übrigen Meister, das Holz bei ihnen zu kaufen; den anderen, insbesondere den Witwen nähmen sie die Arbeit weg. Der Rat dagegen verbot energisch die tatsächlich wieder eingeführte Beschränkung auf vier Gesellen. So blieb alles beim Alten, und der Streit ging aus wie das Hornberger Schießen, das heißt, er wurde einfach dadurch beendet — daß Cöln unter französische Herrschaft geriet, die solche Beschränkungen nicht anerkannte, sondern eine Gewerbefreiheit anstrebte.

Ein anderes Argument, das die konservativen Zunftmeister vorgebracht hatten, war nicht ohne ernsten Hintergrund. Viele Meister trieben nämlich mit der Berechtigung, mehr Gesellen einstellen zu dürfen, groben Mißbrauch, denn sie stellten die Gesellen gar nicht wirklich bei sich ein, sondern erlaubten ihnen gegen die Abgabe eines Tributs, auf ihren, der Meister, Namen in Bürgerhäusern Arbeit zu suchen und in Wahrheit für ihre eigene Rechnung auszuführen. Das wäre an sich, abgesehen von der wirtschaftlichen Schädigung der Gesamtmeisterschaft, nicht gar so schlimm gewesen, wenn nicht so ein übles Pfuschertum großgezogen worden wäre. (Vgl. S. 424.)

In der Mark Brandenburg versuchte Friedrich Wilhelm I. in der ersten Hälfte des 18. Jahrhunderts, die Entwicklung des Tischlergewerbes zu fördern, indem er demjenigen, der für die Jahrmärkte und für den Export über die Grenzen des Landes hinaus arbeitete, „soviel Gesellen, als er nötig zu haben vermeinte, zu verschreiben" erlaubte. Die gleiche Vergünstigung war den Bautischlern gewährt[1]).

In Nürnberg hatte man den Reichsbeschluß, der die Beschränkung in der Gesellenzahl aufgehoben, nicht ratifiziert, und noch 1800 war die übliche Zahl der Gesellen auf zwei festgesetzt, die bei dringender Arbeit auf drei erhöht werden durfte; nur hatte der Stattmeister sich vorbehalten, seinerseits an diese Zahl nicht gebunden zu sein und jederzeit Ausnahmen bewilligen zu dürfen. Aber mindestens in den Jahren 1823/24 war in Nürnberg schon jegliche Beschränkung aufgehoben, denn wir sehen aus einem Steuerverzeichnis dieser Jahre, daß 76 Meister (darunter 7 Witwen) im ganzen 776 Gesellen hielten, also im Durchschnitt über 10 Gesellen beschäftigten. Die genauen Zahlen sind folgende: 12 Meister ohne Gesellen, 33 unter 10, 17 von 10 bis 20, 12 von 20 bis 30, 1 von 30 bis 40, 1 über 40, nämlich 42 Gesellen[2]).

In Württemberg ließ sich 1808 die Landesherrschaft die Erlaubnis, über die erlaubte Zahl Arbeitsstühle zu halten und Gesellen zu beschäftigen, mit 2 Fl. bezahlen.

In Basel wurde 1830 auf ein Gutachten des Handels- und Gewerbekollegiums beschlossen, die Beschränkung der Zahl der Gesellen und Lehrlinge vollkommen aufzuheben. Im Jahre 1847 gab es Meister, die 20 bis 40 Gesellen beschäftigten.

5. Das Arbeitsmaterial.

A. Das Holz.

1. Der Holzhandel und der direkte Einkauf.

Im vorigen Abschnitt und im Kapitel über das Gesellenwesen wurde beschrieben, welche Schwierigkeiten sich dem Ausgleich der lebendigen Hilfskräfte und ihrer gerechten Verteilung an den verschiedenen Zunftorten im deutschen Lande entgegenstellten, und wie unablässig alle Behörden bemüht waren, mittels Geboten und Verboten helfend einzugreifen. Aber immerhin hatten die Zünfte es dabei auch selbst in der Hand, durch Schaffung neuer Arbeitsstellen und vermehrte (oder verminderte) Ausbildung des Nachwuchses das Angebot mit der Nachfrage ins Gleichgewicht zu bringen; es erzeugte also grundsätzlich jede Gegend für sich die lebendigen Hilfskräfte, deren sie zum Betriebe der angesessenen Handwerke bedurfte. Das Wandern der Gesellen brachte freilich ein starkes Schwanken in das Kräfteangebot, doch reichte dies letzten Endes doch für alle aus, wenn nur in den Erwerbsbedingungen annähernd das übliche Maß eingehalten wurde.

Anders als bei der Verteilung solcher, dem Handwerk selbst entsprungenen Kraftquellen lagen die Verhältnisse bei der Beschaffung des hauptsächlichsten

[1]) Voigt a. a. O.

[2]) Diese 76 Meister zahlten für sich selbst 146 Gulden monatlich Steuern, nämlich 6 Meister je 1 Gulden, 70 Meister je 2 Gulden; für die Gesellen aber je 7 Kreuzer monatlich, also zusammen 90 Gulden und 32 Kreuzer.

Arbeitsmaterials: des Holzes. Nicht nur, daß das sonst in allen Dingen nur auf sich allein gestellte Handwerk nun auf die Mitwirkung eines auf ganz anderen Grundsätzen aufgebauten Erwerbszweiges, des Handels, angewiesen war, es waren hier manche waldarme Gegenden des Reiches dauernd erheblich schlechter gestellt als andere, die den Bergen oder flößbaren Wasserstraßen näher lagen. Das Streben der Stadtverwaltungen mußte also darauf gerichtet sein, die holzverarbeitenden Gewerbe ihres Ortes mit dem fernen oder nahen Handel in nutzbare Verbindung zu bringen, gleichzeitig aber zu verhindern, daß dessen Betriebsformen auf die Handwerke übergriffen, wenn anders weiterhin der sorgsam entwickelte sozialpolitische Grundsatz, daß ein Handwerk ausüben gleichbedeutend sei mit dem Umsatz nur der eigenen persönlichen Arbeitskraft unter völliger Ausschaltung jeglicher Kapitalbildung und -wirkung, Geltung behalten sollte. Handel treiben aber war von jeher ein Arbeiten mit unpersönlichem Kapital und schien mit handwerklicher Betätigung unvereinbar.

Mit dem Holzhandel kamen die in die Städte gezogenen Handwerker schon vom ersten Tage an in Berührung, soweit nicht die Besteller, was allerdings früher allgemeiner Brauch war, das Holz für sich selbst einkauften und es bei der Erteilung des Auftrages auslieferten. Jedenfalls bestand der Holzhandel schon früher als ein eigentliches, ausgeprägtes Kistlerhandwerk, weil ja das Holz schon vorher auch für die einfachste Zimmerei und den hergebrachten Holzhausbau verwendet wurde.

In Zürich begegnet uns der Beruf des Holtzkoeiffers, also des Holzhändlers, schon 1292, doch ist sein Entstehen sicher weit früher anzusetzen. Das Gewerbe des Holzhändlers war aber keinesfalls ein zünftig so abgeschlossenes, als daß nicht unternehmende Zimmerleute, die viel Bauten auszuführen hatten, auf den Gedanken hätten kommen können, es selbst auszuüben; die gegen solchen Handel der Zimmerleute erlassenen Verfügungen lassen deutlich erkennen, daß er tatsächlich des öfteren versucht wurde. Damit konnten aber die eigenen Berufsgenossen oder die anderen Angehörigen der holzverarbeitenden Gewerbe bei etwa geringerem allgemeinem Materialangebot leicht in materielle und ideelle Abhängigkeit von diesen so unternehmend einkaufenden Zimmerleuten geraten, die außerdem ohne handwerkliches Zutun das in ihren Materialvorrat gesteckte Geld arbeiten lassen und sich durch solchen Zwischenhandel zu Kapitalisten entwickeln konnten. Nichts wollten aber die Behörden sorgfältiger vom Handwerk fernhalten als dies, und deshalb setzten sie auf ein derartiges Unterfangen hohe Strafen[1]). In der „Ordinacie" vom Holzmarkt in Cöln 1370 heißt es in hochdeutscher Übersetzung: „Ferner verkünden wir, daß kein Zimmermann, noch ein von ihm Beauftragter („noch nyeman van synen wiegen") mit einem Holzhändler Gemeinschaft haben noch halten darf, und kein Holzhändler mit ihm, solange er sich mit zimmern und der Beilarbeit beschäftigen will. Wer dagegen handelt, zahlt 18 Mk. Buße für

[1]) In München gehörte es um das Jahr 1737 (ob auch schon früher, ist fraglich) zu den ausgesprochenen Befugnissen der Zimmerleute, mit Bau- und Werkholz zu handeln. Das ist wohl so zu verstehen, daß sie, um jederzeit große Bauaufträge schnell ausführen zu können, zunächst für diese eigenen Zwecke Holz in Mengen kaufen und lagern durften, wovon sie dann auch an Dritte abgaben.

jeden Übertretungsfall." Von dieser Strafe erhielt zwei Drittel die Rentkammer, je ein Sechstel der Aufseher und derjenige, der die Übertretung zur Anzeige gebracht hatte; als strafverschärfend wurden außerdem noch 8 Tage Gefängnis verhängt. Trotzdem wurde gegen dies Verbot fortgesetzt gesündigt, und es mußte in den Jahren 1403 und 1407 nachdrücklich wiederholt werden; es war übrigens auch für die Böttcher erlassen.

Der Holzhandel wickelte sich in den frühen Jahrhunderten des gewerblichen Lebens so ab, daß der Produzent — soweit es ihm selbst möglich war — auf den fahrbaren Flüssen, weniger auf Landstraßen, mit Flößen und Schiffen, oder auch auf Wagen versandte und direkt an die Verbraucher verkaufte. Erst in zweiter Linie kamen als ihre Abnehmer die „Houltzmenger", die Holzhändler in Betracht, denen allein es erlaubt war, auf Vorrat zu kaufen. Diese Form hat sich, solange die zünftlerischen Einrichtungen geltend blieben, also bis in das 18. Jahrhundert, neben anderen erhalten. Wir wissen aber auch von einem richtig kaufmännisch betriebenen Holzhandel, der insbesondere dann in Kraft trat, wenn die Herbeiführung größerer Massen aus einem fernen Hinterlande oder aus anderen Staaten unternommen werden mußte. Das bedeutendste Beispiel hierfür ist der Holzhandel großen Stils der Danziger Kaufleute zur Ordenszeit im 14. und 15. Jahrhundert. Wir wollen diese zweite Form, nämlich des kaufmännisch betriebenen Holzhandels, zuerst besprechen.

Die wichtigsten Nachrichten über den Danziger Holzhandel hat Hirsch[1]) zusammengetragen. Um 1405 bezog Danzig seinen Hauptbedarf an Holz aus den litauischen Wäldern, und auch während der ganzen übrigen Ordenszeit scheint litauisches Holz neben dem polnischen eine sehr begehrte Ware gewesen zu sein. Die Kaufleute des Kauenschen[2]) Kontors kauften selbst an Ort und Stelle das Holz, beaufsichtigten persönlich oder durch Vermittlung der Kauenschen Bürger die Bearbeitung desselben, lagerten es bis zur Verladung nach Danzig auf der Schäferei in Kauen auf, wo es gebrakt[3]) wurde. Es handelte sich hier hauptsächlich um Knarholz, Klappholz und Wagenschoß[4]). Wiben- und Bogenholz wurde von der oberen Weichsel bei Krakau den Fluß hinunter geflößt. Diese Arten wurden damals in den Wäldern der Karpathen gefunden und von dort und noch weiter aus dem Süden, ja sogar aus dem Salzburgischen Gebiet, nach solchen Orten (Krakau, Neusandek und Przemysl) geschafft, wo man es nach Danzig abflößen konnte. Bezahlt wurde das Holz von den Danziger Kaufleuten bevor es gefällt wurde, in Polen sogar schon ein halbes Jahr und länger voraus. Hirsch gibt auch spezielle Nachrichten über große Danziger Holzhändler. Das für den Bau der Danziger Marienkirche nötige Holz suchte Hans Gilgenburg im Jahre 1435 in Polen an Ort und Stelle aus. Über Strasburg in Westpreußen wurde eingeführt im Jahre 1432 eine Ladung Dielen und Klappholz; der Pfleger von Insterburg verkaufte 1433 an Jacob

[1]) Th. Hirsch, Danzigs Handels- und Gewerbegeschichte. Dieses Buch wurde hier auch weiterhin als Quelle benutzt.

[2]) Kauen = Kowno.

[3]) Sortiert.

[4]) Über diese Sorten vgl. S. 325.

Höfing drei Schock Zimmerholz und im Jahre 1446 übernahm der Pfleger von Lyck, Herr Diterich, eine Lieferung nach Danzig zum nächsten Frühjahr und erhielt dafür eine Vorauszahlung von 100 Mk.[1]). — Zu Anfang des 15. Jahrhunderts wurde von Lissabon („Presilgenholz"[2]) eingeführt.

Die Danziger brachten das Holz aber nicht nur für den lokalen Bedarf — sie verkauften es in Danzig selbst nur an Abnehmer direkt und nicht an Händler, damit ihnen hier keine Konkurrenz entstand — in ihre Stadt, sondern exportierten es auch nach aller Herren Länder. So ging Schiffsholz nach Lissabon, Bogenholz nach England. Dieses Bogenholz war es besonders, das als Exportartikel gewahrt und in Danzig nur an eingesessene Bürger, nicht aber an Händler verkauft wurde. Es war ein auch in Holland sehr geschätztes Material (aus den Karpathen usw.) für die Waffenfabrikation. Nach England gingen außerdem Wagenschoß, Klappholz, Knarholz, Koggenborten[3]), Riemenholz und Masten. Auch wurden für englische Rechnung ganze Schiffe auf der Danziger Lastadie gebaut. Im Jahre 1430 kauften sechs Schotten in Danzig vor dem Notar Nicolaus Wrecht ein Schiff für 124 Pfund grot.

Die weitaus gebräuchlichere (zuerst erwähnte) Form des Holzhandels war, wie bereits mitgeteilt, das direkte Angebot der Ware durch den Produzenten an den Abnehmer. Der Produzent hatte es verhältnismäßig leicht; er fällte das Holz auf den Bergen und in waldreichen Gegenden der Ebene und brachte es in Flößen aufs Wasser. Sein Interesse ging dahin, es möglichst in den holzarmen Gegenden zu verkaufen, weil ihm dort die besten Preise gezahlt wurden. Die Spesen auf dem Wasser wurden dadurch nicht viel größer, und es verschlug ihm auch nicht viel, daß die Länder und Orte, an denen er anlegen mußte, einen Durchgangszoll von ihm erhoben, den ja endlich doch die Abnehmer ihm zurückvergüten oder mitzahlen mußten. Die nächsten Anlieger wurden aber dadurch geschädigt, und sie fühlten sich benachteiligt, einmal dadurch, daß die Flößer versuchten, das Holz, um einen höheren Preis zu erzielen, an ihnen vorbei in entlegenere Gegenden zu führen, und zweitens dadurch, daß die Flößer es nach Möglichkeit vermieden, bei ihnen anzulegen, um den hier von ihnen verlangten Zoll zu sparen. Die Zimmerleute in Basel gerieten im Jahre 1495 mit den Flößern auf dem Rhein in Streit, der vom Rat geschlichtet werden mußte. Der Rat von Zürich erließ im Jahre 1707 im Interesse des heimischen Handwerks ein Verbot, Holz aus der „Landschaft" abzuführen bzw. dort zu diesem Zweck aufzukaufen. Im Jahre 1724 wurde auf Ansuchen des Schreinerhandwerks dieses Verbot: „daß niemand im hiesigen Gebiet und Landschaft Nußbäume und ander Hartholz auf Fürkauf kauffen und wieder hinweg an die Frömde zu fertigen befugt sein soll", bestätigt. Das wiederholte Einschreiten der Behörde scheint aber nicht viel genutzt zu haben, und das aus der Ferne winkende gute Geschäft lockte immer wieder zur Übertretung der Gesetze. Im Jahre 1732 brachten die Züricher Schreiner in Erfahrung, daß ein Schiff mit Holz nach Holland geführt werden sollte, und ihre Zunft legte Beschlag

[1]) Ungefähr 300 Taler nach der Währung um 1858.

[2]) Wohl gleichbedeutend mit Brasilienholz, einem in der Kunsttischlerei verwendeten Farbholz.

[3]) Kogge war in jener Zeit eine besondere Schiffsform.

Renaissance-Portal aus der Kriegsstube des Lübecker Rathauses, 1573, von Tönnies Evers dem Jüngeren.

Augsburger Kabinettschrank von Johann Georg Esser und Wolfauer mit Schildpatt-, Messing- und Zinnauflagen sowie Vergoldungen, um 1680, Residenzmuseum München.

darauf. Die Händler verlangten aber „gleiches Recht wie die Glarner“ und behaupteten, das Holz sei nicht im Züricher sondern im „Schweizergebiet“ gekauft worden. Der Rat ließ das Schiff ohne Untersuchung abfahren, behielt sich aber eine grundsätzliche Entscheidung vor. Ein ähnlicher Fall ereignete sich in Zürich im Jahre 1765. Gegen den in Heilbronn verlangten Akzis erhoben 1769 die dortigen Schreiner Einspruch. Als weitsichtigerer Vertreter der Interessen des heimischen Gewerbes zeigte sich schon 1340 der Göttinger Rat, indem er den Zolleinnehmern befahl, Holz zollfrei hereinzulassen. „Item we ok hir invoret timmerholt eder berneholt, köle (?) oder ander holt, watte holt et sy, den en schal me nicht besetten noch syne have.“ Dasselbe Gesetz wurde im Jahre 1400 infolge einer Übereinkunft zwischen dem alten und dem neuen Rat erneuert; man dürfe so eingebrachtes Holz „nicht panden, besetten eder bekummeren“.

Über einen seltsamen Export der Augsburger Tischler haben wir schon (vgl. S. 136 ff.) gelegentlich der großen Diskussion über den Niedergang des Handwerks berichtet. Die Augsburger hatten da scheinbar eine Erfindung gemacht mit gefärbtem Holz, das sie nicht an die Unzünftigen im Umkreis von sechs Meilen verkauften, damit ihnen nicht eine unsolide Konkurrenz entstände; sie lieferten es an „Fürsten und Herren“ außerhalb, von denen es sehr begehrt und bis 40 Meilen weit gefahren wurde.

Legten nun die Holzflößer bei einer Stadt zum Verkauf an, so stürzten alle, Händler und Handwerker, darüber her. Wer am kapitalkräftigsten war, meistens natürlich die Händler, kaufte eine möglichst große Menge oder das ganze Quantum auf und verteuerte damit den Bedürftigen, die dann wieder von ihm kaufen mußten, die begehrte und seltene Ware; ja, manche fuhren dem Schiff zu diesem Zweck schon entgegen oder bestellten gar das Holz schon in der Heimat der Flößer, so daß bei Ankunft der Schiffe für die anderen nichts mehr zu haben war. Um den Anfang des 14. Jahrhunderts klagten die „Älterleute bei der Trave“[1]) vor dem Lübischen Rate, daß Hamburger in Lübeck Holz kauften, bevor es seine rechte Zeit gelegen hatte, und daß jene, darum belangt, behaupteten, sie hätten das Gut gekauft „ere dan id hir in den marked komen is“, also schon bevor es überhaupt dem allgemeinen Kauf unterstellt worden war. Das, so sagten die Lübecker: „dunket uns een vorkoop“, Vorkauf war aber gesetzlich verboten[2].) Das Entgegenziehen verbot der Rat von Wismar in den Jahren 1395 bis 1397, indem er verfügte, es sollte niemand „zwecks Vorkauf“ Holz außerhalb der Stadttore kaufen. Hier beschwerten sich im Jahre 1614 die Akziseinnehmer, daß Herr Heinrich Kock (ein Kaufmann ?) das Bauholz allein aufkaufte. Die Ordnung der Kistenmacher in Lübeck 1508 untersagte es den Zunftgenossen, Holz zu kaufen oder vorzukaufen, bei Strafe von 3 Mk. Silbers an den Rat und eine Tonne Bier und zwei Pfund Wachs an das Amt des Handwerks. In Nürnberg wurde 1538 im öffentlichen Interesse bestraft, wer innerhalb von 10 Meilen Holz, geschnittene Bretter oder Dillen kaufte, um damit zu handeln, und zwar waren für je 12 Bretter 1 Pfund novis zu zahlen. Auswärtige wurden anscheinend von diesem Verbot, das in die

[1]) Wohl eine Art von Hafenaufsehern.
[2]) Zitiert nach Techen a. a. O., Aus dem Lübecker Urkundenbuch VI, Nr. 784.

Schreinerordnung von 1800 wieder aufgenommen wurde, nicht betroffen. Die Schreinerstatuten von Essen 1660 sagten: „Nicht unterkaufen Holzwerk oder auch Gereitschafft." Die Schreinermeister in Cöln beschuldigten 1723 die Witwe Caspar Simon, im Bergischen Lande Holz vorzukaufen, so daß alle Meister von ihr aus zweiter Hand teurer kaufen müßten, und sie protestierten gegen solche „monopolische" Vorkäufe. Es wurde darauf vom Rat eine generelle Untersuchung wegen der Mißbräuche gegen die am 16. September 1592 erlassene Holzordnung verfügt; die Witwe Simons aber, „eine kundbare Vorkäuferin", wurde bestraft. Sie hatte, angeblich mit dem Holzmesser Heckenrath, der hierzu bestellten Amtsperson, eine angekommene Quantität Reilen gekauft und mit jenem geteilt, obwohl das Holz noch nicht an drei Stapeltagen, wie es Vorschrift war, dem allgemeinen Kauf freigestellt gewesen war. Die Witwe behauptete, sie sei „Mitschwester" (des Handwerkes) und deshalb zum Kauf berechtigt. Der vereidigte Holzmesser war aber von ihr falsch beschuldigt worden, denn in Wahrheit hatte die Simon das Holz mit einem Zimmermann gekauft und geteilt, und von jenem erst hatte es der Holzmesser[1]) erstanden.

Daß durch solche wilden Käufe nicht nur die holzverarbeitenden Gewerbe, sondern auch die Öffentlichkeit geschädigt wurde, kam den Behörden bald zum Bewußtsein, und sie versuchten deshalb frühzeitig, den ganzen Holzhandel gesetzlich zu regeln.

Zunächst wurden einmal die Flößer und Schiffsherren verpflichtet, an bestimmten Stellen anzulegen[2]). Die Cölner Hausordnung von 1370 schrieb (in hochdeutscher Übersetzung) folgendes vor: „Kein Bürger und kein in- und außerhalb der Stadt Eingesessener, der Holz zu verkaufen hat, darf das Holz auf dem Rhein liegen haben zwischen dem Salzgassentor und dem Nytzgassentor, dort Schiffe anlegen lassen oder Holz „brechen" und sägen." Alle Holzschiffe, die verkaufen wollten, mußten oberhalb der Wijtzgasse anlegen, oder, wenn dort nicht genügend Wasser war, zur Neuengasse fahren. Auf jeden Fall durfte das Holz nur vom Wasser aus verkauft werden. Wurde ein Fuhrmann mit einer Wagenladung Holz, die er demnach nur im Schleichhandel erworben haben konnte — ausgenommen von diesem Verbot war der Handel mit Erlen, Weiden, Birken, Apfel-, Nußbaum oder dergleichen —, betroffen, so mußte er 3 Mk. Strafe zahlen und sein Helfershelfer ("de id eme up de karre zellit", der es ihm aufgezählt hatte) 1 Mk. Im Jahre 1427 wurde der „Rolle der Rheinmeister Nr. III: betr. Holzhandel" ein neuer Paragraph (11) eingefügt: „Ferner haben unsere Herren beschlossen, daß kein Holzhändler Holz zwischen Straßburg und Cöln (!) kaufen oder verkaufen darf; das ist so zu verstehen, daß weder der Holzhändler noch sein Vertreter Holz handeln soll anderswo als am Cölner Ufer." Übertreter mußten von jedem Hundert 10 Gulden Strafe zahlen, und sie und ihre Beauftragten wurden ein ganzes Jahr lang vom Holzhandel ausgeschlossen. Die Hauptsache aber war: der Verkauf durfte nur im Beisein und unter Aufsicht der „Underkouffer", das waren die vereidigten

[1]) Vgl. S. 295, Die Befugnisse und Obliegenheiten der Holzmesser.

[2]) Das Holz wurde damit grundsätzlich von der sonstigen Marktware getrennt, d. h. es wurde ein besonderer Holzmarkt eingerichtet.

Beamten des Rates, über deren Pflichten weiter unten gesprochen wird, stattfinden. Im Jahre 1443 wurde in Cöln bestimmt, daß „vederlatzen" (dünne Latten) nur auf dem Heumarkt, die „Maentzen brederen" (Mainzer Bretter) aber auf dem gewöhnlichen Platz verkauft werden mußten. Vor dem „Holzhause" in der Walmesgasse durften feilgehalten werden: „stachen" (Staken, Stangen), „latzen" (Latten), „elrenboume" (Erlenholz), „brijtzen" (Bretterverschläge), „poste" (Pfosten) und „dannen" (Tannenholz), aber sonst kein Zimmerholz, „ind geyne vurder tzymmerhoultz". — In Stettin mußte 1548 alles von Tischlern und Kleinbindern gebrauchte Holz, ebenso alle Dielen, in Flößen an „des Rates Dielenhof" gefahren werden.

Über die Art der Lagerung und des Stapelns bestanden ebenfalls genaue Vorschriften. Als eine rein verkehrspolizeiliche Verordnung ist anzusehen, was die Cölner Ordnung von 1370 sagt; man durfte nämlich beim Aufschichten des Holzes nicht näher als 4 Fuß an die Stadtmauer herankommen, „so dat der lynpat vry sy", damit der Weg frei blieb. In Danzig waren die Lagerverhältnisse, dem großen Handel entsprechend, besonders genau geregelt. „Alles aus der Fremde nach Danzig hinabgebrachte Holz, das noch nicht an einem anderen Orte gebrakt (gemessen und gezeichnet) war, wurde in Danzig auf die Brakerwiesen abgeliefert. Dies Klappholz[1]) kam auf die am Ende des Poggenpfuhles die Mottlau hinauf sich weithin ausdehnende Klapperwiese; das Wagenschoß auf die der Klapperwiese gegenüber auf der Speicherinsel gelegene Holzwiese, die anderen Holzsorten, namentlich Bogen- und Bottichholz, auf eine dritte Wiese, deren Lage nicht bekannt ist. Auf jeder der Wiesen befand sich eine Amtswohnung für den hier fungierenden Braker[2]), die Brakerbude. Im Jahre 1415 brachten die Polen so viel Bauholz die Weichsel herunter, daß es, zumal sich nicht gleich Absatz fand, eine ganze Meile weit auf beiden Ufern der Mottlau aufgehäuft lag."

Zur Verarbeitung des Holzes und zur Beaufsichtigung des Verkaufes stellten fast überall die Stadtverwaltungen eigene Beamte auf, die in Cöln „Underkouffer", in Danzig „Braker", in Frankfurt am Main „Holzmesser", in Augsburg „Huttschreiber", in Stettin „Kämmerer" genannt wurden. In Danzig war die Zahl der Braker zu verschiedenen Zeiten verschieden; 1387 sind es 6, nämlich 4 Wagenschoß- und 2 Bottichholzbraker; 1424 beschließt der Danziger Rat, im ganzen nur 4 anzustellen, deren jedem jährlich 30 Mk. angewiesen werden; doch hatte jeder Braker seine Diener zu Gehilfen. Jeder vom Rat angestellte Braker leistete einen Amtseid und stellte mehrere Bürger als Bürgen, deren jeder mit einer Kaution von 100 bis 400 Mk. für jeden Schaden, den jene in ihrem Amte anrichteten, aufzukommen sich verpflichteten. Die Braker sortierten zunächst das in Empfang genommene Holz nach seiner Qualität in drei Gattungen: 1. gutes Holz, 2. Brak und 3. Braks-Brak, und gaben jedem sortierten Holz mit einem eisernen Werkzeug ein bestimmtes Zeichen; die Dielen erhielten seit 1420 querüber drei Striche.

---

1) Vgl. weiter unten: Holzsorten.

2) Braker nannte man in Danzig die amtlich bestellten Holzsortierer und Verkäufer.

Zugleich aber bewahrten sie das ihnen übergebene Holz bis zur Ausfuhr oder bis zum Verbrauch am Orte auf und führten darüber Buch und Rechnung; kaufte ein Bürger von diesem Holz auf den „Wiesen“, so galt der Kauf nur dann als gültig, wenn das gekaufte Holz im Brakerbuch jenem zugeschrieben stand. In den späteren Ordenszeiten hatten die Braker auch darauf zu sehen, daß das Fremden zugehörige Holz nur an Bürger, nicht an Gäste (Fremde) verkauft wurde. Für seinen eigenen Bedarf durfte der Braker auf den Wiesen nur Braks-Brak (also die mindersten Sorte) kaufen. Für jeden Schaden, der durch den Braker an ausländischem Eigentum angerichtet wurde, haftete der Danziger Rat, der dann wieder den Braker und seine Diener in Anspruch nahm. Auch auf der Jungstadt gab es Klappholzbraker und eine kleine Holzbrakerei. Die Braker wurden auch hier in Eid genommen und stellten Bürgen, bezogen aber kein Gehalt von der Stadt, sondern zahlten vielmehr an diese einen Pachtzins für die Holzwiesen, wofür sie auf den Brakerlohn angewiesen waren. Dieser Brakerlohn bestand darin, daß sie vom Käufer und vom Verkäufer Gebühren nahmen. In Cöln wurde ein solcher Maklerlohn beim Holzhandel vom Rat im Jahre 1345 wie folgt festgesetzt: „Es wird bekannt gemacht, daß unsere Herren vom Rat beschlossen haben, wollen und gebieten, daß kein Unterkäufer — das waren eben die Beamten des Rates — beim Holzverkauf mehr nehmen noch erhalten soll, weder vorher oder nachher, auch keiner in seinem Auftrag, mehr als drei Pfennig von der Mark. Zwei Pfennig soll der geben, der das Holz verkauft, und einen Pfennig, der es erwirbt. Wer darwider handelt, soll für jeden Fall eine (Mark) Strafe zahlen; davon soll ein Drittel fallen an den, der das meldet, zwei Drittel aber an den derzeitigen Rat. Und wenn der Verurteilte die Mark nicht bezahlen kann, so soll er so lange im Stadtgefängnis („in der steede sloß“) liegen, bis er bezahlt.“ 1370 wurden in Cöln die Unterkäufer eidlich verpflichtet, jede Übertretung der Holzordnung sofort zu melden; taten sie es nicht, so verfielen sie selbst der Strafe, vor der sie andere hatten schützen wollen, nämlich 10 Mk. zu bezahlen und 8 Tage im Gefängnis („upme turne“) zu liegen. Kein Holzkauf durfte abgeschlossen werden am Rheinufer, ohne daß die Unterkäufer dabei waren. Diesen war der Ankauf von Holz für eigene Rechnung zum Zweck des Wiederverkaufs streng verboten. Sie waren allein auf ihren Maklerlohn angewiesen, der jetzt wieder mit 4 Pfennig von der Mark aufgeführt wurde, doch mit dem Unterschied, daß künftig beide, Verkäufer und Käufer, gleich daran zahlen sollten, also beide je 2 Pfennig. 1427 wurde wieder betont, daß alle Holzkäufe, wie von alters her, nur in Gegenwart des geschworenen Unterkäufers stattfinden durften; handelte dieser dagegen, so mußte er 10 Mk. Strafe zahlen und wurde ein ganzes Jahr lang vom Amte suspendiert. Den Unterkäufern war übrigens noch ein Holzmarktmeister oder Holzmeister übergeordnet, der, nach v. Loesch, in den Ratsämterlisten von 1389 bis 1499 mehrfach erwähnt wird. Das Amt scheint aber schon früher bestanden zu haben, denn die Holzmarktordnung von 1370 bestimmt mehrfach, daß außer an die Unterkäufer auch ein Teil der Strafgelder an die fallen sollte, „den dat unse hieren bevoelen haent“ (die unsere Herren zur Oberaufsicht dafür eingesetzt haben), während die Unterkäufer die waren, „die dat bewarent“ (nämlich die Unteraufsicht führten).

Die Unterkäufer, oder wie sie jeweils in den verschiedenen Städten genannt wurden, hatten auch schlechte Lieferungen und Überforderungen zur Anzeige zu bringen. In Würzburg beschwerte sich der Floßhändler des Amtes Cronach im Jahre 1626, weil ihm der Rat für den Verkauf der zu Markt gebrachten Pfähle zwangsweise eine Taxe gesetzt und ihm wegen der Lieferung schlechter Ware hundert Pfähle weggenommen hatte. 1748 wurde dort eine Bürgschaftleistung der Holzunterkäufer festgesetzt. In Augsburg ließ 1560 das Kistleramt den Huttenschreiber Balthasar Huetter wegen angeblicher Unterschleife ins Gefängnis setzen. Nachdem man aber „sein Floßbuch, Tefelein und verzaichnussen" durchgesehen hatte, stellte sich seine Unschuld heraus, und das Amt mußte ihn „des betrugs und argwons entschuldigen" und selbst seine Freilassung beantragen. In Cöln wurde 1709 ein Holzmesser, Meister Heckenrath, dazu verurteilt, die am Rhein gekauften „Nußbaumen bordt", die er „medio juramento getreulich zu manifestieren und vorzubringen" gehabt hätte, mit anderen Käufern zu teilen. Am 24. November 1722 bestätigte in Cöln der Schreiber des Gerichts, daß seit dem Jahre 1707 die Holzordnung („Codex de Monopolijs et constitut. politicis de anno 1577 art. 18") stets in Kraft gewesen und zu allen Entscheidungen herangezogen worden wäre. Die Holzmeister, die in Frankfurt am Main im Jahre 1737 wegen widerrechtlichen Holzverkaufs klagten, scheinen aber hier keine Beauftragte des Rates, sondern gewählte Meister der Schreinerzunft gewesen zu sein, denn es hatten sich, wie wir weiter unten sehen werden, die Zunftmitglieder zum gemeinsamen Holzeinkauf zusammengetan.

War nun also ein Floß oder Schiff am Verkaufsplatz eingetroffen, so mußte es in Cöln 1370 als Zeichen, daß der Verkauf beginnen sollte, eine Fahne aushängen („eynen wisch up stecken") und eine bestimmte Zeit die Ware ausschließlich für Bürger feilhaben, das heißt Privatleute und Handwerker. Die Holzhändler waren solange ausgeschlossen. Diese Bestimmung betraf besonders Zimmerholz, das die Bürger, die bauen lassen wollten, gern selbst einkauften, wahrscheinlich, um es selbst richtig ablagern zu lassen. Wenn aber dennoch ein Holzhändler die Ladung innerhalb der ihm verbotenen Frist ganz oder zum Teil vorweggekauft hatte, so wurde er erstens mit 10 Mk. bestraft und mußte die gekaufte Ware den Bürgern, die sie haben wollten, zu seinen Selbstkosten abgeben. Diese den Bürgern vorbehaltenen Fristen liefen in Cöln von morgens bis mittags bzw. von mittags bis morgens. Bei „vederlatzen" (dünnen Latten), die auf dem Heumarkt verkauft wurden, durften 1443 die Händler aber schon nach drei Stunden mitbieten. Der Zimmermann Johan van Moelenhem wurde 1406 vom Cölner Rat verwarnt, weil er (als Händler?) vor dem erlaubten Zeitpunkt Holz gekauft und dazu den Rheinmeister geschmäht hatte. Im Jahre 1722 waren den Holzschiffen in Cöln sogar drei sogenannte Stapeltage vorgeschrieben, wie denn überhaupt dies ganze Verfahren viel Ähnlichkeit mit dem zur Hansazeit von Cöln, Mainz und Speyer u.a. geübten und von Kaiser Karl IV. der Stadt Cöln im Jahre 1355 als Privilegium verliehenen Stapelrecht zeigt. Es durfte nur in Cöln verzolltes Holz verkauft werden. Der Meister Hubert Bensberg mußte im Jahre 1731 sein, wohl an den Stapeltagen, aber unverzollt gekauftes Holz mit den anderen Meistern teilen. Auch in Wismar sollte 1346 das Bauholz drei Tage lang nur für den eigenen Bedarf, nicht aber für Händler käuflich sein. In Würzburg wurde 1593 das angekommene Holz zuerst von den beauftragten Schreinern oder den „Holzgeschworenen“ besichtigt und stand dann einen ganzen Tag nur für Bürger und Schreiner zum Verkauf, aber nur gegen bare Zahlung. In Stettin mußten 1548 sogar die Tischler hinter den Privatleuten zurückstehen; die Kämmerer mußten, nachdem sie mit den Verkäufern die Preise festgestellt hatten, „zu gemeiner Stadt Nothdurft“ den Verkauf ausüben, und erst, wenn die Privatleute befriedigt waren, wurden die Meister zugelassen. Das hatte sich 1574 geändert, denn nach einer Bestimmung des Rates sollte jetzt alles ankommende „Zehnfußholz“, Ahorn- und anderes Nutzholz, bis mittags 1 Uhr ausschließlich für beide, Bürger und Tischler, feilgeboten werden.

Das Angebot scheint fast immer hinter der Nachfrage zurückgeblieben zu sein, und alle trachteten danach, sich für längere Zeit einzudecken, da man ja nicht wissen konnte, wann die nächste Ladung eintreffen würde. Gegen dieses „Hamstern“ richteten sich zahlreiche Verfügungen, die einem jeden nur gestatten wollten, „für den eigenen Bedarf“ zu kaufen. Dies „nur für den eigenen Bedarf“ war natürlich ein dehnbarer Begriff, doch achteten die lieben Zunftgenossen gewiß sehr argwöhnisch darauf, daß er nicht zu weit gedehnt wurde. In Riga und Dortmund war es von 1376 bis Mitte des 17. Jahrhunderts verboten, Bauholz über den eigenen Bedarf zu kaufen. In München mußte 1485 jeder Kistler, dem in der Stadt oder auf dem Land die Bestellung oder der Kauf von Börchen- (Föhren) oder anderen Brettern gelungen war, allen Mitmeistern, die es verlangten, davon abgeben; auf den Preis der Bretter durfte er nichts aufschlagen, sondern mußte sie zu Selbstkosten abgeben; die „Mitkäufer“ wurden darin durch die „Ordnung“ sichergestellt: sie sollten nicht mehr über den Originalpreis bezahlen müssen, als wie man für ein Maß Wein „als Leykauf“ dabei vertrinken würde. Schon vorher, nämlich 1427, war in München bestimmt worden, daß die Kistler, die Ahornholz nach München gebracht hatten, davon weder nach außerhalb noch an Händler abgeben durften, auch nicht die kleinste Quantität; sie sollten damit ihren Zunftgenossen in der Zeit der Not, wenn die Händler kein Holz zufuhren, aushelfen. In Stettin sollten 1548 die Tischler und Kleinbinder — also hier kauften zwei verschiedene Gewerbe gleichzeitig nebeneinander —, nur so viel Eichenknarholz, Kinderdielen, Ahorn- und Lindenbretter nehmen, wie sie wirklich gebrauchten. — Auch in Zürich mußte gegen Ende des 15. Jahrhunderts, wer Holz eingekauft hatte, den Genossen auf Verlangen davon ablassen. Und so war es auch 1543 in Würzburg, doch bezog sich das Teilen nicht auf ein in der Vergangenheit erworbenes Gut, sondern es wurde hier der Zwang ausgesprochen, die andern schon in jedes an der Holzstelle am Main im Gange befindliches Geschäft auf Verlangen mit eintreten zu lassen; dieser Zwang betraf alle Meister, ob reich oder arm, die bereits mit „Pritter“ (Brettern) genugsam versehen waren. Es werden in erster Linie die vermögenderen Meister gewesen sein, die ihre ärmeren Mitmeister an die Wand zu drücken liebten; und da wollte die Behörde dafür sorgen, daß auch „die armen Meister bey (neben) den Reichen ihr Handwerckh treiben können". In Augsburg sollte 1558 alles Kistlerholz, das angeboten wurde und insgesamt mehr wert war als vier Gulden, dem allgemeinen Kauf unter allen Zunftmitgliedern unterstellt werden, und zwar mußte jede solche Gelegenheit durch den Zunftboten „umgesagt" werden. Es scheint aber auch erlaubt gewesen zu sein, sich bei fremden Händlern Holz zu bestellen und bringen zu lassen, doch mußte der Käufer sich, mit dem Händler zusammen, darüber vor den Vorgehern ausweisen, zu dem Zweck: „darumb zegeben", was wohl so viel bedeutet, daß der Käufer seinen Genossen davon abgeben oder aber das Holz der Stadt verzollen sollte.

Den Händlern (in Bayern „Gäste" genannt) war solche Kleinkrämerei, daß bei jedem Angebot von vier Gulden gleich das ganze Handwerk zusammengerufen werden sollte, höchst zuwider, und sie schlossen lieber mit einzelnen Meistern ab, verursachte ihnen doch die andere Art viel mehr Mühe und Unkosten für Zehrung, für verlängerten Aufenthalt usw. Sie waren schon so weit, mit ihrem Holz gar nicht mehr nach Augsburg kommen zu wollen, da sie es an anderen Orten gut und gern und ohne derlei Umstände jederzeit verkaufen konnten. Die vorerwähnte Bestimmung wurde daher auch von den über die Kistler gesetzten Verordneten sofort als ungeeignet erkannt; sie war außerdem unzeitgemäß, denn das Holz war selten und im Preise so gestiegen, daß auf vier Gulden Wert nur ein so geringes Quantum kam, daß man es unmöglich unter die 137 Zunftmitglieder teilen konnte. Auf Antrag der Verordneten wurde also die „Tax" auf — sechs Gulden „erhöhert", was sicher nicht viel zu bedeuten gehabt hat. Die Folge dieses kleinlichen Verfahrens, für das nur die derzeitige Holzteurung eine Entschuldigung bietet, war selbstverständlich, daß die Meister erst recht „hintenherum" sich ihr Holz von den Händlern zu beschaffen suchten. Schon zwei Jahre nach den eben geschilderten Verhandlungen, also im Jahre 1560, mußten die Bußmeister den Strafherren berichten, daß 14 Meister(!) mehr Holz, als erlaubt war, erworben hätten[1]).

In Frankfurt am Main hat man versucht, den Holzeinkauf durch die Zunft vornehmen zu lassen, doch hat dieses in drei Jahrhunderten durchgehaltene Verfahren letzten Endes mit einer Katastrophe geendet. Im Jahre 1473 beschlossen dort die Schreinermeister aus freien Stücken: „Auch ist der meistere besunderliche ordenung, so wan holtz gein (nach) Franckfurt oder termenie (in das Gebiet) kommet, so sullen die zwene gekorn (gewählten) meistere darumb reden und das umb eyn zemelich (angemessenes) gelt kauffen und sullen es darnach umb bieden (ansagen) und den andern meistern mit deilen." Diese Vereinbarung hatten die Meister unter sich getroffen; der Rat genehmigte sie mit den übrigen auf andere Dinge bezüglichen Bestimmungen zunächst in Bausch und Bogen, bis er den Schreinern 14 Jahre später eine neue Ordnung gab. In dieser war das meiste beibehalten, doch die Vorschriften über den Holzkauf grundsätzlich neu geordnet worden. Von dem gemeinsamen Einkauf ist nicht

---

[1]) Wie das Augsburger Amt der Kistler im Jahre 1569 dazu kam, dem Meister Jacob Meüting „zu einem Holtzkauff" 10 Gulden vorzustrecken, ist unklar; sicher war das kein privater Kauf dieses Meisters, sondern ein im allgemeinen Interesse eingeleiteter Handel.

mehr die Rede. Bis zu dem Wert von zwei Gulden[1]) durfte jeder für sich „dischholz, buchenbredde oder sonst ander holtz, welcherley das were“, kaufen. (Unbegrenzt durfte nur Tannenholz gekauft werden.) Überstieg also der Wert die festgesetzten zwei Gulden, dann mußte umgesagt werden, und drei Stunden danach durfte jeder von dem Kistler, der das Holz hereingeschafft hatte, sein Teil erwerben, doch nur gegen bares Geld. Wer die Umsage unterließ, mußte 8 Heller Strafe zahlen, aber ausdrücklich ohne dadurch von der Verpflichtung zur Teilung entbunden zu werden. Wer gutgläubig war und den Genossen nicht Zug gegen Zug für bares Geld, sondern zunächst auf Kredit Ware abgab, hatte oft das Nachsehen. Deshalb sollte der Mitkäufer, falls nichts betreffs einer späteren Zahlung vereinbart wurde, „gude endeschaft tun und in der massen, als der kauff gangen were, sind bezalunge nit verhalten“; er sollte also zu seinem Teil die Bedingungen genau so mit erfüllen, wie sie dem Hauptkäufer auferlegt worden waren, bei Strafe von 8 Hellern. Diese Vorschriften sollten nicht nur für die Messe, sondern zu allen Zeiten Geltung haben und den Genossen, sooft es nötig wurde, durch den Diener der Zunftstube verkündet werden. Die Meister waren mit dieser Art aber gar nicht zufrieden und wären gern zu ihrer Methode des gemeinsamen Einkaufs zurückgekehrt. Im Jahre 1549 wurde ihnen die Begründung einer Holzkasse erlaubt; jeder legte einen Gulden „zum Holzkauf“ ein, und dieselbe Einzahlung wurde von jedem Meister und von jedem fremden oder einheimischen Gesellen, der zünftig werden wollte, verlangt. Vielleicht wollte man erst genügend Geld sich ansammeln lassen, jedenfalls wurde die im Jahre 1487 erlassene Verfügung, daß jeder Meister für sich selbst aber nur bis zu zwei Gulden einkaufen dürfe, erst 1560 wieder aufgehoben und damit der gemeinsame Einkauf wieder beschlossen. Die Meister sollten nun aus dem Handwerk „vier dugliche geschickte personen erwölen“, die den Kauf abschlossen. Zum Einzelverkauf wurde weiterhin in der üblichen Weise angesagt, aber man wählte künftig die Form der Verlosung, zu der neben den Meistern der Zunft auch Bürger zugelassen werden mußten. Es mußte bar bezahlt werden, und jeder hatte mit dem ihm zugefallenen Teil zufrieden zu sein; wer zu spät zur Verlosung kam, ging leer aus. An sich war alles nun ganz ideal eingerichtet, nur scheint das eingezahlte Geld für den Einkauf nicht immer gereicht zu haben, und so geriet die Zunft allmählich in Schulden bzw. ihre Holzkasse in Zerrüttung. Im Jahre 1681 beschwerte sich ein Meister, er habe als Zunftmitglied gar nichts davon erfahren, daß ein „Holzmeister“, also einer der bestellten Einkäufer, beim Handwerk 120 Reichstaler aufgenommen hätte; er war zu seinem Protest durchaus berechtigt, denn für die Holzkassen war das Amt solidarisch haftbar. Im Jahre 1785 kam es zum Krachen. Die Holzmeister hatten Schulden gemacht und sogar Unterschlagungen begangen; die nun beanspruchte Haftpflicht überstieg die Kraft mancher Meister, und so mußten einige von ihnen ihren Konkurs anmelden. Man beschloß nun endlich eine bessere Kontrolle der Holzkasse. Es sollte künftig durchweg das Holz erst dann verabfolgt werden, wenn innerhalb 24 Stunden bar bezahlt worden war,

[1]) Die Grenze war also noch niedriger als in Augsburg; vielleicht war damals, das heißt 70 Jahre früher, der Holzpreis noch nicht so gestiegen, oder in Frankfurt, das mehr Hinterland und wohl auch weniger Spesen hatte, bekam man mehr fürs Geld als in Augsburg.

und man paßte nun wirklich besser auf, denn als im Jahre 1797 die Geschworenen und Holzmeister 2200 Gulden aufnehmen wollten, um für das Handwerk Werkholz zu kaufen, wurden sie zu klarer Rechnungsvorlage aufgefordert. — Die Geistlichkeit in Cöln hatte solche Katastrophen, wie sie später in Frankfurt eintraten, vermeiden wollen, als sie schon 1179 die Brüder der Drechsler-Bruderschaft sehr dringend und unter Strafandrohung dazu ermahnten, ihre Materialien stets sofort zu bezahlen, denn durch jeden Rückstand wurde der Umsatz des durch allerlei behördliche Maßnahmen geflissentlich gering gehaltenen Kapitals, über das der einzelne Handwerker verfügen konnte, sofort empfindlich gestört, ja die ganze Existenz des wirtschaftlich Schwachen in Frage gestellt. „Rechnen können" war von jeher die wichtigste Grundlage eines jeden Handwerks.

Beim Holzverteilen und -kaufen mußte jeder Meister persönlich erscheinen. In Stettin durfte ihn 1548 nicht einmal die „Gildeschwester", also seine Frau, vertreten, er wäre denn „bettfast" (krank) oder außerhalb der Stadt gewesen. In Cöln war es aber 1592 erlaubt, sich vertreten zu lassen oder einen schriftlichen Bestellschein zu schicken.

Nach Möglichkeit wurden die holzverarbeitenden Handwerke beim Einkauf des Materials gesondert versorgt, soweit es möglich war. Nicht immer aber konnte das geschehen, besonders nicht, wo manche Gewerbe die gleiche Holzart verwendeten. So mußten sie sich eben miteinander abfinden, und hierfür liegen einige besondere Vorschriften vor. Wenn in Würzburg 1593 die Schreiner und Privatleute (Bürger) an dem ihnen allein freistehenden ersten Tag ihren Einkauf besorgt hatten, durften die Kübler das übriggebliebene Holz auf Vorrat und zu gemeinsamem Gebrauch aufkaufen, damit die Schiffleute, die ja große Unkosten hatten für Anlegen, Zoll und dergleichen, nicht aufgehalten werden möchten. Die Kübler sollten aber verpflichtet sein, von diesem Holz späterhin den Bürgern und Schreinern „umb gleichen und billichen Wert" wieder abzugeben. In Stettin kauften 1548 die Tischler und Kleinbinder überhaupt gemeinsam ein. In Cöln wurde 1592 das Verhältnis der Schreiner zu den Bindern wie folgt geregelt. Eine frühere Bestimmung, nach der die Buddenbender nicht verpflichtet waren, von dem Holz, das „ettlichermaßen formiert und in die runde gehauen" war, den Schreinern und Schnitzlern abzugeben, sollte auch weiterhin in Kraft bleiben; Scheibenholz, das „nicht formiert und in runde gehauen" war, durften Vaßbender und Bürger (die Schreiner werden nicht erwähnt) „zu ihrer eigenen Notdurfft" kaufen. Den Schreinern und Schnitzlern war es erlaubt, selbst oder durch Beauftragte oder schriftlich auf dem Wahlplatz oder auch von denen, die es nach Cöln brachten, Holz zu eigenem Bedarf, aber nicht zum Handeln, zu bestellen. Den Händlern durften sie aber nicht entgegenziehen und die Buddenbender auf dem Wahlplatz oder sonstwo im Kauf von formiertem und rundgehauenem Holz behindern. Sie ihrerseits brauchten aber auch nicht mit jenen, den Buddenbendern, ihr bestelltes Holz zu teilen, mußten aber den Bürgern für den vorgeschriebenen Preis etwas abgeben, „doch der Holzordnung unabbrüchlich". Solche Vereinbarung sollte in der „Weinschull" (Weinschule, wohl dem Zunftlokal) „verurkundet" und dort mit einem Trunk Wein als Leykauf bekräftigt werden. In Zürich setzten sich 1696 und 1768 die Zimmerleute mit den Tischmachern wegen des Holzeinkaufs auseinander. — Über das Verhältnis zu den Sägern wird gleich besonders die Rede sein.

Mit den Sägern nämlich standen die Zimmerleute und Kistler niemals auf besonders gutem Fuße. Bei Zürich am Otenbach hatten betriebsame Mönche schon vor 1339 ein Sägewerk eingerichtet, das die Zimmerleutezunft gern von sich abhängig machen wollte. Doch es wurde gegen sie entschieden[1]), daß ihnen die Mönche nur zu den Fronfasten einen Pfennig zu entrichten brauchten und im übrigen frei sein sollten. („Man scribet allen reten, das die münche an Otenbach von der sagen wegen mit der zunft nicht ze schaffene haben suln, wann alleine mit einem Pfennig ze de fronvasten ze dienenne.") Die Säger waren in ihrem Betriebe schwer zu kontrollieren, und man mißtraute ihnen. Das war nicht nur in Deutschland so; die Zunftordnung der holzverarbeitenden Gewerbe in Florenz von 1300 z.B. sagte im § 70: „Da die secattores (Säger) oft das anvertraute Holz verkaufen, soll, wer einen secator länger als 8 Tage hält, ihn zwingen, vor den Consuln einen Eid zu leisten (jurare coram consulibus) und Bürgschaft zu stellen"[2]).

Über die frühesten Sägewerke in deutschen Ländern zitiert Feldhaus[3]) folgende Angaben: „Im Jahre 1322 wird in den Augsburger städtischen Bauamtsrechnungen ein Sägewerk mit Wasserbetrieb in Augsburg genannt. 1427 hat Breslau ein Sägewerk mit Wasserrad[4]). 1490 kaufte Erfurt einen Wald, um darin ein Sägewerk anzulegen[5]). Ein kleines Sägewerk, dessen sich die Tischler bequem bedienen konnten, gab Georg Weber in Nürnberg um 1532 an"[6]). — Hierzu wollen wir noch folgende Ergänzungen geben. In Frankfurt am Main fand Bücher[7]) im Jahre 1387 in der „Gemeinde", also unter den unzünftigen Gewerbetreibenden, 10 Säger, doch 1440 nur deren 2 aufgeführt. Er erklärt diese Abnahme damit, daß das Gewerbe nur im Nebenberuf ausgeübt wurde, und diese Tagelöhner deshalb nicht mehr besonders in den Listen aufgeführt wurden. In Zürich bestand, wie vorher erwähnt, schon vor 1339 ein Sägewerk, und es wird 1340 ein „Sagmüller" in den Urkunden erwähnt. Stieda[8]) stellte fest, daß Riga eine, wie es scheint, auf Kosten der Stadt errichtete Sägemühle („zagemölle") im Jahre 1422 besaß. „Nach allgemeiner Annahme lassen sich diese Etablissements meist erst nach dem 16. Jahrhundert (in Norwegen, Holstein, Holland) nachweisen[9]). In Riga bediente man sich ihrer nach den Kämmereirechnungen in den Jahren 1422 bis 1424." In Würzburg[10]) verhandelten geschworene, also von ihrer Zunft dazu beauftragte Zimmerleute im

---

1) Züricher Stadtbücher I. S. 139/40.
2) Dorén, Das Florentiner Zunftwesen vom 14. bis 16. Jahrhundert. S. 221, Anm. 2.
3) Franz M. Feldhaus, Die Technik der Vorzeit, der geschichtlichen Zeit und der Naturvölker. Leipzig und Berlin 1914, Spalte 893/4.
4) Von Breslau, dokum. Geschichte. 1781, Bd. II, Teil 2, S. 409.
5) Falkenstein, Historie von Erfurth. 1739, S. 424.
6) Nürnbergische Zeitungen. 1791, Nr. 71.
7) Bücher a. a. O., S. 141/6.
8) Stieda a. a. O., S. 8.
9) Diese Annahme ist durch vorstehende Nachweise widerlegt. Der Verf.
10) Kreisarchiv Nürnb. Urk. 98, 122.

Jahre 1392 wegen eines Mühlbaches. In Augsburg wurde[1]) 1587 dem Kistler Hanns Prestlin der Betrieb einer Sägemühle, dem als besonders geschickt gerühmten „Huckher" (Höker) Hannß Dürsch 1650 der Betrieb einer „Journiermühle" gestattet. Im Jahre 1698 beschrieb Weigel[2]) in Regensburg die dortige Sägemühle wie folgt: „Regensburg pranget vor anderen Orten mit einer wohlangelegten Säg-Mühl, in deme so genannten Obern-Wöhrd, aus 6 Sägen bestehend, mit deren zweyen man dicke Thielen und starcke Läden, mit denen übrigen aber allerley andere Gattungen nach Belieben zu schneiden vermag." Ein volkswirtschaftlicher Autor, namens Marpergern, empfahl[3]): „Ein Landes-Herr, der dergleichen Publique Mühlen aufbauen läßt, wird Jährlich davon merckliche Intraden (Einkünfte) ziehen."

Die Behörden legten überall den größten Wert darauf, die Schreiner vom kapitalistisch betriebenen Handel mit jeglichen Arten ihres Arbeitsmaterials und deshalb auch von einer Verbindung mit den Sägemüllern, die in solchem Beginnen schwer zu kontrollieren waren, fernzuhalten. „Es sollen ein jeder maister noch gesellen auch nunhinfüro in diser Statt Augspurg mit keinem segmüller, noch andern, die getzung (soviel wie Material) zu dem Handwerck dienende verkaufen und hingeben, weder in großen noch kleinen gebeuen (Gebäuden) pretter, laden noch andern holtz inner noch ußerhalb der Statt nit anligen auch kein thail gesellschaft noch gemeinschaft haben weder heimblich noch offentlich in kein weiß noch wege." Dies Verbot der kapitalistischen Verbindung mit Sägemüllern, das der Augsburger Kistlerordnung von 1550 entnommen ist, weist also offen darauf hin, daß die Säger versuchten, die Kistler zu heimlichen Geschäften oder zu Krediten zu verleiten, von denen, wie die Gewerbe nun einmal wirtschaftlich konstruiert waren, diese nur Last, Sorgen und Ruin haben konnten. Auf solche heimliche Verbindungen war eine Buße von vier Gulden Rheinisch gesetzt, wenn nicht gar durch „eigennutziges" und „gevarliches" Verhalten eine „ernstliche" Strafe verwirkt war.

Im Holzhandel traten die Säger als Großkäufer auf und schädigten damit die Handwerke. Sie waren in ihren Betrieben, wie schon mehrfach erwähnt, schwer zu kontrollieren, so daß der einzelne Kistler wohl leicht mehr Holz von der Sägemühle heimfahren konnte, als er hingebracht hatte; — bequemer, aber natürlich teurer, wie wenn er es auf regulärem Wege, d. h. unter Zunftkontrolle, bezogen haben würde, vielleicht gar noch auf Kredit, der ihn immer mehr in die Abhängigkeit von diesen Mühlen verstrickte. In Zürich trat die Zunft der Tischmacher im Jahre 1696 gegen einen solchen Sägemüller auf und klagte ihn an „des beschwerlich überhand nehmenden Fürkaufs in Sagbäum, Täfel-Feltz und Brugladen". Die Tischmacher sagten, sie suchten für sich gewiß kein „Monopolium", wünschten aber, „wie zu ihrem, also auch zu gesampter Burger und Landschaft bestenn (Besten), daß man nach alter Gewohnheit alle Tafel-Feltz und Brugläden von erster, eigenthümlicher Hand (also direkt

[1]) Vgl. S. 130.
[2]) Weigel a. a. O., S. 429.
[3]) In seinem 1707 erschienenen Buch „Der geöffnete Ritterplatz."

vom Produzenten, ohne Zwischenhandel) allhero zu freyem Kauff auff ordentlichen Markt bringen und den gewinnsüchtigen Fürkäufern ein Riegel stoßen" sollte. Der Sägemüller, namens Heinrich Bär, wurde mit 12 Pfund gerichtlicher Buße und mit 6 Pfund Schadenersatz an die Tischmacher bestraft. Bei dieser Gelegenheit wurde von der Behörde grundsätzlich folgendes festgelegt: 1. Der Kauf von Täfel-Feltz und Brugläden „auf Mehrschatz" (das heißt zum teuereren Wiederverkauf), sowohl bei den Sägen als auch an andern Orten ist jedermann verboten; es bleibt vielmehr jedem (Produzenten) überlassen, seine eigenen Laden zum Verkauf auf freien Markt zu bringen. 2. Denjenigen, die „fremde mit eigenen Läden vermischen" und damit eine Preissteigerung verursachen, wird der Handel mit Läden ganz verboten. 3. Nur diejenigen, die eigene Sägen besitzen, dürfen geschrottene (zerkleinerte) und zugerüstete Sägebäume „äußert hiesiger Bottmäßigkeit und nur soviel, das sie auf ihrer eigenen Sägen verschneiden, und nicht etwan andere Sägen darmit zu verlegen vermögen, auf Zusehung hin" kaufen. Ausgenommen sind die noch auf Wurzeln stehenden Tannen, die jeder kaufen, fällen und zurechtmachen darf. Dem Stadtbauamt und den Bürgern ist der Holzkauf ganz freigestellt.

Die Tischmacher in Zürich hatten ein großes Interesse daran, mit Furnierholz gut versorgt zu werden, und wahrscheinlich wurde auf ihr Betreiben (ähnlich wie in Augsburg), unter heftigem Widerspruch der Säger, dem Müller Conrad Waser im Jahre 1763 erlaubt, eine Furniersäge „als eine gantz freye Sache" zu errichten und „nach seinem Begehren auf selbiger Fourniere zu sagen, in der Meinung und mit nachfolgenden Bedingnussen (ähnliche waren auch in Augsburg gestellt worden), daß der Schlitten oder sogenannte Sage-Wagen nicht mehr als 8 Schuh in der Länge und 1½ Schuh in der Breite habe; das dazu gebrauchte Rad aber wenigstens so weit offengehalten werden solle, daß man sehen könne, ob es gehe oder nicht; gleichergestalten solle er, bei seinem eigenen Anerbieten, niemahlen des Nachts oder beym Liecht auf dieser Sage zu arbeiten behafftet und verpflichtet seyn, und das zu verarbeitende Holz nicht auf dem Wagen über den Müllerstäg zuführen, sondern solches zutragen oder zutragen zu lassen, auch den Weg vor seiner Mühle nicht mit Holz zu verlegen, alles in der klaren, deutlichen Meinung, daß, wofern er eint oder andere dieser Bedingnusse verabsäumt, ihm sein Fournier sagen wiederum abgekehrt seyn solle." — Über die Errichtung von Furniersägen in Augsburg vgl. S. 130.

Die Züricher Säger betrieben den Holzverkauf, trotz der eben beschriebenen grundsätzlichen Entscheidung von 1696, unbekümmert weiter, so daß die Tischmacher im Jahre 1768 wieder energisch gegen sie vorgehen mußten. Wegen dieses „Holzvorkaufes" beschwerte sich die Zunft der Tischmacher „Zum Rothen Adler", „als welcher (nämlich der Zunft) laut oberkeitlicher Brief und Siegel der Holzhandel privative zuerkannt worden, an einer ihrer wichtigsten Zunftgerechtigkeit verletzt, — wodurch man aber die Privilegia der Sager nicht verletzten will". Die Zunft machte den Sägern überdies noch einen sehr schwerwiegenden Vorwurf: „Da übrigens die Hindansetzung und Verfälschung der Messer (Maße) der zum Verkauf und zur Verarbeitung verfertigten Hölzer nicht wenig zu dem Schaden und Nachteil beitragen", wurde gebeten, „sowohl diejenigen Meß, welche laut hochoberkeitlicher Verordnung an allen Sagen zu Statt und Land ist angeschlagen worden, aber auch das, was auch alle zum Verkauf kommenden Laden, Latten, Stüdli und andere Hölzer ist gesetzt worden, wieder und neuerdings auf das schärfste zur genauen Beobachtung anzubefehlen". Wenn so die Tischmacher sich gegen das Eindringen einer kapitalistischen Unmoral in ihr Gewerbe wehrten, so vertraten sie damit nicht nur das eigene, sondern auch das Interesse der Konsumenten, die endlich doch bei vermehrter Unsicherheit die Hauptleidtragenden werden mußten.

Es ist schon mehrfach die Rede davon gewesen, daß die Bürger im Holzkauf stets gleichberechtigt, oft sogar vor den Handwerkern begünstigt, auftreten durften. Es entsprach dies der uralten Gepflogenheit, die sich bis in die neuere Zeit erhalten hat, daß die Besteller bei Erteilung eines Auftrages das zur Ausführung notwendige Material selbst lieferten. Entstanden ist dieser Gebrauch schon zur Zeit der Hofwirtschaft, als die Handwerker nur mit besonderer Erlaubnis fremde Aufträge annehmen und ausführen durften und dabei nichts anderes umzusetzen hatten als die ihnen von ihren Herren geschenkte eigene Arbeitskraft und -zeit. Auch als sie dann in die Städte gezogen waren, mögen diese beiden Faktoren — nämlich die Arbeitskraft und -zeit — noch sehr lange Zeit ihr einziges Kapital gebildet haben; jedenfalls waren sie nicht in der Lage, für den Auftraggeber Holz, Nägel und sonstiges Material zu verauslagen. Die Konsumenten behielten später die Gepflogenheit, das Holz selbst einzukaufen, bei; denn, wenn die Schreiner später wohl auch ein kleines Betriebskapital angesammelt hatten und die Auslagen für das Material leisten konnten, so ging es doch über ihre wirtschaftliche Kraft, etwa frisch gefälltes Holz noch so lange zu lagern, bis es reif zur Verarbeitung geworden war. Die Konsumenten liefen also unter Umständen Gefahr, daß für ihren Auftrag, entweder aus wirtschaftlichem Zwang oder auch aus Leichtfertigkeit, zu frisches Holz verarbeitet wurde; dem konnten sie nur entgehen, wenn sie das Holz frühzeitig selbst einkauften, selbst ablagern ließen und ihren Auftrag erst dann erteilten, wenn es vollkommen trocken geworden war. Die Straßburger Holzordnungen der Jahre 1607, 1667 und 1696[1]) wiederholen stereotyp die Mahnung an die Schreiner und Zimmerleute, ihren Auftraggebern nur gut verarbeitetes Holz zu verkaufen. Man sieht also, daß hier oft Grund zur Beschwerde gegeben wurde und daß die Bürger nicht ohne triftigen Grund daran festhielten, ihr Holz lieber selbst einzukaufen.

Aber doch nicht alle Konsumenten wollten sich die Mühe machen, selbst am Holzhandel teilzunehmen; vielfach wird ihnen auch das nötige Verständnis — obwohl die allgemeine Materialkenntnis ehemals weitaus verbreiteter war als heute — dafür gefehlt haben. Sie mußten sich dann, was die Qualität des Holzes betraf, wohl oder übel in die Hände der Handwerker begeben; was aber die ihnen anzurechnenden Preise usw. betraf, so standen ihnen einige

[1]) Im Städtischen Archiv zu Straßburg befinden sich noch ältere Holzordnungen, und zwar aus den Jahren 1300, 1442 und 1470, die vielleicht interessante Einzelheiten enthalten, da Straßburg einer der wichtigsten Plätze des Holzhandels gewesen ist. Leider konnten diese älteren Ordnungen dem Verfasser in und nach dem Kriege nicht zur Einsicht zugesandt werden.

gesetzliche Bestimmungen schützend zur Seite. Hatte zum Beispiel ein Schreiner für einen Bauherrn Holz eingekauft, so konnte er glauben, ihn damit so in der Hand zu haben, daß jener mit der Durchführung des Auftrages, selbst wenn sie ihm in der Folge nicht mehr behagte, unter allen Umständen an ihn, den Schreiner, gebunden wäre. Die Augsburger Kistlerordnung von 1550 widerspricht einer solchen Auffassung ausdrücklich und erkennt dem Bauherrn trotzdem das Recht zu, den Auftrag einem anderen Kistler zu übertragen und dabei das von dessen Genossen eingekaufte Holz verarbeiten zu lassen. Daß er dann das Holz von dem ersten Kistler gleich ganz käuflich erwerben und ihm bar bezahlen mußte, war selbstverständlich, ebenso, daß er ihn für die bisherige Arbeit entlohnen mußte; er war aber auch gehalten, ihm „für die gehabte Mühe des Holzkaufes“ eine angemessene Provision zu zahlen, falls das nicht gleich im Anfang schon geschehen war. Am Preise aufschlagen durfte der Kistler bei der Holzvermittelung aber durchaus nichts, weil ihm ja jeder Handel grundsätzlich verboten war; er trat demnach, was das Material betraf, nur als Kommissionär seines Auftraggebers in Erscheinung. — Wie sollte aber ein nicht ganz sachkundiger Bauherr kontrollieren, wieviel Holz der Handwerker bei diesem oder jenem Werk verbraucht hatte? Auf Treu und Glauben dessen Angaben anzunehmen, war so eine Sache, mit der man scheinbar nicht immer gute Erfahrungen gemacht hatte. So verfiel man denn auf den Gedanken, bei Bauten ein gewisses Quantum Holz als Verbrauchsnorm aufzustellen, das verwendet wurde. Und zwar wurde das Quantum in der vorerwähnten Augsburger Ordnung von 1550 nach dem Preise, 20 Gulden (nur weniger durfte verarbeitet werden, nicht mehr), bemessen. Die Zweischneidigkeit dieser Vorschrift wurde von der Behörde selbst anerkannt, weil ja der Kistler nun eine geringere Holzqualität verwenden und somit bei der Berechnung der 20 Gulden noch seinen Profit machen konnte; sie stellte es deshalb mit einem Zusatz in das Belieben des Bauherrn, ob er dies Holz annehmen oder von einem Dritten selbst kaufen wollte. Aber zur Zahlung von mehr als 20 Gulden sollte kein Bauherr genötigt werden dürfen; tat ein Kistler das, so wurde er mit 5 Gulden bestraft. Früher scheint der Gesamtpreis des zu berechnenden Holzes gar nur 10 Gulden betragen zu haben, denn es liegt eine Eingabe der Kistler vor, die dagegen Einspruch erhob, weil man bei der Teuerung des Holzes für 10 Gulden nur so viel kaufen könnte, wie man in einer einzigen Stube verarbeiten müßte. Schlimm für die Kistler war es, daß solche Einschränkungen scheinbar für die Zimmerleute nicht bestanden; zumal bei Bauarbeiten die Grenze zwischen Kistler- und Zimmermannsarbeit nicht immer genau gezogen werden konnte[1]). Im Jahren 1560 klagten die Kistler, daß die Zimmerleute nun auch Einlege- und Furnierarbeit machen wollten, was sie gar nicht verstünden und erst „aus der Bauherrn Seckel“ lernen müßten. Dabei trieben die Zimmerleute auf Kosten der Bauherrn eine üppige Materialverschwendung: „Nemlich, wann ein Zimmermann auff ein Segmul (Sägmühle) kombt, geschicht es vilmal, daß ainer aus ainem guten baum bretter, kaum ains oder zwey, ja gar kains darf

[1]) Vgl. S. 47 u. ff.

nemen, es muß nun der allerbest und geschlächtest sauberer Zeug sein, er laßt's seinen Bauherrn bezahlen, ja gar in großem Geld; damit (wird) nit allein wir von Kistlern, sondern auch ein gantze gemeine Stat zum höchsten beschwert. Darnach rümen sie sich gegen den Bauherrn irer Arbait, — welche gut zu machen, aus sollichem saubern Holtz, uns Kistlern nit viel zutail würdt." Noch im Anfang des 19. Jahrhunderts empfiehlt der Kgl. Preuß. Geheime Oberbaurat D. Gilly[1]) den Bauherren, sich das Holz für ihre Tischlerarbeiten selbst zu kaufen; er schreibt: „Es wird aber selten der Fall sein, daß der Tischler sich genau nach allen (diesen) Umständen richtet, und deshalb theuere Bretter anschaffen sollte; daher ist es gut, wenn man tüchtige Arbeit haben will, daß der Bauherr selbst das Holz zur Tischlerarbeit anschafft. Der dadurch etwa entstehende Verlust bei dem in diesem Falle nicht sparsamen Zerschneiden wird durch die dadurch zu erhaltende Dauer hinlänglich ersetzt." Gilly findet dabei aber auch Worte der Entschuldigung für die Tischler, denen man manche Mängel in die Schuhe zu schieben pflege, an denen sie selbst gar nicht die Schuld tragen. „Übrigens ist, wenn man aufrichtig sein will, ohne jedoch einer schlechten Arbeit das Wort zu reden, wohl zuzugestehen, daß die Vorwürfe, welche den Tischlern gemeiniglich über die geringsten Mängel bei ihren Arbeiten gemacht werden, unbillig sind, denn bei der Wahl des besten Holzes und der fleißigsten Arbeit liegt das Veränderliche der Form zu sehr in der Natur dieses Materials selbst. Hiernächst können viele andere Umstände die Ursache dazu werden, z. B. wenn die Tischlerarbeit in einem zu frisch und noch nicht gehörig ausgetrockneten Hause angebracht wird, so verursacht die Feuchtigkeit, daß die beste Arbeit einigen Nachtheil leidet."

Es scheint doch nicht selten vorgekommen zu sein, daß die Tischler ihr Holz schon im Forst selbst kauften, falls sie die nötigen naturgeschichtlichen Kenntnisse dafür besaßen. Hallens[2]) sagte 1764 über den Ankauf von Brettern: „Das Holz, welches der Tischler in Gestalt der Bretter gebraucht, wird in der Heide gewählt, vom Förster angewiesen, wobei man alles schwammige verwirft; der Förster bemerkt die Sägeblocke mit dem Forsthammer, man stemmt den Baum ab, man zopft ihn nach einer Länge von 24 Fuß ab und führt ihn auf die Schneidemühle, welche man am Wasser anbringt. Dem Schneidemüller fallen die zwo Schalen (Schwarten) heim. Gemeiniglich zerschneidet man nur das Kien- und Eichenholz zu Brettern, und der Tischler kauft solche Bretter nach Schocken ein. Sie werden unter einem Schauer (einer Scheune) an die freie Luft und zwischen Keile gelegt, damit sie desto besser trocknen mögen. Man sorgt davor, daß die Bretter nicht sehr ästig geraten, indem viele von solchen Ästen unter dem Hobel ausspringen und Löcher hinterlassen, und müssen so die eichenen ebenfalls ohne Sprünge und Äste sein. Die Kienen-Bretter werden von ¼ Zoll an bis zu 1 oder 2 Zoll dick geschnitten. Die viertelzölligen dienen zu Kleinigkeiten, die fünfviertelzölligen zu Thüren, Särgen, Paneelwerken, und die dicken werden überhaupt von der Klobsäge dünner und nach der Absicht des Gebrauches zugeschnitten. Die drei- und vierzölligen werden

---

[1]) „Handbuch der Landbaukunst."
[2]) Hallens a. a. O. III, S. 37.

zu Bettstellen ausgesucht. Andere Arten der Hölzer kommen nicht auf die Schneidemühle, sondern die Klobsäge vertritt hier deren Stelle allein." In Berlin kauften die Tischler im 18. Jahrhundert das Holz teilweise noch direkt von den Produzenten im Walde und ließen dann die Stämme schneiden; teilweise kaufte man auch die geschnittenen Stämme von der Sägemühle[1]).

Für das Schlagen der Hölzer hatte man nach der Erfahrung oder wissenschaftlichen Beobachtung allerhand Regeln herausgebildet, die sich auf botanische oder klimatische Eigenschaften und Ursachen gründeten und von denen wir im nachstehenden Verzeichnis der verwendeten Hölzer einige wiedergeben. Das aber hierbei auch der Aberglaube eine Rolle spielte, sei durch ein Beispiel aus einem Buche des Jahres 1696 belegt. „Holtz zu hauen, das Eisen-hart werden soll[2]). Was Du für Holtz willst hauen, das fest seyn solle, haue es am letzten Freytag des Monats, was es für eines seye. Auf den Abend, wenn die Sonne zur Ruhe gehet, so gehet das (Holtz) auch, gleich wie die Blumen, zusammen und thuet sich zu, das Holtz richtet sich nach den Blumen." Ein ähnliches Vorurteil bezog sich zum Beispiel darauf, daß das im Sommer gehauene und geschälte Eichenbauholz nicht so dauerhaft sein sollte, wie das im Winter gefällte, oder daß Mond und Tage darauf einen Einfluß hätten. Die Wissenschaft nahm sich bald der Erforschung des gesamten Holzwesens an, insbesondere gewannen die Arbeiten des Oberforstmeisters von Burgsdorf[3]) Bedeutung. Gilly[4]) sagt, „es wäre wünschenswert, daß dieses vortreffliche Buch (von Burgsdorf, siehe Fußnote) in den Händen aller Baumeister sich befände, da es mehrere Materien enthält, die für sie ebenso lehrreich sind als für den eigentlichen Forstmann". v. Burgsdorf richtete auch eine reichhaltige Pflanzschule ein, in der er die in- und ausländischen Hölzer heranzog und studierte. Dr. Johann Georg Krünitz urteilt[5]) darüber wie folgt: „Die reichste und vollständigste Pflanzschule, worauf die Churmark mit Recht stolz sein kann, ist wohl unstreitig diejenige, welche der vom edlen Patriotismus beseelte Forstrath, Herr von Burgsdorf, unweit Tegel, im Niederbarnimschen Kreise, 1½ Meilen von Berlin, auf eigene Kosten angelegt hat und mit unermüdlicher Sorgfalt unterhält. Ich habe dieselbe, durch die Güte meines liebreichsten Freundes, zum öftern mit unbeschreiblichem Gewinn für meine forstbotanischen Kenntnisse zu sehen das Vergnügen. Sie enthält jetzt schon an 400 Holzarten, wovon der würdige Herr Forstrath, in Ansehung der ausländischen Arten, theils die Samen, theils die Pflanzen, aus den entfernterten Gegenden und Ländern hat kommen lassen." Krünitz[6]) berichtet ferner über die Holzsammlung des Herrn von Burgdorf: „So man die reichste und vollständigste lebendige Holz-Sammlung oder Pflanzschule in der Churmark, bey dem Herrn Forstrathe von Burgsdorf antrifft, so hat man bey eben Demselben

[1]) Voigt a. a. O., S. 333.
[2]) Der curieuse Kunst- und Werck-Spiegel. II, S. 98.
[3]) Sein „Forsthandbuch oder theoretisch-praktischer Lehrbegriff sämtlicher Försterwissenschaften", Berlin 1788, gab u. a. auch eine genaue Einteilung der Holzarten.
[4]) Gilly a. a. O.
[5]) Oekonomische Encyklopädie usw. Berlin 1781, Bd. 24, S. 524.
[6]) Krünitz a. a. O., Bd. 24, S. 947.

auch die instructivste todte Holzsammlung oder Holz-Cabinet, welches von der vorzüglichsten Geschicklichkeit und unermüdeten Forschbegierde dieses meiner Hochachtung und Werthschätzung würdigsten Freundes einen neuen Beweis abgibt, und als ein Muster aller solcher Sammlungen dienen kann, zu sehen das Vergnügen. Es enthält dieselbe 1. die aus den Samen keimenden Holzpflänzchen, nach ihren Entwickelungen, Verstärkungen, innern und äußern Zufällen an Wurzel, Stamm und übrigen Theilen, bis nach gleichsam überstandenen Kinderkrankheiten, oder, bis die Pflanzen, ihrer zunehmenden Größe wegen, aufgetrocknet, in einer todten Sammlung nicht füglich mehr Platz haben würden. 2. Die Hölzer selbst, als das vornehmste Product der Förste, in geviertheilten, oder nach Beschaffenheit der Stärke noch mehr gespaltenen kurzen Klötzchen, woran die äußere Rinde, die Safthaut, der Splint, das reife Holz und der Kern, zu sehen sind, und zwar auf der einen Seite gehobelt und poliert, auf der andern aber, um die Fiber besser betrachten zu können, ohne alle Bearbeitung. Die eine horizontale Fläche des Klötzchens ist poliert, um die Struktur des Holzes in den Jahrringen zu erkennen, welches zugleich das deutlichste Mittel zur Wahrnehmung der Röhren, und zugleich der mehrern und mindern Festigkeit des Holzes, abgibt. Die andere horizontale Fläche des Klötzchens, oder das sogenannte Herrenholz[1]), bleibt rauh, wie es die Säge gewöhnlich lässet. 3. Die Blätter, als wesentliche Sommer-Kennzeichen der Geschlechter und Arten, gepreßt aufgetrocknet, und sowohl nach der untern als obern Fläche, nebst den Stielen, auf weißem Papiere befestigt. 4. Die Blüthen, ganz und stückweise nach ihren einzelnen Theilen. 5. Die Früchte oder Samenbehältnisse getrocknet und auf Tafeln aufgesetzt. 6. Die einzelnen reinen Samen, in Schachteln oder Gläsern. 7. Die im Winter gesammelten Zweige ohne Laub, oder mit den Knospen und Augen, deren Sitz und Gestalt wesentliche Geschlechtsunterscheidungszeichen abgeben. 8. Einzelne theils innere, theils äußere, Zufälle und Naturbegebenheiten an den Bäumen und Sträuchen, um den Ursachen und wirkenden Kräften nachspüren, und von Zeit zu Zeit immer gründlicher von Dingen urtheilen zu können, die, ob sie uns gleich oft vor Augen liegen, dennoch, aus Mangel hinlänglicher Beobachtung, noch nicht so klar und deutlich erwiesen sind, als es wohl seyn sollte, um allen möglichen Vorteil aus dem Gewächsreiche zu ziehen." Für die Tischler ergab sich aus diesen Studien, neben allgemeinen Erfahrungen, die nutzbringende Warnung, das von ihnen am meisten verwendete Eichenholz nicht am stehenden Stamme, sondern erst nach erfolgter Fällung oder Zerteilung zu kaufen. v. Burgsdorf[2]) sagt: „Die Kennzeichen eines gesunden, guten, festen, reifen Stammholzes sind bei den Eichen an stehenden Bäumen weit schwerer als am gehauenen Holze zu entdecken. Es ist wohl kein anderes Holz in dieser Absicht so betrüglich. Der gründlichste Holzkenner wird nur allzu oft bei der Auswahl stehender Eichen durch den Anschein hintergangen. Eine Eiche kann sehr viele Fehler und Schwachheiten haben, die sich unmöglich eher entdecken lassen, als bis sie gefället ist und bearbeitet wird. Sie verliert alsdann ungemein

---

[1]) Hirnholz.

[2]) „Versuch einer Geschichte vorzüglicher Holzarten." Bd. I, Teil 2, S. 88.

viel an dem Werthe, welchen sie vorher zu haben schien." Es folgt dann eine Aufzählung der erkennbaren Fehler.

Zeitweiliger Holzmangel hatte zur Folge, daß in der Bautischlerei die Verwendung des Holzes überhaupt eingeschränkt werden mußte. Gilly[1]) erwähnt solche Maßnahmen: „Das starke Holz und insonderheit die Sägeblöcke haben sich in den mehrsten Forsten derart verringert, daß es selten auf die Wahl derselben ankommen kann. Daher hat das königliche preußische General-Forst-Departement und das königliche Oberbau-Departement die Ersparung der Sägeblöcke auf alle Weise zur Absicht, und es ist (etwa um 1820) verordnet worden, daß bei den königlichen Domänen-Bauten die Pferdeställe nicht mehr ausgebohlt, sondern gepflastert werden sollen. Ferner werden den Unterthanen keine Bretter mehr zur Belegung ihrer Kornböden verabreicht, und es geht auch recht gut an, über die Balken und den Boden einen zwei Zoll starken Lehmstrich zu machen, der mit Theergalle gehärtet und geglättet ist, wie die Scheunenfluren, welche der Bauer leicht ausbessern kann; das Gebäude wird dadurch einigermaßen feuersicher usw." (Es folgt dann ein Verbot von Brettern zur Giebelverkleidung.) „Ebenso werden zur Belegung der Fußböden in den Unterthanen-Gebäuden gar keine, bei den Wirthschaftsgebäuden, Förster-, Prediger- und anderen Gebäuden aber, wozu freies Holz aus den königlichen Forsten verabreicht wird, nur zu denjenigen Zimmern, wo die Nothwendigkeit es erfordert, Bretter zu Fußboden veranschlagt, und müssen bei den Unterthanen-Gebäuden Lehm-Estriche, und in anderen Gebäuden Pflaster von Mauersteinen angefertigt werden." Aus dem gleichen Drang zur Sparsamkeit wurde das erforderliche Holz zu Tischler-Arbeiten bei den königlich preußischen Domänen- und anderen Bauten, wozu das Holz aus den königlichen Forsten verabreicht werden sollte, überhaupt nicht mehr veranschlagt oder verabfolgt, „eines Theils, weil das angewiesene Holz zu frisch oder nicht trocken genug sein würde, andern Theils wegen der dabei möglichen Unterschleife".

2. Die in früherer Zeit verwendeten Tischlerhölzer.

Auf Vollständigkeit kann das nachstehende Verzeichnis der in vergangenen Zeiten von den Tischlern verwendeten Hölzer keinen Anspruch machen, wenn auch bedeutende Lücken wohl vermieden wurden. Die Zusammenstellung erfolgte hauptsächlich nach den gewerblichen Akten der Archive, aber auch nach kunsthistorischen Quellen. Nach Daten geordnet, wurden den aktenmäßigen oder kunsthistorischen Nachrichten einige gedruckte Berichte oder Urteile aus späterer und neuester Zeit entgegengestellt, damit ein Vergleich der Schätzung der verschiedenen Holzarten in den verschiedenen Zeiten möglich ist. Für die Neuzeit werden die Leser außerdem mit Vorteil technische Angaben, betreffend die Haltbarkeit und besonderen Eigenschaften der verschiedenen Hölzer, dem im Jahre 1910 im Auftrage des Deutschen Werkbundes von Dr. Paul Krais herausgegebenen Buch; Gewerbliche Materialkunde, Band I: „Die Hölzer" entnehmen; die Kapitel „Das Holz in der Möbeltischlerei" von Max Naumann,

---

[1]) Gilly a. a. O. II, S. 135.

„Das Holz in der Drechslerei und Schnitzerei“ von Fritz Schultz, „Die Intarsia“ von Robert Macco, „Vom Einfluß der Schönheitswerte und der Handelsformen der Hölzer auf die Gestaltung der Erzeugnisse“ von Emil Augst, und „Naturgeschichtliches“ von K. Wilhelm, aber auch die übrigen Abschnitte enthalten dort viel Wertvolles für den Fachmann. — (Die unter der Jahreszahl 1910 im nachstehenden Verzeichnis z. T. eingestellten Angaben stammen aus diesem Werk.)

Ahorn.

„Im 15. Jahrhundert sehen wir in Süddeutschland neben Kiefern, Fichten, Föhren und Tannen hier und da schon zu kleineren Arbeiten Ahorn herangezogen.“ Krais S. 471.

1548 erscheint in Stettin Ahorn als Zehnfußholz auf dem Markt.

1764. „Im russischen Staate gibt es ganze Ahornwälder. Das Holz ist hart und weiß wie Kreide und mit gekräuselten Adern durchschnitten. Es zieht die Fäulnis leicht an sich, welches die Menge süßen Wassers erklärt, so ein geritzter Baum von sich gibt. Der Tischler gebraucht das Holz zu seinen Schattierungen, zu Tischblättern; man schnitzt draus Geigen, Flügel und andere klingende Instrumente.“ Hallens[1]).

Über die Verwendung des Ahornholzes zu Orgelpfeifen und Klavierteilen vergleiche S. 87.

1781. Als aderiges Holz für Intarsienarbeiten verwendet. Krünitz[2]).

(Bergahorn.)

1910. Für Tischplatten zum Abscheuern, für Küchengeräte, für Wände von Streichinstrumenten. Holz ist gut zu bearbeiten und zu polieren; Maserholz für Schlafzimmer.

(Vogelaugenahorn.)

Vom amerikanischen Zuckerahorn; nicht mit unserem Ahorn zu verwechseln.

Nach 1793, also nachdem die veränderte wirtschaftliche Lage der reichen Leute die Verwendung des Akajou-Mahagoni unrentabel gemacht hatte, wird Vogelaugenahorn (und Kirschbaum- und Ulmenmaser) für Möbel verarbeitet.

1910. Findet die meiste Verwendung in der Marqueterie; läßt sich in jeder Farbe beizen.

Akajou (siehe Mahagoni).

Akazie.

1781. Für Intarsien verwendet.

1910. Furnierholz; auch für Tabakpfeifen und Galanteriewaren.

Apfelbaum.

1764. Das Holz der sauren Apfelbäume gibt die Schrauben zu den großen Pressen her.

1910. Zu Intarsien verwendet; am besten zum Schwarzbeizen geeignet.

---

[1]) Hier wie weiter unten wird unter der Jahreszahl „1764“ aus Hallens „Werkstätte der heutigen Künste oder die neue Kunst-Historie“, Bd. III, S. 45 ff.: „Der Tischler“, Berlin 1764, zitiert.

[2]) Hier wie weiterhin ist unter der Jahreszahl „1781“ die „Oekonomische Encyklopädie, oder Allgemeines System der Staats-, Stadt-, Haus- und Landwirschaft“ von Dr. Joh. Georg Krünitz, Berlin 1781, zitiert.

Birke.

1764. Gestellmacher gebrauchen es zu Felgen und Leiterbäumen; auch von Drechslern verwendet. — Verlangt sandigen Boden. Die jungen Stämme rötlich, die alten weißgrau; die alten faulen leicht wegen des überflüssigen Saftes.

Nach 1800. Glatt poliert, in der Zopfzeit viel verwendet[1]). Bis in die 40er Jahre des 19. Jahrhunderts besondere Vorliebe für Birke (und Erle).

„Biedermeier". Schon in den 50er und 60er Jahren verdrängt von Mahagoni, also als das Bürgertum wohlhabend zu werden beginnt.

Birnbaum.

1340. In Göttingen eingeführt, neben Zimmerholz genannt, also wohl zu feineren (Tischler-)Arbeiten verwendet.

1650 in Augsburg auf der Furniersäge zu Furnieren geschnitten.

1764. Man schnitzt davon allerlei „Schildereirämen" (Bilderrahmen), Uhrgehäuse und besonders die Druckerformen der Kattundrucker. Man kennt 200 Arten. Der Stamm wächst gerade, das Holz ist fest und zum Schwarzbeizen sehr gut.

1910. Aesthetische Wirkung von Birnbaum vornehmer als von Kirschbaumholz. Bester Ersatz für Ebenholz, da zum Schwarzbeizen sehr gut geeignet. Gut zu schnitzen, da zarte Schneidefläche und gleichmäßiges Gefüge.

Brasilienholz (Bresilgenholz).

1415 aus Lissabon nach Danzig eingeführt.

1764. Blau und rot für die Färberei; verwendet für Zollstäbe.

1910. Meist als Farbholz; wird auch in schönen, gelben Stücken von der Kunsttischlerei verwendet.

(—, echtes: siehe Fernambukoholz.)

Buche.

(Rotbuche.)

1535 den Drechsern in Cöln, aber nur mit gleichzeitiger Verwendung von anderem Holz erlaubt.

1764. „Man schnitzt daraus Wagenachsen, Leiterbäume, Deichseln und anderes Wagenzeug; das älteste Holz (das im Vergleich zu dem zähen, jungen mürbe ist) wird zu Bolen geschnitten. Man macht auch die Blätter der Hobelbänke daraus, wie auch die Radfelgen. Doch es stockt leicht, und also hütet man sich vor dasselbe, wann man Sachen, die lange ungebraucht im Feuchten stehen sollen, schonen will. Dieses Holz ist röthlich, und zwar mehr oder weniger nach der Beschaffenheit des Erdbodens, in welchem es wächst."

1910. Hat viel Spiegel, die durch Dämpfen einen rötlichbraunen Ton erhalten. Arbeitet stark, ist gut zu bearbeiten, beizen und zu polieren; leicht wurmig, auch im lufttrockenen Zustand sich werfend, quellend oder reißend. Gebeizt ein billiger Ersatz für Nußholz; Hauptmaterial für gebogene Möbel.

(Weißbuche.)

---

[1]) Robert Schmidt a. a. O., S. 239.

1764. Eins der härtesten Hölzer, es erreicht ein Alter bis gegen 200 Jahre. Bei uns schnitzt man gewöhnlichermaßen alles hölzerne Handwerkszeug, als die Hobel, Sägärme, Beil, und Axenhelme daraus, wie auch die Hefte der Stemmeisen und die hölzernen Schrauben; ferner das Mühlengetriebė und die Kämme an den Rädern. — Liebt nassen Boden.

1788. v. Burgsdorf hält in seinem auf S. 308 erwähnten Buche die Benennung der Weißbuchen „für sehr uneigentlich“, weil damit der Hornbaum gemeint ist. K. Wilhelm führt aber in dem 1910 erschienenen Sammelband „Die Hölzer“ (vgl. S. 310) die Hornbuche mit als Stammpflanze für Weißbuchenholz auf, ohne eine besondere Unterscheidung zur Weißbuche anzumerken.

1910. Vortreffliches Werkholz, namentlich zur Herstellung von Maschinen-Bestandteilen, Werkzeugstielen usw.

(Steinbuche.)

1768 von Hallens ohne weitere Erklärung aufgeführt.

(Hagebuche.)

1781. In schwarzer Färbung für „gleichförmige“ Intarsia, bei der also die Holzadern nicht zu sehen sein sollen, verwendet.

1910 von Krais (K. Wilhelm) unter Weißbuchenholz-Stammpflanzen aufgeführt; also mit zu den Werkzeughölzern gehörend.

B u c h s b a u m. (Aus den Alpen.)

1419. Im Berliner Kunstgewerbemuseum befinden sich zwei niederdeutsche Kästchen aus Buchsbaum geschnitzt, mit der Jahreszahl 1419 und dem Schnitzernamen „Hermanus Knevelinghusen“ bezeichnet[1]).

Süddeutsche Renaissance: Buchholzplatten als Intarsia verwendet[2]).

1764. Gelbes festes Holz, in welchem sich krause Adern schlängeln. Verwendet zu Flöten, Schachfiguren, Messern, Löffeln.

1910. Das festeste, dichteste und gleichmäßigste Holz, das es überhaupt gibt. Poliert sehr schön. Gut für Intarsia; für feine Schnitzwaren wegen zarter Schneidefähigkeit gebraucht, auch von Drechslern und für musikalische Instrumente.

C e d e r.

1764. Das Holz ist röthlich und fest. Es war bei den Alten zu ihren Särgen, und noch heute zu Tage zu dem Getäfel in den Zimmern der Großen, so wie zu den Treppen in Gebrauch. Der angenehme Geruch macht es zu Räuchern und zum Hausgeräthe beliebt.

1781. Beliebtes Holz für Intarsia.

Ende 18. Jahrhundert. Als Beispiel: im Kunstgewerbemuseum in Berlin ein Sekretär aus Cedernholz mit Wedgwoodplatten.

1910. Das echte Cedernholz kommt fast gar nicht mehr auf den Markt. Die meisten der heute gehandelten Cedernhölzer kommen aus Amerika. Das Holz der Lawson-Ceder, Oregon-Ceder und Lawson-Cypresse wird zu Tischlerarbeiten gern seiner klaren, reinen, rötlichgelben Farbe wegen verarbeitet und hat einen angenehmen harzigen Geruch.

---

[1]) Katalog des Berliner Kunstgewerbemuseums. S. 23.

[2]) Ebenda. S. 35.

Cypresse.

1764. Hartes, gelbliches Holz. Es ist wohlriechend und pflegt von guter Dauer zu sein.

1910. Ziemlich weich und leicht, aber sehr tragfähig und elastisch, außerordentlich dauerhaft, dient denselben Zwecken, wie das Holz der gemeinen Kiefer oder der Lärche, findet auch zu Furnieren Verwendung.

Ebenholz. (Aus den Tropen der alten Welt und Indien.)

Renaissance: Sehr beliebt für Maserfurniere zu Füllungen, Säulenschäften und dergleichen.

1588. Die Kistler in Augsburg pflegten die zu ihren Möbeln usw. gehörenden Teile aus Ebenholz selbst zu drehen, angeblich mit dem Hobeleisen; auf den Einspruch der Dreher behaupteten sie, daß jene mit dem Ebenholz nicht zu arbeiten verstünden. (Vergleiche den Prozeß zwischen den beiden Handwerkern auf Seite 69. Schließlich wurde den Augsburger Kistlern das Drehen in Ebenholz für ihren eigenen Bedarf erlaubt.

17. Jahrhundert. Als Beispiel: Ein Spielbrett aus Ebenholz mit Elfenbein ausgelegt im Berliner Kunstgewerbemuseum. Ebenda auch ein Augsburger Ebenholzkabinett mit Einlagen aus farbigen Steinen, Pietradura- oder Florentiner Mosaik genannt, im Barockstil.

1650. Auf der Augsburger Furnier-Mühle zu Furnieren geschnitten. (S. 130.)

1700. Als Beispiel: Im Kunstgewerbemuseum zu Berlin ein Friesischer Schrank mit Ebenholz und dunklem Palisander verkleidet.

1764. Das feinste von allen Hölzern und hart wie Knochen. Zum Auslegen, zu Messerschalen, Henkeln, für Kunstdrechsler zu feinen Sachen. In der Erde tauglicher zum Verarbeiten. Auf glühenden Kohlen wohlriechend.

1781. Zu Intarsia viel verwendet.

1910. Für die Möbelindustrie kommen hauptsächlich zwei Arten in Frage: 1. Madagaskar-Ebenholz, das im Kern blauschwarz ist, mit weißem Splint. 2. Makassar-Ebenholz, das weniger gleichmäßig, in der Farbe dunkelgrün, fast schwarz mit tiefdunkelbraunen Streifen ist. Es ist schwer zu bearbeiten und reißt sehr leicht, wenn es als Furnier verwendet wird. Diese harten Hölzer verlangen alle eine ausgezeichnete, glasharte Politur. Wenig elastisch, aber sehr dauerhaft, zählen die Ebenhölzer zu den wertvollsten Kunsthölzern und finden Verwendung in der Möbeltischlerei, bei Einlegarbeiten, in der Stockindustrie, zur Herstellung feiner Drechslerwaren, von Türdrückern, Handgriffen, Messerheften und in der Schnitzerei zu Schachfiguren. Wird viel durch gefärbtes Birnbaum- oder Buchsholz ersetzt.

Eibenbaum oder Taxbaum. (Aus den Karpathen und Salzburg.)

Ende 14. Jahrhundert: in Danzig über Polen eingeführt und als Bogenholz für die Waffen-Fabrikation gehandelt.

15. Jahrhundert: 1450 wird in Straßburg der Zoll für „Ybinholtz" festgesetzt. (Siehe S. 26.)

1764. Holz ist hart und dauerhaft.

1910. Sehr zähe und elastisch; feines Gefüge und schön gemasert, deshalb viel zur Nachahmung von Ebenholz gebraucht, in schwarzer Beizung. Zu Intarsien verwendet.

Eiche.

Im 14. Jahrhundert aus Polen in Danzig eingeführt.

Im Mittelalter wurde nur das Holz der Eiche zu jeglicher Art von Holzarbeit verwendet, auch die Möbel der Spätgotik bestanden ausschließlich aus diesem Holz.

1457 wurde in Lübeck den Kistlern, im Gegensatz zu den Zimmerleuten, allein vorbehalten, „Panele oben und und zu benedden“ aus Eichenholz und „vurem“ Holz.

1535 durften in Cöln die Drechsler gewisse Gegenstände aus Eichenholz nur in Verbindung mit anderem Holz herstellen. (Vgl. S. 67.)

1535 wurde in Cöln den Zimmerleuten erlaubt, mit Eiche zu furnieren.

In der Renaissance blieb das Hauptmaterial für Möbel immer noch die Eiche, nebst Nußbaum, besonders in Norddeutschland; auch die Schnitzereien fertigte man noch immer aus dem vollen Eichenholz, letzteres gilt auch zum großen Teil für Süddeutschland. Im Bistum Lüttich erhielt sich diese Arbeitsweise noch bis tief in das 18. Jahrhundert.

1728 wurden in Augsburg eine Anzahl Gegenstände der Bautischlerei festgestellt, die auch von den Zimmerleuten in Eichenholz ausgeführt werden durften. (Vgl. S. 52.)

1764. „Gemeiniglich verarbeiten es die Tischler zu Fensterrämen, Schränken, Thüren und kostbaren Särgen, zu dem Tafel- oder Paneelwerk, zu den Altären und allerlei Hausgerät, indem sie es mit Wachs reiben oder bohnen.“ — Ferner gebraucht für Pfeifen, Windkanäle usw. bei Orgeln. (Vgl. S. 87.) — Zu Brettern nimmt man nur das Eichen- und Kienenholz.

Etwa dieselbe Zeit: Goethe in „Wahrheit und Dichtung“, Buch 4: „Mein Vater hatte bei sich den Begriff festgesetzt, und wenig Menschen waren davon frei, daß ein Bild auf Holz gemalt, einen großen Vorzug vor einem anderen habe, das nur auf Leinwand aufgetragen sey. Gute eichene Bretter von jeder Form zu besitzen, war deßwegen meines Vaters große Sorgfalt, indem er wohl wußte, daß die leichtsinnigen Künstler sich gerade in dieser wichtigen Sache auf den Tischler verließen. Die ältesten Bohlen wurden aufgesucht, der Tischler mußte mit Leimen, Hobeln und Zurichten derselben aufs genaueste zu Werke gehen, und dann blieben sie Jahre lang in einem obern Zimmer verwahrt, wo sie genugsam austrocknen konnten.“

1910. Wohl das wertvollste der europäischen Nutzhölzer. Zum Schnitzen gut wegen seines gleichmäßigen Gefüges, auch zu Intarsien verwendet.

Erle.

1443 machte man in Cöln Bretterverschläge aus Erlenholz.

1764. „Das Holz nimmt im Wasser eine Härte und schwarze Farbe an sich. Öfters beizt man das Holz zu Stülen, Canapes und Lehnstülen schwarz. Man färbt mit Rinde und Knospen schwarz.“

Biedermeier: Bis in die 40er Jahre des 19. Jahrhunderts starke Vorliebe für Erle und Birke.

1910. Sehr weich und leicht zu bearbeiten; das feine, zartfaserige Holz wird viel für Imitation, z. B. zur billigen Herstellung von Säulen, Pilastern bei echten Möbeln, wie man auch durch angemessene Behandlung Mahagoni, Palisander und Ebenholz gut nachzuahmen imstande ist. — In neuerer Zeit ist Erlenholz seiner guten Eigenschaften wegen bei der Zubereitung der abgesperrten Hölzer in Aufnahme. Als Blindholz für Möbel viel verwendet. — Für die Möbelindustrie kommt hauptsächlich russisches und polnisches Material in Frage, nämlich Wassererle, das heißt geflößte Ware.

Esche.

Gotik: In Süddeutschland wird das einfache Tannenholz oft mit edlerem Holz, namentlich mit Eschenmaser furniert[1]).

Renaissance: Neben der Verarbeitung von Eiche und Nußbaum macht man schon ausgiebigen Gebrauch von den Maserfurnieren, besonders der „ungarischen Esche" und des vielbegehrten schwarzen Ebenholzes, welche Holzarten zu Füllungen, Säulengeschäften u. dgl. und im Inneren feiner Möbel Verwendung finden[2]).

1650. Auf der Furniermühle wird Eschenholz zu Furnieren geschnitten.

1764. Zähes Holz, welches die Stellmacher wohl zu nützen wissen.

1781. Das ziemlich adrige Holz zu Intarsia verwendet.

1910. Das sehr teuere Furnier der „ungarischen Esche" für Intarsien verwendet. Eschenholz sehr tragkräftig und politurfähig.

Feigenbaum.

1781. Zu Intarsia gebraucht; das in weißem Firnis gekochte Holz sieht beinahe wie Elfenbein aus.

Fernambukholz (echtes Brasilienholz — siehe dieses — oder auch Rotholz).

1764. Wie Sandelholz, scharlachrot und hart; zum Einlegen geeignet, auch zum Färben gebraucht.

1910. Gutes Resonanzholz; Kunsttischler und Drechsler verwenden es viel. Es ist auch in der Färberei als wertvollstes der westindischen Rothölzer sehr beliebt.

Fichte (siehe auch Kienen).

Ende des 14. Jahrhunderts in Danzig aus Polen gehandelt.

Vom 15. Jahrhundert an werden in Süddeutschland die Möbel hauptsächlich aus Fichten-, Kiefern-, Tannen-, Lärchen- und Zirbelkieferholz hergestellt.

1728. Verzeichnis der Gegenstände, die auch die Zimmerleute aus Fichtenholz in Augsburg herstellen durften. (Vgl. S. 52.)

1910. Wegen grober Struktur nur zu billigen Fabrikaten, sonst zu Blindholz gebraucht. Dauerhafter als Tannenholz, nach Menge und Vielseitigkeit

---

1) Katalog des Berliner Kunstgewerbemuseums. S. 22.

2) Krais a. a. O., S. 471. — Beispiele in den Museen in Nürnberg und Stuttgart. — Schmidt a. a. O., S. 113/4.

der Verwendung von keinem anderen einheimischen Nutzholz übertroffen. — Haselfichtenholz als „klingendes“ Holz im Instrumentenbau sehr geschätzt.

Fliegenbaum (siehe Ulme).

Föhren (siehe Kiefer).

Holunder.

1764. a) spanischer (weißer), b) blauer, c) gemeiner. Viel Holz, wenig Mark, entgegengesetzt, wie bei anderen Hölzern hier der Kern am weißesten und unter der Rinde am härtesten. Von Tischlern nur der blaue, und zwar zum Auslegen gebraucht: „Seine Schönheit ist fast über alle Hölzer erhaben, wenn man das Holz auf gehörige Weise mit Scheidewasser beizt; allein es hängt ihm auch, wie dem Cederholz, der Fehler an, daß es mit der Zeit verschießt oder seine Farbe fahren läßt.“ — „Das Holz des gemeinen Holunders brauchen die Weber zu Schüzzen; man macht auch Flöten daraus, sie sehen wie die aus Buchsbaum aus, sind aber nicht so gut wie sie.“

1910. Als Schnitz- und Drechslerholz verwendet.

Indianische Hölzer. (Ein Ausdruck, der im 18. Jahrhundert viel gebraucht wird; gemeint sind damit wohl meist die Farbhölzer aus Westindien.)

1781 für Intarsia benutzt.

Kiefer (auch Föhren, „Kienen“, d. h. mit Harz durchtränkt).

Gotik: Süddeutschland verwendet besonders das langfaserige, weiche Holz der Zirbelkiefer, Lärche usw. für Möbel.

1764. „Der Tischler unterscheidet die Arten der Kiefer nach dem Boden. Er hat es aus der Erfahrung, daß das feinädrige von sandigen Höhen geschlagen wird, daß dieses weicher und besser in der Güte sei als das von schwarzem und feuchtem Boden, so grobe Adern mit sich bringt und dabei geschwinde wächst, indem es daselbst in hundert Jahren weiter kömmt als auf dem Sande in hundertfünfzig Jahren, zu verstehen, wenn man verlangt, daß es einen tüchtigen Sägeblock abgeben soll. Je älter die Kiefer ist, desto besser wird das Holz für die Tischlerarbeit. Man macht aus dem Kiefer-(Kienen-)Holz: Bettgestelle, Tische, Bänke, Fußböden und Weberstühle; ferner Orgelpfeifen und Teile des Klavier[1]).

1910. Die Zirbelkiefer eignet sich vor allen Dingen für die Herstellung von nichtabgesperrten Möbeln, die nur einmal furniert werden sollen; sie hat ein feineres Gefüge als Fichte und Kiefer. Die Kiefer zeichnet sich durch geraden Wuchs, Astreinheit und Vollholzigkeit aus, d. h. sie hat oben und unten fast den gleichen Durchmesser.

Kienenbaum. („Eine verwilderte Art der Fichte.“ — Siehe Kiefer.)

Kirschbaum.

1781. Für gleichförmige Intarsia geeignet.

Nach 1793 sehen wir den Kirschbaum, neben Vogelaugenahorn und Ulmenmaser für Möbel verwendet.

---

1) Vgl. S. 87.

Biedermeierzeit: Viel gebraucht.

1910. Stark schwindend, sehr politurfähig; Maser manchmal gestreift und geflammt. Für eine gute Wirkung dieses Holzes sind ruhige Formen der Möbel notwendig.

Königsholz. (Abart von Rosenholz? Von Madagaskar?)

1764. Eins der schönsten Hölzer, ähnlich wie Wallnußholz, von rötlichem Grunde. Man verfertigt daraus, wegen der Schönheit, an der es alle bekannten Hölzer übertrifft, ganze Maschinen.

1910. Mitunter wird auch Madagaskar-Palisander als Königsholz bezeichnet. Das Königsholz ist ein sehr teueres Zierholz, weil es nur in kleinen Mengen als Zierholz in den Handel kommt. Es ist nicht zu verwechseln mit dem Amaranthholz. Nimmt eine prächtige Politur an.

Lärche.

15. Jahrhundert. In Süddeutschland wurden die Möbel viel auf diesem Holz angefertigt.

Renaissance: Lärche als Blindholz verwendet. Beispiel: Renaissancezimmer aus Schloß Haldenstein in Chur, Graubünden (im Berliner Kunstgewerbemuseum); die Wände aus Lärchenholz sind durch Halbsäulen geteilt, die gleich dem Gesims mit Nußholz und Eschenmaser furniert sind[1]).

1764. „Herkunft des Lerchenbaums: Italien, Schweiz, die Berge des Walliser Landes, Bezirke der Tridentiner Höhen."

1910. Nur in den Alpen und Karpathen, sowie im Mährisch-Schlesischen Gesenke einheimisch. Sehr fest und elastisch, höchst dauerhaft; unter allen einheimischen Nadelhölzern für Bauzwecke jeder Art am meisten geschätzt, auch zu Möbeln verarbeitet; sehr beliebtes Blindholz.

Linde.

1200. In der Münsterkirche zu Essen befindet sich ein Kasten aus Lindenholz mit Holzmosaik und Schnitzerei[2]).

Gotik: Spätgotischer Tisch aus Lindenholz, süddeutsche Form, im Berliner Kunstgewerbemuseum[3]).

1764. „Holz gelinde, weich, wird nicht leicht wurmstichig, deshalb zu mancherlei Hausgerät gebraucht. Gemeinstes Holz der Bildhauer. Die Schuster und Riemer bedienen sich desselben zu ihren Tischen, worauf sie das Leder zerschneiden."

1781. Holz für Intarsia.

1910. Sehr weich, viel gebraucht als Blindholz und für Kisten, auch als Ersatz für Ahorn, zu Tischplatten und Küchenmöbeln; vorzüglicher Rohstoff für Bildschnitzerei, auch zu größerem Schnitzwerk. Intarsia-Holz.

Lucienholz.

1781. „Eins der hauptsächlichsten Intarsia-Hölzer, genannt nach der amerikanischen Insel (?) dieses Namens."

---

[1]) Katalog des Berliner Kunstgewerbemuseums. S. 33.

[2]) Abbildung bei Schmidt a. a. O., S. 36.

[3]) Katalog S. 24.

Mahagoni.

Um 1730 „brachte der englische Schiffskapitän Gibbon einige Mahagoni-Bohlen aus Westindien nach London und schenkte sie seinem Bruder, einem Arzt. Dessen Gattin ließ aus ihnen ein kleines Kästchen machen, und der Arzt selbst ließ dann einen Schreibtisch aus diesem Holze herstellen. Die Gegenstände fanden gelegentlich eines Besuchs den Beifall der Herzogin von Buckingham, und von da an wurde das Mahagoniholz immer mehr begehrt“[1]).

1750 wird uns berichtet, daß die Möbel aus „Akajou“, einer dunklen Mahagoniart, angefertigt wurden, die bis zum Jahre 1793 das einzige neue Holz war, das den Beifall der Reichen fand[2]).

1764. Hart, schwer, ähnlich dem Kirschbaum, welche Farbe sich noch mit dem Alter vermehrt, besonders wenn man es mit Öl abreibt. (Wie es scheint, fand man in Deutschland um diese Zeit noch nichts so ganz Besonderes an dem Mahagoniholz.)

1781. Bevorzugtes Holz für Intarsia.

Ende 18. Jahrhundert. Beispiele: Ein Mahagoni-Schrank im Bremer Gewerbemuseum und ein Mahagoni-Schrank mit Uhr aus Wien im Berliner Kunstgewerbemuseum. — „Das vorherrschende Material in der Zopfzeit und in der Biedermeierzeit ist das glattpolierte, dunkle Mahagoni“[3]). — Die glatte Fläche des Mahagoni herrscht zur Empirezeit in Frankreich absolut[4]).

19. Jahrhundert: In den 50er und 60er Jahren wird die Birke wieder verdrängt von dem König aller Möbelhölzer, dem Mahagoni. Vornehmlich ist es das „Sabicuholz“, dem der Zeitgeschmack huldigt, ein Holz, dem Mahagoni in Farbe und Struktur ziemlich ähnlich, nur etwas dunkler, das eine Zeit lang (bis etwa 1870, aber auch noch weiter) ausschließlich für erstklassige Möbel verwendet wird[5]).

1910. Für Furnier und Intarsia sehr viel gebraucht. Als Furnier die Leimung vortrefflich haltend, besonders das Akajouholz. Schwer, hart, gut zu polieren.

Nußbaum.

Vom 15. Jahrhundert an läßt sich nachweisen, daß in Norddeutschland neben dem Eichen- auch schon Nußbaumholz zur Verwendung kommt.

1553. Das Nußbaumholz bleibt in Cöln den Kistlern vorbehalten, und die Dreher dürfen es nur in Verbindung mit anderen Hölzern verwenden.

1580. Im Kunstgewerbemuseum zu Berlin befindet sich ein Nußholzkasten mit dem Wappen der Landgräfin zu Hessen, eine rheinische Arbeit in der Art des Theodor de Bry um 1580[6]).

1592 im Cölner Holzhandel nachzuweisen.

---

1) Krais a. a. O., S. 487.
2) Krais a. a. O., S. 472.
3) Schmidt a. a. O., S. 239.
4) Ebenda, S. 227.
5) Krais a. a. O., S. 472.
6) Katalog S. 24.

Renaissance: „Man zieht die Eiche und den Nußbaum immer noch den teueren fremden Hölzern vor. Süddeutschland hat neben seiner alten Vorliebe für die weichen Hölzer nun auch sehr stark das Nußholz (aus Italien?) verarbeitet."

Barock und Rokoko: „Das Furnieren der Möbel kommt in Aufnahme und hier ist es vor allen Dingen das Nußbaum-Maserholz, das sich allgemeiner Beliebtheit zu erfreuen hat. Erst verhältnismäßig spät, im 18. Jahrhundert, wird das Furnieren allgemein angewendet." Beispiele: Nußholzbüfett aus dem Hause der Kramerzunft in Basel, Mitte des 17. Jahrhunderts, im Kunstgewerbemuseum in Berlin; Hamburger Barockschrank um 1680 im Hamburger Museum für Kunst und Gewerbe („Man ging im 17. Jahrhundert, wenigstens in den reichen Seestädten an der Nord- und Ostsee, dazu über, die Oberfläche des ganzen Möbels zu furnieren; hier ist die stumpfe Oberfläche des früher üblichen Eichenholzes durch ein spiegelndes poliertes Nußholzfurnier ersetzt worden."); Danziger Barockschrank um 1670, im Berliner Kunstgewerbemuseum (das Nußfurnier ist hier und da unterbrochen durch geometrische Einlagen heller Hölzer), Nußholzkredenz aus dem Hause der Safranzunft zu Basel von Joh. Heinr. Keller 1664, im Berliner Kunstgewerbemuseum, Kat. S. 39.

1764. Mit der grünen Schale von außen färben die Tischler, wenn sie solche mit Alaun in Wasser kochen, das Holz zu den Stühlen braun. Je älter der Baum, desto schöner das Holz. Der Tischler legt damit seine Schränke usw. aus, und man sucht am Stamm die besten Seiten dafür. Das geringe Holz verarbeitet man zu Flintenschäften. Die Wurzel gibt das beste Holz zu den Figuren (der Furniere). Alles Nußholz gewinnt sehr, wenn man es mit Wachs brennt und glatt reibt.

1781. Für Intarsia sehr beliebt.

Nach 1870 entsprach für die im Renaissancestil hergestellten Möbel dem Geschmack der Besteller besonders der amerikanische und kaukasische Nußbaum.

1910. Dauerhaft und sehr politurfähig; hervorragend zur Herstellung furnierter wie geschnitzter Möbel sowie zum Bau von Klavierkästen; für solche Werke gehört es zu den geschätztesten Holzarten. Eins der meist verwendeten Maserfurniere, von herrlicher, unendlich verschieden gemaserter Textur. Ein vielbegehrtes, heute ziemlich teures Material ist der Italiener Nußbaum; er ist ziemlich hart und zeigt dennoch nicht die diesen Hölzern eigentümliche Neigung zum Reißen.

Olivenholz.

1764. Schwer, hart, spröde; für Intarsia geeignet, zeigt Mischung von gelbbraunen und schwarzen Striemen.

1910. Sehr hart und schwer zu bearbeiten, aber ausgezeichnet zu polieren. Sehr geschätzt für feine Tischler- und Drechslerarbeiten, auch in der Stockindustrie gebraucht. Besonders begehrt ist das schöne Holz für Wurzelstöcke.

P a l i s a n d e r (aus Brasilien).

1700. Friesischer Schrank, mit Palisander und Ebenholz verkleidet. Kunstgewerbemuseum Berlin[1]).

19. Jahrhundert. Bis gegen Ende des 19. Jahrhunderts das für ganz teure Möbel dem Mahagoni vorgezogene Holz; es nimmt eine sehr schöne Politur an, wird aber oft gefälscht.

1910. Eins der wertvollsten Hölzer für Möbel und Klavierkästen.

Q u i t t e n. Quitschenbaum.

1764. Mit Vogelbeertrauben, zum Auslegen und für Flintenschäfte.

R o s e n h o l z (aus Brasilien).

1781. Für Intarsia sehr beliebt.

1910. Sehr hart, schwer zu bearbeiten, aber gut zu polieren. Eins der edelsten und beliebtesten Hölzer in der Marqueterie. Eins der wertvollsten Hölzer für die Kunsttischlerei, besonders für Luxusmöbel und Intarsia.

R ü s t e r (siehe Ulme).

S a b i c u - H o l z (siehe Mahagoni).

S a n d e l h o l z (von den Sunda-Inseln).

1764. Rot, scharlachartig, schwer, fest, zum Auslegen geeignet; man macht auch Geigenbogen daraus.

1910. Schwer, schlecht zu bearbeiten, ziemlich hart, aber leicht zu schneiden, bei uns nur für kleine Gegenstände verarbeitet.

S c h l a n g e n h o l z (aus Brasilien).

1764. Bräunlicher Grund, voll schwarzer Flecken, zum Auslegen, aber auch für Spazierstöcke verarbeitet.

1910. Eins der teuersten Hölzer, die es gibt; sehr schwer und hart, doch leicht zu bearbeiten; man braucht es zu Füllungen und zum Einlegen, für letzteres auch in Furnieren.

T a n n e.

15. Jahrhundert. Im Süden neben anderen Nadelhölzern vorherrschend.

1535. Auch den Zimmerleuten und Drehern in Cöln teilweise erlaubt.

1764. Das Holz ist weich, feinadrig und weiß, mit wenigerem Harz erfüllt wie Kiefer. Man bringt es uns aus Sachsen. Herkunft auch aus Böhmen, der Oberlausitz und Schlesien. Man macht allerlei Tischlerarbeiten aus den tännenen Brettern, besonders dient es zu Schachteln, und aus den feinsten werden Resonanzböden der Flügel, Klaviere, Harfen, Geigen und Zithern geschnitzt. (Vgl. auch S. 84 ff.)

1910. Vielseitig verwendet als Bau- und Werkholz. Man benutzt es als Blindholz, macht aber in Süddeutschland auch gern naturpolierte Möbel daraus.

T a x b a u m (siehe Eibenbaum).

U l m e (Rüster).

1764. Ähnlich wie die Esche, was das Holz betrifft. Man macht daraus die Ruder der Kähne, Mulden, Lafetten, Schaufeln, Wannen und Deichseln;

---

[1]) Katalog S 39.

ferner Klavierbogen. (Vgl. S. 87 ff.). Das Holz ist gelb und zähe. — Den Fliegenbaum, eine Abart, benutzt man für Schiffsteile unter dem Wasser.

Nach 1793. Ulmenmaser für Möbel verwendet.

1781. Für Intarsia gern gebraucht.

1910. Fest und zähe, stark schwindend, elastisch; dauerhaftes und wertvolles Möbelholz. Die schöne, ja prachtvolle Politur macht das sehr geschätzte Ulmenmaserholz zu einem brillant wirkenden Füllungsholz. Man muß es sehr gut trocknen.

Weißdorn.

1764. Das Holz ist zähe und fest; man macht daraus Getriebsstöcke in den Mühlen und Hammerstiele der Handwerker.

Zeder (siehe unter Ceder).

Zypresse (siehe unter Cypresse).

* * *

Über die zeitliche Verwendung der verschiedenen Hölzer läßt sich aus der vorstehenden Zusammenstellung die folgende Übersicht gewinnen:

Romanische Zeit und Frühgotik. Für Möbel wird fast ausschließlich nur die Eiche verwendet, sowohl in Süd- wie in Norddeutschland. Als Schnitzholz scheint schon sehr früh die Linde gebraucht worden zu sein, wofür das in Essen aufbewahrte, aus diesem Holz geschnitzte Kästchen aus der Zeit um 1200 ein Beweis ist. (Siehe „Linde" in vorstehendem Verzeichnis.)

Spätgotik. Für Möbel bleibt die Eiche herrschend. Als Schnitzholz (?) wird in Göttingen das Birnbaumholz erwähnt. Aus den Karpathen kommt als Waffenholz die Eibe.

15. Jahrhundert. Als Möbelholz finden wir neu in Süddeutschland: Ahorn, Esche, Fichte, Kiefer, Lärche und die Tanne. In Norddeutschland: Buchsbaum (als Schnitzholz), Erle und Nußbaum. Aus Lissabon kommt als Farbholz das Brasilienholz (Bresilgenholz).

16. Jahrhundert. Das Hauptholz für Möbel ist im Norden immer noch die Eiche; im Süden werden vorzugsweise Schnitzmöbel aus diesem Holz hergestellt. Der Süden verwendet jetzt auch Buchsbaum und Nußbaum, sonst, wie im 15. Jahrhundert, die weichen Hölzer. Im Norden wird jetzt genannt: Buche, Esche und Tanne. Als erstes überseeisches Holz wird Ebenholz die große Mode.

17. Jahrhundert. Gegen Ende des Jahrhunderts ist das aus Brasilien importierte Palisanderholz nachweisbar.

18. Jahrhundert. Die Zahl der heimischen Hölzer ist durch eine große Reihe teurer Sorten aus allen Teilen der Erde ergänzt worden. Im Gebrauch sind nun: Ahorn, Akazie, Apfel, Birke, Birnbaum, Brasilienholz, Buche, Buchsbaum, Ceder, Cypresse, Ebenholz, Eibenbaum, Eiche, Erle, Esche, Feigenbaum, Fernambukholz, Fichte, Holunder, Kiefer, Kirschbaum, Königsholz, Lärche, Linde, Mahagoni, Nußbaum, Oliven, Palisander, Quitten, Rosenholz, Sandelholz, Ulme (Rüster), Weißdorn. (Diese Liste ließe sich gewiß noch erweitern.)

Als fremde Herkunftsländer können genannt werden:

14. Jahrhundert. Polen für Eiche und Fichte.

Meisterriß des Mainzer Schreiners Nikolaus Lotz. Die eigenhändige Unterschrift lautet »Ich bekenne Nikolaus Lotz daß ich diesen meinen Meiststuckß abriß mit Eigener Handt gerissen habe so geschehen den 25 May Anno 1681«.

Sogenanntes Hamburger Schapp um 1700. Typisch für diesen Möbeltypus ist der gerade Gesimsabschluß und die Anordnung der Schnitzereien auf den Pilastern und den Zwickeln der Türfüllungen.

15. Jahrhundert. Portugal für Bresilgenholz, die Alpen für Buchsbaum, die Karpathen und Salzburg für Eibe.

16. Jahrhundert. Die Tropen der alten Welt und Indien für Ebenholz, Italien für Nußbaum.

17. Jahrhundert. Brasilien für Palisanderholz.

18. Jahrhundert. Mitte: Rußland für Ahorn, Westindien für Mahagoni und Akajou. — Ende: Italien für Feige und Cypresse, Kleinasien für Ceder, Sundainseln für Sandelholz, Madagaskar für Königsholz, Brasilien für Fernambuk und Rotholz, ferner auch für Rosen- und Schlangenholz, Nordamerika für Zucker-(Vogelaugen-)Ahorn usw.

3. Einiges über Holzpreise.

Es bleibt noch über Holzpreise in früherer Zeit einiges zu berichten. Da Danzig im 14. und 15. Jahrhundert den nicht nur für Deutschland, sondern auch für England und die nordischen Länder bedeutendsten Holzhandel besaß, so waren auch die Dokumente dieses Handels als Nachrichtenquellen am ergiebigsten. Wir folgen im einzelnen den Angaben, wie sie Th. Hirsch in „Danzigs Handels- und Gewerbegeschichte" zusammengestellt hat. Die Preise sind in preußischer Mark angegeben. Sie bestand aus 4 Vierdung gleich 24 Scot gleich 45 Halbscoter gleich 60 Schilling gleich 180 Vierchen gleich 720 Pfennig. Sie war wert, nach dem Kurse von 1858 umgerechnet:

1351	bis	1382	5	Taler	und	5	Silbergroschen.
1382	„	1390	4	„	„	21	„
1393	„	1407	4	„	„	10	„
1407	„	1410	4	„	„	3	„
1410	„	1411	2	„	„	19	„
1411	„	1413	2	„	„	10	„
1413			3	„	„	19	„
1413			2	„	„	24	„
1414			2	„	„	18	„
1414			2	„	„	5	„
1414	„	1416	1	„	„	12	„
1416	„	1422	2	„	„	28	bis 3 Taler und 7 Silbergroschen
1422	„	1449	3	„	„	0	Silbergroschen
1450	„	1454	1	„	„	26	„

Daneben wurde auch in Lübischer Mark gehandelt, von denen im Jahre 1368 5 auf 1 Pfund Grote gingen, das wiederum 3 bis 4 preußische Mark wert war.

Im 14. und 15. Jahrhundert galten in Danzig folgende Holzpreise, wobei stets festgesetzt war, daß Brakholz, also die zweite Wahl, zum halben Preise abgegeben wurde.

Bogenholz oder Eibenholz.

Ein Kleinhundert gleich 2 Schock gleich 120 Bretter: in Polen 1427 gleich 14 Mk., in England 1438 gleich 51 Mk. Man sieht aus diesen und den folgenden Zahlen, wie sehr Danzig an diesem Zwischenhandel verdiente.

Dielen.

Ein Schock: In Polen selbst 1430 gleich 3 Mk. 20 Scot, nach Danzig geliefert 1434 gleich 5 Mk. und 5 Mk. 12 Scot; zwei Sorten auf einer Holztraft 1436 gleich 5 Mk. und 4 Mk. 12 Scot; Durchschnittspreis in England 1438 gleich 32 (!) Mk.

Schneiderahmen (Dielen).

1430 übernimmt ein polnischer Kaufmann zu liefern: 2 Schock Schneiderahmen, je 12 Ellen lang und die kleinste am Wipfelende 3½ Quartier dick, und 1 Schock je 15 Ellen lang, die kleinste am Wipfelende 3 Quartier dick, „alle wol gevlecket (von guter Farbe) und en sal keyn vul Roen noch estlich mede syn (und es dürfen keine mit Rissen und Ästen darunter sein), das Schock zu 20 Mk. 1437 kosten 6 Schock zu je 25 Fuß lang und 3 Quartier am Vogelende dick, das Schock 18 Mk.

Eichenholz-Balken.

1379 kostet ein eichener Balken 22½ Ellen lang, im Vogelende 1½ Fuß, 3⅓ Scot; 1379 gleich 30 Ellen lang 6 Scot; 1434 gleich 18 Ellen lang 14 Daumen dick 1 Mk. 8 Scot, 12 Ellen 9 Daumen dick 8 Scot, 1438 gleich 18 Ellen lang 14 Daumen dick 1 Mk. 7 Scot, 12 Ellen lang 9 Daumen dick 8 Scot. (Bei Bestellungen in Polen wird ausbedungen, jeder Balken soll sein „to scharper egge gewracht alle to dem enge alse to dem stamm“ (alle Balken sollen genau scharfkantig sein an beiden Enden).

Fichtenholz.

1 Schock 40 bis 50 Fuß lang, am Vogelende 1 Fuß und 1 Hand breit kostete 1379 gleich 11 Mk., in verschiedenen Dimensionen 10 Mk.

Flößholz.

1 Hundert (?) 1438 gleich 20 Mk.

Klappholz. (Erklärung siehe weiter unten bei „Wagenschoß“.)

Für Klappholz und Wagenschoß (Erklärung siehe ebenfalls weiter unten) waren in Danzig folgende zwei Maße nebeneinander in Gebrauch: a) 1 Großhundert gleich 12 Rinken (rynge) gleich 24 Kleinhundert gleich 48 Schock gleich 2880 Bretter; b) 1 „Sechzig“ gleich 60 Kleinhundert gleich 7200 Bretter. Es kostete 1 Großhundert 1426 gleich 9 Mk., 1427 in Danzig 7 Mk. 6 Scot, in Lübeck gleich 12 Mk. 12 Scot, 1429 gleich 7 und 8 Mk., von Ostrolenka 1434 bis 1438 zwischen 7 und 12 Mk., in England zwischen 32 und 34 Mk.

Knarrholz (man hält es gleichbedeutend mit Klappholz).

1 Großhundert 1428 gleich 12 Mk.

Roggenborten (Schiffsholz).

1 Großhundert 1431 gleich 36 Mk.

Masten und Riemen (Ruderholz).

Die Preise sind bei Hirsch zu vergleichen, da sie hier nicht wichtig erscheinen.

Stab-, Schöff- oder Tonnenholz.

1 Hundert 1438 durchschnittlich in England 40 Mk.

Wagenschoß (Erklärung siehe weiter unten).

1 Großhundert, 1 Fuß breit: in Polen 1426 gleich 2 Mk. 6 Scot, 1427 gleich 4 Mk. 6 Scot bis 4 Mk. 2 Scot, in Lübeck 1427 gleich 8 Mk. 8 Scot, 1432 gleich 10 Mk.; in Polen ferner 1434 gleich 3 Mk. 12 Scot, 1436 gleich

3 Mk. 4 Scot, in Masovien 1437 gleich 2 Mk. 18 Scot, 1438 gleich 5 Mk., in Yarmouth Durchschnittspreis 1438 gleich 24 Mk.[1]).

Der Preis für 100 „Wagenschotes" war 1482 in Hamburg 6 Pfund[2]).

Die beiden gangbarsten Artikel des Danziger Holzhandels um 1400 waren Wagenschoß und Klappholz. Von einem geachteten Holzhändler hat Th. Hirsch darüber folgende Belehrung erhalten: „Aus dem eichenen, astfreien Stamme von 10 bis 12 Fuß Länge und bis 30 Zoll Durchmesser werden 2 bis 4 Stücke in der Richtung des Längendurchschnittes so geschnitten, daß sie frei von dem inneren weicheren Kern („Seele" oder „Peddick") und richtspaltig sind. Diese Stücke nennt der Engländer „Wainscot-logs". Bei uns aber werden nicht nur diese Stücke, sondern auch die aus ihnen gespaltenen zehnzölligen Dielen Wagenschoß genannt. Diese Dielen in der Stärke von ½ bis 1 Zoll werden zum Bootsbau und zu Verkleidungen verwendet. — Klappholz wird aus eichenen, aber auch aus buchenen Stämmen in derselben Weise gespalten; jedoch dürfen die Dielen nur 5 bis 9 Zoll stark sein und mindestens 5 Fuß Länge haben, so daß also auch der Abfall der Wainscot-logs dazu verwendet werden kann. Man braucht es zu Zimmermanns- und anderen Hobelarbeiten oder zu „Faßdauben". „Wainscot-logs" heißt auf deutsch wörtlich: Verkleidungsklötze, also Holzklötze, aus denen Bretter für Verkleidungen geschnitten werden sollen. — Krünitz[3]) erwähnt (1781) „Wagenschrot" als das Werkholz der Wagner oder Stellmacher. Welches Holz damit gemeint sein soll, wird nicht gesagt, vielleicht ist infolge einer schlechten Schreibweise eine irrtümliche Verbindung mit den Wagnern erst von ihm konstruiert worden, und er wollte das alte „Wagenschoß" anführen. Das Klappholz erwähnt auch Krünitz (1781) als dasjenige, aus dem die Böttcher ihre Stäbe (Faßdauben) schneiden. — Unter Klappholz bezeichnete man in Stettin Mitte des 16. Jahrhunderts eichene oder buchene Planken von 5 bis 9 Zoll Stärke und mindestens 5 Fuß Länge; es wurde von Böttchern gekauft. Unter Eichenknarrholz verstand man zur selben Zeit dort dünne eichene Bretter.

Über den Verkauf des Holzes in Berlin sagt Voigt[4]), daß die gebräuchlichsten Holzarten wie Kienen, Erlen- und Eichenholz zu Brettern

[1]) Die Preise haben sich also von Masovien bis Yarmouth verfünffacht; hier ging freilich die Reise ein gutes Stück über das Meer, doch kann man sich immerhin eine Vorstellung machen, wie sich das Nutzholz für die Handwerker auch in deutschen holzarmen Gegenden verteuerte. Fühlbar ist dem einzelnen Tischler dieser hohe Preis wohl nicht direkt geworden, weil er einen entsprechenden Aufschlag auf sein Fertigprodukt ruhig nehmen durfte, das heißt, so lange seine Zunft imstande war, den Verbraucher zwangsweise zu verhindern, dieselbe Ware an anderen Orten billiger einzukaufen. Groß würde ja übrigens die Ersparnis des Käufers nicht geworden sein, da auf das anderwärts billiger eingekaufte Fertigprodukt annähernd die gleichen Transportspesen zur Heimatstadt gekommen wären wie bei dem Rohholz. Die reelle Handelskonkurrenz war also nicht eigentlich zu fürchten, wohl aber die der umherziehenden Markthändler, die zwar ihre Transportspesen nicht berechneten, jedoch diese in einer Minderung der Qualität wieder hereinbrachten, dazu billiger lebten und arbeiteten wie die städtischen Handwerker.

[2]) Kämmerei-Rechnungen der Stadt Hamburg. Bd. IV, S. 468.

[3]) A. a. O., Bd. 24, S. 728.

[4]) Voigt a. a. O., S. 333.

geschnitten, schock- oder mandelweise gekauft wurden. Zu eingelegten Arbeiten und zu Furnieren verwandte man Nußbaum-, Taxbaum-, Zypressen-, Buchsbaum-, Ebenholz u. a. m., das man stück- oder pfundweise erstand. Voigt gibt dann nach Sprengels Handwerke in Tabellen[1]) folgende Holzpreise des Jahres 1767: Pfund Cedernholz 6 bis 8 Groschen, Buchsbaum 2 bis 4 Groschen, Mandel Erlenholz 15 Taler, Schock Kienenholz 30 bis 35 Reichstaler. (Die Bretter hatten die noch heute gebräuchliche Länge von 24 Fuß.) Das Kienenholz hatte Ende des 19. Jahrhunderts noch beinahe denselben Preis, nämlich 90 bis 150 Mk.; ebenso Erlenholz, nämlich für das Schock 160 Mk.

Nach Gilly[2]) wurden um 1800 in Preußen für Bautischlerarbeiten folgende Hölzer verwendet und mit den beigefügten Preisen verrechnet:

1	eichene Bohle,	24 Fuß lang u.	12—15 Zoll breit,	3 Zoll dick	3 Thlr.	— Gr.	— Pf.
1	„ „	24 „ „ „	12—15 „ „	2½ „ „	2 „	12 „	— „
1	„ „	24 „ „ „	12—15 „ „	2 „ „	2 „	— „	— „
1	„ „	24 „ „ „	12—15 „ „	1½ „ „	1 „	8 „	— „
1	„ „	24 „ „ „	12—15 „ „	1¼ „ „	1 „	— „	— „
1	kienene „	24 „ „ „	12—18 „ „	4 „ „	2 „	— „	— „
1	„ „	24 „ „ „	12—18 „ „	3 „ „	1 „	16 „	— „
1	„ „	24 „ „ „	12—15 „ „	2½ „ „	1 „	10 „	— „
1	„ „	24 „ „ „	12—15 „ „	2 „ „	1 „	— „	— „
1	Spundbrett,	24 „ „ „	12—15 „ „	1¼ „ „	— „	18 „	— „
½	„	24 „ „ „	12—15 „ „	1½ „ „	— „	15 „	3 „
1	Tischlerbrett,	24 „ „ „	12—15 „ „	1¼ „ „	— „	12 „	— „
1	Dachlatte,	24 „ „ „	1¾ „ „	1¼ „ „	— „	3 „	— „

(Eine Anzahl von Arbeiten, bei denen diese Bretter und Stärken verwendet wurden, findet man auf Seite 376.)

B. Leim.

Der Leim wurde sicher beim Händler gekauft; er war auch Handelsartikel von Stadt zu Stadt. In Straßburg wurde 1450 der Zoll für Leim wie folgt festgesetzt: „Item ein ome (Eimer) vogellymes gilt 1 b Pfg. jede hand", d. h., sowohl der Käufer wie der Verkäufer mußten der Stadt diesen Zoll entrichten, doch konnte der Käufer ihn sich vom Verkäufer wieder zurückfordern. — „Item ein zentener hornlyme ode (oder) zehe lym git (gibt) pfunt zolle."

Daß der Handel mit Leim von den Zünften der holzverarbeitenden Gewerbe jemals beeinflußt oder gar von ihnen selbst betrieben worden wäre, dafür hat sich keinerlei Anhalt in den Urkunden und Akten gefunden. Nur eine einzige Stelle weist darauf hin, daß der Leimhandel (vielleicht wegen künstlicher Preissteigerung?) gelegentlich den Zünften unbequem werden konnte: die Schreinerzunft in Zürich wollte 1717 dem Hauptmann St. Jacob Zur Eichen drei Säcke Leim wegen Handels konfiszieren; sie wurde aber gezwungen, diesen Arrest aufzuheben und dem Hauptmann sogar noch 5 Pfund Kosten zu zahlen.

---

[1]) Erste Ausgabe. Berlin 1767, S. 61.
[2]) A. a. O., S. 433.

C. Werkzeug.

Zuerst seien einige Worte über die Nägel und anderes Eisenmaterial gesagt; sie wurden selbstverständlich vom Nagelschmied hergestellt — aber nicht, wie das ja auch kaum denkbar gewesen wäre, auf Bestellung — und zwar in so großen Quantitäten, daß sie zu Handelsartikeln wurden, und man sie, zum Beispiel um 1450, nach Straßburg von außerhalb einführte. Damals erhob die Stadt Straßburg für „alle iserin nagel und syntellen“, unter letzteren waren wohl die Klammern der Zimmerleute zu verstehen, einen Pfundzoll vom Käufer und vom Verkäufer, wie beim Leim.

Das eigentliche Werkzeug der Schreiner, als Hobeleisen usw., fertigte der Waffenschmied des Ortes an, während sich natürlich die Schreiner die dazu gehörigen hölzernen Teile selbst herstellten. Daß ein eigentlicher Handel mit solchem Werkzeug stattgefunden hätte, ist kaum anzunehmen; auch die Stelle in der Schreinerordnung von Essen, 1660, die den „Vorkauf“ von „Gereitschaft“ verbot, wird sich wohl kaum darauf bezogen haben. Auf den Jahrmärkten konnte, wie alles andere, freilich auch Werkzeug gekauft werden.

In Cöln bestand im Jahre 1756 eine Verfügung, daß jeder Schreiner sein Werkzeug nur an dem Orte, in dem er wohnte, kaufen durfte. In diesem Jahre wurde der Schreinermeister Peter Höck aus Cöln am Cölner Stadttore verhaftet und auf die Wache geschleppt, weil er in Mühlheim auf dem dortigen Markte für ½ Reichstaler Beißeln, Schabeisen und „Börger“ (Bohrer) gekauft hatte, die man, wie er behauptete, in Cöln überall haben konnte. (Also lag nicht etwa ein Schutz der Zunft gegen fremdartiges Werkzeug, sondern wohl ein Zollvergehen vor.) Der Gewaltrichter Bianco (der alte Gegner der Cölner Schreiner, vgl. S. 427) strafte den Meister Höck um 1 Reichstaler, wodurch dieser, wie es scheint, unehrlich geworden war, bis er die Strafe erlegt hatte, gegen die er übrigens appellierte; jedenfalls suspendierte ihn das Amt von seinem Handwerk und ließ ihn auch nicht wieder zu, obwohl ihm das vom Rat mehrfach befohlen wurde. Sie tat das aber nicht, um Höck damit zu strafen, sondern um dessen Sache gegen den Gewaltrichter zu der ihrigen machen zu können. Im Laufe des Prozesses wurde daran erinnert, daß nach dem Transfix auf dem Verbandsbrief der Cölner Zünfte („durch Bürgermeister und Rath, forth Gaffel, ampten und gantzer Gemeinde aufgerichtet anno 1513“) bestimmt worden wäre, daß kein „kgl. Bürger“ angetastet werden dürfte. (Also handelte sich's um Verhaften wohl mehr als um den verbotenen Werkzeugkauf?) Es wurde ein Gutachten der juristischen Fakultät in Manny eingeholt. Bianco mußte sein Amt niederlegen, sich mit Höck vergleichen und auch die Kosten der Zunft zahlen.

Über die Preise der Werkzeuge geben einige Dokumente Aufschluß:

In Stuttgart kostete 1623 ein Handbeyhel 2 Gulden, ein Fugeisen 48 Kreuzer, ein rauch Bankeysen 36 Kreuzer, ein Schlichteisen 20 Kreuzer; ferner ein Tutzet (Dutzend) Steineisen, klein oder groß, eines umb 15 Kreuzer zu haben.

Im Jahre 1652 kam folgender Erlaß: „Schreiner-Werkzeug-Tax für Waffenschmid, wie sich hierüber die Städt unnd Aembter Studtgart, Candstadt, Weiblingen, Eßlingen, Leonberg und Deckendorff under einander eine Taxa vereinbaret. Ein Handbeihel von 10 biß 13 Batzen, ein Zugeisen 40 Kreuzer, ein Rauchbanck Eisen 10 Kreuzer, ein Schlichteisen 8 Kreuzer, ein Schirpffeisen 8 Kreuzer, ein Dutzet Steineisen, klein und groß (für das Stück) 7 Kreuzer. Die Preise wurden also ganz erheblich, teilweise um mehr als die Hälfte heruntergesetzt, ein Beweis, daß bisher die Schreiner von den Waffenschmieden recht tüchtig übervorteilt worden waren.

Eine weitere, nicht unbeträchtliche Preisermäßigung brachte die Taxe für Schreiner-Werckhzeug, die in Göppingen im Jahre 1669 herauskam; sie enthielt folgende Preise: Ein Handt Beyhl von 36 biß 44 Kreuzer, ein Züeg Banckh Eyssen von 10 biß 12 Kreuzer, ein Raw Banckh Eyssen 10 Kreuzer, ein Schlicht Eyssen 7 Kreuzer, ein Schüepff Eyssen 6 Kreuzer.

Ein Zollstab wurde im 18. Jahrhundert in Zürich mit 24 Kreuzern bezahlt.

6. Der Auftrag des Konsumenten.

Die Handwerker der früheren Zeiten haben fast nur auf direkte Bestellung des Konsumenten gearbeitet, und die Form der spekulativen Herstellung von Lagervorräten hat sich bekanntlich erst in den späteren Jahrhunderten herausgebildet. Trotzdem die Bestellung der Arbeit also von Fall zu Fall erfolgte, hat sie inhaltlich doch wohl keine große Verschiedenheit in der Form bedingt. Auftraggeber und Handwerker vereinbarten sich über die allgemeinen Gesichtspunkte: Lieferungstermin, Maße, Bezahlung, Beschaffung des Materials usw., und die Auftragerteilung erfolgte in den meisten Fällen nur mündlich und wurde mit einem Handschlag besiegelt. Wir haben auf Seite 283 bereits einen Auftrag erwähnt, den der Rat der Stadt Lübeck dem Meister Tönnies Evers im Jahre 1594 erteilte. Meister Tönnies, „de Snyddeker", mußte angeloben, das Portal zu dem neuen Ratsgemach sofort zu beginnen und fertigzumachen, keine andere Arbeit dazwischen zu unternehmen, bevor der Auftrag vollendet war; er gab für die Erfüllung dieses Versprechens seinen Handschlag, und damit war die Angelegenheit formal erledigt; doch wurde freilich eine nicht näher festgelegte Strafe für den Fall der Nichterfüllung des Auftrages von ihm anerkannt. Dieser Fall trat nun tatsächlich ein. Schon einen Monat nach den ersten Abmachungen wurde vor dem „Strafherrn" ein Protokoll aufgenommen und Evers ernstlich ermahnt, die übernommene Verpflichtung zu erfüllen, jetzt bei Androhung einer „ernstlichen" Strafe und Niederlegung des Handwerks.

Derartige Zwangsmittel waren natürlich den privaten Auftraggebern nicht zu Gebote. Doch standen sich Auftraggeber und Arbeitnehmer nicht so durchaus als freie Vertragschließende gegenüber, wie man wohl annehmen möchte, vielmehr kümmerte sich die Obrigkeit sehr eingehend um die Gestaltung ihres gegenseitigen Verhältnisses. Sie wollte vor allen Dingen die Rechte des Konsumenten grundsätzlich gewahrt wissen und anderseits die Handwerker in strenger Zucht zur Erfüllung der ihnen — zur Ehre des Handwerks — verliehenen Ordnungen anhalten. Vereinbarungen der Handwerker, die geeignet gewesen wären, die Aufrichtigkeit des geschäftlichen Verkehrs zu stören, wurden unter keinen Umständen geduldet. Als zum Beispiel die Zimmerleute in Frankfurt am Main — als streikende Produzenten — im Jahre 1355 versuchten, durch Verabredung unter sich den vom Arbeitgeber zu zahlenden Lohn zu erhöhen bzw. den Bauherrn durch Verschleppung seines Auftrages zur Erfüllung der Forderungen zu zwingen, wurden ihnen vom Rat der Stadt außerordentlich strenge Strafen angedroht. (Vgl. S. 112.) Ein so scharfes Durchgreifen der Behörde war anfänglich sicher notwendig, weil die notwendige Selbstdisziplin den Handwerkern noch fehlte. Die in den Ordnungen festgelegten, das Verhältnis zwischen Arbeitgeber und Arbeitnehmer betreffenden Bestimmungen beziehen sich meistens auf die Verhältnisse an einem Hausbau, da diese Art der Arbeit die häufigste gewesen ist und ja auch ein Teil des Mobiliars unbeweglich in die Räume eingebaut wurde.

Die Augsburger Kistler-Ordnung von 1550 sagt im 8. Artikel, daß kein Meister die Bauarbeit ohne Einverständnis des Bauherrn, noch ohne „Gunst, Wissen und Erlaubnis" des Bürgermeisters verlassen oder unterbrechen durfte; wer dieses Verbot übertrat, wurde mit zwei Gulden bestraft. Der Meister, der mit einem Bauherrn einen Vertrag abgeschlossen hatte, war nicht berechtigt, seinerseits die Arbeit etwa einem anderen weiterzuverdingen; die eben erwähnte Augsburger Ordnung bestimmte, daß er sie selbst vollenden und keinem anderen Meister oder Gesellen weder andingen noch verleihen durfte, „in keinem wege", bei einer Strafe von zwei rheinischen Gulden. Mit diesen Bestimmungen war dem Bauherrn nicht nur eine zeitliche Stetigkeit in der Vollendung, sondern auch eine Gleichmäßigkeit in der äußeren Form der Arbeit gesichert. Damit nun die Meister sich nicht darauf hinausreden könnten, sie wären nicht imstande, eine übernommene Arbeit selbst zu vollenden, weil sie zu sehr beschäftigt wären, verbot ihnen die Augsburger Ordnung die gleichzeitige Annahme mehrerer größerer Aufträge. Kein Meister durfte mehr als zwei größere Bauaufträge auf einmal in Ausführung haben, doch war es erlaubt, kleinere Bestellungen, die nicht mehr als acht Tage Zeit in Anspruch nahmen, zwischendurch zu erledigen. Wer dieses Gebot überschritt, wurde vom Rat „schwer" gestraft. Um endlich die Auftraggeber dafür sicherzustellen, daß der Meister, mit dem sie den Vertrag abschlossen, auch wirklich imstande wäre, die Arbeit in angemessener Weise durchzuführen, erlaubte ihnen die Ordnung der Schnitzer in Riga 1541, eine Bürgschaft von ihm zu verlangen; diese Bürgschaft mußte ein anderer Meister des Amtes übernehmen und das, was etwa verdorben war, prüfen, damit dem Besteller „synem kopmanne", voll genug geschehe.

Als in späterer Zeit die Möbelkunst sich mehr und mehr zur Stilkunst entwickelte und an den einzelnen Handwerker immer höhere Anforderungen stellte, war es nicht ungewöhnlich, daß die Besteller von dem Meister, dem sie die Arbeit anvertrauen wollten, die Vorlegung eines zeichnerischen Entwurfes verlangten. In der Stettiner Rolle 1572 wurde, weil es offenkundig war, daß manchmal Meister eine „stattliche und ansehnliche Arbeit" übernahmen, welche weder sie noch ihre Gesellen nach des Bauherrn Gefallen zu fertigen fähig waren, gesetzlich vorgeschrieben, daß jeder Meister, welchem aufgetragen worden, eine solche Arbeit zu machen — „es sei an brostgetaffel (Wandtäfelung) thurgerichten, decken, kasten, bettstetten oder anderem, so er aus grund der funff seulen und gantzen, halben oder gebrochen cirkell, mit guten capitteln (Capitälen), tachengen (Zacken) auch vortreffter, vorhobener (erhabener) und eingelegter Arbeit" —, vorher eine „Visierung" seinem Auftraggeber vorlegen mußte „zur Verhütung vergeblicher Kosten und Widerwillens". Wenn er sich dessen weigerte, war der Bauherr berechtigt, einen fremden Gesellen für die Arbeit anzunehmen. Es ist aber auch vielfach der Brauch gewesen, daß die Auftraggeber selbst, besonders die Kirchenherren, eigene Zeichnungen und Entwürfe den Handwerkern in die Hand gaben, nach denen sie sich genau zu richten hatten. Überhaupt waren die Kirchen in der Erteilung ihrer Aufträge viel vorsichtiger und pflegten sich durch Festlegung von verschiedenen Einzelheiten gegen etwaige Rückschläge zu sichern; nicht selten kam es auch vor, daß der Auftrag in Form eines schriftlichen Vertrages erteilt wurde. Ein Beispiel dafür wollen wir hier anführen.

Im Jahre 1736 wollte der Bürger Johannes de Lassale der Kirche B. M. V. in Horto (Mariengarten) einen Altar stiften und bat den Pater confessarius (Beichtvater), einen Meister mit der Arbeit zu beauftragen, behielt sich aber die Genehmigung vor. Der Pater verhandelte gleichzeitig mit den Meistern Christian Evertz und Walramus Roß und akkordierte endlich mit Roß. Lassale wollte diese mündliche Abmachung nicht anerkennen, sondern schloß seinerseits mit dem Meister Johann Gossens einen schriftlichen Vertrag, und zwar zu einem um 10 Rthlr. billigeren Preise, als Roß gefordert hatte. Aus dem nun entstandenen Streit ging Gossen siegreich hervor. Der mit ihm abgeschlossene Vertrag hatte folgenden Wortlaut:

> Kundt und zu wissen seye hirmit jedermanniglich, so dieses werden lesen oder hören lesen, wie daß heute dato unten gemelt wegen Erbauung eines Hohen Altars in der Kirchen des Closters Jungfern B. M. V. in Horto Cistercienserordens dahier in Cöllen zwischen dem wohlachtbaren Herrn Joanne de Lassale einerseith sodann Ehrsamen Meister Joanne Gossen andererseith gegenwärtiger Contract geschlossen worden und zwarn:
>
> Erstlich soll obengenannter Meister Joannes Gossen an verzeignetem Altar mit vier Pilahren und sechs Pilahren alle Schreinerarbeit nötig anschaffen.
>
> Zweytens ist ausdrücklich verabredet worden, daß wenn wider Verhoffen von obengemeltem Joanne Gossen einiges Holtz von Unparteiischen zu solchem Werk vor nichts tauglich erkennet werde, obschon es auch verfertiget wäre, er alsdann gehalten seyn solle, an Platz dessen anderes anzuschaffen.
>
> Drittens soll obgemelter Meister schuldig seyn, den Altar auf seine Köstten, sie mögen Namen haben, wie sie wollen, aufzurichten.
>
> Viertens soll obgemelter Meister alle Nägel zu dieser Arbeit und Holtz notwendig anschaffen.
>
> Fünftens hat obgemelter Meister ausdrücklich versprochen, den Altar in Zeit von zehn Monaten völlig zu verfertigen.
>
> Sechstens hat Herr Joannes de Lassale ihme Meister Gossen accordiert vor diese seine Arbeit sechshundert sechszig fünf courante Reichsthaler.
>
> Zu wessen Urkundt haben sie beyde dieses heut dato so gewesen 9. August in eigener Handt unwiederruflich bekennet und unterschrieben oder sie beyde jederzeits darvor anzugreifen.
>
> 1736. Joannes De Lassale. Joannes Gossen.

Zum Ersatz verpfuschter Arbeit waren die Meister selbstverständlich verpflichtet. Der Auftraggeber brauchte nur die Hilfe der Zunft bzw. des Rates anzurufen, worauf die Kontrollmeister des Amtes abgesandt wurden, um den Schaden zu prüfen und zu taxieren. Die Schnitzer-Ordnung von Riga 1541 sagt darüber: Wenn ein Meister einem Bürger in Häusern oder Steinhäusern („hüsern offte stenhüsern") arbeitet und sie sich nicht einig werden können oder der Meister das Versprochene nicht hielte und dem Kaufmann das Holz oder Material verdürbe („tho nichte brechte"), so sollen zwei Meister des Amtes dies abschätzen und den Wert der Arbeit erkennen, damit Niemandem ein Unrecht geschehe.

Die Qualitätskontrolle[1]) bildete eins der wichtigsten Kapitel im späteren Zunftleben. Noch im Jahre 1355 war eine organisierte Gewerbepolizei in diesem Sinne in Frankfurt am Main — außer bei Bäckern, Metzgern und Wollenwebern — unbekannt, ein Zeichen dafür, daß die Verstöße gegen Treu und Glauben noch nicht gar zu häufig vorkamen, bzw. daß die Erfüllung der Aufträge wegen der Einfachheit der gegenständlichen Form noch keinen zu großen Schwierigkeiten begegnete.

Schon im Jahre 1424 finden wir aber in München die Qualitätskontrolle, die etwaigen späteren Streitigkeiten mit dem Abnehmer vorbeugen und die Ehre des Handwerks wahren sollte, vollkommen organisiert. In der Kistler-Ordnung dieses Jahres wurden die vier geschworenen Meister dazu angehalten, in den Werkstätten der Angehörigen der Zunft herumzugehen und jede Arbeit, die sie „unredlich oder untreulich" gemacht fänden, fortzunehmen und vor den Rat oder Bürgermeister zu bringen, damit die schlechten Arbeiter gestraft würden. Es wurde aber verboten, daß die Zunft die Strafe, wie es vorher der Brauch gewesen war, eigenmächtig ohne Anrufung des Rates verhängte.

---

[1]) Ueber den „Ursprung der Qualitätskontrolle" und den in ihr ruhenden Rechtsbegriff sagt Rud. Eberstadt in seinem Buch „Der Ursprung des Zunftwesens" auf S. 285 folgendes: „Auf keinem zweiten Gebiet hat wohl das Zunftwesen einen solchen Umschwung in den Anschauungen des ihm voraufgehenden Zeitabschnitts herbeigeführt, wie in der Markt- und Verkehrspolizei. Die Marktpolizei bot von altersher im römischen Recht wie im frühmittelalterlichen Verkehr dem Käufer einen Schutz gegen Betrug. Käufer und Verkäufer stehen sich hierbei in Vertragsfreiheit gegenüber. Der Käufer soll prüfen und seine Vorsicht und sein eigenes Urteil gebrauchen; der Verkäufer dagegen haftet für die wesentlichen Eigenschaften und die erheblichen Mängel der Sache. Hat der Verkäufer durch falsches Maß, falsches Gewicht oder Unterschiebung schlechter Ware den Käufer betrogen, so wird der Betrug durch den Richter bestraft.

Das genaue Gegenteil — und das hat man bisher nicht beachtet — will die zünftige Auffassung, indem sie dem Verkäufer die erste Verantwortung aufbürdet und ihn mit der Wahrung der Rechtlichkeit im gewerblichen Verkehr beauftragt. Ob eine Ware ehrlich und marktgängig ist, darüber entscheidet nach Zunftrecht zunächst gar nicht das Urteil des Käufers, sondern das des Verkäufers. Bis zum Betrug läßt es das Zunftwesen nicht kommen; strafbar ist jetzt in erster Linie nicht die Uebervorteilung des Käufers, sondern die Herstellung schlechter Ware durch den Verkäufer und hierüber entscheidet das Urteil der Zunft. Niemals konnte sich aus der Marktordnung irgendein grundlegender Rechtssatz der Zunftordnung entwickeln. Die Marktpolizei regelt den Konsum; das Zunftwesen regelt die Produktion. Der Marktrichter bestraft den Betrug, die Zunft schützt den Verkehr, indem sie ihn auf die Ehre und Ehrlichkeit der Arbeit gründet. Diese Auffassung ist es, die die Entstehungszeit des Zunftwesens kennzeichnet."

Diese allgemeine Gewerbeschau ist in der Form, daß damit beauftragte Meister regelmäßig die Werkstätten ihrer Genossen besuchen und sich dort jedes in Arbeit befindliche Stück genau ansehen mußten, dann bald im einzelnen sehr genau ausgebildet worden. In München waren die Handwerke verpflichtet, sich in dieser Kontrolle gegenseitig zu unterstützen. Zum Beispiel durften die Kistler im Jahre 1430 keinerlei „schloßwerch noch geschmeid" anschlagen, es sei denn von den vier Schaumeistern der Schlosser vorher besichtigt worden. In einem Nachtrag aus dem Jahre 1488 wurde den Münchener Kistlern zur Pflicht gemacht, keine Kreuzfenster aus ihren Werkstätten herausgehen zu lassen, die nicht vorher von den geschworenen vier Meistern besichtigt worden wären; der gleichen Kontrolle waren auch die Truhen und Spanbetten unterworfen. Wer gegen diese Verordnung verstieß, mußte für jedes Stück 10 Pfennig in die Büchse des Handwerks zahlen. Im Jahre 1532 wurden die Münchener Schaumeister verpflichtet, die werkgerechten Fensterrahmen und Türgerichte mit ihrem Stempel, d. h. mit dem Zeichen des Mönchs, zu versehen, und es durften grundsätzlich Gegenstände dieser Art ohne Stempel nicht verwendet werden; wer die Verordnung nicht beachtete, mußte von jedem Schilling 4 Pfennig in die Handwerkskasse erlegen.

In Lübeck wurde bei den Kunthormachern im Jahre 1474 eine jährliche (!) Arbeitskontrolle eingerichtet. Die Älterleute des Amtes mußten zu zweit in den Werkstätten die Arbeit aller Angehörigen der Zunft besichtigen und die schlechten Gegenstände vor die Strafherren bringen; es waren ihnen gewisse Fehler besonders genannt worden, auf die sie sorgfältig zu achten hatten. So z. B. sollten sie darauf sehen, daß keine offenen Fugen stehenblieben oder daß sich kein Splind („spynd") in den Fugen befände. Die schlechten Arbeiter mußten nicht nur für jedes verdorbene Stück ein Pfund Strafe zahlen, sondern auch denjenigen, denen sie die Arbeit verpfuscht hatten, Schadenersatz leisten. In Lüneburg ging 1498 der Altermann der Tischler und Schnitzer gemeinsam mit dem Altermann der Maler auf die Handwerksschau, und zwar war ihnen keine besondere Zeit hierfür vorgeschrieben, sondern sie sollten die Besichtigung vornehmen, wann es ihnen bequem wäre; sie waren eidlich verpflichtet, streng auf die Zahlung der Strafe zu dringen und jährlich mit dem Rat abzurechnen. Dieselbe Bestimmung ist auch in der Ordnung des Jahres 1524 enthalten. In Wien hatte die Gewerbeschau im Jahre 1527 einen streng obrigkeitlichen Charakter[1]).

In Augsburg mußten 1550 von den vier Schaumeistern je zwei einmal monatlich alle Werkstätten besuchen, damit im Interesse des Handwerks „gute fleißige Arbeit" gemacht wurde. Die Vorschrift erwähnt, daß es so von Alters her gehandhabt worden wäre. Die Schaumeister sollten bei ihrem Eid und nach bestem Verständnis gut für gut und bös für bös anstreichen. Von den Stücken, die sie als bös angestrichen hatten, mußte von jedem Gulden des Verkaufspreises ein „Behm" in die Kasse des Rates gezahlt werden. Auch hier waren besondere Fehler erwähnt, auf die genau geachtet werden mußte:

[1]) Mascher a. a. O. S. 258.

nämlich aufgeleimtes Papier, das als Holz ausgegeben wurde usw.; derartige Stücke wurden ohne weiteres konfisziert. Die Fensterrahmen, auf deren sorgfältige Herstellung vor allem streng geachtet wurde, waren auch hier der Gegenstand eingehender Prüfung, und sie durften nicht ungeschaut ausgegeben werden. Eine Ausnahme war hier gestattet, wenn der Bauherr nicht auf die monatliche Schau warten, sondern die Fensterrahmen in seinem Hause angebracht haben wollte. In diesem Falle durften die Zargen schon am Hause angebracht werden, doch unter der Bedingung, daß sie noch nachträglich an Ort und Stelle von den Schaumeistern geprüft wurden. Auf diese Schau konnte aber der Bauherr ab 1593 seinerseits verzichten, soweit es sich um Fensterrahmen handelte, die von den Kistlern aus der unverkauften Jahrmarktsware fremder, dem Beispiel der Zimmerleute folgend, erworben worden waren. Wurden die Zargen von dem Schaumeister für gut befunden, so versah er sie mit seinem Zeichen, und darauf durften die Fenster eingesetzt und vollendet werden, um im fertigen Zustand nochmals besichtigt zu werden. Im Jahre 1669 wurde in Augsburg die Qualitätsschau auch auf die auswärtige Jahrmarktsware ausgedehnt. (Vgl. S. 389.) In ähnlicher Weise war auch in Essen im Jahre 1660 eine „fleißige Aufsicht" vorgeschrieben. Die vier geschworenen Schaumeister der Stettiner Tischler, unter denen 1572 stets zwei Älterleute sich befinden sollten, mußten alle Quartal und außerdem auf Verlangen der Bürger die Arbeiten in den Werkstätten und Bürgerhäusern besichtigen oder im Preise abschätzen; für schlechte Arbeiten gab es Geldstrafen. Diese Schau betraf aber, wie es scheint, nur die Stücke, die vier Gulden und mehr wert waren, wenigstens wird diese untere Preisgrenze besonders erwähnt. Auch die vier Schauherren mußten ihre Arbeiten anderen, hierfür bestimmten Meistern zur Prüfung vorlegen. In Frankfurt am Main mußten 1713 ähnlich wie in Augsburg und in München die Fensterrahmen vor ihrer Anbringung gestempelt werden. Dieses Stempeln hatte freilich nicht nur den Zweck, die Tüchtigkeit zu bestätigen, sondern gleichzeitig die Übersicht zu ermöglichen, daß diese Stücke von zünftigen Handwerksmeistern hergestellt waren, und man wollte damit auch die Möglichkeit haben, die in Städten und auf dem Lande zahlreich wohnenden Pfuscher von dieser und anderer, viel gebrauchter Werkarbeit mit Sicherheit auszuschließen. Die Hauptsache war aber für die Behörden der Schutz der Konsumenten.

Das Amt eines Schaumeisters war durchaus nicht einfach, und die dazu bestimmten Meister mußten sich oft einem frechen und beleidigenden Benehmen derjenigen Handwerksgenossen, die bei schlechter Arbeit betroffen worden waren, aussetzen. Um ihnen deshalb eine gewisse Autorität zu verschaffen, wurde in die Handwerksordnungen, z. B. in diejenige der Lübecker Kistenmacher des Jahres 1508, eine Bestimmung aufgenommen, die unbotmäßiges Betragen oder „spitzige Worte" den Schaumeistern gegenüber mit hoher Strafe bedrohte. Anderseits brachte das Amt auch mancherlei Ehren ein, und es kam nicht selten vor, daß ein Schaumeister sogar in eine andere Stadt berufen wurde, um dort sein Gutachten abzugeben. So z. B. bat der Rat in Cöln den Rat in Frankfurt im Jahre 1603, zwei Schaumeister des Schreinerhandwerks auf seine Kosten nach Köln zu senden, um über einen strittigen Fall zu entscheiden. In Worms hatte im Jahre 1610 der Stadtschreiner „Mahlzeichen auf der Malefikanten Galgenräder gemacht“ und Frankfurter Meister sollten diesen Fall begutachten. Doch ist es nicht ganz klar, ob es sich hier um die Frage der Qualität der Arbeit handelte oder ob eine Tätigkeit vorlag, die den Stadtschreiner in den Augen seiner Genossen hätte „unehrlich“ machen können. Auf alle Fälle durfte das Amt des Schaumeisters nur von den wechselweise damit beauftragten Meistern ausgeübt werden. Selbst die Behörde durfte sich keiner anderen Gutachter bedienen als derer, die von den Zunftgenossen jeweils gewählt worden waren. In Cöln hatte das Ratsgericht im Jahre 1725 von sich aus direkt zwei Schreinermeister ersucht, als Sachverständige einen Tisch zu besichtigen; die Zunftmeister kamen dahinter und verboten den betreffenden Schreinermeistern, die doch nur einer obrigkeitlichen Aufforderung gehorcht hatten, ihre Gesellen und Lehrlinge. Auch die Schreiner selbst durften ohne Erlaubnis der Amtsmeister keine Sachverständigen zur Prüfung ihrer Arbeit auffordern. Der Schnitzler Hendrich Peters von Unreidt hatte vorn Herrn Johann von Jülich in Cöln 1649 für Schreinerarbeiten 75 Rtlr. und für einen Kirchenstuhl 18 Rtlr. gefordert. Die Amtsmeister strichen ihm, vom Besteller zum Taxat eingeladen, 25 Rtlr. ab. Hendrich verlangte dagegen eine „unparteiische“ Besichtigung und suchte, als ihm diese beleidigende Forderung nicht bewilligt worden war, selbst eine andere Schätzung herbeizuführen. Das Amt strafte ihn, weil er „mit Vorbeigehung der Amtsmeister verschiedene Commentiones“ hatte einstellen lassen.

Die Schaumeister, in Augsburg auch Bußmeister genannt, versäumten mit der Schauarbeit selbstverständlich viel Zeit, und es steht nicht fest, ob sie von Anfang an genügend dafür e n t s c h ä d i g t wurden, vielmehr ist anzunehmen, daß sie ihr Amt fast ehrenamtlich ausübten. Als in Augsburg im Jahre 1593 die Kistler zusammentraten, um über die außerordentliche Überfüllung ihres Handwerkes und die daraus entstandenen Schäden zu beraten, forderten die jungen Meister, die Bußmeister sollten künftig besser auf die „Verbrecher“ Achtung geben. Die über das Kistlerhandwerk Verordneten erkannten an, daß sich in der Ausübung der Schau gewisse Mißstände herausgebildet hätten; so z. B. hätten die Bußmeister im abgelaufenen Jahre von den mehr als 130 in Augsburg tätigen Kistlermeistern nur 18 (!) besucht; man müßte, so sagten die Verordneten, ein bis zwei Personen fest anstellen und ihnen 12 Gulden als Gehalt und außerdem den vierten Pfennig von den bußfälligen Arbeiten geben. Der Rat schloß sich diesem Vorschlag nicht durchaus an, bewilligte aber den Bußmeistern künftig ein jährliches Gehalt von je 6 Gulden. Wenn die Schaumeister zur Entscheidung von Streitigkeiten, die zwischen Auftraggebern und Arbeitnehmern entstanden waren, aufgefordert wurden, so waren auch hier ihre Gebühren von vornherein festgelegt. Der Rat von Ulm fragte im Jahre 1593 beim Rat in Augsburg an, ob es in Augsburg gebräuchlich wäre, daß die drei geschworenen Meister für eine solche Tätigkeit von jedem Gulden der Taxe einen Kreuzer verlangen dürften; in Ulm hätten die Schaumeister der Schreiner ein Objekt auf 459 Gulden und 6 Kreuzer taxiert und verlangten nun von jeder der streitenden Parteien 7 Gulden; die Arbeit hätte ihre Zeit zweieinhalb Tage in Anspruch genommen. Nach Verständigung mit dem

Kistlerhandwerk antwortete der Rat von Augsburg zustimmend und erwähnte, diese Gebührenfestsetzung wäre nicht nur in Augsburg, sondern auch anderwärts der Brauch. Die vorher erwähnte feste Besoldung der Schaumeister hatte aber auch ihren Nachteil, denn schon wenige Jahre nach der Bewilligung fester Gebühren wurde in Augsburg geklagt, daß die Bußmeister sich darauf verließen und in ihrer Arbeit lässig würden. Die Bußmeister hatten nämlich wohl ihr Gehalt eingesteckt, aber nur drei Gulden Strafgelder vereinnahmt; diese geringe Einnahme zeigte nicht nur, daß die Schau ungenügend ausgeübt worden war, sondern sie reichte nicht einmal, wie es eigentlich ihre Bestimmung gewesen wäre, dazu aus, die feste Besoldung der Bußmeister zu decken. Durch Senatsbeschluß wurden nun die festen Bezüge wieder aufgehoben, und die Schaumeister erhielten von da an ein Drittel der konfiszierten Beträge. Genauer gehen diese Beträge der Augsburger Bußmeister aus einem Aktenstück des Jahres 1625 hervor; sie erhielten von der Buße, die von jedem Gulden 30 Kreuzer betrug, die Hälfte, „damit sie in ihrem Beruf und Dienst desto fleißiger wären". Als im Jahre 1639 in Augsburg bestimmt wurde, daß alle Ebenholzarbeit, die als kostspielig außerordentlich viel gefälscht wurde, künftig von den Geschworenen mit der „Stattbir", dem Stadtzeichen, und dem Wort „Eben" gezeichnet werden müßte, wurde den geschworenen Schaumeistern für jedes Einschlagen dieses Zeichens ein Pfennig bewilligt.

Die Wahl der Schaumeister war in Augsburg und wohl auch in anderen Orten, wie alle Wahlen, der Genehmigung des Rates, der ja die Interessen der Allgemeinheit zu vertreten hatte, unterworfen. Wenn die Amtsdauer eines Schaumeisters ablief, legte die Zunft dem Rat eine Liste vor, in der vier geeignete Meister vorgeschlagen wurden, und aus der der Rat dann denjenigen wählte, der ihm genehm war. Es war für das Amt nicht besonders zuträglich, wenn es einem Meister übertragen wurde, der mit viel Aufträgen überladen war. So scheint es den Kistlern in Augsburg im Jahre 1587 mit dem berühmten Meister Wendel Dittrich gegangen zu sein, denn die Vorgeher des Amtes baten den Rat, einen anderen Schaumeister zu wählen, da Wendel Dittrich nach Bayern[1]) verreist wäre und seinem Amt sich nur wenig hätte widmen können. Aus diesem milden Tadel kann man eigentlich herauslesen, daß Dittrich sich um sein Amt so gut wie gar nicht gekümmert hatte. In Frankfurt am Main war es im Jahre 1589 noch der Brauch, daß, wenn das Amt zur Schätzung einer Arbeit aufgefordert worden war, alle Meister des Amtes sich an dieser Besichtigung, die auch einfache und geringfügige Stücke betraf, gemeinsam beteiligten. Dadurch entstand nicht nur den Meistern persönlich, sondern auch ihren Auftraggebern ein erheblicher Verlust; für künftig wurde bestimmt, daß außer den zwei Zunftmeistern noch acht besondere Schaumeister bestellt werden sollten, — eine Zahl, die in Anbetracht des verhältnismäßig geringen Umfanges der Zunft immer noch sehr groß genannt werden muß.

Neben dieser allgemeinen und automatischen Schau der Gewerbeerzeugung ging natürlich die Besichtigung der Meisterstücke einher, und auch

[1]) Wo in München die Fassade der Michaelskirche nach seinen Plänen errichtet wurde. (Vgl. S. 221.)

hier war das Interesse der Allgemeinheit maßgebend; nicht nur, daß nur solche Gesellen zur Meisterschaft zugelassen werden sollten, die ihr Handwerk verstanden, sondern es mußte, wie z. B. die Hamburger Ordnung der Kistenmacher des Jahres 1515 betonte, geprüft werden, ob das betreffende Stück „Kaufmannsware" wäre, also dieselben Bedingungen erfüllte, die man an ein bestelltes Stück Arbeit stellen durfte.

In Augsburg wurden z. B. einmal die Schaumeister von den Schreinern dabei erwischt, als sie den Schrank eines Zimmermans trotz großer Mängel mit „gut" abgestempelt hatten. Darauf wurde der Verkauf dieses Kastens selbstverständlich verboten, „damit niemand betrogen wurde". Der Senat erließ außerdem eine neue Bestimmung, die für die Schaumeister etwas Beschämendes an sich hatte; von jetzt an mußten nämlich immer die Vorgeher mit ihnen gehen, wenn sie die Werkstätten kontrollierten.

Trotz dieser umfassenden vorbeugenden Werkstattkontrolle gelangten natürlich viele Stücke zur Abnahme durch die Besteller, die zu einer Zeit fertiggestellt worden waren, in der gerade keine Besichtigungen stattgefunden hatten. Die Besteller konnten nun nicht nur nachträglich die Besichtigung dieser gekauften Stücke verlangen, sondern waren auch berechtigt, bei etwaigen Anständen die Entscheidung des Schiedsgerichts bzw. der Schaumeister zu fordern. Das Interesse der Konsumenten sollte eben unter allen Umständen gewahrt werden. Die Schreinermeister wurden schon in den allgemeinen Bestimmungen ihrer Ordnungen dazu angehalten, nur gute Arbeit zu liefern. So z. B. in der Lübecker Ordnung der Kunthormacher von 1474, die sie ermahnte, das Holz und das Werk der Besteller nicht zu verderben. Die Ordnung der Kisten- und Luchtenmacher in Hamburg drohte denjenigen Meistern, die eine Arbeit ablieferten, die nicht als „Kaufmannsware" gelten konnte, für den Fall, daß darüber Klage vor den Aeltermann käme, eine strenge Bestrafung durch den Rat an und ließ sie im Straffall außerdem zur Buße eine Tonne Bier an die Handwerksgenossen zahlen. Die Ordnung der Cölner Kistenmacher vom Jahre 1527 zwang den schlechten Arbeiter grundsätzlich, sein Werk vom Käufer zurückzunehmen; andere Ordnungen berechtigten den Besteller, die Annahme von vornherein zu verweigern. Bei diesem Schutz des Konsumenten ist es dauernd geblieben. Z. B. versuchte im Jahre 1805 ein Schreiner in Basel gewissermaßen auf diplomatischem Wege — nämlich durch den Bürgermeister der Stadt —, einen Besteller in Lörrach zu zwingen, eine bestellte Kommode abzunehmen; das Oberamt von Lörrach erwiderte aber, daß es den Besteller nicht dazu anzuhalten vermöchte, weil das Stück nicht nach Wunsch gefertigt worden wäre.

Über den Gang der Beschwerden wegen schlechter Lieferung finden wir einige grundsätzliche Vorschriften. Zum Beispiel sagte die Augsburger Kistler-Ordnung von 1550 darüber, daß, wenn ein Bauherr meinte, ein Meister hätte die in Auftrag genommene Bauarbeit nicht recht, sondern auf andere Weise wie verlangt ausgeführt, er gegen diesen Meister seine „Gerechtigkeit" gebrauchen dürfte; er sollte sich an die durch den Rat für solche Fälle eingesetzte Behörde wenden, und wenn er an dieser Stelle sein Recht nicht finden konnte, die Sache direkt vor den Rat bringen und dessen Bescheid abwarten. Auch das allgemeine braunschweigisch-lüneburgische Reglement von 1692 befaßt sich im § 16 mit der Frage, wie zu verfahren wäre, „wenn eine Arbeit nicht recht verfertiget zu seyn Klage entstehet".

Wie in der Praxis bei solchen Streitigkeiten verfahren wurde, kann an einigen Beispielen gezeigt werden. Die Meisterswitwe Gossens in Cöln hatte im Jahre 1760 dem Herrn J. F. J. Stamberg eine „Lamperey" (Wandverkleidung) geliefert, aber nicht akkordmäßig, „von keinen einerley sondern vielerley farbigten sogar wurmstig-aslichem Holz gestückert, geflicket und verpfuschet, mithin nichts nutz undt untauglich, gleich einem Jeden bey der Besichtigung nicht allein in die Augen gefallen sondern annoch fallet". Die Witwe erbot sich im Gefühl ihrer Schuld, einige Stücke der Arbeit aufs neue zu machen. Darauf ließ sich aber der Besteller nicht ein, denn er wollte eine vollkommene, akkordmäßige Arbeit erhalten. Die Witwe beantragte nun die Entscheidung des Gerichtes, das seinerseits die Schaumeister als Sachverständige herbeirief. — In einem anderen Falle einigten sich die Parteien außergerichtlich auf gemeinsame Sachverständige. Der Meister Schmitz in Cöln hatte im Jahre 1764 dem Bürger Henricus Külgen eine Tabaksmühle geliefert, deren Preis auf 11½ Reichstaler vereinbart und für die bereits 5 Reichstaler angezahlt worden waren. Die Mühle wurde unbrauchbar geliefert und die von beiden Parteien gemeinsam aufgestellten drei Sachverständigen erklärten sie für untüchtig und für nichts gut als zum verbrennen. Auf Grund dieser Entscheidung klagte nun der Bürger auf Rückgabe der Anzahlung. — Im Jahre 1774 klagte in Cöln der Apotheker Joh. Henrich Hundt gegen den Meister Claudy wegen schlecht gelieferter Haustüren, die überall zu klein waren und solche Ritzen zeigten, daß man abends von außen durchsehen konnte; zu dieser Arbeit hatte der Besteller 24 Jahre altes Holz seinerseits geliefert, er erlitt also einen Verlust, der schwer zu ersetzen war. Er rief die vier Amtsmeister des Schreinerhandwerks zur Entscheidung auf und diese erklärten, die Türen seien nicht ordnungsmäßig gemacht, und empfahlen dem Meister Claudy, „sich in der Güthe mit Hundt zu verstehen". Inzwischen verboten sie aber allen anderen Schreinermeistern, auf Verlangen des Apothekers die von Claudy verpfuschte Arbeit ihrerseits zu verbessern und zu vollenden; hierzu glaubten sie sich berechtigt auf Grund der weiter unten behandelten Bestimmung, daß kein Handwerker an die Stelle eines anderen eintreten durfte, solange dieser nicht für die bisherige Leistung von dem Besteller bezahlt worden war. Der Meister Claudy bot nun auch seinerseits vier Sachverständige aus den verdienten Meistern auf, die als seine Kollegen sein Interesse zu wahren suchten; sie gaben kein eigentliches Urteil ab, sondern sagten vorsichtig, sie wollten den Meister Claudy bewegen, er möge die zwei Türen in einen solchen Stand setzen, daß der Apotheker wohl würde zufrieden sein. Außerdem erhoben sie im Interesse des Claudy den seltsamen Einwand, die Türen wären im Taglohn gemacht worden und dafür könnte der Meister keine Verantwortung übernehmen. Es scheint ein solcher Fall vorzuliegen, wie er sich in der späteren Zeit — besonders in Cöln — leider sehr oft ereignet hat, daß nämlich Gesellen, die das Meisterstück der Kosten wegen und vielleicht, weil sie dazu unfähig waren, umgehen wollten, sich selbst Arbeit suchten, sie dann aber scheinbar für Rechnung eines Meisters, der nur den Namen dafür hergab, vollendeten. Für solche, gewissermaßen „wilde" Arbeit wollten die Meister also keine Verantwortung übernehmen, obwohl sie den Gesellenlohn mit den Gesellen teilten. In diesem Falle hatte Claudy ohne das Biergeld täglich 30 Albus erhalten und dem Gesellen davon täglich 7—8 Stüber abgegeben. Es ist ist selbstverständlich, daß Claudy mit diesem Einwand nicht durchgekommen ist. — In einem vierten Falle endlich hat Meister Hexel, ebenfalls in Cöln, im Jahre 1788 einem Bauherrn Fensterrahmen abgeliefert, an denen die zu Sachverständigen bestellten vier Amtsmeister sowohl die Arbeit als auch das Holz für schlecht bezeichneten. Hexel erklärte sich wegen erfolgter Nichtabnahme für geschädigt, weil er doch für diese Arbeit den ordentlichen Gesellenlohn von 38 Reichstalern hätte zahlen müssen. Die Entscheidung des Gerichts lautete: kein Geselle könnte aus schlechtem Holz eine gute Arbeit machen, er selbst hätte eben besser aufpassen müssen; den Amtsmeistern aber wurde aufgegeben, es sich in Zukunft besonders angelegen sein zu lassen, daß kein Besteller mit ähnlicher schlechter Arbeit betrogen würde. Der Meister Hexel trug nun die Fensterrahmen aufs Amt, gewissermaßen, um sie dort zur Verfügung zu stellen; sie wurde ihm als schlechte Arbeit von den Amtsmeistern zerschnitten. Unter dem Vorgeben, diese Entscheidung sei getroffen worden, ohne ihn anzuhören, machte Hexel noch den Versuch, auf dem Klageweg wenigstens den von ihm gezahlten Gesellenlohn zurückzuerhalten, was kaum gelungen sein dürfte.

Die Schau-Sachverständigen hatten aber nicht nur die Interessen der Konsumenten gegen die Handwerker zu vertreten, sondern es kam auch vor, daß sie angerufen wurden, um eine etwa geleistete Mehrarbeit abzuschätzen und den entsprechenden Lohn dem Meister zuzusprechen. Solche Zufälle ereigneten sich besonders dann, wenn die Forderungen des Bestellers beim Vertragsabschluß nicht klar festgelegt worden waren, oder die Arbeit durch irgendwelche Umstände nachträglich erweitert worden war, ohne daß man sich darüber neuerdings vereinbart hätte. Ueber einem besonders interessanten Fall sei ausführlich berichtet, wenn auch leider die endgültige Entscheidung nicht mitgeteilt werden kann:

Am 4. August 1663 beschwert sich der Meister Ulrich Baumgartner (auch Paumgartner genannt) in Augsburg, er habe seit zwei Jahren „bei Herrn Hanns Jacob Raimen, Vornemmen Handelsman und Burgern, in seiner Wohnbehausung, auf dem Weinmarkt gelegen, manchmal mit 3 und über ein Jahr mit 4 Gesellen „underschiedliche Kistlersarbeithen mit sonderm fleiß verfertigt". Er habe verschiedene Male Zahlungen erhalten, aber er sei der Meinung, noch „ein Nambhafftes" verlangen zu dürffen. Er könne H. nicht zur Zahlung bringen und auch nicht zur Schätzung der Arbeit, die er und andere oft vorgeschlagen hätten. Zum Beweis der ursprünglichen Bestellung legte Baumgartner nachstehende „Copia" dem Gericht vor:

„Accord: oder Verdingungsschein
zwischen Herrn Jacob Haym und Ulrich Paumgarttner, Kistler allhie.
(Das Original ist abgefordert worden.)

Anno 1660 am 19. Oktober habe Ich Undterschribner, mit dem Edlen Ehrnvesten Herrn Jacob Haym wegen Einer Arbeit ein Verding gemacht, wie hernach volgt.

Als erstlich ein gehenckhte Stuben Deckhen, schön zierlich sauber unndt fleißig gemacht, von guetem Craußen Aichhorn Holtz gefornierth, die Züer von weisbünden Holtz gefornierth, auch zierlich artlich und sauber gemacht, der Deckhen gleich auch zwey

Thir gericht mit sambt den Thyrnen, auch zwey rundt Saillen unnd ihre Tachungen der Correnterey (Corintherey) gemeß, wie auch ein eingefaßten Fueßpoden von feuchten Holtz, diese arbeith soll guet und wollgemacht werden, auch solle die Zier Schön artlich unnd zierlich geschnidten werden, was die Notturfft erfordert, unnd der Architectur gemeß sein würth, das alles versprich Ich endesunterschribner dem Edlen Ehrenfesten Herrn Jacob Haym, Innerhalb Neün Monath Zeit zu liffern, und zu verfertigen, bey auffschlagung der Arbeith, soll der Herr für mich und meine Leitth pier undt brott verschaffen, habe deßwegen mit dem Herrn gemacht, das Ich allen uncosten soll tragen, außer obgemelten pier unnd brott, darfür solle mir der Herr zubezahlen schuldig sein dreyhundert und zehen gulden.

Des Herrn jederzeith Ergebener

M. Ulrich Paumgarttner

Kistler.

Jacob Haym antwortete, es sei doch „nicht auf künfftige Rechnung oder aestimation sondern fürdingswaiß" abgeschlossen. P. habe den Vertrag nicht nur zeitlich überschritten, „sondern auch anstatt dessen, das er allen uncosten zu tragen versprochen, mir alle Segmiller, Carrer ja sogar das Gesellen Haußgelt und Haußzüns und Beckhen, sambt allen dem, was er sonsten zu diesem Pau vonneten gehabt, auf den Halse geschoben." Er habe dadurch doppelte Aufwendung gehabt. Alles sei bezahlt, auch eine extra für 97 fl. verdingte Kammerdecke. Haym beantragt, P. zur Ruhe zu verweisen und zur Rückzahlung der Unkosten zu verurteilen.

Paumgartner beruft sich auf den Artikel 7 der Kistlerordnung, der laut Kopie folgendermaßen lautet:

> Begebe es sich dan, daß ein Bauherr vermeinte, es hette ein Meister seinen von Ihme angenommenen Bau mit recht, sondern denselben anderst gemacht, alß er Ihme den angedingt und zumachen befohlen, oder ein Meister hette sich übersehen am Lohn oder Fürding, so soll er Bauherr, oder der Meister den Bauherrn, von E. E. Rathe darzue verordnete Geschworene, jedesmalß fürnemen, und so es durch dieselbe mit erreicht werden möcht, die Sach an E. E. Rath gelangen lassen und desselben Beschaid und Austrag erwarten."

Haym antwortet, P. könne doch nicht sagen, daß er durch diese Arbeit in Unvermögenheit gerathen sei, denn es sei „vilmehr das Gegenspiehl" aus den bürgermeisterlichen Amtsprotokollen, den „Pfersamischen" Juden- und Pfandtregistern, ja aus seines eigenen Handtwerckhs Rechnungen zu erweisen", daß er schon vor dieser Arbeit „in die Lumpen verdorben, sein und seines Eheweibs Leib-Claider versetzt habe und sich nicht mehr ehrlich bedecken können. Er werde nicht leugnen können, daß er Haym ihm schon bei Anfang seiner Arbeit Geld vorgestreckt habe, um seine versetzten Möbel auszulösen, den Hauszins zu zahlen, wegen dessen er schon ausgestoßen werden sollte. Er habe für ihn die Schulden bei Bäcker und Metzger gezahlt, seine Frau und Kinder gekleidet, ja er hätte ihm erst Handwerkszeug, das er nicht besaß, machen lassen müssen.

Ratsbeschluß vom 25. Oktober 1663: Paumgarttner soll über die Arbeit ordentlich Rechnung ablegen.

P. produziert folgende Rechnung:

> Erstlich ein von Eichhorn-Holtz gefornierte Stubengehenkhte Decken, deren Länge 29 schueh und 19½ sch. braitt, hat 59 Fillungen darunter 14 herabhangende fillungen, mit schön gebrochenen Stäben gezirt, wie auch die mittre Hauptfüllung dergleichen Stäb auch durchgebrochen geziert, in das mittre eine auf 2 schuh herabhangende Zier, desgleichen umb die Hauptfüllung im frueß 4 geschnittene Rosen und ein Stab hangenden, wie auch ein 4 aufwartz geschnüttene Rosen, daß frueß und alle Füllungen

geforniert, daß alles in ein puncto kompt, das Hauptgesämbs, anstatt des Früeß auch mit einem geschnittnen durchgebrochnen Stab, sampt 12 geschnittnen Tragstein, alles mit sonderm fleiß sauber, guet und wolgemacht, keine müeh noch arbeitt davon nit gesparth, mit welcher Vörnemen Hauptarbeith ich ohne ainziges abkürzen wol verdient habe . . . . fl. 525.—

Ferner für den eingefaßten von feuchten Holtz gemachten Fußboden, in der Außtheilung wie die Düllen, daran verdient unabgebröchen . . fl. 30.—

Für die in die Stuben gemachte von Aichhorn Holtz geforniierte 2 Thürverklaidungen, der Corentheri gemäß, mit 2 Seulen auf Postamenter, mit runden Tachungen, über die Ausladung gekripft, mit Capitelen, zwischen den Tachungen, auff einer des Herrn, auf der andern der Frauen Wappen, wie auch das Hauptgesembs und Tachungen mit einem geschnittnen durchbrochnen Stab, alles zierlich, guet und wolgemacht . . . . fl. 100.—

Zwo geforniierte Thüren inwendig perspektivisch mit einem gefornierten Pflaster, außen mit einem durchbrochnen Stab auch guet und wolgemacht sampt zweien Zuetter darfür . . . . fl. 36.—

Mehr das Brustdefer (Vertäfelung) auch der Corintherey gemäß, mit 29 corinthischen Seulen, auf Postamenter, das Hauptgesambs früeß über die Ausladungen, verkripft, die Füllungen zwischen den Seulen, oben rundt, wie auch alle Füllungen mit einem Holstoß eingefaßt, auch alles von Aichhorn Holtz geforniert, zierlich, sauber und auch guet gemacht, habe daran unabgebrochen verdient . . . . fl. 330.—

Ferner habe ich gemacht in die Cammer eine gehenckte Deckhe, auch von Aichhorn Holtz geforniert, hat die Länge 19½ und die Braidte 16½ Schuh, hat 33 Füllungen, 8 herablangende, 4 runde und 4 gefierte, welche ich auch mit geschnittenen durchbröchenen Stäb geziert, auch mit geschnittnen Rosen, die Hauptfüllung ist 2 mal verdiefft, auch beede Vertiefungen mit einem durchgebrochenen geschnitten Stab, ist auch das früeß und füllung geforniert, das alles in einen puncten laufft, das Hauptgesembs mit einem durchgebrochenen geschnittnen Stab, wie auch mit 8 Tragstain geziert, auch sauber, guett und wolgemacht, daran verdient unabgebrochen . . . . fl. 320.—

Mehr habe ich in die Cammer gemacht ein Thür Verkleidung, auch von Aichhorn Hölz geforniert, ebenmeßig wie die in der Stuben, daran verdient fl. 50.—

Weiter habe ich gemacht sieben feuchten (fichtene) Thürverklaidungen, mit sampt den Zuettern, der Jonica gemäß mit schregen Tachungen, das Hauptgesembs und Früeß daraus gekripft, auch einen geschnittnen Schilt darför, zwischen den Tachungen ein Pöstament, darauff ein Kopf zue stehen kompt, habe daran verdient unabgebrochen . . . . fl. 105.—

Weiter habe ich gemacht 5 feichten Thüren auch perspektivisch, wie die in der Stuben auch mit einem gefornierten Pflaster . . . . . . fl. 76.—

Mehr die Speißkammer mit 3 Kästen 3 Schueh und 3 Zoll höch mit Schubladen, wie auch Kantenbreter, ein feichten Thür Verklaidung mit sampt einer eingefaßten Thür, wie auch das Thürgestell, und die Kuchenthür inwendig eingefaßt und beklaidt, für alles zusammen . . . . . fl. 24.—

Item habe ich gemacht 15 Köpf, geprodiert (?), aber die Materialien sindt mir darzue gegeben worden, wie auch 4 Schilt a fl. 1.30 . . . . fl. 28.30

Mehr habe ich gemacht den Fürnuß, die Schreibstuben, das neu und alt Defer (Vertäfelung), den Kasten, ein Stückh von der Tüllen, zuesammen verglichen, begere für meine Müeh und arbaitt . . . . . . fl. 18.—

Pr. 5 ramen von Lindenholtz a fl. 1.12	fl.	6.—
Mehr habe ich die Namen zue den Malereyen und die Gemähl gebutzt (!), darfür	fl.	8.—
An den 3 Schlitten habe ich verdient	fl.	7.—
Für das, so ich im Hause hin und wider zuethon und zue arbaitten gehabt	fl.	5.—
Summa Arbaitts Lohn . .	fl.	1668.30

des Herrn

dienstbeflissener

Ulrich Paumgartner, Kistler.

Haym produziert dagegen eine Rechnung für Vorschüsse und Materialien im Betrag	fl.	1215.35
Wovon ab der Akkord 310 + 97 fl.	fl.	407.—
Haym fordert also noch zurück . . .	fl.	808.35

Im Dezember 1664 findet endlich die Schätzung statt durch 4 Geschworene Meister Elias Boscher, Alexander Kohler, Hans Rudtolff und Mathesz Binder (anstatt Melcher Baumgartner).

Sie schätzen die Kosten wie folgt fl. 600.— (525)
„ 36.— (30)
„ 329.— (330)
„ 200.— (320) usw. (zum Teil höher als Paumgartner selbst!)

In Summa

für die Arbeit	fl.	1552.—
für kleine Arbeit	„	96.30
dazu für selbst ausgelegte Unkosten	„	494.07
	fl.	2142.37
davon ab die Rechnung Hayms .	„	1215.35
verbleibt .	fl.	927.02, die P. noch zukommen.

Haym erwidert 1665, P. hätte ja gar kein Geld gehabt, die 494.07 fl. auszulegen. Ferner hätte laut Ratsbeschluß der Vorgeher Hans Georg Smirer mitschätzen müssen. Er bittet, das nachzuholen.

Endlich am 20. Februar 1668 (!), nachdem viel hin und her vorgeschlagen worden, beschließt der Rat, daß jede Partei Sachverständige nennen und eine zweite Schätzung geschehen solle. Haym verlangt auch von P. Kaution, und als das abgeschlagen und er keinen Ausweg mehr hat, bestellt er, vor einem auswärtigen Notar, seinen Gehilfen Bartholomäus Weißer zu seinem Vertreter, der nun in aller Form gegen die zweite Schätzung protestieren muß und auch die frühere Schätzung nicht anerkennt („einer vermainten Aestimation abermahlen ganz excessive verübte Nullität“).

Der Rat beschließt, diese Einwendung den Deputierten über der Kistlerordnung und der Schätzungskommission, die in dieser Frage tätig gewesen ist, vorzulegen.

Die Deputierten fordern von Paumgartner und von anderen Meistern Gutachten ein.

P., dem anscheinend verschiedene Fragen gestellt worden sind, schreibt, es sei wahr, daß er mit seinen Gesellen etliche Wochen Werkzeug gemacht hätte, der Geselle Caspar Miller habe ihm drei Dutzend Schrauffzwangen und ein Dutzend Leimzwangen gemacht, der Geselle Nicolaus List 4 Dtz. kl. Schrauffzwangen. Er habe alles Holz verwendet, das brauchbar war, „auch ist zu wiesen (wissen), das nit alles Holtz kann gebraucht werden, dann wenn einer einen Baum schneiden laßt, so geradt nit ein jeder, es ist bießweilen verrissen oder gallig oder auch wol roth und mürsch. Es sein auch die

Schwarten nit alle zu gebrauchen, dann zu solcher arbeit, welche von weißem Holtz gemacht wirdt, muß auch eine Gleichheit im Holtz gebraucht werden." Er habe freilich 45 Stamm Ahorn gebraucht, aber sie seien zum Teil sehr kurz gewesen, die aus Tyrol nicht über 1/2 Schuh dick. Ebenso mit dem Linden- und Fichtenholz. Er habe über 230 Furniere liefern und auch viel Holz verschneiden müssen, wegen der Rundungen.

Zum Aufhängen der Decke habe er über ein Bosch Eisen gebraucht, es seien 600 Hacken geschmiedet worden. „Ein Bosch Eisen wiegt 144 Pfund macht arbaitslohn fl. 12.—, das Bosch Aysen aber gilt fl. 8, duet fl. 20. Außerdem noch die Mauerstefft, Mauerbandt und kleine Nägel, Schrauffen."

Folgende Meister (die von beiden Parteien gewählte Kommission) geben ein Gutachten ab: Georg Heigelen, Hans Jacob Kempter, Hans Georg Schmirer, Andreas Steinheill (Steinheubel), letzterer aus Füßen, von Haym vorgeschlagen, „so dieser Arbeit wol erfahrn und berühmt."

Das Gutachten lautet: P. hätte mit 3 Gesellen die Arbeit in 21 Monaten machen können; (er hat 23 berechnet). Was über den Spaltzettel (accord) gemacht sei, könnten sie nicht voll vermelden, denn sie hätten von keiner Partei die Füssierung (Visierung, d. h. die Zeichnung) bekommen. Die Arbeit sei wohl etwas „köstlicher und mühsamer" als es „begrüfen" (geplant) gewesen. Die Arbeit sei an manchen Stellen schadhaft und nur mit großer Mühe verbessert worden. (P. schiebt es auf die neuen Mauern und den großen Ofen, es habe sich aber Haym nie beklagt.) Der Wochenlohn mit 12 fl. mit 3 Gesellen sei verdient, ohne die Unkosten. Also Arbeitslohn 1008 fl."

Die Deputierten über die Kistlerordnung berichten nun, sie hätten darauf beide Parteien auf das Rathaus zitiert. Haym wollte aber keinen Vergleich eingehen: Es hätte nur die Mehrarbeit über den Akkord hinaus taxiert werden dürfen, nicht die bessere Arbeit. P. wendet ein, daß eben der Spaltzeddel den Fehler enthalten, bei dem er sich versehen hätte.

Der Senat beschließt, es solle von den Parteien die „Visierungen" abgefordert und danach der „Qualitative-Mehrwert" kalkuliert, aber auch die Schadhaftigkeit und ihre Ursache geprüft werden.

Senatsbeschluß vom 21. August 1668: „Dem Haym wird sein sträfliches und wider gemeiner Statt kays. Privilegia aus lauffendes Begünnen allen Ernstes verwiesen und auch für künftig bei Strafe verboten." (Gemeint ist die vorerwähnte, auf eine Appellation hinzielende Reservatio, die noch dazu durch einen fremden Advokaten beigebracht worden war.)

Haym verzichtet auf die Appellation, verlangt aber nun, nur um zu verschleppen, daß diesmal — P. den fremden Kistler kommen lassen solle!

Die Verordneten bezeichnen das als „impertinent". Da inzwischen Heigele gestorben, sollen nur noch M. Kempter als P.'s und Georg Schmirer als H.'s Aestimator beeidet werden, und soll jeder schriftlich berichten. (Senatsbeschluß vom 27. Oktober 1668.)

Senatsbeschluß vom 4. Dezember 1668: Für P. wird außerdem Georg Dürsch bestellt, Haym soll auf seine Kosten den Füßener Meister kommen lassen.

Bericht der Schätzungskommission vom 18. Januar 1670: Hans Jacob Kempter, Georg Dürsch, Georg Schmirer, Hans Adam Waler (?) bestätigen, daß der P. allein an der im Spaltzetttel für 310 fl. angedingten Arbeit 431 fl. mehr verdient habe, dazu die köstlichere und mühsamere Arbeit fl. 306.—, also zusammen: 737.23 fl.

310.— „

1047.23 fl.

Diese dritte Schätzung ist also für P. noch um 100 fl. günstiger, als die erste. Die Deputierten schlagen vor, die zweite Schätzung nach Arbeitslohn fl. 1008.— anzunehmen, und über die Unkosten Beweise von P. zu fordern.

Senatsbeschluß vom 8. Februar 1670: Die Deputierten erhalten Vollmacht, beide Parteien nochmals mit ihren Rechnungen anzuhören und möglichst gütlich zu vergleichen, andernfalls den Befund mit ihren Gutachten zu berichten.

(Ueber den Ausgang des durch sieben volle Jahre verschleppten Prozesses ist leider nichts zu finden gewesen).

Die pünktliche Ablieferung des bestellten Werkes war eine der Hauptbedingungen, die zwischen Vertragschließenden vereinbart wurde. Es mag den Handwerkern anfänglich nicht leicht gewesen sein, die Zeit, die sie für eine Arbeit gebrauchen würden, von vornherein abzuschätzen, doch war es natürlich notwendig, daß sie sich daran gewöhnten, da der Besteller nicht unbestimmte Zeit auf die Ablieferung warten konnte. So finden wir schon in der Bruderschaftsordnung der Cölner Drechsler aus dem Jahre 1179, daß die Meister von den geistlichen Leitern der Bruderschaft ernstlich ermahnt wurden, die versprochenen Termine unbedingt einzuhalten; die Brüder vereinbarten, daß der Säumige den Genossen eine Strafe zahlen mußte, wenn er mit seiner Arbeit trotz mehrfacher Mahnung im Rückstand blieb.

Die Meister ließen es häufig den Bestellern gegenüber an der allernotwendigsten Rücksicht fehlen, sogar, wenn sie schon vorher eine Anzahlung erhalten hatten. Daß aber ein Meister einen fürstlichen Auftraggeber, dessen Kundschaft er sich damit dauernd verscherzen mußte, derart schlecht behandelte, wie es der Augsburger Meister Andreas Thurmhofer im Jahre 1566 mit dem Erzherzog Ferdinand von Österreich getan hat, mag nicht oft vorgekommen sein. Der Erzherzog hatte dem Meister einen „schönen zierlichen Tisch mit 4 künstlichen Instrumenten darin“ bestellt und ihm bereits 400 Gulden angezahlt. Zur Zeit der Ablieferung hatte der Meister aber noch nicht einmal mit der Arbeit begonnen, worauf der Erzherzog selbstverständlich von dem Vertrag zurücktrat und auf Rückzahlung des Geldes klagte.

Die Polizeiordnung des Kurfürsten zu Brandenburg bestimmt 1688 im § 20 folgendes: „Allermassen bey vielen Handwerksleuthen die böse Gewohnheit eingerissen, daß sie ihnen eine Arbeit andingen lassen, zu deren Verfertigung auch eine gewisse Zeit setzen, bißweilen auf solche Arbeit Geld voraus nehmen, die Arbeit aber auf die bestimmte Zeit dennoch nicht verfertigen, das empfangene Geld, zu Zeiten die ihnen zugestellten Materialien anderweit verbrauchen; so soll jedes Orthes Obrigkeit diejenigen, welche die angedingte Arbeit bevor — ob wann sie Geld oder Materialia darauf empfangen, in der benannten Zeit nicht liefern, zu Verfertigung der Arbeit allen Ernstes anhalten, und hierüber die Handwerker nach Beschaffenheit des Verzugs und andrer Umstände, nebst Erstattung der Unkosten unnachläßig bestraffen“. Auch das Braunschweigisch-Lüneburgische Reglement von 1692 berechtigte den Besteller, dem seine Arbeit nicht rechtzeitig geliefert worden war, ausdrücklich zur Klage.

Daß anderseits ein fauler Kunde, entsprechend seinem eigenen Verhalten dem Meister gegenüber, von diesem in bezug auf die Einhaltung des Termins schlecht behandelt wurde, kann nicht weiter wundernehmen. Der Chevalier de St. George de Valette in Cöln schuldete im Jahre 1779 seit 8 Jahren dem Meister Braun Geld für eine früher gelieferte Arbeit. Deshalb zögerte dieser die Ausführung einer neuen Bestellung lange hin und erklärte endlich, die halbfertige Arbeit nach dem Taxat der Amtsmeister abgeben zu wollen. Der Chevalier zahlte aber wiederum nicht, angeblich, weil der Meister Braun ihm nicht alles anvertraute Holz abgeliefert hätte, und versuchte, die Arbeit nun dem Meister Claudy zu übertragen, dem aber von Amtswegen die Annahme verboten wurde, weil die Forderung seines Vorgängers noch nicht beglichen wäre. Ein anderer Cölner Meister lieferte im Jahre 1783 dem Kaufhändler Joh. Peter Prenngruber den Rest bestellter Fensterrahmen nicht ab und ließ durch das Amt der Schreiner seinen Mitmeistern die Übernahme und Fertigstellung dieser Arbeit verbieten, weil ihm der Betrag für die bisherige Leistung noch nicht gezahlt worden wäre; der Besteller behauptet dagegen, noch gar keine Rechnung erhalten zu haben. Es half ihm aber nichts, er mußte den verlangten Betrag bis zur Entscheidung durch Sachverständige bei Gericht deponieren und dort beantragen, dem Meister eine Frist für die Vollendung der Arbeit zu stellen, und ihn selbst dann bei Nichtlieferung vom Vertrag loszusprechen.

Die Vereinbarung der Meister, *in keinen Vertrag eines Vorgängers einzutreten*, der nicht einwandfrei pekuniär erledigt worden war, ist auf sehr alte Vorschriften zurückzuführen. Die Handwerker hatten sich unter der Leitung der Bischöfe ja zu dem Zweck zusammengeschlossen, um ihr Gewerbe auch wirtschaftlich auf einen sicheren Boden zu stellen und waren von Anfang an bestrebt, eine unsichere Kreditwirtschaft vollkommen auszuschließen. Die Ordnung, die der Bischof Leuthold von Basel den Zimmerleuten usw. im Jahre 1248 erteilte, enthält die gesetzliche Bestimmung, die für alle Genossen bindende Kraft haben sollte, daß, wenn ein Zimmermann in seinen Forderungen von dem Auftraggeber nicht befriedigt worden wäre, kein anderer bei Strafe in seinen Vertrag eintreten dürfe. Die Kirche, die ja in engstem Zusammenhang mit Italien stand, vielleicht von den dortigen Gepflogenheiten der Handwerker den Grundsatz der *unbedingten Barzahlung* übernommen und in Deutschland eingeführt. Aus den Urkunden z. B. der Florentiner Zünfte wissen wir, daß dieser Grundsatz in den früheren Zeiten dort allgemein Geltung gehabt hat, aber allmählich in Verfall geraten ist. Die Tischler in Florenz waren eine der wenigen Zünfte, die im Jahre 1300 und 1342 in ihren Ordnungen an dem Verlangen der Barzahlung noch unbedingt festhielten. In Zürich wurden die Zimmerleute zu Ende des 15. Jahrhunderts noch streng gehalten, *keine unbezahlte Arbeit fortzuführen*, und sie waren gehalten, sich selbst darum zu kümmern und darnach zu erkundigen, ob ihr Vorgänger voll befriedigt worden war. Dieselbe Bestimmung finden wir auch in der Ordnung der Schreiner in Frankfurt im Jahre 1601.

Daß dieser Zusammenhalt den großen Herren manchmal recht unbequem wurde, kann man sich denken, und sie boten alle Mittel auf, ihre fast unbeschränkte Freiheit den Handwerkern gegenüber auch in dieser Hinsicht zu wahren. Im Reichsabschied von Regensburg hieß es im Jahre 1594 im § 123: „daß an vielen Orten die Handwerksmeister den Mutwillen gebrauchten, daß keiner ums Geld arbeiten will, wann derjenige, der seiner bedarf, zuvor bei einem anderen hat arbeiten lassen, ob man auch gleich dem Ersten nichts schuldig geblieben ist“. Daß es sich hier um eine verschleierte Darstellung handelt, ist ohne weiteres einleuchtend, denn welchen Grund sollten die Handwerker gehabt haben, eine Arbeit nicht zu übernehmen, wenn sie in bezug auf die Bezahlung sicher gehen konnten und wußten, daß ihr Vorgänger keine Forderungen mehr zu stellen hatte? Wären die Handwerker wirklich so eigensinnig gewesen, die Konsumenten zwingen zu wollen, ihre Arbeit bei demjenigen vollenden zu lassen, der sie einmal begonnen hatte, so wären die vielen sich immer wiederholenden Verbote, sich nicht gegenseitig die Arbeit abzutreiben, ja vollkommen unsinnig gewesen! Es handelt sich also um nichts weiter, als den Herren die Freiheit zu lassen, zu wechseln nach ihrem Belieben, ohne sich in finanzieller Hinsicht irgendwie gebunden zu sehen. Die allgemeine Handwerksordnung des Kaisers Leopold I. von Österreich vom Jahre 1689 befaßt sich in den §§ 10 bis 12 auch mit dieser Frage; sie enthält folgendes Verbot: „Als nemlichen, wann ein Herr einem oder andern Meister die Arbeit nicht bezahlt, oder daran etwas ausständig geblieben, keinem andern Meister eine solche Arbeiten anzunehmen, ingleichen keinem Meister wohlfeiler als dem andern zu arbeiten; oder aber da einem Herrn die bey einem Meister angedingte oder noch nicht gar verfertigte Arbeit einem andern zu geben, belieben würde, solche demselben auszumachen nicht erlaubt seyn solle, soll hiemit gäntzlichen und bey hoher Straff abgestellt seyn". Hier ist ein neuer Gesichtspunkt aufgestellt, nämlich der gegenseitigen Vereinbarung der Meister, sich *nicht untereinander die Preise zu verderben*. Dieser Grundsatz hatte durchaus seine sittliche Berechtigung, denn wenn schon die Herren den Versuch machten, beliebig ihre Handwerker zu wechseln, ohne sich verpflichtet zu fühlen, vorher die geschäftliche Seite vollkommen zu erledigen, wieviel mehr hätten sie sich noch die gegenseitige Preisunterbietung der Meister zunutze gemacht! Es war deshalb sehr richtig, daß die Meister sich gegenseitig verpflichteten, an gewissen Preisen unbedingt festzuhalten. Das Braunschweigisch-Lüneburgische Reglement von 1692 faßt eine im Interesse der Besteller gegen die Handwerker gerichtete Bestimmung kurz in die Worte zusammen: „Daß ein ander die angefangene Arbeit zu verfertigen sich nicht weigern solle". Alle diese *Verbote der wirtschaftlichen Vereinbarung* scheinen nichts genutzt zu haben, denn wie wir aus dem Cölner Beispiel gesehen haben, hielten die Meister gut untereinander zusammen und übten, wenn nichts anderes mehr verfing, das Mittel der passiven Resistenz. Sie legten aber sogar den größten Wert darauf, diese untereinander getroffenen Vereinbarungen auch gesetzlich anerkannt zu wissen, und so beantragten im Jahre 1722 die Cölner Schreinermeister, daß die Einhaltung der Vereinbarung auch den anderen Handwerkern, die den gleichen Konsumenten zu liefern hatten, zur Pflicht gemacht würde; die Meister der Steinmetze und Zimmerleute, der Glaser und Schloßmacher usw. sollten angehalten werden, daß sie keinen auf die „Ehelanden" eines anderen setzten, bevor jener nicht voll bezahlt war. Der Grundsatz der Barzahlung sollte also hierin zum Ausdruck kommen und in seiner früheren Geltung erhalten werden. (Wie schlecht diesen freien Meistern gegenüber die von den Herren und Fürsten abhängigen Hoftischler gerade in diesem Punkt gestellt waren, soll weiter unten geschildert werden.)

So, wie die Handwerker von ihren Auftraggebern die sofortige Bezahlung ihrer Lieferung verlangten, so durften auch sie selbst als Besteller *keinen Kredit* in Anspruch nehmen. Hierzu wurden die Drechsler in Cöln von ihren geistlichen Leitern schon im Jahre 1179 ermahnt und diejenigen Brüder, die mit Kredit zu arbeiten versuchten und ihr gekauftes Holz und anderes Material nicht sofort oder nach erfolgter Mahnung nicht in einer gewissen Frist bezahlt hatten, waren ihren Mitbrüdern zur Entschädigung verpflichtet, womit zum Ausdruck gebracht werden sollte, daß durch ein solches Verhalten das Ansehen des ganzen Standes geschädigt worden wäre. Im Kapitel über den Holzkauf wurden bereits mehrere Ordnungen und Verfügungen zitiert, in denen stets verlangt war, die gekauften Materialien bar zu bezahlen, und es sind Beispiele angeführt worden, daß nicht nur einzelne Meister, sondern zuweilen die ganze Zunft durch die Nichtbeachtung dieser Bestimmungen in große Mißwirtschaft geraten sind. Daß man anderseits von den Meistern, die zu ihren bestellten Arbeiten das Holz selbst zu liefern hatten, nicht verlangen konnte, ihrerseits dem Besteller für dieses Material einen Kredit zu gewähren oder es gar auf ihre eigenen Kosten neu anzuschaffen, so war es die Gepflogenheit, daß in solchen Fällen dem Meister vom Besteller ein gewisser Vorschuß bewilligt wurde.

Je nach dem Umfang des erfüllten Auftrages wurde von dem Besteller, ebenso wie der Auftrag mündlich erteilt worden war, entweder die geschäftliche Seite ohne eine schriftliche Rechnung oder Quittung erledigt, oder die Handwerker gaben, wenn es sich um größere Objekte handelte, eine spezifizierte Aufstellung über die von ihnen geleistete Arbeit. Es sind uns einige Rechnungen erhalten geblieben, zum Beispiel diejenige, die Jacob Stenglin über seine Arbeiten an der Güldenen Kammer in Augsburg dem Kaiser im Jahre 1522 (?) eigenhändig erteilt hat. Sie lautet:

„Hernach volgtt, was ich jacob Stenglin fir Kaiserlich maistett (Majestät) gemacht hab, in die güldin kamer und darneben, da sein maistatt am maiste wonen württ, darzu ich alen zeug geben han.

Item erstlich hann ich gemachtt, in die güldin kamer in ain staygy dirkricht deg (gedecktes Türgericht) oben in rundig gemacht 2 rund gleimbtt daflen, die inen und außen verleistett, darnach underm punct die getter verschlagen, in die 2 mitten flügll 2 dirlnh (Türen) gemacht, die man auff und zu mag thon, darnach für die großen 6 liechtigen Fenster 6 große leda (Laden) neinthalben schuch hoch breity $3^{1}/_{2}$ schuch, die hann ich all mit starcken, blatt neglen die leisten über zwerch genaglett die all iber das kubser und stableisten eingeschnitten, tutt . . . . 6 fl.

Item weiter hann ich gemachtt 6 dirkricht (Türgerichte), die 2 sendtt mit eingebasten diren und die dirkricht ausen und inen verleistett, die hatt man neben der güldin kamer eingesetztt, auff ain gang, dan der kaisser am maisten da zu der meß wirtt durchgan, darnach die 4 dirkrichtt sendtt von reich holzen gemacht, die diren darein von starcken leden mitt laden leisten durch rigen, tutt . . . . 11 fl.

Item weiter hann ich gemacht 1 diren von felgbretern, 1 schuch hoh, fiertthalben breity, und ietliche 2 leisten drein genaglett mitt guten blatt neglen, darnach mer gemacht für die fenster, die gegen der güldin kamer iber sendtt mit gleimbtten daflen all verschlagen, die fenster mit remlingen genaglett, und daflen drauf, macht fir dis 6 fl. 40 kr.

Item weiter hann ich gemacht auff ain sall, da der kaiser meß wirt heren, ainen grosen altar, 9 werckschuch lang, mit breiten daflen zsammen geleimbtt, unden rum mit 2 dricen (?) ob ain ander, unden mit leden da die bruck auffgenaglett worden ist, darnach für den kaiser ain stull, da er auf knien wirtt, wan er meß hertt, darnach ain groß bulbrett (Pult) zu baiden seiten kreht, mitt ain buchin grindell oben in die rundy in das bult gemacht daß man es umb mag wenden, unden mit ain starcken creig von reich helgen (Bildern?) eingezebst, darnach für des kaisers singer schrancken gemacht auff dem sall, daß niemant dan sy hinein kinen gann, macht fir dise ristung alle . , . 1½ fl.

Item weiter hann ich gemacht zwu biegen (Bogen) in die rundy iber ain dirkricht mit eysin neglen zamen geschlagene und im (?) stab in ain eck genaglett damit die fieterung weiter auffbrech, tut . . . . . , ... 24 kr.

In suma tut alsam gar,
31 fl. und 34 kr.

Item weitter han ich fir kaiserlich maiestatt (Majestät), nach lautt des ersten zedells gemacht wie hernach volgtt,

erstlich hann ich an die vorbeschribnen schrancken, mit brettern umbher misen (müssen) verschlagen, auch 2 lang benck von starken leden herum in daß da die singer werden singen, darnach hab ich ain grose dir auf ain fleg eileng miesen geben, ist ain dir von 8 suhen hoh 4½ breit hatt 2 eisene band, kertt (gehört) und aufm fleg des kaisers zimmer zu beschließen, darnach an den vorgemelten altar hab ich zu baiden seiten neben noch zwifach drit (Stufen) gemacht, darzu han ich auch allen costen dar geben namlich, leden felgbreter remling latten gmainen breter alerlay negll, macht fir alles gar 6 fl. 40 kr.

In suma alsam gar, baider zell (Zettel) inhalltt, macht . . . . . 44 fl. 14 kr.“

Als ein anderes Beispiel sei die Rechnung angeführt, die Meister Tönnis Evers in Lübeck über die von ihm gefertigte Kanzel in der Marienkirche in Wismar im Jahre 1587 aufgestellt hat:

„Nachfolgende eine verzeichnus deß nien (neuen) predichstols, waß dersilbige gekostet.

I) 5 Mk. — s. Jochim Block dem schipper geuen (gegeben) fracht, daß ehr den nien predichstol midt twen kramkisten ful zeuges hadt von Lubech here gebracht zu zwen malen.

— Mk. 10 s. den drageren vorlondt; haben den rump, den predichstol vnd twe kramkisten midt zeuge, ßo zum predichstol gehorich, van dem wasser upgeforedt.

— Mk. 8 s. vorlondt dem volcke, ßo de decke des predichstols van dem wasser upgedragen, van dem wasser in de kirche, vnd daß ander helffen den drageren upforen.

— Mk. 3 s. betzald vor bher (Bier), haben de drager und timmerleute darby außgedruncken.

11 Mk. 4 s. Vor kostt vnd bher gerechnet, hadt der M. Antonius Euers midt twen gesellen, ßo den predichstol haben gemacht, we se denselbigen in der kirchen upgerichtet, dar ahn 10 tage arbeitet, by mir verzeret, vor de persone den dach 6 s. gerechnet.

3 Mk. — s. noch vor bher gerechnet, ßo by stubichen getzalet worden de zeidt, ahn dem predichstol gemaket worden. Haben arbeitesleute, auch die dißker (Tischler) in der kirchen bekamen.

20 Mk. 9 s.

II) 170 Mk. — s. dem M. Antonius Euers vor den predichstol zu machen, who midt ime solcheis vordinget gewesen.

40 Mk. — s. noch ime gegeuen wegen deß malers, darmidt der stol auch alßo vordinget worden zu stofferen.

8 Mk. — s. noch vor 2 tunne Sterneberges mel, ßo ehr auch bokamen vnd midt vordinget gewesen.

20 Mk. 8 s. noch ime 2 drompt roggen geuen daruor, daß ehr mer arbeit ahn deme predichstole gemacht, who midt vordinget worden. —

		2 daler	den beiden seinen gesellen dranckgeldt, auch foregeldt vnd zur zerunge von Lubeck hen und here zu fore geben.
		1 halbe	milreiß dem m. selbest geuen vor sine zerunge vnd foregeldt van Lubeke henne und here, so er ahn vnkostung gedhan.
	245 Mk.	10 s.	
III)	2 Mk.	5 s.	Heinrich Endeholt dem nagelsmede betzaldt vor negel zum predichstole. —
	— Mk.	4 s.	betzalet vor lhim (Leim) de snidtker in der kercken bekomen zum predichstole.
	— Mk.	3 s.	vor klaine nagel betzaldt zu hengen vnd upffgange deß predichstols kamen.
	10 Mk.	— s.	Hans Oldeswager dem smede betzaldt vor arbeidt vnd zeuch zum nien predichstol gekamen.
	12 Mk.	12 s.“	

Da über die Zahlungsmittel sich oft Unklarheiten ergaben, die dadurch entstanden, daß eine Unzahl verschiedener Geldsorten im Umlauf waren, so hatten die Handwerker sehr Obacht zu geben, daß sie nicht durch Valutadifferenzen in Verlust gerieten. Einen solchen Fall finden wir im Jahre 1624 in Augsburg: Philipp Mayr, Kistler hatte von Mattheus Runggel, Uhrmacher, vor 2 Jahren ein Kasten zu einer Orgel „von gebaistem schwartzem pollierten Holtz auff ebne Art angefrümbdt erhalten“ für 150 fl. Runggel hatte daran bezahlt 5 Taler zu 10 = 50 fl. 10 Taler zu 5 = 50 fl. 3 Taler zu 6 = 18 fl., zusammen 118 fl. „allso wie das gellt jederzeit gäng und geb gewesen“. Runggel behauptet, mit ihm für 15 Taler Species accordiert zu haben. Mayr sagt, da hätte er ja den Taler, wenn er auf 20 fl. gekommen wäre, für soviel Gulden nehmen müssen. Die 4 geschworenen Meister: Hanns Schartlen (Schertlin), Wolff Ebner, Hannß Hauff und Ulrich Paumgartner besichtigen das Werk, fanden es gut und sprachen dem Mayr den Rest von 32 fl. zu, was der Senat bestätigte. Die gegenständliche Spezifikation der von dem Kistler Mayr geleisteten Lieferung wurde schon auf Seite 86 in dem Kapitel über die Orgelmacher gegeben.

Zum Schluß seien noch 2 Rechnungen aus dem 18. Jahrhundert angeführt, die wegen ihrer Form Interesse beanspruchen können. Ein Cölner Meister setzte im Jahre 1717 mit unbeholfener Handschrift folgendes Schriftstück auf, das ihm vielleicht saurer geworden ist als die Tischlerarbeit selbst:

Anno 1717 habe ich vor den H. Herren Maeyer gearbeit.

Erstlich hab ich ein bedstat auf und ihneinandergeschlagen			16	Albus
noch hab ich der Großmotter ehre bestat aus und in einandergeschlagen			16	„
noch hab ich einen dris (größerer Tisch im Refektorium) auf und inein. geschl.			12	„
Kleiderschaff	auf und inein. geschl.		16	„
Kochbank	do.		16	„
hangent. Kleiderschaf	do. 2 ✕		16	„
aichn Kleiderkast	do.	2 Rthlr.	8	„
leinn schaf (Leinenschrank)	do.		12	„
hangent. Kleiderschaf	do.		16	„
Große Kochbank gedragen			8	„

winckel abgesch. u. a. d. lauf gedragen . . . . 16 Albus
noch hat der Knecht ein bedstatt gemacht vor des Herrn sein Hold
(Kirchendiener) . . . . , ... 1 Rthlr. 15 „

Wenn der Meister von sich aus Material zur Arbeit geliefert hatte, so mußte er dem Besteller darüber eine besondere Spezifikation erteilen, wofür die nachstehende Rechnung von 1765 ein Beispiel ist:

Meister M. Euskirchen für Herr Cremer
(Objekt) 2 Dühren sambt Chambrang 2 rtlr. 53 alb. 4 heller,
(Material) 1 4 loth Pfliesternägel 12 alb.
(„ „) 1 beynagel 53 alb. 4 h.
(Lohn) 1 Gesell stets 26 alb. 8 heller.

7. Der Arbeitslohn.

a) Wochen- und Tagelohn.

In den Zeiten der Hörigkeit der Handwerker wurden diese von ihren Herren nur mit Naturalien, mit Kleidung usw. bezahlt. Auch später, als die Handwerker in die Städte gezogen waren und sich hier der Botmäßigkeit der Bischöfe unterstellt hatten, erhielt sich — neben teilweise erlaubter freier Betätigung — ihr Verhältnis zum Herrn in ähnlicher Form. Das Stadtrecht der Stadt Straßburg vom Jahre 1129 beschäftigt sich u. a. auch mit der Arbeitsverpflichtung der Zimmerleute, worüber auf Seite 17 bereits nähere Angaben gemacht worden sind. In dieser Zeit, in der die einzelnen Handwerker in Ämter zusammengeschlossen und unter Leitung eines Oberaufsehers oder Magisters für ihren Herrn arbeiteten, war von einer Entlöhnung der Arbeit in barem Geld noch keine Rede, vielmehr mußte die Arbeit getan werden gewissermaßen als Gegenleistung für das Patronat, d. h. für den persönlichen und wirtschaftlichen Schutz, der ihnen von den Bischöfen gewährt wurde. Freilich hatten die Handwerker, wenn sie ihre Verpflichtung gegen den Herrn erfüllt hatten, noch Zeit und Gelegenheit genug, für eigene Rechnung und dann selbstverständlich gegen bare Zahlung Aufträge von Privatleuten zu übernehmen und auszuführen.

Wann sich diese Verhältnisse geändert haben und auch die Arbeiten für den Bischof und Stadtherrn mit barem Gelde entlohnt wurden, wissen wir nicht; jedenfalls werden im 15. Jahrhundert auch schon die städtisch anstellten Handwerker mit barem Gelde bezahlt. Um die Kosten der städtischen Bauten kontrollieren und in bescheidenen Grenzen halten zu können, wurde z. B. in Straßburg die Entlöhnung dieser städtischen Handwerker folgendermaßen gehandhabt: Es wurde von der Obrigkeit ein „Lohnherr" eingesetzt, dem ums Jahr 1485 täglich höchstens 10 lib. Pfennig in die Hand gegeben wurden, wovon er die Handwerker zu bezahlen und das Werkzeug, mit dem sie arbeiteten, zu beschaffen hatte. Das Holz, die Nägel und das übrige Material wurde von den „Drei auf dem Pfennigthurm" gekauft und geliefert. Es ist bemerkenswert, daß die Handwerker für ihre städtischen Arbeiten nicht ihr eigenes Werkzeug zu stellen brauchten, sondern es von dem städtischen Auftraggeber geliefert erhielten. Diese Einrichtung der organisierten Lohnzahlung scheint schon älteren Datums gewesen zu sein, jedenfalls hatten die Lohnherren schon im Jahre 1451 eine Erhöhung ihrer Bezüge beantragt, weil sie mit den bisherigen die notwendigen Löhne nicht bestreiten konnten. Im Jahre 1405 hatten z. B. der städtische Zimmermann Anspruch auf folgende Bezüge: Es erhielt alle Frohnfeste 10 Batzen Pfennig, ferner freie Wohnung und nicht mehr als den gewöhnlichen Tagelohn; die ihm früher bewilligten jährlichen 14 Ellen Tuches und Futtergeld wurden von da an abgeschafft. Der Baumeister (Structuarius oder magister structurae) der Stadt Hamburg erhielt im Jahre 1375 von der Stadt jährlich 6 Batzen zu Stiefeln (ad ocreas) und 8 Pfund Gehalt. In einer Göttinger Urkunde von 1419 wird erwähnt, „des rades tymmermanne 1 schilling Oppergelt". Ob es sich hier um einen Tagelohn oder um eine besondere Bezahlung handelt, ist nicht klar; im Jahre 1424 wurde der Tagelohn dieses Ratszimmermanns mit 2 Schilling im Sommer (von St. Petri bis Martini) und mit 20 Pfennig im Winter angegeben; um 1432 wird der Tagelohn durchschnittlich während des ganzen Jahres auf 2 Schillinge festgelegt. Vor dem Jahre 1424 hatte der Ratszimmermann in Göttingen täglich ein halbes Lot (lod) erhalten, mußte sich aber dafür selbst beköstigen; er war von Steuern und Wachtdienst befreit und bekam jährlich 6 Ellen Tuch zu der Zeit, zu der auch alle anderen städtischen Diener gekleidet wurden.

Aus den vorstehenden Angaben ist zu ersehen, daß bei der Entlohnung der städtischen Handwerker die Erinnerung an die alte Naturalienwirtschaft noch wirksam gewesen ist, da man ihnen ja einen Teil ihres Lohnes wenn auch nicht in Lebensmitteln, so doch in freier Wohnung und Kleidungsstücken auszahlte. Ganz seltsam will es uns aber scheinen, daß noch im Jahre 1628 in Schwäbisch-Gmünd ein Verbot erlassen werden mußte, die Arbeiter mit Waren zu bezahlen; dem Verlangen der Arbeiter, für die Arbeit mit barem Geld entlohnt zu werden, mußte künftig unbedingt Folge geleistet werden.

Als eine Erinnerung an die frühere Zeit kann es aber auch genommen werden, daß, falls die Handwerksarbeiten in seinem Hause ausgeführt wurden, der bürgerliche Besteller oder Bauherr, den Meister und seine Gesellen und Lehrlinge zu beköstigen pflegte und ihnen dafür einen entsprechenden Abzug vom Lohn machen durfte, bezw. entsprechend mehr zahlen mußte, wenn er die Beköstigung nicht übernahm. Eine Göttinger Verordnung aus dem Jahre 1330 verbot freilich, den Zimmerleuten Kost zu geben, doch scheint sie nur aus dem Grunde veranlaßt worden zu sein, damit nicht der eine Bauherr die Handwerker des anderen zu sich herüberziehen konnte, indem er sie besser behandelte wie sein Nachbar. In Zürich war es 1335 den Bauherrn freigestellt, ob sie ihre Zimmerleute selbst beköstigen oder ihnen statt dessen einen festgesetzten höheren Lohn geben wollten; auf jeden Fall sollte die Kost für Meister und Gesellen die gleiche sein. In Wismar erhielten 1350 die Zimmerleute und Maurer Frühstück und Mittagessen, und in Kiel waren 1417 Lohnsätze mit oder ohne Beköstigung vorgesehen. Die Zimmerleute in Göppingen bekamen 1425 ein Frühstück und jeder, Meister und Gesellen, täglich ein Maß Wein, ausdrücklich nicht mehr; mußten sie sich selbst beköstigen, so erhielten Meister und Knechte jeder einen Batzen ihrem Tagelohn zugelegt. Die eigene Beköstigung wurde im

Jahre 1548 in Stettin mit je 2 Groschen angerechnet, war aber schon im Jahre 1572 auf je 4 Groschen gestiegen. Eine Lohntaxe der Stuttgarter Schreiner von 1579 unterscheidet zwei Arten von Lohnzahlung: 1. „in der Kost", 2. „Vorrechtes". Aus der Art der Bezeichnung scheint hervorzugehen, daß es den Meistern lieber war, wenn sie Bargeld bekamen und sich und ihre Gesellen selbst beköstigen durften; sie betrachteten diese Art der Lohnzahlung also als ein „Vorrecht".

Falls sich zwischen Bestellern und Handwerkern Streitigkeiten wegen der Lohnzahlung ergaben, so mußten sie in Riga im Jahre 1376 vor dem Rat und nicht vor dem allgemeinen Gericht ausgetragen werden; so wird es auch in den meisten Städten gewesen sein. Alle auf den Handwerkerlohn bezüglichen Bestimmungen waren darauf bedacht, den Besteller vor einer Ueberforderung durch den Handwerker zu schützen. Der Bauherr brauchte sich durchaus nicht jeden Gesellen auf seinem Bau gefallen zu lassen bzw. ihm, wenn er sah, daß er keine volle Leistung vollbrachte, den vollen Lohn zu zahlen. Darauf gingen die Meister aber nicht gern ein und wollten einen festen Lohnsatz auch für ihre Gesellen ausgezahlt haben und etwaige Abzüge, die den Gesellen wegen minderwertiger Arbeit gemacht werden durften, in die eigene Tasche stecken. (Bei den in folgenden Tarifen gegebenen Gesellenlöhnen muß man überhaupt berücksichtigen, daß es diejenigen Sätze waren, die der Bauherr bzw. Besteller dem Meister für die Mitarbeit von dessen Gesellen zu zahlen hatte. Wieviel der Meister seinerseits den Gesellen auszahlte, ist nur in seltenen Fällen festzustellen gewesen; jedenfalls konnte er für Wohnung und geliefertes Werkzeug u. dgl. allerhand in Abzug bringen, womit er seinen eigenen Verdienst erhöhte.) Den Frankfurter Zimmerleuten wurde im Jahre 1355 ausdrücklich befohlen, sich für Gesellen, die ihrer Arbeit gemäß den vollen Lohn noch nicht beanspruchen konnten, nur soviel vom Bauherrn zahlen zu lassen, wie zur Zeit üblich war, damit sie ja nicht die etwaige Lohndifferenz in die eigene Tasche stecken konnten. Diejenigen Meister, die es dennoch taten, bekamen einen Monat Stadtverweis oder mußten 3 Pfund zur Strafe zahlen. Auch in der Ordnung der Kunthormacher in Hamburg von 1540 wird gesagt, daß viele Meister versuchten, sich auch für Gesellen, die wenig gelernt hatten, denselben Lohn wie für vollkommene Arbeiter zahlen zu lassen; und es wurde den Meistern vorgeschrieben, daß sie für tüchtige Gesellen bei eigener Beköstigung nicht mehr Tagelohn fordern durften, als 4 Schilling. Befand sich unter den Gesellen aber einer, der für diesen Lohn nicht Genügendes leisten konnte, so mußte sich der Meister mit dem Besteller über die an ihn, den Meister, zu leistende Bezahlung vereinbaren; konnten sie sich darüber nicht verständigen, so durfte der Besteller beide, den Meister und den Gesellen, im Tagelohn bezahlen, d. h. er gab beiden ihren Lohn direkt; sie waren in solchem Einzelfall nicht mehr finanziell von einander abhängig, und jede Schiebung von seiten des Meisters war ausgeschlossen. Schon im Jahre 1350 war es in Göttingen den Bauherrn anheimgegeben, für einen Zimmergesellen entweder die Hälfte des Meisterlohnes zu zahlen oder mehr, je nachdem er es nach seiner Meinung zu verdienen schien. Da den Bauherren aber weniger daran gelegen war, am Lohn zu sparen als eine gute Arbeit zu erhalten, so waren sie grundsätzlich berechtigt, von dem Meister die Stellung überhaupt nur tüchtiger Gesellen zu verlangen. So sagte die Straßburger Schreinerordnung von 1544, der Meister solle den Bürgern nur erfahrene Gesellen ins Haus schicken, die wenigstens 3 bis 4 Plappert zum Lohne hätten.

Trotz dieser klaren Bestimmungen den Bauherrn mit Mehrforderungen zu bedrängen, war in der Lohnordnung der Züricher Zimmerleute von 1335 streng verboten und wurde mit 10 Batzen bestraft; doch wurde dieselbe Strafe auch über den Bauherrn verhängt, wenn er über die Taxe zahlte und damit die Preise verdarb. Sehr ausführlich beschäftigte sich die Augsburger Kistlerordnung von 1550 mit diesen Lohnfragen. Dem Bauherrn wurde verboten, an dem gesetzlichen Tagelohn etwas zu kürzen, und der Meister war verpflichtet, am Zahltag anwesend zu sein, damit auch jedem sein Recht würde; anderseits hatte er auch gut aufzupassen, daß die Meister, die er als seine Gesellen für Meisterlohn aushilfsweise bei sich arbeiten ließ, nicht etwa den Bauherrn mit besonderen Forderungen übernahmen. Ein so mitarbeitender, fremder Meister, der trotzdem von dem Bauherrn einen höheren Lohn beanspruchte oder ihn zu veranlassen suchte, ihm eine besondere Zulage zu geben, wurde vom Rat zum ersten Mal mit einem Gulden, zum zweiten mit zwei Gulden bestraft, bei dritten Male aber wurde „nach Ungnaden mit ihm verfahren". Hatten aber die Bauherren einem Gesellen oder Lehrling oder anderen mehr als den gesetzlichen Tagelohn gegeben oder versprochen, so mußten sie für jede dieser Personen einen halben Gulden „ohne alle Gnade" zahlen. Die Lohntaxe der Kleinschnitzler in Münster setzte im Jahre 1623 die Strafe für jeden Fall der Mehrzahlung oder Überforderung auf 5 Mark fest. Die Schreinertaxe von 1623 in Stuttgart enthält in einer Anmerkung die folgende Bestimmung: „So dann darüber weiter nicht begehrt noch gefordert werden, bey straff eines kleinen frävels[1]) von jeden widrigen anmassen". Das churfürstlich-sächsische Edict von 1661 versuchte die Überforderungen an Löhnen und dergleichen im § 13 zu verhindern; dieser lautet:

„Nachdem auch offters die Handwerksleuthe diejenigen, so ihrer Arbeit bedürffen, übersetzen, untüchtige Arbeit verfertigen, unter dem Schein des Trinck-Geldes vor die Gesellen absonderlich Lohn fordern, in kurzen und langen Tagen keinen Unterscheid halten, neben dem Tagelohn auch Bier, Brandtewein und dergleichen fordern, die Arbeit gantz nachlässig und untreulich verrichten, langsam an dieselbe kommen, sich gegen die Bauherrn trotziglich erweisen, theils nur auf die Gedinge, (d. h. auf besondere Vereinbarungen), dringen, die Bauherren vervortheilen, und was dergleichen unfertige Händel mehr; So thun Wir alle diese Mißbräuche hiermit gäntzlich verbieten, und jedes Orths Obrigkeiten dabey nochmahls anbefehlen, eine nach jetzigen Zustand eingerichtete billigmäßige Tax-Ordnung denen Handwerckern vorzuschreiben, festiglich darüber zu halten, da es die Nothdurfft erfordert, solche zu revidieren und zu verbessern, auch die Verbrechere ernstlichen zu straffen".

Wie Meister und Gesellen sich untereinander über die Lohnauszahlung auseinandersetzten, ging den Bauherrn nichts an, und er brauchte sich nur an die

1) Die Vergehen waren eingeteilt in große und kleine Frevel und die Strafen dementsprechend summarisch bemessen.

Prunkschreibtisch in der »Boulle«-Technik mit Auflagen aus Schildpatt und verschiedenen Metallen, Franken um 1710/20, Germanisches Nationalmuseum, Nürnberg.

Aufsatzschrank mit Chinoiserien, Fichtenholz mit Reliefschmuck in farbig gefaßtem Papiermaché, teilweise mit Schlagmetall belegt. Niederbayern um 1725/30, Germanisches Nationalmuseum, Nürnberg.

Vereinbarung mit dem Meister zu halten, für die ihm die eben geschilderten Bestimmungen eine Handhabe boten. Die Gesellen wurden bei Lohnstreitigkeiten mit dem Meister auf den Klageweg entweder vor der Zunft oder vor den ordentlichen Gerichten verwiesen, waren aber im allgemeinen rechtlich durchaus nicht schlecht gestellt. Ein Beispiel, wie diese Streitigkeiten im Jahre 1398 in Straßburg von den Gesellen ausgetragen werden konnten, wurde auf S. 169 bereits ausführlich gegeben. Für den Meister war es natürlich schwer, von vornherein den der Leistung entsprechenden Lohn eines neueintretenden Gesellen zu bestimmen. Beide einigten sich deshalb meistens auf eine 14tägige Probezeit, nach deren Ablauf der spätere Lohn festgesetzt werden sollte. Kam es vor, daß der Geselle die Werkstatt des Meisters vor Ablauf dieser 14tägigen Probezeit böswillig verließ, so war nach der Würzburger Schreinerordnung von 1543 der Meister zu keinerlei Lohnzahlung verpflichtet; stellte sich aber heraus, daß der Geselle die Arbeit aus begründeter Ursache niedergelegt hatte, so besaß er einen Anspruch auf Lohn für die Tage, die er wirklich gearbeitet hatte.

Die Schreiner legten vielfach besondern Wert darauf, als eine höhere Kategorie von Arbeitern angesehen zu werden als zum Beispiel die Zimmerleute. Daß man diese in Tagelohn arbeiten ließ, fanden sie für recht und billig, wollten aber ihrerseits gern den Lohn für ihre feinere Arbeit mit den Bestellern von Fall zu Fall vereinbaren. Als der Rat der Stadt Zürich im Jahre 1593 versuchte, ähnlich wie bei den Maurern, Zimmerleuten und Steinmetzen auch für die Tischmacher einen Tagelohn festzusetzen, da protestierten diese energisch gegen eine solche Absicht unter der Begründung, ihr Handwerk sei dem anderen nicht gleich, da sie „vil costlich werchzeugs", das stets wieder ausgebessert werden müßte, gebrauchten; außerdem verlangten ihre Gesellen neben höherem Lohn „ordentlich Speiß und Trank" und seien es gewohnt, sich „viermal am Tag an den Tisch zu setzen". Der Rat der Stadt hatte ein Einsehen, und es wurde den Tischmachern erlaubt, in der bisher geübten Weise sich mit den Bestellern von Fall zu Fall zu vereinbaren. Doch wurde ausdrücklich betont, daß diese Vereinbarung keinen einseitigen Charakter erhalten durfte, vielmehr dem Besteller jede Freiheit gelassen werden mußte, falls sie nicht über den Preis einig werden konnten. Wenn aber der Fall einträte, daß die Meister oder ihre Gesellen und Knaben die Bürger („biderlüth") mit Tagelohn übernehmen wollten, so behielt sich der Rat „die Hand offen". Bei der Festsetzung des Lohnes der Würzburger Schreiner wurde im Jahre 1696 ausdrücklich betont, daß besonders berücksichtigt werden müßte, daß ein Schreiner sein eigenes Werkzeug gebrauchte; es wurde also dessen starke Abnutzung mit in Rechnung gezogen.

Bei der Bemessung des Lohnes wurde ferner zwischen der Sommerzeit und der Winterzeit fast durchweg unterschieden. Die Sommerzeit begann in Göttingen im Jahre 1330 von Lätare im März und reichte bis Mitfasten im September. Später war in Göttingen im Jahre 1424, ebenso wie 1450 in Göppingen und 1550 in Augsburg die Sommerzeit von St. Petri bis St. Gallen bemessen, während sie 1623 in Münster, von Georgi beginnend, einfach als im Herbst endigend bezeichnet wurde. Als Winterzeit galt der übrige Teil des

Jahres. Im Jahre 1557 wollten die Kistler in Augsburg für Außenarbeit, worunter wohl die Arbeit auf dem Bau und im Gegensatz zur Werkstatt verstanden werden sollte, Sommers (12 Stunden), Winters (8 Stunden) mehr belohnt sein. Die vom Rat um ihr „gutbedenckh“ ersuchten Conrad Mayr, Ott Langing und Marx Stenglin antworteten, daß den Bauherren nicht zugemutet werden könnte, im Winter soviel zu zahlen wie im Sommer. Übrigens hätten die Kistler erst 1551 einen Kreuzer mehr pro Tag erhalten und könnten im Winter noch ein paar Stunden bei Licht zu Hause arbeiten, was den Zimmerleuten nicht möglich wäre. Die Kistler erkannten selbst in ihrer Eingabe an, daß „uns allwegen vor anderen Handtwerkern mit der belonung ain vortheil gelassen“. Betreffend die Winterzeit sagte die Lohntaxe der Kleinschnitzler in Münster von 1623: „So viel die arbeitsleuthe belangt, so zu Winterszeiten beim licht oder kertzen nicht voll arbeiten und die gewöhnlichen Sommerstunden nit halten können, denen soll nach advenant des inen zu geordneten lons und der ermangelnden stunden abgezogen werden.“

Es hat aber auch einmal eine Zeit gegeben, wo überhaupt kein Lohn für Handwerkszeit gezahlt wurde bzw. genommen werden durfte! Als nämlich der „König“ Johann von Leyden in Münster im Jahre 1534/35 seine Schreckensherrschaft aufgerichtet hatte, war alles Arbeiten ums Geld, jeder Betrieb eines Handwerks um Lohn verboten. Die Handwerker waren offiziell eingesetzte Personen, die ein allgemeines Bedürfnis zu befriedigen hatten; es gab damals in Münster zwei Tischler und fünf Zimmerleute sozusagen als „kommunistische Beamte“.

Die ersten Nachrichten über Akkordarbeit finden wir in der Kistlerordnung von 1427 in München. Der Artikel 9 sagt, daß künftig keine Knechte für 13 Wochen gedungen werden dürften, um „Hauffenwerk“ zu machen, wie es vordem der Brauch gewesen wäre; auf ein bis zwei Wochen oder auf einen anderen kürzeren Zeitraum sollte es wohl erlaubt bleiben. Im Jahre 1488 wurde in einem Nachtrag zu dieser Ordnung aber das grundsätzliche Verbot, Gesellen „stückwerch“ machen zu lassen, ausgesprochen. Bei den Tischmachern in Basel beschlossen im Jahre 1596 46 Meister unter Vorsitz ihres Bottmeisters eine neue Ordnung, deren § 4 sich mit diesem Arbeitssystem, dessen Gebrauch verhindert werden sollte, befaßte. Aus dem Wortlaut geht hervor, daß schon früher gegen ähnliche Versuche eingeschritten worden war. Der § 4, mit dem die Akkordarbeit jetzt nochmals verboten werden sollte, hat folgenden Wortlaut: „Weil unsere Altvordern, nicht umb geringer Ursachen willen, daß Stuckwerk gegen den Gesellen aller Dinge abgeschafft auch biß anhero steif darob inhalten und die Verbrecher dieses Urteils unnachlaßlich von einem ehrsamen Handwerk je nach gestaltsame der Sachen gestraft worden, so ist erkannt, das hie inführo kein Meister, wer er gleich sey, keinen Gesellen kein Stuckwerk, weder wenig oder viel, so user dem hie soll verkauft werden, mag verdingen, anbieten oder zu machen verwilligen solle; wer solches überführend soll darumb gestraft werden.“ Ob diese Verordnung vom Rat der Stadt anerkannt worden ist und Gesetzeskraft erhalten hat, erscheint zweifelhaft, obwohl anzunehmen ist, daß der Rat auch seinerseits das neue System zu bekämpfen beabsichtigte. Jedenfalls wurde im Jahre 1603 in Basel die, jetzt scheinbar andersgesinnte Schreinerzunft vor den Rat zitiert, um sich gegen den Vorwurf zu verteidigen, daß sie zurzeit die Gesellen nicht um Wochenlohn arbeiten ließe, sondern ihnen „Stückwerckh“ zu arbeiten gäbe. Die Meister erwiderten darauf, daß sie diese Art der Vergebung ihrer Arbeiten als ihr gutes Recht ansehen zu dürfen glaubten. (Vgl. S. 167.)

Wenn die Kistler oder Schreiner für andere Handwerke arbeiteten, was natürlich, auch umgekehrt, oft vorkam, da das Gebiet eines jeden Handwerks streng abgegrenzt war und an ein und demselben Stück oft vielerlei Handwerke arbeiteten und keins in das Gebiet der anderen übergreifen durfte, so wurde der ihnen für die Mitarbeit zu zahlende Lohn jeweils von Fall zu Fall vereinbart und wurde „lidlohn“ genannt. In dem auf Seite 69 geschilderten Streit der Kistler gegen die Drechsler in Augsburg hatten letztere auch zur Geltung gebracht, daß sie auf ihren Lohn für die Mitarbeit an Schreinermöbeln oftmals sehr lange hätten warten müssen und deshalb gar keine Veranlassung hätten, sich bei derartigen Aufträgen besonders zu beeilen oder gar um ihretwillen die eigene Arbeit zurückzustellen. Es waren aber durchaus nicht nur die Kistler, die, wenn jene Beschuldigung überhaupt zutraf, mit der Lohnzahlung sich säumig zeigten oder gar nachträglich die Zahlungspflicht beanstandeten. Wir können jenen allgemeinen Beschuldigungen gegenüber einen bestimmten Fall anführen, in dem ein Kistler für eine mühsame Arbeit, deren einwandfreie Lieferung noch dazu vom Besteller anerkannt wurde, seinen Lohn erst einklagen und das Urteil von Sachverständigen anrufen mußte, bis er nach Wunsch befriedigt wurde. In Augsburg hatte im Jahre 1613 der Kistler Andreas Mülegger dem Silberdrechsler Daniel Müller Hilfsarbeit geleistet und mußte seinen „lidtlohn“ einklagen. In einer „audientz“ vor dem Bürgermeister Hanns Lauginger fragte Mülegger den Drechsler, „ob er ihme dann Arbait nit recht sauber und nach seinem begeren verfertiget und gemacht habe“, worauf jener „außtruckhenlich rundt und Teutsch“ bekannte, daß er „ab dem werckh kein klag nit habe“. Die Geschworenen besichtigten nun auf Anordnung des Rats das Werk und erklärten: „daß es von Ebinnholtz und Inwendig als außen über und über mit Silber gezieret, Sauber, schön gemacht und das Silber alles Fleißes eingeschnitten worden, für genugsam befunden wurde“, und „daß viel mühe und Zeit damit zugebracht worden“, so daß Mülegger daran und wohl 270 Taler verdient hätte und Müller diese zahlen müßte. Das Urteil fiel dementsprechend aus.

Von Mitte des 14. Jahrhunderts an begann man den Handwerken bestimmte Taxen für ihre Arbeit zu setzen, wobei zu berücksichtigen ist, daß es sich in der Hauptsache um Bauarbeit handelte, die also im Hause des Arbeitgebers verrichtet wurde und zu der das notwendige Material geliefert wurde, so daß nur die eigentliche Arbeitskraft des Meisters bzw. seiner Gesellen in Anrechnung zu bringen war. Da damals die Schreiner sich noch nicht äußerlich von den Zimmerleuten getrennt hatten, so treten sie noch nicht besonders in die Erscheinung; erst aus dem Jahre 1450 ist uns aus Göppingen die erste Lohntaxe für Schreiner erhalten.

Der Meisterlohn der Zimmerleute. Die älteste Lohntaxe stammt aus dem Jahre 1330 und betrifft die Zimmerleute in Göttingen. Sie wurden darin mit den Dachdeckern, Steinmetzen usw. zusammengefaßt und bekamen zur Sommerszeit 1 Schilling täglich, unter der Voraussetzung, daß sie diesen Lohn verdienen konnten; demnach war der Arbeitgeber berechtigt, die geleistete Arbeit selbst abzuschätzen bzw. bei Streitfällen von Unparteiischen oder von der Behörde abschätzen zu lassen. Zur Winterszeit wurde unter derselben Voraussetzung ein Lohn von 8 Pfennig täglich gegeben. Die Züricher Zimmerleute bekamen im Jahre 1335 zur Sommerszeit (von Ostren bis Veneren) 20 Pfennig Lohn täglich, wenn sie sich selber beköstigten. Gab der Lohnherr die Kost dazu, so brauchte er nur einen Batzen als Barlohn zu zahlen. Dabei war ausdrücklich bemerkt, daß derjenige, der mehr Lohn gab oder nahm, 10 Batzen Strafe zahlen mußte. In Wismar 1350 bekamen die Zimmerleute ebenso wie die Maurer 10 Pfennig lüb., dazu Frühstück und Mittagessen; in Kiel 1450 bei Beköstigung 4 Witten (16 Pfennig), ohne Beköstigung 2 Batzen täglich. In Göppingen wurde im Jahre 1424 für alle Handwerke, so auch für die „Zimmerlüt", zu denen noch ohne besondere Ausscheidung die Schreiner gehörten, eine spezifizierte Lohntaxe aufgestellt. Ein Zimmermeister erhielt für „ainen summerlangen tag" 32 Heller und für einen Winterstag 2 Batzen Heller einschließlich aller Morgenkost und einer Maß Wein; wurde kein Brot gegeben, so erhöhte sich der Lohn um einen Batzen Heller. Eben dort wurde im Jahre 1425 die Lohntaxe revidiert, und von jetzt an bekam der Meister 3 Batzen Heller und im Winter 2 Batzen Heller täglich, dazu die Kost „ongeverlich". Genau hundert Jahre später zahlte man in Tübingen zur Sommerzeit einem Meister 4 Schilling Heller und im Winter 3 Schilling; „wann man inen aber nit zu essen gibt, alsdann für speise und lon je einen Schilling mehr". Hier wurde ausdrücklich bemerkt, daß die „speen", also der Holzabfall, demjenigen, der das Holz zur Arbeit geliefert hatte, verbleiben sollte und demnach sich der Meister aus diesen Abfällen keine besondere Einnahme verschaffen durfte, wenn er das Holz nicht selbst geliefert hatte. Der den Zimmerleuten ausgesetzte Taglohn sollte in Stuttgart 1579 nur „rechtschaffenen" Meistern und Gesellen, die ihre Arbeit „der gepür" verrichten konnten, zustehen, auf keinen Fall aber „Mülärzten" (wandernden Mühlen-Zimmerleuten) oder „Kaltermachern" (Gerüstbauern), geschweige denn „Knorrhauern" (Holzhauer oder Holzspalter) die alle nur wie gewöhnliche Taglöhner bezahlt wurden. In Münster sollten 1623 die Zimmerleute mit Kost 3 Schilling, ohne Kost aber 6 Schilling erhalten, wobei die Sommer- oder Winterzeit nicht besonders unterschieden war. Der Lohn war hier der gleiche wie für die Kleinschnitzlermeister, also für die Schreiner. Vergleichsweise sei hier der Lohn der Sägeschneider, bei denen der Titel „Meister" nicht gebräuchlich gewesen zu sein scheint, angeführt: sie bekamen mit Kost 2 Schilling und ohne Kost 4 Schilling 8 Pfennig und waren damit noch geringer bezahlt als die Knechte der vorgenannten beiden anderen Handwerke. Ein Zimmermeister hatte in Straßburg 1646, wenn er sich selbst beköstigte, 4 Batzen und 8 Pfennig zu fordern. Und endlich war der Lohn der Zimmermeister ebenso wie der der Maurermeister 1669 in Göppingen des Sommers mit 18 Kreuzer, des Winters mit 16 Kreuzer bemessen.

Gesellenlohn der Zimmerleute. Den Verdienst eines Gesellen bemaß man 1330 in Göttingen auf die Hälfte des Meisterlohns, also auf einen halben Schilling; doch durfte man mit ihnen höher akkordieren, falls sie imstande waren, mehr als den Durchschnitt zu leisten. In Zürich erhielt ein Geselle im Jahre 1335 mit Kost 8 Pfennig und ohne Kost 16 Pfennig täglich, in Wismar 1350 8 Pfennig lüb. einschließlich Frühstück und Mittagessen, in Kiel 1417 mit Kost 1 Batzen und ohne Kost 18 Pfennig täglich. In Göppingen unterschied man im Jahre 1425 zwischen einem „gütten kneth" und einem „lern kneth", also zwischen einem (guten) Gesellen, der schon voll wie ein Meister arbeitete und diesen vertreten konnte, und zwischen einem Gesellen, der noch nicht lange die Lehre verlassen hatte; ersterer erhielt im Sommer 2 Batzen Heller, im Winter 18 Heller, letzterer im Sommer 18 Heller und im Winter 1 Batzen Heller, alles einschließlich der Kost, die auch mit je 1 Batzen Heller täglich abgelöst werden konnte. In der Lohntaxe von 1450, ebenfalls in Göppingen, finden wir die Unterscheidung zwischen diesen beiden Arten Gesellen noch genauer bezeichnet, den „guten Knecht" nannte man jetzt „Meisterknecht", während man die anderen jetzt folgendermaßen bezeichnete: „die us den leren jaren oder sust gmain knecht sien"; den Meisterknechten zahlte man genau denselben Lohn wie den Meistern selbst, und zwar im Sommer 3 Batzen Heller und im Winter 2 Batzen, den gemeinen oder Lernknechten im Sommer 2 Batzen und im Winter 8 Pfennige, alles einschließlich der Kost. In Tübingen dagegen waren 1550 die Meisterknechte um 1 Schilling täglich schlechter gestellt als ihr Meister. Sie bekamen im Sommer 3 Schilling und im Winter 2 Schilling; die „Lernknechte" (nicht etwa Lehrlinge, sondern Gesellen-Anfänger) des Sommers im ersten Jahre 2 Schillinge, im Winter 1 Schilling im ersten Jahr und im zweiten Jahr ebenfalls soviel wie die Meisterknechte, alles einschließlich Kost, die wieder mit 1 Schilling täglich sowohl für Meister wie auch für Gesellen in bar abgelöst werden konnte. Die Lohntaxe für Gesellen betrug in Münster 1623 mit Kost 2 Schilling und 3 Pfennig, ohne Kost 5 Schilling, ohne Unterschied, ob sie im Sommer oder im Winter arbeiteten. Doch war, wie schon vorher erwähnt, den Arbeitgebern erlaubt, im Winter Lohnabzüge zu machen, falls bei der Lichtarbeit nicht ebensoviel geleistet werden konnte wie im Sommer. Ein Zimmergeselle erhielt in Straßburg 1646: 4 Batzen täglich, in Göppingen 1669, wenn er des Handwerks wohl erfahren war, ebenso wie bei den Maurern, im Sommer 14 Kreuzer, im Winter 12 Kreuzer; die Gesellen, die noch Anfänger waren, nannte man in Göppingen „Boßler" und gab ihnen je nach ihrer Leistung im Sommer 10 bis 12 Kreuzer und im Winter 10 Kreuzer. Als in späteren Zeiten die Zimmerleute das Recht erhalten hatten, sich selbst des Hobels, der früher nur von Schreinern gebraucht werden durfte, zu bedienen oder bei ihren Arbeiten auch Schreinergesellen zu beschäftigen, waren diese Gesellen im Lohn anscheinend bevorzugter als die gewöhnlichen Zimmergesellen. Aus den Akten des Rathausvorbaues in Rostock vom Jahre 1727 geht hervor, daß den vier Gesellen des Zimmermeisters Ahrendt, „so die Hobel führen", das Taglohn von 14 auf 16 Schillinge (wöchentlich) erhöht werden mußte.

Lehrlingslohn der Zimmerleute. Daß auch ein Lehrling Lohn erhielt, berichtet zum erstenmal die Straßburger Taxordnung von 1646, und zwar sollte ein Junge 2 Batzen und 8 Pfennig ohne Kost erhalten; in Göppingen gab man einem Jungen 1669 im Sommer 6 bis 8 Kreuzer, im Winter 5 Kreuzer täglich, einschließlich Kost.

Meisterlohn der Schreiner. In Göppingen erhielten 1450 die Schreiner denselben vorher angeführten Lohn wie die Zimmerleute und wurden hier zum erstenmal besonders erwähnt. Den Meistern, die mit Beköstigung in den Bürgerhäusern arbeiteten, zahlte man in Stettin 1548 3 Groschen, wenn sie aber sich, einen Gesellen und einen Lehrjungen selbst beköstigten, 2 Groschen zusammen mehr. Blümcke[1]) sagt, daß diese Sätze noch Ende des 16. Jahrhunderts Gültigkeit hatten. In Augsburg 1550 bekamen die Meister, die Bauarbeit übernommen hatten, ebenso wie diejenigen Meister, die bei einem anderen Meister in Taglohn arbeiteten, im Sommer 12 Kreuzer und im Winter 10 Kreuzer. In Münster waren 1623 die Schreiner wieder den Zimmerleuten im Lohn vollkommen gleichgestellt, doch werden bei ihnen die für den Winter vorbehaltenen Lohnabzüge wohl nicht so oft in Kraft getreten sein wie bei den Zimmerleuten, da sie ja auf Werkstattarbeit viel besser eingerichtet waren als jene, denen meistens nur Werkstätten neben dem Bauplatz, nicht aber in ihren Häusern erlaubt waren. Die Straßburger Taxordnung von 1646 sieht seltsamerweise bei den Zimmerleuten nur einen Lohn bei eigner Beköstigung vor, während sie bei den Schreinern als selbstverständlich annahm, daß sie von den Bauherren beköstigt wurden, ohne daß ersichtlich wäre, weshalb dieser Unterschied gemacht wurde. Ein Schreinermeister erhielt im Sommer und im Winter täglich 3 Batzen und 4 Pfennig. Wenn der Schreiner „saynen aigen zeug" brauchte, so erhielt er in Würzburg 1696 täglich 4 Batzen einschließlich der Kost. Nach der Berliner Taxordnung von 1623 erhielt ein Meister, wenn er selbst im Hause eines Bürgers arbeitete, neben Essen und Trinken 15 Silbergroschen, ohne Kost aber 27 Silbergroschen. Den Taglohn eines Tischlermeisters in Meißen berechnet Biedermann[2]) mit 1,25 Mk. Für Berlin nimmt Paul Voigt[3]) den Lohn als etwas höher an, glaubt aber, daß die Differenz gegen Meißen jedenfalls nur gering gewesen sei. Nachdem die Bauarbeit allmählich fast ganz an die Zimmerleute übergegangen war, erschienen die Schreinermeister auf den Bauten oft nur noch als deren Angestellte bzw. hatte der Bauherr mit ihnen nicht mehr direkt, sondern nur noch auf dem Umweg über den Zimmermeister, der den Bau übernommen hatte, zu tun. In Ulm bestätigte die Regierung im Jahre 1842 einen Beschluß der Zunft, daß Zimmerleute, die einen Bau in Akkord übernommen hatten, die Schreinerarbeit den Schreinermeistern im Taglohn vergeben durften.

Gesellenlohn der Schreiner. Nach der in einer Zusammenstellung des Jahres 1800 enthaltenen Bestimmung von 1443 sollte der Gesellenlohn bei Schreinern in Nürnberg 4 bis 8 Batzen höchstens in der Woche betragen, je nachdem „der eine vor den andern etwas kann und mit der Arbeit fertig ist". In Göppingen wurden 1450 die Gesellen, ebenfalls mit dem Unterschied von

[1]) A. a. O., S. 66.
[2]) In seinem Buch „Deutschland im 18. Jahrhundert", I. Band, 2. Aufl., S. 384.
[3]) A. a. O., S. 331.

Meister- und Lehrgesellen, ebenso entlohnt wie die Zimmergesellen. Die Meister der Kunthormacher durften in Hamburg 1540 von den Bauherren für die Gesellen, die sie stellten, nicht mehr als 4 Schilling Lohn verlangen, wobei sie sie selbst zu beköstigen hatten. Stellte sich aber heraus, daß der Geselle nicht so geschickt war und soviel gelernt hatte, daß er wirklich 4 Schillinge verdienen konnte, so durfte der Bauherr mit seinem Meister eine besondere Vereinbarung treffen; kam eine solche aber nicht zustande, so stellte der Bauherr den Gesellen direkt bei sich an und gab ihm den Lohn, den er selbst für angemessen erachtete. Aus der Schreinerordnung von Straßburg aus dem Jahre 1544 erfahren wir, daß der Lohn für tüchtige Gesellen 3 bis 4 Plappert betrug; Gesellen, die diesen Lohn nicht verdienen konnten, durften den Bürgern nicht ins Haus geschickt werden. Der Gesellenlohn betrug 1548 in Stettin 4 Schilling sund. mit Beköstigung; im Jahre 1572 bekam ein Meistergeselle, „der anstatt des Meisters mit guter, künstlicher, bestendiger Arbeit die Werkstatt vorsehen kann", 18 Groschen, der gemeine Geselle aber nur 12 Groschen wöchentlich. Beide erhielten, wenn sie bei einem Bürger im Hause arbeiteten, außerdem noch Beköstigung; wenn sie sich selbst zu verpflegen hatten, so wurden jedem noch 4 Groschen zum Lohn zugelegt. In Augsburg unterschied man im Jahre 1550 im Lohn zwischen Gesellen und Meistersöhnen; die letzteren erhielten im Alter von 16 bis 18 Jahren winters und sommers 6 Kreuzer, von 18 Jahren an im ganzen Jahre wie ein anderer Geselle. Ein Geselle erhielt im Sommer 10 Kreuzer, im Winter 8 Kreuzer täglich. In einem Aktenstück des Jahres 1557 wird der Wochenlohn eines Gesellen in Augsburg mit 5 bis 6 Batzen angeführt. In Frankfurt am Main wurde den Meistern im Jahre 1619 aufgegeben, den Wochenlohn der Gesellen bis auf 8 Batzen zu „moderieren", d. h. herunterzuschrauben. In Münster bekam 1623 ein Knecht mit Kost 2 Schilling 3 Pfennig und ohne Kost 5 Schilling. „Was aber den Taglohn betrifft", so sollte in Stuttgart 1623 ein Geselle ebensoviel wie ein Meister verdienen, nämlich im Sommer und im Winter 24 Kreuzer bei eigener Beköstigung; „wann aber der kund die liferung (die Kost nämlich) gibt, soll mehrer nicht geraicht werden alstags 10 Kreuzer"; mehr zu verlangen oder zu geben, war bei Strafe verboten. Die Berliner Taxordnung von 1623 bestimmte: „wenn der Meister einen gesellen ins Haus stellet, so sol dem Meister die woche 12 sgr. gegeben werden, davon er dem gesellen sein lon giebt, der gesell aber soll vom Herrn über der Arbeit gespeist werden. Ohne Essen und Trincken aber 24 sgr.". Der Lohn eines Gesellen war in Straßburg 1646 mit 2 Batzen 8 Pfennig täglich bemessen einschließlich der Beköstigung, während 1696 in Würzburg ein Geselle täglich 3 Batzen, wenn er aber die ganze Woche durch sechs Tage lang beschäftigt wurde, zusammen einen Thaler als Wochenlohn erhielt.

In Basel hatte sich um das Jahr 1770, aber wahrscheinlich schon früher, der Gebrauch herausgestellt, daß die großen Fabriken eigene Schreinergesellen beschäftigten, die sie meist zur Herstellung von Kisten und dergleichen gebrauchten. Nach der Zunftordnung durften solche Gesellen, die man „Fabrikschreiner" nannte, aber natürlich nicht auf eigene Hand arbeiten, sondern mußten irgendeinem Meister unterstellt werden. Die Zunft der Spinwetter schlug im Jahre 1770 eine besondere Regelung des Lohnes dieser Gesellen vor;

sie schrieb: „In Anbetracht, daß die Schreiner mehr und kostbahrer Werkzeug gebrauchen als die Zimmerleute, soll der Meister, in dessen Wochenlohn und Kost der Geselle steht und dessen Werkzeug gebraucht — er möge sein Losament und Gelieger in oder außer des Meisters Hause haben oder nicht — von einem solchen Gesellen täglich 10 Batzen, der Geselle aber bei dem Kunden das in der oberkeitl. Verordnung an Brodt und Wein ausgesetzte zu beziehen haben." Ein solcher Geselle hatte mit dem Meister gar nichts weiter zu tun, als daß dieser an seinem Lohn mitverdiente. Dies „Geschäft" erschien den Schreinern so bequem, daß sie diese Einrichtung weiter auszubauen wünschten. Sie beantragten neuerdings, daß den Meistern auch dann das Patronat über solche Gesellen auszuüben erlaubt sein sollte, wenn sie ihnen nicht einmal ihr Werkzeug lieferten, also nur unter „Darlehnung" ihres Namens als Firma; dafür sollte der Meister jährlich zwei neue Louisdor bekommen! Mit diesem „Benefizium" wollte die Zunft aber nur solche Meister und Witwen bedacht wissen, die selbst wenig oder gar keine Gesellen beschäftigten, also damit die ihnen ordnungsmäßig bewilligte Gesellenzahl nicht überschritten. Auf diesen unverschämten, in überkluger kapitalistischer Weise gedachten Vorschlag ging das vom Rat zur Begutachtung aufgeforderte Bauamt aber gar nicht ein, sondern legte ihn stillschweigend zu den Akten.

Lehrlingslohn der Schreiner. In Lübeck war 1508 den Kunthormachern verboten, den Lehrlingen mehr als den „üblichen" Lohn zu geben, doch erscheint es zweifelhaft, ob hiermit die Lehrlinge oder die in ihren ersten Jahren stehenden Gesellen gemeint waren. Die Ordnung der Schreiner in Frankfurt am Main von 1527 bestimmte, daß ein Meister, der einen Lehrjungen auf einem Bau arbeiten lassen wollte, für ihn im ersten Jahre nicht mehr als einen Schilling zum Taglohn nehmen durfte, im zweiten Jahr 2 Schilling und im dritten Jahr 3 Schilling. Den Lehrjungen gab man 1548 in Stettin 2 Groschen täglich einschließlich der Beköstigung. Die Augsburger Kistlerordnung von 1550 bemaß den Lohn der Lehrlinge im Sommer im ersten Jahr auf 5 Kreuzer, im zweiten Jahr auf 7 Kreuzer und im dritten Jahr auf 9 Kreuzer; im Winter aber im ersten Jahr auf 16 Pfennig, im zweiten Jahr auf 21 Pfennig und im dritten Jahr ebenso wie bei einem Gesellen auf 8 Kreuzer; mehr durfte ihnen auf keinen Fall gegeben werden.

b) Preise und Vereinbarungen für Einzelarbeiten.

Schon frühzeitig arbeiteten die Tischler außer im Taglohn auch auf besondere Bestellung. In diesem Falle konnte der Preis der Arbeit, bzw., wenn der Besteller das Holz und das übrige Material selbst lieferte, der Arbeitslohn besonders vereinbart werden. Solche Abschlüsse waren schon 1330 in Göttingen erlaubt. Die Ordnung sagt darüber: „Were ok, dat duser meyster jenich eyn werck dingede, dar scolen se bescedelec loyn vor nemen also vorder also se hir wonen wylt"; also wurde der Meister dazu angehalten, in seiner Lohnforderung recht bescheiden zu sein, wenn er sich nicht die weitere Aufenthaltserlaubnis am Ort verscherzen wollte. Für die Berechnung des Preises war in den ersten Zeiten, als die Schreinerarbeit noch fast zimmermannsmäßig war, das Material und der ortsübliche Taglohn maßgebend;

später wurde der Zuschlag des Lohnes bei besseren Arbeiten etwas höher angenommen. Eine Lohntaxe der Stuttgarter Schreiner von 1579 ist uns erhalten, aber leider sind in ihr keine Preise eingesetzt. Zunächst wurde festgelegt, daß einfachere Bauarbeiten, wie die Vertäfelung von Stuben mit Brettern oder mit Gesimsverzierung, brettweise berechnet werden sollten, und zwar war als Regel angenommen, daß die Tischler das Holz selbst dazu gaben, und nun folgte ein Pauschalpreis für jedes Brett. Daneben war aber auch vorgesehen, daß der Bauherr das Holz selbst lieferte, und für diesen Fall war ein anderer Preis in Aussicht genommen; da aber die Zahlen nicht eingesetzt sind, so läßt sich leider nicht berechnen, wie hoch der Arbeitslohn nach Abzug des Materials bemessen worden war[1]). Diese Verordnung bezog sich, wie gesagt, nur auf einfachere Arbeiten. Für bessere Bestellungen war dagegen kein bestimmter Preis vorgeschrieben worden, sondern es hieß: Wenn jemand besondere und saubere Arbeit, eingelegt oder dergleichen, machen lassen wollte, der möge sich deswegen mit dem Schreiner gebührlich vergleichen, doch solle er, der Schreiner, hierin auch kein Übermaß brauchen. Da man dem Schreiner nicht zumuten konnte, daß er das Risiko des Holzkaufes und der mehr oder weniger längeren Lagerung auf seine Kosten nahm, so war ihm für die Lieferung von Borten, Zweilingen, Dreilingen, Rahmenschenkeln oder dergleichen ein gewisser Zuschlag auf den Einkaufspreis gestattet; auch hier fehlt leider wieder die Einfügung des erlaubten Prozentsatzes. Da aber der Ankaufspreis des Holzes nicht feststand, sondern zu den verschiedenen Zeiten schwankte, so sollte sich der Schreiner mit dem Verkaufspreis nach der jeweiligen Konjunktur richten dürfen. Die betreffende Bestimmung lautet: „Auch nachdem solche (d. h. die Bretter) jederzeit in höherm oder ringerm kauff zu erlangen seindt, (soll) der werth darnach gerichtet werden."

Als man später dazu übergehen wollte, auch für die besseren Stücke, soweit sich deren Bestellung dem Verbrauch gemäß öfters wiederholte oder sie auf Vorrat gearbeitet wurden, eine bestimmte Taxe festzustellen — wahrscheinlich, weil trotz der früheren Vereinbarungen die Schreiner ihre Besteller dennoch im Preise übernommen hatten —, da fand die Behörde nach eingehender Beratung mit Sachverständigen, daß sich eine solche Taxe doch nicht für das ganze Land oder auch nur für einen größeren Bezirk aufstellen ließ, schon weil die Holzpreise und wohl auch die Arbeitslöhne in den verschiedenen Gegenden verschieden waren; es wurde deshalb vorgeschrieben, daß in jeder Stadt und in jedem Amt der Vogt und Amtsmann mit zwei Unparteiischen des Gerichts und einem Meister des jeweiligen Handwerks die Preise festsetzen sollten. Im Jahre 1623 war auch in Stuttgart diese allgemeine Verfügung erlassen worden, aber es scheint noch nicht zur beabsichtigten örtlichen Taxe gekommen zu sein, wenigstens ist sie der Verordnung nicht angefügt und auch sonst nicht erhalten. Aber im Jahre 1652 erschien eine gedruckte Taxe für die Städte und Ämter

---

[1]) D. Gilly, preußischer Geh. Oberbaurat, gibt in seinem um 1800 erschienenen „Handbuch der Landbaukunst" je einer Tabelle die für verschiedene Bautischlerarbeiten nötigen Holzmengen und deren Preise und ferner die bezüglichen Gesamtforderungen für die fertigen Arbeiten. — (Wir konnten also die entfallenden Arbeitslöhne berechnen; die Ergebnisse sind auf S. 376 u. ff. verwertet).

Stuttgart, Cannstatt, Weiblingen, Eßlingen, Leonberg und Deckendorff und im Jahre 1669 eine solche für Göppingen. Alle drei Verordnungen haben ziemlich gleichlautend dieselbe Einleitung, die folgendermaßen lautet: „Weihlen der geschnitten zeug, sambt allen andern zum Schrein Werckh gehörigen Holtzwerckh an einem Orth sonderlich in und nechst bey starckhen Waldung vihl besser, wohlfeihler, leichter undt ringer, alß am andern[1]) zue haben, dahero gar in ungleichem Werth ist, alß bleiben die versambleten Stätt undt Aembter bey Ihr fürstl. durchl. wohlhergebrachter Ordtnung, daß nemblich bey jeder Statt undt Ambt der Vogt und Ambtmann neben zweyen Unparteyischen des gerichts und einem Meister selbigen Handtwerckhs ein billichmessige Tax auff Ihro fürstl. durchl. ratification nach, nachgehendts bey einer hohen Straff darob gehalten werden." Daneben waren in Göppingen 1669 die Schreiner noch verpflichtet, Arbeiten, die etwa in der Taxe nicht enthalten waren oder über die man sich vorangegangenen Fällen gemäß vereinbaren konnte, im Taglohn auszuführen; die Bestimmung lautet: „auff Begehrn des Burgers oder Bauherrns im Taglohn ohne Underschied zu schaffen schuldig sein, auch kheiner sich des Dingwerckhs, wie bißhero, underfangen, bey Straff einer großen frevel, von beeden Contrahenten unnachläßlig einzuziehen"; — es scheint also, als ob, vielleicht wegen der Ungebührlichkeit der Meister, gewisse Arbeiten überhaupt nicht mehr besonders verdungen werden durften, denn es war eine Strafe für den Meister festgesetzt, die in gleicher Höhe auch den Besteller treffen sollte, wenn er von der Form der Tagelohnarbeit abging. Die Schreiner-Taxordnung von 1696 in Würzburg erlaubte für diejenigen Arbeiten, die nicht besonders aufgeführt worden waren, eine besondere Vereinbarung und riet dem Konsumenten, sich vorher eine Preisschätzung geben zu lassen. Aber auch hier war der Fall vorgesehen, daß schließlich die Arbeit im Taglohn ausgeführt werden mußte, denn es sind die Lohnforderungen, die ein Meister und Geselle bei täglicher bzw. wöchentlicher Anstellung verlangen durfte, beigefügt. Ein solcher Ausweg war später, als die Arbeiten immer kostbarer wurden, wohl nicht mehr gangbar, und es kam von Fall zu Fall zu besonderen Vereinbarungen zwischen dem Besteller und dem Meister. Letzterer kam immer mehr in die Lage, sich seine Kunstfertigkeit weit über den ortsüblichen Taglohn hinaus bezahlen zu lassen; Voigt[2]) berichtet, daß ein Hamburger Bürger für ein Bett 1760 Mark, für eine Wiege 194 Mark bezahlt habe und daß im Intelligenzblatt in Frankfurt a. d. Oder 1723 ein Prunkbett mit 750 Thalern ausgeboten wurde.

Die Folge dieser veränderten Verhältnisse bzw. der bis in den Luxus gesteigerten Anforderungen der Konsumenten war, daß die Meister anfingen, sich ihrer Kunst bewußt zu werden und den Versuch zu machen, die Preise nach eigenen Vereinbarungen höher zu schrauben und so zu erhalten. Damit waren nun die Behörden ganz und gar nicht einverstanden, denn erstens wollten sie jeder kapitalistischen Entwicklung der Handwerke grundsätzlich entgegenwirken, zweitens aber die Konsumenten vor Übervorteilung schützen. Schon der Reichstag in Augsburg 1548 hatte im Tit. 36 im allgemeinen fest-

[1]) Die Ordnung sollte für verschiedene umliegende Orte und Ämter mit gelten.
[2]) A. a. O., S. 334 Anmerkung.

gestellt: „Und nachdem die Handwerker in ihren Zünften, und sonst zu Zeiten, sich mit einander vereinigen und vergleichen, daß einer seine gemachte Arbeit oder Werck in feilem Kauff nicht mehr“ (d. h. teurer) oder weniger“ (d. h. billiger) „verkauffen soll, denn der andere, und also ein Anschlag oder Steigerung machen, daß diejenigen, so derselben Arbeit nicht (?) dürfftig und kauffen wollen, ihnen sie ihres Gefallens bezahlen müssen“; dagegen sollte eingeschritten werden. Später schritt das Churfürstlich sächsische Edict vom Jahre 1661 dagegen ein, indem es in § 9 folgende Vorschrift erließ: „Die Handwercks-Meistern sollen sich an billigem, in unserer Tax-Ordnung verordnetem Lohn begnügen lassen, und sich in geringsten nicht mit einander vereinigen, daß einer seine Arbeit oder Werck nicht in geringerem Werte verkauffen, dingen oder machen soll, denn der andere, bey Vermeidung unnachlässiger Straffe“. Auch die Schreiner-Tax-Ordnung des Bischofs von Würzburg aus dem Jahre 1696 drohte Geldbuße, Gefängnisstrafe und Niederlegung des Handwerks solchen Meistern an, die zwischen sich derartige Vereinbarungen zu treffen versuchten; für den Fall, daß es ganze Handwerke unternahmen, so sollten ihnen ihre Zunftrechte ganz genommen werden. In Brandenburg befaßte sich die Polizei-Ordnung des Kurfürsten im Jahre 1688 in ihrem § 19 folgendermaßen mit diesem Zustande: „Als auch die Erfahrung bezeuget, daß die Handwerker sich heimlich verbinden, ihre Arbeit um ein gewisses Geld, und nicht wohlfeiler zu machen, und denselben welcher die Arbeit um einen billigen Werth fertiget, zu straffen oder sonst zu verfolgen; so soll jedes Orths Obrigkeit auf solche verbündnisse möglichstes fleisses acht haben, und da sie dergleichen in Erfahrung bringen, oder es bei ihnen geklagt würde, solche Handwerker unnachläßlich und ernstlich straffen“. Die gleiche Vorschrift wurde in Berlin auch noch im Jahre 1731 aufrechterhalten, doch stellte man jetzt bezeichnenderweise dem Meister frei, wenn er wollte, billiger zu liefern wie seine Zunftgenossen, ein Grundsatz, der behördlicherseits als Lockmittel ausgesprochen, gewiß das Seinige zur Demoralisation des zünftigen Handwerks beigetragen hat.

Anfang des 18. Jahrhunderts begegnen wir auch schon der Einrichtung, daß größere Arbeiten geschlossen der Zunft übertragen wurden und deren Angehörige dann die Preise gemeinsam festsetzten[1]). Koppmann berichtet über die Arbeiten für den Rathausvorbau in Rostock aus dem Jahre 1727. Da wurde wegen der Tischlerarbeiten beschlossen, daß der Stadtbaumeister Voigt ein Verzeichnis der nötigen Arbeiten anfertigen und darauf der Älteste des Tischlerhandwerks Bertram wegen deren Übernahme mit seinen Amtsgenossen sprechen sollte; dann wollte man mit diesen, soweit es möglich wäre, den Preis vereinbaren. Wegen der Fußböden („schlicht gelegt und nicht à Tafel drei Bretter geleimt“) und der 5 Doppeltüren sollte nach Voigts Vorschlag der Tischler Möller das nötige Eichenholz seinerseits hergeben, „dieweil wir nichts haben“. Die Herstellung von 16 Fensterrahmen für die unteren Logimenter wurde von den beiden Tischlern Möller und Hartig zu je 5 Gulden übernomen; 16 Fensterrahmen der übrigen Logimenter wollte der Tischlerälteste Bertram zu 3 Gulden 16 Schilling für jedes Stück ausführen.

---

[1]) In den „Beiträgen zur Geschichte der Stadt Rostock“ III, 1.

c) Die Hofschreiner.

Die Hofhandwerker der Fürsten nahmen wirtschaftlich, sozial und rechtlich eine Sonderstellung unter ihren Genossen ein. Die Akten der Württembergischen Hofschreiner des 17. und 18. Jahrhunderts[1]) geben ein anschauliches Bild dieses Verhältnisses, das in nachstehenden Absätzen geschildert werden soll.

„Erstlich, so soll und wirdt Er geloben, darzu einen leiblichen Aydt zu Gott dem Allmächtigen schwören, Unß und Unßerem Vormundtschaftlichen Herzogthumb getrew und hold zu sein, unßeren Nuzen und frommen zu schaffen, und Nachtheil zu warnen und zu wenden, nach seinem äußeren Vermögen, und sich darvon nichts abwendig machen zu lassen, auch sonsten durchaus wie einem treuen Diener gebührt, und Pflichten halber obliegt, verhalten."

So lautete der erste Paragraph eines langen Vertrages, mit dem der Schreiner Heinrich Bakmeister im Jahre 1681 in Stuttgart in die Herzoglichen Dienste als Hofschreiner verpflichtet wurde. Die weiteren Paragraphen orientieren über seine Obliegenheiten und Bezüge. Er soll das Holz nur für die Hofarbeit verwenden und nur nach Schätzung des Bau- und Werkmeisters bezahlen; vor Beginn jeder Arbeit hatte er mit einem Zettel das nötige Holz zu verlangen und dann die Fertigstellung zu melden; es wurde hierauf das Holz nachgemessen, ob es tatsächlich verbraucht sein konnte. War das geschehen, so durfte er seinen „Verdienstzettel" ausschreiben und einreichen, der „behörig moderiert (!), was die Billichkheit sein wirdt" bezahlt wurde. Er hatte allen Fleiß aufzuwenden, doch sollte es ihm erlaubt sein, auch für eigene Rechnung zu arbeiten, selbstverständlich nur von seinem eigenen Material. Ohne besonderen Befehl durfte er keine Hofarbeit beginnen, also sich nicht beliebig verwenden lassen, wodurch nachher der Hofkasse unvorhergesehene Kosten entstanden wären. Sparsamkeit war überhaupt der oberste Grundsatz und deshalb sollte Reparaturbedürftiges nicht „gleich gar zue Hauffen geschlagen" sondern ausgebessert werden; was sich gar nicht mehr flicken ließ, mußte dem Bauverwalter abgeliefert werden. Für die Arbeit sollte gutes, dürres Holz genommen werden; er sollte sie selbst ausführen und nicht „an seinen Jungen oder Gesind henckhen", auch nicht, „wa er arbeits halber einen gang in unssere Häusser geht, ein Maß oder etwas zu holen, gleich ein halb oder ganzes taglohn, wie hiervor etwan geschehen, darvor einschreiben". Wurde ihm die Arbeit zu viel, so mußte er das melden und sie nicht etwa an andere Meister weiter vergeben. Über die Nägel, die er ohne Bezahlung erhielt, mußte genau abgerechnet werden; er sollte sie immer gut wegschließen und bei Bedarf dem Gesinde in die Hand zählen. Über die Arbeit war vierteljährlich Rechnung zu stellen und es durfte „bei Ungnad" nicht zu viel aufgeschrieben werden. Neu angefertigte Möbel mußten beim Inventar angemeldet werden.

Welches waren nun die Vorteile, die dem Hofschreiner, der sich eine so bürokratische Kontrolle seiner Arbeit gefallen lassen mußte, geboten wurden? Erstens war die Zunft verpflichtet, ihm, und zwar vor allen anderen, so viel Gesellen zu schicken, wie er verlangte; tat sie das nicht, so konnte er sich beim

[1]) Ehem. Kgl. Geh. Haus- u. Staatsarchiv in Stuttgart.

Vogt beschweren. Diese bevorzugte Behandlung war immerhin nicht zu unterschätzen, weil er nun unter der Hand auch seinen Privatbetrieb so sehr ausdehnen konnte, wie er Lust hatte, denn gewiß war er von der reichen Hofgesellschaft gesucht; wie wollte es die Zunft wagen oder durchführen, ihm nachzuweisen, ob er die Gesellen wirklich für die Hofarbeit verwendete, worüber er ja auch keine Rechenschaft schuldig war? Ferner erhielt er ohne Zins Werkstatt, Wohnung und Lagerraum für Holz; letzterer war gut zu verschließen und nur mit größter Vorsicht mit Licht zu betreten. Später wurde dem Vertrag noch eingefügt, daß der Hofschreiner dem Hofrecht, also nicht mehr dem Zunftrecht unterworfen sein sollte, falls er etwas „peccierte oder mißhandelte".

Ein gleichlautender Vertrag wurde 1711 mit Christoph Mönch abgeschlossen, von dem dieser 1717 zurücktrat. Nun wurden zur Wahl gestellt die Meister Christoph Roll, Peter Spiegelberg und Johann Jacob Heim. Die Finanzwirtschaft des Württembergischen Hofes war unter Eberhard Ludwig, der seine Maitresse verschwenderisch regieren ließ, eine recht mißliche, und der vom Amt des Hofschreiners freiwillig zurücktretende Meister Mönch hatte mit der Bezahlung stets sehr lange Kredit geben müssen. Die Hofverwaltung überlegte nun, ob die zur Nachfolge vorgeschlagenen Meister dies auch tun könnten, und sie befürchtete, daß jene, wenn sie es tun müßten, das Amt gleich mit dem Vorsatz übernehmen würden, „zu übersetzen und uns dahin zu obligieren, wann ein oder andre Arbeit etwann pressiert wird, daß wir ihm gleichsam accordieren müssen, was er will, wann anders wir die Arbeit nach dem erhaltenen hochfürstlichen Befehl verförtigt haben wollen". Endlich wurde Spiegelberg gewählt. Heim aber besaß schon lange vor 1712 das „Prädikat" eines Hofschreiners, das er dem Hof sicher für hohes Geld abgekauft hatte, und bekam sogar als so nominell Beamteter von der Zunft nach seinem Belieben Gesellen zugeschickt. Im Jahre 1719 starb Spiegelberg, dem die Hofverwaltung einen großen Teil seines Lohnes in gewohnter Weise schuldig geblieben war; deshalb durfte seine Witwe, die als Erbin ihres Mannes eine „liquide praetension" von 4000 Gulden (!) bei Hofe stehen hatte, den Betrieb noch ein Jahr lang fortführen. Damit war aber Heim, der augenscheinlich genannte „Rechte" besaß, nicht zufrieden und drang gewaltsam in die Wohnung des Verstorbenen ein, um sich in den tatsächlichen Besitz des Amtes zu setzen. Die Hofverwaltung geriet in die peinlichste Verlegenheit, denn sie konnte der Witwe eingestandenermaßen ihr Guthaben nicht auszahlen, und mußte sie deshalb, wie versprochen, noch ein Jahr im Besitz der Hofschreinerei lassen. Sie fand aber den Ausweg, Heim nun zum „wirklichen" (!) Hofschreiner zu ernennen, und erklärte, „daß derselbe gleich seinem Antecessori sowohl die davon dependierende Funktion und Geschäften zu verrichten, alß auch die dabey zu gaudierende utilien zu genüssen haben solle". Über einen Nachfolger des Heim, den Kabinettschreiner N. Meyer in Kirchheim, wird 1726 in den Akten gesagt, er hätte gehabt „Besoldung und Hauszins, an Geld und Naturalien zusammen 350 Gulden"; weil er aber „in seiner Arbeit kostbar bezahlt werde", so sollte von jetzt an diese feste Besoldung fortfallen. Dieser Meyer hatte im Jahre 1734 neben vielen anderen Stücken vier Kommoden nach Rissen in „pariser Fasson" in Auftrag, doch wurde deren Fertigstellung durch den Ausbruch eines Krieges unterbrochen.

Im Jahre 1739 bewarb sich der Schreiner und Sesselmacher Johann Jacob Mandel, ein geborener Württemberger, um eine Anstellung bei Hofe. Er erklärte, er sei 14 Jahre gewandert und bäte, ihm die Mitnahme seines Vermögens nach Berlin zu gestatten, da er sich dort zu verheiraten gedächte; wenn man ihm aber eine Anstellung als Hofschreiner für das Herstellen von englischen, mit Meerrohr geflochtenen Sesseln — eine Arbeit, die der derzeitige Hofschreiner verrichte — gäbe und ihm dazu die Personalfreiheit, also die Hofgerichtsbarkeit bewillige, so wolle er im Lande bleiben. Sein Gesuch wurde mit der Begründung, die Personalfreiheit wäre aufgehoben und könne nur noch „immediate" verliehen werden, abgelehnt. Im folgenden Jahre trug der Schreiner Blaufelder um die Bewilligung dieser Personalfreiheit an. Ihm wurde geantwortet, diese Personalfreiheit verursache nur „Confusion" unter dem Handwerk, da solche Angestellte nur danach strebten, „sich aller Zucht und Ordnung zu entziehen und nicht dem gemeinen Recht unterstellt zu sein"; diese „Personalfreiheit wäre jederzeit cum injuria" (d. h. mit einer Schädigung) „der Unterthanen und Mitbürger verknüpft", und da die Handwerker, die der Personalfreiheit genössen, „wie andere bezahlt (!) werden müßten", so hielte man es für ein Unrecht, ihre Kategorie zu vermehren. Da haben wir des Pudels Kern: die Hofverwaltung war ärgerlich, daß die Handwerker, die das frühere Pumpsystem des Hofes abgeschüttelt hatten, ordnungsgemäß bezahlt werden wollten. Da Blaufelder aber eilige Hofarbeit in Auftrag hatte, so wurde ihm wenigstens die Anstellung von mehr Gesellen als üblich gestattet. Im Jahre 1748 war die Hofschreinerstelle in Stuttgart wieder zu besetzen. Der Schreiner Christian Jonas Bierwirth in Jena schickte nun ein farbig eingelegtes Tischlein an den Hof und schrieb dazu, man möchte seine Bewerbung annehmen; er sei arm, und da „in eines armen Mannes Beutel viele Witze verderben", hätte er die Arbeit nicht besser ausführen können. Sein Gesuch wurde abgelehnt. Blaufelder bewarb sich trotzdem wieder. Er hatte inzwischen schon mehrfach Arbeiten für den Hof ausgeführt — ohne je bezahlt worden zu sein. Nun bat er um die feste Anstellung und „verharrte tiefster Erniedrigung". Er erhielt endlich, da er sich als pumpfähig qualifiziert hatte, die Stelle, starb aber schon 1749. Sein Nachfolger wurde Joh. Conrad Siegeler, dem man im Jahre 1754 seinen Schwiegersohn Joh. Friedrich Schwägle „gnädigst adjungierte". Dem Schreiner Joh. Christoph Nagel war der Hof um diese Zeit 2000 Gulden für gelieferte Arbeiten schuldig und verlieh ihm deshalb die Hofschreinerstelle seines Vaters in Ludwigsburg, wahrscheinlich, um in der bisherigen Weise seinen Kredit weiter in Anspruch nehmen zu können. In Stuttgart wurde im Jahre 1790 der Ebenist Müller Herzoglicher Kabinettschreiner. In Ludwigsburg hatte der Schreiner Friedrich Heiligmann Hofarbeiten in Auftrag und bat 1794 um feste Anstellung. Die 15 ansässigen Meister der dortigen Zunft wiesen ihm aber nach, daß er die ihm für die Hofarbeit verliehenen Gesellen zur Erledigung seiner Privatarbeiten verwendete, und erklärten sich dadurch für geschädigt. Nun wurde entschieden, daß er für seine Stadtarbeit, also für die Privataufträge, zwei Gesellen und einen Jungen oder drei Gesellen verwenden dürfte, während er für die Hofarbeit in der Anstellung von Gesellen nicht beschränkt werden dürfte; sein Gesuch um feste Anstellung wurde aber abgeschlagen.

8. Örtliche Preistaxen für einfache Bau- und Möbeltischlerei.

a) Allgemeine Gesichtspunkte und Grundsätze.

Nach Angaben vom Ende des 18. Jahrhunderts hat es in Nürnberg schon im Jahre 1624 eine Taxe für Schreinerarbeiten gegeben, die aber leider nicht erhalten sind. Sie blieb aber nicht vereinzelt, denn um diese Zeit wurden überall im Lande den Schreinern die Preise für ihre Arbeiten vorgeschrieben; besonders aus Süddeutschland besitzen wir noch mehrere Taxen. Wo bisher noch das direkte Lohnverhältnis vorherrschend gewesen war, entstand nun — es waren die Jahre während und nach dem Dreißigjährigen Kriege — ein ganz neues Verhältnis zwischen den Erzeugern und den Abnehmern . Das Land war arm geworden, und die Freude am Besitz war dahin. Man bestellte nicht mehr, war nicht mehr seelisch bei der Erwerbung des Hausrates beteiligt[1]), sondern suchte nach „Ware", wobei nicht mehr, wie früher, die Güte, sondern der Preis den Entschluß bestimmte. Den traurigen Hinweis auf den verheerenden, alle traditionelle Kultur vernichtenden Krieg gibt uns die Taxordnung der Straßburger Schreiner: sie setzte die Preise für Musketen und Pistolen fest und verpflichtete die Meister, bei der Verfertigung der Särge „die Billigkeit in Acht zu nehmen". (Alles dachte nur noch an Morden und Begraben!) Die einfachste Hauskultur war Luxus geworden; man arbeitete Typen auf Vorrat, ohne dabei den Abnehmer zu kennen. Wie die Gedanken der Käufer sich nur auf die Billigkeit richteten, so strebte der Handwerker nur danach, zu verdienen, um seine zerstörte Existenz wieder aufzurichten. Der Sinn für Qualität war für lange Zeit verdorben, und man muß es als Zeichen der Zeit ansehen, daß die Behörden den Handwerkern, deren Stolz die „Ehre der Arbeit" gewesen war, nun Vorschriften machen mußten, damit die Konsumenten einigermaßen geschützt blieben.

In Stuttgart hatte man schon 1623 in Aussicht genommen, daß die Taxen örtlich, zwischen dem Vogte und Amtmann, zwei Unparteiischen des Gerichts und einem Meister des Handwerks, vereinbart werden sollten, weil es für größere Landesteile gemeinsam, der verschiedenen Materialpreise wegen, nicht möglich wäre. Eine solche Ortstaxe aus diesen Jahren konnte aber nicht mehr gefunden werden. Erst aus dem Jahre 1652 liegt eine örtliche Taxe vor, die einige dicht um Stuttgart herumliegenden Städte und Ämter zusammengefaßt und nur die billigste Bau-, Möbel- und Hausratarbeit berücksichtigt, wie sie eben dem gesunkenen Bedürfnis entsprach. Bezeichnenderweise beginnt auch sie mit der billigsten Preisfestsetzung von Särgen, und was folgt, ist wohl nicht viel mehr als Dutzendware. Ausführlicher und etwas vielseitiger Wünschen angepaßt und zuweilen sogar wieder die saubere Arbeit und bessere

---

[1]) Hier haben wir die Quelle der jetzt noch herrschenden Zustände, die Johannes Trojan in seinem Gedicht „Der alte Schrank" so ergreifend kennzeichnet:

„Was wußte der, der es gemacht, von dem, der es zuletzt
„Durch Zufall sich erwirbt und dementsprechend schätzt?
„Gleichgiltig ist es dem, der es verfertigt, wie
„Dem, der es gekauft. Es wird im Hause heimisch nie —"

Qualität betonend, ist die Taxordnung von 1669 aus Göppingen. Der Kurfürst von Sachsen hatte die Einführung örtlicher Taxen wohl nicht erreichen können, wenigstens befahl er sie 1661 den Ortsbehörden nochmals dringend an und wünschte sie „billichmäßig und nach jetzigen Zustand“ eingerichtet zu haben. Charakteristisch ist die Einleitung der Würzburger Schreiner-Taxordnung von 1696. Sie lautet: „Newe revidierte Taxordnung, wonach Männiglichen hierfüro in deß Hochwürdigsten Fürsten und Herrn, Herrn Johann Gottfrieds, deß Heil. Röm. Reiches Fürsten, Bischoffens zu Würtzburg und Hertzogens zu Francken Land und Fürstenthumb, sonderlich etzlicher Handwerker und gemeiner Tagelöhner wegen, biß uff anderweite Seiner Hochfürstl. Gnaden Verordnung sich zu richten. Gedruckt in der Fürstl. Hauptstadt Würtzburg bei Heinrich Engmann im Jahre 1696. Von Gottes Gnaden Wir Johann Gottfried, Bischoff zu Würtzburg und Hertzog zu Franken etc., demnach uns von einigen Jahren und zeithero zu besonderem Mißfallen hinterbracht worden, daß die Handwercksleuthe diejenigen, welche ihrer Arbeit bedörffen, unmessig besetzen, ihren Lohn und Feylschafften allzuhoch und nach eigenem Belieben ersteigern, wodurch die Bauherrn und Haußhaltern unrechtmessig übernohmen, und in unerfahrne übergezogen, und umb daß Ihrige gebracht werden, dannehro zu Vorkomm- und Abschneidung solcher Unordnungen für nöthig erachtet, ein gewisses Reglement und Tax verschiedener Löhne, Tagarbeythen, Baw-Matrialien und Feylschafften nach anleydungen deren von unseren geehrten, lieben Herren Vorfahren ahn dessen außgangenen Satz- und Ordnungen, auffrichten und publizieren zu lassen; verkünden hiermit, daß Wir nachgesetzte Taxordnung zu jedermanns guter Wissenschaft verfassen, verneuern und mit Vorbehalt, ein oder andren Posten und Articul gestalten Sachen nach zu mindern und zu mehren, auff jetzige Zeiten einrichten lassen. Geldtbussen, Gefängnussen, auch wohl Niederlegung des Handwercks, und da es gantze Handwerck thäten, mit Einzieh- oder Wiederruffung Ihrer Zunfften und andern dergl. Straffen.“ Diese Einleitung galt wohl für alle Handwerke gemeinsam, denn ihr folgte dann erst die „Schreiner-Taxordnung“. Sie enthält nur ganz wenige Angaben über Bauarbeiten, Preise für Särge, Lohnsätze für Arbeiten im Taglohn und die Bestimmung: „Die andere Schreiners-Arbeit insgemein, stehet bei einem jeden, so ihrer bedarf, einzunehmen den Augenschein und aestimation.“ Da die hier revidierte Preisfestsetzung sich nur auf einen kleinen Teil der Bauarbeit und von Möbelarbeit gar nur auf Särge bezog, darf vielleicht angenommen werden, daß in Würzburg die Verhältnisse entweder nicht so gelitten oder sich schon wieder gebessert hatten und direkte Beziehungen zwischen Bestellern und Erzeugern wenigstens noch in dem Maße bestanden, daß letztere nicht so sehr, wie an anderen Orten auf die Herstellung von Stapelwaren angewiesen waren. Damit „eine Ehren Bürgerschaft“ nicht im Preise übernommen werde und eine Aufsicht geübt werden könnte, verordnete der Rat von Basel 1689 den Schreinern eine Taxordnung für gewisse Bauarbeit und einfaches Mobiliar, zu deren Aufstellung die Geschworenen Meister verordnet wurden; der Vorgeher der Schreiner (Bottmeister) bestätigte am Schlusse der Liste ausdrücklich, die Preise wären aufs genaueste taxiert und von hergebrachter Ordnung. Ausschließlich mit Bautischlerarbeit beschäftigt sich die Basler Schreiner-Tax-Ordnung von

1741, während eine Aufstellung aus dem Jahre 1790 als „Tax-Ordnung von gewisser gemeiner Meubel-Arbeit" überschrieben ist und Preise für Betten, Kommoden und Kleiderkasten in verschiedenen Ausführungen enthält und dabei mehrfach die Bedingung der „sauberen" Ausführung stellt. Auf Antrag der jungen Mitmeister erklärten in Nürnberg im Jahre 1797 die Geschworenen Meister der Schreiner vor dem Rugsamt, sie wünschten „wegen der jetzigen Holzteuerung sowie aller Victualien" eine Arbeitstaxe dem Publikum in Anzeigeblättern bekannt zu machen. Das Holz sei um ⅔ teurer geworden und da die älteren Meister noch billigeres Holz im Vorrat hätten, könnten die jungen nicht mehr neben ihnen bestehen. Die Taxe solle das Publikum nicht schädigen und sich nur auf „ordinäre Arbeitsartikel und Mittelsorten" richten; überdies habe ein solches „Regulativ", wie an anderen großen Orten, so auch in Nürnberg schon bestanden, und zwar im Jahre 1624, also im dreißigjährigen Krieg. Aus einem Staatsratsprotokoll von 1845 erfahren wir, daß in Ulm 1845 die Preise für „Totensärge", die überall und seit jeher das Hauptobjekt der Preisfesetzung waren, etwas erhöht werden durften, und zwar konnte man sich die ewige Ruhe, je nach der sozialen Lebensstellung, in drei verschiedenen „Klassen" (!) wählen; es gab runde, gewölbte und glatte Särge, von denen der teuerste fast genau das Dreifache des billigsten kostete.

Aus allen diesen Taxordnungen sind nachstehend die Preise gegenständlich zusammengetragen worden; um eine Vergleichung der verschiedenen Kosten zu ermöglichen. Anschließend daran sind einige Preise für Bauarbeit gegeben, die dem Handbuch der Land-Bau-Kunst von D. Gilly entstammen; aus den verschiedenen, in diesem Buche enthaltenen Tabellen konnte der jeweilige Holzbedarf für die einzelnen Stücke entnommen und nach Berechnung der Materialkosten diese von den Endpreisen abgezogen, so daß sich so der reine Arbeitslohn ergab und man nun vergleichen kann, wie er je durch die mehr oder weniger erforderte Kunstfertigkeit bedingt wurde.

b) Uebersicht der in „Oertlichen Preistaxen" aufgeführten Gegenstände in historischer Reihenfolge.

Bank.

1. — „ — „ —, Schuhbank.

1652 Stuttgart. Vor ein Schuh-Bank von gemeinen Brittern sambt den Füßen . . . . — Fl. $2^1/_2$ Kr.

2. Stubenbank

1741 Basel. Für der schuh eichene Banckh in Stuben . . (ohne Preis)

Bettstelle (betr. „Lotterbett" siehe Sofa).

1. — „ — „ —, einfache.

1652	Stuttgart.	Vor ein schlechten Bethkarren	1 Fl.	30 Kr.	
1669	Göppingen.	Ein ungehimmelte Bethladen, doch mit einem Rosch	1 „	30 „	
1689	Basel.	Vor ein Bahren Beth . . bis in 2—3 Pfd.	— B.	— Pf.	
1790	„	Eine Bethladen von dannen Holtz, sauber .	6 „	— „	— „
		Eine dto., halb, sauber	5 „	10 „	— „
		Eine einschläfrige, sauber	5 „	— „	— „
		Eine dto. halb, sauber	4 „	10 „	— „

Bettstelle.

2. — „ — „ —, Himmelbett.

1652 Stuttgart. Vor eine schlechte Bethladen mit einem Himmel 4 Fl. — Kr.

1669 Göppingen. Ein gantz gehimmelte, gefürnießte Bethladen, das Haubtbritt (Brett am Kopfende) mit 2 Rondung eingefaßt, und sonsten sauber außgemacht . . . . 6 „ — „

Ein schlechtere mit einem Himmel, das Haubtbritt nicht eingefaßt und doch gefürnießt . . . . 3 „ 30 „

Eine solche ungefürnießte Bethladen . . . . 3 „ — „

Ein halbgehimmelte, gefürnießte Bethladen mit einem Rosch 2 „ 30 „

Ein solche ungefürnießte Bethladen . . . . 2 „ 15 „

Commode.

1790 Basel. Eine dannen runde Commoden . . . 11 Pfd. 10 B. — Pf.

Eine gerade Commoden . . . . . . 10 „ — „ — „

Eine eichene Commoden . . . . . . 16 „ 13 „ 4 „

Eine massief nußbäumene Commoden . 20 „ — „ — „

Decke (siehe Zimmerdecke).

Fensterfutter.

1652 Stuttgart. Von einem Liechtfensterfutter von Zweylingen (Bretterart), sampt den pföstlen und Leistlen . . . — Fl. 24 Kr.

Von gemeinen Brittern fensterfutter für ein Liecht . . . — „ 18 „

Fensterladen.

1. — „ — „ —, Flugladen.

1652 Stuttgart. Für ein großen Flugladen, $4^1/_2$ Schuh hoch und 3 Schuh breit . . . . — Fl. 24 Kr.

Für einen gemeinen Flugladen . . . . — „ 18 „

Für einen kleinen Flugladen . . . . — „ 15 „

1669 Göppingen. Ein Fligel-Laden . . . . 10—15 „

2. — „ — „ —. Zugladen.

1652 Stuttgart. Für ein aufziehenden Fensterladen, fünfthalb Schuh hoch und dritthalb breit, mit zween schmalen Blindflügel, — für ein Laden und ein Schiltbret auch für ein Laden gerechnet —, sambt der Rame (Rahmen) — Fl. 48 Kr.

Von einem Zugladen von 2 Flügeln, 7 Schuh hoch und 4 Schuh breit . . . . 1 „ — „

1669 Göppingen. Ein außziehender Fünsterladen, sambt den Rambschen (Rahmen), Dohlen, ohngefähr 4 oder $4^1/_2$ Schuuch lang oder $3^1/_2$ Schuuch brait . . . — Fl. 45 Kr.

1689 Basel. Vor ein Fensterladen . . . . — Pfd. 16 B. — Pf.

Item vor der kleineren Gattung . . — „ 10 „ — „

1696. Würzburg. Vor einer Fensterrahm mit 2 Flügel und 2 Schieber, 5 Schuch hoch und dritthalb Schuch ungefehr weit, von Schreiners Rahmen und uff die Fassel gestoßen . . . . 1 Fl. — Kr.

Vor einer schlechten mit einem Schieber, oben ohne Flügel achteinhalb Batzen

1741 Basel. Für eichene eingefaßte Läden mit abgekehlten
Füllungen, pr. Schuh . . . . 1 Pfd. 6 B. 8 Pf.

Fensterleisten.

1652 Stuttgart. Für ein eichene Fenster-Leisten . . . . . . — Fl. 6 Kr.
Vor eine dünnene (tannene) Fenster-Leisten . . . . . . — „ 3 „

Fensterrahmen.

1689 Basel. Vor ein Fensterramen der größeren Gattung 1 Pfd. 15 B. — Pf.
Item von der geringeren Gattung . . . 1 „ 5 „ — „
1727 Rostock. (Verdingt im Rathaus). Für die unteren
Logimenter, 16 Stück je . . . . 5 Fl. — Schill.
Für die oberen Logimenter, 16 Sück je . . . . 3 „ 16 „
1741 Basel. Für ein französische Fensterrahmen mit Kreuz,
pr. die Scheiben . . . . — Pfd. 7 B. 6 Pf.
Für ein Fensterrahmen, so der mitel Stein vorhanden (ohne Preis)
Item ein Kreuzstockh mit einem Mitel Staab und 2 Zwerch
Stääben und Wetterschemblen, von 6 Schuh hoch,
pr. das Liecht . . . . („ „)
dito eins von 5½ Schuh hoch . . . . („ „)
dito für ein glein fligelin darein . . . . („ „)

Fußboden.

1652 Stuttgart. Für ein Fußtaffel, 14 Schuh lang und 2 Schuh
breit, und für die Richt zu legen . . . . . . — Fl. 36 Kr.
1669 Göppingen. Von einem Fueßboden (wann der Meister
das Holtz darzue gibt), allewegen 2 Britter zusammen-
geleimbt, von einer Tafel zu machen und zu legen — „ 32 „
Von einer Taffel (also 2 Bretter zusammen) über sich
eingefaßt, mit Stab und Leisten ungefahr 5 Schue
lang undt 3 Schuech breit . . . . — „ 36 „
1689 Basel. Vor ein Fußboden 20 Schuh lang und 16 Schuh
breyt samt der Futter-Holtzerei . . . . 17 Pfd. 10 B.
1696 Würzburg. Vor einer Taffel gemeiner Bretter, zum
Fußboden außzuholen, zu leimen, und zu legen, (wann
der Bauherr Britter und Nägel darzu giebt) . . — Fl. 6 Kr.
Vor einer Taffel mit dreyen Brittern . . . . — „ 8 „
Vor einer Taffel vierzehen schüchigen . . . . — „ 8 „
Vor einer Taffel vierzehen schüchigen mit dreyen Brittern — „ 10 „
Von Geschock gemeiner Britter zu filtzen und zu legen 1½ Fl. bis 24 Batzen
Von Geschock vierzehen schüchigen Britern zu
filtzen und zu legen . . . . 2 Thaler bis 2 Königsthaler
1741 Basel. Einen eingefaßten Boden rings herumb mit
Eichen Frießen und dito ein Creutz in Mite darin,
der Schuh . . . . — Pfd. 2 B. 6 Pf.
Item für ein glatten Boden von sauberen von 5/4 Zoll dickh (ohne Preis)
dito von etwas geringerem Holtz . . . . („ „)

Gitter.

1. — „ — „ —, Kellergitter.

1652 Stuttgart. Für ein Kellersgatter von eichin Holtz von 7—8 schuch breit, von 8—9 Schuch hoch, mit geschobenen Gitter und vier Flügel (für Holtz und Arbeit) 11 Fl. — Kr.

Kasten.

— „ — „ —, Fußkasten.

1652 Stuttgart. Vor ein Fußkasten mit zwo eingefaßten Thüren 3 Fl. 45 Kr.

— „ — „ —, Mehlkasten.

1741 Basel. Für ein Mehlkasten zu einem Sackh . . . . (ohne Preis)
dito zu zwei Sackh . . . . („ „)
dito zu drei „ . . . . („ „)

Mulde.

1. — „ — „ —, Backmulde.

1652 Stuttgart. Vor ein gemeine Bachmulten mit einem Deckel 1 Fl. — Kr.
1669 Göppingen. Ein Bach Multen sambt dem Deckhel . — „ 48 „

Särge.

1. — „ — „ —, für Kinder und kleine Personen.

1652 Stuttgart. Kinds- und andere kleine Bahren, sollen nach deren Größe, und nach diesem Tax zu rechnen bezahlt werden . . . . — Fl. — Kr.
1689 Basel. Vor ein Kindt Todtenbaum . . . . 1 Pfd. — B. — Pf.
1696 Würzburg. Vor einer kleinen Kindts Totenladen . . 5 bis 6 Batzen

2. — „ — „ —, besserer, gewölbter.

1669 Göppingen. Ein Totenbahr einem alten Menschen mit einem runden Deckhel, schwartz angestrichen . . . 2 Fl. 40 Kr.
1689 Basel. Vor ein gewölbten Todtenbaum . . . 5 Pfd. — B. — Pf.
1696 Würzburg. Vor einer großen Todtenladen mit gemeinen Brettern . . . . 15 bis 16 Batzen
1845 Ulm. I Klasse, rund . . . . 7 bis 9 Fl.
II Klasse, gewölbt . . . . 4,30 „ 6 „

3. — „ — „ —, einfacher.

1646 Straßburg. Die Schreiner werden ermahnt, die „Todtenbäum" billig zu verkaufen und die Käufer nicht zu übervorteilen.
1652 Stuttgart. Ein gemeine, schlechte Todtenbar mit ebenen Boden (Deckel) . . . . . . auffs höchste umb — Fl. 48 Kr.
1669 Göppingen. Eine gemeine schlechte Baar mit ebenem Deckel . . . . auffs höchst 1 „ — „
1689 Basel. Vor ein mittelmäßiger Todtenbaum bis 2—3 Pfd. — B. — Pf.
1696 Würzburg. Vor einer mittelmäßigen Todenladen . . bis 12 Batzen
Vor einer geringen Todtenladen . . . . . . 7—8 bis 10 Batzen
1845 Ulm. III Klasse, glatt . . . . 2 bis 3,48 Fl.

Schrank.

1. — „ — „ —. Kleiderschrank.

1790 Basel. Ein zweythüriger dannenen Kleiderkasten mit runden Ecken . . . . 30 Pfd. — B. — Pf.
Ein einthüriger Kleiderkasten mit runden Ecken . 20 „ — „ — „
Ein Kleiderkasten nur in der Mitten zusammen gesetzt und geraden Ecken und die Thüren glatt 14 „ — „ — „

2. — „ — „ —, Wandschrank, hängend.

1652 Stuttgart. Vor ein Kopfhauß mit drey Schubladen . . 3 Fl. — Kr.
1669 Göppingen. Ein sauber gefürnießt Kuch-Kopfhaus mit 4 Schubladen und einem Hafenbritt (Topfbrett) . . 2 „ 30 „
Ein solch ungefürnießt Kopfhaus . . . . 2 „ 10 „
Ein gefürnießt Stuben-Kopfhäußlen . . . . 2 „ — „
Ein solch ungefürnießt Castlin . . . . 1 „ 20 „

3. — „ — „ —, Wandschrank in der Mauer.

1741 Basel. Item für ein Känsterlein in einer Mauer mit einem eingefaßten Dürle und abgekehlter Verkleidung (ohne Preis)

Schranne.

1652 Stuttgart. Vor einen Länderschrannen von gemeinen Brittern . . . . — Fl. 24 Kr.
1669 Göppingen. Ein geliente Schrannen von harttem Holtz — „ 28 „
Ein weiße Schrannen . . . . — „ 20 „

Sessel (siehe auch Stuhl), Sitzschemel.

1669 Göppingen. Ein gefürnießte Siedel mit einem Fueßlin — Fl. 48 Kr.
Ein solch ungefürnießt Siedel . . . . — „ 36 „

Sofa (dessen Vorläufer, eine mit Kissen belegte Bank, wurde „Lotterbett“ genannt.)

1669 Göppingen. Ein gefürnießt Lotterbett mit einem gantzen Himmel und 2 Schubladen . . . . 3 Fl. — Kr.
Ein Lotterbett ohn einen Himmel, doch mit Schubladen 1 „ 40 „
Ein schlecht Lotterbett . . . . von 48 Kr. bis 1 Fl.

Stuhl (siehe auch Sessel).

1. — „ — „ —, einfacher.

1652 Stuttgart. Vor ein Stul von gemeinen Brittern . . — Fl. 18 Kr.
1669 Göppingen. Ein gelienter Stuel von hartem Holtz . . — „ 20 „
Ein weißen gelienten Stuel . . . . — „ 12 „

Tisch.

1. — „ — „ —, mit einem Fuß.

1652 Stuttgart. Vor einen Tisch mit einem Kreutzfuß unnd Schubladen . . . . 1 Fl. 45 Kr.
Vor ein Tisch ohne Schubladen . . . . 1 „ 28 „
1669 Göppingen. Ein Tisch von hartem Holtz mit einem trehenden (gedrehten) Fueß und einer sauberen Schubladen . . . . 3 „ — „

Ein weißer Tisch mit einem Creutzfueß und einer Schubladen . . . . 1 Fl. 30 Kr.

1689 Basel. Vor einem schlechten Tisch mit einem Creutz-Schragen . . . . 1 Pfd. 15 B. — Pf.

2. — „ — „ —, Ausziehtisch.

1689 Basel. Vor einen außgezogenen nußbeumenen Tisch von nußbeumenen Holtz vor 10 Personen . . . . 15 Pfd. — B. — Pf.

Von der geringeren Gattung . . . . . . 8 „ — „ — „

Truhe.

1. — „ — „ —, Reisetruhe.

1652 Stuttgart. Von einer Reißdruchen aber mögen sie nemmen 1 Fl. 36 Kr.

Und mit einem gewölbten runden Deckel . . . . . 2 „ 30 „

Für zween Stühl darzu (Untersetzer) . . . . — „ 30 „

Item zwo lange Stangen (zum Tragen, die durch seitliche Schleifen gesteckt wurden) . . . . — „ 30 „

Zwo kurtze . . . . — „ 15 „

1669 Göppingen. Ein schlechtere Raißtruch mit einem spitzigen Lid (Deckel) . . . . 1 „ 45 „

2. — „ — „ —, stehende Truhen.

1652 Stuttgart. Vor ein Druchen mit einem Fuß . . . . 2 Fl. — Kr.

Vor ein Boxtruchen . . . . 1 „ 30 „

1669 Göppingen. Ein gefürnießte, geschlossene Truchen, ein Fueß mit 2 Schubladen . . . . 3 „ — „

Ein solch ungefürnießt Truchen . . . . 2 „ 15 „

Ein gefürnießt Gockhs- (Koks?) truchen . . . . . 1 „ 45 „

Ein (solch) ungefürnießt Truchen . . . . 1 „ 30 „

Ein Trüchlin oder Pfluglad (?) von hartem Holtz . . — „ 48 „

Ein weiß Windel-Trüchlin . . . . — „ 24 „

Türen.

1. — „ — „ —, Haustüren.

1652 Stuttgart. Für eine gebrochene Hausthür, 4 Schuch breit, 7 Schuch hoch und 4 eichinin Leisten eingeschoben 1 Fl. 30 Kr.

1741. Basel. Für ein glate eichene Hauß Düren mit einem gesimbs darüber und verädert, von 7 Schuch hoch auch $3^1/_2$ breith . . . . 7 Pfd. 10 B. — Pf.

dito eine geringere eichene ohne gesimbs . . 5 „ — „ — „

Eine eingefaßte Haußdüren von Eichen in obiger Größe mit abgekehlten Füllungen sambt dem Gesimbs . . . . 9 „ — „ — „

2. — „ — „ —, Stubentüren.

1652 Stuttgart. Für ein eingefaßte Stubenthür, 3 Schuch breit und $6^1/_2$ Schuch hoch von Zweylingen (eine Bretterart) . . . . 1 Fl. 20 Kr.

Für ein einfache Thür mit zwo Leisten eingeschoben . . — „ 40 „

1669 Göppingen. Ein eingefaßte Thüren . . . . 1 Fl. — Kr.

Ein schlechte Thüren, doch mit Beedseiten . . . . . — „ 40 „

Ein gefüeterte Thüren . . . . — „ 48 „

Ein Thüren von gemeinen Brittern . . . . — „ 28 „

1689 Basel. Von einer eingefaßten Stuben Thür sambt dem Futter Verkleydung . . . . 5 Pfd. — B. — Pf.

Item der geringern Gattung . . . . 3 „ 5 „ — „

Vor ein schlechte Thür mit zwo Leisten eingeschoben . . . . 1 „ 5 „ — „

Ein schlechte Thür mit zwo Creutzleisten . . . 2 „ — „ — „

1741 Basel. Für ein eichene eingefaßte Dürene mit Futher sambt ausgekehlten Verkleidungen . 12 „ 10 „ — „

dito für ein eichene mit überschobenen Füllungen mit deutschen Verkleidungen sambt Futher 10 „ 10 „ — „

dito 2 (eichene) Flügel Düren und in ein jeden Flügel 3 Füllungen mit einem glatten Futter 22 „ 10 „ — „

Von nußbäumen Türen sambt glattem Futher und außgekehlten Verkleidungen, gleich den Eichenen . . . . 22 „ 10 „ — „

dito davon Düren mit einem eingefaßten Futher 27 „ — „ — „

Türfutter.

1652 Stuttgart. Für ein Thüren-Futter von Zweylingen (Bretterart) . . . . — Fl. 40 Kr.

Für ein Futter von gemeinen Brittern . . . . — „ 24 „

1669 Göppingen. Ein Fuetter zu einer Thüren . . . . . . — „ 30 „

1689 Basel. Für ein Futter in der Thür . . . . . — Pfd. 15 B. — Pf.

Verkleidung (siehe Wandverkleidung).

Waffen.

1. — „ — „ —, Büchsenschäfte.

1646 Straßburg. Ein Ziel-Musqueten-Schafft von Bier- (Birnen-) oder Kirschbäumin Holtz . . . . . . 14 Batzen

2. — „ — „ —, Pistolen.

1646 Straßburg. Ein Paar Pistolen zu schäfften, von Bier- (Birnen-) oder Kirschbäumin Holtz . . . . . . 10—12 Batzen

Wandverkleidung.

1652 Stuttgart. Für ein Taffel (also für jedes Brett berechnet) Brust-Täffer, 7 Schuh hoch und 2 Schuh breit, oben mit einer Carniß und einer Leisten . . . . . . — Fl. 30 Kr.

1669 Göppingen. Von einer Taffel neben an der Wandt herumb halb Britter Höhe und dritthalb Schuech braitt, Bank undt Taffel unden herumb darzue gerechnet . . . . — „ 48 „

1689 Basel. Von einer Ruckwand, eingefaßt, 5 Schuh hoch und 12 Schuh breyt, sambt dem Bank und Gesims darauf . . . . 1 Pfd. 15 B. — Pf.

	Solchen Verstand hat es auch vor einer Taffell 9 Schuh hoch samt der Leisten		1 Pfd. 15 B. — Pf.
1741	Basel. Von eingefaßter Täfel mit abgekehlten Füllungen und mit Leisten darein vergehrt, von dannen Holtz	der Schuh	— „ 2 „ 8 „
	dito von glatten Täfel und von sauberen Holtz, auch geraden Leisten	der Schuh	— „ 1 „ 8 „
	dito miteler Gattung		— „ 1 „ 6 „
	Von Eichenen eingefaßten Täfel, so poliert und die Füllungen abgekehlt		— „ 6 „ 8 „
	Item Eichen Lambrie von ohngefähr 2 Schuh hoch		— „ 6 „ 8 „
	Von nußbäumenen Holtz eingefaßte Lambrerie mit abgekehlten Füllungen . .	pr. Schuh	— „ 10-12 „ — „

Zimmerdecke.

1652	Stuttgart. Für ein Tafel an einer schlechten Deck übersich lang 14 Schuh, breit 2 Schuh, mit einer Karniß-Leisten		— Fl. 48 Kr.
1741	Basel. Eine Decke mit Blindleisten Carnis und Stääb darüber, von dannen Holtz, pr. Quadrand schuch		— Pfd. 2 B. — Pf.
	Wann aber der Bauherr das Holtz dazu giebt (macher lohn)	für ein Schuch	— „ 1 „ — „
	Ein eingefaßte Decke mit verdiefsten Carnisen und darüber von Dannen Holtz . .	per Schuh	— „ 1 „ 4 „

c) Preise für Bautischler-Arbeiten, die in Preußen um 1800[1]) gezahlt wurden.

Architrav (über der Tür), ordinär, wenn selbige besonders zu rechnen ist:
für den laufenden Fuß (Holz und Arbeit zus.) . . . — Thl. 1 Gr. — Pf.
dasselbe, wann mehrere und stärkere Glieder darin sind:
für den laufenden Fuß (Holz und Arbeit zus.) . . . — Thl. 1 Gr. 3 Pf.
bis — „ 1 „ 6 „
dasselbe (um ein Bogenfenster) innerhalb, wegen der Fensterladen:
für den laufenden Fuß (Holz und Arbeit zus.) . . . — Thl. 1 Gr. 6 Pf.

Fenster: Bogenfenster, groß, vierflügelig, 10 bis 12 Fuß hoch, 5 bis 6 Fuß breit, mit Sprossen und Lattenholz, wo also der obere Bogen stehen bleibt, aus Eichenholz,

36 Fuß eichene Bohlen zu 3	Zoll	4 Thl. 12 Gr. — Pf.		
2 Stück „ „ „ 1½	„	2 „ 16 „ — „		
	Arbeitslohn . . .	8 „ 20 „ — „	16 Thl. — Gr. — Pf.	

[1]) Diese Preise wurden nach Listen des Kgl. Preuß. Geh. Oberbaurats D. Gilly aus seinem Buch „Handbuch der Land-Bau-Kunst" zusammengestellt; nach den dort enthaltenen Normen des Holzbedarfs wurden hier die Zahlen des reinen Arbeitslohnes ermittelt, die besonders für die Vergleichung des bei anspruchsvollerer Arbeit steigenden Lohnes interessant sind. — Die Preise der hier verwendeten Hölzer findet man auf S. 326. Der Verfasser.

dasselbe, ordinäre Größe, vierflügelig, mit Sprossen, wobei der Bogen mit aufgeht, aus Eichenholz,

6 Fuß eichene Bohlen zu 3 Zoll — Thl. 18 Gr. — Pf.
1⅓ Stück „ „ „ 1½ „ 1 „ 19 „ — „
Arbeitslohn . . . 6 „ 17 „ — „ 9 Thl. 6 Gr. — Pf.

dasselbe, vierflügelig, mit Sprossen, wo unten der Pfosten mit aufgeht, aus Eichenholz

6 Fuß eichene Bohlen zu 3 Zoll — Thl. 18 Gr. — Pf.
1⅓ Stück „ „ „ 1½ „ 1 „ 19 „ — „
Arbeitslohn . . . 7 „ — „ — „ 9 Thl. 13 Gr. — Pf.

dasselbe, ohne Sprossen

6 Fuß eichene Bohlen zu 3 Zoll — Thl. 18 Gr. — Pf.
1 Stück „ „ „ 1½ „ 1 „ 08 „ — „
Arbeitslohn . . . 2 „ 11 „ — „ 4 Thl. 13 Gr. — Pf.

Schiebefenster, mit Sprossen, Kastel (oder Gewichtverkleidung) und Wasserschenkel, aus Eichenholz

4 Fuß eichene Bohlen zu 3 Zoll — Thl. 12 Gr. — Pf.
1 Stück „ „ „ 1½ „ 1 „ 8 „ — „
⅛ „ kiehnene „ „ 4 „ — „ 6 „ — „
1 „ halbes Spundbrett . . — „ 15 „ 3 „
½ „ Tischlerbrett . . . . — „ 6 „ — „
Arbeitslohn . . . 5 „ — „ 12 „ 8 Thl. — Gr. — Pf.

Fenster, vierflügelig, 7 Fuß hoch, 3½ Fuß breit, mit Sprossen, aus Eichenholz

7 Fuß eichene Bohlen zu 3 Zoll — Thl. 21 Gr. — Pf.
1⅓ Stück „ „ „ 1½ „ 1 „ 19 „ — „
Arbeitslohn . . . 4 „ 8 „ — „ 7 Thl. — Gr. — Pf.

dasselbe, ohne Sprossen

7 Fuß eichene Bohlen zu 3 Zoll — Thl. 21 Gr. — Pf.
1 Stück „ „ „ 1½ „ 1 „ 08 „ — „
Arbeitslohn . . . 2 „ 3 „ — „ 4 Thl. 8 Gr. — Pf.

dasselbe, ohne Sprossen, doppelt überfalzt,

7 Fuß eichene Bohlen zu 3 Zoll — Thl. 21 Gr. — Pf.
1 Stück „ „ „ 1½ „ 1 „ 08 „ — „
Arbeitslohn . . . 2 „ 17 „ — „ 4 Thl. 22 Gr. — Pf.

Fenster, vierflügelig, 7 Fuß hoch, 3½ Fuß breit, mit Sprossen, wenn es von außen völlig wie ein Schiebefenster aussieht,

7 Fuß eichene Bohlen zu 3 Zoll — Thl. 21 Gr. — Pf.
1⅓ Stück „ „ „ 1½ „ 1 „ 19 „ — „
Arbeitslohn ? ?

Fenster, vierflügelig, 6 Fuß hoch, 1½ Fuß breit, ohne Sprossen, aus Eichenholz, im dritten Stock,

6 Fuß eichene Bohlen zu 3 Zoll — Thl. 18 Gr. — Pf.
⅞ Stück „ „ „ 1½ „ 1 „ 4 „ — „
Arbeitslohn . . . 2 „ 2 „ — „ 4 Thl. — Gr. — Pf.

dasselbe, doppelt überfalzt,
6 Fuß eichene Bohlen zu 3 Zoll — Thl. 18 Gr. — Pf.
⅜ Stück „ „ „ 1½ „ 1 „ 4 „ — „
Arbeitslohn . . . 2 „ 16 „ — „ 4 Thl. 14 Gr. — Pf.

Fenster, vierflügelig, 5 Fuß hoch, 3½ Fuß breit, aus Eichenholz, mit Sprossen, im dritten Stock
6 Fuß eichene Bohlen zu 3 Zoll — Thl. 18 Gr. — Pf.
1 Stück „ „ „ 1½ „ 1 „ 8 „ — „
Arbeitslohn . . . 4 „ 9 „ — „ 6 Thl. 11 Gr. — Pf.

Sprossenfenster, zweiflügelig, aus Eichenholz
(Holz und Arbeit zus.) . . . . 2 Thl. 18 Gr. — Pf.

dasselbe, ohne Sprossen, aus Eichenholz,
(Holz und Arbeit zus.) . . . . 1 „ 20 „ — „

dasselbe, ohne Sprossen, aus Kiehnenholz,
(Holz und Arbeit zus.) . . . . 1 „ — „ — „

dasselbe, vierflügelig, aus Kiehnenholz
(Holz und Arbeit zus.) . . . . 1 „ 12 „ — „

Bogenfenster über ein Thor, zirkelrund, mit Sprossen,
1 Stück eichene Bohle zu 1½ Zoll 1 Thl. 8 Gr. — Pf.
Arbeitslohn . . . 4 „ 16 „ — „ 6 Thl. — Gr. — Pf.

dasselbe, mit flachem oder ovalem Bogen, mit Sprossen,
¾ Stück eichene Bohlen zu 1½ Zoll 1 Thl. — Gr. — Pf.
Arbeitslohn . . . 3 „ 9 „ — „ 4 Thl. 9 Gr. — Pf.

Fenster über ein Thor, ganz gerade, mit Sprossen,
½ Stück eichene Bohlen zu 1½ Zoll — Thl. 16 Gr. — Pf.
Arbeitslohn . . . 1 „ 22 „ — „ 2 Thl. 14 Gr. — Pf.

dasselbe, zirkelrund, ohne Sprossen,
½ Stück eichene Bohlen zu 1½ Zoll — Thl. 16 Gr. — Pf.
Arbeitslohn . . . 2 „ 10 „ — „ 3 Thl. 2 Gr. — Pf.

dasselbe, mit flachem Bogen, ohne Sprossen,
½ Stück eichene Bohlen zu 1½ Zoll — Thl. 16 Gr. — Pf.
Arbeitslohn . . . 1 „ 14 „ — “ 2 Thl. 6 Gr. — Pf.

dasselbe, gerade, ohne Sprossen,
½ Stück eichene Bohlen zu 1½ Zoll — Thl. 16 Gr. — Pf.
Arbeitslohn . . . 1 „ 2 „ — „ 1 Thl. 18 Gr. — Pf.

Fenster über eine Hausthüre, zirkelrund, mit Sprossen,
¾ Stück eichene Bohlen zu 1½ Zoll 1 Thl. — Gr. — Pf.
Arbeitslohn . . . 2 „ 7 „ — “ 3 Thl. 7 Gr. — Pf.

dasselbe, zirkelrund, ohne Sprossen,
½ Stück eichene Bohlen zu 1½ Zoll — Thl. 16 Gr. — Pf.
Arbeitslohn . . . 1 „ 10 „ — „ 2 Thl. 6 Gr. — Pf.

dasselbe, mit flachem Bogen, mit Sprossen,
½ Stück eichene Bohlen zu 1½ Zoll — Thl. 16 Gr. — Pf.
Arbeitslohn . . . 1 „ 10 „ — „ 2 Thl. 6 Gr. — Pf.

dasselbe, mit flachem Bogen, ohne Sprossen,
⅓ Stück eichene Bohlen zu 1 ½ Zoll — Thl. 11 Gr. — Pf.
Arbeitslohn . . . 1 „ 1 „ — „ 1 Thl. 12 Gr. — Pf.

dasselbe, gerade, mit Sprossen,
¼ Stück eichene Bohlen zu 1 ½ Zoll — Thl. 8 Gr. — Pf.
Arbeitslohn . . . 1 „ 2 „ — „ 1 Thl. 10 Gr. — Pf.

dasselbe, gerade, ohne Sprossen,
¼ Stück eichene Bohlen zu 1 ½ Zoll — Thl. 8 Gr. — Pf.
Arbeitslohn . . . — „ 15 „ — „ — Thl. 23 Gr. — Pf.

Kellerfenster, aus Eichenholz, mit flachem Bogen, Pfosten, Sprossen, Wetterschenkel, kiehnene Stäbe,
2 Fuß eichene Bohlen zu 3 Zoll — Thl. 6 Gr. — Pf.
½ Stück „ „ „ 1 ½ „ — „ 16 „ — „
⅓ „ kiehnene „ „ 3 „ — „ 14 „ — „
Arbeitslohn . . . 1 „ 8 „ — „ 2 Thl. 20 Gr. — Pf.

dasselbe, ohne Stäbe,
2 Fuß eichene Bohlen zu 3 Zoll — Thl. 6 Gr. — Pf.
½ Stück „ „ „ 1 ½ „ — „ 16 „ — „
Arbeitslohn . . . 1 „ 4 „ — „ 2 Thl. 2 Gr. — Pf.

dasselbe, ohne Sprossen und ohne Stäbe,
2 Fuß eichene Bohlen zu 3 Zoll — Thl. 6 Gr. — Pf.
⅓ Stück „ „ „ 1 ½ „ — „ 11 „ — „
Arbeitslohn . . . — „ 21 „ — „ 1 Thl. 14 Gr. — Pf.

dasselbe, aus Eichenholz, viereckig, mit Pfosten, Sprossen, Wetterschenkel und Stäben,
2 Fuß eichene Bohlen zu 3 Zoll — Thl. 6 Gr. — Pf.
½ Stück „ „ „ 1 ½ „ — „ 16 „ — „
Arbeitslohn . . . 1 „ — „ — „ 1 Thl. 22 Gr. — Pf.

Kellerfenster-Flügel, aus Eichenholz, mit Sprossen, ohne Futter, bloß in einer Zarge, mit Bogen,
⅛ Stück eichene Bohlen zu 1 ½ Zoll — Thl. 4 Gr. — Pf.
Arbeitslohn . . . — „ 11 „ 6 „ — Thl. 15 Gr. 6 Pf.

dasselbe, ohne Sprossen,
1/12 Stück eichene Bohlen zu 1 ½ Zoll — Thl. 2 Gr. 10 Pf.
Arbeitslohn . . . — „ 8 „ 5 „ — Thl. 11 Gr. — Pf.

dasselbe, gerade, mit Sprossen ohne Futter, in einer Zarge
⅛ Stück eichene Bohlen zu 1 ½ Zoll — Thl. 4 Gr. — Pf.
Arbeitslohn . . . — „ 9 „ — „ — Thl. 13 Gr. — Pf.

dasselbe, ohne Sprossen
1/12 Stück eichene Bohlen zu 1 ½ Zoll — Thl. 2 Gr. 10 Pf.
Arbeitslohn . . . — „ 6 „ 5 „ — Thl. 9 Gr. — Pf.

Dachfensterflügel, mit Bogen, ohne Sprossen, aus Eichenholz
⅛ Stück eichene Bohlen zu 1 ½ Zoll — Thl. 4 Gr. — Pf.
Arbeitslohn . . . — „ 8 „ 5 „ — Thl. 12 Gr. 5 Pf.

Fensterlade, eingefaßt, von innen, von 3 oder 4 Flügeln, auf jedem Flügel 2 Füllungen, inkl. Anschlagleiste, 7 Fuß hoch, 3½ Fuß breit, aus Kiehnenholz 26½ (?) Quadratfuß, à 5 Gr. (Holz und Arbeit zus.) 5 Thl. 11 Gr. 3 Pf.

Sollen die Fensterladen an der Seiten gegen die Wand schlagen, so ist eine architravirte Einfassung an beiden Seiten und oben darüber erforderlich; diese kostet à Fuß 4 Gr., also zu obigen Fensterladen 17 Fuß à 4 Gr., (Holz und Arbeit zus.) . . . 4 Thl. 20 Gr. — Pf.

Reichen die Fensterladen nicht bis oben hinauf, so ist noch ein Stück in der Seitenverkleidung über den Fensterladen erforderlich, dieses kostet (Holz und Arbeit zus.) à Quadratfuß — Thl. 3 Gr. — Pf.

Wird der Sturz oben am Fenster mit einer eingefaßten geraden Verkleidung aus kiehnem Holz verziert, so kostet (Holz und Arbeit zus.) à Quadratfuß — Thl. 5 Gr. — Pf.

Fensterladen (Fensterboden?), zweiflüglig, 7 zu 3½ Fuß, verleimt,

2½ Tischlerbretter . . . . . 1 Thl. 6 Gr. — Pf.
Arbeitslohn . . . . 1 „ 6 „ — „ 2 Thl. 12 Gr. — Pf.

Thorweg, zweiflügelig, eingefaßt, auf beiden Seiten mit 4 Füllungen und Fries, 10 Fuß hoch, 8 Fuß breit, aus Kiehnenholz, 80 Quadratfuß, à 7 Gr. (für Holz und Arbeit zus.) 23 Thl. 8 Gr. — Pf.

derselbe, von Eichenholz, 80 Quadratfuß, à 10 Gr., (für Holz und Arbeit zus.) 33 Thl. 8 Gr. — Pf.

Pforte in einen verdoppelten Thorweg bloß einzuschneiden Arbeitslohn — Thl. 16 Gr. — Pf.

dasselbe in einen verleimten Thorweg Arbeitslohn — Thl. 12 Gr. — Pf.

Vorderthor, doppeltes, von 12 und 9 Fuß (zuweilen größer, zuweilen etwas kleiner), ohne Pforte und Fenster darüber, aus Kiehnenholz,

½ Stück halbe Spundbretter . — Thl. 7 Gr. 8 Pf.
5½ Stück Tischlerbretter . . 2 „ 18 „ — „
Arbeitslohn . . . . 12 „ 22 „ 7 „ 16 Thl. — Gr. — Pf.

dasselbe, mit Pforte, die mit besonderem Fries versehen, Zuschlag für Tischlerarbeit . . . . 2 Thl. 12 Gr. — Pf.

Hinterthor, verleimt, 12 zu 9 Fuß, aus Kiehnenholz, ohne Pforte und Fenster,

5½ Tischlerbretter . . . . 2 Thl. 18 Gr. — Pf.
Arbeitslohn . . . . 6 „ 8 „ — „ 9 Thl. 2 Gr. — Pf.

Vorderhaustür, zweiflügelig, verdoppelt, 7 bis 8 zu 5 bis 6 Fuß, aus Kiehnenholz,

2 halbe Spundbretter . . . . 1 Th. 6 Gr. 6 Pf.
2 Tischlerbretter . . . . . 1 „ — „ — „
Arbeitslohn . . . . 4 „ 5 „ 9 „ 6 Thl. 12 Gr. — Pf.

dasselbe, einflügelig, aus Kiehnenholz, verdoppelt,

1 halbes Spundbrett . . . . — Thl. 15 Gr. 3 Pf.
1 Tischlerbrett . . . . . . — „ 12 „ — „
Arbeitslohn . . . . 2 „ 14 „ 12 „ 3 Thl. 18 Gr. — Pf.

Thüre, zweiflügelig, eingefaßt, mit doppelter Füllung und gebrochenen Ecken, 8 Fuß hoch, 4¼ Fuß breit, 34 Quadratfuß, à 5¼ Gr.
(Holz und Arbeit zus.) 7 Thl. 10 Gr. 6 Pf.

Hausthüre, eingefaßt, mit 4 ord. Füllungen, aus Kiehnenholz, 7 Fuß hoch und 5 Fuß breit, 35 Quadratfuß, à 7 Gr.
(Holz und Arbeit zus.) 10 Thl. 5 Gr. — Pf.
(Etwas künstlichere Arbeit in den Füllungen wird bei Hausthüren und Thorwegen mit 8 bis 10 Gr. pro Quadratfuß, für Holz und Arbeit, bezahlt.)

Stubenthür, zweiflügelig, mit vier Füllungen, von beiden Seiten mit Architraven

3 Tischlerbretter	1 Thl.	12 Gr.	— Pf.	
Arbeitslohn	3 „	20 „	— „	5 Thl. 8 Gr. — Pf.

dasselbe, einflügelig, eingefaßt, mit Architrav auf beiden Seiten,

2 Tischlerbretter	1 Thl.	— Gr.	— Pf.	
Arbeitslohn	2 „	9 „	— „	3 Thl. 9 Gr. — Pf.

Hinterthür, zweiflügelig, verleimt, aus Kiehnenholz,

2 halbe Spundbretter . . .	1 Thl.	6 Gr.	6 Pf.	
Arbeitslohn	1 „	11 „	9 „	2 Thl. 18 Gr. — Pf.

dasselbe, einflügelig, verleimt, aus Kiehnenholz,

1½ halbe Spundbretter . . .	— Thl.	22 Gr.	12 Pf.	
Arbeitslohn	— „	20 „	9 „	1 Thl. 19 Gr. 6 Pf.

Ladenthür, zweiflügelig, verdoppelt, aus Kiehnenholz,

2 halbe Spundbretter	1 Thl.	6 Gr.	6 Pf.	
2 Tischlerbretter	1 „	— „	— „	
Arbeitslohn	3 „	5 „	9 „	6 Thl. 12 Gr. — Pf.

Glasladenthür, zweiflügelig, mit Sprossen und Füllungen, ganz aus Kiehnenholz,

1 halbes Spundbrett	— Th.	7 Gr.	9 Pf.	
1 Tischlerbrett	— „	12 „	— „	
Arbeitslohn	4 „	10 „	6 „	5 Thl. 6 Gr. — Pf.

Balkonthür, große, zweiflügelig, mit Füllungen und Sprossen, von Eichen- und Kiehnenholz,

4 Fuß eichene Bohlen zu 3 Zoll	— Thl.	12 Gr.	— Pf.	
2 Stück eichene Bohlen zu 1½ Zoll	2 „	16 „	— „	
½ St. kiehnene Bohlen zu 4 Zoll	1 „	— „	— „	
Arbeitslohn	11 „	20 „	— „	16 Thl. — Gr. — Pf.

dasselbe, aber ohne Bogen,

3 Fuß eichene Bohlen zu 3 Zoll	— Thl.	9 Gr.	— Pf.	
2 St. eichene Bohlen zu 1½ Zoll	2 „	16 „	— „	
½ St. kiehnene Bohlen zu 4 Zoll	1 „	— „	— „	
Arbeitslohn	9 „	3 „	— „	13 Thl. 4 Gr. — Pf.

Kellerthür, zweiflügelig, verdoppelt,
2 halbe Spundbretter . . . . 1 Thl. 6 Gr. 6 Pf.
2 Tischlerbretter . . . . . . 1 „ — „ — „
Arbeitslohn . . . . 2 „ 22 „ 3 „ 5 Thl. 4 Gr. 9 Pf.

dasselbe, einflügelig, verdoppelt,
1½ halbe Spundbretter . . . — Thl. 22 Gr. 12 Pf.
1½ Tischlerbretter . . . . — „ 18 „ — „
Arbeitslohn . . . . 1 „ 7 „ 3 „ 3 Thl. — Gr. — Pf.

dasselbe, zweiflügelig, verleimt,
2 halbe Spundbretter . . . 1 Thl. 6 Gr. 6 Pf.
Arbeitslohn . . . . 1 „ 11 „ 9 „ 2 Thl. 18 Gr. — Pf.

dasselbe, einflügelig, verleimt,
1½ halbe Spundbretter . . . — Thl. 22 Gr. 12 Pf.
Arbeitslohn . . . . — „ 19 „ 8 „ 1 Thl. 18 Gr. 5 Pf.

Verschlagthür, unter einer Treppe oder nach dem Boden, 6½ zu 3½ Fuß, verleimt,
1½ Tischlerbretter . . . . — Thl. 18 Gr. — Pf.
Arbeitslohn . . . . 1 „ 1 „ — „ 1 Thl. 19 Gr. — Pf.

Lukenthür, 5½ zu 2½ Fuß, verleimt,
1 Tischlerbrett . . . . . . — Thl. 12 Gr. — Pf.
Arbeitslohn . . . . — „ 15 „ 3 „ 1 Thl. 3 Gr. 3 Pf.

Lattenthür, von gewöhnlicher Größe,
1 Tischlerbrett . . . . . . — Thl. 12 Gr. — Pf.
Arbeitslohn . . . . — „ 6 „ — „ — Thl. 18 Gr. — Pf.

Thürfutter, in hölzernen Wänden,
½ Tischlerbrett . . . . . . — Thl. 6 Gr. — Pf.
Arbeitslohn . . . . — „ 6 „ — „ — Thl. 12 Gr. — Pf.

Kaminthür, ordinär, verleimt,
¾ Tischlerbrett . . . . . — Thl. 9 Gr. — Pf.
Arbeitslohn . . . . — „ 12 „ — „ — Thl. 21 Gr. — Pf.

dasselbe (oder Brett), eingefaßt, nebst Knopf,
¾ Tischlerbrett . . . . . . — Thl. 9 Gr. — Pf.
Arbeitslohn . . . . — „ 17 „ — „ 1 Thl. 2 Gr. — Pf.

Ofenzarge, gewöhnlich, von außen zu heizen,
⅓ Tischlerbrett . . . . . . — Thl. 4 Gr. — Pf.
Arbeitslohn . . . . — „ 8 „ — „ — Thl. 12 Gr. — Pf.

dasselbe, runde,
½ Tischlerbrett . . . . . . — Thl. 6 Gr. — Pf.
Arbeitslohn . . . . — „ 10 „ — „ — Thl. 16 Gr. — Pf.

Windofenzarge,
⅓ Tischlerbrett . . . . . — Thl. 4 Gr. — Pf.
Arbeitslohn . . . . — „ 9 „ — „ — Thl. 13 Gr. — Pf.

Lambris (Wandverkleidung), an die Wand unten herum,
(Holz und Arbeit zus.) für den Quadratfuß . . . . — Thl. 4 Gr. — Pf.

Meisterriß des Mainzer Schreiners Jakob Weinheimer (1719 – 1793). 1746 wurde dieses Meisterstück von der Zunft angenommen, aber erst 1760 vollendet, worauf Weinheimer als Strafe für 14 Jahre das Bruderknecht-Amt ausüben sollte und sieben Reichstaler zu bezahlen hatte.

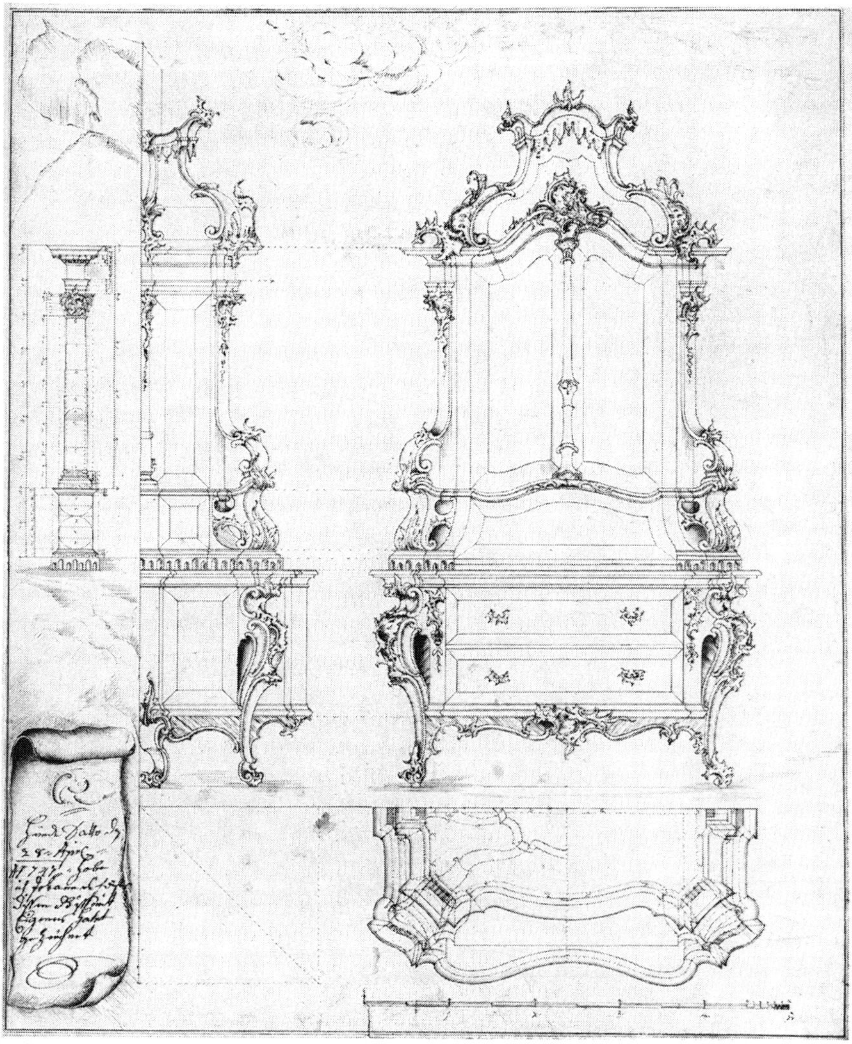

Der Meisterriß des Mainzer Schreiners Johann Förster von 1747 zeigt neben der Vorder-, Seiten- und Draufsicht auch die Grundlagen der Proportionierung des Schrankes anhand einer Säule. Dieser Schreibschrank, »Cantourgen« genannt, ist ein für Mainz typische Meisterstück.

9. Die freien Erwerbsmöglichkeiten.

a) Das Arbeiten auf Vorrat.

Das Arbeiten auf Vorrat ergab sich zum Teil aus der geringeren direkten Beschäftigung der Meister, die immer zahlreicher wurden und nicht mehr die direkten Beziehungen zu den Bestellern besaßen und pflegen konnten. Außerdem entwickelte sich die Technik immer mehr und sie reichte nicht nur — wie früher — dazu aus, die notwendigsten Bedürfnisse zu befriedigen, sondern befähigte die Meister, neue Formen und Gebrauchsgegenstände zu erfinden, um damit neue Bedürfnisse hervorzurufen. Zunächst betrachtete die Behörde ein derartiges Arbeiten auf Vorrat mit Mißtrauen, weil sie darin die Anfänge einer kapitalistischen Entwicklung witterte. Wie bereits erwähnt, versuchte die Kistlerordnung in München von 1427 die Herstellung solcher Stapelware, „Hauffenwerk" genannt, einzuschränken, indem sie verbot, die Gesellen länger als eine gewisse, beschränkte Zeitdauer mit solcher Arbeit zu beschäftigen. Die Lübecker Ordnung von 1474 der Kunthormacher befahl diesen in einem Nachtrag von 1470, keine Kisten, wie sie den Kistenmachern vorbehalten waren, anzufertigen; wenn sie Schränke auf Vorrat anfertigen wollten, so mußten sie sich von der einfachen Kistenmacherarbeit durch Gesimsleisten und Einfassungen unterscheiden. Die Ordnung der Lübecker Kistenmacher von 1508 gibt genaue Vorschriften für die Größe und Art der Kisten, die dem Publikum zum Kauf angeboten werden durften. Da die Tischler natürlich gern ihre Möbel in ganz fertigem Zustand anbieten wollten, so kamen sie leicht in Konflikt mit den übrigen Handwerkern, denen teilweise die Vollendungsarbeiten an den Stücken vorbehalten waren, wie z. B. die Beschläge und Malerarbeiten. In Frankfurt a. M. wurde 1666 dieses Verhältnis so geregelt, daß die Schreiner nicht mit Beschlägen handeln durften, ausgenommen an Packläden, runden Tischen und schwarzgebeizter Arbeit, doch mußten auch diese Beschläge bei den ortsansässigen Schlossern gekauft worden sein. Weitere Vorschriften für die Art und Anfertigung der Waren finden sich weiter unten in der Abteilung der für den Marktverkauf erlaubten Waren.

Wie durften nun die Handwerker die auf Vorrat gearbeiteten Gegenstände dem Publikum anbieten? Ein Verkauf außer dem Hause war nach der Cölner Kistenmacherordnung von 1397 verboten; der § 6 dieser Ordnung sagte darüber: „Wenn ein dem Amte angehöriger Kistenmacher sein Werk außerhalb seines Hauses feilböte, sei es auf dem Domhof, vor den Kirchen, in den Freigrenzen oder im Kaufhaus, so sollte er 1 Mk. cölnisch für jeden einzelnen Fall als Buße in die Kasse der Bruderschaft bezahlen." So wurde nach außen der Eindruck vermieden, als ob ein Meister mehr Absatz und Beschäftigung hätte als die anderen; die absolute Gleichheit in der „Nahrung" sollte durchaus gewahrt werden. Die Lübecker Kistenmacherordnung von 1508 und die Hamburger Kistenmacherordnung von 1515, die in ihrer Abfassung überhaupt viel Ähnlichkeiten zeigen, bestimmten fast gleichlautend, daß kein Meister zwei Werkstätten oder zwei Verkaufsplätze unterhalten dürfte; wer diese Vorschrift übertrat, mußte in Lübeck 3 Mk. Silber, in Hamburg 1 Mk., je nach der Schwere des Falles festzusetzenden Strafe an den Rat und außerdem an beiden Orten je eine Tonne Bier an die Amtsbrüder zahlen. Hiermit sollte wohl gesagt werden, daß der Verkauf nur an einer Stelle, also entweder im Hause des Meisters oder in seiner Werkstätte, die ja meistens mit dem Hause verbunden war, stattfinden durfte. In München war den Kistlern 1427 erlaubt, einen Tisch als Lockmittel für die Kundschaft vor ihrer Werkstatt aufzustellen, doch wurden sie verpflichtet, sie in die Werkstatt wieder hineinzunehmen, sobald man abends das Fronamt gesungen hatte; andere neue Stücke durften nicht ausgestellt oder ausgehangen werden. In Hamburg war 1515 den Kistenmachern der Aushang oder die Ausstellung in den auf die „Freistraße" hinausgehenden Fenstern überhaupt verboten; diese Vorschrift bezog sich insbesondere auf die den Kistenmachern angegliederten Luchtenmacher und auf die von diesen hergestellten Leuchter. Die französische Tischlerordnung in Straßburg von 1617 verbot den Meistern, „bières ou cercueils" (Totenbahren und Särge) vor der Tür zum Verkauf auszustellen. Als in München im Jahre 1737 den Zimmerleuten grundsätzlich das Recht zur Anfertigung gewisser Kistlerarbeiten zugestanden wurde, erhob sich die Frage, ob sie damit auch das Recht erhalten sollten, diese Waren ebenso wie die Kistler zum Verkauf auszustellen. In dem zwischen den Zimmerleuten und Kistlern abgeschlossenen Vertrag heißt es folgendermaßen: „Drey und zwainzigistens hingegen solle ainiger (kein) Maister aus der Churf. Haubstatt mit Eröffnung des ganzen Laden nit fail halten, weder seine gemachte Arbeith an Feyr- und Werkhtägen für die Thür oder Läden herausseзen, noch weniger auf die Dänthmärckht thuen, welcher aber solches ybertrete, darumben gebihrents abgestrafft (und) es seye hernach wans immer wolle, alle neue Kistlerarbeith, allenfahls mit orbigkeitl. Assistenz, hinweg genommen."

b) Die Jahrmärkte.

Neben dieser ständigen, aber in ihrer Form doch noch sehr eingeschränkten Verkaufsgelegenheit wurde den einheimischen und fremden Kistlern noch alljährlich ein oder mehrere Male die Möglichkeit geboten, ihre Waren öffentlich auszustellen und anzubieten: sie bot sich auf den regelmäßig abgehaltenen Jahrmärkten, die zum Teil auf ein sehr ehrwürdiges Alter zurückblicken konnten.

Die noch heute in München abgehaltene „Dult" bestand schon im Jahre 1290 und fiel auf den St. Jacobstag und dessen Vortag. Meistens waren diese Jahrmärkte mit kirchlichen Festen verbunden. Aus dem Zunftbüchlein der Augsburger Kistler von 1519 ersehen wir, daß die Jahrmärkte wie folgt festgesetzt waren: sie begannen an den Abenden von St. Ullrichs Kirchweih und St. Ullrichs Tag und erstreckten sich über diese beiden Feiertage und die auf sie folgenden Tage; der Hauptmarkt begann am Abend von St. Michaels Vorfeier und dauerte die beiden nächstfolgenden Feiertage und noch 14 Tage darüber. Etwas anders lagen die Feiertage nach der Augsburger Kistlerordnung von 1558. Danach begann der erste Jahrmarkt am Vorarbend von St. Ullrichs Kirchweihe nach Ostern und dauerte bis zum Abend des übernächsten Tages; der zweite begann am Vorabend von St. Michels Vorfeier, dauerte die zwei Feiertage und 14 Tage danach; der dritte Jahrmarkt begann am Samstag vor

St. Ullrichs Tag, sofern dieser Tag auf einen Montag fiel, und dauerte bis zum Abend des dritten Tages. Auf diesen Jahrmärkten hatten die Kistler feste Verkaufsstände. So erfahren wir aus einer Zusammenstellung von 1464, daß in Nürnberg die „Wagner, Schreiner, Putner, Drechsel, Spiegler" je ein Verkaufszelt besaßen. Anders scheint es mit den fremden Kistlern gewesen zu sein, die mit ihrem Stand oft zu wechseln pflegten. Im Jahre 1550 beschwerten sich in Augsburg die Kistler der Stadt, daß die fremden Kistler außerhalb der monatlichen (!) Freimärkte Waren nach Augsburg schafften und verkauften und das hier Übriggebliebene nachträglich auch noch absetzten; um sie besser kontrollieren zu können, sollte den Fremden künftig ein fester Platz angewiesen werden und sie verpflichtet werden, sofort nach Schluß des Marktes alle unverkauften Stücke wieder aus der Stadt hinauszuführen. In Hamburg hatten sich die Schnitger im Jahre 1590 scheinbar auf eigene Faust einen Verkaufsstand bei der Börse eingerichtet, der für künftig verboten wurde. Schon damals scheinen aber die Schnitger auf dem Dohm einen erlaubten Verkaufsstand gehabt zu haben, denn im Jahre 1614 wurden für den hier stattfindenden Verkauf neue Vorschriften erlassen. Den Augsburger Kistlern wurde 1550 erlaubt, ihre Arbeiten schon am Samstag vor St. Ullrichs Kirchenweihe nach Ostern an die Schrand zu fahren, weil auch die Krämer schon an diesem Tage „umb die Stand lösenn" (losen) und auch die fremden Kistler schon um diese Zeit ihre Waren hereinbrachten. In Frankfurt a. M. mußte 1589 mit dem Bau der Meßstände schon acht Tage vor dem Eintreffen des ersten Transportes („gelaidts") begonnen und dann fertig sein[1]); dementsprechend mußte auch der Abbruch innerhalb acht Tagen nach Schluß des Marktes vollendet sein. Wegen der Vergebung der an diesem Ort am Main aufgeschlagenen Meßstände mußten sich die Meister persönlich und zur bestimmten Stunde bemühen, wobei es oft Streitigkeiten gegeben zu haben scheint, wenigstens ist ein Akt darüber aus dem Jahre 1669 aufbewahrt worden (hier ist übrigens von Ständen im Creutzgang die Rede). Die Ordnung, „wie man im Creutzgang aussetzen solle und sich vor straff zu hüten weiß", wie sie den Nürnberger Schreinern um 1800 gegeben wurde, aber augenscheinlich eine Wiederholung aus älterer Zeit darstellt, verpflichtete jeden Meister, der ausstellen wollte, seine Arbeit schon in der ersten Woche des Jahrmarktes hereinzubringen; wer später kam, wurde nicht mehr zugelassen. Es gab in Nürnberg drei Jahrmärkte: der erste begann am Montag nach Neujahr, der zweite acht Tage nach Ostern und der dritte am Montag nach Ägidie; daneben aber gab es noch eine Verkaufsgelegenheit auf dem Säumarkt, wo die Stände verlost wurden.

Die fremden Kistler hatten für die Benutzung des Jahrmarktes eine Steuer zu entrichten. In Basel stellten im Jahre 1583 die Schreiner des benachbarten Brombach den Antrag, ihnen den freien Gebrauch der Messe in Basel zu gestatten, und in Würzburg beschwerten sich im Jahre 1708 die Schreiner der Nachbarorte wegen der zu hohen Abgaben bei der Würzburger

[1]) Eine Bestimmung des Jahres 1598 sagte, daß „fremde Schreinerarbeit" in Frankfurt a. M. weder auf den Messen noch auf den gewöhnlichen Märkten verkauft werden dürfte.

Messe; allzu hoch scheinen die Abgaben aber nicht gewesen zu sein, wenigstens betrugen sie in Augsburg im Jahre 1670 für jedes Stück zwei Kreuzer, „nicht mehr, eher weniger".

Zur Beteiligung an der Messe war durchaus nicht jedermann zugelassen. Die Augsburger Kistlerordnung von 1558 verlangte, daß die fremden Kistler und Gesellen, die außerhalb der Stadt wohnten, das Handwerk ordnungsgemäß gelernt hätten, doch stellten sie nicht die Bedingung, daß diese Besucher der Jahrmärkte auch Hausbesitzer wären. Früher scheint man von den Besuchern des Jahrmarktes die Erlernung des Handwerks nicht verlangt bzw. es mit dem Nachweis nicht so genau genommen zu haben. Wenigstens behauptete ein Händler, Claß Hartmann von Lechbrugg, im Jahre 1558, er hätte schon vor 12 Jahren die Erlaubnis vom Rat erhalten, auf den drei Jahrmärkten oder Kirchweihen seine Tischspiele und dergleichen zu verkaufen; die Augsburger Kistler wollten ihn jetzt nicht zulassen, weil er kein Kistler wäre, und Hartmann erwiderte darauf: „Ich habe das Kistlerhandwerk von mir selbst, mit Verleihung göttlicher Gnaden (!) gelernt und erkhundigt". Um solchen Kistlern von Gottes Gnaden künftig das Handwerk zu legen, wurde die obenerwähnte Bestimmung des Jahres 1558 in die Ordnung aufgenommen. Diese Bestimmung paßte den Augsburger Kistlern doch nicht recht, und sie stellten im Jahre 1560 den Antrag, daß fremden Kistlern der Verkauf auf den Augsburger Jahrmärkten verboten werden sollte, wenn sie nicht „haußhebig" (Hausbesitzer) wären; sie wollten damit vermeiden, daß Gesellen, die in Augsburg eine Zeitlang gearbeitet hatten, hinauszögen „auf zwei bis drei meil wegs, da sie anhaims waren", und dann ihren früheren Meistern ihre Arbeit zum Verkauf in der Stadt übergäben. Da letzteres ohnedies unter Strafe gestellt war, so ging der Rat auf die Wünsche der Augsburger nicht weiter ein. Die im Jahre 1800 in Nürnberg erneuerte alte Ordnung schloß die Meister, die zwei Gesellen beschäftigten, von dem Verkauf im Creutzgang und auf dem Neumarkt aus, wollte diese Verkaufsmöglichkeit also nur den auswärtigen und den kleineren städtischen Meistern vorbehalten. Ganz entgegengesetzt wollte Friedrich Wilhelm I. von Brandenburg, daß seine Handwerker besonders für die Jahrmärkte arbeiteten. Während im allgemeinen ein Tischlermeister nur zwei Gesellen halten durfte, wurde demjenigen, „der solche Arbeit verfertiget, mit welcher er die Messe und Jahrmärkte bereiset oder sie außer Landes versendet, als furnierte Spinde, Tische, Guéridons (Leuchtertischchen) und dergleichen" ausdrücklich erlaubt, „so viel Gesellen als er nötig zu haben vermeinet, zu verschreiben"[1]).

In der Zahl der zum Verkauf auszusetzenden Stücke waren die auswärtigen Kistler vor den einheimischen bevorzugt, wenigstens scheint das aus der Eingabe der Augsburger Kistler von 1558 hervorzugehen, in der sie verlangten, daß die fremden ebenso wie sie selbst von jeder Sorte nur ein Stück feilhaben sollten und nicht 10, 12, 20 Stück und mehr. Die mit der Untersuchung dieser Frage beauftragten Ratsfreunde hielten die Erfüllung dieser Bitte nicht für empfehlenswert, da solche Beschränkung „der gemeinen Stat

[1]) Paul Voigt, a. a. O. S. 335.

und Burgschaft und sonderlich dem armen Manne beschwerlich fallen würde". Die Augsburger Kistler beschwerten sich damals, sie selbst sollten Steuern zahlen und dürften nur je ein Stück feilhaben und diese Zahl nach erfolgtem Verkauf nicht einmal ergänzen. Den Hamburger Schnitgern war vor 1614 erlaubt, im Dohm je drei Stück zurzeit auszusetzen; von da an wurde die Zahl auf vier erhöht. Wurde aber ein Meister dabei gefaßt, daß er auch das fünfte Stück zum Verkauf stellte, so waren die Amtsbrüder berechtigt, dieses fünfte Stück in das Wirtshaus zu schleppen und darauf eine Tonne Bier zu vertrinken; der Rest des aus diesem konfiszierten Stück gelösten Betrages war dem Amt verfallen, und außerdem mußte der Übertreter dem Amt 10 Mk. von jedem Stück zur Strafe zahlen. In Nürnberg durfte noch 1800 von Waren, die weniger Wert hatten als zwei Gulden, jeder soviel verkaufen, wie er konnte, „doch eines nach dem andern", also nicht auf einmal ausgestellt; von den Waren, die über zwei Gulden Wert hatten, sollte aber nur je ein Stück abgesetzt werden dürfen. In Augsburg war 1550 die Auswahl und Reihenfolge der zu verkaufenden Stücke genau geregelt: der Meister, der einen furnierten Gewandkasten und eine Bettstelle fertig hatte, sollte auf einmal nur eines von beiden Teilen in die Schrandt fahren und dort verkaufen, und zwar sollte zuerst der Kasten und dann erst die Bettstelle in das Los gehören; wenn dieser Kasten oder die Bettstelle verkauft war, dann durfte ein Nachschub bei Strafe eines rheinischen Guldens nicht mehr erfolgen. Ebenso war an den gewöhnlichen Jahrmärkten ein Nachschub nicht erlaubt bei: Schlairkästen, Gießfaßkästen, Truhen, Stubenbettstellen, Kinderbettstellen, Tischen (alles furniert) und bei Tischen aus hartem Holz; von allen diesen Gegenständen durfte nur je ein Stück verkauft werden. Handelte es sich aber um fichtene Bettstellen, sie mochten mit Eichenholz bekleidet sein oder nicht, oder um „knöpfete" Bettstellen (Spannbetten?), geschlossene Truhen, Magdtruhen, Knechttruhen oder Speisetruhen, dann durften allerdings nicht mehr als zwei Truhen auf einmal ausgestellt werden, doch war es erlaubt, die Zahl der verkauften Stücke immer wieder auf zwei zu ergänzen; wer aber mehr Stücke ausstellte, mußte von jedem Stück 30 Kreuzer Strafe zahlen. Ein Stück war erlaubt von Küchenkästen, Tischen aus Fichtenholz, Siedeln, Stühlen und Wiegen, und sie durften nach Verkauf ergänzt werden; für die Übertretung war hier in jedem Fall 1 Gulden als Strafe festgesetzt. Im Jahre 1560 wurden diese Bestimmungen wie folgt abgeändert: kein Meister durfte für mehrere Reisebettstellen losen bei Strafe von 1½ Gulden; ebenso war das Losen für eine Bettstatt und einen Gewandkasten verboten, falls der Meister die Stücke nicht tatsächlich bereits fertig in seiner Werkstatt stehen hatte; denn es sollte vermieden werden, daß er von anderen eingesessenen oder gar von auswärtigen Kistlern solche Stücke zum Wiederverkauf erwarb oder kommissionsweise übernahm. Diejenigen Meister, die eine große Bettstelle in der Schrandt „im Los" hatten, durften keine Reisebettstelle mehr daneben ausstellen. Kinderbettstellen, die in der Schrandt ausgestellt wurden, durften nicht mehr als ungefähr 4½ Werkschuh lang sein. Von jeder Gattung Sessel durften zwei Stück ausgestellt, und wenn einer davon verkauft wurde, konnte ein anderer nachgeschoben werden; so sollte es auch mit den anderen Arbeiten bei Strafe von 1½ Gulden gehalten werden, „damit ain glaichhait gehalten werd und man dest bas (desto besser) in der Schrandt hin und wider kommen mag“, also damit kein Verkehrshindernis entstände, wenn die Halle mit Waren vollgestopft war. Aus diesem Grunde war auch bei Strafe von 30 Kreuzern befohlen, daß verkaufte Stücke sofort aus der Halle herausgebracht werden sollten. Eine ähnliche Verfügung finden wir in Frankfurt im Jahre 1589. Für die für den Verkauf auf den Jahrmärkten zugelassenen Waren hatten im Jahre 1572 die Augsburger Kistler noch gewünscht, daß kein Stoll (Pfosten) aus Fichtenholz zu Bettstellen verwendet werden sollte, wenn er nicht furniert und über 4 Zoll groß war; was aber unfurnierte Bettstellen betraf, so sollten überhaupt keine Stollen aus Fichtenholz, weder klein noch groß, verwendet werden, sondern nur solche aus Buchen und Eichen oder aus anderem harten Holz, eine Vorschrift, die augenscheinlich die Güte und Dauerhaftigkeit der Ware bezweckte. Die Länge der Kinderbettstellen sollte nicht über 5 Werkschuh hinausgehen, wohl damit diese Bettstellen nicht als solche für erwachsene Leute verkauft werden konnten; hierzu schlugen die Vorgeher vor, daß anderseits erlaubt werden sollte, die Kinderbettstellen eher kürzer zu machen. (Es ist vorher schon erwähnt worden, daß die Ordnung von 1560 die Länge der Kinderbettstellen auf 4½ Werkschuh festgesetzt hatte.)

Im Jahre 1722 ließen die Augsburger Kistler Sesselgestelle und Doppelkästen nicht in die Stadt herein, weil sonst auch die „Pauren-Kistler“ dergleichen zu Markte bringen würden; diese Arbeit stammte meist aus dem Orte Friedberg in der Nähe von Augsburg, und schon früher hatte der Landrichter von Friedberg sich im Interesse seiner Ortsbewohner dafür eingesetzt, daß derartige „Manufaktur und Hausarbeit“ nach Augsburg hereingebracht werden dürfte, und hatte gedroht, wenn sein Wunsch nicht erfüllt würde, den Richter zu beauftragen, anderseits die Augsburger Waren mehr ins Land hinauszulassen; nun stellte er denselben Antrag im Interesse der Schöngauer Kistler, doch blieben seine Anträge und Drohungen unberücksichtigt. Zur Messe durften die Landschreiner im Jahre 1752 keinerlei eingelegte Arbeit nach Nürnberg bringen und von nachfolgenden Sorten nur je ein Stück: große und kleine Kelter, große und kleine Betten, große und kleine Truhen, Tische, Vorbänke, Geländerstühle, große und kleine Schemel, Nachtstühle und Backtruhen. In Münster durften 1617 die Auswärtigen zur Zeit der freien Jahrmärkte ihre Arbeiten (aber „beweislich“ keine solchen, für die sie vorher in der Stadt Maß genommen hatten) hereinbringen und auf offenem Markt feilhalten, als: „Bettstette, Tische, spinden, richtebenke (Anrichte), trisoren (trésors), schabellen (Schemel), stühle“ und dergleichen.

Entsprechend der Aussteller-Bedingung, daß jeder das Handwerk ordnungsgemäß gelernt haben sollte, wurde verlangt, daß er die zum Verkauf ausgestellten Waren auch selbst angefertigt hätte. Es wurde schon erwähnt, wie die Augsburger Kistler dahintergekommen waren, daß nach auswärts verzogene Gesellen ihren früheren Meistern Waren zum Verkauf auf dem Jahrmarkt hereinbrachten. Dagegen richtete sich eine Bestimmung der Augsburger Ordnung von 1558; sie sagte, es dürfte kein Meister dem anderen seine Arbeit zum Verkaufen übergeben oder hinstellen, sondern es sollte den Vorschriften entsprechend j e d e r d e n V e r k a u f s e l b s t ü b e r n e h m e n, „damit man säbe, was ein jeder für arbeit hab"; wer hiergegen handelte, mußte von den Preisen jedes Stück 15 Prozent Strafe zahlen. Ebenso war es den Augsburgern verboten, von den auswärtigen Kistlern Waren, die jenen etwa beim Jahrmarkt übriggeblieben waren, zu kaufen, bei Strafe von 5 Prozent des Kaufpreises; auch durften sie ihnen keine Arbeit in Auftrag geben, weder Schreibtische noch andere Waren. Die Augsburger Kistler versuchten aber diese Vorschrift zu umgehen, indem sie sich gewissermaßen mit den auswärtigen Kistlern assoziierten und ihnen Holz und Leim lieferten oder auf ihre Arbeiten Vorschuß gaben, um später am Gewinn beteiligt zu werden. Die Kistlerordnung bezeichnete ein solches Verfahren als „Verbrechen" und befahl, die so entstandenen Stücke zu konfiszieren und solange zurückzuhalten, bis 5 Prozent des Kaufpreises als Strafe gezahlt worden waren; hierauf mußten die Stücke wieder aus der Stadt hinausgeführt werden.

Eine der Hauptbedingungen war, daß die Kistler auf den Jahrmärkten nur eigene Arbeiten zum Kauf ausstellten. Die Forderung war durchaus berechtigt, denn es kam oft vor, daß die nach Schluß der Jahrmärkte aus der Stadt wieder hinausziehenden Landschreiner ihre Arbeiten den städtischen Handwerkern verkauften und diese sie dann als ihre eigenen an das Publikum abzusetzen versuchten. Als das Cölner Schreineramt im Jahre 1755 auf Anraten des Bürgermeisters eine eigene ständige Verkaufsstelle einrichtete, verpflichteten sie sich ausdrücklich, daß keiner die Arbeiten des anderen etwa kommissionsweise verkaufen dürfte, womit man vermeiden wollte, daß die Handwerker ihre Betriebe in kaufmännischer Weise erweiterten.

In den Jahren 1573 bis 1611 wurde in Nürnberg die für städtische Handwerker eingerichtete Qualitäts-Schau auch auf die Jahrmärkte ausgedehnt. Auch der Senat von Augsburg faßte im Jahre 1663 den Beschluß, daß künftig die Schaumeister auch die patronierte, gemalte und furnierte Arbeit der fremden Kistler besichtigen und das „ungemesse" mit dem Namen der Verfertiger aufschreiben sollten; dieselbe Schau sollte sich besonders auf Kästen, Truhen und Bettstellen beziehen; das Schlechte wurde konfisziert und mit entsprechenden Strafen belegt. Die Augsburger Kistler waren dieser Kontrolle auch für die Ware, die sie auf die Jahrmärkte brachten, bisher schon unterworfen gewesen, und zwar fand die Schau jährlich viermal in den „gefreyten Jahrmärkten und Weihnachten, oder wann sonsten was notwendiges fürfällt", statt, und so war es nicht mehr als recht und billig, daß die frühere Bevorzugung der auswärtigen Meister aufgehoben wurde. Die Auswärtigen ließen sich diese Verfügung aber nicht ohne weiteres gefallen, und es protestierten „sambtliche altprivilegierte frembde Meistere von Kistlern" dagegen unter der Begründung, es wäre ihnen in 70 bis 80 Jahren ohne jede Einrede die Einfuhr zu den Jahrmärkten gestattet gewesen „von weit her, über Wasser und Landt". Die über die Kistler gesetzten Verordneten wurden vom Senat mit dieser Beschwerde befaßt und schlugen vor, die fremden Meister sollten zur nächsten Messe glaubwürdig nachweisen, daß — wie sie behaupteten — man ihnen in München, Innsbruck und Schwaz ihre Arbeit ungeschaut passieren ließe; in diesem Falle wollte man sie auch in Augsburg „der Beschau entlasten"; wenn sich aber jemand unter den Käufern durch sie mit „undüchtiger"

Ware beschwert fände und Klagen erhöbe, dann müßten die Verkäufer die Käufer nach Befund schadlos halten. Da die Augsburger Kistler mit diesem Bescheid sich nicht einverstanden erklären wollten, begutachteten die Verordneten, daß diese Beschwerde nicht angenommen werden könnte, aus sozialen Rücksichten: „weilen der Bauers- und arme Bürgersmann ohnedaß nit vermag, die hiesige Kistlerarbeit zu bezahlen, hier entgegen die vornehmeren Bürger sich dergleichen fremder Kistlerwaren schämen und ihre Häuser damit zu verzieren nicht begehren". Die fremden Kistler brachten zum nächsten Jahrmarkt, wie ihnen befohlen, wohl eine Bescheinigung aus München mit, die für den Kistler Jacob Schweller, den Bruder des „Statt-Leitnandts" Lorenz Schweller, und für Andreas Stängl, „beide Bürger und Kistler zu Landsperg", ferner für Hans Görg, „Bürger, Kistler und Stattwanderer in Schongau", ausgestellt war, aus der aber nicht ersichtlich war, ob tatsächlich ihre Arbeit, d. h. eben solche, wie sie sie nach Augsburg hereinbringen wollten, in München ungeschaut bliebe. Die Fremden mußten sich also in Augsburg dennoch der Schau unterworfen. Im nächsten Jahr legte sich der Bürgermeister von Schongau ins Mittel, „es seien doch redliche, gestückte Meister usw.". Die Augsburger antworteten darauf, und mit Recht, das wären sie selbst auch und müßten sich doch schauen lassen; überdies sei ihnen — den Augsburgern — das Malen und Furnieren, das sogar den Fremden erlaubt würde, verboten.

Auf den Märkten ging es manchmal recht unruhig zu: die Verkäufer stritten sich um die Plätze, versuchten sich gegenseitig zu überschreien oder einander die Käufer abspenstig zu machen. Gegen solche Konkurrenzmanöver wurden scharfe Bedingungen erlassen. Die Augsburger Kistlerordnung von 1560 sagte: „es soll auch kain meister mit den andern in der Schrandt zancken; welcher solchs überfert, der soll ain halben guldin zur buß geben und bezahlen". Die Frankfurter durften 1589 „keinen Käufer aus einem andern Stand in den ihrigen führen". Die jungen Augsburger Meister wünschten 1593 in ihre Ordnung folgendes aufgenommen zu haben: Keiner sollte dem andern „abkheuffer" abspannen oder denselben mit dem Anbieten der oder jener Arbeit, die er noch zu Hause habe, zu sich ziehen, sondern man sollte jeden Käufer unangesprochen und kaufen lassen, was und wo es ihm belieben würde; nach Annahme dieses Antrags wurde dann auch durch Beschluß des Senats auf die Übertretung eine Strafe von ½ Gulden gesetzt. Ähnliche Bestimmungen wiederholten sich in allen Ordnungen. In Nürnberg wurde sie im Jahre 1800, augenscheinlich auf eine frühere Formulierung fußend, so ausgesprochen: „Zum andern soll ein jedes bey seynem stand und bey seyner Arbeit bleiben, den Kaufleuten nicht nachgehen, sie zu bereden, anderen ihren freien Willen lassen, nicht für den Creutzgang nach hinauszugehen, vielweniger in die Häuser zu laufen, dardurch andere Meister mit ihrer Arbeit verhindert werden, dahero dann viel Zankens, Schändens und Schmähens geschieht; wie bishero geschehen; welcher Meister oder Meisterin solches thuet, es geschehe gleich durch sie selbst oder aber durch andere Leut; so es sich gewis erfindet, sollen sie mit ordentlicher Rug fürgenommen, keines dadurch verschont werden. Auch soll man sich unter währenden Gottesdienst des Klopfens und Schreyens, wie bishero geschehen ist, enthalten, bey der straf".

Die Jahrmarktsaufsicht wurde in Augsburg 1558 den Bußmeistern, die sie auch bisher schon ausgeübt hatten, erneut übertragen, und sie erneut verpflichtet, „vleißigs aufmerken" zu haben, und die Übertreter und schlechte Arbeit anzuzeigen, damit der Rat die entsprechende Geldbuße verhängen konnte, wofür jene den dritten Teil als Entschädigung für ihre Mühe erhielten. „Item, welcher sich wider die busmeister setzt und sich mit besen worten gegen inen einlaßt, derselb soll ain halben guldin zur Straf zu bezalen verfallen haben." Es durfte sich keiner damit herausreden, die Bestimmungen nicht gekannt zu haben, denn sie wurden beim Schwören verlesen, und wer sich dennoch im Zweifel befand, hatte sich an die Bußmeister um Aufklärung zu wenden; wer übrigens zu der Verlesung der Ordnung am Schwörtag nicht erschien, wurde mit 15 Kreuzern bestraft.

Nach Schluß des Jahrmarkts mußte die unverkaufte Ware sofort aus der Stadt geführt werden. Die Augsburger Ordnung von 1519 warnte dringend davor, solche Stücke in Augsburg „einzusetzen". Entweder geschah dieses Einsetzen bei den städtischen Meistern, die die Ware dann weiter als ihre eigene ausgaben, oder die Fremden nahmen nach Schluß des Jahrmarkts noch jedes erträgliche Gebot der Bürger an, um die Kosten des Rücktransports zu vermeiden. Der Befehl wurde aber nicht genau befolgt, denn im Jahre 1550 beschwerte sich das Amt der Augsburger Kistler, daß die fremden Kistler nach Schluß der Freimärkte derartige Schiebungen vornähmen. (Es ist hier übrigens wieder von „monatlichen" Freimärkten die Rede, während sonst immer nur die bereits erwähnten drei Kirchweih-Jahrmärkte genannt waren.) Gegen das Einstellen der fremden Ware wandte sich auch die Augsburger Ordnung von 1558 in mehreren Paragraphen, aus denen ersichtlich ist, daß die Ware auf dem Kirchhof, in der Kirche zu St. Moritz und auch in Privathäusern eingestellt wurde. Die Nürnberger Landschreiner mußten, was auch anderwärts üblich war, 1752 ihre Ware schon am nächsten Tag aus der Stadt führen, während die Stadtmeister 1800 sogar noch am Tage des Schlusses ihren Stand im Creutzgang auszuräumen hatten; später ließ man ihnen dafür zwei Tage Zeit.

Der öffentliche Verkauf außerhalb der Meßzeiten war den fremden wie den einheimischen Kistlern streng verboten und wurde nur ganz ausnahmsweise gestattet, wie z. B. im Jahre 1590 in Augsburg, wo die Käufer wegen der „leidigen seucht" (Pest) nicht in die Häuser der Handwerker gehen wollten und diese deshalb außer der Zeit acht Tage lang in der Schrandt ihre Ware zum Verkauf ausstellen durften. Ähnlich so war es im Jahre 1670, als sich infolge der Nachwehen des Dreißigjährigen Krieges die Augsburger Kistler in schwerer Bedrängnis befanden; es wurde ihnen damals sogar erlaubt, die sonst von den fremden Kistlern angefertigte und zu den Jahrmärkten hereingebrachte „schlechte, für arme Ehehalten und Landtleuth dienende Kistlerarbeit, als Kästen, Truhen und Bettstatten und dergleichen" zu machen und wöchentlich an den vier Schrandttagen vor dem Weberhaus feilzuhalten, und zwar sollten sechs bis acht Meister wöchentlich wechseln, worüber das Los zu entscheiden hatte, während die fremden auf die drei Freimärkte beschränkt blieben und mit ihren Arbeiten mit je 2 Kreuzer besteuert wurden. Vielleicht ist diese

Steuer erst jetzt gewissermaßen als Schutzzoll für die notleidenden städtischen Meister eingeführt worden. Im übrigen aber wurde das Verbot des Verkaufs außerhalb der Meßzeiten sehr streng gehandhabt; entsprechende Verfügungen finden sich z. B. in Basel 1607, in Frankfurt a. M. 1712 usw. Anderseits aber wurden auch die Rechte der Fremden durch die Behörde streng gewahrt; so z. B. lehnte der Rat von Basel im Jahre 1845 den Antrag, eine Beschränkung der Meßfreiheit, wahrscheinlich zugunsten der Einheimischen, eintreten zu lassen, glatt ab.

c) Handel nach auswärts.

Schon frühzeitig waren Erzeugnisse der Schreinerkunst auch Gegenstand des Handels nach fremden Ländern. Ob dieser Handel von den Handwerkern selbst oder von Käufleuten ausgeführt wurde, ist nicht mit Sicherheit festzustellen. Wahrscheinlich erhielten die Händler, die den Verkehr mit fremden Ländern vermittelten, von dorther bestimmte Aufträge und führten sie dann auf eigene Rechnung aus, indem sie die gewünschten Gegenstände bei den deutschen Schreinern bestellten oder kauften.

Wir haben aber auch Ausnahmen von der Regel zu verzeichnen, denn insbesondere die Augsburger Kistler bekamen in der Blütezeit ihres Handwerks durch die vielen Fürsten und deren Verwandte, die zum Reichstag in die Stadt zogen, mancherlei Bestellungen von weither, aus Spanien, Holland usw. (Vgl. S. 273 ff.)

Von den Hafenstädten war es insbesondere Danzig, das den Export nach den nordischen Ländern vermittelte. Im Jahre 1421 hat der Schiffer Nicolaus Jerre für die Königin von England einen Tisch für 5 Pfund geliefert, und ein von Danzig nach Reval im Jahre 1430 verladenes Schiff enthielt u. a. Kunthore und Kisten. In der Herstellung von Brettspielen zeichneten sich die Danziger Schreiner besonders aus, und es wurde ihnen die Sorgfalt bei deren Herstellung immer wieder zur Pflicht gemacht. Diese Brettspiele waren ein richtiger Ausfuhrartikel geworden, und es lag nahe, daß sich in den benachbarten Städten bald eine Konkurrenz heranbildete. „Im Jahre 1486 machten die Danziger Schreiner den Königsbergern zum Vorwurf, daß diese den Preis der Brettspiele, von denen früher in Danzig das Schock 12 Mark kostete, auf 8 Mark heruntergebracht hätten.“ Stieda[1]) berichtet, daß aus Danzig zwischen 1474 und 1490 namentlich Tischlereierzeugnisse wie Schreibpulte, Läden, Kunthore und Spielbretter nach England exportiert wurden. Daneben fand er, daß auch sehr oft von Preußen Riemen versandt wurden; er läßt aber die Frage offen, ob es sich hier bloß um das zur Herstellung bestimmte Holz oder schon um das fertige Fabrikat gehandelt habe.

Wir haben schon gesehen, daß den Schreinern der Verkauf ihrer eigenen Erzeugnisse über die Straße, also sogar der freie Verkauf von Einzelstücken, der den Verdacht des Handels erwecken konnte, verboten war, ferner, daß sie den fremden Kistlern auf Jahrmärkten unverkauft gebliebene Ware nicht ab-

[1]) Hansische Vereinbarungen über Städtische Gewerbe im 14. u. 15. Jahrhundert. (In den Hansischen Geschichtsblättern 1886, S. 104, cit. Hanse-Recesse III Nr. 163, 509.)

nehmen durften, um sie für eigene Rechnung abzusetzen. Ausnahmen von dieser Regel können aber auch angeführt werden. So war z. B. den Drehern in Lübeck, die hohle Gefäße, die sie nicht selbst gedreht hatten, in der Stadt weder kaufen noch verkaufen durften, im Jahre 1508 ausdrücklich erlaubt, außerhalb der Stadt alles zu verkaufen, was sie wollten. In Stettin war den Tischlern in ihrer Rolle von 1548 ausdrücklich befohlen, „sich jeder anderen Hantierung, wie Kaufmannschaft, Bierbrauens (!) u. a. gänzlich zu enthalten"; also war ihnen der Handel auch im Nebenamt grundsätzlich verboten. Durften die Schreiner auch selbst nicht den Handel betreiben, so hatten sie begreiflicherweise nichts dagegen, wenn ein Krämer sich der Ausfuhr ihrer Ware besonders annahm. In Cöln vereinbarten im Jahre 1648 sämtliche Amtsmeister des ehrbaren Schreiner- und Dreyer-Amtes mit ihrer vorgesetzten Behörde einen schriftlichen Antrag an den Rat, dem Krämer Philipp Lübler künftighin zwar die Einfuhr und auswärtige Bestellung von Bettstellen, „Kopfferen" (Koffern) und Kistenwerk, „oder sonsten Ichtwas, waß Schreiner- oder Dreyer-Werk zu wieder gereicht mogte", zu verbieten, ihn aber ausdrücklich zu ermächtigen, beliebig viel Waren bei den hiesigen Meistern zu kaufen oder zu bestellen und nach außerhalb zu verkaufen. In der Mark Brandenburg bemühte sich Friedrich Wilhelm I., die Entwicklung des Exports in Schreinerwaren nach Möglichkeit zu fördern, wofür er Erleichterungen gewährte.[1]) Nach literarischen Quellen der damaligen Zeit steht fest, daß im 18. Jahrhundert „einige Berliner Tischler viele auswärtige Bestellungen, zuweilen zu ganzen Amöblementen", gehabt hätten[2]). Wie wir gleich sehen werden, wurden schon im 15. Jahrhundert und vielleicht früher die preußischen Kisten, Laden und Schape (Schränke) z. B. in Lübeck frei verkauft.

d) Einfuhr fremder Waren.

Da die ganze Zunfteinrichtung darauf aufgebaut war, den heimischen Markt für die ortsansässigen Handwerker zu wahren, ist es sehr erklärlich, daß auch die Schreiner sich stets nach Möglichkeit gegen die Einfuhr fremder Waren gewehrt haben. Ähnlich so verhielten sich die verwandten Handwerke; so war z. B. den Drehern in Lübeck im Jahre 1364 verboten, „gotlandsche spame (Eimer), Molden, Schapen (Tiegel, Pfannen), Schuffelen und ander vate und ware" zu kaufen und zu verkaufen; nur den Schachtschnidern war im Jahre 1508 erlaubt, außerhalb der Stadt „scottelen und vate", die außerhalb der Stadt gemacht wurden, zu verkaufen. Zu gleicher Zeit war den Lübecker Kistenmakern verboten, von außen herein zu verkaufen: „nyge schappe (neue Schränke), kisten, offte (oder) laden vngevarwet (ungestrichene Laden)", ausgenommen die preußischen Kisten, Laden und Schapen, deren Verkauf „nach alter Gewohnheit" erlaubt bleiben sollte.

Einen besonders scharfen Kampf hatten die Kölner Schreiner gegen die fremden Waren zu führen, da ihre Stadt als hervorragender Handelsort und Einfallstor von Frankreich, Belgien und England her den Händlern besonders

[1]) Paul Voigt a. a. O. S. 335 u. ff.

[2]) Nicolai, „Beschreibung der Königlichen Residenzstädte Berlin und Potsdam", 3. Aufl. 1786, Bd. III, Anhang S. 22 ff. (Zitiert nach Voigt.)

bequem lag.[1]) Im Jahre 1643 beschwerte sich der Händler Guilliam Pidart, daß ihm Schnitzler- und Drißler-Amt aus seinem Hause „Plocken und Werk-Küßzen", die er von Brabant[2]) einführte, konfisziert hätte, und zwar handelte es sich um Ware, die aus Mangel an Materialien in Köln nicht oder nur zu einem höheren Preise angefertigt werden konnte. Da der Rat der Stadt die Einfuhr solcher Waren, in denen die Kölner Schreiner nicht konkurrenzfähig waren, im Interesse der Konsumenten grundsätzlich zu gestatten pflegte, so verfügte er auch in diesem Falle folgerichtig die Freigabe der konfiszierten Ware, Im Jahre 1698 beschwerten sich die Amtsmeister des Schnitzler- und Bildhauer-Amtes, daß ein Mähler (Maler) Matthias Barthol Rahmen mit Schnitzerei und Bildhauerei einführte. Die Einfuhr von Schweizer Waren, insbesondere von in Holz eingefaßten „Leyen-Tischen" (mit Schiefer „Leyen" eingelegte Rechentische) und dergleichen Schreiner- und Bildhauerarbeit war den Cölner Meistern ganz besonders unbequem; sie wurde in den Jahren 1679 bis 1682 wiederholt verboten. Im Jahre 1721 stellte das Schreineramt wieder einmal beschwerdeführend fest, daß solche Schweizer Erzeugnisse außerhalb der „siebentägigen Freiheit zur Gottes-Tracht-Zeit", also außerhalb der Jahrmarktszeit, in der Stadt hausiert wurde. Im gleichen Jahre beklagten sich Friedrich Trümpi und Compani, augenscheinlich auch eine Schweizer Firma, daß ihnen Tische, die nur bei ihnen und sonst nirgends fabriziert werden konnten, mit Gewalt abgenommen worden waren. (Es waren dies wahrscheinlich die oben erwähnten „Leyen-Tische".) Der Rat der Stadt stellte fest, daß es sich hier tatsächlich um eine Spezialität handelte und erlaubte den Verkauf gegen Zahlung „der accise und waß sonsten herbringens".

Die sämtlichen Amtsmeister und Vorsteher der ehrbaren Ämter und Glieder „benentlich Schreiner (vertreten durch Joh. Wilh. Diederichs), Assenmacher (Wagner), Huef-Schmidt, Schlösser, Satteler, Bordenmacher oder Passamen-

[1]) Es handelte sich dabei um die Auslegung des § 2 der Cölner Schreiner-Ordnung von 1596, in dem für die fremde Einfuhr gewisse Erleichterungen zugestanden waren.

[2]) Der Import aus Holland war den deutschen, namentlich den zunächst wohnenden Cölner Schreinern um so gefährlicher, als dieses Land um die Mitte des 17. Jahrhunderts auch stilistisch einen starken Einfluß auf Deutschland erlangte. Der holländische Barock brachte u. a die gedrehten Säulen zur Vollendung, die, meist an beiden Enden in gleicher Stärke gehalten, ein beliebig fortzusetzendes Gebilde darstellten. Die Drechslerkunst erreichte in diesen später schraubenartig „endlos" gewundenen Säulen eine bedeutende technische Höhe und war in der Lage, sie mechanisch in beliebigen Mengen zu erzeugen; sicher waren die holländischen Holzarbeiter den deutschen Schreinern, die sich doch erst auf diese neue Art, die nicht aus ihnen selbst entstand, einstellen mußten, auch wirtschaftlich bedeutend überlegen, und die Cölner Schreiner z. B. wußten sich der Einfuhr dieser „Plocken", die als tragende Säulen oder als ornamentale Glieder in jedes Möbel sofort beliebig eingeschnitten werden konnten, nicht anders zu erwehren, als durch Beschlagnahme, ohne freilich damit die neue Stilmode unterdrücken zu können. Die oben erwähnten „Werk-Küßzen" sind wahrscheinlich Tuche, die mit dicken Metallnägeln und kurzen Fransen verziert, auf Sitze und Lehnen von Stühlen gezogen wurden, also auch ein Bestandteil der holländischen Stilmode (diese Stühle hatten gedrehte Beine oder Lehnstützen!) bildeten und deshalb in Bausch und Bogen mit abgelehnt werden sollten. — A. Wrede ist in seinem Buch „Cöln und Flandern—Brabant" ganz anderer Ansicht. Er erklärt „Plocken und Werkküssen" mit Klöppel und Klöppelkissen. Danach wären an der Konfiskation die Drechsler (Drißler) interessiert gewesen.

tierer fort übriger hierzu noch gehöriger Ämter" in Cöln beklagten sich im Jahre 1753 „wegen der von auswärts hereingebrachten Brüsseler Gutschen". Diese Einfuhr war nicht etwa durch einheimische Schreiner oder Händler verursacht, sondern durch Konsumenten selbst, und zwar war der päpstliche Nunzius in Cöln einer der Hauptsünder. Auf den geschlossenen Protest aller eben angeführter und an der Herstellung solcher „Gutschen" beteiligten Handwerke erwiderte der Nunzius, er werde den Wagen nicht benutzen; da er sich aber nicht verpflichtete, die Kutschen wieder zurückzuschicken und die Handwerker feststellten, daß er die zur Bespannung nötigen Pferde garnicht besaß, erhob sich der Verdacht, daß er die Wagen an Freunde in der Stadt oder im Lande weiter verkaufen wollte. Der von den Handwerkern ebenfalls verklagte Bürgermeister von Mülheim erwiderte, er hätte den Cölner Schreinern Gelegenheit gegeben, einen Kasten, wie er sich auf den Brüsseler Kutschen befand, nachzumachen, doch hätten sie die Arbeit „derart grob, einfältig und ungeschickt" gemacht und wollten die Frist eines ganzen Jahres zur Herstellung eines solchen Wagens beanspruchen; derartige Prunksachen könnten die Cölner eben nicht herstellen, das wäre „Künstlersache". Die von den Handwerkern zu ihrem Schutz herangezogene Registratur vom 28. Oktober 1643 verböte nur die Einführung von „Pflug-Gereitschaft, Schubkarrigen, Rädern, Achsen und dergleichen", die natürlich geschützt werden müßten, weil sie in der Stadt Cöln gemacht werden könnten. Der Rat verwies die Ämter „mit allem Ernst zur Ruhe" und behielt sich vor, die künftige Einfuhr dieser Brüsseler Kutschen zu erwägen. Schon zwei Jahre darauf kam das Schreineramt wieder mit einem Protest an den Rat, und zwar wollte es die Einführung von „Hollandt lackierter Dischen, Cabineter, Kommoden, Stühle" und von furnierter Arbeit aus Frankfurt am Main „als Tische, Commoder, Cabineter, Gelasser-Kasten" verboten haben. Sie behaupteten, daß solche Waren im Betrag von mehr als 3000 Reichsthalern eingeführt worden wären und bezeichneten den Einwand als hinfällig, daß die Cölnischen Meister für solche Stücke einen höheren Preis machten, denn es müßte, wenn das gesagt werde, auch betont werden, daß jene liederliche, nichtsnutzige und keinen Bestand und Dauer habende Arbeit nur einige Jahre halten könnte; das Amt werde schwer belästigt mit der ständigen Forderung der Käufer, solche liederliche Arbeit zu reparieren, zu verbessern und auszuflicken; die abfallende Furnitur wäre mit schlechtem Fugenleim angeklebt und sollte nun nachträglich festgemacht werden. Sie, die Meister, würden so beunruhigt und die Herrschaften selbst dem Betrug ausgesetzt, obwohl sie hätten erkennen müssen, daß sie zu einem so geringen Preise keine gute Arbeit erwerben konnten; daneben aber werde die tüchtige und dauerhafte, meisterliche Arbeit, für die ein „ziviler" Preis gefordert werde müsse, verachtet und müßte vor solchem Schund zurückstehen.

Im Jahre 1771 brachte das Cölner Schreineramt dem Rat zur Kenntnis, daß „mit Beihilfe der Thorschreiber zwei auf hiesige Stadt handelnde Frauenspersonen, La Jeunes und La Picant" aus Metz und Nancy „200 Dousin-Stühle samt Sesseln, Canabe, Tische, Kommoden" eingeschleppt hätten; desgleichen Frau Evalagge aus Metz und Nancy sogenannte „Metzer Stüble"; ferner ein unbekannter Schiffer einen Nußbaum-Tisch mit „Geißen-Füßen".

Die Beschwerde wurde an das Syndikat mit Zuziehung der Gaffelherren verwiesen, befand sich aber im Juni des nächsten Jahres noch „in suspenso" und zwar, wie das Amt behauptete, auf Betreiben eines ihnen nicht geneigten Herrn Vorworth, mit dem sie noch in Wetzlar einen Prozeß schweben hätten. Wie es scheint, wurde vom Rat erwogen, ob man nicht die Einfuhr solcher Waren, die eine Spezialität darstellten, gegen entsprechenden Zoll gestatten sollte. Das Amt behauptete, in dieser Sache hätte der Stimm-Meister, Apelations- und Kriegskommissarius Joseph Anton Bianco, der selbst noch vor einigen Tagen holländische Ware eingeführt hätte, nicht mitstimmen dürfen, weil das Handwerk auch mit ihm in einem Prozeß lag. Dieses neuerliche Gesuch wurde der Kommission überwiesen und von dieser ad acta gelegt. Im Jahre 1787 wollte der Rathverwandte Nolden 4 große „abschlagende Tische", die er für einen Freund in Crefeld bestimmt hatte, in Cöln einführen; sie wurden ihm von den Amtsmeistern konfisziert und erst nach den wiederholten behördlichen Befehlen wieder herausgegeben. Gegen die Einfuhr sogenannter „lüttiger und mit Stroh geflochtener Stühle" aus Lüttich, die von Unterhändlern hausiert wurden, protestierte das Schreineramt im Jahre 1788, weil diese Stücke in Cöln ebenso gut gemacht werden könnten. Als im gleichen Jahre der in Bonn residierende Kurfürst in Cöln das chur-cölnische Officialats-Gericht erbauen ließ und zu dem ganzen Bau nur einen einzigen Cölner Steinmetzmeister heranzog, verbat sich das Cölner Schreineramt, daß nun auch Bonner Meister „Registraturstallungen und sonstige zum Gericht behörige Commoditäten" in die Stadt brächten und hier fertig machten, während doch der Kurfürst die Cölner Meister in seinem Land stets mit Strafen und Konfiskation verfolgt hätte.

In Lübeck entspann sich in den Jahren 1785 bis 1804 ein langer Streit zwischen den Krämern und den Tischlern bzw. Stuhlmachern wegen der Einfuhr fremder Ware, den der Rat schließlich mit der Verfügung entschied, daß die Krämer die auswärts gemachte Arbeit außerhalb der Lübecker Grenze verkaufen dürften, wenn sie nur nicht in den benachbarten Orten und Flecken gearbeitet wären; die Korporation einigte sich schließlich dahin, daß dieser Umkreis 8 Meilen betragen sollte. Wie Wehrmann[1]) feststellte, stand in diesem Streit das Publikum auf der Seite der Krämer, weil ihnen diese eine viel größere Auswahl und billigere Preise bieten konnten. — Im Jahre 1680 beschwerten sich sämtliche Handwerker in Arnstein bei Würzburg wegen Eingriffen der jüdischen Händler in ihr Handwerk. (Betr. Bannmeile vgl. S. 121 u. 418.)

Nach der Ordnung der Spinnwetter in Basel von 1526 durfte niemand, der fremd war und außerhalb von Basel wohnte, Tröge, Wandschränke (Kensterli") usw. hereinführen, ausgenommen welsche Spannbetten, Büfette und Tische; letztgenannte Einfuhrgegenstände durften aber nicht freihändig sondern nur im Kaufhaus ausgeboten werden. — Zur St. Martins-Messe durfte aber, gleich den anderen Gewerben, alles frei in die Stadt eingeführt werden. Die eidgenössische Zollbehörde besteuerte im 19. Jahrhundert die von auswärts hereingebrachten Schreinerwaren nach dem Gewicht, womit die Basler Schreiner im Jahre 1851 sich unzufrieden zeigten, weil infolge dieser Maßnahmen nun

[1]) A. a. O., S. 98.

lauter leichte und deshalb unsolid gebaute Möbel eingeführt würden. Wenn erst die Bahn von Paris nach Basel fertiggestellt wäre, dann würden lauter Pariser Möbel eingeführt und die Handwerker, die gedacht hätten, in Basel „ein zweites Kalifornien“ zu finden, schwer enttäuscht werden. Sie bäten deshalb, sie in dem Verkauf von Möbeln, auf den sie sich aus Mangel an Bauarbeit geworfen hätten, zu schützen und den Fremden den Handel mit neuer Schreinerarbeit zu verbieten. Das Handwerkskollegium antwortete darauf: der Zoll wäre ja gerade eingeführt worden, um das Handwerk zu schützen; während früher jeder Fremde zu den Märkten Schreinerarbeit frei hatte hereinbringen können, wäre diese Erlaubnis nun mit der Einführung des Zolles aufgehoben worden, und gerade die Pariser Möbel würden durch den Zoll und den Transport so teuer, daß die Basler Schreiner diese Konkurrenz wohl würden aushalten können. Die Befürchtung, daß die Pariser Möbel nun des Zolles wegen im Gewicht leichter angefertigt werden würden, wäre unbegründet; die Basler Schreiner wollten ja auch gar nicht ihr Handwerk schützen, sondern sich ein Handelsprivileg erwerben, was aber unstatthaft wäre. Die Beschwerde der Schreiner wurde dem Gutachten des Handwerkskollegiums entsprechend vom Rat abgelehnt.

Dem Interesse der Konsumenten war mit der in der zweiten Hälfte des 16. Jahrhunderts einsetzenden Bewegung der Schreiner, allerorts die Einfuhr fremder Ware zu verbieten, keineswegs gedient, denn es wurde ihnen damit unmöglich gemacht, fremde Kultur und Bequemlichkeit, die sie auf ihren Reisen kennen lernten, bei sich einzuführen. Die städtischen Behörden stellten sich deshalb auch frühzeitig auf die Seite der Konsumenten und erließen zu ihren Gunsten vielerlei Ausnahmegebote. So war z. B. in Stettin im Jahre 1572 jedem Bürger erlaubt, auswärts angefertigte Schreinerarbeit „zu seines Hauses Notdurft“ an anderen Orten einzukaufen und in die Stadt einzubringen. Als die Kistler in Lechhausen sich darüber beklagten, daß ihnen die Kistler in Augsburg die Hereinführung der von Bürgern bestellten Arbeit nach Augsburg verwehren wollten, legte sich für sie der Landrichter von Friedberg ins Mittel und die den Augsburger Kistlern vorgesetzten Deputierten sprachen sich für die fremden Arbeiter aus, denn die gute Arbeit würde nach wie vor in Augsburg selbst bestellt und gekauft, doch dürfe man der Bevölkerung nicht vorgreifen in ihrem Bestreben, sich billigere Arbeit zu verschaffen. Es handelte sich übrigens nicht um eine große Konkurrenz, denn die Kistler in Lechhausen hatten in ihrer Eingabe betont: „Im Landtsbairn, hier herumb iber 4 oder 5 Kistler nit sein, welliche schreibtisch und dergleichen arbeit machen“. In Basel durften 1526 die Bürger, „wo es einem jeden gelegen und gefällig war“, außer der Stadt Tröge, Tische, Spannbetten und dergleichen kaufen, aber nicht zum Wiederverkauf sondern nur zum eigenen Bedarf; in diesem Fall konnte die Einfuhr ungehindert geschehen.

Die Cölner Schreiner hatten mit dem Rat zusammen die Ansprüche der Bürger in ihrem Amtsbrief von 1596[1]) so geregelt, daß alle Waren, die etwa zu Frankfurt, Leipzig, Straßburg, Brabant oder in anderen weit gelegenen

[1]) Vgl. Urkundenanhang.

Städten, fremden Ländern und Messen gekauft oder gemacht waren, zur eignen Notdurft der Käufer oder sogar zum Wiederverkauf (!) in die Stadt hereingeführt werden durften, insbesondere künstlich eingelegte Kunthore, Bettstellen, Tische, Kisten, Kästen, Kleiderschränke und andere Arbeit, deren Anfertigung in Cöln nicht gebräuchlich war oder die die ansässigen Meister nicht so gut und so billig anfertigen konnten; nicht von dieser Ausnahmeerlaubnis betroffen waren alle solchen Waren, die innerhalb von 10 Meilen um die Stadt angefertigt wurden. — Die Nürnberger Bürger durften freilich bei Auswärtigen nichts bestellen oder von ihnen hereinbringen lassen, aber es wurde ihnen doch im Jahre 1607 erlaubt, auf weiteren Reisen fertige Waren zu kaufen und nach Hause mitzubringen.

Die Konkurrenz der in nächster Nähe der Stadt Münster wohnenden Kleinschnitzler sollte mit einer Bestimmung ausgeschaltet werden, die im Jahre 1612 der Kleinschnitzler-Ordnung vom Jahre 1607 einverleibt wurde. Diesen Landmeistern wurde verboten, in die Stadt zu kommen und auf Bestellung Maß für neue Möbel in den Häusern der Bürger zu nehmen; wenn solche vorher ausgemessenen Stücke dennoch in die Stadt gebracht würden, sollten sie von den eingesessenen Meistern und den Verwesern des Handwerks weggenommen und die fremden Handwerker verhaftet werden. — Die Augsburger Bürger durften nach einem Erlaß des Jahres 1646 innerhalb von 2 Meilen um die Stadt wohl Arbeiten bei den Landmeistern bestellen, doch sollten diese nur zu den üblichen Jahrmärkten hereingebracht werden dürfen; was sie aber außerhalb dieser Grenze bestellten oder kauften, durfte jederzeit hereingebracht werden, aber nicht von den Verfertigern dieser Waren, sondern nur von Gesellen der Käufer oder eigens hierzu beauftragten Leuten. Da diese Vergünstigung von den geistlichen Herren in übertriebener Weise ausgenutzt wurde, beschloß der Senat im Jahre 1607, die eben erwähnte Verfügung in folgender Weise auszulegen: es sollte nichts mehr ohne eine schriftliche Bestätigung hereingelassen werden; als Strafe wurde festgesetzt, beim ersten Male die Konfiskation der Ware, beim zweiten Male außerdem für jedes Stück 1 Gulden und beim dritten Male außer dem Verfall der Ware von jedem Stück 2 Gulden. — In Zürich beschwerten sich um 1700 die Tischmeister, daß die Landmeister zu den vier Märkten ihre Waren nur pro forma auf dem Markt ausstellten; in Wirkleichkeit seien sie schon längst vorher an städtische Käufer verhandelt und meist sogar nach gegebenem Maß angefertigt. Ähnlich wie in Zürich versuchte auch in Frankfurt 1788 das Handwerk der Schreiner sich dagegen aufzulehnen, daß Schreinerarbeiten, die auf dem Lande zwischen den Messen bestellt waren, zum Jahrmarkt hereingebracht wurden, inbesondere handelte es sich Tabakskisten aus Offenbach; das Handwerk wurde aber mit seiner Beschwerde abgewiesen, weil es auf solche spezielle Anfertigungen selbst nicht eingestellt war.

Ob wohl die Handwerker, wenn sie Waren gebrauchten, selbst immer den Grundsatz befolgt haben, sie nur innerhalb ihrer Stadtgrenze und von ihren Mitbürgern zu kaufen? Es scheint nicht so gehandhabt worden zu sein, denn im Jahre 1834 traten in Basel die Ausschüsse aller Handwerke der Stadt besonders zusammen und verpflichteten sich gegenseitig, von jetzt an keine fremde

Arbeit mehr zu bestellen oder zu kaufen, sondern alle privaten Bedürfnisse und alle zur Berufsausübung erforderlichen Gegenstände nur noch bei in Basel ansässigen Meistern zu bestellen und zu kaufen.

e) Der Zwischenhandel der Krämer. — Möbelmagazine.

Da die Schreiner selbst im Verkauf ihrer eigenen Erzeugnisse sehr beschränkt waren, versuchten die Krämer, sich hier einzuschalten und das Bindeglied zwischen Erzeugern und Abnehmern zu werden. Durch lange Zeit versuchte die Behörde, sie hierin zu beschränken und ihnen nur den Handel mit gebrauchter Ware, also den Althandel, zu gestatten, bis schließlich die Krämer es durchsetzten, sogenannte Magazine errichten zu dürfen.

In Augsburg wurde 1608 eine Strafe für die Feilhaltung neuer Kistlerarbeit ausgesetzt, durch solche, die selbst keine Kistler, also keine Hersteller, waren. Daß diese Frage aber nicht so leicht zu entscheiden war, stellte sich schon sehr bald heraus. Es liegen uns aus dem Jahre 1613 die Akten eines Streitfalls der Krämer mit den Kistlern in Augsburg vor, der den Verkauf von Schreibtischen betraf, die nicht nur von Kistlern allein hergestellt, sondern an denen auch Schlosser und Goldschmiede, also andere Handwerke, beteiligt waren; diese Schreibtische stellten also gewissermaßen ein, nach den bisherigen Gepflogenheiten als Handelsartikel angesehenes „Fertig-Fabrikat“ dar. Die zur Ueberwachung der Handwerks-Ordnungen eingesetzten Verordneten fällten in diesem Streitfall eine solche grundsätzliche Entscheidung, indem sie folgenden Bericht an den Senat erstatteten, dem dieser vollinhaltlich beipflichtete: „An ain Ersamen Rhat gehorsamer Bericht der Verordneten ob der von Kistler und Krämer ordnung auff Hanns Haugen, Kramers, und der von Kistlern allhie, gewechselte Schriften. Edel, Wolgeboren, Vest, fürsichtig und Weise Herrn Stattpfleger, Bürgermaister und ein Ersamer Nath, gebietend, gnädig und günstig Herrn, Beiligende Hannsen Haugen, Kramers und der von Kistlern gewechselte Schriften, befinden wir die in denselben von Kistlern ausgedeute beschwerden unseres theils also beschaffen, das dem Supplikanten nit zu verwehren noch minder aber zu straffen sei, wann er die von Schlossern und Goldschmieden beschlagene und gezierte Schreibtisch in seinem Hauß und Laden fürsetzet und verkaufft, Sintemal diejenige Schreibtisch, die auß des Kistlers Hand, uff berürte und andere mehr Handtwerkher gelangen und kommen, einem einigen Handtwerkh allein nit eingeraumbt werden können, sondern mehrers für eine Mercantia und zum Kauffmannshandel gehörig, zu halten sein. — Dieweil aber Supplicant bei dem bloßen Verkauff der Schreibtisch zulässiger orthen nit verblieben, und tacité gestendig, daß er den alherkommenden Gästen bisweilen in die Wirthsheuser und Herbirgen nachgeloffen und gehausiert habe, das hausiren aber kainem Handtwerckh allhie, auch bei denen Krämern nit, wie Supplicant wol waiß und vor diesem an Ihme selbsten erfahren, gestatten wirdet, Also hielten wir gehorsamlich dafür, Es möchte bei der Ihme ufferlegten Geldstraff nämblich 3 R. zubezalen nochmals gelassen und ohnedise dero erstattung ufferladen werden. usw.“ Demnach durften die Krämer in ihrem Hause und Laden alle solchen Gegenstände ausstellen und verkaufen, an deren Erzeugnisse mehrere Handwerke gemeinsam beteiligt gewesen waren; nur war es ihnen streng verboten, sie in Bürgerhäusern, Gasthöfen oder auf der Straße im Hausierhandel zu vertreiben.

In Straßburg erließ die Behörde im Jahre 1759 folgende Anordnung: die Gimpler durften ihre alten Waren nur auf dem Gimplermarkt verkaufen, dagegen war ihnen der Handel mit neuer Ware verboten; die Schreiner durften den Gimplern nur für deren Bedarf arbeiten und waren gehalten, eventuell den Nachweis von ihnen zu verlangen, daß sie die Ware wirklich nur in ihrem eigenen Hause verwenden wollten. Die Gimpler durften die alte Ware nicht streichen oder bemalen und sie so hergerichtet als neue verkaufen. In den Gimplerläden wurden nun alle zur Zeit noch vorhandenen Waren in einem von der Behörde aufgestellten Verzeichnis aufgeführt und durften, auch wenn sich neue Stücke darunter befanden, noch ausverkauft werden; waren aber die Vorräte geräumt, so mußte das oben erwähnte Verbot in Kraft treten.

In Cöln wurde 1798 der Laden des Altkäufers Cundorff durchsucht und bei ihm ein beträchtlicher Vorrat an neuer Schreinerarbeit, nämlich an Tischen Kommoden, Bettstellen usw., gefunden, für die nach Aussage seiner eigenen Frau mehrere andere Altkäufer der Stadt Abnehmer waren und sie im Hausierhandel vertrieben. Selbstverständlich wurde solcher Handel von da an verboten[1]). Ein ähnliches Verbot wurde 1792 in Frankfurt erlassen. — In München beschlagnahmten die Kistler 1793 bei einem Bierwirt neue Schreinerarbeit und das Werkzeug, mit dem sie von Pfuschern hergestellt worden war. Der Rat entschied in diesem Streitfall, daß die Kistler wohl berechtigt gewesen wären, das Werkzeug, das ihnen verbleiben sollte, fortzunehmen, daß sie aber die Fabrikate selbst mit barem Geld nach ihrer eignen Schätzung ersetzen müßten; dem Bierwirt aber wurde angedroht, daß ihm bei einer Wiederholung nicht nur die Fabrikate fortgenommen, sondern er auch mit 20 Reichstalern bestraft werden würde. Grundsätzlich wurde bei dieser Gelegenheit bestimmt, daß die Althändler — in München „Tändler“ genannt — keine neuen Kästen, Tische, Bettstellen, Sessel, Nachttische usw. aufkaufen und ausstellen durften. Bei der ersten Übertretung dieses Gebotes sollten diese Gegenstände konfisziert, im zweiten Falle außerdem 6 Reichstaler zur Strafe gezahlt werden; den Kistlern wurde bei Strafe von 10 Reichstalern verboten, den Tändlern neue Ware zu verkaufen.

In Baden versuchten die Krämer ihrerseits, den Handwerkern die Errichtung von Niederlagen der Rohstoffe, die sie zur Ausübung ihres Handwerks gebrauchten, und auch den Handel damit zu verbieten, weil diese Befugnisse zu ihren (der Krämer) Vorrechten gehörten. Der badische Jurist Friedrich Brauer erstattete in dieser Frage nachstehendes interessantes Gutachten[2]), dem die Regierung beipflichtete: „Satzungen dieser Art lassen sich nicht nach Grundsätzen des Naturrechts entscheiden, sondern sie beruhen auf Über-

[1]) In Cöln hatte sich 1729 das Schreineramt beschwert, daß die „allen Menschen schier bekannte devotesse Jungfer Brigitte Bernardts, keine bürgerlichen Lasten tragend und von wachten und brachten befreit, sich meisterlich bemühe, in den Sterbehäusern die betther (Betten) und andere Mobilien einzukaufen, und wieder hergerichtet, teuer zu verkaufen“.

[2]) Dr. Eberhard Gothein, Bilder aus der Geschichte des Handwerks in Baden, 1885, S. 42.

einkunft, und diese wechselt nach den besonderen Verhälnissen der einzelnen Länder und Staaten. Zumal vom Verhältnis des Handwerkers und Kaufmanns gelte das. Baden ist ein Land, in dem der Ackerbau die Grundlage bilde; auf diesem, zum Ersatz des Fehlenden, habe sich erst der Handwerkerstand entwickelt, und erst auf dieser zwiefachen Grundlage ruhe der Handel. Ganz anders aber sei es in Handelsstaaten und in Handelsstädten. Da ist alles von jeher abhängig gewesen vom Interesse des Kaufmanns, da habe es einen Sinn, den Handel mit Materialien jenem vorzubehalten. In einem Lande wie Baden sei es unsinnig, einen solchen Grundsatz aufzustellen, wie er denn auch nachweist, daß in keinem Handwerk derselbe durchzuführen sei. Die Krämer haben eben nur das Recht, mit allem handeln zu dürfen, gleichsam die Lücken auszufüllen, die die anderen noch lassen. So kommt er zu der Regel für die weitere Praxis: Jeder Handwerker darf erstens aus den Produkten seiner Fabrikation, zweitens aus den Rohstoffen eine Niederlage machen, nicht nur zu seinem Gebrauch, sondern auch zum Handel, ohne daß dies ein Eingriff in die Rechte der Krämer ist. Sollte aber ein ausdrückliches Verbot auf dem Handel mit Waren der Art, wie er sie zu seinem Handwerk braucht, liegen, so läßt sich ihm doch nicht der Selbstverlag bei seinem Gewerbe, das heißt die Aufspeicherung der Stoffe, die er verarbeitet, verbieten."

In München wurden die Verhältnisse im Jahre 1802 durch eine Verordnung[1]) geregelt, die in der Folge eine sehr weittragende Bedeutung erhielt. Eine besondere Instruktion hierzu bestimmte, daß, wenn es zweifelhaft wäre, welchem von zwei verwandten Gewerben eine gewisse Arbeit zukomme, die zweifelhafte Befugnis jedesmal beiden diesen verwandten Gewerben zu überlassen wäre.

Wie sich die Krämer diese Befugnis für ihre eigene Zwecke zunutze zu machen und nun auch den Vertrieb neuer Kistlerwaren zu organisieren versuchten, zeigt der nachstehend geschilderte interessante Streitfall des Tändlers Carl Frieß in München, der sich über die Jahre 1812 bis 1821 hinzog. Im Jahre 1811 richtete das Königliche Polizeidirektorium an das Königliche Generäl-Kommissariat des Isar-Kreises ein Gutachten mit folgendem Wortlaut: „Unmißkennbar muß es zu den Vorzügen dieser großen Stadt gehören, sich schnell mit schönen und möglichst wohlfeilen Meubeln versehen zu können, und ein Unternehmen, welches dahin führt, verdient allerdings Unterstützung. Der konzessionierte Tändler Carl Frieß, ein Mann, der sich dem Ruf nach in seinem Geschäft durch Fleiß und Pünktlichkeit hervortut, sucht in der gehorsamst angebogenen Bittschrift die gnädigste Erlaubnis nach, ein Meubel-Magazin erichten zu dürfen, sein Vermögen belauft sich auf 4500 Gulden. Sein Gesuch wurde dem hiesigen Künstler und Meubel-Entrepreneur Hiltl mitgeteilt,

[1]) Diese Verordnung wurde erlassen am 31. Oktober, erhielt ein Reskript am 15. November und wurde im Regierungsblatt auf S. 810 am 24. Februar veröffentlicht. Sie lautete: „Jeder Fabrikant, Professionist oder sonstige Veredler eines Produktes hat in dem herobern Staate das Recht, mit diesem von ihm veredelten Produkte überall im Lande und zu allen Zeiten, wie und wann er mag, zu handeln, für daselbe überall Niederlagen zu errichten und sie in den Niederlagsorten entweder selbst zu verkaufen oder durch eigene, von ihm dazu aufgestellte Kommissärs oder auch durch ihm beliebige an diesen Orten ansässige Personen im großen wie im kleinen verkaufen zu lassen."

welches jedoch nicht günstig ausfiel, nicht günstig ausfallen konnte, da Hiltl, der etwas in Abgang geraten, das Emporkommen eines andern nicht mit guten Augen ansehen kann. Wenn der Frieß die Meubel, die er in ein Magazin legt, von inländischen Meistern erkauft, so wird allerdings dadurch ein sehr guter Verkehr getrieben. Gehorsamst unterfertigte Behörde ist der Meinung, daß Frieß mehr Gründe für sich hat, als Hiltl und Konsorten glaubt, daß die zu erteilende Meubel-Magazin-Konzession einer großen Stadt angemessen und nützlich ist, auch jeds Meublement erleichtern und den Gewerbefleiß erhöhen würde, und hofft, daß Frieß durch seinen Fleiß und Redlichkeit ersetzen würde, was ihm an Vermögen abgeht. Übrigens alles dieses unzielsetzlich der höheren tiefern Einsicht unvorgreiflich in derjenigen tiefsten Veneration vorgelegt, womit verharrt gehorsamste Königliche Polizey-Direktion." Dieser Antrag der Polizeidirektion wurde vom Dezernenten des Königlichen General-Kommissariats des Isar-Kreises sehr empfohlen. Das Vermögen des Frieß erscheine zu seinem Vorhaben um so mehr hinreichend, als er einen großen Teil der Meubel sehr wahrscheinlich auf Kredit und als Kommissionaire übernehmen würde. (Es sollten also die Schreiner das geschäftliche Unternehmen des Krämers durch Hergabe von Waren und die Gewährung von Krediten einrichten helfen!) Wenn es dem Frieß gelänge, Möbel von guter Qualität und wohlfeilerem Preis zu liefern, als sie in der Hiltschen Fabrik oder in den Magazinen der bürgerlichen Kistler in München zu haben wären, zu liefern, woran der Dezernent nicht zweifelte, weil Frieß als Tändler auch zum Möbeltausch geneigt sein würde, so dürfe dem Publikum der Vorteil dieser Einrichtung nicht entzogen werden. — Die Regierung lehnte das Gesuch des Frieß trotz dieser besonderen Unterstützung, ohne Angabe von Gründen, ab, wahrscheinlich, weil ihr die Schieberabsicht zu durchsichtig erschien und es aus dem letzten Satz des Berichtes des Dezernenten klar hervorging, daß Frieß beabsichtigte, alte Möbel aufzukaufen, herzurichten und dann als neue wieder zu verkaufen.

Frieß faßte die Sache nun anders an. Er legte Zeugnisse von mehreren Landmeistern vor, in denen gesagt wurde, daß er jenen, als sie keine Arbeit hatten, ihre Werke gegen bares Geld abgekauft hätte; er behauptete noch mehr Zeugen beibringen zu können, die aber aus Furcht von dem Kistlerhandwerk kein Attest ausstellen wollten. Während diese Schreiner sonst lange auf ihr Geld warten mußten, erhielten sie es von ihm sofort ausgezahlt. Er wolle diese neuen Möbel in seinem Laden nun auch gegen alte austauschen und den Bürgern in ihre Wohnungen vermieten — eine Geschäftsmethode, die bisher noch nicht üblich gewesen wäre und von ihm neu eingeführt werden sollte. Es ließen sich viele Leute für einige Zeit in München nieder, die den Wunsch hätten, bequem zu wohnen und sich gern für einige Zeit Möbel mieten würden. — Wiederum unterstützte die Polizeidirektion sein Gesuch und sagte, wünschenswerter als die Erlaubnis, mit neuen Möbeln zu handeln, wäre es, dem Frieß die Errichtung eines Möbelmagazins zu gestatten. Die vermehrte Konkurrenz läge ja im Willen des (auf S. 401 erwähnten) Gesetzes des Jahres 1802. — Die Regierung fragte nun zunächst bei der Polizeidirektion nach, ob sie bestätigen könnte, daß die auswärtigen Kistler keine Möglichkeit hätten, ihre Waren in der Niederlage der Münchner Kistler zu verkaufen, was jene bestätigte. Trotzdem wurde das Gesuch des Frieß aus neue zurückgewiesen.

Frieß ließ aber durchaus nicht locker. Er veranlaßte jetzt die Landmeister selbst, ihrerseits den Antrag zu stellen, ihre Arbeiten bei Frieß kommissionsweise ausstellen zu dürfen. Dieser Weg erschien nach der Verordnung des Jahre 1802 wohl gangbar. Die Schreinerzunft in München aber erklärte zu diesem Antrage, das allerhöchste Reskript vom 15. November 1802 gestatte wohl ordentlichen Meistern Niederlagen, doch habe eine allerhöchste Verordnung vom 8. Juli 1805 diesen den Professionisten gewährte Freiheit so gedeutet, daß dem Kunstfleiß und der Konkurrenz der Landmeister schon durch das ihnen freigestellte Arbeiten in den Städten ein hinlänglicher Spielraum gegeben wäre und daher zur Vermeidung von Mißbräuchen nur großen Fabrikanten Niederlagen gestattet werden dürften. Nun sei aber noch lange nicht jeder, der etwas produziere, gleich ein Fabrikant im Sinne der höchsten Regierung. Frieß könne sich über die erforderliche Qualifikation nicht ausweisen. Er sei ein ehemaliger — Flickschuster und außerdem Gerichtsschätzer (!) und beziehe als solcher ein Einkommen von 400 Gulden jährlich.

Trotz dieses Einspruches der zünftigen Schreiner der Stadt erhielt Frieß nun die indirekte Erlaubnis, ein Magazin in der Kauffinger Straße zu errichten, doch wurde ihm die Verpflichtung auferlegt, für jeden der Landmeister, deren Möbel er in diesem Magazin ausstellte, ein eigenes Buch zu führen, in das alle Stücke, die er in Kommission bekommen würde, eingetragen werden sollten, damit man im Falle einer Beschwerde feststellen könnte, ob er nicht außerdem einen verbotenen Handel mit neuen Möbeln treibe. Die vier in Freising, Laim, Neuhaus und Pasing wohnenden Landmeister mußten sich verpflichten, nur selbst verfertigte Stücke bei Frieß auszustellen. Übrigens wurde diese Erlaubnis erst dann erteilt, nachdem das Landgericht schriftlich bestätigt hatte, daß diese vier Meister ohne Genehmigung der neuen Einrichtung „an den Bettelstab gebracht" würden. (Bei dieser Gelegenheit wurde bei allen Tändlern der Stadt eine Razzia nach neuen Kistlerwaren veranstaltet und den Tändlern künftig zur Pflicht gemacht, bei allen von nun an in ihren Läden ausgestellten Waren nachzuweisen, ob sie sie bei Privaten oder in Auktionen für alt gekauft hätten. Hierdurch sollte vermieden werden, daß neue Kistlerwaren eingeschmuggelt wurden.)

Interessant ist das dritte Gutachten der Münchener Polizeidirektion, mit dem sie die in eben geschilderter Form nun erfolgte Genehmigung des erneuten Gesuches des Frieß empfohlen hatte. Sie schrieb: „Es wäre sehr traurig, wenn der geschickte Kistler auf dem Lande seinen Absatz in die Stadt nicht habe oder stets auf Bestellung warten sollte, wenn er ohne Arbeit und brotlos bleiben sollte, während er in der Haupt- und Residenzstadt Absatz seiner Ware findet. Der Kistler, der an Ort und Stelle wohnt, hat immerhin, wenn er, was bei dieser Profession hier etwas selten (!) ist, ein bescheidener, tätiger und geschickter Mann ist, große Vorteile vor dem Landmeister. . . . Die Polizeidirektion erkennt die Notwendigkeit der Erlaubniserteilung für solche Niederlagen aus der innigsten pflichtmäßigsten Überzeugung an, — das Publikum verdankt diese

Einrichtung —, Private sehen sich gegen die Willkür der Genossen dieses Handwerks gesichert, denn es ist eine allgemeine Klage, daß von den hiesigen Kistlern die Arbeiten schwer zu erhalten (!) seien. . . . Wenn sich die hiesigen Kistler bemühen, gute, ausgezeichnet gute Arbeiten zu liefern, wenn sie das bescheidene Benehmen lernen und ihre Kunden mit Freundlichkeit fördern (!), dann würden sie gewiß hinreichend Absatz und Verdienst finden. Der entfernte Kistler hat die Kosten und Gefahren des Transportes, wird nicht so leicht mit der Mode und dem Geschmack wie der hiesige Kistler bekannt, dessen Vorteile daher immer überwiegend groß blieben; die hiesigen Möbelmagazine sind nicht in der Aufnahme, das Hiltsche besonders ist in der Aufnahme. Den Tändlern gebührt der Handel mit neuen Möbeln nicht. Ein anderlei ist Handel — ein anderes eine Niederlage. Der Handel der Professionisten ist nachteilig in dem Sinn genommen, daß der Professionist zu arbeiten aufhört. Niederlagen billigt der Staat auf alle Art und Weise — selbst in Landshut haben Landkistlermeister eine Niederlage." — Die Zunft hatte die Kompetenz der Polizeidirektion in Zweifel gezogen, da an demselben Tage, an dem sie das Gutachten erstattet hatte, die Gewerbsangelegenheiten an den Magistrat übergeleitet worden wären. Überdies habe man den Hiltl, „der noch vor wenigen Jahren ein sehr bedeutendes Möbelmagazin unterhielt", nicht befragt. Hiltl sei „keineswegs als förmlicher Kistlermeister konzessioniert", sondern „erscheine als selbständiger Künstler" (!), müsse also in dieser Angelegenheit befragt werden. Das Magazin sei nicht, wie behauptet wurde, eingegangen. Übrigens hätten die Landmeister durchaus nicht die Auslagen, die dem Stadtkistler entstünden; sie könnten deshalb wohlfeiler liefern und hätten dennoch einen größeren Gewinn. Die Konzessionierung eines neuen Magazins würde soviel bedeuten wie die Konzessionierung von 10 bis 12 Kistlern; eine solche Konzessionierung solle aber nach einer allerhöchsten Verordnung vom 2. Oktober 1811 nur dann erfolgen, „wenn das unumschränkte dringend und unwidersprochene Bedürfnis unmittelbar und evident am Tage liegt". In München gebe es zurzeit nicht, wie die Polizeidirektion behauptete, nur 45, sondern 50 selbständige Meister; vor 10 bis 12 Jahren wären es nur 20 bis 30 gewesen. „Die im Ruf einer besonderen Geschicklichkeit stehenden Meister, so hätte die Polizeidirektion behauptet, leiden keinen Mangel an Arbeit. Es gibt in jeder Wissenschaft und Kunst Gradazionen der Vollkommenheit, und wenn die Königliche Polizeidirektion selbst gesteht, daß ein besonderer Ruf dazu gehört, um keinen Mangel an Arbeit zu fühlen, was sollen dann die weniger im Rufe Stehenden und minder Geschickten begehen, welche nichtsdestoweniger ihr Handwerk förmlich erlernt, ihr Meisterstück verfertigt und von der Königlichen Polizeidirektion und der Zunft als fähig und hinlänglich brauchbar anerkannt wurden?" Daß die Meister nur auf Bestellung arbeiten könnten, spräche doch nicht gegen, sondern für sie. Wenn sie einen ebenso großen Absatz wie die sieben (nicht, wie die Polizeidirektion behauptetet, nur ein) in München bestehenden Magazine hätten, so würden sie sicher nicht so töricht sein, „die Hände in den Sack zu stecken". Frieß würde nur Möbel schlechtester Art liefern; dagegen wären ihre eigenen Magazine mit guten Sachen so gefüllt, daß sich sofort vierzig Familien damit einrichten könnten.

Auf Veranlassung der Zunft richtete jetzt Hiltl eine energische Beschwerde an die Regierung: „Es ist stattkundig, und die letzte öffentliche Ausstellung des Polytechnischen Vereins von inländischen Kunst- und Gewerbeerzeugnissen (Gewerbsblatt Nr. 50, S. 80 ff.) hat den richtigen Beweis dafür dargestellt, daß mein Gewerbe nichts weniger als gänzlich erloschen ist.“ Der Magistrat, der nun als Nachfolger der Polizeidirektion die Gewerbesache behandelte, erklärte zu dieser Beschwerde, es müßte doch wohl untersucht werden, ob der angebliche Verfall des Hiltlschen Magazins „in der Beschaffenheit des Handelszweiges selbst läge, in welchem Falle es sehr ungeeignet wäre, zu dem ersten noch ein zweites Magazin zu gesellen und dem gleichen Schicksal blos zu setzen“, oder aber, ob das zweite Magazin Hiltl erst völlig ruinieren würde. Das Gewerbe der Kistler „beschränkt sich nur auf den Verbrauch der hiesigen Einwohnerschaft, da bekanntlich die hiesige Möbel- und Schreinerarbeit kein Gegenstand des Handels mit dem Auslande oder auch nur mit anderen Städten des Königreiches ist und auch nicht wohl werden könne. . . . Eine ungewöhnliche plötzliche Vermehrung der Nachfrage nach Schreinerarbeiten kann die Grenzlinie auf Seiten der Kistler überschreiten; allein diese Erscheinigung wird immer nur prekär sein und kann nicht den Grund abgeben, eine Anstalt herbeizuführen, welchen einen solchen Zustand als perennierend voraussetzt. Für solche Ausnahmefälle findet sich Rat in außerordentlichen, aber gleichfalls nur prekären Mitteln. Wird aber die Verhältnislinie auf Seiten des Fabrikanten überschritten, ist die Zahl der das nämliche Gewerbe betreibenden Familien so groß, daß sie mehr Arbeit liefern, als ihnen fortlaufend abgenommen werden kann, so werden nur jene derselben, die ein bedeutendes Gewerbskapital besitzen, auf Hoffnung künftiger Nachfrage arbeiten und ihr *Geld auf unbestellte Fabrikate anlegen, das heißt magazinieren* können, sich zu erhalten vermögen. Die übrigen Schreinermeister werden beschäftigungslos bleiben, sich andere Erwerbsquellen suchen müssen, und da ihnen diese nicht zu jeder Zeit gleich offenstehen, mit ihren Familien verarmen oder bei den Magazineurs um Taglohn arbeiten müssen. Das Magazin würde eine Niederlage für die in einer Entfernung von 5 bis 10 und 15 Stunden von hier wohnenden Kistler werden. Frieß würde dadurch nichts anderes als der *Unternehmer einer Schreiner-Fabrique*, dessen Arbeiter in allen Gemeinden des Pfarrkreises zerstreut wohnen. . . . Es ist nicht zu bezweifeln, daß ein solches Unternehmen das Glück des Unternehmers machen würde, aber nur auf Kosten vieler Familien, die ein wohlerworbenes Recht haben, daß ihre notdürftige Subsistenz nicht dem glücklichen Gedanken eines Spekulanten geopfert werde. Ein hiesiger Bürger hat Lasten zu tragen, die der Kistler in einer Dorfgemeinde nicht kennt. Seine Ansässigmachung koste ihm nur geringes Kapital, der Ankauf des Holzes liegt ihm in der Nähe, seine Lebensbedürfnisse schafft er sich wohlfeiler an. Das Bürgerrecht müsse mehr sein als ein bloßes Phantom. . . . Die vorhandenen Magazine enthalten einen solchen Vorrat von Möbeln, welcher nicht nur jedes augenblickliche Bedürfnis befriedigen kann, sondern auch die nötige Konkurrenz der Verkäufer herstellt. Es haben nämlich mehrere Tapezierer vollständig hergerichtete Sesseln, Canapées usw. zum augenblicklichen Kauf und Gebrauch beständig in

Vorrat, ebenso die Schreiner Tische, Kästen, Bettstatten usw., durchgehendes nach dem neuesten Geschmack, ferner Gestelle zu Sesseln und Canapées, die in kürzester Zeit mit Polstern und Überzügen nach besonderem Geschmack eines jeden Käufers versehen werden können; die Schreiner halten ein eigenes Magazin von Einrichtungsstücken geringerer Art, und in anderen Magazinen wetteifern die alten Meister mit sogenannten Konzessionisten, welchen erst in der jüngsten verflossenen Zeit persönliche Gerechtigkeiten verliehen wurden. In diesen Magazinen befindet sich ein wahrer Überfluß von Möbeln für die hiesige Stadt". Das Vorhaben von Frieß, „ganze Einrichtungen gegen monatliche Abzahlungen zu verkaufen, stellt sein ganzes Unternehmen noch als besonders bedenklich dar, dadurch nur ein Schuldenmachen begünstiget und viele unvermögliche Familien zur Beischaffung unnötiger und kostbarer Möbel gereizt würden. Der Luxus in Möbeln ist bekanntlich ohnehin schon so groß, daß er wahrlich keiner weiteren Beförderung bedarf. Frieß, dessen Unterhalt durch drei Erwerbsquellen gesichert ist, wäre in Nebengeschäften vollkommener Herr seiner Kunden, ihm müßten Schreiner und Tapezierer ihre Ware wohlfeil geben, weil er ihnen ihren bisherigen Absatz entziehen würde; die Käufer dagegen müßten ihm die Waren mit doppeltem Preis bezahlen, weil er ihnen borgt, und es würde ein gefährlicher Zwischenhandel entstehen, der nur einen bereichern und gewiß viele Familien in das Verderben stürzen würde". — Trotz dieser Warnung wurde das Gesuch des Frieß, wie bereits erwähnt, genehmigt, weil den petitionierenden vier Landmeistern auf Grund des Gesetzes von 1802 die Berechtigung nicht verweigert werden sollte, Niederlagen ihrer Arbeiten zu errichten.

Als Frieß seinen Betrieb in der begonnenen Richtung erweitern wollte, wurden ihm aber Schwierigkeiten gemacht. Zwei Münchener Kistlermeister Namens Brovadano und Steiner, die nirgends ausstellen konnten, hatte Frieß „aus Menschenfreundlichkeit" aufgefordert, bei ihm auszustellen. Frieß hatte früher seine Lizenz aber nur für die Ausstellung von den eigenen Arbeiten jener vier Landmeister erhalten und hatte sich verpflichten müssen, von niemandem sonst Möbel anzunehmen. Übrigens hatte er mit dem Vertrieb dieser Arbeiten einen großen Erfolg. Da er nun mit der Aufnahme zweier neuer Aussteller seine Befugnisse überschritten hatte, wurde die frühere beschränkende Verpflichtung erneuert; er ging auch darauf ein, widerrief sie aber sofort schriftlich und schickte nun, wieder nach erprobtem Rezept, die zwei neugeworbenen Kistler ins Vordertreffen. Diese beriefen sich auf das Gesetz vom Jahre 1802 und sagten, „ein diesen großen und wahrhaft liberalen Ansichten entgegengesetzter Geist" wäre der Grund, warum der Magistrat dem Frieß die Erlaubnis versagen wollte; Frieß sollte nicht als Tändler, sondern als Magazinier für sie wirken. — Die Regierung beabsichtigte aber nicht, die Ausnahmeerlaubnis des Frieß zur Errichtung eines Magazins zu erweitern, sondern sah jenen als Tändler an und wies sein Gesuch mit der Begründung, die Tändlerordnung vom 13. September 1760 verböte den Tändlern den Verkauf von noch nicht gebrauchter Ware, auf allerhöchsten Befehl ab; den beiden Kistlern sollte es unbenommen bleiben, von der ihnen durch Landesdirektionsbeschluß vom 9. August 1805 erteilten Befugnis: eine Niederlage von Kistlerarbeiten dahier zu errichten und sich zur Vollendung ihrer Fabrikate Tapeziergehilfen zu halten, auf andere Weise Gebrauch zu machen. Die beiden Meister legten dagegen Berufung ein und begründeten die Unmöglichkeit, ihre Arbeiten in einer der bestehenden Niederlagen zu verkaufen, folgendermaßen: Es beständen zurzeit (1821) sechs Verkaufsstellen der bürgerlichen Tischlermeister in München:

1. Ein gemeinschaftliches Magazin am Anger, das nur geringste und weder furnierte noch polierte Möbel von weichem Holz enthielte;

2. eine am Petri-Kirchhof, deren Aktien im Besitz von 11 Kistlern wären, denen das Haus gehörte und die niemanden mehr zulassen wollten;

3. eine am Max-Joseph-Platz, die dem Kistler Heitger in der Au persönlich gehöre;

4. und 5. zwei in der Prannerstraße, die nach dem Gesellschaftsvertrag einigen Kistlern, die man unter 2. nicht aufnehmen wollte, gehörten und wo auch keine neuen Aussteller angenommen würden;

6. eine im Schrannergäßchen, das dem Eustach-Schmied gehöre, schlechte Räumlichkeiten und keinen Platz für weitere Arbeiten habe.

Es fehle aber ein „geschäftliches Magazin für feinere Furnitur- und Politur-Kistlerarbeiten und andere elegante Möbels". Diese erneute Berufung hatte wieder keinen Erfolg.

Die eben erwähnte Angabe der beiden Münchener Kistlermeister Brovadano und Steiner, daß in den vorhandenen Magazinen die Ausstellungsgelegenheit beschränkt wäre, beruhte augenscheinlich auf Wahrheit, denn im Jahre 1819 begründete der Schreiner Mathies Heitger in der Vorstadt Au ein Gesuch, ihm die Erlaubnis zur Errichtung einer *Verkaufsstelle seiner eigenen Arbeiten* zu erlauben, in ähnlicher Weise; er schrieb, die Münchener Kistler wollten ihn zu ihrer Verkaufsniederlage in St. Peter, die übrigens das private Unternehmen einiger Meister wäre, nicht mehr zulassen, obwohl er dort seit 25 Jahren ausgestellt hätte. Die Münchener Meister dagegen behaupteten, Heitger hätte, um die Provision zu sparen, seine Käufer wohl in das Magazin geführt, hätte ihnen aber die Möbel dann aus seinem eigenen Vorrat verkauft, und zwar betrüge die Summe der auf solche Weise zustande gekommenen Verkäufe ungefähr 2800 Gulden. Da Heitger der Regierung als ein „sehr tätiger Mann" geschildert wurde und zwölf Gesellen beschäftigte, so wurde sein Gesuch genehmigt, dem ja nach der Verfügung des Jahres 1802 keine gesetzlichen Bedenken entgegenstanden. Wir finden seine Niederlage im Jahre 1820 am Max-Joseph-Platz. Später bekam Heitger einen Streit mit den Taschnern, weil er seine Möbel mit deren Erzeugnissen selbst vervollständigte. Über den Ausgang dieses Streites berichtet auf Seite 415 eine Entscheidung der Regierung. Heitger erweiterte seinen Betrieb andauernd und besaß im Jahre 1831 eine Konzession für die *Fabrik von Möbeln und Baugegenständen*. Laut dieser Konzession durfte er alles machen, was zur Vollendung solcher Gegenstände notwendig war. Aber es war ihm versagt, an Türen usw. seine eigenen Beschläge an Ort und Stelle anzubringen, — wohl aber, wenn er seine Beschläge in den Geschäften dazu gekauft hatte! Das ist so zu verstehen, daß er diese fremden Beschläge als Kistler anschlagen durfte, während ihm als Fabrikanten das Anschlagen seiner eigenen Beschläge am Bau verboten und nur in seiner Fabrik erlaubt war, denn ein Fabrikant war ein „Veredler“ fremder Erzeugnisse, d. h. er machte aus fremden Halbfabrikaten, wenn man so sagen darf, Fertigfabrikate. Demnach wurde, selbstverständlich auf Betreiben der eifersüchtigen Kistlerzunft, genau zwischen den Befugnissen eines Kistlers und eines Fabrikanten unterschieden, selbst wenn dieser außerdem auch die Zunftgerechtigkeit als Kistler besaß.

Im Jahre 1802 richtete der Rat von Nürnberg an den Rat von Frankfurt am Main die folgende Anfrage: „Ein hiesiger Kaufmann hat die Intention, in hiesiger Stadt ein förmliches Meubles-Magazin zu errichten, ohngeachtet derselbe sich averſieren will, zur Garnierung dieses Magazins, sich nicht nur keiner anderen als der von hierortigen Schreinermeistern gefertigt werdender Waren zu bedienen, sondern auch mit dem Absatz derselben sich lediglich aufs Ausland und fremde Abkäufer zu beschränken, nicht das Mindeste aber an hiesige Bürger und Innwohner zu verkaufen, so will solches Vorhaben die Schreiner-Zunft gleichwohl nicht gestatten.“ Der Rat von Nürnberg fragt, ob solche Magazine in Frankfurt außerhalb der Messen angelegt werden dürfen; der Rat von Frankfurt am Main geht in seiner Antwort auf diese Frage nicht eigentlich ein, sondern behandelt sie mehr unter dem Gesichtspunkt der etwa nach Frankfurt einzuführenden Ware jenes Nürnberger Kaufmanns. Er schreibt, fremde Arbeit dürfe in Frankfurt nicht eingeführt werden, und etwa eingeführte, die unter den Messen nicht verkauft worden wäre, müsse wieder hinaus. Infolgedessen gäbe es in Frankfurt weder solche Magazine noch Verfügungen betreffend hier gefertigte Arbeit. Der Unternehmer dieses Möbelmagazins, das inzwischen eröffnet wurde, war der Kaufmann G. H. Bestelmeyer, der seine Gründung dem Publikum öffentlich ankündigte, worauf die „Schreiner-Profession von Nürnberg“ am 12. Oktober 1802 dem Magistrat eine „abgedrungene Gegenerklärung“ überreichte. Aus diesen Streitigkeiten entwickelte sich ein langer Prozeß zwischen der Schreinerzunft und Bestelmeyer, der schließlich mit folgendem Vergleich endete: 1. Bestelmeyer mußte Möbel und überhaupt alle Schreinerwaren aus Eiche, Nußbaum und weichem Holz nur von Nürnberger Schreinern für sein Magazin verfertigen lassen; 2. zur Erleichterung der Kontrolle mußten alle seine Waren *von den Verfertigern mit ihrem Namen bezeichnet* werden. Bestelmeyer durfte diese Waren an Nürnberger und auswärtige Leute verkaufen, nachdem anfänglich die Schreiner die am Ort wohnenden Käufer hatten ausschließen wollen; 3. bei Überschreitung dieses Vergleichs sollte die Berechtigung Bestelmeyers, Gegenstände, die aus jenen drei Holzarten verfertigt waren, in seinem Magazin „in Vorrat aufzustellen“, sofort ganz aufgehoben werden; 4. Bestelmeyer sollte an die Zunft zum Ersatz ihrer bisher gehabten Prozeßunkosten 500 Gulden zahlen; 5. beide Teile (daß Bestelmeyer diesen Wunsch auch hatte, ist sehr begreiflich!) äußerten das Verlangen, der Magistrat möchte künftig keine weitere Erlaubnis zur Errichtung von Möbelmagazinen erteilen.

Johann Adam Plackner, ein Spiegelfabrikant aus Fürth, besaß im Jahre 1818 in München eine konzessionierte Niederlage seiner Fabrikate. In einem Schreiben an den Magistrat behauptete er nun, er würde von seinen Käufern immer gefragt, ob er nicht auch „die übrigen der Couleur der Spiegelramen gleichförmigen Meubles besitze". Er wünschte deshalb ein Möbelmagazin eröffnen zu dürfen, wobei er beteuerte, daß er nicht die Absicht habe, das Schreinerhandwerk „weder durch seine Hand noch durch die seiner Gesellen ausführen zu lassen, sondern das ganze Meublemagazin durch die hiesigen bürgerlichen Schreinermeister oder auch zugleich durch fähige Schreinermeister auf dem Lande (damit waren seine Unterbietungsabsichten aufgedeckt) nach seiner Anordnung und Bestellung in betreff der Holzarten, Politur und Couleur herstellen zu lassen, wobei jede Lieferung an das Magazin von ihm Zug für Zug bar bezahlt werden sollte, daher er auch für solche Art nicht als Konzessionist, sondern eigentlich als Kommissionär in Betracht zu ziehen sein würde. Eine Beeinträchtigung der Tischler und Schreiner Münchens durch ihn sei ausgeschlossen; im Gegenteil wolle er ihnen nur Vorteile und neuen Absatz verschaffen. Seine Spiegelniederlage in München habe einen Wert von 12 000 Gulden". Nachdem dieses Gesuch von der Regierung abgelehnt worden war, machte Plackner eine neue Eingabe, in der er ausführte, die paar Garnituren Sessel und Canapées und etliche Tischlerarbeit, die bisher in den Magazinen zu haben waren, machten bei weitem noch kein richtiges Möbelmagazin aus, in dem man „alles, was zur notdürftigen sowie zur luxuriösen Einrichtung aller Arten von Mobilar" finden müßte. Man solle nur zum Vergleich einmal ein großes Möbelmagazin, z. B. das Bestelmeyersche in Nürnberg und ähnliche in anderen großen Städten heranziehen. Es wäre notorisch, wie viele Möbel nicht nur aus dem Bestelmeyerschen Magazin, sondern auch vom Ausland, von Pariser und Wiener Magazinen, nach München geliefert würde. Gerade große Möbelmagazine gäben den Handwerkern auf dem Lande gewisse Nahrung und erhöhten deren Gewerbsfleiß, weil derlei Magazine einen verläßlichen Absatz gegen bare Bezahlung sicherten. Solches wäre bei allen großen Magazinen der Fall, so z. B. nährten sich viele Hunderte von Arbeitern von der Walterschen Niederlage in Berchtesgaden, und in der Umgebung von Nürnberg erwürben sich alle Arten von Handwerker durch das Bestelmeyersche Magazin einen bedeutenden Verdienst. Plackner behauptete, die Landmeister nicht nur in der Umgebung von der Hauptstadt, sondern auch in den Provinzstädten, wo er Messen bezöge, erhielten durch ihn Arbeit und Verdienst; er übergäbe ihnen Modelle zur Ausführung, und so würde „ihr Geschmack gebildet und ihr Kunstfleiß rege gemacht". Auch dieses Gesuch wurde abgelehnt.

In noch viel größerem Stil versuchte ein Zimmermann namens Michael Reifenstuel in München im Jahre 1847 vorzugehen. Nachdem er schon vorher öfters um die Konzession der Schreinergerechtigkeit nachgesucht, aber die Befähigungsprüfung niemals bestanden hatte, war es ihm jetzt doch gelungen, eine „reale Schreiner-Gerechtsame" an sich zu bringen, nachdem er von der Fähigkeitsprüfung dispensiert worden war. Hiergegen protestierte der „Gewerbs-Verein der bürgerlichen Schreinermeister in München", indem er sagte, eine solche Dispensation wäre nur erlaubt, wenn die beiden Gewerbe, die der Betreffende zusammen ausüben wollte, „technisch nahe verwandt" wären. Man dürfte bei der Beurteilung einer solchen Verwandtschaft nicht lediglich auf den Stoff und die Materie sehen, sondern müsse den Grad der Vervollkommnung dieses Stoffes in Betracht ziehen. Wenn nun eine Verwandtschaft des Zimmer- und des Schreiner-Handwerks behauptet würde, so könnte man ebenso die Wagner, Schachtelmacher, Schäffler und andere Holzarbeiter als technisch verwandt erklären. Man müsse übrigens bei solchen Konzessionserteilungen die Erwerbsverhältnisse des betreffenden Handwerks in Berücksichtigung ziehen; zurzeit wären in München 110 Schreiner, von denen der dritte Teil sein Gewerbe nicht mehr selbständig betreiben könnte, sondern für andere Meister arbeiten müßte. Wenn man nun dem Reifenstuel die Konzession erteile, so würden die Gesellen dieses Meisters, die in beiden Handwerken arbeiteten, seinem Beispiel folgen, und der so für das Schreinerhandwerk entstehende Schaden wäre gar nicht abzusehen". Zu dieser Frage wurde der „Zentral-Verwaltungsausschuß des Polytechnischen Vereins in München" zu einem Gutachten aufgefordert und erklärte, daß, wenn je zwei Gewerbe miteinander verwandt wären, so wäre es das Schreiner- und das Zimmerhandwerk; in ähnlicher Weise äußerte sich der Kreisbaurat. Infolge dieser Erklärung wurde die Beschwerde der Schreiner abgewiesen und das Gesuch Reifenstuels genehmigt. Schon im Jahre 1850 reichte Reifenstuel ein neues Gesuch ein, in dem er um die Verleihung einer Fabrikkonzession zur Fertigung von Werk-, Bau- und Möbelholzarbeiten ersuchte. Nachdem dieser Antrag abgelehnt worden war, erneuerte er ihn im Jahre 1851 mit folgender Begründung: Nach der bestehenden Gewerbs-Gesetzgebung, welcher das Prinzip eines vernünftigen Gewerbsschutzes unterstellt sei, sollen in der Regel die nach den Gewerbsordnungen bestimmten Einzelgewerben zugewiesenen Beschäftigungen dem Fabriksbetrieb entzogen werden; ein solcher Grundsatz wäre aber in dem ganzen Gewerbs-Gesetz vom 11. September 1825 nirgends enthalten und würde auch mit dessen Geist in Widerspruch stehen, denn die betreffenden Motive des Gesetzes lauteten: „Nach den bisherigen Erfahrungen ist der Zersplitterung der technischen Beschäftigungen in eine große Zahl einzelner Zünfte, der kleinlichen Abmarkung der Arbeitskreise und der Bannung in Ein Handwerk die vorzüglichste Schuld beizumessen, wenn in Deutschland bei aller Vortrefflichkeit einzelner Handwerksleistungen doch die Industrie im allgemeinen nie jene Höhe erreicht hat, deren sich der Kunstfleiß in England und Frankreich lange schon erfreut. Der Entwurf (Art. 5) ist darauf berechnet, solchen nachteiligen Einwirkungen mit Festigkeit entgegenzutreten und alle jene Hindernisse zu beseitigen, durch welche bisher auch der Gewerbsmann mit Willen und Kraft entmutigt und auf der untersten Stufe zurückgehalten wurde. Wenn der Gewerbetreibende seinen Erzeugnissen die höchste Vollendung geben, alle zu diesem Zweck führenden Einrichtungen und Hilfsmittel wählen, sich frei bewegen, Markt und Wege zum ergiebigsten Absatz aufsuchen kann und darf, ihm auch die Verbindung verwandter Gewerbe, der Übertritt von einem Gewerbe zum andern möglich ist, dann läßt sich mit Grund erwarten, daß künftig die Gewerbe im eigentlichen Sinne an Vollkommenheit gewinnen und in demselben Maße fähige Individuen anziehen werden, in welchem sie diese bisher meistens zurückgeschreckt haben." Reifenstuel bemerkte ferner hierzu, „wenn aber die Großartigkeit meines bisherigen Geschäftsbetriebes, der Umfang der mit meinem Etablissement verbundenen verschiedenartigen Anstalten und Einrichtungen, wie solche in meinem Gesuch speziell aufgeführt worden sind, das große Kapital, welches in demselben steckt, und das wenigstens auf 60 000 Gulden veranschlagt werden darf, in mir den lebhaften Wunsch erregen mußten, über den engen handwerksmäßigen Betrieb meines Geschäftes hinaus demselben eine fabrikartige Ausdehnung zu geben, und ihm wegen des durch die verbesserten Communicationsmittel in neuerer Zeit vielfach erleichterten Handelsverkehrs mir einen Absatz nach außen und selbst im Auslande zu eröffnen, so ist nicht abzusehen, wie durch die Befriedigung dieses Wunsches den hiesigen Meistern ein Nachteil soll zugehen können? Haben dieselben gleichwohl gegen das beabsichtigte Unternehmen protestiert, so ist daran wohl mehr ein kleinlicher Brotneid und engherzige Eifersucht schuld, die es einem Mann, der nichts scheute, um sich durch Studien und Reisen den Anforderungen unserer Zeit gemäß zu bilden und mit dem neuesten technischen Vorteil bekanntzumachen, nicht gönnen will, über ihren engen Geschäfts- und Ideenkreis hinaus zu gelangen. Traurig und abschreckend muß es aber für jeden strebsamen Geist sein, zu sehen, wie Behörden, die derlei gemeinnützige (!) Unternehmungen fördern sollten, denselben im Gegenteil ein strenges Verbot entgegensetzen usw.". Der Dezernent, der dieses Gesuch zu begutachten hatte, fügte ihm für die Königliche Regierung von Oberbayern folgende „gehorsame Bemerkung" bei: „Michael Reifenstuel besitzt eine persönliche Zimmermeisters-Konzession und reales Tischlerrecht; er betreibt beide Gewerbe in sehr schwunghaftem Maße, und zwar das letztere, nachdem er von der Befähigungsprüfung als Tischler dispensiert wurde, zum großen Eintrag und Verdruß der ganzen Tischler-Innung. Nun bewirbt sich Reifenstuel um eine Fabriks-Konzession für Werk-, Bau- und Möbel-Holzarbeiten. Der Umfang der Befugnisse, welche der Bewerber durch diese Konzession zu erstreben beabsichtigt, geht ins Unermeßliche, weshalb auch eine große Anzahl von Gewerben, als Wagner, Schreiner, Schlosser, Hufschmiede, Glaser, Maler, Drechsler, Sattler, Wagenfabrikanten und Tapezierer gegen diese Konzessionserteilung protestierten, da sie von derselben die größten Benachteiligungen befürchteten. Diese Befürchtungen sind auch wirklich nicht unbegründet. Die Macht des Reifenstuel'schen Kapitals droht wirklich die meisten dieser Klein-Gewerbe zu unterdrücken. Was derselbe mit seiner Tischler-Gerechtsame dem Tischlergewerbe bisher dadurch Eintrag gethan hat, daß die Schreinerarbeiten, welche er zu seinen zahlreichen Bauausführungen nötig hatte, in eigner Werkstätte gefertigt wurden, sucht er nun auf alle anderen Bauhandwerke auszuüben, um sohin das vollständige Fabrikat (Gebäude) ohne Mitwirkung irgend eines anderen Meisters auf eigene Rechnung herzustellen. Allein nicht genug damit, sucht Reifenstuel durch eine Konzession zur Möbel- und Werkholz-Fabrik sich des Handelsabsatzes aller in Holz arbeitenden Kleingewerbe zu bemeistern, um auf diese Weise eine wirklich kolossale Werkstätte zu errichten. Mit einer Möbelfabriks-Konzession wäre er nämlich alle jene Arbeit und Produktion zu treiben befugt, welche man bei den fertigen Möbeln wahrnimmt, und in welche sich bisher eine große Zahl von Kleingewerben teilt. Wenn es auch nach dem jetzigen Zeichen der Zeit nicht ausbleiben wird, daß der Fabriksbetrieb resp. die Gewalt des Kapitals die Kleingewerbe und den handwerksmäßigen Betrieb derselben allmählich verzehren und diese Katastrophe mit einer Verarmung der arbeitenden Mittelklasse und damit endigen wird, daß an die Stelle selbständiger Handwerksmeister eine Unzahl abhängiger Unzufriedener und deshalb auch gefährlicher Fabrikarbeiter tritt, so ist gewiß dieser Zustand nicht so einladend, daß man denselben zu Gunsten eines unersättlichen Spekulanten von seiten der Staatsregierung in einer Stadt und in einem Lande Eingang und Vorschub gewähren sollte, wo der Bürgerstand aus seiner vernünftigen Arbeitsteilung bisher seine Kernhaftigkeit und Selbständigkeit gezogen hat und dadurch auch eine sichere Stütze der Regierung geworden ist." In München gab es zu jener Zeit 120 Schreinermeister und 8 Zimmermeister, die zusammen nur ebensoviel Gesellen beschäftigten wie Reifenstuel allein, nämlich 300! Das Gesuch Reifenstuels wurde abgelehnt.

f) Eigene Verkaufsorganisationen der Schreiner.

Unter solcher Konkurrenz mußten die Schreiner darauf sehen, sich wirtschaftlich besser und der Neuzeit entsprechender zusammenzuschließen und zu organisieren. So traf die Cölner Stadtverwaltung mit der Schreinerzunft nachstehendes Abkommen und beabsichtigte damit, ihr wirtschaftliches Vorwärtskommen zu begünstigen.

Copia sentimenti der löbl. Freytags-Rentkammer, die vom hochedlen und hochweißen Rath (in Cöln)
dem Schreineramt einsweilen erlaubte Außstellung ihrer Arbeit
auf dem Quattermarkt (in Cöln)
betreffend, cum Registratura amplissimi Senatus.

Lunae 24. Novembris 1755.

Demnach Bürgermeister und Rath vermög Registratura de 19. Sept. 1755 einem Ehrbaren Schreineramt auf Antrag zeitlicher Gaffelherrn den Quattermarkt zu Außstell- und Verkauffung seiner Arbeith in Gnaden vergünstiget, und dabei löbl. Freytagsrentkammer aufgetragen, mit Zuziehung deren Gaffelherren die nöthige Einrichtung zu verfügen, also ist löbl. Commission der unvorgreifflichen Meinung, daß bey gehende Ordtnung von Obrigkeitswegen zu erlassen sey:

Zeitliche Gaffelherren haben in Rathstatt referiert, ihnen vom Ehrb. Schreineramt die Anzeige geschehen zu seyn, daß verschiedene Meister eine gute Anzahl Cabinetter, Commoden, Scribanen (Schreibtische), Spieltischer und dergleichen, auch vernierter (fournierter) Schreinerarbeith teils fertig hätten, theils zu dem Endt zu verfertigen begriffen wären, auff daß denen Herrschaften, so derley Arbeith verlangen thäten, in der Füll geholfen, mithin auswendige, von Franckfurth mehrenteils kommende Arbeith von hießiger Stadt abgehalten würde, auf unterthanigster Bitt, ihnen zu Hinsetzung vorgemelter Stücker einen Platz auf dem Quattermarkt zu vergünstigen.

Damit nun ein ehrbares Schreineramt zu vorräthiger Verfertigung allerhand Arbeith desto mehr ermuntert werde, alß will ein Hochedel und Hochweiser Rath einsweilen und zum Versuch: in Betracht gemeltes Amt zur Zeit kein eigene hierzu bequäme Gelegenheith hat: anfänglich und bis dahin sich eine Eygene anschaffen, mit näher sich darüber vorbehaltender Verordnung in gnaden erlauben, daß ehebenanntes Schreineramt seine verfertigte Arbeith auf dem Quattermarkt unter folgenden Bedingnissen zum Verkauff auffstelle:

1mo sollen alle Meister, so sich vorgedachten Hauses zur Ausstellung ihrer Arbeith bedienen wollen, bei zeitlichen Gaffelherrn sich anmelden und in derselben Anwesenheit die

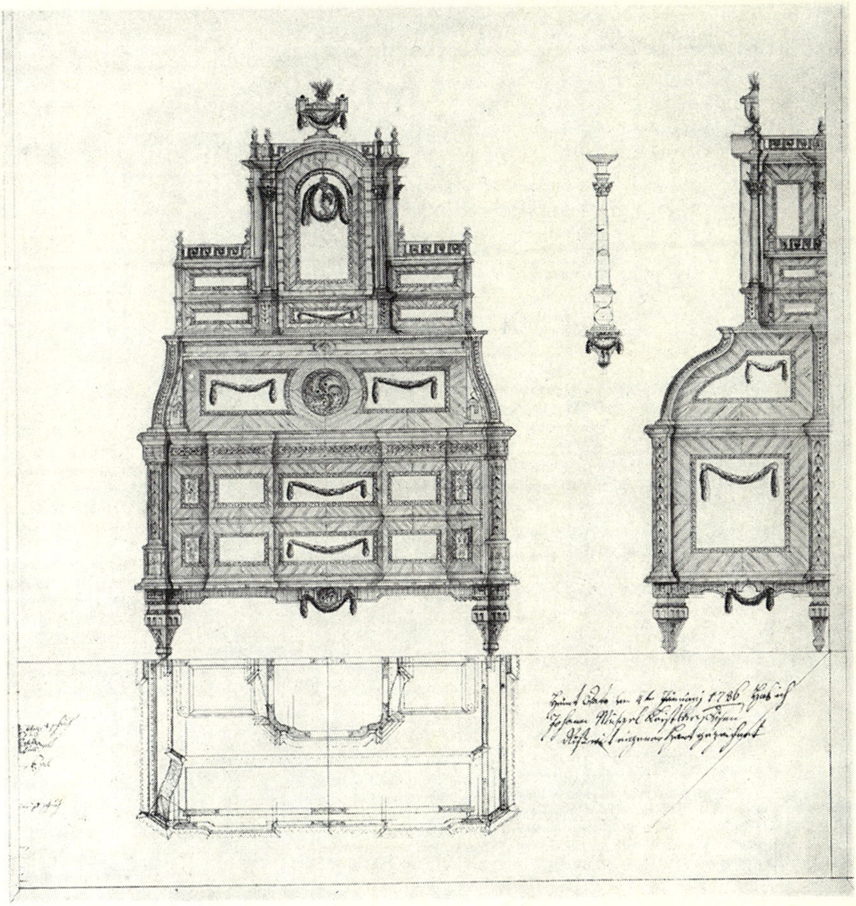

Meisterriß des Mainzer Schreiners Johann Michael Leistler von 1786. In den Ansichten ist das Furnier rosa und grau laviert und in verschiedenen Richtungen schraffiert, die Füllungen und ihre ornamentierten Einfassungsleisten sind gelb angelegt. Im Grundriß ist das Hirnholz rosa gefärbt.

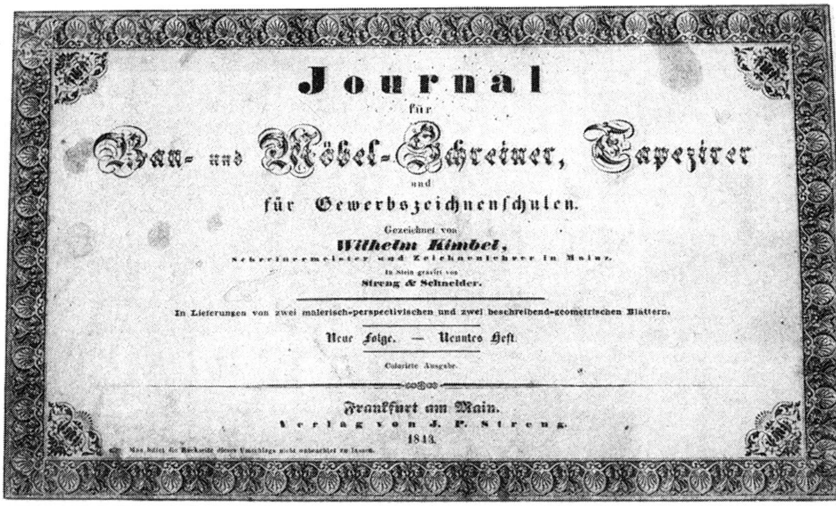
Journal
für
Bau- und Möbel-Schreiner, Tapezirer
und
für Gewerbszeichnenschulen.
Gezeichnet von
Wilhelm Kimbel,
Schreinermeister und Zeichnenlehrer in Mainz.
In Stein gravirt von
Streng & Schneider.

In Lieferungen von zwei malerisch-perspectivischen und zwei beschreibend-geometrischen Blättern.

Neue Folge. — Neuntes Heft.

Colorirte Ausgabe.

Frankfurt am Main.
Verlag von J. P. Streng.
1843.

Man bittet die Rückseite dieses Umschlags nicht unbeachtet zu lassen.

Wilhelm Kimbel war mit seinem seit 1835 erscheinenden »Journal für Bau- und Möbel-Schreiner, Tapezierer und Gewerbszeichenschulen« um die Darstellung zeitgenössischer Handwerkskunst bemüht.

Zeichnung eines Damensekretärs von Wilhelm Kimbel von 1853. Hier sind neben Grund- und Aufrissen sowie Schnitten auch konstruktive Details, Beschläge und Mechanismen erläutert.

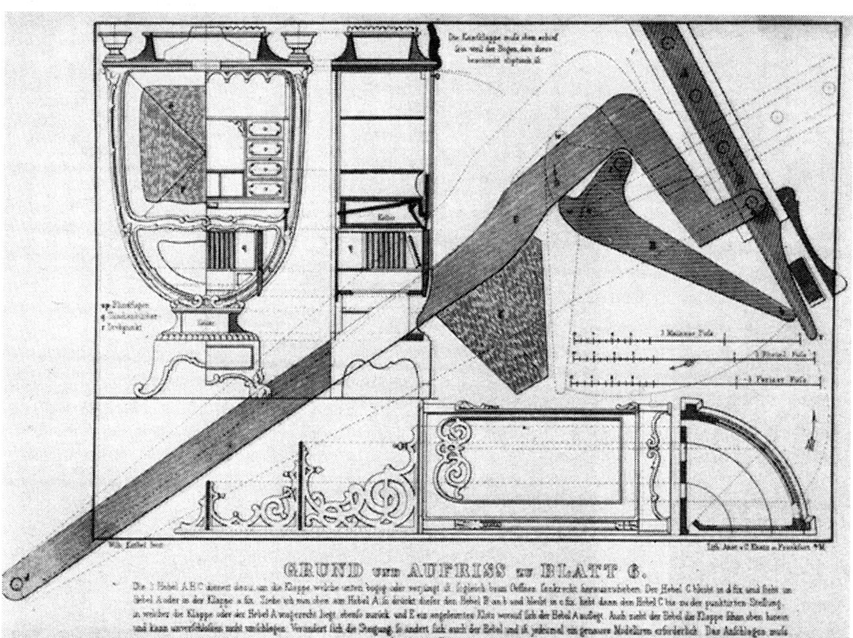

Plätze unter sich entweder außteilen, oder deßhalben das Loß ziehen, dergestalt jedoch, daß denen jenigen, welche in ihrer Arbeit noch nicht fertig seyn, wie auch den künftig kommenden Meistern, annoch einiger Platz offen bleibe.

2do sollen daselbst unter Verlust des Platzes keine andere alß neu Verfertigte, ungebrauchte, nicht aber in Sterbhäußern oder sonsten erkaufte oder außgebesserte Stücker ausgestellt werden.

3tio soll das Zimmer täglich, sonn- und feiertäg außgenommen. morgens umb 9, nachmittags aber umb 2 Uhren von dem Haußverwahrer oder einer anderer von den Schreinern außsetzender Person eröffnet, fort das gantze Jahr hindurch morgens um 12, nachmittags aber den Winther durch umb 4 Uhr, Sommers aber um 6 Uhr verschlossen werden.

4to stehet zwarn einem jeden zur Meisterschaft Berechtigten, die durch sich oder seine Gesellen in seiner eygenen Werkstatt verfertigte Arbeit wehrender obspecificierter Zeit selbst zu verkaufen, keineswegs aber soll jemand erlaubt seyn, eines anderen Meisters Arbeith in Commission zu nehmen oder zu verhandeln.

5to wobei jedoch einem jeden unbenohmen bleibt, seine Arbeith durch den Haußbewahrer verkaufen zu lassen, welchenfalls derselbe

6to ein Register der Meisteren auch der einglangender Arbeith verfertigen und dieselbe nach der von jederem Meister selbst machender Tax denen Erkäuffern zu überlassen und das Geld zu empfangen befugt, das gelöste Geld aber denen meistern, welchen das verkauffte Stück zu gehöret hat, am negsten Sambstag unverwechselt außzuliefern schuldig seyn, wogegen er

7mo für seine Mühe von jederem Reichsdahler und zwarn nach der von den Meistern angesetzten Tax, nicht aber nach dem wirklichen Verkauf, ein Stüber zu genießen hat.

8bo soll kein Meister noch Gesell, Mann noch Weib, des anderen Arbeith tadtlen oder verachten, vielweniger einer dem anderen die Käuffer abwendig machen, unter Straff von 4 goldgulden.

9no wer seinen Platz 6 Wochen unbesetzt lasset, soll derselbe verlustig und vor Ablauf eines Jahres keine andere Platz zu besitzen befugt seyn.

10mo gleichwie ein hochedler und hochweiser Rath durch diese unentgeltlich einstweilige Hergebung des Quattermarkts nur allein eines ehrbahren Schreineramt Vortheil und Auffnahm suchet, alß thuet derselbe sich in gnaden versehen, es werde gleichgemeltes Amt in Gefolg seines gethanen Erbiethens nicht allein jederzeit eine Menge von allerhand zierlicher und nach der best und neuester Art in Gebrauch eingerichteter Schreinerarbeit in Vorrath fertig halten, sondern auch trachten, selbige in wohlfeilen Preiß, alß bis hierhin geschehen, geben zu können, damit hierdurch sowohl die frembde arbeith von hießiger Stadt abgehalten, alß die benachbarten zu Ankauff ihrer nothdurfft hierhin gezogen werden mögen.

Endtlich weilen der Quattermarkt von denen Vorfahren nicht zum Nutzen eines einzigen Amts, sondern der ganzen Burgerschaft zum Gebrauch gewitmet, auch fast der einzige Ort ist, dessen Magistratur sich in außerordentlichen Vorfallenheiten, so einen größeren Platz erfordern, bedienen könne, dahero bemeltes Schreineramt sich bestreben soll, ein aigenes hierzu bequämes Zunfthauß oder Zimmer (: wie bereits vorbemeldet ist :) zu erwerben, dieserhalb auch gegenwärtige Vergünstigung nur allein zur Habilitierung dero Vorhabens ad interim und vorbehalten der weitheren Verordnung gestattet, und solche nach gutbefinden einziehen zu können, sich hiermit ausdrücklich vorbehalten haben." —

Im Juli 1767 petitioniert das Amt, den Platz ihnen wieder zu bewilligen. Die Einfuhr schlechter Arbeit nehme überhand, und das Amt sei wegen „angedauerter Kriegszeit" nicht imstande, sich eine andere Möglichkeit zur Aufstellung „tugenthaffter und schöner Schreinerarbeit" zu beschaffen.

Im Jahre 1848 wandte sich in München eine Anzahl der Meister direkt an den König mit der Bitte, er möchte ihnen ein Darlehen von 6000 Gulden bewilligen, damit sie sich ein Vereinsmagazin anlegen könnten. Aus den beigefügten Statuten entnehmen wir den Zweck dieser beabsichtigten Gründung: „Zum Behufe der Hebung der unbemittelten Meisters, sowie zur Vervollkommnung der einzelnen Leistungen“. Sie wollten gemeinsam Materialien einkaufen und in kleinen Quantitäten an die Genossen abgeben. Alle Bestellungen auf Möbel nimmt der Verein entgegen und besorgt den Verkauf; für gemeinsame Rechnung werden Prozente abgezogen. Genossen, die Möbel einliefern, die „nach Zeichnung und Construction ganz neu erfunden“ sind, dürfen diese Möbel zuerst für sich allein dreimal ausführen; dann aber gehört das Modell dem Verein. Bei Ablieferung von Möbeln an das Magazin erhalten die Einliefernden ein Drittel des Verkaufspreises gleich als Vorschuß, worauf aber gleich der Wert des vorher verabfolgten Materials in Abzug gebracht wird. Alte Möbel sollen vom Publikum bei Entnahme neuer eingetauscht, dann restauriert und alle sechs Wochen versteigert werden, — eine Maßnahme, gegen die von den Tändlern von vornherein protestiert wurde. Es sollten nicht nur die Möbelgestelle, sondern fertig gepolsterte Möbel verkauft werden, womit sich die Taschner einverstanden erklärt hatten, wenn ihnen die Polsterung in Auftrag gegeben würde. In dieser Weise wollten sich außer den Taschnern auch die Tapezierer, Glaser und Drechsler dem Unternehmen anschließen.

Daß diese von den Schreinern, nach erfolgter Verständigung mit den anderen Handwerkern, angestrebte Einrichtung einen bedeutenden Fortschritt bedeutete, erkennt man, wenn man vergleicht, wie kurzsichtig früher die Münchener Behörden die Unternehmungslust der doch in erster Linie an dem Verkauf ihrer Waren interessierten Schreiner behandelt hatten, im Gegensatz zu der Förderung der kaufmännisch vorgehenden Händler. Noch im Jahre 1820 (am 19. Mai) richtete der Magistrat in München folgendes Schreiben an den Magistrat in N.[1]): „Dieserorts sind nur die Meubelhändler, keineswegs aber die Schreiner befugt, ausgepolsterte Sessel, Sophas usw. zu verkaufen.“ Dieser, wie wir gleich sehen werden, allerdings irrtümlichen und durch gesetzliche Bestimmungen überholten Rechtsprechung bediente sich der Magistrat in München stets in solchen Fällen. Er faßte am 20. Februar 1821 nachstehenden Magistratsbeschluß: „Der Kistlermeister N. N. in der Au dürfe in seiner Meubelniederlage keine solchen Moebel, welche durch Taschner schon eine Ausarbeitung erhalten haben, verkaufen. Gründe: 1. Vermöge gnädigster Entschließung der K. Regierung des Isarkreises vom 7. Januar v. Js. erhielt zwar N. N. die Bewilligung, eine Niederlage seiner (eigenen) Fabrikate in der Stadt München zu halten, keineswegs aber die Befugnis eines allgemeinen Meubelmagazins. 2. Die Meubeln, welche N. N. durch Taschner vervollkommnen läßt, hören aber gerade durch diese Veredlung, welche sie durch die Kunst eines anderen selbständigen Gewerbes erhalten, auf, sein ausschließliches Fabrikat zu sein; daher kann ihm auch der Verkauf der

1) Diese und die folgenden Entscheidungen sind von Schlichthörle a. a. O. I. S. 674 usw. entnommen.

nicht von ihm veredelten Produkte nicht gestattet werden, nach den klaren Bestimmungen der allerh. Verordnung vom 24. 11. 1802 (Rggsbl. S. 810)."

Diese Verfügung wurde aufgehoben mit der folgenden Entschließung der K. Regierung des Isarkreises vom 3. 4. 1821:

„Auf Vortrag über die mit Bericht vom 20. pr. 22. v. M. vorgelegten Akten rubr. Ctr. hat man mit Aufhebung der magistratlichen Entschließung vom 20. 2. publ. 28. curr. erkannt, daß Appellant befugt sei, seine selbstverfertigten Meubeln auch durch Taschner-Arbeit, soferne er diese berechtigten Taschnern überträgt, vollenden zu lassen und so in seiner Niederlage zu verkaufen. Gründe: 1. Es dient zur Bequemlichkeit des Publikums einer großen Stadt, in einer Meubelniederlage oder einem Meubelmagazine (der von dem Magistrate angenommene Unterschied zwischen beiden gründet sich auf keine gesetzliche Bestimmung) auch ganz vollendete Meubeln auswählen zu können. 2. Dieser Rücksicht muß um so mehr da genügt werden, wo es geschehen kann, ohne die Grenzen verschiedener Gewerbe zu verwirren. Das N.'sche Magazin, bereits eins der vorzüglichsten dahier, ist, da sich Appellant nur berechtigter Taschner zu den in das Taschnergewerbe einschlagenden Arbeiten bedient, vielmehr geeignet, dem Gewerbefleiß der Taschner Nahrung zu geben, anstatt ihn zu hemmen. 3. Die Verordnung vom 15. 11. 1802, auf welche sich die Entscheidung der 1. Instanz gründen soll, beabsichtigt die Belebung der Industrie, spricht daher für den Appellanten. Den Kistlermeistern N. N. ist die Bewilligung zu ertheilen, für ihre selbstgefertigten Kistlerarbeiten eine Niederlage in dem Hause des N. zu errichten, ihnen jedoch zugleich zu bedeuten, daß ihnen diese Bewilligung werde widerrufen werden, wenn sie in dieser Niederlage andere als selbstverfertigte Gegenstände aufzunehmen."

Nachdem die Kistlermeister ihre eigenen Erzeugnisse, mindestens diejenigen, die keiner „Veredelung" durch andere Handwerker bedurften, schon seit 1802 überall verkaufen durften, wo sie mit besonders eingeholter Erlaubnis Niederlagen errichtet hatten, so konnte auch logisch jede Beschränkung der Konsumenten auf bestimmte Verkaufsstellen nicht mehr aufrechterhalten werden.

Die Münchener Seelnonnen waren 1829 angewiesen worden, Särge nur im Särge-Magazin zu bestellen. Da diese Rechtsauffassung des Magistrats den gesetzlichen Bestimmungen nicht mehr entsprach, wurde sie von der Regierung aufgehoben:

> Diese Verfügung wird nun aufgehoben im Hinblick auf die K. Minist. Entschließung vom 24. 6. 1835 Ziff. III No. 4 zum Vollzuge des Art. 5 V. G. G., wonach jedem Gewerbsmeister die Befugnis zusteht, seine Gewerbserzeugnisse ohne Beschränkung überall im Lande, sowohl auf Bestellung als im verordnungsmäßigen Handel zu verkaufen. (Entschließung des Jahres 1838 der K. Regierung von Oberbayern.)

Mit der Bedingung, daß die Kistler nur selbstverfertigte Gegenstände verkaufen dürften, sollten damals nicht nur händlerisch-kapitalistische Regungen der Handwerker unterbunden werden, sondern auch die Interessen der Konsumenten gewahrt werden, denn der Käufer, der den Laden eines Kistlers betrat, erwartete dort Waren zu finden, die der Meister selbst angefertigt hatte, und für deren technische Güte ihm das zünftige Ansehen des Verkäufers die Gewähr bieten sollte. Daß dieses natürliche Empfinden der Konsumenten indirekt auch noch heute von den Gerichten geschützt werden kann, beweist eine Entscheidung aus der neuesten Zeit. Dem Handelsteil des „Berliner Tageblattes" vom 7. Jan. 1916 entnehmen wir nachstehende Entscheidung:

„Die Tischlerinnung in K. unterhält seit Jahren eine Verkaufsstelle, die sie als „Tischlergewerksmöbelmagazin und Innungsausstellungsgebäude" bezeichnet. Der Kaufmann B. in K., der ebenfalls einen Möbelhandel betreibt, erhob gegen die Tischlerinnung Klage auf Grund des Wettbewerbsgesetzes, indem er behauptete, durch die Geschäftsbezeichnung werde der Anschein erweckt, daß in der Verkaufsstelle ausschließlich Möbel ausgestellt und verkauft würden, die von Mitgliedern der Innung hergestellt seien, während tatsächlich Möbel aus anderer Quelle verkauft würden. Er wirft der Innung ferner vor, ihre Ankündigung „100 komplett eingerichtete Zimmer, über 100 Musterzimmer" sei unwahr, ihr Lager sei vielmehr nicht entfernt so groß.

Das Oberlandesgericht K. gab der Klage statt und hat die Innung zur Unterlassung ihrer Bekanntmachung verurteilt. Es führt in seinen Entscheidungsgründen unter anderem aus: Da die Beklagte nicht bestreitet, daß ein Teil der von ihr zum Verkauf gestellten Möbel anderweitig bezogen ist, so ist die Bezeichnung „Tischlergewerksmöbelmagazin und Innungsausstellungsgebäude" falsch. Das in Betracht kommende Publikum faßt eine solche Bezeichnung dahin auf, daß Möbel ausgestellt sind und zum Verkauf gelangen, die nur von Mitgliedern der Innung hergestellt sind. Die Angabe ist auch zur Täuschung des Publikums geeignet. Dieses glaubt, gerade beim Kauf solcher von Innungsmeistern herrührender Möbel besonders günstig und vorteihaft bedient zu werden. Es wird also mit der von der Beklagten gewählten Bezeichnung „Tischlergewerksmöbelmagazin und Innungsausstellungsgebäude" der Anschein eines besonders günstigen Angebots erweckt. Das gleiche gilt von der in der Anpreisung der Beklagten enthaltenen Angabe „100 komplett eingerichtete Zimmer, über 100 Musterzimmer", Auch diese Angabe ist falsch. Es handelt sich dabei nicht nur um eine belanglose Übertreibung. Wie der vernommene Sachverständige bekundet, waren in Wirklichkeit nur 47 komplette Zimmereinrichtungen und 29 Musterzimmer vorhanden; die außerdem vorhandenen 14 Kücheneinrichtungen müssen, da sie keine Zimmereinrichtungen sind, außer Betracht bleiben. Die Angabe der Beklagten entspricht daher nicht den Tatsachen und ist ebenfalls geeignet, bei dem kauflustigen Publikum den Anschein eines besonders günstigen Angebots hervorzurufen.

Die hiergegen von der Beklagten eingelegte Revision blieb erfolglos: das Reichsgericht (II. 331. 15.) hat sie zurückgewiesen und das Urteil des Oberlandesgerichtes bestätigt."

10. Der Kampf gegen die Konkurrenz.

a) Stadt- und Landtischler.

Die Zünfte waren geneigt, alles als Pfuscher, Stöhrer oder Bönhasen und dergleichen zu bezeichnen, was ihnen nicht angeschlossen war, und gingen dabei oft über die erlaubten Grenzen hinaus. Es lag in der Natur zünftischer Abschließung, daß sich außerhalb der Zunft allerhand Arbeitskräfte festsetzten, die nicht aufgenommen werden sollten, wollten oder konnten. Wir haben bereits gesehen, unter welchen Bedingungen es den auf dem Lande wohnenden Meistern gestattet war, ihre Arbeiten ab und zu in die Stadt hereinzubringen und an die Privaten abzusetzen. Da auf dem Lande der Absatz nicht groß war, so versuchten die Landmeister auf alle Weise, die dem weiteren Verkauf entgegenstehenden Verbote zu umgehen und den Absatz ihrer Waren in der Stadt zu steigern. Die Behörden standen diesem Bestreben — im Interesse der Konsumenten, die unter einem „terroristischen" Monopol der Stadtmeister unter Umständen zu teuer kaufen mußten — nicht immer ablehnend gegenüber. Der Rat von Augsburg sprach es im Jahre 1594 einmal ganz deutlich aus, daß man der Bevölkerung nicht vorgreifen dürfe in ihrem Bestreben, sich auf dem Lande billigere Arbeit zu bestellen; er sah die den Stadtmeistern entstehende Konkurrenz nicht für so schwerwiegend an und war der Ansicht, daß die guten Waren trotzdem weiterhin in der Stadt selbst bestellt werden würden, und so erlaubte er den auf dem Lande wohnenden Meistern, die ihnen von städtischen Bürgern bestellten Arbeiten nach Augsburg hereinzubringen. Die Stadtmeister waren mit solcher Konkurrenz durchaus nicht zufrieden. Da sie aber nichts dagegen machen konnten, so versuchten sie, dieses Geschäft selbst in die Hand zu bekommen, indem sie derartige Arbeiten, wie die städtischen Bürger sie bei den Landmeistern zu bestellen pflegten, diesen nun selbst spekulativ in Auftrag gaben, bzw. die den Auswärtigen nach den Jahrmärkten übrigbleibende Ware aufkauften, bevor sie wieder aus der Stadt herausgeführt werden mußten, was nach den bestehenden Vorschriften am nächsten oder spätestens am übernächsten Tag nach Schluß des Jahrmarkts zu geschehen hatte; sie gingen sogar noch weiter, lieferten den Landmeistern Holz, Leim und anderes Material für solche Arbeiten und gaben ihnen auch bares Geld in Vorschuß. Dies war nun aber durchaus nicht im Sinn der Obrigkeit, die jede kapitalistische Unternehmung der Handwerker grundsätzlich von vornherein bekämpfte und deshalb nicht zulassen durfte, daß die zünftische Ordnung und innerhalb der örtlichen Abschließung garantierte Gleichstellung irgendwie durchbrochen wurden. Infolgedessen waren in der Augsburger Kistlerordnung, in einem Nachtrag des Jahres 1560, derartige Manöver der Stadtkistler mit Strafe belegt, die allerdings nach der Meinung der Deputierten des Handwerks viel zu gering waren. Sie betrug ein Fünftel des Kaufpreises von jedem „aufgekauften" oder spekulativ auswärts bestellten Stück. Da aber an manchen Stücken 10 bis 20 Gulden verdient wurden, so riskierten die städtischen Kistler eine derartige Strafe gern, denn ihnen blieb immer noch genug Verdienst übrig. Die unberechtigt eingeführte oder bestellte Arbeit wurde von der Behörde nur solange beschlagnahmt, bis diese Strafe des „fünften Pfennigs" gezahlt war. — In Straßburg wurde 1654 ein Schreiner von der Zunft verklagt, er „arbeite im Lande und verführe die gesellen", d. h. er verleite die Gesellen, sich ohne Meisterstück auf dem Lande niederzulassen, indem er ihnen dorthin Arbeit verschaffte.

Die in den Akten enthaltenen Beschwerden gegen die Dorfmeister sind sehr zahlreich und stammen besonders aus dem 17. Jahrhundert, also aus einer Zeit, in der die Gesellen wegen Überfüllung der Zünfte und Handwerke oder wegen der Höhe der Gebühren usw. sich nicht mehr als Meister in der Stadt niederlassen konnten. Einen besonders zähen Kampf führten z. B. die Züricher Tischmacher gegen die in der Umgebung wohnenden Meister. Da finden wir eine Eingabe des Jahres 1616 gegen Nicolaus Fetzer, den Schreiner von Reutlingen, der sich wohl in der Nähe Zürichs festgesetzt hatte; ferner aus 1633 eine Beschwerde gegen die Meister von Schaffhausen. Im Jahre 1640 wollte sich der Tischler Georg Arnold von Bysingen in dem in der Nähe befindlichen Dorfe Dübendorf als Schreiner niederlassen und unterzeichnete einen Revers, daß er, wenn er diese Erlaubnis erhielte, „den städtischen Tischlern keinen Eintrag tun wolle". Aber schon im nächsten Jahre rückte er der Stadt näher und beantragte seine Niederlassung im Vorort Fluntern. Es wurde von Dübendorf ein Leumundszeugnis über ihn eingefordert, und er erhielt auch diese Erlaubnis, doch unter der Bedingung, daß sein Tochtermann nur als Geselle bei ihm arbeiten dürfte. So ging es weiter. Der Kleinkrieg setzte sich fort mit den Meistern in Rüschlikon, Winterthur usw. Auf manchen „Pfuscher„ wurde direkt gefahndet, und so ließen sich die Züricher aus Luzern berichten, daß man dort den „Pfarrerssohn", Schreiner Meyer von Ellsauer (?), dort gesehen hätte. Der Tischmacher und Formschneider Conrad Riedinger von Moßbach wollte sich 1694 „zur besseren Fortsetzung seiner Kunst" in oder nächst Zürich seinen Wohnsitz nehmen, wurde aber nicht zugelassen. Da den Landmeistern der Verkauf in die Stadt Zürich so sehr erschwert wurde, kamen sie auf den Ausweg, scheinbar nur auf der Durchreise nach anderen Landorten mit ihren Waren die Stadt zu besuchen und so insgeheim an die Bürger zu verkaufen. Das wurde ihnen durch eine Verfügung des Jahres 1702 untersagt, in der es heißt: „Die Landmeister sollen ihre an anderen Orten auf die Landschaft erfertigende Arbeit, um allem Verdacht auszuweichen, ohne Niederlage in der Stadt, geradenwegs fortschicken", d. h. sie durften die Stadt Zürich nicht mehr berühren und waren nun wohl auch oft gezwungen, zur Einhaltung dieses Gebotes einen Umweg zu machen. Die um Zürich gedachte „Bannmeile" scheint keinen großen Umfang gehabt zu haben; der Ausdruck lautete „innert den Creutzen" und bedeutete wohl nicht mehr als die Abgrenzung zu den nahegelegenen Vororten. So beschwerten sich die Stadtmeister über einen Meister namens Freymann in Fluntern, der innerhalb der Kreuze Schreinerarbeit gemacht hätte. Auf die von Landmeistern hereingeschmuggelte Arbeit wurde gefahndet; z. B. wollten die Zürcher Meister eine Gerichtsherrn mit Geld bestrafen, weil er in seinem Hause ein Billard hatte, das angeblich von einem Landmeister angefertigt worden war. So wie in Zürich lagen die Verhältnisse wohl in den meisten Städten, deren Handwerke sich gegen die Umgebung zünftisch abgeschlossen hatten.

Die Stadtmeister wollten die Arbeit, die auf dem Lande gefertigt war, auch qualitativ nicht als gleichwertig mit der ihren gelten lassen, weil die Landmeister die Meisterprobe nicht bestanden hatten, ja, sie wollten z. B. in Augsburg im Jahre 1613 keine Gesellen bei sich einschreiben lassen, die auf dem Lande bei solchen Meistern gelernt hatten. Die Landgemeinden sahen ein, daß sich aus dieser Erschwerung allmählich für ihre eingeborenen Gesellen bei der Wanderschaft und späteren Niederlassung an anderen Orten eine Kalamität herausbildete, und begannen deshalb, auch bei sich auf dem Lande zünftige Ordnungen, geschenkte Handwerke und die Meisterprobe einzuführen. In Württemberg wurde, wie aus einem Augsburger Aktenstück des Jahres 1613 hervorgeht, schon zu jener Zeit auf Marktflecken durchaus solche „Handwerksgewohnheit" gehalten, wobei noch zu erwähnen ist, daß die Lehrbriefe, wohl zur besonderen Beglaubigung der zünftigen Reife, aus den zunächst gelegenen Städten erteilt wurden. Die aus der Umgebung von Würzburg und

Nürnberg erhaltenen Ordnungen der Landschreiner stammen dagegen meistens erst aus dem Anfang des 18. Jahrhunderts.

Welche Befugnisse den städtischen Schreinern in der Behandlung unberechtigt eingeschmuggelter Ware zustanden, haben wir in dem Kapitel über das Rechtswesen (Seite 238 ff.) bereits ausführlich geschildert. Die Behörden waren bestrebt, hierbei alle Gewalttätigkeiten nach Möglichkeit auszuschalten. Schon im Jahre 1400 bestimmte der Burggraf von Straßburg, daß die seinem Gericht unterstehenden Handwerker nicht mehr wie bisher unter Beistand des Burggrafenknechtes die unzünftige Arbeit beschlagnahmen, sondern von jetzt an das unrechte Gut zurückgeben und den Klageweg beschreiten sollten. So klagte auch das Handwerk in Augsburg im Jahre 1557 gegen den Landkistler Bartholomäus Weißhaupt aus Friedberg, der gegen die Handwerks-Gerechtigkeit verstoßen hätte, und deshalb nicht mehr berechtigt sein sollte, Dillen und Vierungen nach Augsburg zu bringen. Der Streit endete mit einem Vergleich. Die Eifersucht der städtischen Schreiner steigerte sich zuweilen zu lächerlicher Rechthaberei. Als ein auswärtiger Schreiner, der während seiner Krankheit von den „Armen Clarissen in St. Maria Tempel in der Klöckergassen“ in Cöln „das Gebet begehrt“ hatte und nach seiner Genesung im Jahre 1748 an Stelle zweier beschädigter Altarfüße dem Kloster neue gestiftet hatte, wollte das Amt die Hereinführung der Arbeit nach Cöln verbieten. Um diese Zeit, in der das Zunftwesen zu reiner Formsache herabgesunken war, verwilderten auch die Sitten dementsprechend immer mehr. In Basel zertraten und zerschlugen einige Meister im Jahre 1759 einen Sarg, der auf dem Lande für eine Beerdigung in der Stadt angefertigt worden war, und zeigten damit, daß sie, wenn ihre materiellen Interessen in Frage kamen, nicht einmal vor heiligen Handlungen Achtung bewahrten. Ähnlich hatten die Geschworenen des Schreinerhandwerks in Frankfurt am Main im Jahre 1774 fremde Arbeit zerschlagen; hier mußten sie aber den Schaden ersetzen und eine Buße auf sich nehmen. Ein ähnlicher Fall ereignete sich dort auch im Jahre 1801. In Basel wurden im Jahre 1710 zahlreiche fremde Schreinerarbeiten öffentlich versteigert.

Um den endlosen Streitigkeiten der Stadtmeister mit den Landmeistern und auswärtigen Pfuschern ein Ende zu machen, befahl der Rat von Lübeck im Jahre 1603, daß alle vor dem Tor wohnenden Handwerker in die Stadt ziehen sollten, ohne aber mit dieser Verfügung einen wesentlichen Erfolg zu erzielen. Darauf ordnete er an, daß alle in den Dörfern und auf dem Hof verfertigten Handwerksarbeiten, wenn sie in die Stadt gebracht würden, beschlagnahmt werden sollten. Im Jahre 1663 wiesen die Ämter nach, daß auf den Landgütern Lübecker Bürger viele Handwerker, u. a. auch vier Tischler, wohnten, und verlangten vom Rat, er sollte hiergegen einschreiten. Ihre Beschwerde wurde auf den Instanzenweg verwiesen, der den Handwerkern aber wohl zu lange dauerte, denn im Jahre 1665 unternahmen sie einen Streifzug und zerstörten auf den Gütern vielerlei Handwerksgerät. Das erboste die Gutsheren derart, daß sie sich jetzt dem König von Dänemark als dem Herzog von Holstein unterstellten, um künftig gegen solche Überfälle gesichert zu sein[1]).

1) Wehrmann a. a. O., S. 98 ff.

In Dresden unterstellten sich die Landmeister freiwillig der städtischen Zunft-Gerichtsbarkeit. So nahm das Schreinerhandwerk im Jahre 1650 einen Königsteiner Meister auf seine Bitte in „Schutz in Königstein", damit er Gesellen und Lehrlinge halten könnte; der Landmeister dagegen versprach, dem Handwerk nicht zuwider zu leben, für den Stadtbezirk Dresden keine Gerechtigkeit in Anspruch zu nehmen und dort nichts zu arbeiten, sondern allein in Königstein sein Handwerk zu treiben. Der Vertrag sollte bei der nächsten Übertretung sofort aufgehoben werden. Dies war dort der erste Fall einer derartigen freiwilligen Unterordnung, denn nach Flemming[1]) ist in den vom Jahre 1568 an genauer geführten Dresdner Handwerksbüchern kein Landtischler weder vor 1650 noch nach dieser Zeit eingetragen.

Die Polizei-Ordnung des Kurfürsten zu Brandenburg vom Jahre 1688 verbot im § 29 kurzerhand die Niederlassung der Handwerker auf dem Lande: „Ein jeder, der Handwerksgewohnheit halten will, soll sich in einer Stadt häuslich niederlassen, und mögen dazu die Einwohner in denen Vorstädten, welche es nicht über Rechts verjährte Zeit hergebracht, nicht gestattet, in denen Dörffern aber keine Handwerker, denn Schmiede, Zimmerleute, Schneider, Leinweber und Rademacher geduldet werden". Zur Einhaltung dieser Anordnung sollten „die Haupt- und Ambt-Leute, Arendatores und übrigen Gerichts-Obrigkeiten auf dem Lande und in den Dörffern auf die Pfuscher und Stöhrer genau Absicht halten und solche aufheben"[2]).

Nach Roscher[3]) sollten nach dem Preußischen Patent von 1702 zu Landküstern und Schulmeistern (!) keine anderen Handwerker als Schneider, Leinweber, Schmiede, Zimmerleute und Radmacher gebraucht werden.

In Mähren wurde, nachdem die Inkorporierung der Landmeister mehrmals, zuletzt 1753, bei schwerer Strafe angeordnet worden war, „zur Abstellung schädlicher Vermischung der Land- und Stadt-Wirtschaft, dann des Bauer- und des Bürgerstandes" die Einziehung aller Handwerker in die Städte verfügt. Dem flachen Lande sollten nur die unentbehrlichsten Professionisten belassen werden, „wodurch die gute Ordnung erhalten und keiner von den andern in der Nahrung gehindert oder beeinträchtigt werden möge". Eine Ausnahme wurde nur hinsichtlich jener Handwerker zugelassen, „so zu jedermanns und täglicher Nothdurfft erforderlich oder insonderheit mit ihrem treibenden Gewerbe nuzlich sind"; unter diesen zugelassenen Handwerkern befanden sich die Zimmerleute, aber keine Schreiner. Obige Einziehung der Handwerker in die Städte wurde noch im Jahre 1762 „mittelst Ertheilung des Meilenrechts" an die Städte erwogen. Dagegen versuchte man in Tirol im Jahre 1774 den Betrieb der Holzschnitzerei auf dem Lande nach Möglichkeit zu erweitern. Schon im Jahre 1781 wurden in Österreich die Versuche der vorerwähnten Erweiterung des Zunftrechts der Städte wieder aufgegeben, und man beschloß, den Unterschied zwischen Stadt- und Vorstadtmeistern vollkommen aufzuheben; es sollten „überhaupt alle Bezirksausmessungen der Gewerbsleute aufgehoben werden und, jedem Meister die natürliche Freiheit, da wo er

[1]) A. a. O. S. 151.
[2]) Nachrichten usw. S. 81.
[3]) System der Volkswirtschaft, Band 3.

Arbeit findet, sein Verdienst, sowie dem Publikum die Auswahl unter den Professionisten zu verschaffen, getrachtet werden"[1]).

Die Stadtmeister waren wohl leicht bei der Hand, den Landmeistern den Eingriff in ihren Bezirk zu verwehren, aber sie dachten nicht daran, ihrerseits die Rechte der Auswärtigen zu respektieren, und auch die städtischen Behörden zeigten kein Interesse daran, ihre Übergriffe zu verbieten. — Wenn, wie in Augsburg 1558, die städtischen Kistler, Zimmerleute, Maurermeister und Gesellen verpflichtet wurden, dem Rat diejenigen Arbeiten, die sie außerhalb der Stadt für Bürgersleute verrichteten, anzuzeigen, so geschah dies nicht etwa, um die Rechte der Landmeister zu wahren, sondern um die Einhaltung gewisser Bauordnungen zu gewährleisten; der Rat wollte z. B. die Einrichtung und Anzahl der Kochherde und Rauchfänge kontrollieren. — Die Ordnung der Tischler-Brüderschaft in Münster von 1564 erlaubt den Kleinschnitzlern geradezu, außerhalb der Stadt mit beliebig viel Knechten zu arbeiten, während diese Zahl innerhalb der Stadt genau bemessen war. — In Augsburg hatten um diese Zeit die bedeutenderen Kistler vielerlei Bauarbeit auf dem Lande, wovon in den Eingaben an den Rat oftmals die Rede ist; ein vielfach auswärts beschäftigter Meister war z. B. Wendel Dietrich (vgl. S. 273). — Von Lübeck aus arbeitete z. B. der berühmte Meister Tonnis Evers nach Wismar, wo er die innere Einrichtung der Marienkirche übernommen hatte. — Gegen dieses gleich rücksichtslose Verfahren protestierten denn auch die Landmeister fortwährend. Solche Beschwerden sind uns von Altdorf und Lauf gegen Nürnberg im Jahre 1625, von Küßnacht gegen Zürich von 1663, von Heidungsfeld gegen Würzburg von 1725 und viele andere erhalten.

b) Gegen die pfuschenden Gesellen.

Wenn aber ihre eigenen Interessen in Frage kamen, so wußten die städtischen Meister nicht genug über das Arbeiten ihrer Gesellen auf dem Lande zu klagen. — In Lübeck verpflichteten sich die Kunthormacher und Schnitzer im Jahre 1486 (vgl. S. 167), keine Gesellen mehr einzustellen, die außerhalb der Stadt gearbeitet hatten, bei Strafe von 3 Mark Silber und zwei Pfund Wachs für jeden Fall des Zuwiderhandelns. Den Kistenmachern in Lübeck war besonders die Konkurrenz der Dänen unbequem, und in ihrer Ordnung vom Jahre 1508 wurde ausdrücklich gesagt, daß diejenigen Knechte, die in Dänemark gearbeitet hatten, des Amts in Lübeck nicht mehr würdig sein sollten. — Auch die Hamburger Kunthormacher durften ums Jahr 1540 keinen Gesellen mehr Arbeit geben, die des Sommers bei den Herrn und Junkern auf dem Lande gearbeitet hatten und sich im Winter wieder von den Stadtmeistern durchpflegen lassen wollten. — Die Schnitzer-Ordnung von 1541 in Riga erklärte im § 16, daß Gesellen, die in der Stadt oder auf dem Lande in den Klöstern arbeiteten, gegen das Amt handelten und bei Strafe nicht mehr von den Meistern beschäftigt werden durften. — Etwas milder war man, wahrscheinlich wegen des Arbeitermangels, in Frankfurt am Main gesinnt. Dort durften im Jahre 1565 Gesellen, die auf Schlössern usw. oder sonst für sich

[1]) Pribram a. a. O. Bd. I.

gearbeitet hatten, wieder eingestellt und „wie andere Gesellen gefunden“ werden, wenn sie sich der in diesem Jahre aufgestellten Gesellen-Ordnung „underwurfflich“ machten. — Die Hamburger Schnitker-Ordnung von 1590 verbot in einem Nachtrag von 1614 den Gesellen, auf Schiff zu arbeiten oder mitzusegeln, und drohte ihnen an, daß sie sonst in der Stadt keine Arbeit mehr bekommen sollten.

Die Gesellen, die auf dem Lande in Schlössern oder Klöstern usw. gearbeitet hatten, blieben teils freiwillig bei diesem Erwerb, weil sie Gefallen daran gefunden hatten, teils mußten sie es, weil sie in den Städten ausgeschlossen wurden. Sie kannten aber städtische Gewohnheiten und zum Teil auch noch persönlich die Kunden ihrer früheren Meister; so suchten sie also ihre Verbindungen in der Stadt trotz der Strafen und Verfolgungen, denen sie sich damit aussetzten, aufrechtzuerhalten. Aus ihnen rekrutierten sich die eigentlichen Störer und Pfuscher, die den Meistern das Handwerk sauer machten. Die ganz Verwegenen unter ihnen ließen sich sogar in der Stadt nieder und fanden dort wohl auch gewissenlose Meister, die sie scheinbar bei sich, in Wirklichkeit aber gegen eine gewisse Abfindung für eigene Rechnung arbeiten ließen; insbesondere waren es die Witwen, die noch eine Handwerks-Gerechtigkeit besaßen und auf solche Weise auszunutzen versuchten, ja, ihren Betrieb zu solchen Zwecken manchmal erst wieder neueröffneten. Die Störer zu „fördern“, war streng verboten. — Die Schnitzer-Ordnung in Riga von 1541 befahl den Meistern, ihnen ihre Arbeit und Werkzeug wegzunehmen, wo sie sie fänden, selbst in Bürgerhäusern, und sie damit persönlich vor den Vogt zu bringen; wer aber die Amtsbrecher mit Werkzeug (redtschop) oder mit anderen „instrumenten, die dazu gehörten“ oder mit Holz versorgte, sollte streng bestraft werden. — Auch die Gesellen-Ordnung von 1565 in Straßburg verbot die Beschäftigung der „Stöhrer und Winckelarbeiter“. — Dem Meister Hubert Olep in Cöln, der übrigens trotz dieses Vergehens im Jahre 1729 zum zeitlichen Amtsmeister gewählt wurde, drangen, wie er in einer Beschwerde sagt, die Mitmeister im Jahre 1724 plötzlich in sein Haus und nahmen ihm mit Hilfe von Gewaltdienern seine Hobelbank „samt anderem Geschier“ weg, wahrscheinlich, weil er einen Pfuscher in dieser Weise beschäftigt hatte; ähnlich wurde dort im Jahre 1752 bei dem Meister Max Heinrich Rüttgers eine gewaltsame Revision in seinem Hause veranstaltet. Beim Cölner Bändermeister[1]) Kupper fanden die Amtsmeister Stühle, die angeblich von dem Pfuschergesellen Rehbender, der beim Meister Dieterichs auf St. Marcellen arbeitete, gemacht waren. Gegen denselben Meister Kupper klagte das Amt im Jahre 1779, weil er Fensterrahmen lieferte, die „kein Meister des Amtes, also ein Pfuscher“ angefertigt hätte. Im Jahre 1782 arbeitete in Cöln der Pfuscher Leonard Martin bei einem Kanonikus Klein neben den Meistern Engelbert Weber und Johann Schmitz, die der Arbeitgeber für die Meister dieses Gesellen hielt. Der Pfuscher Martin stellte nun als Bauführer oder dergleichen eine Rechnung aus, die dem Kanonikus zu hoch erschien, und die er deshalb von den Amtsmeistern nachtaxieren ließ. Bei dieser Gelegenheit kam das unklare Verhältnis des Gesellen zu den mitarbeitenden Meistern heraus, und es ergab sich eine Klage gegen diese beiden Meister, die bestraft wurden. Auch der Geselle Martin wurde mit

[1]) Küfer.

einer Strafe belegt und sollte erst nach deren Zahlung das ihm konfiszierte Werkzeug zurückerhalten. Der „ewige Erzpfuscher" Knorr, der „zumal seines unruhigen schwärmerischen Lebenswandels stadtbekannt ist", hatte im Jahre 1789 den eben erwähnten Meister Johann Schmitz veranlaßt, als sein Meister zu gelten, und zahlte ihm dafür täglich je einen Blaffart als Entschädigung. Knorr durfte sogar Gesellen annehmen, wofür er dem Schmitz eine Entschädigung bezahlte; er behandelte seinen Meister übrigens sehr verächtlich und erklärte gelegentlich, dieser „könnte ihm sonst was". Im Jahre 1789 spielte sich in Cöln ein Prozeß ab, in dem gegen eine Anzahl von Meistern verhandelt wurde, die sich von Pfuschergesellen in der Weise hatten bestechen lassen, daß diese unter der Meister Namen, in Wirklichkeit aber für ihre eigene Rechnung, in Privathäusern arbeiten ließen. Ein Beschluß des Senats vom 18. Oktober jenes Jahres bedrohte, wohl generell, solche Meister mit 10 Goldgulden Strafe.

Die Strafe für Störer war zum Teil schon in den Ordnungen der Handwerke vorgesehen. — Die Ordnung der Lübecker Kistenmacher von 1508 sagte: wenn jemand außerhalb des Amtes das Amt gebrauchte und dabei erwischt würde, der sollte das büßen, und zwar dem Rat 3 M. Silber für jedes Stück Arbeit und dem Amt eine Tonne Bier. — In Hamburg waren im Jahre 1590 die Schnittger verpflichtet, stets 30 Meister zu bestimmen, die „die Bönhasen jagen" sollten. Die älteren Meister sollten von diesem Amt befreit werden, wenn jüngere dem Handwerk beitraten, aber die Zahl von 30 sollte jederzeit vollständig bleiben. Diejenigen, die von Amt des Jägers zurücktreten durften, mußten für ihre Befreiung 3 Pfd. und 8 Batzen dem Amt zahlen, wovon die Hälfte in die Lade gelegt werden, die andere aber dem Amt, wahrscheinlich zu einem Trunk, zum besten kommen sollte. Aus der großen Zahl der für die Jagd bestimmten Meister kann man entnehmen, daß das Pfuscherwesen in Hamburg auf hoher Blüte gestanden hat. — In einer ganzen Reihe von Paragraphen wurden in Cöln im Jahre 1596 (vgl. Urkundenanhang) Bestimmungen festgesetzt, wie das Schreinerhandwerk sich der unlauteren Konkurrenz zu erwehren hätte. Im § 3 wurde gesagt, daß, wenn die Meister erführen, daß Gesellen oder Ferkenstecher, gleichviel, ob sie eingesessene Bürger oder „ausländische" waren, aber die Schnitzler-Amtsgerechtigkeit noch nicht erworben hatten oder auch noch nicht Meister geworden waren, in Bürgerhäusern oder in ihrer Herberge oder Kammer heimlich arbeiteten, von den Amtsvorstehern mit 6 Goldgulden bestraft werden durften; wenn die Strafe nicht innerhalb von 8 Tagen gezahlt worden war, so sollten die Pfuscher, sofern sie Bürger waren, mit Gewalt gepfändet werden; wenn sie aber „lose und ledige" Gesellen waren, so wurden ihnen ihre Außenstände und sonstiges Besitztum weggenommen und daraus die Strafe und die Gerichtskosten bestritten. Wie mit den unberechtigt angerfertigten Stücken selbst zu verfahren war, haben wir (auf Seite 238 ff.) bereits beschrieben. Die Cölner Schreinerakten der Jahre 1696 bis 1720 enthalten eine ganze Reihe von Verfügungen des Rates gegen „unqualifizierte heimliche Arbeiter", indenen meistens den Meistern Gewalt gegeben wurde zur Einziehung der Pfuscherarbeiten „ohne Exceß", d. h. es sollte dabei nach Recht und Gerechtigkeit und nicht mit persönlicher Gewalt verfahren werden. Schon im Jahre 1661 erhielt das Amt vom Rat die Erlaubnis, einen Pfuscher namens

Cornelius zum „corpo di guardi“ (dem Wachthabenden) zu bringen, und als er sich dort nicht mit ihnen abfinden wollte, „auff St. Gereons Thurn zur Custodi biß zur Abfindung“ bringen zu lassen. Im Jahre 1792 bat das Amt der Schreiner in Cöln, den Pfuschern, deren sie 15 aufzählen konnten, die Bänke fortnehmen zu dürfen; im vergangenen Jahre hätten sie an Pfuscherarbeit konfisziert: 32 Dischblätter, Bettstädten, 3 andere Tische, ein Winkel mit Schepp-laden, 12 Fensterrahmen und dergleichen. Schon 3 Jahre später mußte das Amt diese Bitte wiederholen, weil es des Pfuscherwesens scheinbar nicht Herr werden konnte. Nach einer Beschwerde der Cölner Meister von 1771, die von 2 verdienten und 2 unverdienten Meistern unterzeichnet war, scheinen sie vergeblich gegen Pfuscher petitioniert zu haben, wenigstens drohte sie dem Rat, an höherer Stelle Revision einlegen zu wollen. Die Pfuscher waren tatsächlich unverbesserlich, denn dieselben Namen finden wir in den Akten immer wieder. So wurden die Brüder Schweinheim in Cöln im Jahre 1741 wegen Pfuscherei verklagt, und im Jahre 1748 hatte man sie schon wieder bei der Anfertigung von Totenladen erwischt.

Ein alter Schreinermeister namens Rüttgenbach, der selbst nicht mehr arbeiten konnte und in den Beschwerdeschriften ein „hochbejährter und fast verschliessener Mann“ genannt und von dem gesagt wurde, „daß er doch ein Mann wäre, der wegen Gebrechlichkeit keinen Fuß mehr vor den anderen setzen noch ausgehen konnte und den ganzen Tag hinter dem Stubenofen sitzend zubrachte“, scheint aus der Beschäftigung von Pfuschergesellen unter seinem Namen ein gutes Geschäft gemacht zu haben, wenigstens war seine Werkstatt immer gut beschäftigt. Bei einem Kaufhändler und Bürger war eine Kommode beschlagnahmt, die von dem „Meistergesellen“ dieses Meisters angefertigt worden war und die jener mit 20 Reichstalern bezahlt hatte. Im Prozeß bot der Bürger die Stellung einer Kaution von 60 Reichstalern. Die Meister nahmen sie aber nicht an, erklärten vielmehr, sie würden selbst gern 50 Reichstaler draufzahlen, wenn sie nur den Namen des Pfuschers erfahren könnten. Einen dieser Pfuscher erwischten sie im Jahre 1792. Dieser, namens Schellmeyer, wollte gerade zwei Fenster mit Blindrahmen für 9 Reichstaler abliefern, als ihn das Schicksal erreichte. Viel scheint es ihn aber nicht gestört zu haben, denn im Jahre 1795 hielt er ruhig seine Werstatt weiter offen. Die Meister kamen gelegentlich mit ihren Beschwerden auch an einen Unrechten, so z. B. in Cöln 1797 an den Gnadenmeister Michael Fuhrmann, dem sie das Werkzeug konfiszierten, weil er angeblich bei einem Meister als Geselle gearbeitet hätte. Auf diese Beschwerde wurde die Rückgabe des Werkzeugs, allerdings gegen Erstattung der Kosten, verfügt. Die Meister weigerten sich; inzwischen wurde 1798 infolge der Besetzung der Stadt durch die Franzosen die Zunft aufgehoben, und nun wurden die Meister ganz einfach durch die öffentliche Polizei zur Rückgabe des Werkzeuges gezwungen; die Kosten waren zuerst auf 5 Reichsthaler und 9 Stüber bemessen gewesen, worunter eine Forderung der Meister von 2 Reichstalern und 24 Stüber enthalten war; nun wurden sie auf 2 Reichstaler und 15 Stüber herabgesetzt, woraus wohl hervorgeht, daß die Meister mit ihrer eigenen Forderung ganz ausfallen mußten. Einem Gesellen namens Bernardus Fuchs, der „zur groß- und kleiner Bürgerschaft qualifiziert“ war, wurde 1733 verboten, bei einem Meister Arbeit zu nehmen, und 1734 mußte der Geselle Johannes Lehr, ein Bürger der Stadt Cöln, sein eigenes Werkzeug, mit dem er bei einer Meisterswitwe arbeitete und scheinbar Gutes leistete, abschaffen; er hatte sich dies Werkzeug, eine „Wirkbank“ selbst verfertigt. Es ist nicht zu erkennen, ob es sich dabei um eine neue Erfindung, auf die die Meister neidisch geworden waren, gehandelt hat, oder um eine übliche Pfuscherei. Ein verheirateter Tagelöhner Gottfried Eicker hatte sich 1736 selbst ein paar Hobel und Schaben angefertigt, um in seinem Hause, angeblich ohne Lohn, einige Fensterahmen auszubessern, doch mußte er die Wegnahme dieses Werzeuges erdulden und eine Strafe auf sich nehmen. Einigen Stuhlmachern, die ohne Qualifikation Totenladen verfertigten, wurden diese konfisziert. Eine Meisterswitwe, die zwar schon vor Jahren ihren Betrieb eingestellt hatte, mietete 1742 aufs neue ein Haus und ließ den Knecht Joan Mandl für sich arbeiten. Das Amt verlangte, sie sollte ihn entlassen und dafür einen anderen „von den besten unseres Amtes“ annehmen, der bereit war, für 16 Albus täglich für sie zu arbeiten. Sie hatte diese Aufforderung aber „verwindtschlaget“ und wurde nun verklagt. — In Würzburg beschwerten sich die Meister 1736 über Soldaten, die ins Handwerk pfuschten, und 1766 reichte der Zunftschreiber in Carlstadt bei Würzburg eine Beschwerde wegen Eingriffe der Lehrer ein. In der Stadt Würzburg brachen die Schreinermeister im Jahre 1738 dem Universitätsprofessor Ullrich ins Haus und nahmen ihm ein Werkzeug, das er zur Anfertigung seiner „Agricultur-Maschinen“ gebrauchte, fort. Ullrich hatte natürlich gar nicht daran gedacht, dem Handwerk Eintrag zu tun, sondern baute sich für seine Erfindungen eigene Modelle; so erfand er später auch Oefen. Wahrscheinlich mußten die Meister ihre übereilte Handlung rückgängig machen und dafür büßen. — In Basel erzielten die Schreiner im Jahre 1769 eine Erkenntnis des Rates, daß die in den Fabriken arbeitenden Gesellen, die man „Fabrikschreiner“ nannte, ihrer Zunft unterstehen müßten und in ihrer Arbeit kontrolliert werden dürften. In welcher Weise die Schreinermeister aber das Arbeiten der Gesellen in den Fabriken, das sie doch scheinbar als eine Pfuscherei ansahen, für sich pekuniär ausnutzen wollten, wurde (auf Seite 359) schon erzählt. Im Jahre 1844 wurde in Basel die Grenzlinie zwischen „Mechanikern“ und Schreinern derart festgelegt, daß erstere nur mechanische Arbeiten, keinesfalls aber Möbel machen durften. Den Fabriken wurde aber erlaubt, sich zum Kistenmachen einen „Fabrikschreiner“ zu halten. — In Augsburg lag die Bestrafung der Pfuschergesellen in den Händen der rechtmäßigen Gesellen-Organisation. Im Jahre 1567 beschwerten sich hier die Kistlermeister, daß die auf dem Lande wohnenden Gesellen, die Schreibtische nach Augsburg zu bringen pflegten, von den städtischen Gesellen nicht höher als mit 1 Batzen bestraft werden konnten. Der Rat verlangte zwar, daß das Stören abgestellt werden sollte, verstand sich aber nicht zu der beantragten Erhöhung der Strafe, wozu die Meister bemerkten, in anderen Städten würden die pfuschenden Landgesellen mit 12 Gulden und noch höher bestraft. Im Jahre 1568 wurde in Augsburg verfügt, daß ein Störer, der etwa versuchte, sich in Augsburg um Arbeit umschicken zu lassen, mit 4 Gulden bestraft werden sollte, wovon 15 Kreuzer „in der Gesellen Krancken Buchs“ fließen sollten.

c) Die Konkurrenz der Adligen und Klöster.

Den Meistern wurde der Kampf gegen die Pfuscher sehr erschwert, weil diese in ihrem unlauteren Vorgehen immer wieder durch die Bürger, die ihnen direkt Arbeit verschafften, gefördert wurden. Insbesondere in Cöln kämpften die Schreinermeister fast vergeblich gegen solche Zustände. Dort bestellte 1726 die Witwe Rheinwolts bei einem unqualifizierten Schreiner ein „Cabinet", worüber „hiesiges Ehrbares Schreineramt von dero löbl. Rhatsgericht prohibitionen, gestalten, solches nit zu extradieren oder zu veralienieren, wollte ahnlegen lassen". Obwohl das Stück noch nicht fertig „geliebert" war, wurde die Bestellerin doch durch das Gewaltgericht gezwungen, den ganzen Betrag, aber nicht an den Pfuscher, sondern an das Amt zu zahlen. — Ein Bürger Aldenbruck in der Achterstraße hatte 1728 durch einen unqualifizierten „Ambtsverderber" Schreinerarbeit ausführen lassen „ohnerachtet, daß derselbe darüber von unß dehortiert (gewarnt) worden". Im Jahre 1735 reichte das Amt ein Verzeichnis von 34 Pfuschern und deren Arbeitgebern (Grafen, Kirchen, Klöster usw.) ein. Der Rat erließ eine Verfügung, daß nur Schreinermeister und deren Gesellen auf den Bauten Arbeiten oder Reparaturen verrichten dürften, aber keine unqualifizierten Gesellen, auch dann nicht, wenn sie als Privatdiener in Montur gesteckt waren. Im Jahre 1742 klagte das Amt gegen den Pfuscher Johannes Lehrs, der unter dem Deckmantel von Witwen arbeitet, wozu ihm der Vikar Mechelen eine Bank und das nötige Holz geliehen hatte. Der Zimmergeselle Joseph Hilger fertigte 1791 für die Händlerseheleute Tesch Tische, die mit Stroh belegt waren, an, um aber nicht des Eingriffs in die Gerechtigkeit der Schreiner beschuldigt zu werden, richtete er die Tischblätter nach Zimmermannart ein, indem er die Leisten mit eisernen Nägeln einschlug und keinen Leim verwendete. Er war sehr erstaunt, als ihm trotzdem von den Amtsmeistern der Schreiner solche Arbeit konfisziert wurde. — In Würzburg wurde 1738 eine Kammerratswitwe bestraft, weil sie durch auswärtige Gesellen einen Stubenboden umlegen ließ. Dort beschwerte sich 1740 das Handwerk auch über einen Schloßpfarrer, der angeblich Häuserbauten als Unternehmer ausführte und die Arbeiten den Handwerkern stückweise verakkordierte. — Die Frankfurter Schreiner protestierten 1733 gegen den Fürsten Taxis wegen „Annahme fremder Schreiner". — Ein Bauherr in Cöln hatte im Jahre 1765 am Bau seines Hauses seinen Schwiegervater mitarbeiten lassen; er sagte, er hätte ihm nur die Direktion übertragen und jener hätte, sogar mit Erlaubnis der am Bau beschäftigten Meister, zu seinem Vergnügen ein bischen mitgezimmert. Trotzdem wurde er vom Amt verklagt, das seine angebotene Entschädigung zurückwies, indem es erklärte, sich „mit dem armseligen Cronenthaler nicht begnügen zu lassen", sondern eine grundsätzliche Entscheidung verlangte, daß ihm solche Arbeit „als heimgefallen adjuciert" würde.

Die Privatleute suchten sich die Freiheit in der Wahl ihrer Handwerker, wie oben schon angedeutet wurde, dadurch zu wahren, daß sie Gesellen ganz in ihre Dienste nahmen, mit einer Montur bekleideten und angeblich nur nebenbei mit handwerklicher Facharbeit beschäftigten. Die Amtsmeister wußten aber genau, was sie von solchen Ausreden zu halten hatten und beanspruchten auch diese häusliche Arbeit für ihre berechtigten Zunftgenossen. Die Cölner

Akten des 18. Jahrhunderts enthalten eine Anzahl interessanter grundsätzlicher Entscheidungen. Im Jahre 1733 beschwerte sich das Amt über den Generalvikar von Weidenbach, der unqualifizierte Gesellen beschäftigte und sie einfach in Livree steckte. Es beantragte, daß durch Bediente weder neue noch Flickarbeit gemacht werden dürfte. Eine gleiche Beschwerde richtete sich gegen die Herren De Beche und Metternich, die ihre Diener in „liberey" Schreinerarbeit ausführen ließen. Der Rat entschied aber am 22. Juni 1733 gegen das Amt, daß „diejenigen, welche ihren leuthen Nebens der Kostherrschaft etc. Montur geben und darinnen sich auch in anderer Arbeit bedienen, unbewehrt seyn solle, zu eigenem Behuef ihre erlehrnte Kunst üben zu lassen". Damit hatte sich der Rat an die Ordnung vom 17. Juni 1596 gehalten, die bestimmte, daß diejenigen Bürger, die Gesellen gegen Jahrlohn in ihre Dienste nehmen wollten, nur verpflichtet wären, diese Gesellen dazu anzuhalten, sich zuvor beim Amt anzumelden und dort zu geloben, daß sie ausschließlich für ihre Herren arbeiten wollten. Das Amt solle nicht nur nicht berechtigt sein, ihre Arbeit zu beschlagnahmen, sondern mußte auch auf Wunsch und gegen angemessene Entschädigung seine Schaumeister zur Begutachtung dieser Arbeit zur Verfügung stellen. Leider benutzten die Bürger ihr Privileg zu fortgesetzten Übergriffen gegen die Zunft. Im Neubau des Kanonikus Piglhausen arbeitete seit Jahr und Tag der Meister Franz Fußwinkel mit einem Gesellen. Im Jahre 1736 nahm nun plötzlich der Kanonikus diesen Gesellen in eigene Dienste, gab ihm Livree und verlangte von dem Meister, er solle dem Gesellen nun die Arbeit allein übertragen. Als der Meister Fußwinkel sich dessen weigerte, nahm ihm der Kanonikus sein Werkzeug weg (!) und gab es einem anderen Meister mit dem Auftrag, die Arbeit zu vollenden, sogar ohne dem Fußwinkel seine bisher geleistete Arbeit zu bezahlen. Dagegen wurde die Freifrau von Hatzfeld, die einen auswärtigen und nicht beim Amt eingeschriebenen Gesellen beschäftigte (ob er in Livree war, wird nicht gesagt), nach mehrfacher Mahnung verurteilt, an das Schreineramt und an das Glaswerkeramt je 2 Louisdor zu zahlen. Von der Entlassung des Gesellen ist freilich nicht die Rede. Sogar der eigene Memorialmeister und Bannerherr Bianco (vgl. S. 327) geriet mit dem ihm unterstellten Amt in Konflikt, weil er angeblich einen auswärtigen Tischlergesellen als Diener angenommen, und, ohne ihn anzumelden, auf seinem Neubau beschäftigt hatte. Die Zeiten seien, so schreibt das Amt, so schlecht, daß der dritte Teil der Meister nicht einmal für eigene Hand Arbeit habe; man müsse also gegen die Pfuscher vorgehen. Bianco antwortete, er dächte gar nicht daran, diesen Diener als Schreiner in Dienst genommen zu haben, denn er lasse doch das ganze Jahr zwei Schreinergesellen für sich arbeiten. Hätten übrigens nicht zwei der unterschriebenen und viele andere Mitmeister, z. B. die Meister Höck, Zündorff, Schmitz, Nordhoffen, Nadenheim, Odmar Bock und Karr in Montur Arbeit getan, und zwar nicht nur neben anderen Gesellen, wie sein Diener, sondern ganz allein? Man könne sich doch Bäcker, Brauer, Schösser, Barbiere und Schneider usw. halten; wohin käme man, wenn alle diese Ämter klagen wollten?! Die Schreinermeister schritten zur Selbsthilfe und verpflichteten sich gegenseitig schriftlich, bei Bianco nicht mehr zu arbeiten, bevor nicht die Sache erledigt wäre. Bianco ließ als Entgegnung die Meister durch seinen Notar darauf aufmerksam machen, daß dieser in ihrer

Zusammenkunft gefaßte Beschluß nichtig wäre, weil eine Verfügung vom 18. Januar 1710 das Amt verpflichtete, vor seinen Beratungen anzuzeigen, was beraten werden sollte, und dazu die Genehmigung des Bannerherrn einzuholen. Mögen sich auch die Meister an diesen seltsamen Versuch des Bannerherrn Bianco, in eigener Sache Richter sein, nicht viel gekehrt haben, so liegt doch auch kein Urteil vor, das zu ihren Gunsten entschieden hätte.

In früheren Zeiten, als die Handwerke noch nicht so überfüllt waren und man noch nicht mit einer so scharfen Konkurrenz von seiten der Gesellen, die nicht zur Meisterschaft gelangen konnten, zu rechnen hatte, war an anderen Orten das private Beschäftigen von Gesellen nicht als eine Übertretung der Handwerks-Ordnung angesehen worden. — Der Würzburger „Schreiner-Satz" von 1543 enthielt sogar eine ausdrückliche Ausnahme zugunsten der Bürger: wenn ein geistlicher oder weltlicher Bürger einen gedingten Gesellen in seinen Hof oder Haus zur Arbeit bestellen wollte, so sollte ihm das gestattet sein, doch nur mit Vorwissen und Bewilligung des Oberen Rates; nur für den Fall, daß die Geschworenen Meister feststellten, die Anmeldung bei dem Oberen Rat wäre unterlassen worden, durften sie sich bei jenem beschweren, mußten sich aber mit seiner Entscheidung zufrieden geben und sollten demnach auf eine eigene Gerichtsbarkeit über diese Gesellen verzichten. — Ebenso war es in Stettin den Bürgern erlaubt, das zu ihrem oder ihrer Familien Bedarf Erforderliche „frei und ungehindert" selbst anfertigen zu lassen. — In Nürnberg durfte 1597 jeder Bürger „zwei Gesellen zu seiner Arbeit in seiner Cost haben", und diese Bestimmung wurde in der zusammengefaßten Schreiner-Ordnung von 1800 wiederholt, besaß demnach zu jener Zeit noch die alte Geltung. Ob damit eine Beschäftigung als Privatdiener gemeint war oder nur ausgesprochen werden sollte, daß die Bürger zur schnelleren Ausführung ihrer Bestellung von den Meistern die Gestellung von zwei Gesellen verlangen durften, ist nicht ganz klar.

In den *Klöstern* war es bekanntlich schon im frühesten Mittelalter Brauch, daß Handwerker als Laienbrüder aufgenommen wurden und alle einschlägigen Arbeiten dort verrichteten, lange bevor man an die Einrichtung von Zünften oder auch nur an die Ausübung der Handwerke als Gewerbe gedacht hatte. Es wurde in dem einleitenden Kapitel schon angeführt, daß im Grundriß des im Jahre 820 in St. Gallen beabsichtigten Klosterneubaues auch Werkstätten für Drechsler und Böttcher vorgesehen waren. Auf dieser alten Gewohnheit fußend, und sich viel zugute haltend, daß die Organisation der Handwerker überhaupt erst auf ihr Zutun erfolgt war, glaubten die Geistlichen und Mönche, den Zunftregeln der Handwerker gegenüber eine Ausnahmestellung einnehmen zu dürfen. Die Zünfte mögen anfänglich in dankbarer Erinnerung und schuldigem Respekt diese Ansprüche geachtet und sich mit dem entgangenen Gewinn an der freilich reichen Klosterarbeit abgefunden haben. Als aber immer mehr Klöster eingerichtet und Kirchen gebaut wurden und der größte Teil des Handwerksbetriebes sich ganz ohne Berücksichtigung und Zutun der organisierten Zünfte vollzog, konnten diese nicht mehr länger untätig und unbeteiligt zusehen, sondern begannen, zur Wahrung ihrer Interessen die Hilfe der Obrigkeit anzurufen. Da diese Obrigkeit aber meistenteils in den Händen der Geistlichen selbst lag, so mag es einen langen und zähen Kampf gekostet haben, bis das Vorgehen gegen die Klöster von Erfolg gekrönt war. In Cöln z. B. konnten die Handwerker wohl erst durchdringen, nachdem im Jahre 1397 infolge des allgemeinen Aufstandes die Stadtverwaltung in ihre Hände gelangt war.

Im Jahre 1482 schritt aber in Cöln der Rat gegen den Gewerbebetrieb in den Klöstern ein. Eine Komission von 12 Herren aus allen Räten und den Vierundvierzigern wurde eingesetzt, unter anderem „item wege ind ordinantie zo vinden up die werentliche naronge, degelichs in geistlichen cloesteren ind conventen in verderfnisse der gemeinden binnen Coelne gehantiert ind verhandelt wirt"[1]). Im Jahre 1486 verbot der Rat den Steinmetzen und Zimmerleuten, in den Beghinen- oder Begherden-Conventen Neubauten vorzunehmen oder neue Altäre aus Holz (heultzen altare) oder Stein dort zu errichten. — Vorher schon, im Jahre 1456, wurde eine Schickung veranlaßt zur Verhinderung weltlicher Geschäftsbetriebe durch die Geistlichkeit; zu diesem Zweck wurde eine Kommission eingesetzt[2]). — In Basel regelte die Neue Reformation der Zunft der Spinwetter im Jahre 1526 das Verhältnis der Handwerke zu den Klöstern ausführlich (vgl. Urkundenanhang). Es wurde in dieser Reformation gesagt: Weil die Ehrsame Zunft der Spinwetter, nämlich die Maurer, Küfer, Zimmerleute, Dischmacher usw. sich beklagt hätten, wie sie bisher gröblich von den Klöstern beeinträchtigt worden wären, indem diese Klöster Brüder hätten, die Handwerke ausüben könnten, und sogar Brüder nur zu diesem Zwecke aufnähmen, so sollten künftig die Klosterbrüder außerhalb nur Dorsche, Stockfische, Heringe und andere Fische, Spezereien und Pulver kaufen dürfen, aber alles andere auf und außerhalb der Messen von den Handwerkern zu erwerben verpflichtet sein. Ferner sollte von jetzt an den Klöstern verboten werden, Brüder zu haben, die Handwerksleute waren, es seien Schneider, Schuhmacher, Zimmerleute, Maurer, Dischmacher oder irgendwelche andere. Zu allen Arbeiten sollten sie sich der Meister und ihrer Knechte bedienen und nur die und niemand anders für sich arbeiten lassen; wenn aber in den Klöstern sich Brüder befänden, die die Handfertigkeit besäßen und gerne mit zugreifen und helfen wollten, so sollte ihnen dies mit Erlaubnis der die Arbeit leitenden Meister wohl gestattet werden. Gewerbsmäßig durften aber „weder Münch, Pfaff oder ander" arbeiten, weder Fensterrahmen, Tröge, Kenterli (Wandschränke), noch sonst irgend etwas, wenn er nicht die Zunft erkauft hatte; das Arbeiten für den eigenen Bedarf im Hause, also nicht auf den Verkauf, war „meniglich (jedermann) vergont und erlaubt". — In Münster gestatteten die Klein-Schnitzler im Jahre 1595 der Abtissin des Klosters St. Aegidii die Ausübung ihres Rechtes „zu ihres Closters und dessen angehorigen nutz und furteil einen rulner (Fuhrmann), so das Kleinschnitzleramt gebuhrlicherweise gelernet, sich zu halten", doch nur unter der Bedingung, daß der „Rulner" nicht für fremde Leute arbeitete.

Im 17. und 18. Jahrhundert lebte der *Kampf gegen die Klöster* von neuem und mit besonderer Heftigkeit wieder auf. Der Geistlichkeit kam es bei ihren Aufträgen gewiß in erster Linie auf die qualitativ einwandfreie Ausführung an, und man kann kaum behaupten, daß sie bei ihrem unfreundlichen

[1]) v. Loesch, a. a. O. I, S. 265.
[2]) Gedruckt bei Stein a. a. O. II, S. 594.

Verhalten gegen die Zunft, das Handwerk als solches geschädigt hätten. Eigentlich im Gegenteil, denn sie zog gute Kräfte von auswärts herbei und ließ sich nicht durch kurzsichtige und neidische Maßnahmen der Zünfte von der Pflege neuer und schöner Techniken abhalten, wenn diese auch in ihrem Wohnbezirk nicht geübt wurden oder nicht geübt werden durften, damit den heimischen Kräften nicht das bequeme Fortwirken im alten Geleise erschwert würde. Konflikte mit den organisierten Handwerkern entstanden selbstverständlich da am häufigsten, wo die Geistlichkeit am mächtigsten war und die höchsten Aufträge ertheilen konnte, also in Cöln, München, Augsburg usw.

In Cöln hatte der Kurfürst im Jahre 1627 für einen gestifteten Altar zwei Bildhauergesellen aus Bayern verschrieben und sie den Patres der „Gesellschaft Jesu und der Cartheuser" überwiesen. Diesen bayerischen Gesellen und den Cölner Meistern Conradt Wolff und Johann Halver (?), die die in Frage stehende Arbeit den Patres gegenüber unternommen hatten, wurden von den Amtsmeistern alle möglichen Schwierigkeiten gemacht, die sich aber doch gemäß einer Ratsverfügung verpflichten mußten, Meister und Gesellen „sothane Schreinerarbeit ohne fernere Molestation und Abhinderung ausmachen und verfertigen zu lassen" und die beiden Meister nicht „von Ambts- und anderen Geböttern", d. h. von den Versammlungen auszuschließen. Die Amtsmeister beruhigten sich keineswegs bei solchen Bescheid, sondern erboten sich, jene Arbeit „eben und auf selbige Manier und Form, auch so wohl und beständig, gleichwie die alldar stehenden, auswendigen Schreinergesellen vermög ihres Verdingnus thun oder thun sollen, auf sich zu nehmen, zu verfertigen und in dem Collegio selbst auszuarbeiten und den Herren Patribus ohne Aufenthalt einzuliefern und darzustellen". Die Patres sollten die Arbeit, die sie „nach der Herren Patrum Intention, Meinung, Abriß und Patron ausführen und sich in allen ihren Anweisungen gern akkommodieren" wollen, an das Amt verdingen. Auf den vorgenannten Meister Conradt Wolff übten die Amtsmeister Johan Tilmans und Georg vom Bodensee aber einen stärkeren Druck aus; er mußte sich in Protokollen verpflichten, vor der ganzen löblichen Gesellschaft verdienter und unverdienter Meister „freiwillig" (!) die Meisterschaft über jene auswärtigen Gesellen niederzulegen, weil er sähe, „daß eines ehrbaren Amtes Verderbnus dadurch entstände". Die Patres antworteten, daß sie die Zeichnungen (delineationes) und Abrisse einiger Stücke neuer Arbeit zwar fertig gestellt hätten, sich aber die Entscheidung, ob sie einen Meister annehmen oder die Aufgabe mehreren und verschiedenen Meistern anvertrauen wollten, selbst vorbehalten müßten. Schließlich kam folgender Vertrag zustande: 1) Der Pater rektor und das Collegium nehmen einen Meister aus dem Schreineramt. 2) Dieser Meister soll den künftigen Werken mit bestem Fleiß und Vermögen vorstehen und sie mit dem Patre rectore den Schreinergesellen verdingen. 3) Der Meister soll keine Gewalt haben, noch berechtigt sein, diese Gesellen ohne des Patris rectoris vorgehenden Consent und Verwilligung außerhalb des Collegiums zu beschäftigen. Mit diesem Vertrag hatten die Altmeister einen vollen Erfolg errungen, denn sie hatten verhindert, daß Gesellen, und noch dazu fremde, von den Patres direkt gedungen und dann nur pro forma einem Cölner Meister unterstellt wurden, und weiter, was ihnen wohl noch wichtiger war, daß diese Gesellen nicht etwa vom bürgerlichen Publikum in ihren Kunstarbeiten beschäftigt würden, denen sie, die Meister selbst, trotz aller gegenteiligen Versicherungen wahrscheinlich nicht gewachsen waren und die sie deshalb nicht eingebürgert haben wollten.

In einem anderen Streitfall sehen wir die Zunft ebenfalls noch siegreich über die Geistlichkeit triumphieren, und zwar handelt es sich diesmal grundsätzlich um das Verbot, fremde Gesellen zu beschäftigen. Am 25. November 1707 erließ der Cölner Rat folgende Verfügung: „Auf abermahlige, unterthänige Bitt cum adjuncto an Seiten eines ehrb. Stein-, Zimmer- und Schreineramts wird den Gaffelherren commitiert, gestalten nicht nur den Prälaten ab St. Martinum majorem, sondern auch allen Abdeyen, Klöstern und geistlichen Conventen, welchen Namens sie auch seien, nachdrücklich zu bedeuten, daß wofern sie die unqualificierten Stein-, Schreiner- und Zimmergesellen aus den Abdeyen oder sonsten ohne Verzug nicht abschaffen werden, als dann gegen selbige durch unangenehme Mittel (!) ein Ehrsamer, Hochweiser Rath zu verfahren und solche dem supplicierenden Amt zu erlauben, nicht entübrigt sein könne". Die Gesellen sollten also gezwungen werden, sich der Ortszunft zu unterwerfen, bzw. sich bei ihr anzumelden; daß sie aber nicht angenommen würden, war dann mehr als wahrscheinlich. Es sollte nicht lange dauern, bis jene Verfügung praktisch ausgeführt wurde. Der Abt Henricus von St. Martin majoris kümmerte sich nicht um sie, sondern ließ von „Pfuschern" einige Fensterahmen anfertigen. Das Schreineramt machte Ernst und konfiszierte diese Fensterrahmen. Der Abt prozessierte durch drei Instanzen vergeblich dagegen (1716) und mußte sich schließlich mit dem Amt abfinden. Diese Erfolge machten die Meister fast übermütig. Der Exprovincialis und Guardianus Fr. Matrinus Odendahl vom Orden der Minoriten wollte dem Amt nicht nahetreten und hatte deshalb eine Orgel nicht durch eigene Kräfte ausführen lassen, sondern einem Meister aus der Sternengasse verdungen. Der Meister übernahm die Arbeit und schickte zwei Gesellen, die fünf Monate lang für 5 Pistolen arbeiteten. Plötzlich erschien dem Amt die Berechtigung der Gesellen zweifelhaft, das heißt es vermutete, daß der Meister aus der Sternengasse nur scheinbar Unternehmer der Arbeit wäre, während in Wirklichkeit die Gesellen von Odendahl direkt angestellt wären. Die Gesellen mußten entlassen werden, einige Orgelröhren wurden beschlagnahmt und außerdem forderte das Amt noch eine Entschädigung in der Höhe des den Gesellen gezahlten Lohnes, die ihm auch provisorisch zugesprochen wurde. Im nächsten Jahr 1728 ließen die Patres Augustiani von auswärts Bildhauer und Schreinergesellen kommen, um die Kirchenarbeit, Bilder und einen Altar, anfertigen zu lassen. Die Amtsmeister (Petrus Feldkemper und Aegidius Rheindorff) verlangen die Entfernung dieser Gesellen, die die Meisterschaft nicht erworben hätten, „sondern zumahlen unqualificiert und rechte Amtsverderber seien", wodurch den Meistern großer Schaden geschähe, da sie doch „mit großen Kösten" die Meisterschaft erworben hätten. Die Streitigkeiten nahmen kein Ende. Der Abt von St. Pantaleon weigerte sich, der Aufforderung des Amtes (unterzeichnet von den Amtsmeistern Johannes Lasall und Gereon Hüsterbach), zu entsprechen und die von ihm beschäftigten Schreinergesellen zu entlassen; er ließ es auf einen Prozeß ankommen. In dieser Abtei ließ später der Meister Mathias Euskirchen seine Gesellen arbeiten, deren einer ihm dann vom Abt abspenstig gemacht wurde und sich seiner Pfuscherei noch öffentlich rühmte. Das Karmeliterkloster ließ sich von auswärts zwei Holzschneidegesellen kommen, und sie die „dritte Regul annehmen“, also Laienbrüder werden, nur um das Holz für einen Anbau selbst schneiden lassen zu können, eine Arbeit, die nun doch gewiß auch von Cölnern hätte ausgeführt werden können. Auf Protest des Holzschneideamtes mußten diese Gesellen entlassen werden. Im Jahre 1759 ließ die Abtissin B. M. V. in Capitolio einen neue „Cantzel und Predigstuhl“ in Bonn anfertigen, nächtlich hereinbringen und von Bonner Meistern aufstellen. Das erregt nun die größte Entrüstung bei den Cölnern, und sie war berechtigt. Das Amt, (unterzeichnet von Barth. Kemerling, Joh. P. Höck, Joh. Katz und G. Zündorff) sagte in seiner Beschwerde, es habe bei den jetzigen Zeiten, in denen man so schwere Lasten tragen müsse, „eine solche Erbitterung cauisiert, daß zu bewundern gewesen, daß sie die Cantzel nicht mit Gewalt weggenommen und die auswärtigen Meister vertrieben hätten“.

Es kam aber auch vor, daß die geistlichen Anstalten den Spieß umdrehten und ihrerseits gegen die Meister vorgingen. Das Armenhaus (Magna domus pauperum) berief sich darauf, daß ihm gestattet wäre, die im Hause notwendigen Arbeiten durch ihre eigenen Leute ausführen zu lassen, und beschwerte sich darüber, daß der bei ihm arbeitende Schreiner Joan Peter Haller auch außerhalb Arbeit liefere. Mit dieser Beschwerde sollte wahrscheinlich einer etwaigen zwangsweisen Entlassung des Hausschreiners vorgebeugt werden. Das Amt seinerseits war unerbittlich gegen solche Handwerker, die im Armenhaus arbeiteten oder gearbeitet hatten, und bestand darauf, daß auch die Arbeit der Klöster niemals direkt an Gesellen, sondern stets nur an berechtigte Meister vergeben wurde. Der Geselle Josephus Stephan kam im Jahre 1752 nach Cöln und meldete sich zur Einschreibung für die Meisterschaft, die aber zur Zeit wegen Überfüllung gesperrt war. Er ließ sich deshalb vom Prior der Karthäuser berufen und arbeitete 3½ Jahre lang in dessen Kloster als Geselle. Dann aber reklamierte das Amt und verlangte, daß Stephan ordnungsmäßig einem Meister unterstellt würde. Der Prior antwortete darauf mit der Entlassung eines Meisters, der über 30 Jahre lang für das Kloster gearbeitet hatte und suchte sich eine Meisterswitwe, die nominell die Arbeit Stephans für ihre Rechnung übernahm. Als die Arbeit vollendet war, verließ der Geselle das Kloster und fand in Meister Hexel einen Patron, der ihn für die Zeit der Einschreibung zum Meisterstück bei sich arbeiten lassen wollte. Das Amt (gezeichnet von Jacobus Dederich und Petrus Fink) weigerte sich aber, ihn anders als einen Lehrknecht (Meisterknecht) einzuschreiben, d. h. es sollten wohl die im Kloster verbrachten Jahre ihm nicht angerechnet worden, sondern die Muthjahre aufs neue beginnen.

In Süddeutschland, speziell in Bayern gab es, im Unterschied zu den ungefreiten, sogenannte „herrschaftlichegefreite“ Häuser, auf die keine der zünftlerischen Zwangsmittel und Bestimmungen in Anwendung gebracht werden durften. Von diesen Vorrechten machten die Geistlichen einen weitgehenden Gebrauch, indem sie nicht nur fremde Gesellen und Meister nach Belieben beschäftigten, sondern auch die Grenzen der einzelnen Zunftgebiete unter sich dadurch verwischten, daß sie z. B. Zimmerleute mit Kistlerarbeit beschäftigten und umgekehrt. In Augsburg hatte der Zimmermann Georg Höfel für Herrn Georg Hörterich, Chori Vicario, im Thumbstift in seinem „Pfrüendt oder Vicariathauß“ Kreuzstöcke und Fensterrahmen außer dem Tagelohn gemacht. Da diese Arbeit den Zimmerleuten verboten war, beantragte das Kistleramt die Bestrafung des Höfel. Darauf antwortete das Domkapitel in Augsburg folgendermaßen: „Demnach aber ein hochehrenwertes Thombkapitul hochgedachten Thombstiffts und desselben Zugetan diß Orths an hiesiger Statt- oder derselben Handtwerckhsordnungen keineswegs gebunden, sonndern nach Gefallen anndtwercks (d. h. so wie es das betr. Werk verlangt) hiesige oder auswärtige Handtwerckhsleith zu ihren Gebäuwen und Arbeith zu gebrauchen, maßen denn solches bis uff dato geybet und practicieret, auch Er gedachter Höfle ein Zeit hero neben dem Meister Thomae Zimmermann und Bürger allhie, gebraucht worden, also versieht mehr hochgedacht ein hochehrenwerthes Thombcapitul sich, man werde nit allein mehr gedachten Meister Georg Höfle Zimmermann dieser, wegen gemachter Creutzstöckhe vermärckhter Straff entlassen, sondern auch künfftig ihme an dergleichen Arbeith gegen den Stiffts und Zugethane den wenigsten Aintrag oder verhinderlich thon und sein.“ Weiter hieß es in dieser Entgegnung, man müsse sonst ausländische Werkleute gebrauchen und der Bürgerschaft den Verdienst entziehen. Das Domkapitel stellte sich also kategorisch auf den Standpunkt, daß es zu den „gefreiten“ Häusern gehörte und den Zunftgesetzen nicht unterworfen wäre, und verlangte, daß man die von ihm oder seinen Angehörigen (Zugethanen) beschäftigten Handwerker ein für allemal in Ruhe ließe. Die über die Einhaltung der Kistlerordnung wachenden Beamten fühlten ihre Ohnmacht gegenüber solchen Privilegien sehr wohl und trafen eine in ihrer Gewundenheit charakteristische Entscheidung. Sie wollten, so sagten sie, nicht darüber disputieren, ob die exemption (die Ausnahmebestimmung) sich auf diesen Casus bezöge, „sintemalen ihme, Herrn Hörterich, nichts zugemutet oder an ihn begehret würde“. Dem Höfle wurde die Strafe erlassen mit der Bedrohung, „nicht mehr zu kommen“. Ähnliche Entscheidungen sind den Akten beigelegt gegen einen Hafner und einen Kürassier und Wachsoldaten, die mit verbotenem Handwerk von Geistlichen beschäftigt worden waren. So war es auch einem Schreiner in Augsburg 1647 gegangen, der als fürstbischöflicher Soldat für die Kirche ein „Leichnahmspaar“ gemacht hatte. Er wurde zwar verurteilt, aber man erließ ihm die Strafe „in Gnaden“. — Das Münchener Kistlerhandwerk erzielte im Jahre 1796 eine grundsätzliche Entscheidung. Die Zimmerleute pfuschten ihm in geistlichen Häusern fortwährend ins Handwerk, und deshalb ergriffen die Meister die Gelegenheit, als sie mit den Zimmerleuten einen für diese recht günstigen Vertrag abschlossen, die ganze Vereinbarung davon abhängig zu machen, daß die Pfuscharbeit aufhöre. Es heißt im § 10 dieses Vertrages vom 11. Juli 1796: „Haben sich die Kistlermeister beschwert, daß die meisten hiesigen Klöster, besonders die P. P. Augustiner Jahr aus Jahr ein Zimmerleuth im Kloster haben, die alle Arbeit verfertigen, so daß kein Kistler im ganzen Kloster wie im sogenannten Augustinerstock das ganze Jahr hindurch keinen Kreuzer zu verdienen bekomme. Überhaupts baten sie, daß der seitherige Unterschied zwischen herrschaftlichen gefreiten und anderen ungefreiten gebäuden möchte diesfalls aufgehoben und denen Zimmerleuthen schärfest verboten werden, bei den gefreiten Häusern diejenigen Arbeiten zu verfertigen, welche ihnen, den Kistlern, gemäß der Handwerksartikel und des nunmehrigen Vergleichs allein zustehen, widrigenfalls gegenwärtiger Vergleich nicht statthaben könne. Die sämtlichen Herren Oberbau-Vorstände waren einverstanden, und man wird sich von Commissionswegen bei der Churfürstlichen Hohen Ober-Landesregierung verwenden, daß der Unterschied zwischen frei und ungefreit aufgehoben werde usw." Wenn nun auch die Regierung diesen Unterschied nicht aufhob, wozu sie wohl nicht so ohne weiteres berechtigt war, so verfügte sie doch am 30. Juli 1796, daß das Kloster der Augustiner ihren Zimmermann zwar beibehalten, aber bei Strafe der Konfiskation von ihm keine den Kistlern zuständige Arbeit ausführen lassen dürfte. Bei dieser Verfügung blieb es, wenigstens war der zwischen den Kistlern und Zimmerleuten abgeschlossene Vertrag, dessen Voraussetzung sie bildete, noch im Jahre 1844 in Kraft.

Daß das Amt denjenigen Gesellen, die für das Armenhaus arbeiteten oder gearbeitet hatten, große Schwierigkeiten in ihrem weiteren Fortkommen bereiteten, haben wir früher bereits gesehen. Ein typischer Fall soll aber noch geschildert werden. Der Geselle Johann Reinhold Baas hatte 24 Jahre lang „auf seine Profession gereiset" und auch die Bildhauerkunst „bestermaßen geübet" und kam nun nach Cöln. Er nahm im Großen Armenhause Arbeit an, weil man ihm dort ein Privilegium vorzeigte, daß man berechtigt wäre, ohne den Weg über das Schreineramt einzuhalten, direkt Gesellen anzunehmen. Er arbeitete dort also ohne Meister. Das sollte ihm und dem Meister Appel, der ihm später nach seinem Austritt aus dem Armenhaus Beschäftigung gab, schlecht bekommen. Diese Arbeit wurde ihm vom Amt verboten und er wie der Meister Appel in Strafe genommen. Die Strafe bei Appel wurde durch Exekution beigetrieben und gleichzeitig das Verbot ausgesprochen, Appel zu einem „verdienten Gebot", zu einer Besichtigung eines Meisterstückes mit nachfolgender Zeche, einzuladen; es wurden ihm also gewisse Meisterprivilegiien abgesprochen. Auf seine Beschwerde stellte der Rat fest, daß das Armenhaus allerdings durch Ratsbeschluß und Reichsverordnung von 1731 jenes Recht besessen habe, den Baas direkt zu beschäftigen, so daß dem Meister Appel aus der späteren Anstellung des Baas kein Vorwurf gemacht werden dürfte. Die Amtsmeister wendeten ein, daß Appel selbst im Jahre 1751, als er Amtsmeister gewesen wäre, einen anderen Meister gestraft hätte, weil er einen Gesellen einstellte, der im Armenhaus gearbeitet hatte. Die Amtsmeister Vogt, Terwin, Fink und Nic. Breuer wurden aber vom Rat schuldig befunden, mit der Nichteinladung Appels ihre Rechte übertreten zu haben, und sollten Appel mit 2½ Goldgulden entschädigen und außerdem jeder der vier Amtsmeister aus eigener Tasche 3 Goldgulden „zum Zunfthause" zahlen. Da sie nicht zahlten, wurde die Strafe verdoppelt. Der Geselle Baas, der diesen Streit indirekt verursacht hatte, begab sich inzwischen beim Meister Claudi „in die Zeit", um selbst Meister zu werden. Nach drei Jahren überwarfen die beiden sich aber, und Baas wollte sich einen anderen Meister suchen. Claudi ging nicht darauf ein und verlangte, daß Baas vor der gewünschten Überschreibung an einen anderen Meister bestraft würde. Die Amtsmeister überschrieben aber den Baas nach einiger Weigerung zum Meister Wangen. Die Gaffelherren berichteten hierzu, die beiden, Claudi und Baas, hätten sich wohl wieder vertragen, aber die Frau Meisterin hätte den „Zeitständer“ (Meistergesellen) nicht im Hause dulden wollen. Also wäre nur die Überschreibung an einen neuen Meister übriggeblieben. Der Baas wäre in der Schreinerkunst „wohl qualifiziert“; die Amtsmeister hätten aber unter sich beschlossen, ihn zu reizen, damit er einen Fehler beginge und sie ihm dann die auf das Meisterstück bereits eingestandene Zeit streichen könnten. Sie wollten ihn herumziehen und dann wegen „Abgang nötiger Subsistenz verdrängen“, das heißt brotlos machen. In diesem Urteil der Gaffelherren ist klar ausgesprochen, daß die Amtsmeister einer tüchtigen Kraft das Emporkommen unmöglich machen wollten und die Sache mit der Arbeit im Armenhause nur zum Vorwand dazu benutzten. Die Gaffelherren beantragten ferner, dem Baas die restlichen fünf Vierteljahr zu schenken und ihn schon jetzt zum Meisterstück zuzulassen. Der Rat gibt diesem Antrage auch Folge und wies die Appellation der Amtsmeister „als dem Privilegio Kaiser Rudolphi von 1731 zuwidrig“ zurück und verwarf sie „platterdings“. Inzwischen beschwert sich Meister Appel wieder beim Rat, die Amtsmeister hätten die ihm zugesprochene Entschädigung noch nicht gezahlt und lüden ihn auch zu den Sitzungen noch nicht wieder ein. In ihrer Entgegnung sagen die Amtsmeister, „die Fundamentalgesetze ihrer Ordnung seien enerviert und über ein Hauffen geworfen“ worden. Sie hinterlegten nun die Strafe, verwahrten sich aber gegen die Heranziehung des Privilegs Kaiser Rudolphs. Der ärgerlich gewordene Senat verwarf aber die Appellation und drohte den Amtsmeistern an, den Ratsschluß bei sonstiger Exequatur, „bitterlich“ zu befolgen. Die Amtsmeister appellierten weiter an den Oberrichter, und der Senat beschloß die Exekution der Strafen durch das Gewaltgericht. Auch die Sache Baas kam nicht in Ordnung. Baas beklagte sich, daß ihm kein Meister Arbeit geben wollte, einmal weil die Amtsmeister diesbezüglich ein Verbot erlassen hätten und jeder Zunftmeister sich sonst Strafen zuziehen würde, zum anderen müßte er zuvor auf das Geschenk der Restzeit verzichten und sich wieder bei einem Meister zur Wartezeit auf das Meisterstück einschreiben lassen. Er hätte nun vier Monate lang keinen Heller verdient und wäre am Ende seiner Mittel. Hierauf erließ der Rat einen Beschluß, er habe „mißfällig“ wahrgenommen, daß das Amt gegen die Registratur „abermahlen anmaßlich zu appellieren sich erfrechet habe, um dadurch bloß die oberherrlichen Befehle zu vereiteln, sodann den aus besonders bewegenden Ursachen obrigkeitlich begnadigten Reinholden Baas seines erworbenen Rechtes halsstärriger Weise zu verdringen trachte“. Unter Strafe von 10 Goldgulden wurde dem Amt befohlen, daß jeder Meister, bei dem Baas um Arbeit nachfragen würde, ihn „vergünstigen“, d. h. ihm Arbeit geben müßte. Innerhalb von drei Tagen sollte berichtet werden, daß dieser Befehl befolgt worden sei. Das Amt erwiderte, ein Beschluß, dem Baas keine Arbeit zu geben, läge gar nicht vor und brauchte deshalb nicht widerrufen zu werden; im übrigen wäre die Sache bereits beim höchsten Reichsgericht in Wetzlar anhängig gemacht worden, und man bäte, in dieser Sache nun doch keine Beschlüsse mehr zu fassen. Der Rat beauftragte die Gaffelherren, zu untersuchen, ob jener Beschluß der Arbeitsverweigerung gefaßt worden wäre oder nicht, und welche Amtsmeister daran besonders „pflichtig" wären. Baas zeigte an, daß er nun, freilich unter Protest der Amtsmeister, beim Meister Daw arbeite. Er habe beim Amt beantragt, ihm als „Freigesell", also ohne neue Wartezeit, zum Meisterstück zuzulassen, wäre aber abgelehnt worden. Vergleichsversuche scheiterten; das Amt machte dem Rat aber den Vorschlag, es wollte die Berufung beim Reichsgericht zurückziehen, wenn der Rat alle seine Beschlüsse „von selbsten abtun", aufheben, wollte. Das Amt bekam darauf gar keine Antwort und beantragte deshalb nochmals eine Erklärung, ob der Rat die „Gravamina abtun" wollte; er scheine die Absicht zu haben, die Sache auf die lange Bank zu schieben und einzuschläfern. Der Rat stellte die Gegenfrage, ob das Amt „den ergangenen Ratsschlüssen geleben" wollte oder nicht. Man war also beim Scheingefecht angelangt. Am 20. August 1766 erging folgendes Urteil des Reichskammergerichts: „Die Beschwerde des Kistleramtes ist abgeschlagen, jedoch versichert man sich zu dem Rat in Cöln, er werde die Schreinerzunft bei ihren hergebrachten Artikuli schützen und die Strafen ermäßigen, ferner den Meister Appel zur Friedfertigkeit anhalten." Schon nach zwei Monaten aber beschwerte sich das Amt wieder, Baas habe in einem Wirtshaus gegen die Meister der Zunft „gelästert, geschmäht und geschändet"; er müsse für „zunftunfähig" erklärt werden. Die abschließende Entscheidung des Rates erklärte in Ausführung des Reichskammergerichtsurteils, die Sache Appel als erledigt und die „Mißverständnisse" gegeneinander aufgehoben; in bezug auf Baas wird vereinbart, daß er zur Meisterschaft angenommen werden sollte, wenn er vorher noch vier Wochen bei einem Meister arbeiten und diese Zeit dem Amt anzeigen wollte, „doch ohne Praejudiz". Das Amt hatte also eigentlich auf der ganzen Linie gesiegt, aber es ist doch geradezu erschreckend, welche Mühe, Geldopfer und Schäden in diesem dreijährigen Prozeß verschwendet wurden, um einen annähernd vierzig Jahre alten und anerkannt tüchtigen Gesellen zu strafen, weil er in bestem Glauben im Armenhaus Arbeit angenommen hatte. Übrigens war, da der Streitfall Appel eigentlich im Sande verlaufen war, die Kernfrage, die den Rattenkönig von Prozessen geboren hatte, nämlich: ob das Privileg des Armenhauses, Gesellen direkt ohne Befragen des Amtes einstellen dürfte und ob eine Boykottierung dieser Gesellen strafbar wäre, gültig sei, ungelöst geblieben, und die Belästigung der Gerichte und die Aktenschreiberei hätten jederzeit von neuem beginnen können. Der Streit ist typisch für die Streitsucht aller Teile zur Zeit des Niederganges der Zünfte.

F. Die Handwerkstechnik.

1. Das Werkzeug.

A. Allgemeines.

Zuverlässige geschichtliche Angaben über die Werkzeuge der Tischler und deren verwandte Gewerbe zu machen, ist sehr schwer und mindestens für die älteren Zeiten fast unmöglich, weil nicht nur die Beschreibungen fehlen, sondern auch nur wenige alte Instrumente sich bis auf unsere Zeit erhalten haben. Man könnte nun die Methode anwenden, daß man an Hand der überlieferten ausgeführten Gegenstände nachzuweisen versuchte, mit welchen den unserigen ähnlichen Werkzeugen sie ausgeführt sind oder sein könnten. Abgesehen davon, daß dies für sich allein eine große Arbeitsleistung erfordern würde, die dem Verfasser dieses Buches unmöglich war, könnte sie auch von einem sehr erfahrenen Fachmann kaum mit Sicherheit ausgeführt werden. Bei manchen Gegenständen wird nicht jeder sagen können, ob sie behobelt oder mit dem Handbeil bearbeitet wurden, denn die belgischen Nachkommen der Kelten zum Beispiel bedienen sich noch heute mit so besonderer Geschicklichkeit des uralten Instrumentes der „Kelte"[1]), daß dessen Ergebnis der Hobelarbeit fast gleichkommt. Erst aus dem 18. Jahrhundert, als man anfing, die Handwerke wissenschaftlich zu beschreiben, können wir zuverlässige Angaben über die Tischlerhandwerkzeuge liefern, die den heutigen Handwerker zu Vergleichen anregen mögen. Wir benützen in der weiter unten folgenden Zusammenstellung hauptsächlich die beiden Werke: „Hallens, Werkstätte der Künste" aus dem Jahre 1764 und die „Ökonomische Enzyklopädie usw.", die Johann Georg Krünitz im Jahre 1781 herausgab.

Die Sammlungen der Kunstgewerbemuseen wurden hauptsächlich erst im 19. Jahrhundert angelegt, und man hat sich mit verschiedenem Erfolg bemüht, in ihnen, zum Teil noch aus dem Erbbesitz der Zünfte, die Reliquien der älteren Handwerkszeiten zu vereinigen, so zum Beispiel im Bayerischen Nationalmuseum in München; doch wird da nur selten etwas zu finden sein, was über das 16. Jahrhundert hinausgeht, und das meiste stammt aus dem 17. und 18. Jahrhundert. Im Historischen Museum in Frankfurt a. M. befinden sich unter anderem einige Hobel, darunter ein Rundhobel, wie ihn die Stuhlmacher verwendeten, und andere, die von 1688 und 1671 datiert, wieder andere,

---

[1]) Vergleiche dieses im Schlagwortregister.

die mit Pantherköpfen verziert sind und jedenfalls von den Besitzern selbst verfertigt worden waren, wie es meist geschah; endlich finden sich dort ein Zapfenbohrer und ein großer Stellzirkel mit der Jahreszahl 1735 und so fort.

Das Historische Museum in Dresden beherbergt eine Sammlung von Werkzeugen, die der Kurfürst August von Sachsen (1553 bis 1586) zusammentragen ließ und augenscheinlich selbst benutzt hat. Im Auftrage des Museums hat der Oberlehrer der Städtischen Gewerbeschule in Dresden, Johannes Hager, diese Werkzeugsammlung, die in ihrer Art wohl einzig dasteht, aufgenommen und beschrieben. Hager beabsichtigte, seine Beschreibung mit 40 Tafeln Abbildungen (Querschnitten und Profilzeichnungen) als Buch herauszugeben, doch hat ihn leider die Kriegszeit hieran gehindert; hoffentlich wird es ihm doch einmal ermöglicht.

Dieser kunstfreundliche Kurfürst August von Sachsen hatte sich die Werkzeuge zum Teil beim „alten Danner“ in Nürnberg anfertigen lassen. Leonhard Danner (Thanner) war Büchsenschmied und Schreiner und beschäftigte sich hauptsächlich mit dem Schraubenmachen aus Holz und mit der Anfertigung der hierzu notwendigen Werkzeuge. Er war 1497 oder 1507 geboren und starb im gleichen Jahre wie der Kurfürst, nämlich 1586. Die in des letzteren Besitz gefundenen Schraubenmacherwerkzeuge stammten, wie Hager berichtet, zweifellos von der Hand Danners, denn in deren Rollwerkschildern befinden sich die gemeinsamen „redenden Wappen“ des Meisters wie des Kurfürsten, nämlich: 1. eine Tanne, 2. flachgängige Spindeln, 3. Kurschwerter und 4. die Raute. Beim Tode des Kurfürsten waren vorhanden: 40 Stück, nämlich 16 Bohrer, 3 Heftbohrer, 11 Lehren, 9 Schneidzeuge und 1 Streichstahl.

Danner ist schon zu seinen Lebzeiten berühmt gewesen und machte mit seinem besonderen Handwerk geradezu Schule. So war er Lehrer seines 1531 in Nürnberg geborenen Vetters Paul Buchner. „Dieser fertigte später viele Schraubenwerke zum Mauerbrechen für Kaiser Karl V. und andere Fürsten an, trat 1559 in die Dienste des schon mehrfach erwähnten Kurfürsten August von Sachsen und schwang sich dort allmählich zum maßgebenden Mann in Kunstdingen auf“[1]). — Weitere Angaben über diesen Buchner finden sich im angefügten Namenverzeichnis. Ein anderer Schüler Danners war Joh. Balthasar Hacker (Hakher) „Churfürstlicher Sechsischer Zeugkwartt“; er hat nach des Kurfürsten August Tode im Jahre 1587 ein handschriftliches Verzeichnis der hinterlassenen Werkzeuge angefertigt, dessen wir uns nach dem Manuskript des Herrn Hager bedienen durften. Hacker erhielt den Auftrag, zu dieser Werkzeugsammlung Kästen anzufertigen, weil er früher derartiges schon unter dem „alten Danner“ gemacht hatte; einer dieser Kästen kostete 4200 Mark. „Wie ein solcher Werkzeugtisch mit Schubkästen ausgesehen haben mag, zeigt mutmaßlich der heute noch im Historischen Museum in Dresden stehende Werkzeugtisch, welcher dem Kurfürsten Johann Georg I. (1636) zugeschrieben wird.“ (Hager.) Spätere Verwalter dieser Werkzeugsammlung waren 1709 der Tischler Lindner und von 1721 bis 1750 der Hof- und Modelltischler Peter Hoese. Im Verzeichnis Hackers aus dem Jahre

[1]) Paul Schumann: „Dresden“. Leipzig 1909. Seite 44/45.

1587 befanden sich 161 Werkzeuge für Tischler, 216 für Bildhauer und 94 Holzschneidewerkzeuge, zusammen 471 Stück.

Unter den Tischlerwerkzeugen finden wir aufgeführt: 2 lange Hobel Rau bänk und ein füig bangh (Fügebank), 1 Scherfhobel, 1 schlecht (einfaches) Hübelein, 1 Zahn Hübel, 1 Hübel auf Hartholz, 1 Wangichthobel zu Buxen anschlag zu gebrauchen, 2 Stabhobelein, eins größer als das ander zum Ladstock zu gebrauchen, 1 Beyll, 1 Schrägmodel, 1 Winkelhaken, 2 Winkelmaß, eins lenger alls das andere, 1 ger (Gehrung) Modell, 1 Schneideisen, 1 Lein Pfan (Leimtopf) und 2 Pinsell; unter dem Werkzeug für Bildhauer: Palleysen, Holleysen, flache Holleysen, aufgeworfene Holleysen, aufgeworfene baleysen, holböhrer, spitzige Schabkrücken, dito runde, Buchstaben auf Holz, ist ein Alphabet, acht Artt, Ziffern und Sternlein dazu, alles auf Holz, ein kleines Alphabet auf Holz, 25 Stück Buchstaben Alphabet usw.; Vorstechzeug: Paleysen, Zunkeysen, Holeysen, Hollbörer, aufgeworfene Zunkeysen, Paleysen usw., 2 Heft zu diesem Zeugk. Diese zwe Heft braucht man auch zu Rosbeln (Raspeln), was zum Tischlerzeug und Bedarf ist; Form Schneiderzeugk: 2 Heftlein mit Zwinglein, 12 Klingelein, wie sie die Formschneider gebrauchen, 10 Holleisen und 5 Zinkeisen. Daneben bestand noch eine Drechslerkammer. Man sieht, daß diese Dresdener Sammlung eine Fundgrube für Spezialstudien sein könnte, und es wäre zu wünschen, daß die im Manuskript und in Zeichnungen bereits vorliegenden Vorarbeiten Hagers gelegentlich veröffentlicht würden.

B. Hobel. (Die wichtigsten Arten.)

Welche Bedeutung der Hobel als Reservatwerkzeug der Tischler lange Zeit gehabt hat, ist aus den Kapiteln über die Grenzgebiete und aus den Angaben auf den Seiten 103 ff. ersichtlich. Wir wollen uns hier darauf beschränken, an Hand der oben erwähnten beiden Bücher zu schildern, welche Hobel und andere Werkzeuge um 1750 bis 1800 gebräuchlich waren. Diese Werkzeuge sind im Anhang auf einigen Tafeln bildlich wiedergegeben.

Der Hobel ist ein Werkzeug des Altertums und hieß im Lateinischen Dolabra oder Dolabrum. Sehr wahrscheinlich ist sein Gebrauch den deutschen Handwerkern durch die Mönche, die in den Klöstern kirchliche Geräte aller Art verfertigten, vermittelt worden. Wir besitzen die Niederschrift eines solchen kunstfertigen Mönches, namens Theophilus, auch „der Presbyter" genannt, aus dem Jahre 1100 und werden im folgenden noch öfters auf sie zurückgreifen. Die Schrift heißt „Schedula diversarium artium" („Beschreibung verschiedener Künste") und ist in deutscher Übersetzung erschienen[1]). Der Hobel ist darin beschrieben als ein Instrument, in dem Eisenteile so zusammengepaßt sind, „daß kein Lichtstrahl dazwischen einfallen könne". Die deutsche Bezeichnung Hobel kommt von Hauen, das heißt stoßend beschneiden, und ist aus Hauel, im Niedersächsischen Hövel, entstanden; eine ähnliche Wortbildung gibt es auch im Dänischen, Schwedischen usw. Die grundsätzliche Form des Hobels, das ist ein Holzgestell mit eingeschobenem Eisen, ist überall dieselbe

[1]) Quellenschriften für Kunstgeschichte. Wien 1874. Band 7.

und nur nach dem Zweck, nämlich angepaßt an das zu bearbeitende Objekt oder dessen Vorbereitungsstadium, verschieden.

Hobeleisen oder Hobelklinge. „Sie wird vom Zeugschmied gemacht. In dieser Absicht steckt der Professionist erst ein länglich viereckiges, aber starkes Blech aus, legt gegen die Seite, wo über der Schneide keine schiefe Fläche ist, ein ausgeschmiedetes Stück Stahl und vereinigt es mit dem Eisen durch das Zusammenschweißen. Auf der anderen Seite des Hohleisens wird schon die Anlage der schiefen Fläche bei dem Schmieden gemacht, hernach aber wird sie mit der Feile ausgebildet und endlich auf dem Schleifstein geschliffen. Die Hobeleisen zu den Kehl- und Gesimshobeln der Holzarbeiter (Abbildung 7 im Anhang, Figur 1357) werden erst wie die vorige Art bearbeitet. Auf dem geschmiedeten Eisen zeichnet der Zeugschmid mit Beihilfe eines hölzernen Modells, welches ihm der Holzarbeiter gibt, die Hohlkehlen und die übrigen Stäbe ab und schneidet sie mit der Feile aus. Eine Schärfe gibt man diesem Hobel bloß mit der Feile, und der Zeugschmid überläßt es den Holzarbeitern, dasselbe mit den Handschleifsteinen völlig scharf zu machen."

Die Tischler gebrauchten folgende Hobel:

Fausthobel. „Der Fausthobel ist kurzer, dicker Hobel und von anderen hauptsächlich darin unterschieden, daß er vorn einen Vorsprung der Sohle und über derselben an dem Absatze die Nase hat. Er wird bloß gebraucht, eine Fläche glatt zu hobeln; denn er kann wegen seiner Kürze keine gradlinige Fuge machen. Seine verschiedenen Arten sind: der Schärf-, Zahn-, Schlicht-, Hart- und Vergatthobel."

Das Hobelgestell. „Man schnitzt das Holz zu allen Hobeln wie überhaupt zu dem gesamten Handwerkszeug der Tischler von Weisbüchenholze und aus einem Stücke." — „Will man an Hobeln die Klingen herausnehmen, um sie, da sie nur verstählt sind, zu schärfen, so schlägt man mit einem Hammer an das eine Ende des Hobels, und die Erschütterung hebt den Keil nebst der Klinge aus ihrer Lage."

Scharfhobel. „Der Scharf-, Schärf-, Schürf-, Schropp-, Schrot-, Schrubb-, Schrubbel- oder Schrupphobel, französisch: Guillaume à ébaucher (Abbildung 7, Figur 1367a) ist der erste und gleichsam der Präliminar-Fausthobel usw. Er hat zwar eine glatte Bahn des Gehäuses, das Eisen aber, welches auf einen halben Winkel erhöhet ist, muß mit seiner Schneide nach einem flachen Bogen geründet sein, damit sie desto tiefer und leichter in das Holz eingreife."

Zahnhobel. „Der Zahnhobel ist dem Schärfhobel in allem gleich, außer daß die Schneide des Eisens nicht nach einem Bogen geschliffen, sondern beinahe wie am Schlichthobel geradlinig ist, dagegen aber wie ein Kamm oder eine Säge Zähne oder Zacken hat, welche auf dem Holze Furchen oder Rinnen ausstoßen. Er wird gebraucht, eine Fläche zwar ziemlich gerade, doch dabei ungleich zu hobeln, damit, insonderheit bei furnierter Arbeit, der Leim desto besser angreife und halte."

Schlichthobel. „Der Glatt- oder Schlichthobel (Abbildung 7, Figur 1367b) ist etwas größer als der Schärfhobel. Die Bahn ist glatt; die Schneide des

Eisens meist gradlinig, ausgenommen an den Ecken oder Enden, welche etwas rund oder abgebrochen geschliffen sind, und springt nur ein wenig vor der Bahn vor; denn sie soll das Holz nicht stark abnehmen, sondern nur schlichten, das ist ebenen und glatt hobeln. Man hat auch eiserne Schlichthobel, welche merklich kleiner sind."

Harthobel. „Der Harthobel oder Steilhobel (Abbildung 7, Figur 1367c) unterscheidet sich vom Schlichthobel dadurch, daß er kleiner und kürzer ist, das Eisen aber, welches sowohl ein Zahn- als Schlichteisen sein kann, entweder ganz steil und senkrecht oder nur auf 65 Grad, das ist halbsteil, erhöhet wird. Er nimmt daher das Holz nur mäßig aber glatt ab. Sein Gebrauch ist vornehmlich zu hartem, fladerigem Holze, daß es nicht einreiße. Es werden aber auch Metalle damit gehobelt."

Rauhbank. „Die so genannte Rauhbank (Abbildung 7, Figur 1367d) ist der größte Hobel der Tischler, mit einem langen Gehäuse, einer glatten Bahn und einer gradlinigen Schneide des Hobeleisens. Mit diesem Hobel, welcher gemeiniglich mit zwei Griffen (Nasen) versehen ist und von zwei Personen gezogen wird, wird die hohe Kante der Bretter abgestoßen."

Fügebank. „Der Fügehobel oder die Fügebank (Abbildung 7, Figur 1367e), französisch: galère, ist von eben der Beschaffenheit, nur etwas schmaler. Man hilft zuweilen damit auf der hohen Kante nach, wenn diese mit der Rauhbank im Groben behobelt ist."

Vergatthobel. „Der Vergatt- oder Gehrhobel (Abbildung 7, Figur 1367f) ist ein kleiner, gemeiniglich eiserner oder wenigstens mit einer eisernen Sohle belegter Hobel, womit der Gehren (die Gehre, Göhre, Göhrung), das ist eine schräge oder nach der Diagonallinie eines rechtwinkligen Vierecks gehende Fläche einen Winkel von 45 Grad macht, an denjenigen Dingen, welche verkröpfet werden sollen, bestoßen wird. Es gibt große, welche zum Verkröpfen der Leisten und kleine, welche zu feiner Arbeit gebraucht werden."

Stoßlade. „Hierher gehört auch die Stoßlade (Abbildung 7, Figur 1367g), welche mit dem Vergatthobel zu der Göhrung genommen wird und die

Kropflade (Abbildung 7, Figur 1367h), womit sogenannte Kröpfchen gemacht werden."

Grathobel. „Der Grat- oder Leistenhobel (Abbildung 7, Figur 1367i) hat auf einer Seite der glatten Bahn einen Ansatz oder eine vorspringende Leiste (einen halben Schwalbenschwanz), übrigens aber eine gradlinige Schneide des Eisens, die nur bis an den Ansatz reicht. Hiermit wird der Grat oder der Falz an jeder Seite des langen Zapfens einer Leiste ausgestoßen, und dieser Zapfen wird in eine Rinne eingestoßen. Der Ansatz des Hobels lehnt sich bei dem Hobeln an das Brett unter dem Grat an und bestimmt die Breite des Grates. Die Rinne, worin der Zapfen dieser Leiste eingeschoben wird, pflegt der Tischler auf ihrem Grunde mit dem Grundhobel (siehe diesen) glatt zu hobeln. Er ist nur schmal und gleicht übrigens einem Schlichthobel."

Falzhobel. „Der Falzhobel, französisch: Bouvet, Feuilleret, Jabloir (Abbildung 7, Figur 1367k), ist ein langer und platter Hobel, womit man an Türen und Fenstern die Fugen. und Falze ausstößt. Da aber der Falz schmal oder breit sein kann, so besteht der Hobel aus zwei gleich langen Teilen, h—i und k—l, welche durch zwei Schrauben m und n (bei den Salzhobeln der Zimmerleute durch drei Schrauben) vereinigt sind. In der größeren Hälfte ist das Eisen o; die schmale Hälfte ist aber nur so dick wie der Ansatz. Folglich kann man vermittels der Schrauben den Ansatz von der Schneide des Hobeleisens entfernen oder ihr nähern und daher Salze von verschiedener Breite ausstoßen."

Gesimshobel. „Mit dem feineren Gesimshobel, Simshobel oder Orthobel, französisch: Guillaume à plate-blande (Abbildung 7, Figur 1367 l), wird der Salz geebnet und der Ablauf (französisch: Congé) glatter Gesimsglieder gebildet. Das Hobeleisen ist daher an der einen Seite zugeründet sowie auch die Seiten des Schaftes."

Nuthobel und Spundhobel. „Zuweilen werden Bretter auf der hohen Kante mit Nut und Feder vereinigt, und hierzu gehören zwei Hobel, die man überhaupt Nuthobel nennt. Der Hobel zur Feder heißt in manchen Werkstellen auch Spundhobel. Sein Eisen ist in der gradlinigen Schneide in zwei Hälften gespalten, welche um die Dicke einer Feder von einander abstehen, so daß also das Holz zur Feder zwischen den beiden Eisen stehen bleibt, die Eisen aber auf beiden Seiten der Feder einen Salz ausschneiden. An einer Seite hat der Hobel einen Backen oder einen dünneren Teil, welcher mit dem Hobel gleich lang und hoch ist, welches neben der Bahn einen Ansatz formiret. Dieser Ansatz oder Backen hängt mit dem Hobel selbst vermittels zwei Schrauben zusammen, so daß man also den Ansatz nach der jedesmaligen Dicke des Brettes richten kann. Eben solchen Backen hat auch der Hobel zur Nut oder Rinne, und zwar aus eben der Ursache. Auf der Bahn dieser Hobel steht eine Feder, und zwar von eben der Größe, als der vorige Hebel ausstößt. In der Mitte dieser Feder, der Länge nach gerechnet, ist ein Hobeleisen, welches nur so breit als die Feder dick ist; dieses Eisen stößt die Nut auf der hohen Kante eines Brettes aus. (Abbildung 7, Figuren 1367 m und n.) Das an die Seite des Hobels befestigte oder angemachte Stück Holz, welches dazu dient, damit der Hobel bei dem Hin- und Herschieben in der gehörigen Richtung bleibe, wenn man einen Salz oder eine Nut ausstoßen will, wird das Leit- oder Richtholz, französisch: Guide genannt."

Kehlhobel. „Der Kehlhobel oder Kehlstoß oder das Kehlzeug, französisch: Gorget, ist ein Hobel, vermittels dessen Hohlkehlen oder kleine und große Gesimse hervorgebracht werden. Der Professionist muß zu jedem so genannten Gliede in der Baukunst einen besonderen Hobel, und zwar von jeder Art mehrere von verschiedener Breite besitzen, um sowohl schmale als breite Glieder anzubringen, doch werden zuweilen mit einem Hobel mehrere Glieder zugleich ausgestoßen. Die vornehmsten dieser Hobel sind folgende: Mit dem Stabhobel (Abbildung 7, Figur 1367 p) werden die unter dem Namen der Stäbe bekannten Verzierungen verfertigt. Die Bahn desselben ist ihrer ganzen Länge nach, wie eine halbe Walze ausgehöhlt. Die Schneide des Eisens muß also nach einigen Bogen ausgeschnitten sein, so sich zu dem Durchschnitt der Aushöhlung der Bahn passet. Der Hohlkehlerhobel (Abbildung 7, Figur 1367 q) bildet die Hohlkehlen; seine Bahn ist daher gewölbt und die Schneide des Eisens darnach geründet. Der Handfügehobel stößt kleine ebene oder hängende Platten aus und sein Eisen hat eine gradlinige Schneide. Der Karnieshobel, französisch: Doucine (Abbildung 7, Figur 1367 r), stößt einige zusammengehörige Glieder eines Gesimses und insgemein eine Stab- und eine Hohlkehle zugleich aus, aber nur bei kleinen Gesimsen; seine Bahn gleicht daher einem Gesimse und die Schneide seines Eisens ist verhältnismäßig ausgeschnitten. Von allen diesen und verschiedenen anderen Kehlhobeln besitzt der Tischler und Zimmermann große, mittlere und kleine, um Gesimse von jeder Breite zu hobeln. Die kleinsten sind ½, die größten 2½ Zoll in der Schneide ihrer Eisen breit."

Grundhobel. „Der Grundhobel (Abbildung 7, Figur 1367 s) ist ein Hobel, Rinnen zu Einschiebeleisten oder anderen Vertiefungen zu gründen, das ist in der Tiefe glatt zu hobeln. Das Eisen geht senkrecht hindurch und ist unten nach einem rechten Winkel gekröpft, so daß es mit über sich gekehrter Fasse auf dem Grund der auszustoßenden Leisten hinstreichen und sie aushöhlen kann."

Die Hobel der Grenzgebiete. Daß die Holzarbeiter der Grenzgebiete den Tischlern nach und nach den Gebrauch des Hobels abgetrotzt hatten, haben wir in den Kapiteln gleichen Namens gesehen. Es wird daher nicht wundernehmen, daß in der zweiten Hälfte des 18. Jahrhunderts eine ganze Reihe von Gewerben berechtigt war, bei ihrer Arbeit sich des Hobels zu bedienen.

Die Zimmerleute gebrauchten den Fausthobel, den Fügehobel, den Gesimshobel, den Glatthobel, einen Handfügehobel besonderer Art, den Kehl- und Karnieshobel, den Gesimshobel und den Schärfhobel unverwehrt; für sich allein den Flitschhobel (Abbildung 7, Figur 1367 o).

Die Buchbinder hatten einen Beschneid- oder Schnitthobel (Abbildung 7, Figur 1360 a) und den Ausstoßhobel (Abbildung 7, Figur 1360 b), die uns aber hier nicht weiter interessieren.

Die Büchsenschäfter glätteten mit dem Rohrhobel (Abbildung 7, Figur 1361 a) die Rinne, in die das Rohr gelegt werden sollte, und stießen die Kante dieser Rinne nach mit dem Seitenhobel (Abbildung 7, Figur 1361 b). Ferner bedienten sie sich noch des Falzhobels, des Fausthobels und des Ladestockhobels (Abbildung 7, Figuren 1361 c, d und e).

Der Rohrhobel der Korbmacher (Abbildung 7, Figur 1362 a, b und c) zeigte eine einfache Form.

Die Orgelbauer verwendeten den Zinnhobel, den eisernen Hobel und den Registerhobel (Abbildung 7, Figuren 1363 a, b, c und d).

Sogar die Samtweber führten einen Hobel.

Der Hobel der Siebmacher (Abbildung 7, Figur 1364) war zum Durchziehen der gespaltenen Haselstäbe (Schienen) eingerichtet.

Die Stellmacher oder Wagner hatten wie die Tischler Gesims- und Karnieshobel, um gerade Flächen, den Kehlhobel, um gebogene Flächen zu bearbeiten, ja sogar eine vollständige Hobelbank! (Krünitz, Seite 31.) Außerdem pflegten sie mit einem Radehobel (Abbildung 7, Figur 1365) an dem äußeren Rand der Felgen eines Rades zu einer Kutsche eine Kehle oder ein Gesims zu stoßen, „doch kommt diese Verzierung jetzt schon wieder aus der Mode". (1781.)

Hobel der „englischen Stuhlmacher". „Der sogenannte große Hobel unterscheidet sich von dem Fügehobel der Tischler sowohl in Ansehung der Größe wie des Gebrauches. Jener ist kleiner als dieser. Beim Hobeln faßt der Tischler seinen Hobel an dem Gehäuse an, der Stuhlmacher aber an zwei hölzernen Griffen, die auf dem Gehäuse aufgerichtet stehen. Von den Fausthobeln bedient er sich des Schärf- oder Schrothobels der Tischler selten, weil dieser Hobel nur bei sandigem und rauhem Holze Dienste leistet, indem sein rundes Hobeleisen nicht nur stark abnimmt, sondern sich auch leicht wieder schleifen läßt, wenn es auf einem rauhen und sandigen Holz stumpf geworden ist; der Stuhlmacher hingegen versteht die Kunst, ein rauhes oder unreines Holz füglich mit dem Handbeil (!) vorläufig zu ebnen. Der Schlichthobel ist mit dem bei anderen Holzarbeitern einerlei. Von diesem ist der Steilhobel oder Harthobel nur darin unterschieden, daß dessen Eisen weit steiler steht; daher schneidet dieses nur wenig ein und glättet das Holz, vornehmlich wenn es rauh ist oder Äste hat. Sein Gehäuse ist gemeiniglich von Eisen. Der Zahnhobel gleicht ebenfalls einem Schlichthobel, außer daß dessen Schneide kleine Zähne hat; der Professionist macht damit eine Fläche des Holzes, welches er aufleimen will, rauh, damit der Leim desto besser hafte. Der Rundhobel (Abbildung 7, Figur 1366 a) weicht von einem Schlichthobel nur darin ab, daß das Gehäuse in einem flachen Bogen nach der Länge rund läuft. Der Stuhlmacher, dem dieser Hobel allein eigen ist, hobelt mit demselben in den Biegungen und Schweifungen des Holzes. Außerdem besitzt er zu den Gesimsen den Stabhobel, Kehlhobel, Handfügehobel, Gesims- und Karnieshobel der Tischler. Alle diese Hobel tun aber nur dann Dienste, wenn ein Gesims, welches nach einer geraden Linie fortläuft, ausgestoßen werden soll; bei ausgeschweiften Gesimsen werden anstatt der Hobel Hohleisen, Schweifeisen und andere Eisen gebraucht. Zum Behobeln des Rohres gebraucht der Stuhlmacher den Rohrhobel." (Abbildung 7, Figur 1366 b.)

Der auf der Abbildung 7 rechts unten gezeigte Hobel (Figur 1368) ist kein eigentliches Tischlerwerkzeug, sondern ein Spanhobel, auf dem man die Späne hobelte, deren sich die Bauern bedienten, um abends ihre Stube zu erhellen und gleichzeitig zu erwärmen. Mit einem solchen Spanhobel konnten, nach Krünitz, drei Menschen in einer Stunde so viel Späne schneiden, als man in einem Hause während sechs Wochen bedurfte.

C. Hobelbank.

Die von den Tischlern gebrauchte Hobelbank finden wir auf der Abbildung 5, Figur 4 und auf der Abbildung 6, Figur 1369 a. Eine textliche Beschreibung dieser Hobelbank erübrigt sich; dagegen ist über die auf der Abbildung 6 unten rechts stehende Hobelbank 1369 b zu sagen, daß sie für Stellmacher oder Wagner bestimmt war und, abgesehen von der andersartigen Anordnung der Banklöcher, an der rechten Seite des Blattes eine Riegelzange aufweist, sich aber im übrigen wenig von den anderen Bänken unterscheidet. — Bekanntlich haben sich in früheren Zeiten sehr zahlreiche Privatleute in ihren Mußestunden mit handwerklichen Übungen, insbesondere aber mit Tischlern und Drechseln beschäftigt; wir sahen in einer alten Tischlerordnung von Straßburg (vgl. S. 152 und 153), daß die vorsorgliche Stadtverwaltung auch die Lehrverhältnisse dieser Dilettanten, wenn auch in recht milder Form, geregelt hatte. Diese Dilettanten gingen, wie alle zu ihrer Kategorie Gehörigen, mit großer Umständlichkeit an ihre Übungen heran, die sie fast als wissenschaftliche Experimente betrachteten. Zuweilen haben sie auf ein ganzes Handwerk einen unheilvollen Einfluß ausgeübt; zum Beispiel ist das Drechslerhandwerk mit durch das üble Beispiel solcher theoretischer Experimentatoren verdorben worden und zur Kunstfertigkeit ausgeartet. Die Tischlerei war glücklicherweise denn doch zu fest auf den Boden realer Aufgaben gestellt, als daß ihr von solchen Außenseitern viel Schaden hätte zugefügt werden können. Es verschlug ihr nichts, wenn zum Beispiel auch die Einrichtung der Hobelbank, die auf uralter Tradition beruhte, „wissenschaftlich" verbessert werden sollte. Zuweilen kamen aus solchen Versuchen ganz brauchbare Vorschläge heraus, wie sie die auf der Abbildung 6 unten links dargestellte Hobelbank 1369 c für Tischler aufweist. Diese Bank ist von einem Abt, namens Nollet erfunden und beschrieben worden[1]). Er brachte unter anderem den Spanner oder Knecht an und bohrte an der Vorderwand des Blattes in bestimmter Entfernung voneinander zwei Schraubengänge, in die das unten links gezeigte gleichdimensionierte Schraubengewinde eingefügt und größere Gegenstände an die Bank angeklammert werden konnten usw.

D. Das übrige Tischlerwerkzeug.

Auf der Abbildung 5 finden wir das übrige von den Tischlern verwendete Werkzeug dargestellt. Figur 1: Das Streichmaß der Tischler, „daran die beiden stählernen Stachel, wenn das Streichmaß einmal durch die Keile gerichtet worden, auf zusammengehörigen Sachen die bestimmte Weite der Fugen usw. streichen oder vorzeichnen".

Figur 2: Der Winkelhaken „zu allen rechtwinkligen Ecken".

Figur 3: Das Göhrmaß, „dessen Anschlag a—b ein Winkel von 45 Grad ist, um aus zwo darnach schräge zugeschnittenen Brettern jede Ecke rechtwinklig zusammenzupassen".

Figur 4: Die Hobelbank. Figur 5: Der Knüppel, „welcher die Stemmeisen treibt, um Sachen und Linien auszutiefen". Figur 6: Die eben erwähnten Stemmeisen.

Figur 7: Die große Klobsäge, „zwo Personen regieren sie". Figur 8: Die Schließsäge. Figur 9: Die Stichsäge, „stechend mitten durch Bretter zu sägen". Figur 10: Die Laubsäge.

Figur 11: Die Leimzwinge, „mit ihren Keilen, Bretter mit ihrer Schärfe darinnen zusammenzuleimen, indem man in den leeren Raum, den zwei Bretter noch nicht ausfüllen, Keile hineintreibt".

[1]) „Die Kunst, physikalische Versuche anzustellen". Leipzig 1771. Band 1, Seite 8 ff.

Figur 12: Der Hohlkehlenhobel. Figur 13: Der Nuthobel. Figur 14: Der Stechbeutel. Figur 15: Das Hohleisen. Figur 16: Der Lochbeutel. Figur 17: Die Naspel. Figur 18: Eine andere Darstellung des Grundhobels. Figur 19: Die Schraubenzwinge. Figur 20: Der Knecht, „auf dessen Sattel, den man hoch und niedrig einhängen kann, das eine Ende eines zu behobelnden Brettes ruht". Figur 21: Das Schnitzmesser. Figur 22: Die Fügebank. Figur 23: Der grobe Bestoßhobel. Figur 24: Die Ziehklinge, „mit den beiden geraden Seiten, welche aber schief umgelegt und schneidend gemacht werden, Sachen zuletzt glatt zu beschaben". Figur 25: „Der pfeilförmige Stahl dazu, diese Ziehklinge zu schärfen".

Es fehlen unter diesen abgebildeten Werkzeugen: 1. Der jetzt gebräuchliche eiserne Hammer, der durch den Holzknüppel vorgestellt wurde. 2. Jegliche Art von Zangen. Die Zange wird bei den Tischlern nirgends erwähnt und war bei ihnen wohl auch nicht gebräuchlich, weil sie ja keine eisernen Nägel verwendeten und sich unter anderem dadurch von den Zimmerleuten unterschieden. Holznägel, die hin und wieder, aber erst in späterer Zeit in Gebrauch waren, wurden mit dem Holzknüppel in vorgebohrte Löcher eingetrieben. 3. Der Bohrer. Es ist vielleicht nur ein Versehen des Zeichners, daß der Bohrer in der Gesamtabbildung fehlt? Daß man ihn schon frühzeitig gekannt hat, ist dadurch bewiesen, daß, wie schon vorher erwähnt, in der Werkzeugsammlung des Kurfürsten August von Sachsen im Jahre 1586 sich mehrere Bohrer befanden, die der alte Schraubenmacher Danner aus Nürnberg angefertigt hatte. Hallens gibt auch im Text seines 1764 erschienenen Buches „Werkstätte der Künste" folgende Beschreibung eines von den Tischlern verwendeten Trauchbohrers: „Unter den großen und kleinen Bohrern, welche diese Werkstätte (der Tischler) vor andern nicht missen kann, will ich nur des Trauchbohrers gedenken. Es läßt sich dieser in einem gekrümmten Holze drehen, und indem man den Kopf desselben gegen die Brust setzt, so dreht man den übrigen Körper mit dem Bohrer um, und das Loch wird also gerade gebohrt."

E. Tischlerleim.

Hallens gibt 1764 folgende Beschreibung des Tischlerleims: „Die Tischler kaufen ihn in langvierseitigen braunen Täfelchen. Er muß rein und gegen das Tageslicht durchscheinend sein. Um ihn zu der Arbeit zuzubereiten, wird erst Wasser gekocht, und wenn dieses siedet, der Leim hineingeworfen, gut gekocht, bis er sich völlig auflöst. Alsdann gießt man das Wasser ab, man stößt den Leim mit einer runden Keule klein, das Wasser wird von neuem zugegossen, gekocht, der Leim ausgegossen und zum Kaltwerden hingesetzt. Solchergestalt ist der Leim zum Gebrauch tüchtig gemacht." Baurat Gilly gibt in seinem zu Anfang des 19. Jahrhunderts erschienenen „Handbuch der Landbaukunst" eine ähnliche Beschreibung der Leimbereitung, fügt aber noch hinzu, daß man den erkalteten Leim nicht zu oft, aber auch nicht zu stark erwärmen dürfe, weil er sonst an Bindekraft verlöre. Das ist natürlich alles Erfahrungssache, und deshalb sagt Gilly ferner mit Recht: „Die Güte und Stärke des Leims kennen die Tischler durch den Gebrauch."

2. Der Arbeitsprozeß.

A. Schwinden des Holzes.

Es genügte den Behörden, die den festen Willen hatten, die Konsumenten vor unreeller Bedienung durch die Handwerker zu schützen, selbstverständlich nicht, die schlechten Stücke durch die Bußmeister und Schaumeister konfiszieren zu lassen und die schlechten Meister neben gleichzeitiger harter Bestrafung zu vollgültigem Ersatz anzuhalten, sondern sie behielten es sich vor, die Lieferungen schon während des Arbeitsprozesses auf die Vermeidung gewisser sich immer wiederholender Fehler durch die Schaumeister kontrollieren zu lassen. Bei den Tischlern entstanden diese Fehler hauptsächlich durch das Schwinden des Holzes und waren also schon in den mehr oder weniger schwer zu behandelnden Eigenschaften des Rohmaterials begründet. Um so mehr wurde es dem Tischler zur Pflicht gemacht, diese gewissen Grundbedingungen unterliegenden Eigenschaften des Holzes sorgfältig zu beobachten und ihnen nach Möglichkeit entgegenzuwirken, mindestens aber ihnen nicht noch durch leichtsinnige Behandlung Vorschub zu leisten.

Wir haben auf Seite 305 bereits berichtet, daß in früheren Jahrhunderten die Konsumenten die Gewohnheit hatten, das Holz für ihre in Aussicht genommene Tischlerarbeit selbst zu liefern und deshalb zu dessen direktem Einkauf auf den Holzmärkten als gleich- oder gar vorberechtigt neben den Handwerkern selbst zugelassen waren. Sie wurden durch diese Einrichtung in die Lage versetzt, sich die gewünschte Qualität des Holzes selbst auszusuchen und dann den Rohstoff so lange lagern zu lassen, bis er nach jeweiliger Erfahrung für die handwerkliche Bearbeitung gereift erschien. Eine bestimmte Lagerzeit konnte naturgemäß nicht angegeben werden, da sie je nach der Art der Stärke, dem Wachstum usw. der Hölzer verschieden bemessen werden mußte. Man verließ sich also auf das Gutachten der mit der Ausführung der Stücke beauftragten Tischler, die Strafe und Schaden gegebenenfalls selbst zu tragen hatten. Fanden diese das ihnen übergebene Holz noch zu naß, so mußten sie ihre Auftraggeber darauf aufmerksam machen und durften die Arbeit nur beginnen, wenn jene ihnen trotzdem „ihr besonderes Geheiß und Willen“ kundbar machten, daß heißt, alle Verantwortung für die Folgen selbst übernahmen. So steht es in der alten Snitkerordnung in Lüneburg aus dem Jahre 1498.

Nasses Holz hat, was also schon zu jener Zeit die Tischler erfahrungsgemäß wußten, eine größere Ausdehnung und zieht sich bei höherer Temperatur unverhältnismäßig schnell zusammen, es „schwindet“, wie der fachmännische Ausdruck für diese üble Eigenschaft lautet. Hat das Holz aber lange Zeit unverarbeitet lagern können, so hat die Lufteinwirkung es auf „natürlichem“ Wege schon so ausgetrocknet, daß die Neigung zum Schwinden auf ein geringes Maß beschränkt und die Gefahr vermindert wurde, daß es nach erfolgter Verarbeitung noch erheblich unter Temperaturschwankungen leiden könnte; vorausgesetzt blieb eine normale Verwendung der Gegenstände, das heißt Bewahrung vor allzu großer Hitze oder Nässe von außen. Auffälligerweise finden sich Verordnungen gegen die Verwendung nasser Hölzer, die oft äußerst scharfe Strafen androhen, nur in norddeutschen Tischlerrollen. Die vorher erwähnte Lüneburger Ordnung nennt ausdrücklich das Eichenholz und das Wagenschot. (Vergleiche dieses im Schlagwortregister.)

Mit der verpönten „Nässe“ des Holzes waren die inneren Säfte desselben gemeint, die sich am stärksten im Splintholz sammeln. Dieses Splintholz, das sich am Stammesumfang befindet, ist am weichsten, hält die Säfte (Nässe) am längsten und ist dem Wurmfraß am meisten ausgesetzt. Als unreifstes und nach dem Fällen schwer nachreifendes Holz ist der Splint oder Spint, wie man es in alten Urkunden zuweilen geschrieben findet, für eine solide Arbeit sehr schlecht geeignet und war schon in früheren Zeiten geradezu verpönt. Der Splint schwindet so außerordentlich, daß er endlich ganz in sich verfällt; für jegliche Holzverbindungen ist er deshalb ganz ungeeignet und hinterläßt offene Fugen, die den fertigen Gegenstand in kürzester Frist wacklig werden lassen.

Der Splint und die offenen Fugen waren es ganz besonders, auf die als Grundfehler Jagd zu machen den Schaumeistern der Tischlerzünfte schon seit dem 15. Jahrhundert auf das strengste anbefohlen wurde. Daß in dieser Hinsicht viel gesündigt worden war und weiter gesündigt worden ist, geht aus der Fassung der Bestimmungen sehr deutlich hervor, und nachdem die Tischlerzünfte so deutlich auf diese technischen Notwendigkeiten hingewiesen worden waren, konnten sich die Sünder sicher nicht mehr mit ihrer Unkenntnis der physikalischen Vorgänge herausreden, sondern sie haben zweifellos fahrlässig und oft böswillig gehandelt.

Es kam den Behörden darauf an, die Tischler darüber zu belehren, daß im Splintholz die Säfte sich am längsten halten und es dem Wurmfraß am ehesten anheimfällt; ferner daß die eigene Feuchtigkeit des Holzes die chemische Wirkung des Leimes beeinträchtigen, ja ganz unwirksam machen müßte. Wir lassen nun die einzelnen Bestimmungen folgen.

1474. Lübeck. Ordnung der Kunthor- und Panelenmaker. Die Schaumeister (Olderlude) des Amtes sollen jedes Jahr zweimal herumgehen und besichtigen, was jeder Meister im Laufe des Jahres gemacht hat (die Besichtigung fand also nicht nur in den Werkstätten, sondern auch in den Häusern der Bürger, wo die Arbeiten abgeliefert standen, statt), und wenn dabei sich Fehler und Strafbares findet, die Stücke vor den Strafherrn bringen; und soviel offene Fugen oder „Spynd“ in den Fugen sie finden, soviel Pfunde sollen sie als Strafe auferlegen, wobei von jedem Pfund 6 Pfennig in die Amtskasse der Zunft entfallen; außerdem sollen denjenigen, denen ihr Werk verdorben wurde, dieses verbessert und der erlittene Schaden ersetzt werden.

1498. Lüneburg. „Wo den snitkeren vorlovet ys eyn hantwerk.“ (Schnitzerordnung.) Künftig soll niemand von den Schnitzern unter Leim verarbeiten oder verarbeiten lassen: nasses Wagenschot (siehe dieses im Register) oder Eichenholz in seinem oder in der Bürger Hause, es sei denn auf besonderes Geheiß und Willen derjenigen, für die er arbeitet. Wer da als zuwiderhandelnd befunden würde, der soll das dem Rate büßen mit 6 und dem Heiligen Lucas (der Kirche) mit 1 Schilling. Ebenso soll jeder Schnitzer, der leimt und fugt, und dessen Fugen offen stehen, so oft 2 Schillinge dem Rate und dem Heiligen Lucas 6 Pfennige zu zahlen verfallen sein, als die Fuge Quarter lang ist.

1564. Münster. Ordnung der Tischler-Brüderschaft. Niemand darf nasses Holz verarbeiten, bei Strafe von einem halben bis zu einem ganzen Taler; das Handwerk wird dem Betreffenden so lange gesperrt, bis der Geschädigte voll befriedigt wurde.

1660. Essen. Statuten des Schreineramtes. § 8. „Item soll hinführo ein jeder Amptsbruder mit allem Fleiß und Sorge dahin trachten, damit er einem jeden, so seine Arbeit begehren wird, unstraflich und untadelhaftes Werk machen und liefern möge, sonderlich aber die Laden als auch Schreinerwerk von gutem drügen Holz. Wer nun aber hierüber beklagt oder befunden würde, solle dem Amte jedesmal mit einem Thaler unnachlässig verfallen sein."

Baurat Gilly meinte um 1800, eichene Bretter müßten 4 bis 6 Jahre trocknen, „um recht dauerhafte Arbeit daraus zu erwarten".

Daß aber das Holz nicht nur vor, sondern auch während der Arbeit genügend Zeit zum Trocknen bekam, dafür sorgte der „Ersame Radth der stadt Lubeke" (Lübeck) in der den Kistenmachern im Jahre 1508 verliehenen Ordnung, indem er bestimmte: Wenn ein Meister oder Knecht an einem Tage Holz leimt, das soll er nicht früher als am anderen Tage bearbeiten, bei Strafe von zwei Schillinge an die Herren und sechs Pfennige an die Älterleute.

Das Schwinden, Werfen und Reißen des Holzes war die stete Sorge der Tischler seit altersher. Nachdem im 14. Jahrhundert die Brettersäge erfunden worden war, kam man allmählich auf die fest verbundene Rahmenkonstruktion mit eingefalzten Flächenfüllungen. So hatte das Bedürfnis, die Möbel leichter und „mobiler" zu gestalten, die Erfindung der Säge und diese wiederum die Neuerung in der Holzverbindung hervorgerufen. Es handelte sich allerdings nicht um eine absolut neue Erfindung, wenn sie auch von den Tischlern selbständig und neu gemacht worden ist. Otto von Falke sagt[1]) darüber folgendes: „In Rom hatte sich die Erinnerung an diese dem Schwinden und Werfen entgegenwirkende Bauart lange erhalten. Die Zypressenholztüren eines jüngst entdeckten Schrankes, den Leo III. (797—816) zur Reliquienbergung in den Altar der alten Lateranskapelle einfügen ließ, legen Zeugnis dafür ab. Sonst aber ging im Mittelalter diese Kenntnis verloren, und erst die Spätgotik hat sie im Anfang des 15. Jahrhunderts wieder erworben."

Auf das Holz direkt einzuwirken, um seinen gefährlichen Eigenschaften zu begegnen, hat man — abgesehen vielleicht vom Anstreichen — wohl kaum versucht; wenigstens waren darüber keine Nachrichten zu finden. Das ist erklärlich, da Chemie und Technologie, beide als Wissenschaften, erst neueren Datums sind; insbesondere letztere stammt als Wissenschaft erst aus dem letzten Viertel des 18. Jahrhunderts. Im Band 24 der von Krünitz herausgegebenen „Ökonomischen Enzyklopädie", der 1781 erschienen ist, wird nun den Ursachen des Schwindens und Reißens wissenschaftlich nachzuforschen versucht. Die dort auf Seite 851 gegebene physikalische Erklärung ist interessant, weil sie einen der

[1]) Lehnert: „Geschichte des Kunstgewerbes", Band 1, Seite 352.

Damenzimmer-Einrichtung aus einem Möbelkatalog, ausgeführt in zweierlei Holz von Ferdinand Vogts & Co. in Berlin, um 1880. Vergrößerungen sollten auf »individuelle« Details und »Handwerkskunst« aufmerksam machen.

ersten Versuche darstellt, dem Problem auf diese Weise beizukommen. Es heißt da: „Das beste Holz kann und wird öfters bei dem Austrocknen Risse und Spalte bekommen. Die Holzfasern besitzen eine Schnellkraft; sie gehen ein und ziehen sich zusammen, wenn sie etwas von ihrer Feuchtigkeit verlieren, verlängern sich aber wieder, wenn sie Feuchtigkeit annehmen. Bei einem grünen Stücke Holz werden solche näher aneinanderkommen, wenn dasselbe austrocknet. Da das mittelste und älteste Holz die wenigsten Feuchtigkeiten besitzt, muß solches auch bei dem Austrocknen am wenigsten sich zusammenziehen oder einlaufen, das übrige aber, welches im Anfange steht und mithin das jüngste ist, dabei merklich leiden und sich am stärksten zusammenziehen. Da nun die Holzlagen stufenweise härter sind und in gewissen Verhältnissen immer weniger Feuchtigkeit enthalten, würde auch das Austrocknen und Zusammenziehen in einem gleichen Zeitraume vor sich gehen und das Holz dabei nicht sonderlich leiden. Allein dieses wird selten geschehen. Die äußeren Lagen sind dem Winde, der Sonne, der warmen und trockenen Luft mehr ausgesetzt und müssen notwendig die Feuchtigkeit zuerst verlieren und sich zusammenziehen, indessen die nach dem Mittelpunkt zu so bleiben, wie sie waren. Wenn die Kraft, mit welcher die Holzfasern untereinander verbunden sind, stärker ist als die Kraft, mit welcher sich dieselben bei dem Austrocknen zusammenziehen, so wird kein Riß erfolgen, es müßte denn eine äußerliche Gewalt Gelegenheit dazu geben, wenn zum Beispiel ein ausgetrocknetes Holz auf einen harten Körper fällt, oder wenn mit einem Schlägel darauf geschlagen wird. Gemeiniglich aber wird die Kraft des Zusammenziehens bei dem eingetrockneten Holz stärker sein als die Kraft der natürlichen Verbindung; und daher pflegen auch bei dem Austrocknen gemeiniglich Risse zu entstehen. Diese Risse gehen bisweilen von Schicht zu Schicht, selbst bis an die Mitte, doch pflegen solche nach dem Mittelpunkte zu immer kleiner zu sein. Da also die Risse vornehmlich durch das Austrocknen verursacht werden und am zersprungenen Holze, wenn es lange genug im Wasser gelegen hat, die Ritzen wieder verschlossen werden, muß man bei dem Austrocknen alle Vorsicht anwenden und dasselbe nicht beschleunigen, sondern vielmehr ganz langsam vor sich gehen lassen. Und dieses wird geschehen, wenn das Holz mit der Rinde bedeckt oder unter derselben austrocknet. Will man das grüne Holz schälen, so muß man es auch zugleich beschlagen und den Splint davon wegnehmen, da denn auch, weil das Holz in seinem Umfange nicht so merklich verschieden ist, weniger und kleinere Risse entstehen werden. Doch ist dieses Mittel selten anzuwenden, indem dergleichen langsames Austrocknen unter der Rinde viele Zeit, ja wohl Jahre erfordert. Herr du Hamel gibt den Rat, das Holz wenigstens bis zum Ende des Sommers in der Schale liegen zu lassen, wenn man dadurch verhindern will, daß es große Risse und Spalte bekomme. Ein gleiches erfolgt, wenn man das grüne und beschälte Holz an einem kühlen Orte aufbewahrt. Es entsteht aber aus dem langsamen Austrocknen des Holzes ein anderer Fehler; es wird nämlich dasselbe allemal viel weicher sein als das schnell ausgetrocknete, und daher reißt auch jenes weniger als dieses. Um festes Holz zu erhalten, welches nicht leicht aufreißt, ist es vielleicht am besten, das Holz im Herbste zu fällen, alsdann zu schälen und zu beschlagen, da dann die Ausdünstung wegen des Beschlagens zwar hurtig, doch wegen der Kälte viel gemäßigter vor sich geht. Um dem Aufreißen vorzubeugen, ist es auch nützlich, das Holz, welches zerschnitten werden soll, noch völlig grün zu schneiden und die Röhren noch grün auszubohren.“

Schon vorher hatte die Königliche Schwedische Akademie der Wissenschaften, nämlich in den Jahren 1739 und 1740, folgende Anleitung gegeben, den Spalten an dem Zimmerholz eines Gebäudes vorzubeugen. Sie lautete: „Wenn man ein Stück von einem Birken- oder anderem Holze zu künftigem Gebrauch bestimmen und in zwei Teile gespalten haben will, so hauet man mit einem scharfen Eisen einen Rand an beiden Seiten mitten in das Holz; in diesen Rand schlägt man einige kleinere hölzerne Keile ein, die aber das Holz nicht völlig bis auf den Kern spalten. Hernach legt man das Holz allmählich in den Schatten zum Trocknen, so kann man sich darauf verlassen, daß es nirgends anders, als wo man will, bersten, sondern zu demjenigen, wozu es bestimmt ist, dienlich sein werde. Zimmerholz muß fast auf die gleiche Weise behandelt werden, weil es noch grade ist; alsdann tut man mit der Axt in gerader Linie, ½ Elle voneinander, verschiedene Hiebe in den Stamm an der Seite, und schlägt in dieselben dünne hölzerne Keile so tief ein, daß der Stamm gegen den Kern zu etwas berstet. Da es ferner gebräuchlich ist, die Stämme auf beiden Seiten zu behauen, und eine Zeitlang trocknen zu lassen, ehe sie in eine Wand gelegt werden, so ist es gut, daß man, nach geschehener Behauung, diese Verkeilung auf beiden Rücken des Stammes verrichte, so daß derselbe an beiden einander entgegenstehenden Seiten gegen den Kern zu ein wenig voneinander spalte; so kann man versichert sein, daß er hernach keine Spalte auf den Flächen bekommen werde. Wo man aber runde und unbehauene Stämme zu verarbeiten hat, da kann man ebenfalls die oben erwähnten Hiebe tun und die Keile auf der Seite des Stammes einschlagen, wo das Moos ausgehauen worden, worauf der Stamm, nachdem er zu einer Wand behauen worden, nur die Spalte, die er einmal bekommen hat, behält und hernach weder in- noch auswendig auf den flachen Seiten berstet, sondern vielmehr die vorige Spalte vermittels der Austrocknung zusammenzieht und das Gebäude in- und auswendig vor Spalten bewahrt.“

In Schweden, dem holzreichen und holzverarbeitenden Lande, interessierten sich mehr Leute als anderswo für diese Probleme. So kam schon im Jahre 1727 ein Schwede Härlemann, der in Neapel weilte, auf den Gedanken, sich von einem fichtenen, unter Wasser befindlichen Pfahl einer Hafenanlage, die noch aus der Zeit des römischen Kaisers Caligula stammte, einen Span abschlagen zu lassen, um ihn auf seine Beschaffenheit zu prüfen. Er fand ihn so frisch, als wenn der der Baum erst vor wenigen Tagen gefällt worden wäre. Nach einiger Überlegung kam er zu der Auffassung, daß nicht das Wasser allein, sondern die dauernde Abschließung von der Luft den Stamm so frisch erhalten habe; allerdings habe auch die Aufbewahrung von Holz unter dem Wasser den Vorteil, daß durch das Wasser die seifenartigen Teilchen, die der Nahrungssaft hineingeführt habe, ausgelaugt würden, weshalb denn ein so ausgelaugtes Holz in kürzerer Zeit getrocknet werden könne.

Ausgehend von der Beobachtung, daß schon längst die Rademacher, Tischler und Drechsler aus kleineren Holzstücken, besonders aus Buchenholz, die Säfte auszukochen pflegten und damit das Holz erheblich an Stärke und Festigkeit zunehmen ließen, beschrieb in der Nummer 74 der Hannoverschen gelehrten Anzeigen vom Jahre 1753 ein „Liebhaber der Holz- und Bauwirtschaft", „wie das weiche Holz durch das Kochen zu einer solchen Härte zubereitet werden könne, daß man solches zum Bauen und zu anderen Dingen mit eben so großem Nutzen als das eichene Holz gebrauchen könne". Er schildert dann mehrere große Holzkochmaschinen, deren eine Krünitz bildlich wiedergibt, insbesondere eine solche, die in England erfunden und dort 1740 auf den Schiffswerften durchgehends gebraucht wurde. Die Lohe werde anfänglich ganz dick und schwarz aus dem Holz gezogen, dann aber immer dünner, heller und spärlicher, bis endlich das Holz fertig bearbeitet sei. Auch hartes Holz werde mit Erfolg so behandelt und endlich so hart, daß es auch im Wetter nicht mehr reiße und schwinde. Ihm entgegnete in der Nummer 91 desselben Blattes ein anderer Sachverständiger, die Proben, die man von diesem Kochsystem anführe, seien noch allzu jung, da man nach so wenig Jahren noch nicht die vermehrte Dauerhaftigkeit und die Verhütung des Wurmfraßes dartun könne; schwerlich hätten die Alten von solchem Auskochen etwas gewußt, und dennoch fände man in alten Städten Häuser, die 300, 400 bis 500 Jahre ständen, und deren Holz noch jetzt fest und gesund, ja ohne Wurm wäre. Schwerlich könnte man diese bedeutende Widerstandsfähigkeit dem Auslohen zuschreiben. Zudem sei noch nicht ausgemacht, ob die Lohe oder „der natürliche Wintersaft" die Ursache des leichten Verderbens sei.

Man hielt trotzdem an diesen einmal begonnenen Versuchen fest. Baurat Gilly schreibt um 1800, er besitze die Zeichnung und Beschreibung einer Schwitzmaschine, wie sie in Hannover zum Behuf des Artillerienutzholzes gebraucht werde; ferner das Modell einer, von dem Kaufmann Sanne in Stettin erbauten Maschine zur Auslohung des Holzes; endlich verweist er auf das „Journal für Fabrik, Manufaktur, Handlung und Moden" vom April 1797, wo eine ähnliche Auslohmaschine beschrieben werde. Gilly fügt aber hinzu: „Die durch das Königliche Oberhofbauamt und das Artilleriekorps angestellten Versuche haben aber den Erwartungen nicht entsprochen. Der Herr Schiffsbaumeister Quantin in Stettin und die dort mit dem Schiffbau sich beschäftigenden Kaufleute versicherten schon vorlängst, daß das vorgedachte Auslohen in keiner anderen Absicht geschähe, als um die Schiffsplanken desto leichter biegen zu können. Auch hat über die hier angestellten Versuche der in der Physik und Chemie sehr kundige Herr Hofbauinspektor Simon die Beobachtungen gesammelt, und daraus abgenommen, daß es sogar geschienen, als wenn das ausgelaugte Holz nicht nur denselben Veränderungen als das ungelaugte unterworfen, sondern daß es sogar eine größere Empfänglichkeit für die Nässe hätte, und daß es also der Bewegung des Werfens mehr ausgesetzt sei. Herr Simon vermutet auch, daß das ausgelaugte Holz eher der Fäulnis ausgesetzt sein dürfte, als das unausgelaugte, ob er gleich diesen Satz nicht behauptet, sondern wünscht, sich auf längere und durch mehrere Jahre anzustellende Versuche gründen zu können. Herr Quantin führt aber geradezu die Erfahrung an, daß beim Auseinandernehmen eines von dergleichen ausgelohtem Holz erbauten Schiffsgefäßes das Holz wie Staub auseinandergefallen sei und tadelt sogar die Operation des Auslohens, wenn solche auch nur die Absicht habe, die Bohlen zu biegen und will, daß solches bei flammendem Feuer geschehen soll." Günstiger urteilte der Tischlermeister Karsting in Hannover, der schon seit 28 Jahren dergleichen ausgelohtes Holz zu Möbeln verarbeitet hatte. Er hat bei diesen, immer im Trocknen gebliebenen Arbeiten festgestellt, daß das daran verwendete Holz „nicht so merklich gequollen oder sich ausgedehnt habe wie anderes Holz". Indessen habe „der unbedeutende Vorzug des ausgelohten Holzes auch hierbei nicht die Mühe und Umstände verlohnt".

Im Jahre 1840 wurden die Meister der Spinnwetterzunft in Basel eingeladen, sich an einer Besichtigung der von Brommler in Memmingen gemachten Erfindung gegen den Schwund des Holzes zu beteiligen. Eine ähnliche Nachricht findet sich aus den Jahren 1844 und 1845 auch im Badischen Landesarchiv in Karlsruhe, aber an beiden Stellen ist nichts über die Art dieser Erfindung zu ersehen.

Dies sind die Anfänge der Versuche, zu einer systematischen Kenntnis der Ursachen des Holzschwundes und zu daraus gezogenen Mitteln der Vorbeugung zu gelangen. Krais gibt in seinem im Jahre 1910 erschienenen Buche „Die Hölzer" die Beschreibung einer Anzahl von neuesten Patenten, unter denen neben vielfacher, mit atmosphärischem Druck erfolgender chemischer Durchtränkung und Imprägnierung auch das Auslaugen genannt wird; zum Beispiel besteht das den Deutschen Werkstätten für Handwerkskunst in Dresden im Jahre 1906 erteilte Patent 206 997 darin, daß die in der Tischlerei und in verwandten Gewerben zu verarbeitenden Hölzer in nasse, humusreiche Erde, der alkalihaltige Laugen zugesetzt wurden, eingebettet werden.

Solcherlei Kenntnisse waren den Tischlern der früheren Jahrhunderte selbstverständlich unbekannt, und man mußte sich auf vorbeugende Maßnahmen (Entfernung des Splints) oder auf mechanische (Rahmenkonstruktion mit Füllungen) beschränken. Aus der Praxis ergaben sich außerdem noch mancherlei Erfahrungen; zum Beispiel die von Hallens im Jahre 1764 gelegentlich der Beschreibung des Orgelbaues (Seite 87) mitgeteilte: „Holz in Holz gesteckt, schwindet weniger und quillt zugleich besonders, wenn beide hölzerne Körper von einerlei Holz und anfangs recht trocken sind."

B. Anstreichen.

Es ist für die Annahme, daß in alter Zeit das Anstreichen der Holzteile von Möbeln mit Farben nicht nur aus ästhetischem Interesse, sondern auch zum Schutze gegen Witterungseinflüsse geübt wurde, und daß hierauf die gute Erhaltung der Balken der Baukonstruktion und mancher alten Möbelstücke zurückzuführen sei, aus den alten Ordnungen keine Beweisstelle anzuführen, so daß das Mittel dieser Erhaltung im Dunklen bleibt. Vielleicht ist für die älteste Zeit, die noch massiv baute, der damals noch größere Reichtum an Waldbestand und die Gewohnheit des langen Holzablagerns, für die spätere die strenge Aufsicht und sorgfältige Arbeit mit Furnieren schon eine genügende

Erklärung. Den ersten Versuch der Holzimprägnierung machte (nach Krais, Seite 440) der berühmte Arzt und Chemiker Joh. Rud. Glauber (1604 bis 1668), der dazu Holzteer und Holzessig verwendete.

C. Furnieren.

Die Technik des Furnierens wurde schon im 15. Jahrhundert in ganz Deutschland geübt und war dazu bestimmt, dem „Arbeiten" des Holzes entgegenzuwirken. Man kannte das Furnieren aber schon in früheren Jahrhunderten. In der Münsterkirche zu Essen befindet sich ein kleines Kästchen aus Lindenholz, „bei dem sich rings um die geschnitzten und auf Kreidegrund farbig bemalten und vergoldeten Ornamentfelder furnierte Bänder aus Holzmosaik hinziehen". Robert Schmidt[1]) ist der Meinung, daß dieses, um 1200 zu datierende Stück seine Technik orientalischen Vorbildern entlehnt habe. Jedenfalls vergingen noch etwa zwei Jahrhunderte, bis die Technik von den Tischlern allgemein aufgenommen wurde. Erfunden hat im 16. Jahrhundert Georg Renner in Augsburg eine Maschine zum Feinschneiden von Furnierhölzern[2]). Der erste urkundliche Beweis, daß das Furnieren nicht allein um der Schönheit, sondern um der Haltbarkeit willen geübt wurde, stammt aus dem Jahre 1568, wo den Zimmerleuten erlaubt wurde, „weiß auf weiß" zu furnieren. (Vgl. S. 107.) Kurz darauf, im Jahre 1587, errichtete der Kistler Hanns Prestlin in Augsburg eine Furniermühle; später betrieb dort ein Mann, namens Heinrich Mayer, ebenfalls eine Furniermühle, die ihm der Bürger Hanns Dürsch abmietete. (Vgl. S. 130.) Dürsch erlangte um 1650 in der weiteren Umgebung eine gewisse Berühmtheit, weil es ihm gelang, die Furniere nur einen halben Zoll dick zu schneiden. Unter ganz besonderen Kautelen wurde dem Müller Conrad Waser in Zürich im Jahre 1763 die Errichtung einer Furniersäge „als eine gantz freie Sache" zu errichten gestattet. (Vgl. S. 304.) In München bat im Jahre 1840 der Schreiner Peter Klör in Hammelburg um Subvention für eine von ihm erfundene Brettschneidemaschine, die zugleich Furniere schneiden und Öl pressen könnte. Besondere Bestimmungen über die Art, in der die Technik des Furnierens ausgeführt werden müßte, sind in den Ordnungen nicht enthalten, was als ein gutes Zeichen gedeutet werden darf; denn sie wären unbedingt durch die Behörden eingefügt worden, wenn die Schaumeister oder Besteller sich über schlecht abgelieferte oder später schadhaft gewordene Furnierarbeit beklagt hätten. Insbesondere darf das stille Lob für die absperrende Wirkung der ehedem aufgeleimten Furniere in Anspruch genommen werden, weil doch in den Museen und im Privatbesitz sich so sehr viel gute Stücke erhalten haben, bei denen von einer Sprengung der Furnierdecke durch etwa gerissenes Blindholz nichts zu bemerken ist. Die Tischler gebrauchten mindestens die Vorsicht, die Furniere quer zur Faserrichtung des Blindholzes zu leimen. Bei besseren Stücken stehen die Furniere wieder in der Faserrichtung des Blindholzes, sind aber auf ein quergestelltes Zwischenstück aufgeleimt. Es mag auch vorkommen, daß das Blindholz auf beiden Seiten blind furniert oder

1) „Möbel". Berlin 1913. Seite 36.
2) v. Stetten: „Kunstgeschichte der Reichsstadt Augsburg". 1779. Band 2, Seite 36.

abgesperrt, ihm also eine vierfache Lage gegeben wurde; dies war aber, wohl wegen der ohnedies starken Dickten der verwendeten Bretter, nicht die Regel.

D. Holzbiegen.

Daß gewisse Hölzer im Feuer oder in der Asche biegsam würden, war eine alte Erfahrung, die auch der schon erwähnte Mönch Theophilus Rogkerus von Helmershausen, genannt der Presbyter, in seiner um 1100 verfaßten Schrift: „Liber lumen animae"[1]) anführte; er sagt: „Eine in heiße Asche gelegte Ruthe wird leicht biegsam und läßt sich zu einem Strick drehen." Meist geschah das Biegen des Holzes aber bei flammendem Feuer oder in heißer Erde, doch konnte man nur einzelne Teile, nicht aber ganze Möbel aus gebogenem Holz anfertigen. „Seit 1810 bog der Wagenbauer M. Fink in Bregenz Radfelgen aus Holz. Möbelteile aus dickem Furnierholz zu biegen, versuchte der Tischler M. Thonet im Jahre 1830 zu Boppard. 1842 ging er nach Wien und brachte dort das Verfahren zur höchsten Vollendung. Es entstand besonders der Wiener Rohrstuhl, den Thonet zuerst auf der Wiener Gewerbeausstellung 1850 zeigte. Das Daunsche Café am Kohlmarkt bestellte sogleich die ersten Stühle dieser Art."[2]) Im Jahre 1904 wurde der Firma Gebrüder Thonet in Wien unter der Nummer 160 328 ein Patent erteilt auf ein Verfahren zur Herstellung von massiv gebogenen Holzteilen; es besteht darin, daß die zu biegenden Holzteile vor dem Biegen mit einem dicht passenden Metallrohr, welches der Querschnittsform des Holzteiles genau entspricht, überzogen werden, worauf das Holz samt dem rohrförmigen Überzug gemeinsam gebogen wird. (Es ist sicher, daß trotz dieses unabweisbaren mechanischen Zwanges das Holz in irgendeiner Weise auf die Biegung vorbereitet wird und die Metallröhre nur dazu dient, das Holz bis zum Erstarren in der gebogenen Lage zu erhalten.)

E. Einlegen.

Für die Einlegetechnik (französisch Marqueterie, italienisch: Intarsia) ist das gleiche geltend wie für das Furnieren: auch sie übte und kannte man schon im Altertum. Die Ägypter und Griechen haben ihre Möbel mit Intarsien von Elfenbein, Perlmutter und Metall verziert und kostbare Holzarten mit Farbstoffen gefärbt. Aus der christlichen Römerzeit haben wir keine Nachrichten, und die Intarsia scheint erst wieder zu Beginn des Mittelalters, als man nach langer Verfallzeit und behelfsmäßiger Zwischenherrschaft der Zimmermannstechnik wieder tischlermäßig zu arbeiten begann, aus der verfeinerten Handwerksarbeit sozusagen sich von selbst wieder erfunden zu haben; vielleicht wollte man die Mosaiken der Architektur nachahmen, vielleicht die Möbel farbig verzieren, ohne der Mithilfe der Maler zu bedürfen.

Auf alle Fälle ist, wie sich das ja von selbst versteht, die Intarsia stets als reines Schmuckmittel verwendet worden und hat mit der Haltbarkeit des Gesamtmöbels nicht viel zu tun. Waren etwa die Einlegestückchen unsauber geschnitten und unsicher eingebaut oder schlecht geleimt, so daß es Lücken gab oder gar die Stückchen wieder herausfielen, so war grundsätzlich nicht allzu-

[1]) Quellenschriften zur Kunstgeschichte, Band 7. Wien 1874.

[2]) F. M. Feldhaus a. a. O., S. 531 und 1100.

viel verdorben, und der Fehler konnte von einem anderen Meister verbessert, das schlechte Teilchen erneuert werden. Der ungeschickte Meister hatte weniger dem Besteller als sich selbst geschadet, indem er, wenn solche Fehler ihm öfters unterliefen, als ein Pfuscher in der Stadt schnell herumkam. Entsprechend der Kostbarkeit des Materials für die Intarsien werden die Besteller sich ohnedies immer sofort an die besten Meister des Ortes gewendet haben, so daß in der Hauptsache nur diese mit solcher, liebevolle Fertigkeit erfordernden Arbeit beschäftigt wurden.

So ist es auch leicht zu erklären, daß in keiner Ordnung eine Stelle zu finden war, in der Vorschriften oder Warnungen zu finden wären, wie denn die Intarsiatechnik sorgfältig ausgeführt werden müsse. Denn, wie gesagt, Bestellungen auf Intarsien kamen ohnedies wohl nur an die allerbesten Tischler, und die anderen ließen, mindestens in der ersten Zeit der Anwendung dieser Technik, ihre Finger gern von solcher Arbeit, der sie nicht gewachsen waren, und die ihnen durchschnittliche Besteller auch nicht nach Gebühr bezahlt haben würden.

Die Technik war vor der Erfindung der Laubsäge sehr mühsam, und die Intarsia wurde mit dem Schnitzmesser oder Stecheisen aus den verschiedenfarbigen Furnieren herausgeschnitten[1]).

Hiermit gar nicht zu vergleichen ist die unendlich gröbere Technik der eingelegten Fußböden, die aber immerhin die Tischler sich vorbehielten und den Zimmerleuten nicht anvertraut sehen wollten. In Basel wurde diesen ausdrücklich verboten, Parkettfußböden zu legen. (Vgl. Seite 107.) Daß die Tischler auch mit dieser Technik ganz hervorragende Leistungen erzielt haben, können wir noch in mancherlei Gebäuden, besonders aus der Barockzeit, erkennen. Meist arbeiteten sie hier nach den Entwürfen der leitenden Architekten, die das ornamentale Muster des Fußbodens zur Erhöhung der gesamten Raumwirkung benutzten. Als besonders schönes Beispiel sei das sogenannte „Chinesische Zimmer“ in der fürstbischöflichen Residenz zu Bamberg, deren Architekt von 1697 Johann Leonhard Dientzenhofer war, genannt, desgleichen der prunkvolle Kaisersaal dieses Gebäudes.

Erst später, als die Technik der Möbelintarsia unter den Tischlern mehr Allgemeingut geworden war, geriet sie oft in die Hände von unreellen Meistern und Pfuschern. Es ist nicht zu verwundern, daß die Genossen, die mehr konnten und wollten und in Ehren auf gute Arbeit hielten, sich gegen jene wehrten. Insbesondere waren es die Augsburger, die ihren weit über die Stadtgrenzen, bis in die fernsten Länder reichenden Ruf nicht gefährdet sehen, aber auch daheim kein Schundangebot dulden wollten. Wenn nun gar die Fälschung der edlen Intarsia sich zu bemächtigen suchte, da empörten sich die Augsburger und veranlaßten den Rat ihrer Stadt, energisch dagegen ein-

[1]) Auf einem im Museum für Kunst in Wien befindlichen Gestühl sehen wir den berühmten italienischen Meister Antonio Barili, geboren 1453 in Siena, durch sich selbst im Intarsiabilde dargestellt, wie er mit diesen primitiven Werkzeugen arbeitet. Um so höher sind die von ihm erzielten Ergebnisse zu bewerten. Lacher a. a. O.

zuschreiten. In ihrer Beschwerde vom Jahre 1568 behaupteten sie: „daß ettliche under ihrem Handtwerckh merlay (mehrerlei) Holtz in ihrer Arbeit mit Farben anstreichen und für natürlich gewachsen Holtz von Farben verkauffen, und sonderlich einer, der die Arbeit auf's gröbest eingelegt, und darauf die klaine Aederlin und Brößlin, welches man sonst mit Holtz macht (also die Wurzelmaserung) hab er mit angemachter Reyßschwörtz (Tusche), die nit fleußt, oder mit Dinten, mit der Feder angestrichen und gemalt, da es sonst eingelegt und geforniert sein soll“; dieser Pfuscher „künde (könne) mit der Federn in einem Tag so viel machen, wie ein anderer, der seine Ehren bedacht, nit in zwei Monaten“. Dieser Ehrenstandpunkt war es, den zur Begründung ihrer Klagen noch besonders ins Licht zu setzen die Ausburger Meister sich bemühten: „Es ist aine lange Zeit her diese Statt Augspurg hoch berüemt gewesen und (ist es) noch von wegen der Kistler-Arbait, daß man in der Frembde und auch in dieser Statt uns das Lob gibt, wie man so scharpff (künstliche) Dinge allhie einlegt, welches kainem Maler möglich ist, von (mit) Farben nachzukommen, dann (denn) die Farben geben es nicht so rein als das Holtz; das erfind sich noch bey uns, wie Ew. Ehrs. Rat besser wissen, dann (als wir es) anzaigen künden (könnten).“ Ihrer Schreinerordnung wurde sofort folgender Artikel eingefügt: „Es sollen auch alle Meister, die sich der eingelegten Arbeit gaprauchen, die an frembde Ortt gefürt wirdt oder allhie bleybt, des Malens und Anstreichens von Farben, sey es was es wölle, gentzlich enthalten, sondern ein jegliche Arbeit soll mit gutem frischen Holz gemacht werden, damit wann man's hoblet, daß es also erfunden werd. Wa nun einer erfunden wirdt, der die eingelegte Arbaytt oder anderes malet, oder anstreichet und für Holz verkauffet, der soll zum ersten Mal von jeglichem Gulden, soviel die werdt ist, 15 Kreuzer in eines E. Raths Puchs zu bezalen schuldig sein, wo er zum anderen Mal begriffen, soll ihme die Werckhstatt mit den zween Gesellen darnieder gelegt sein ain Jar lang.“ Diese Verfügung scheint trotz der angedrohten hohen Strafe nicht genügend gewirkt zu haben, denn sie wurde im Jahre 1592 mit folgendem Wortlaut wiederholt: „Die Meister, welliche sich der eingelegten Arbeit, sie were (werde) gleich verschickt oder bliebe allhie, gebrauchen, sollen sich des Malens und Anstreichens von Farben, es sei gleich was es wölle, gentzlich messen (enthalten), auch eine jede Arbeit mit guetem frischen Holtz zuemachen schuldig sein, bey Straff so darwider gehandelt und was gemaltes von Holtz verkaufft würde, des ersten Mals von jedem Guldin, soviel die Arbeit wert ist, 15 Kreuzer in eines Ers. Raths Bixen unnachläßlich zu bezahlen; würde aber einer zum anderen Mal begriffen, dem solle alsdann die Werkstatt mit zweien Gesellen ein gantzes Jahr darnieder gelegt sein.“ Es sollten also die Intarsien wirklich aus kostbarem natur- oder kunstgefärbten frischen Holz bestehen und nicht aus billigen minderwertigen Sorten, denen man durch Anmalen oder durch Auswahl faulender Stücke das Aussehen sogenannter echter Hölzer geben wollte.

Das, was den Pfuschern und Fälschern streng verboten werden mußte, konnte unter Umständen einem wirklichen Meister, der damit künstlerische Wirkungen erzielen wollte, erlaubt sein. In den „Amtlichen Berichten aus den Preußischen Staatssammlungen"[1]) findet sich gelegentlich der Beschreibung eines für das Berliner Kunstgewerbemuseum erworbenen Erfurter Schreibschrankes aus der Zeit um 1760 eine interessante Angabe über die Anwendung von Pinselmalerei in Verbindung mit Intarsia. Otto von Falke schreibt dort: „Auf den Türen, Schubladen und der inneren Kabinetteinrichtung sind in das aus Nußholz, Palisander und Wurzelmaser gebildete Furnier Bilder aus der biblischen Geschichte, aus dem Leben und Leiden Christi in sehr hellen Hölzern eingelegt. Dabei ist aber jegliche Schattierung und ein wesentlicher Teil der Innenzeichnung der Malerei überlassen." Das ist also etwas, was mit der obigen Bestimmung von 1592 vielleicht gar nicht betroffen werden sollte; vielmehr zielte diese wahrscheinlich nur darauf, die Verwendung von Farbe im Anstrich von kleinen oder großen Holzflächen, die als naturfarben oder künstlich durchgefärbt erscheinen sollten, zu verbieten. (Wir werden weiter unten sehen, daß die Fälscher immer frecher wurden und sich nicht mehr die Mühe machten, einzelne Holzteilchen anzustreichen und die Intarsiawirkung gewissermaßen nachzumalen, sondern das Gesamtbild schließlich mit einer Schablone (Patrone) auf eine einheitliche Holzfläche übertrugen oder gar diese Fläche nur mit buntem Papier überklebten (Abziehbilder?), womit flüchtigen oder unverständigen Beschauern eine Intarsiawirkung vorgetäuscht werden sollte.) Bei dem Erfurter Schrank ging der Meister offensichtlich über die Möglichkeiten der Intarsiakunst hinaus. Otto von Falke sagt hierzu: „Mit anerkennenswerter Beherrschung der figürlichen Darstellung hat der Erfurter Meister mit dem Pinsel in roten, blauen und grünen Tönen nachgeholt, was er mit seiner Marketerie allein nicht zu geben vermochte". Da der etwas spießbürgerliche Schrank wegen seiner „provinziellen Abart" der Rokokomarketerie erworben worden ist, so wäre es ja nicht undenkbar, daß es sich hier nicht um eine persönliche, sondern vielmehr um eine grundsätzliche und speziell erlaubte Arbeitsweise handelte, die vielleicht eine Spezialität der Erfurter Meister bildete.

F. Färben des Holzes.

Man kann wohl annehmen, daß in früheren Zeiten das Holz nicht in großen, sondern nur in kleineren Stücken, und zwar zum Zweck der Furnierintarsia gefärbt worden ist, weil man die Großfärberei wahrscheinlich technisch gar nicht bewältigen konnte; daß man aber das Färben von Intarsiahölzern schon frühzeitig zu besonderer Fertigkeit, zu einer Art von handwerklicher Wissenschaft entwickelt hat, ist anzunehmen. So erschien schon im Jahre 1532 in Mainz ein Büchlein mit dem Titel: „Allerley Flecken aus Kleidern zu bringen, wie Garne und Leinwand, Holz und Bein mit mancherlei Farben zu färben." Später, im 17. Jahrhundert, waren die Rezepte für solche und andere Fertigkeiten so zahlreich, daß sie in vielerlei Büchern gesammelt werden konnten. (In dem Kapitel „Alte Rezepte usw." ist auf solche Sammlungen ausführlicher verwiesen worden.)

---

[1]) Jahrgang 1919, Heft 4.

Die Augsburger Kistler haben die Intarsiakunst in Deutschland zuerst auf eine künstlerische Höhe geführt und in Parallele dazu das Färben des Holzes, wozu ihnen der blühende Handelsverkehr ihrer Stadt mit dem Orient alles nötige Material aus erster und bester Quelle lieferte. Daneben war ihre Spezialität auch die Be- und Verarbeitung des Ebenholzes[1]), besonders in Verbindung mit Elfenbein, Perlmutter und Silber, und sie waren hierin so sehr anerkannt, daß ihnen im Jahre 1589 der Rat der Stadt Augsburg, den Drechslern direkt entgegenwirkend, sogar das Drehen in Ebenholz gestattete, das jene augenscheinlich in der ihnen eigenen Technik nicht so gut bewältigen konnten, wie die darin sozusagen dilettierenden Kistler. (Vgl. Seite 73.)

Mit Ebenholz und anderen eben genannten Materialien sowie mit naturfarbenen Hölzern haben die Augsburger die herrlichen und vornehmen Wirkungen erzielt, die für ihre Kunst typisch geworden sind; daneben beschäftigten sie sich aber auch mit dem künstlichen Färben von Hölzern, hauptsächlich wohl zu Zwecken der Intarsia, und zwar hatten sie es sehr weit entwickelt und wohl gar Erfindungen gemacht, die sie mit Eifer geheimzuhalten und zu monopolisieren suchten. Im Jahre 1593 verhandelten die gesagten Augsburger Kistler mit ihren Verordneten und Vorgesetzten und mit dem Rat sehr eifrig über diesen Punkt. (Vgl. Seite 136 ff.) Die Verordneten wünschten, daß die Meister mit dem gefärbten Holz, das von Fürsten und Herren begehrt und oft 20, 30, ja 40 Meilen weit geführt wurde, weiterhin einen sozusagen monopolisierten Handel treiben sollten, weil in diesen schlechten Zeiten viele ihre Nahrung davon hätten; wenn man, wie es die jungen Meister wollten, den Verkauf an außerhalb wohnende Unzünftige (der übrigens nach der Zunftordnung verboten war!) unter hohe Strafen stellen würde, so geriete die Fabrikation sehr bald in die Hände von Unbefugten und würde dem Handwerk, das heißt der händlerischen Ausbeutung durch die zünftigen Meister, entzogen. Es könnte, so fügten die Vorgeher hinzu, geschehen, daß die Kistler des benachbarten Friedberg, die das gefärbte Holz der Augsburger auch verwenden wollten, einfach kein anderes Holz nach Augsburg hereinließen, wenn man ihnen jenes vorenthielte; oder aber es könnten Leute, die außerhalb der Bannmeile wohnten und deshalb als Käufer des gefärbten Holzes zugelassen wären, auf den Gedanken kommen, sich gleich größere Quantitäten zu bestellen und dann im Kleinen in die Bannmeile zurückzuverkaufen, ohne daß die Augsburger solchem Zwischenhandel wehren könnten; da sollten die Augsburger Meister das Geschäft doch lieber selbst machen. Diese händlerische Moral schien dem Rat denn doch seinem Grundsatz, allen kapitalistischen Tendenzen bei den Handwerkern entgegenzuwirken, sehr zuwider und nicht dem Qualitätswillen der Zünfte gemäß, so daß er dem Wunsche der jungen Meister ent-

[1]) Man nannte solche Spezialisten, die es später auch an anderen Orten, besonders in Mainz und Paris, gab, nach dem Ebenholz „Ebenisten", und diese Bezeichnung bedeutete dann in erweitertem Sinne auch, daß der Betreffende sich mit verfeinerter Tischlerarbeit, insbesondere mit Intarsiakunst oder Marketerie beschäftigte. Mehrere deutsche Tischler erhielten in Paris (Näheres ist im „Personenverzeichnis" zu finden) den Titel „Ebeniste du roi", besaßen also eine so ausgezeichnete Fertigkeit, daß man sie selbst über die Meister des Landes erheben durfte.

sprechend die „Fremden innerhalb sechs Meilen Wegs“, womit die Pfuscher und Unzünftigen gemeint waren, vom Bezug jeglichen Holzes, also nicht nur des gefärbten, ausschloß; wer ihnen dennoch lieferte, wurde zu 2 Gulden, im Rückfall zu 4 und 8 Gulden Strafe verurteilt. Wenn nun mit dem über die Bannmeile hinaus gelieferten Holz schlechte Ware erzeugt wurde, so konnte sie nicht mehr als Augsburger Erzeugnis schädlich wirken, und gegen den Rückverkauf des Holzes als Rohmaterial an die Pfuscher innerhalb der Bannmeile bzw. der schlechten Ware an Augsburger Bürger gab es ja genügend abwehrende Bestimmungen.

G. Bekleben mit gemaltem Papier, Patronen und Gilben.

Gegen das eben bereits erwähnte Bekleben des Holzes mit bemaltem Papier, womit eine mindergebildete Käufer anlockende Wirkung oder gar die Vortäuschung von Intarsiaarbeit bezweckt wurde, wendet sich der Artikel 37 der Augsburger Schreinerordnung von 1550[1]). Hier sind derartig beklebte Gegenstände der sofortigen Beschlagnahme unterworfen; es ist allerdings dabei gesagt, falls sie „für Holz verkauft“ werden sollten, so daß die Frage offen bleibt, ob der Verkauf gestattet war, wenn deutlich gesagt wurde, um was es sich bei solcher Ware handelte. Wahrscheinlich ist, daß ein grundsätzliches Verbot, solche Ware überhaupt zu verkaufen, ausgesprochen werden sollte und man schon deren Herstellung unterdrücken wollte. Hierauf läßt auch eine Bestimmung schließen, die im Jahre 1567 in Nürnberg erlassen wurde und in eine etwa im Jahre 1800 erfolgte Zusammenstellung von verschiedenen Bestimmungen wieder aufgenommen wurde. Sie lautet: „Soll zur Verhütung allerhandt Betrugs, in den etliche Meister sich vordem unterstanden, das wurmstichige Holz an neuer Arbeit mit gemahltem Papier zu bekleiden, hinfort kein Meister mehr einige neue Arbeit mit solchem Betrug zierlich machen, sondern die Arbeit offen lassen bei Straff fünf Pfundt Novis. Doch soll einem anderen Bürger (also einem direkten Besteller, nicht Käufer fertiger Ware), der sein alt Hausgeräth also bekleyden wolle, hierin nichts verpotten sein“.

Die Artikel 39 und 40 der Augsburger Ordnung von 1550 betreffen das Patronen (Aufschablonieren von Farben, die vielleicht die Maserung eines besseren Holzes vortäuschten) und das Gilben von „feuchtinen“ (fichtenen) Truhen.

H. Allerlei anderer Materialbetrug.

Es kam auch vor, daß sehr tüchtige und angesehene Meister sich zum Materialbetrug verleiten ließen, so zum Beispiel der Augsburger Meister Lorenz Bair (auch Bayr oder Pair geschrieben), der in den Jahren 1615 bis 1620 im Verding die Gerichtsstube und Ratsstube im Rathaus übernommen und dafür 2336 Gulden erhalten hatte. Unter anderem sollte er im großen Saal die zwei einander gegenüberstehenden Portale aus Nußbaumholz anfertigen. Er befand sich (es war kurz nach dem Ausbruch des Dreißigjährigen Krieges) in großer Not, und so nahm er etwas allerdings frisches Eichenholz

[1]) Vgl. den Urkundenanhang.

dazu und deckte alles gleichmäßig mit Farbe (!) zu. Der Betrug wurde im April 1621 entdeckt, Bair verhaftet und in den Turm geworfen. Auf Bitten des Kistleramtes und dessen Vorsteher wurde er aber schon nach 14 Tagen begnadigt, weil er schon 70 Jahre alt war und viele Kinder zu versorgen hatte.

Das Ebenholz, damals das teuerste und begehrteste aller Hölzer, wurde am meisten nachgemacht und ließ sich, eine „Ironie des Schicksals“ möchte man sagen, mit allerlei Holzarten fast täuschend darstellen. (Vgl. den Abschnitt „Alte Rezepte“.) Die Augsburger Kistler, die, wie bereits mehrfach erwähnt, besonders viel und schön in Ebenholz arbeiteten und dies Holz sogar drehen durften, mußten die zunehmende Zahl von Fälschungen gerade dieses Holzes besonders aufmerksam verfolgen. Im Jahre 1625 stellten sie den Antrag, es müßte die Ebenholzarbeit künftig von den Geschworenen außer mit der „Stattbir“, dem Stempel der Stadt, noch mit dem Wort „Eben“ gezeichnet werden; es werde so viel „gebaist (gebeiztes) Birnbäumin Holtz under Eben gearbeitet und vermischt, wodurch“, wie die Deputierten der Kistlerordnung beifügten, „die Handlung (der Handel) geschmelert und das Lob und Kundschaft dieser weltberiemten Reichsstatt, wegen dergleichen und anderen Künsten, merklich geringert werde. Es ist ein Arbeit, die man weit und fern verschickhen tuet“. Der Antrag wurde genehmigt und folgende Artikel in die Kistlerordnung eingefügt: „1. Erstlich solle fürohin keine ebne Arbeit, klein oder groß, verkaufft werden, sie seye dann zuvor von den jederzeit verordneten Geschworenen gezaichnet. 2. Solle alle Arbeit ungebaist (ungebeizt) und (un-)polliert den Geschworenen zu Haus gebracht, und wann alsdann das Holtz für gut erkandt, auch kein gebaistet darunder ist, durch den Geschworenen an den fürnemsten Orten (das heißt an den auffallendsten Stellen), und an alle Stückh sollcher Arbait, neben meiner Herren Stattpiere das Wort Eben geschlagen und gezaichnet, und für jedes Zaichen den Geschworenen 1 Pfennig bezahlt werden“. (Mußten wegen größerer Stücke die Geschworenen in das Haus des Erzeugers kommen, so erhöhte die Gebühr sich auf 1 Batzen.) „3. Wofern aber ein Meister ein schwartz Ebenarbait ungezaichnet verkauffen würde, so solle derselbe von jedem Gulden, so viel die Arbeit werth, 15 Kreuzer Straff in eines Ers. Raths Pixen zu bezahlen verfallen sein. 4. Wann auch bei einer oder anderen Arbait sich falsch Holz, wenig oder viel, befinden würde, soll solches durch den Geschworenen herausgeschnitten oder geschlagen, und damit Niemand betrogen, sollche Arbait nit gezaichnet werden“.

Die Fälscher scheinen sich nicht viel an dieses Gebot gekehrt zu haben, denn schon im Jahre 1639 petitionierten die Kistler in der gleichen Sache wieder an den Rat, indem sie behaupteten, „es werde mit schlechtem Ebenholz, ja mit Buxbaumholz ein großer Betrug verübt und die Qualität sei nach dem Beitzen und Pallieren schlechterdings nicht mehr zu erkennen.“ Der Rat erneuerte sein Verbot, aber es läßt sich nicht leugnen: die Handwerke glitten immer mehr ins Fälschen hinein, und diesem erwachenden Fälschergeist wurde überall die Chemie dienstbar gemacht, was aus den bereits mehrfach erwähnten Rezeptbüchern (vgl. den Abschnitt: Alte Rezepte) hervorgeht. Hierbei ist immer zu bedenken, daß diese Rezepte nicht auf einmal erdacht sind, sondern meist erst das

Endergebnis einer unter den Handwerkern längst im Geheimen blühenden Wissenschaft darstellen.

Wieder in Augsburg, wo eben die starke Nachfrage nach kunstreicher und materialschöner Ware das Fälschen besonders lohnend machte, beklagten sich die Kistler im Jahre 1665, „das Ochsenhorn werde durch sonderbare Wissenschaft den Schildkroten gleich praeparieret". Der echten Schildkrötenschalen bedienten sich die Kistler besonders zu Einlegearbeiten, die sehr geschätzt und gesucht waren. Deshalb beeilte sich der Rat, den Fälschern entgegenzutreten, indem er verfügte, „daß künftig alle Schilltkroten Arbeit durch die Geschworenen wie Ebenholz besichtigt und sonderbar bezeichnet werden möge, damit niemand mit Ochsenhorn betrogen werden möge".

Man darf die immer mehr zum Unsicheren — zum Schlechten wäre zu viel gesagt — sich entwickelnden Verhältnisse nicht allein der nach dem Dreißigjährigen Krieg gebliebenen Verarmung und Verwilderung in die Schuhe schieben; an ihnen hat auch die immer mehr sich veräußerlichende Zeit, die wieder auch in der Kunst ihren Ausdruck fand, schuld gehabt. Genug, es kam so weit mit der sinkenden Moral und technischen Verlotterung, daß ein Amtmann, also eine höhere Gerichtsperson, in Koburg, namens Georg Paul Hönn, sich veranlaßt sah, im Jahre 1761 ein „Betrugslexikon"[1]) herauszugeben, in dem er vielleicht die in seiner Berufspraxis gewonnenen Erfahrungen niederlegte. Über die Tischler sagte er darin auf Seite 407 ff.:

„Schreiner oder Tischler betrügen: 1. Wenn sie Betten, Tische oder Stühle und andere Sachen aus dürrem oder verlegenem Holtze verfertigen und hernach solche, da sie selbige mit ein wenig Farbe anstreichen, vor gut und tüchtig verkauffen. 2. Wenn sie Stubentüren und Brücken oder anderes Getäfel aus grünen Brettern verfertigen, daß solche, sobald sie in die Wärme kommen, kürtzer werden, Spalte und Risse kriegen, und gleichwohl dieselben vor wohl ausgedorrte Thielen den Leuten anpreisen, auch daß sie nicht aufreißen sollen, den Leuten versprechen. 3. Wenn sie ihre Arbeit nur obenhin machen und die Bretter weder glatt abhobeln noch auch mit tüchtigem Leime in den Fugen fest genug zusammenstoßen. 4. Wenn sie füchtene Bretter vor kieferne, und Büchen-Holtz vor Eichen usw. zu ihren Waren nehmen und den Leuten vor kieferne oder Eichen-Holtz verkauffen. 5. Wenn sie, was an ihrer Arbeit zu drehen ist, selbst verfertigen, also auf diese Art, auch wohl sonsten, in das Dreher- und Zimmer-Handwerck Eingriff thun. 6. Wenn sie eine angedungene Arbeit zwar anfangen, und da sie solche versprochenermaßen fördern sollten, öfter daran unter allerhand Excüsen (Ausreden) aussetzen, wohl wissende, daß ihre angefangene Arbeit kein anderer Meister ausmachen dürffe. 7. Wenn sie bey Arbeiten nach dem Taglohn etwas von den ihnen anvertrauten Nägeln, Leim oder dergleichen zuruck behalten und dennoch den Leuten weiß machen, sie hätten solche zur Arbeit verbrauchet. 8. Wenn sie auf den Taglohn, wenn sie niemand um sich wissen, sich öfters auf die faule Seiten legen." Der Verfasser empfiehlt als Mittel dagegen: „Wider dises kann man sich theils in der Schreiner-Innung prospicieren (schützen), theils aber kann es gute Aufsicht verhindern."

[1]) Verlag von J. C. Findeisen in Koburg.

Wir wollen dieses Kapitel nicht schließen, ohne diesen zur Zeit des gewerblichen Niederganges geschriebenen Beschwerden des trockenen, grämlichen Juristen das Urteil eines begeisterten Kritikers entgegenzusetzen: Christoff Weigel in Regensburg gab, allerdings 63 Jahre früher als die handwerkliche Kunstfertigkeit im Begriffe war, ihren Höhepunkt zu überschreiten, den Tischlern folgendes, fast überschwengliches Zeugnis[1]): „Diese Tischler- oder Schreiner-Kunst ist nicht eine von den geringsten, wie sie von manchen gehalten wird. Erstlich muß einer, der sich will einen recht verständigen Schreiner nennen, die Architektur-Perspektive und Bau-Kunst wohl verstehen, ja er muß auch mehr als ein halber Bildhauer sein, und in Laub- und Blumenwerk wissen zu reißen, so wohl auch in Figuren, dann man von dergleichen eingelegter Arbeit, von Bildern, Blum- und Laubwerk offt so schön macht, als ob's ein künstlicher Mahler verfertiget. So soll auch ein Schreiner ein guter Erfinder allerhand schöner Sachen seyn; sonderlich muß er wegen des Holzes guten Verstand haben, wie dasselbe zu gebrauchen, damit es sich nicht schwinge, ingleichen, welches Holtz zu einer jedweden Arbeit am besten tauge."

Weigel stellt dann unter den Tischlern oder Schreinern folgende Arbeitskategorien auf:

1. Da gibt es erstlich, die nichts als gemeine Stuck von schlechtem Holtz verfertigen.
2. Legen sich nur auf schwartz-gebeitzte Arbeit und excellieren darinnen, daß man es mit Verwunderung ansieht.
3. Die von Schildkroten unvergleichlich fleißig und zierliche Arbeit an's Liecht bringen, und dannenhero Schild-Kroten-Kistler heißen.
4. Wieder andere verarbeiten meistentheils gutes Holtz, als Ebenholz, Cypressen, Oliven, Brisil, Indianisch Violet, Zucker-Kisten, Zucker-Damm, Schweitzer Wurtzeln, Nußbäumen-Masern, Cedernholtz, Königsholtz.
5. Noch bey Manns-Gedenken seynd aufgekommen, die das Holtz künstlich wissen zu versilbern und auf Silber-Art ungemeine schöne Wercke von Tischen, Spiegel-Rahmen, und was man nur verlangen mag, verfertigen; diese werden Silber-Kistler genannt.
6. Ja, ettliche haben es so weit gebracht, daß sie auch Perlen-Mutter, Stein und Glaß wissen schön zu schneiden, und in schönes Holtz einzulegen, wie dann von solch eingelegter Arbeit, da von Stein, Perlen-Mutter, der Natur ähnlich gefärbtem Holz ganze Landschäftlein, treffliches Laubwerck, natürlichste Blumen und Früchten präsentiert werden, zu Augspurg sonderlich bey Herren Eichler und Ellrich, nach der Wahl, mit Verwunderung zu sehen und zu bekommen die herrlichste Contoir, alle auf englische Manier in zierlichem Format und unglaublicher Commodität gemacht; item Spiegeltisch, Spiegel-Rahmen, Schreib-Tisch, Pult, wie

[1]) „Abbildung der Gemein-Nützlichen Hauptstände von denen Regenten und ihren so in Friedens- als in Kriegs-Zeiten zugeordneten Bedienten an, biß auf alle Künstler und Handwerker". Regensburg 1698. (In der Bibliothek des Berliner Kunstgewerbemuseums unter „U. 7" zu verlangen.)

sie nur immer zu ersinnen. Dabei ist curios, daß an bemalten überaus zierlichen Contoir ein Schloß und Schlüssel alle Schubladen zugleich schließet, und das Schlüsselloch, daß, wem der Vortheil nicht gezeigt wird, solcher es nicht weiß zu finden."

An dieser Stelle seien noch einige technische „Erfindungen" oder Kuriositäten, die zum Teil schon in der Zeit der Gotik, meist aber erst später von „kunstreichen" Tischlern angefertigt wurden: Klapptische, Drehtische, mechanische Tabernakel, Uhrgehäuse, bewegliche Figuren an Evangelienpulten, sogenannte Kunstschränke, Drehsessel, Wärmekistchen für die Füße, Feldkochkisten, Stühle mit innenstehenden Lampen für alte Leute, kombinierte Möbel (Schrankbetten, Bettische), Fahrstühle und Krankenmöbel, Möbel für den Feldzug (Klappbaracken, zusammenlegbare Tische, Stühle und Betten), drehbare und verstellbare Sessel, Klosette und Nachtstühle, das Musikinstrument als Möbel, ärztliche Möbel (Geburtsstühle, Operationsgestelle), hölzerne Geschütze und Kanonen, Wiegen, Briefkästen, Ladeneinrichtungen usw.

J. Meisterzeichen.

Daß auf die Meister ein Zwang, ihre Arbeiten mit ihrem Namen oder Zeichen als eigenes Erzeugnis kenntlich zu machen, ausgeübt worden wäre, ist aus den Zunftakten nicht zu belegen gewesen[1]). Es fanden sich aber nicht nur keine Vorschriften, sondern auch keine Anhaltspunkte, wann oder in welcher Regelmäßigkeit solche Meisterzeichen gebraucht wurden. Ebensowenig können wir sagen, ob, was wahrscheinlich ist, jeder Meister, der ein Zeichen führen wollte, dieses sich selbst wählte, oder ob es verliehen bzw. in ein Verzeichnis eingetragen wurde. Die Beantwortung dieser Fragen muß einer weiteren Forschung vorbehalten bleiben.

Im Jahre 1554 beschwerte sich der Meister Endres Purckdorffer in Augsburg beim Rat, daß man ihm sein Zeichen, nämlich „ain Türggenkopff mit ainem Halls und Part, auch ainen spitzig Huet und Türggenbausch darumb" nicht gestatten wolle, weil sein Schwager Ludwig Faißtkopff in seinem Zeichen „allein ainen ploßen glatten Kopff one Bart, auch sonnst weder Halls, Huet noch Pausch, wie ich, nit dran" führe. Sachverständige, nämlich die Zeichen- und Wappenschneider (!), sprachen sich dahin aus, daß die beiden Zeichen „ains von dem andern woll gekhenndt und dazwischen Underschaid genug ist".

Daß der alte Werkzeugmacher und Schreiner Leonhard Danner (1497 bis 1586) den von ihm (aber als Spezialität) angefertigten Werkzeugen ein aus dem Wappen seines kurfürstlichen Auftraggebers und seinem eigenen kombiniertes Zeichen einschlug, haben wir auf Seite 438 bereits erwähnt. Ferner auf Seite 283, daß die berühmten Lübecker Meister Evers, Vater und Sohn, in der zweiten Hälfte des 16. Jahrhunderts das gleiche Zeichen, also gewissermaßen eine Hausmarke führten, es zeigt zwei gekreuzte Degen, durch deren Kreuzungs- und Querpunkte je ein horizontaler Querstrich gezogen ist.

---

[1]) Ausgenommen der auf Seite 408 geschilderte Fall, in dem ein Nürnberger Händler zwecks Durchführung der Kontrolle durch die Meisterschaft nur solche Ware führen durfte, die von den Verfertigern mit ihrem Namen bezeichnet waren. Dieser Fall ereignete sich überdies erst im Jahre 1802.

In seinem Buch „Deutsche Möbel der Vergangenheit“ erwähnt Luthmer die in Paris arbeitenden deutschen Schreiner Birkle, Carl Richter, Joh. Phil. Feuerstein, Peter Schmitz, Caspar Schneider, Joh. Gottl. Frost, Joh. Friedr. Bergemann, Peter Aug. Blucheidner, Friedr. Schwerdtfeger und Adam Weisweiler, die alle ihre Werke zu signieren pflegten, ein Beweis für ihre besondere Wertschätzung in der vornehmen französischen Welt.

Von den Architekten und Bildhauern haben die Tischler den Brauch übernommen, ihren eigenen plastischen Porträtkopf gelegentlich an einer ihrer größeren Arbeiten anzubringen. Dies tat Jörg Syrlin der Ältere an dem von 1469 bis 1474 ausgeführten Ulmer Chorgestühl (Abbildung im Anhang); ebenso der eben genannte Tönnies Evers der Jüngere an der von 1587 bis 1592 vollendeten Orgelverkleidung der Lübecker Petrikirche.

K. Erfindungen.

Mehrfach sind Tischler in ihrem Fach als Erfinder aufgetreten. So der bereits mehrfach genannte Schreiner und Büchsenschmied Leonhard Danner (Thanner) in Nürnberg als Werkzeugmacher für die Anfertigung von Schrauben aus Holz. (Vgl. Seite 438.) — Ob Georg Renner, der (vgl. Seite 454) im 16. Jahrhundert die Maschinen zum Feinschneiden von Furnierhölzern erfand, ein Tischler war, steht dahin. — Brommler in Memmingen (vgl. Seite 453), der eine Erfindung gegen den Schwund des Holzes im Jahre 1844 finanzieren wollte, scheint dem Handwerk angehört zu haben. — Peter Klör in Hammelburg, der im Jahre 1840 um Subvention für eine Maschine bat, die zugleich Furniere schneiden und Öl pressen sollte, war jedenfalls ein Schreiner. — Ein Kunstschreiner Glink in München[1]) erfand eine Meßmaschine oder einen Meßkarren für Geometer zur Messung von Straßen usw. — Auch Thonets Erfindung der Stühle aus gebogenem Holz (vgl. Seite 455) kann hier angeführt werden. — Im Stadtarchiv in Straßburg befindet sich der Entwurf eines Vertrages, den Conrad Zwieck in Straßburg mit Stieber oder Stüber in Nürnberg abschließen wollte. Zwieck behauptete im Jahre 1557, eine Erfindung zur „Holzersparnis“ gemacht zu haben, deren Ausnützungsrecht er dem Stieber für folgende Städte und Länder übertragen wollte: Lübeck, Hamburg, Lüneburg, Magdeburg, „Sächsischen Hall“ (Halle), Polen, Tammarck (Dänemark), Sachsen, Preußen und Braunschweig. Ferner liegt in dieser Angelegenheit ein von 1557 datiertes Schreiben von L. Gremps an den Grafen von Öttingen vor. Leider enthalten beide Schriftstücke nichts Näheres über die Art der „Erfindung“, die Zwieck und andere doch als bedeutend angesehen haben müssen, wenn sie ernsthaft über die Erteilung von so weitreichenden und doch nur mit kaufmännischem Kapital ausnutzbaren Lizenzen verhandelten. Was kann Holzersparnis bedeutet haben?

Bezogen sich die vorstehenden Erfindungen zum Teil auf die Technik des Handwerks, so könnte man unzählige „Erfindungen“ nennen, die der einzelne Meister bei der Ausführung des Objekts aus sich heraus machte oder auf Anregung seiner Besteller gestaltete, woraus dann zuweilen Typen entstanden,

[1]) Kreisarchiv München. H. M. 73.2736 (ohne Jahreszahl).

während es wohl meist bei der einmaligen Erzeugung der Kuriosität blieb. (Vgl. Seite 464.)

L. Arbeiten nach zeichnerischen Entwürfen und Vorlagen.

Wenn man die Museen durchwandert und sich die überlieferten Hausratstücke genauer ansieht, kommt man zu der unabweislichen Auffassung, daß neben der stilistischen Tradition, die im deutschen Tischlerhandwerk zu allen Zeiten wirksam gewesen ist, auch eine Art Übereinkommen in bezug auf die Maße bestanden haben muß. Im einzelnen bestehen wohl hier und da Aufnahmen der Maße der im jeweiligen Museumsbesitz vorhandenen Stücke; aber eine systematische Vergleichung dieser Maße ist unseres Wissens noch nicht vorgenommen worden. Sie würde gewiß mancherlei wichtige Aufklärung bringen, wäre aber Sache der Museumsleitungen und ginge über die Aufgabe und Möglichkeiten des Verfassers der vorliegenden Gewerbegeschichte hinaus. Immerhin soll hier versucht werden, mit Hilfe der hier bearbeiteten Gewerbeakten einige kleine Beiträge zu liefern.

Zunächst sei die Frage aufgeworfen, wie eine solche Vereinbarung, betreffend „Normen", wenn sie wirksam gewesen ist, zustande kam? Wir wissen, daß die Gesellen von Ort zu Ort wanderten und, wie sie es mit sozialen Gebräuchen taten, wohl auch die künstlerischen Erfahrungen und technischen Gepflogenheiten, zu denen auch die Normen der Maße und Verhältnisse zu rechnen wären, insbesondere aus den kunstreichen Städten im Lande herumgetragen haben. Wir wissen ferner, daß es wohl öfters vorgekommen ist, daß die eine Zunft direkt oder durch den Rat ihrer Stadt an anderen Orten Nachfrage halten ließ, wie es dort mit den Meisterstücken gehandhabt werde. Eine solche Anfrage richtete zum Beispiel Nürnberg im Jahre 1548 nach Augsburg. (Vgl. Seite 225.) Möglicherweise wurden solche Anfragen nicht nur durch allgemeine Angaben, sondern auch durch Mitteilung der Maße, die man den Meistergesellen zur Anfertigung der Stücke zu geben pflegte, beantwortet. Daß letzteres, nämlich die Anweisung an die Meistergesellen, in solcher Weise geschah, kann im Kapitel „Die Meisterprobe" auf S. 215 ff. nachgelesen werden.

Die Beantwortung dieser Frage verknüpft sich aber mit der Lösung eines zweiten Problems: Haben die Meister in frühesten Zeiten überhaupt nach zeichnerischen Entwürfen gearbeitet, oder hatten sie die Maße nach langer Gewohnheit wegen geringen Bedürfnisses nach Abwechslung seitens der Konsumenten derart im Kopfe, daß weder eine Niederschrift oder Aufzeichnung von Grundriß und Aufriß notwendig war? Ferner wäre die Frage interessant, ob die Meister, falls sie nach zeichnerischen Entwürfen arbeiteten, sich diese Entwürfe selbst anfertigten, oder ob sie die Entwürfe von ihren Bestellern oder gar von außenstehenden Künstlern sich liefern ließen? Wäre das letztere die Regel gewesen, so könnte man es kaum erklären, wie trotzdem eine gewisse Normierung zustande kam. Wahrscheinlich war die „Visierung" (Auf- und Grundriß) der Meisterstücke nach den zünftigen Maßen dieser Stücke als wesentlicher Teil der Probe überhaupt etwas, was die Gesellen schon vorher so nebenbei erlernten und von dem man nicht viel Aufsehens machte; ein eigentlicher Unterricht wurde jedenfalls darin nicht erteilt, sondern das erreichte Maß der beiläufig erworbenen Fertigkeiten nur gelegentlich der Erwerbung der Meisterschaft mit nachgeprüft. Peter Jessen hat[1]) die Beeinflussung der Handwerker durch vervielfältigte Vorlagen, die entweder von Handwerksgenossen oder von außenstehenden Künstlern entworfen waren, sehr eingehend untersucht. Die Erfindung des Kupferstiches um die Mitte des 15. Jahrhunderts hat zweifellos erst die Vervielfältigung von Musterblättern ermöglicht; es war aber doch nicht so, als ob man auf diese Erfindung nur gewartet hätte, um auf diese Weise nun im handwerklichen Beruf geistige Anregungen zu verbreiten, und die verschiedenen Kulturvölker haben durchaus nicht alle sofort Gebrauch von dieser Möglichkeit gemacht. Auch in Deutschland und in den Niederlanden, wo das zuerst geschah, hat noch lange Zeit das Arbeiten nach fremden, zeichnerischen Vorbildern nur einen sehr kleinen Teil dessen bedeutet, was damals in den rastlosen deutschen Werkstätten ausgeführt wurde. „Noch waren die Erfindungen auf Papier nur eine spärliche Ergänzung zu dem, was der Handwerker aus eigener Kraft schuf; noch pflanzte sich das Neue von Mann zu Mann fort; für plastischen Zierat nahm man auch Abdrücke zu Hilfe.“ Fast zufällig „verfielen die Goldschmiede, durch ihr Handwerk mit dem Grabstichel vertraut, darauf, in Kupferplatten zu gravieren und davon Abzüge zu nehmen. Was sie in den Handel brachten, war nicht eigentlich zum künstlerischen Genuß bestimmt, es waren Gebrauchsstücke . . . Diese Blätter waren auf den Werkstätten als Vorlagen willkommen und haben Malern, Glasmalern, Schnitzern, Töpfern, Buchbindern, Stickern und Silberschmieden gedient“.

Die zeichnerischen Beeinflussungen des Handwerks[2]) gingen in Deutschland also vom Handwerk selbst aus, nicht etwa von Architekten, wie denn auch die Anregung sich mehr als Spieltrieb äußerte und so auch weiter verarbeitet wurde, hat sich demnach fast ausschließlich mit der Fortentwicklung des ornamentalen Beiwerkes, zunächst des Blattwerkes mit figuraler Beimischung, selten aber mit architektonischem Aufbau befaßt. Diese deutschen Ornamentstiche der gotischen Zeit bewegten sich also „im geläufigen Formenkreise des Handwerks, das noch aus eigener Kraft lebte“. Als später das aus Italien eindringende architektonische Element der Renaissance zu verarbeiten war, versagten die Baumeister und Bildhauer und blieben im Handwerklichen ihrer Kunst haften. So wurden die Maler die jetzt unentbehrlichen Anreger des Handwerks, und damit „schlug dem Ornamentstich die Stunde“.

Die erste Beeinflussung durch Vorbilder finden wir bei den deutschen Tischlern um 1522 durch Peter Flötner in Nürnberg, den man fast als Fachgenossen, er war unter anderem Holzbildhauer, ansprechen darf; jedenfalls waren seine Holzschnitte den Tischlern stoffverwandt. Von ihm nahmen die

[1]) „Der Ornamentstich“, Geschichte der Vorlagen des Kundsthandwerks seit dem Mittelalter. Berlin 1920. Verlag für Kunstwissenschaft, G. m. b. H.

[2]) Nach Jessen sind Zusammenhänge zwischen Vorlagen und Werkarbeit im Möbel noch immer spärlich nachzuweisen. Im Schloßmuseum in Berlin befindet sich ein kleiner Wandtisch, der nach einem Stich Bernard Toros von 1716 aus dem „Livre de tables“ gearbeitet ist. Jessen, ebenda S. 261.

Tischler besonders die im Renaissancestil gehaltenen Vorbilder für Intarsien und Füllungen, die sie nicht selten in noch gotische Körper einfügten. — In der Spätrenaissance lag die allgemeine Führung bei den Malern und Tischlern, doch wurde das Handwerk der letzteren spärlich mit Vorlagen bedacht. Gegen Ende des 16. Jahrhunderts regte der Verleger Buxenmacher in Köln „einige Schreinwerker zu gemeinsamer Arbeit für die näherliegenden Aufgaben ihres Faches an". Fast gleichzeitig brachten die Tischler Veit Eck und Jacob Guckeisen in Straßburg und der „verwegene" Geselle Hans Jacob Ebelmann aus Speyer Vorlagenwerke heraus. Der „Glaube an die Allgewalt der antiken Ordnungen" verwirrte ganz allgemein die Köpfe, und so waren auch jene Tischler „den „Lockungen des modischen Formschwalls nicht mehr gewachsen". In Wien ätzte 1583 der Hoftischler Georg Haas „50 Perspektifischer Stück oder Boden", das heißt Decken in Scheinperspektive. Gabriel Krammer aus Zürich, Leibtrabant und Pfeifer in Prag, widmete 1600 dem Kaiser Rudolf II. ein „Buch von den funf Seulen sambt ihren Ornamenten und Zirden" und gab 1602 ein hübsches „Schweiffbuch" heraus. Ein Tischlergeselle, Rotger Kasemann in Köln, war 1615 in seinen Mustern „wirr und knorpelhaft". „Im Ornamentstich behielten weiter die Tischler das Wort", bis das 30jährige Kriegselend sich über die deutschen Lande breitete. Nach Friedensschluß hatte sich die „triebhafte Formlust der verkommenen Handwerker ins völlig Unbändige verloren, ohne für die Kernform neue, gesunde Grundgerüste gestalten zu können". „Voll frohgemuten Werkstolzes" läßt sich der Frankfurter Stadtschreiner Friedrich Undeutsch um 1650 in seinem „Neuen Zieratenbuch" als einen Handwerksmann feiern, der sich auch der Künste befleiße und trotz seines Namens ein teutschgesinnter Mann sei. Nach Peter Jessen hat in derselben Stadt und demselben Beruf Donath Horn gelebt, dessen „Ziraten-Buch" wohl etwas später in Nürnberg erschienen, auf großen Kupfern besonders an barocken Masken sich etwas zugute tut. Ein Nürnberger Schreiner, Georg Casper Erasmus, gibt mit breiten Lobsprüchen auf den römischen Architekten Vitruvius, den die italienische Spätrenaissance sich zum Vorbild genommen hatte, im Jahre 1666 ein „Seulen-Buch" mit Tischlerzieraten im üppigsten Knorpelstil heraus. Georg Caspar war 1695 in einem kleinen „Zierathen-Büchlein" schon völlig zum Laubwerk des italienischen Barocks übergegangen. Auch weitab von den Kunstzentren mühten sich solch eifrige Sucher um die Geheimnisse der Alten und um die Probleme von heute. Simon Cammermeir oder Cammermayer zu Wendling im Rieß bringt im Nürnberger Verlag das übliche „Zierrathen-Buch" heraus und 1678 ein Werk „Von den fünff Ordnungen"; ein Tischmacher zu Basel, Johann Heinrich Keller, lieferte dem Stecher Peter Aubry in Straßburg Material für eine ähnliche Veröffentlichung, und der Geselle Johann Christoph Feinlin in Waldshut mühte sich mit unbeholfenem Kopf und Händen, es den anderen gleich zu tun. Aus der rein äußerlich aufgefaßten Formlust wurde eine „Zierseuche". — In der nun anhebenden Herrschaft des Barock „brachten die welschen Baumeister und Stuckbildner, die nach dem Kriege Süddeutschland überfluteten, über die Alpen ihre Lieblingsbeizierde mit, den massigen, tiefgehöhlten Akanthus; von dort ist er auch im Stich, oft unter italienischem Titel, den deutschen Tischlern und Schnitzern vermittelt worden". Wie schon hundert Jahre vorher der Augsburger Tischler Wendel Dietrich sich als Architekt versucht und die Michaeliskirche in München mit einer Schreinerfassade bedacht hatte, schrieb 1685 der Hoftischler Johann Indau in Wien in seinem „Wienerischen Architektur-, Kunst- und Säulen-Buch": „Die Architektur darf nicht bei den alten Regeln bleiben." Und ein platter Bursche in Leipzig, der Tischler Christian Senckeisen, klagte 1707, „man siehet of seinen Greuel, wie sich die Architektur muß zerhümpeln und mißbrauchen lassen". Ein anderer, der kaiserliche Hoftischler Marcus Nonnenmacher, nannte 1710 sich geradeaus „architektonischer Tischler". Da die Architekten weiterhin als Führer vollständig versagten, veröffentlichte jetzt sogar ein Mathematiker (Schübler), dem jede Fühlung mit der verantwortlichen Praxis fehlte, gegen die „gotische Verwirrung" einen „gründlichen Unterricht in der Säulenordnung". Vorlagenwerke erschienen ferner 1698 von dem „Bürger und Klosterschreiner" Benedict Stadler in Niederaltaich in Bayern und 1685 von dem Meister M. Steinlein oder Steinle in Breslau und von manchen anderen[1]). — Zur Zeit des deutschen Rokoko war „unter den wenigen Schreinern im Ornamentstich wenigstens einer, der sein Fach kannte und das für seine Genossen Nötige mit Geschick und Geschmack darzustellen wußte: Johannes Rumpp in Augsburg".

---

[1]) Im Jahre 1850 hielt es der „Ebenist und Zeichenlehrer D. Freudenvoll in Mainz noch für notwendig, eine „Beschreibung der Fünf Säulen-Ordnungen und richtige Anweisung, den Grund- und Aufriß zu zeichnen; nebst einer Abhandlung der Bogenstellungen" zum Gebrauche seiner Schüler im Selbstverlag herauszugeben. Darin ist abgedruckt aus einem „Säulenbuch von 1667" ein „Poetischer Vortrag (das heißt wohl: Vorrede) vom Ursprung der fünff Haupt-Seulen", dessen Einleitung einen Begriff davon geben mag, wie es damals in den Köpfen vieler Berufsgenossen ausgesehen hat:

„Was die Gifft-vergallte Schaar, aus Neid pfleget zuverlachen,
Pflegt des Weisen Mund und Hand, billich-billich groß zumachen;
Dieses, was der Spötter-Hauff, und der Pöfel nichtig acht,
Deme wird durch klugen Witz, erst recht embsig nachgetracht;
Was gemeinen Nutzen hegt, ist ja billich hoch zu loben?
Was die Länder nie beschwert, wird mit vollem Recht erhoben?
Dieses braucht kein Wider-red, daß durch Wissenschaft und Kunst
Mancher sich empor gebracht, und erlanget Fürstengunst;
Dieß beglaubt der Künste Preiß, Geometria genennet,
Davon die Architektur nimmer werden mag getrennet."

Es folgt dann in schwülstigem Stil eine mit „Humor" durchsetzte Darstellung der Entstehung der Säulen. Wie sich die Seuche der Handwerkerarchitektur, auf die der unbekannte Verfasser natürlich sehr stolz war, ausgebreitet hat, erklärt der Schluß des Gedichtes:

„Ferner hat sichs anderweith
Von Venedig biß nach Rom, durch gantz Welschland außgebreit;
Biß der Künste Schauplatz auch, Teutschland solche überkommen,
Da dann solche Wissenschaft, mehr und mehr hat zugenommen.
Auch der Grund der Symmetry, völlig wurd ans Licht gebracht,
Maßen dieses Werck bezeugt, wann es nützlich wird betracht."

Die Bautischler wurden in den Fürstenschlössern von den bauleitenden Architekten versorgt. — Als der Zopfstil heraufkam, wandten sich neugegründete Zeitschriften an die Fachkreise der Industrie und des Handwerks. Sheratons, des berühmten englischen Tischlers Werke wurden übersetzt, und im Geiste dieses Künstlers erschienen andere Vorlagenwerke.

Kehren wir zurück zur beginnenden Renaissancezeit, in der, wie wir oben nach Peter Jessens Darstellung gesehen haben, die Beeinflussung der Tischler durch fremde Entwürfe begonnen hat. Aus dieser Zeit befindet sich in den Kistlerakten des Augsburger Stadtarchivs ein interessantes Dokument (K. A. I. 107), das aus dem Jahre 1564 datiert ist. Da hatte der Schreiner Peter Heyß (Heiß) einem Balthasar Bingkesser, der wohl auch Schreiner gewesen ist, einige Risse für 59 Gulden abgekauft. Heyß wurde deshalb von den Vorgehern der Schreiner zur Verantwortung gezogen. Es geht nicht ganz klar hervor, aus welchem Grunde dies geschah, ob deswegen, weil er die Risse, die von den Vorgehern nur mit 10 bis 12 Gulden bewertet wurden, überzahlt hatte, oder weil ihm aus dieser Überzahlung eine unlautere Verwertung fremder Entwürfe, die vielleicht noch grundsätzlich verboten war, nachgewiesen werden sollte. Heyß stellt in seiner Verteidigung das Bestehen eines solchen Verbotes in Abrede. Er schreibt: „So es doch jederzeit (!) gebräuchig, und noch einem jeden Handwerksmann oder Künstler unverboten ist, ihm (d. h. sich) die Visierung zu seiner Handarbeit seines Gefallens reißen zu lassen, wie denn auch noch auff diese Stund unsere Arbeit mit Malern, Bildhauern, Drexlern, Schlossern, Etzern und Vergüldern gezieret wird." Wie aus dem folgenden Verteidigungssatz hervorgeht, scheint es sich bei den Rissen um farbig dargestellte Perspektiven irgendwelcher Stücke gehandelt zu haben, was den Vorgehern auf die ihnen nicht zulässig vorkommende Absicht des Heyß hinzudeuten schien, schon mit diesen Perspektiven und nicht erst mit den ausgeführten Stücken Käufer anzulocken. „Daß meine Vorgeher weiter fürgeben, wie Bingkesser mir zu Befürdernuß der Arbeit die Farben aufgestrichen hab, hat auch wenig Grund hinter ihm, dann er mir sollichs lieber hinderlassen" (soll heißen: denn das hätte er sich auch sparen können). „Darumb ist es aber von ihm beschehen, daß er hirunder sein aigen Nutz gesucht und verhofft, es sollt ihm desto baß (besser) vom Herrn bezahlt werden, denn mit seinen Farben kann er mir mein Arbeytt wenig zieren, ich kann in (ihnen, den Farben) auch nit nachkummen, sunder muß main Arbeytt nehmen, wie ich's an dem Holtz gehaben mag." Möglicherweise waren es auch nicht Perspektiven, sondern farbige Skizzen zu Intarsien; wenigstens läßt der folgende Schlußsatz der Verteidigung des Heiß' auch eine solche Deutung zu: „Es ist allein derwegen von ihm fürgenommen, ob sich ein Herr, dem es fürkeme, desto baß (besser) daraus zu ersehen, und einen besseren Verstand daraus zu nehmen hätte, dann (während) ich für mein Person solchen Kost (solche Kosten) darauf zu wenden, gar nit gesinnet bin." Hiernach könnte es sich um ein Möbelstück gehandelt haben, dessen Zeichnung („Visierung") Heyß seinen Kunden vor der Ausführung zu zeigen beabsichtigte; wollte dann ein Besteller nach den farbigen Skizzen Bingkessers die Intarsien mit ausgeführt haben, so würde Heyß diese kostbare

Erweiterung des Auftrages gern übernommen haben, denn man braucht ihm wohl nicht zu glauben, daß er den „Farben“ nicht hätte „nachkommen“ können. Auf jeden Fall ist hier festgestellt, daß einem Tischler die Übernahme fremder Entwürfe und das Suchen von Aufträgen mit ihnen vom Magistrat verboten wurde, hauptsächlich wohl, weil sich kein Handwerker zum Nachteil seiner Konkurrenten mit fremden Federn schmücken sollte, wie es ihnen ja z. B. auch verboten war, auf ihrem Jahrmarktstand fremde Ware als die ihre zum Verkauf zu stellen. (Vgl. Seite 389.)

Abgesehen von den Vorschriften für die Meisterstücke findet man in den Urkunden des Tischlergewerbes nur höchst selten einmal einen Hinweis auf das Zeichnen. Einem Cölner Lehrling, der mit Bewilligung seines Lehrmeisters bei seinem Vater dann und wann die „zur Schreinerarbeit höchst nötige Zeichenkunst“ erlernte, machte 1727 die Zunft dieserhalb Schwierigkeiten, indem sie die Zeichenstunden nicht in die vereinbarte Dauer der Lehrzeit mit einrechnen wollte, ob aus reiner Bureaukratie oder aus verächtlicher Geringschätzung dieser freiwilligen Studien, steht dahin. Fast möchte man das letztere annehmen, wenn man sich der Eingabe erinnert, mit der Meister Jos. Steffen im Jahre 1793, nach vorläufiger Einführung der Gewerbefreiheit durch die Franzosen, dem Kölner Rat die Vorzüge der Zeichenkunst beweisen zu müssen glaubte. (Vgl. Seite 203 ff.)

Die ersten Nachrichten über eine systematische Beeinflussung der Handwerker sind wohl nicht früher als für das letzte Drittel des 18. Jahrhunderts anzusetzen, denn dieser Gedanke konnte erst mit der heraufdämmernden Gewerbefreiheit greifbare Gestalt gewinnen. In Lörrach in Baden[1]) sollte im Jahre 1768 eine Zeichnungsschule gegründet werden. — Als die im Jahre 1770 in München gegründete „Churfürstliche Maler- und Bildhauer-Akademie“ durch den König Max Joseph im Jahre 1808 zum Zweck der Hebung der Künste als „Bildungsmittel“ als Königliche Akademie reformiert wurde, da hieß es in der Konstitutionsurkunde, die keinen Geringeren als den berühmten Philosophen F. W. J. Schelling zum Verfasser hatte, unter anderem: „Durch diese Schulen soll höherer Kunstfleiß und Geschmack zunächst unter den bürgerlichen Ständen und den Handwerkern verbreitet werden“. Den Nutzen, den das Handwerk von der Akademie haben sollte, dachten sich der königliche Gründer und sein geistiger Ratgeber folgendermaßen: „Indem Wir wünschen, die Akademie der Künste auch für das allgemeine Leben wirksam zu machen und, wenn möglich, die Zeiten wieder herbeizuführen, wo das Handwerk der Kunst näherstand und aus der Mitte desselben tüchtige Künstler hervorgingen, haben Wir der Akademie das Recht ertheilt, auch solchen inländischen Handwerkern, deren Arbeiten sich durch schöne und geschmackvolle Formen auszeichnen können, besondere Aufmunterung zu erteilen, und zu dem Ende besonders geschickten Metall-, Stein- und Schnitzarbeitern und ähnlichen das Prädikat Akademischer Künstler zu geben oder dieselben bei den jährlichen Preis-Ertheilungen als vorzüglich geschickte Arbeiter namhaft zu machen und öffentlich zu beloben.“ Für die Schule der Baukunst war sowohl theoretischer als praktischer Unterricht

[1]) Landesarchiv Karlsruhe, unter „Lörrach-Stadt 1768“.

vorgesehen: „Die Wichtigkeit der Architektur für das öffentliche Leben, die nahe Beziehung, die sie auf Geist und Geschmack einer ganzen Nation hat, zusammengenommen mit der gegenwärtigen Entartung dieser Kunst, bewegen Uns zu verordnen, daß dem Unterricht in derselben eine größere Ausdehnung gegeben und von dieser Seite auch die mechanischen Arbeiter und Handwerker mit herbeigezogen werden sollen." — In Preußen hatte man schon 1787 und 1790 Kunstschulen und Provinzialkunstschulen eingerichtet, deren man im ersten Jahrzehnt des 19. Jahrhunderts acht zählte. Sie waren bestimmt für „die Lehrlinge und Gesellen solcher Handwerker und Fabrikanten, die zu geschmackvollen Formen und Verzierungen ihrer Arbeit des Unterrichts bedürfen." In den schweren Zeiten, die Preußen in der ersten Hälfte des 19. Jahrhunderts durchzukämpfen hatte, gingen diese Kunstschulen wieder ein, bis auf zwei[1]).

M. Normen für Tischlerwaren.

a) Kisten und Wandschränke (Schappe).

Die alte Kistenmacherordnung in Lübeck aus dem Jahre 1508 enthält genaue Maße für Kisten und Kästen verschiedener Art, Maße, die wir wegen ihrer genauen Abmessung und mit gewisser Regelmäßigkeit wechselnden Verhältnisse ohne Bedenken als Normalien ansehen dürfen, die in Lübeck gewiß, vielleicht aber auch in anderen Kaufmannsstädten (Lübeck war Vorort der Hansa, die freilich in jener Zeit schon stark im Abnehmen war) gegolten haben und möglicherweise Bureaumöbel darstellten, in denen Geschäftsbücher aufbewahrt wurden; man muß sich immer wieder vor Augen halten, daß solche Angaben in den Zunftordnungen meistens längst bestehende und sozusagen mit Gewohnheitsrecht eingebürgerte Gebräuche, der Kaufmann nennt das „Usancen", zusammenfaßten und zu gesetzlichen Vorschriften erhoben.

Es handelt sich hier zuerst um drei Sorten „Kisten", die einfach nach ihrer Höhe als 6-, 5½- und 5-Fuß-Kisten bezeichnet sind. Daß dies, in Anbetracht ihrer bedeutenden Höhe, nicht Kisten gewöhnlicher Art oder Truhen sein können, leuchtet ohne weiteres ein; in der Tat handelt es sich um kastenartige Schränke, die in die Wände eingelassen wurden, und die man in Süddeutschland mit dem oberdeutschen Ausdruck „Kensterlin"[2]) zu bezeichnen pflegte. Da es in besseren Räumen schlecht ausgesehen haben würde, wenn die Kästen nackt in die Wand geschoben wären, und die Türe oder Schublade die ganze Breite bzw. Höhe des Kastens eingenommen hätte, so gab man diesen Wandschränken bei etwas verfeinerten Ansprüchen eine erweiterte Fassade, die die Wand um den eingelassenen Kasten herum entweder in der Höhe oder in der Breite oder in beiden Flächendimensionen verkleidete und einen festen Bestandteil des Kastens oder Schrankes bildete. Die ersten drei Sorten, die oben angeführt wurden, haben eine nach der Zimmerdecke und wahrscheinlich auch nach dem Fußboden zu und nach beiden Breitenseiten verkleidende Fassade. Eine Sorte 4, die

[1]) Lehnert, Geschichte des Kunstgewerbes, Band II, Seite 524.

[2]) Freistehende Schränke nannte man in Norddeutschland „Schapp", in Süddeutschland „Kasten" oder „Kalter" und „Ghalter" (= Gehalter, Behalter, Behältnis). Eingebaute Schränke hießen „Känsterlin", was wohl mit „Kasten" verwandt ist.

4½ Fuß hoch ist, wurde nur in der Breite bis auf 4½ Fuß verkleidet, so daß sich äußerlich eine quadratische Form ergab, während die Wand im Innern einen Hochschrank barg. Sorte 5 und 6 wurden Voth-Kisten oder vote Kisten genannt, und bei ihnen war nicht die Höhe, sondern die Breite das Hauptmaß; dementsprechend waren sie im Querformat in die Wand eingebaut und zeigten nur in der Breite eine Verkleidung, die die Höhe um etwas mehr als das Doppelte übertraf. — Sorte 1 bis 6 waren mit Eisenbändern zusammengehalten. („Item dyt vorscheven wergk schal altomale ummeher vorbunden wesen.") — Nun kam noch eine Sorte 7, auch im Querformat außen verkleidet, aber ohne die Umänderung. Sorte 8 stellte die Kästen oder Truhen der Knechte dar, von denen nicht recht ersichtlich ist, wie sie gebaut und ob sie frei standen oder in die Wand eingebaut waren. Es heißt nur: „Item de knechtekisten syden (Seiten) scholen wesen von dren stucken". Waren nun diese drei Maße: Höhe, Tiefe und Breite, auf allen Seiten gleich dimensioniert und eventuell vorn offen, oder bedeutet Stück die Brettbreite, was allerdings auch die allseitig gleiche Dimensionierung zur Folge haben würde? Die Sorten 9 und 10 sind wieder Querschränke, die mit Schubladen („wonynge") versehen sind, nach deren Zahl Höhe und Bezeichnung sich herleiten. Ihrer besseren Verarbeitung wegen werden sie nicht Kisten, sondern Schappe genannt; es sind „Vyff (5) wonynge schappe" und „Veer (4) wonynge schappe". Da die Wände, in die die Schubladen eingelassen wurden, gemauert und nicht etwa mit Holz gefüttert waren, so daß die Schubladen sich sehr leicht hätten sperren können, so waren sie hinten etwas schmaler als vorn bemessen. Aber auch so hatten diese Schubladen mehr auszuhalten als die feststehenden Schränke, und ferner wurde ihre Verfassung beim Herausziehen stets sichtbar; deshalb wurde ausdrücklich bestimmt, daß sie ohne Splint und Astlöcher sein und mit gutschließenden Fugen geleimt sein mußten („item dyt wergk schal wesen sunder spynt, sunder styffstecken holt unde sunder apene voghen"). Endlich waren diese Schubladenschränke mit Schlüsseln versehen, zu denen der Beschlag sehr gut passen mußte („item dat beslach schall inholden, alse det slotel uthwisen").

Die Maße dieser Sorten sind wechselweise mit Elle, Fuß, Quarter und Zweifingerbreit angegeben. Um eine übersichtliche Einheitlichkeit hier zu erreichen, haben wir die Elle mit genau zwei Fuß oder vier Quarter oder zwölf Zweifingerbreit angenommen; in unser derzeitiges Zentimetersystem umgerechnet, nahmen wir die Elle mit 60 Zentimeter, den Fuß mit 30 Zentimeter, den Quarter mit 15 Zentimeter und das Zweifingerbreit mit 5 Zentimeter[1]). Diese Umrechnung paßt nicht für alle Gegenden des damaligen deutschen Sprachgebietes, insbesondere war in Preußen der Fuß etwas kleiner; da es aber hier, wie schon gesagt, auf eine systematische und die Vergleichung ermöglichende Übersicht ankam, haben die kleinen Abweichungen nicht viel zu bedeuten.

Immerhin wollen wir die genauen Angaben hierher setzen. Weiter unten lassen wir dann tabellarisch unsere Umrechnung folgen.

[1]) An anderen Stellen wird mit Zoll gerechnet, von denen wir 24 auf die Elle, 12 auf den Schuh oder Fuß und 2 auf das Zweifingerbreit nehmen; hiernach wäre also der Zoll genau 2½ Zentimeter breit.

Sorte 1. Int erste wat kysten de soß vothe hogen, scholen wesen dre elen langk, soß quarter breth, vyff quarter deep, soven quarter hoch.

Sorte 2. Unde wat kysten de sostehalff vothe hogen, scholen wesen eyn quarter myn dre elen langk, sestehalff quarter breth, sostehalff quarter deep und soven quarter hoch.

Sorte 3. Item de vyff vothe hogen, scholen wesen vyff quarter deep, de vorsyde ummeher twe finger und eyne ele, dordehalve elen langk, unde vyff quarter breth.

Sorte 4. Unde wat kysten de veffteḥalve voeth hogen, elen deep, ummeher eyn quarter unde twe elen langk, dat lyth vyff quarter myn twe finger breth.

Sorte 5. Item de soß vothe vothkisten, dre elen langk, vyff quarter breth ummeher, elen deep unde sostehalff quarter hoch.

Sorte 6. Unde de sostehalff voth voethkyste, verdehalff quarter deep, vyff quarter breth myn twe finger breth und vyff quarter hoch.

Sorte 7. Item de vyff vote voetkisten, derdehalve elen langk, vefftehalff quarter breth, de dupe dre quarter unde twe finger breth.

Sorte 8. Item de knechtekisten syden scholen wesenvan dren stucken.

Sorte 9. Item de vyff wonynge schappe, de achter stucke de scholen wesen dre elen langk, voer soß quarter breth, achter vyff quarter breth, dre quarter deep. (Das Wort „achter stucke“ ist wohl richtig so zu erklären, daß es die rechts und links in der Fläche ausgezogene Wandverkleidung bedeutet, die zurückblieb, wenn man die Schubladen nach vorn auszog, aber auch noch hinter der vorderen Stoßleiste der Schubladen blieb, wenn man diese hineinschob; daher: hintere Stücke.)

Sorte 10. De veer wonynge schappe, de achter stucke eyn quarter myn dre elen langk, voer sostehalff quarter breth, achter vefftehalf quarter, dre garter deep.

Es folgen nun dieselben Maße (Sorte I bis X) der Wandschränke und Kisten in Zentimeter umgerechnet.

NB. Die äußeren Scheinmaße der Verkleidungen sind **fett gedruckt**.

Die Sorten I bis VI sind beschlagen.

Lübeck 1508	außen hoch	innen hoch	außen breit (lang)	innen breit	tief
Sorte I	180	105	**180**	90	75
Sorte II	165	105	**165**	82,5	82,5
Sorte III	150	85	**150**	75	75
Sorte IV	135	135	**135**	70	60
Sorte V	82,5	82,5	**180**	75	60
Sorte VI	75	75	**165**	70	52,5
Sorte VII	150	150	**150**	67,5	50
Sorte VIII	(siehe vorstehende Beschreibung)	—	—	—	—
Sorte IX	5 Schubladen	—	**180**	Schubladen, 90 vorn, 73 hinten	45
Sorte X	4 Schubladen	—	**165**	Schubladen, 82,5 vorn, 67,5 hinten	45

b) Truhen.

Der Lehrer an der Kunstgewerbeschule zu Dresden, Architekt Professor Karl Simmang, gab im Jahre 1913 ein Werk heraus[1]), in dem zahlreiche Möbel aller Art im Aufriß und in Schnitten, mit Angabe der Maße bis ins einzelne, dargestellt sind. Simmang hat in der Hauptsache solche Stücke ausgewählt, die als „Volkskunst" gelten können; solche Stücke also, die sich in der Formgebung vom modischen Stilwechsel der Städte mehr freigehalten, dafür aber um so handwerklicher die soliden Konstruktionsmethoden, oft mehrere Jahrhunderte übertrotzend, bewahrt haben. Wenn auch diesen Stücken in hervorragender Weise ein typischer Charakter beigelegt werden muß, so sind sie doch, im Gegensatz zur „gemütloseren" städtischen Massenware, persönlicher behandelt worden, und auch ihre Abmessungen mögen sich den jeweiligen Bedürfnissen mehr angepaßt haben. Für den Nachweis durchgängig gebrauchter Grundmaße bieten nämlich die Simmangschen Abmessungen kein Material. Trotzdem führen wir einige Maße aus dem sehr verdienstlichen und zum Selbststudium den Berufsgenossen sehr zu empfehlenden Simmangschen Werke an, auf das wir auch sonst gelegentlich zurückgreifen. Simmang hat seine Muster geholt aus der Sammlung des Vereins für Sächsische Volkskunde, aus den Kunstgewerbemuseen in Dresden und Karlsruhe, aus dem Germanischen Museum in Nürnberg und anderen.

In Heidelberg wurde im Jahre 1598 den Gesellen eine „Küst" als Meisterstück aufgegeben, die folgende Ausmaße haben sollte: 6 Schuh lang, die ganze Höhe 4 Schuh und 2 Zoll, inwendig, die Tiefe und Weite jedes drittehalb Schuh. In unser derzeitiges Maßsystem übersetzt[2]), ergeben sich die folgenden Maße: Höhe 125, Länge 180 und Tiefe im Licht 75 Zentimeter. Nach diesen Ausmessungen wäre dies Möbel als eine allerdings recht große Truhe anzusprechen, die im Innern nebeneinander zwei, von oben her offene Fächer enthält, die je 75 Zentimeter breit, tief und hoch sind; der obere Deckel müßte einen Hohlraum von etwa 50 Zentimeter Höhe enthalten haben. Vergleicht man damit in der nachstehenden Tabelle die Maße, die Simmang an Bauerntruhen usw. feststellte, so findet man zunächst mit der Heidelberger Truhe keinerlei Übereinstimmung; aber auch unter sich haben diese Truhen, die freilich zum Teil aus weit auseinanderliegenden Jahrhunderten stammen, wenig Ähnlichkeit, wenn auch im einzelnen einige Maße der Höhe, Länge und Tiefe sich wiederholen, was doch bemerkenswert ist. Man darf übrigens nicht vergessen, daß die Truhe das allerpersönlichste Möbel darstellte, das den jungen Eheleuten zur Hochzeit von Freunden dargebracht wurde und deshalb individuell ausfiel. Möglicherweise gehört die Heidelberger „Küst" gar nicht in diese, sondern in die vorige Abteilung, eine Annahme, die nach ihrer Bezeichnung zulässig wäre; jedenfalls stimmen mehrere Maße mit den Sorten I, III und V der Lübecker Kisten auf Seite 474 überein.

[1]) Alte Bürger- und Bauernmöbel, die Grundlagen für die Konstruktionsentwicklung und Formengebung der Holzmöbel, 54 Seiten Text in Quart mit 53 Abbildungen und 40 Tafeln in Großfolio, Dresden 1913, Verlag von Gerhard Kühtmann.

[2]) Die Umrechnung geschah hier, wie künftig, in der auf Seite 473 angegebenen Weise.

Truhen	hoch	breit	tief	Bemerkungen
Truhe, Heidelberg 1598	125	180	75	Meisterstück.
Koffertruhe, beschlagen, mittelalterlich	40	127	43	Nach Simmang.
Sakristeitruhe, gotisch	101	131	61	do. (Mit spitzwinkligem Satteldeckel.)
Brauttruhe, bemalt	78	130	69	do.
Desgleichen	36	117	51	do.
Desgleichen	53	108	69	do.
Truhe aus dem Kunstgew. Museum, Dresden	69	107,2	51	do.
Truhe, bemalt	69	134	43	do.

c) Schränke (Kleiderschränke).

Soweit Meisterstücke in Frage kommen, zeigt sich eine Übereinstimmung der Grundmaße, die auffällig ist und über Süddeutschland sich zu erstrecken scheint. Im Kapitel „Die Meisterprobe“ (vgl. Seite 215 ff.) wurde ausführlich dargelegt, daß die Behörden der verschiedenen Städte, meist auf Verlangen ihrer Schreinerzünfte, unter sich Nachfrage hielten und die jeweils gebräuchlichen Maße gegenseitig erbaten; wir sahen, daß besonders Augsburg mit solchen Nachfragen beehrt wurde und somit in dieser Hinsicht als führend gegolten hat. Aus der nachstehenden Tabelle geht hervor, daß der Augsburger mit dem Münchener Schrank, den die Augsburger ihren Meistergesellen im Jahre 1575 zu machen aufgaben, in den Maßen vollständig übereinstimmte; ob die Augsburger sich hierbei nach den Münchener gerichtet haben, oder umgekehrt, ist nicht ersichtlich, da wir von München nur wissen, daß hier dieses Stück als altes Meisterstück vor 1737 in Gebrauch war. Für Regensburg nennt Weigel 1698 einen Schrank als Meisterstück, der nur die gleiche Höhe hat, in der Breite aber wesentlich abweicht; für Regensburg ist auch die Tiefe angegeben, während sie für Augsburg und München fehlt, aber wohl unter sich auch übereinstimmend war.

Der alte Münchener Schrank hatte vier gleiche Türen; wohl auch der alte Augsburger Schrank[1]). Augsburg führte nun 1727 an Stelle des viertürigen einen zweitürigen Schrank ein, dessen genaue Maße leider nicht angegeben sind. Da aber München, diesmal bestimmt nachfolgend, auch seinerseits zehn Jahre später, den viertürigen Schrank übernahm, so darf mit Sicherheit vermutet werden, daß die für München angegebenen Maße auch für Augsburg gegolten haben und von dort übernommen wurden. Ganz dieselbe Maße finden wir nun

[1]) Es sei hier die auf Seite 223, am Ende des ersten Absatzes ausgesprochene Vermutung, zwischen dem Meisterstück von 1575 und dem im Jahre 1727 in Augsburg eingeführten zweitürigen Kleiderschrank sei, als stilistisches Bindeglied, noch ein anderer Schrank als Meisterstück gebräuchlich gewesen, berichtigt; man darf wohl annehmen, daß jener viertürige Kleiderschrank von 1575 bis 1727 ohne Abänderung in Gebrauch gewesen ist.

in der Tabelle, etwa 60 Jahre nach dem Beispiel Augsburgs, auch in Ulm und Nürnberg; an letzterem Ort datiert die Einführung wohl etwas früher, da es sich in der als Quelle dienenden Ordnung wahrscheinlich um eine Zusammenfassung älterer Bestimmungen gehandelt hat. Wir sehen also in der zweiten Hälfte des 18. Jahrhunderts in den wichtigsten Städten Süddeutschlands für den Kleiderschrank, als Meisterstück, dieselben Grundmaße, und man darf hier mit Recht von einer Typisierung sprechen, die gewiß auf das ganze Handwerk, soweit Kleiderschränke in Frage kamen, Einfluß gehabt hat.

Gegen diese Annahme sprechen allerdings die Maße der in der Tabelle zuletzt angeführten fünf Stücke. Diese Maße sind aber bäuerlichen Stücken entnommen, und es bleibt da immer noch für die Vermutung Platz, daß man auf dem Lande, wo doch die Wohnräume kleiner waren als in der Stadt, dementsprechend den Möbeln geringere Abmessungen gegeben hat. Überdies muß man berücksichtigen, daß die Landkistler meist nicht „zünftig" waren, also nicht im strengen Sinne der Städte ihr Meisterstück machten und somit gar nicht im Besitze der (nach der „Säulenordnung" genau proportionierten) städtischen Grundmaße sein konnten. Man darf demnach trotz dieser mangelnden Übereinstimmung glauben, daß die in der Stadt selbständig gewordenen Meister auch für ihre künftige Produktion von Kleiderschränken die Meisterstückmaße beibehalten haben. Abweichende Maße zeigen der in Nürnberg um 1800 neu eingeführte Schrank und der Berliner „zierliche Schranke" von 1764, von dem aber nicht feststeht, ob er zur Aufbewahrung von Kleidern diente. Trotzdem können beide neue Typen darstellen, für die nur noch die Vergleichsstücke fehlen[1]).

Kleiderschränke	hoch	breit	tief	Bemerkungen
Augsburg 1575	255	195	—	Meisterstück, neu. Die Höhe ohne mittleren „Auszug".
München bis 1737	255	195	—	Meisterstück, bis 1737.
Regensburg 1698	255	225	60	Meisterstück. 1 „Beystigel" 37,5 cm.
München nach 1737	225	187,5	—	Meisterstück, neu.
Nürnberg vor 1800	225	187,5	66,25	Meisterstück, alt. Kugelfüße 25 cm hoch.
Ulm 1783	225	187,5	—	Meisterstück.
Nürnberg um 1800	215	150	60	do., neu. Geschnitzte Füße, 15 cm hoch.
Berlin 1764	187,5	172,5	47,5	do.(Kleiderschrank?) Tiefe mit Säulen 50 cm.
18. Jahrh., bäuerlich	192	160	48	Nach Simmang. Mit Gesimsausladung: Breite 171, Tiefe 57,6 cm.
18. Jahrh.	194	171	50,5	do. Breite 197, Tiefe 63,5 cm.
Ende 18. Jahrh	187	151	52	do. Breite 171, Tiefe 62,3 cm.
Datiert 1792	183,7	146	54	do. Breite 164,6, Tiefe 63,3 cm.
Süddeutsch 1603, einfach, eintürig	186	103	43	do. Breite 125, Tiefe 54 cm.

[1]) Der Verfasser hatte gehofft, einige der im Bilderanhang enthaltenen Schränke, insbesondere die Museumsstücke der Abbildungen 32 und 33 und andere, als ausgeführte Typen (Normen) bezeichnen zu dürfen. Die Museumsleitungen in Berlin, Frankfurt, München und Nürnberg haben sich in dankenswerter Weise um die genaue

Wir lassen nun die Maße nach Schuh und Zoll folgen, die wir auf der Tabelle nach dem auf Seite 473 angegebenen Schema in unsere derzeitigen Maße umgerechnet haben. Bei manchen Stücken sind, nach der „Säulenordnung", sehr detaillierte Maße angegeben, die wir abdrucken, weil sie allgemein interessieren werden.

Augsburg 1575. Auf Wunsch des ganzen Handwerks wurde ein neues Stück eingeführt, weil das seitherige Meisterstück „ain alt werckh" und „in jetziger Zeytt gar unbrauchsam" sei und, ungeachtet der großen Kosten (40 bis 50 Reichstaler ohne den Zeitaufwand), nur für 9 bis 10 Reichstaler verkauft werden könne, weshalb die Jungen gleich im Anfang in Armut kämen und „sich in Schulden einsteckhten". Vom alten, im Jahre 1519 in Gebrauch befindlichen und 1550 bestätigten, viertürigen Gewandkasten wurde, 1519 allerdings ohne die Angabe der Maße, die folgende Beschreibung gegeben: „Ein Gewandkasten, der ain rechte Größ und Maß hab, und Zinn und Züeß, und die vier Außen-Beystedel alles durchsichtig und wol und vleissig geschnitten, und an dem Kasten ain Girt (Gurt) mit ainem aingefaßten und geschoben Ledelgeschirr (Schublade) und auch durchsichtig geschnitten, und in den Kasten eingelegt Stäb schwarz und weiß, und daß die Teilung recht sei, und die vier Innen-Beystedel auch eingefaßt; er (der Prüfling) mag sie schneiden oder nit, und daß er alles mit seiner Hand mach, und die Türen wol und sauber eingefaßt seyen." — Der 1575 neu eingeführte Gewandkasten soll „eine rechte Größe und Austaillung haben, nämlich 6½ Schuh Weite und 8½ Schuh Höhe", doch wird eine Abweichung von 3 Zoll, nach Rücksprache mit den Geschworenen sogar mehr, gestattet. „Item solcher Kasten soll außwendig vom Hobel und lautter harttem Holtz, als Aichin, Ahorny, Birnbemy, Nußbemy oder Eschin, nach ains jeden Gefallen, gemacht werden; will aber ainer ettwas daran schneyden und eynlegen, mag er es wol thon, doch (daß) es so wol im schneyden und eynlegen als mit dem Hobel ains Handwerckhgeschau gemeß gemacht sey."

Augsburg 1727. Zweitüriger Kasten „auf neue Manier mit Säulen oder Colonnen".

München vor 1737. Altes Meisterstuck: Ain doppleter Gewandtcasten von Nuspaumb: oder anderen Schreinerhaus aufeinander forniert, mit Zierrathen und Säulen auf denen Beystüedlen der Architektur gemeß, mit vier: in einer gleich fleißig verferttigten Thieren, und Saullen, dieser 8½ Schuech hohe Casten in die Höhe auf 29, in die Braitte aber auf 22 thaill gethaillet, der fues des Castens in die Höche 4 thaill, das Corpus sambt architrach 10 thaill, der Gurt in der Höche, darin 6 Schubläaden khommen, 2 thaill, das obere Corpus auch 10 thaill mit sambt der Architrach, das Fries sambt dem Hauptgesimbs in die Höche 3 thaill, die tieffe dises Castens 2 Schuech haben.

Von Verfertigung dieses erst beschriebenen Maisterstukhs ist wegen ver-

---

Nachmessung dieser und ähnlicher Schränke bemüht, doch ließ sich leider eine beweiskräftige Übereinstimmung mit den in unserer Tabelle aufgeführten Maßen nicht genau feststellen. Es bleibt der weiteren, gewiß sehr reizvollen Forschung vorbehalten, diese Lücke zu füllen, wozu vielleicht die oben abgedruckten Originalmaße der jeweiligen Meisterstücke, von denen nach unserer Ansicht die Typisierung ausgegangen ist, die Handhabe bieten können. F. H.

änderter Zeiten, wie oben schon angemerkht, jeder angehenter Maister befreyet, jedoch mueß solcher von allen in Ris gebracht werden, außer es wäre ein Maistersohn oder Maisterstochter, oder es wollte einer eine Maisterhinderlassene Wittib heurathen, dise sollen auch von solchen Ris befreyet seyn, wohingegen von Verförtigung des neuen gleich hiernach folgenten Maisterstuckhs, so in einem kleinen Casten bestehet, keiner ausgenommen ist.

München ab 1737.

Junges Maisterstuck: Ein anderer absonderlicher Casten mit zwey Thüren, sibenthalb Schuech hoch, in die 24 thail gethailt, der Fueß soll 5, der mittlere Corpus samt der architrach 16, das Fries mit dem Haubtgsimbs 3 thaill, in die Weitte des mittlern Corpus 20, die tieffe inwentig 7 thaill haben, welcher Casten aintweders von Nuspaumb, und Flader oder aufeinander gforniert, auf das fleißigist gemacht mit Säulen Colonen: oder Dermbesen[1]) geziehret, auch auf die Capitell, und ander Zierte das Laubwerch von dem angehenten Maister solle geschnitten werden.

Regensburg 1698. Ein Gewandkasten nach zierlichster Architektur ausgeteilt, mit 18 Säulen oder mit Bildern (!), nachdem es sich einer auf das netteste zu machen getrauet. Die Höhe muß accurat 8½ Schuh haben, die Breit 7½ Schuh, die Tiefe 2 Schuh. Ein Beystigel 15 Zoll.

Nürnberg vor 1800. Behalter oder Casten. Es solle aber obgemelter Behalter oder Casten von Eichen und Nußbaum Holtz gemachet werden und soll die Höhe dieses Behalters oder Meisterstücks seyn 6 Schuch 7½ Zoll ohne Kugeln. Die gantze Höhe wird getheilt in 19 Theil, der Fuß oder das untere Theil soll seyn 4 Theil, die Columna oder das Mittler-Theil oder Corpus 12 Theil, das Haubt Gesimms oder öberste Theil 3 Theil, daß also diese drey Haubtglieder gegeneinander proportioniert seyn sollen, wie es die Corinthische Columna erfordert. — Die Breite dieses Kalters von einem Eck bis zum andern ist 6 Schuh 3 Zoll, davon bekommt jeder Beystüdel, worauf die Columna kommen, 10 Zoll, machen alle drey zusammen 2 Schuh 6 Zoll. — Die Tiefe des Kalters ist 2 Schuh 2½ Zoll genommen, mit sammt den Beystüdel und Rückwand, indem solcher, nach jetziger Zeit, gar bequem seyn wird. Auf jeden Beystüdel wird eine gerade Columna gemacht und neben jeder auf beyden Seiten eine Viertels-Columnen, nach dieser graden und Viertels-Columnen werden die Gesimser des Fußes und Haupt-Gesimses abgekröpft, alle Gesimser-Größe sollen nach rechter Proportion der Colum. gemacht werden, wie solche alle, im Riß auch verzeichnet, anstatt aber der Kalter-Zähne soll eine Hohlkehle verfertiget werden. Der Thüren architektonische Verzierung soll darinnen bestehen, daß deren Columnen die Hälfte der grossen seyn sollen, sowohl in der Dicken als Länge. Desgleichen ihre Glieder und Gesimser, nach dieser Columnen.

Die Nebenseiten dieses Behalters soll vornen am Beystüdel mit einer gantzen, an der Rückwand aber mit einer halben Columnen versehen, auch alle Gesimser nach solchen abgekröpft seyn, dann sollen die Füllungen dieser Seiten mit einem schönen Kehlstoß versehen seyn.

---

[1]) Soll heißen: Thermen-Basen. Vgl. die Fußnote auf Seite 484.

Und dann soll dieser Behalter inwendig bekommen vier Boden, davon der unterste und oberste eingefaßt werden sollen; ihre Ramstücke aber sollen 1¼ Zoll in der Dicke haben, die zwey mittlern aber sollen nur 1 Zoll dick seyn und verleimt werden; die Beystüdel aber sollen 1 und ½ Zoll dick seyn, wie der deswegen vorhandene Riß ausweiset. Dafern aber ein Gesell, anstatt dieses neuen, das alte ehemals gewönlich gewesene Meisterstück verfertigen will, dem soll es ungewehret seyn.

Nürnberg um 1800? Beschreibung des nunmehrigen Meisterstücks, den Schranken oder Behalters betreffend.

Vor das Erste:

Soll derselbe von Nußbaumen Holtz, die Gesimser wie auch die Fries Zwerg fourniert seyn, und die Füllungen von schönem Wurtzel-Holtz, als man es nur immer haben kann, was die Einschattierung oder das Bandelwerk anbelangt, wird einem jeden Stückmeister frey gestellt, wie er daselbe machen will, doch so, daß es sich darauf schicke, das blind Holtz oder das Innere des Behalters, soll und muß von guten saubern Föhren Holtz seyn, die Thüren Seiten und Stückwand eingefaßt, wie's der Riß davon zeiget, der Obere wie auch der Untere nebst den 3 Einleg-Böden aber nur verleimt, übrigens sollen die Gesimser und Columnen und alles was in das Gesicht fällt, auf die Gährung fourniert seyn.

Ferner und vor das ander die Größe betreffend:

So ist die Höhe desselben, samt den geschnittenen Füßen, welche 6 Zoll hoch sind, in der Mitte 7 Schuh 2 Zoll, auf den Seiten aber 6½ Schuh, kommen also 8 Zoll zu der Dachung, welche aufwärts mit einem gedoppelten Karnis geschweift seyn muß, die gantze Breite davon ist 5 Schuh, die Tiefe aber ist ohne die Schweifung 2 Schuh, mit der Schweifung aber 2 Schuh 3 Zoll, ohne die Columnen, und sind dieselben breit 6 Zoll und dick 1 Zoll, und soll also in der Mitte desselben wie auch auf den gebrochenen Ecken eine gantze, und auf den Seiten hinten an der Stückwand eine halbe befindlich seyn, und nach denselben die Gesimser ordentlich abgekröpft, wie es der Abriß davon zeiget, der Krantz oder das Hauptgesims ist hoch 7 Zoll und wird ausgeladen 5½ Zoll, der Fuß aber hoch 9 Zoll und wird ausgeladen 3 Zoll.

Ferner und vor das Dritte:

Sollen die Gesimser in dem Krantz wie auch in dem Fuß nach dem Abriß verfertiget werden, und sollen die geschnittenen Füße ohne ausgesetzt von dem Stückmeister im Beysein von dem Geschworenen Meister, als einen Beweis der Bildhauerkunst, welche dem Schreiner-Handwerk von sehr vielen Jahren her eigen ist, verfertiget werden, oder an dessen statt 2 Capital nach Corinthischen Ordnung, wie man dieselben an den vorigen Meisterstück gemacht hat, und nach der alten Ordnung 4 Wochen, ehe er das Stück schauen läßt, anzusagen, soll gehalten seyn.

Ulm 1783. „Vier allhiesige Bürgers Söhne und Schreiners, derselben Nahmens: Karl Ludwig Kuttler, Christoph Andreas Conrad, Friedrich Weiß und Georg Schmalzigaug bringen dato geziemend an, daß das bey den Schreinern bisher üblich gewesene Meisterstück, betreffend in einem Riß zu einem hohen Kleiderkasten, sodann den Kasten in Natura, und einem zwei-

F. A. Günther's

Deutsche Tischler-Zeitung

Organ für alle Gebiete der Tischlerei und verwandten Kunstgewerbe.

Offizielles Publikations-Organ des Innungs-Verbandes „Bund Deutscher Tischler-Innungen".

Abonnements.
Die „Deutsche Tischler-Zeitung" erscheint am **Sonnabend jeder Woche**. Preis: Direkt von der Expedition (W. 35, Lützowstraße 6) unter Kreuzband vierteljährlich 2 Mk., Jahresabonnement 8 Mk. Ausland 2 Mk. 50 Pf., Jahresabonnement 10 Mk. Auch nehmen sämmtliche Postanstalten und Buchhandlungen Abonnements zum Preise von **Mk. 1,50** pro Quartal entgegen.

Inserate
werden die 4gesp. Petitzeile oder deren Raum mit **30 Pf.** berechnet und von der Expedition (W. 35, Lützowstraße 6), durch die Annoncen-Expeditionen von Rudolf Mosse, Haasenstein u. Vogler, A.-G., in Berlin oder deren Filialen, sowie von allen guten Annoncen-Bureaux entgegengenommen. Beilagen nach Vereinbarung.

№ 10. Fernsprech-Anschluß: Amt VI, Nr. 3762. **Berlin, den 7. März 1896.** Fernsprech-Anschluß: Amt VI, Nr. 3762. XXIII. Jahrg.

Formenlehre für Möbeltischler.

VII.

Vortrag von Direktor Dr. A. Jessen.

IV. **Der Stuhl.**

(Fortsetzung.)

Im vorigen Vortrage hatten wir ausgeführt, daß der Renaissancestuhl mit wenig Ausnahmen unseren Anforderungen an Bequemlichkeit nicht entspricht. Die gerade Lehne, die Höhe des Sitzes, welche durch den allgemeinen Gebrauch von Fußbänken u. dergl. zu erklären ist, sowie dessen geringe Tiefe, die ein Zurücklehnen des Sitzenden unmöglich macht, sind Eigenthümlichkeiten, welche, ganz abgesehen von den nicht immer nachahmenswerthen Zierformen zur Anwendung für unser modernes Sitzgeräth nicht zu empfehlen sind. Wir hatten ferner gesehen, wie erst durch den Barockstil die uns unerläßlich scheinende Polsterung an Stelle der bis dahin gebräuchlichen losen Kissen gesetzt wird und wie dann Régence und Rokoko es verstanden haben; den Stuhl in einer äußerst reizvollen und allen Anforderungen der Bequemlichkeit, wie der Tektonik entsprechenden Weise auszubilden. Statt der steifen geraden Lehne mit den selbstständigen, starren Pfosten, wie sie am Renaissance-Stuhl gewöhnlich auftritt, ist hier aus der Vereinigung der einzelnen Theile, durch deren Ineinanderwachsen ein rhythmisches Gebilde entstanden, welches wir schon in der vorigen Besprechung als mustergiltiges Motiv auch für zukünftige Schöpfungen charakterisirten.

Heute sei zunächst noch eine kurze Betrachtung angestellt über den Bezug der Polster, welche sich in diesen schön gestalteten Rahmen einfügen, denn die Wahl des Bezuges ist ein unendlich wichtiger Faktor für den Gesammteindruck des Möbels. Nur zu oft sehen wir bei modernen Arbeiten an ganz vorzüglich geschnitzten Stühlen den Effekt völlig zu nichte gemacht durch einen falsch gewählten Bezug. Zum guten Theil ist dieser Fehler wohl zu erklären aus einer verständnißlosen Nachahmung der alten Vorbilder, denn es ist nicht zu leugnen, daß bei vielen alten Beispielen aus der Rokokozeit sich derselbe Uebelstand bemerkbar macht.

Fig. 2. Fig. 1. Fig. 3.

Fig. 4.

Das Rokokostoffmuster entwickelte sich aus dem der Renaissance, das bekanntlich in großer, ruhiger Linienführung das Granatapfelmotiv mit Vorliebe verwendete und in der Wiederholung seiner großen Linienzüge eine imponirende Flächendekoration ergab. Aber an Stelle der ruhigen, gleichmäßigen Zeichnung setzten die Meister des Rokoko ihre bewegten Linien, ihre Schnörkel und vor allem überwucherndes Blumenwerk, sodaß sich der Charakter der Gesammtwirkung durchaus veränderte. Das ursprünglich Ruhige und Vornehme wurde lebhaft und hervortretend, wenn nicht gar unruhig und aufdringlich. Zu der Lebhaftigkeit der Zeichnung trat außerdem eine sehr bunte Farbengebung. Selbstverständlich muß ein solcher Stoff, welcher den Ansprüchen auf Ruhe und Einheitlichkeit nicht genügt, die eleganten, aber weichen Linienführungen des Rahmenwerkes übertrumpfen, sodaß dieselben nicht richtig oder gar nicht mehr zur Geltung kommen.

Sehr mit Unrecht wird daher heut in der Anwendung solcher Stoffe auf den alten Mustern gefußt, denn eine unbedingte Nachahmung der alten Vorbilder ist keineswegs zu empfehlen, sobald dieselbe sich auch auf die unleugbaren Schwächen der betreffenden Periode erstreckt. Leider wird ja meistens das Mangelhafte und Tadelnswerthe mit weit größerer Energie und in weit größerem Umfange nachgeahmt als das wirklich Gute, und gerade in der Wahl der Stoffe wird in Deutschland und speziell in Berlin so viel gesündigt, daß die Mahnung nicht oft genug wiederholt werden kann, nur Gutes von den alten Vorbildern nachzunahmen, Fehlerhaftes aber zu verbessern. Es liegt ja durchaus kein Grund vor, zu den Bezügen für im Rokokostil gebildete Stühle die alten Rokokomuster zum Vorbild zu nehmen, welche außerdem in den modernen Nachbildungen noch bunter und wirrer auszufallen pflegen.

Um die Feinheiten der Schnitzerei, der Vergoldung zur rechten Wirkung kommen zu lassen, sollte man vielmehr weit eher einfache, kleinblumige Musterung wählen, wie man ja auch z. B. auf den modernen Speisezimmerstühlen einfarbige und ganz glatte Tuch- oder Lederbezüge bevorzugt.

In der Periode des Louis XVI.-Stiles milderte sich dem Charakter der ganzen Periode entsprechend der Geschmack auch betreffend der Bezüge bedeutend. Die

Titelblatt einer Ausgabe der »Deutschen Tischler-Zeitung« von 1896. Sie war das offizielle Publikationsorgan des Bunds Deutscher Tischler-Innungen.

Hölzerne Bandsäge, von Elektromotor angetrieben, in Gebrauch bis 1964, Fränkische-Schweiz-Museum, Tüchersfeld. Bis sie von der Kreissäge abgelöst wurde, galt die seit 1855 eingesetzte Bandsäge als die wichtigste Holzbearbeitungsmaschine.

liechtigem Creutzstock, einem Jung Meister wegen der bisher beobachtenden Form dermaßen zum Schaden gereucht, daß die auf ein dergleichen Meisterstück verwendende Unkosten wegen der Unverkäuflichkeit und respec. Unbrauchbarkeit der zu verfertigenden Stücke lange nicht herausgeschlagen werden könnte. Ein dergleichen Kasten müßte nehmlich nach der bisher gewohnten Angabe der Meister 7½ Schuh hoch und 6 Schuh und 3 Zoll breit seyn" usw. (Es folgt dann die Beschreibung des Creutzstockes, der „nach der ältesten Art, mit einem Steg in der Mitte und Stumpp" angegeben werde, aber nirgends mehr üblich und mithin unverkäuflich sei.) (Stadtarchiv Ulm, IX. 21. 2.)

Berlin 1764[1]). Das Meisterstücke der Tischler ist ein zierlicher Schranke, welcher nach rheinländischem Maße 6 Fuß 3 Zoll hoch, 5 Fuß 9 Zoll breit, im Lichten tief 1 Fuß 7 Zoll seyn soll. Sobald aber Säulen auf die Häupter gestellt werden, macht man den Schranken um 1 Zoll tiefer. Sie haben hierinnen freie Wahl, genug wenn es der Riß beobachtet.

Die Höhe des Fußes ist 1 Fuß 1¼ Zoll, davon das Fußgesims 2¾ Zoll hoch wird und eine Vorladung von 1¾ Zoll bekömmt. Die untere Platte ist 1 Zoll, das Stäbchen über der Platte mit dem Plättchen ½ Zoll, der Karnies ¾ Zoll und ½ Viertelzoll, das Stäbchen über dem Karniesse bekommt mit dem Plättchen ein ¼ und ⅛ Zoll.

Das Postament und dessen Glieder: Das Postamentgesimse ist 2½ Zoll hoch, 1½ Zoll ausgeladen (hervorragend), der oben aufschließende Stab mit dem einen Plättchen 1⅛ Zoll, das Unterstäbchen mit dem einen Plättchen ¼ und ⅛ Zoll. Die Höhe der Postamenter zwischen den Gesimsen beträgt 8 Zoll, die Postamenter werden 6 Zoll und ¼ breit, und 2 Zoll weniger ⅛ dick gemacht, die Friese, die auf dem Postamente und um die Schiebläden laufen, sind ¾ Zoll breit, das Leistchen des Postaments ½ und ⅛ breit, man machet dieses Leistchen an jeder Ecke mit zweien Kropfen hohl. Die Dicke der Kropfe ist ¼ und 1/16 Zoll dick. An den Schiebläden bekömmt das Leistchen eine Breite von 1¼ Zoll, es wird ½ und ⅛ Zoll dick; die Füllung an der Schieblade versiehet man an jeder Ecke mit 3 Kröpfen, die Mitte bekömmt eine kleine Rundung und soll sich am Ende in eine Spitze verlieren. Der Kropf kann mitten am Fries 3 Zoll lang seyn, und wenn die Schiebladen verwechselt werden, müssen sie überall zutreffen.

Das Schaftgesimse hat eine Höhe von 2¼ Zoll, davon die untere Platte ¾ Zoll macht. Diese Platte gibt zugleich die Dicke des Bodens, und müssen die Thüren auf selbigem aufgehen; das Unterstäbchen mit dem einen Plättchen ist ½ Zoll, die Hohlkehle ebenso hoch, und das Oberstäbchen beträgt mit den beiden Plättchen ebenfalls ½ Zoll.

Unten werden die Säulen (Columnen) 4½ Zoll, oben 4 Zoll breit. Die Dicke ist unten 1 Zoll, oben ¾ Zoll. Das Fries, so oben auf der Säule herumläuft, ist ½ und ⅛ Zoll breit, das Leistchen ½ Zoll in der Breite, und dieses muß verkehrt angeleimt werden, damit es eine gehobene Füllung gebe. Jede Ecke bekömmt 2 Kröpfe, diese sind ¼ Zoll dick.

---

[1]) Nach Hallens a. a. O. III. S. 61.

Kranz an dem Hauptgesims: Dieser ist 1 Fuß 1½ Zoll; das Hauptgesimse 6¾ Zoll hoch, 6¼ Zoll ausgeladen, der obere ausfließende Stab mit dem Plättchen ausgeladen, der Karnies 1½ Zoll und ebensoviel ausgeladen, das Leistchen unter dem Karnies ¾ Zoll, die hängende Platte 1¼ Zoll nebst ⅛, vorgeladen aber 3 Zoll nebst ½ und ⅛. Man vertieft die hängende Platte um ¼ Zoll. Unten macht man die hängende Platte um ½ Zoll breit. Die größte Hohlkehle ist 1¾ Zoll hoch und 1¾ Zoll ausgeladen, die Platte über der Hohlkehle ist so hoch wie die hängende Platte, und das Leistchen unter der Hohlkehle um ¾ Zoll vertieft.

Das große Fries: Ist hoch 4⅛ Zoll, das Leistchen auf dem Fries ½ Zoll, das kleine Fries ebenfalls ½ Zoll; es muß in jeder Ecke 2 Kröpfe von der Dicke eines Viertelzoll bekommen.

Architrab: Der sogenannte Unterbalken (Architrab) ist hoch 2½ und ⅛ Zoll: ¾ aber ausgeladen; der obere ausfließende Stab mit dem einen Plättchen ½ und ⅛ Zoll, der Karnies mit dem Plättchen ½ und ⅛ Zoll, die Platte unter dem Karnies 1 Zoll, das Stäbchen unter der Platte mit dem Plättchen ¼ und ⅛ Zoll.

Das Kapitäl: Ist 6 Zoll hoch mit den Platten (Abacus) und dem Unterstäbchen. Der Abacus ist 1 Zoll hoch, davon der Oberstab mit dem Plättchen ½ Zoll, die Hohlkehle auch ½ Zoll, das Stäbchen unter dem Kapitäl mit dem Plättchen ½ Zoll beträgt, und auf gevierte Art ausgeladen wird. Die Rückenwand: Soll 1 Zoll dick sein und mit 2 Füllungen gemacht werden, da denn die Rahmenstücke 5¾ Zoll breit sind und das Mittelstück 7 Zoll haben soll. Die Häupter müssen 1¼ Zoll Dicke haben, und die Rahmenstücke 4¾ Zoll im Lichten breit gemacht werden.

Thüren: Man verlangt die Rahmenstücke an den Thüren 1¼ Zoll dick, 5½ Zoll breit, die Hohlkehle der Thüre soll 1 Zoll dick, 2½ Zoll breit gemacht werden, von diesem Maße bekömmt die Platte mit dem Plättchen ¾ Zoll, die Hohlkehle 1½ Zoll, das Leistchen vor der Hohlkehle ½ Zoll, man setzt in die Ecken der Hohlkehlen 2 Kropfe, welche ¼ und ⅛ Zoll dick sein müssen. Das große Fries macht man an den Thüren 2 Zoll breit.

Gesimse an den Thüren: Ihnen schreibt die Handwerksordnung 2½ Zoll Breite vor. Hiervon gehen ab für den Karnies 1¼ Zoll an Dicke. Die beiden Seitenleistchen am Karnies betragen ½ Zoll Breite. Der Kropf ist 1 Zoll lang, und ¼ und ⅛ dick mit einer Göhrung, davon sich eine nach unten, die andere herauf zieht. Den Karnies mit den beiden Leisten rundet man am Ende ab. Der Raum oben und unten an der Füllung, wo die Rundungen gegeneinander laufen, beschreibt 1¼ Zoll.

Die Kugel: Ihr wird eine Höhe von 8 Zoll vorgeschrieben mit einer neunzölligen Dicke. Man hat die Wahl, der Höhe und Dicke noch 1 Zoll zuzusetzen. Der Oberstab mit dem einen Plättchen hat 1 Zoll, die Hohlkehle mit dem einen Plättchen ebensoviel, der Karnies mit dem Plättchen 1¼ Zoll, die Unterplatte ½ Zoll, das Stäbchen mit den beiden Plättchen auf dem großen Bauche steht in jedwedes Belieben.

d) Bänke.

Für Bänke ist uns nur einmal eine alte Maßangabe aufgestoßen, und zwar in der Basler Preistaxe (vgl. S. 375) vom Jahre 1689. Dort heißt es, daß eine „Ruckwand, eingefaßt, sambt dem Bank und Gesims darauf" 5 Schuh hoch und 12 Schuh breit, also 150 Zentimeter hoch und 360 Zentimeter breit sein sollte, wofür der ortsübliche Preis mit 1 Pfund und 15 Batzen angegeben war. Wie aus der nachfolgenden Tabelle ersichtlich ist, standen die Wandverkleidungen im Rapport von 60 zu 30 Zentimeter, und diese Maße ergaben sich aus der Größe der handelsüblichen Bretter; es ist anzunehmen, daß hierzu auch die Bank in ein metrisches Verhältnis gesetzt wurde.

e) Tische.

Augsburg 1519. Von den Meistergesellen wurde neben dem oben beschriebenen Kleiderschrank ein zusammengelegter Tisch verlangt. „Weiter soll er machen ein zusamen gelegten tisch, der eine rechte größ und maß hab, das der tisch uf linde geforniert sey, das under plat uf ein seiten, das ober plat uf baid seiten, das ober und under plat eingefast mit zweyen Kelen, dann die under kel dem boden gleich ausfließ und die kel des holtz sein darmit er gefornirt ist und das gestell von buchin holtz und der rigl soll in der vierung sten und das gestell werclich ußgeschwaifft und die fligel sollen gantz sein, das man in mog uf oder zu thun und in die füllung mag er buchen oder linden nemmen und soll den tisch selbs anschlagen." Die Maße dieses Tisches fehlen leider.

Augsburg 1575. Neben dem bereits beschriebenen Kleiderschrank mußte der Meistergeselle jetzt einen Schreibtisch anfertigen. Der mußte „ain rechte Größ und Austhaillung" haben. Als einziges Grundmaß war die Länge, nämlich 3½ Schuh (105 Zentimeter), angegeben, die mit dem Maß des nachstehenden Regensburger Meisterstückes übereinstimmt. „Will er, so mag er noch 3 Zoll darzue nemmen, und die Höchin, wie es sich der Austhaillung nach begeben württ. Und daß in allweg etlich Laden (Schiebladen) ainerley Größ (haben), damit wa (wenn) mans hineinthuett, (sie) gerecht sein; desgleichen auch die Thürlen, das under über sich, ains ins ander gerecht, und dann vornen mit zweyen eingefaßten Thüren, auff beyden Seytten vergartt, auch gleichfalls, wie man will dieselben hineinthon, auff alle Ort gerecht seyen. Das Corpus darzue soll auch wol und sauber gemacht und alle Böden zu beeden Seyten eingericht und außen und innen, wie bey dem Kasten vermeldt, von harttem Holtz geforniertet werden; will ihn aber einer von Hobell machen, oder mit schneiden und einlegen ziehren, das mag er auch wol thon, doch daß es gleichfalls eines Handwerckhsgeschau gemeß für ain Maisterstuckh müge erkannt werden."

Regensburg 1698. Nach Weigel sollte der als Meisterstück geltende Schreibtisch folgende Abmessungen haben: Länge 3½ Schuh (105 Zentimeter), Höhe 3 Schuh weniger 3 Zoll (82,5 Zentimeter), Tiefe 2 Schuh weniger 4 Zoll (50 Zentimeter). „Alles nach Proportion, Winckel-Maaß, Circel und Quadranten." Die Breite also gleich der in Augsburg 1575.

Nürnberg-Land 1752. Die ausdrücklich für die hiernach auf einer recht hohen handwerklichen Stufe stehenden Landkistler bestimmte Ordnung gibt für den als Meisterstück (neben einem Fensterrahmen) geltenden Ausziehtisch sehr genaue Anweisungen. Zunächst für den Riß: „Einen Riß von einem ausgezogenen Tisch mit vier Füllungen, die vier Stollen geschweift nach Thermer-Art[1]), und hinter einem jeden Stollen eine Pilaster, mit der Pilaster einen Bogen mit der Argetrag gesprengt und in der Mitte einen Schlußkeul, alles nach der Architektur." — Dann das auszuführende Stück: „Der Tisch ist samt dem Blatt 32 Zoll (80 Zentimeter) hoch, 4 Schuh (120 Zentimeter) breit und, ohne die Auszug, 4½ Schuh (135 Zentimeter) lang. Item das Mittelstück, worauf das Tischblatt ruhet, 8 Zoll (20 Zentimeter) und jedes Rahmenstück 6 Zoll (15 Zentimeter) breit. Die Ortstücke aber, oben auf der Gehrung zusammengefügt, auch der Tisch ringsherum mit einer ½ Zoll (1,25 Zentimeter) dicken Leiste eingefaßt. Es sollen auch die vier Füllungen oben und unten ganz und die zwei Flügel jeder 1 Schuh 11 Zoll (57,5 Zentimeter) breit, mithin der ganze Tisch mit Auszug 8 Schuh 4 Zoll (250 Zentimeter) lang sein. Item die beeden Auszüge sollen mit der Höhe des Tisches dergestalt übereinkommen, daß, wenn sie ausgezogen und mit dem Tischblatt mittelst eines Richtscheids abgewogen werden, dieselben nicht im allermindesten abhängen, sondern bleygerecht sein mögen. Der Fuß oder Zargen aber soll 3 Schuh 4½ Zoll (101,25 Zentimeter) lang und 2 Schuh 10½ Zoll (86,25 Zentimeter) breit sein."

f) Verschiedene Stücke.

Gegenstand	Höhe	Breite	Tiefe	Bemerkungen
Lade. Danzig 1554	—	60	—	Meisterstück.
Spielbrett. Danzig 1554	—	60	—	Meisterstück. Das Maß wohl quadratisch.
Kommode. Ulm 1834	82,5	120	57,5	Meisterstück. Mit 4 Schubladen. Die Höhe bis zur vierten Schublade „wie gewöhnlich" 77,5 cm, die letztere 15 cm hoch mit Schreibklappe. Seitlich mit Lisenen.
Kommode. Datiert 1780 Kgw.-Museum Dresden.	82	120	58	Nach Simmang. Die Tiefe mit Schweifung 61 cm. Die kleine Abweichung der Maße vom vorigen Stück wohl in unserer nur ungefähren Umrechnungsart begründet.
Kinderbetten. Augsburg 1560	—	ca. 135 (nicht länger)	—	Jahrmarktsware. (Vgl. S. 387.)
Lambris. Basel 1741	60	—	—	Nach der Taxordnung. (S. 376.)
Wandverkleidung. Stuttgart 1652	210	60 im Rapport	—	Nach der Taxordnung. (S. 375.)
Wandverkleidungen. Basel 1689	150 270	360 —	— —	Mit Bank und Gesims. Nach der Taxordnung. (S. 375 u. 376.)

[1]) Die hier verlangte Säulen-, Pilaster- und Bogenkonstruktion ist dem Gewölbebau der römischen Thermen, das waren die großen öffentlichen Bäder des dritten und vierten Jahrhunderts, entnommen. Die Säule kam mit dem Bogen nicht in direkte Verbindung; dieser wurde von Pilastern oder Pfeilern getragen, die hinter

Wir notieren vorstehend noch die Maße verschiedener Stücke, die entweder keine große stilistische Bedeutung besitzen oder, weil vereinzelt, kaum schon zu grundlegenden Vergleichen dienen können; da diese Maße aber in unserer Geschichte an verschiedenen Stellen vorkommen, so seien sie in diesem Sonderkapitel mit zusammengefaßt.

Auf eine Zusammenstellung der Maße, die die Bautischlerei betreffen, also auf Türen, Decken, Fußböden, Fensterrahmen und -flügel, Kellergitter sich beziehen, kann füglich hier verzichtet werden, weil sie doch zu sehr der äußeren Einwirkung der Architektur unterworfen waren; sie sind in den Preistaxen auf Seite 369 ff. nachzusehen. Es berührt eigentümlich, daß die Schreinerzunft in Heidelberg zwei Jahrhunderte hindurch stumpfsinnig die Anfertigung immer desselben Fensterkreuzes als Meisterstück von ihren unglücklichen Prüflingen verlangte; bis endlich (1783) die Meistergesellen öffentlich die Abschaffung dieses im Jahre 1598 einmal passend gewesenen Monstrums forderten, das durchaus unverkäuflich geworden war. — (Ähnliches in Frankfurt am Main. Vergleiche Seite 228.)

N. Alte Rezepte, am Ende des 17. Jahrhunderts gesammelt.

1. Firnis zu bereiten.

S. 326. Indianischen Vernis auf das schönste zu machen[1]).

Man nimmt sechs- oder siebenmal abgezogenen und rectificierten Spiritum vini eine halbe Maß, reinen Gummi-Lacca 2 Loth, reine Mastixkörner 2 Loth, schönen Sandaraca 4 Loth, Colophonii 4 Loth, Olei Resinae 2 Loth, nimmt alsdann einen verglasierten Hafen, schüttet das Hartz-Oel hinein und lässet es bey geringem Feuer erwärmen, sodann schüttet man den Lacc auch hinein und rühret es wohl durcheinander, darauf den Mastix hinein und eine ziemliche Zeit gerühret. Darnach schüttet man den Sandaraca nach und nach darauf und rühret es wohl so offt man etwas hineinschüttet, endlich thut man das Pech auch hinein und rüttelt es wohl durcheinander; gibt ihme darauf stärckeres Feuer, damit es wohl zergehe und wohl heiß seye, also daß es Blattern mache, dann nimmt man ein halbes Gläslein voll guten Brandwein, giesset solchen darauf, rühret es geschwind alles durcheinander, setzet es wieder zum Feuer und lässet es wohl wieder erwärmen, alsdann giesset man den übrigen Brandwein gar darauf, und dieses ob dem Feuer wohl durcheinander gerührt, aber nicht lang, damit der Spiritus vini nicht verschwinde und exhalire, hernach durch ein reines Tuch gepreßt. Weiter sollst du haben von Gummi-Arabico und Wasser eine braune Farbe,

---

den, nur dekorativen Zwecken dienenden Säulen standen. „In den großen Sälen der Thermen werden zwischen den Gewölbefüßen (Basen) der Kreuzgewölbe und den Kapitälen der unter denselben an die Wand gelehnten, die Gewölbe scheinbar abstützenden kolossalen Säulen, prismatischen Stücke eingeschoben, welche nach den drei sichtbaren Seiten die Formen von Architrav, Fries und Kreuzgesims annehmen." Hauser-Reich, a. a. O. I. S. 133.

[1]) Die nun zunächst folgenden Rezepte sind entnommen aus „Der zu vielen Wissenschaften dienstlich anweisende Curiöse Künstler, vorgestellt in einem neu verfertigten und in zwey Theile eingerichteten Kunst-, Haus- und Wunder-Buch"; Nürnberg, verlegt's J. L. Buggel 1703. (In der Berliner Kunstgewerbebibliothek „U. 8. kl.".)

als nemlich: nimmt besagtes Gummi, lasse es im Wasser zergehen, darunter mische Kühn-Ruß oder gebranntes Helffenbein, reibe es wohl auf einem Mahler-Stein ziemlich dick als ein Muß; wann es wohl gerieben ist, nimm dessen ein wenig in einem Schüßelein und gieße Wasser darauf, doch nicht zu viel, damit es als eine rechte Farbe verbleibe; hernach streiche dein Geschirr darmit an und lasse es trocknen; wann es trocken ist, fahre mit einem rauhen Tuch darüber, damit das gröbste herab komme und streiche es wiederum mit dieser Farbe oder Grunde und also zum vierten mal. Wann es dann wohl mit diesem Grunde überzogen und ausgetrocknet ist, so nimm ein wenig Fürnis in ein sauberes weißes Gläßlein, oder in ein verglasiertes Häfelein, setze es zum Feuer und lasse es warm werden, bestreiche das Geschirr also warm über und über, jedoch mercke, daß, wann der Vernis an einem Ort allbereit weiß wird, daß du ihn am selben Ort nicht mehr berühreſt. Wann es überstrichen ist, so lasse es stehen bis folgenden Tag, alsdann bestreiche das Geschirr wiederum und also fort an, bis es schön und glatt genug ist, so in 6 oder 8 Tagen seyn kann. Allein ist auch zu mercken, daß die Farbe des Vernis so roth ist, den Grund in etwas verderbet, derowegen wann der Vernis etwann drey mal aufgestrichen worden, ist vonnöthen, daß man hernach eine Farbe als Kühn-Ruß oder gebranntes Helffenbein darunter mische und also auftrage und endlich trocknen lasse, dann wird es langsam trocknen. Will man nun den Vernis roth haben, so machet man den Grund auch roth und mische unter den Vernis Zinnober; will man aber den Vernis weiß haben, so machet man den Grund mit Bleyweiß und Gummi-Wasser und mischet auch Bleyweiß darunter. Es soll aber der Vernis nicht mit Lacc, sondern mit 3 Loth Hartz-Oel gemachet werden, so bleibet er weiß: Die Farben aber, die in dem Vernis vermischet werden, sollen in den warmen Vernis geworffen und also warm darmit gerühret werden, auch wann durch die Farben derselbe zu dicke werden sollte, kann man mit Zugießung ein wenig Spiritus vini, weil es noch warm ist, helffen.

Will man den Vernis köstlich und wohl riechend machen, so nehme man anstatt des Peches Benzoe, oder aber bestreiche das Geschirr, nachdem es gegründet ist, mit dem Hartz-Oel, so riechet es wie Cypressen-Holtz, verlieret aber den Geruch, wann es nicht verbunden oder eingesperrt verwahret wird.

NB.: Die Probe des Spiritus vini, daß er gerecht seye zu diesen Vernissen, ist diese, daß man solchen in einem silbernen Löffel anzünde, so er gantz ausbrennet und keine Phlegma hinter lässet, so ist er gut und gerecht darzu.

S. 331. Einen überaus schönen weißen Glantz-Vernis zu machen.

Das Holtz, darauf man den Vernis streichen will, muß Birnbaum, Weißbuchen, glatt gehobelt und mit Schafftthau im Wasser wohl abgeschliffen seyn, hernach nimmt man des besten Spiritus vini 40 Loth, Gummi Sandaraca 6 Loth, Mastix 1 Loth, Cyprianischen Terpentin 1½ Loth, Oleide Been 2 Quint, den Sandarac und Mastix muß man auf einem Mahlerstein zerstoßen ziemlich klein aber doch trucken darauf reiben, hernach den Terpentin darein in das Pulver mengen, in eine langhälsigte Phiolen thun, den Brandwein oder Spiritum vini neben dem Oel darüber gießen, das Mundloch der Phiolen mit einem dreyfachen Papier oder einem Mehlpapp, damit in der Destillation kein Spiritus verrauche, wohl vermachen und verwahren, und diese Materien einen halben Tag und eine gantze Nacht stehen lassen, jedoch etliche mal aufrütteln, damit es sich desto besser solvire; geschieht es aber, daß sich der Terpentin auf den Boden setzet, muß man es schütteln, bis die Materie auf dem Boden gantz lose wird; wann man nun des anderen Tages die Distillation vornehmen will, muß man es, abermal wie zuvor aufgerüttelt, in einem sauber aufgereutelten Sand, damit keine Steine darauf bleiben, auf einem Dreyfuß oder Sandcachellen setzen. Der Sand muß soweit reichen, als die Materia im Glas reichet und so hoch in die Phiolen gehen, gebe ihm allgemach Feuer, bis es zu sieden beginnt, wann es siedet, muß es, ohne stärkeres Feuer, gute dreyviertel Stunden im Sud bleiben; hernach nimmt man ihm das Feuer, setzet die Phiolen samt dem Sande in eine Kammer oder sichere Stätte und lässet es drey Tage und Nächte lang abkühlen; den dritten Tag nimmt man es aus der Phiolen in ein anderes Glas, jedoch muß man es gantz gemach heraus giessen, damit alle Feces zurückbleiben in der Phiolen und nicht in das andere Glas zu dem Vernis oder zu dem klaren kommen und behält es wohl vermacht zum Gebrauch.

Will man dann auf Holtz arbeiten und den Vernis auf weiß ziehen, so nimmt man ein Schälchen oder Muschel vom nachgesetzten Pergamentleim, mischet gar zart gerieben venedisches Bleyweiß, doch nicht zuviel, darunter, streichet das Holtz zum ersten mal damit dünne an, daß man nur bloß die Farbe am Holtz erkennen kann, lässet es trocknen; hernach nimmt man unter den Leim in das Schälchen ein wenig mehr von dem Bleyweiß, gießt 6 Tropffen Wasser unter den Leim, damit er schwächer wird, streicht wie vor das Holtz an; also thut man 3 oder 4 oder gar bis auf das 6. Mal, jedoch muß zu jeder Zeit die Farbe in dem Gesicht verstärket, der Leim aber mit Zugiessung ettlicher Tropffen Wasser geschwächet werden, dann je dünner die Farbe am ersten, je stäter sie allgemach bis auf die letzte gebrauchet wird, je beständiger hält die Arbeit, so der vornehmste Handgriff ist.

S. 332. Holtz so schwarz zu machen als Ebenholtz.

Man nimmt ein Pfund schöner Türckischer Gall-Aepffel, stösset solche klein und siedet sie in einem glasurten Hafen mit 6 Maß Regen-Wasser und eine Maß guten Weinessig so lange mit stetem Umrühren, bis ohngefehr der vierte Teil eingesotten. Dieses Wasser kann man nun nach Genügen bereiten und machen, auch in Gläsern wohl verwahren; darinnen weichet man das Holtz 24 Stunden lang; inzwischen siedet man in einem anderen reinen Hafen mit ebensoviel Wasser schon Provintz- oder Brasillen-Holtz ein halb Pfund mit ein halb Pfund gutem Vitriolo, so lang, bis sich alle Farbe wohl ausgezogen hat, dann nimmt man die Spähne wieder heraus, seihet solche Brühe rein ab durch ein Tuch, und verwahret es auch absonderlich, dessen man auch nach Genügen bereiten kann. So nun besagtermassen das Holtzwerck in obigem Galluswasser, wie angezeiget, 24 Stunden lang geweichet und gebeitzet hat, so nimmt man es wieder heraus und thut es wieder auf 24 Stunden in das andere Brasil-Wasser; wann es nach diesem wohl ausgetrocknet, poliert man es auf der Dreh-Bank mit Baum-Oel oder Wachs, so hat man schöne gebeitzte Arbeit, die nicht schöner verlangt werden kann.

S. 333. Eine andere Schwartz-Beitze zu sieden.

Man nimmt zarter junger Erlenen Rinden, schwartzbraunen Brasil-Spähne, siedet es in Wasser, mit Hinzuthuung frischer Ochsen-Gallen, thue ferner darein Kupffer-Wasser, Gall-Aepffel, Fein-Spähne und altes Eisen; diese Beitze macht dann alles Holtz-Werck über die Maßen schon schwartz, so man es eine Zeitlang darinnen beitzen lässet.

S. 333. Allerhand schöne Holtz-Arbeiten, dem Indianischen Holtze gleich zu machen.

Man nimmt die von Birnbaum- oder Ahorn-Holtz gantz ausgefertigten Arbeiten, beitzet solche ettliche Tage in rother Brasilian-Brühe, dann lässet man es noch eine halbe Stunde sieden, bis sich das Holtz schön braun färbet, nimmt es dann wieder heraus und lässet es trocknen. Wann man nun dergleichen Arbeiten dem Brasilian-Holtz gleich machen will, so nimmt man ein Stücklein wohlgebrannten, ungelöschten Kalch und weichet solchen so lang in Urin-Wasser, bis er zerfället und zu einem dünnen Brey wird; damit machet man auf besagtes und gebeitztes Holtz-Werk hin und wieder Flecken, daß es dem Indianischen Holtz gleich kommen mag, lässet es dann trocknen. Wann man nun auf solches Holtz-Werck sachte schlägt und klopffet, so springet der Kalch von sich selbsten ab, was aber daran noch bleibet, muß man mit einem wöllenen Tuch gar abreiben; alsdann überstreichet man solches ettliche mal aufeinander mit heissem Lein-Oel und wischet es mit einem wöllenen Tuch wieder ab, je öfter man es aber wischet, je gläntzichter das Holtz davon wird.

S. 334. Schöne marmolierte Holtzarbeiten, als Tische, Saulen, Tresuren und dergleichen.

Erstlich wird der Gips abgebrennet in einem Kessel oder Pfannen oder Irdenem Geschirr mit stetigem Umrühren so lange gekocht, bis er Blasen aufwerffen thut, dann ist er genug gekocht. Will man nun den Tisch machen, so nimmt man zu zehn Pfunden Gips einen Vierling guten Leim und drey Maß Wasser und fässet den Leim allen zergehen und auffsolvieren; darnach nimmt man eine Mulder und 5 Loth Berg-Bley oder Berg-Aschen, thut es in die Mulder, macht es mit Leim-Wasser an und knettet es durcheinander wie einen Teig, darnach streichet man es auf eine Leinwand auf, die angespannt ist, darnach einen groben Gips, auch mit Leim-Wasser angemacht und darauf gelegt, so dick, als man den Tisch haben will. Will man aber den Tisch geädert haben, so nimmt man was Farben man will, mischet sie mit Leim-Wasser wie oben, und mit dem Gips rühret und knettet es wohl, daß die Farbe wohl in den Gips kommet; alsdann machet man wieder einen bloßen Gips mit Leim-Wasser ohne Farben an und nimmt dann den gefärbten unter den bloß angemachten Gips, knettet sie beyde untereinander gar wohl, schneidet es dann zu breiten Stücklein und leget sie auf die Leinwand, so groß man den Tisch haben will, ein Paar Finger dick, darnach thut man grob angemachten Gips darauf, so dick der Tisch seyn soll und lässet es 24 Stunden darauf stehen, alsdann hebt man die Arbeit auf und thut die Leinwand davon, hernach nimmt man einen rothen Ziegelstein, schüttet zuvor Wasser auf den Tisch und reibet ihn so lange, bis man keinen Leinwand-Druck mehr siehet oder verspüret, sodann poliert man es mit einem Polierstein und lässet den Tisch auf eine halbe Stunde abtrocknen; darauf nimmt man Leim-Oel mit einem Filtz und überstreichet den Tisch, daß er nur überfahren wird, darnach streichet man Wachs auf eine Leinwand und überreibet den Tisch, bis er einen Glantz bekommet.

Will man aber Figuren einlegen, so reißet man mit Bleyweiß oder Kreiden auf den Tisch, was man selber will, gräbt selbiges mit einem darzu gehörigen Eisen aus, wann es nur sauber ist, ausgestochen, so giesset man Wasser darein und lässet es, bis es wohl angefeuchtet ist, eine halbe Stunde darinnen stehen, trocknet es dann mit einem Tuche aus, macht hernach die Farbe mit Wasser an und thut einen Tropfen Leimwasser darunter, man muß aber allezeit die Farben mit Gips anmachen, legt es also mit gefärbtem Gips, wo es ist ausgestrichen, ein und polieret es alsdann, wie man selber will. Solcher Gestalt machet man auf das schönste marmolierte Tische, Saulen, oder was man selber machen will.

Die folgenden Rezepte sind entnommen aus „Der curieuse Kunst- und Werck-Spiegel"; Nürnberg. In Verlegung Johann Ziegers, 1696. (In der Berliner Kunstgewerbebibliothek unter „U. 5".) Im Ganzen enthält das Werk 204 Firnis-Rezepte.

II. S. 70. Ein schöner Fürnis, zur Schildkroten- oder marmelierten Holtzarbeit.

Man nimbt 2 Loth rein Gummi-Sandaraca, 1½ Loth Cyprianischen Terpentin, guten rectificierten Spiritum vini 1½ Seidlein, und machet darmit einen Fürnis, mit solchem reibt man Zinober fein ab und bestreichet das Holtz einmal oder dery (drei) damit ab. Darnach nimbt man Drachenblut und Cachenillen und gibt den bemeldten Fürnis oder Spiritum vini damit und machet mit solchen die braun Flecken damit, zur duncklen Farbe nimbt man Helffenbein-Schwärtze, an Stelle des Drachenbluts und Cachenillen kan man auch Lac-Oel wie zum Mahlen brauchen, und bemeldten Spiritum vini oder Fürnis darunter zu mischen, auf die Letzte nimb von schwartzen auch mit diesen Fürnis darunter, wann es trocken ist, wird es noch einmal 8 oder 9 mit der Glantzfürnis überstrichen, hernach mit Schaffthabe und mit den Trippel, alsdann den Fürnis wieder ettlichmale angestrichen, biß es einen Schirm-Glantz überkommt.

II. S. 15. Fürniß zum Schreib-Tischlein und ander Holtz-Werck.

Nehmet Hausen-Blasen, so schön weiß seyn und frisch, lasset sie 24 Stund weichen, hernach bey einem gelinden Feuer zergehen, und zwingt es durch eine Leinwand, lasset es bey gelindem Feuer, biß es starck genug zum anstreichen, zergehen, und wenn es wohl heiß, so thut geriebenen Zinober mit ein wenig Drachenblut darein und streichet euer Holtz-Werck, welches mit Schulpweiß und Gummi überfahren seyn muß, darmit an, und so solches zweymahlen geschehen und trocken worden, so geht ihm nachfolgenden Fürniß, Spick-Oel und Venedischen Terpentin, eins so viel als das andere, halb so viel Sandarac, last alles schmeltzen und tragt es heiß also auf.

Allerhand von hartem Holtz (als Ahorn-, Birn-, Nuß- und Pflaumen-Baum-Holtz) bereitete Tischler-Arbeit, item Stüle und dergleichen, mit dem Lac-Fürniß auf Schildkroten-Art zuzurichten, also daß es weder von scharffen Wassern noch von Oel abgehe und Schaden nehme.

Ueberstreiche das jenige Stück, so du machen willst, erstlich mit einem Lac-Fürniß, darnach überstreiche es mit Meng, so die Helffte mit Rauschgelb vermischt, oder auch mit Lac-Fürniß, doch allemahl zuvor trocknen lassen, überschabe es alsdann mit reinem trocknen Schafft-Heu.

Ferner nimm Drachen-Blut (ist ein rother Gummi) stosse und reibe es klein, mache es mit der gleichen Fürniß dünn an, rühre es umb, zwings durch, so du willst, doch ist solches eben nöthig nicht, hebe es in einen Gläßgen. wohl verwahret auf, dann je länger es steht, je schöner es an der Coleur wird, hiermit kannst du Wolcken über das überstrichene Stück machen, doch muß von den gelben noch viel durchscheinen; wo du nochmahlen auf das Gewölcke dupffst, so wird es daselbst dunckler, du kannst auch mit dergleichen Fürniß Beinschwärtz oder nur Kupfferdrucker-Farbe, oder auch Indig oder Umbra oder Indianische Dinten anmachen und zum Theil mit den Drachenblut misciren, darmit kannst du es noch dunckler vertiefen, du mußt es aber allezeit trocknen lassen, alsdann nimm Bimsstein, laß ihn wohl durchglühen, stosse ihn gantz klein, nimm Schafft-Heu, lege es in frisches Wasser, duncke es alsdann in gepulverten Bims, poliere oder reibe es glatt, nach deinem Gefallen usw.

Wann es dann glatt genug ist, so reibe es starck mit einem reinen wüllen Lappen, halte es über eine gelinde Glut und überfahre es einmahlen 5 oder 6 mit dem Glantz-Fürnis, gieb aber acht, daß es ihm nicht zu heiß gehe, sonst fahren Blattern auf, lasse es wohl trocknen, nimm alsdann Zinn-Aschen, mit Baum-Oel abgerieben, und Juchtenleder, poliere es darmit, letzlich nimm etwas Zinn-Aschen auf den Ballen der Hand und reibe es biß es Glantz genug hat, dann muß es wie ein Spiegel gläntzen.

Man kann es wohl mit halber Mühe machen, aber daß es so schön werden solle, das ist nicht, gleichwohl wird die Uebung manche Vortheile und Verkürtzung an die Hand geben.

Man kann auch andere Farben dabey thun, wie es ein jeder haben will, weil man doch nicht alles beschreiben kann.

Den schönen Spanischen Lac-Fürnis zu Kisten, Truhen und Schäfften zu machen.

Nimm reinen Mastix 30 Grän, Gummi Gutta 2 Scrupel, Gummi Lacca 4 Loth, mische alles wohl unter einander und digerire es in gelinder Wärme, lasse es durch ein Tuch gehen, was zurückbleibt, thue weg, das andere laß acht Tage stehen. Dieser Fürnis dient zu allerhand Leder und sauberen Holtz-Arbeiten, umb mit Farben zu appliciren.

Will man das Werck kostbarer haben, so thut man etwas Bisam und Zibeth darzu, so behalt es viel Jahr einen schönen Geruch.

II. S. 23. Ueberaus schönen Indianischen Lac-Fürnis zu machen.

Erstlich nimm 4—5 Maß guten Brantwein, destilliere oder brenne denselben so offt und vielmalen wieder in einem Brennzeug, bis er endlich so stark wird, daß, wann man ihn in einem Löffel anzündet, er gantz ausbrennet und nichts nasses darvon übrig bleibet. Wann du nun einen solchen Spiritum vini bey der Hand hast, so nimm Gummi Lacca und stoß selbigen klein, und darnach thue bemeldten Gummi in den Spiritum in einen grose Glaß-Violen — Phiolen, daß der Spiritus vini 4 quer Finger hoch darüber stehen mag, vermache das Glaß oben mit einer vierfachen Rinder-Blasen auf das beste, darnach thue Fletz-Sand auf einen Kachel-Ofen und lasse solches heiß werden und setze das Glaß hinein, laß es solang darinnen, biß sich der Spiritus vini und der Gummi wohl unter einander vereinigen und wohl sieden. Wann du aber siehest, daß es die Blasen auf dem Glase in die Höhe treibet, so nimm eine Nadel und stecke die in die Blasen, daß es Lufft hat, sonst zerbricht das Glaß. Darnach läutere ihn durch ein Fließpapier in ein ander Glaß, so bleibet die Materi in dem Papier. Wann du diesen Fürnis brauchen wilst, so müssen zuvor die Arbeiten wohl mit Schachtel-Habern geglättet und hell gemachet werden; darnach lasse die Arbeit wohl trocknen und bestreiche es alsdann mit diesem Fürnis zweymal, aber allemal wohl trocken. Darnach nimm Zinober und reibe ihn zuvor ab auf dem Reibestein mit schlechtem Brantwein und lasse ihn wieder wohl trocknen; darnach nimm diesen Fürnis und bemeldten Zinober, aber nicht viel (dann wann man viel nimmt und nicht geschwind verbrauchen kan, so verdirbet die Farbe und wird gantz knollicht), mische es durch einander bis es tauglich ist und bestreiche es mit einen Stab oder was du willst darmit; aber das muß wohl in acht genommen werden, daß der Stab allezeit 2 oder 3 Stunden, bis er wieder angestrichen wird, trocknen muß. Wann du nun vermeynest, daß es der Farbe genug, so lasse den Stab 2 Tage von ferne der Wärme trocknen; darnach nimm Trippel und siebe ihn gantz klein und bestreiche den Stab mit Baum-Oel wohl dick, alsdann streue den Trippel auf die Stücke und nimm subtil gelb Leder und reibe den Stab subtil damit ab, so bekömmt er den Glantz und wird schön glatt. Siehest du aber, daß er noch nicht glatt genug ist, so nimm nochmaln Baum-Oel und mache es wie vorhin; alsdann lasse ihn 2 Tage trocknen und bestreiche ihn alsdann mit anderem Fürnis zwey oder dreymal und reibe ihn mit Leder ab, so ist er fertig und den völligen schönen Glantz.

II. S. 25. Rothe oder Corallen-Arbeit.

Man gründet das Stück, wie obgemeldet, von allerhand Holtz mit Mennge und Rauschgelbe, überstreicht es auch einmal oder viermal mit Mennge, und allemal getrocknet; hernach einmal oder sechs mit Zinober, so auch mit diesem Fürnis. Oder, welches noch besser, mit lichtem und hellem Fürnis muß angemachet werden; wann das geschehen, schabe es mit Schafft-Heu und überstreiche es wieder mit klarem Fürnis einmaln acht oder neun. Verfahre damit ferner wie oben gedacht.

Auf dergleichen Art und Weise kann man allerhand Holtz-Arbeiten, als Trühlein, Kisten, Thresoren, Bett, ja gantze Zimmer zurichten, auch mit Gold darein mahlen und es hat ein recht fürstliches Ansehen.

II. S. 29. Schöner Spanischer Fürnis. (Auf Hartholtz.)

Nimm ein Vierthel (Augspurger Maß) hochrectificirten Spiritum vini, der das Büchsen-Pulver anzündet, des reinen Gummi Sandarac 4 Loth, reines Spick-Oel 1 Loth, stoße den Sandarac und schütte solchen in den Spiritum vini, hernach das Spick-Oel, laß stehen, bis es sich solviret und setzet.

Item Gummi Lacca thue gepulvert in ein Glaß und schütte 4 quer Finger hoch bemeldten Spiritum vini darüber, laß 2 oder 3 Tage in digestione stehen und rühre es mit einen Spänlein zum öfftern umb, daß der Gummi nicht am Glaß klebet und unsolviret bleibe, wenn das geschehen, so zwinge es durch ein Tuch, drucke es mit Fingern heraus und lasse es in ein enges Glaß lauffen.

Item nimm Gummi Sandarac, klein gerieben, giese 3 mahl so schwer warm Spick-Oel darüber, alsdann den Spiritum vini, 4 quer Finger hoch.

Item nimm ein halb Maaß des Spiritu vini, Gummi Lacca in granis 8 Loth, darzu nimm ein mäßiges Guttur-Glaß, in dasselbe giese den Spiritum vini, hernach giese den Gummi Lacca darein und thue eine gute Weile gutturn, hernach schütte den andern halben Theil vom Spiritu vini darüber und schüttle es 3 Stund starck durcheinander, laß es darauf 3 oder 4 Tage an einem warmen Ort stehen, kannst ihn hernach streichen über was du willst, aber nur auf ein hartes Holtz, streiche zum ersten mit dem untersetzten Fürnis 3 oder 4 mahl, doch zum jeden Strich 4 oder zum wenigsten 2 Tage muß du warten, wann es also schon 4 mahl angestrichen und das letzte mahl getrocknet, auf das wenigste einen halben Tag, so ist dann der Grund gelegt, auf bemeldten Grunde kan man eine Farbe legen, welche man will, als zur schwartzen Farbe Buchdrucker-Schwärtze, zur blauen Ungarischen Bergblau, so man Schildkroten röthen will, so zerreibe auf einen Stein Zinober und mache ihn mit Fürnis an, alsdann mit einen frischen Pensel übergestrichen, 3—4 oder 5 mahl, das anstreichen muß geschwind geschehen, den Strich aber gleich zu der Sonnen oder warmen Ofen setzen, aber nicht zu lange bey der Hitze lassen, damit die Guttern nicht auflaufen, des Tages soll man es nur 3 mahl anstreichen, so kann es 4 mahl oder öffters angestrichen werden, nachdem es einer schön haben will, hernach muß man es einen gantzen Tag trocknen lassen, den anderen Tag kann man nehmen Drachenblut, welches klein gestosen werden solle, und ebner massen mit den Fürnis in einen Glaß anmachen, darmit mache Flecken, wie du willst, die Flecken sollen 3 mahl angestrichen werden, und thue zu jedem Strich eine Stunde warten, und wann das letzte trocken ist, kann es 4 Tage nacheinander, alle Tage 2 mahl mit Fürnis angestrichen werden, und wann es acht mahl mit klaren Fürnis bestrichen ist, soll es 2—3 Tage trocknen, nach 3 Tagen nimmt man einen Bimsenstein, calciniret solchen auf das beste, mit diesem thue die Arbeit abreiben, doch nicht zu starck, und muß der Stein angenetzt oder zerrieben und in ein nasses Tüchlein getan auch mit nassen Tüchlein abgerieben werden, hernach kann man eine gute Zinn-Aschen, und ein wenig Baumöl darunter, mit dem abstreichen, es wird so schon gläntzend als Gold, nach diesem kann man, ob man will, noch 1 mahlen mit Fürnis anstreichen, so wird es desto schöner, ob welchen du dich verwundern thut.

NB. Andere nehmen Weinstein darzu, alsdann solle das Drachenblut nicht von nöthen seyn, es soll auch anderthalb Maaß Spiritus vini darzu genug seyn.

II. S. 32. Eine schöne Marmelierung auf Holtz, Leder usw.

Nimm des allerschönsten, durchsichtigsten Agtsteins so viel du willst, zerstoße solchen klein, thue ihn in einen reinen Tiegel, so inwendig verglasurt ist, und lasse solchen auf gelindem Kohlenfeuer zergehen und schmelzen, rühre ihn fleißig, daß er nicht anbrennet, hernach gieße es auf einen saubern und Marmolsteinern Tisch und lasse solchen erkalten, stoße ihn wieder zu subtilen Pulver, alsdann lasse schön reines Terpentin-Oel, in einem saubern Glaß auf heißem Sande wohl erwärmen und thue den klar-gestoßenen Agtstein darein und laße es gelinde mit einander kochen und zergehen, daß es so dicke wird, daß man es mit einem Pensel vermahlen kann, alsdann durch ein Tuch gedrungen, dieses ist dann das schönste Lacca, so man bekommen kann, an der Farbe siehet er zwar braun, jedoch wird er im anstreichen wie ein schönes Glaß so hell und klar.

Die Farben, darmit man marmelieret, sind folgende, als: Lampenschwärtz, Braunroth, Ochara, welche 3 mit Leinöl, dann Venedisch Bleiweiß, so mit Nußöl, und dann Zinober, so auch mit Leinöl abgerieben werden müssen.

Mit solchen 5 Farben wird nun der erste Grund auf das Holtz gemachet, hat man nun nicht viel poröses, dichtes, glattes Holtz vor sich, so ist es genug, den Grund allein mit Leinöl zu machen; wäre aber das Holtz löcherícht, so füllet man die Löcher mit Kreiden, so mit Leimwasser abgerieben ist, aus und reibt es mit einem Bürstlein, wie die Dreher haben; dieses ist der weiße Grund, will man ihn schwartz haben, so nimm Kühnruß und Leimwasser, dieses streichet man noch ettliche mal über mit Leimwasser, daß es gläntze, wann der Grund trocken ist, mische den Zinober unter dem Lac, so viel als nöthig, daß nur der Lac die Farbe von Zinober habe; hiermit streiche es ein drey oder viermahl über, bis es helle und schön wird, auch noch 2 oder 3 mahl mit dem Lac allein überstrichen, damit es desto mehr Glantz überkomme, wann dieses getan, so nimm so viel Arbeit vor, als du gedenkest, geschwinde auszumachen, weil der Lac bald trocknet, und es ausgemahlen werden (muß), weil es noch naß ist; so viel du dann allezeit mahlen willst, mache mit dem Lac naß, in einer Muschelschalen muß man die Farbe mit dem Lac temperieren, jedoch nimmt man der Schalen nicht mehr, als man nötig hat, alsdann nimm den Pinsel und spiele so flaumt der schwartzen Farbe darüber, also daß die anderen Farben durchspielen, alsdann vermische gelb und braunroth in einer Schalen, streiche darmit mit einem kleinen Pinsel über die Schwärtze, daß an beyden Seiten ein kleiner schwartzer Rand sitzen bleibt; darnach temperiere gelb und weiß, mache damit die kleinen Ancker und mache ferner kleine Achatflecken, und ist das blaue allzu blau, so mische etwas rothes darunter, umb die Achatflecken muß ein kleiner rother Ranfft seyn, und wann das Lac etwas zu dicke wird, so muß man nicht zu viel Terpentin-Oel darzu thun, dann das Oel ist zu starck, und scheinet das unterste wieder durch, so muß man den Mastix nehmen und das mit Terpentinoel schmeltzen, man kann auch ein wenig Kampffer darunter thun.

II. S. 34. Noch eine schöne Laccierte Holtz-Arbeit.

Wann ihr das Holtz bey der Hand habt und dasselbige mit einem Bimsstein wohl glatt gerieben und in das Wasser geleget, so nehmet Menng und einfachen Lacc-Fürnis und streichet es mit dieser Fürnis ein wenig an und lasset es einen Tag stehen und trocknen, hernach reibet es wieder umb mit Bimsstein und leget folgends ein wenig Goldblättlein oder Metall darauf und bestreichet es alsdann mit dem rothen und Saffran-gelben Fürnis, hernach machet mit rothem Fürnis hin und wieder Flecken darauf und thut in diesen rothen Fürnis ein wenig gestoßenen Gummi-Lacca und seyhet es mit einander durch ein Tüchlein und bestreichet hernach die Flecken mit schwartzen Fürnis, hernach bearbeitet es 6 oder 7 mahl mit einfachem Fürnis, ein wenig darmit bestrichen, und alsdann lasset den Stock 8 Tagen trocknen; folgends bestreichet und färbet ihn wieder mit klarem Fürnis und lässet ihn 3 Tage trocknen, und wann er trocken worden, so nehmet ein Stück Haut, so man auf flandrisch Potcy heißet, bestreichet es und reibet es darmit, bis ihr sehet, daß es blanck wird, und wann es so weit fertig ist, so nehmet eine Hand voll Wasser und reibet damit den Stab, hernach trocknet ihn und reibet ihn sänfftiglich mit der Hand, bis er ein wenig warm wird, so ist er fertig.

II. S. 35. Eines berühmten Geigenmachers zu H. überaus schöner Geigen- und Lauten-Fürnis.

Wann man solchen recht und gut machen will, muß man denselben in drey Gläsern auf 1 mal ansetzen, wie folgt:

In das erste Glaß thut man des schönsten Gummi-Lacca 3 Loth, Sandaraca 3 oder 4 Loth, pulverisiert alles auf das kleinste und geuß 4 quer Finger hoch des besten und stärcksten Spiritus vini darauff, läßt solchen darinn zergehen und zwingt ihn dann durch ein leinenes Tuch und stellet es an ein ruhiges Ort auf etliche Tage, so ist der klare Fürnis oben, den gießet man ab in ein anderes Glaß.

In den andern Glaß solvirt oder extrahirt man schön rein Drachenblut 5 Loth, rother Beern-Wurtzel 3 Loth.

In den dritten Glaß solviret man Colophonii 3 Loth, Aloes succotrini 2 Loth, Orlenii 3 Loth; wann sich nun alles genugsam extrahirt und gefärbet, gießet man die Gläser zusammen in eins, vermacht das Glaß auf das beste, läßt es 8 Tage ruhig stehen, dann gießet man das lautere rein ab, läßt es durch ein rein Tüchlein lauffen, und den Spiritum vini, wann der Fürnis gar zu dünn ist, etwas exhaliren, bis dir der Fürnis gefällig; dann verwahre solchen an einem richtigen Ort, so hast du einen schönen rothen Fürnis, der auch das Zinn verguldet.

II. S. 52. Fürtrefflicher rother Fürnis, womit man allerley weiße Metalle oder metallisierte Holtzarbeiten so schön und hoch gleichsam verguldenkann, als wann es mit gutem Gold im Feuer verguldet wäre, so man hernach mit keinerley Nässe, auch mit der stärckesten Laugen nicht darvon abwaschen kann, außer mit S.V. (Spiritus vini?) Ist überaus schön, die zinnernen Knöpffe mit silbernen Platten darmit zu verguldeN.

Der Schlußsatz dieses Rezeptes lautet: Will man aber ein gantz Zimmer, an statt eines Getäffels von Leder gemacht, also verguldeN, muß man solches zuvor etwas erwärmen und dann überstreichen.

II. S. 67. Schöner Schreiner-Fürnis.

Nimm Abiez, Mastix und Sandarac, koche es mit Leinoel.

II. S. 67. Gemeiner Schreiner-Fürnis.

Nimm Glaß, Mennig, weißen Vitriol, Venedisch Glaß, jedes 4 Loth, Fischbein, Umbra, jedes 8 Loth, Gummi 4 Loth, Tragant und Mastix, jedes 2 Loth, Leinoel 8 Pfund; was zu pulverisieren ist, das pulverisiere und koche es eine Stunde lang, thue darzu 6 Loth Terpentin und zuletzt mische darunter den Vitriol. Aber mache es außer dem Hause unter dem freyen Himmel, dann wofern es Feuer fässet, so kann es nicht gelöschet werden.

II. S. 68. Noch ein schöner Fürnis eines künstlichen Hof-Schreiner, zu schönem Stubengetäfel, Tischen, Stühl und Bäncken. Item zu allerley Sachen, daß man sehr hochgläntzend und hell haben und machen will.

Nimm schön lauter Lein-Oel 4 Pfund, zartgeriebenen Silberglett 12 oder 14 Loth, das lasse in einem kupffernen Kessel mit stetigem Umrühren eine Zeitlang kochen, bis es so heiß ist, daß einer hineingesteckten Feder die Haare fahren, und sich zwischen den Fingern abstrupffen läst; dann nimm schönen gelben reinen Agtstein, Sandaraca, Mastix-Körner, Gummi Arabicum, Copall und Abiez, eines jeden 4 Loth, vermische es wohl gestoßen untereinander, laß in einem irdenen verglasurten, zuvor aber in einem Regenwasser eingelegten Mahler-Tiegel auf einem linden Kohlfeuerlein zerfliesen und schmeltzen; dann schütte es also in das Leinoel, alsdann lasse auch in einem anderen Tiegel 4 Loth reinen Gummi-Lacca mit ein klein wenig Leinoel fließen; letzlichen thue auch 4 Loth reinen Venedischen Terpentin und 6 Loth rein Terpentin-Oel darzu, laß mit stetigem Umbrühren so lange kochen, bis es dir an der Farbe gefällig, dann hebe es ein klein wenig von dem Feuer, lasse es etwas erkalten und thue 8 Loth weißen Vitriol und 8 Loth gestossen Venedisch Glaß darein, setze es noch einmal zum Feuer, laß noch eine Viertelstund mit stetigem Umbrühren kochen, und dann abgehoben, gar erkalten, so ist der Fürnis bereitet; den zwinge durch ein leinen Tuch, lasse ihn gefallen, so wirst du einen fürtrefflichen Fürnis überkommen, der in einer halben Stunde trocknet und so schön und hellgläntzend ist, als ein Glaß.

II. S. 70. Noch ein anderer dergleichen schöner Glantz-Fürnis auf das Holtz-Werck.

Nimm des schönsten Umbra oder gelben Agtsteins 2 Loth, schönen Gummi-Laccan-Körner 2 Loth, Terpentin-Oel 2 Loth, Terpentin 1 Loth, Silberglett und Lein-Oel soviel darzu vonnöthen. Nimm das Lein-Oel und koche es in einem Glaß oder Hafen so lange, bis eine darein gesteckte Feder verbrennet; lasse hernach in einem irdenen Pfännlein den Agtstein ob einem linden Feuer zergehen und schütte es in das Lein-Oel; nach diesem lasse die Glatt in dem Lein-Oel zerschmeltzen, das Gummi-Lacca muß auch besonders geschmoltzen werden, in dem Terpentin, in obgemeldtem Topffe, und wann es wieder kalt geworden, so seyhe alles durch ein Tuch, das Gummi Lacca wird zerschmeltzt, so du dein Gefäß mit ein wenig Lein-Oel salbest, und das Lacca hineinthust. So man ihm eine Gold oder Silber-Farbe geben will, so nimm der allerfeinsten gelben Erde, die durch das Wasser sauber gemacht und hernach getrocknet ist, thue Menng darzu, lasse es in gleichem Feuer mit einem gleichen Theil Nuß-Oel zur Silberfarbe, aber Bleyweiß mit Nuß-Oel kochen; hernach nimm Leim-Wasser und bestreiche das aufgelegte wohl und lege es geschicklich auf; hernach wann es trocken ist, so kratze oder glätte es, daß es wird als ein Glaß; hernach einen Kupffer-Grün mit Leimwasser oder mit Nuß schwartze Menng, giebe eine Lage und lasse es trockenen, so wird alsdann, wann der Fürnis aufgeleget wird, wie ein Glaß scheinen.

II. S. 73. Schöner Holtz- und Geigen-Fürnis.

Ein Pfund gut hell Lein-Oel, thue es in einen neuen Hafen, der zuvor 24 Stunden in Regenwasser gelegen, und 2 Loth gemeinen Terpentin, lasse es sieden, bis das eine Feder, wann man sie darin stösset, verbrennet; thue darzu 2 Loth gestossenen Agtstein, so auch 24 Stunden in Regenwasser gelegen, allgemach darein, lasse sieden bis daß der Agtstein zerschmoltzen und der Fürnis dick genug ist.

II. S. 85. Einen betrüglichen Fürnis zu machen.

II. S. 96. Ein überaus schöner Holtz-Fürnis, der gar gern und balden trocknet.

Man nimm Lein-Oel 3 Pfund, läßt es sieden, thut gebrannten Allaun, g. s. darein und 1 Loth schön geläutertes Hartz und 1 Loth zerschnittene Knoblauch-Zehen darein. Wann nun das Oel nimmer schaumet, so hat es sein genug, dann thut man es von dem Feuer; darnach nimmt man 1 Pfund schönen klein zerstossenen Agtstein (Gummi-Sandarac ist auch gut), thut solchen in einen glasurten Topff und soviel von gemeldtem Oel, als man vermeint, daß der Agtstein darein zergehen kann; dann lutiert man eine Stürtzen mit einem Loch auf den Hafen, setzt solchen auf einen Dreyfuß und gibt gar gelind Feuer darunter, so zerschmeltzt der Agtstein in dem Oel, welches man mit einem Eisen durch der Stürtzen Loch erfahren kann; wann er nun zergangen, so thut man den Hafen vom Feuer, öffnet solchen und giesset das obige gesottene Lein-Oel darauff, setzet solchen wieder zum Feuer, läßt es wieder mit einander so lange sieden, bis man die Probe eines guten Fürnisses hat. Dieser Fürnis trocknet gar gern und bald.

Ein guter Freund laßt Rockenbrod und geschnittene kleine Zwiefelein so lang in dem Oel rösten und kochen, bis braun worden, dann wird das Oel gut, darinnen solviret er schönen geläuterten Gummi-Sandaraca, giebt auch einen schönen fürtrefflichen Fürnis.

S. 183. Guten Schreiner-Fürniß zu machen[1]).

Nimm Dantziger Fürniß 5 Pfund, Silberglett ein Viertels Pfund, Alaun 1 Loth, Kupffer-Wasser ein Viertels Pfund. Vermische es unter einander, thue nicht viel Oel darein, etwas mehr als ein halbes Pfund. Welches Oel man aber in einer Pfannen mit ein wenig Brod wohl reinigen und seiner Fettigkeit benehmen kann. Dann seyhet man es durch ein reines Tuch, thut es also geläutert in den Fürniß, wann er siedet, dann rühret man das Pulver langsam nach und nach darein, läßet es darinnen sieden, so lange bis es einen Faden gewinnet, so hat es genug gesotten; alsdann kann man zur Probe einen Tropffen auf einer Messer-Klinge heraus nehmen und über sich ziehen, giebt es, wie gesagt einen Faden, so hat es genug gesotten. Solchen Fürniß siedet man nicht bey dem Feuer sondern auf einer Glut.

Wann man nun mit einem solchen Fürniß allerley Holtz-Wercke, als Tische, Bett-Wercke und anderes dergleichen Holtzwerck überfürnissen will, so muß man solche zuvor mit lautern Pergament-Leim träncken, hernach mit besagtem Fürniß überstreichen und an der Sonne abtrocknen lassen.

2. Holz zu färben.

S. 699. Allerhand Holtz, denen Schreinern dienlich, auf mancherley Art zu färben[2]).

Man nimmt des Morgens frühe frischen Pferde-Mist, so viel man bekommen kann, denselbigen presset man starck aus, bis aller Safft heraus, und mit diesem hält man etliche Tage an, bis man dessen genug. Dann thut man in ein Pint solchen Safftes einer Bohnen schwer allaun und arabischen Gummi, und mit diesen müssen dann diejenigen Farben, welche man verlanget, angemacht werden, und jede Farbe in ein absonderliches Gefäß getan. Hernach leget man in diese Farben in jede besonderes Höltzlein, so groß man ihrer zur Einlegung einiges Schreiner Werck von nöthen, sie müssen aber einige Tage in denen Farben liegen, je länger sie liegen, je besser es ist, damit die Farbe desto besser eindringen könne; und werden auch die Farben beständig erhalten, man lege auch mit ein, was man will.

[1]) Dieses Rezept ist entnommen aus „Neue und wohl-approbierte Haus- und Kunstübung"; Nürnberg. Verlegt's Sebastian Trautner, 1715. (In der Berliner Kunstgewerbebibliothek unter „U. 15".)

[2]) „Natürliches Zauber-Buch oder neuer Spiel-Platz der Künste usw." Aus dem Niederländischen übersetzt. Nürnberg, bei Hoffmann und Strack, 1702. (Kunstgewerbebibliothek Berlin „U. 7, m. kl.")

S. 699. Ebenholtz zu machen, als ob es natürlich gewachsen.

Hierzu ist all das Holtz dienlich, welches schwer hart und nicht ästig ist, als nehmlich Eichen-Holtz, Zedern-Holtz usw.; es wird aber auf solche Art gemachet: Man nimmet nehmlich ettliche Stücke dergleichen Holtzes und leget es zween oder drey Tage in Alaun-Wasser, stellet es so auf einen warmen Ort, daß es stetig warm bleibe. Wann dies geschehen, so muß mans in Oel sieden, worinnen eine Haselnuß groß Vitriol und Schweffel geschmoltzen ist, und dieses eine Stunde lang oder etwas weniger, dann je länger es siedet, je schwärtzer es werden soll, doch ist das allzulange Sieden daher nicht gut, weil es bräunlich davon wird und brüchig.

II. S. 98. Alles Holtz schwartz zu leimen[1]).

Nimm Nestler- oder Sattlers-Farbe oder Schwärtze, thue sie in einen neuen Topff, ferner thue darzu ein wenig Salmiac; hierinnen lasse das Holtz sieden bis es schwartz genug wird, alsdann mit weißem Wachs abgerieben. Mercke, ein jeglich Holtz oder Horn, so du leimen und färben willst, sollstu es einen halben Tag zuvor in ein Allaun-Wasser legen und wieder trocknen lassen.

II. S. 99. Allerhand Holtz schwartz zu färben.

II. S. 99. Birnbaum-Holtz schön schwartz zu beitzen.

II. S. 100. Dasselbe auf eine andere Art.

II. S. 100. Schwartz Ebenholtz nach zu machen.

Fest und starck Holtz, das ohne Adern ist, als Birnbaum-, Apfel-, Welsch-, Kirschenbaum-Holtz, oder Stechpalme nehmen usw.

II. S. 101. Ebenholtz zu machen.

Buchsbaumholtz in Baumoel sieden bis es schwartz wird usw. Oder wohlgehobeltes Birnbaumholtz nehmen usw.

II. S. 101. Dasselbe auf eine noch bessere, doch etwas kostbare, aber leichtere Art.

Silber in Scheidewasser auflösen, damit bestreichen und dann wachsen.

II. S. 102 und 103. Noch 6 Rezepte für schwartze Ebenholtz-Beitze.

Meist Birnbaumholtz, aber auch Cedern, Maulbeer, Bauchsbaum.

II. S. 104. 3 Rezepte, das Holtz roth zu färben.

II. S. 106. 2 Rezepte, das Holtz schön Violen-braun zu färben.

II. S. 107 und 108. 4 Rezepte, das Holtz gelb, grün, weiß und purpur zu färben.

II. S. 108 und 109. 3 Rezepte, das Holtz schön gemarmelt zu machen.

II. S. 110. Höltzerne Gefässe wie den schönsten Porcellan nachzumachen.

Jede Holtzart, außer Birnenbaum.

---

[1]) „Der curieuse Kunst- und Werck-Spiegel“; Nürnberg. In Verlegung bei Johann Ziegers, 1696. (Kunstgewerbebibliothek Berlin „U. 5“.)

II. S. 111. 2 Rezepte, schön schwartz polliert Holtz zu machen.
II. S. 111. Schön Silberfarb-Holtz zu machen.
II. S. 112. Das Holtz wie Gold, Silber oder roth Kupfer zu machen.
II. S. 112. Gemahlen Gold oder Silber auf das Holtz zu legen.
Auf Schwartz-Holtz, oder das schwartz gefärbet ist.
II. S. 113. Dasselbe auf eine andere Weise.
Ahorn-, Affengold-, Pappelbaum-Holtz.
II. S. 114. Holtz zu silbern.
II. S. 114. Das Holtz Ertz-Goldfärbig zu machen.
II. S. 114. Das Holtz mit Auro Musico überaus schön zu machen.
Auch für Argento Musico.
II. S. 115. Eine feine Manier, die Clavecord und Clavecimbel, auch andere Tischler-Wercke schön anzusprengen.
II. S. 115. Alles Holtzwerck wie Nußbaumholtz zu färben.
II. S. 116. Die Nußbaum-Wurtzel auf ein weißes Holtz zu machen.
II. S. 116 und 117. 2 Rezepte, Holtz überaus schön grün zu färben.
II. S. 117. Das Holtz schön braun zu färben.
II. S. 117. Das Holtz schön roth zu beitzen.
II. S. 118. Dasselbe auf eine andere Art.
II. S. 118. Holtz zu hauen, das Eisen-hart werden soll.
Was du für Holtz willst hauen, das fest seyn solle, haue es am letzten Freytag des Monats, es sey auch ein Monat, was es für eines seye. Auf den Abend, wann die Sonne zur Ruhe gehet, so gehet das auch, gleichwie die Blumen, zusammen und thuet sich zu, das Holtz richtet sich nach den Blumen.
II. S. 119. Daß das Holtz nicht zerkleibe.
II. S. 119. 4 Rezepte, das Holtz blau, roth, gelb, Veilbraun zu färben.
II. S. 119. Die Bewegung eines Holtzes oder Schrauben zu schmieren.
Man muß es mit Seiffen reiben, so ist es gut.
II. S. 120. Allerhand Holtzwerck mit Perlen-Mutter und Silber auf das schönste auszuziehren.
II. S. 121. Verborgene Schriften und Buchstaben auf das Holtzwerck zu bringen, das man die Schrift nicht sehen kann, außer wann man will.

II. S. 122. Das Holtz in die Krümme wie einen Reiff zu biegen.

Ebenes grünes Ahorn-Holtz 6 Tage einweichen über das Feuer halten.

S. 399. Holtzarbeit dem Indianischen Holtz gleich zu machen[1]).

S. 376. Holtz-Arbeit von allerhand Farben eingestreuet zu machen.

S. 304. Holtz-Arbeit allerley mit auro oder Argento Musico auf das schönste auszuzieren und wie verguld zu machen.

S. 305. Holtz-Arbeit schön schwartz zu färben.

S. 69. Holtz-Arbeit schöne bunde auf Lapis Lazuli-Art zu machen.

S. 67. Holtz-Arbeit schöne grüne schielernde zu machen.

S. 55. Holtz-Arbeit allerhand auf das schönste zu lackieren.

S. 400. Holtz-Werck schön marmeliert zu machen, daß es dem schönsten Flader gleich kommet.

S. 133 und 398. Holtz so schön schwartz als Eben-Holtz zu machen.

S. 385. Holtz auf das allerschönste Granaten-Blühfarbe zu machen.

S. 407. Holtz wie natürlichen Marmor schön marmeliert zu machen.

S. 395 und 396. Holtz gelb, blau, roth, schwartz zu färben.

S. 377. Holtz von unterschiedlichen Gattungen ein Corpus zu machen, darvon man fornieren und drehen kann, was man will.

S. 264. Holtz-Risse und Fugen bey der Schildkroten-Arbeit schön eben und glatt zu machen.

S. 376. Holtz künstlich zu Stein zu machen.

S. 376. Holtz, daß es nicht zerkliebet.

S. 377. Holtz zu hauen, daß es eisenhart wird.

S. 377. Holtz-Werck vor Würmern zu bewahren.

S. 373 und 374. Holtz schön schwartz, blau, gelb zu färben.

S. 269. Holtz-Leim, der im Wasser hält.

S. 648. Holtz für Feuer zu bewahren.

S. 648. Holtz zu bewahren, daß es lange gut bleibe.

[1]) Dies und die folgenden Rezepte können nachgesehen werden in „Der nützliche und curiöse Künstler, oder neu und wohl approbiertes Hauß- und Kunst-Buch"; Nürnberg, bey Trautner, 1728. (In der Berliner Kunstgewerbebibliothek unter „U. 20".)

3. Holz zu gießen.

II. S. 383. **Holtz in Formen zu giesen, so schön als Helffenbein, von unterschiedlicher Farbe und wohlriechend**[1]**).**

Man nimmt Sägemehl von Linden-Holtz, thut es in große Zucker-Gläser oder in saubere Töpffe, verbindet solche mit Papier und läßt es auf einem Ofen oder in gelinder Wärme wohl dürre werden; dann flöst man solches in einem steinern Mörsel zu subtilem Pulver und siebet es durch ein enges Haar-Sieblein, dessen sondert man nach genügen und verwahrt es an einem trockenen Ort, daß es nicht feucht und wieder staubigt wird.

Dann nimm 1 Pfund schönen Pergamentleim, des schönsten Tragant und Gummi-Arabicum, jedes 4 Loth, läßt es in reinem Brunnenwasser sieden, so lange bis sich alles aufgelöset hat und zergangen ist, dann läßt man es also miteinander fein warm durch ein rein Tuch lauffen, damit aller Unrath davon komme; alsdann wirfft man besagtes Holtz-Mehl darein, rühret es wohl unter einander, daß es werde, wie ein dicker brey. Dann setzet man es in einem glasurten Napff in sehr heisen Sand, rühret es wohl unter einander und läßt die übrige Feuchtigkeit so viel davon abdämpfen, daß es tüchtig wird zum Giesen in die Form; darein vermischt man auch die Farben und den Geruch, als Negelein-Oel, Rosen-Oel und dergleichen. Die Farben aber, zum Exempel auf Roth, von Brasilian, etc. zugleich (so man will) auch mit darunter, imgleichen auch etwas gestosenen Agtstein, bis man siehet, daß der Teig starck und dicke wird. Letzlichen bestreicht man auch die Formen (worzu die von Messing und Zinn fast besser als die von Gips) mit Mandel-Oel und gießt den Teig darein, streichet ihn wohl aus, läßt es drey oder vier Tage darinnen stehen und erharten, so wird es so hart wie Helfenbein. Es läßt sich schneiden, drechseln und hobeln, wie anderes Holtz; ist wohlriechend und von den Farben, wie man selber will. Darzu kann man es an einem Ort roth, am andern gelb, am dritten weiß, am vierten schwartz, oder wie es der Model selbsten giebt, haben; oben auf aber nur wie es das Holtz an sich selbsten giebt. Ist ein schönes curieuses Kunststück.

Auf eine andere Art, allerhand Manieren von Holtz in eine Massa oder Form zu bringen.

Nimm die abgedreheten und abgesägten Spähnlein von dreiy, vier, fünff und mehrerley Holtz, nach deinem Belieben (es muß aber klein wie Pulver seyn). Ferner nimm Pergament-Spähne 1 Pfund, thue solche in einen Topff und giese halb Brunnen- und halb Regenwasser darüber, in welchem man zuvor etwas von Gewürtz-Negelein und Zimmet eingeweicht hat, lasse es 3 Tage und Nacht stehen; als dann nimm Gummi-Arabicum und Tragant, jedes 4 Loth und thue es in das Pergament-Wasser, lasse es 2 oder 3 Stunden wohl verdeckt kochen, darnach giese es durch ein Tuch, rühre das Holtz-Mehl über dem Feuer darein, daß es werde wie ein Brey. Hierunter kann man auch Farben mischen,

---

[1]) „Der curieuse Kunst- und Werck-Spiegel", Nürnberg. In Verlegung Johann Ziegers, 1696. (Kunstgewerbebibliothek Berlin „U. 5".)

welche man will, nur das solche nicht gifftig seyn. Man nimmt auch wol kleingestoßenen Agt- oder Bernstein und wirfft den darauf; thue es in eine Form, wie du es haben wilst, welche mit Mandel-Oel bestrichen, lasse es einen oder zwey Tage stehen, darnach herausgenommen, und darvon gedreht, was man will, es hält so gut und besser als das gantze Holtz.

Holtz in Formen, als Bilder und dergleichen, nach Art des Gipses, zu giesen.

Nimm, wie erst gelehret, aufs kleinste rasirtes Holtz, welches und so mancherley als du wilst (es mag auch nur gantz schlechtes und gemeines Holtz seyn), je kleiner es rasiert, je besser es ist; richte es allerdings zu, wie hiernächst gelehret worden und giese es in die Formen, allerdings wie man das Gips gieset. Wo es nicht allerdings tief genug gefallen, da mußt du ihn etwas helffen; du kannst allerley Bilder also giesen, es hält so gut, als ob es aus einem Stück geschnidten wäre. Kannst solches auch hernach mahlen und mit Lac-Fürnis überziehen, wie derer genug angezeiget worden, und solche ferner polieren, so erlangen sie nicht allein einen schönen Glantz, sondern kan ihnen auch kein Wasser noch Regen schaden.

Holtz in Formen zu giesen.

Nim des Holtzes, so dir beliebt in Form zu giesen oder zu bringen, von so vielerley Farben als dir gefällig, klein gesägt, geschnidten und gedörret, thue es in einen neuen Hafen oder in ein Glaß, verlutire (verlöthe) es hermetice und in solchem dörre es. Nachdem feyle solches fein klein und durchbeutle jedes besonder; folgends nimm den besten Pergament-Leim und siede den Abschnitzel von Pergament 1 Pfund, thue darzu 1 oder 2 Loth Arabischen Gummi und 4 Loth Tragant, beyde auf das kleinste gestoßen; darnach nimm halb Regen- und halb Brunnenwasser vermischt und etliche gantze Negelein darin geworffen, mit zerschnidtenem Zimmet, lasse sie also einige Tage auf dem Pergament-Leim beitzen. Nach 6 Tagen und Nächten siede es wohl zugedeckt 2 Stunden; darnach seyhe es durch ein Tuch auf das reinste, und mache das durchgebeutelte Holtz mit diesem Wasser an, in stetigem Rühren, daß es werde wie ein Brey; wann solches geschehen ist, so ziehe es in die Form, welche gar sauber und mit Mandel-Oel geschmieret seyn muß, darmit nichts anklebe, und decke die Form zu. Wann nun die Materi von sich selbsten ausgetrocknet ist, wird sie hart seyn, wie Helffenbein; diese laß beim Drechsler überdrehen oder bey einem Tischler polieren, so kömmt ein ungemein schönes Werck heraus.

Eine Massam zu bereiten, die dem Marmorstein fast gleich kommt (ebenda Seite 386).

Man kann auch solchen Marmor drechseln, denn er leidet das Drehen ebenso wie das Holtz; in währendem Drehen kann man es abreiben, so wird es fürtrefflich schön.

S. 333. Allerhand schöne Bilder von Holtz zu giessen.

Man nimmt die abgedrehten und abgesägten Spähne, von was Holtz man selbsten will, gleich ob von einem allein oder von 3, 4, 5 oder mehrerley Holtz, es muß aber wohl gedörret auf das zarteste zerstossen und pulverisiert seyn, dessen kann man nun in Vorrath, so viel als man selbsten will, machen (gemahlne Veil-Wurtz thut solches auch, oder man kann dazu vermischen absonderlich Veil-Wurtz und zart gesiebtes Wachholder-Holtz oder Wurtzel). Wann man nun dergleichen Bilder giessen will, so nimmt man halb Brunnen- halb Regen-Wasser, darinnen siedet man zuvor wohlriechende Kräuter oder Gewürtze, daß es davon wohlriechend wird. Dieses gießt man wohl durch gesiehen auf ein Pfund zarter Pergament-Schnitzlein oder Spähne, lässet es 3 Tag und Nacht darinnen weichen und stehen; alsdann thut man 4 Loth Gummi-Arabicum und 4 Loth Tragant mit darzu und lässet es in einem wohlverdeckten Geschirr eine Stunde, 3 oder 4 sieden, daß ein rechter Leim daraus wird, den seyhet man alsdann durch ein reines Tuch, nimmt davon, so viel man dessen vonnöthen hat, thut es in ein rein Geschirr oder Topf, rühret besagtes Holtz-Mehl darunter über dem Feuer nach und nach darein. So man will, kann man auch von allerhand Farben machen, wann man selbige darunter vermischet, als zum rothen ein wenig Brasil-Brüh oder rother Dinten und so fort an. So nun diese Massa so weit gebracht worden, daß es wie ein dicker Brey ist, so giesset man solche in die zuvor mit Mandel-Oel bestrichene Formen und Mödel, lässet es einen Tag 2 oder 3 darinnen stehen und erharten; dann nimmt man es wieder heraus und lässet es hüpsch abdrehen, so hat man die allerschönsten Bilder, so gut als wann sie ein Bildhauer von Holtz auf das künstliche gemachet hätte. Dann kann man es poliren und ihnen einen Glantz geben, wie man selber will.

Will man aber solche Bilder sehr wohlriechend haben, so thut man auf die Letzte, wann man die Massam giessen will, von einem distillierten Oel, als Zimmet-, Nägelein-, Rosen- oder Wachholder-Oel, so viel darunter vermischen, als man selbige gering oder starck wohlriechend haben will; dieser Geruch bleibet dann beständig und vergehet nimmermehr.

[1]) Aus „Der zu vielen Wissenschaften dienstlich anweisende Curiöse Künstler usw.", Nürnberg 1705.

G. Schlußbetrachtung.

Die neue Zeit. Der Übergang zur Gewerbefreiheit.

Um den Gegensatz der „guten alten“ Zeit der handwerklichen Zünfte und der ihr entsprechenden, mehr oder weniger patriarchalischen Staatsform zum Zeitalter der Gewerbefreiheit zu kennzeichnen, möchten wir uns eines Bildes aus der Baukunst bedienen, indem wir den langen vom Mittelalter bis zum 18. Jahrhundert reichenden Abschnitt als eine „vertikale“ Entwicklung, die im 18. Jahrhundert einsetzende Periode aber im Gegensatz zu ihr als eine „horizontal“ gerichtete bezeichnen.

Vertikal, das heißt senkrecht nach oben gerichtet, war die Geistesart und die Bauweise der Gotik, und in der gleichen, in ihrer Starrheit nachdrücklich betonten Richtung bewegte sich das Wachstum des Volkes auch im politischen Sinne. Um überhaupt herrschen zu können, mußten die deutschen Kaiser des ausgehenden Mittelalters, die, noch ohne Anhang und mit nur geringer persönlicher Macht ausgestattet, der Masse gegenüber standen, jeglicher Gruppenbildung, die den Geist der Auflehnung in sich nähren und damit gefährlich werden konnte, entgegenwirken. Diesen Grundsatz haben sie mit großer Diplomatie und Geschicklichkeit durchgeführt. Zunächst spalteten sie die Fürsten voneinander, um sie gegeneinander auszuspielen; dann begünstigten sie deren Kampf gegen die unbotmäßig werdende Ritterschaft; dann förderten sie die Gründung von Städten, um sofort der schnell vermehrten Einwohnerschaft die Erwerbung des Einzel-Bürgerrechtes und die Abgabe von persönlichen Steuern zur Pflicht zu machen. Obwohl sie frühzeitig die kulturbildende Kraft der städtischen Handwerke erkannten, wirkten sie dennoch anfänglich deren zünftigen Zusammenschlüssen entgegen, bis alle Genossen als Einzelpersonen die eben erwähnten politischen Verpflichtungen anerkannt hatten; erst jetzt wurden, unter dem Vorbehalt des Rechtes der jederzeitigen Rücknahme oder Minderung, Zunftrechte und eigene Verwaltung verliehen, aber nur in einer bis ins äußerste durchgeführten, das heißt politischen Verkleinerung der Handwerksgruppen, wobei solchem obrigkeitlichen Streben der eigenbrötlerische Sinn der Deutschen sehr entgegenkam, ohne daß die sich so Organisierenden auch nur ahnten, daß sie der politischen Herrschsucht der Oberen damit gewaltig Vorspann leisteten.

Die Kaiser und die ihnen nachgeordneten Behörden bedienten sich bei der Aufrichtung dieses Verwaltungssystems mit großem Vorteil der Mitwirkung der Geistlichkeit; da es ihnen selbst nur auf die Beherrschung und geldliche Einzelbesteuerung der in politischer Ohnmacht erhaltenen Einzelpersonen ankam, so überließen sie gern der Geistlichkeit die geistige Gewalt über die Seelen der Untertanen. Man muß anerkennen, daß die Geistlichkeit in der Ausübung dieser unbegrenzten Macht nebenbei ein großes Kulturwerk verrichtete, indem sie neben der kirchlichen Gläubigkeit auch das überaus fruchtbare Gefühl der Berufsehre und Selbstverpflichtung zur qualitativen Höchstleistung in den Herzen ihrer Herde erblühen ließ. So erwuchs aus solchem sittlichem Bekenntnis der einzelnen und der in kleinen Gruppen zusammengeschlossenen Handwerksgenossen ein Streben nach persönlicher und beruflicher Vervollkommnung, das sich mit großer Energie gradlinig (vertikal) nach oben richtete. Es ist gewiß nicht ohne Bedeutung, daß sich dieses Bestreben auch im „gotisch" genannten Stil einer Zeit deutlich aussprach, einem Stil mit bis in die Wölbung isolierten, gleichartigen Strebepfeilern, der nur im füllenden Ornament dem krausen deutschen Sinn eine auswirkende Sonderbetätigung gestattete.

Die Geistlichkeit, als die geistige Macht in Deutschland, hatte ihre „Kinder" stets fest in der Hand und verstand es, sie in jahrhundertlanger Tradition herrliche Kirchenbauten als Volksopfer zur Ehre Gottes darbringen zu lassen, ein Beweis von der stets fortzeugenden Kraft ihrer sittlich-religiösen Erziehung. Die politische Macht dagegen war oft Erschütterungen ausgesetzt, die von außen, aber auch von innen kamen; von innen jedesmal, wenn die erstarkten Zünfte durch eine schmarotzende Patrizierkaste in der direkten, vertikalen Verbindung mit der obersten, meist landesherrlichen Spitze, von der allein sie privilegiert sein wollten, sich abgeschnitten sahen; dann gab es, mindestens in den ersten Jahrhunderten, blutige Aufstände, die sich erst dann beruhigten, wenn die Hindernisse der direkten Verbindung nach oben, zuweilen ganz radikal durch Vernichtung, beseitigt waren.

So sehen wir in den unzähligen, sehr spezialisierten Zünften eine große Reihe selbständig aufgebauter, pfeilgrad in die Höhe gerichteter Säulen, auf denen die Gewalt des Kaiser- oder Landesfürstentums und der Geistlichkeit unbesorgt und sicher ruhen konnte; der Geistlichkeit strömte durch diese Kanäle die beste Kraft zu, und die politische Macht gründete sich lange Zeit fast ausschließlich auf die Treue und die sich stets vermehrende Steuerkraft der blühenden Handwerke.

Diese achteten mit fast eifersüchtigen Peinlichkeit auf die absolute wirtschaftliche Gleichberechtigung ihrer Berufsgenossen, und die Obrigkeit g a r a n t i e r t e, in egoistischer Ausnützung dieser menschlichen Schwäche, jedem einzelnen seine „Nahrung", indem sie den Zünften, je nach den Zeitläufen, die Beschränkung und Minderung ihrer Mitgliederzahl erlaubte und ihnen mit ähnlichen Maßnahmen entgegenkam bzw. ein Auge zudrückte, wenn jene die Futtertröge, durch parteiische Begünstigung ihrer Söhne, Witwen, Töchter und Schwiegersöhne, ihren Familien vorbehielten. Unter sich unterhielten die verschiedenen Handwerkerkategorien nur die zur Vollendung zusammengesetzter Werke unbedingt notwendige geschäftliche Beziehung aufrecht; aber alle setzten es als ihr vornehmstes Recht, n u r d i r e k t mit ihren Bestellern und Käufern zu verkehren, also jeden Zwischenhandel, ja sogar die händlerische Vertretung durch Berufsgenossen, aufs strengste auszuschließen, und darin wurden sie lange Zeit von den Behörden, die selbst eine wirtschaftliche Bedrohung und Schädigung ihrer zuverlässigsten Steuerzahler vermeiden wollten, nachdrücklich unterstützt und verteidigt.

Nun aber der Gegensatz. Horizontal, also in der Breite sich ausdehnend, war die Geistesrichtung der neuen Zeit, die im 15. Jahrhundert mit der italienischen Renaissance begann und sich, in der Vorliebe für die Betonung der horizontalen Linie und rhythmischen Durchbildung, auch künstlerisch so charakterisierte. Der Seeweg nach Westindien, das heißt zum neuentdeckten Amerika, war gefunden, und alle Kulturvölker der Erde rüsteten sich zu lebhaftem gegenseitigem Austausch. Der Handel, zunächst der südlichen Völker lateinischer Rasse, entwickelte sich in ungeahntem Ausmaß und zeigte bald die Neigung, überall auch in die kleinsten Zweige gewerblicher und handwerklicher Betätigung belebend und kapitalisierend einzudringen.

Deutschland war, was nach der vorstehenden Schilderung seines geistigen und politischen Aufbaus begreiflich erscheint, am allerwenigsten auf eine solche Entwicklung vorbereitet. War doch die Abschließung der bewußt nur vertikal entwickelten Zünfte, auch wenn sie zu der gleichen Handwerkskategorie gehörten, derart ausgebildet, daß die Meister nicht einmal in das zunächst gelegene Stadtgebiet „hineinarbeiten", geschweige denn sich dort händlerisch betätigen oder niederlassen durften, vielmehr dort als Feinde angesehen wurden. Den Verkehr zwischen den einzelnen Städten und Landesteilen hielten nur die wandernden Gesellen aufrecht. Wohl wurden alle Lehrlinge nach Vollendung ihrer Zeit verpflichtet, auf die Wanderschaft zu gehen, aber doch nicht, um der Fremde etwas zu bringen, sondern um den anderen Städten ihr etwa besseres Können abzugucken und dann in den Heimatsort zu verpflanzen, damit jene ja nicht doch einmal mit einer materiellen Konkurrenz in die Bannmeile hereinbrechen könnten, was sie in manchen Gegenden tun durften, wenn sie in der Ausübung einer „Spezialität" einen nicht leicht wieder einzuholenden Vorsprung besaßen. Fremden Gesellen wurde die Erwerbung der Meisterschaft in jeder möglichen Weise erschwert, hauptsächlich durch die Bevorzugung des familiären und heimatstädtischen Nachwuchses, durch die oft saure Verpflichtung, die Töchter oder Witwen zu heiraten und, wenn es gar nicht anders ging, durch die Sperrung des Handwerks oder durch eine ihr in der Wirkung fast gleichkommende, zuweilen maßlos ausgedehnte Karenzzeit. Wo es aber irgendein heimatliches, zünftiges Handwerksgeheimnis zu bewahren gab, war die Wanderschaft der Lehrlinge und Gesellen ganz und gar verboten, so daß das betreffende Handwerk ganz abgeschlossen blieb und in der eben erwähnten Weise mit seiner „Spezialität" einen dort mißgünstig betrachteten Handel nach fremden Orten trieb.

Daß solche ausschließende Gesinnung die absonderlichsten und bald auch schädliche Auswüchse trieb, lag in ihrem Wesen begründet, und früh zeigten sich bedenkliche Risse und Sprünge an den starr und brüchig gewordenen Säulen des nationalen Zunftbaues. Dazu kam, daß Kaiser und Fürsten mit dem Ertrag der seitherigen Steuern nicht mehr reichten und allmählich begannen, sich nach neuen Quellen umzusehen. Ein Vergleich mit den fremden

Ländern öffnete ihnen die Augen, und sie beschlossen, den heimischen Handel mehr als bisher zu begünstigen. Vereinzelt waren ihnen schon kräftige Steuerzahler und Geldvermittler erstanden in den Großhandelsfirmen der Fugger, Welser und anderer, deren wachsendes Kapital steigenden Umsatz erzeugte und den Weg zu weisen schien, auf dem auch im Kleinen eine Vermehrung zu erzielen sein würde. Sollte aber dieser Weg erfolgreich beschritten werden, so mußte zuerst die Erzeugung der Waren gesteigert und ihr vermehrter Austausch ermöglicht werden.

Die Fürsten und die Behörden, deren jene sich als Werkzeuge bedienten, mußten also darangehen, die augenscheinlich sich überlebenden zünftlerischen Gewerbseinrichtungen abzubauen und für die neue Entwicklung, das heißt für die kommende händlerische Durchdringung, anpassungsfähig zu machen; das mußte mit aller Vorsicht geschehen, weil ja diese Säulen vorerst immer noch die einzigen erprobten Stützen darstellten und an einen sofortigen Ersatz durch den Handel und die von diesem geforderte industrielle Neuorientierung nicht gedacht werden konnte, und weil ja gerade gegen eine solche kapitalistische Einwirkung die Zünfte und Handwerke von den Fürsten und Behörden selbst mit traditionellen Privilegien oder gar zwangsweise geschützt waren.

In den Handelsstädten wurde immer nachdrücklicher die Forderung laut, wenigstens dort die Zunftfesseln der Handwerke von außen zu brechen und die Erlaubnis zu erteilen, in der händlerischen Entwicklung nach innen fortschreiten zu dürfen; diese Forderung wurde von angesehenen Volkswirtschaftern unterstützt. So schrieb im Jahre 1642 David Mevius in Leipzig in seinem „Commentarius in Jus Lubecense“ (Erläuterungen zum Lübeckischen Recht), die Zunftordnungen seien zwar im allgemeinen günstig zu beurteilen, aber in den großen Handelsstädten sei eine freiere Verfassung des Gewerbewesens doch wünschenswert. Ahasverus Fritsch[1]) bemerkte in seinem „Tractatus Nomico-Politicus de Collegiis Opificium“ (Politische Abhandlung über die Handwerksvereinigungen), der im Jahre 1669 in Rudolstadt erschien: „Wenn auch in der Regel Zünfte zum allgemeinen Nutzen in solchen Städten notwendig seien, in denen nicht jedermann unterschiedslos zum Gewerbe zugelassen und nicht auf gesetzliche Regelung verzichtet werden kann, so sollte doch in den größten Handelsstädten[2]), die einen Überfluß an Einwohnern haben und Stoffe wie Arbeitsverdienst für jedermann zur Genüge darbieten, die Gewerbefreiheit nicht ohne weiteres beschränkt sein, wie zum Beispiel (nach des Verfassers Annahme. Eberstadt.) die Zünfte in Belgien nicht vorhanden seien.“ Die Behauptung, daß in Belgien schon damals ein der Gewerbefreiheit mindestens nahekommender Zustand bestanden haben muß, geht doch auch aus der 1683 in Frankfurt a. d. Oder erschienenen „Dissertatio de Jurisdictione Opificium“ (Untersuchung über die Rechtsprechung der Handwerke) von Marcus Rhode und Joh. Heinr. Clemen hervor; es heißt da: „Heute aber sind die Zünfte nicht überall notwendig, da sie Freiheit des Handels und der Betätigung beschränken. So finden die Handwerkerzünfte kaum Anwendung in Paris,

[1]) Vgl. Eberstadt, „Der Ursprung des Zunftwesens“, S. 18.

[2]) Siehe unter Kopenhagen im Stichwort-Verzeichnis.

Amsterdam und ganz Belgien." Eberstadt bemerkt hierzu[1]), auffällig sei, daß gerade Paris mit seiner überstraffen Zunftregelung als das Beispiel mangelnder Zünftigkeit im 17. Jahrhundert aufgeführt werde; möglicherweise liege hier eine Verwechslung vor mit dem gewerblichen Personalprivileg und der zunftfreien Manufaktur. Gegen Eberstadts Bedenken spricht aber auch ein Gutachten, das sich im Jahre 1703 der König Friedrich von Preußen erstatten ließ, und das wir in einem 1732 erschienenen Buch „Der curiose und lustige Kunst- und Handwerksnotarius" abgedruckt finden: „Warum aber in Teutschland nicht wie in Frankreich und Holland das Polypolium, das ist die Freiheit, jeden arbeiten zu lassen, was er will, stattfinden kann, ist die Ursache erstlich, weil es sich keiner oder gar weniger auswärtiger Consumtion (Nachfrage nach seinen Erzeugnissen) zu erfreuen hat, dergleichen doch Frankreich und Holland, dieses am meisten, hat." Dann werden die Vorzüge des deutschen Zunftwesens geschildert: „Wann Holland eine Consumtion von Fremden verlieret oder Krieg mit denen Nachbarn hat, so lauffen die Handwercksleuthe hauffenweise zum Lande hinaus; hingegen in Teutschland findet man bey Kriegeszeiten nicht die geringste Alteration bey denen Handwerckern, sondern sie blühen alsdann vielmehr, werden lebendig und kommen auf." Der Verfasser des ebenerwähnten „Notarius usw." ergänzt im Jahre 1732 hierzu: „In diesem Gutachten wird als Ziel gestellt, die Leuthe nach der Nahrung, und die Nahrung nach den Leuthen zu proportionieren. Das bishero bekandteste und nächste Mittel aber ist gewesen, daß die hohe Landesobrigkeit auf die Zünfte der Handwercksleuthe usw. ein wachsames Auge gehabt und solche Instructiones, Verordnungen und Gesetze ertheilet, damit immer ein Stand dem anderen die geneigte Hand zu bieten obligieret wird."

Schon der Große Kurfürst war mit seiner Polizeiordnung vom Jahre 1688 den Zünften, soweit sie durch mißbräuchlich gewordene Anwendung ihrer Statuten die Entwicklung zu hindern begannen, scharf in die Parade gefahren, hatte Preiskartelle streng verboten, den Erlaß von Preistaxen[2]) angekündigt, die Einsetzung von Freimeistern[3]), die den Zunftmeistern gleichgehalten werden müßten, sich vorbehalten und so fort, und er hatte schon 1683 gegen die übermäßigen Ansprüche der Zünfte und zugunsten einer gewerbefreiheitlichen Verfassung sich geäußert: „Da die Vermehrung der Einwohner und die Freiheit der Hantierung ein rechter Schatz des Landes ist usw." Und noch früher hatte das Churfürstlich Sächsische Landesedict von 1661 die Freiheit der Konsumenten, sich ihre ihnen zusagende Ware bei welchem Meister und an welchem Ort sie wollten, zu bestellen, mit folgenden Worten ausdrücklich festgelegt: „§ 2. Nachdeme aber ettliche Handwercker solche Innungen nicht wenig mißbrauchen, auch dafür halten, daß niemand dergleichen Meister, welche doch die Arbeit so gut als sie, und offtmahls um einen viel leichteren Lohn verfertigen, von fremden Örtern zu erfordern und ihnen Arbeit zu geben befugt wäre, so ist unser Befehlich: die Räthe in Städten und andere Gerichte sollen die Handwercker von solchem Beginnen ernstlich abmahnen."

---

[1]) a. a. O. S. 19.

[2]) Siehe diese auf S. 367 ff. und im Register.

[3]) Siehe S. 187 und 287.

An so radikale Maßnahme, wie sie die plötzliche und vollkommene Einführung der Gewerbefreiheit bedeutet haben würde, war in Deutschland tatsächlich nicht zu denken; dazu war der zünftlerische Geist denn doch zu tief in das Volksempfinden eingedrungen und deshalb zu mächtig. Man mußte deshalb an verschiedenen Stellen langsam Hebel einsetzen, da, wo sich Bruchstellen schon deutlich bemerkbar machten. Ein solcher Hebel war das Interesse der Konsumenten, das man wirklich nicht länger den herrisch sich gebärdenden und das lokale Arbeits- und Warenangebot nach Gutdünken und Bequemlichkeit bestimmenden Meistern preisgeben durfte. Freilich waren an den Markttagen, den städtischen Zünften zum Trotz, auch fremde und insbesondere die Landtischler zum Verkauf zugelassen, doch unter so erschwerenden Bedingungen und eigentlich nur für Waren der billigsten Sorte, daß man hier von einer würdigen und zeitgemäßen Belieferungsergänzung der Konsumenten wohl kaum reden durfte. Die eben erwähnten generellen Verordnungen zielen deutlich darauf hin, sozusagen die „Freizügigkeit" der Konsumenten zu gewährleisten, nachdem diese bisher an manchen Orten nicht einmal eine zum persönlichen Gebrauch auswärts gekaufte Ware in ihr eigenes Haus bringen durften[1]). Wenn man hier eingriff, so hatte man unbedingt die im Ausbau der Zivilisation, wenn nicht gar ihres künstlerischen Geschmacks behinderte Käuferschaft auf seiner Seite.

Es soll keineswegs gesagt werden, daß die Reformen des Zunftwesens lediglich deshalb geplant wurden, um einen größeren Steuerbetrag aus den Handwerkern herauszuholen, obwohl der Vergleich mit dem Ausland den Behörden diese Möglichkeit dicht vor die Augen rückte; die Verhältnisse hatten sich überhaupt derart festgefahren, daß man schon um ihrer selbst willen eine Änderung des Systems vornehmen mußte, sollten nicht sowohl die Produktion als auch der Absatz ernstlich leiden. An anderer Stelle[2]) haben wir ausführlich die Zustände geschildert, die sich allmählich durch die zünftlerische Beschränkung der Zahl der erlaubten Gesellen herausgebildet hatten. Auch hier mußten die Behörden sich selbst korrigieren, hatten sie doch jahrhundertelang in diesem Punkt die eifersüchtige Gleichmacherei der Meisterschaft begünstigt, um an dieser durchschnittlich nur zufriedene Bürger zu haben, die in sattem Zustand an eine tätige Einmischung in politische Dinge nicht denken, aber brav alle ihnen diktierte Steuern zahlen würden, für deren Eintreibung die Zunftältesten jederzeit verantwortlich zu machen waren. Nun waren aber gerade aus diesem Zustand der egoistischen vormundlichen Beruhigung auf allen Seiten Unzufriedene entstanden, die den wenigen in ihrer Nahrung gesicherten Meistern gegenüber schon die vielfache Mehrheit bildeten. Die wachsende Konsumentenschaft konnte trotz starker Vermehrung des handwerklich ausgebildeten Personalbestandes nicht mehr befriedigt werden und war hinsichtlich der Termine der Lieferung ganz in die Hände der privilegierten Meisterschaft gegeben, die sich nicht mehr die Mühe nahm, die Qualität der Waren durch sorgfältige

---

[1]) Weiteres über die Bindung der Konsumenten durch allmählich in ihrer Wirkung ins Gegenteil verkehrte Zunftregeln kann man durch Nachschlagen des Stichwortes „Konsumenten" im Register dieses Buches aufsuchen.

[2]) Im Kapitel „Die Arbeit und ihr Lohn", Absatz: „Die Hilfskräfte".

Kontrolle vor dem Verkauf, wie es früher geschehen war, von Zunftwegen zu garantieren, womit also leider allmählich, aber sicher der Begriff der „Arbeitsehre" hinfällig wurde, soweit er den einzelnen nicht noch traditionell im Blute lag und sich damit am Leben erhielt[1]). Die schlimmste Sorge für die Behörden war aber das schnell anwachsende Gesellenproletariat, das nicht wie die Meister beschränkt lokal, sondern mit ungeschriebener, aber in mündlicher Überlieferung um so wirksamerer und gefährlicherer Satzung über das ganze Reich organisiert war; dieses Proletariat mit Arbeit zu versorgen und wieder in das bürgerliche Fahrwasser zu lenken, war auch eine nicht geringe Triebkraft für die Bestrebungen zur möglichst beschleunigten Einführung der Gewerbefreiheit.

Tatsächlich hatten die Verhältnisse sich so gestaltet, daß auch die eigenen Interessen der Konsumenten sowohl in qualitativer als auch in quantitativer Hinsicht allmählich mehr die Wünsche der Gesellen deckten, als daß sie durch das immer eigenwilligere und im wahren Sinne des Wortes eigenbrötlerische Verhalten der Meister befriedigt worden wären. Denn längst waren die früher auf Arbeitsehre und Arbeitsgüte gerichteten zünftigen Einrichtungen zu einem bequemen Schutzwall gegen schlechte wie gute Konkurrenz, ja zu einer behördlichen Sicherung der „Nahrung" für diejenigen geworden, denen es gelungen war, zur Meisterschaft zu gelangen. Und so kam es, daß die moralische Führung den Händen der Meister entglitt und von den ehedem durch vorbildliche Führer wirklich „gemeisterten" Gesellen aufgegriffen wurde. Diese waren es, die aus eigenem Entschluß bald nur noch solche Städte besuchen wollten, in denen Meister amtierten, die selbst erst nach Ablegung einer Meisterprobe zur Werkstattberechtigung gelangt waren; sie waren es, deren indirekter Zwang die Meisterschaft mancher Städte genötigt hat, bei den Behörden die obligatorische Einführung der Meisterstückprobe nachzusuchen, damit nur ja die arbeitstüchtigen Gesellen wieder zu ihnen kämen, woraus sich dann weiterhin die Einrichtung der „Schenk" oder der „geschenkten" Handwerke entwickelt hat; sie waren es, die nicht nur die „gestückten" Meister, sondern auch nur solche Mitgesellen als vollwertig ansehen wollten, die bei jenen ordnungsmäßig und erfolgreich gelernt und gearbeitet hatten. Kein Zweifel, der in den Gesellen in neuer Form erwachende Qualitätswille konnte den Konsumenten nur sehr willkommen sein, die darum auch gern bereit waren, den Tüchtigen unter ihnen mit passiver Sympathie, nicht selten aber auch mit aktiver Unterstützung auf das Gebiet ihrer wirtschaftlichen Kämpfe zu folgen. Gegen solche Konsumenten haben die Meister (vgl. S. 426 ff.) einen erbitterten Kampf geführt.

Die wirtschaftliche Lage der Gesellen war im Lauf der Jahrhunderte wirklich sehr bedenklich geworden und hatte sich zu einer ernsten politischen Gefahr ausgewachsen. Meister zu werden war nur den wenigsten beschieden, die durch besondere Tüchtigkeit sich auszeichneten oder skrupellos mit Witwen oder Töchtern zunftberechtigter Meister sich abfinden konnten; solchen, die ein in manchen Städten verlangtes entsprechendes Vermögen nachweisen konnten,

---

[1]) Vgl. die Fußnote auf S. 331.

das zu den Kosten der Meisterprobe und in späterer Zeit zu mancherlei Schmiergeldern notwendig war. Ein Teil der Gesellen, gewiß nicht der schlechteste, den es dennoch zur Selbständigkeit drängte, ließ sich an der Grenze der städtischen Bannmeile auf den Dörfern nieder, ewig befehdet von der städtischen Zunft, die solchen „Pfuschern" auf alle Weise den Erwerb, mindestens aber das „Hineinarbeiten" in die Stadt zu erschweren suchte. Die große Mehrzahl der Gesellen aber war zu lebenslänglicher Abhängigkeit verurteilt. Das wäre an sich noch nicht das schlimmste gewesen, wenn nur nicht die Meister die Entwicklung und Ausdehnung der Produktion künstlich aufgehalten hätten, indem sie in kleinlichster Eifersucht gegen tüchtigere Mitmeister sich gegenseitig auf eine gewisse Gesellenzahl beschränkten. Hervorragende Meister, die von Fürsten und Gönnern des Handwerks mit künstlerisch sehr bedeutungsvollen Aufträgen bedacht wurden, mußten lange und demütig bei Zunft und Behörde betteln, wenn sie zur Erledigung solcher Aufträge einen oder mehrere Gesellen, deren freie Auswahl ihnen zudem erschwert wurde, über die erlaubte Zahl einstellen wollten. Dabei wuchs und wuchs das auf den Landstraßen sich herumtreibende, zum Teil gewiß sehr befähigte Gesellenproletariat und bereitete den Landesbehörden ernstliche Sorgen.

Das im Jahre 1731 erlassene „Reichsgutachten" beschäftigte sich in mehrfacher Hinsicht mit den Mißständen, die im Zunftwesen sich zu zeigen begannen, um zu versuchen, eine allmähliche Umstellung auf die veränderten Zeitumstände von innen heraus vorzubereiten. Unter anderem verfügte dieses Reichsgutachten im § 13[1]) im Interesse des Publikums die Aufhebung jeglicher Beschränkung in der Zahl der zu beschäftigenden Gesellen und Lehrlinge. Damit sollte tüchtigen Meistern der Zünfte Gelegenheit gegeben werden, mehr Arbeit anzunehmen, als sie bisher an der beschränkten Zahl der Hobelbänke hatten bewältigen können und dürfen. Die Wirkung dieser Verfügung mag sich hier und da so geäußert haben, daß wirklich der eine oder der andere Meister seinen Betrieb vergrößerte, doch wußten meist die neidischen Mitmeister in teils versteckter, teils offener Auflehnung (vgl. S. 285 ff.) den Erfolg illusorisch und die Einrichtung rückgängig zu machen. Auf jeden Fall steht fest, daß an dem Geist, in dem die Selbstverwaltung der Zünfte gehandhabt wurde, nur wenig geändert worden ist. Auf die gründliche Änderung dieses Geistes, die mit solchen Einzelbestimmungen doch wohl kaum hätte erreicht werden können, mußte es ankommen; sie hat sich erst im Laufe von etwa hundert Jahren vollzogen, nachdem die gesamte Wirtschaftspolitik des Staates auf eine neue Grundlage gestellt worden war, und ist in allen Gewerben ziemlich gleichzeitig verwirklicht worden, wenn auch wohl manche Handwerke sich leichter mit dem neuen Handelsgeist erfüllen ließen, als eben das der Tischler. Wir wollen unsere Geschichte mit einer kurzen Schilderung dieses Entwicklungsganges beschließen, wenn auch die besonderen Verhältnisse des Tischlerhandwerks nicht mehr so hervortreten werden wie bisher.

Die erste Anregung zur Neueinstellung der staatlichen Handels- und Gewerbepolitik gab zur Zeit Ludwig XIV., um die Mitte des 17. Jahrhunderts,

[1]) Im Wortlaut auf S. 285.

der geniale französische Minister Colbert. Es gelang ihm in verhältnismäßig kurzer Zeit, das ganze Wirtschaftsleben des Staates zur großen Blüte zu bringen; er entwickelte den Handel in ungeahnter Weise als Hebel des Gewerbefleißes und begründete Industrien, Fabriken und Manufakturen. Sein „Merkantilismus", den er wohl alten römischen Vorbildern entnahm, bezweckte, wie Schmoller es formuliert, „eine völlige Umbildung des Staates und seiner Einrichtungen, die Ersetzung der lokalen und landwirtschaftlichen Wirtschaftspolitik durch eine staatliche und nationale". Alle europäischen Staaten verfolgten diese Entwicklung mit größtem Interesse und versuchten, das System bei sich nachzuahmen und durch Anbahnung und möglichste Steigerung des Exportes nach fremden Ländern eine „gute Handelsbilanz", das heißt einen erheblichen Überschuß der Ausfuhr über die Einfuhr zu erzielen, der dem Staatssäckel willkommene Mehreinkünfte bringen sollte. Wie sich solche Pläne in Deutschland in bezug auf die Handwerke auszuwirken begannen, haben wir bereits weiter oben in den Vorschlägen einiger zeitgenössischer Nationalökonomen, in den „Polizeiordnungen" der Kurfürsten von Preußen und Sachsen und im späteren „Reichsgutachten" des Jahres 1731 gesehen und haben uns aus unserer früheren Darstellung erinnert, daß gerade an denjenigen Orten, wo ein Güteraustausch unseres Gewerbes mit fremden Ländern, zum Beispiel im großen Cöln, das den Grenzen fremder Länder so nahe lag, ein heftiger Widerstand gegen die Auflockerung der Zunftfesseln sich erhob. Wir verweisen auf unseren Abschnitt „Die Einfuhr fremder Waren", in dem wir schilderten, wie die Cölner Meister sich gegen die Einfuhr aus Brabant, Brüssel, Lüttich, Metz, Nancy, aus der Schweiz, ja sogar aus der deutschen Stadt Frankfurt am Main zur Wehr gesetzt haben. (S. 393 ff.) Und in Frankfurt am Main durften nach Ansicht der dortigen Meister nicht einmal aus Offenbach am Main Zigarrenkisten eingeführt werden, obwohl es sich um eine ganz spezielle Fabrikation der Offenbacher handelte.

Den Eigenstolz der Städte zum Staatsbürgertum umzubilden, den Zünften und Räten begreiflich zu machen, daß mit dem wirtschaftlichen Aufblühen des ganzen Landes auch ihre eigenen Interessen jetzt am besten gefördert würden, war eine sehr schwere Aufgabe, und durch den Auftrieb der Handelsinteressen allein konnten allerdings die Gewerbe noch nicht zur entsprechend vermehrten Produktion angeregt werden. Daß eine Industrialisierung der Arbeit vorangehen müsse, war eine Erkenntnis, die erst Mitte des achtzehnten Jahrhunderts durch die Schriften und Lehren des englischen Volkswirtschaftslehrers Adam Smith verbreitet wurde. Smith verhalf dem Satz zur Anerkennung, daß „der Nationalreichtum ebensowenig auf der landwirtschaftlichen Produktion wie auf einer günstigen Handelsbilanz beruhe, sondern daß er durch jede Art von nützlicher Arbeit gefördert werde, und daß daher die Arbeit die eigentliche Quelle desselben und zugleich der eigentliche Maßstab des Wertes der wirtschaftlichen Güter sei". Man nannte das Smithsche System dieser Auffassung wegen im Gegensatz zum Colbertschen Merkantilsystem das „Industriesystem" und kam nun erst richtig zu der Überzeugung, daß die Arbeit von allen zünftigen Fesseln befreit werden müßte, damit sie sich aus eigener Kraft vermehren könnte. Im selben Jahre, in dem Adam Smiths grundlegendes Werk „Untersuchung über die Natur und die Ursachen des Volkswohlstandes“ erschien, nämlich 1776, wurde in Nordamerika die allgemeine Gewerbefreiheit eingeführt. Ein Jahr vorher hatte James Watt die Dampfmaschine erfunden und damit „der Revolution des Gewerbewesens auf technischem Gebiete und der Einführung der Gewerbefreiheit mehr vorgearbeitet, als es alle staatlichen Maßregeln hätten tun können“. Ebenfalls im Jahre 1776 versuchte der französische Minister Turgot die Zünfte abzuschaffen; er wurde aber vorher gestürzt, und seine Absicht wurde erst im Jahre 1791 durch die Revolutionsregierung verwirklicht. Von Frankreich aus verbreitete sich der Gedanke der Gewerbefreiheit dann schnell in den europäischen Ländern.

In der Schweiz waren von 1798 bis 1803 unter französischer Herrschaft die Zünfte aufgehoben, und es bestand vollkommene Gewerbefreiheit[1]). Aber aus den Akten der sogenannten Spinnwetterzunft in Basel, zu der auch die Holzarbeiter gehörten, ist zu ersehen, daß schon vom Jahre 1804 an der Zustand der unbedingten Freiheit als beseitigt oder mindestens als stark kontrolliert angesehen werden muß[2]). Im Jahre 1804 wurde in Basel den mit einem Bürgerbrief versehenen „Meistern auf eigene Hand“ mitgeteilt, daß ihnen innerhalb von vier Wochen die Förderung des, jedenfalls zur Zeit der Gewerbefreiheit eingestellten Gesindes niedergelegt werden würde. Im gleichen Jahre beschloß der Rat der Stadt, daß ein aus Stuttgart wohl im Vertrauen auf die Gewerbefreiheit zugezogener Schreiner unter einen hiesigen Meister sich begeben und Kaution leisten müsse, andernfalls er ausgeschafft werden solle. Im Jahre 1805 weigerten sich die französischen Schreiner, das im Jahre 1596 bestimmte Meisterstück (vgl. S. 229) zu machen. Die Zunft protestierte dagegen und sagte, daß niemals, selbst in der Zeit der Revolution nicht, dieser Zunftzwang aufgehört habe, „wenn man Ordnung Zwang nennen wolle“. Wer das Meisterstück machen wolle, müsse Kundschaft und Wanderschaft nachweisen und die Gebühren, die jetzt von etwa 70 Franken auf 12 Franken herabgesetzt wurden, zahlen. Die „fränkischen“ Meister unterwarfen sich diesem Zwang nicht, wollten aber dennoch die Rechte der Zunft mitgenießen und sich um Kundschaft bewerben. Die Basler Meister waren der Meinung, daß man sie auf Pässe beschränken solle, da es ja auch in Frankreich für jene keine Kundschaft gäbe, die abgeschafft worden sei. Das Polizeikollegium schloß sich dieser Auffassung an und äußerte nebenbei die Auffassung, daß auch die Aufnahme der französischen Gesellen in das Spital nicht kostenlos, wenn auch vielleicht ermäßigt erfolgen könne. Eine „Meistersocietät“, das heißt eine Vereinigung zweier Werkstätten, wurde den Schreinern im Jahre 1808 nur unter der Bedingung gestattet, daß sie sich auf die vorgeschriebene Zahl von 6 (2mal 3) Gesellen beschränkten. (Das sah also nicht nach Gewerbefreiheit aus.) Wenn einer der Sozietäre ausschied, konnte ein anderer für ihn in die Werkstatt eintreten, doch wurden Scheinsozietäten zu dem Zweck, die doppelte Zahl von Gesellen beschäftigen zu können, schwer bestraft, was der von der Zunft im Jahre

[1]) Diese sechsjährige Franzosenherrschaft wurde „Helvetic“ genannt.

[2]) Unsere nachstehende Schilderung bezieht sich auf die Verhältnisse in Basel; sie mögen bei der damaligen Zerrissenheit der Schweiz in anderen Kantonen anders gelagert gewesen sein.

1816 gegen den französischen Meister Frey durchgeführte Prozeß beweist. Auf Antrag der Zunft wurde im Jahre 1822 sogar eine Sperrung des übersetzten Schreinerhandwerks bewilligt, doch hob der Rat acht Jahre später alle Beschränkungen in der Zahl der auszubildenden Lehrlinge und zu beschäftigenden Gesellen, gestützt auf ein Gutachten des Handels- und Gewerbekollegiums, grundsätzlich auf. Es ist nicht recht verständlich, wie trotzdem die Schreinerzunft im Jahre 1835 beim Rat vorstellig werden konnte: die Zimmerleute und Architekten, insgesamt 7 Meister, beschäftigten 300 bis 400 Gesellen, denen 34 Schreinermeister mit nur 80 bis 90 Gesellen gegenüberständen. Vielleicht hatte die vorhergehende Sperrung des Handwerks den Strom der Gesellen so nachhaltig von Basel abgelenkt, daß die Schreiner jetzt, selbst wenn sie wollten, keine Hilfskräfte bekommen konnten und sehr unter der Konkurrenz der Zimmerleute litten. Übrigens stellte der Kleine Rat diese Eingabe den Schreinern wieder zurück mit dem Bedeuten, sie „anständiger" abzufassen. (Vgl. S. 55.) Da in der Schweiz die Zünfte sich immer mehr politisierten, verfügte der Rat der Stadt Basel im Jahre 1844, daß die politische Zunft vom Handwerk streng getrennt sein müßte, was in sich schloß, daß die Meister nur genötigt werden konnten, diesem, nicht aber jener beizutreten. Im Jahre 1850 wurden vier, wahrscheinlich französische Meister, denen die Gesellen genommen werden sollten, gezwungen, das Meisterstück zu machen. Drei Jahre vorher erließ der Schreinermeister Immler einen Aufruf gegen diejenigen Genossen, die 20 bis 40 Gesellen beschäftigten und noch dazu Möbel von auswärts bezögen. Dem Basler Handwerkskollegium erschien im Jahre 1853 die Zeit für die Einführung der Gewerbefreiheit gekommen; es erließ eine bezügliche Umfrage, erhielt aber von den Schreinern eine ablehnende Antwort. Solche Stellungnahme führte zwei Jahre später zum außerzünftigen Zusammenschluß einiger Meister, die sich in besonderen Statuten als „Vereinte Schreinermeister" bezeichneten; gegen diesen „Freiwilligen Meister-Verein" beschwerten sich 176 Gesellen, weil durch ihn „alle Zunftbestimmungen illusorisch werden würden". Das entschlossene Vorgehen jener Meister, die ihre Zeit begriffen, scheint bald tatsächlich die Zunft gesprengt zu haben.

In Deutschland führten alle Staaten, die um 1800 unter die französische Fremdherrschaft gerieten, die Gewerbefreiheit bei sich ein, doch wurde in einigen von ihnen nach 1815 der Zunftzwang „in aller Strenge wieder hergestellt". Aus Raummangel müssen wir uns auf kurze Angaben betreffend die größeren Länder beschränken.

Nach Baden hatten schon früh die Ideen der Gewerbefreiheit, wie sie durch die französische Republik proklamiert worden waren, übergegriffen und wollten von den Händlern und Krämern für sich ausgenutzt werden; wir haben aber schon auf Seite 400 ein Gutachten des Juristen Friedrich Brauer abgedruckt, in dem dieser im Jahre 1797 die Vorteile dem Handwerk, im Gegensatz zu den Krämern, gewahrt wissen wollte, weil Baden nicht unter die Handelsstaaten im eigentlichen Sinne zu rechnen sei. Das Problem der Gewerbefreiheit wurde in Baden in der Folgezeit noch oft, zum Teil in mustergültiger Weise, theoretisch abgehandelt; zum Beispiel im Jahre 1807 in einem großen Bericht über die Zünfte vom Oberamtmann Nester in Heidelberg[1]), ferner in Gutachten betreffend die Aufhebung der Zünfte und Einführung in die Gewerbefreiheit 1827 bis 1840[2]), ferner 1832 bis 1847[3]). Die endgültige Einführung der Gewerbefreiheit erfolgte im Jahre 1862. Im Jahre 1829 bis 1830[4]) gab es in Baden 2359 gewerbetreibende Familien der Schreiner, davon 71 mit 35 600 Mark Betriebskapital; im Jahre 1844 waren es 3292 Familien, von denen 130 insgesamt 78 800 Mark Betriebskapital hatten. Während die Zahl der Familien überhaupt um 40 Prozent sich vermehrt hatte, war die Zahl der mit Betriebskapital versehenen um 87 Prozent gestiegen, und dieses selbst hatte um durchschnittlich 20 Prozent zugenommen; die Zahl der Familien, die über ein, wenn auch nur sehr geringes Betriebskapital zu verfügen hatten, war von 3 Prozent auf 4 Prozent der Gesamtzahl gewachsen. Leider fehlen die Angaben der Zahlen der selbständigen Meister sowie der Gesellen und Lehrlinge; immerhin ließ sich schon aus diesen Zahlen auf eine zwar langsame, aber doch gesunde Fortentwicklung schließen, die das Hinauszögern der Einführung der Gewerbefreiheit rechtfertigen konnte.

In Bayern wurde in den ersten Jahren des 19. Jahrhunderts ein System der Konzessionierungen eingeführt, dessen Auswirkung besonders in unserem Gewerbe wir auf den Seiten 401 ff. ausführlich geschildert haben. Für München liegen ausführlichere Statistiken vor[5]). Wir fassen sie in nebenstehenden Tabellen kurz zusammen. Der dickere Trennungsstrich zwischen 1867 und 1875 bedeutet die 1868 in Bayern erfolgte Einführung der Gewerbefreiheit. Als wichtige Ergänzung zu der Tabelle ist aber noch folgendes hervorzuheben. v. Destouches gibt außerhalb seiner Statistik noch für 1861 die Rubrik „Freie Erwerbsarten mit Lizenzschein“ und führt darin auf: durchbrochene Holzarbeiten 4 und Möbelschreiner 2 Betriebe, die Thurneyssen nicht erwähnt. Die Erteilung solcher Lizenzen — die wohl gleichbedeutend sind mit dem uns schon bekannten[6]) „Arbeiten auf eigene Hand“, das heißt ohne die Berechtigung, Gesellen und Lehrlinge zu halten, — scheint aber gerade das Ventil zu sein, das Behörde öffnete, um den wirtschaftlichen und sozialen Ansturm, der die endgültige Einführung der Gewerbefreiheit einleitete, in ein erträgliches Fahrwasser zu lenken. Wir finden solche Personalkonzessionen zwar schon seit 1802 (vergl. auch in der Tabelle die Anmerkung zum Jahre 1825), doch sind diese Kategorien, insbesondere als „freie“ Erwerbsarten neu.

---

[1]) Landesarchiv Karlsruhe unter: Baden, Großh. Pfalz-Generalia, Zunftwesen IV, 22.

[2]) Ebenda, unter Karlsruhe Amt 1827 bis 1840.

[3]) Ebenda, unter: Zugang Min. d. Inn. 1900, Nr. 40, Gew. III, 88/89 und Petitionen dazu 90/91.

[4]) Ebenda: Zugang Finanz-Min. 1901, Nr. 3, 834.

[5]) Wir folgen in Nachstehendem den Quellen, die zu finden sind bei von Destouches a. a. O., Schlichthörle a. a. O., Hermann, Die Bevölkerung und die Gewerbe usw. S. 60. Jahresbericht der Handels- und Gewerbekammer für Oberbayern 1865 und Fritz Thurneyssen: Das Münchener Schreinergewerbe, Stuttgart 1897, S. 21. In Zweifelsfällen folgten wir den Zahlen von von Destouches.

[6]) Vergl. S. 125, 182, 190.

Jahr	Schreiner-betriebe	Personen auf 1 Betrieb	Einwohnerzahl in München	1 Betrieb auf Einwohner	1 Schreiner auf Einwohner	Bemerkungen
1618	41	—	24 000	600	—	Die Einwohnerzahl ist nur geschätzt; sie hatte im Jahre 1580 20 000 betragen. Für die Jahre 1370 und 1500 nennt v. Destouches 12 bzw. 11 Kistler.
1782	31	—	37 000	1200	—	Die Zahl der Betriebe war nach dem 30jährigen Krieg 1649 auf 21 gesunken, gegen 1618 41. 1633 waren es noch 37 gewesen; um diese Zeit wendete sich für Bayern das Kriegsglück, und München zahlte eine Kontribution von 300 000 Reichstalern an Gustav Adolf.
1802	29	—	41 000	1400	—	Die Reaktion der zünftigen Meister erreicht ihren Höhepunkt und wird jetzt durch das Konzessionswesen gebrochen.
1825	52	—	64 000	1230	—	1818 waren es 58 gewesen, und zwar: 29 reale[1]) Kistler, 2 reale Büchsenschäfter, 15 eingezünftete Kistlermeister mit Personalkonzession, 7 do. nichteingezünftet und 5 eingekaufte Meister in den Vorstädten. Außerdem 12 „Pfuscher, nämlich hofschutzbefreite Wäscher, Laternenanzünder, Jagdzeugdiener und Zimmerputzer".
1846	104	—	85 000	809	—	Die Einwohnerzahl wächst von 1825 bis 1846 relativ langsam, trotz der etwas gewaltsamen städtebaulichen Tätigkeit unter Ludwig I. — Es wurden in dieser Periode viele Personalkonzessionen erteilt; ihre Zahl wuchs von 29 auf 76, während sich die Realitäten (siehe die Fußnote) nur von 23 auf 28 vermehrten.

[1]) Real bedeutet, daß der Gewerbsinhaber sein Ausübungsrecht frei verkaufen konnte; personal, daß das unverkäufliche Recht nur an der Person des Inhabers haftete; radiziert, daß das Recht (bei Sägemühlen usw.) am Hause haftete und mit diesem erworben werden konnte; hofschutzbefreit, daß der Betreffende in Hofdiensten stand und der Zunft nicht beizutreten brauchte. Eine Kistler-„Realität" wurde 1845 mit 2000 fl. bewertet, die eines Büchsenschifters mit 500 fl., eines Geigen- und Lautenmachers mit 1000 fl., eines Wagners mit 2000 fl., eines Drechslers mit 2500 fl. und die eines Zimmermanns mit 2000 fl. — Noch im Jahre 1807 kaufte (nach Schlichthörle a. a. O.) Jacob Staudacher eine Kistlergerechtigkeit für 500 fl. (Vgl. S. 124, 259.)

Jahr	Schreinerbetriebe	Personen auf 1 Betrieb	Einwohnerzahl in München	1 Betrieb auf Einwohner	1 Schreiner auf Einwohner	Bemerkungen
1847	114	6	94 000	830	137 zus. 684	
1861	133 (147)	— (4,8)	148 000	1113 (1000)	— (210 zus. 706)	Hermann nennt 147 Betriebe, hat aber augenscheinlich 3 Möbelfabriken und 11 Holzuhrenmacher und -händler oder 14 Musikinstrumentenmacher mitgezählt, die von Destouches besser gesondert nennt. Zählt man sie mit, so ergeben sich die in Klammern beigefügten Zahlen.
1867	262 (420)	—	170 000	649 (405)	—	Betreffs die als „freie" Erwerbsart mit persönlichen Lizenzen bedachten 158 (1861: 2) Möbelschreiner bzw. die eingeklammerten Zahlen vgl. den Begleittext.
1875	496 dav. ohne Gesellen 33,5 %	3,40	193 000	400	115 zus. 1683	1868 Einführung der Gewerbefreiheit. Unter den Beschäftigten werden 17 weibl. Personen aufgeführt.
1882	606 dav. mit 1 Gesellen 44,8 %	3,03	234 000	386	127 zus. 1834	Thurneyssen merkt zu der hier gegebenen Gesamtzahl der Betriebe an, daß die Reichsgewerbestatistik unter dem Titel „Tischlerei und Parkettfabrikation" zusammenfasse, mit etwa 64 Unterabteilungen, von denen die Münchener Statistik nur 13 ergab, nämlich: Bau-, Etui-, Galanterieschreiner, Grabkreuzmacher, Kunst-, Modellschreiner, Möbelreiniger, Möbelschreiner, Parkettfabriken, Schreiner, Sesselmacher, Sterbekreuzmacher, Tischler. v. Destouches führt aber von 1882 an noch eine Rubrik, nämlich „Grobe Holzwaren" mit 32 Betrieben und 48 beschäftigten Personen. Es ist fraglich, ob sie hier mitzurechnen sind. — Unter den beschäftigten Personen 9 weibliche.
1895	921	4,3	407 000	442	101 zus. 4004	Kategorisierung wie bei 1882. Hierzu „Grobe Holzwaren" 31 Betriebe mit 107 männlichen und 13 weiblichen Beschäftigten. Zunahme der Betriebe von 1875 bis 1882 22 %, der Beschäftigten 9 %; von 1882 bis 1895 52 %, der Beschäftigten 118 %.

Sie wachsen mit ungeheuerer Schnelligkeit, denn schon im Jahre 1867 gibt es 26 Personen, die Lizenzen für durchbrochene Holzarbeiten innehaben, und 158 (!) solche als Möbelschreiner. Letztere, und wahrscheinlich auch erstere, da sie nicht wieder erscheinen, werden von 1875 den Schreinern oder Kistlern zugezählt, da ja die Gewerbefreiheit nun allgemein eingeführt war; sie stellen jedenfalls den Hauptteil (oder in inzwischen erfolgter Vermehrung das Ganze) der 1875 ohne Gesellen arbeitenden 166 Kistler (35,5 Prozent der Betriebe). Man müßte für 1861 und 1867, um die richtigen Zahlen zu erhalten, diese Möbelschreiner der Gesamtzahl der Betriebe schon zurechnen; dann hätten wir für 1861 bzw. 1867: 135 und 420 Betriebe insgesamt und 1096 und 405 Einwohner auf je einen Betrieb. Das würde die sofortige Wirkung der Qualifizierung eines wichtigen Zweiges als „freie Erwerbsart" und der Erteilung von persönlichen Lizenzen besser und richtiger kennzeichnen. Sie äußert sich zunächst, im Sinne der behördlichen Maßnahme, sozial, indem sie einer gewissen Zahl, wahrscheinlich tüchtiger Gesellen zur Selbständigkeit verhalf; die volkswirtschaftliche Wirkung im kapitalistischen Sinne stellte sich erst viel langsamer, und nachdem die Maschinen mehr in Gebrauch gekommen waren, ein, indem diese Alleinmeister teils wohl von den Großbetrieben aufgesogen wurden. Übrigens ist München nicht der Ort, die zweitgenannte Wirkung deutlich aufzuzeigen, da diese Stadt sich etwa im Vergleich zu Berlin, niemals zu einem Standort der Holz- und Möbelindustrie großen Stils entwickelt hat. Immerhin ist so viel zu sagen, daß von 1875 bis 1882 die Zahl der Betriebe noch stärker zunahm, als die Zahl der Beschäftigten, nämlich 22 Prozent gegen 9 Prozent. Von 1882 bis 1895 änderte sich das Bild: die Betriebe vermehrten sich allerdings um 52, die Beschäftigten aber um 118 Prozent. Leider fehlt uns für diesen Zeitraum die Zahl der Alleinbetriebe, doch ist nach der Schilderung Thurneyssens[1]) als ziemlich sicher anzunehmen, daß sie nicht zugenommen hat, vielmehr infolge der allgemeinen wirtschaftlichen Lage stark im Abnehmen begriffen ist. — Als freie Erwerbsarten wurden in München seit 1861 noch angesehen: die Holzhändler, die sich sehr schnell vermehrten, sie zählten 1861: 18, 1867: 131 und 1875: 166 Personen (289 Beschäftigte) mit Lizenzscheinen; ferner die Möbelhändler, die aber trotzdem (ein Beweis für das eben Gesagte) weder 1861 noch 1867 in der Statistik erschienen; erst 1875 werden sie mit 6, und 1882 mit 22 aufgeführt, das sind je einer auf 32 bzw. 10,5 Tausend Einwohner.

In Württemberg beschäftigte die Regierung sich sehr eingehend mit den Fragen der Vorbereitung der Gewerbefreiheit. Schon im Jahre 1849 fanden bei der Zentralstelle für Handel und Gewerbe in Stuttgart Beratungen statt, an denen außer einigen leitenden Juristen der Zentralstelle und einigen Reallehrern 8 Fabrikanten, 9 Kaufleute und 18 Handwerker teilnahmen; unter den letzteren befanden sich die beiden Schreiner Fuchslocher von Eßlingen und Förstlinger von Ulm. Für die Verhandlungen, auf die wir an Hand des Berichtes um ihres grundsätzlichen Charakters willen näher eingehen, hatte die Zentralstelle als Grundlage einige Formulierungen vorbereitet.

[1]) a. a. O. S. 60 ff.

Zunächst wurde angeregt, daß nur solche Personen ein zünftiges oder unzünftiges Gewerbe betreiben dürften, die das 25 Lebensjahr zurückgelegt hätten oder eine besondere Dispensation vorbringen könnten, denn die meisten der „in die Gant kommenden", das heißt in Konkurs geratenden Gewerbetreibenden hätten erfahrungsgemäß zu früh sich selbständig gemacht. Ferner müsse, wer ein zünftiges oder unzünftiges Gewerbe treiben oder mit zünftigen Waren im großen oder im kleinen handeln wolle, seine Befähigung dafür nachweisen; „nicht um des Publikums willen (!), das sich gegenüber von den meisten Gewerben selbst schützen kann, sondern einerseits, um die angehenden Gewerbsleute anzuspornen, ihrer Ausbildung sich mit Eifer zu widmen, und so den Stand der Gewerbsleute allmählich auf eine höhere Stufe gewerblicher Bildung zu bringen", andererseits aber, um die Gemeinde vor den Leuten zu schützen, die den öffentlichen Kassen zur Last fallen. Nachdem so die Handwerker, gewiß mit Recht, ermahnt worden waren, wurde sogleich für den Handel, der überhaupt, wie man sehen wird, seine Forderungen dialektisch sehr gut zu verfechten verstand, eine Ausnahme gemacht. „Zu einem Großhandel mit denjenigen Gegenständen aber, mit welchen der Kleinhandel jedem gestattet ist, also mit nicht zünftigen Waren, zum Beispiel Holz, wäre ein Nachweis der Befähigung nicht zu verlangen, um nicht die allmähliche Ausdehnung eines solchen Handels, die in der Regel vom Landwirte betrieben wird, zu hemmen." (Vergl. hierzu die vorstehend geschilderte, sehr schnelle Entwicklung eines speziellen Holzhandels in Bayern bzw. München.) Mit einer Zweidrittelmajorität wurde geltend gemacht, daß das Verlangen einer Vorübungszeit einen weiteren Schutz gegen leichtsinnige Niederlassung gewähre, namentlich für den Fall, daß irgendwo die Prüfung oberflächlich behandelt würde; daß auf eine frühe Gewöhnung an Tätigkeit, wenn auch nicht gerade auf ununterbrochene Beschäftigung in dem nämlichen Gewerbe, hingewirkt werden müsse; daß auf eine Gewöhnung an Fleiß und regelmäßige Arbeit nicht weniger Wert zu legen sei, als auf die Prüfung usw. — Tiefer in die Materie der Gewerbefreiheit und des kapitalistischen Unternehmertums begann man einzudringen, als die Frage der Errichtung von Fabriken angeschnitten wurde. Es wurde angeregt, daß, wenn die Gründung nur in einem zünftigen Gewerbe erfolgen solle, der Unternehmer in diesem einzelnen Gewerbe die Meisterprüfung ablegen müsse; sollte die Fabrik aber mehrere zünftige Gewerbe umfassen, so müßte eine Prüfung an einer höheren technischen Lehranstalt, oder eine Prüfung, „wenn auch nicht bei dem betreffenden, doch bei einem mit dem beabsichtigten Fabrikunternehmen verwandten Gewerbe, oder bei einer Kaufmannsinnung verlangt werden".[1]) Bei dem Kauf einer bereits bestehenden Fabrik solle keine Prüfung verlangt werden, weil dadurch eine „Minderung des Werkes" entstehen könnte. Man sieht den Pferdefuß des Kapitals: qualifizierte Leute gründen als Strohmänner Fabriken und verkaufen sie dann an Unternehmer, die nur Geld aber keine Kenntnisse zu haben brauchen. Brav und bieder merkten das die mitberatenden Handwerker augenscheinlich nicht und gingen, da sie guten Willens waren, auf alles ein, was man von ihnen

[1]) Vgl. hierzu die bayerische Praxis im Prozeß Reifenstuel in München. S. 409.

verlangte; so zum Beispiel, daß bei der Prüfung der Handwerker künftig die Buchführung, die Korrespondenz und das Rechnen gefragt werden, und daß diese Fächer als wesentliche Gegenstände in den Unterrichtsplan der Fortbildungsschulen usw. aufgenommen werden sollten; sie sahen hier den Vorteil ein und verlangten sogar einstimmig für ihre Lehrlinge den pflichtweisen Besuch dieser Kurse und Schulen. In den Fabriken sollten nicht über ein Viertel der sämtlichen beschäftigten Arbeiter als Lehrlinge ausgebildet werden.

Wichtig war die Aufhebung des § 8 der Gewerbeordnung von 1836 und die Bestimmung, daß im Ort oder Bezirk „zur Festhaltung oder Steigerung der Preise von den zu verkaufenden Waren und Fabrikaten sowie des Arbeitslohnes für die Verfertigung“ Verabredungen der Produzenten erlaubt sein sollten; ein Mißbrauch wurde nicht befürchtet, „da bezüglich der Güte der Waren oder der Arbeit die mögliche Konkurrenz am Orte das Publikum schütze“,[1])

Handelsbefugnisse. Mit besonderem Geschick verfuhren Händler und Fabrikanten bei Beratung des Kapitels: „Handelsbefugnisse“, indem sie den Handwerkern, nebenbei aber auch sich selbst, die weitgehendste Freiheit des Handels anboten, wohl wissend, daß jene weder nach Veranlagung noch nach Erfahrung fähig sein würden, den Vorteil zu nutzen, der also ihnen, den Händlern und Fabrikanten am Ende allein zufallen mußte. Ohne Zweifel auf ihre Veranlassung stellte die Zentralstelle folgende Sätze zur Besprechung:

1. Jeder zünftige und nichtzünftige Handwerker und Fabrikant ist befugt, sowohl im großen als im kleinen mit den eigenen und mit fremden Erzeugnissen seines Gewerbes zu handeln.

2. Außerdem darf der zünftige Handwerker und Fabrikant (!) im großen und im kleinen handeln mit denjenigen Stoffen, veredelten und unveredelten, welche in seinem Gewerbe verarbeitet werden; ferner mit fremden, vollständig ausgerüsteten Gegenständen (also Fertigfabrikaten) seines Gewerbes; sowie mit denjenigen Fabrikaten und Waren, welche bei der ihm gestatteten vollständigen Ausrüstung und Ausstattung seiner Erzeugnisse als Zubehör der letzteren anzusehen sind.

3. In Beziehung auf die Zahl der Verkaufslokale findet bei Kaufleuten und Fabrikanten und Handwerkern keine Beschränkung statt. (Man beachte hier die Voranstellung der späteren Nutznießer dieses Paragraphen.)

4. Das Recht zum Kleinhandel hört auf, wenn der Gewerbeinhaber sein Gewerbe aufgegeben hat; doch kann Witwen und böslich verlassenen Ehefrauen auf den Antrag des Gewerberats das Handelsrecht auch ohne Fortbetrieb des Gewerbes zugestanden werden.

Hier war für die zünftigen Handwerker Angenehmes, Unbequemes und Gefährliches so eng verknüpft, daß es ihnen nicht möglich wurde den Knoten

[1]) Wie aber, wenn diese Konkurrenz durch Zwangsmaßnahmen ausgeschaltet wurde? In Ulm waren im Jahre 1848 städtische Bauarbeiten zu vergeben. Die Schreinerzunft setzte die Preise fest und verloste die Arbeiten unter ihren Mitgliedern nach festgesetztem Turnus. Wer direkt und mit niederen Preisen sich beteiligte, wurde ohne weiteres von den übrigen Arbeiten ausgeschlossen. (Zunftakten, Stadtarchiv.)

zu lösen. Zunächst versuchten sie, die unzünftigen Handwerker zu sich herüber zu ziehen, indem sie jenen, die bisher nur berechtigt gewesen waren, die eigenen Erzeugnisse ihres Gewerbes im Kleinhandel zu vertreiben, bereitwillig alle im § 1 angeführten erweiterten Befugnisse zugestanden, und ihnen so die Möglichkeit boten, nach Einrichtung eines „wohlassortierten Lagers in allen einschlägigen Artikeln“ auch für die eigenen Erzeugnisse leichter Käufer anzulocken. Dieses kleinere Übel wollten also die zünftigen Handwerker über sich ergehen lassen, stellten aber dafür den Antrag, daß mit Artikeln, die ein zünftiger Handwerker des Ortes herstelle, anfertige, der Kaufmann desselben Ortes nicht handeln dürfe, es sei denn, daß der Handwerker den Bedürfnissen des Ortes nicht entspräche. Sie wünschten gar keine ausgedehntere Handelsbefugnis für sich selbst, die sie wohl als „Danaergeschenk“ empfanden, sondern nur eine Einschränkung des Handelsrechtes der Kaufleute; denn diese würden ja doch aus den Fabriken zünftige Waren zu billigeren Preisen beziehen, und damit den Handwerkern ihren Verdienst schmälern, indem sie sie damit unterböten. „Wie die Fabrikanten Schutz gegen die Übermacht des Auslandes, so wollen die Handwerker Schutz gegen die übermächtige Konkurrenz der Kaufleute; es solle hierdurch ein langjähriges Unrecht gesühnt werden, da der Kleinhandel mit zünftigen Handwerksartikeln nur den Handwerkern des Faches von Rechts wegen gebühre. Eine Beschränkung des Handelsrechtes der Kaufleute liege auch im Interesse des Publikums, weil es vom Kaufmann in der Regel schlechtere Ware erhalte, als von einem Handwerker, wenn dieser nicht mehr, wie gegenwärtig, durch die Konkurrenz gezwungen sei, seine Ware auch geringer zu machen. Wenn der Handwerkerstand gehoben werden solle, müsse ihm auch die Möglichkeit dazu eröffnet werden; er wolle fortschreiten, könne es aber nicht, wenn durch die Konkurrenz der Kaufleute und Fabrikanten sein Verdienst so geschmälert werde, daß er beständig um das tägliche Brot zu ringen habe. Aus diesen Gründen, wurde weiter gewünscht, sollten die Kaufleute überhaupt auf den Spezereihandel und auf den Handel im großen beschränkt werden; ein etwaiger Mangel an Handwerkern an einigen Orten werde sich bald durch Übersiedelung heben. Wenn eine Beschränkung des Handelsrechtes der Kaufleute nicht eintrete, so wäre vielen Handwerkern die Einführung der Gewerbefreiheit (!) erwünschter; denn eine bloße Ausdehnung des Handelsrechts der Handwerker, ohne Schutz gegen die Kaufleute, nütze jenen gar nichts, weil der Handwerker nicht imstande sei, mit dem Kaufmann zu konkurrieren; der Kaufmann führe Ware von vielerlei Gewerbe und könne darum mit einem geringeren Nutzen am einzelnen Stücke bestehen, als der Handwerker, der auch künftig in der Regel nur mit Erzeugnissen seines Gewerbes Handel treiben werde.

Gegen diesen Antrag auf Einschränkung des Handelsrechtes der Kaufleute wurde ausgeführt, er laufe schnurstracks dem Interesse der Handwerker (!) entgegen; jetzt schon fehle es den Handwerkern an Betriebskapital; müsse das Vorhandene zwischen der Fabrikation und dem Handel geteilt werden, so trete jener Mangel zum Nachteile des Handwerks um so stärker hervor; in vielen Artikeln würden die Handwerker dem Bedarf des Publikums nicht genügen, teils weil der Handwerker zu wenig seien, teils weil sie *zu wenig*

Betriebskapital haben, um eine Auswahl zu bieten; der arme Handwerker könne sich den Vorteil nicht zu nutze machen; tue dies nur der Reichere, so habe der Handwerker als Stand nichts gewonnen, sondern nur die Personen würden wechseln; Handwerker würden Detailhändler und würden, wie es schon jetzt häufig vorkomme, den größten Teil ihres Warenlagers aus den Fabriken beziehen. Wollte man den Kaufleuten ihr bestehendes Recht entziehen, so müßte man sie entschädigen mit Summen, die nicht aufzubringen wären, denn es sei doch nicht die Absicht, eine ganze Klasse von Staatsangehörigen ihres Nahrungszweiges plötzlich zu berauben und viele Familien brotlos zu machen. Die Gerechtigkeit fordere nur Aufhebung von Vorrechten, Gleichstellung, nicht Beraubung der einen Klasse zu vermeintlichen Vorteil der anderen. Was aber aus Gründen des Rechtes zugestanden werden müsse, erscheine darum doch nicht als eine Wohltat für den Handwerkerstand. Werde das Handelsrecht der Kaufleute beschränkt, so veranlasse man diese, daß sie mit zünftigen Meistern, die den Namen (!) dazu hergeben, und deren sich gewiß allenthalben leicht viele finden, in Geschäftsverbindung treten, oder daß sie ihre Söhne Handwerke erlernen und darin Meister werden lassen. Die Folge hiervon wäre, daß der Kaufmann nicht nur Handel treiben, sondern auch fabrizieren dürfte, und mit Hilfe größeren Kapitals auch hierin den ärmeren Handwerker überflügeln würde, so daß dieser nicht bloß im Handel, sondern auch den Kunden gegenüber größerer Konkurrenz ausgesetzt wäre als bisher.

Bis jetzt dürfe der Kaufmann nicht fabrizieren; wenn er Gewerbserzeugnisse billiger als der Handwerker liefern könne, so folge daraus nur, daß anderwärts, sei es in Fabriken oder von Handwerkern, wohlfeiler fabriziert werde; mithin gehe der Antrag nicht sowohl gegen die Kaufleute, als gegen die weiter vorangeschrittene Technik, insbesondere gegen Fabriken und gegen den fabrikmäßigen Geschäftsbetrieb anderer Handwerker. Nun sei aber vom Antragssteller selbst zugegeben, daß das Aufhören der Fabriken nicht verlangt werde, und es würde auch eine solche Maßregel die ganze vaterländische Industrie, den Handwerkerstand mit inbegriffen, zugrunde richten; viele Gewerbe beschäftigen sich nur mit der vollständigen Ausrüstung von Fabrikerzeugnissen und können nicht bestehen ohne die Fabriken, durch deren Hilfe sie allein imstande seien, dem Publikum billige Waren zu bieten.

Wenn mithin die Konkurrenz der Fabriken es sei, die die Handwerke beeinträchtige, so folge daraus nur, daß die Handwerke suchen müßten, dieser Konkurrenz die Spitze zu bieten. Dies sei nur möglich, wenn sie ihr ganzes Kapital, ihre ganze Zeit, ihre ganze Aufmerksamkeit, der Fabrikation zuwendeten und durch Vereinigung der Kräfte die Mittel sich verschafften, wohlfeile Waren zu liefern. Dazu gehöre, daß der Handwerker nicht zugleich den Kaufmann mache[1]), und durch das Hinstehen im Laden[2]) und durch das Handeln seine Aufmerksamkeit von seinem Handwerk ablenke; Beharrlichkeit,

[1]) Aber in vorstehenden §§ 1 und 2 waren ihnen doch die kaufmännischen Befugnisse als Lockspeise hingehalten worden?!

[2]) Also sollte die unbeschränkte Zahl der Verkaufsstellen (§ 3) nicht den Handwerkern, sondern den Kaufleuten zugute kommen!

Ausdauer an der Arbeit, Liebe zu dieser sei der goldene Boden des Handwerks; dieser werde hinausgeschlagen, wenn der Handwerker sich an das Vertrödeln seiner Zeit gewöhne. Gerade daß dies schon häufig vorkomme, sei ein Krebsschaden, der dem Handwerk Nachteil bringe. Teilung der Arbeit sei die erste Bedingung des Gedeihens der Gewerbe; jeder, der Kaufmann wie der Fabrizierende, müsse seinem Geschäftszweig sich recht widmen. Die englische Industrie sei vorzugsweise dadurch gewachsen, daß der Produzent nicht mit dem Handel sich befasse, daß er nur mit einem oder wenigen Großhändlern zu tun haben müsse, auf diese Art nur solide Abnehmer habe, sein Kapital oft umsetzen, seine Aufmerksamkeit ungeteilt der Fabrikation widmen könne. Der Handel sei der natürliche Verbündete der Gewerbe, ohne welche diese nie den gebührenden Lohn finden. Ein großer Übelstand der vaterländischen Industrie sei ihre Zersplitterung, die Vereinigung der einzelnen Industriezweige in einzelnen Orten, die Bildung von Industriegruppen sei für die Vervollkommnung der Fabrikation äußerst fördernd, setze aber den Absatz an Kaufleute voraus; der Antrag auf Beschränkung der Kaufleute hingegen würde eine Zersplitterung und damit ein Zurücksinken in der Fabrikation zur Folge haben. Auch sei anerkannt, daß Handwerke, mit welchen die Kaufleute nicht in Konkurrenz treten können, gleichfalls leiden. Die Ursache des Daniederliegens der Gewerbe sei hiernach in etwas anderem zu suchen; sie liege in der überschüssigen Arbeitskraft, die keinen Absatz habe; entferne man fremde Arbeit vom eigenen Markt durch tüchtigen Zollschutz, gewinne man mittels der Ausbildung der Industrie durch eine zweckmäßige Handespolitik dem deutschen Gewerbefleiß Abzugskanäle, so habe man dauernde Hilfe, und es werde ein Gewerbe am andern sich aufrichten. Beschränke man dagegen das Handelsrecht der Kaufleute, so könne dies höchstens auf kurze Zeit einzelnen Handwerken Nutzen bringen, in der Hauptsache aber würden die Interessen des Auslandes gefördert."

Bei der Umfrage über den Antrag auf Beschränkung des Handelsrechtes der Kaufleute stimmten dafür nur 14 Handwerksmeister; dagegen alle übrigen und — — 2 Handwerksmeister. 1 Handwerksmeister enthielt sich der Abstimmung.

Der unter 2 bemerkten Ausdehnung des Handelsrechtes der zünftigen Handwerker hatte die Zentralstelle für Gewerbe und Handel die Beschränkung beigefügt, daß der Handel mit den Stoffen, die in einem Gewerbe verarbeitet werden, sich nicht auf diejenigen Stoffe erstrecken dürfe, die als Erzeugnisse eines anderen zünftigen Handwerks in dessen Arbeitsgebiet fallen; daß ferner der Handel mit Waren, die als Zubehör der Erzeugnisse eines Handwerks anzusehen seien, diesem nur insoweit zu gestatten sei, als jene verbunden mit den eigenen Erzeugnissen zum Verkauf gebracht werden.

Gegen diesen Antrag wurde eingewendet, daß er den Handwerkern kaum mehr Recht als bisher einräume, und daß kein Grund vorliege, warum nicht auch dem Gewerbsgenossen dasselbe Recht einzuräumen sei, das man dem Kaufmann gestatte. Dürfe der Kaufmann alle Waren führen, die ein Handwerker mache, so sei dies billigerweise auch dem Handwerker zu gestatten, der die Ware verarbeite und genauere Warenkenntnis[1]) haben müsse, als von dem Kaufmann bei der Prüfung verlangt werde, zumal die Konkurrenz der Handwerker unter sich eine ganz andere sei, als diejenige mit den Kaufleuten. Es wurde deshalb die unter Ziffer 2 angeführte Erweiterung des Handelsrechtes der zünftigen Handwerker beantragt. — Hiergegen wurde eingewendet, daß dadurch die Entzweiung, die jetzt zwischen Handwerkern und Kaufleuten bestehe, in den Handwerkerstand selbst gelegt würde, und daß eine große Ungleichheit unter den Gewerben selbst entstehe, indem das Handelsrecht bei manchen Gewerben bliebe wie bisher, zum Beispiel bei Gerbern, während es bei anderen so ausgedehnt würde, daß es demjenigen des Kaufmannes beinahe gleich käme.

Bei der Umfrage zu Punkt 2, ob erstens das Handelsrecht des zünftigen Handwerkers auf alle Stoffe, veredelte und unveredelte, welche in seinem Gewerbe verarbeitet werden, ohne irgendeine Beschränkung ausgedehnt werden solle, stimmten dafür: 2 Beamte und Lehrer, 6 Fabrikanten, 9 Kaufleute, 10 Handwerksmeister, zusammen 27 Stimmen; dagegen 4 Beamte und Lehrer, 0 Fabrikanten und Kaufleute, 7 Handwerksmeister, zusammen 11 Stimmen. — Bei der Frage, ob zweitens der zünftige Handwerker mit denjenigen Fabrikaten und Waren, die bei der ihm gestatteten vollständigen Ausrüstung und Ausstattung seiner Erzeugnisse als Zubehör der letzteren anzusehen sind, solle unbeschränkt handeln dürfen, auch wenn er jene nicht in Verbindung mit seine Erzeugnissen zum Verkauf bringe, stimmten, dafür: 4 Beamte und Lehrer, 6 Fabrikanten, 9 Kaufleute, 13 Handwerksmeister zusammen 32 Stimmen; dagegen: 2 Beamte und Lehrer, 0 Fabrikanten und Kaufleute und 4 Handwerksmeister, zusammen 6 Stimmen.

Für eine Beschränkung der Verkaufslokale erhob sich nur eine Stimme.

Die Zentralstelle unterbreitete des ferneren noch folgende Anträge:

Meisterrecht. Das Meisterrecht kann bei mehreren zünftigen Gewerben erlangt werden. Die gleichzeitige Ausübung mehrerer zünftiger Gewerbe ist nur durch die Erlangung des Meisterrechts bei denselben bedingt. (Bisher war noch die oberamtliche Erlaubnis nötig.)

Grenzgebiete. Jeder zünftige Meister ist berechtigt, seine Erzeugnisse vollständig auszurüsten und zur Vollendung dieser Fabrikate, wenn sie in den Arbeitskreis anderer zünftiger Gewerbe fällt, Gesellen aus diesen Gewerben anzustellen. Lehrlinge für diese Gewerbe anzunehmen, steht ihm nicht zu. Er ist auch nicht befugt, diejenigen Stoffe, die in seinem Gewerbe verarbeitet werden und als Erzeugnisse eines anderen zünftigen Gewerbes in den Arbeitskreis von diesem fallen, selbst zu fertigen oder durch Gesellen aus anderen zünftigen Gewerben fertigen zu lassen.

Bauarbeiten. Nur ein Bauhandwerker ist befugt, Bauarbeiten in Akkord zu übernehmen, welche in den Arbeitskreis zünftiger Handwerker gehören; er darf jedoch nur diejenigen Arbeiten selbst

[1]) Die bekanntlich in der Folgezeit dem Kleinkaufmann (Krämer) aufs höchste mangelte.

oder mit Hilfe von Gesellen aus den betreffenden Gewerben ausführen, die in den Arbeitskreis eines solchen Handwerks fallen, bei dem er durch Erstehung einer praktischen und theoretischen Prüfung das Meisterrecht erlangt hat; Arbeiten, die einem anderen Handwerke angehören, sind Meistern dieser Gewerbe zur Ausführung zu überlassen. Auch ein Werkmeister darf einen Gesamtbauakkord nur dann durch Gesellen aus verschiedenen zünftigen Gewerben ausführen lassen, wenn er die erforderliche Prüfung in allen diesen Fächern gleich einem Meister bestanden hat.

Gegen die Bestimmung betreffs des Meisterrechts wurde eingewendet, daß die Handwerker eine engere Begrenzung nicht eine Erweiterung der Befugnisse der einzelnen Gewerbe wünschten; daß sie insbesondere wünschten, es möchte dem übermächtigen Einfluß des Kapitals ein Damm entgegengestellt werden; daß gerade die Beschränkung auf engere Grenzen für die Fabrikation förderlich sei; und daß es deshalb wenigstens von der Zustimmung des Gewerberats abhängig gemacht werden sollte, ob behufs Vollendung der Fabrikate in andere zünftige Gewerbe eingegriffen werden dürfe.

Hierauf wurde erwidert, daß nur die Annahme der oben erwähnten Bedingung den Handwerkerstand befähige, den Fabriken mit Erfolg (!) entgegenzutreten; daß gerade Beschränkungen, die das Kapital von dem Handwerkerstand fernhalte, diesem schädlich seien, und daß es für ihn nur wünschenswert wäre, wenn ihm mehr Kapital zuflöße, das sonst vielleicht in Fabriken angelegt würde; daß die Beschränkung auf engere Kreise nur dann vorteilhaft sei, wenn sie sich aus der Natur der Dinge entwickele und die Industrie schon auf einer höheren Stufe stehe; daß ferner die Konkurrenz mit dem Ausland nur dann möglich sei, wenn die möglichst wohlfeile (!) und vollkommene Arbeit nicht gehemmt werde; daß namentlich auf dem Land öfters in weitem Umkreis kein Handwerker gefunden werden könnte, der fähig wäre, gewisse Arbeiten zu vollenden, daß größere Lieferungen, insbesondere für den überseeischen Absatz, gar nicht übernommen werden könnten, wenn der Unternehmer seine Erzeugnisse nicht selbst vollständig ausrüsten dürfte, sondern von anderen Meistern abhängig wäre, die nicht so billig, nicht so gut, nicht so zeitig die Arbeit besorgen würden, wie verlangt werde; daß es besser sei, die Befugnis durch das Gesetz zu erteilen, als von einem Gewerberat abhängig zu machen, über dessen Wirken man noch keine Erfahrung habe, und in welchem Konkurrenten eines Meisters (!) sitzen können, vor denen dieser seine Geschäftsverhältnisse und Bestellungen offen darzulegen Anstand nehmen müsse; endlich, daß die Erlangung des Meisterrechts in anderen Gewerben von einem Manne billigerweise nicht verlangt werde könnte, der nur einzelne Befugnisse des anderen Gewerbes bei seiner Fabrikation in Anwendung bringen wolle; ja daß das Verlangen einer solchen Meisterrechtserwerbung die Folge haben müßte, eine weitere Konkurrenz im ganzen Gewerbsgebiet (!) für die Genossen des anderen Gewerbes hervorzurufen.

Weiter wurde eingewendet, daß die gedachte Befugnis den einzelnen Gewerben in sehr ungleichem Maße zugute käme, und diejenigen Gewerbe im Vorteil wären, in deren Arbeitskreis die erste Bearbeitung eines Gegenstandes falle, wofern man nicht gestatte, daß derjenige, in dessen Kreis die spätere Bearbeitung falle, auch die Vorarbeiten ausführe. Hierauf wurde aber erwidert, im letzteren Falle würde eine völlige Gewerbefreiheit eingeführt; der Antrag gehe keineswegs dahin, daß ein Meister alles dasjenige solle fertigen dürfen, was aus seinem Fabrikat möglicherweise gemacht werden könne. Es solle nur ausgesprochen werden, daß ein Meister sein Erzeugnis zu einer solchen Ware vollständig ausrüsten dürfe, wie sie als Handelsware verlangt werde, auch wenn das Fabrikat nach der bisherigen Übung und Vorschrift in den Arbeitskreis mehrerer Zünfte falle, anderseits aber, daß ein Meister dasjenige, was er selbst als fertiges Erzeugnis eines anderen Gewerbes dazu brauche, nicht selbst anfertigen dürfe, obwohl ihm das Recht, mit solchem Erzeugnis zu handeln, zustehe. Bei einzelnen Gewerben werde allerdings näheres im Wege der Verordnung bestimmt werden müssen; hier handele es sich bloß um die Festlegung des Grundsatzes. Dafür stimmten: 6 Beamte und Lehrer, 7 Fabrikanten, 8 Kaufleute, 10 Handwerksmeister; zusammen 31 Stimmen; dagegen 7 Handwerksmeister.

Die Verhandlungen vor der Zentralstelle für Handel und Gewerbe in Stuttgart, deren zusammenfassendes Ergebnis wir vorstehend wiedergegeben haben, hatten gewiß für die Kämpfe jener Zeit grundsätzliche Bedeutung; sie schlossen mit einem vollkommenen Sieg der kapitalistisch eingestellten Kaufleute und Industriellen, deren Forderungen, so berechtigt sie in vieler Hinsicht auch waren, dennoch nicht mit solcher, den Handwerkerstand verletzenden und, das sieht man an den Abstimmungen, verwirrenden Brutalität, ja höhnischer Dialektik hätten vorgebracht werden können, wenn nicht die Behörden, in diesem Falle die Zentralstelle, bereits für die kapitalistische Entwicklung voreingenommen gewesen wäre. Freilich, das muß man der Behörde zugute halten, sie kannte ihre Leute und hatte wohl Erfahrungen, nach denen sie die zünftlerische Verbohrtheit als von innen heraus unheilbar ansehen durfte. Sollte man nicht denken, daß die Stuttgarter Verhandlungen den Handwerkern die Augen darüber geöffnet hätten, wohin die Reise gehen sollte? War nicht anzunehmen, daß nun wenigstens die kleinlichsten Eifersüchteleien vermieden würden, damit man endlich dazu gelangte, die Handwerkerinteressen als Ganzes zu erfassen und mit Initiative zu vertreten? Leider waren solche Hoffnungen sehr irreführend. Ein kleines, im Ulmer Stadtarchiv aufbewahrtes Dokument beweist dies. Wegen eines denkbar einfachen Gegenstandes, es handelte sich um hölzerne Scheiben für Schießstände, waren die verwandten Handwerke sich in die Haare geraten und scheuten sich selbst in diesen Zeiten nicht, ihre hochwichtige Angelegenheit vor die höchste Behörde des Landes zu bringen. Die Zentralstelle gab denn auch eine Antwort, die an maßregelnder Deutlichkeit nichts zu wünschen übrig ließ; sie urteilte am am 8. Juni 1853 wie folgt: „In den bestehenden gesetzlichen Vorschriften ist ausdrücklich nirgends entschieden, welchem Gewerbe die Anfertigung dieser Arbeit (hölzerne Scheiben für Schießstände) zustehe. Wäre sie für eine zünftige Arbeit zu erklären, so würde § 3 der Ministerialverfügung vom 20. Februar 1830 Anwendung finden müssen, die Arbeit also für eine gemeinschaftliche Zuständigkeit aller der Gewerbe zu erklären sein, bei welchen das erforderliche technische Geschick zu derselben vorauszusetzen ist. Es erscheint jedoch nach den bestehenden gesetzlichen Bestimmungen nicht als zulässig, diese Arbeit überhaupt als eine ihrer Natur nach zünftige zu erklären, da eine namhafte Zahl von Holzarbeiten, deren Anfertigung keine geringere Schwierigkeit bietet, vom Zunftzwang befreit ist, und es widersprechend wäre, in Holz arbeitende unzünftige Gewerbe, die unbezweifelt gleiche Befähigung haben, von deren Anfertigung auszuschließen."

Daß letzten Endes der kapitalistische Einfluß gerade dem württembergischen Tischlereigewerbe, das sich bekanntlich zu einem wichtigsten Exportzweige des Landes ausgewachsen hat, zum Schaden gereicht hätte, kann man nicht behaupten, auch nicht, daß die Qualität der Erzeugnisse unter ihr nachhaltig gelitten hätte. Wie hier die württembergische Gewerbepolitik sich ausgewirkt hat, entnehmen wir einer interessanten Gegenüberstellung[1]) der Zahlen aus der Gewerbestatistik des Jahres 1882 in München und in Stuttgart; München war genau doppelt so groß wie Stuttgart.

Einwohnerzahl	Hauptbetriebe der Tischlerei und Parkettfabrikation	Darin beschäftigte Personen	Personen auf den Betrieb	1 Betrieb auf Einwohner	1 Schreiner auf Einwohner	Bemerkungen
München 234 192	606	1834	3,63	386	127	Davon 44,8 % Betriebe mit nur 1 Gesellen!
Stuttgart 117 343	205	1866	9,10	572	63	Bei gleicher Entwicklung wie in München hätte Stuttgart 303 Betriebe, aber nur 917 Beschäftigte gehabt.

In Frankfurt am Main, der typischen Handelsstadt[2]) hatten die Handwerker in der Verteidigung ihrer, auf traditioneller, aber immer morscher werdender Grundlage beruhenden Interessen einen besonders schweren Stand. Hier begründete die Gewerbekommission einen Antrag auf unbeschränkte Freiheit in der Zahl der zu beschäftigenden Gesellen im Jahre 1820 mit dem „Naturrecht", das „jedem Bürger im Staate das unläugbare, unveräußerliche Recht zugestehe, von seinen angeborenen Fähigkeiten und von allen seinen Kräften und erworbenen Fertigkeiten innerhalb seines Rechtsgebietes den bestmöglichen freien Gebrauch zu machen, seinen Geschäftskreis zu erweitern, sofern dadurch nicht in das Rechtsgebiet anderer eingegriffen wird". „Nur alsdann wird seine Industrie belebt, sein Fleiß unterhalten und er zu größeren Unternehmungen ermuntert werden." Die Aufhebung dieses, mit 58 gegen 4 Stimmen angenommenen Antrages verlangten die Handwerker neun Jahre später, weil die Bestimmung notwendig zur Gewerbefreiheit führen

[1]) Thurneyssen a. a. O. S. 25 und 26.

[2]) Eine andere solche Handelsstadt, Bremen, ging im Jahre 1861 mit der Einführung der Gewerbefreiheit besonders radikal vor; „sie beschränkte sich in ihrer Gewerbeordnung auf sechs Paragraphen, in denen die früheren Privilegien einfach aufgehoben und die gewerblichen Grundfreiheiten und Vertragsrechte mit wenigen Worten festgestellt wurden".

müsse; die Gewerbefreiheit sei aber in diesem kleinen Staat, in dem der Handwerksmann auf ein kleines Terrain beschränkt sei, und seine Tätigkeit ja gar nicht ausdehnen könne, durchaus unanwendbar. Der Senat antwortete beschwichtigend, von einer Aufhebung der Zünfte und der Zunftverfassung könne in Frankfurt gar keine Rede sein, aber auch an eine Verschärfung der zum Nahrungsschutz der Handwerker bestehenden Verordnungen sei nicht zu denken, weil durch sie die Bürgerschaft in ihren „Rechten und Befugnissen" schwer beeinträchtigt werden würde. Eine noch größere Beschränkung in der Zulassung zum Meisterrecht wäre ein Unrecht gegen die Bürgersöhne und die Ausschließung der Fremden von ihm müßte zu Repressalien in anderen Staaten führen. Die Gesetzgebende Versammlung beschloß im Jahre 1832 die völlige Gleichstellung der Meisterssöhne mit den Bürgerssöhnen und die Aufhebung jeglicher Beschränkung der zum Meisterrecht zuzulassenden Jahrmeister. Witwen sollten nur geheiratet werden, wenn der Bräutigam alle Bedingungen betreffend das Meisterstück erfüllt und sich verpflichtet hätte, falls die ältere Frau vor ihm stürbe, nur eine Frankfurter Bürgerin zur zweiten Frau zu nehmen. Im Jahre 1840 wurde ein Antrag betreffend die Errichtung einer Gewerbeschule oder die Einführung eines besonderen Unterrichts über die in das Gewerbefach einschlagenden Lehrgegenstände in den Volksschulen angenommen. Im folgenden Jahre wandten sich 1356 Handwerksmeister gegen die Deutung des § 4 des Zollvertrages und wünschten, allerdings vergebens, die Erneuerung der Statuten gegen auswärtige Waren. Im Jahre 1845 machten 1200 Handwerker folgende Eingabe: „Eine Begünstigung des fabrikmäßigen Betriebes der Handwerke nennt der Zeitgeist das System des Fortschrittes. Allein bei der Annahme dieses Systems bedürfe es für Frankfurt nur etwa eines Dutzends solcher Fabriken, um den größten Teil der hiesigen Handwerker in Nahrungslosigkeit und mithin in die Alternative zu versetzen, entweder bei diesen Fabrikanten in Taglohn zu arbeiten, oder betteln zu gehen. Die Zunftverfassung, die dem Meister in dem Handwerk, zu dessen ausschließlichem Betrieb er geschworen, eine selbständige Existenz sichern soll, würde dann eine Lüge und das Zunftwesen in seiner Einrichtung von Lehr-, Wander- und Muthjahren künftig nicht mehr ein Schutz bürgerlicher Nahrung sein, sondern lediglich ein Hemmnis zum Nachteil des Handwerkers, zum Vorteil aber dessen, der mit erlangter Fabrikkonzession und im Besitze bedeutender Geldkräfte und merkantilischer Vorteile sich leicht des Geschäftes bemeistern, die hierin zurückstehenden Meister überwältigen und sich zu Sklaven machen würde".

Im Revolutionsjahr 1848 tagten in Frankfurt zwei Kongresse, einer der Handwerksmeister und einer der Gesellen, die zu jenem nicht zugelassen worden waren. Die Meister[1]) verlangten an Stelle der Gewerbefreiheit eine modernisierte zünftige Gewerbeordnung, Föderation der Innungen, Einrichtung von Gewerberäten und Gewerbekammern und Schaffung eines sozialen Parlaments. Die Gesellen verlangten: „Einführung einer neuen, von der früheren

[1]) Die Akten dieses Kongresses befinden sich im Frankfurter Stadtarchiv: C. 1012 bis 1013. Repertorisierung der Handwerkerakten 1889, C. I. a.

gänzlich abweichenden, unseren höchstentwickelten industriellen Verhältnissen entsprechenden, die gleiche Berechtigung aller Produzenten anerkennenden, sich über alle Berufsgeschäfte ausdehnenden Innungsverfassung: Organisation der Arbeit"; ferner: die Errichtung von Gewerberäten und Gewerbekammern, eines Arbeitsministeriums, allgemeine Schulpflicht, gewerbliche Fortbildungsschulen, Schutzzoll auf Ganzfabrikate usw." Die Forderungen der Gesellen trugen demnach einen bedeutend fortschrittlicheren Charakter; allerdings hatten sie nicht, wie die Meister, einen selbständigen Betrieb gegen den Ansturm des übermächtigen Kapitals zu verteidigen, konnten vielmehr entschlossen in der Entwicklung mit dem Kapital gehen.

Immerhin taten die für das ganze Reich gedachten Kongreßforderungen auch für Frankfurt ihre Wirkung, indem die dortigen Meister aufgefordert wurden, ihre Wünsche zu formulieren, die sie denn auch im Jahre 1850 in einem Entwurf zu einer Gewerbeordnung vorlegten. Darin verlangten sie: das Verbot der Errichtung von Fabriken, die in den Erwerbszweigen der Handwerker eingreifen, ferner das Verbot der Assoziation von Meistern mit solchen Personen, die nicht zur Innung gehörten, also mit Kaufleuten und Unternehmern; niemand sollte zwei Gewerbe gleichzeitig ausüben dürfen; das Versteigern neuer Arbeit[1]) sollte verboten sein; der Kleinhandel mit Handwerkserzeugnissen sollte ausschließlich den Handwerkern selbst vorbehalten bleiben. Die Handelskammer erhob sofort Einspruch gegen alle hier verlangten Verbotsbestimmungen der Errichtung von Fabriken, was vorauszusehen war. Im Jahre 1855 kam es dann zur gesetzlichen Einrichtung einer Gewerbekammer. „Die Gewerbekammer ist das Organ der zünftigen und nichtzünftigen Handwerker, technischen Gewerbe und der Fabrikation. Ihr Beruf im allgemeinen ist, unter obrigkeitlicher Autorität für die Erhaltung und das Emporkommen des hiesigen Gewerbewesens und der Betriebsamkeit Sorge zu tragen, auch dasjenige abzuwenden, was denselben nachteilig sein kann". In der Gewerbekammer war jedes Gewerbe, ungeachtet seiner numerischen Stärke, mit nur einem Mitglied vertreten.

Unter den ersten Gutachten, die von der Gewerbekammer erstattet wurden, finden sich auch einige, die unser Gewerbe betrafen. Die Kammer sprach sich

[1]) Es mag an dieser Stelle erwähnt werden, daß auch die Schreiner selbst gelegentlich auf die Idee verfallen sind, Versteigerungen ihrer Arbeiten zu veranstalten. So kündigte im Jahre 1821 in Basel der Schreiner Bernhard Holz eine „Meubles-Lotterie" an, in der für 100 Frcs. Möbel versteigert, und dafür 730 Billets ausgegeben wurden, für die 21 Gewinne vorgesehen waren. Obwohl nach einer Erkenntnis des Kantonsrates solche Versteigerungen verboten waren, scheint sie in diesem Falle wegen Krankheit des Veranstalters gestattet worden zu sein. (Basel, Staatsarchiv, Lotteriewesen.) — Etwa um dieselbe Zeit versteigerte in München ein Schreiner mit obrigkeitlicher Erlaubnis sein Meisterstück, einen Sekretär, und gab dafür 90 Lose zu 5 Gulden aus. Das Unternehmen ging übrigens nicht ganz so aus, wie es gedacht gewesen war. Der Geselle konnte nicht alle Lose verkaufen und erlitt einen Verlust, und der Gewinn fiel an einen einfachen Mann, der keinen Sekretär gebrauchen konnte und sich treuherzig an seinen König wandte, der möge ihm doch dieses Stück Möbel gegen bares Geld abnehmen.

dagegen aus, daß den Schreinermeistern gestattet werde, Tapeziergehilfen, wie den Tapezierern, Schreinergesellen zum Fertigen von Polstermöbeln anzustellen; beide Gewerbe fürchteten wahrscheinlich, so allmählich miteinander zu verschmelzen und ineinander aufzugehen, was aber doch sicher zu ihrer wirtschaftlichen Stärkung den kapitalistischen Fabrikanten gegenüber geführt haben würde; so aber blieb jedem Handwerk nur etwas Halbes. Die von der Gewerbekammer von sich aus beantragte Assoziation von Handwerksmeistern unter sich, die durch Börsenanschlag bekanntgemacht werden sollte, betraf augenscheinlich nur Handwerker der gleichen Kateogrie; die Assoziation zwischen Handwerkern und Handelsleuten wollte sie, den eben erwähnten Wünschen der Handwerker entsprechend, verboten sehen. Ferner wünschte sie die gesetzliche Ausschließung aller fertigen Arbeiten außerhalb der Messen, andernfalls müsse auch den Frankfurter Meistern die Möglichkeit erwirkt werden, solche Fertigwaren in andere Bundesstaaten gegenseits ausführen zu können.

Endlich legte die Gewerbekammer im Jahre 1860 den Entwurf zu einer neuen Gewerbeordnung vor, in deren Einleitung sie die, den Handwerkern drohende Gefahr so schilderte: „Das Streben geht nicht dahin, daß die Kaufleute oder Gelehrte oder Rentiers das Recht erwürben, Röcke zu nähen oder Schuhe zu sohlen. (!) Nein, es geht dahin, die Handwerksarbeit auswärts machen zu lassen und hier zu detaillieren, oder wenn sie, wie Bauarbeit, nicht auswärts gemacht werden kann, Fremde auf ihren, nämlich der Hiesigen, Namen hier arbeiten zu lassen, was alles nach dem Gesetz vom 10. März 1836, wie in den übrigen Zollvereinsstaaten verboten ist, wodurch aber der hiesige Handwerker tätigkeits- und verdienstlos gemacht werden soll. Dies ist nicht so schwierig wie es scheint, denn es gibt Anstalten, mit welchen schlechterdings niemand in Billigkeit konkurrieren kann." Ferner wurde gegen die Zulassung der Konkurrenz der Landhandwerker eingewendet, daß deren Produktionsbedingungen wesentlich leichtere seien; ein Bauplatz z. B. in Frankfurt erfordere 30 000 Gulden, sei aber auf dem platten Lande für 100 bis 800 Gulden zu haben, und dazu ergäbe sich dort noch die Möglichkeit des Landbaus. Inhaltlich interessieren die folgenden Paragraphen dieses handwerkerfreundlichen Entwurfes:

§ 5: Es sollen keine neuen Realrechte mehr erteilt werden. — §§ 9 und 39: Jeder Meister und jede Fabrik ist vollkommen frei in der Auswahl ihrer Arbeitskräfte. — § 15: Der Übertritt zu einem anderen verwandten Handwerk[1]) ist gestattet, wenn für das neue das Meisterstück angefertigt und der Betrieb des alten aufgegeben wird. — § 35: Um Produkte zu liefern, die aus Arbeiten verschiedener Gewerbe bestehen, ist eine Fabrikkonzession erforderlich; auf Gegenstände des Gewerbefleißes einer Innung wird keine Fabrikkonzession erteilt; zum Begriff des Fabrikproduktes gehört nicht, daß dieses in der

[1]) Das „Jüngere Bürgermeisteramt" wies gutachtlich darauf hin, daß also nach diesem § 15 des Entwurfes beispielsweise der Zimmermann zur Innung der Schreiner, Küfer, Wagner oder Dreher übertreten dürfe, während derjenige, der ein verwandtes Handwerk nicht zünftig erlernt habe, davon ausgeschlossen bleiben solle.

Fabrik vollständig gefertigt werde. — § 10: Das Kramrecht der Handwerker soll nicht mehr, wie in dem Entwurf des Jahres 1850, ein ausschließliches sein, wohl aber das Recht, Abfälle, Nebenprodukte und Rohstoffe im ganzen oder im einzelnen verkaufen zu dürfen. — § 36: Die Erteilung von Fabrikkonzessionen ist von der Begutachtung der Gewerbekammer abhängig, dagegen ist jeder Innungsmeister berechtigt zur Anlage einer Fabrik zur Fertigung des Ganzen[1]).

Die Eingabe der Gewerbekammer war von dem Entwurf einer Minorität begleitet, in dem folgendes ausgeführt wurde: 1. Auf gebrauchte Gegenstände und Rohstoffe soll das ausschließliche Handelsgebiet einer Innung sich nicht erstrecken. (Siehe oben § 10.) 2. Jeder Innungsmeister, der den Hauptgegenstand herstellt, darf die Vollendungsarbeiten daran vornehmen, auch wenn diese an sich in das Arbeitsgebiet eines anderen Gewerks, das heißt eines nicht zünftigen Handwerks eingreifen, aber nicht, wenn sie zur besonderen Arbeitstätigkeit einer Innung gehören. Erlaubt sein sollte aber die Anpassung (?), auch mit fremdem Werkzeug.

Nun meldete sich aber auch die Gegenseite der Kaufleute mit einem Antrag an die Gesetzgebende Versammlung, in dem sie die Einwendungen gegen die Einführung der Gewerbefreiheit zu entkräften suchte. Sie bat den Senat, „sämtliche Zunftbeschränkungen aufzuheben und durch eine, auf freie Grundsätze basierte, den Bedürfnissen und Ansprüchen unserer Jetztzeit Rechnung tragende Gewerbeordnung zu ersetzen, die den Bürgern, gestützt auf das Bürgertum, erlaubt, nach ihren Kenntnissen und Fähigkeiten ihr Geschäft ohne Hindernisse zu betreiben und sich zu ernähren". Das Gebiet der Stadt Frankfurt sei, nach der Behauptung der Handwerker, für die Gewerbefreiheit zu klein und diese würde eine übermäßige Konkurrenz des Auslandes schaffen; Schreiner, Schlosser und Schmiede bezögen aber einen großen Teil ihrer fertigen Arbeiten von außen, schafften also diese Konkurrenz selbst. Die Gewerbefreiheit würde angeblich einen großen Andrang zu den Gewerben zur Folge haben und die Unterdrückung der kleineren durch die großen Unternehmer verursachen und endlich die Umgestaltung der Werkstätten der Handwerker in wenige Fabriken herbeiführen; daß die Fabriken den Werkstätten Nahrung entzögen, sei aber keine Folge der Gewerbeordnung, sondern „die Folge des strebsamen menschlichen Geistes, der Maschinen, die die Handarbeit der Menschen ersetzen, erfunden hat, und der Einsicht, Tüchtigkeit und Tätigkeit einzelner, die für viele Arbeiter Beschäftigung erdenken und deren Erzeugnisse verwerten, während andere kaum für sich Arbeit zu finden und ihre Erzeugnisse zu verwerten wissen". Die Handwerker glaubten, im Meisterrecht und im Nahrungsschutz Garantien zu erblicken; garantiert werden könnten

[1]) In den „Motiven" zu ihrem Entwurf sagte die Gewerbekammer: „Der Grundsatz, daß der, der eine Arbeit anfängt, durch Gesellen anderer Innungen alles Dasjenige solle vornehmen lassen dürfen, was zu ihrer Vollendung und Ausschmückung gehöre, erschien, in dieser Weise aufgefaßt, ungerecht und unhaltbar; er führt in seiner Konsequenz dazu, daß der Maurer oder Zimmermann bei einem Hausbau, oder der Schreiner bei dem Bau eines Möbels die Arbeiten der Schlosser, Glaser, Weißbinder, Tapezierer, Dachdecker usw. verschlingt und an sich zieht".

ihnen aber nur, daß sie arbeiteten, nicht aber, daß sie ein Geschäft zu führen verständen; die Meisterprüfung verlange nur technische Fertigkeiten, nicht aber technologische und merkantilische Kenntnisse. Angeblich werde die Gewerbefreiheit eine minder gute Betreibung der Gewerbe zur Folge haben; die Güte der Arbeit bestimme sich aber durch die Förderung der Konsumenten und durch das Leistungsvermögen der Produzenten; seien etwa die Arbeiten der nichtzünftigen Gewerbe, oder die Produktion aus nichtzünftigen (?) Ländern schlechter als die der zünftigen? Die Gewerbefreiheit schaffe Proletariat? Im Gegenteil, sie stelle Selbständigkeit (aber der kapitalistischen Unternehmer!) in Aussicht; die Gesellen würden sich Mühe geben, zu lernen, würden Geld sparen, und so fort.

Im Jahre 1864 wurde in Frankfurt am Main die Gewerbefreiheit eingeführt. Aber es gibt immerhin zu denken, daß eine, von 43 Handwerken mit 1813 Personen gegen sie kurz vorher eingereichte Petition mitunterzeichnet war von 171 Schreinern, aber nur von einem einzigen Zimmermann, ein Beweis, daß wie überall die Zimmerleute sich auf die kapitalistische Neuzeit als Unternehmer früher einzustellen gewußt haben, als die Schreiner.

Daß in Preußen seit der Zeit des Großen Kurfürsten (vgl. S. 187, 190, 287) energische Maßnahmen die zünftlerische Beschränkung in der Zahl der beschäftigten Gesellen und die gleichzeitige Erschwerung des Selbständigwerdens zu bekämpfen suchten, haben wir bereits gesehen; das Ziel war Befreiung der wirtschaftlichen Kräfte zum Zweck der Vermehrung des Nationalreichtums; das Mittel: Belebung der Konkurrenz im Inlande.

Über die Verhältnisse in Preußen und insbesondere in Berlin hat Paul Voigt sehr gründliche Untersuchungen[1]) geliefert, deren Ergebnisse wir in nachstehenden Absätzen verwerten.

Wenn Schmoller[2]) angibt, daß man auf einen Meister 1 bis 1,33 Arbeiter rechnen kann, ehe für jeden Gesellen die Möglichkeit, selbst Meister zu werden, aufhört, so befand sich unser Gewerbe in Berlin und nach den vorliegenden Zahlen auch in den Städten der Kurmark im Jahre 1801 gerade auf dieser Grenze, ja, es hatte sie eigentlich schon überschritten. Nach Bratring[3]) gab es in diesem Jahr in Berlin 474 Tischlermeister, 438 Gesellen und 249 Lehrlinge, bei einer Bevölkerung (einschließlich der Garnison) von 172 122 Seelen; in den Städten der Kurmark überhaupt 1150 Meister, 813 Gesellen und 427 Lehrlinge, bei einer Gesamteinwohnerschaft von 334921. In Berlin kamen hiernach schon 1,45 Arbeiter auf einen Meister, im Gesamtdurchschnitt der Städte der Kurmark aber erst 1,1, so daß ein ausgleichender Abfluß der tatsächlichen Gesellenüberzahl (in dieser Hinsicht gesprochen) von Berlin nach den anderen Städten theoretisch wohl denkbar gewesen wäre. Die Regierung

[1]) Paul Voigt, „Das Tischlergewerbe in Berlin“, Schriften des Vereins für Sozialpolitik, Untersuchungen über die Lage des Handwerks in Deutschland, Band IV: Königreich Preußen, Zweiter Teil, Leipzig 1895.

[2]) Schmoller, Kleingewerbe S. 340.

[3]) Bratring, Historisch-topographische Beschreibung der gesamten Mark Brandenburg, Band I, S. 1291 und Band II, S. 160 ff. (nach Voigt).

dachte aber ebensowenig an die Sperrung des Handwerks — das beliebte Mittel der Zünfte gegen unbequemen Zuwachs — noch an eine Einschränkung der Gesellenzahl. Ihr kam es darauf an, möglichst viel Kräfte heranzuziehen, damit immer mehr produziert würde. Sie wäre vielleicht schon jetzt mit der Einführung der Gewerbefreiheit vorgegangen, wenn ihr nicht der Einbruch der Franzosen einen Strich durch die Rechnung gemacht hätte. Berlin hatte besonders schwer zu leiden. Abgesehen von einer gewaltsamen Einschränkung der Garnison kam bis 1810 die Bevölkerungszunahme ganz zum Stillstand. Die Zahl der Tischlermeister ging von 474 auf 431 zurück, während die Gesellenzahl sich mit 677 gegen 687 noch ungefähr auf früherer Höhe hielt, was bedeutet, daß einige kapitalkräftigere Meister von dem Zusammenbruch ihrer Mitmeister Nutzen hatten und deren Gesellen an sich zogen. Aber die Aussicht, Meister zu werden, war für viele Gesellen nun vorbei, denn sie standen jetzt zu den Meistern im Verhältnis von 1,57 zu 1. Schnell ergriff die Regierung neue Maßregeln. Das Edikt vom 2. November 1810 und das Gesetz vom 7. September 1811 brachten die Einführung einer beinahe vollständigen Gewerbefreiheit und die Aufhebung aller zünftlerischen Schranken.

Die Befugnis zum Gewerbebetrieb war nur einzig und allein von der Lösung eines Gewerbescheins und von der Zahlung der Gewerbesteuer abhängig. Der Inhaber eines Gewerbescheins brauchte keiner Innung anzugehören und konnte trotzdem Lehrlinge und Gesellen halten. Jedermann durfte soviel Gewerbescheine lösen und soviel Handwerke betreiben, wie er wollte. (§ 79 des Gesetzes von 1811.) Die Scheine sollten möglichst allgemein ausgestellt und alle kleinlichen Gewerbeunterschiede vermieden werden. (§ 65.) Dementsprechend berechtigte der Gewerbeschein auf feine Holzarbeit zu aller Art von Tischler-, Stuhlmacher-, Ebenisten-, Drechsler- und Holzschnitzarbeit. (§ 73.) Daß nach diesen Erleichterungen viele Gesellen in die ihnen früher unerreichbare Meisterschaft streben würden, ließ sich voraussehen und war von der Regierung gewiß beabsichtigt worden, weil sie ja tüchtigen Kräften den Weg frei machen wollte. Trotz der Ungunst der Verhältnisse — es war die Zeit der heftigsten napoleonischen Bedrückung und des Russenfeldzuges, und die tatsächliche Zahl der im Berliner Tischlergewerbe Beschäftigten nahm von 1810 bis 1813 um 4 Prozent, von 1108 auf 1063, ab — war die Wirkung der Gewerbefreiheit in diesem Sinne sofort zu spüren. Das ergibt ein Vergleich der anderen Zahlen aus dieser kurzen dreijährigen Periode. Die Zahl der Abhängigen verringerte sich um 22 Prozent, von 677 auf 527, aber die Zahl der Selbständigen vermehrte sich um 24 Prozent, von 431 auf 536. Man darf also von einer beschleunigten „Abwanderung" in die Meisterschaft sprechen. Die große Mehrzahl der Meister mag auf eigene Hand gearbeitet haben, denn im Durchschnitt kamen jetzt auf einen Meister nur 0,98 Abhängige, gegen 1,57 vor drei Jahren. Das Ventil war geöffnet, doch kann man die Wirkung nur als eine augenblickliche und schnell zum Stillstand kommende Befreiung eingesperrter Sehnsüchte bezeichnen, denn schon die nächste dreijährige Zählperiode zeigte ein verändertes Bild, wenn man auch berücksichtigt, daß die Nachwirkung der Befreiungskriege die wirtschaftlichen Verhältnisse weiterhin sehr verschlechterte. Die Zahl der überhaupt dem Tischlergewerbe

Angehörigen vermehrte sich um 26 Prozent, von 1063 auf 1338; die der Abhängigen um 47 Prozent, von 527 auf 777, wobei aber wohl die durch trügerische Aussichten auf eine spätere Selbständigkeit veranlaßte Mehreinstellung von Lehrlingen zu berücksichtigen ist, denn die Lehrlinge wurden unter den Abhängigen mitgezählt. Dagegen sank die Zahl der Gesellen, die noch den formell erleichterten Schritt in die vordem so verlockende Meisterschaft taten, von 24 Prozent auf nur 5 Prozent; die Zahl der Meister stieg von 536 nur auf 561, und es kamen auf einen Meister schon wieder 1,38 Abhängige. Die Selbständigkeit hatte aber auch jetzt wenig Verlockendes, denn „die Armut unter den Handwerkern war erschreckend groß"[1]).

„Ein ganz anderes Leben herrschte in den dreißiger und vierziger Jahren. Die Gewerbefreiheit hatte die wirtschaftlichen Kräfte freigemacht, die erst jetzt zur vollen Entwicklung kamen; die Politik der preußischen Regierung suchte auch durch positive Maßnahmen das Erwerbsleben zu fördern. Handwerker- und Gewerbeschulen und Unterstützungskassen wurden gegründet, die Gewerbevereine gefördert und Gewerbeausstellungen veranstaltet. Ununterbrochen vermehrte sich die Zahl der Maschinen in allen Industrien, die in Verbindung mit den Eisenbahnen die ganze Volkswirtschaft revolutionierten. Die Gründung des Zollvereins schuf einen erweiterten nationalen Markt und legte zugleich die Grundlagen zum neuen Deutschen Reich. Diese günstigen wirtschaftlichen Verhältnisse führten den ungeahnten Aufschwung der Spreeresidenz herbei, und Hand in Hand mit ihm ging die noch schnellere Entwicklung des Tischlerhandwerks, das schließlich zu einer Industrie wurde"[2]). Während die Bevölkerung Berlins in der Zeit von 1819 bis 1846 um 96 Prozent stieg, vermehrte sich die Zahl der im Tischlergewerbe überhaupt Beschäftigten von 1739 auf 5285 oder um 203 Prozent; das bedeutet, daß, während früher ein Tischler von dem Bedarf von 116 Einwohnern leben durfte, jetzt dieser Kundenkreis sich um 35 Prozent, nämlich auf 75 Einwohner verringert hatte. (Allerdings begann nun schon der Export von Tischlerwaren über die Grenzen Berlins und Preußens hinaus.) Im gleichen Zeitraum wuchs die Zahl der selbständigen Meister von 632 auf 1531, um 142 Prozent, und die Zahl der Abhängigen von 1107 auf 3754, um 239 Prozent, so daß jetzt durchschnittlich ein Meister 2,45 statt früher 1,75 Gesellen beschäftigte. Unter den Meistern hielten viele bedeutend mehr Abhängige, während die übrigen sich mit einer geringeren Zahl begnügen oder gar ganz allein arbeiten mußten. Man hatte hier beide Wirkungen der Gewerbefreiheit nebeneinander zu beobachten, nämlich die kapitalistische, die dem Staat willkommen war, und die der „leichtfertigen Etablierungen", von denen das Ministerium am 7. Februar 1849 an den König berichtete, daß mit ihnen wenig bemittelte und unerfahrene Personen „mehr denn zu oft nur Arbeit und Geld verschleuderten, um sich durch die Konkurrenz der ungezügelten Wohlfeilheit zu erhalten"[3]). Einen ähnlichen äußerlichen Aufschwung nahm

[1]) Gülich, Die Geschichte des Handels, der Gewerbe usw. Jena 1830. Band II, S. 65 (nach Voigt).

[2]) Voigt a. a. O. S. 338.

[3]) Zitiert nach Voigt a. a. O. S. 340.

das Tischlergewerbe im ganzen Königreich Preußen; während sich hier vom Jahre 1822 bis 1846 die Bevölkerung nur um 38 Prozent vermehrte, zählte man 1846 um 118 Prozent Tischler mehr als im Jahre 1822. Allerdings war hier von einer kapitalistischen Einwirkung im Vergleich zu Berlin wenig zu spüren, denn es stieg die Zahl der von einem Tischler durchschnittlich Beschäftigten (Gesellen und Lehrlinge) nach Schmoller[1]) in der gleichen Zeit nur von 0,67 auf 0,77; da diese Zahlen den Durchschnitt von ganz Preußen geben, so muß das Verhältnis ohne Berlin für das übrige Preußen noch primitiver gewesen sein, das heißt, es wird erst jeder zweite Meister einen Gesellen oder Lehrling beschäftigt haben.

Daß die Regierung „durch positive Maßnahmen das Erwerbsleben zu fördern suchte", haben wir oben bereits anerkannt, doch darf nicht verschwiegen werden, daß gleichzeitig der Staat als Besteller und Vergeber seines bedeutend wachsenden eigenen Bedarfs an Tischlerwaren und Einrichtungen öffentlicher Gebäude keineswegs immer nach moralischen Grundsätzen gehandelt, vielmehr aus der von ihm selbst belebten und immer mehr verschärften Konkurrenz recht oft einen unmoralischen Nutzen gezogen hat, indem er seine Aufträge auf dem Submissionswege an den Mindestfordernden vergab und damit nicht nur die wirtschaftliche Existenz der Handwerker schwer bedrückte, sondern auch die Qualität der Lieferungen ungebührlich verschlechterte. Diese schlechten staatlichen Grundsätze haben aber nicht nur auf die sich fortgesetzt unterbietenden, ihre Arbeit mindernden und verschleudernden Handwerker, sondern auch auf die Beamtenschaft einen demoralisierenden Einfluß ausgeübt. Es wollte viel heißen, wenn ein erzkonservativer Junker, der Abgeordnete Otto von Bismarck-Schönhausen, am 18. Oktober 1849 im Preußischen Abgeordnetenhause folgende Beschwerde vorbrachte: „Ich möchte es als einen großen Gewinn ansehen, wenn dem Unwesen der Lizitationen und Submissionen einigermaßen gesteuert würde, einen Gewinn nicht allein für die Handwerker, sondern auch für den Staat; denn hier liegt meines Wissens der einzige wunde Fleck der sonst so hochstehenden preußischen Beamtenwelt. Mancher Meister würde uns wunderbare Geschichten erzählen können, die uns an skandalöse Prozesse unter dem Regime Ludwig Philipps erinnern würden, wenn er zu sprechen wagte und sagen wollte, wohin ein Teil des Gewinns geht. Ich spreche aus Erfahrung; Beispiele kann ich der Natur der Sache nach ohne gerichtlichen Beweis nicht nennen." Mögen die Bestechungen, auf die Bismarck hier anspielte, in den seither verflossenen 75 Jahren weniger oder unmöglich geworden sein, das Submissionswesen hat seinen verwerflichen und ausbeuterischen Charakter leider unverändert beibehalten.

In Berlin entwickelten sich die Verhältnisse, mehr als in einem anderen Ort, in kapitalistischem Sinne. „Einzelne Handwerker wuchsen empor, vergrößerten ihre Betriebe und bildeten durch Vereinigung einer größeren Anzahl Arbeiter verschiedener Berufszweige in einem Betriebe die Möbelmanufaktur aus. Die Organisation des Absatzes kam in die Hand des kaufmännischen Kapitals. Neue ferne Absatzgebiete wurden erschlossen, die der

[1]) Schmoller, Kleingewerbe S. 370.

alte Handwerksmeister niemals gefunden hätte. Mehr und mehr gewann der Export an Bedeutung; Tische und Stühle wurden am meisten ausgeführt. Daneben setzte die Berliner Tischlerei ständig wachsende Mengen ihrer Produkte auch im Zollvereinsinlande ab[1]). Bald fing man auch an, dem Meister den lokalen Verkauf aus der Hand zu nehmen. Nach dem Berliner Gemeindekalender wuchs die Zahl der Berliner Möbelhandlungen von 1811, also seit Einführung der Gewerbefreiheit, bis 1850 um 667 Prozent, nämlich von 15 auf 129, wobei auch die neben ihrer Werkstatt einen Laden haltenden, also kaufmännisch sich betätigenden Tischler mitgezählt sind"[2]). Voigt erwähnt, nach den Stenographischen Berichten des Preußischen Abgeordnetenhauses Seite 733, ein Beispiel für die durch Spezialisierung und Massenproduktion erzielte Verbilligung, das der Abgeordnete Ohm vorgetragen hatte: Ohm besaß drei äußerlich gleiche Bücherschränke, von denen der erste (1822) 33 Taler, der zweite (1832) 21 Taler, der dritte (1844) nur 14 Taler gekostet hatte. Ob man aber bei dem dritten Schrank noch von einem Handwerksprodukt sprechen durfte oder es schon als Industrie-Massenerzeugnis bezeichnen muß? Erinnern wir uns des auf Seite 367 abgedruckten Trojanschen Gedichtes „Der alte Schrank" und hören wir, was der Abgeordnete Otto von Bismarck in seiner großen Rede zur Gewerbeordnung am 18. Oktober 1849 urteilte: „Es ist wahr, die Gewerbefreiheit mag manche Bequemlichkeit für das Publikum darbieten, sie liefert wohlfeile Waren, aber an dieser Wohlfeilheit kleben vergiftend das Elend und der Jammer des Handwerkers, der seinem Ruin entgegengeht. . . ."

Der persönliche Ruin vieler Handwerker war in den Übergangszeiten vom

---

[1]) Daß die Berliner Konkurrenz die lokalen Betriebe des Tischlergewerbes in den von ihr erfaßten Gebieten beeinträchtigen mußte, war klar, doch trat diese Wirkung erst später mit aller Deutlichkeit in Erscheinung. Paul Voigt hat zum Beispiel auch die Lage des Handwerks, speziell der Holzindustrie, in Eisleben untersucht (Schriften des Vereins für Sozialpolitik, Untersuchungen über die Lage des Handwerks in Deutschland, Band 9). Er fand dort nach 80 Jahren einen oben bereits geschilderten, in Preußen allgemeinen Aufschwung der Tischlerei, innerhalb von 10 Jahren, von 1885 bis 1895, einen Rückgang von 43 Prozent, dessen Ursache er hauptsächlich in der verschärften Konkurrenz der Berliner Tischlerei fand, „die in diesem Jahrzehnt sich aufs glänzendste entfaltet und vor allem ihre maschinelle Einrichtung vervollkommnete". — Andere Konkurrenzwirkungen stellte Julius Pierstorff (Drei Jenaer Handwerke, ebenda, Band 9, S. 57) für Jena fest, die man in ehemaligen Zunftzeiten ohne Zweifel als „Pfuscherei" vor dem Magistrat der Stadt angeklagt und durch Sperrung der städtischen Bannmeile zwangsweise verhindert hätte. Billige Stühle, einfache Sophagestelle und Betten wurden aus dem Königreich Sachsen, vornehmlich aus Mittweida, Rabenau und Waldheim bezogen, wo die großindustrielle Konkurrenz, „deren ursprüngliche Grundlage eine weitgehende Arbeitsteilung war", schon seit den 60er Jahren bestand. Seither war die Eigenproduktion der ansässigen Tischler nicht mehr lohnend. Eine andere Konkurrenz erwuchs in den benachbarten Orten Kunitz und Lichtenhain, die wegen billigeren Arbeitspreisen bzw. geringeren Unterhaltungskosten im Preise unterbieten konnten. Großen Abbruch tat auch die aus Berlin bezogene Magazinware, obwohl sie von geringerer Solidität war als das heimische Handwerksprodukt. Da wir hier keine Statistik im eigentlichen Sinne, sondern nur die Grenzwirkungen der Gewerbefreiheit aufzeigen wollen, so mögen die wenigen Beispiele genügen.

[2]) Voigt a. a. O. S. 340.

Mittelalter zur Neuzeit, die sich in Deutschland später als in anderen europäischen Ländern und deshalb auch wohl krasser auswirkten, weil man zu lange an den veraltenden Wirtschaftsformen festgehalten hat, leider unvermeidlich. Nachdem diese, freilich unter schweren Wehen für das deutsche Tischlergewerbe, in technischer Hinsicht grundsätzlich sich geändert haben, kann unser Handwerk zu neuer Blüte emporwachsen. Es braucht weder mit Verachtung noch mit Wehmut auf die alten Zeiten zünftlerischer Größe zurückzublicken, wenn es nur deren in unvergänglicher Weise dreifach strahlenden Leitstern: Arbeitsfreude, Arbeitsgüte, Arbeitsehre weiter sich voranleuchten läßt.

Verzeichnis einiger wichtiger Urkunden

(Ein Teil davon wurde in der vorstehenden Darstellung im Urtext zitiert; ein anderer Teil wird hier zum ersten Male abgedruckt.)

1179	Cöln	Ordnung der Bruderschaft der Drechsler	Cöln, Stadtarchiv (**gedr.:** z.T. in v. Loesch, Cölner Zunft- u. Gewerbe-Urkunden bis 1500, Bd. I, S. 34)
1248	Basel	Bischof Lutoldus von Basel bestätigt den Maurern, Gipsern, Zimmerleuten, Faßbindern und Wagnern die von ihnen errichtete Zunft	Basel, Staatsarchiv Repertorium des Archivs d. Spinnwetter-Zunft, S. 1 (**gedr.:** Basler Urk.-Buch I, S. 199)
1271	Basel	Bischof Henrich von Basel gibt der Zunft der Maurer, Gipser, Zimmerleute, Faßbinder, Wagner, Wanner und Drechsler eine Ordnung	Basel, Staatsarchiv, ebenda, S. 1 (**gedr.:** ebenda, Bd. II, S. 43)
1300	Straßburg	Bauholzordnung	Straßburg, Stadtarch. Stat. Rep., Tom. 12, Fol. 108, Tom. 30, Fol. 7
1322	Augsburg	Beschreibung eines Sägewerks mit Wasserantrieb	Augsburg, Städt. Bauamtsrechnungen
1330	Göttingen	Lohnordnung für Zimmerleute	(**gedr.:** v. d. Ropp, Göttinger Statuten, S. 7)
1335	Cöln	Auswärtige Zimmerleute dürfen in Cöln arbeiten	(**gedr.:** Stein, Verfass. von Cöln, II, S. 6/7)
1339	Zürich	Die Sagmühle in Öttenbach von der Zunft der Zimmerleute getrennt	Zürich, Stadtarchiv Züricher Stadtbücher, I, S. 139
1340—1354	Göttingen	Bestimmungen für den Holzhandel	(**gedr.:** v. d. Ropp, Göttinger Statuten, S. 38 u. 95)
1341	Augsburg	Bauordnung für Kistler usw.	Augsburg, Stadtarch. K. A. I. 61
1345—1508	Lübeck	Verkaufsbestimmungen für Dreyer und Schaftschnider	(**gedr.:** Wehrmann, Lübecker Zunftrollen, S. 201 ff.)

1355	Frankfurt	Ordnung der Zimmerleute	(gedr.: Bücher-Schmidt, Fkft. Zunfturkunden, I, S. 224)
1361—1369	Basel	Die Zunft der Maurer, Gipser, Zimmerleute usw. mietet das Spichwarterhus in Erbrecht	Basel, Staatsarchiv, Rep. d. Sp.-Zft., S. 1
1365	Straßburg	Vertrag zwischen Wagnern, Drehern und Schreinern einerseits, mit den Hauszimmmerleuten anderseits	Straßburg, Stadtarch. G. U. P. 13. 14 (gedr.: Straßbg. Urk.-Buch, V, Nr. 618)
1367	Frankfurt	Ordnung der Wener (Wagner) und Pluger (Pflugmacher)	Frankfurt, Stadtarchiv Ugb. C. 40 E.
1370	Cöln	Holzmarktordnung	(gedr.: Stein, Verfass. v. Cöln, Bd. II, S. 53 ff.)
1373	Würzburg	Sämtliche Zünfte vereinigen sich mit dem Rat und machen Gesetze „zur allgemeinen Sicherheit“	Würzburg, Kreisarchiv, Würzburger Urk. 26, 79
1375—1500	Hamburg	Settinghe (Ordnung) der Dregere (Drechsler) und Schatschnider	(gedr.: Rüdiger, Die ält. Hamburg. Zunftrollen usw. 1874)
1397	Cöln	Amtsbrief der Kistenmecheren	Cöln, Histor. Archiv, Zunftcopiar, I, Z. 2 ff. 8 bis 9 (gedr.: v. Loesch, Cöln. Zunft- und Gewerbe-Urkunden I, S. 158)
1398	Straßburg	Vertrag zwischen Kistenern und Wagenern	Straßburg, Stadtarch. G. U. P. 13, 14, 1398 (gedr.: Str. Urk.-Buch VI, Nr. 1426)
Anfg. 15. Jhrh.	Straßburg	Vertrag zwischen Kistenern und Zimmerleuten.	Straßburg, Stadtarch. Stadtordng. Vol. 24, Fol. 55 (gedr.: Brucker, Str. Zunft- u. Poliz.-Verordn. 1889, S. 625)
Anfg. 15. Jhrh.	Straßburg	Ordnung für die Zimmerleute an der Rheinbrücke. Bewachung des Materials	(gedr.: Eheberg, Verfassung usw. der Stadt Str., S. 411)
Anfg. 15. Jhrh.	Straßburg	Zimmerhofordnung	(gedr.: Eheberg, Verfassung usw. der Stadt Str., S. 397)
Anfg. 15. Jhrh.	Straßburg	Vertrag zwischen Kistenern, Zimmerleuten und Wagnern	Straßburg, Stadtarch. G. U. P. 13, 14, B. 13 in Mappe 19

1405	Straßburg	Bestallung des städtischen Zimmermanns	(**gedr.**: Eheberg, Verfassung der Stadt Str., S. 41)
1410	Göttingen	Zollrolle	(**gedr.**: v. d. Ropp, Gött. Stat. 1907, S. 381)
1422	Zürich	Gesellenordnung der Zimmerleute	Zürich, Staatsarchiv, Stadt- u. Landzünfte, A. 77. 14
1424	Göttingen	Bestallung des Ratszimmermanns	(**gedr.**: v. d. Ropp, Göttinger Stat., S. 347)
1425—1450	Göppingen	Zwei Lohnordnungen für Schreiner und Zimmerleute.	Stuttgart, Staatsarchiv

Die Lone von Allen Handwerckhen, so gemacht saind anno d. 1425.

Zimmerlüt.

It ainem maister ainen summerlangen tag 32 Heller und ainen wintertag 2 B. Heller. It ainem gütten Kneth ainen summertag 2 B. Heller und ainen wintertag 18 Heller. It ainem lern Kneth ainen summertag 18 Heller und ainen wintertag 1 B. Heller. Dar zu den morgen aller Kost und ir yetlichem den tag 1 Maß winß und nit mer. Nota: oder aber den vorgenannten maistern oder Knethen ir yetlichem 1 B. Heller zu dem vorgenannten sinem lon und kain Kost noch win.

Zymerlutt. ca. 1450.

It aim maister 3 B. Heller, dem maisterknecht tags 3 B. Heller. Im sommer von kathedra petri bis sant gallen tag. Und die uß den leren jaren oder sust gmain knecht sien aim tags 2 B. It maister und maisterknecht zu wintterzit sol man geben 2 B., den gmainen knecht 8 Pfg. und die kost ongeverlich. Die schriner sollen mit dem lon och also gehalten werden.

1427—1532	München	Erneuerte Kistler-Ordnung.	München, National-Museum 3349/113/1

Nota die altn sätz der Kistler.

1. Bürger sein und Hausstand haben. Es haben auch die gesworn von dem Rat gesetzt, daß kain Kistler hie an maisters stat das hantwerch arbeitn sol, er sey dann burg und hab aynen rauch und ain gedingte werchstat und hab ain eelich weib oder sey ain witiber.

2. Kundschaft. Geldbeitrag. Es sol auch kain frömder Kistler das hantwerch hie arbaitn an maisters stat, er pring dann vor ainen brief von der stat, margkt oder dorff, dannen er ist, das er ein fromer wolgesinter man sey und hab der stat genug tan und das purkrecht (? unleserlich) gebn nach des rats rat und ain ..... (?) pfennig für alle dingk in der Kistler puchsen und ir quatember gelt, oder er freie (?) dann aines maisters tochter oder ain anders burgers, so ist er des purkrechts ledig (?).

3. Vererbung des Zunftrechts. Es soll auch aines yedlichen maisters sun oder tochter alle die recht haben, die ir vater, vater und muter gehabt haben.

4. Schaumeister. Wäre auch ob geswornvier sundert finden arbait, die unredlich oder untreulich gemacht wäre, das soln sy pringn für ain rat oder burgermaister und der sol dann dieselbn darumb straffn und pessern und nit sy selb.

5. Gesellen-Vereinigung verboten. Es soln auch all aynigung under in absein und solln fürpaß under in nichtz mer setzn oder gepietn pessern noch straffn umb kainrlai sach noch schuld wie die genant ist.

6. Meisterstück. Sy habent auch gesatzt, daß kain Kistler hie maister werden sol, er kunne dann recht und redlichn arbaitn und machen die vier stuck sunderlich ainen geviertn tisch und ain gemstew scheibn und ain gewanntkastel und ain truchen mit Laedlein.

7. Aushang der Ware. Es sol auch kain newes werch fürsetzen außerhalb seiner werchstat dann tisch, die sol er aber wider haym tragen, alspald man gesungen hat das fron Ampt.

8. Untreue Gesellen nicht fördern. Wäre auch ob ain knecht seme maister hintrug, das war zeit oder gelt, das sol er im widerkern, und sol denselbn knecht kain ander kistler furdern, halten noch einneme alslang bis das er seine maister, dern er das sein hintragn hat widerkert und genuk getan hat.

9. Mietedauer der Gesellen. Keine Akkordarbeit. Es habent die geswœrn von dem rat erfundn und gesetzt, das kain kistler unfürbaß hie ze munchn kaine knecht dingen sol hauffenwerk zu machen zu dreytzehen wochen als sy vor getan haben, es mag wol ob er wil ein yeglich kistler dingen auf ein wochen tzwe oder drey oder mer wie lang er will und es . . . (unleserlich).

10. Holzverkauf. Sy habent auch erfundn und gesatzt, was Ahornems holtz die kistler die burger hie fein herpringen oder fürn es sey wenig oder vil das soln sy . . . (unleserlich) nit von der stat gebn noch kaine gaßt und uns also neins holtz die gesst herpringen das daz die kistler die burger sind geleicheiner alsovil wider farn lassn als den anderen wer das wil oder zugetan hat.

Der Kistler satz und der Knecht wegn, die in ain rat erlaubt hat. 1430.

11. Gesellenzahl. Nicht Gesellen abspenstig machen. Item es sol ein yeglicher Kistler fürbaß nit mer geselln haben dann ainen, es wären dann übrig gesellen ain oder mer herkomen so mag ainer wol mer habn. Also das es unter dem hantwerch gleich umb gee und ainer als gleich geschehe als den andern ungevarlich, und die gesporn vier solln den umbgangk umb tailen das ainem yeden maister der gesellen habn wil als gleich geschehe als dem andern. (Nachschrift: der satz ist abgetan. 1487.)

Item wer dem andern untter dem hantwerch seinen geselln abwürb oder wider seinen willen, ee er im genug tan hat, in yemand aufnäm, der sol darumb gestrafft werden nach rats erkennen.

12. Keine Zehrung beim Umschicken. Es sol kain maister den geselln kaine coster noch mal mer gebn so man im ainen gesellen zuschickt.

13. Zeit des Schenkens der Zünftigen. Item es sol kain knecht untter dem hantwerch kainem frömdn knecht schenckn an ainem wochentage, ee das die glock drew gelagn hat aber nach dreyn urn so mögn die knecht frömdn geselln die des hantwerchs sind wol schenckn, das solln in die maister vergunnen.

14. Schenken der Unzünftigen. Item es solln auch die knecht außerhalb des hantwerchs niematz schenckn an dem werchtag.

15. Kündigungszeit der Gesellen. Item es sol kain knecht von seinem maister auffsteen in der wochn, dann nur an dem sonntag, ob aber ain knecht von seinem maister an einem wochentag auffstund, so sollen die andern knecht von seinet wegn darumb nicht feiern.

16. Lohnabzüge für Blaumachen. Item wellich knecht seinem maister von mutwillns wegn feyret das mag im sein maister wol abziehen an dem wochenlon nach ausfall (?).

17. Schau der Beschläge durch Schlosser. Es solln auch die kistler fürbaß kainerlay schlosswerch noch geschmeid nicht anschlagen, es sey dann geschaut von den viern der schlosser.

18. Zahl der Lehrlinge. Item den Kistlern dem handwerch ist von einem rat erlaubt, daß nu fürbaß aus yeder Kistlermaister mit mer lernknecht sol haben dann ainen, aber lonknecht mag er wol haben nach außweisung der Satz.

New satz geben den Kistlern an Freitag vor assumption marie. 1461 (?).

19. Gebühr für das Eschen. Es hat inn der und auß der rat gesetzt wann ainer in dem hantwerch der Kistler maister well werdn hye ze munchn das derselb sol in der Kistler puchsn gebn drew pfund pfennig.

20. Lehrzeit und Lehrgebühr. Item Es sol auch ain yedweder lernknecht des hantwerchs der Kistler drew jar lernen und sol darzu seinem maister gebn ain pfund pfennig, oder aber das er seinem maister vier jar diene ain jar umb das ander.

21. Strafe bei Verspätung bei Zunftsitzungen. Item wenn die vier der Kistler von notturft wegn irem hantwerch zusammen sagn die solln alsdann kommen wellicher aber also gevordert nicht käme bei einem kertzlin, der man tzway umb ainen hall geyt, ee dasselb verprennet, der sol dem hanntwerch in ir puchsn gebn ainen halben virdung wachs in irrn, dann schafft not oder das er nit anhaim wäre.

Am newen satz 1470.

22. Frist für Neueinstellung eines Lehrlings. Ain rat hat geornt und gesatzt das füro ain yeder maister des hanntwerchs der Kistler der nach außweisung ir satz einem lerenknecht gehabt hat und ausgedient hat das dann derselb maister darnach in zwein jaren keinen lernknecht solle aufnemen noch einstellen.

Am newen satz 1471.

23. Lehrzeit nicht durch Zahlung abkürzen. Ain rat hat geornt und gesatzt welher lerenknecht seiner lernjar abkaufet und dieselben unvollständig (?) auslernet, das man denselbe hye ze munchn auf dem hantwerch der Kistler nicht mer furdern sol.

Anno domini 1477 zu der quatember pfingsten hat ain Rat dem ehrbaren hanntwerch der Kistler die Satz gebn.

24. Heiraten erst nach Meisterstück und Ort für dessen Anfertigung. Von erstem hat ain rat geornt unnd gesatzt, daß füro ain yeder der auff dem hanntwerch der Kistler maister wil werden das derselb seine maisterstuck sol machen, ee das er sich verheyrat. Er sol auch dye machn zu ainem Vierat oder zu ainem andern seinem guten freund den er im hantwerch gehaben mag.

25. Material zum Meisterstück. Er sol auch dieselben stuck machen nach der Vierat Rat auß seinem zeug ob er denselbn gehaben mag, mecht er aber den zeug nicht gehaben so sol ime ain hantwerch den zeug darzu zu wegen bringen und den leichn (leihen) und ine des nicht verzeichen unnd sol als dann von denselben stucken, die er also gemacht hat oder aber mit gelt nach der Vierat unnd des hanntwerchs Rate denselben zeug bezalen.

26. Wiederholung des Meisterstücks. Item ob ain gesell mit den stucken, ainem oder mer, nicht bestunnde, mit welchem er dan fallig wurde, so sol er darnach ain jar lernen und darnach das stuck machen, damit er ist fällig worden.

27. Erlaubte Gesellenzahl. Es hat auch ain rat gesatzt, das füro ain yeder maister nicht mer dan zween gesellen sol haben, es wäre dann das ainer oder mer übrig gesellen hie wären oder herkämen und nicht arbayt heten, den oder dieselben mag dann ain maister auch wol zustellen.

28. Änderung des Meisterstücks. Es hat auch ain rat den gescheibten tisch den ainer für ain maisterstuck hat süllen machen, abgenommen, und sol ainer der da maisterstuck machet, ainen guten schreibtisch darfür machen.

Am newen satz geben 1480.

29. Erhöhtes Eintrittsgeld. Item hat ain rat geornt und gesatzt, das füro ain yeder der auf dem hantwerch Kistler maister wil werdn, das derselb in des hantwerchs puchsen sol gebn sechs pfund pfennig, er neme dann aines maisters tochter, so sol er tun als von alters ist herkommen.

Am newen satz 1485.

30. Holzverkauf. Item hat ain Rat gesatzt und geordnet als welcher Kistler furan hie in der stat oder an der lenndt Vörchen oder ander preter bestellt oder kaufft, das alsdann derselbig kauffer solch bestellt oder erkauffte preter allen maistern im hanntwerch der Kistler hie in der stat welch des begern in dem gelt darumb die erkaufft sind nach gleicher angabe volgen und an den Kauffe mit im steen lassen sull. Doch soll ir kainer an dem gelt der über ain maß weins darauf zu leykauff vertrunken were nichtzit zubezallen schuldig sein.

Am newen Satz 1488.

31. Arbeitszeit. Akkordarbeit. Item am Fritag Sannt Schaubtag (?) des Jars nach der gepurt Taussendt vierhundert und in den achtundachtzigsten hat ain Rat auff anpringen des Hanntwercks der Kistler dem Hanntwerck zu pessern nutz und noturfft furgenommen geordnet und gesatzt, das nun hinfür all und yedlich maister der Kistler weder gesellen noch knecht kain stückwerch mer machen noch arbaiten lassen, auch keinen feyerabennt dann zu gewonlicher Zeit geben sullen. Wellich maister das überfüren und nicht hielten, der yettweder soll geben, als offt er verprochen und den satz überfaren, giet in des hanntwercks puchsen ze pueß ain Römischen gulden on gnade.

32. Schau der Kreuzfenster und einfachen Ware. Es will auch ain Rat und hat geordent und gesatzt, das nun furan ain yedlicher Kistler der oder die Kreutzfenster machen, der kaines auß Iren Heusern und Werkstetten geben noch tragen lassen sollen, es seyen dann dieselben Kreutzfenster vor alle und ain yedlichs durch ir gesworen Vierrat beschauet. Welch das nit thun und den satz nit halten wurden, der yetweder sol on gnade von yedem ungeschaueten Kreutzfenster desgleichs von Truhen und Spanbetten auch aller ander gemainen arbait die da pöß und ungerecht in den werckstetten funden würde, von yedem stucke in des hanntwercks puchsen ze pueß verfallen sein zehen muncher pfennig, doch alles auff aines Rats widderrufen ze meren und ze mindern.

33. Schauordnung. Item wenn also die geschwornen Vierär umbgeen, des dann die yetzigen und künfftigen Vierat alltzeit willig sein, hat ain Ratte gesetzt und geordnet, das allwegen zwen maister aus den Kistlern die am pfintzstag vor dem Hochwürdigen Sacrament die Kertzen vurtragen, on widderrede mit der Vierärn geen. Und also miteinannder alle vorgemelten arbait, dem armen als dem reichen trewlichen beschawen und ir kainer in solchem auff den anndern nit waigern. Und was sie pueßwerttigs finden, das sie die pueß wie daneben vertzaichnet ist von ainnem yedenn pueßfelligen einnemen, der niemands lassen und daselbig pueßgellt alles in des hanntwercks puchsen legen sollen auch albegen (?) zu vier wochen ungeverlich umbgeen wie vor stet.

34. Stempeln der geschauten Kreuzfenster. Item die gemelten beschawer sullen auch alle Creutzfenster die an der gschawe gut und gerecht funden werden, mit dem zaichen des Munichs, dartzu news gemacht, stempffen und in dem allen treulich und ungevarlich handeln. Die letzten zwen Satz sind geben 1488.

Am newen Satz 1497.

35. Abgrenzung der Zimmermannsarbeit. Item am freitag nach aller heiligh Tag des Jars als man zalte nach Christi unsers herrn gepurt Vierzehnhundert und zu den Sibenundneunzigsten Jar hat ain Ersamer Rat allhie der Irrung und unainigkait halbn, sich etwo gute Zeit her zwischen bedn hanndwerckn der kistler und zymmerleut gehaltn, umb pessers nutz und notdurfft willn, fürgenomen, geordent und gesatzt, das nun hinfur kain zymerman mer, er sey gesell oder maister, den Kistlern in ir hanndwerck greiffen, nemlich das sy weder tisch, pettstat, fürpenck, geslossen und ungeslossen truhen, noch kasten und was ungeverlich irem hanndwerck gearbaittn zu gehort, machen sölln. Dann außgenomen, ob ain lonherr zur sein selbs zeug in seinem haus und auf sein costung ainen Zymerman fensterwerck arbaitn wolt lassn, da sol in desselben lonnherrn willn berurt maß und anders nit gestellt sein.

36. Desgleichen solln sich die Kistler mit arbeit, den Zymmerleut zugehörig in ir handtwerck zegreifen nemlich als mit Turgerichth, Wenndtn und dülln und dergleichn zumachn auch mit underſten, es war dann das der Lonnherr ime sollichs den Kistler in obberurten maynung in seinem haus wolte machen lassen, des sol er alls dann auch wie vorstat wol macht haben, doch so solln die benannten Kistler niemants in seinem haus kainen fuespodn legn noch penck in die stubn machen. Alles trewlich und ungeverlich und auf ain rats widderruffn ze mern und ze mindern und solichs beden handtwerckn in ir Satzbüchel einzeschreibn ist geschaft.

1508. Vermerckht der maysterstuckh, so ain Ersamer weiser Rat dem Erbern hanntwerch der Küstler allhie hinfüro zumachen geben hat, volgen hernach.

37. Neuordnung des Meisterstücks. Item ain yeder, so auf gemeltem Hantwerch maister werden wil, sol für das Erst maisterstuckh machen, ain gewannt Truchen, die geforniert sey, mit ainem verkerten geschloß und mit ainem ladegeschier, das vergert geschoben sey, und sol auch haben ainen drivachen inneren laden und darzu ainen fües, der von maß oder laub geschnitten sey.

Item zum andern so sol ain yeder, der auf berürtem hanntwerch maister zu werden vermaint und willen hat, ainen Tusch (Tisch) auf vier fuessen mit ainem oben eingefaßten plat, darzu gehebt und geschoben, machen, der sol auch haben ain Tuschzarg eingefaßt, die gerecht und gut sey, auch ain ladegeschier vergert geschoben. Es sol auch die Zarg desselben von laub oder maß geschnitten sein.

38. Eintrittsgeld. Item es sol auch hinfuro ain yeder, so auf bemeltem hantwerch maister werden will, vier pfundt pfennig zu geben schuldig sein, davon zway pfundt der stat an Ir Camer und die andern zway pfundt pfennig dem hantwerch in ir puxn geben werden sollen, alles auf ain Rats mindern, merern oder widerruefen, actum und solchs eingeschrieben ist geschafft an Fritag nach dem heiligen Lichtmeßtag Alls man zalt von Christi unsers liebn herrn gepurt Tausentfunfhundert und im achten Jaren.

Der nachvolgend Satz ist den Kystlern eingeschreiben bevollen worden Freytags den Dritten tag May anno 1532.

39. Stempeln der Kreuzfenster auch für Zimmerleute nötig. Item ain Ersamer Ratt hat geornt unnd gesatzt und wil, das nun hinfuro die Zimerleut und Kistler Fennster und thurgericht wol machen mogen, doch was Fenster von beden hanndtwerckhn gemacht, dieselben sollen, nemblich die Zimerleut ire Fenster und die Kistler auch, die so under inen gemacht worden sind, beschaut und mit dem Munch underschiedlich bezaichendt werden, und welcher straffper erfunden, der soll von yedem schilling vier pfennig in desselben hanndtwerckhs gemaine puxen ze pues verfallen sein, und daran nichts nachgelassen werden. Actum in der wochen Corporis Christi Anno 1534.

40. Grenzgebiet der Kistler und Zimmerleute. Nach dem sich Irrung und Spen gehallten haben, zwischen den Erbern hanntwerch der Kistler an ainem und der Zimmermenner allhie annders taills und ettlich eingriff, so dieselben hanntwerch aneinander gethan haben sollen, darumb sy vor ainem Ersamen Rat verhört worden, Allso hat ain Rath auff dieselb Irrung den beden hantwerkhsgenossen zu pessern aufnemen und furderung nachvolgende Satz gemacht und hierein ze schreiben bevollen.

Nemlichen und zum Ersten soll hinfuro den Kistlern allhie alle Taflwerckh, nit allain in aynes yeden Lonherrn sunder auch in Iren selbs heusern zemachen erlaubt sein, doch was ausgesetzte gefaltztwendt, penckh und fueßpeden sein, die sollen sie nit macht haben, sondern die Zimerleut, Inhalt der alten Satz von 1497 Jar, zuarbeiten.

Herwiderumb sollen und mogen auch die Zimmerleut ainem yeden, der bey ine arbaitt sucht, Taflwerch und Creutzfenster machen (doch dieselben Creutzfenster anderst nit dann auf die geschau) auch die Taflwerch nit in irn aigen heusern sondern in aines yeden Lonherrn haus, aus seinem Zeug und auf sein costung, laut der alten Satz.

Aber in aller annderen arbait, welliche den Kistlern, vermug irer Sätze, zemachn gepurt und zugelassen ist, sollen die Zimmerleut den Kistlern, auch gleichfalls und herwiderumb die Kistler den Zimerleutten an aller arbait die ires werchs und inen nach ausweisung irer Sätze zemachen zugelassen ist und also ye ye ain hanntwerch dem anndern zu nachtaill, abpruch und verderben, nit eingriffen, aller auf aines Ersamen Raths widerueffen und verpessern. Actum inn Freytag den dritten Tag May anno 1532.

1427	Straßburg	Streit der Kistener mit den Wagnern und Malern um die Bildschnitzer	Straßburg, Stadtarch. G. U. P. 13. 14. 1427
1431—1479	Augsburg	Zunftbuch der Zimmerleute, enthaltend auf S. 2 die Namen von 41 Kistlern, die das Meisterrecht erhielten	Augsburg, Stadtarch.
1438 10.11.	Hamburg	Bischof Gerhard bestätigt die Mauritius-brüderschaft der Drechsler	Vgl. Rüdiger, Älteste Zunftrollen Hamburgs, S. 57
1440—1487	Augsburg	Zunftbuch der Zimmerleute	Ebenda
1442	Straßburg	Holzordnung für Zimmerleute	Straßburg, Stadtarch. Stat. Rep., Tom. 28, Fol, 255
1448	—	Reichspolizeiordnung	—
1450—1477	Straßburg	Zollordnung für Holz und Nägel	(**gedr.:** Eheberg, Verfass. d. St.Str., S.272)
1454	Danzig	Gewerksrolle der Tischler	(**gedr.** Hirsch, Danzigs Handels- u. Gewerbe-geschichte, 1858, S. 327/8)
1455	Basel	Gesellen - Bruderschaft der Zimmerleute, Maurer, Küfer und Dreher	Basel, Staatsarchiv, Rep. d. Sp.-Z, S. 5
1455—1683	Stuttgart	Verzeichnis der Herzogl. Baumeister von 1455 bis 1683 Rechnungen der Bauverwaltung ab 1616	Stuttgart, Geheimes Haus- u. Staatsarch., Abt. 18: Bauverw. Stuttgart
1456—1486	Cöln	Maßnahmen des Rats gegen den Gewerbe-betrieb der Klöster	(**gedr.:** v. Loesch, Cöln. Zunft- u. Gew.-Urk. I, S. 265 u. 450 und bei: Stein, Verfass. usw., II, S. 374)
1464	Nürnberg	Rugamtsordnung nebst Verzeichnis der Handwerker, Gesellen und Lehrjahre	Nürnberg, Kreisarch., Rep. 79, S. 79, Nr. 3
1464	Nürnberg	Verzeichnis der Verkaufszelte der Hand-werker	Nürnberg, Kreisarch., Rep. 79 usw., S. 26, Nr. 1
1464	Lübeck	Vertrag der Tymmerlude und Kistenmaker	(**gedr.:** Wehrmann, D. ält. Lüb. Zunftrollen, 1872, S. 468)
1465	Straßburg	Vertrag der Wagner und Kistener	(**gedr.:** Brucker, Strßb. Zunft- u. Poliz.-Verordn. 1889, S. 595)
1470	Straßburg	Holzordnung für Schreiner	Straßburg, Stadtarch., Stat. Rep., Tom. 13, Fol. 278, S. 7 bis 9

1472	Straßburg	Vertrag zwischen Zimmerleuten, Schreinern, Wagnern und Drechslern	Straßburg, Stadtarch., G. U. P. 13. 14. 1472
1473	Frankfurt	Schreinerordnung	Frankfurt, Stadtarch., Ugb. C. 39 E. (**gedr.**: Bücher-Schmidt, Frkf. Zunft-Urkunden, II, S. 1)
1474—1499	Lübeck	Kunthor- und Panelenmaker	(**gedr.**: Wehrmann, D. ält. Lüb. Zunftrollen, Lübeck, 1872, S. 294)
1477—1489 1490	Cöln	Streit der Zimmerleute und Kistenmacher. Verbote der Doppelzünftigkeit	(**gedr.**: v. Loesch, Cöln. Zunft- u. Gew.-Urk., I, S. 120 u. II, S. 395)
1482	Zürich	Die Tischmacher erwerben das „Haus zum Roßberg" beim Rüden als Zunfthaus	Zürich, Urk.-Samml. d. Antiqu.-Ges., Nr. 457
1482	Straßburg	Mit der Zimberlut-Zunft werden die Wagner, Schreiner, Hohldreher, Sippmacher und andere Holzarbeiter (als Kistner, Korb- und Benn-Macher, Büchsenschifter, Lautenmacher, Orgelbauer und die übrigen Instrumentenmacher) vereinigt	(vgl. Heitz, Zunftwesen in Str., 1858, S. 72)
1485	Straßburg	Betr. Bezahlung des Lohnherren und Beschaffung des städtischen Baumaterials	(vgl. Eheberg, Verfass. usw. d. St. Str., S. 351)
1487	Frankfurt	Schrijner-Ordnung	(**gedr.**: Bücher-Schmidt, Frkf. Zunft-Urk., I, S. 4)
1489	Cöln	Die Kistenmacher sollen die Übertreter ihrer Ordnung gemeinsam mit den Meistern der Streinmetzen- u. Zimmerludegaffel strafen	Cöln, Histor. Archiv, Kistler-Akten 630 (**gedr.**: v. Loesch, Cöln. Zunft- u. Gewerbe-Urk., II, S. 399)
1489 16. 5.	Cöln	Verordnung über städtisches Baumaterial	(**gedr.**: Stein, Verfass. usw., II, S. 635)
1490 Dezbr.	Zürich	Zunftbrief der Tischmacherzunft zum rothen Adler	Zürich, Staatsarchiv, Zür. Stadt- u. Land-Hndw.-Akt., A. 77. 14
1491	Straßburg	Vertrag zwischen Zimmerleuten, Wagnern und Schreinern	Straßburg, Stadtarch., G. U. P. 13. 14. 1491 und G. U. P. 13. 14. B. 13. Mappe 19
1492 22. 2.	Cöln	Die Steinmetz- und Zimmerluden setzen mit den Snitzelern die Eintrittsbedingungen und Meisterstück fest	Cöln, Histor. Archiv, Nr. 631 (**gedr.**: v. Loesch, II, S. 400)
1495	Zürich	Verordnung betr. Gesellenzahl der Zimmerleute	Zürich, Staatsarchiv, Pr. Y. Z. 37

1495 22. 5.	Basel	Der Rat schlichtet den Streit der Zimmerleute mit den Flößnern auf dem Rhein	Basel, Spinnwetter-Zunft, S. 8, Rep.
1496—1548	Augsburg	Rechnungsbuch der Zimmerleute	Augsburg, Städtisches Archiv
1497 27. 2.	Flensburg	Ordnung der Tischler und Glaser	Sejdelin, Diplomatarium, Flensborgense, 1873, I, S. 711
1498 24. 9.	Lüneburg	Snitkeren-Ordnung	(**gedr.**: Bodemann, Ält. Zunft-Urk. d. St. L., 1883, S. 239ff.)
Ende 15. Jhrh.	Zürich	Zimmerleute dürfen keine unbezahlte Arbeit übernehmen und Bestimmung wegen Holzeinkaufs	Zürich, Stadtarchiv, Zimmerleute Nr. 565
1503 9./10.	Lübeck	Vergleich der Tymmerlude und Schniddeker	(**gedr.**: Wehrmann, Die ält. Lüb. Zunftrollen, 1872)
1503	Lübeck	Vergleich der Kistenmaker mit den Snyddekeren oder Kunthormakern	(**gedr.**: Mitt. d. Ver. f. Lüb. Gesch. u. Altertumskunde, V, 1891/2, S. 38ff.)
1508 24. 5.	Lübeck	Zunftrolle der Kistenmaker	(**gedr.**: Wehrmann, D. ält. Lüb. Zunftrollen, 1872, S. 252)
1508—1768 1597—1672	Straßburg	Protokollbücher I/II der Schreiner	Straßburg, Stadtarchiv
1509	Straßburg	Vergleich zwischen Zimmerleuten und Schreinern	Straßburg, Stadtarch., G. U. P. 13. 14. 1509
1511	Greifswald	Bruderschaft der Maler, Glaser und Tischler	(**gedr.**: Greifswald, Jahresbericht d. städt. Gymn., 1897 8)
1513	Straßburg	Ordnung der Zimmerleute-Zunft	Straßburg, Stadtarch., Zimmerleute Nr. 25
1515 29. 9.	Hamburg	Ordnung der Kisten- und Luchtenmaker	(**gedr.**: Rüdiger, Ält. Hambg. Zunftrollen, 1875, S. 135)
1517	München	Kistlergesellenordnung	München, National-Museum, 3357, 113/1

Kistler-Gesellen-Ordnung, München 1517.

Mit Gunst und Willenn aines fürsichtigen Ersamen und weisen Rat allhie zu München, haben die vierer maister unnd gesellenn aines gantzen hanndtwerchs der Kistler auffgezicht, das sy all vier wochen zu der pixen genn wie hanndtwerchs gewonhait innhelt unnd von altter herkomen ist. Geschehen am Sonntag vor Sanndt Matheustag 1517 Jar.

Bei Gesellensitzungen Waffen ablegen. Item wenn die gesellen zu der pixen komen, so sollenn sy all die messer von in thun, pis sy von dem vatter haym wellenn gen, so mag ain jeder sein messer mit im nemen und welcher gesell daz messer nit von im wolt thun, denselbigen sollen die gesellen straffen umb den fräffel.

Strafen durch die Gesellen. Item Es sollenn auch die jeden gesellen ainen frid pieten pey Rats straff und darnach sollenn sy umbfragenn, ob ain gesell ettwas verschuld hat, darumb er zu straffenn wär, das die gesellen allain periert, so mugen sy in woll straffen, doch halbe straff sollen sy in die pixen thun und halbe mügen sy verdrincken.

Kneipen und Ablösen. Item und wann die umbfrag geschicht, so mügen die gesellen ain gemaine zech miteinander thun. Aber welcher nit darpey peleibn will, der mueß drey Kreutzer geben (Nachschrift: das ist halbe zech) und darnach mag er gen wo er will, unnd soll auch keiner dem andern zu trincken, pey Ratt straff unnd der gesellen noch ungenaden straff.

Umschicken der Gesellen. Item so ain frömder gesell herkombt in dez vatters haus, so soll er nach den irden gesellen schicken, so müessen sy im umb arbait schauen und in ain werchstat nit mer dan zwen gesellen schicken, es wär dann sach daz ainer kain arbeitt findt, so möcht ainer woll drey gesellenn haben, unnd wann die irdenn gesellen ain gesellen haym fieren in des maisters haus, so soll in der maister ain maß wein geben zueschickh wein.

Abgaben der Gesellen. Item es soll ein jeder gesell der hie arbeitten will, am ersten ain pfenning in die pixen geben und darnach alle vier wochenn ain pfenning in der gesellen pixen und ain junger all quottemer ain pfenning. Item so man ain junger dingt der soll in der gesellen pixen geben sechs pfenning und darnach all quottemer ain pfenning und wann er außgelernt hat, so soll er daz erst wochenlon auch in der gesellenn pixen geben.

Altgesellen und Kundschaft. Item es sollen auch die gesellenn all vier wochen zween ander irden gesellen nemen, und albegen aus werchstetten, daz am lengsten zeit nit inn gewesen ist, auch dieselben irden gesellen die sollen all pfintztag vor dem Sacrament die Kertzen umbtragen, und welcher daz versaimbt, und als offt daz geschicht, so soll ainer drey pfenning in der gesellen pixen geben, und wann ain gesell von ainem maister umbstett, so sollenn die irdenn gesellen zu demselben maister gen, ob der gesell redlich von ime abgeschaiden sey oder nit und der selb gesell soll den in den gesellen ain maß zuschickh wein gebenn.

Die Lade. Verpflichtung auf die Ordnung. Item es soll auch der gesellen pixen pey dem vatter steen und die gesellenn sollenn haben aine schlüssell, und die maister auch ain schlüssell, und welcher gesell die vorgeschriebenen stückh nit haltenn wolt, die begriffenn werden und ain Ersamen und weisen Ratt unnd ain gantz hanndtwerch gemacht hat, demselben gesellen soll man nit umb arbaitt schauen hie, aber welcher maister demselben gesellenn arbeitt geitt, den selbigen maister soll man straffenn nach ungenaden im hanndtwerch.

1519	Augsburg	Amt-Zedel über das Meisterstück der Kistler. Zunftbüchlein der Kistler. (Zettel auf Pergament und Büchlein, das scheinbar eine spätere und ergänzte Abschrift vom Jahre 1540 darstellt.)	Augsburg, Stadtarchiv

Deckelseite. „In disem Buechlin werden begriffen, die Articul, so ainer die Kistlerzunft kaufft, oder die Zunft empfacht, Meisterstuck zemachen annimbt, und wann Lernknecht furgestellt werden, Wie man sich gegen Inen, und Sie sich gegen Ainer Erbern Zunfft und dem Hanndtwerck der Kistler halten, auch was Sie angloben sollen etc."

Innenüberschrift. Ain Erber Handtwerck der Kistler allhie zu Augspurg, haben mit ainhelligem Merern, die nachuolgenden Satzungen, Puncten unnd Articul, Inn ain richtige Ordnung schrifftlich zuuerfassen Erkanndt unnd angesehen, Wie hernach begriffen ist.

Von Erkauffung unnd empfahung der Kistler Zunfft, Welcher nunhinfuro die Zunfft der Kistler zekauffen begert, der soll zwaintzig gulden Reinisch in mintz darumb erlegen, unnd verner nach altem gebrauch zu empfahung der Zunfft dabey auch bezalen, Nemlich so Er hie gelernet hat, Sechtzig pfenning zway pfund wax oder sechzehen Creutzer dafür, unnd dem Zunftknecht acht pfening; hat er aber hie nit gelernet, so ist Er aufzelegen schuldig funffzehen Behmisch, zway pfund wax oder darfur sechtzehen Creutzer als obsteet, und dem Zunfftknecht sechtzehen pfening.

Wann aber ains hiesigen Maisters Sun, die Zunfft empfacht, so soll er sechtzig pfening, zway pfund wax oder sechtzehen Creutzer dafür, unnd dem Zunfttknecht acht pfening aufzulegen schuldig sein, Darauff soll auch ain Jeder bey trewen an aidsstatt angloben den Zunfttmaister, unnd allen seinen geschafften unnd geboten, von Raths unnd der Zunfft wegen gehorsam unnd unnderworffen, auch wider das Jhen, so ain Erber Hanndtwerckh mit den merern jedesmal Erkennt unnd ordnet, nit zesein, noch sich dem entgegenzesetzen, deßgleichen kain gepew gegen Reichs Straß, außerhalb ains Erbern Raths verordneter geschworen anzaigen unnd Bericht furzunemen noch zuuolfuren, das Er auch, alleweil Er der vier jungsten Maister ainer under dem hanndtwerck ist, die Absterbenden Zunfftigen, zu der begrebtnus helffen zetragen schuldig sein und sich desselben nit widersetzen soll, Und welcher oder welche derselben vier deshalb spotten, oder selbs hierinn ungehorsam sein wurde, die sollen, nach ains Erbern hanndtwerckhs Erkanndtnus, jedesmals umb ain Ort ains guldins gestrafft werden,

Wie es In annemung und Furstellung der Leernknecht gehalten werden soll. Ain jeder Leernknecht, so nunhinfurt durch ainen Maister, das Kistlerhanndtwerck zelernen angenomen unnd furgestelt wirdet, soll dem hanndtwerck der Kistler sechtzig pfening auflegen, und dabey gnugsam brief unnd Sigil, oder aber mit erbern leuten stadtliche Zeugknus seiner Elichen gepurt furbringen, auch drew ganntze Jar unnd nit darunder, aber mer wol nach seinem gefallen zelernen verpflicht sein, unnd solch geding soll geschehen vor zwayen Maistern, nemlich zuuoran, das der ain sey ain Ambtman, unnd solchs Inn das Buch eingeschrieben werd, Derselb Maister soll auch dem Zunfftmaister angloben, bey furstellung des Leernknechtes, denselben trewlich zelernen, Deßgleichen der Leernknecht dem Maister trewlich zearbeiten, sein Nutz unnd fromben zefurdern, unnd schaden zewennden auch angloben soll,

So volgt hernach ains Erben Hanndtwercks Ordnung so Jemandts Maisterstuck zemachen annimbt, von worten zu wordten also lautend, Zewissen und kunt sey gethan meniglichem, das uff den funfzehenden tag des Monats January der mindern Jarzal Christi Tausent funffhundert, Inn dem Neunzehenden, durch Zulassung der Fursichtigen, Ersamen Weisen Burgermaister und Rathe dieser Stat Augsburg, unnser gunnstigen lieben herren, uff anbringen Newer unnd allter Zunfftmaister, Zwelffer unnd gemains hanndtwercks der kistler, umb merers Nutz Reicher unnd Armer, dise nachvolgende Maisterstuck gescherpfft und gebossert haben, dardurch gut Maister in Inen arbaiten erkannt, gespirt unnd gezogen mögen werden, also furnemlich unnd zuerst,

So wann es sich begiebt, das ainer oder mer Maister Sune, oder ains Maisters Tochterman, die stuckh hernachbestimbt, bey Vatter oder muter machenn wöllen, deßgleichen die Tochterman bey Schweher oder Schwiger, des sollen Sie macht[1]) habenn, ob sich aber begeb, das ain frembder gesöll allhie ain Waib außerhalb der Zunfft nem, der oder dieselben sollen ain aigne herberg haben, darinn Sie die Maisterstuck machen thuen,

Unnd wann der ainer oder mer komen und begeren die stuck zemachen, alßdann so soll der oder dieselben zu dem Zunfftmaister gan, unnd In bitten, die stuck anzefahen lassen zemachen, alßdann soll der Zunfftmaister, die vier Geschawmaister zu Im eruordern unnd mitsambt den vier maistern, die stuck zemachen anzaigen, die alles bey der trew an aidesstatt,

Zum anndern soll der oder dieselbigen, so die maisterstuck zemachen zugelassen werden, für maisterstuck machen, nemlichen ainen Gewanndkasten der ain Rechte größ

1) In einer anderen Abschrift aus dem Jahre 1519 steht: sollen Sie nit macht habenn. Das ist wohl ein Schreibfehler.

unnd maß hab, unnd Zin unnd Fus, unnd die vier außern Beystedel alles durchsichtig, unnd wol unnd vleißig geschniten, unnd an den Kaßten ain girt mit ainem eingefaßten unnd geschoben Ledelgeschirr unnd auch durchsichtig geschniten, unnd in den Kasten eingelegt Steb schwartz unnd weiß, unnd das die Tailung Recht sey, unnd die vier Inneren Beystedel auch eingefaßt, Er mag Sie schneiden oder nit, unnd daß er alles mit sainer hannd mach, und die Thüren wol unnd sauber eingefaßt seyen,

zu dem dritten, soll Er machen ain zemen gelegten Tisch, der ain Rechte größ und maß hab, daß der Tisch auff Linde geforniert sey, das under plat uff ain seiten, das ober blat uff baid seiten, das ober unnd under plat eingefaßt mit zway kelen, das die unnder kel, dem boden gleich ausfließ, unnd die kelstöß des holtz seyen, domit Er geforniert ist, unnd das gestöll vom Buchem holtz, unnd der Riegel soll in der Vierung steen, unnd das gestöll wercklich ausgeschwaifft, unnd die Fligel sollen gantz sein, das man die Tir auf oder zu tun, unnd filung in die Fligel mag Er buche oder Linde nemen, unnd soll den Tisch selbs anschlagen,

zum vierten, Wann ainer oder mer, die obbemelten stück begerten zemachen, die weder Zunnft noch Burger Recht hatten, die oder dieselben sollen dem Zunffmaister und den vier Geschawmaistern vergnuegen, dann die Zunfft zubezalen, auch das Burgerrecht bey ainem Ersamen Rat allhie zu Augsburg zukauffen, auch seiner Eelichen gepurt, unnd das auch Er seine Leern Jar, bey seinem Leermaister redlich und frumblich gedient, unnd ausgelernet hab, deß briefflich urkundt zezaigen, oder erber leut darumb furstellen,

Zum funfften, Wann ainer die Stuck thet machen, so sollen die zway stuck die Geschawmaister zu dem mindesten zu drewmal zu Im gan, und die Arbait der maisterstuck besichtigen,

Zum Sechsten unnd Jungsten, So wann ainer oder mer, die abgemachten stuck gemacht haben, so soll Er die Geschawmaister uff ain stund bitten, Ime die unverhindert geschawen, ob aber der Geschawmaister ainer oder mer mit komen konndten, So soll Er mit des Zunfftmaisters wissen, ain andern Maister an sein stat bitten, das der so die Maisterstuckl thon machen, unverhindert sey, Unnd wann die Geschawmaister zesamen komen sain, unnd Sie geschawen, so soll Er Inen ain halben guldin ufflegen, für Ir muehe, darnach sollen Sie Im dann geschawen uff Ir glubdt, so Sy dem Zunfftmaistèr vor ainem gantzen handt werck thun sollen, unnd wann Er bestet, so sollen Sie Im vergunnen zearbeiten, bis uff ain handtwerck alles treulich on geuerde,

Doch in dem allem und Jedem, der obgenannten unnsern Herren Burgermaister unnd Rathe Ir Oberkait unnd Freiheit hier Inn bedingt unnd vorbehalten in allwege,

[1]) Aien Erber Hanndtwerck von Kistlern hat auch verner erkänndt, das ain Jeder hieriger maister Sun die vorgeschriebene Stuck ledigs stannds zemachen macht haben sölle, doch das Er In allweg achtzehn Jar alt unnd nit Junger sey,

[2]) Item das kain frembder gesöll, der vorgeschribne Stuck zemachen zugelassen werden sölle, Er sey dann zuuor funff ganntze Jarlanng unnd nit minder uff dem hanndtwerck gewest.

Ains Erberm Rathes Erkandtnus die Jarmerckt und das frembd Kistelwerck belangennd:

Ain Erber Rath der Stat Augsburg, hat angesehen und zugelassen das an den Abenden Sannct Ulrichs Kirchweyhin, unnd Sannct Ulrichs tag, unnd an denselben baiden Feirtagen, auch Jeder nechsten tags darnach, deßgleichen an Sannct Michaels vorfeir abennt, die zwen nachvolgennd Feirtag, vierzehen tag die nechsten darnach, unnd nit lenger frembd kistelwerck allhie wol failgehabt unnd verkaufft werden mög, doch nach solchen tagen, soll das frembd kistelwerck hie nit eingesetzt, sonnder aus der Stat gefuert werden, unnuergriffenlich bemelten Raths Oberkeit.

actum uff Afftermontag nach Sannct Ulrichs Kirchweyhin tag anno (1522) vigesimo secundo.

---

[1]), [2]) Diese Absätze finden sich in den Abschriften aus dem Jahre 1519 nicht, sind also hier wohl später (also im Jahre 1540) zugesetzt worden.

1519—1527	Straßburg	Bestimmungen für die Zimmerleute und Schreiner	Straßburg, Stadtarch., Zimmerleute 25
1522	Augsburg	Jacob Stenglins zwei eigenhändige Rechnungen für den Kaiser.	Augsburg, Stadtarchiv
1524 24. 12.	Lüneburg	Der Snitkere rulle	(**gedr.**: Bodemann, Ält. Zunft-Urk. d. St. L., 1883)
1526	Straßburg	Ordnung der Zimmerleute	Straßburg, Stadtarch., Zimmerleute 25
1526	Basel	Dischmacher-Ordnung	Basel, Staatsarchiv, Zunftbuch, Ratsbüch. F. 1, Abt. Spinnwetter, S. 65 ff. Reformation d. Zünfte, S. 67—68

Neuwe Reformation der Zunfft zun Spinwettern, Basel, 3/I 1526.

Eingriff der Klöster.

Item dieweyl sich eine Ersame Zunfft der Spinnwetter, alß Maurer, Küeffer, Zimmerleuth, Dischmacher usw. sich erclagt, wie sie bitzhar größlich von den Clostern beschwert, das dieselb Clöster Brüeder haben, die sollich handwerckh könndten, deßhalben sie zu Brüedern uffgenommen, und der ursach geordnet und erkhant, daß hinfüro die in den Clöstern nicht ußerthalb der Statt Basell, Es sey: Durch (Dorsche), Stockhvisch, Häring, Blattißlin, Bley, specerey und bulver, sonder allhie in der mäß, und wan inen geliebt, kauffen sollen. Deßgleichen sollen sie keinen Bruoder mehr haben, der ein handwercks man sey, und das in iren Clöstern treibe. Es sey Schneider, Schuomacher, Zimmerleuth, Murer, Dischmacher oder andere nicht ußgenommen. Sonder zu dem allen sollen sie unsere Burger unnd ire gedingte Knecht bruchen, die und niemandt anderst inen werckhen lassen, doch so unser Burger, also in den Clöstern werkhen und ein Bruoder darin sollichs handtwerckh köndte, der mag, so ver und das ein Meister zulost, und sonst nit, zugreifen und helffen werckhen.

Holzordnung. Item es sol by disem nachvolgenden articuln in der Holtzordnung begriffen bleiben und dem seins Inhatz gestrags nachkommen und gelebt werden. Also luttende:

Und wan also Buwholtz, es seyen Flöß, Filen oder Latten, hierher gon Basel, wellicher Zeit im jar das ist, vom Frembden oder heimbschen, so dasselb nit verbuwen wellen, geführt wurde, das sol zuvor und ehe es yemandt verkaufft, dem Knecht uff der Spinwetterhuß durch die, so das herbringen, angesagt werden, der dan das fürtthin den Zimberleuthen und Dischmacher, seinen Meistern ansagen soll, ob sie dasselbig hergebracht Holtz, es sey Floßholtz, Latten oder Dilen, inen selbst, oder iren Kunden, den sie zuwerkhen hetten, kaufften wolten, damit unser burger an iren werkhen und gebeuwen gefürdert und nit gehindert werden. So inen aber das zukauffen ungelegen und abschlagen thettin, alßdan, und sonst nit, mögen die Holtzkeuffer so den holtz gewerbtreiben, und hinfür alleinig der Spinwettern Zunfft, und nime der Schiffleuthen Zunfft haben sollen, das uff mehrschatz, doch nit anderst dan wie hiervor gemelt und eigentlich erleuter kauffen.

Holzhandel mit zubereiteten Hölzern. Item es sol zugelassen und erlaubt sein, das meniglich, wer der ist, sol und mag unverhindert der Zimmerleuth oder Dischmacher gemacht Stegen, gewerckhte Höltzer zu eingebauwen, schwellen garttenhäußlein und gattern etc. hierherbringen und ohn meniglichs Intrag verkauffen.

Beköstigung. Item es sol auch meniglich unverbunden und gantz nit schuldig sein, den Zimmerleuth, so sie einen umb den taglohn werckhen, das nachtmahl zu geben, sondern sol bei jetzigen Lohn der Morgensuppen, dem Imbißmahl und Obentbrott beleiben usw.

Streit mit Zimmerleuten. Item alß sich die Zimmerleuth ob den Dischmachern, daß sie Trüm[1] gefeltzt, Dylen, Höltzenschnecken, Roßstäl, Seüwställ machen erclagt, da sollen Rathsherren Meister und Sechs der Spinwetterzunfft darüber sitzen, und wem das zu machen zustandt, ein erkhantnuß thun.

Eßpause. ½ Stunde morgens und abends, 1 Stunde mittags, für Zimmerleute und Maurer.

(Folgen Bestimmungen nur für Steinmetzen, Küeffner, Kübler und Ziegler.)

Bildhauer (Bildschnitzer) und Dischmacher ein Handwerk. Zu wissen, das vor unß Rahtzherren, Meistern und gemeinen Sechsen erschinen sindt die Ersamen Meister Dischmacherhandtwerckhs, alß Cleger eins, und der erbare Martin Lebzelter, der Bildtschneider anderstheils, und beclagten sich vor uns die meister Dischmacherhandtwerckhs, wie meister Martin inen in ir handtwerckh merklich griff und Taffeln und anderst, ir handtwerckh berürent mechte, auch ir gesellen irs handwerckhs hielte, daß sich, demnach er das handtwerckh nit gelernt, im nit gezimbte, der hoffnung, er sein handtwerckh treiben, so er gelernt, und sie ungeirrt lassen sollte, und satzten damit zu Recht. Dagegen Martin vermeinte er were der clag, dieweil bildt und taffeln zusammen gehörent und ein Handtierung sey, billich von jenen vertragen, dann es seigent auch etlich Dischmacher, die das Laubwerckh, Windberg und gespreng in Daffeln und ander werckh zuschneiden gebruchten, das auch seinem handtwerckh zustüende, darumb erhofft er jene sollichs auch zuzulassen sein, satzte auch damit zurecht. Also nach clag antwort redt und widerred, haben unser herrn und meister gemeinlich erkhant, diewyl Bildthauwer und Dischmacher, als vyl und für ein handtwerckh geachtet wird und sein soll, das dan die Bildthauwer und Dischmacher beide handtwerckh alles das machen mögen, so jetweder theil zumachen und meniglich damit zu versorgen getrauwt; wo aber einer dero nit möchti, daß menglich damit versorgt wurdt, daß dan sollich werckh von der Zunfft besichtiget und nach der Zunfftordnung darnach gehandelt werden sol, wie gewonheit und ir alt herkommen ist.

Klöster. Item es sollen weder Münch, Pfaffen noch ander kein fenster Ramen, getter Trög Kensterli noch anders dergleichen machen noch verkauffen, es habdan einer der Spinwetterzunfft erkaufft, es wolts im dan einer selbst in sein Huß machen und nit verkauffen, das ist menglich vergont und erlaubt.

Kaufen außerhalb. Item es mögen die burger wol außer der Statt wo einem yeden gelegen und gefellig, Dröge Disch Spanbeth und anders dergleichen zu iren gebrechen, doch nit uff fürkauff kauffen und hierher bringen und füehren.

Einfuhr fremder Waren durch Fremde. Item es sol niemandt so frömbtt und ußwendig der Statt Basel gesessen, vergont oder zugelassen werden, Drög. Kensterli noch anders harin zu führen, und zuverkauffen, außgenommen welschi Spanbeth, Büffet und Disch, die sollent harzufüehren vergöndt sein. Doch das sollich stückh in das Kauffhuß gefüehrt, daselbst und nieman anderß wo verkaufft werden sollen. Es soll auch Sankt Martins Mäß gleich allen andern gewerben, frey und niemandt darinnen etwas harin zufüehren verbotten sein.

1527	Wien	König Ferdinands Polizey-Verordnung und Satzung für die Handwerkerleute der Stadt Wien	Nürnberg, Kreisarchiv, Rep. 79, S. 28, Nr. 6, gedruckt
1527 8. 5.	Cöln	Vertrag der Kistenmachermeister mit den Lehrknechten betr. das Meisterstück.	Cöln, Histor. Archiv, Urkunde Z. 662
1535—1541	Riga	Tischlerordnung	(vgl. Stieda, Schragen der Gilden u. Ämter der St. R. bis 1629, 1898, S. 507 u 664
1535	Cöln	Vergleich der Zimmerleute, Schnitzler und Drechsler.	Cöln, Histor. Archiv, Urkunde Z. 114

1) Teil eines Baumstamms: Fichtentrümmer, von denen 26 auf ein gestrick zu 5 Klaftern gerechnet werden. Sanders 1865.

Vergleich der Zimmerleute, Schnitzler und Drechsler, Cöln 1535.

Nachdem bisher vielseitig Irrung und Sperenzen (Sponnen) zwischen den Freunden vom Zimmeramt Schnitzelern und Drechslern (Dresselern) entstanden, daß die Meister vom Zimmeramt etliche Dresseler, so machen inn ihr alte Gebräuche, mit Larcken (Lerchenholz) machen und bekleiden Indracht getan, und dieselbigen sonder Urlauf unseren Herrn vom Rathe und ihren Herrn Gewaltrichtern in etliche namhaftige Bürgerhyuser gelaufen den Drechsler getzauen (cölnisch: eiligst) eigner Chatt geholt, darum die Lengde (so sollichs geinem Amt gestadt und zuthun gezimpt) Unrath und Ungemach entstaehn mocht, haben unsere Herren vom Rath aller drei Aemter Brieff zur Rathstatt besichtigt, dieselbige erwogen, und Regestratio zwischen Ihnen für und nach aufgericht verlesen lassen und um Friede und Einichheit zwischen ihren Bürgern zu pflanzen und zu erhalten diese Ordnung zwischen inen allen ausgesprochen und vertragen, und wollen das sich ein Jeder dieses Bescheidts zukünftig gemäß halte, setzen, ordnen und willen, das niemandt dem andern in seine alte Amtsgerechtigkeit und Gebräuche Eingriff tun soll und sofern Jemands darauf ergriffen wurde, das sollen die Amtsmeister desselbigen Amts nit eigener Tat strafen, sondern den oder dieselbigen soll man einem ehrsamen Rat durch ihre Rathsfreunde oder Amtsmeister zur Zeit ansagen lassen. Und willen unsere Herren vom Rath nach Gelegenheit der Chäet (Chat) solche Strafen mit Churngang und zehn Mark boissen wie man dan die Freunde von Steinmetzer- und Zimmeramtern in ihren verpottenen Bowe (Baue) zu straffen plecht (pflegt), als zum ersten: das die vom Zimeramt sollen bleiben bei ihrem becleiden Eichen und Dennen und jedes zu wirken, wie von alters her sedelich, und Schnitzler bei ihrem Eichen, Nußbäumen und Dennen (Tannen) zu Schnitzeln, Eichen und Nußbaumen Taffeln und Kisten zu machen, auch wie von altersher und nur gebräuchlich. Aber die Drechsler sollen blywen bei ihrem Drechseln holl und schlecht Inhalt ihres Amtsbriefs. Und zu dem soll ihnen hiermit vergunnt sein dennen (tannene) Spanbedde (Bettladen ohne Himmel), Kochbänke mit eichen Deckeln und sonst tannen Sedeln (Sessel) mit eichenen Stöllen (Säulen, Beinen) Hackbred, Stulpen, boden laden und Taffeln mit Eichen, Nußbaum oder Buchendeckeln mit den Füssen soll ihnen zu machen zugelassen sein. Aber ganze Eichen, Nußbaum, Buchen Taffeln, Kisten, Kochbenke oder einige von auffgemacht Parcelen von ganzen Eichen, Buchen, Nußbaum Holz oder anders dan wie oben zu machen oder in anderen frembden Häusern und taglohn, dan in ihren eigenen oder gemiedten behausung dieselbigen zu machen soll ihnen sampt und sunderlich, gar und zumall auf Straff des Churnganges und Buß verpotten sein. Das willen unsere Herren vom Rath also zu allen Zeiten haben. Referentibus magistris memoriarum anno domini Tausend fünfhundert fünfunddreißig.

1538 30. 8. —1615	Nürnberg	Schreinerordnung	Nürnberg, Kreisarchiv, Manusc. 452, Rep. 52, S. 14, S. 296 bis 301 excl.
1540 5. 11. —1550	Hamburg	Amt (Ordnung) der Kunthormaker	(**gedr.**: Rüdiger, Ält. Hambg. Zunftrollen, 1875, S. 147)
1543—1593	Würzburg	Schreinerordnung	Würzburg, Stadtarch., Kopey-Buch, Nr. 47, S. 276

Schreiner Satz, Würzburg 1543.

Anno Domini 1543. Jahr. Montags nach St. Viti deß heyl. Martyrerstag, haben die Ehrwirdigen, wirdigen, Erbare fürsichtige vnd weise Herrn, Nemblich Herr Heinrich Von würtzburg Senior, Herr Eberhardt Forsch, Herr Jörg Fuchß, Herr Reichardt Von der Khere, alle Thumb vnd Capitulls Herrn deß Domb Stifftß zue Würzburg Herr Jacob Hauckh Chorherr zue Haug, Herr Johann Supp Chorherr zum Neuenmünster, Herr wendel von Nidern Chorherr zue St. Burckhardt, Hanß Heinrich, Jörg Göbell Hanß Büttner genandt flosser, deß Vndern Rathß, Kilian mörder gemeins man, hanß Truckhen Brodt Beckh, Steffan Rüll Heckher, vnd Hanß Jobst Mezler, alle Herren deß Obern Raths zue Würzburg uff ansuchen der Meister des Schreiner handtwerckhs disen Satz vnd Ordnung doch mit Vorwissen Vnd bewilligung Vnsers gnädigen Herrn Von Würzburg x. Vnd Eines Ehrwürdigen Thumb Capituls ihnen geben Vnd beschlossen, wie hernach folgt.

1. Zunftmeister. Die Herrn im Obern Rath sein ainig worden, vnd haben auch beschlossen, alß Von wegen des handtwerckhs der Schreiner, damit nun hierfüro ihr handtwerckh hie zue Würzburg auffgerecht vnd Erbarlich gehalten werde, vnd uff ein Gemein mann Versorgt, so solle dasselbig handwerckh vnder ihme Jährlich zween Meister wehlen, die sollen dan Kommen für den Obern Rath, alda geloben Vnd schwehren biß auff einen Neüen Rathe, getreülich zue zue sehen, nach dem, alß hernach geschrieben stehet, ongefehrlichen, Vnd wan ein Jahr Vergangen ist, so mag daß obgenandt handtwerckh den Eltisten Meister Vrlauben, Vnd einen andern an sein Statt, ob sie wollen, Vnder Ihnen setzen Vnd wehlen, Vnd der soll auch geloben Vnd schwehren, alß wie der ander gethan hatt.

2. Aufnahme in das Handwerk. Bürgerrecht. Were es aber sach daß iiemandt Ihres handtwerckhs Vnderwinthen Vnd daß treiben wolt, so sollen sie niemandts auffnehmen, es sey dan daß er guth Vrkundt Vnd Kundtschafft habe, daß er fromb Vnd redtlichen herkommen, Vnd wen sie dan einen solchen auff nehmen der frembt ist, derselbig soll dem handtwerckh geben Ein Gülden, Vnd Ein Pfundt wachs zue den zwoen Kerzen die man umb die Statt tregt, also geordnet den 26. Julii Anno x vt in actis, Vnd sollen fürter mit ihne gehen zue den Burgermeistern Vnd zue den in die Steüer, so dazue gesetzt sein, daß er alda Burger Recht thue, alß wie ein anderer gethan, were aber sach, daß eines Meisters sohne oder Tochter oder ein Verlassen wittib, sich alhie widerumb Verendern würden, Vnd daß handtwerckh treiben wolten, Von einem solchen soll daß handtwerckh nit mehr nehmen dan ein halben Gülden.

3. Gesellen und Lehrlinge mieten. Erlaubte Zahl. Aug so mag ein ieglicher Schreiner haben zween Knecht Vnd einen Lehrknaben ahn gefehrlichen, were auch daß ein Meister einen Leehr Knaben daß Schreiner handtwerckh lernen wolt, Vnd so er bey seinem Meister Vier wochen gewest ist, Vnd sich zue ihm Verdingt hatt, so soll er dem handtwerckh geben ein halben Gülden, Vnd wo ein gesell nun ferren hieher ziehen würdt, einem andern Meistern zuelieb, demselbigen Gesellen sollen die darzue Verordtneten schuldig sein, zue solchem Meister, zue dem er begehrt zuefürdern, Vnd darin kein geferde brauchen alles bey der Straff so hernach geschrieben stehet, oder nach gestalt der sachen, doch wo einem Meister ein grosse Arbeit fürfiel, alß Von Vnßern Gnädigen Herrn Von Würzburg x. seiner fürstl. Gnaden Räthen, den Vier Stiefftern, oder sonsten, alßdan mag ein meister wohl noch einen Gesellen zue obgenandten zweyen gesellen, mit wissen eines Obern Rathß annehmen, Vnd halten, damit solche Arbeit gefürdert, auch soll daß handtwerckh kein Neüerung hinder den Herrn daß Obern Rathß nicht machen, noch auffrichten, weder klein noch groß.

4. Gesellen müssen schwören, den Gerichtsstand anzuerkennen. Item ob ein Meister ein Gesellen aufnehmen will, der da frembt ist, den soll er pringen, so er in Vierzehn Tagen gehalten, für die Herrn des Obern Rathß, alda geloben lassen, ob er Einigerley alhie zue schickhen gewünne, das Er daß hie zue Würzburg in freundtlichkeith, mit wissen vor den Meistern, oder mit Recht vor den Gerichten andenden, do sich das gebürth hie in dieser Statt außtragen, Vnd sonst die sachen nirgendt anders wohin ziehen wolle ohngefehrde.

5. Verruf. Item ob ein Meister oder gesell, Verleumuth ist, oder würde, so mögen die Geschworenen Meister die andern Meistern darzu erfordern, ob sie daß mit Glimpff mögen abgetragen, wo nit sollen die geschwornen Meister daß an den Ober Rath pringen, Vnd ob die sachen an ihr selbsten also Verleümuth were, sollen sie daß sonsten an ordentlichen gerichten außtragen.

6. Benehmen außerhalb des Handwerks. Item wan die Meister oder gesellen irgendt zuesammen gingen, es were in ein Creutzgang oder sonsten, so sollen sie züchtiglich leben, Vnd keiner den andern handtlen mit wortten, welcher also freventliche böse worth triebe, den sollen dan die geschwornen Meister darumb büssen mit

zwey Pfundt gelts, daß Ein der Obrigkeith, Vnd daß ander Pfundt den Meister verfallen sein, Vnd fürter Verpflicht sein die sachen außzuetragen Vor dem Obern Rath, oder an den Enden do sich es gebürth.

7. Meisterschaft und Bürgerrecht neu erwerben bei neuem Aufenthalt. Item wan ein Maister hinweg züge, Vnd sich anderstwo heüßlich setzte, Vnd wolt dan widerumb gehn würzburg ziehen, Vnd aldo sein handwerckh treiben, derselbig meister soll sein Bürgerrecht Vnd Meisterschafft kauffen, alß vor, Es wer dan daß er es mit freündtschafft möcht abtragen, gegen den die es berührt.

8. Gerichtsstand. Item ob irgendt hierinnen etliche Vngehorsamkeit entstünden, Es were Vnder den Meistern oder Gesellen, wie sich daß begebe, wolte dann die geschwornen Meister Bedunckhen, das sie es nitt gestillen möchten, so mögen sie das für den Ober Rath bringen, Vnd ihnen die sachen fürhalten, auff daß dieselbige dester eher zur richtigung kommen.

9. Geistliche und Weltliche dürfen eigene Gesellen halten. Zuevor soll uff gedachtem Schreiner handwerckh gehalten werden, daß niemandt hie zue Würzburg daß gedacht Schreiner handwerckh arbeiten soll, er sey dan ein Bürger, Vnd eines Meisters Versprochener Knecht, es were dan das niemand Geistlich oder weltlich, wer der were, ein gedingten gesellen in sein hoff oder haus bestellt hett, der möchte ihme arbeithen, doch mit Verwissen Vnd Bewilligung Eines Obern Rathß, wo aber die Geschwornen Meister über daß erfahren, sollen sie daß dem Obern Rathe fürhalten, die sollen alß dan die sachen annehmen Vnd nach gelegenheit der Persohn darein rathen, dobey es dan daß handtwerckh pleiben lassen soll.

10. Blaumachen Montag mittag erlaubt. Item nach dem bißhero Vnder ihnen den Meistern gewohnheit gewesen, so einer einen Gesellen angenohmmen, die wochen aus getreülich zu arbeithen, aber solchs nit geschehen, demnach ordnen Vnd setzen gedachte Herrn deß Obern Rathß, wan es sich fürohin begibt daß ein ledige wochen, so sollen die gesellen macht haben am Montag so die Glockhen Ein Vhr schlägt ohngefehrlichen außzuestehen Vnd ein gueten Montag zuemachen, Volgendts den andern Tage seinen Meister widerumb früe zue rechter Zeit getreülich arbeiten bey der Straff wie nachfolgt.

11. Umschickmeister. Umschicken. Meisterwahl der fremden Gesellen. Beköstigung derselben. Item ob einer oder mehr frembder gesellen herkhomen, Vnd arbeit begehren, so sollen die ienigen, so von den geschwornen Meistern Vnd einem ganzen handtwerckh die zween Monat lang dazue gesetzt Vnd geordnet werden, die dan allwegen auß Pflicht thuen sollen, dieselbigen gesellen umbführen, Vnd ihnen bey den Meistern Arbeit schaffen, außgenohmmen alß vorgemelt, wo ein gesell einen Meister zue lieb züge, denselbigen gesellen solchen Meister zue weisen, Eß soll auch Vnder dem handwerckh bey den Meistern mit dem umbführen die zween Monath lang also gehalten werden, Vnd welchem Meister ein frembder gesell zuebracht würde, so soll derselbig Meister demselbigen gesellen ein maß weins Vnd für 2 Pf. ohngefehrlich Keeß Vnd Brodt bey einem wirthauß guet willigkeit mit gethaylt werden.

12. Probezeit der Gesellen mit bedingter Lohnzahlung. Item welchem Meister gesellen zuebracht werden, Vnd dieselbigen gesellen dem Meister, oder der Meister den gesellen 14 tag zue arbeithen verheissen oder geben, Vnd so die Gesellen mit 14 tag außarbeithen, so soll der Meister dem oder denselbigen kein belohnung schuldig sein, Es were dan sach daß er guet redtlich Vrsach hett, Vnd man für Vrsach erkennen köndt, so soll ihme nach anzahl der tage sein gebührlich belohnung Vnuerhalten pleiben; dergleichen soll es auch mit den Meistern gehalten werden, welches alles die Geschwornen meister der Billigkeit nach erkennen sollen, wo nit, für ein Obern Rath weisen.

13. Feiertage. Nach dem auch im Jahre drey Jahr fest seind alß Christag, ostertag Vnd Pfingsten zue welchen Zeiten viel feyertag zuefallen, solches lassen die Herrn deß Obern Rathß bleiben als wie vor Alter herkommen ist.

14. Lehrlinge, ihre Lehrzeit und Lohn. Item ein ieglicher Meister, soll auch keinem Lehriungen Vndern zwey Jahre den negsten nach dem geding uffnehmen, alles bey der Poene, sondern derselbig Jung soll die zwey Jahrlang außlernen, Vnd soll demselbigen Lehriungen ein tag ein halb taglohn gegeben werden, wo er aber so gar iung nach gelegenheit der Persohnen, Vnd soll ein Meister nit mehr dan einen Leer-

iungen haben, doch wan derselbig iung die zwey Jahre wie obgemelt biß uff ein Jahr-lang außgelernt hatt, alß dan solle derselbig Meister macht haben einen andern Jungen dabey annehmen.

15. Gesellen nicht abspenstig machen. Auch soll kein Meister dem andern seinen gedingten gesellen auffnehmen, abspannen, noch dingen ohne sein wissen Vnd willen, Durch sich selbst oder andere, wo aber sach daß solches geschehe, es were zwischen den Meistern oder gesellen, soll daß durch die Geschwornen Meister für die Herrn des obern Raths bracht werden.

16. Meisterstück. Ankauf und Prüfung des Holzes. Vff Vnderthenig anhalten, bitten Vnd angezaigten Vrsachen der Meister, ist Verwilliget vndt zuegelassen, wan ein Junger Meister die Meisterstückh machen will, Vnd die Meß begehet, das er sich zuevor mit guetem dürren holtz dazue gefast machen, Vnd selchß ehe er es zue uerarbeithen anfahet, zuuor durch iedes Jahrs Geschworne Meister, ob es dürr Vnd tügentlich genugsamb besichtigen lassen, Vnd nicht eher er hab dann dürr, tügentlich holtz, daß Meisterstückhen zue machen zue gelassen Vnd Im die Mees gegeben werden sollen, Actum Montag nach Inuocauit Anno x 73. vt in actis videre licet.

17. Meisterstück. Art. Zeit. Überschreibung der Frist und Strafe dafür. Welcher Meister will werden, der soll zuuor zwey Meisterstückh zur Prob machen, Nemblichen Einen Schreibtisch Vnd ein Truhen ein Jedes mit seiner außtheylung Vnd aller Gerechtigkeit, welches alles die Geschwornen Meister Einem anzeigen Vnd fürlegen sollen, wo aber Einer solche zwey Meisterstückh in Einem Jahre, daß im zuegelassen sein soll, nit machet, alle dieweil soll ihme kein gesellen zuegewisen werden; Vnd alß lang er nach Verscheinung deß Jahres /: doch Leibs schwachheit außgenohmmen :/ lenger daran machen würdt, soll er Jede wochen besonder ein orth eines gülden, halb dem Obern Rath Vnd halb dem handtwerckh zue straff geben, also uff bitten Vnd angezeigten Vrsachen dero Meistern Verordnet, nach Montag Inuocauit Anno x 72. ut in actis videndum.

18. Meisterstück ohne fremde Hilfe machen. Er soll auch solche Meisterstückh mit seiner selbst aigenen handt machen, Vnd ihme niemandts dazue behülfflich sein.

19. Disziplin der Meister und Gesellen. Item alß wie die Meister ohne erlaubnuß deß Obern Rathß, oder sonsten der Obrigkaith kein sondere Versamblungen oder für sich selbst einige ordnung oder neuerung fürnehmen oder machen sollen, also sollen sich die Schreiner gesellen hie desselben auch enthalten, Vnd keiner den andern seinem Meister widerspennig machen alles bey der Straff.

20. Holzkauf. Die Mitmeister teilnehmen lassen. Item ob holtz Pritter Vnd anders am Mein zue kauffen uorhandten, Vnd ihr einer, er sey Reich oder Arm, der Vorhin genugsam Versehen ist, uff dem handtwerckh mit Pritter Vnd andern, Derselbig solle die andern Meister ingleichen kauff mit einlassen, damit die Armen Meister ihr handtwerckh bey den Reichen auch treiben können.

21. Strafe für Übertretung der Handwerksordnung. Welcher aber solcher stückh eines oder mehr wie dan obgemelt ist, Verbrech, also offt das geschicht soll er den Herrn deß Obern Rathß fünff Pfundt gelts ahn alle gnad Verfallen sein.

22. Vorbehalt des Rats, die Ordnung zu ändern. Vnd ob einigerley in künfftigen Zeiten dem handtwerckh nothurfftig würde, nach wesen deß handwerckhs zue uerendern, daruon oder zue zuesetzen, daß Behalt bey Ihme der Ober Rathe, solches zue mindern, zue mehren, nach gestalt deß handtwerckhs, oder gar abe zue thuen.

23. Umfrage und Schenckh. Anno Domini 1566 uff freytag den 26ten Julii, Ist uff Ihr uielfältig fleisig Suppliciren Vnd anhalten der Schreiner alhie alle uier wochen Vnder den gesellen die Umbfrag Vnnd Schenckh in Beysein dero zweyer zueschickh meister zue halten, wie sie die etwa Vor alters auch gehabt, Vnd in andern Stätten dero brauch ist, wider uffgericht, bestettigt, Vnd hinfüron Vest darob zue halten, gebotten worden, doch stehet es uff renocation, minderung oder mehrung dero Herrn, wie solchs in actis obgenandts 1566 Jars zue befinden.

24. Anschaffung neuer Kerzen und Kirchendienst. Vnd nach dem die Schreiner ietzt nur vier grosse Vnd sechs kleine Kluppen Kerzlein, die sie allein zur begräbnuß brauchen, Vnd aber kein lange Kertzen die sie zue den umbgängen umb die

Statt gebrauchen, Vnd herumtragen haben, so haben die Herrn Ihnen dargegen uff-erlegt, daß sie der heyligen Dreyfaltigkeith Vnd allem himmlischen Heer zue Lob Vnd Ehr zwo grosse Kerzen machen, Vnd dieselbigen hinfüro Jährlich Vnd Jedes mahls durch die zween Jüngste Maister umb die Statt tragen lassen, Vnd ahn abgang also erhalten sollen, Die sollen ihnen auch etwa in Einer Kirchen Einen Altar erwehlen, Vnd jährlich daselbst begängnus Vnd Jahrtag halten lassen.

25. Aufnahmegebühren der neuen Meister. Demnach auch alß baldt geordnet Vnd gesetzt, daß ein Jeder so Neuer Meister würdt zue dem Gülden in ihren satz geordnet, auch ein Pfundt wachß zuerhaltung obgesetzter zwor Neuer Kerzen, ohn weigerlich zuegeben, Vnd zu erlegen schuldig sein solle, darob dan ein handtwerckh, wie ober Ihrem Satz, auch treulich halten Vnd guet auffsehens haben solle. p. p. Actum Anno et die vt supra.

26. Strafe für unzüchtiges Benehmen. Nachdem bey der Umbfrag alle Gottes Lesterung Vnd Unzüchtige wortth p. bey fünffzehen Pfennig straff in der Meister Büchsen zuegeben, Verbotten, so ist iezo durch die Herrn Vnd Meistern Verwilliget, daß hinfürter nur 10 ₰ an solcher straff den meistern, Vnd die andern 5 ₰ in der Gesellen Büchsen gefallen Vnd gegeben werden sollen, auff daß, daß übel destomehr gestrafft werdte, Also uff bitten der Meister Verordnet uff Montag nach Inuocauit. Anno x. 73. Vt in actis videndum.

27. Holzordnung. Anno Domini 1593 uff Mittwochen den 10. Februarÿ haben die Herrn deß Ehrlöblichen Obern Rathts zwischen den geschwornen Schreinern Hanß Hittnern, Vnd Jacob Napolden, Einen Vnd den Küblern alhie, herrn Jörgen Saurn daß Vndern Raths, Vnd Endres Brombsackhen andern Theyls von wegen allerley holtzwerkh, alß uon Brittern Rohmschenckheln, Rohm Vnd Tischholtz so alhie am Main zue faylen kombt, in Verkauffung deß selben Ein ordnung gemacht, Vnd damit gehalten werden solle, alß Volgt.

28. Besichtigung und Ankauf des Holzes durch die Geschworenen. Öffentlicher Verkauf unter Bürgern und Handwerksgenossen. Bedingte Zulassung der Kübler. Erstlichen so sollen alles Schreiner Holtz, so alhie an Main kombt, es sey bestelt oder nit, zuförderst durch die Geschworne bestelte schreiner oder Holtz geschworne besichtiget, darein den Kauff machen sollen, Vnd also den Bürgern Vnd ganzem schreiner handtwerckh mit solchem holtz ein Tag marckh Recht zue halten, do ein Bürger oder schreiner dessen holtz bedürfftig, Vnd solches paar bezahlen kan, inmassen es geschäzt würd: alsobalden gefolgt Vnd gegeben werden solle, da aber desselben Tags, Von Bürgern oder Schreinern sich keiner findt, solches holtz begehrt zue kauffen, zue seiner Notturfft Vnd zue keinem Vorrath, so soll deß andern Tags, damit die frembde Schiffleuth, auch zue großen Kosten nit Verursacht, Vnd über die Vngebür auffgehalten werden möchten, den Küblern alhie erlaubt, Vnd zue gelassen sein, solches holtz zum Vorrath, Vnd nuz gemeiner Statt auff zue kaufen Vnd Volgents den Bürgern Vnd Schreinern, die es begehren, umb gleichen Vnd billichen werth wider folgen Vnd zu erstehen lassen sollen. Actum ut supra.

29. Streit zwischen den Schreinern und Zimmerleuten. Die Wünsche beider Parteien. Anno Domini 1593. freytags den 14. Martÿ Vor dem Ehrloblichen Obern Rath, seind die Geschworne Schreiner, mit nahmen hanß hittner, Vnd Jacob Napoldt, auch Georg Beckh, Vnd Peter wolff, Alle Schreiner mit einer Clag schrifft erschienen, darinnen angezaigt, wie sich daß Zimmerhandtwerckh alhie Vnderstehen wöll, nit allein hin- Vnd wider Stuben zu täfflen, auch sonsten darneben allerley schreiner Arbeith machen wöllen, so das doch daß nur ihnen waß von rauen Brettern ist, alß gibel zuebeschlagen, Kornböden Vnd sonst gar nichts geschlossens, gelaimbts Vnd gekeelts zuemachen zuegelassen würdt, derowegen umb einsehens Vnderthenig gebetten, daß Zimmerhandtwerckh was Schreiner werckh belangt, Vnd den Schreinern zuegebürth, davon abstehen, Vnd müssig gehen sollen, Vnd sie bey Ihrem satz Vnd ordnung gnädig zuehandt festen; darauff haben die geschworne Zimmerleuth mit Nahmen Clemens froberg, Jacob waserman Vnd Jörg Neulbach, Ihren gegen Bericht gethan, Vnd aigen nach der lengst an, daß an uielen rothen Vnd enden brauchlich, Vorhoffentlich auch alhie gestatt werden solle; wan ein herr Einem Zimmerman Einen Bau zuemachen Verdingt, auch in die Stubenböden

zuelegen, Bänckh zue machen Vnd die Stuben Balckhen oben außzueziehen, Vnd anderß mehr daß gehobelt sein muß darein Vnd damit Verdingen thuet, solches alleß Vnuerhindert zuegelassen, auch niemahlen, alß iezund geweret worden. Haben auch demnach Vnderthenig gepetten, sie bey deme alß in Stuben Böben zuelegen, Bänckh, Thür Vnd anders dergleichen Arbeith mehr, so sie mit hoblen machen können, so Ihnen vor langen Jahren hero, ohne ainige Einredt oder Verhinderung zuegelassen worden, noch ferners zuemachen gestatten, sie auch bey dem Alten herkommen gnädiglich zue schüzen Vnd zue handt festen.

30. Was den Zimmerleuten zu machen erlaubt sein soll. Auff solches Ihrer beederseits Vnderthenig fürbringen, bitt Vnd beschwehrung, haben wir die sachen billich zue gemüth geführt, auch beed handtwerckhs satz Vnd ordnung darauff beede handtwerckh gangen, Vnd sich beruffen, ersuchen Vnd verlesen lassen. Vnd zueuorkommung ferner Vnordnung, auch kein Theyl, sich über den andern weiters zue beschweren hab, so ordnen setzen Vnd wollen wir die herrn deß Obern Rathß, so viel erstlich die Zimmerleuth angehet, weilen sie Vor alters hero im Brauch gehabt, in den Bawen so sie annehmen zue machen, in die Stuben Böden gelegt, die Balckhen außgezogen, auch darneben schlechte Thür Vnd Bänckh gemacht, Gibel verschlagen, Vnd was ihrem handtwerckh mehr anhengig ist, ohne meniglichs Eintrag gebaut Vnd gemacht, so soll solche Arbeit Ihnen auch fürterhin zuemachen Vngewerth sein, Aber waß sonsten ander Schreiner Arbeit belangt, fürnemblich Stuben zue täffeln, sollen sie zue machen nit macht haben, bey Ihrer alten ordnung Vnd Saz pleiben.

31. Was den Schreinern zu machen vorbehalten bleiben soll. Deßgleichen so sollen auch die Schreiner Ihrem satz fleisig nachgehen, die Zimmerleuth in oberzelten zuegelassen Puncten nit betrangen; da aber ein Zimmermann, sich mehrer Arbeith Stuben zue täffeln oder sonsten weiters einlassen wölt, so sie Von alter nit hergebracht solches bey dem Obern Rath anbringen, hiernach sie sich haben zue halten, Actum im Obern Rath ut supra.

32. Zulassung der fremden Gesellen zum Meisterstück. Vorhergehende Gesellenzeit in Würzburg. Anno Domini 1593. Vff freytags den 17. septembris ist in dem Ehrlöblichen Obern Rath aus Allerhandt Vrsachen, so auß der Schreiner Clagschrifft einkommen, beschlossen, Statuirt, Vnd zuegelassen worden, daß sie keinen frembden Schreiners Gesellen daß maß geben, Vnd daß meisterstückh machen lassen sollen, Es hab dan derselbe gesell, alhie zue Würzburg bey einem oder zweyen meistern zueuor ein ganzes Jahr lang aneinander gearbeitet, hierinnen soll gleichheit gehalten werden, Vnd sonsten waß Ihr satz weiters mit sich bringt, sich desselben gemeß Verhalten. Actum ut supra.

33. Sicherung gegen Beeinflussung beim Meisterstück. Anno Domini 1595. Vff freytags den Ersten septembris ist uff ansuchen Meister Michel Büchner Vnd Jörg Beckh diß mahls beede Geschwornen, uff Ihr Vnd Von wegen eines ganzen handtwerckhs Vndertheniges anlangen Vnd pitten, nachfolgende Puncten zue fürderung ihres handtwerckhs Von dem herrn Senior, Vnd ganzem Ehrlöblichen Obern Rath bewilliget, Vnd sie auch dieselben Puncten im handtwerckh handtfesten, Vnd gemeß Verhalten sollen.

34. Isolierung in der Werkstatt. Zum Ersten so iunge meister einer oder mehr zuegleich an Ihren Meistern stückh machen werden, Vnd so lang einer daran macht, so soll kein anderr Meister zue Ihme in sein werckhstatt Vmb Verdachts willen gehen, außer waß die Geschwornen Meister zue thuen schuldig seindt.

35. Trennung der Stückmeister. Zum andern Eß sollen auch die Junge Meister weilen sie noch an Ihren Stückhen machen, auch nit zuesammen in die werckhstatt gehen.

36. Probezeit und Umschicken der fremden Gesellen. Zum dritten wan ein Frembter gesell hiehero gehn Würzburg kombt Vnd arbeit begehrt, so soll er zueuor 14 tag alhie arbeiten, wo Ihnen die Zueschickhmeister anweisen, Vnd einstellen worden, nach Verscheinung 14 tagen so soll er wohl macht haben, nach seinem begehren umb zueschickhs.

37. Verbot des Verleihens der Gesellen. Zum Vierten so ist auch Verpotten, daß kein Maister, noch Wittfraw, so daß handtwerckh treibt, Einem

andern Maistern Einen Gesellen leyhen, oder durch sondere Practic Arbeit geben, dan dar durch grosse Vnordnung volgt, auch dem Satz Vnd ordnung zue wider ist, alles bey ernstlicher straff deß Obern Raths Vnd 2 Pfundt Wachß an die Kerzen.

1543—1741	Heilbronn	Kistler- und Büchsenschäfterordnung	Heilbronn, Städtisches Archiv
1544 1. 11.	Straßburg	Schreinerordnung	Straßburg, Stadtarch., Zimmerleute Nr. 26
1545	Basel	Gesellenordnung des Dischmacher-Handwerks	Basel, Staatsarchiv, Spinnwett. 40, S. 1—9
1548—1572	Stettin	Lohntaxe für Meister und Gesellen	(**gedr.**: Blümcke, Handwerkszünfte im mittelalterlich. Stettin, 1884, S. 66)
1548	Nürnburg	Die Schreiner-Zunft bittet den Rat um ein „besseres" Meisterstück	Nürnberg, Kreisarch., Briefb. 139, 61/3
1548	Augsburg	Entwurf zu einer Kistlerordnung mit Anmerkungen der Meister	Augsburg, Stadtarch.
1550	Göppingen	Lohntaxe für Zimmerleute	Stuttgart, Geh. Haus- und Staatsarchiv, Göppingen
1550 22. 2.	Augsburg	Kistlerordnung	Augsburg, Stadtarch.

1. Arbeitszeit. Zum ersten, das alle maister von Kistlern mit irn Gesellen, sönnen und lernknechten, nemblich an den summerwercktagen, das ist von sanct Peters Stulfeier tag an bis uf sanct Gallentag morgens zu fünf uhren, schon an der arbait sein und wanns siben uhr zu der suppen geen und wanns acht uhr schlegt widerumb an der arbait sein, volgendt wanns ailfe schlägt zum mittagessen geen und zu zwölf uhren auch widerumb an der arbait sein. Nachmaln zu drey uhrn nachmittag ein stundt das abend brot essen und wanns viere schlegt, widerumb an der arbait sein und bis siben uhr zu abends an der arbait bleiben und alsdann darab anheim geen und nachdem es nach angeeung des grossen taglons nit allwegen zu fünf uhren tag ist, auch vor siben uhren nacht würdet, sollen sie zu denselben zeiten, wann es also zu itzt benannten stunden nit nacht oder tag ist, alsbaldt es zu morgens tag ist und uf den abendt die nacht angeet, anire arbait und darvon geen, gleichfals sollen sie auch an den feirabendt der gebotnen feirtäg ausserhalb des sambstags ain stundt lenger als am sambstag zu arbaiten schuldig sein. Welcher oder Welche aber solchem nit kommen, sondern gevarlicher weis zu spath kommen oder an den gebotnen feyrtäg abenden , wie gemelt, ain stundt nit lenger arbaiten würden, die mögen erstlich durch den Pauherrn und seinen meister deßhalb ernstlich angeredt und inen das füran mueßig zusteen undersagt werden. Wo sie aber darüber gevarlicher weis zu lang ußbleiben oder zu fru von den arbaiten geen würden, solle dem oder denselben durch den Pauherrn an seinen habenden taglon ein kreutzer abgebrochen werden. Wo aber solches bey inen nit verfengklich, sondern sie sich über solchs hierinen so gevarlich und ungehorsam erzaigen und eins erbarn rats hierzu verordnete strafherrn solchs in einig weg gewar würden, sollen alsdann der oder die durch dieselben ernstlich gestraft und hierinen weder meister, gesellen noch anderer verschont werden und an den winter werckhtagen von sant Gallen tage an den widerumb uf sant Peters stulfeyrtag sollen sie am morgens alsbaldt es tag ist, an der arbait sein und zu eilf uhrn zum essen geen und wanns zwölfe schlegt wider an der arbait sein bis abents, das man das Ave Maria leüth, sollen sie erst ab der arbait geen.

2. Arbeitszeit zu Hause. Aufsicht der Meister. Kein Arbeitsmaterial wegnehmen. Aber die gesellen und lernknecht sollen, so sie in irer maister heüser arbeiten, nach altem gebrauch sommer und winterszeiten am morgens zu vier uhrn an die arbeit treten und abends oder nachts zu acht uhren feirabend haben. Die maister sollen auch für sich selbs und bey den ihren darob und daran sein, damit ainem jeden pauherrn oder die so bauen und arbeiten lassen, nach irem anzaigen fürhalten und bevelchen ordenlich, vleißig und treülich gearbeit, auch in solchen iren gebeuen nichts verkürtzt noch versaumbt und ir taglon durch sie erbarlich und treülich verdient werde, in massen sie dann einem jeden der bauen lest, schuldig und pflichtig seindt, treülich und ungevarlich, das auch sie die maister, ire Gesellen, weiber, lernknecht, sönn noch jemandts anderes von iren wegen von keinem bau noch derselben arbeit altz noch neues holtz noch anders, was das sein mecht, weder kleins noch groß nichts ußgeschlossen, nemmen noch wegtragen, welcher das übertrit, der oder dieselben sollen von einem jeden übertreten umb fünfzehen kreutzer gestraft werden.

3. Gesellenzahl. Arbeitslohn. Keine Lohntreiberei. Keine Überzahlung. Mithilfe anderer Meister. Zum driten soll ein jeder meister von Kistlern mit einem Gesellen und einem lernknecht, auch mit einem son in heüsern einem Pauherrn wol arbeiten und dannoch nichts minder noch einen knecht in der werckstat halten mögen und soll ein jeder maister, der den bau und arbeit angenommen hat und auch die meister, so er zu solcher arbeit brauchen würdt, wann sie arbeiten zu taglon den summertag zwelf kreutzer und den wintertag zehen kreutzer, einen gesellen den sommertag zehen kreutzer und den wintertag acht kreutzer, den meisters sönen die sommer und wintertag zugleich einem seins alters von sechzehen bis in achtzehen jarn sechs kreützer und von achtzehen jarn an seins alters soll er summer und winter ein lon haben und wie ein ander gesell gehalten werden und einem lernknecht soll man den summer zu taglon geben das erst lerjar fünf kreützer, das ander jar siben kreutzer, das drit jar neun kreützer und den winter zu taglon, das erst lernjar sechzehen pfening, das ander ainundzwantzig pfening, das drit lernjar wie einem gesellen acht kreützer und soll ir keinem nit mer gegeben werden. Ein jeder pauherr oder maister soll auch uf seinen fürdingen und arbeiten denen maistern, so er dazu brauchen würdet irem obermelten rechten gesetzten taglon geben und nichts abbrechen und wann ein Pauherr uf einen sambstag oder einen andern tag bezalung thut, soll ein jeder maister, der den bau fierth, bey der bezalung beleiben, damit keiner seiner mithelfenden maister zuvil oder mer als er taglon gearbait hat einnemen, welcher maister aber solches nit thon würde, soll von einem jeden überthretten eines erbarn rats verordneten herrn ein halben gulden zu bezalen schuldig sein. Doch sollen die meister in allweg vleis thon, damit sie gute arbeit machen und nicht verwarlosen. Welcher oder welche die wehrn, die einen Pauherrn über solchen gesetzten lon weiter suchen in mer taglon oder besserung zu thun und zu geben anmuten, treiben oder tringen wölte oder würde, welcher auch mer als einen gesellen, einen sohn und einen lernknecht zu einer angenommen Pauarbeit füren und brauchen würde, der oder dieselben sollen einem erbarn rat zu straf und bues umb das erst überthretten ein guldin, umb das ander überthretten zwen guldin on alle gnad zu einer straf zu bezahlen schuldig sein und wo er das dritmal die Pauherrn oder denen er arbeit ferner mit übernemung des lons vorsteet beschweren wolt oder beschweren thette, soll er nach ains erbarn rats erkandtnus oder derselben verordneten nach gelegenhait, gestalt und überthrettung der sach nach ungnaden gestraft werden. Deßgleichen ob einicher Pauherr wer der were einem Kistlergesellen, lernknecht oder andern mer, dann das gesetzt taglon geben oder verhaissen würde, der soll von einer jeden person denen er mer dann des gesetzt taglon geben hete, einen halben gulden eins erbarn rats hierzu verordneten strafherrn on alle gnad zu bezalen schuldig sein.

4. Nachprüfung unrechter Bauarbeit. Zum vierten, wo sich begebe, das nun fürohin ein Pauherr vermeinet, das ein meister sein von ime angenomenen bau nit recht sonder anderst gemacht oder gebauen hete, dann er ime den angedingt und zu machen bevolchen, so soll und mag alsdann derselb oder ein jeder Pauherr oder der, so in zu seiner arbeit braucht, gegen demselben maister sein gerechtigkait darumb gebrauchen und ine an billichen enden als vor denen, so ein erbar rat darzu verordnet hat, fürzunemen bevor steen, und wo es durch dieselben nit ver-

richt werden möchte, die sach an einen erbarn rat gelangen lassen und daselbst bescheidts und ustrags erwarten.

5. Keine Gesellen abtreiben. Zum fünften soll auch kein meister dem andern seine gesellen auch die meister, so ime zu arbeiten zugesagt heten, ab seiner arbeit biten oder nemmen one oder wider desselben meisters wissen, willen und vergunnen bei straf eins Reinischen guldens, so oft darwider gethon wirdet einem erbarn rat unablöslich zu bezalen.

6. Entziehung und Weitervergeben durch den Bauherrn. Zum sechsten. Ob einem Pauherrn ein meister, der bey ime arbeit angenomen hete, an seiner Arbeit ferner nit gemeint oder gefällig sein würde, so soll und mag derselb Pauherr dem gedachten seinem angenommen meister urlaub geben und einen andern maister an sein arbeit uf und annemmen und ime solche arbeit zu zestellen wol macht und gewalt haben. An solche arbeit mag auch ein jeder anderer meister wol stan und ime arbeiten mögen one endtgeltnus und verhinderung des meisters, so also geurlaubt vorden und sonst menigclichs.

7. Entschädigung des geurlaubten Meisters für die Mühe des Holzkaufes. Zum sibenden. Ob ein Kistler einem der Pauen lassen will, zu seinem bau holtz kaufte, derselbig bauherr dem also holtz gekauft wurdt, mag dannocht einen andern Kistler uf und annemmen seinen bau volfieren und den zeug verarbeiten lassen und soll durch solch holtz kaufen unangedingt und nichts verbunden sein. Jedoch ob der obgemelt meister umb sein arbeit und gehabte mühe des holtzkaufens nit belont were, so soll der bauherr umb sollich sein gehabte müh und arbeit zimblicher weiß mit ime abkommen.

8. Angefangene Bauarbeit nicht unterbrechen oder liegen lassen. Zum achten soll auch kein meister keinem Pauherrn von oder uß seinem bau arbeit oder fürdung one seinen willen nit geen noch steen und sonderlich on der burgermaister, so zur selben zeit im ambt sein werden, gunst, wissen und erlaubnus, dann welcher oder welche das also nit thon und einen bauherrn anderer gestalt und darüber von und uß der arbeit geen würden, der oder dieselben sollen umb ein jedes überthretten besonders umb zwen gulden gestraft werden.

9. Nicht mehr als zwei größere Bauaufträge auf einmal annehmen. Zum neundten soll auch nun füro ein jeder meister uf einmal nit mer dann zway fürding oder zwo arbeiten haben und annemmen bey vermaidung eines rats schweren straf. Doch sollen in disem articl zufallendte arbeit uf acht tag und nit lenger zeit ußgenommen und zugelassen sein. Welcher meister aber darüber uf einmal mer dann zwey fürding oder arbeit annemme, der soll durch eins erbarn rats hierzu verordnete strafherrn umb zwen gulden gestraft werden.

10. Kein Fürding mit anderen Meistern oder Gesellen. Zum zehendten soll kein meister mit dem andern und auch kein meister mit einigem gesellen kein fürding mit einander haben, annemmen noch besteen in kein weis noch wege. Dann welche das nit hielten und man das gewar würde, der oder dieselben sollen ein jeder als oft er das überthrit, umb zwen gulden gestraft werden.

11. Den Bauherrn nicht zum Ankauf von mehr als für 20 fl. Baumaterial nötigen. Es mag auch hinfüran ain jeder Kistler ainem Pauherrn, von dem er fürgedingt angenommen het, wol umb 20 guldin zeug oder darundtert, aber nit darüber geben. Doch soll in des Pauherrn freyen willen und gevallen steen, solchen zeug von dem Kistler anzunemmen oder von andern personen zu kaufen. Welcher Kistler aber ainich bauherrn dahin noeten oder tringen wolt, der soll so oft es geschicht, umb fünf guldin gestraft werden.

12. Keine Gesellschaft oder Abmachung mit Sagmüllern haben. Item. Es sollen ein jeder maister noch gesellen auch nunfürohin in diser statt Augspurg mit keinem segmüller noch andern, die getzung zu dem hantwerck dienende verkaufen und hingeben weder in grossen noch kleinen gebeuen, pretter, laden noch andern holtz inner noch usserhalb der statt nit anligen auch kein thail gesellschaft noch gemeinschaft haben weder heimblich noch offentlich in kein weiß noch wege. Welcher aber solches überfarn würde, der soll von einem jeden übertreten vier gulden Reinisch eins erbarn rats hierzu verordneten herrn zu bezalen schuldig sein. Ob sich aber Jemandt

hierin so eigennutzig und gevarlich halten würde, der soll durch einen erbarn rat ernstlich darumb gestraft werden.

13. Gebühren für den Kauf der Handwerksgerechtigkeit. Item es soll ein jeder, dem ein erbar rat des handwercks gerechtigkeit zu kaufen zulassen würde, zweintzig guldin in müntz darumb geben und solches bar ufzulegen und bezalen schuldig sein.

14. Meisterstück. Verlangte Gesellenzeit am Orte. Doch soll keiner zu meister zugelassen werden, er hab dann drey gantze jar anainander nach ußgang seiner lehrjarn uf dem Kistler hantwerck alhie in diser statt gesellenweis gearbeit und nachvolgende meisterstück gemacht. Nemlich:

15. Meisterstück. Art. 1. Gewandkasten. Ein Gewandt Kasten, der ein rechte größ und maß hab, auch Zinnen und Füeß und die vier ussern beistädel, alles durchsichtig, vleißig und wol geschnitten und an den kasten ain giert mit einem eingefasten und geschoben ledel geschirr, auch durchsichtig geschniten und in den kasten eingelegt, stäb schwartz und weiß und das die thailung recht sey und die vier inner beistädel auch einvast. Er mag sie schneiden oder nit und solchs alles soll er mit seiner handt machen und das die thürn wol und sauber eingefast seien.

16. Meisterstück. 2. Zusammengelegter Tisch. Weiter soll er machen ein zusamen gelegten tisch, der ein rechte größ und maß hab, das der tisch uf linde geforniert sey, das under plat uf ein seiten, das ober plat uf beed seiten, das ober und under plat eingefast mit zweyen Kelen, dann die under kel dem boden gleich uffließ und die kelsteß des holtz seien darmit er gefornirt ist und das gestell von buchin holtz und der rigl soll in der vierung sten und das gestell wercklich ußgeschwaifft und die fligel sollen gantz sein, das man in mög uf oder zu thun und in die füllung mag er buchen oder linden nemmen und soll den tisch selbs anschlagen.

17. Anfertigung des Meisterstücks: Der Söhne und Schwiegersöhne bei ihren Verwandten. — Der Gesellen in besonderer Herberge. Item. Ob eins meisters sun oder dochterman die angeregten meisterstuck bey seinem vater, muetter, schweher oder schwiger machen wolt, dem soll solches zugelassen und nit verboten sein. Die frembden gesellen aber, die nit zu meisters döchtern heuraten und maisterrecht thon wölten, sollen zu machung der meisterstücken ein besondere herberg haben.

18. Anmeldung zum Meisterstück. Item welcher die meisterstuck machen will, der soll sich anfengklich bey eines ersamen rats darzu verordneten meistern anzaigen und sie ersuchen ime zuvergunnen, die meisterstuck machen zu lassen, welche ime alsdann die stuck, wie sie oben vergriffen sein, anzaigen und fürhalten sollen.

19. Zulassung der fremden Gesellen und Nichtbürger zum Meisterstück. Würde dann einichen Kistlergesell, der weder burger noch dyß hantwercksgerechtigkait hete, begeren die meisterstuck zu machen, der soll den verordneten meistern angloben und versicherung thun, das gelt umb das hantwercksgerechtigkait zu erlegen, auch das burgerrecht bei einem erbarn rat zu kaufen, dartzu brieflich oder lebendtig verkundt und kuntschaften fürzubringen, das er eehlich geborn und bei seinem lehrmaister redlich und frumbelich ußgelernt hab.

20. Besichtigung während der Arbeit am Meisterstück. Item. Wann einem Kistlergesellen zugelassen würdt, die maisterstuck zu machen, so sollen die verordneten meister ufs wenigist dreimal zu demselben gesellen, weil er in der arbeit ist, geen und die arbait der maisterstuck besichtigen.

21. Besichtigung des fertigen Meisterstückes und Entschädigung dafür. Und wann er die meisterstück gar ußgemacht, so soll er die verordneten biten uf ein gelegne stundt die ußgemachten meisterstuck zu besichtigen und so sie erscheinen und zusamen kommen, soll er inen für ir mühe ein halben gulden uflegen und bezalen. Sover dann er gesell mit seinen meisterstücken bestät und durch die verordneten meister für gnugsam erkandt würdt, so soll ime vergundt werden, wie einem andern redlichen maister zu arbeiten.

22. Leibeigenschaft. Item welcher oder welche hinfüro das hantwerck lernen oder die hantwercks gerechtigkait kaufen wöllen, sollen mit lebendiger zeugnus oder brieflicher urkundt darthon, das weder sie noch ir eewürtin leibeigen seien.

23. Verdungene Arbeit selbst ausführen und nicht weiter verdingen. Item welcher maister nunfürohin ein arbait zu einem fürding annimpt oder besteet, der soll die selbigen arbait oder fürding selbs ausbauen und machen und die keinem andern meister oder gesellen weder andingen noch verleichen in kainem wege bei einer straf zwen Reinischer Gulden.

24. Keinheimliches Gesellenhalten. Keine Meistergemeinschaft. Es sollen auch fürohin die meister kain gemainschaft mit einander haben. Deßgleichen ir kainer noch auch die witfrauen kain gelt nemmen und dem andern gesellen weder haimblichen noch offentlich in sein oder aines frembden haus halten, alles bei obbemelter straf der zweyer guldin Reinisch.

Strafen für heimliches Gesellenhalten. Item als oft ain maister ain gesellen über die anzal der ordnung haimlich helt, in sein oder eins frembden haus und offenbar wirdt, soll er für jede wochen, so lang er ine gehalten, ain guldin zur straf bezalen oder aber in ainem gantzen jar kain gesellen halten, hergegen soll auch der gesell, so also wider die ordnung über die anzal ainem maister haimblich arbait durch die verordneten hantwercks strafherrn nach irer erkanntnus und gestalt der sach gestraft werden.

25. Nebeneinanderarbeiten der Kistler und Zimmerleute. Item, es sollen auch die Kistler mit sambt den zimmerleuten wol an einem bau, deßgleichen auch die zimmerleut bey den Kistlern erbarn leuten in den heusern auch arbeiten mögen jeder thail von dem andern unverhindert.

26. Unerlaubte Verhandlungen. Item ob auch Kistlergesellen alhie verhandlungen theten und fürnemmen, deßgleichen ob sich gefiegte, das ein meister oder lernknecht von Kistlern auch verhandlungen theten und fürnemmen darumb der oder dieselben, so also strafbar sein würden, söllen durch eins erbarn rats verordneten nach gelegenhait der überthretung und verwürkung gestraft werden.

27. Ersatz für entlaufene Lehrjungen. Item, wo hinfüro einem Kistler ain lernjungen uß mutwillen unverursacht hinweck lieff oder sich uß der statt schliege in was dergleichen wege sich solchs zutriege, also das sich erfünde, das die schuld sein des Jungen und nit des maisters were, so soll derselb maißer macht haben an desselben lernjungen stat unangesehen ob seine lernjahr noch nit oder ain thail daran verschinen, ainen andern lerjungen an und ufzunemmen und ainen jeden lerjungen, den er also zu lernen annimpt, in vierzehen tagen den verordneten vorgeern fürstellen und einschreiben lassen und alsbald sechzig pfennig einschreibgelt und dem hantwercksknecht acht pfennig erlegen und bezalen.

(Decretum in senatu 22. February Anno 1550.)

28. Zur Mithilfe angenommene Meister. Item. Nachdem die meister so diejehnen meister der Kistler die gebeu und arbeiten angenommen zu denselben angenommen gebeuen in den heusern umb das gewonlich taglon brauchen unversehenlich irs gevallens ußstanden und uß der arbeit gangen oder zu zeiten mutwilliger weis ursach geben, das sie sie selbs aus der arbeit geen müssen lassen, so hat ein erbarer rat gesetzt und geordnet, das von nunan fürohin ein jeder maister, der einem andern meister an seinem angenomen bau arbeiten würdet und an demselben bau anstat und den verbringen zu helfen zusagt und verspricht, davon und darbei bleiben soll biß derselb gar ußgemacht oder als lang er ime daran zu arbeiten zugesagt und versprochen hat, ob er aber über sein versprechen und zusagen uß der arbeit geen und ußsteen oder unbillicher weis ime ursach geben würdt, mit unfleißiger bester arbeit oder in ander wege, das er ine selbs urlauben oder ab der arbeit geen lassen müste, so soll derselb das erstmal umb ain guldin und so ers das ander mal thon würde, umb zwen gulden und da er sich so ungeschicklich hielt, ferner nach eins erbarn rats gelegenhait ernstlich gestraft werden.

(Decretum in senatu. Donnerstag 11. Aprilis Anno 1549.)

29. Meldung und Umschicken der Gesellen. Item. Wann ain frembder Kistlergesell alher in dise statt kombt, so mag er sich zu den verordneten zuschickmaistern des hantwercks verfüegen, die sollen ime die ufgeschribne maister, so gesellen bedörftig sindt fürlesen und welchem under den ufgeschribnen ain gesell arbaiten will, dem soll er durch sy zugeschickt werden.

30. Einschreiben der Meister für das Umschicken. Item, es sollen sich auch alle maister, so gesellen bedörftig sindt, sy seyen reich oder arm in der zuschich-

maister zettel sich lassen einschreiben und welcher also nit eingeschriben ist, dem soll kains wegs kain gesell weder haimblich noch offentlich zugeschickt werden. Wo auch ainiger maister, er were reich oder arm ainigen gesellen on wissen und bewilligung der zuschickmaister einstellen, der soll unnachlössig umb ein gulden gestraft werden.

31. Zusammenwirken der beiden Schickmeister. Item. Nachdem allwege zwen zuschickmaister ir ampt ain monat lang getragen, soll es noch also dabey bleiben und wiewol sy bißher sich von ainander gesondert und jeder besonder one den andern solch ampt vierzehn tag und dann der ander auch vierzehen tag verwesen haben, welchs uß vilerlay ursachen nit zu gedulden ist, deßhalb hinfüro die zuschickmaister jederzeit mit einander geen und ir ampt also sambtlich und kainer one den andern solch monat lang versehen sollen.

(Decretum in senatu 17. Augusti 1555.)

32. Arbeiten der Meister außerhalb der Stadt. Item, es sollen hinfüro wie von alters her in diser statt die Kistler, zimmerleut und maurer maister und gesellen außerhalb der statt ainichen bürger unangesehen, das im der grundt zugehörig were, weder in gärten, ängern, heusern, kellern noch andern weder kleins noch groß, wenig noch vil, nit zimmern, mauren, gewelben noch bauen in keinen weg, sonder dasselb den verordneten geschwornen zuvor anzaigen, alsdann sollen die geschwornen solches sover (sofern) es ein namhaft gebeu ist, ainem ersamen rat fürtragen und anderst nichts dann nach desselben ains ersamen rats erkandtnus und vergünstigung gebaut und gemacht werden.

33. Einrichtung und Anzahl der Herde und Rauchfänge. Ferner soll auch fürohin in und außerhalb diser statt durch die maurer oder zimmerleut maister und gesellen noch jemandt andern nit mer dann zwo fairstaten oder räche von zwayen gemechen so man täglich bewondt und braucht und nit mer in einen kimich gericht noch gefürt und auch ainer solchen weiten gemacht werden, des man wol schliessen und seibern köndte.

34. Umgang der 4 Geschaumeister. Item es sollen aus den vier verordneten geschaumaistern alle monat zwen ain mal umbgeen und geschauen, wie von alter herkommen ist, damit gemeinem hantwerck zu gut vleißige arbeit gemacht werde.

35. Unparteilichkeit der Geschaumeister. Item so die geschaumaister umbgeen und geschauen, so sollen sie geschauen bey iren treuen und verstendtnus gut für gut und böß für böß angestrichen.

36. Strafe für schlechte Arbeit und deren Verkauf. Item. Wann die geschaumaister ain stuck böß anstreichen, solle allwegen der so es gemacht von jedem guldin so hoch dasselb böß angestrichen stuck verkauft würdt, ain Behmisch in eins ersamen rats pix zur straf bezalen.

37. Konfiskation von gefälschtem Material. Weiter sollen die geschaumaister auf die stück darauf gemalt papir gleimbt vleissig acht haben und so sy ain stück finden darauf dergleichen papir gleimbt ist und für holtz verkauft würde, sollen sy dasselbig gar hinweck schaffen.

38. Geschauen der Fenster. Item von wegen der fenster sollen dieselben nit außgeben werden, sy seien dann durch benante geschaumeister zuvor geschauet, were aber sach das ain Pauherr nit verzug kindte haben und die geschaumeister so bald nit zu bekommen wern, so mag die zarg außgeben werden, doch das in allweg ain gschaumaister darüber erfordert werde, befindet er die gut, so sollen die mit einem beizaichen angestrichen werden, bis das solch fenster gar außgemacht würdet. Alsdann soll er denselben geschaumaister widerumb berufen und gar geschauen lassen in obgeschribner maß wie im vorigen articul geschriben steet und welcher maister hierüber ain fenster ungeschaut außgeben würde, der solle in ains ersamen rats pix ain guldin zu geben verfallen sein one alle widerredt.

Item halbe fenster und gantze fenster soll man geschauen.

39. Keine feuchten Truhen gilben. Es soll auch kein feuchtine truchen nit gegilbt werden.

40. Kein Holzpatronen. Item es soll auch kainer kainerley holtz patronen, des damit das beß holtz würdt bedecket.

41. Kein Fichtenholz für die Bettstatt verwenden. Item es soll kain feuchter arm zu kainer bötstat nit genommen werden, sonder das beleiben wie von alter herkommen ist.

Item es soll kain feuchtiner stoll zu einicher pöttstat nit genomen werden, die pöttstat sey gefürnidt oder nit.

42. Gleichheit im Holzkauf. Item. Wann und als oft hie in diser statt Augspurg oder in ire ether ainich kistler holtz kombt und gebracht würdet, das über vier Reinisch guldin ungeverlich wert ist, so soll man ainem hantwerck darüber zu kaufen umbsagen, damit ainem jeden in solchen keufen geschehe als dem andern. Ob aber oder mer bey gasten kistler holtz frümbdte, ime zebringen, das soll der oder dieselben beweisen mit dem gast oder mit den verordneten vorgeern darumb zugeben bey einem guldin den verordneten strafherrn zu bezalen.

43. Verkauf einheimischer und fremder Kistlerware auf Jahrmärkten. Item von wegen der jarmärckt mögen hinfüro die kistler zu Sanct Ulrichs kirchweihe nach Ostern allwegen am sambstag darvor zu abendt ir arbeith in die schrandt fiern, daselbs fail haben und am nechsten aftermontag darnach zu abendt wider daraus gefiert werden. Deßgleichen an Sanct Michels vorfeir abendt die zwen nachvolgenden feirtäg und vierzehen tag die nechsten darnach und nit lenger fail haben, sonder wegkfiren lassen in all weg, alles bey einem gulden von jeder übertretung besonder zu bezalen, doch mögen die frembden kistler und gesellen, so des hantwerck gelernt und sich außerhalb der statt niderlassen, ob sie gleich nit haushebig sein, ire arbeit an den jarmärckten und kirchweihen obgemeltem altem gebrauch nach wol herein fieren, failhaben und verkaufen, aber nach obbestimbter zeit soll kain frembdt kistlerwerck alhie eingesetzt, sonder aus der statt gefiert werden.

44. Strenge Einhaltung der Freimärkte. Desgleichen mögen sy fürohin auf den jarmarckt zu Sanct Ulrichstag am sambstag darvor, sofer Sanct Ulrichstag uf ain montag gefölt, ir arbait in die schrandt füern darinen fail haben und am driten tag nach dem hineinfüern zu abendt wider daraus fiern lassen in allweg bey einem gulden Reinisch den verordneten strafherrn von jedem übertreten besonder zu bezalen.

45. Von jeder Warensorte nur ein Stück auf dem Freimarkt verkaufen. Item, welcher ain gfürnirten gwandtkasten und ain pötstat hat, der soll allain das ain stück in die schrandt fieren und daselbst verkaufen und von solichen zweyen stucken sollen erstlich die kisten und volgendts die pötstaten in das loß gehörn und so also das bemelt stuck, es sey ein kasten oder pötstat verkauft ist, alsdann soll er denselben marckt kain anders an die stat mer füren bey pön eins Reinischen guldins unnachleslich in eins ersamen rats püchs zu bezalen.

Es mag auch ein jeder maister zu den gewönlichen jarmärckten ain schlair kasten, ain gießfaßkasten, ain truchen, ain stuben pötstätlin und ain kindspötstätlin sambt ainem tisch alles gefürnirt oder ain tisch von hartem holtz in die schrandt fiern, doch also so derselben stück ains oder mer verkauft würde, das dann solcher stück kaines mehr darein gefürt werden sollen bey straf eines Reinischen guldins.

46. Erlaubter Nachschub einfacher Ware auf Jahrmärkten. Desgleichen, so solle und mag auch ain jeder maister ain feuchtine pötstat, sy sey mit aichem holtz beklaidt oder nit und ain knöpfete pötstat, ain geschlossne truchen, ain magdt truchen, knecht truchen oder speistruchen in die schrandt wol stellen, doch auf ainmal nit mer als zwo truchen, bis dieselben verkauft worden, alsdann allwegen an der verkauften stat andere, aber auch nit mer dann in der verkauften truchen zal und kains wegs darüber bey straf dreissig kreützer von einem jeden stuck besonder zu bezalen.

Solchermassen mag auch ein kuchinkasten, ain feuchtiner tisch, ain Sidel, ain stul und ain wiegen zu verkaufen fürgestellt werden und jedes mals an eins verkauften stücks stat ain anders demselben gleich und nit mer fürzusetzen bey straf ains ort eins guldins.

47. Verkaufte Ware sofort vom Jahrmarkt wegnehmen. Item, als oft ain arbeit in der schrandt verkauft wirdt, soll dieselb von stundan abgehöbt und hinweggefüert werden bey straf dreissig kreützer.

48. Kein Einstellen der Waren außerhalb des Jahrmarkts. Es soll auch ainicher maister sein arbeit weder auf dem kirchhof noch in die kirchen zu Sanct Moritzen noch in die heüser nit einsetzen bey pön eins ort ains guldins; dise und obsteende bussen alles einem ersamen rat in die püchs unnachlöslich zu bezalen.

49. Wiederausfuhr der Ware, die auf dem Jahrmarkt unverkauft blieb. Item, an den abenden Sanct Ulrichs kirweihe und Sanct Ulrichstag und an denselben baiden feyrtägen auch jedes nechsten tags darnach deßgleichen angeendt feyrtäg[1]) vierzehen tag die nechsten darnach und nit lenger mag frembdt kistelwerck alhie wol fail gehabt und verkauft werden, doch nach solchen tagen soll das frembd kistelwerck hie nit eingesetzt, sonder aus der statt gefürt werden unvergriffenlich ains ersamen rats obrigkait.

50. Kein kommissionsweiser Verkauf auf Jahrmärkten. Item, es soll auch hinfüro ainicher maister dem andern in die schrandt kain arbeit zu verkaufen geben oder fürsetzen, sonder es soll ain jeder sein arbeit vermög der ordnung für ine selbs fürsetzen und verkaufen, damit man sehe, was ein jeder für arbeit hab, dann welcher das überferth, soll er von jedem guldin so hoch dasselb fürgesetzt stuck verkauft wirt, fünfzehen kreutzer zu straf bezalen.

(Decretum in senatu. Aftermontag, den 4. October 1558.)

51. Strenge Einhaltung der Jahrmarktsordnung. Weiter sollen die verordneten Busmeister, wie von alter herkomen auf eins ersamen rats ainem erbern hantwerck von kistler gegeben ordnung und articul vleissigs aufmercken haben. Deßgleichen alle jarmärckt in der schrandt und wa sy in solchem ainem oder mer, der bemelte ordnung in einem oder mer weg überthrete, befinden, sollen sy dasselbig den verordneten vorgeern vleissig anzaigen und so hoch derselb nach laut der ordnung gestraft würdt, sollen sy für ir gehabte mühe den driten pfennig von der straf haben und die zwen drittheil in ains ersamen (rats ist im Text weggelassen) püchs erlegt werden, damit hierin gute ordnung und gleichhait gehalten werde.

(Decretum in senatu. Donerstags 27. January Anno 1558.)

52. Kein Ankauf fremder Ware durch hiesige Kistler. Item, es soll kain hieiger meister ainiche gemachte arbeit, so die frembden kistler etwo im jar, es sey wann es wölle, alher in die statt fiern von inen nit kaufen, welcher oder welche aber das überschreiten würden, die sollen von jedem dergestalt erkauften stück den fünften pfennig des kaufgelts der summa nachgerechnet, so er darumb gegeben unablöslich zur straf und peen zu bezalen schuldig sein.

53. Gerichtsbarkeit über Gesellenordnungen. Gesellenausschuß. (Ortengesellen.) Ferner ist zu wissen, nachdem wann busföllige sachen verhanden under sovil gesellen sich die umbfrag zu lang verzeucht und etwo unordnungen zu tragen zu fürkommung desselben, so ist mit der herrn burgermaister im ambt auch der verordneten vorgeer und geschwornen maister von Kistlern sambt aller gesellen gutthaten geordnet für gut angesehen und erkent, das hinfüro sy die gesellen uß irn zwelf ansehenlich alt und verstendig gesellen, wie es inen gevölig erwelt werden, auch an ainem tisch zusamen und dann die frembden gesellen nechst nach inen sitzen sollen dergestalt wann sich nach gehaltner umbfrag bußföligkait oder strittige sachen zwischen den gesellen zutragen, so sollen dieselben handlungen vor den zwelf erwälten gesellen in gegenwurtigkait aller andrer gesellen für und anbracht und so das geschehen die andern gesellen abzetreten abgeschafft werden und sich dessen keiner verwidern, damit die zwelf ermelten gesellen in der sachen umbfrag halten und über solches nach hantwercks gebrauch und vermög der vorgemelten articul erkennen mögen und was sy jederzeit sprechen, das soll durch die orten gesellen den frembden gesellen fürgehalten werden und ob ainer oder mer under inen were, die uf der zwelf erwölten gesellen spruch nach hantwercks gebrauch und gewonhait und nach laut der obberürten articul ein gute redt und antwort, die zu hinlegung der fürfallenden sachen dienstlich wer, wiste anzezeigen, das mög er oder sy welches oder welche solches zu thun wisten alsbaldt fürbringen und was also durch die zwelf gesellen und die frembden gesellen, so uf der zwelf erwelten gesellen spurch darzu reden wisten nach hantwercks gebrauch und vermög obberürter articul

---

1) St. Michels (?).

erkent würdt, das soll abermals durch die orten gesellen allen andern gesellen samentlich fürgehalten werden, wiste dann under denselben gesellen einer oder mer ein gute red und antwurt, das zu den fürfallenden sachen dienstlich nach hantwercks gebrauch und inhalt der obgeschribnen articul fürzubringen, das mag ein jeder auch beschaidenlich thon, damit sich keiner zu entschuldigen hab und was also durch die zwelf erwölten gesellen und die so uf iren spruch darzu zu reden wisten nach hantwercks gebrauch und vermög obbestimbter articul gesprochen wirdt, dabey soll bleiben getreülich sonder geverde.

(Decretum in senatu 12. Marty 1559.)

54. Hiesige Kistler dürfen nicht bei Auswärtigen kaufen oder arbeiten lassen. Item hinfüro soll kain ainicher maister alhie bey den frembden kistlern ausserhalb der statt kain frum arbeit machen lassen weder schreibtisch noch anders, deßgleichen kain überblibne arbeit an den jarmärckten und kirchweihen von inen den frembden kistlern nit kaufen bey obgemelter straf des fünften pfennigs[1]) von jedem stuck zu bezalen.

55. Den fremden Kistlern kein Material oder Geld leihen. Es sollen auch die hieigen meister den frembden kistlern weder holtz noch leim geben, darzu inen kain gelt auf die arbeit leihen, die auch von inen nit kaufen oder annemmen; welcher oder welche maister aber solches verbrechen und nit halten würden, dem oder denselben soll alsdann dieselb verlegt und gefrumbt arbeit durch die oberkeit alhie eingezogen und zu handen genommen und ehe nit bis der oder die verbrecher den fünften pfening der gewerdenden Arbeit erlegt und bezalt haben widerumb hinaus gegeben werden.

56. Streitigkeit zwischen Kistlern und Büchsenschäftern. Auf der verordneten vorgeer und geschwornen meister von Kistlern an einen ersamen rate supplicirn etlicher articul halb so irer ordnung eingeleibt werden solten, hat ein erbar rat inen bewilligt, das dieselben volgender gestalt in ir ordnung geschriben und gehalten werden sollen.

57. Die Büchsenschifter dürfen nicht Gesellen zum Büchsenschiften halten zur Arbeit auf Vorrat und keinen offenen Laden darauf halten, auch nicht alte Büchsen aufkaufen. Sie dürfen aber mit ihren Gesellen selbstgeschmiedete Büchsen schiften. Nachdem sich zwischen den erbarn boeden hantwercker von Kistlern und püchsenmachern spön und irrung püchsenschiftens halber erhalten und zugetragen, derowegen sye für ain ersamen rat clagsweis kommen, darauf hat wol ernanter ain ersamer rat die edlen, vösten ersamen und weisen herrn Hanns Vöhlin, Conraden Mayr, Othen Lauginger, Matheus Naiser und Veit Vettern zu gutlicher underhandlung und hinlegung solchs strits verordnet, welche die thail nach notturft gehört und nach vleißiger underhandlung mit boeder partheyen gutem vorwissen und bewilligen dahin verglichen und also vertragen, das die püchsenmacher hinfüro ir kaine kainen kistler, bogner noch püchsenmacher gesellen püchsenschiftens halben einstellen, darzu kain offnen laden darauf halten und den kistlern disesfals mit dem schiften in irem hantwerck durch die gesellen kainen eintrag thon sollen noch wollen. Was aber ain meister des püchsenmacher hantwercks für püchsen, so er oder seine Gesellen in seiner aigen werckstat geschmidt schiften will, das soll ain jeder meister des püchsenmachens guten fug und macht haben. Aber aller anderer alter gekaufter oder ime zugestelter ror und schloß zu schiften müßig steen bey pön und straf von jedem übertretten besonder zwen guldin zu entrichten. Dagegen solln die von Kistlern keine alte noch neue ror oder schloß, das sie dieselben schiften umb nachmals widerumb zu verkaufen aufkaufen, sonder sich dasselben gentzlich endthalten und des hausierens den frembden in die herbergen nachzulaufen müßig steen sollen bey vorgemelter straf von jedem übertretten zwen guldin zu bezalen. Wann aber ein schifter an seiner arbeit und für seinen lidlon von den püchsenmachern wahr eintet und annemme, soll ime dieselb zu schiften und nachmals zu verkaufen unabgestrickt sein. (Decretum in senatu feria quinta 20. Augusti Anno 1560.)

[1]) 1560 13/8 sagen die Ratsfreunde, daß eine kleine Strafe nicht helfen würde, weil an manchen Stücken 10 bis 20 fl. verdient würden.

58. Platzordnung auf Jahrmärkten. Erstens, das kein maister auf ainiche raiß pötstat lössen soll bey straf und peen eins halben guldins in aines ersamen rats püchs zu bezalen.

Zum Andern soll auchkainer auf ain bödstat noch gewandtkasten lössen, er hab dann derselben stuck eins in handen bey straf eines guldin Reinisch in obgemelte püchs zu bezalen.

Item, welcher meister ain große pötstat in der schrandt im loß hat, derselb kain raisbödstat haben bey pön ains guldins.

Es soll auch kain meister mit dem andern in der schrandt zancken, welcher solchs überfert, der soll ain halben guldin zur buß geben und bezalen.

Item, welcher sich wider die busmaister setzt und sich mit besen worten gegen gegen inen einlast, derselb soll ain halben guldin zur straf zu bezalen verfallen haben.

Item, welcher maister ain kindtspötstatlin in die schrandt fürsetzt, so soll dasselb nit mer dann ungevarlich fünfthalben werchschuch lang sein bey peen ains halben guldins.

Es soll auch hinfüro kein meister nit mer als jeder gatung zwen sessel in die schrandt setzen und so er deren ainen verkauft, mag er ainen andern an die stat setzen, wie es dann mit ander arbeit auch gehalten wirdt bey peen eins halben guldins, damit ain glaichhait gehalten werd und man dest bas in der schrandt hin und wider kommen mag.

Dieweil auch ein zeit her etlich maister als sie überthretung halben ains oder mer articuls für die verordneten hantwercks strafherrn gefordert werden, sich daselbst endtschuldigen wollen sam haben sie den oder dieselben articul bey dem schwern nit gehört, derohalben welcher sich nach verlesung der articul in ainem oder mer stuck und articuln irrete, derselb mag und soll sich zu den verordneten vorgeern oder bußmaistern verfüegen und sich der unwissenden articul halb bey inen befragen und ime dieselben verlesen lassen, wann und so oft er will, damit sich hinfüran disfals der unwissenhait halber keiner entschuldigen könne.

Und nachdem sich dann ainer entschuldigen wölt, es wer ime zu dem schweren nit verkündt worden, so soll man ainem jeden maister bey peen und straf fünfzehen kreützer jerlich zu dem verlesen der articul biethen, dergestalt welchem also under augen verkündt und darüber außbleiben würdt, das derselb die benannt straf in eines ersamen rats püx zu bezalen verfallen sein soll. (Decretum in senatu Donerstag 12. Sept. Anno 1560.)

59. Sperrung des Handwerks für zwei Jahre. Auf der erbern von Kistlern underthenig suppliciern und begern bewilligt und last ain ersamer rat auf desselben wolgefallen, widerrufen und versuchen zu, das ir hantwerck zwey jar lang beschlossen und gespert und kainem der Kistler gerechtigkait innerhalb bemelter zwey jar heut dato anzurechnen, zu kaufen gegeben. Auch kainer auf berürtem hantwerck zugelassen werden soll, er habe dann die hantwercks gerechtigkait von seinen eltern ererbt oder dieselb mit ainer witib oder meisters tochter erheirat und darzu auch wie von alter her gebreüchig gewesen (onangesehen des sechsten im monat Augusto inen bestetigten articels) fünf gantze jar nach außgang seiner lern jar auf dem Kistler hantwerck in diser statt oder anderstwa gesellen weiß gearbeitet und die meisterstuck wie sich gebürt gemacht. (Erkant in ainem ersamen rate auf Donrstag den 18. November Anno 1560.)

60. Wartezeit für angehende Meister. Auf der erbern verordneten vorgeer und geschwornen meistere von kistlern underthenig supplicirn hat ein ersamer rat den 14. articul hievor in ir ordnung begriffen nachvolgender maßen geendert und gebessert:

Nemblich. Welcher hinfüro ob dem Kistler hantwerck meister werden will, der soll zuvor mit den lernjarn acht gantze jar ob dem hantwerck erstanden und under denselben acht jarn drey jar aneinander alhie in diser statt gesellenweiß gearbeit haben und solle ein jeder bürgers sone oder frembder gesell, der zu ainer wittib oder meisters tochter das Kistler hantwerck diser statt heirat, mit den lernjarn die acht jar gleich so wol als ain anderer zu erstanden schuldig sein, ehe er zu meister zugelassen wirdt, allein das sie der drey jar alhie gesellen weis zu arbeiten gefreyt sein und solle den bürgers Sönen bevorsteen sich in oder außerhalb des Kistler hantwercks irem gefallen nach zu verheuraten und weder witib noch meisters töchtern zu nemmen verstrickt sein. (Decretum in senatu 9. Septembris Anno 1564.)

1552	Wien	Ordnung und Reformation guter Policey in den fünf niederösterreichischen Landen	
1554	München	Kistlerordnung	München, Stadtarchiv, C. VI. 1, Gewerbewes., Kistler u. Zimmerleute, I. Fasc.
1555	Göppingen	Schreinerordnung	Stuttgart, Geheimes Haus- u. Staatsarch., Göppingen
1555	Straßburg	Bestätigung der Schreinerordnung von 1544 mit Nachtrag betr. Umschicken der Gesellen	Straßburg, Stadtarch., Rep. Tom. 29, Fol. 229
1555 / 1569	Durlach u. Pforzheim	Schreinerordnung	Karlsruhe, Geheimes Landesarchiv (Durlach, A. u. St., 1734)
1557	Augsburg	Die Kistler verlangen eine Erhöhung ihrer Lohntaxe	Augsburg, Stadtarch., K. A. I. 40
1557	Augsburg	Die Kistler beantragen, den Bauherrn grundsätzlich mehr Holz anrechnen zu dürfen	Augsburg, Stadtarch., K. A. I. 40
1557	Straßburg	Die „neue Holzkunst" von Conrad Zwieck in Straßburg, Erfindung zur Holzersparnis	Straßburg, Stadtarch., V. 121, H. H. Ind. 1557
1558	Augsburg	Holztaxe für Kistler	Augsburg, Stadtarch., K. A. I. 44
1562	Greifswald	Ordnung der Schnitzer und Tischler	Greifswald, Memorabilienbuch der Stadt, Nr. 6
1563 25. 9.	Zürich	Zunftordnung der Tischmacher	Zürich, Staatsarchiv, A. 77. 14
1564 3. 11.	Münster	Tischler-Brüderschaft	(**gedr.:** Krumbholtz, Gewerbe d. Stadt M. bis 1661, S. 435)
1565 12. 7.	Frankfurt	Gesellenordnung der Schreiner	Frankfurt, Stadtarch., Ugw. C. 39. M. (**gedr.:** Bücher-Schmidt, Frkf. Zunft-Urk. II, 329)
1566	Straßburg	Artikel betr. Schreiner-Lehrjung	Straßburg, Stadtarch., G. U. P. 13. 14. B. 13 in Mappe 20

1567	Würzburg	Schreiner-Ordnung	(gedr.: Granich, Verf. u. Verw. v. Würzburg, 13—15. Jh., S. 203)
1568	Augsburg	Die Kistler bitten, in ihre Ordnung neue Artikel gegen die Materialfälscher einzufügen. Senatsbeschluß	Augsburg, Stadtarch., K. A. II. 80
1571 Mai	Augsburg	Das Kistlerhandwerk bittet den Rat um Maßnahmen gegen die Teurung	Augsburg, Stadtarch., K. A.
1572	Augsburg	Die Kistler bitten, in ihre Ordnung neue Artikel betr. Warenvorschriften einzufügen	Augsburg, Stadtarch., K. A.
1572—1748	Straßburg	Schwörbuch der Zimmerleute und Schreiner	Straßburg, Stadtarch., Zimmerleute 25
1573—18. 12.	Nürnberg	Gesellenordnung der Schreiner	Nürnberg, Stadtarch., Schreinerlade 5 (gedr.: Schönlank, Soz. Kämpfe vor 300 Jahr., S. 108—110
1573	Ulm	Convocation einiger Handwerker allhier, von bemeltem großem Handwerk zu Frankfurt	Ulm, Stadtarchiv IX 1, 1—3, Pr. 23, S. 278
1574	Nürnberg	Brief nach Augsburg wegen unredlicher Kistlergesellen	Nürnberg, Kreisarchiv, Briefbuch 188, S. 6 1/3, S. 168
1574—1765	Nürnberg	Gesellenordnung der Kistler	Nürnberg, Bibl. des Germ. Mus., Nr. 7194
1575	Nürnberg	Gesellenordnung der Kistler	Nürnberg, Stadtarch., Schreinerlade 6
1575	Stuttgart	Schreinerordnung	Stuttgart, Landesbibl. Württb., Recht, 4°, Kapsel
1575 1. 2.	Augsburg	Auf Wunsch des ganzen Handwerks erhalten die Kistler eine neue Meisterstückverordnung	Augsburg, Stadtarch., K. A. II. 63
1575 26. 2.	Riga	Gesellenordnung der Schreiner	(gedr.: Stieda, Schragen usw., S. 523)
1577	Frankfurt	Polizey-Ordnung wegen „Speiß und Trank“	
1577	Augsburg	Streit der Kistler mit den Orgelmachern	Augsburg, Stadtarch., K. A. II, 71 u. 77
1578—1660	Ulm	Streit der Kistler mit den Orgelmachern	Ulm, Stadtarchiv
1579	Stuttgart	Schreinerordnung (enthält eine Taxordnung aber ohne Preise)	Stuttgart, Geh. H. u. St.-Arch. 35. 6. 26
1580 18. 10.	Augsburg	Die Zimmerleute möchten sich von den Kistlern trennen; diese protestieren	Augsburg, Stadtarch.

1580	Frankfurt	Schreiner-Register im Schweinsleder	Frankfurt, Stadtarch.
1581	Cöln	Streit der Schreyner oder Schnitzler mit den Drießlern	Cöln, Histor. Archiv, Schrein.-Urk., Z. 126

In Sachen des Schreinerhandwerks zu Cöln.

Notar. Beglaubigung einer Beschwerde der Schreiner. Betr.: „Die Drechsler daselbst pro 31. Augusti 1581." In Gottes Nhamen Amen. Kundt und zu wissen sei jedermenniglich, denen diß gegenwertig Instrument zu sehen und zu lesen furpracht, auch selbst sehen und hören lesen werden, daß zu den Jare nach Christi unseres lieben Herrn und Seligmachers gepurt fünfzehnhunderteinundachtzig, in der neunter Indiction Rhomer Zinßzal genant auf Montage den zweiten des Monats January züschen neun und zehn vohm Vormittage: Der Regierung des Allerdurchlauchtigsten, Großmächtigsten Fürsten und Herrn, Herrn Rudolfus des Anderen, erwolten Rhomischen Kaysers zu allen Zeiten mehrer des Reiches zu Germanien, zu Hungarn, Bohmen, Dalmatien, Croatien und Slavonien, Königs, Ertzherzogs zu Oestereich (usw. usw.), daß vor dem hochachtparn Ernvesten und Weysen Herrn Melchior von Mulhern, Burgermeister zur Zeit der Stat Colln in meins Notary und dern hernachbenannten glaubwürdigen Zeugen Gegenwärtigkeit die Ehrsame Wolbescheidene Meistern von Halftern, Peter Bell, Peter Cronenberg, Johan von Setterich und Hanns Meyer, Alle verordnete Amtsmeister und respective Befehlshaber :/wie sie angaben/: eins Ehrb. Schreyner oder Schnitzler-Ampts, in eigenen Personen erschienen und von wegen ihres itzberürten Ampts wolg. Herr Burgermeister eine Supplikation nachfolgenden Inhalts presentiert und zu Handen gestellt mit untertheniger Bitt und Beger einem Ehrb. Hochweisen Radt vurbtz Stadt Coln, dieselbe fürzuprengen und Inen darauf hernach günstigen Bescheid mitzuteilen. So hat alsbaldt itz wolg. Herr Burgermeister vorm Rathause und desselben Trappen zu Rath hinauf gehendt berürte Supplikation zu sich genommen und behalten, Mit Anzeige, daß seine L. dieselbe Supplikation obwolgl. eine Erb. Radte fürprengen und daselbst verlesen lassen wolle. Von welchem Allem obg. Amptzverordnete umb Inen ein oder mehr Instrumente mitzuteilen von mir Notario begert und gesonnen, Also beschehen und verhandelt binnen der Reichs-Stat Coln auffm Platz vor und an der Herrn Rathause in den oben genannten Jare unseres Herrn Indiction, Monat, Tag, Stundt und Kayserthumb darbey an und eben mit mir Notario gewest sein die Wolerfarn und Erbarn M. Wilhelmus Deutz und Carl von Mastricht, beide glaubhafte Zeugen darzu sonderlich geruffen und gepetten. Und folgt nuhn Inhalt dern obb. Supplication hernachgesetzt alsus lautendt:

„Hochachtbare fürsichtige und Weyse und Gebietende liebe Herrn, negster Tage sein wyr in erfarung kommen, welcher gestalt E. etc. zu willens seyn solten, auf unrechtmeßig anhalten und begern auch unwahren bericht der Meister des Drießlerampts, inen den Driesselern einen besiegelten Scheyn under einer Stat Insiegel mitzutheilen, darinnen E. g. gegen menniglich hohen und niederen Standtzpersonen zeuglich bekennen, alß sollten Sie die Drießler von unerdenklichen Jarn in besitzlichen brauch gewesen sein und noch, Alhie binnen dieser Stat Collen nit allein zu machen die Stuck ihres Amptsbriefs und eines dessen Transfixbriefes, alß da sein, vermuge „des" Amptsbriefs holl und schlecht zu drisselen und vermuge des durch solchen Amptsbriefs durchstochenen Transfixbriefs zu machen Eyn Spanbedde, item ein Schirm mit Kysten und einen Sessel mit dreyen bodemen, Sunder auch auß unser der Schnitzler Schreyner oder Kystenmacher Arbeidt zu machen simpliciter und ohne einigen Underscheidt, Tysch, Bedtstedte, Siedelen, Trissour, Taffeln, Kysten, Kleiderschaffen, Heuckenschaffen (Gruckenschaffen?), Weinkisten, Handfasser, Sesselen, Kochbenck, Anrichten, und dergleichen mehr andere unser Schreynerarbeidt und werken, außerhalb des Inen den Drießler nit gepurte einich werk von verscheiden gefarbten Holtz ingelegt zu machen, Ob wir nuhn wol gern zulassen und von unß auch nit zu einigen abreden seyn, das die Drießler von langen Jarn her In besitzlichen brauch gewesen sein und noch sein, vermuge ires Amptsbriefs holl und schlecht zu driesselen und vermöge des Transfixbriefs solchem ihrem Amptsbrief durchstochen, ein Spanbedt, item ein Schirm mit einer Kysten und einem Sessel mit drey bodemen zu machen. So em kommen wyr doch Inen den Drießlern zumal nit nachgeben, daß Sie zu einichen rechtmäßigen Besitz seyn sollten auch der andere, wie obsteht Unserer Schreyner oder Kystenmacher Arbeidt und werker zu machen, Und wirdt ein alsolchs auch noch durch Sie die drießler noch durch Iemans anders wie sich geburt, dem Rechten gemäß zu Ewigen Tagen nymmer erweist mogen werden, Sunder gestehen wol auch alhier dieses falls, das im Iar thausendt vunfhundert und funf und dreißig zuschen den dreyen Ambtern der Zimmerleuthen, den Drießelern und uns den Schnitzlern, Schreynern oder Kystenmachern durch Underhandlung eines Ehrsamen der Zeit Raths vertragen ist worden, das auß unserer Arbeidt neben und mit unß den Drießlern zugelassen sein sollen diesse nachfolgenden Stuck, alß nemblich neben denen Dennen Spanbedte, ein dennen Kochbank mit einem Eichendeckel, ein dennen Siedel mit Eichen Stollen, Ein Hackbredt, ein stulp, ein thodenladt, und ein thaffel mit einem eichen, noßbaumen oder buchen Deckel, Alles also zu machen, allein zu iren der drießler selbst wohnheusern und nit auch um Taglohn zu andern frembden heusern, Und das dan die Drießler sich sunst aller anderer Schnitzler arbeidt gentzlich enthalten und Sie ferner Inhalt ires Ambtsbrieffs allein bey irem holl und schlecht drießelen pleiben sollen, Alles nach lauth hier beigelegter Copey von solchem Vertrag mit A. verzeichnet, und des auß solchem Iar 35 auch solcher unserer Arbeidtsstucker den Drießlern zugelassen Sie die Drießler obberurter vergundtermaßen in besitzlichem Brauch sein mögen Und dweil dan wan sollichs furhabendt E. g. zeuglich bekennen ins werk gehen solt, dasselbig zu unseren hochsten nachtheil gereichen wurde, wellichs pillig unß, die wir einmal unsers mit den Drießlern streits halben unß zu hoher gepurrnder Obrigkeit beruffen haben, gegen Versehung des Rechten nit zugemutet werden soll, und wir darumb vielleicht nit underlassen möchten gegen solch angemaßt zeuglich bekennen, da solchs hernacher durch die Drießler gegen uns gerichtlich da oben an der Kayserlichen Cammer furbracht werden sollt, unß unserer unvermeidlicher notdurfft hingegen zu gebrauchen, Alles ist und gelangt demnach an E. usw. unser underthenig hochfleißig Pitt, dieselbige wollenn sollich Ire wie obstehit fürhabendt zeuglich bekenntnuß zu anderer und besserer erwegung noch einmal hinder sich zihen und solchs mit dem Buchstaben des Drießler Ambts, dessen Transfixbrieff und des obberurten Vertragsbrieff vom Iar 1535 der dreyer Ambter Zimmerleuthen, Drießler und uns Schnitzler besser wie sich gebürt vergleichen und vergleichen lassen, und was dan daraußen befindlich, was ein Drießlerambt im Gebrauch sein soll und von alters gewesen, demjenigen, so es bedürftig, uns und den Drießlern, doch ohn nachteil unserer gegen die Drießler rechthengigen Appelation, stech scheinlich mitteilen, wiewohl wir es unsers einfaltz dafür halten wollen, das beiderseits pillig darmit begnügen solt, wan einem jeden schlechtlich von wort zu wort glaublicher Form mitgeteilt wurde, wes ein jeder Teil fürohin hette, oder und eins Raths versiegelung oder sunst dessen alter Registration und alles aus, so noch im Streit zumal außgelassen wurde, Sollten aber doch über Zuversicht E. g. sich je gefallen wolln lassen gemelt ihre vorhabendt zeuglich Bekenntnuß den Drießler uf iren unwahrhaften Bericht under einer Stat Insiegel unß zugegen mitteilen, kuenen wir gleichwol dafür nit, wollen aber uns hiermit uf den Fall bezeugt haben, das zu sollich E. g. den Drießlern gegen uns mitgeteilte zeuglich bekenntnuß wir mit nichten gewilligt, sundern austrücklich demselbigen als zu nachtheil unserer gegen die Drießler bei dem Kays. Cammergericht zu recht hangender wolbefügt Appelation sachen unrechtliche Attentaten zu bester Form Rechtens widersprochen haben wollen und dergestalt hiermit widersprechen mit underthenigister dienstlicher pitt uns auch desselbige zu keinem unguten noch einiger anderer ungnad zu verwirken E. g. gnedig hiruf Anthwurdt unterthenigst bittend. E. g. undertheniger gehorsame Mitburgern Meister und Brudern des Schnitzlerambts, folgt nun der in angeregter Supplikation berürter Vertrag, alsus lautend: (folgt der Vertrag von 1535).

1581	Augsburg	Vergleich der Kistler mit den Sattlern	Augsburg, Stadtarch., K. A. II. 90
1582	Augsburg	Eingaben des Meisters Wendel Dietrich betr. Beschäftigung von Gesellen über die erlaubte Zahl zur Ausführung Kaiserlicher Aufträge	Augsburg, Stadtarch., K. A. II. 108 1/12

1582	Ravensburg	Der Rat von Ravensburg erkundigt sich beim Rat von Augsburg, ob das Bildschneiden und -hauen in Holz eine freie Kunst sei	Augsburg, Stadtarch., K. A. II. 96
1582	Heilbronn	Glaser- und Schreinerordnung	Stuttgart, Geh. H. u. St.-Archiv
1583 9. 11.	Basel	Eingabe der Schreiner von Brombach wegen freien Gebrauchs der Messe in Basel	Basel, Staatsarchiv, R. R. 6
1583	Ulm	Der Rat von Ulm fragt den Rat von Augsburg, ob die Orgelmacher für ihre freie Kunst Schreinergesellen annehmen dürfen	Augsburg, Stadtarch., K. A. II. 98
1584	Schlettstadt	Vertrag der Wagner und Kistener die auf dem Lande und in der Stadt arbeiten	Straßburg, Stadtarch., V 121, 1596—1627
1584	Augsburg	Die Zunft der Kistler, Zimmerleute, Hafner und Maurer bitten, in einem Gasthaus ein Zimmer mieten zu dürfen	Augsburg, Stadtarch., K. A. II. 105
1587—1637	Straßburg	Ordnung für die Schöffenwahl der Zimmerleute	Straßburg, Stadtarch., Zimmerleute 25
1587	Wismar	Rechnung des Meisters Tonnis Evers in Lübeck über seine Arbeiten an der Kanzel der Marienkirche zu Wismar	(**gedr**: Mitt. d. Ver. f. Lüb. Gesch. u. Alt.-Kd. II, 1885 6, S. 94. Entnomm. durch Dr. Crull dem Rechn.-Buch der Marienk. in Wismar
1588/9	Augsburg	Streit zwischen Kistlern und Trexlern	Augsburg, Stadtarch., K. A. III. 15
1588	Augsburg	Abschiedsbrief des Vorgehers der Kistler Marx Heckel an den Rat	Augsburg, Stadtarch., K. A. III. 11
1589	Augsburg	Zwei Schreiben des Pfalzgrafen Wilhelm bei Rhein an den Rat wegen Bewilligung von Gesellen für die Meister Hans Krieger und Jacob Dietrich	Augsburg, Stadtarch., K. A. III. 16 u. 18
1589	Regensburg	Der Rat von Regensburg fragt den Rat von Augsburg, ob ein Meister wohl als Geselle arbeiten dürfe; ferner wie das Verhältnis der Kistler zu den Büchsenschiftern sei	Augsburg, Stadtarch., K. A. III. 13 m. Siegel
1589	Basel	Die Meister der Schreiner bitten, ein neues Meisterstück festzusetzen	Basel, Staatsarchiv, R. R. 1 und Zunftbuch (Ratsbücher F. 1) Abt. Spinnwetter, S. 22
1589	Basel	Schreinerordnung	Basel, Staatsarchiv, Spinnwett. 40, S. 1—9
1589	Frankfurt	Bestimmung betr. das Meisterstück	(**gedr.**: Bücher-Schmidt, Frkf. Zunft-Urk. II, S. 16)

1590—1618	Hamburg	Schnitkerordnung	(**gedr.**: Rüdiger, Alt. Hbg.Zunftroll., S.267
1590	Stuttgart	Zimmererordnung	(**gedr.**:Stuttg.,Samml. v. Hndw.-Ord., 1758, Bibl. d. Zentralstelle)
1590 2.	Augsburg	Die Kistler erbitten vom Rat Notstandsmaßnahmen	Augsburg, Stadtarch., K. A. III. 23 u. 31
1591	Frankfurt	Schreinerordnung	Frankfurt, Stadtarch., Ugw. C. 39. A. B., Konzept dazu mit allmähl. Verbesserungen
1591—1797 1781—1790	München	Streitigkeiten der Kistler mit den Zimmerleuten und Bildhauern	München, Kreisarch., A. G., Fasz. 847, Nr. 80/81
1592 9. 1.	Augsburg	Der Kistlerordnung werden einige Artikel gegen die Fälschung eingelegter Arbeit durch Farbenanstrich eingefügt	Augsburg, Stadtarch., K. A. V. 82, Beilagen
1592 16. 9.	Cöln	Holzordnung	Cöln, Histor. Archiv
1592—1731	Cöln	Streit der Schreiner und Schnitzler mit den Buddenbendern (Faßbindern) wegen Holzeinkaufs usw.	Cöln, Histor. Archiv, Schreiner-Akten 121
1593.4.	Augsburg	Die Ursachen der Überfüllung des Handwerks werden untersucht	Augsburg, Stadtarch., K. A. III. 22
1593 13. 3.	Zürich	Die Tischmacher äußern sich, vom Bürgermeister aufgefordert, über ihren Taglohn	Zürich, Staatsarchiv, A. 77. 14
1593 27. 4.	Ulm	Ulm fragt in Augsburg an wegen der Schaumeistergebühren	Augsburg, Stadtarch., K. A. III. 33
1594	Lübeck	Streit mit dem Meister Tönnies Evers betr. Vollendung der Täfelung der Kriegsstube	(**gedr.**: Mitt. d. Ver. f. Lüb.Gesch.u.Alt.-Kd. 1887, Heft 2, 1885/6)
1594—1649	Flensburg	Schützengesellschaft, Gläser und Tischler	Flensburg, Stadtarch. A. 354,
1595	Stuttgart	Schreinerordnung	(**gedr.**:Stuttg.,Samml. d.Handw.-Ord. 1758, Bibl.der Zentralstelle)
1596 19. 9. —1612 24. 2.	Münster	Streit der Kleinschnitzler mit den Zimmerleuten	(**gedr.**: Krumbholtz, Gewerbe der Stadt Münster bis 1661, S. 439—441)
1596 18. 8.	Basel	Die Schreinergesellen erhalten auf ihre Bitte eine Ordnung	Basel, Staatsarchiv, R. R. 4, 1596, 11/8 u. 14/8 (Gesellen) und Spinnw. 40, S. 17—27

1596 17. 6.	Cöln	Amtsbrief des Schnitzleramts gegen Pfuscher	Cöln, Histor. Archiv, Schreiner-Akten 115

Amtsbrief des Schnitzleramts gegen Pfuscher, Cöln 1596.

Wir Bürgermeister und Rath dieser freien des hlg. Reichs Stadt Cöln thun kundt hiermit, daß demnach die Freunden des Schnitzleramts sich bei uns supplicando beclaght, daß ihnen und ihrem Handwerk ein großer Schadt und nachteil zugefügt wird, indem ettliche frembde außländische und andere /:so ihres Ambichs gerechtigkeit vermoegh habender und vor lange Jahren von uns erlangten Gerechtigkeiten noch nitt der gepuer erworben haben:/ ettlich schnitzelwerk in den häusern und sonsten machen, auch wohl bei den Keufferschen (Krämern?) zum kaufen heimtgeben, auch von baussen herzubringen und dardurch denen, so mit schwer Kosten des ambichs Gerechtigkeit erworben, ihrer nhärungh einem merklich abbruch thun, und deßwegen gepetten, ihnen eine sichere ordnungh zu vergünstigen, damit solcher schadt und Abbruch ihrer nhärungh verhoetet möge werden, also haben wir heudt auf vorgehendt reiflich bedencken und ahngehörter relation unsere Deputierten benamdtlich der ehrsamb vorsichtig und weisen H. Hillebrandt Sudermann alten Burgermeisters und Bartholdt Questenbergh, beider Stimmeister Mattheussen von Wolffkerl, Johann tom Lähn, genannt Lennep, Jost Pfingsthorn und Peter Beywegh, den Freunden des Schnitzler Handtwerks nachfolgende Ordnung gnediglich vergondt und zugelassen:

1) das ihre zur Zeitt Amtsmeister, wannehr sie einigh werk, welches durch eine /:so ihres ambachs gerechtigkeit nicht erworben hatt,:/ oder aber von baußen hierin gebracht were und zu verkauffen hinder einer Keufferschen oder sonst woh finden würd, das sie absolch werk durch des Brodtwieger oder Gewaltrichters diener auf den orthen, da es zum verkauffen gestellt ist, gefunden wird, moegen verpiethen und in unsere Cantzelei bringen lassen, daselbsten die Stücke, so langh verpleiben sollen, bis derselb, so solches gegen die Schnitzler ambichs gerechtigkeit und ordnung gemacht oder baußen herzu und zu seinem vortheil zu verkaufen gebracht, die straff erlegt hat, von jedem Gulden, soviell das gefunden werk werth würdt sein 6 alb. und allsolch werk den zur Zeit ambichs Meistern nha billiger Werth zu schetzen heimbgeben sein, jedoch mit der Bescheidenheit, des impfall der übertretter, welcher allsolch werk gemacht oder hieringebracht eines übermäßigen schätzens sich beklagen würdt, das alsdann die Ambtsmeister vor die werth gleich eß geschetzt ist, ahn sich behalten und nehmen und geldt nha abgezogener straff und unkost dem übertretter hieraußen geben sollen, welche straff soll in drey theill geteilt werden, ein drittel theil soll uns heimfallen und zu unserer Rhendtchammer eingeliefert werden, des andere dritte theill dem Ambt, daß letzte drittetheil den zur Zeit wesend ambiche meistern vor ihre Mühe und verlust, und soll der übertretter inwendigh acht tagen allsolche sträff zu erlegen schuldig sein, sonsten sollen die ambichsmeisters solchs in der Cantzeley liggende werk vor deß herr Burgermeister Bericht umbschlagen und plus offerenti verkauffen und auß den Kaufpfennigen die boeß nhemen, daß überige nach verrechneter gerichtlichen Unkosten dem übertretter wieder zukommen lassen.

2) Wenn einigh Schnitzlerwerk von baußen, so etwa innerhalb 10 Meilen wegs hierumbher dieser Stadt Collen gemacht oder von Jhemandt von hinnen zu machen bedingt ist, hierin gebracht werdt, und Jhemandt von dem Schnitzler ambich entwieder ahn der pfordten oder auff der gassen solches antreffen würdt, als dan moegen sey alsolch werk ahn der Pfordten mit dem schreiber, auf der Straßen aber selber, sofern sie den Broedtwieger oder Gewaltrichters diener in der Eill nicht haben khonnen, jedoch mitt bescheidenheit anhalten und strack zu unserer Cantzeley brengen, bis die vorgenannte Sträff drab erleght oder sonst drüber ob es der straff underworfen oder nicht Kundtschaft eingenohmen ist, — sollen gleichwohl hierund nicht begriffen sein oder verstanden werden, was etwa zu Frankfurtt, Liepzig, Straßburgh, in Brabandt oder sonst einigh anderer weithgelegener Stadt und frembden Landen und Wessen gekauft oder gemacht ist und von einigen Burgern entweder zu verkaufen oder zu seiner Notdurfft in seinem Hauß zu haben und zu gebrauchen heringebracht wirdt, als nemblich:

Kunstige eingelachte Kanthorgen, Bedtstadt, Taffeln, Kisten, Kasten, Kleiderschaff und ander Arbeit so alhier nicht preuchlich ist zu machen, oder die Meister hier also gutt und vor alsolchen preiß, davor es anderswo gekauft ist, nicht machen können.

3) werden die Meister aber kein Werk antreffen, sondern zu gewisser Erfahrung bringen, daß, einig Gesell oder ferkenstecher, er wehre allhie ingesessener Bürger oder auslendisch, so des Schnitzlers-Ambtsgerechtigkeit noch nicht erworben hat oder auch Meister worden ist, entweder in eines Burgers Haus oder sonsten in seiner Herberg und Chammer heimblich arbeiten, und gegen der Freunden des Schnitzlerhandwerks ambichsgerechtigkeit handeln, würde, den oder dieselben mögen die Ambichsmeister auf 6 ggl. straffen, welche Straff inwendich obbstimpter Zeit der acht Tagh erleght, oder der übertretter soll, sofern er ein Burger ist, mit der Gewalt dafür gepfandt werden, und soll dieselbe straff der 6 goldgl. gleichfalls in drey Theile getheilt und das dritten Theill zu allen halben Jahr von denen zur Zeit Ambicilsmeistern mit einer aufrichtig rechnung zu unserer Guedestags reentchammer bei ihren aidten zugeliefert werden. Ist derselbe aber ein loß lediger Gesell und khein Bürger, so moegen die Ambichsmeister, mit des Broedtwieger oder Gewaltrichters dhiener,denjenigh, so ehr zu seiner Herbergh oder sonst, was er allhie in der Stadt ahn aussenstehenden schulden und gütter hat, beschlagen lassen, biß so lang daß er die angesetzte boeß der 6 ggl. erlecht hat, und im Fall er bey erlegungh der Boeß obgesetzte Zeit vorbey würdt gehen lassen, als dan moegen die ambichsmeister mittzuthun, daß Gewaltrichters dhiener auß demjhenigh, was sie im verpott haben legen lassen, soviel als 6 ggl. und deßwegen nötiger Unkosten werdt ist, wollen, vor Herr Bürgermeister gericht bringen, und gerichtlich umbschlagen.

4) sofern aber die Freunde des Schnitzlerambichs in gewisse erfahrung bringen würdten, daß in einiges Herren oder Bürgers Hauß dieser Stadt, durch einen loß ledigen gesellen, oder sonst Jemandt, so deß ambichs gerechtigkeit nicht hat, und ohn Erlaubniß der Meister einigh Werk zubehueff des Herr oder Bürgers gemacht hätte und sich daselbst befinden würdt, allsolches Werk sollen die meister n i c h t hinuegnehmen sondern morgen woll hinder den Herren oder Bürger des Übertretters Belohnung oder nach standt und werk zeigungh oder who ehr sonst etwaß außstehen hat, mit dem broedtwieger verpiethen und vor des Herrn Bürgermeisters gericht ordentlich darauf procedieren, so hoch als die straff von 6 ggl. und angewendete Kosten, [würde aber einig Herr von der Obrigkeit, Natsperson oder sonsten gebohrner und vom Nath zugelassener Bürger dieser Stadt Cöllen einigen Gesellen des Schnitzlershandwerck für einen diener um Jahrlohn bedingen und annehmen, was derselbe zu behuef seines Herrn und in dessen Behausung arbeiten und machen würde, darüber sollen die Amtsmeister keine Macht haben, etwas hinwegzunehmen, Bescheidenheit, daß allsolcher Gesell, welcher dergestalt um Jahrlohn zu dienen von einigen der vorgenandten Herrn würde angenommen, soll zu vorn und ehe er sich in Dienst einstellen würde, sich bey denen zur Zeit Amtsmeistern des Schreineramts angeben, und eydlich angeloben, daß er, solange in dessen Herrn dienst seyn würde, keinem anderen, denn allein was seinem Herrn zukommt und zu seines Herrn Notdurfft arbeiten und wirken wolle, und da er dagegen thäte oder handelte zum Nachteil dieser Ordnung, daß er alsdann die Straff, so im 4 Artikel begriffen, gleich anderen unterworfen seyn solle.

Sofern auch der Herr, so einen Gesellen, wie vorerklährt, in Dienst angenommen, einigen Meistern des Schreineramts erfordern würde, um des Dieners Arbeit zu besichtigen, damit das Werk zu guter Arbeith gemacht würde, oder sonsten das Werk zu ordiniern, alsdann soll der Meister jedoch um ziemliche Belohnung folgen und dem Herrn zu Dienst erscheinen.]

Sollten auch die Jenigh so gegen des ambichs gerechtigkeit wie oben erklert, handeln werden, so duckmahlen alsolche boeß zu erlegen schuldig seyn, so duck als sie befunden werden, daß sie dagegen gethan haben, ohn eienigh nachlaß.

Jedoch unß diese ordnungh nha Gelegenheit der Zeitt zu kürtzen oder zu lenger oder zu ändern vorbehalten Im Urkundt unsers hierundt angehenden Insiegels.
(Von 6 Meistern unterschrieben.)

NB. Die [] eingeklammerten Sätze finden sich in dieser Urkunde n i c h t , dagegen in einer späteren Abschrift, Cölner Kistler-Akten 117, im Prozeß gegen den Bannerherrn Bianci im Jahre 1760.

1597 31. 10.	Karlsruhe	Schreiner-Ordnung des Grafen zu Schwarzenberg	Karlsruhe, G. L. A., Landgrafsch. Kletgau 144, II, 1. 40
1598	Augsburg	Notverteilung von Korn unter die Kisterzunft	Augsburg, Stadtarch., K. A. III. 45
1598	Heidelberg	Meisterstückordnung der Kistler	Karlsruhe, G. L. A., Heidelberger Cop.-Buch, 857
1598 5. 5.	Augsburg	Die lässigen Bußmeister der Kistler werden vom festen Gehalt wieder auf Prozente gesetzt	Augsburg, Stadtarch., K. A. III. 44
1599	Tilsit	Tischlerordnung	Nürnberg, Bibl. des Germ. Mus, 7183
1599 4. 4.	Hamburg	Ordnung der Spinnradmaker	(**gedr.**: Rüdiger, Älteste Hamburger Zunftrolle,n S. 269)
16. Jahrh.	Basel	Streit der Tischmacher mit den Bildhauern	Basel, Staatsarchiv, Akt. bei den Bildh.
17./18. Jahrh.	Heilbronn	Streit der Schreiner mit den Orgelmachern	Heilbronn, Städtisches Archiv
1600 zirka	Heilbronn	Taxe für Schreinerarbeit	Heilbronn, Städtisches Archiv
1601	Berlin u. Kölln	Verbessertes Innungsprivileg der Tischler	(**gedr.** b. Mylius, Corp. Const. Marchianum, V 2, S. 610)
1601	Straßburg	Wer noch nicht 20 Jahre Meister ist, soll das Meisterstück der Schreiner nachholen	Straßburg, Stadtarch., Staat. Rep. Tom. XXI 1601, Fol. 35
1603 1665	Lübeck	Maßnahmen gegen die Schreiner auf Gütern	(**gedr.**: Wehrmann, D. ält. Lüb. Zunftrollen, S. 98)
1603	Landsburg	Schreinerordnung	(**gedr.**: Krallinger, Neue Beitr. z. Gesch. d. St. L., S. 19—24)
1603 14. 5.	Basel	Die Schreiner werden der Accordarbeit beschuldigt	Basel, Staatsarchiv, R. R. 1
1603	Cöln	Cöln erbittet Schaumeister aus Frankfurt	Frankfurt, Stadtarch., Ugw. C. 39. K. K. fehlt
1605	Zürich	Tischmacherordnung, Verzeichnis der Meister	Zürich, Staatsarchiv. A. 77. 14
1607 17. 9.	Lüneburg	Gesellenordnung der Tischler	Lüneburg, Stadtbibl., Hdschr. A. 78 u. 229 (**gedr.**: Bodemann, Alt. Zunft-Urk., S. 243)

1607/8	Würzburg	Zwei Ordnungen der Schreinerzunft	Würzburg, Kreisarch., Würzb. Urk. 14, 191 a
1607 23. 11.	Basel	Schreinerordnung	Basel, Staatsarchiv, Ratsbücher F. 1 betr. Spinnw., S. 25b, 26
1607	Basel	Meßordnung gegen fremde Waren	Basel, Staatsarchiv, Spinnw. 40, S. 33—35
1607 9. 3.	Münster	Ordnung der Kleinschnitzer oder Tischler	(**gedr.**: Krumbholtz, Gew. d. St. M. bis 1661, S. 443)
1607—1673	Basel	Beschwerden der Tischler gegen Vorfmeister	Basel, Staatsarchiv, R. R. 6
1607	Straßburg	Bauholzordnung	Straßburg, Stadtarch., Staatlich. Rep. XXI, Fol. 103
1608	Augsburg	Verbot des Verkaufs neuer Kistlerarbeit durch Händler	Augsburg, Stadtarch., K. A. IV. 46
1610	Ulm	Artikel wegen des Wanderns der Schreiner	Ulm, Stadtarch. XI. 1, 1—3
1613	Heilbronn	Streit zwischen Schreiner und Büchsenschäfter	Heilbronn, Stadtarch.
1613 13. 4.	Augsburg	Schreibtische an denen auch Schlosser mitgearbeitet haben, werden als Handelsware erklärt, dürfen aber nicht hausiert werden	Augsburg, Stadtarch., K. A. IV. 56
1613	Straßburg	Beschwerden der Schreiner gegen das Zunftgericht	Straßburg, Stadtarch., Zimmerleute 26
1614—1715	Nürnberg	Ausgabebuch, Schuldigbleibbuch bei der Umfrage, kleines Einnahmebuch der Schreiner-Gesellen	Nürnberg, Stadtarch., Schreinerlade 10—12
1614 23. 11.	Würzburg	Schreiner-Ordnung	Würzburg, Stadtarch., Copeybuch 48

Schreiner Handwerk Neuer Satz unnd Ordtnung, Würzburg 1614.

Anno Domini 1614 vff montags den 23. Novemb: haben die Ehrwürdigen, Edlen, wolgelärtten, Erbarn, Fürsichtigen, vnnd Weisen herren, so der Zeit Jhm obern Rath geseßen, Herr Hannß Georg Fuchs von Dornheim Capitular, Custos Vnnd Senior p. für sich vnnd andere Mitt Dhomb Herrn zu Wurtzburgh, Magister Wilhelm Kommeder Chorherr zu Haug, Magister Paulus Grunewaltt Chorherr Im Stiefft Neuenmünster, Herr Johann Philips vom Riet Chorherr zu S. Burckhardtt, Herr Georg Weltzeltter Burgermeister Veitt Linhartt, Martin Reyn, des Vndern Raths, Johann Seufrott wegen einer gemein, Linhartt Zorn, vonn wegen der Hecker, Vnnd Hanns Knortz, von wegen der Metzger x. Vff Vnderthenig ansuchen vnnd Pitten, der Meister deß Schreyner handtwercks alhie zu Wurtzburgk, zu disem Irem vorigen altten Satz vnd Ordtnung auch vmb Irer vnnd Iren Vornfahrer Seelen Nutz vnnd beßerung Ires lebens, eine Althar, Jhn dem Closter zu S. Augustinern, dohin Sie Ihre andacht gepflanzt, Iren Gottes Dienst doselbsten anzurichten, verwilligt vnnd zugelaßen, Daß Sie des Jhar vier mahl, als Nemblich vff die vier quartel oder Guldensonttag vngeuerlichen acht tagk vor oder nach alle meister so sie Schwacheit halber, nit gehindertt werden, bej dem Ampt der heyligen Meß erscheinen vnd bejwohnen sollen,

Zum 2. Do nun einer oder mehr Meister solchen Jren Gottesdienst auß fhar vnd Nachlessigkeit, nit besucht, vngehorsam erfunden, zu rechter geburender Zeit nit erscheindt, vnd abwardt, oder sich bej den geschworner meister seines Aussen Pleibens seine schafft vnd redliche vrsachen nit anzeigen wurdt, Derselbe solle ohne gnadt 2 Pfd. Wachs, zu beleuchtung Jhres althars zu straff, alß balden zu erlegen vnd zubezahlen schuldig, auch angehalten werden, Zum 3. Sie sollen auch, zum opfer erbarlich vnd zuchtig geen, vnd ein Jder sein Opfer pfenning, vff den Althar, do der Prister das Ampt der hey. Meß singt ader lesen wurdt, selbst auff opffern vnnd auflegen, dobej sein gebett, vnnd den dinst Gottes vorrichtten, wie vnsere liebe Vohrelttern auch gethan vnnd verricht haben,

Zum 4. Weile sie nun Gott dem Allmechtigen zu lob, vnser lieben frauen, vnd besonders auch S: Kilian, Colonat vnnd Tottnan, auch dem ganzen himblischen heer, zu eheren, Jhren, vnd Jhren Vohrfarn vnnd Nachkommen Seelen zu Heil vnnd Trost, Jhre Kertzen zum vmbgang oder Proceßion, auch andere Kertzen zu Jrem gotts dinst vnd zur Begräbnus zugebrauchen, verschafft haben, Sollen Sie solchen Jren Gottes Dienst vnd gebett vleissig abwartten,

Zum 5. Auff das nun Jhr Götlich werck im wesen bleib, vnnd Jhr Handtwerck außgericht, vnnd erbarlich gehaltten, der gemeine Mahn, Reich vnd Arm, geistlich vnd Weltlich, mit Jrer Arbeit versorg werde, So haben die obgemeltten heren des Obern Raths p. vff Jhrferner vnderthenigs anhalten vnd pitten, auch gewilligt, Daß ein Meister Sohn, ader Ein gesell, so sich alhie zu eines meisters hinderlassenen Wittibin oder ehelichen Dochter verheyrathen wurdt, deß Tisch zum Meisterstück zu machen gefreit vnd erlaßen sein, den Casten soll er gleich anderen schuldig vnd verbundig sein zu machen, hergegen aber ein frommer Außlendischer solle bede Stuck den Tisch vnd Casten zu machen hiemit verobligiert vnd verbunden sein.

Zum 6. Wier wöllen auch alle Jre von vnsern Vhor fahrn des Obern Raths erlangtte Puncten Jn Jrem Satz vnd Ordnung begriffen, hiemit wider erneurtt, vnnd bestettigt haben, daß Sie von meister vnd gesellen sollen gemeß gelebt vnd gehaltten werden, bej Jder Ortt sonderlicher Jngesetzter Peen vnnd straff p.

Statutum, so den 10. Aprilis anno 1620 dem Oberrhatschreiber der Schreiner Satz einzuuerleiben befohlen;

Auß der Schreiner bei sich habenden Satzbüchlein.

Anno eodem Jst zu ihrem satz gesetzt vnd geschrieben worden p. Es solle auch keinem das Maß zum Maisterstück gegeben werden, Es sej gleich eines Maisters Sohn, oder ein frembder, Er habe dan zuuor zwaj Jar vff dem handwergk gewandert, Dasselbig besser erfahren vnd begriffen, auch solle ein frembder Schreinergesell, wan man Jhme das maß zu dem Maister stuck giebt, alsobalden aufflegen, drej gülden vnd funff Patzen, zu erhaltung der Kertzen vnd Barthuchs, vnd zu dem Gottesdienst, auf die vier Vmbgang, Jst es aber eines Maister sohn oder Dochter, oder Wittfrau, die solle geben zwen gulden vnd dreizehen Patzen, vnd darneben seinen geburt vnd lehrbrieff aufflegen p.

1615 14. 6.	Flensburg	Durch Königl. Mandat sämtl. Schragen (Ordnungen) aufgehoben wegen schlechter Arbeit und hoher Preise; aber bald wieder anerkannt	Schütt, Geschichte der Schriftsprache in Flensburg bis 1650, 1911, S. 234
1617	Augsburg	Fastnachtspiele der Kistlergesellen	Augsburg, Stadtarch., K. A. IV. 61
1617 7. 9.	Straßburg	Ordnung der französischen Schreiner	Straßburg, Stadtarch., Protokollbuch der Zimmerleute XIV.

1619—1798	Nürnberg	Einnahmebuch der Kistlergesellen	Nürnberg, Stadtarch., Schreinerlade 9
1620	Lübeck	Auf ihren Antrag werden die Ämter der Kistenmacher und Snidekeren vereinigt	(vgl. Wehrmann, Die ält.Lüb.Zunftr.,S.57)
1620 17. 6.	Cöln	Vergleich der Schreiner mit den Holl- und Schlechtdrehern	Cöln, Histor. Archiv, Schreiner-Urk. Z.151

Vergleich der Schreiner mit den Drehern, Cöln 1620.

Nachdem ein ehrsamer Rat vor geraumer Zeit befunden, daß zwischen den Schreinern, Holl- und Schlechtdrehern vast viel Irrungen, Zwiespalt und Streitigkeit wegen der Underschiedtlicher werk und arbeith, welche einem jeden Ambt zumachen gebühren soll, entstanden und darunter vielfaltig von einem und anderen theil mit supplication und klagten beschwert worden, indem die Schreiner auf ihre Amtsbrief habende uralte gerechtigkeit, Insonderheit aber auf die im Jahr 1535 zwischen allen drei Aemtern der Schreiner, Zimmerleute und Drechsler gemacht auch jüngst den 11/VI 1618 von neuem cum causa cognitione confirmierte ordnung und Registratur die Stueldreher aber auf den im Jahre 1572 und 1576 gemachten Beschluß, davon die Schreiner gleichwohl an das hochlöbliche Kaiserliche Kammergericht als beschwert appeliert, und im Jahre 1580 appelatione pendente einseitig mitgeteiltes documentum gezogen haben, und sich respektive dabey zu lassen und handtzuhaben begehrt; ob dan ein ehrsamer Rath zu vielmahlen durch ihre ansehentliche Deputierte underschiedliche Weg und Mittel zur Vereinigung der Aemter und entliche Aufhebung alles Streits vorschlagen und versuchen lassen und die Schreiner sich wolg. Ratausschlag und Verordnung gäntzlich submittiert, die Stueldreher aber auf den speirischen Prozeß sie jedesmahl gezogen und referiert, so ist auf heute dato nach angehörter umbständlicher Relatio und erwägung der gantzen Sachen Beschaffenheit durch wolg. Rhatt einmüthiglichen beschlossen und vertragen, daß die Schreiner bey Poen zwölf gldgl. keine Drechslerbänke haben oder gebrauchten sondern dieselben, im Fal sie bey Jemandte auß Ihnen fürhandig, abschaffen, und den jetzigen Stuhldrehermeister frei und unbenommen sein solle, den angefangenen Speierischen Prozeß nach ihren Gefallen zu continuieren und auszuführen, auch das Handtwerck wie sie solches gelernt und bis dahin gehalten, ihr lebenlang zuüben und zu gebrauchen, dieweil aber ein ehrb. Rath sich nicht weniger in diesem als allen anderen Amtsbriewe, recesse, ordnungen und registraturen ausdrücklich vorbehalten und ohne dem Vermög des Verbundts mächtig ist, dieselben zu kürzen zu längen und zu andern, wie solches der Stadt Notdurfft und gemein best zu Erhaltung guter Friedenseinigkeit und Verständnus unter den Burgern jedesmahl erfordert und dann solches anderer gestalt nicht geschehet. Kan dan wan die Amterunterschiede und ein jedes, wie allenthalben bräuchlich bey seinem eigenen Werk verbleibt und gelassen wird, Sonderlich weil viele von den jtzigen Drechslermeistern sich zu den Schreinern zu begeben erklärt, so hat darauff wohlg. Rhatt denselben freygestellt, solches zu thuen, auch die Zeit ihres Lebens die Drechslerbank neben der Schreinerarbeit zu machen und zu brauchen, sollen auch der Schreiner privilegien und gerechtigkeit vehig (fähig) sein und von denselben auf ihr Ansuchen unentgeltlich angenohmen und mit Einschreib und annehmung der Knecht und Jungen und anderer Ambtsordnung gleichmessig gehalten werden. Die Uebrigen, welche bei den Drechsler zu verpleiben entschlossen sollen ihr Lebtag wie obgesetzt das Amt gebrauchen, ihre Knecht und Jungen aber welche sich hinfurter als Meistern zu den Drechslen einschreiben lassen und an die Burdelmacher-Gaffel begeben und verändten wollen, sollen neben dem Holl- und Schlechtdrehen diejenigen Stück, so im vorigen Jahr 1535 gegeben Rhatsreceß und Schluß specificiert und ausgedruckt, nemblich ein Spanbeth, Kochbenck, Sedelen-Hackbenck, Stulpen, Thodten Laden und Taffeln /: darunter doch die austreckenden Tisch nicht zu verstehen /: auß gantz Eichen oder Danen oder aus beiderlei benannten Holtz machen, darzu allein die Schab gebrauchen und sich sunsten aller übrigen Schreinerarbeith, wie die gleich benennt werden mag, auff Straff 12 goldgl. neben Verlust des gemachten Werkes, welches durch die Gewaldrichter mit Erlaubniß der zeitilchen Herr Bürgermeister auß den Häussern auf ein Kommen klagt abgeholt werden soll, enthalten, auch hinfurter bey Annehmung der neuen Meister dieser Schluß deutlich angezeigt und vorgehalten werden, mit dem Anhang, wofern einige Meister Lehrjung oder Knecht ander gestalt aufgenohmen und eingeschrieben würdt, daß derselb sein Burgerrecht, Zeit und Ambt verlohren und in dieser Statt zu arbeithen nicht zugelassen, diejenigen aber welche denselben, jtzigem Schluß zuwider angenohmen umb 25 goldgl. gestrafft werden und darzu den Meister Knecht und Jungen sein Kost und Schaden unnachläßig bezahlen solle, dies Alles hat wohlg. Rhatt auf eine Taffel registriert zu künftiger Nachrichtung in de Gaffelen aufzuhenken und vast zu machen befohlen, mit Vorbehalt hienieder und ferners oder anders zu ordnen und zu statuieren wie es die gelegenheit oder Notturfft erfordern oder wohlg. Rhatt nutz und dienlich zu sein würdt ermessen.

1621	Cöln	Schreinerordnung	Cöln, Histor. Archiv, Schreiner-Akten 144

Schreinerordnung, Cöln 1621.

1. Was aber ein ehrbares Schreineramt belangt, soll ein jeder eingeschriebene Lehrling[1]) bey dessen einschreibung 2 goldgl. und 74 fl. 16 alb. nebens viertel Wein erlegn, jedoch dergestalt, daß hierab einem ehrbaren Ambt sechs Cöllsche gulden berechnet, das Uebrige aber denen Ambtsmeistern vor ein praesent außgetheilt werden soll.

2) Zum andern sollen die Meistersöhne ab diessen Einschreibungsgebühren befreit seyn, es sei dan, daß ein solcher Meistersohn von der ordinario Einschreibungsgebühr frey sein, den Ambtsmeistern aber die zwei viertels und ein mehreres nicht endrichten.

3) Zum Dritten daß ein außwendiger Gesell, so anderswo sein Handwerk erlehrnt dahier sich zur Gewinnung seiner Zeit sich einschreiben lassen wollte, soll derselbe hinführo gleichs einem Jungen 2 ggl. nebens den 2 viertel Weins erlegen.

4) Soll ein jeder Lehrjung nach außgestandenen Lehrjahren ziemlicher Massen außschreiben lassen und darfür 40 alb. und ein viertel Weins abstatten wovon einem Ehrb. Ambt 12 alb. berechnet und der Rest den Ambtsmeistern gelassen wird.

5) sollen die angenohmenen Meister ihr Meisterstuck gewöhnlicher Maßen verrichten und denen Ambtsmeistern bey dessen Besichtigung /: so gleichwohl nicht über 3mal zu geschehen /: ein viertel Weins und etwas weniges Brodt zum Trunck vorsetzen, nachdem aber das Meisterstück fertig, soll selbiges der Verdientschaft zur examinatio vorgestellt werden, und auf dessen beschehener approbatio 24 Reichsthaler zu gemeinen Ambtsbehuff erlegen, und damit zur Meisterschaft angenohmen werden.

6) soll dieser neue Meister nebens obengenannten 24 rthlr. den verdienten Meistern mit einer Schincken, Stumpff und Braten tractieren und auf jede Persohn 1½ Schenkkannen vorstellen, dabei aber hinfüro keine Freunde noch Verwandte zugelassen werden, und daß zwar auf Straff von 5 goldgld. auf jede Persohn so dergestalt außerhalb der vom Ambt dazu gelassen werden soll.

7) (später gestrichen) soll es der verdienten und unverdienten Söhne, Tochter und Wittib halber diesergestalt gehalten werden, daß die verdienten gegen Erlegung von 20 rthr. die unverdienten aber 30 rthr. vor Gaffelgebühren und andere Kost zur Meisterschaft angenohmen werd und damit von allen ferneren tractament und Unkost befreyt sein sollen.

Ersatz 7): soll es der verdienten und unverdienten Meistersöhne, Tochter und Wittiben halber bey der Auffnehmung zur Meisterschaft dieser Gestalt gehalten werden, daß die verdienten Meisterssöhne und diejenigen so eines verdienten Meisters Tochter oder Wittib erheirathet nur 20 rthr., die unverdienten Meister söhne und solche die Tochter oder Wittib erheyratet 30 rthr. bezahlen und damit von allen ferner Kosten Tractament befreyet sein, mit dem Anhang, daß von den ersten 30 rthr. zu gemeinen Ambtsbehuff 12 rthr. von den 20 rthr. 8 rthr. zur Casse gebracht und berechnet werden sollen.

8): solle hinführo keiner zur Verdientschaft angenommen werden, es habe dan seine Dienste ordentlich verrichtet.

[1]) d. h. Meistergeselle.

9): soll der neu erwählte Amtsmeister nebens den 8 Fl. so einem ehrb. Amt berechnet werden die gesambten Verdienten mit Schinck, Stumpf und Braten und 1½ Maß Wein auf die Person traktieren, davon aber hinführo die verdienten Frauen und Freunde ausgeschlossen sein.

10): Und wie bei Ablegung der Amtsmeister-Rechnung dermahlen einige Kosten angerechnet werden, so wirds dabei auch hinführo gelassen.

11): hinführo darf bei Besichtigung des Holtz oder dem Umbgang auß gemeinen Amtsmitteln nicht mehr als 1 Flasche Wein uff jeder Persohn zugelegt werden.

1621	Nürnberg	Beschwerde der Schreiner zu Altdorf und Lauf wider die Schreiner und Schifter zu Nürnberg	Nürnberg, Kreisarch., Rep. 79, S. 108, Nr. 241
1621	Cöln	Schreinerordnung	Cöln, Histor. Archiv, Schreiner-Akten 114
1622 2. 5.	Augsburg	Kornverteilung im Kistleramt	Augsburg, Stadtarch., K. A. V. 79
1623 17. 3.	Berlin	Taxordnung für Tischler	(**gedr.**: Mylius, Corp. Const. Marchicarum, V, 2. Abt., S. 610)
1623 31. 7.	Münster	Lohntaxe für Kleinschnitzer, Zimmerleute und Sageschneider	(**gedr.**: Krumbholtz, Gewerbe d. St. M. bis 1661, S. 451)
1623—1731	Stuttgart	Handwerks-, Tax- und Polizey-Verordnung	Stuttgart, G. H. u. St.-A., Württb. Archiv, Inventare, Heft 1, Finanzarch., S. 139
1624	Frankfurt	Das Schreinerhandwerk bittet, „die Election (Wahl) der Truhe oder Gewandkastens zum Meisterstück zu cassieren“	Frankfurt, Stadtarch., Ugw. C. 39, Uu. (fehlt)
1625 10. 4.	Augsburg	Erhöhung der Bußmeister-Gebühren	Augsburg, Stadtarch., K. A. II. 74
1625	Augsburg	Der Rat von Augsburg entscheidet nach einer Umfrage in Nürnberg, Straßburg und Frankfurt, daß zur Zeit noch das Instrumentenmachen eine „freie Kunst“ sei, stellt aber den Lautenmachern eine Ordnung in Aussicht	Augsburg, Stadtarch., K. A. V. 60, 61, 62, 64, 72
1625 2. 6.	Augsburg	Bestimmungen daß alle Ebenholzarbeit gezeichnet werden muß	Augsburg, Stadtarch., K. A. V. 73
1627—1782	Cöln	Akten gegen die Klöster und Kirchen als Zunftbrecher	Cöln, Histor. Archiv, Schreiner-Akten 123
1627	Straßburg	Bauholzordnung	Straßburg, Stadtarch., Stat. Rep. Tom. 9, Fol. 21
1628	Schwäb.-Gmünd	Verbot der Entlohnung mit Waren. Verpflichtung zum Bargeld-Lohn	Stuttgart, G. H. u. St.-A., Gmünd, Verschied. Verordn., S 36

1629—1758	Nürnberg	Handwerksordnungen und Senatsdekrete, zusammengetragen im Jahre 1629	Nürnberg, Stadtarch., Geschriebenes Buch
1629—1729	Frankfurt	Schreinerordnung	Frankfurt, Stadtarch., Ugw. C. 34, 11, Abt. 9
Zirka 1630	Ulm	Schreinergesellen retten Gustav Adolf in der Verkleidung eines Gesellen	Ulm, Gasthaus z. hohen Schule, Gedenktafel
1639	Flensburg	Beschwerde der Schnitker wegen eines in Dänemark unzünftig ausgebildeten Gesellen, weil er nur auf der Meißel, nicht auf dem Hobel gelernt hat	Flensburg, Ratsarch., Fasz. 158 (**gedr.**: Mitt. d. Ver. f. Lüb. Gesch. u. Altert.-Kunde, III, 1887/8. S. 34)
1639 23. 10.	Augsburg	Ebenholz darf erst nach Anbringung des Zeichens gebeizt und poliert werden. Erneuerung des Gebots von 1625	Augsburg, Stadtarch., K. A. V. 48
1640	Augsburg	Streit der Kistler mit den Zimmerleuten. Den Zimmerleuten werden die Werkstätten und Hobelbänke ganz verboten	Augsburg, Stadtarch., K. A. V. 34 u. 37
1643—1788	Cöln	Beschwerde der Kistler gegen die Einfuhr von Kistlerware aus Brabant, Schweiz, Brüssel, Holland, Frankfurt, Metz, Nancy, Lüttich	Cöln, Histor. Archiv, Schreiner-Akten 122
1645	Regensburg	Anfragen aus Regensburg und München wegen der „Fensterwägen" und der „Gläsfernen Wägen". Antworten der Wagner und Kistler in Augsburg	Augsburg, Stadtarch., K. A. V. 26 u. Akten der Wagner
1646	Straßburg	Taxen für Schreiner, Zimmerleute und Büchsenschäfter	(**gedr.**: Heitz, Zunftwes. i. Str., 1856, S. 120)
1646	Augsburg	Augsburger Bürger dürfen außer der Bannmeile gemachte Arbeit hereinführen. Neuer Artikel der Kistlerordnung. „Doch solle den Bürgern, die ihre draußen gemachte Arbeit von ein oder andern marckht außer Hauß nit entrathen möchten und anheimbs haben wollten, ohnbenommen sein, solche durch ihr gesindt oder andere hierzu bestellte herein zu hollen."	Augsburg, Stadtarch., K. A. VIII. 14
1648	Augsburg	Vergleich der Kistler und Zimmerleute	Augsburg, Stadtarch., K. A. V. 25 u. VI. 57
1648	Cöln	Das Drechsleramt mit dem Kistenmacheramt verschmolzen	(vgl. v. Loesch, Cölner Zunfturk., I, S. 158, Anm.)
1649	Augsburg	Streit der Kistler mit den Zimmerleuten. Kirchenstühle werden für Kistlerarbeit erklärt	Augsburg, Stadtarch., K. A. V. 2
1646—1727	Rötteln	Schreinerordnung	Karlsruhe, Geh. L.-A., Herrsch. Rötteln, 1286

1650	Wien	Augsburg schließt sich der Wiener Entscheidung an, daß selbstspielende Instrumente keine freie Kunst seien	Augsburg, Stadtarch., K. A. VI. 37
1650	Augsburg	Entscheidung über die Furnierschneidemühle von Hans Dürsch	Augsburg, Stadtarch., K. A. V. 1
1650	Frankfurt	Articuli löbl. Schreiner- und Büchsenschäfter-Handwerks	Frankfurt, Stadtarch., Band in Schweinsled. u.begl. Abschr.: C. 37, Nr. 64
1650	Dresden	Die Landmeister von Königstein der Dresdener Zunft unterstellt	(vgl. Flemming, Dresd. Innung., 1896, S. 151)
1652	Schwäb.-Gmünd	Taxe für Schreiner und Zimmerleute; für Schmiede- betr. Schreinerwerkzeug	Stuttgart, Geh. H. u. St.-A., Gmünd, Des hochlöbl. schwäb. Kreiſ. geschloss. Vergleichg. betr. Handwerker
1653 29. 7.	Augsburg	Vergleich über die Parität der katholischen und evangelischen Gesellen beim Umschicken	Augsburg, Stadtarch., K. A. VI. 54
1655 4. 1.	Zürich	Schreinergesellenordnung	Zürich, Stadtarchiv, Zürich, Stadt- u. Land-Handw., A. 77. 14
1655	München	Beschäftigungslose Zimmergesellen dürfen in ihren Wohnungen Werkstätten für Zimmermannsarbeit haben.	München, Allgemein. Reichsarchiv, D. Urk., a) Münch. Berichts-Urkunden
1655	Stuttgart	Bauordnung	(gedr.: Weisser, Recht d. Handwerker, Stuttgart 1780)
1656 16. 12.	Ulm	Anfrage von Ulm in Augsburg, ob die Weber ihre Stühle selbst anfertigen dürfen	Augsburg, Stadtarch., K. A. VI. 70
1656	Memmingen	Tischmacherordnung	München, Allgemein. Reichsarch., Literal.
1658	Stuttgart	Schreinerordnung	Stuttgart, Bibl. d. Zentralstelle, Samml. der Handw.-Ordn., 1758
1658—1714	Pforzheim	Schreinerordnung	Karlsruhe, Geh. L.-A., Pforzh., Stadt, 2829
1660	Ulm	Den Gesellen wird das Degentragen verboten	Ulm, Stadtarchiv, IX, 1, 1—3, Pr. 110, 292, 341
1660	Haßfurt	Schreinerordnung	Würzburg, Hist. Ver. f. 73, 752

1660	Essen	Schreinerordnung	(**gedr.**: Büscher, Stat. d. früh. Gild. u. Zünfte binn. d. St. Essen, 1884 (Heft 8 d. Beiträge z. Gesch. d. Stadt u. Stift E., S. 72)
1661	Waldshut	Schreinerordnung	Karlsruhe, Geh. L.-A., Waldshut-Stadt 516
1662	Augsburg	Eid der Kornpröbste der Kistler	Augsburg, Stadtarch., K. A. VI. 85
1663—1670	Augsburg	Prozeß des Meisters Ulrich Baumgartner contra Jacob Heym wegen Bezahlung seiner gelieferten Kistlerarbeit	Augsburg, Stadtarch., K. A. VII. 30—121
1663 2. 6.	Augsburg	Einführung der Schau der fremden Kistlerarbeit auf den Jahrmärkten	Augsburg, Stadtarch., K. A. VI. 89
1663 11. 9.	Augsburg	Meisterstück der Büchsenschäfter	Augsburg, Stadtarch., K. A. VI. 93
1665 8. 1.	Augsburg	Schiltkrotarbeit soll mit Zeichen versehen werden	Augsburg, Stadtarch., K. A. VII. 1
1666	Straßburg	Die Zunftstube wird von der Pimpernant- oder Zimmerleutgasse in die Blauwolkengasse 18 verlegt	(vgl. Heitz, S. 72)
1667 u. 1698	Mergentheim	Schreinerordnung	Stuttgart, Geh. H. u. St.-A.
1668	Laupheim	Schreinerordnung	Stuttgart, Geh. H. u. St.-Arch., Landesbibl., Jurid. Handschr., 4⁰, 144
1669	Augsburg	Streit der Kistler mit den Wagnern wegen der geflanderten (sprachlich verdorben: geflammten) Leisten an den Kutschen. Umfrage in Leipzig, Prag, München, Wien, Hamburg, Memmingen, Regensburg und Nürnberg	Augsburg, Stadtarch., K. A. VII. 28
1669 28. 11.	Augsburg	Beaufsichtigung der unzuverlässigen Schaumeister durch die Vorgeher	Augsburg, Stadtarch., K. A. VII. 27
1669	Göppingen	Taxe betr. Schreiner-Arbeit und Werkzeuge	Stuttgart, Geh. H. u. St.-A., Göppingen
1670	Augsburg	Die Augsburger dürfen auch schlichte Jahrmarktsarbeit anfertigen und außerhalb der Freimärkte feilhalten	Augsburg, Stadtarch., K. A. VII. 122
1670—1775	München	Ordnung betr. Bauholzverschleiß	München, Kr.-Arch., G. L. U. Stadt, 2814, Nr. 1311

1672	Cöln	Streit der Schnitzler und Zimmerleute wegen eigener Gerichtsbarkeit	Cöln, Histor. Archiv, Schreiner-Akten 119
1672—1729	Straßburg	Gesellenordnung der Zimmerleute	Straßburg, Stadtarch., Zimmerleute 25
1672	Karlsruhe	Schreinertaxe	Karlsruhe, G. L.-A., Bad. Verord. B. b. 15
1678	Bruchsal	Korrespondenz betr. Zunftwesen im Fürstentum Bruchsaal, Zimmerleute, Schreiner usw.	Karlsruhe, G. L.-A., Bruchsal-Gen., 970-973
1680	Arnstein	Streitigkeiten sämtl. Handwerker mit den Juden wegen Eingriffen in die Gewerbe	Würzburg, Kr.-Arch., Ger.-A., I, A. 23
1681	Hilders	Die Müller, Bäkner und Schmiede pfuschen den Schreinern ins Handwerk	Würzburg, Kr.-Arch., gebr. A. Reg. L. H., Fasc. 13, Nr. 97
1683—1730	Kempten-Stift	Schreinerordnung	München, Allgemein. Reichsarch., Literal.
1684 8. 3.	Dresden	Änderung des Meisterstücks	Dresden, H. St.-Arch., Conf. C. C. XIII, 1693 flg., Bl. 318 flg.
1685	Straßburg	Kleiderordnung	(vgl. Heitz, Zunftwes. i. Str., S. 84)
1685	Straßburg	Aufstand der Schreinergesellen	Straßburg, Stadtarch., Stat. Rep. Tom. XXI, Fol. 12. Durch Brand sehr beschädigt
1685 20. 1.	Straßburg	Die Schreinergesellen dürfen ihr Spiel halten	Straßburg, Stadtarch., Stat. Rep., Tom. XXI, 12. Durch Brand sehr beschädigt
1685	Heidelberg	Schreinerordnung	Karlsruhe, G. L.-A. Heidelberg-Amt 733
1685	Frankfurt	Neues Meisterstück für Schreiner. Nachtrag zur Ordnung von 1629	Frankfurt, Stadtarch.
1686	Ulm	Streit der Bildhauer und Schreiner. Anfrage in Frankfurt a. M.	Frankfurt, Stadtarch., Ugw. C. 39
1686	Frankfurt	Vergleich der Schreiner und Glaser. Nachtrag zur Ordnung von 1629	Frankfurt, Stadtarch.
1687 3. 2.	Gerolzhofen	Schreinerordnung	Würzburg, Hist. Verein f., 562, 755
1689 5. 7.	Basel	Schreinerordnung mit Taxe	Basel, Staatsarchiv, Spinnw. 40, Anl.
1689/1716	Oberkirch	Schreinerordnung	Karlsruhe, G. L.-A., Oberkirchamt C. 37

1690 9. 10.	Augsburg	Ergänzung der Gesellenordnung	Augsburg, Stadtarch., K. A. VIII. 44
1691	Schnaittach	Ordnung des Handwerks der Schreiner, Schlosser, Glaser, Drechsler sowie Groß- und Kleinnagelschmiede	Nürnberg, Archiv des Germanischen Mus., Pergament
1693	Nürnberg	Ordnung der Schreiner, Schlosser, Glasser und Treyler (Dreher)	Nürnberg, Bibl. des German. Mus.
1694—1724	Cöln	Aufzählung der den Schreinern zustehenden Arbeiten	Cöln, Histor. Archiv, Schreiner-Akten 121
1694	Stuttgart	Herstellung eines fürstlichen Stuhls in der Stiftskirche	Stuttgart, Geh. H. u. St.A. Württ.Archiv-Inv., Abt. 19. Bauverw. Ludwigsburg, 18.Jahrh., Schlöss.B. Akten G. einz. Ämter, S. 111
1694 8. 6.	Augsburg	Bestimmungen für die Anfertigung des Meisterstücks und gegen die übermäßige Eingabensucht	Augsburg, Stadtarch., K. A. VIII, 47
1695	Hochberg	Schreinerordnung	Karlsruhe, G. L.-A., Hochberg 606
1695	Gengenbach	Taxe für Schreiner	Karlsruhe, G. L.-A., Gengenbach, Stadt u. Kloster 685
1696 23. 6.	Zürich	Gutachten „den Sagbaum, Täfel, Feltz- und Brugg-Läden Kauf betr." wird bestätigt	Zürich, Stadtarch, Pr. S. 10 Sagi
1696 24. 1. 1768 2. 2.	Zürich	Vertrag der Tischmacher und Zimmerleute betr. Holzkauf	Zürich, Stadtarchiv, A. 73, 2
1696	Cöln	Eingabe wegen einer Schreiner-Ordnung	Cöln, Histor. Archiv, Schreiner-Akten 114

Jahr 1696. **Eingabe** des Schreineramts wegen einer neuen Amtsordnung, weil die Ordnung von 1617 20/VI[1]) einige Mißverständnisse ergeben habe. Folge der Artikuli 1) Ein Geselle, der seine 4 Jahre ausgestanden und sein Handwerk gelernt zu haben angibt, soll er zuvorderst seine ehrliche Geburt und seines Wolhaltens beweißlich Schein, wie ingleich seines Glaubens Qualifikation, daß er der katholischen Religion sei, vorbringen. Dann soll er nach Ausweisung des Amtsbriefs und uralt wolherbracht Gebrauch ein Meisterstück machen, nemblich ein Tresor und abschaubende Taffel. Den 4 Amtsmeistern soll er vorher das Holz und Zubör, ob es zu solchem Werk dienlich und düchtig oder nit, präsentieren.

2) Das Werk wird durch die sämbtlichen Verdienten zum ersten und zum letzten allein geprüft und nach Befriedigung soll er, gegen Erlegung von 24 rhlr. zum Unterhalt des Amts, Meister werden.

3) Meistersöhne, die sich wegen der Religion ausgewiesen haben, sollen ein Meisterstück ihres Gesellens jedoch bei der zeitl. Amptsmeister einem machen und zu der

[1]) Nicht mehr vorhanden.

Verdienten Erkenntnis, ob es eines Meisters wehrt oder nit, dem ehrbaren Amt vorlegen und in gewöhnliche Kost tun.

4) Ein Lehrling soll einem ehrbaren Amt 2 ggl. und 2 viertel Weins geben, dann sollen dem Amt 6 gl. verrechnet werden, der Ueberrest dem Amtsmeister verbleiben, und wenn der Jung seine Jahre ausgehalten, sollen dem Amt 12 albus verfallen sein. Dann werden ihm seine Jahre angerechnet und er von den Amtsmeistern in die Gaffel eingeschrieben und aufgenommen werden.

5) Fremde Knechte und Lehrjungen Schreinerswerk betreffend, die das Bildschneiden und -einlegen nicht gelernt haben, sondern solches hierselbst ferners zulehren und zugebrauchen begehren, sollen nach Anweisung des Ambtsbriefs 2 ggl., die Schreiner aber, welche mit der Schabe allein arbeiten 1 ggl. erlegen und 2 Jahre bei einem Meister stehen und arbeiten.

ad. 5) Ein Lehrjung muß unbedingt 4 Jahre aushalten. Wenn er nach 2 Jahren zu einem anderen Meister geht, wenn auch mit Genehmigung des ersteren, so soll er beim zweiten 2 Jahre noch bleiben.

6) Falls der Geselle sich dadurch beschwert fühlt, kann er die Verpflichtung mit 4 gg. abwilligen (ablösen), wenn er den Consent seines Meisters beibringt. Im Fall dieser Meister „wider Zuversicht und Hoffnung" sich ungebührlich und ungehorsam widersetzt, so soll er um 4 gg. gestraft werden. Der Geselle wird trotzdem freygelassen, sich einen anderen Meister zu suchen.

7) Der Junge aber, der des Schreinerwerks, Bildschneidens und Einlegens wohlerfahren und solche Kunst anderswo gelernt hat, soll hiermit nit verstanden, sondern ausgeschlossen sein, doch dieser gestalt, wenn er über die vergünstigt 14 Tage arbeitet, muß er dem Amt noch 3 Mark erlegen.

8) Würde ein Bildschneider anhalten, ein Bildschneideramt allein zu haben, so soll er ein Bild von mindestens 5 Fuß aus gutem Holz und eines Corridors Capital, wie von alters gebräuchlich, schneiden und durch die vereinten Meister besichtigen lassen und nach Beschaffenheit des Bildes, das dem Amt verbleiben soll, gegen Erlegung von 24 rhlr und gebührlichen Kosthaltung, wie von alters üblich gewesen, soll ihm sein Amt gestattet sein. Nb. Allhier befindet sich ein ehrbares Ampt wegen letztangenommener 2 Bildhauer oder Bildschneider höchlich beschwert, verhoffend solches in Gnaden attentiert zu werden.

9) Will einer neben dem Amt des Bildschneiders auch das Schreinerhandwerk gebrauchen, so soll derselbige die zwey Schreinerhandwerks schuldigen Stück allein mit Bildwerk verzieren und dergestalt beide, das Bild- und Schreinerhandwerk gewinnen.

10) Fortan soll keiner die Meisterschaft durch Geld gewinnen, sondern nur durch seine Stücke, und ehe und bevor er seinen Laden eröffnen soll, jeder soll uralter Ordnung in die Brüderschaft eintreten.

11) Will ein Geselle seinen Meister verlassen und bei einem anderen hiesigen Meister Stellung nehmen, muß er 14 Tage vorher kündigen und der neue Meister darf ihm keine Arbeit versprechen, bei Strafe von 4 gg., wenn er nicht vorher seines Verhaltens und Abschieds Kundschaft eingereicht hat.

12) Wann unsere verordnete Bruderschaft und löbl. Procession der Minnenbruder Ziet des gebotts auff Straff einer raden (roten) Mark erscheinet und sich einstellen soll.

13) Wehr auf S. Panthalons tag, wan nach altem brauch wird Kurchen und Haus Mur (?) erwählt, soll jedweder Bruder gleichfalls by Straff einer raden Mark zu folgen schuldig sein. (Anmerkung des Rats: articulus hic cassat ob paupertatem.)

14) Wann auf St. Rochustag unser gewöhnliches Bruderessen und Amtsmeister-Feier gehalten wird, sollen alle verdienten und unverdienten Meister und Brüder zu 8 Uhr im Gaffelhaus erscheinen, von dannen nach den Minnenbrüdern folgen, dortselbst dem Gottesdienst beiwohnen und folgen zur 11. Stunde wiederumb auf dem Gaffelhaus zur Feier. Ausgenommen die Jungs, welche ihrer Uebertretung halber noch nicht gebosset oder aber wohl gebosset, doch ihr Straff noch nicht erlegt, selbige sollen zu der Feier nicht zugelassen werden, ehe sie sich gänzlich mit einem Amt versöhnt und abgefunden, und welche sich hiergegen auffsetzen würden, sollen dem Amt 1 ggl. verfallen sein. (Anmerkung am Rande: Das Bruder-Essen wird nicht mehr gehalten.)

15) Auch sollen die Amtsmeister all und jeds Jahr auf Decollationis Joannis und Blasy von allen eingenommenen Sachen und bößen (Bußen) :[welche mehrenteils nach gestalt der Uebertretung auf Geld sollen angeschlagen werden]: im Beysein dero sämtlicher verdienter und unverdienter Meister richtige Rechnung und Reliqua bei Eidsschlicht leisten und liefern, von welcher Buße ein Theil einem ehrbaren Rat, der andere den löbl. Amtsmeistern vor ihre Mühe und Versäumnis und der dritte einem ehrbaren Amt zugeeignet und appliciert werden soll.

16) Wenn dann ein verdienter oder unverdienter Meister gegen die Rechnung oder andere Punkte ein Bedenken oder Einrede hat, derselbige soll solches nicht sitzend tun, sondern aufstehen und vor der Bank, männiglich und ohne einige Ungestümmigkeit sein Bedenken vortragen, darüber der Meister Bericht anhören und dero Gesellschaft resolutiv gewärtig sein; und was durch selbige ausgesprochen, damit sich begnügen lassen und keinerlei Weise dem Amt, es sei in oder außerhalb des Gaffelhauses etwas nachreden, alles bei Strafe von 6 ggl., so der Uebertretter, welcher hiergegen thun würde, unnachlässicht erlegen oder bezalen soll.

17) Wenn ein junger Gesell seines Handwerks gefeiert (?) allverdient (?) und unurdneter (?) brünftig (?) werden soll, und ohne rechtmäßige Entschuldigung nit folgen würde, soll dem Amt ein Pfund Wachs zahlen.

18) Jeder Meister soll bei seinem Eid sagen, ob er von einem solchen Gesellen etwas wisse, daß er des Amts nicht ehrlich und würdig sei, ferner wann der Geselle sein Amt ordentlich gewonnen. Strafe 2 ggl.

19) Wenn nun solcher zugelassener Gesell sein Meisterwerk präsentiert und hat besichtigen lassen und ihm das Amt vergunnt, so soll es ihm frei gelassen sein und bleiben, ein Quart Wein zu zahlen den unverdienten Meistern, auch den Jungen.

20) Wenn ein Amtsmeister gestorben ist, soll jeder nach erfolgtem Gebot zum Begräbnis und zu den Minnenbrüdern und in der Kirche bei Strafe von 1 Pf. Wachs erscheinen. Die Ausübung der Gebräuche soll allein durch die Amts- und verdienten Meister erfolgen und nicht durch die unverdienten Mitamtsbrüder bei Strafe von 25 ggl.

21) Daß auch einige verdiente Meister bei ihr zugewiesenen Chur- oder Beykauff einer den anderen ehe und zuvor das Votem ordentlicher wieß ehe ihnen vorbescheidener Maße oder sonst in oder außerhalb des Gaffelhauses schimpft oder auch mit der Tat einfallen eingreifen, oder einer den andern zu dieser oder jener Chur meiden, der oder dieselben sollen jedesmahl um 6 ggl. unnachläßlich bestraft werden.

22) Nachdem bey dem gewöhnlichen Umgang viele unhöfliche unmanierliche Schimpf und gespitzte Wörter sowohl von den Meistern selbst als auch von ihren Weibern gegen die Amtsmeister ausgelassen werden, soll solches nach wie vor, soll ernstlich verboten sein, und in dem Fall, daß die Meister und die Meisterfrauen gleichwohl dagegen thun und dergestalt übertreten wurden, soll der oder die in die Straf genommen werden.

23) Was sonsten den gewöhnlichen Umgang betrifft, weil die Amtsmeister damit oder sonst hoch beschwert werden, sollen die Gefelle (Gefälle) derselben ihnen um dieser Ursache willen allein verbleiben, die Bußen aber so vor den vereinbarten Werth sollen wie von alters hergebracht, verrichtet werden, und damit dieses Alles unverbrüchlich gehalten werden möge, so soll jedweder, so sich hiergegen opponiert und allen Punkt und clausulus nicht nachkommen wird und seines Ungehorsamb vor einem ehrbaren Rat belegt, derselbe soll in Poen von 6 ggl. halb E. Ehrb. Rat, die andere Halbscheidt E. Ehrb. Amt ungesäumt zu bezahlen verfallen und destoweniger nicht gegen wärtig Beschluß zu wollen, jietz schuldig sein.

24) Wenn einige Meister dem Amtsmeister in Amtssachen keinen gebührlichen Gehorsam erzeigen wollen, auch diejenigen, so vermög vorgeschriebener Punkt bußfällig Werth und dieselbige zu erlegen verweigern und verschieben würden, denselben sollen alsdann die Amtsmeister die Macht haben ihre Knecht und Jung zu verbieten, wie vor undenklich Jahren bis anhero bräuchlich gewesen, bis sie sich gehorsamlich einstellen und die verwirkte Buß entricht; wer aber dagegen Knecht und Jung gebraucht, soll solche abstellen, und sich derer so lang enthalten, bis er die verwirkte Buße und darüber von jedem Knecht und Jung, als lang sie nach angedachtem Verbott ungehorsamlich gearbeitet, von jedem Tag ein rader Mark würklich erlegt haben, damit also die Freunde in gebührlicher Zucht und Gehorsamb gehalten, und E. Ehrb. Rat ihre Gebühr von der Buße getreulich eingebracht werden möge.

25) Endlich den gewöhnlichen Martinswein belangend ist die alte Ordnung reformiert, daß hiefürders jedem Amtsmeister ein viertel und jedem verdienten Meister ein Flasch auf bestimmt Martini gegeben werden soll.

26) Wenn aber der eine oder der andere beschwert sich befunden oder eine Klage an Einen Ehrbaren Rath gelangen lassen wolle, dasselb soll jedermänniglich frei sein und auch E. Ehrb. Rath diese articuli nach Notdurfft und Gelegenheit ferner zu erklären, zu mindern und zu mahnen vorbehalten bleiben.

Constant Traukott, Meister.

1696	Würzburg	Schreinertaxordnung	Würzburg, Stadtarch., Lad. Nr. 50, Lit. J.
1696	Straßburg	Bauholzordnung	Straßburg, Stadtarch., Stat. Rep. XXI 250,74
1697	Cöln	Schreinerordnung	Cöln, Histor. Archiv, Schreiner-Akten 114
1697	Stuttgart	Schreinerordnung	Stuttgart, Geh. H. u. St.-A.
1698 7. 5.	Winterthur	Die Landmeister in Winterthur müssen ihre Lehrlinge in Zürich auf- und abdingen	Zürich, Stadtarchiv, A. 77. 14
1699	Cöln	Gedruckte Verfügung gegen die Gelage in den Gaffel- und Wirtshäusern	Cöln, Histor. Archiv, Schreiner-Akten 118
1699—1781	Würzburg	Betrieb des Bretter-, Latten- und Bauholzhandels	Würzburg, Kr.-Arch., Gebr. A. IV, W. 288
1700	Cöln	Schreinerordnung	Cöln, Histor. Archiv, Schreiner-Akten 114
1700 10. 7.	Stuttgart	Streit zwischen Schreinern und Glasern	Stuttgart, Geh. H. u. St.-A.
1702	Preußen	Preußisches Patent für Zimmerleute als Land-, Küster- und Schulmeister	(Vgl. Roscher, System d. Volkswirtschaft III)
1703—1752	Würzburg	Streit zwischen Stift und Gemeinde wegen Bauholzabgabe	Würzburg, Kr.-Arch., Gebr. A. IV. W. 478
1703	Schlüsselfeld	Schreinerordnung	Würzburg, Hist. Ver. f. 74, 756
1703	Straßburg	Ordnung der französischen Schreiner und bezügl. Schriften	Straßburg, Stadtarch., Protokollbuch der Zimmerleute, XIV
1703 12. u. 22. 3.	Aachen	Vergleich zwischen Zimmerleuten und Schreinern	Aachen, Stadtarchiv, Ratssuppliken und Handschriften (**gedr.**: fehlerhaft i. d. Zeitschr. d. Aachener Gesch.-Ver., Bd. 38, S. 270 ff., 1906)
1703 27. 7.	Nürnberg	Ordnung des Büttner-, Bierbrauer- und Schreinerhandwerks	Nürnberg, Archiv des German. Mus.

1703	Stuttgart	Acta Hofschreiner	Stuttgart, Geh. H. u. St.-A., Acta Hofschreiner, 1703 ff.
1708—1740	Rastatt	Schreinerordnung	Karlsruhe, G. L.-A., Bad. Generalia 10581
1713	Frankfurt a. M.	Die Glaser dürfen nur solche Fensterrahmen verwenden, die von den Schaumeistern der Schreiner gestempelt sind	Frankfurt, Stadtarch., Ugw. C. 39, B. bbbb.
1714	Frankfurt a. M.	Anfragen des Magistrats F. in Augsburg, Regensburg und Ulm wegen Herbergsverhältnisse. Mit Antworten	Frankfurt, Stadtarch., Ugw. C. 39, S. 4
1714	Berchtesgaden Stift	Holzhandwerksordnungen	München, Allgemein. Reichsarch., Litteral.
1715 21. 5.	Augsburg	Auf ihren Wunsch werden die Kistler von den Zimmerleuten, Maurern und Hafnern getrennt	Augsburg, Stadtarch., K. A. IX, 16
1715 8. 6. 1737 18. 7.	Karlsruhe	Schreinerordnung und ihre Bestätigung	Karlsruhe, Geh. L.-A., 36, 288, 1715. Juni 8
1716	Durlach	Schreinerordnung	Karlsruhe, Geh. L.-A., Durlach. Amt u. Stadt 1716, 225
1717—1857	Karlsruhe	Schreinerordnung	Karlsruhe, Geh. L.-A., Stadt Karlsruhe, 1869
1717—1741	Badenweiler	Gesuche der Schreiner betr. Zunftordnung	Karlsruhe, Geh. L.-A., Badenweiler 430
1717 10. 8.	Speyer	Articul der Zimmerleuth, Steinmetz, Maurer, Schreiner etc. im Fürstentum Speyer	Karlsruhe, Geh. L.-A., 42. 150. O. D. 1717
1717	Seßlach	Schreinerordnung	Würzburg, Hist. Verein f. 73, 755
1720	Röttingen	Ordnung der Maurer, Ziegler, Schreiner und Glaser	Würzburg, Kr.-Arch., Gebr. A. IV. R. 176
1720	Würzburg	Allgemeine Zunft- und Handwerksordnung für das Hochstift	Würzburg, Kr.-Arch., Gebr. A IX, W. 808
1721	Aachen	Die Lade der Zimmergesellen wird aufgehoben	Aachen, Stadtarchiv
1724	Würzburg	Änderung des Meisterstücks	Würzburg, Kr.-Arch., Gebr. A., Reg. 5, Lit. W. f. 73, 149
1724 12. 1.	Basel	Streit der Schreinergesellen mit dem Rat wegen Kündigungsklausel	Basel, Staatsarchiv, Gesellen 12/I. 1724

1725 5. 8.	Basel	Schreinergesellenordnung	Basel, Staatsarchiv, Spinnw. 42, S. 1, Anl.
1725	Trier	Ordnung der Schlosser, Schreiner, Messer- und Nagelschmied	Stuttgart, Geh. H. u. St.-A.
1725	Jagsberg	Schreinerordnung	Würzburg, Hist. Ver. f. 77, 753
1726	Gotha	Antrag der Regierung in Gotha zur Beseitigung der Gesellenaufstände	Würzburg, Kr.-Arch., Gebr. A., Reg. 5, Lit. W. f. 75, 224
1726	Stuttgart	Beschreibung und Rechnung der Königsmöbel	Stuttgart, Geh. H. u. St.-A., Acta recept. als Cabinetschreiner, Oberhofmarschallamt
1727 11. 1.	Augsburg	Meisterstückordnung der Kistler	Augsburg, Stadtarch., K. A. IX. 107
1728	Basel	Die Schreinermeister bitten, daß künftig die Meisterstücke nicht mehr ausgeführt, sondern nur noch Riß und Zeichnung beurteilt werden	Basel, Staatsarchiv, R. R. 1
1728 3. 1.	Augsburg	Vergleich der Kistler und Zimmerleute	Augsburg, Stadtarch., K. A. IX. 130
1728—1780	Straßburg	Meisterstücksprotokolle der französischen Schreiner	Straßburg, Stadtarch., Zimmerleute 19
1729	Wunsiedel	Schreinerordnung	Nürnberg, Bibl. des Germ. Mus. 23, 369
1730	Kempten	Schreinerordnung	München, Allgemein. Reichsarch., Literal.
1730—1788	Pforzheim	Schreinerordnung	Karlsruhe, Geh. L.-A., Pforzheim Stadt 2855
1731	Nürnberg	Festlicher Auszug der Schreinergesellen aus ihrer Herberge	Nürnberg, Bibl. des Germ. Mus., V. 615 c
1732	Augsburg	Festlicher Auszug der Schreinergesellen aus ihrer Herberge	Augsburg, Stadtarch., Augustana Handschr. 2608
1734 5. 5.	Berlin	Tischlerordnung	(**gedr.**: Mylius, Corp. Constit. Marchicarum, Anh. S. 71)
1735—1744	Stuttgart	Bauholzfloßwesen	Stuttgart, Geh. H. u. St.-A. Württ. Arch., Heft 1, 1907, Finanzarch. u. Rentkammer, § 10. Forst u. Jagd
1737 23. 1.	München	Kistlerordnung	(**gedr.**: Schlichthörle, I, S. 663—682)

1737 23. 1.	München	Vergleich der Kistler und Zimmerleute, Kistlerordnung § 22	(gedr.: Schlichthörle, Die Gewerbsbefugn. i. M., 1844, I, S. 665)
1737 23. 1.	München	Altes und neues Meisterstück, Kistlerordnung § 5	(gedr.: Schlichthörle, I, S. 664)
1738	Frankfurt a. M.	Untersuchung der Regierung in Hanau wegen des Mißbrauchs der Rißbescheinigung einer anderen Art der Hobelung	Frankfurt, Stadtarch., Ugw. C. 39, Q. qqqq.
1740	Ellwangen	Ordnung der Schreiner und Büchsenschäfter	Stuttgart, Geh. H. u. St.-A.
1740	Würzburg	Floß- und Holzordnung	Würzburg, Geh. H u. St.-A., Gebr. A., Reg. 5, C. 12. 84
1741	Basel	Taxordnung für Schreiner	Basel, Stadtarchiv, Spinnw. 40, Anl.
1742	Basel	Vergleich der Schreiner und Zimmerleute	Basel, Stadtarchiv, R. R. 3
1745 29.10.	Karlsruhe	Schreinerordnung der rheinischen Ämter	Karlsruhe, Geh. L.-A., Urk.- Abt. Hanau-Lichtenbg. Conv. VI, 1745, Ok. 29
1746/7	Straßburg	Zunftabrechnung	Straßburg, Stadtarch., Zimmerleule 25
1746	Frankfurt a. M.	Nachträge zur Schreinerordung	Frankfurt, Stadtarch., Ugw. C. 39, R. rrrrr.
1747	Kissingen	Die Schreiner bitten um eine Ordnung	Würzburg, Kr.-Arch., Gebr. A. VI. K. 89
1747 20. 6.	Karlsruhe	Ordnung für Schlosser, Schreiner, Dreher, Glaser	Karlsruhe, Geh. L.-A., 42, 151, 1747, Juni 20
1748	Steinbach	Schreinerordnung	Karlsruhe, Geh. L.-A., Steinbach 1748
1748 20. 1.	Karlsruhe	Schreinerordnung	Karlsruhe, Geh. L.-A., 36, 288, 1748, Juni 20
1748	Würzburg	Bürgschaftsleistung der Holzunterkäufer	Würzburg, Kr.-Arch., Gebr. A. VI. W. 219
1749—1781	Kaufbeuren	Schreinerordnung	München, Allgemein. R.-A., Literalien
1747 8. 1.	Basel	Schreinerordnung	Basel, Staatsarchiv, Spinnwetter 41
1751—1752	Gemünden	Die Schreiner, Schlosser und Büchsenmacher möchten ihr Gewerbe der Schmiede- und Weberzunft einverleiben	Würzburg, Kr.-Arch., Gebr. A. Rep. VI, Lit. G. 89

1752 14. 9.	Nürnberg	Schreinerordnung auf dem Lande	Nürnberg, Stadtarch., H. 184
1753/9 1761	Baden-Baden	Schreinerordnung	Karlsruhe, Geh. L.-A., Baden, Amt III b Bad. Generalia 10582
1754	Danzig	Schreinerunruhen	Frankfurt, Stadtarch., Ugw. C. 39. 17
1754	Würzburg	Dekrete betr. Wanderjahre	Würzburg, Kr.-Arch., V. 7976
1755	Cöln	Die Schreiner fühlen sich durch die „Welt-Pollicey" beschwert	Cöln, Histor. Archiv, Schreiner-Akten 122
1755	Cöln	Dem Schreineramt einsweilen erlaubte Ausstellung ihrer Arbeit auf dem Quattermarkt	Cöln, Histor. Archiv, Schreiner-Akten 122
1756	Cöln	Schreiner dürfen ihr Werkzeug nur an ihrem Wohnsitz kaufen	Cöln, Histor. Archiv, Schreiner-Akten 122
1756	Mainsberg	Schreinerordnung	Würzburg, Histor. Ver. f. 111. 754
1757	Rötteln	Schreinerordnung	Karlsruhe, Geh. L.-A., Herrsch. Rötteln, 1314 u. 1319
1758	Würzburg	Aufstand der Schreinergesellen	Würzburg, Kr.-A., Gebr. A. VI. W. 399
1761	Karlsruhe	Schreinerordnung	Karlsruhe, Geh. L.-A., Bad. Generalia 10582
1763	Straßburg	Neue Verpflichtung der Zimmerleutzunft (Zimmerleute, Schreiner, Wagner und Dreher), Meister und Gesellen zur Eidesleistung	Straßburg, Stadtarch., Stat. Rep. Com. 36 f. 77
1763	Ottenwald	Schreinerordnung des Ritterkantons Ottenwald	Stuttgart, Geh. H. u. St.-A.
1763 Juli 2	Zürich	Streit über die Aufstellung einer Furniersäge	Zürich, Staatsarchiv, Pr. S. Sagi 11
1765—1833	Basel	Herbergsverträge	Basel, Staatsarchiv, Rep. Spinnw., S. 15, 16, 18, 19
1765 13. 4.	Karlsruhe	Änderung des Schreinermeisterstücks	Karlsruhe, Geh. L.-A., Bad. Generalia 10583
1765	Ebenhausen	Schreinerordnung	Würzburg, Kr.-Arch., Würzburger Urkund., Libell 625
1765	Cöln	Großer Prozeß der Schreinerzunft	Cöln, Histor. Archiv, Schreiner-Akten 116

1767/8	Zürich	Streit der Tischmacher und Zimmerleute wegen Holzverkauf	Zürich, Staatsarchiv, Pr. Y. Z. 38
1767—1789	München	Rechnungsbuch der Kistler	München, Nat.-Mus., 3324
1768	Cöln	Eingabe der Schreiner wegen des Meisterstücks	Cöln, Histor. Archiv, Schreiner-Akten 118
1768	Lörrach	Errichtung einer Zeichnungsschule	Karlsruhe, Geh. L.-A., Lörrach, Stadt, 1768
1769 26. 4.	Basel	Zunftzwang der Fabrikschreiner	Basel, Staatsarchiv, R. R. 4, 1769 u. 1771
1769	Karlsruhe	Schreinerordnung	Karlsruhe, Geh. L.-A., Bad. Verordnungen B. C. 143
1769 5. 4.	Basel	Aufhebung der Lade der Schreinergesellen	Basel, Staatsarchiv, R. R. 4
1769	Rastatt	Schreinerordnung	Karlsruhe, Geh. L.-A., Verordn. u. Sammlg. B. C. 53
1770 15.6 u. 18. 7.	Basel	Lohnforderung der Schreiner	Basel, Staatsarchiv, R. R. 4
1770	Hamburg	Schreinerunruhen	Frankfurt, Stadtarch., Ugw. C. 39, 41
1772 14. 5.	Basel	Gesellenordnung der Schreiner	Basel, Staatsarchiv, Spinnw. 42, S. 4
1775	Mainz	Schreinerunruhen	Frankfurt, Stadtarch., Ugw. C. 39, 58
1775—1862	Rastatt	Schreinerordnung	Karlsruhe, Geh. L.-A., Rastatt-Stadt 25
1779	Frankfurt a. M.	Schreinerunruhen	Frankfurt, Stadtarch., Crim. 98, 1779, 5
1779	München	Schreinergesellen dürfen, wenn beschäftigungslos, zu Hause Flickarbeit machen	(Vgl. Schlichthörle, II, S. 779)
1782—1802	München	Geheime Ratsnota über die bürgerliche Gerechtigkeit der Stadt München	München, Kreisarchiv, H. M. 111, 62
1783—1792	Karlsruhe	Generalverordnungen über die Wanderschaft	Karlsruhe, Geh. L.-A., Landgrafsch. Kletgau, 144, II, 1, 17
1783 21. 8.	Karlsruhe	Meisterstücke der Schreiner	Karlsruhe, Geh. L.-A., Generalresc. 4. 9. 1782 Bad. Generalia 10584

1784	Wien	Mehrzünftigkeit grundsätzlich gestattet	(gedr.: Pribram, Gesch. d. österr. Gewerbepolitik, S. 417)
1784 28. 2.	Basel	Lotterie eines Schreiners	Basel, Staatsarchiv, Akten betr. Lotteriewesen
1785	Kempten	Schreinerordnung	München, Allgemein. R.-A., Literalien
1788	Straßburg	Zunftabrechnung	Straßburg, Stadtarch., Zimmerleute 25
1788/9 1790	Zürich	Streit mit Schreinergesellen, Aufstand der Gesellen, Aufhebung der Lade, Neue Gesellenordnung	Zürich, Stadtarchiv, A. 77. 44 (R. R. 4) Spinnwetter 42. 8
1789 18. 3.	Straßburg	Register sämmtl. Herren der Zunft der Zimmerleute. Mit Sitzungsprotokoll	Straßburg, Stadtarch., Zimmerleute 25
1789	Mainz	Schreinerunruhen	Frankfurt, Stadtarch., Ugw. C. 37. 16
1789	Basel	Gesellenordnung	Basel, Staatsarchiv, Spinnw. 42, S. 8
1790 20. 8.	Bruchsal	Ordnung der kleinen Bauzunft, Schlosser, Schreiner, Dreher, Glaser	Karlsruhe, Geh. L.-A., Zugang 1895, 42
1790	Basel	Schreinertaxordnung	Basel, Staatsarchiv, R. R. 6
1790	Straßburg	Zunftabrechnung	Straßburg, Stadtarch., Zimmerleute 25
1792	Bischofsheim	Zunftordnung der Schreiner, Glaser, Büttner und Schlosser	Würzburg, Kreisarch., G. 843
1793	Cöln	Eingabe der Schreiner wegen des Meisterstücks	Cöln, Histor. Archiv, Schreiner-Akten 118
1795	Hanau	Schreinerunruhen	Frankfurt, Stadtarch., Ugw. C. 37, 26
1795	München Würzburg Salzburg	Schreinerunruhen	Würzburg, Kreisarch., H. M. 116, 93
1795	München	Zustand der Handwerke in München, Straubing, Landsberg und Burghausen	München, Kreisarch., R. A. 1568, 3
1796 11. 7.	München	Vergleich zwischen Kistlern und Zimmerleuten	(gedr.: Schlichthörle, I, 670)
1797	Cöln	Eingabe betr. Meisterstücke	Cöln, Histor. Archiv, Schreiner-Akten 118
1797 21. 11.	Nürnberg	Die Schreinermeister möchten ihre Arbeitstaxe dem Publikum öffentlich in Blättern anzeigen	Nürnberg, Stadtarch., Rugamtsverhandl.

1797—1801	Stuttgart Ludwigslust	Hofschreinerakten	Stuttgart, Geh. H. u. St.-A., Hofschreiner-Akten Ludwigslust
1797 31. 5.	Nürnberg	Schreinergesellenausstand	Nürnberg, Stadtarch., Rugamtsverhandl.
1797 5. 12.	Nürnberg	Stiller Auszug der verschuldeten Schreiner-Gesellen aus ihrer Herberge	Nürnberg, Stadtarch., Rugamtsverhandl.
1798	Würzburg	Gedruckte Erklärung des Polizeygerichts betr. den „Strike" der Schreinergesellen	Würzburg, Kreisarch., Gebr. A. V, Lit. ?, Fasc. 73, 123
1798 19. 4.	Nürnberg	Geschichtserzählung einen Aufstand der Schreinergesellen betr.	Nürnberg, Stadtbibl., Will. VII, 922, C. 2⁰ u. Norr. 587, 2⁰
1798—1801	Nürnberg Offenbach Augsburg Memming. Frankfurt a. M.	Schreinergesellenaufstände	Frankfurt, Stadtarch., Ugw. C.37, Nr.37, 38, 40, 44, 48
1798—1803	Basel	„Helvetic", Aufhebung der Zünfte unter französischer Revolutionsherrschaft, Gewerbefreiheit	—
1800	Nürnberg	Schreinerordnung	Nürnberg, Stadtarch., 183
1801	Frankfurt	Antrag zur Abschaffung der Lade	Frankfurt, Stadtarch., Ugw. C. 37, 45
1801	München	Schreinerlehrlingsbuch	München, Nat.-Mus. 3792
1802	Mannheim	Abschaffung der Lade	Frankfurt, Stadtarch., Ugw. C. 37, 54
1802	Heidingsfeld	Schreinerordnung	Würzburg, Kreisarch., Mmll. 4933
1802 12.10.	Nürnberg	Öffentliche Erklärung der Schreiner gegen die Anpreisung eines Möbel-Magazins	Nürnberg, Stadtbibl., Will. VII, 921, f. 2⁰
1802	Nürnberg	Der Rat fragt in Frankfurt an wegen Möbelmagazinen	Frankfurt, Stadtarch., Ugw. C. 37, 49
1802	Bremen	Aufhebung der Gesellenlade und Rundschreiben an fremde Städte	Basel, Staatsarchiv, Spinnw. 61, S. 68/9, Gesellensachen
1803 23.7.u. 22. 11.	Basel	Aufhebung der Gesellenlade. Neue Gesellen-Ordnung	Basel, Staatsarchiv, Spinnwetter 61 u. 42, S. 9
1803	Stuttgart	Aufhebung der Gesellenlade	Stuttgart, Geh. H. u. St.-A. 35. 6. 26

1803	Heidelberg	Aufhebung der Lade	Karlsruhe, Geh. St.-A., Landvogtei Dilsberg IV, 2, 1
1804	Basel	Wiederherstellung der Zünfte. Schreinerordnung. Schreinerordnung für Landmeister	Basel, Staatsarchiv, Spinnw. 40, Anlage R. R. 2. B. 2. 1804
1804	Frankfurt	Meisterstück der Schreiner.	Frankfurt, Stadtarch., Ugw. C. 37. 57
1804	Würzburg	Verbot des Wanderns zur Erlernung eines Gewerbes	Würzburg, Kreisarch., V. 18727
1804	Hamburg	Aufhebung der Gesellenlade	Basel, Staatsarchiv, Spinnwetter 61, S. 80
1804	Basel	Schreinergesellenordnung	Basel, Staatsarchiv, R. R. 2. B. 2. 1804
1805	Karlsruhe	Aufhebung der Gesellenlade	Karlsruhe, Geh. L.-A., Landvogtei Strahlenburg IV, 2, 2, 1805
1805	Nürnberg	Schreinergesellenordnung	Nürnberg, Stadtbibl., Will. VII. 684 b. 20 Dies. gedr. St. A. 185
1805/6	Würzburg	Die im Landkommissariat Würzburg üblichen Meisterstücke	Würzburg, Kreisarch., V. 16576
1805	Schweinfurt	Verzeichnis der Meisterstücke	Würzburg, Kreisarch., Schweinfurt 625, XV
1805	Überlingen	Verkauf der Zunfthäuser	Karlsruhe, Geh. L.-A., Überlingen Stadt 7683
1805 16. 2. 31. 8.	Basel	Die fränkischen (französischen) Meister weigern sich, das Meisterstück zu machen und werden von der Kundschaft ausgeschlossen	Basel, Staatsarchiv, R. R. 1
1806	Karlsruhe	Allgemeine, gedruckte Zunftordnung	Karlsruhe, Geh. L.-A., Zugang M. d. J. 1900, 400, III, Gen. 485
1806	Frankfurt	Zwei Meistersöhne bewirken die Änderung des Meisterstückes	Frankfurt, Stadtarch., Ugw. C. 37. 63
1807 3. 6.	Heidelberg	Großer Bericht des Oberamtmanns Nester über das Zunftwesen	Karlsruhe, Geh. L.-A., Bad. Gr. Pfalz Gen. Zunftwesen IV, 22
1808—1824	Stuttgart	„Taxordnung" für „Dispensationen" von Zunftregeln	(**gedr.**: Weisser, Recht der Handwerker)
1810—1862	Karlsruhe	Lohn und Arbeitszeit der Schreiner	Karlsruhe, Geh. L.-A., Karlsruhe Stadt, 1832 Polizeiamt Karlsruhe: Bauzunft

1810	Heidelberg	Spezialtabellen der verschiedenen Gewerbe	Karlsruhe, Geh. L.-A., Heidelb. Amt 157, 158
1811	Nürnberg	Streit der Schreiner mit den Möbelmagazinen	Nürnberg, Stadtarch., Nr. 183
1811—1821	München	Möbellager	München, Kreisarch., G. L. M. Stadt 2813, 1304
1812	München	Gutachten über das Zunftwesen und die Realität der Handwerksbefugnisse	München, Kreisarch., R. A. 1568
1813	Nürnberg	Gedruckte Gewerbebefugnisse der Schreiner und Zimmerleute	Nürnberg, Stadtarch., H. 183
1815/6	München	Wandern der Gesellen im Königreich und im Auslande	München, Kreisarch., R. A. 1575, Nr. 10, A. G. Fasc. 838, Nr. 17
1815 1818—1852	München	Streit der Schreiner und Schlosser	München, Kr.-A., H. M. 72, 2704 und 2705
1815	Basel	Statuten der „Vereinigten Schreinermeister"	Basel, Staatsarchiv, Spinnwetter 40, Anl.
1817—1857	Karlsruhe	Auflösung der Zunft und Verwaltung des Vermögens	Karlsruhe, Geh. L.-A.
1818—1852 1838—1855	München	Gesuche von Schreinern um Konzessionen für Fabrikbetrieb	München, Kr.-A., H. M. 72, 2705 und H. M. 73, 2747, Couvert V
1819—1862	Karlsruhe	Verpflichtung der Zunftmeister der Schreiner	Karlsruhe, G. L.-A., Karlsruhe Stadt 1870
1820/1	München	Schreiner dürfen auch gepolsterte Möbel verkaufen. Belobung der Industrie	(Vgl. Schlichthörle, I, S. 674)
1821 Juni	Basel	Grundsätzliches Verbot der Möbellotterie durch Schreiner	Basel, Staatsarchiv, Lotteriewesen
1822—1841	München	Streit der Schreiner und Maler	(Vgl. Schlichthörle, I, S. 677 u. 682)
1823/4	Nürnberg	Regulierte Gewerbesteuer der Schreiner	Nürnberg, St.-A., 183
1824 28. 8.	München	Streit der Zimmerleute und Schreiner	(Vgl. Schlichthörle, I, S. 677)
1825	Nürnberg	Streit der Schreiner mit den Glasern	Nürnberg, St.-A. 183
1827—1840	Karlsruhe	Gutachten betr. Aufhebung der Zünfte und Einführung in die Gewerbefreiheit	Karlsruhe, Geh. L.-A., Amt Karlsruhe, 1827 bis 1840
1828 21. 8.	Basel	Revision der Ordnung der Gesellen	Basel, Staatsarchiv, Spinnwetter 42, S. 11, 62 u. R. R. 5

1828	Lörrach	Gedruckter Vergleich der Schreiner und Zimmerleute	Basel, Staatsarchiv, R. R. III, 9, II, 1828, Nr. 228
1829	Ulm	Das Meisterrecht gilt in den sämtlichen Zunftbezirken des Landes	Ulm, Stadtarchiv, Rg. Entscheidung v. 12/8. 1829
1830 4. 8.	Basel	Aufhebung der Beschränkung der Gesellenzahl und Lehrlingsausbildung. Gutachten des Ratscollegiums	Basel, Staatsarchiv, Spinnwetter 62, S. 52, Ratsbeschluß und R. R. 5
1830 7. 6.	Ulm	Stadt- und Landmeister werden vereinigt. Zunftordnung	Ulm, Stadtarchiv
1832 6. 1.	Ulm	Arbeitszeit der Gesellen	Ulm, Stadtarchiv
1832—1847	Karlsruhe	Gutachten und Petitionen betr. Gewerbefreiheit	Karlsruhe, Geh. L.-A., Zugang M. d. J. 1900, Nr. 40, Gew. III. 88/9 und 90/1
1833	München	Vergleich der Schlosser und Schreiner	(Vgl. Schlichthörle, I, S. 678)
1833	Nürnberg	Umzug der Schreiner	Nürnberg, Stadtbibl., Norr. 386, 4°, S. 12, Nr. 27
1834	Basel	Schreinerordnung	Basel, Staatsarchiv, Spinnwetter 40, Anl.
1834	Basel	Eingabe der Zunft, Memorial des Handels-Kollegiums und gedruckte Gesellenordnung	Basel, Staatsarchiv, R. R. 2
1834 17. 9.	Ulm	Meisterstück der Schreiner	Ulm, Stadtarchiv
1835 21. 4.	München	Den Schreinern Möbelniederlagen eigener Werke erlaubt	(Schlichthörle, I, 679)
1835	München	Ebenisterei gehört den Tischlern	(Schlichthörle, I, 679)
1835	Basel	Schreinerordnung	Basel, Staatsarchiv, Spinnwetter 40, Anl. Dieselbe gedr. R. R. 2, Basel, 1836
1836 24. 12.	Basel	Bei den französischen Schreinern erben die Rechte nicht	Basel, Staatsarchiv, R. R. 1
1838	München	Jeder Gewerbsmeister darf seine Erzeugnisse im ganzen Lande auf Bestellung und im Handel verkaufen	(Schlichthörle, I, 679 u. 680)
1839 20. 3.	Basel	Heiratsverbot für Gesellen	Basel, Staatsarchiv, R. R. 2

1840 17. 6.	München	Vergleich der Kistler und Bildhauer	(Schlichthörle, I, 681)
1840	Nürnberg	Allg. Industrie-Ausstellung. Katalog	Nürnberg, Kreisarch., Rep. 79, S. 32, Nr. 22
1840	Basel	Besichtigung der Erfindung von Bromler in Memmingen betr. den Schwund des Holzes (vgl. 1844/5 Karlsruhe)	Basel, Staatsarchiv, Spinnwetter 57, Blatt 37
1840	München	Der Schreiner Peter Klör in Hammelburg bittet um Subvention für seine Brett- und Furnierschneidemaschine, die auch Öl preßt	München, Kreisarchiv, H. M. 72, 2729
1842 21. 4.	München	Vergleich der Schreiner und Tapezierer	(Schlichthörle, I, 682)
1842—1848 1841—1845	München	Unerlaubte Gesellenverbindungen	München, Kreisarchiv, R. A. 1397, Nr. 34, 1396, Nr. 23
1842 18. 11.	Ulm	Schreinermeister als Taglöhner der Zimmerleute	Ulm, Stadtarchiv
1844 7/8.	Basel	Die politische Zunft und das Handwerk sind streng zu trennen	Basel, Staatsarchiv, Spinnwetter 58, S. 35
1844 24. 8.	Basel	Grenzlinien zwischen Schreinern und „Mechanikern“	Basel, Staatsarchiv, R. R. 1
1844	Karlsruhe	Gewerbesteuerstatistik im Großherzogtum Baden	Karlsruhe, Geh. L.-A., Zugang Finanz-Min. 1901, Nr. 3, 834
1845	München	Gewerbe-Bereich der Wagner	(Schlichthörle, II, 322)
1844/5	Karlsruhe	Die Erfindung A. Bromlers aus Memmingen, betr. den Schwund des Holzes (vgl. Basel 1840)	Karlsruhe, Geh. L.-A., Zugang Finanz-Min. 1901, Nr. 3, 521
1845 15. 7.	Ulm	Festsetzung der Verkaufspreise für Särge	Ulm, Stadtarchiv
1845	Basel	Petition der Gesellen zu ihrer Ordnung	Basel, Staatsarchiv, Spinnwetter 42, S. 20
1845/6	Basel	Eine Beschränkung der Meßfreiheit abgelehnt	Basel, Staatsarchiv, R. R. 6
1848 April	Ulm	Die Schreinerzunft vergibt städtische Bauarbeiten unter sich nach von ihr festgesetzten Preisen	Ulm, Stadtarchiv, Zunft-Akten
1848	Frankfurt	Handwerkerkongreß zu Frankfurt	Frankfurt, Stadtarch., C. 1012—1013, Rep. d. Handw.-Akt. 1889, C. Ia, Akten des Fr. Congreß 1848

1851 17.10.	Basel	Schreinergesellenordnung	Basel, Staatsarchiv, Spinnwetter 42, S. 21
1851 11. 3.	Basel	Eingabe der Schreinerzunft gegen Möbelmagazine, zu geringe Zölle usw. und Möbelhandel der Nichtschreiner. — Bericht des Handwerkskollegiums dazu	Basel, Staatsarchiv, R. R. 1, 11/III. 1851, R. R. 1, 29/III. 1851
1853 8. 6.	Ulm	Entscheidung der Zentralstelle für Gewerbe und Handel in Stuttgart betr. „Zünftige Arbeit"	Ulm, Stadtarchiv
1853 23. 5.	Basel	Anfrage des Handwerkskollegiums betr. Gewerbefreiheit. Ablehnung durch die Schreiner	Basel, Staatsarchiv, Spinnwetter 60, S. 101/2
1855 20.10.	Frankfurt	Publizierung des Gesetzes über die Gewerbekammern	(Elkan, Frankf. Gewerberecht, S. 97)
1859 7. 7.	Basel	Gutachten des Baukollegiums betr. Feuersicherheit der Leimküchen	Basel, Staatsarchiv, R. R. 1
1860	Frankfurt	Motive der Handwerkskammer zum Entwurf einer Gewerbeordnung. Die zu anderen Gewerben gehörenden Vollendungsarbeiten. Gutachten des Jüngeren Bürgermeisteramts. Der Übertritt zu verwandten Gewerben	Frankfurt, Stadtarch., Aktenstücke usw. Si. 5529
1861	Frankfurt	Petition von 171 Schreiner gegen die Gewerbefreiheit	Frankfurt, Stadtarch., Aktenst. usw., Si. 5529
1861	Frankfurt	Die Schreiner den zünftigen Gewerben zugerechnet	(Elkan, Frankf. Gewerberecht, S. 97)
1863/4	Karlsruhe	Auflösung der Schreinerzunft und Bildung einer freien Genossenschaft	Karlsruhe, Geh. L.-A., Karlsruhe Stadt 1872

Ortsverzeichnis.

Das Ortverzeichnis bedeutet einen Versuch, die mit Ursprungszeugnissen belegbaren Werke bedeutender Fachgenossen nach ihren Standorten zusammenzustellen; die nicht eingeklammerten Seitenzahlen beziehen sich auf dieses Buch selbst, die eingeklammerten auf die angezogene Quellenliteratur. Näheres ist gegebenenfalls im Namenverzeichnis zu finden. — Für eine künftige Neuauflage werden Ergänzungen von Museumsdirektoren dringend erbeten.

Bechtolsheim, Pfarrkirche, 1446, Gestühl von Erhard Falkner. (Dehio IV, 28.)

Bellamont (Wttbg.), Pfarrkirche, um 1500, Chorgestühl von Jörg Syrlin d. J. (früher in Ochsenhausen).

Berlin:

Schloßmuseum, Bretter und Tafeln sowie Ebenholzkabinett von Adam Eck, Eger, 1632 bis 1664, und Georg Fischer, 1661. — Buchsbaumkästchen, Jahreszahl 1419, von Hermanus Knevelinghusen. — Intarsiabüfett, nach 1602 von Melchior von Rheydt. (v. Falke, Amtl. Berichte d. Pr. Staatssamml. u. Abb. 1919, IV, 73/74.) — Schreibpult mit Inschrift 1555 von Christoffel Müller. — Kirchenschrank a. d. Karthäuser in Mainz, 1725, von J. J. Schacht. — Schrank der Königin Luise von Wolffsohn. — Schachbrett von Paul Göttich um 1600. — Büfett der Saffranzunft in Basel, 1664, von Joh. Heinrich Keller. (Rud. F. Burckhardt a. a. O.) — Der Pommersche Kunstschrank, 1617, von Ulrich Baumgartner.

Blaubeuren, Klosterkirche, 1493 u. 1496, Chorgestühl und Hochaltar von Jörg Syrlin d. J.

Bloßwitz (Sa.), Kirche, 1705, Kanzelaltar. (Dehio I, 47.)

Bruchsal, Schloß, 1759, Tischler- und Vergolderarbeiten von Brandmeier und Weinsbach. (Dehio IV, 48.)

Cöln:

Kirche B. M. V. in Horto (Mariengarten), 1736, Altar von Johann Gossens. S. 330.

Rathaus, Senatssaal, 1602, Türen und Bänke, „der Höhepunkt der Intarsia im Rheinland", von Melchior von Rheydt. (v. Falke, Amtl. Berichte a. d. Pr. Staatssamml. 1919, IV, 73/74.)

Kunstgewerbemuseum, Intarsienbretter und -tafeln von Adam Eck, Eger, 1632 bis 1664.

Danzig:

Marienkirche, 1453. Holzkauf 291.

Artushof, 1531, hölzerne Einfassung der Reinhold-Statue von Adrian Laurentius.

Ebenda, 1531, Reinholdsbank, Gestühl und Wandverkleidung von Heinrich Holzapfel. (Lübcke II, 236/7 und Dehio II, 97.)

Rechtstädtisches Rathaus, Sommerrathsstube, Ende 16. Jahrh., Schnitzereien von Simon Herle. (Lübcke II, 238.)

Döbeln i. Sa., Stadtkirche St. Nicolai, 1599, Kanzel von David Schatz. (Dehio I, 60.)

Dresden:

Zeughaus, erbaut vom Schreiner und Schraubenmacher Paul Buchner. (Schumann 44/45.)

Historisches Museum, Werkzeugsammlung des Kurfürsten August, gefertigt z. T. von Danner u. a. S.

Ebenda, 1589, Schmuckschränkchen der Kurfürstin Sophie von Hans Kellerthaler. (Lübcke I, 100, Schumann 140.)

Ebenda 2 Kunstschränke von Hans Schieferstein. (Lübcke I, 100, Schumann 139.)

Ebenda, Positiv (Orgel mit Schreibpult) von Christoph Walther II. (Schumann 43, Abb.)

Ebermünster i. Elsaß, Kirche, 1730, Orgel von J. G. Silbermann. (Dehio I, 306.)

Eger, Schloßkirche, 1639, Schnitzaltar von Adam Eck. (v. Falke, Amtl. Berichte a. d. Pr. Staatssamml. 1919, IV, 79.)

Ennetach (Wttbg.), Dorfkirche, 1506 und 1509, Levitensitz und Chorgestühl von Jörg Syrlin d. J. (Dehio III.)

Frankfurt a. M.:

Deutschordenshaus, etwa 1725, Schreinerarbeiten von Karl Materni. (Lobmeyer S. 55.)

Liebfrauenkirche, 1771, Kanzel von J. Metz. (Dehio IV, 93.)

Paulskirche, 1823 bis 1833, Orgel von Eberhard Friedrich Walker. (Schmidt-Weißenfels S. 83 ff.)

Freiburg i. Br., Münster, 1521 bis 1524, Schnitzaltar der Mantelschaft Mariae von Hans Wysingen mit Bildhauer Sixt. (Dehio IV, 109.)

Freudenstadt, Stadtkirche, Anf. 17. Jahrh., Orgel von Konrad Schott, jetzt in der Kirche in Hoheneck bei Ludwigsburg. (Lübcke II, 508.)

Fürstenfels (Bayern), Kirche, 1729, Innenausstattung von Friedr. Schwerdtführ.

St. Gallen, Klosterkirche, 18. Jahrh., Innenausstattung von Martin Hörmann. (Luthmer 138.)

Gebweiler, Liebfrauenkirche, Chorgestühl von Sporrrer. (Dehio IV, 119.)

Görlitz, Rathaus, 1568, Zimmerdecke von Franz Marquart, gemeinsam mit dem Maler Paul Riese. (Lübcke II, 205.)

Namenverzeichnis.

In das Namenverzeichnis wurden alle in diesem Buch erwähnten Personen aufgenommen, und die nicht eingeklammerten Zahlen verweisen auf die betreffenden Seitenzahlen. — Daneben wurden alle Fachgenossen, möglichst mit Angabe ihrer bedeutendsten Werke und deren Standorte, angeführt, die in der angezogenen Quellenliteratur erwähnt sind; solche Zitate mit den entsprechenden Seitenzahlen wurden in Klammern gesetzt. — Einige Hinweise auf besondere Quellen des Stadtarchivs in Augsburg, betreffend Arbeiten, Löhne usw. Augsburger Handwerker, und mehrere Schreinernamen wurden dem verstorbenen Leiter dieses Archivs, Dr. Buff, verdankt.

Rathaus in Augsburg mit Hans Schertlin die „einen Höhenpunkt ihrer Gattung bezeichnenden Holzarbeiten in den Fürstenstuben". (Dehio III, 41.) — Arbeitete 1589 für den Herzog Wilhelm in München, 1600 eine Saaldecke für Christoph Fugger und 1610 an einem Neubau der Barfüßer (vielleicht die Kramläden an der um diese Zeit von Elias Holl (Lübcke I, 424) errichteten Barfüßertorbrücke?) — Er darf 1594 ein Jahr außerhalb der Stadt wohnen und wird später Bürger in München. Im Jahre 1639 wird sein Haus in Augsburg versteigert. S. 255, 279, 281, 282.

Dietrich, Joachim, Bildhauer und Schneidkistler aus der Au in München, schnitzte Mitte des 18. Jahrhunderts nach Cuvilliés Vorlagen die Panneaus in den Repräsentationszimmern und im „Rot Lackiert Kabinett", d. h. im Miniaturenkabinett der Amalienburg. (Weese, 156 und 166 mit Abb.)

Dietrich, Wendel, Kistler in Augsburg, später in München. 118, 221, 236, 273 ff., 335, 421, 469, Abb. 121 im Anh.

Ergänzung zu obigem: 1571 und 1575 Gschaumeister, 1580, 1582, 1584 Vorgeher und 1585 wieder Gschaumeister. Wurde 1583 mehrfach von Augsburg nach München geholt für Zehrung und Fuhrlohn. (Buff, S. 11.) Arbeitet in Schloß Kirchheim. (Vergl. Ortwein, Deutsche Renaissance, Augsburg und Kreis Schwaben, Lfg. 2, Blatt 11/12: Die große Saaldecke, Bl. 13 Details dazu, Bl. 14 Details und Durchschnitte. Ferner Lill, Fugger und die Kunst, Leipzig 1908, S. 97 bis 113: „Die kostbaren Schreinerarbeiten des W. D. in Schloß Kirchheim mit Abbildungen.") Die Holzdecke im Cedernsaal wurde mit 400 Schrauben befestigt. Das Täfelwerk wurde an Dietrich für 3300 fl. nebst 100 fl. Leykauf für sein Weib verdingt. — 1587 siedelte D. mit Erlaubnis, die jährlich erneuert wurde, nach München über, wo er als Herzogl. Baumeister in dem Dienst des Herzogs Wilhelm V. wirkte bis 1597 zur Einweihung der St. Michaelkirche, deren Fassaden und Hochaltar von ihm stammen. (Abbildung des Chorgestühls im Anhang.) Er erbaute auch von 1593 bis 1597 in München die Maxburg u. a. „Der Hochaltar in der St. Michaelkirche ist historisch wichtig als der erste ganz von gotischen Erinnerungen absehende, ganz nach den Regeln der italienischen Renaissance komponierte Altarbau; steinmäßige Formen in Holz ausgeführt." (Dehio III, 302.)

Dietz, Johann Christian, Instrumentenmacher in Paris, verfertigte 1814 die erste Klavierharfe; ein Original im Musikhistorischen Museum von W. Heyer in Cöln. (Feldhaus, 1117.)

Diritz, Joachim, 1564, Kistler in Augsburg.

Ditmar, Pether Friedrich, Meisterssohn in Frankfurt a. M., machte nach eigenem Entwurf 1806 sein Meisterstück. 227. Abbildung im Anhang S. 47.

Dobel, Hans, Bildhauer, Basel, 15. Jahrh. Streit mit den Kistlern. S. 77.

Donappel, Kersten, 1541, Mitbegründer der Schreinerzunft in Riga. S. 43.

Dopfer, Thomas, 1743 Meister in Mainz. (Meisterzeichnungen Kgw. Bibl. Berlin.)

Drege, Hans, Schreiner in Lübeck, fertigte von 1572 bis 1583 (nach Dehio von 1573 bis 1585) das „Fredenhagensche Zimmer" im Hause der Kaufleute (jetzt im Kunstgewerbemuseum in Hamburg). Nach Lübcke ist das Getäfel in Eichen-, Linden-, Nußbaum- und Ulmenholz eins „der edelsten der Zeit". (Lübcke II, 276 und Abb.; Swarzenski bei Lehnert 572; Dehio II, 280.)

Dummeler, Walther, Stadtzimmermann in Straßburg, Anfang 15. Jahrh. 264.

Dümmler, Johannes Andreas, in Nürnberg von 1650 bis 1723. Sohn eines Geistlichen. Zeichnete sich besonders durch Elfenbeineinlagen aus, die er seinen Meßtischlereien, Zirkeln, Sonnenuhren und Winkelmaßen gab. (Schmidt-Weißenfels 51.)

Dungel, Johannes, 1747 Meister in Mainz. (Meisterzeichnungen Kgw. Bibl. Berlin.)

Dunkell, Heinrich, 1778 Meister in Mainz. (Meisterzeichnungen Kgw. Bibl. Berlin.)

Düntzer, Jacob, Kistler und Orgelmacher, Augsburg, 1610. S. 86.

Dürsch, Georg, Kistler in Augsburg, 1670. 342.

Dürsch, Hanns, Höcker- und Furniermüller in Augsburg, 1650. S. 130, 303, 454.

Dyckes, Helmeke, Schreiner und Schnitzer in Lüneburg, 1524. (Bodemann a. a. O.)

Ebelmann, Hans Jacob, Schreinergeselle in Speyer, gab gegen Ende 16. Jahrh. Vorlagewerke heraus. S. 468.

Gower, Jürgen. „Jürgen Bildschneider", dem Tischleramt Schleswig zugehörend, vollendete nach dem Tode des Meisters Andreas Salgen (siehe diesen), von 1612 den Fürstenstuhl in der Schloßkirche in Gottorf (Schleswig). (Denkmalspflege 190, Nr. I, S. 3.)

Grim, Theodor, 1759, Meister in Mainz. (Meisterzeichnungen Kgw. Bibl. Berlin.)

Grimm, Ludwig, 1711, Meister in Mainz. (Meisterzeichnungen Kgw. Bibl. Berlin.)

Grob, Hans, 1573, Kistler in Augsburg.

Groß, David, Kistler in Augsburg, 1660. 260.

Groter, Michael, Tischler in Rostock, schaffte mit dem Bildschnitzer Andreas Brandenburg 1643 das Gehäuse der astronomischen Uhr in der Marienkirche in Rostock. Die Malerei von Karl Wilbrandt. (Fachblatt für Holzarbeiter, 1921, Febr.)

Gruber, Esias, aus St. Gallen, Kistler in Augsburg, 1554. 127.

Grymme, Jacob, Schreiner und Schnitzer in Lüneburg, 1524. (Bodemann a. a. O.)

Guckeisen, Jacob, Schreiner und Kupferstecher, Straßburg, gab 1596 mit dem Schreiner Veit Eck Vorlagenwerke für Schreiner heraus (vide Eck). (Leitschuh S. 95.) 468.

Gudewert der Ältere, Hans, Eckernförde, gest. 1642. „Einer der erfindungsreichsten und technisch geschicktesten Truhenschnitzer."

Guilleaume de Saint Patu, Magister der Maurer in Paris, 1268. S. 13.

Guillot, französischer Schreiner, angeblich Erfinder des „geflammten" (geflanderten) Hobelns. Nach ihm soll die Bezeichnung „Guilloche" der in dieser Form gehaltenen Banknotenunterdrucke, gewählt worden sein.

Gumpenberg, Geigenmacher in Augsburg, 1562. S. 84.

Guntram, Stadt-Zimmermann in Straßburg, 15. Jahrh. 265.

Gustav Adolf. S. 517.

Haase (Haas), Georg, Hoftischler, Wien, 1583, Herausgeber einer Ornamentsammlung. (Lübcke I, 167.) S. 468.

Haber, Tischler, um 1786 in Berlin, Reezengasse. (Nicolai a. a. O.)

Habermann, F. X., 1721 bis 1796, Entwurf eines Prunkwagens. (Abb. Lehnert II, 194.)

Haberstumpf, „Egener Tischlerfamilie (Intarsia), von der jedoch keine Werke nachgewiesen sind." (v. Falcke, Amtl. Berichte a. d. Pr. Staatssammlg., 1919, Nr. 4, 79 ff.)

Hacker (Hakher), Joh. Balthasar, Tischler, war „Churfürstlicher Sechsischer Zeugwartt" und fertigte 1587 das Inventar der vom Kurfürsten August hinterlassenen Werkzeugsammlung an. Er war Schüler des alten Werkzeugmachers Danner in Nürnberg. (Siehe diesen.) S. 438.

Hahn, Paulus, Kistler in Köln, 1776. 253.

Haider, Simon, Tischlermeister, vor 1467, Chorgestühl im Dom zu Konstanz, gemeinsam mit dem Bildhauer Niklaus von Leyden; war zuletzt in Straßburg beschäftigt. — „Zum wertvollsten Kunstbesitz des Münsters in Konstanz gehören die geschnitzten Türflügel des Westportals, beg. 1470; trotz der Inschrift: Symon Haider, artifex me fecit" ist durch eine gerichtliche Aussage festgestellt, daß S. H. der Tischler keine Bilder zu schneiden verstanden habe, daß dieselben vielmehr von Meister Niklas (von Leyden) gemacht sein; indes nach Vergleich mit dem Chorgestühl zu urteilen, doch wohl nicht eigenhändig." (Dehio III, 234/5.)

Haldenwanger, Simprecht, 1649, Zimmermann in Augsburg. S. 52.

Haldenwanger, Ulrich, fertigte um 1600 die Kirchenstühle im Kloster zum hlg. Kreuz in Augsburg. S. 52.

von Halftern, Cöln, Zunftmeister im Jahre 1581. (Urk.-Anhang 1581.)

Haller, Joan Peter, Kistler in Cöln. 432.

Halver, Johann, Kistler in Cöln. 430.

Hämmerlen, Schreiner, Ulm, wurde vom Kaiser wegen seiner Arbeiten in den Reichsadelsstand erhoben. (Schmidt-Weißenfels S. 36.)

Härlemann, schwedischer Chemiker 1727, S. 451.

Härtel, Melchior, 1592, Kistler in Augsburg.

Hartig, Tischler in Rostock, 1727. 363.

Hartmann, Claß, Landkistler aus Lechbrugg, 1558.

Hätter, Frerich, 1769 Meister in Mainz. (Meisterzeichnungen Kgw. Bibl. Berlin.)

Haue, Hans, Schreiner und Schnitzer in Lüneburg 1524. (Bodemann a. a. O.)

Hauff, Hans, Kistler in Augsburg, 1624, Geschworener. 348.

Haug, Hans, Krämer in Augsburg, 1613. 399.

Hayden, Hans, Klavierbauer in Nürnberg, 17. Jahrh. (Schmidt-Weißenfels S. 71.)

Hebenkanz, Thomas, 1507, Büchsenschifter in Augsburg.

Hechtel, Paul, 1797 Meister in Mainz (Meisterzeichnungen Kgw. Bibl. Berlin.)

Heckel, Melchior, 1583, Kistler in Augsburg.

Heckenrath, Meister und Holzmesser in Cöln 1709. 297.

Hegelin, Thobias, Silberkistler in Augsburg, 1619. 189.

Heiburger, Franz Anton, 1748 Meister in Mainz. (Meisterzeichnungen Kgw. Bibl. Berlin.)

Heidelberger, Thomas, aus Memmingen. In der Prälatur des Klostergebäudes in Ochsenhausen (Wttbg.) reich kassettierte Holzdecke und Türumrahmungen. „Als Tischlerarbeiten vortrefflich, zeigen sie doch recht sehr die für die Zeit bezeichnende Unfähigkeit, sich gegebenen Raumverhältnissen anzupassen; die Decke wirkt unsagbar schwer.“ (Dehio III, 368.) In der Sakristei der Benediktinerabtei zu Ottobeuren reiche Ornatsschränke, zweite Hälfte 16. Jahrh. (Dehio III, 374.)

Heidgen, Kistler in Cöln, 1779. 254.

Heigelen, Georg, Kistler in Augsburg, 1668. 342.

Heiligmann, Friedrich, Schreiner, in Ludwigsburg, 1794. 366.

Heim, Johann Jacob, „wirklicher“ Hofschreiner in Stuttgart, 1719. 365.

Heine, Tischler, „welcher, wie verschiedene andere, in England gearbeitet hat“, um 1786 in Berlin, Rycksdorfer Str. (Nicolai, a. a. O.).

Heinrich (Henrich), Bischof in Basel, 1271. 21.

Heinzelmann, Jacob, 1573, Kistler in Augsburg.

Heitger, Mathies, Kistler in München, 1819. 407 ff.

Helbinger, Hans Jerg, 1685, Meister in Mainz. (Meisterzeichnungen Kgw. Bibl. Berlin.)

Heller, Hans Michael, 1738 Meister in Mainz. (Meisterzeichnungen Kgw. Bibl. Berlin.)

Helmont, J. F. van, Bildschnitzer und Kistler in Cöln. 77, 217, 219. Von ihm stammen folgende Werke in Cöln: St. Andreas, 1717, der große aus dem Makkabäerkloster stammende Hochaltar; St. Columba, 1711, der Hochaltar, der Beichtstuhl und Schnitzereien; St. Johann Baptist, die Kanzel; St. Gereon, 1720, die Kanzel. (Dehio IV, 260, 270, 271 und Renard 185.)

Henle, Michaell, 1768, Meister in Mainz. (Meisterzeichnungen Kgw. Bibl. Berlin.) „Dieses Stück ist zusammen gehauen worden und verbrett von dem Stückmeister selbst.“

Hepner, Jacob, Nürnberg, gest. 1645, soll die Kunst des „geflammten“ (geflandertenl) Hobelns von seinem Schwiegervater Hans Schwanhard übernommen, zuerst nach Nürnberg gebracht und dort weiter ausgebildet haben. (Siehe Guillot und Schwanhard im Personenregister.)

Herb, Kistler in Augsburg. S. 131.

Herle, Simon, Schreiner (?) in Danzig. Ende 16. Jahrh. Schnitzwerke in der Sommerratsstube im Rechtstädtischen Rathaus in Danzig. (Lübcke II 238.)

Hermann, Franz Anton, Kunstschreiner aus Wien. Schwiegersohn des Hofschreiners Johann Ludwig Rohde in Mainz, der für ihn das Dekret erbat und am 19. Mai 1733 erhielt. Franz Anton H. erhielt am 22. August 1766 „wegen seiner Geschicklichkeit in Gebräuchlichkeiten“ den Titel „Baurath“. War (nach Dehio IV, 236) ursprünglich (?) Architekt. Siehe auch seinen Sohn Heinrich Ludwig H. (E. Zais, Zur Mainzischen Kultur usw. und Schaab, Geschichte der Stadt Mainz.)

Hermann, Heinrich Ludwig, Kunstschreiner in Mainz, Sohn von Franz Anton H., machte 1759 sein Meisterstück (Riß in der Berliner Kunstgewerbebibliothek, schon als „Hofschreiner“ unterzeichnetl). Von zwei Prüfungsrissen bestimmte der Kurfürst einen selbst zur Ausführung. Heinrich Ludwig H. ist der Meister der neun Stühle des Bischöfl. Chors, 1767. (Zaiß und Schaab a. a. O.)

Hertel, Hans Georg, Kistler in Augsburg, machte 1618 zusammen mit dem Goldschmied Paulus Paumann „ein fürnemes Werk“ für den Kaiser Mathias; „das corpus hat er von Ebano (aus Ebenholz) zu machen.“ (Stadtarchiv, G. A. IV.)

Keppeler, Georg, 1615, Kistler in Augsburg.

Kern, Hans, Schreiner (?) aus Pforzheim. 1512 reiches Chorgestühl in der Stiftskirche, jetzt in der Altkatholischen Kirche in Baden-Baden. (Dehio IV, 23.)

Keuthel, Nicolaus, Schreiner von Lundershausen bei Weldrungen, fertigte 1564 gemeinsam mit dem Schreiner Michael Tschidnich die intarsierte Sockeltür im Schloß Radmannsdorf in Steiermark. (Lacher a. a. O.)

Kistler, Hans und Heinz, Schreiner in Augsburg, Mitte 15. Jahrh. 38.

Klag (Kladt), Ignatius, aus Brünn, 1726 Mitarbeiter von Schacht (siehe diesen) in Mainz.

Klaus, Gabriel, Schnitzer und Schreiner in Lübeck 1639. „Klaus hatte in Kopenhagen bei einem, dem Schnitgeramt nicht angeschlossenen Meister das Bildschnitzen gelernt. Aber dennoch hatte ihm das Kopenhagener Schnitgeramt einen Lehrbrief gegeben. Darauf begehrte er in Flensburg die Aufnahme in das Amt. Man verweigerte sie ihm, weil er nur auf dem Meißel, nicht aber auf dem Hobel gelernt habe. Ein mehrjähriger Streit entstand, in dessen Verlauf durch die Parteien manche Gutachten auswärtiger Ämter beigebracht wurden. Hamburg hatte sich seinerzeit gegen den Anspruch des Klaus erklärt. Lübeck gab ein entgegengesetztes Zeugnis. Das betreffende Schreiben liegt abschriftlich in Fasc. 158 des Flensburger Ratsarchivs. Es lautet: Allen und jeden dießes Ansichtigeren thun kunt und zu wissen, Wir Alterleute und gantzes Amt. Es sind 2 Meister des Schnitgeramts dabei gewesen, als er (Klaus) zum Gesellen gemacht wurde; sie haben damals als Gesellen in Kopenhagen gearbeitet, nämlich Adrian Gerdes und Hans Meyer. In Lübeck sei es Brauch, daß solche Bildschnitzer ehrlicher Geburt, die ihr Meisterstück gemacht haben, ins Amt aufgenommen werden, „ob sie schon nicht bei einem Tischler oder Hövelarbeiter gelehrnet“. Es seien in Lübeck zur Zeit auch schon solche Meister im Amt. Unterzeichnet: Henrich Lubers, Aßmuß Witfot und Henrich Sixtra“. (Mitt. d. Ver. f. Lüb. Gesch. u. Altert.-Kunde III. 1887/88, S. 34.) — Wegen anderer Streitigkeiten betr. Dänemark siehe S. 419 und 421.

Kleiner, S., Entwurf einer Bank im Gräfl. Althanschen Garten zu Wien. — Entwurf eines Tisches im „Marmorierten Cabinet“ des Belvedere zu Wien. (Abbildung Lehnert, S. 189.)

Klör, Peter, in Hammelburg, erfand 1840 eine Brettschneidemaschine, die auch Oel preßt. S. 454.

Knevelinghusen, Hermanus, Schnitzer, 1419, Buchsbaumkästchen im Berliner Kgw.-Museum (Katalog S. 23).

Knorr, der „ewige Erzpfuscher“ in Cöln, 1789. 423.

Köber, Johann Lorenz, 1747 Meister in Mainz. (Meisterzeichnungen Kgw. Bibl. Berlin.)

Koch, Jos., Weingarten, Klosterschreiner im Benediktinerkloster in Weingarten (Württemb.), Chorgestühl des Klosters (mit dem Bildhauer J. A. Feichtmayr aus Augsburg.) (Dehio III, 543 u. 573.)

Koch, Kilian, Schreiner, 1744 (zusammen mit dem Bildhauer Georg Adam Gutbrunner) das prachtvolle Gestühl in Amorbach, Unterfranken. (Luthmer, S. 138.)

Kock, Heinrich, Zimmermann oder Kaufmann (?) in Weimar, 1614. 293.

Kocke, Bernhard, aus Großedern bei Paderborn, Schreiner in Straßburg, 1747. 200.

Kohler, Alexander, geschworener Kistlermeister in Augsburg, 1664. 341.

Köhne, Conrad, 1729, Schreiner in Riga. S. 43.

Kölling, Johann Adam, 1697, Meister in Mainz. (Meisterzeichnungen Kgw. Bibl. Berlin.)

Kompel. (Siehe Kempel.)

König, Orgelmacher in Cöln. 252.

Königin von Spanien. 281.

Koet, Merten, 1541, Mitbegründer der Schreinerzunft in Riga. S. 43.

Krammer, Gabriel, „Dischler und Ihrer röm. Kays. Maj. Leibtrabanten-Guardi (Wacht-) -Pfeiffer“ in Cöln, 1611, Herausgeber eines Ornamentbuches, „Schweiffbüchlein“. (Lübcke I, 166.) S. 468.

Kraus, Franz, 1548, Kistler in Augsburg. (Im Verzeichnis von 40 Meistern. Stadtarchiv, K. A.)

Kraus, Hans, Paris, „Marqueteur du roi“. (Lehnert II, 61.)

Kraus, Ulrich, Kistler in Augsburg, geb. 1575, kommt auch noch 1622 vor. S. 117.

Kremer Lucas, 1541, Mitbegründer der Schreinerzunft in Riga. S. 43.

Krieger (Krüger), Hans, Kistler in Augsburg. 278, ferner Westenrieder, Beiträge III, 91, 92, 99, „umb ein Schreibtisch“ für Herzog Wilhelm 200 fl.

Kron, Heinrich, Kistler in Augsburg, 1555 im Rat, 1561 Bürgermeister, ehemals Vorgeher der Kistler, erblindete, wurde 1575 nicht wiedergewählt und starb 1578. Er erhält 1535 50 fl. „umb ein großen eichen Kasten mit 90 Schubladen, eingefaßt mit gesymsen und leysten in die Cantzeley“, hat 1548 Arbeit für Herzog Alba und soll dazu andere Meister annehmen; „wo aber die meister diese Arbeit nit kondten machen“, durfte er Gesellen dafür annehmen. (Stadtarchiv, BB. 1535, Fol. 73 B und R. P. 1548.)

Kuhn, Martin, Walldürn in Baden. 1769 ff. das verhältnismäßig einfache Chorgestühl in der Stadtkirche zu Walldürn. (Dehio III, 534.)

Küng, Hans, Schreiner und Bildschnitzer, fertigt 1520 (?) die Holzdecke in der Schmiedstube am Salzmarkt in Zürich und 1523 die dieser ähnliche Holzdecke im Hause des Apothekers Konrad Klauser von Zürich in Luzern. Er war für die Züricher Arbeit auf Kosten der Zunft von außerhalb herbestellt. (Vögelin I, 405; II, 367.)

Kupper, Bändermeister in Cöln, 1779. 422.

Kupper, Johann, Münster. „Das früheste Auftreten der Renaissance beginnt schon in den dreißiger Jahren des 16. Jahrhunderts mit dem prachtvollen Täfelwerk des Kapitelsaals beim Dom. Meister J. K. führte das herrliche Schnitzwerk, an dem man die Jahreszahlen 1544 und 1552 liest, in jenem anmutig spielenden Stil der Frührenaissance durch, der uns aus dem Ornamentstich der Kleinmeister, namentlich Aldegrevers bekannt ist.“ (Lübcke II, 444; Abbildung bei Lehnert I, 570.) — „Die schönste Täfelung der gesamten deutschen Renaissance lieferte J. K. im prachtvollen Getäfer des Kapitelsaals beim Dom in Münster, ein Werk, das in seinen Ornamenten den edelsten Stil der Frühzeit insbesondere reiner und prachtvoller Ausbildung zeigt.“ (Lübcke I, 92.)

Kurfürst von Brandenburg. 155, 158, 509. — von Sachsen. 158, 227, 438, 509.

Kurtz, Johann, Instrumentenmacher aus Württemberg, konstruierte bereits 1681 eine Spinettharfe. (Feldhaus, 1117.)

Kuttler, Karl Ludwig, 1783 Meisterssohn in Ulm. S. 480.

La Jeunes und La Picant, Händlerinnen aus Metz, 1771. 395.

Lambrecht, Schreiner in Wien im 15. Jahrhundert. (Beheim, zwen Tischler, Buch von den Wienern, 1462. S. 140.)

Landauer, Matthäus (Landauersche Stiftung für alte Handwerker), Nürnberg, 1515. 234.

Landolt, Melchior von Ebikon, 1602 bis 1606 die kunstvollere Wandvertäfelung in der „Kleinen Ratsstube“ in Luzern. (Lübcke I, 250.)

Lang, Nicodemus von Lietzheim, 1617 Schreiner in Nürnberg. 26.

Langer, Lorentz, 1727, Meister in Mainz. (Meisterzeichnungen Kgw. Bibl. Berlin.)

Langing, Otto, Kistler in Augsburg, 1557. 354.

Langinger, Otto, 1649, Bürgermeister in Augsburg. S. 52.

Lassall, Johannes, Kistler in Cöln, 1728. 431.

Laßmann, Georg, Kistler in Augsburg, 1590. 280.

Lauber, Bartholomäus, Schreiner aus Wolffing bei Halberstadt, war 1726 Mitarbeiter von Schacht (siehe diesen) in Mainz.

Lebzelter, Martin, Bildschneider, 1526, Basel. S. 77.

Lehr (Lehrs), Johannes, Kistler in Cöln, 1742. 425, 426.

Leistler, Johann Michael, 1786 Meister in Mainz. (Meisterzeichnungen Kgw. Bibl. Berlin.)

Lentz, Jacob, 1766 Meister in Mainz. (Meisterzeichnungen Kgw. Bibl. Berlin.)

Lentzen, David, 1614, Kistler aus Burgau. (Stadtarchiv Augsburg.)

Lenzer, Jonas, Kistler von Ottenbeuren, erhielt 1591 „umb Kreuz und Techramen“ 17,12 fl. (Augsburg, Stadtarchiv, W. B., Fol. 33 a.)

Lenzer, Hans, 1614, Kistler von Ottenbeuren. (Wohl derselbe?)

Lenzijs, Kistenmacher in Cöln, 1418. 142.

Leo III (Pabst 797 bis 816). S. 449.

Leopold I., Kaiser von Österreich. 1689. 345.

1602 vollendet und wird in den folgenden Jahren noch öfter in den Ratsprotokollen erwähnt, weil der Rat und die Schreinerzunft gegen die hohe Lohnforderung des Meisters Melchior Einspruch erhoben. Es mußten sachverständige Schreiner und Schnitzer aus Frankfurt a. M. als unparteiische Gutachter nach Cöln berufen werden, die indeß ihr Urteil zugunsten des Meisters abgaben und den Wert der „kunstreich und mit allem Fleiß gefertigten Arbeit" auf 700 Reichstaler schätzten." (Merlo, Cölnische Künstler, S. 723.) — „Das unter dem Einfluß der Rathausvorhalle entworfene Portal (Merlo, Tafel 16; Cöln und seine Brücke, Figur 134) ist noch wohlerhalten und zeigt in Stil und Technik soviel Übereinstimmung mit dem Intarsiabüfett des Berliner Kunstgewerbemuseums, daß auch das letztere mit Sicherheit dem Melchior von Rheydt zugeschrieben werden muß." (v. Falke, „Barockmöbel", in den Amtlichen Berichten aus den Preußischen Staatssammlungen 1919, Nr. 4, Seite 73/74 und Abbildung des Büfetts.) — Im Frankfurter Städtischen Archiv ist im Aktenverzeichnis unter Ugw. C. 39 K. K. ein jetzt leider fehlendes Schreiben von 1603 aufgeführt, in dem der Rat von Cöln bittet, zwei Meister auf seine Kosten nach dort zu senden, um etwas zu besichtigen. Das bezieht sich zweifellos auf den obenerwähnten Fall Melchior. S. 333.

Mellin, Tischler, um 1786 in Berlin, Lindenstraße. (Nicolai, a. a. O.).

Wendel, Konrad, (Mendelsche Stiftung für alte Handwerker), Nürnberg 1380. 234.

Menner, Michael, Schreiner in Wien, 1810 Sekretär mit Spielwerk, Wiener Privatbesitz. „Die schlicht tischlermäßige Konstruktion, die, mit Ausnahme der vier kleinen Säulchen im intarsierten Innern, ohne jedes Architekturmotiv auskommt." (Robert Schmidt 240 u. Abbildung.)

Mennghofer, Andreas, Orgelbauer, 1661 in Augsburg. S. 86.

Mert, Schreiner in Wien im 15. Jahrh. (Beheim, Zwen Tischler, Buch von den Wienern, 1462. S. 140.)

Mertz, Hans, 1604 Kistler in Augsburg.

Metternich, Marschall von Cöln, 1644. S. 127, 241, 427.

Metz, J., Schreiner (?) in Mainz. 1771 Kanzel der Liebfrauenkirche in Frankfurt a. M. 1763 bis 1774 Stuckierung der Sankt-Ignaz-Kirche in Mainz. (Dehio IV, 92, 239.)

Meutting, Georg, Kistler in Augsburg, steht 1567 auf der Vorgeherliste. (Stadtarchiv, K. A.)

Meüting, Jacob, Kistler in Augsburg, 1569. 299.

Mevius, David, Nationalökonom 1642. S. 508.

Meyer, Schreiner und „Pfarrerssohn" in Ellsauer, 17. Jahrhundert. 418.

Meyer, Hans, Cöln, Zunftmeister im Jahre 1581. (Urkundenanhang 1581.)

Meyer, Hans, 1639 Meister in Lübeck, war früher Geselle in Kopenhagen. Siehe unter Gabriel Klaus.

Meyer, N., Hofschreiner in Kirchheim 1726. 365.

Millenet, Operntischler, „ein geschickter Künstler in Dekorationen", um 1786 in Berlin, Französische Straße. (Nicolai, a. a. O.).

Miller, Caspar, Kistlergeselle in Augsburg 1668. 341.

Miller, Hans, Stadtkistler in Augsburg, arbeitete am Neuen Rathaus, erhielt 1617/18 für 25 „gefierte Ramen" 50 fl. (Stadtarchiv, W. B., Fol. 2 B.)

Miller, Hans II, Werkmeister in Augsburg, † 1625, machte 1620 die Messata, Mezzata-Mezzanin-Zimmer im Rathaus. (Stadtarchiv 1620, Fol. 14a.)

Mirofsky, aus Böhmen, arbeitete um 1730 unter Cuvilliés in der Münchener Residenz. „Unter den Schneidkistlern, wie die Baurechnungen die Bildhauer (? Hellwag) nennen, ist an erster Stelle der Böhme M. zu nennen. Er besaß in der Maxburg seine Werkstätte und hatte schon vor dem Brande für die Reichen Zimmer Arbeit geliefert. Seit 1730 ist er der meistbeschäftigte Handwerker für Holzschnitzerei. Für seine Arbeiten im Schlafzimmer erhält er 10 000 Gulden 1731 ausbezahlt, worunter nicht nur die Schnitzereien an den Panneaux, sondern auch an den Türen und Fensterverkleidungen, Balustrade und alle „Kistlerarbeit" verstanden wurden. Die „Grüne Galerie" brachte ihm 7200 Gulden, das Spiegelkabinett 7000 Gulden. (Weese 166.)

Mockh, Christoff, 1564 Kistler in Augsburg.

W. B.) nach Dehio (III, 41) mit Jacob Dietrich.
Scheucker, David, 1602 Kistler in Augsburg.
Scheurl, Christof, „der geschichtliche Doktor", Anfang 16. Jahrhunderts in Nürnberg. 35.
Schickhardt, Heinrich, Schreiner (?) und Bildschnitzer aus Singen, Bürger zu Herrenberg bei Stuttgart, führte 1517 in der Stiftskirche in Herrenberg das große Gestühlwerk in Flachrelief mit Bildern aus der Hl. Schrift aus. (Schmidt-Weißenfels, 35 und Dehio III, 188.) — Heinrich ist der Großvater des berühmten gleichnamigen Architekten; sein Sohn war Schreiner. (Lübcke I, 356.)
Schieck, Endres, 1564 Kistler in Augsburg.
Schieckh, Hieronymus, Kistler in Augsburg, hat lange zwei Meister neben sich arbeitend gehabt am Fuggerischen Bau bei dem Weinstadel; sie sind entlassen worden, und er bittet jetzt um Gesellen, die bewilligt werden 1599. (Stadtarchiv K. A.)
Schieferstein (Schifferstein), Hans, Schrei- in Dresden. Um 1600 zwei Kunstschränke im Historischen Museum in Dresden, „mit herrlichen eingelegten Elfenbeinfiguren und Ornamenten, in wohlberechnetem Wechsel teils auf schwarzem, teils schwarz auf weißem Grunde". (Lübcke I, 100.) Einer der Schränke aus dem Jahre 1615 ist 3½ Meter hoch und hat 120 Schubladen und kostete 3000 meißnerische Gulden. (Schumann, 139.)
Schierstein, Bartholomae, 1786 Meister in Mainz. (Meisterzeichnungen Kgw. Bibl. Berlin.)
Schifelin, Hanns, Silberkistler in Augsburg 1617. 189.
Schildtner, Josef, 1752 Meister in Mainz. (Meisterzeichnungen Kgw. Bibl. Berlin.) „Von der Obrigkeit aufgegeben, nicht vom ganzen Handwerk."
Schleich, Matthäus, 1605 Kistler in Augsburg.
Schleyer, Valentin, Schreiner „aus dem Frankenland". 1726 Mitarbeiter von Schacht (siehe diesen) in Mainz.
Schlichtig, Ebenist in Paris, Ende 18. Jahrhunderts „der bevorzugteste Ebenist der Madame Dubarry". (Luthmer 140.)
Schmalzigaug, Georg, 1783 Meisterssohn in Ulm. S. 480.
Schmidding, Henricus, Kistler in Cöln, 1727 bis 1765. 258.
Schmidt, Conrad, Kistler in Augsburg, arbeitet 1561 für B. Weißhaupt (siehe diesen); hinterläßt zwei Söhne, Hans und Samuel. (Stadtarchiv, K. A.)
Schmidt, Johannes, 1749 Meister in Mainz. (Meisterzeichnungen Kgw. Bibl. Berlin.)
Schmidt, Nicolaus, Kistler in Straßburg 1741. 200.
Schmitt, Johann Georg, 1774 Meister in Mainz. (Meisterzeichnungen Kgw. Bibl. Berlin.)
Schmitz Johann, Kistler in Cöln 1782. 422, 423.
Schmitz, Johann Andreas, 1769 Meister in Mainz. (Meisterzeichnungen Kgw. Bibl. Berlin.)
Schmitz, Peter, Ebenist in Paris, Ende 18. Jahrh. (Luthmer 140.) S. 465.
Schmitz, Sebastian, Kistler in Cöln 1765. 126, 337, 427.
Schmutzer, Jacob Matthäus, Wien, 1733 bis 1813. Ein armer Tischlergeselle, wurde später berühmter Kupferstecher und Direktor der neuen Akademie für Zeichnung und Kupferstechkunst und 1771 Oberdirektor aller erbländischen österreichischen Normalzeichenschulen. (Schmidt-Weißenfels, 58.)
Schnaid, Chrysostomus, 1559 Kistler in Augsburg.
Schneider, Casper, Ebenist in Paris, Ende 18. Jahrh. (Luthmer 140.) S. 465.
Schneider, Josua, Kistler in Augsburg, um 1680 Kunstuhr von der ehemal. Abtei Kaisheim. (Bayer. Nationalmuseum München.)
Schneidter, Johannes, 1700 Meister in Mainz. (Meisterzeichnungen Kgw. Bibl. Berlin.)
Schnickler, David, Kistler in Augsburg, machte 1602 eine wertvolle figürliche Einlegearbeit für Herrn von Krapolis. 281.
Schnitger, Arpe, Orgelbauer und Schreiner in Hamburg, erbaute 1688 bis 1693 die Orgel der Jakobi-Kirche in Hamburg und 1696 bis 1699 die Orgelfassade im Dom zu Lübeck „in schönem Aufbau mit reichem Schnitzwerk". (Dehio II 172, 258).
Schnoor, Hans, 1729 Ältermann der Schreiner in Riga. S. 43.

Schober, Conrad, Kistler in Augsburg, 1609 Meisterstück, machte fürs Rathaus Sessel.

Schöberlin, Thoman, 1564 Kistler in Augsburg.

Scholler, Matth., Orgelbauer und Schreiner aus Mewe, 1679 Kanzel und Orgelprospekt in der Cistercienser-Klosterkirche in Peplin. (Dehio II 335.)

Schönauer, Georg, 1548 Kistler in Augsburg.

Schönauer, Jacob, 1555 Vorgeher der Kistler in Augsburg, kam 1548 in den Rat des neuen Regiments. (Stadtarchiv, Gedächtnisbuch Pag. 1B, nach Buffs Notizen.)

— Hans, 1588 zum Vorgeher vorgeschlagen. 117, 161.

(Nach Buffs hinterlassenen handschriftl. Notizen wird schon 1503 ein Schönauer erwähnt. Stadtarchiv.)

Schott, Konrad, Schreiner, führte Anfang des 17. Jahrh. nach den Angaben des berühmten Architekten Heinrich Schickhardt die Orgel der Kirche in Freudenstadt aus. Die Orgel befindet sich jetzt in der Kirche von Hoheneck bei Ludwigsburg. (Lübcke II 508.)

Schott, Wilhelm, 1693 Meister in Mainz. (Meisterzeichnungen Kgw. Bibl. Berlin.)

Schramm, aus Ravensburg, verfertigte mit Peter Lohkorn die Holzarbeiten in der Michaeliskirche in Hall. (Schmidt-Weißenfels S. 35.)

Schreiner, Karl, Schreiner im Mendelschen Stift zu Nürnberg, starb daselbst 1398. — Abb. im Anhang S. 9.

Schreiner, Philipp, Kistler in Straßburg, 1741. 200.

Schröter, Instrumentenmacher, Nordhausen, erfand 1717 die Hammertechnik, (für Klaviere später von Gottfried Silbermann verwandt). (Schmidt-Weißenfels 71 bis 72.)

Schübler, Mathematiker, gab ein „Säulenbuch" heraus. S. 469.

Schuhmacher, Hofebenist, etwa 1725, Holzschnitzereien im Schloß Ansbach (mit Kabinettsbildhauer Schöll). (Dehio III, 20.)

Schultz, Augustinus, 15. Jahrh., Tischler in Berlin. 25.

Schuman, Frantz, Michael, Schreiner von Johannisberg im Rheingau, war 1726 Mitarbeiter von Schacht (siehe diesen) in Mainz.

Schütterlin, Jacob, Schreiner in Straßburg, fertigte 1610 (in Straßburg!) die geschnitzten, bemalten und vergoldeten Fensterfüllungen für das Rathaus in Wiesbaden; sie befinden sich jetzt im dortigen Museum. (Lübcke I, 443 bis 444.)

Schwab, Lenhartt, 1620 Kistler in Augsburg.

Schwägle, Joh. Friedrich, Schreiner in Stuttgart 1754. 366.

Schwanhard, Hans, gestorben 1621, Schwiegervater von Jacob Hepner, angeblich Erfinder des „geflammten" (geflanderten) Hobelns. (Luthmer 128.)

Schwarz, Kaspar, 1814 Meister in Mainz. (Meisterzeichnungen Kgw. Bibl. Berlin.)

Schwarz, Ulrich, Zimmermann, von 1472 bis 1478 Bürgermeister in Augsburg. 33.

Schweighäuser, jun., Franz Anton, Kistler und Zunftbüttel in Straßburg 1789. S. 144.

Schweinhaim, Brüder, Kistler in Köln 1741.

Schweller, Jacob, Kistler in Landsberg 1664. 390.

Schwerdtfeger, Johann Friedrich, Ebenist in Paris, seit 1786 Meister. 1787 Kabinett für Maria Antoinette, Bronce von Thomire. (Luthmer 140, Schmidt 201.) S. 465.

Schwerdtführ, Friedrich, 1729 Innenausstattung der Kirche in Fürstenfeld in Bayern. (Luthmer S. 138.)

Sedlmaier, Joh. Michael, 1744 Meister in Mainz. (Meisterzeichnungen Kgw. Bibl. Berlin.)

Sedlmayr, Ulrich, 1750 Meister in Mainz. (Meisterzeichnungen Kgw. Bibl. Berlin.)

Seitz, Elias, 1642 Kistler in Augsburg. 189.

Seydel, 1687 Meister in Mainz. (Meisterzeichnungen Kgw. Bibl. Berlin.)

Seyfried, Sebald, Kistler in Augsburg 1556. 239.

Senckeisen, Joh. Christ., Ratsschreiber und Tischler, Leipzig. „Im Norden entwickelt sich eine charakteristische Schrankform, die von S. ausführlich behandelt und als „Hamburger Schrank" bezeichnet wird." (Luthmer S. 126.) 469.

Setterich, Johan von, Cöln, Zunftmeister im Jahre 1581. (Urk.-Anhang 1581.)

Setzendreibell, Hans Jacob, 1703 Meister in Mainz. (Meisterzeichnungen, Kgw. Bibl., Berlin.)

Sextra (siehe Sixtra).

Seyffert, Klavierbauer, Wien, um 1790. (Abb. Lehnert II, 376.)

Siedler, Bernhard, Kistler in Augsburg 1588. S. 69.

Siegler, Joh. Conrad, Hofschreiner in Stuttgart 1749. 366.

Sigismund, Kaiser. 129.

Silbermann, Andreas, Orgelbauer in Straßburg. 1714 Orgel im Straßburger Münster. (Strobel, Das Münster in Str., 1878, S. 26.)

Silbermann, Gottfried, Instrumentenmacher in Meißen. Anfang 19. Jahrh. wandte er die 1717 von Schröter in Nordhausen erfundene Hammertechnik bei seinen Klavieren an. (Schmidt-Weißenfels, S. 71.)

Silbermann, J. G., Orgelbauer in Straßburg. Sein erstes Werk war die Orgel in der Dorfkirche Wallroda i. Sa. 1730 Orgel in Ebermünster i. Elsaß. 1755 Orgel im Benediktiner-Kloster in Schwarzach, Baden. (Dehio I, 306, IV 69, 363.)

Silbermann, Johann Heinrich, Instrumentenmacher in Straßburg 1789. S. 145.

Simmang, Karl, Architekt in Dresden, S. 475.

Simon, Hofbauinspektor um 1800. S. 452.

Simon, Casper, Witwe, in Cöln 1723. 294.

Sixtra, Heinrich, Schnittekermeister, Lübeck. 1620 Gestühl in der Jakobi-Kirche in Lübeck. (Dehio II, S. 263.) Siehe auch unter Gabriel Klaus.

Smirer, Schmirer, Georg Hans, Vorgeher der Kistler 1664 in Augsburg. 341.

Soherr, J. A., Schreiner in Lübeck, 1762 Ratsstuhl in der Marienkirche. (Dehio II, 270.)

Sohn, Franz Joseph, Schreiner in Kümmeraghofen bei Ravensburg, begann 1770 kleine Tonfigürchen zu kneten und zu bemalen und wurde Stammvater der „Zizenhausener Figurenmaler“. (Ludwig Finckh, Beilage d. Tägl. Rundschau, 16. Februar 1922.)

Sommer, Michael, aus Langensalza, 1625 Orgel der Ägidienkirche in Lübeck. (Dehio II, 262.)

Soest, Albert von, Schnitzer, 1568 bis 1584 Türbekrönungen usw. im Rathaus Lüneburg. (Abb. Lehnert I, 571.)

Spiegelberg, Peter, in Stuttgart 1717 bis 1719. 365.

Spindler, Vater und Sohn, Schreiner aus Bayreuth, arbeiteten um 1760 viel in Berlin und in den Potsdamer Schlössern. (Luthmer 133.) Um 1786 (Nicolai a. a. O.) an der Ecke Jerusalemer und Markgrafenstraße wohnhaft.

Sporrer, Schreiner?, aus Weingarten. Chorgestühl mit hübschen Holzreliefs in der Liebfrauenkirche in Gebweiler. (Dehio IV, 119.)

Sprießler, Jacob, 1577 Kistler in Augsburg.

Stäber, Jakob, aus Schwäbisch-Gmünd, 1787 Geselle in Zürich. 271.

Stadler, Benedict, „Bürger und Klosterschreiner“ in Niederaltaich, gab 1698 ein Vorlagewerk heraus. S. 469.

Stängl, Andreas, Kistler in Landsberg 1664. 390.

Staudacher, Jacob, Schreiner, 1807 in München. S. 517.

Staudinger, Johann Matthias, 1712 Meister in Mainz. (Meisterzeichnungen, Kgw. Bibl., Berlin.)

Steffen, Joseph, Kistler in Cöln 1797. 189, 203, 220.

Stehlin, 1827 Zimmermann in Basel. 55.

Stein, Johann Andreas, Klavierbauer in Augsburg, Schwager des Streicher in Wien, „begründete in der Empirezeit den Ruf der Wiener Klaviere“. (Folnesics bei Lehnert II, 376.) „Verschieden von dem englischen Hammermechanismus der „deutsche“ des J. A. Stein aus dem Jahre 1770; er wird später als Wiener Mechanik bezeichnet.“ (Feldhaus 1112.)

Steiner, Kistler in München 1802. 406.

Steinheill (Steinheubel), Andreas, Kistler aus Füssen 1668. 342.

Steinlein (Steinle), M., Schreiner in Breslau, gab 1685 ein Vorlagenwerk heraus. S. 469.

Steinweg, Heinrich, Tischler in Seesen in Braunschweig, seit 1820 in Seesen, wanderte 1850 mit 4 Söhnen nach New-York aus, wo er die Fabrik Steinway gründete. Einer seiner Söhne setzte das väterliche Geschäft in Seesen fort und verlegte es dann nach Braunschweig. (Feldhaus 1114 bis 1115.)

Stengel, Hans, Schreiner, Nürnberg. 16. Jahrh. Nachfolger Flötners. „Als erster mit der Formenwelt Italiens vertrauter Meister wird uns H. St. genannt, der aber auch die deutsche, das heißt gotische Art beherrscht.“ (Rée 174.)

Stenglin, Jacob, Kistler in Augsburg, fertigte Türen, Altar, Betpult usw. für den Kaiser 1522. S. 346. (Stadtarchiv, B. B. erwähnt 1543 und 1561, K. A.)

Stenglin, Max, 1555 Kistler in Augsburg. 161, 354.

Stenglin, Ulrich, 1582 Kistler in Augsburg. 274.

Stephan, Josephus, Kistler in Cöln, 1752. 432.

Steudtner, Michael, Schreiner aus Landshut in Schlesien, war 1726 Mitarbeiter Schachts (siehe diesen) in Mainz.

Stobwasser, Möbelfabrikant. „Nicht unerwähnt dürfen bei diesem Anlasse (Beschreibung der Zopfzeit in Berlin) die einst viel gesuchten, mit Lackmalerei geschmückten Möbel der Stobwasserschen Fabrik in Berlin bleiben. (Folnesics in Lehnert II, 280.)

Stöcklin, Christoph, Kistler in Augsburg. 1564 Gschaumeister.

Stöer, Lorentz, Maler, gab 1567 in Augsburg 12 perspektivische Vorlagen für Einlegearbeitern heraus. (Peter Jessen, a. a. O., S. 129; und v. Stetten, a. a. O., I, S. 113.)

Streicher, Frau, Klavierfabrikantin, Wien, Schwester des Stein aus Augsburg.

Stromair, Endres, 1548, Kistler in Augsburg. 1514 Eingabe wegen Bürgerrechts. (Stadtarchiv.)

Stromair, Lienhart, 1548 Kistler in Augsburg. S. 80, 273. Er beschäftigt 1563 niederländische Bildhauer, was ihm verwehrt wird. (Stadtarchiv, Bildhauerakten 1563.)

Sturm, Jacob, 1548 Kistler in Augsburg. — Jeremias, 1574 und 1588 Kistler in Augsburg. S. 117.

— Paullus, Kistler in Augsburg, wird 1573 Bürger, soll an Barschaft haben 200 fl. (Stadtarchiv, B. A. B. 1573, Fol. 17a.)

Suttmeier, Gert, Snitker in Lüneburg. 1564 bis 1568 Täfelung des Sitzungszimmers im Rathaus zu Lüneburg. (Swarzenski in Lehnert I, 571 u. Abb.)

Swyn, Marcus, Pesel (gute Stube) im Museum in Meldorf. (Abb. bei Lehnert.)

Syrlin, Hans und Ludwig, Schreiner bei Ulm, Brüder von Jörg S. d. Ä.

Syrlin, Jörg d. Ä. von Söflingen (Vorstadt von Ulm), geb. 1430, gest. etwa 1490, berühmter Meister, Schreiner u. Schnitzer der Spätgotik. 1465 geschnitzter Schrank. (Abb. bei O. von Falke in Lehnert S. 398.) 1468 Dreisitz (Levitenstuhl) am Rücken des Kreuzaltars im Münster zu Ulm, bezeichnet „1468, Jörg Syrlen". 1469 Vertrag über die Chorherrnstühle im Münster zu Ulm (Stadtarchiv), datiert vom Aftermontag nächst vor St. Veitstag. Die Stühle sollten in 4 Jahren vollendet sein und 13 Gulden für den einzelnen Kirchenstand kosten. Es sind im ganzen 92 Sitze, und die Inschriften deuten bis 1479, doch ist die Vollendung schon für 1474 anzunehmen. S. 465. Abb. Selbstporträt im Anhang.

Syrlin, Jörg, d. J., Sohn von S. d. Ä., arbeitete in der zweiten Hälfte des 15. Jahrh. mit seinem Vater in Ulm. 1493 bis 1496 Chorgestühl und Hochaltar in Blaubeuren. — Chorgestühl in Ochsenhausen, das 1664 abgebrochen wurde und jetzt in der Pfarrkirche zu Bellamont (Wttbg.) aufgestellt ist. — Altar in Wengen (Allgäu). — 1501 Kanzel im Münster zu Ulm. Er bat 1510 seine Vaterstadt Ulm um ein wöchentliches „Leibgeding" (Rente) von 34 Kreuzern; das Gesuch wurde abgeschlagen und S. ging nach Wien, kehrte aber bald von dort nach Ulm zurück. 1506 und 1509 Levitensitz und Chorgestühle in der Dorfkirche in Ennetach (Württembg.), „mustergültige Beispiele der einfacheren Art". — 1512 Chorgestühl und Dreisitz (Levitenstuhl) in der Pfarrkirche in Geislingen. (Dehio III, 55, 117, 143, 368.) Abb. Chorgestühl im Münster in Ulm im Anhang.

Taxis, Fürst. 426.

Terwin, Kistler in Cöln. 434.

Teyrkäuffer, Franz Anton, 1727 Meister in Mainz. (Meisterzeichnungen, Kgw. Bibl., Berlin.)

Tharner, Simon, 1703 Meister in Mainz. (Meisterzeichnungen Kgw. Bibl. Berlin.)

Thelott, Joh. Andr., Silberkistler in Augsburg 1654 bis 1734. Um 1700 Prunkschrein im Maximiliansmuseum in Augsburg, gemeinsam mit Tob. Baur. Prunkschrein im kunsthistorischen Museum in Wien. Nach Dreger fraglich, eher von Wiener Architekten. (Dreger in Lehnert II, 191 und Abb.)

Stichwortverzeichnis.

Verzeichnis der angeführten Quellen

Alte Rezeptbücher, die in der Abteilung „Alte Rezepte" aufgeführt sind.
Allerlei Flecken aus Kleidern zu bringen, wie Garne und Leinwand, Holz und Bein mit mancherlei Farben zu färben. Mainz 1532.
Amtliche Berichte aus den Preußischen Staatssammlungen.
Arnold, Wilh., Aufkommen des Handwerkerstandes im Mittelalter, Basel 1861.
Biedermann, Deutschland im 18. Jahrhundert, Band I, 2. Auflage.
Blümcke, Handwerkszünfte im mittelalterlichen Stettin, 1884.
Bodemann, Lüneburgs Zunfturkunden, 1883.
Boileau-Depping, Livre de métiers, 1837.
Bratring, Histor.-topogr. Beschreibung der gesamten Mark Brandenburg.
v. Breslau, Dokumentarische Geschichte, 1781.
Brucker, Straßburger Zunft- und Polizeiverordnungen, 1889.
Bücher, Karl, Bevölkerung von Frankfurt a. Main, Tübingen 1886.
Bücher, Karl, und Schmidt, Frankfurter Zunfturkunden.
Burckhardt, Rud. F., Das Basler Büfett der Renaissance, Basel 1915.
Burgsdorf, Forsthandbücher usw., Berlin 1788.
— Versuch einer Geschichte vorzüglicher Holzarten.
Büscher, Die Statuten der früheren Gilden und Zünfte binnen der Stadt Essen, 1884.
Chronik der Fränkischen Städte, Nürnberg II.
Chronik der Stadt Straßburg I/II, S. 31.
Dehio, Handbuch der Kunstwissenschaft, Band I bis V.
Dehio, Geschichte der deutschen Kunst, 1919 bis 1921.
Denkmalspflege, Beilage des Zentralblattes der Bauverwaltung, Jahrg. 1920, Heft 1.
v. Destouches, E., 50 Jahre Münchener Gewerbegeschichte 1848 bis 1898, München 1898.
Dirr, Dr. P., Studien zur Geschichte der Augsburger Zunftverfassung. (Zeitschrift des Historischen Vereins für Oberschwaben). 1913.
Dorén, Alfr., Entwicklung und Organisation der Florentiner Zünfte im 13./14. Jahrh.
Eberstadt, R., Magisterium und Fraternitas.
— Ursprung des Zunftwesens und der Handwerkerverbände, München 1915.
Eheberg, Verfassung, Verwaltung und Wirtschaftsgeschichte der Stadt Straßburg.
Elkan, Frankfurter Gewerberecht von 1617 bis 1631, 1890.
Fachblatt für Holzarbeiter, 1921, Februar.
v. Falke, Otto, Aufsätze in den amtlichen Berichten aus den preußischen Staatssammlungen und andere.
Falkenstein, Historie von Erfurth, 1739.
Fecht, Die Gewerbe der Stadt Zürich, 1909.
Feldhaus, Franz M., Die Technik der Vorzeit usw., Berlin und Leipzig 1914.
Festschrift und Urkundenbuch zum 300jährigen Gedenkfest der Zimmerinnung zu Breslau, Breslau 1884.
Fidicin, historisch-diplomatische Beiträge zur Geschichte der Stadt Berlin, 1837, III.
Flemming, Dresdener Innungen von ihrem Entstehen bis zum Ausgang des 17. Jahrhunderts, 1896.
Geering, Zunftwesen in Basel bis Ende des 17. Jahrhunderts.
Gilly, D., Handbuch der Landbaukunst.

Gothein, Eberhard, Bilder aus der Geschichte des Handwerks in Baden, 1885.
Granich, Verfassung und Verwaltung von Würzburg im 13. bis 15. Jahrhundert.
Hager, Johannes, Oberlehrer der Städtischen Gewerbeschule in Dresden, Beschreibung der Sammlung von Werkzeugen des Kurfürsten August von Sachsen (1553 bis 1586) im Historischen Museum in Dresden (Manuskript).
Hallens, J. H., Werkstätte der heutigen Künste oder die neue Kunsttheorie, III, Berlin 1764.
Hauser-Reich, Stillehre der architektonischen und kunstgewerblichen Formen, Wien 1913.
Heitz, Zunftwesen in Straßburg, 1856.
Helvetische Bibliothek VI.
Hermann, Die Bevölkerung und die Gewerbe Münchens.
Hermandung, Zunftwesen in Aachen bis 1681.
Hirsch, Danzigs Handels- und Gewerbegeschichte, 1858.
Hönn, Paul, Amtmann, Betrugslexikon, Koburg 1761.
Jahresbericht des städtischen Gymnasiums in Greifswald 1897 bis 1898.
Jessen, Peter, Der Ornamentstich, Berlin 1920.
Kämmereirechnungen der Stadt Hamburg von 1350 bis 1562.
Koppmann, Rostocks älteste Gewerbetreibende. (Beiträge zur Geschichte der Stadt Rostock III, 1.)
Krais, Dr. Paul, Die Hölzer, Gewerbliche Materialkunde I, Stuttgart 1910.
Krallinger, J. B., Satzungen hervorragender Handwerkervereinigungen in Landshut, 1880.
Krumholz, Die Gewerbe der Stadt Münster bis 1661.
Krünitz, Georg, Ökonomische Enzyklopädie, Band 24, 1781.
Kunst- und Handwerks-Notarius, Der kuriose und lustige, 1732.
Kunst- und Werkspiegel, Der kuriose, 1696.
Lacher, Mustergültige Holzintarsien, Graz 1889.
Lange, Glossarium mediae et infimae latinitatis, 1883.
Lehnert, Georg, Geschichte des Kunstgewerbes, Berlin 1908.
Leitschuh, Fr. Friedr., Bamberg (Berühmte Kunststätten, 63), Leipzig 1914.
Lex Burgundiorum XXI, § 2, S. 13.
Lill, Georg, Hans Fugger und die Kunst, Leipzig 1908.
Lobmeyer, Karl, Friedrich Joachim Stengel, Düsseldorf 1911.
v. Loesch, Cölner Zunft- und Gewerbeurkunden bis 1500.
Lübcke, Wilhelm, Geschichte der Renaissance in Deutschland, II. Aufl., Stuttgart 1882.
Luthmer, F., Deutsche Möbel der Vergangenheit, II. Auflage, Leipzig 1913.
Marpergern, Der geöffnete Ritterplatz 1707.
Mascher, Das Gewerbewesen von der frühesten Zeit bis auf die Gegenwart, 1866.
Merlo, Cölnische Künstler.
Mitteilungen des Vereins für Lübecks Geschichte und Altertumskunde 1885 bis 1886, 1887 bis 1888, 1891 bis 1892.
Mylius, Corp. Const. Marchicarum.
Nachricht von den Handwerksmißbräuchen, 1731.
Neuwirth, Prag (Ber. Kunststätten 8), II. Aufl., Leipzig 1912.
Nicolai, Beschreibung der königlichen Residenz Berlin und Potsdam, III. Aufl., 1786.
Nollet, Abt, Die Kunst, physikalische Versuche anzustellen, Band I, Leipzig 1771.
Petitionen an die Nationalversammlung 1848.
Pierstorff, Drei Jenaer Handwerke.
Pollazek, Handwerk der französischen Schreiner in Straßburg. (Elsäß. Monatsschrift für Geschichte und Volkskunde, I, 6.)
Pribram, Geschichte der österreichischen Gewerbepolitik.
Rée, P. J., Nürnberg, (Ber. Kunststätten 5), III. Aufl., Leipzig 1907.
— Beschreibung der Maxburg in München.
Renard, Edmund, Cöln (Ber. Kunststätten 38), Leipzig 1907.
Riehl, Berthold, Augsburg (Ber. Kunststätten 22), Leipzig 1903.
v. d. Ropp, Statuten und Akten des Gildewesens in Göttingen, 1907.
Roscher, System der Volkswirtschaft.

Rösel, Alt-Nürnberg, 1895.
Rüdiger, Otto, Die ältesten Hamburger Zunftrollen, 1875.
Sammlung der sämtlichen Handwerksordnungen des Herzogtums Württemberg, 1758.
Schaab, Geschichte der Stadt Mainz.
Scharold, Chronik aller Zünfte und Gewerbe in Würzburg.
Schlichthörle, Anton, Die Gewerbsbefugnisse in München, 1844.
Schmidt, Robert, Möbel, Berlin 1913.
Schmidt (Weißenfels), 12 Tischler.
Schmoller, Die Straßburger Tucher- und Weberzunft, Straßburg 1879.
Schmoller, Kleingewerbe.
Schneider, Dr. Fr., Eine Künstlerkolonie des 18. Jahrhunderts in der Karthause zu Mainz, Mainz 1902.
Schönlank, Soziale Kämpfe vor 300 Jahren.
Schumann, Paul, Dresden (Ber. Kunststätten 46), Leipzig 1909.
Schütt, Geschichte der Schriftsprache in Flensburg bis 1650, 1911.
Sprengel, Handwerke in Tabellen, Erste Ausgabe, Berlin 1767.
Stein, Akten zur Geschichte der Verfassung und Verwaltung der Stadt Cöln im 14. und 15. Jahrhundert.
Stetten, d. J., Paul von, Kunstgewerbe und Handwerkergeschichte der Reichsstadt Augsburg, 1779.
Stieda, Hansische Vereinbarungen über Städtische Gewerbe im 14. und 15. Jahrhundert. (Hans. Geschichtsbl. 1886.)
Stieda, W., Schragen der Gilden und Ämter der Stadt Riga bis 1621, Riga 1898.
Strobel, A. W., Das Münster in Straßburg, 1878.
Techen, Die Bürgersprache der Stadt Wismar.
— Wismar im Mittelalter.
Theophilus, Schedula diversarium artium. (Quellenschriften für Kunstgeschichte, Bd. VII.) Wien 1874.
Thurneyssen, Fritz, Das Münchener Schreinergewerbe, Stuttgart 1897.
Tophoff, Gilden in Münster, 1877.
Urkundenbücher der Städte Augsburg, Basel, Cöln, Lübeck, Straßburg, Zürich.
Urkundensammlung der Antiquar. Gesellschaft in Zürich Nr. 457.
Verhandlungen bei der Zentralstelle für Handel und Gewerbe über Gewerbegesetzgebung 1849.
Vögelin, Das alte Zürich, 1878.
Vogt, M., Geschichte des Landauer Zwölfbrüderhauses, Nürnberg 1900.
Voigt, Paul, Das Tischlergewerbe in Berlin. (Schriften des Vereins für Sozialpolitik LXV, 4, Teil 2.) Leipzig 1895.
Weese, Artur, München. (Ber. Kunststätten 35.) Leipzig 1906.
Wehrmann, Lübecker Zunftrollen.
Weigel, Christoph, in Regensburg, Abbildung der gemeinnützigen Hauptstände usw., 1698.
Weiß, Aug., Das Handwerk der Goldschmiede in Augsburg bis 1681, Gotha 1897.
Weißer, Das Recht des Handwerkers nach allgemeinen Grundsätzen und insbesondere nach den herzoglich württembergischen Gesetzen 1719, 1823.
v. Westenrieder, L., Beiträge zur vaterländ. Historie III, 1788 ff.
Wrede, A., Cöln und Flandern-Brabant.
Zais, E., Zur Mainzischen Kultur-, Kunst- und Handwerksgeschichte.
Zeitschrift des Aachener Geschichtsvereins.
Züricher Stadtbücher I, S. 139 bis 140.
Züricher Urkundensammlung der Antiquarischen Gesellschaft.

ANHANG

Das folgende Zitat aus dem Buch von J. A. Ortloff bietet eine besonders schöne Beschreibung der Gegebenheiten des Tischlerhandwerks um 1800.

Johann Andreas Ortloff: Kurze Beschreibung der Künste und Handwerke. Ein Anhang zum allgemeinen Lesebuche für den Bürger und Landmann, Erlangen 1803

Der Schreiner (Tischler)

Der Tischler oder Schreiner ist einer der kunstreichsten und unentbehrlichsten Handwerker. Er verarbeitet einheimisches und fremdes Holz zu allerley Hausrath, und furnirt oder legt manche Arbeiten mit Elfenbein, Perlenmutter, edlen und unedlen Metallen ein. Zum Verbinden der Theile unter einander braucht er Nägel, Zapfen, Schließen und Leim, und zum Glätten (Poliren) Schachtelhalm und Fischhaut.

Sein Werktisch ist die bekannte Hobelbank, die vorne und hinten eine Zange hat; seine Werkzeuge sind: der Winkelhacken, das Winkel- und Kehrmaaß, das Streich- und Stellmaaß, allerley Bohrer, Hobel, Sägen, Leim- und Schraubezwingen, Meissel und Stemmeisen, Raspel, Leimtiegel, Schnitzer, Hammer, Zangen, Beile, Schleifsteine, Loth- und Setzwaage, Setzlatten, Zirkel, Feilen, Farben usw.

Jedes Stück Arbeit, das abgemessen und gezeichnet ist, wird von dem Schreiner zu- oder abgeschnitten; die dazu gehörigen Bretter werden entweder rauh gelassen, oder gemeiniglich auf einer Seite, oft auch auf beyden Seiten mehrmalen abgehobelt, und dann zusammengesetzt: dieses geschiehet durch das Fügen, Dübeln, Schlitzen, Einzapfen, Einlochen, Verkröpfen usw.

Bänke, Tische Stühle, Bettladen sind der gewöhnliche Hausrath, den der Tischler verfertigt. Er macht aber auch allerley Fußböden, Schränke, Kisten, Sessel, Wiegen, Commoden, allerley Tafeln, Rahmen und Verkleidungen, Bretspiele, Schreibpulte. Nachttische, Futterale, Flaschenkeller, Lineale, Feldapotheken, Särge und noch sehr viele andere Dinge, die zur Nothdurft, Bequemlichkeit und Verschönerung eines Hauses oder Palastes gehören.

In grossen Städten machen Ebenisten und Galanterietischler blos eingelegte und andere künstliche Arbeiten. Andere beschäftigen sich blos mit Verfertigung solcher Stühle, die mit Rohr geflochten werden, ingleichen der Lehn- und Polsterstühle, der Canapee's, der Sopha's, der Ottomanne's u. dgl. und heissen englische Stuhl- oder Sesselmacher; andere machen blos allerley Kästen und Einlassungen zu kostbarem Hausgeräthe, und werden, z.B. in Augsburg, Silberkistler genennt. Manche Tischler verfertigen Claviere, Flügel, Orgeln usw.; mache schäften die kleinen Feuergewehre, und heißen Büchsenschäfter, so wie erstere Clavier- Instrumenten- und Orgelmacher. An den meisten Orten aber halten sich diese verschiedene Handwerker zur Tischlerzunft.

Das Schreinerhandwerk erlernt man in 3-5 Jahren, und wandert 2 bis 3 Jahre darauf. Das Meisterstück besteht an einigen Orten in einem grossen Kleiderschranke, der mit Bildhauerey und Architectur gezieret wird, und wozu der junge Meister den Riß oder die Zeichnung machen muß. An andern Orten macht man ein Bretspiel und einen Fensterrahmen, oder auch ein modernes Stück Galanterietischlerey.

Für einen Tischler ist es sehr nützlich, wenn er Zeichnen und Malen lernt, und sich überdieß mit der Baukunst und Mechanik bekannt macht. Will er von seinen Arbeiten Ehre haben und seine Kunden nicht in Schaden bringen, so muß er immer einen guten Vorrath an allerley ausgetrockneten Holzarten haben; wozu allezeit ziemliches Vermögen erfordert wird.

Metall und Stein

2211	Th. Krauth/F. S. Meyer	Das Schlosserbuch – Die Kunst- und Bauschlosserei (1897)
2215	Wilhelm Braun-Feldweg	Metall – Werkformen und Arbeitsweisen (1968)
2217	Joseph Ferchel	Praktische Sonnenuhren-Kunst für Jedermann (1811)
3210	Th. Krauth/F. S. Meyer	Das Steinhauerbuch (1896)

Architektur und Volkskunde

4016	Werner Lindner	Das niedersächsische Bauernhaus (1912)
4017	Ludwig Nolte-Bürner	350 Türen und Tore (1921)
4018		Das Bauernhaus in Schleswig-Holstein (1906)
4019		Das Bauernhaus in Pommern, Ostpreußen, Westpreußen (1906)
4020		Das Bauernhaus in Baden, Württemberg u. der Rheinpfalz (1906)
4110	Theodor Unger	Hannover – Führer durch die Stadt und ihre Bauten (1882)
4310	Wilhelm Bomann	Bäuerl. Hauswesen u. Tagewerk im alten Niedersachsen (1927)

Landwirtschaft

4210	Wilhelm Hamm	Das Ganze der Landwirthschaft (1872)
7510	August von Weckherlin	Abb. der Rindvieh- und anderen Hausthier-Racen (1827/34)

Berufe

5013	Georg Andreas Böckler	Furnologia oder: Haushältliche Oefen-Kunst (1666)
5017	Martin Gerlach	2000 historische Schmuckformen aus aller Welt (1906)
5018	Thomas Tredgold	Grundsätze der Dampf-Heizung (1837)
5021	Friedrich Friese	Die Ceremonien der Schneider (1708)
5023	Friedrich Friese	Die Ceremonien der Drechsler (1708)
5024	Friedrich Friese	Die Ceremonien der Kürschner (1707)
5025	Friedrich Friese	Die Ceremonien der Schuster (1707)
5026	Friedrich Friese	Die Ceremonien der Huthmacher (1710)
5027	Friedrich Friese	Die Ceremonien der Fleischhauer (1715)
5031	Jos. Phileas Boeck	Die Marmorirkunst (1896)
5040	Josph Priestley	Geschichte und gegenw. Zustand der Elektricität (1772)
5110		Musterzeichnungen für Sattler, Riemer und Täschner (1846)
5210	Binder/Schaumann etc.	Stukkateur-Handbuch (1955)
5212	Ernst Oldenbruch	Holz- und Marmormalerei (1926/27)
5214	Cornelius Hebing	Grundlagen der Holz- und Marmormalerei (1937)
5221	K. Eyth/F. S. Meyer	Das Malerbuch: Die Dekorationsmalerei (1899)
5222	Friedrich Seidel	Sprüche für Haus und Gerät (1892)
5223	Paul Rowald	Brauch, Spruch und Lied der Bauleute (1903)
5311	L. J. M. Daguerre	Das Daguerreotyp und das Diorama (1839)
5312	Otto Buehler	Atelier und Apparat des Photographen (1869)
5610	Adolf Opderbecke	Der Dachdecker (1901)
5611	Jens Carstensen	Schindeldach und Schindelgiebel (1937)

Bibliothek Technik und Handwerk

5512	Friedrich Neumann	Die Windmotoren (1881)
5513	K. Schlüter/W. Rausch	Vollst. Handbuch für Sattler, Riemer und Täschner (1897)
5514	Wilhelm Rausch	Theor.-prakt. Handbuch für Wagenfabrikanten (1891)
5515	Dr. Beyssel/W. Feldges	Lehrbuch der Weberei (1863)

Technik

6012	Friedrich Müller	Schreibmaschinen vor 1900 (1900)
6013	H. Jacobs/H. Lück	Werkstatt-Praxis für den Segelflugzeugbau (1955)
6016	Anton Klima	Das Auto in der Karikatur (1928)
6212	Franz von Rziha	Lehrbuch der gesammten Tunnelbaukunst (1867)
6411	Leonhard Chr. Sturm	Vollständige Mühlen-Baukunst (1815)

Jacob Leupold

6310	Jacob Leupold	Schau-Platz der Brücken und Brücken-Baues (1726)
6510	Jacob Leupold	Schau-Platz der Wasser-Bau-Kunst (1724)
6612	Jacob Leupold	Schau-Platz der Heb-Zeuge (1725)
6613	Jacob Leupold	Schau-Platz der Gewicht-Kunst und Waagen (1726)
6615	Jacob Leupold	Zusatz zum Schau-Platz der Maschinen (1739)

Handarbeiten

7013	Ignaz Kafka	Bindungs- und Schnürungs-Buch (1866)
7022	Gussy von Reden	Hedebo-Stickereien (1913)
7025	Agnes u. Käte Seydel	Flachstich-Arbeiten (1919)
7028	Helene Weber	Leichte Buntstickerei (1919)
7029	Agnes Thümmel	Knüpf-Arbeiten/Makramee (1917)
7050	Therese de Dillmont	Klöppelspitzen Serie I – DMC (1910)
7055	Marie Niedner	Das Buch der Haus-Schneiderei (1910)

Varia

7212	Franz Ulffers	Handbuch der Seemannschaft von 1872
7313	Adam Riese	Rechenbuch (1574)
7412	G. Pabst (Hrsg.)	Köhler's Medizinal-Pflanzen Band 1
7413	G. Pabst (Hrsg.)	Köhler's Medizinal-Pflanzen Band 2
7414	G. Pabst (Hrsg.)	Köhler's Medizinal-Pflanzen Band 3
7610	Georg Bartisch	Ophthalmodouleia, das ist Augendienst (1583)
7611		Medicinisches Waarenhaus – Hauptkatalog (ca. 1910)
7612		Poulson's Zahnarzt-Katalog (1891/94)
7613	Paracelsus	Grosse Wundartzney (1536)

Kochbücher + Gastronomie

8510	Robert Stutzenbacher	Das Diner (1895)
8511	Dr. med. Borcherdt	Leibarzt für fröhliche Zecher (1887)

Spiel und Sport

7901	Eugen Sandow	Kraft und wie man sie erlangt (1904)
7902	Ph. Heineken	Das Golfspiel (1898)
7903	Ph. Heineken	Das Fußballspiel (1898)
7905	Hippolyt de Wesez	Erste deutsche illustrirte Velocipede-Broschüre (1869)

Wenn Sie mehr über die vorgenannten Bücher und über weitere Neuerscheinungen wissen wollen, dann fordern Sie unser Gesamtverzeichnis an.

Beachten Sie bitte auch die folgenden Seiten ▶

Fach- und Sachbücher aus vergangenen Jahrhunderten

Überwiegend aus den Bereichen
Architektur, Technik
Holzverarbeitung, Holzbau
Möbel, Innenarchitektur
Handwerk, Handwerksgeschichte

Fordern Sie bitte
unser Gesamtverzeichnis an

EDITION
libri rari

im Verlag Th. Schäfer
Postfach 54 69 · 30054 Hannover

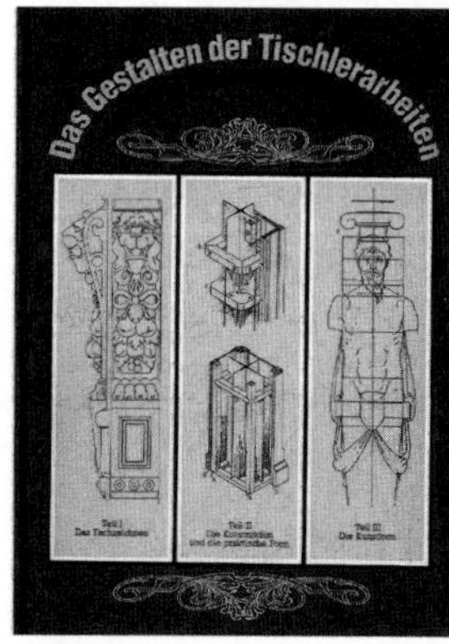

EDITION
libri rari

A. Blunck

Das Gestalten der Tischlerarbeiten

Weitverbreitetes, umfangreiches Lehrwerk für Tischler der 20er und 30er Jahre. Für den Nachdruck haben wir die ursprünglichen drei Bände zu einem zusammengefaßt. Die einzelnen Teile behandeln „Das Fachzeichnen", „Die Konstruktion und die praktische Form" sowie „Die Kunstform, allgemeine Richtlinien für das Gestalten der Tischlerarbeiten". Bluncks Lehrbuch gibt auch für die heutige Zeit wichtige Hinweise für das handwerkliche Arbeiten.

444 Seiten, 21 × 30 cm, 105 Tafeln, 1423 Abbildungen
mehrfarbig bedruckter, fester Einband
Best.-Nr. 1230 · ISBN 3-88746-243-2

EDITION
libri rari

Chr. Hermann Walde

Der praktische Tischler (1906/1907)

Umfangreiches und umfassendes Handbuch für das Tischlerhandwerk. An der Praxis orientiert und daher auch heute einsetzbar aufgrund der zahllosen Arbeitsvorschläge und der vielen Hinweise auf frühere Techniken der Holzverarbeitung und Möbelfertigung. Die zahlreichen Abbildungen erleichtern den Einsatz des Buches in der Praxis. Das umfangreiche Register macht rasches Nachschlagen möglich.

808 Seiten, 16,5 × 24 cm, 1000 Abbildungen, 79 Tafeln
mehrfarbig bedruckter, fester Einband mit Prägungen
Best.-Nr. 1237 · ISBN 3-88746-298-X

EDITION
libri rari

J. Brunschwiler

Stilkunde für Schreiner (1957)

Brunschwilers „Stilkunde" ist ein Buch für die Praxis; kein trockenes Lehrbuch, sondern ein übersichtlicher, gut lesbarer Leitfaden zur stilistischen Entwicklung der verschiedenen Möbel vom Mittelalter bis in unser Jahrhundert. Die stilbestimmenden Elemente und Merkmale (Ornamente, Beschläge etc.) sowie die einzelnen Möbelformen werden beschrieben und im Bild gezeigt. Ein wichtiges Buch für Fachleute im Möbelhandwerk, aber auch für Möbelsammler.

304 Seiten, 14,8 × 21 cm, 247 Abbildungen, 2 Tafeln
mehrfarbig bedruckter, fester Einband
Best.-Nr. 1221 · ISBN 3-88746-138-X

EDITION libri rari

Fritz Spannagel

Der Möbelbau (1954)

Spannagels bekanntestes Fachbuch „Der Möbelbau" ist auch heute noch aktuell und gefragt. Seine Bedeutung für die Praxis ergibt sich aus den vielen Arbeitsanleitungen, den erklärenden Abbildungen, den detaillierten Beschreibungen der Holzverbindungen und anderer Techniken der handwerklichen Holzverarbeitung. Das Handbuch richtet sich vor allem an Schreiner (Tischler), aber auch an Architekten sowie Lehrer und Liebhaber des Holzhandwerks.

368 Seiten, 22 × 29,7 cm, 1538 Abbildungen
mehrfarbig bedrucker, fester Einband
Best.-Nr. 1217 · ISBN 3-88746-062-6

EDITION libri rari

Fritz Kress

Der Treppen- und Geländerbauer

Dieses 1952 letztmalig erschienene „Konstruktionsbuch für Handwerker und Techniker zum Bau von Holztreppen und Holzgeländern" ist aus heutiger Sicht in seinen wesentlichen Teilen nicht veraltet oder überholt. Gute Abbildungen und deutliche Zeichnungen, die Gründlichkeit der Darstellung, die vielen Details und Tips machen das Werk unentbehrlich für jeden Praktiker.
Begleittext von Manfred Gerner, Fulda

244 Seiten, 22 × 29,7 cm, 623 Abbildungen
fester Einband mit Prägung
Best.-Nr. 1022 · ISBN 3-88746-213-0

EDITION libri rari

Theodor Krauth / Franz Sales Meyer

Die Möbelschreinerei
Das Schreinerbuch II (1902)

Th. Krauth und F. Sales Meyer behandeln hier wie auch in der Bauschreinerei ausführlich alle Techniken und das Material des Schreinerhandwerks. In umfassender Form, aufgelockert durch viele hundert Abbildungen, wird in diesem Buch die ganze Schönheit tischlermäßig gefertigter Möbel eindrucksvoll vorgestellt. Auch für den versierten Hobbytischler ist dies ein nützliches Werk.

440 Seiten, 17,5 × 24 cm, 136 Tafeln, 276 Abbildungen
fester Einband mit Goldprägung
Best.-Nr. 1211 · ISBN 3-88746-002-2

EDITION libri rari

Theodor Krauth / Franz Sales Meyer

Die Bauschreinerei
Das Schreinerbuch I (1899)

Durch einen umfangreichen Anhang, mit 82 ganzseitigen Tafeln ergänzt, werden ausführlich und durch 393 Illustrationen im Textteil unterstützt die wichtigen Holzarbeiten im und am Haus behandelt. Fußböden, Täfelungen, Holzdecken, Türen, Tore, Fenster, Fensterläden, Treppen sowie Maschinen und Werkzeuge werden gezeigt. Auch Heimwerker finden hier viele Anregungen.

336 Seiten, 17,5 × 24 cm, 82 Tafeln, 393 Abbildungen
fester Einband mit Goldprägung
Best.-Nr. 1210 · ISBN 3-88746-003-0